Emerich Sumser
Evolution der Ethik

Emerich Sumser

Evolution der Ethik

Der menschliche Sinn für Moral
im Licht der modernen Evolutionsbiologie

DE GRUYTER

D25

ISBN 978-3-11-057810-2
e-ISBN (PDF) 978-3-11-041098-3
e-ISBN (EPUB) 978-3-11-041111-9

Library of Congress Cataloging-in-Publication Data
A CIP catalog record for this book has been applied for at the Library of Congress.

Bibliografische Information der Deutschen Nationalbibliothek
Die Deutsche Nationalbibliothek verzeichnet diese Publikation in der Deutschen Nationalbibliografie; detaillierte bibliografische Daten sind im Internet über http://dnb.dnb.de abrufbar.

© 2016 Walter de Gruyter GmbH, Berlin/Boston
Dieser Band ist text- und seitenidentisch mit der 2016 erschienenen gebundenen Ausgabe.
Coverabbildung: Werk eines unbekannten Streetartisten,
Foto: © Manfred Aleithe, Freiburg i. Br. 2015
Druck und Bindung: CPI books GmbH, Leck

♾ Gedruckt auf säurefreiem Papier
Printed in Germany

www.degruyter.com

Vorwort

Bei dem vorliegenden Buch handelt es sich um ein interdisziplinäres Projekt. Derartige Unternehmungen einer konstruktiven Zusammenarbeit scheinen ja angesichts des zunehmenden gesellschaftlichen Konflikts zwischen Natur- und Geisteswissenschaften nötiger denn je. Bei mir, dem Autor, erhält dieser Konflikt zusätzlich eine persönliche Qualität: Als Theologe und als Biologe – mit Hauptfach Evolutionsbiologie – ist es mir unmöglich, das eine vom andern zu trennen. Die echte Integration ist mir nicht nur ein intellektuelles, sondern ein existenzielles Bedürfnis. Auch wenn es nicht gelingt, ausnahmslos alle Fragen zu harmonisieren, so habe ich doch stets erlebt, dass die intensive Beschäftigung mit beiden Fachbereichen ungeahnte Integrationsmöglichkeiten eröffnet, die ich als eine persönliche Bereicherung meines Lebens und meiner Wahrnehmung erlebe. Insofern ist mir diese Arbeit ein echtes Herzensanliegen. So wünsche ich dem Leser/der Leserin, dass ihm/ihr das vorliegende Buch –neben einer Einführung in die evolutive Natur der Ethik – auch zu einer Integrationshilfe in diesem Sinn wird, zu einem Leitfaden, sich in der Lebenswelt der Geisteswissenschaften – insbesondere der Theologie – und der Naturwissenschaften zu bewegen, ohne die eine von der andern abspalten zu müssen.

Interdisziplinarität bedeutet ja, dass Grundlagen und Instrumente des Diskurses von allen Beteiligten akzeptiert und verstanden werden können. Dies wird in der vorliegenden Arbeit durchgängig gewährleistet. Die „Evolution der Ethik" wurde zwar als Dissertation im Fachbereich Moraltheologie erstellt, doch zu keinem Zeitpunkt werden metaphysische Aussagen als Argumente zugelassen. Wo Metaphysik vorkommt, wird sie nicht argumentativ verwendet, sondern dient ausschließlich zur Illustration, welche weiteren Möglichkeiten sich dadurch ergeben würden. Durch diese Beschränkung auf prinzipiell falsifizierbare Argumente sollte es jedem möglich sein – auch dem atheistischen Naturwissenschaftler – der Argumentation in diesem Buch bis zum Schluss zu folgen. So lässt sich das Buch sowohl als naturwissenschaftlicher wie auch als sozialwissenschaftlicher oder philosophischer Beitrag zur Diskussion um die Natur der Ethik lesen. Dass es sich dabei auch um eine theologische Arbeit handelt, ist auf weite Strecken nur implizit wahrzunehmen.

Danken möchte ich meinem Doktorvater Prof. Eberhard Schockenhoff für die anregende Begleitung und den guten Mix aus Unterstützung und Freiheit. Herrn Prof. Ulrich Lüke für sein sorgfältiges Gutachten. Wichtige Impulse während der Arbeit kamen von Prof. David Sloan Wilson, Petter Johansson, Prof. Jonathan Haidt, Dr. Scott Gilbert, Dr. Tage Rai, Dr. Joachim Kittel und Prof. Wolfram Welte. Vielen Dank für eure Anregungen und Diskussionen. Meinen drei Korrekturlesern, den Biologen und Theologen Gesche Beile, Jörg Müller und Anna Oschowitzer ebenfalls ein herzliches Dankeschön dafür, dass ihr es mir nicht einfach gemacht und sowohl formell als auch inhaltlich wesentliche Verbesserungen gefordert und gefördert habt.

Mein Dank gilt weiterhin den Bischöfen der Erzdiözese Freiburg, Dr. Oskar Saier und Dr. Robert Zollitsch, die mich von Anfang an auch in meiner naturwissenschaftlichen Laufbahn unterstützt und schließlich zur Durchführung dieser Arbeit ermutigt haben.

Inhalt

1   Einleitung und Methodik —— 1
1.1   Situation —— 1
1.2   Die Theologie als Gesprächspartner —— 4
1.2.1   Das implizite Projekt: Integration —— 6
1.2.2   Das explizite Projekt: Beschreibung von Ethik und Moral —— 8
1.3   Weltanschauliche Transparenz und Problemfelder —— 10
1.4   Der Aufbau der Arbeit —— 13

Teil I   **Prinzipien der Evolution**

2   Veränderungen in der Evolutionstheorie —— 21
2.1   Historischer Abriss —— 21
2.1.1   19. Jahrhundert —— 21
2.1.2   Neodarwinismus und Synthetische Theorie —— 22
2.1.3   Die Moderne Synthese —— 23
2.1.4   Soziobiologie – Der »Egoismus« der Gene —— 25
2.1.5   Wichtige Prinzipien soziobiologischen Denkens —— 26
2.1.6   Evolutionstheorie – Wohin? —— 29
2.2   Multi-Level-Selektion —— 30
2.2.1   »Major Transitions« – Die großen Übergänge —— 31
2.2.2   Gruppenselektion —— 33
2.3   EvoDevo —— 36
2.3.1   Evolvierbarkeit als Eigenschaft phänotypischer Variation —— 37
2.3.2   Phylogenetische Stabilisierbarkeit —— 44
2.3.3   Vererbbarkeit – Evolution in vielen Dimensionen —— 48
2.4   EcoEvoDevo – Integration der Ökologie —— 56
2.5   Innovation —— 58
2.5.1   Das Homologiekriterium —— 59
2.5.2   Mechanismen der Innovation —— 61
2.5.3   Makroevolution —— 62
2.6   Evolutionäre Psychologie —— 63
2.6.1   Kognitive Module aus der Steinzeit —— 63
2.6.2   Die „Module" einer neuen evolutionären Psychologie —— 66
2.7   Die Integration der Modelle – Was sich verändert hat —— 67
2.8   Fazit —— 69

3 Kulturelle Evolution —— 70
- 3.1 Die (eingeschränkte) Universalität von Evolution —— 71
- 3.2 Memetik – Kulturelle Evolution als Replikationsprozess —— 73
- 3.2.1 Kritik am Mem-Konzept —— 75
- 3.3 Kulturelle Evolution als Konstruktionsprozess —— 75
- 3.3.1 Kulturelle Attraktoren —— 76
- 3.3.2 Kulturelle Populationsdynamik —— 77
- 3.3.3 Die »evolutive Landschaft« der Kultur —— 78
- 3.4 Wege kultureller Evolution —— 79
- 3.4.1 Koevolution —— 79
- 3.4.2 Kulturelle Evolution durch Nischenkonstruktion —— 80
- 3.4.3 Kulturelle Vererbung —— 81
- 3.4.4 Mem-artige Transmission —— 82
- 3.4.5 Kulturelle Evolution durch Zufall —— 83
- 3.5 Aufwachsen in einer sozialen, kulturellen Umgebung —— 84
- 3.5.1 Werkzeuggebrauch —— 85
- 3.5.2 Vertrauen – Ein Spezifikum menschlicher Umgebung —— 86

4 Evolution der Moral —— 90
- 4.1 Die (prä-)historische Phylogenese von Moral —— 91
- 4.1.1 Egalitäre Gemeinschaften —— 92
- 4.1.2 Hierarchische Gemeinschaften —— 95
- 4.1.3 Gesellschaftliche Strukturen —— 98
- 4.1.4 Hierarchischer Weg – Egalitäres Ergebnis —— 102
- 4.2 Die unvermeidliche Dialektik der faktischen Moral —— 103
- 4.2.1 Gegenläufige Kräfte —— 103
- 4.2.2 Ein Beispielfall: Die Rangordnung der Liebe —— 106
- 4.2.3 Fazit —— 108
- 4.3 Der Erkenntnisgewinn evolutionären Denkens —— 108
- 4.3.1 Ultimate und proximate Ursachen – eine Entlarvung? —— 109
- 4.3.2 »Zweckhaftigkeit« von Verhalten —— 112
- 4.4 Diskursprobleme —— 114
- 4.4.1 Kategorienfehler – Dialog auf zwei Ebenen —— 114
- 4.4.2 Weitere Fallen für den Diskurs —— 115
- 4.5 Die wenig hilfreiche Rolle der (deutschen) Medien —— 116
- 4.6 Fruchtbarer Diskurs —— 118

5 Evolution des Helfens —— 120
- 5.1 Altruismus unter Multi-Level-Selektion —— 120
- 5.1.1 Lösung auf der Ebene der Gene – Verwandtenselektion —— 122

5.1.2	Lösung auf der Ebene des Individuums – Reziprokes Verhalten —— 125	
5.1.3	Helfen als Fehlleistung —— 127	
5.1.4	Lösung auf der Ebene der Gruppe – Multi-Level-Selektion —— 128	
5.2	Praxis des Helfens —— 135	
5.2.1	Ökonomische Spiele als Analysewerkzeuge —— 135	
5.2.2	Vertrauen —— 136	
5.2.3	Reputation —— 139	
5.2.4	Soziale Netzwerke —— 144	
5.2.5	WEIRDos —— 146	
5.3	Sanktionen – »Soziale Selektion« —— 149	
5.3.1	Bestrafung —— 149	
5.3.2	Antisocial Punishment —— 153	
5.3.3	Policing – Dritt-Parteien-Bestrafung —— 155	
5.3.4	Institutionen —— 155	
5.3.5	Übernatürliches Policing – Religionen als Sprungbrett der Zivilisation —— 157	
5.4	Ertrag des Kapitels —— 166	
5.4.1	Menschen sind anders —— 166	
5.4.2	Wie altruistisch ist Altruismus? —— 168	

Teil II Natur des moralischen Sinns

6 Soziale Kognition —— 173

6.1	Emotionen —— 174	
6.1.1	Emotionen sind Handlungsanweisungen —— 175	
6.1.2	Emotionen vermitteln Relevanz —— 177	
6.1.3	Der Vorteil unwillkürlicher Signale —— 178	
6.2	Somatische Marker —— 182	
6.3	Empathie —— 184	
6.3.1	Verbindung schafft Verbindlichkeit —— 187	
6.3.2	Die ungleichen Zwillinge —— 188	
6.3.3	Theory of Mind (ToM) —— 191	
6.3.4	Das Aufbrechen von Verantwortung —— 192	
6.4	Die überraschenden Fähigkeiten von Tieren —— 193	
6.4.1	Emotionale Tiere —— 194	
6.4.2	Zwischen Reduktionismus und Anthropomorphismus —— 196	
6.4.3	Vervollständigung des Bildes —— 198	
6.4.4	Fazit —— 201	

6.5 Unterscheidend Menschliches —— 202
6.5.1 Das Prinzip »Kooperation« —— 203
6.5.2 Shared Intentionality —— 205
6.5.3 Fazit —— 212

7 Allgemeine Kognition —— 214
7.1 Selbst-Bewusstsein —— 214
7.1.1 Die erstaunlichen Fähigkeiten des Unbewussten —— 214
7.1.2 Das „Ich" —— 222
7.1.3 Das Narrative Selbst —— 232
7.2 Entwicklungsprinzipien —— 238
7.2.1 Die Suche nach Glück —— 238
7.2.2 Mechanismen der Persönlichkeitsentwicklung —— 242
7.3 Freiheit des Willens —— 246
7.3.1 Das Unbewusste in Kontrolle —— 249
7.3.2 Freiheit und Determinismus —— 257
7.3.3 Ein hypothetisches Modell —— 265
7.3.4 Die „Idee des Freien Willens" und moralisches Verhalten —— 270
7.3.5 „Ich" und Verantwortung —— 271
7.3.6 Zusammenschau und Ausblick zur Moral —— 274

8 Moralpsychologie —— 276
8.1 Die Rolle von Intuition und Rationaler Abwägung —— 276
8.1.1 Piaget und Kohlberg – Der Rationalismus des 20. Jahrhunderts —— 276
8.1.2 Jonathan Haidt – Primat der Intuition —— 278
8.1.3 Darcia Narvaez – Gleichwertigkeit von Intuitionen und Argumenten —— 280
8.1.4 Beurteilung der Ansätze von Haidt und Narvaez —— 283
8.1.5 Der Einfluss von Emotionen auf moralische Urteile —— 285
8.1.6 Der Einfluss bewusster oder rationaler Prozesse —— 290
8.1.7 Framing-Effekte – Kontext kann entscheidend sein. —— 291
8.1.8 Joshua Greene – »Dual-Process-Model« —— 292
8.2 Die verborgene Genese von Normen —— 294
8.2.1 Phylo-Genese: Geltung durch Akkomodation —— 295
8.2.2 Onto-Genese: Der Weg zur faktischen Geltung —— 296
8.3 Prinzipien des Moralischen Urteilens —— 297
8.3.1 Beurteilung von Handlungen – Trolleyologie —— 297
8.3.2 John Mikhail und Marc Hauser – »Moral Grammar« —— 300
8.3.3 Beurteilung von Handelnden —— 302

8.3.4 Zuverlässige Signale —— 304
8.4 Werte —— 306
8.4.1 Tabus und Sakrale Werte – Wenn Heiliges ins Spiel kommt —— 307
8.4.2 Jonathan Haidt – Fünf universelle Themenbereiche —— 310
8.4.3 Darcia Narvaez – „Triune Ethics" —— 313
8.4.4 Spezifische Wertsetzungen —— 316
8.5 Moralisches Denken dient sozialem Handeln —— 321
8.5.1 Der Effekt von Anonymität – „Intuitiver Politiker" —— 321
8.5.2 Der Effekt eines Alibis – »Moralische Heuchelei« —— 322
8.5.3 „Staatsanwalt" und „Pressesprecher" —— 325
8.5.4 Unbedingte Verpflichtung – Der „Intuitive Theologe" —— 328
8.5.5 Der Einfluss von Macht – Hypo- und Hyperkritik —— 329
8.5.6 Wechsel der Perspektive —— 331
8.5.7 Rai und Fiske – Moral als »Relationship Regulation« —— 333
8.5.8 Moral verbindet Individuen zu Gemeinschaften —— 334
8.5.9 In-Group oder Out-Group —— 336
8.6 „Der Strich, der das Gute vom Bösen trennt... * —— 338
8.6.1 Verantwortung —— 338
8.6.2 Von Helden und Monstern —— 346

Teil III **Anthropologische Ethik**

9 **Möglichkeiten einer Evolutionären Ethik —— 353**
9.1 Darwinsche Impulse für die Ethik —— 353
9.1.1 Moral bei Darwin —— 353
9.1.2 Darwinismus (von dem sich Darwin wohl distanziert hätte) —— 355
9.2 Argumentationstypen im interdisziplinären Dialog —— 357
9.2.1 Interpretation als „Empirie" —— 357
9.2.2 Der Bezug aufs Selbsterleben —— 359
9.2.3 Der Rückbezug auf Metaphysik —— 361
9.3 Teleologie —— 365
9.3.1 Teleologie durch Metaphysik —— 366
9.3.2 Teleologie ohne Metaphysik —— 373
9.3.3 Bewertung der teleologischen Konzepte —— 374
9.4 Metaethik – Gibt es objektive Normen? —— 375
9.4.1 Der Einwand der kulturellen Variabilität und ökologischen Bedingtheit —— 376
9.4.2 Der Einwand der Evolutionären Entstehung —— 379
9.4.3 Der Verdacht des Projektivismus —— 381

9.4.4 Der Einwand der »Absonderlichkeit« —— 383
9.4.5 Metaphysik als „Joker" —— 388
9.5 Der Naturalistische Fehlschluss —— 389
9.6 Versuche einer normativen Evolutionären Ethik —— 391
9.6.1 Robert Richards – Moral durch Gruppenselektion —— 392
9.6.2 Brian Zamulinski – Moral als Evolutionäres Nebenprodukt —— 401
9.6.3 Michael Schmidt-Salomon – Evolutionärer Humanismus (EH) —— 406
9.7 Metaethische Überlegungen —— 416
9.7.1 Die Notwendigkeit einer Wertsetzung —— 416
9.7.2 Ceteris Paribus Untersuchungen —— 418
9.7.3 Der Mehrwert der Selbst-Realisierung —— 421
9.7.4 Was sollen wir tun? —— 422

10 »BEZIEHUNGSTYP-ETHIK« —— 424
10.1 Die drei natürlichen Beziehungskonzepte —— 425
10.1.1 Mentale Konzepte bilden soziale Strukturen —— 427
10.1.2 Mentale Konzepte stellen soziale Fragen —— 429
10.1.3 Das Konzept der Interaktion —— 431
10.1.4 Das Konzept der Identität —— 436
10.1.5 Das Konzept der Intimität —— 439
10.1.6 Die Rechtfertigung von Bestrafungen —— 442
10.1.7 Falsche Zuordnungen —— 444
10.1.8 Die Zuschreibung von „Schuld" in den drei Beziehungskonzepten —— 445
10.1.9 Die Asymmetrie zwischen Interaktion – Identität – Intimität —— 447
10.2 Die Metakategorie »Universalität« – Ein evolutionäres Nebenprodukt —— 452
10.2.1 Die verantwortlichen Anpassungen —— 452
10.2.2 Eine universale Ethik der SICHERHEIT —— 455
10.2.3 Die Evolution des Menschenrechtsethos —— 464
10.2.4 Extremformen menschlichen Lebens —— 468
10.2.5 Eine universale Ethik des ENGAGEMENTS —— 472
10.3 Die Möglichkeit normativer Aussagen —— 483
10.3.1 Einwände —— 483
10.3.2 Vom deskriptiven Modell zu präskriptiven Aussagen —— 487

11 Nächstenliebe —— 491
11.1 Nächstenliebe als eine Tugend —— 491
11.1.1 Die Entwicklungspsychologie der Nächstenliebe —— 491
11.1.2 Selbstliebe und Nächstenliebe —— 496

11.2   Nächstenliebe und Weltanschauung —— 499
11.2.1   Idee und Motivation —— 501
11.2.2   Atheistisch-materialistische Möglichkeiten einer Person$_{3U}$ —— 503
11.2.3   Nondualistisch-buddhistische Möglichkeiten einer Person$_{3U}$ —— 508
11.2.4   Christlich-personale Möglichkeiten einer Person$_{3U}$ —— 514
11.2.5   Der praktische Einfluss von Weltanschauungen —— 528

12   Rückblick und Ausblick eines Biologen und Theologen —— 534
12.1   Eine neue Biologie —— 534
12.2   Die interdisziplinäre Arbeit als Zusammenschau —— 536
12.3   Moral und Ethik —— 537
12.4   »BEZIEHUNGSTYP-ETHIK« —— 538
12.5   Die Struktur der Wirklichkeit —— 540

Anhang

A.1 Nicht-lineare Dynamik komplexer Systeme —— 545

A.2 Mechanismen generationenübergreifender epigenetischer
    Vererbung —— 549

A.3 Evolution eusozialer Superorganismen —— 553

A.4 Ein Wettstreit der Memplexe: Evolutionärer Humanismus (EH) und
    Christliches Ethos (CE) —— 562
    Die Beurteilung von Personen und Handlungen —— 563
    Freiheit und Schuld —— 569
    Der eigene Anspruch und der Anspruch anderer —— 571
    Die Person – Menschenrechte, Menschenwürde —— 572
    Selbst-Realisierung in den Memplexen —— 576
    Bemerkungen zum „Wettstreit" —— 578

Literatur —— 579

Index —— 634

1 Einleitung und Methodik

1.1 Situation

Typisch für die Postmoderne ist die enorme Diversifizierung der Lebenswelten. Die Welt kann kaum noch durch eine einzelne Zentralperspektive begriffen werden. Die Religionen, die sich ehemals als Volksreligionen wie selbstverständlich angeboten hatten, sind eine Möglichkeit unter vielen geworden. Man muss sich so in verschiedenen Lebenswelten zurechtfinden, deren Eigenschaften gelegentlich auseinanderfallen und deren Grundlagen teilweise widersprüchlich sind. Als weltanschauliche Hauptkontrahenten treten hier die Naturwissenschaften und die Religiosität in Erscheinung, die oft als unvereinbar gegensätzlich stilisiert werden. Die daraus folgende innere Nicht-Beheimatung kann durch eine Abschottung in eine religiöse Sonderwelt einerseits oder durch einen kompletten Auszug aus der Religiosität andererseits aufgelöst werden. Die Alternativen dazu sind Formen einer „friedlichen Koexistenz": Man erlebt die religiöse Welt als Aussteigen aus der Realität, in eine Welt, wo man mal abschalten kann und andere spirituelle, nicht-öffentliche Bedürfnisse stillt. Die *Sehnsucht nach einer echten Integration* der Lebensbereiche weicht dann oft einer Resignation und einer Kompartimentierung ohne Berührungspunkte. Heraus kommt ein „religiöses Ich", das vom andern abgetrennt existiert. Die Suche nach einer echten Integration wird dabei von einer polarisierenden Medienwelt zusätzlich erschwert und verlangt von demjenigen, der sie unternimmt, eine hohe Eigenleistung und aktive, gezielte Informationssuche. Das Risiko ist außerdem groß, dann von weniger integrativen Zeitgenossen angefeindet zu werden. Die vorliegende Arbeit möchte in dieser Situation ein Beispiel geben und die Mittel zur Verfügung stellen, wie man sich in den verschiedenen Wissenschaftswelten bewegen kann, ohne immer wieder die eine von der andern abspalten zu müssen.

Die Biologie inszeniert sich in der Hand von Atheisten derzeit gern als Allerklärungs-Instrument. Im Rahmen eines soziobiologischen Weltbilds erscheinen die Geisteswissenschaften, Ethik und die Religion dann als funktional erklärbare Epiphänomene evolutionärer Überlebensstrategien, auf die in einem zweiten Schritt dann auch verzichtet werden kann.[1] Gegenüber solchen „Erklärungsver-

---

1 Edward Osborne Wilson, *Sociobiology: The New Synthesis* (Cambridge: Belknap Press, 1975), 562–564.

suchen", die die Phänomene *weg*erklären, statt sie verständlich zu machen,² wehren sich die Geisteswissenschaften, drohen aber ins Hintertreffen zu geraten, da die Wahrheitskompetenz von der Öffentlichkeit bei den Naturwissenschaften gesehen wird. Angesichts der geringen Schützenhilfe aus den Reihen der Biologen musste es so zu Abgrenzung, Immunisierung und zum weitgehenden Verzicht auf den Dialog kommen. Unter allen Geisteswissenschaften war hier die Theologie wohl jene, die am aktivsten weiterhin den Dialog und den Disput gesucht hat. Dies ist nicht verwunderlich, denn da die Theologie ein Paradigma vertritt, das einerseits die Gesamtheit der Wirklichkeit in den Blick nimmt und andererseits für Menschen eine alltagsrelevante Frohe Botschaft sein können soll, konnte sie die medial präsente Herausforderung der Soziobiologie nicht einfach totschweigen und zum Alltagsgeschäft übergehen. Auch aufgeschlossene Naturwissenschaftler fordern von der Theologie den Dialog, wozu es dann auch gehöre, die eigenen Begriffe wie „Seele", „Geist", „creatio continua" und ähnliches klarer zu definieren.³ Wo es zu einer *aufgeschlossenen* Zusammenarbeit kommt, führt dies häufig zu sehr respektablen Ergebnissen.⁴

In der Öffentlichkeit präsenter ist derzeit die Radikalisierungsbewegung hin zu einem entschiedenen Atheismus, der den politischen Einfluss der Kirchen nicht mehr hinnehmen will.⁵ Die in diesem Rahmen bewusst kontrovers geführten Dispute versuchen nicht, die Möglichkeiten des Gesprächs auszuloten und sind deshalb auch innerhalb ihres eigenen Fachbereichs nicht motiviert, die aktu-

---

2 Robert Spaemann, "Deszendenz und Intelligent Design," in *Schöpfung und Evolution – Eine Tagung mit Papst Benedikt XVI. in Castel Gandolfo*, ed. S O Horn und S Wiedenhofer (Augsburg: St. Ulrich Verlag, 2007), 57–64.
3 So der Religionsanthropologe Pascal Boyer in der ZEIT (http://www.zeit.de/2008/34/P-Boyer; Zugriff am 26.08.2011). Einige Theologen tun dies durchaus: in Deutschland z.B. Ulrich Lüke (2001, 2006), Caspar Söling (1995) oder Godehard Brüntrup (2008).
4 z.B. die 1966 gegründete Zeitschrift „Zygon: Journal of Religion & Science" (www.zygonjournal.org), die 1987 gegründete John Templeton Foundation (www.templeton.org) und in Deutschland das forum-grenzfragen (www.forum-grenzfragen.de). Ein herausragendes Zeugnis fruchtbarer Zusammenarbeit zum Thema Ethik ist etwa Philip Clayton und Jeffrey Schloss [Hrsg.], *Evolution and Ethics. Human Morality in Biological & Religious Perspective* (Cambridge: William B Eerdmans, 2004).
5 In Deutschland ist hier die Giordano-Bruno-Stiftung (www.giordano-bruno-Stiftung.de) mit vielen namhaften Wissenschaftlern und „Deutschlands Chef-Atheist" (SPIEGEL, 29.5.2007) Michael Schmidt-Salomon als Geschäftsführer maßgeblich. In den USA ist die Radikalisierung viel massiver. Hier wird die starke Kreationismus-Bewegung von Wissenschaftlern (zurecht) als Bedrohung wahrgenommen (David Sloan Wilson, pers. Komm.). Dies führt als Gegenreaktion zu einem äußerst aggressiven, kompromisslosen „New Atheism" mit Richard Dawkins (Evolutionsbiologe, UK), Sam Harris (Neurobiologe) und dem im Dezember 2011 verstorbenen Christopher Hitchens (Journalist) als Leitfiguren.

ellsten und anschlussfähigsten Hypothesen und Erkenntnisse einzubringen. Biologische „Fakten" zeichnen sich hier durch eine geringe Aktualität, Eklektizismus oder übertriebene Gewissheit aus und bei den theologischen „Fakten" findet man wenig Mut zur Neuinterpretation.

Der Hinweis aus der Theologie, dass man erst einmal abwarten wolle, ob sich die naturwissenschaftlichen Hypothesen überhaupt bewähren, ist für das Kirchliche Lehramt sicherlich angemessen, darf aber nicht zu Bequemlichkeit im Dialog führen. Und wer schließlich als Theologe im konstruktiven Dialog direkt engagiert sein möchte, hat keine andere Wahl, als die derzeit aktuellen Ergebnisse – gemäß ihrer Stichhaltigkeit – ernst zu nehmen, aber gleichzeitig auch ein Gegenüber zu bleiben. Es geht um ein Mit- und ein Gegeneinander, in dem der eine den anderen befruchtet und man sich gegenseitig auf Einseitigkeiten aufmerksam macht. Eine Veränderung der Lehre – wie sie derzeit in der Evolutionsbiologie stattfindet – ist dann nicht Grund zur Klage[6] oder Häme, sondern ein Gewinn bei dem beide „Gegner" gereift hervorgehen.[7]

Die Römisch-Katholische Theologie hat gemäß ihrem eigenen Selbstverständnis dabei nichts zu verlieren, sondern nur zu gewinnen: *„Deshalb wird die methodische Forschung in allen Disziplinen, wenn sie in einer wirklich wissenschaftlichen Weise und gemäß den sittlichen Normen vorgeht, niemals dem Glauben wahrhaft widerstreiten, weil die profanen Dinge und die Dinge des Glaubens sich von demselben Gott herleiten."*[8] Naturwissenschaftliche Wahrheiten können den theologischen nicht entgegenstehen. Wo ein Konflikt vorhanden ist, geht es deshalb entweder darum, die naturwissenschaftlichen Fakten klar zu bekommen, oder die Bedeutung der eigenen theologischen Lehre neu zu erkennen und deren geschichtliche Ausformulierungen zu re-interpretieren, was in der Vergangenheit ja immer wieder vorgekommen ist.[9]

---

6 Christoph Kardinal Schönborn stellt fest, dass die Naturwissenschaft sich nicht dafür entschuldigt, wenn sie jemanden jahrelang beschimpft hat, für etwas, das sich jetzt als richtig herausstellt; S O Horn und S Wiedenhofer [Hrsg.], *Schöpfung und Evolution – Eine Tagung mit Papst Benedikt XVI. in Castel Gandolfo* (Augsburg: St. Ulrich Verlag, 2007), S. 145.
7 In solchem „Kampf" ist es wichtig, einander die Freiheit zur internen Veränderung einzuräumen und den „Gegner" so als bleibendes, befruchtendes Gegenüber zu erhalten; vgl. Karl Rahner, "Christlicher Humanismus" in *Schriften zur Theologie VIII* (Einsiedeln: Benziger, 1967), 258f.
8 II. Vatikanisches Konzil: Pastoralkonstitution „Gaudium et spes", GS 36.
9 „*Aber grundsätzlich und nach der Erfahrung der Geschichte ist es eben doch so, daß in solchen Konfliktfällen zwischen Theologie und Naturwissenschaft die Theologie ebensogut und oft gezwungen wird, sich selber zu revidieren, sich selber besser zu verstehen, der Naturwissenschaft nachzugeben.*"(S. 67) Karl Rahner, "Zum Verhältnis von Naturwissenschaft und Theologie," in *Schriften zur Theologie XIV* (Einsiedeln: Benziger, 1980), 63–72.

1.2 Die Theologie als Gesprächspartner

In der vorliegenden Arbeit wird aus praktischen Gründen großteils auf Vertreter der römisch-katholischen Theologie Bezug genommen. Es handelt sich um die zahlenmäßig größte Denomination und für den Autor hat dies den doppelten Vorteil der eigenen Verwurzelung und eines offiziellen Lehramtes. Dennoch sollen nur solche Aussagen verwendet werden, bei denen auch ein großer konfessionsübergreifender Konsens erwartet werden kann.

Die aussichtsreichsten Anknüpfungspunkte zur Naturwissenschaft bietet dabei das *kommunikationstheoretische Offenbarungsverständnis*, das sich im Lauf des 20. Jahrhunderts zunehmend in der römisch-katholischen Kirche durchgesetzt und dort zur »anthropologischen Wende« geführt hat. Das Vorgängermodell, das auch heute noch – nun aber deutlich eingeschränkte – Geltung beansprucht, ist das instruktionstheoretische Paradigma der Neuscholastik und des 19. Jahrhunderts. Es geht davon aus, dass es einerseits eine rein natürliche, sichere Erkenntnismöglichkeit Gottes gibt, dass aber »Offenbarung« durch belehrende Mitteilung ansonsten geheimnisvoller Inhalte geschieht, die vom Menschen nicht erkannt werden können, von der Kirche verwaltet werden und „wegen der Autorität des offenbarenden Gottes" zu glauben seien.[10] Das neue kommunikationstheoretische Paradigma geht dagegen davon aus, dass Offenbarung nicht die Mitteilung von Sachverhalten meint, sondern die Selbstmitteilung Gottes. »Offenbarung« ist ein kommunikatives, interpersonales und geschichtliches Geschehen. Karl Rahner spricht vom „Übernatürlichen Existenzial" des Menschen, und bestimmt damit eine inhärente Selbstmitteilung Gottes als *wesentliche Eigenschaft* jeder menschlichen Existenz. Mitteilung setzt allerdings Empfangsbereitschaft voraus, so dass der Mensch in freier Wahl entscheidet, ob er sich dafür öffnet und so den Horizont auf die An-Wesenheit des ganz Anderen aufbricht und zum »Hörer des Wortes« von Gottes Selbstmitteilung wird, oder ob nicht.[11]

Obwohl theologische und naturwissenschaftliche Anthropologie demnach konvergieren müssten, ist doch eine Identität prinzipiell nicht erreichbar. Die theologische Anthropologie geht nie ganz in der anderen auf, weil in beiden zwar die Bezogenheit auf einen Grund und Ursprung gegeben ist, aber nur in der theologischen zugleich das Ziel als Gegenüber aufscheint. So dass das Wort Gottes als »natürliche Offenbarung« in der Natur des Menschen und in der gesamten Wirklichkeit zwar stets ergeht, aber doch auch erst erhorcht werden muss, um im

---

[10] vgl. I. Vatikan. Konzil (1870): Dogmat. Konst. „*Dei filius*" über den katholischen Glauben, DS 3000–3045.
[11] Karl Rahner entwickelt dieses Kommunikationsmodell von Offenbarung vor allem in Karl Rahner, *Hörer des Wortes* (München: Kösel, 1969).

eigentlichen Sinn „Offenbarung" als *Ausgesprochenes oder Aus-Geschwiegenes eines ganz Anderen* sein zu können.[12]

Das kommunikationstheoretische Paradigma beschreibt eine doppelte Wirklichkeit, weil Kommunikation immer zwei Seiten, die eines Senders und die eines Empfängers voraussetzt. Es ist offensichtlich, dass die Seite des menschlichen Empfängers theologisch wie biologisch in den Blick genommen werden kann. Die Seite des göttlichen Senders zu beschreiben scheint zwar zunächst eine typisch theologische Aufgabe zu sein, doch dies täuscht in zweifacher Weise. Zum einen kann zumindest das Gesendete, die Botschaft, auch naturwissenschaftlich erfasst werden, weil es in der Reaktion des Empfängers rekonstruierbar wird. Die Botschaft kann hier ebensogut Wahrheit wie Illusion repräsentieren. Zum anderen muss die Theologie anerkennen, dass sie im Grunde auch nicht mehr vermag, als ausschließlich die Botschaft wahrzunehmen und von ihr aus weiterzudenken, während der Sender selbst der ganz Verborgene bleibt.

Theologisch klingt es so:
Obwohl Offenbarung Gottes nicht von dieser Welt ist, geschieht sie doch immer in diese *konkrete* Welt hinein und damit in Abhängigkeit von Raum und Zeit und in einer geschichtlichen und wahrnehmbaren Gestalt.[13] Weil es sich um eine Selbstmitteilung Gottes handelt, ist ihr Charakter personal und kommunikativ und zielt auf das horchende Gegenüber: Einen Menschen, zu dessen wesentlichen Eigenschaften es gehört, auf diesen An-Spruch hin existenziell ausgerichtet zu sein.[14]

Biologisch klingt es so:
In der kognitiven Entwicklung von Kindern lässt sich eine Neigung beobachten, Ereignisse als intentional verursacht zu erklären, die Welt als ein Ergebnis von Design mit einem bestimmten Zweck zu verstehen und andere als allwissend und unsterblich zu betrachten. Wir kommen als „natürlich Religiöse" zur Welt, weil die Art und Weise, wie unser Gehirn Probleme löst, einen „gott-förmigen" konzeptionellen Raum schafft, der nur darauf wartet, mit den Details jener Kultur gefüllt zu werden, in die wir hineingeboren werden.[15]

---

[12] vgl. ebd., bes. 137–149 und 213f.
[13] Heinrich Fries, "Fundamentaltheologie" in *Sacramentum Mundi*, Band 2 (Freiburg i. Br.: Herder, 1968), 145.
[14] vgl. Rahner, *Hörer des Wortes*, 211–214. // Herbert Vorgrimler, "Der Begriff der Selbsttranszendenz in der Theologie Karl Rahners" in *Wagnis Theologie – Erfahrungen mit der Theologie Karl Rahners* (Freiburg im Breisgau: Herder, 1979), 244.
[15] Justin L. Barrett, "Born Believers," *New Scientist* 2856 (2012): 38–41. // Der Verdacht, dass es sich deshalb um einen kindischen Glauben handelt – wie jenen an den Weihnachtsmann – ist

Auch wenn beide Formulierungen das Phänomen jeweils nur beschreiben, so bleibt die Art und Weise, wie sie dies tun, doch nicht ohne spezifische Auswirkung. Wie man über etwas *am* Menschen spricht beeinflusst immer auch das Bild, das man sich *vom* Menschen macht und zwar auch dann, wenn man keine weltanschaulichen Grenzüberschreitungen begeht.[16] Es gibt jedoch nicht nur einen formalen Unterschied, sondern auch einen inhaltlichen: Für beide Fachbereiche gilt „*Von Gott reden heißt vom Menschen reden.*" Aber nur für die Theologie gilt auch die Umkehrung: „*Vom Menschen reden heißt von Gott reden.*"[17] Dieser theologische Grundsatz macht Anthropologie erst zu einer theo-logischen Disziplin.[18]

1.2.1 Das implizite Projekt: Integration

Ein Vergleich kann die Ausrichtung und die Leistung dieser Arbeit verdeutlichen. In der Offenbarung durch die Heilige Schrift gibt es einen Kanon, dessen Schriftbestand von Archäologen und Theologen irgendwann zusammengetragen, bestimmt und definiert werden musste. Dabei ist es nicht selten sogar von Vorteil, wenn der Archäologe Atheist ist, da dieser die Rekonstruktion des Textes unvoreingenommener ausführen kann. Sobald der Text gesichert ist, kann man sich an die Interpretation machen, wobei vor allem die Entstehungsbedingungen und der spezifische Kontext berücksichtigt werden müssen. In paralleler Weise besitzt auch die natürliche Offenbarung einen bestimmten Inhalt, der nach und nach immer besser erkannt wird, der aus den verschiedenen Wissenschaftsdisziplinen

---

unbegründet. Offensichtlich kann man aufgrund von rationalem Denken als Erwachsener wieder religiös werden – was beim Weihnachtsmann kaum möglich scheint. Es gibt auch viele andere rationale Überzeugungen, die ebenfalls in der Kindheit beginnen, wie die Permanenz von Objekten, die kausale Vorhersagbarkeit, dass andere Intentionen haben, dass die Mutter uns liebt usw; ebd., „The Santa Delusion", 41.

16 vgl. Rahner, "Zum Verhältnis von Naturwissenschaft und Theologie."
17 Fries, "Fundamentaltheologie", 147.
18 Die Gefahr, dass dadurch der Mensch entweder zu einer bloßen Funktion Gottes – zu einer Emanation statt eines echten freien Gegenübers – degradiert oder von einem übermächtigenden Gott okkupiert wird, muss dann noch durch ein zweites Axiom abgewendet werden: „*Die radikale Abhängigkeit von ihm* [Gott, Anm. d. Verf.] *wächst nicht in umgekehrter, sondern in gleicher Proportion mit einem wahrhaftigen Selbstand vor ihm.*" Karl Rahner, „Über das Verhältnis von Natur und Gnade" in *Schriften zur Theologie I* (Zürich: Benziger, 1954), 183. // Je freier der Mensch also wird und je autonomer er sich selbst realisiert, desto präsenter und durchschlagender ist Gott in dessen Handlungen. Dies ist freilich nur dann nicht paradox, wenn es sich um ein Verhältnis freigebender Liebe handelt.

möglichst unvoreingenommen zusammengetragen und zu einem sinnvollen Ganzen rekonstruiert werden muss. Die naturwissenschaftliche Anthropologie ist daher so etwas wie der (sich nach und nach enthüllende) Kanon der göttlichen Offenbarung im Modus der menschlichen Natur. Neue Erkenntnisse führen hier zu ständiger Modifizierung und Präzisierung. Damit ist es eine theologisch bedeutsame Aufgabe, den aktuellen „Schriftbestand" dieses anthropologischen Kanons lesbar zu machen und eine je aktuelle Anthropologie zu beschreiben. Dies ist ein Ziel – vom Umfang her das größte – der vorliegenden Arbeit.

Eine weitere Aufgabe besteht dann darin, die naturwissenschaftliche Anthropologie von der Theologie her zu erschließen. Dies gelingt durch die Bestimmung der eigenen Möglichkeiten: Welche theologischen Schulen und Theorien bieten gute Anschlussmöglichkeiten? Wo werden, in oft völlig unterschiedlichen Worten, die gleichen Inhalte ausgedrückt? Wo entdeckt man Parallelen und wo kommt es zu unversöhnlichen Widersprüchen? Identität ist dabei nicht erstrebenswert, denn sie würde ebenfalls den Verlust der Interdisziplinarität bedeuten. Es handelt sich ja um bleibend verschiedene Erkenntnisebenen, die nicht monoton mit einer Stimme sprechen dürfen, sondern immer nur polyphon sich selbst treu bleiben.

Wo Konflikte auftreten, müssen diese analysiert werden: Ein Konflikt zwischen zutreffenden Fakten und einer Weltanschauung muss zu einer Veränderung dieser Weltanschauung führen. Bezieht sich der Konflikt dagegen auf die *Interpretation* von Fakten, ist es also ein Konflikt zwischen zwei verschiedenen Weltanschauungen oder gibt es plausible Alternativinterpretationen,[19] dann muss möglicherweise Widerstand geleistet und die Konflikthaftigkeit ausgehalten werden, wobei man im interdisziplinären Gespräch von beiden Seiten erwarten darf, dass sie ihre Möglichkeiten des Aufeinander-Zu-Gehens auch tatsächlich ausreizen und sich nicht hinter entbehrlichen Bollwerken verschanzen. Um sich hier richtig zu positionieren ist es unabdingbar, die Sicherheit der naturwissen-

---

[19] Es gibt zwei Arten der Interpretation: Erstens den Versuch, die Daten in einen plausiblen Zusammenhang zu bringen, der aber selbst nur hypothetisch ist. Dies ist ein legitimes und notwendiges naturwissenschaftliches Verfahren und führt zu prinzipiell falsifizierbaren, so genannten „Just-So-Stories". Zweitens den Versuch aufgrund von weltanschaulichen Vorentscheidungen überhaupt nur bestimmte Interpretationen zuzulassen. Dabei wird der Bereich der Naturwissenschaft verlassen. Diese Vorgehensweise ist innerhalb der Naturwissenschaft nicht legitim und auch außerhalb sollten die Prämissen der Vorentscheidung redlicherweise transparent gemacht werden.

schaftlichen Aussagen zu kennen: Handelt es sich um eine Hypothese, eine Theorie oder um eine Gewissheit.[20]

Diese Arbeit bewegt sich daher von zwei Seiten – durch die Entwicklung einer aktuellen Anthropologie einerseits und durch das Aufzeigen von Anschlussmöglichkeiten und damit der weltanschaulichen Konkurrenzfähigkeit der Theologie andererseits – auf jene Schwelle zu, wo der anthropologische Kanon lesbar ist und der Schritt zu einer religiösen Einstellung, also »Hörender einer darin enthaltenen Selbstmitteilung Gottes« zu werden, nicht mehr als dissoziierend erscheinen muss, sondern als integrierend empfunden werden kann. Der Leser wird an die Schwelle zwischen Beschreibung und Offenbarung gebracht, doch ob er sie überschreitet bleibt ihm selbst überlassen. Jeder Schritt weiter würde die Interdisziplinarität am Ende wieder preisgeben. Vielleicht wäre dadurch der theologische Charakter der Arbeit deutlicher, so dass man sich nicht mehr fragen müsste, warum diese Arbeit eine Dissertation in Theologie darstellt. Doch ob sie eine theologische Arbeit ist oder nicht, entscheidet in diesem Fall nicht der Autor, sondern der Leser. Er soll – und muss im interdisziplinären Gespräch – die freie Möglichkeit behalten, zum »Hörer« zu werden oder nicht.

1.2.2 Das explizite Projekt: Beschreibung von Ethik und Moral

In der vorliegenden Arbeit geht es nicht um die Darstellung einer allgemeinen Anthropologie, sondern um eine naturwissenschaftliche Beschreibung des Phänomens von Ethik und Moral und deren anthropologischer Voraussetzungen, Möglichkeiten und Begrenzungen. Diese Fokussierung bietet mehrere Vorteile:

Eingrenzung auf empirisch erschlossene Phänomene
In einer umfassenden Anthropologie müssten Themen wie Tod, Transzendenzbezug und Religiosität des Menschen behandelt werden, zu denen zwar Hypothesen, aber kaum Daten vorliegen. Der Fokus auf die Ethik macht hier eine Beschränkung möglich und geboten, die sich noch enger am Empirischen orientieren kann. Ein ausschlaggebendes Kriterium für die Wahl des Themas war daher die ausreichende Verfügbarkeit entsprechender Studien.

---

[20] Will man die Naturwissenschaft dabei nicht um ihre Eigenständigkeit und damit den Dialog um seine Kraft bringen, dürfen zur Einschätzung der *naturwissenschaftlichen* Stichhaltigkeit dann aber keine Fremdkriterien wie »Übereinstimmung mit *metaphysischen* Axiomen« (z. B. Rahner 1967a, 1258) verwendet werden. Hier fühlen sich Naturwissenschaftler zu Recht nicht ernst genommen.

Vergleichbarkeit durch Messbarkeit
In der Ethik verbindet sich das Weltbild mit den konkreten Entscheidungen des Alltags. Dies macht moralische Phänomene für sozialpsychologische und für neurophysiologische Experimente zugänglich. Man erhält so quantitative Daten. Dies eröffnet außerdem die Möglichkeit des Vergleichs mit ähnlichem Verhalten bei Tieren.

Potentielle praktische Relevanz der Ergebnisse
Das erwartete Ergebnis ist eine Beschreibung der menschlichen Wirklichkeit des Phänomens Moral und Ethik. Solche deskriptiven Aussagen können neben der Tatsache, dass sie interessant sind und den Menschen besser verstehen lassen, dreierlei praktisch-ethische Relevanz haben: Erstens können dadurch die menschlichen Möglichkeiten und Unmöglichkeiten erkannt werden. So ist es ein ethischer Grundsatz, dass das Unmögliche auch nicht gefordert werden kann. Zweitens besitzt jeder Ethikentwurf bestimmte Prämissen. Wer solche Prämissen mit deskriptiven Aussagen verbindet, kann so zu anthropologisch begründeten normativen Aussagen kommen (die aber nur dann korrekt sind, wenn die Prämissen auch tatsächlich wahr sind). Drittens können die Bedingungen und Faktoren erkannt werden, die dafür verantwortlich sind, warum Menschen sich eher prosozial oder egoistisch, eher gewaltbereit oder unterstützend verhalten. So können jene pädagogischen und umweltgestalterischen Maßnahmen erkannt werden, die das gewünschte Verhalten fördern.

Universale Perspektive
Das Thema Ethik und Moral ist im Vergleich zu einer Gesamtanthropologie zwar eingeschränkt, hat aber doch eine universale Perspektive, weil in diesen Themen bereits die Frage nach einem Sinn des Seins und nach der Vollendung und Verfehlung der eigenen Existenz auftaucht. Es geht also bei diesem Teilbereich für den Einzelnen bereits um das Ganze seines Mensch-Seins.

1.3 Weltanschauliche Transparenz und Problemfelder

Wenn Gott sich in der Schöpfung selbst mitteilt, dann muss man in ihr auch eine Struktur entdecken können, die von ihm spricht.[21] Der Evolutionsbiologe Richard Dawkins sagt aber diesbezüglich:

> The universe we observe has precisely the properties we should expect if there is, at bottom, no design, no purpose, no evil and no good, nothing but blind, pitiless indifference.[22]

Dies ist eine steile These, die aber nicht ohne weiteres von der Hand zu weisen ist. Die entscheidende Frage ist, ob man zu dieser Erkenntnis allein aufgrund naturwissenschaftlicher Fakten gelangen kann oder ob hier nicht doch zuvor schon eine weltanschauliche Entscheidung getroffen wurde. Dieser und anderer Fragen wird in der vorliegenden Arbeit nachgegangen, indem eine deskriptive Anthropologie erarbeitet wird, wie sie sich aus den Erkenntnissen der modernen Biologie und Sozialpsychologie heute ergibt. Ihre Interdisziplinarität zeichnet sich dadurch aus, dass auf die über einen gemeinsamen Nenner hinausgehenden metaphysischen oder weltanschaulichen Voraussetzungen der betreffenden Fachbereiche argumentativ bewusst verzichtet wird. Transzendente Wirklichkeiten werden also weder vorausgesetzt noch ausgeschlossen. Soweit dies möglich ist, soll ein nichtintentionaler Blick auf die empirische Wirklichkeit geworfen werden. Ein solches Projekt stößt aber auf mehrere Schwierigkeiten:

Weltanschauung kann nicht ganz vermieden werden: Der gemeinsame Nenner findet sich in der methodischen Beschränkung auf Daten und deren logische Folgerungen und auf im Gesamtzusammenhang plausible und falsifizierbare Interpretationen. Zusätzlich müssen aber zwei Prämissen notwendig vorausgesetzt werden, damit man sich interdisziplinär gegenseitig befruchten kann. In diesen Prämissen verbirgt sich zwar ein Weltbild,. doch dieses ist so gewählt, dass es als gemeinsamer Ausgangspunkt für Naturwissenschaft und eine „anthropologisch gewendete" Theologie dienen kann:
– Notwendige Prämisse 1: *Alle kausalen Einflüsse, gleich ob transzendenten oder immanenten Ursprungs, müssen um wirksam zu sein, materielle Wirklichkeit erlangen.* Das bedeutet, dass sie zumindest prinzipiell naturwissenschaftlich

---

21 Biblisch z. B. angedeutet in Gen 1,27: Der Mensch als „Abbild Gottes"; Weish 7,22–8,1: der alles erfüllende Geist Gottes; vor allem aber Röm 1,20: „Seit Erschaffung der Welt wird seine unsichtbare Wirklichkeit an den Werken der Schöpfung mit der Vernunft wahrgenommen, seine ewige Macht und Gottheit."
22 Richard Dawkins, *River out of Eden. A Darwinian View of Life* (NY: Basic Books, 1995), 133.

nachweisbar sind. Es wird angenommen, dass es keine rein geistige Wirksamkeit gibt. Das bedeutet nicht, dass es keine transzendente Wirklichkeit gibt, sondern es bedeutet, dass diese – wenn es sie gibt – eine bestimmte Wirkweise hat, nämlich so, dass sie sich der Kreatur so vermittelt, dass diese das Empfangene selbst aktiv wirkt und nicht nur passiv empfängt.[23] Prämisse 1 läuft also nicht auf einen Materialismus hinaus, sondern dient der Vermeidung eines Dualismus.
- Notwendige Prämisse 2: *Der Ursprung kann in der Struktur des Seienden wiedererkannt werden.* Auf biologischer Ebene wird dies durch evolutiv geformte und sich entwickelnde Lebewesen gewährleistet, auf theologischer Ebene ist dies die Bedingung der Möglichkeit, dass Kreatur überhaupt zur Selbstmitteilung eines Schöpfers werden kann.

Nicht-Intentionalität ist illusorisch: In Kapitel 7.1.1 wird deutlich werden, dass wir die Auswirkungen unserer Intentionen nicht bewusst kontrollieren können. Wenn ein Ziel vorhanden ist – für einen Theologen vielleicht der Wunsch, den eigenen Glauben zu bestätigen, für einen katholischen Theologen vielleicht zusätzlich der Wunsch, dem Lehramt nicht zu widersprechen –, dann richtet sich unwillkürlich die Aufmerksamkeit darauf, und die unbewussten kognitiven Kräfte bewegen das ganze Denksystem unweigerlich in Richtung auf dieses Ziel, es sei denn es stellen sich unüberwindliche Hindernisse in den Weg.

Vermutlich besitzt jeder solche unbewussten Biases, die die eigenen Überzeugungen lieber bestätigen als widerlegen möchten. Ein Projekt wie das vorliegende, von einem Biologen und katholischen Theologen durchgeführt, *wird solche Biases besitzen*. Während der Arbeit mussten allerdings häufig die erwarteten Ergebnisse aufgrund der Evidenzen revidiert werden, so dass die Hoffnung besteht, dass die Voreingenommenheit nicht allzu sehr aufs Ergebnis durchschlagen konnte. Die Korrekturen aufgrund von Daten erfolgten allerdings meist zugunsten der theologischen Position, was durchaus misstrauisch stimmen darf. Ob und wo in dieser Arbeit ein unbewusster Bias im Weg stand, muss von anderen, die diesen Bias nicht besitzen – zumindest nicht als unbewussten –, geprüft werden. Nach einem Projekt der Zusammenschau und der Integration bedarf es deshalb notwendig einer Phase der Differenzierung und der detaillierten Kritik aus anderen Blickwinkeln.

---

[23] Karl Rahner, "Evolution, Evolutionismus" in *Sacramentum Mundi*, Band 1 (Freiburg i. Br.: Herder, 1967a), Spalte 1253 f. // siehe ausführlicher Kap. 9.3.1.2.

Naturwissenschaftliche Erkenntnisse ändern sich: Das Untersuchungsfeld, das dargestellt wird, erlebt gerade in diesen ersten Jahrzehnten des 21. Jahrhunderts einen Umbruch und die Modelle sind im Fluss. Es wurde daher in der Arbeit auf exotische Theorien verzichtet und nur allgemein respektierte Forschungsergebnisse herangezogen,[24] die bereits eine gewisse Eigendynamik erkennen lassen und sich ins umbrechende Gesamtfeld bereichernd und plausibel einfügen. Schon sehr bald werden sich vermutlich viele dieser Modelle erhärten und andere werden modifiziert oder verworfen werden.

Der interdisziplinäre Dialog leidet unter Einseitigkeit: Während die Theologie ihre Anschlussfähigkeit zur Naturwissenschaft postulieren und anstreben muss, gibt es kein entsprechendes notwendiges Interesse der Naturwissenschaften an der Theologie. Was die Theologie hier einzubringen hat, ist ihre kritische, philosophische Kompetenz, indem sie die impliziten weltanschaulichen Voraussetzungen aufdeckt und so den Raum für Alternativinterpretationen offenhält, und ihre theologische Kompetenz – als ein quasi-prophetischer Dienst –, indem sie vom eigenen Menschenbild her Anregungen gibt, wo inhaltliche Engführungen zu vermuten sind und in welche Richtung möglicherweise erkenntnisbringend geforscht werden könnte.

Es besteht die Gefahr von Missverständnissen: Da viele wesentliche Begriffe bereits innerhalb der Fachbereiche uneinheitlich verwendet werden, ist im interdisziplinären Dialog umso mehr mit Missverständnissen zu rechnen. Der erste Schritt bei einem Konflikt ist deshalb die Klärung, was denn jeweils gemeint ist. Üblicherweise gehört dazu, dass man eine gemeinsame Sprache findet. Dies ist aber oft nicht praktikabel und die Gefahr, den anderen falsch zu verstehen, scheint geradezu ein wesentliches Element dieser Form von Dialog zu sein.

Es können in dieser Arbeit sicher nicht alle begrifflichen Gefahren ausgeräumt werden, doch an manchen kritischen Stellen werden die verwendeten Begriffe im Verlauf der Arbeit geklärt. Besonders notorisch ist allerdings die Diskrepanz bei den beiden Hauptbegriffen dieser Arbeit »Moral« und »Ethik«. Diese können bei den verschiedenen Philosophen so Unterschiedliches bedeuten, dass man manchmal den Eindruck erhält, es müsse sich wohl um beliebig definierbare, selbst inhaltslose Kategorien handeln. Allerdings lassen sich hier und vor allem im

---

24 Eine Ausnahme ist allerdings der kaum rezipierte Ethikentwurf von Brian Zamulinski (Kap. 9.6.2), der darin aber das nützliche Denkmuster der »Moral als evolutionäres Nebenprodukt« ausarbeitet.

Alltagsgebrauch Tendenzen erkennen, denen ich in dieser Arbeit folgen möchte. Demnach bezieht sich »**Moral**« eher auf Verpflichtungen und Verbote, deren Einhaltung entweder von außen eingefordert werden kann, oder mindestens ihren Übertreter in seinem Ansehen und seiner Vertrauenswürdigkeit sinken lässt. Der Begriff »**Ethik**« wird dagegen eher dann verwendet, wenn es um die Suche nach dem über die Pflichten hinaus „Besseren" geht oder um die Entwicklung von Tugenden. Darüber hinaus verwende ich den Begriff »**Moral**« hier als empirischen, *beschreibenden* Überbegriff der Phänomene, so wie es in der biologischen Literatur üblich ist. Als »**Ethiken**« bezeichne ich dagegen jene philosophischen und normativen Entwürfe, die ein „Sollen" konzeptuell zu begründen versuchen. In diesem Sinn werden in der vorliegenden Arbeit die Begriffe »Moral« und »Ethik« verwendet. Wenn davon abgewichen wird (z. B. in der Darstellung des Evolutionären Humanismus, Kap. 9.6.3), wird dies jeweils angezeigt.

1.4 Der Aufbau der Arbeit

Im ersten Teil der Arbeit „**Prinzipien der Evolution**" (Kap. 2–5) werden die Aussagen und Erkenntnisse der modernen Evolutionsbiologie dargestellt. Obwohl die Wissenschaftler schon vor über 20 Jahren begonnen haben, die Grundaussagen der Soziobiologie zu relativieren und sich nach und nach von deren Axiomen zu verabschieden,[25] ist dies in den deutschen Medien bis heute nicht angekommen. Stattdessen wird dort die »Soziobiologie« weiter als Leitbild inszeniert. Der gerade stattfindende Paradigmenwechsel in der Biologie, der in diesem Abschnitt vorgestellt wird, führt hier in mancher Hinsicht zu einem radikalen Umdenken. Die bahnbrechenden Wiederentdeckungen, die in **Kapitel 2** dargestellt werden, betreffen einerseits die Wirkung der Selektion auf verschiedenen Ebenen („Multi-Level-Selektion") und andererseits die Zusammenführung von Evolution, Entwicklungsbiologie und Ökologie in einer neuen Disziplin „(Eco) EvoDevo".

In **Kapitel 3** werden dann die Besonderheiten der Kulturellen Evolution behandelt, die zwar schon vergleichsweise früh anerkannt wurde, wo die Modelle aber auch erst in den letzten Jahren ein einigermaßen zufriedenstellendes Niveau erreicht haben. Die Abhandlung ist in diesem Abschnitt mitunter recht fachwissenschaftlich, doch es erscheint mir wichtig, aufgrund der hartnäckigen Verbreitung der „alten" Evolutionsbiologie, hier eine auch für Insider überzeugende

---

[25] Carmen J Schifellite, *Biology after the Sociobiology Debate: What Introductory Textbooks say about the Nature of Science and Organisms* (NY: Peter Lang, 2011), bes. 184–214.

Darstellung zu bieten. Deswegen werden immer wieder auch die dahinterstehenden Mechanismen beschrieben.

In **Kapitel 4** wird dann zusammengetragen, was man heute über die Evolution von Moral vermutet. Die hypothetische, phylogenetische Entwicklung macht auf die funktionale und evolutionsentscheidende Bedeutung menschlicher Moral aufmerksam. Sie offenbart sich dabei als uneinheitlich in ihrem Ursprung und ihrer sozialen Funktion und ihre dialektische Qualität wird von hier aus verstehbar. Schließlich geht es darum, die Auswirkungen einer evolutionären Denkweise für das Thema dieser Arbeit zu erkennen, deren ausgesprochen ästhetische Logik zu entdecken und ihre Fähigkeit, Dinge nicht nur zu beschreiben (proximat), sondern in ihrer Bedeutung zu verstehen (ultimat).

In **Kapitel 5** kommt die neue Evolutionstheorie schließlich auf den experimentellen Prüfstand. Mithilfe Ökonomischer Spiele können die inhärenten evolvierten Strategien untersucht und ihre Praxisrelevanz und Häufigkeit festgestellt werden. Es zeigt sich, dass das unterschiedliche Verhalten der Menschen in sozialen Interaktionen nicht allein durch die klassische Soziobiologie erklärbar ist, sondern die erweiterte Evolutionstheorie benötigt. Durch den Paradigmenwechsel wird nun auch der Altruismus, das „zentrale theoretische Problem der Soziobiologie",[26] biologisch verständlich und muss dazu nicht auf einen versteckten Egoismus der Gene reduziert werden.[27] Vielmehr wird sogar ein »Prinzip der Kooperation« als entscheidender Motor für die großen Schritte der Evolution erkennbar.

Im zweiten Teil der Arbeit **Natur des moralischen Sinns (Kap. 6–8)** werden die verschiedenen moral-relevanten, kognitiven Fähigkeiten des Menschen und die daraus resultierende, charakteristische Gestalt seines moralischen Sinnes vorgestellt. In **Kapitel 6** werden die verschiedenen Elemente der *sozialen* Kognition besprochen – zum Beispiel Emotionen, Empathie oder „Shared Intentionality" – und im Vergleich mit ähnlichen Fähigkeiten der Tiere wird ihre typisch menschliche Gestalt herausgearbeitet. Deren Eigenart beruht offenbar auf einer hohen Bereitschaft zu vertrauen, innere Zustände miteinander zu teilen und zu kooperieren.

In **Kapitel 7** geht es um die *allgemeinen* kognitiven Fähigkeiten: um die überraschende Begabung des Unbewussten, zielgerichtet und authentisch wirksam zu werden; um die Bedingungen für Selbstbewusstsein und dessen ontoge-

---

26 Wilson, *Sociobiology: The New Synthesis*, 3.
27 Mit dieser problematischen „Lösung" haben sich viele Theologen auseinandergesetzt; z. B. Andreas Knapp (1989), Hubert Meisinger (1996), Holmes Rolston III (1999) oder Stephen Pope (2007).

netische dialogische Entwicklung und um die Frage, ob der Mensch überhaupt Freiheit und damit Verantwortung für seine Entscheidungen besitzt. In diesem Kapitel wird außerdem deutlich, wie verbreitet nicht-lineare Dynamiken in den komplexen biologischen Systemen sind. Wer die Reaktionen solcher Systeme verstehen will – und wer in Zukunft überhaupt von sich behaupten möchte, er verstünde etwas von der Biologie des Menschen – kommt nicht umhin, sich mit nicht-linearem Denken vertraut zu machen und sich von einem einseitigen, intuitiv linearen Kausaldenken zu verabschieden. In Anhang 1 (S. 433) werden deshalb die Eigenschaften solcher komplexer Systeme dargestellt. Die Zustände komplexer Systeme sind zum Beispiel nicht mehr so sehr abhängig von ihren Ausgangsbedingungen, als vielmehr von – einer häufig begrenzten Anzahl – Konvergenzpunkten. Komplexe Dynamiken sind typisch für biologische Systeme und gelten in genetischen Netzwerken, im Gehirn, in der Persönlichkeitsentwicklung, in sozialen Gemeinschaften, in Wirtschaftssystemen, in Ökosystemen usw.

Nach der Klärung der kognitiven Voraussetzungen kann dann in **Kapitel 8** die empirische Gestalt des moralischen Sinns beschrieben und die dazugehörigen aktuellen Modelle beurteilt und in ihrer Verschiedenheit und Eigenart gewürdigt werden. Moral zeigt sich dabei als ein uneinheitliches, nicht für objektive Wahrheitsfindung, sondern eher für soziale Kompetenz optimiertes System. Schließlich lassen sich von hier aus die Bedingungen erkennen, unter denen Menschen eher moralisch oder eher unmoralisch handeln.

Im dritten Teil der Arbeit „**Anthropologische Ethik**" (Kap. 9–11) werden die Möglichkeiten und Unmöglichkeiten dargestellt, von einer deskriptiven Anthropologie aus zu begründetem ethischem Handeln zu gelangen. In **Kapitel 9** werden die gängigen Begründungsstrukturen und philosophischen Hindernisse vorgestellt und unter einem interdisziplinären Horizont – der offen ist für beides, metaphysische und nicht-metaphysische Lösungen – evaluiert.

Im Anschluss werden konkrete Versuche einer evolutionären Ethikbegründung untersucht, die jeweils unterschiedliche ultimate Ursachen postulieren: Robert Richards' Moral als Gruppen-Anpassung, Brian Zamulinskis Moral als evolutionäres Nebenprodukt und Michael Schmidt-Salomons »Evolutionärer Humanismus«, der von Individualselektion ausgeht.

Schmidt-Salomon verwendet die Religionen dabei teilweise verzerrend als Negativschablone, um vor deren „erbärmlicher Praxis"[28] dem eigenen Entwurf Glanz und gleichzeitig seinem atheistischen Anliegen Nachdruck zu verleihen.

---

28 Fairer wäre es Theorie an Theorie zu messen; Rahner, "Christlicher Humanismus", 243.

Sein Evolutionärer Humanismus hat als „Leitbild" der Giordano-Bruno-Stiftung, zu der viele namhafte Wissenschaftler gehören, in Deutschland erheblichen öffentlichen Einfluss und Medienpräsenz. Daher wird zusätzlich in **Anhang 4** vergleichend gezeigt, dass das christlich-theologische Ethos – das zugegebenermaßen häufig nicht die christliche Praxis bestimmt – eine erheblich größere Konsistenz und Nähe zur modernen Biologie aufweist.

In **Kapitel 10** wird im Anschluss an zwei neue psychologische Modelle[29] ein eigenes Modell einer »BEZIEHUNGSTYP-ETHIK« formuliert und begründet, nach der Menschen eine natürliche Veranlagung besitzen, ihre sozialen Handlungen gemäß der Beziehungstypen *„Interaktion", „Identität"* und *„Intimität"* zu verstehen. Es wird weiter postuliert, dass eine zunehmende Zahl von Menschen eine Metakategorie der *„Universalität"* anerkennen, die als evolutionäres Nebenprodukt entsteht. Menschen mit dieser psychologischen Konstitution werden im betreffenden Abschnitt als *Personen$_{3U}$* bezeichnet. Es wird dann untersucht, wie das moralische System einer *Person$_{3U}$* theoretisch aussehen müsste. Dabei werden bekannte ethische Fragen und ungelöste Probleme wiederentdeckt: Die Allgemeinen Menschenrechte, die Pflichtenethik, die Rangordnung der Liebe, Gerechtigkeit als aktiver Ausgleich, globale Solidarität und als ethische Maximalmöglichkeit die Nächstenliebe. Die bekannte philosophische Konflikthaftigkeit dieser ethischen Fragen wird durch das Modell verständlich und erscheint hier als Folge eines Konflikts zwischen den verschiedenen Beziehungskonzepten.

Normative Schlussfolgerungen werden zunächst keine gezogen, da es sich um die *Beschreibung* eines Moralsystems handelt, zu dem eine *Person$_{3U}$* natürlicherweise tendieren müsste. Um dies normativ zu validieren würden jedoch Nachweise benötigt, dass die Einstellung einer *Person$_{3U}$* nicht nur ein realer psychologischer Zustand mancher Menschen ist, sondern dass sie *wesentlich* zum Mensch-Sein gehört. Dafür fehlt aber die empirische Grundlage. Allerdings werden am Ende des Kapitels kurz die Bedingungen und Konsequenzen einer normativen Betrachtung skizziert.

In **Kapitel 11** wird dann zunächst dargestellt welche Eigenschaften »Nächstenliebe« – als ethische Maximalmöglichkeit einer *Person$_{3U}$* – hat. Dabei wird auch auf das Verhältnis zwischen Selbst- und Nächstenliebe eingegangen und auf die Möglichkeit einer Selbst-Realisierung durch Selbstlosigkeit. Schließlich wird nach dieser Charakterisierung untersucht, welche psychologische Unterstützung eine *Person$_{3U}$* für die Realisierung dieser ethischen Maximalmöglichkeit »Nächstenliebe« von verschiedenen Weltanschauungen erwarten kann. Die Untersuchung

---

29 Moral als »Relationship Regulation« von Tage Rai und Alan Fiske (2010) und die »Triune Ethics« von Darcia Narvaez (2008).

ist hypothetischer Natur. Die atheistische und die buddhistische Weltanschauung können nur aus einer Außensicht beurteilt werden und nur die christliche aus einer Innenperspektive. Es wird hilfreich sein, wenn andere hier Einseitigkeiten ausbügeln, Kritik äußern und damit helfen, das deskriptive Moralmodell von *Personen*$_{3U}$ und seine Abhängigkeit von verschiedenen Weltanschauungen besser zu verstehen.

Während sich eine Beurteilung der atheistischen und der buddhistischen Leistungsfähigkeit aus diesem Grund verbietet, kann sehr wohl festgestellt werden, dass die christliche Theologie genau dann eine ausgesprochen gute psychologische Unterstützung für »Nächstenliebe« bietet, wenn eine gläubige *Person*$_{3U}$ ihre Beziehung zu Gott im Rahmen des Beziehungstyps „universale Intimität" versteht und lebt. Eine Feststellung, die – zunächst rein pragmatisch – dem christlichen Weltbild eine hohe ethische Leistungsfähigkeit für all jene Menschen bescheinigt, die sich tatsächlich als *Personen*$_{3U}$ verstehen. Ein Blick auf die empirischen Nachweise für eine Praxis der Nächstenliebe zeigt, dass Weltanschauungen hier wirksam sind und altruistische Verhaltensweisen mal mehr und mal weniger unterstützen.

Das **Kapitel 12** widmet sich schließlich dem Rückblick und Ausblick.

Im Anhang finden sich außerdem Abhandlungen zu **A1** Nicht-linearen Systemen, **A2** Epigenetischer Vererbung, **A3** Evolution eusozialer Superorganismen und **A4** Dem Christlichen Ethos im Vergleich zum Evolutionären Humanismus.

Teil I Prinzipien der Evolution

2 Veränderungen in der Evolutionstheorie

2.1 Historischer Abriss

2.1.1 19. Jahrhundert

Die Evolutionstheorie ist seit ihrer Formulierung durch Charles Darwin einer ständigen Veränderung unterworfen. Das, was bei den meisten Zeitgenossen im Kopf ist, ist weder die Originalversion von Charles Darwin, noch die aktuellste Version, sondern meist jene, die sich in den siebziger und achtziger Jahren herausgebildet hat und bis heute die Medien dominiert, vermutlich weil sie sehr profiliert und provokant daherkommt und so meinungsbildend eingesetzt werden kann.[1] Ein kurzer chronologischer Abriss mag deutlich machen, dass diese Theorie, zumal sie erst 150 Jahre alt ist, keinesfalls in Stein gemeißelt ist, sondern bis heute und vermutlich auch in der weiteren Zukunft einer steten Veränderung und Verbesserung unterworfen ist.[2]

Schon vor Charles Darwin hat Jean-Baptiste de Lamarck (1744–1829) eine wissenschaftliche Theorie zur Evolution entwickelt. Er nahm an, dass sich über lange Zeiträume hinweg die heute lebenden Pflanzen und Tiere aus Urformen gebildet hätten. Hierfür postulierte er einen Mechanismus, der dafür sorgt, dass im Laufe des Lebens erworbene Eigenschaften an die kommende Generation weitergegeben werden. Häufiger Gebrauch einer Eigenschaft führt zu einer verstärkten Ausprägung, während Nichtgebrauch das Merkmal verschwinden lässt. Der Hals von Giraffen würde auf diese Weise von Generation zu Generation länger werden, je mehr sie sich nach dem Laub von Bäumen ausstrecken müssen.[3] Wenn

---

1 vgl. Sebastian Linke, *Darwins Erben in den Medien – Eine Wissenschafts- und Mediensoziologische Fallstudie zur Renaissance der Soziobiologie* (Bielefeld: transcript Verlag, 2007).
2 Wo nicht anders angezeigt, richtet sich diese Zusammenfassung nach Ulrich Kutschera, *Evolutionsbiologie* (Stuttgart: Ulmer, 2006), S. 26–83 und Eva Jablonka und Marion J Lamb, *Evolution in Four Dimensions: Genetic, Epigenetic, Behavioral, and Symbolic Variation in the History of Life* (Cambridge, MA: MIT Press, 2005): 9–41.
3 Die Annahme, dass erworbene Eigenschaften vererbbar seien und an die Nachkommen weitergegeben würden, ist der gravierende Unterschied zum Neodarwinismus des 20 Jahrhunderts. In den entsprechenden Lehrbüchern wurde der Lamarckismus daher gelegentlich als Kontrastfolie zum Darwinismus dargestellt. Jedoch gilt dies nur für den Neodarwinismus, nicht für den darwinschen Darwinismus: Charles Darwin ging wie selbstverständlich davon aus, dass vererbbare Merkmale durch Gebrauch und Nichtgebrauch gestärkt oder reduziert würden. Vgl. Charles Darwin, *The Origin of Species by Means of Natural Selection* (London: Penguin, 1859/1968): Kapitel V, "laws of variation", bes. 175–182.

heute von »Lamarckismus« gesprochen wird, ist dies gemeint: Die Vererbung im Laufe des Lebens erworbener Merkmale.

Etwa ein halbes Jahrhundert nach Lamarck, im Jahr 1858, veröffentlichte Charles Lyell in einer Lesung vor der Linnean Society einen Brief von Alfred Russel Wallace mit Kommentaren von Charles Darwin.[4] Hier entwickeln beide ihre unabhängig voneinander gewonnenen Erkenntnisse über jenen anderen Evolutionsmechanismus, der auf zufälliger Variation, Vererbung und Selektion beruht.

1. **Variation** – Individuelle Merkmalsausprägungen führen zu Varianten.
2. **Vererbung** – Die varianten Merkmale können an die Nachkommen weitergegeben werden, wie man an der Tierzucht erkennen kann.
3. **Selektion** – Manche Varianten bringen ihren Trägern reproduktive Vorteile, so dass sie in den folgenden Generationen den Originaltypus verdrängen (Wallace: „*Struggle for existence*", S. 54).

Im darauf folgenden Jahr erschien bereits das Grundlagenwerk „On the Origin of Species". Es wurde bald zum Standardwerk der Evolutionslehre und selbst Wallace sprach vom »Darwinismus«.[5] Die aus den drei Prinzipien folgenden Thesen des Darwinismus waren:
– Die gemeinsame Abstammung aller Lebewesen und damit die Wandelbarkeit der Arten.[6]
– Das langsame Voranschreiten von Veränderungen (»Gradualismus«). Erst innerhalb langer Zeiträume führe Evolution vom Einfachen zum Komplexeren und zur Entstehung neuer Arten.

2.1.2 Neodarwinismus und Synthetische Theorie

Für die weitere Entwicklung der Evolutionstheorie war es bedeutsam, dass der deutsche Zoologe und Zellbiologe August Weismann (1834–1914) den Unterschied

---

[4] Diese Lesung wurde anschließend publiziert: Charles Darwin und Alfred R Wallace, "On the Tendency of Species to form Varieties; and on the Perpetuation of Varieties and Species by Natural Means of Selection," *Journal of the Proceedings of the Linnean Society, Zoology* 3 (1858): 45–62.
[5] z. B. Alfred R Wallace, *Darwinism: An Exposition of the Theory of Natural Selection, with some of its Applications* (Cambridge, MA: Univ. Press, 1889/2009).
[6] Die Abstammung des Menschen behandelte Darwin jedoch erst ausdrücklich in seinem 1871 erschienenen Buch „The Descent of Man". Dort liest man: „*Man, as I have attempted to shew, is certainly descended from some ape-like creature.*" (Kapitel 20, „The causes which...", S. 658). Diese Behauptung wurde von den Gegnern der Evolutionstheorie gerne bildlich aufgegriffen, indem sie Darwins Kopf auf einem Affenkörper darstellten. Bis heute hält sich ähnlicher Spott in kreationistischen Kreisen.

zwischen somatischen Zellen und Keimzellen, die für die Vererbung zuständig sind, entdeckte und dadurch die Hypothese von Lamarck von der Vererbung erworbener Merkmale zunächst widerlegte. Gemeinsam mit Wallace, der den „Lamarckismus" schon immer abgelehnt hatte, wurde August Weismann so zum Begründer des sogenannten »Neodarwinismus«, der sich durch eine strikte Ablehnung lamarckistischer Evolution und eine Betonung ihrer *Ungerichtetheit* auszeichnete.

Bis in die vierziger Jahre des 20. Jahrhunderts fand man in den Lehrbüchern dann eine äußerst heterogene Mischung von Hypothesen und Theorien bezüglich der Evolutionslehre. Eine Reihe von Naturwissenschaftlern machte sich deshalb systematisch daran, die Argumente zu prüfen und Thesen experimentell zu untermauern oder zu widerlegen. Beteiligte Wissenschaftler waren Ernst Mayr (1904–2005), Theodosius Dobzhansky (1900–1975), Julian Huxley (1887–1975), Bernhard Rensch (1900–1990) und viele mehr. Die Aussagen der Synthetischen Evolutionstheorie lassen sich folgendermaßen charakterisieren:

- Vererbung geschieht durch die Weitergabe von Genen innerhalb der Keimbahn. Die Gene sitzen auf den Chromosomen im Zellkern und tragen die Informationen für Merkmale.
- Unterschiede im Phänotyp können nur vererbt und selektiert werden, wenn sie aus Unterschieden im Genotyp resultieren. Veränderungen im Genotyp geschehen durch zufällige Mutationen oder durch Rekombination und sind unabhängig von der Entwicklung des Individuums.
- Die evolvierende Einheit ist die Population als Fortpflanzungsgemeinschaft.[7] Veränderung geschieht üblicherweise nicht in Sprüngen, sondern schrittweise über lange Zeiträume hinweg.

2.1.3 Die Moderne Synthese

Im Jahr 1954 entschlüsselten James D. Watson und Francis Crick schließlich die Identität der Erbinformation als DNA. Damit konnte die Frage nach der Wirkungsebene der Selektion nicht mehr nur spekulativ, sondern mit konkreten Modellen angegangen werden.

Darwin ging von der Möglichkeit aus, dass ein Merkmal zum Wohle der Gruppe evolvieren könne, und zu Beginn des 20. Jahrhunderts wurde von vielen ganz selbstverständlich davon gesprochen, dass Merkmale, die offensichtlich von

---

[7] vgl. Theodosius Dobzhansky, *Die Genetischen Grundlagen der Artbildung* (Jena: Gustav Fischer, 1939): 7 und 130 ff.

Nachteil für das Individuum waren, dem „Erhalt der Gruppe" oder dem „Erhalt der Art" dienen. Diese Selektion auf der Ebene von Gruppen und Arten wurde zum Beispiel als Erklärung für die Existenz altruistischer Merkmale angesehen.

Im Anschluss an die Entdeckung der DNA präsentierte William Hamilton (1936–2000) nun eine andere Lösung für das Altruismusproblem: Er entwickelte das mathematische Konzept der »Inklusiven Fitness«.[8] Hierbei geht es um die Frage, wie ein Gen nicht nur seinen direkten Nachkommen, sondern auch den mit ihm identischen Kopien in anderen Individuen nützlich sein kann. Beides erhöht seine Fitness. Danach setzt sich die Gesamtfitness eines Individuums zusammen aus seiner *eigenen* Fähigkeit Gene in die nächste Generation zu übermitteln (direkte Fitness) und der Fähigkeit, die gleichen Gene *über andere* an deren Nachkommen und so in die nächste Generation zu übertragen (indirekte Fitness). Die mathematischen Modelle müssen die indirekte Fitness dabei entsprechend der Wahrscheinlichkeit gewichten, mit der das für die Fitness relevante Gen im Nutznießer vorhanden ist.

Bei Nicht-Verwandten lässt sich diese Wahrscheinlichkeit kaum ermitteln,[9] doch für Verwandte lässt sie sich ganz einfach statistisch angeben: Eltern, Kinder und Geschwister besitzen ein identisches Gen mit einer Wahrscheinlichkeit von 50 %, Neffen oder Nichten von 25 %, Cousins von 12,5 %, Zwillinge von 100 % usw. Die einfache Formel für die Selektion von Merkmalen, die Hamilton 1964 publizierte lautet $r * B > C$. Der Fitnessvorteil eines Merkmals für den Nutznießer (B) multipliziert mit dessen Verwandtschaftsgrad (r) muss größer sein als die Kosten (C) für den Träger des Merkmals, damit dieses positiv selektiert wird. Ein Merkmal, das dazu führt, dass jemand auf drei direkte Nachkommen verzichtet (C = 3), dafür aber seinen Geschwistern (r = 0,5) ermöglicht sieben zusätzliche Nachkommen (B = 7) zu produzieren, wird seine Vorkommenshäufigkeit in der nachfolgenden Generation erhöhen (0,5 * 7 > 3).[10]

---

8 William D Hamilton, "The Genetical Evolution of Social Behaviour I," *J Theor Biol* 7 (1964): 1–16.
9 Für diesen Fall hat David Queller (1985) allerdings eine Verallgemeinerung von Hamiltons Gleichung entwickelt, die auch für Interaktionen zwischen Nichtverwandten und sogar zwischen Arten gilt.
10 In jüngerer Zeit ist die Theorie der Inklusiven Fitness kritisiert worden: (A) Sie sei praktisch nicht messbar. Leichter zu handhaben sei dagegen die Messung der direkten Fitness eines Empfängers, also des Fitnessgewinns, den dieser aufgrund der Investitionen anderer erhält; vgl. Stuart A West und Andy Gardner, "Altruism, Spite, and Greenbeards," *Science* 327 (2010): 1341–44. (B) Die Voraussetzungen für ihre Gültigkeit träfen nur selten zu, weshalb sie als generelles Modell unbrauchbar sei; vgl. Martin A Nowak, Corina E Tarnita, und Edward O Wilson, "The Evolution of Eusociality," *Nature* 466 (2010): 1057–62. Diese Kritik wurde in einem gemeinsamen Artikel von über einhundert renommierten Wissenschaftlern vehement zurückgewiesen und ist noch lange nicht ausdiskutiert: Patrick Abbot et al., "Inclusive Fitness Theory and Eusociality," *Nature* 471

2.1.4 Soziobiologie – Der »Egoismus« der Gene

Ein Gen kodiert für ein Protein. Dieses Protein ermöglicht dem Organismus dann, sich besser oder schlechter fortzupflanzen als Organismen mit vergleichbaren Protein-Varianten und erhöht oder erniedrigt entsprechend dessen Fitness. Was der Organismus an die nächste Generation weitergibt ist aber nicht das Protein selbst, sondern das zugehörige Gen. Es kommt so unweigerlich zu einem erhöhten Anteil der fitteren Gene in nachfolgenden Generationen. Vererbt wird also der »Genotyp«. Dieser bestimmt die Eigenschaften des Organismus, seinen so genannten »Phänotyp«. Der Phänotyp ist nun ausschlaggebend für die Fitness des Organismus und bestimmt damit die Häufigkeit des Genotyps in der nachfolgenden Generation.

Es gibt also zwei Ebenen: Der vererbbare und evolvierende Genotyp und der fitnessbestimmende Phänotyp. Beide sind zwar miteinander verbunden, können aber getrennt betrachtet werden.[11] Der Begriff »Egoistisches Gen«[12] beschreibt die Tatsache, dass ein Gen für seine eigene Zu- oder Abnahme in der Population verantwortlich ist, weil es sich in dem Maße durchsetzt, wie die Fitness des Phänotyps, den es hervorbringt.[13] Ein fitterer Phänotyp kann dabei Eigenschaften haben, die dem Wohlbefinden des Organismus schaden. Das Wohlbefinden oder andere Eigenschaften des Organismus sind keine Kriterien für evolutionären Erfolg, sondern allein die Fähigkeit, den Genotyp in die nächste Generation zu transferieren. Die verantwortlichen Gene erscheinen daher »egoistisch«. Richard Dawkins war derjenige, der mit seinem Bestseller-Buch „*The Selfish Gene*" (1976) diesen neuen Ansatz einer großen Öffentlichkeit zugänglich machte.

Die metaphorische Sprache macht einerseits die evolutionäre Irrelevanz der organismischen Interessen deutlich, andererseits suggeriert es einen dahinterstehenden Willen. Dies ist missverständlich, da es sich bei Genen, obwohl ihre Eigenschaften die Richtung der Evolution vorgeben, ja nicht tatsächlich um intentionale Entitäten handelt. Metaphorische Rede ist hier jedoch weit verbreitet. Zur Verdeutlichung erscheinen im folgenden Satz die metaphorischen Aussagen in

---

(2011): E1–E4. Sollte sich diese Kritik doch als berechtigt erweisen, könnte dies zu einer Revolution bei den evolutionstheoretischen Modellen führen.
11 Es ist die besondere Leistung Darwins, dass er diese beiden Ebenen getrennt und dadurch untersuchbar gemacht hat – ohne bereits die Identität des Genotyps zu kennen. Vgl. Richard Lewontin und Richard Levins, *Biology Under the Influence – Dialectical Essays on Ecology, Agriculture, and Health* (New York: Monthly Review Press, 2007): 31 f und 230 f.
12 Richard Dawkins, *The Selfish Gene* (New York: Oxford University Press, 1976/1989): 11.
13 Dies alles gilt selbstverständlich nur unter der Annahme, dass keine anderen Kräfte (Vulkanausbrüche, Beutegreifer, etc.) diesen Prozess behindern. Vgl. Elliott Sober, *The Nature of Selection. Evolutionary Theory in Philosophical Focus* (Cambridge, MA: MIT Press, 1984): 27 f.

einfachen Guillemets (›‹): Mit dem Begriff „›Egoistisches‹ Gen" wird ausgedrückt, dass das ›Interesse‹ eines Gens nicht immer mit dem Interesse seines Trägers identisch ist, und es sich ›aus Sicht‹ der Gene sogar ›lohnen‹ kann, den Träger zu ›opfern‹ wenn dadurch die Häufigkeit ›eigener‹ Kopien in der Population erhöht wird.

Derartige Formulierungen können leicht dazu führen, dass der Unterschied zwischen dem metaphorischen »Egoismus« des Gens und dem psychologischen Egoismus des Trägers nicht mehr wahrgenommen wird. Die Rede vom »Egoistischen Gen« wurde manchmal so missverstanden, dass der genetisch-evolutive Prozess nur Merkmale hervorbringen könne, die auch *ethisch* als egoistisch zu bewerten seien. Der metaphorische »Egoismus« der Gene, bedeutet jedoch nur, dass das kodierte Merkmal erfolgreicher als seine Varianten darin ist, adaptive Probleme zu lösen, und dass es daher in der Population häufiger wird. Dies kann ebenso dazu führen, dass ein Organismus andere ausnutzt, wie dazu, dass sich ein anderer altruistisch für sie opfert. Die Soziobiologie versucht zu zeigen, wie es möglich ist, dass moralische und altruistische Merkmale durch den Prozess der Natürlichen Selektion und mit dem »Egoismus« der Gene als Motor entstehen können. Psychologischer Egoismus und Altruismus sind dann nur zwei unterschiedliche Strategien, durch die (»egoistische«) Gene in die nachfolgende Generation weitergegeben werden.

2.1.5 Wichtige Prinzipien soziobiologischen Denkens

Das Denken der klassischen Soziobiologie beruht auf drei „-ismen": a) Gen-Zentrismus, b) Reduktionismus und c) Adaptationismus. Alle drei kommen in der Behauptung zum Ausdruck:

> An organism is just a gene's way of reproducing itself.[14]

Gen-Zentrismus: Unterscheidung Genotyp/Phänotyp
Die Gene, die den Genotyp darstellen, besitzen in der Soziobiologie die Funktion von sich vervielfältigenden »Replikatoren«[15]. Der aus dem Genotyp resultierende

---

14 Richard Dawkins zit. in: Jeffrey P Schloss, "Introduction: Evolutionary Ethics and Christian Morality: Surveying the Issues" in *Evolution and Ethics. Human Morality in Biological & Religious Perspective*, Hrsg. P Clayton und J P Schloss (Cambridge: William B Eerdmans, 2004): S. 5.
15 „*A replicator is anything in the universe of which copies are made.*" Richard Dawkins, *The Extended Phenotype: The Gene as the Unit of Selection* (Oxford: Freeman, 1982): S. 83.

Organismus mit seinen Merkmalen – diese bilden den Phänotyp – wird als »Vehikel«[16] betrachtet, mithilfe dessen sich die Replikatoren vervielfältigen. Die strikte Unterscheidung zwischen Genotyp und Phänotyp ist eines der grundlegenden Prinzipien der Soziobiologie. Ein Gen vermehrt sich nur dann, wenn der Phänotyp, den es hervorruft, für die Vermehrung geeignet ist. Bestimmte Phänotypen finden sich nur dann häufig in der Population, wenn sie den verantwortlichen Genen zur Ausbreitung verholfen haben. Solche Phänotypen nennt man angepasst. Ihre Angepasstheit beruht aber allein auf der Fähigkeit, den verantwortlichen Genen zur Replikation verholfen zu haben.[17]

Reduktionismus: Unterscheidung Ultimat/Proximat
Die Existenz eines Merkmals kann stets auf zweierlei Weise erklärt werden, nämlich ultimat (durch Fernursachen) oder proximat (durch Nahursachen).

Beispiel: Warum blühen viele Blumen im Frühling?[18] Die ultimate Antwort darauf ist, weil es die optimale Zeit ist, um die Reproduktion im Lauf des Jahres sicherzustellen. Blüten, die zu früh blühen, laufen Gefahr vom Frost zerstört zu werden. Die Blüten, die zu spät blühen, können dagegen möglicherweise keine reifen Früchte mehr bilden. Die proximate Antwort auf diese Frage lautet dagegen: Diese Blumen blühen im Frühling, weil die zunehmende Tageslänge bei ihnen die Produktion von Hormonen auslöst, die die Blütenbildung anregen.

Beide Male handelt es sich um Kausalitäten, die aber jeweils auf einem anderen Niveau wirksam sind. Ultimate Ursachen sind üblicherweise versteckt und können nicht direkt gemessen, sondern nur mittels Indizien postuliert werden. Proximate Ursachen können mit dem richtigen Instrumentarium unmittelbar gemessen werden. Jedes genetisch beeinflusste Verhalten hat sowohl unmittelbare proximate Ursachen, wie die Emotionen, die es ausgelöst haben, als auch ultimate Ursachen, die erklären, warum sich diese Reaktion im Durchschnitt der Generationen als vorteilhaft für den zugehörigen Replikator erwiesen hat. „Proximat" sind diejenigen Ursachen, die im Leben jedes Individuums aktuell wirken. „Ultimat" heißen dagegen die in der Geschichte einer Art selektiv wirksamen Ursa-

---

16 „*A vehicle is any unit, discrete enough to seem worth naming, which houses a collection of replicators and which works as a unit for the preservation and propagation of those replicators.*" ebd., S. 114.
17 Wie man an den Definitionen von Replikator und Vehikel in den vorhergehenden Fußnoten sehen kann, ist dieses Konzept generalisierbar und kann selbst auf kulturelle Entitäten angewendet werden, wo die Replikatoren von Dawkins als »Meme« bezeichnet werden. Siehe hierzu die Diskussion in Kapitel 3.2.
18 vgl. David Sloan Wilson, *Evolution for Everyone: How Darwin's Theory Can Change the Way We Think about Our Lives* (New York, NY: Delacorte Press, 2007), S. 255.

chen, die für die Herausbildung und Erhaltung eines bestimmten Merkmals verantwortlich sind.

Adaptationismus: Annahme von Angepasstheit

Der Begründer der Soziobiologie, Edward Osborne Wilson, definiert »Angepasstheit« als die Eigenschaft eines Merkmals, dass es unter für diese Spezies üblichen Umweltbedingungen in der Population durch Selektion stabilisiert wird.[19] Der ausschlaggebende Punkt ist *erstens*, dass ein Merkmal, das noch nie adaptiv war, gar nicht in der Population vorkommen sollte, und *zweitens*, dass jedes Merkmal, das jetzt nicht mehr adaptiv ist, über längere Zeiträume hinweg aus der Population verschwinden sollte. Die Soziobiologie geht daher methodisch zunächst davon aus, dass ein beobachtbares Merkmal auch eine Anpassung darstellt (»Adaptationismus«): Es wird in einem ersten Schritt eine Vorhersage gemacht, welche Eigenschaften ein optimal angepasstes Merkmal besitzen sollte. Die Abweichungen von der Vorhersage sind nun interessant, weil in einem zweiten Schritt die Gründe – üblicherweise proximate – dafür gesucht werden können, warum nicht-adaptives Verhalten beobachtet wird.[20] So könnte es sich um eine ehemalige Anpassung handeln, deren früherer adaptiver Wert aufgrund der veränderten Umwelt nicht mehr erkennbar oder ins Gegenteil umgeschlagen ist[21] oder das Merkmal ist zwar durchschnittlich nützlich, aber nicht im konkreten Fall oder es tritt als Nebeneffekt eines anderen seinerseits adaptiven Merkmals auf. Wird außerdem noch die Kultur als evolutiv wirksamer Faktor hinzugenommen, verkompliziert sich das Bild enorm, da genetisch nicht-adaptive Merkmale kulturell stabilisiert werden können. Kein Soziobiologe wird daher behaupten, dass jedes Merkmal immer eine Anpassung sei. Dennoch wird methodisch zunächst einmal davon ausgegangen.

Edward O Wilson betont die zentrale Rolle des Adaptationismus für die Soziobiologie, wenn er sagt:

> The pervasive role of natural selection in shaping all classes of traits in organisms can be fairly called the central dogma of evolutionary biology. When relentlessly pressed, this proposition may not produce an absolute truth, but it is [...] the light and the way.[22]

---

19 Edward Osborne Wilson, *Sociobiology: The New Synthesis*, S. 21.
20 David Sloan Wilson, *Darwin's Cathedral: Evolution, Religion, and the Nature of Society* (Chicago: Univ. of Chicago Press, 2002), S. 171 ff.
21 David Sloan Wilson, *Evolution for Everyone*, S. 51–57.
22 [Hervorh. d. Verf.] Edward Osborne Wilson, *Sociobiology: The New Synthesis*, S. 21 f.

Die Vielzahl von Interpretationsmöglichkeiten birgt die Versuchung, für nahezu jedes Merkmal eine Adaptations-Geschichte nicht nur zu finden, sondern auch zu *er*finden.[23] Man nennt solche plausiblen aber noch nicht als zutreffend erwiesenen Interpretationen »Just-So-Stories«. Sie sind notwendige Ausgangspunkte für evolutionäre Forschung, es handelt sich um „ungeprüfte Hypothesen" und der richtige Umgang mit diesen ist die empirischen Evidenzen beizubringen.[24]

Kritik am Adaptationismus (auch aus den Reihen der Biologen) ist überall dort berechtigt, wo der Anpassungswert eines Merkmals als dessen eigentliche Realität konstruiert wird, also dort, wo aus dem Satz von E O Wilson: *„Behavior and social structure, like all other biological phenomena, can be studied as „organs", extensions of the genes that exist because of their superior adaptive value."* (ebd., S. 22), ein **„can only be studied"** gemacht wird. Die Soziobiologie tut gut daran, sich bewusst zu bleiben, dass ihr Fokus auf den Anpassungswert keine wissenschaftstheoretische Notwendigkeit, sondern eine methodische Selbstbeschränkung darstellt.

2.1.6 Evolutionstheorie – Wohin?

Wie schon erwähnt war ein großes Verdienst von Darwin, dass er mit seiner Theorie die Beiträge der (damals) spekulativen internen Faktoren (Mutation des Genotyps, aber auch physiologische oder neurologische Prozesse) zur phylogenetischen Entwicklung von denen der untersuchbaren externen Faktoren (Natürliche Selektion des Phänotyps) trennen konnte. Dies war die Grundlage für den unglaublichen Erfolg der Evolutionswissenschaft bis heute. Doch dieser Erfolg führte auch dazu, dass die neodarwinistische Moderne Synthese klare Grenzen hat, die immer deutlicher sichtbar werden. Angesichts des komplexen Zusammenspiels von Genotyp, Phänotyp und Umwelt, entpuppt sich beim heutigen Stand der Forschung die strikte Trennung von internen und externen Faktoren als Bremse und Hindernis für den weiteren Fortschritt der Evolutionswissenschaft.

Tiefgreifende Veränderungen sind derzeit im Gange. Obwohl sich eine kleiner werdende Zahl – auch respektabler – Biologen noch dagegen wehrt, so kann man doch feststellen, dass sich die Evolutionsbiologie aufgemacht hat, in einem erneuten Integrationsversuch die untragbar gewordenen Erklärungsdefizite und Gegenbeispiele der genzentrierten Synthetischen Theorie in ein neues Modell zu

---

23 vgl. Volker Sommer, *Darwinisch Denken – Horizonte der Evolutionsbiologie* (Stuttgart: Hirzel, 2008), S. 98 ff.
24 David Sloan Wilson, *Evolution for Everyone*, S. 62.

gießen, das bis dato jedoch noch keine endgültige Form gefunden hat. Die Vertreter sprechen von der »Erweiterten Synthese« oder von »Evolution in vier (oder fünf) Dimensionen«.[25]

Die gravierendsten Ergänzungen, die vor allem in den letzten 10 bis 20 Jahren die Grenzen der Klassischen Soziobiologie und der Modernen Synthese aufgesprengt haben, sind die Erforschung der Prinzipien der Kulturellen Evolution, die Wiederentdeckung der Gruppenselektion und die Neufokussierung auf das sich ontogenetisch entwickelnde Individuum, die als EvoDevo-Bewegung[26] bekannt geworden ist. Alle drei befinden sich noch in einem frühen Stadium der Theorie und Details sind häufig noch spekulativ. Die Grundlinien sind jedoch empirisch bereits gut abgesichert.

2.2 Multi-Level-Selektion

Charles Darwin setzte wie selbstverständlich voraus, dass die Natürliche Selektion auf Gruppen wirken und so Anpassungen zum Wohl der Gemeinschaft hervorbringen kann.[27] Diese Sichtweise hielt sich bis in die Mitte des 20. Jahrhunderts. Spätestens mit dem einflussreichen Buch „*Adaptation and Natural Selection*" von George C. Williams (1966) entschied sich die wissenschaftliche Gemeinschaft aber mehrheitlich dagegen. Er legt darin – ausgehend von der Populationsbiologie – dar, dass Selektion auf höherer Ebene fast immer schwach sei im Vergleich zu jener auf niederen Ebenen. Gruppenselektion könne daher zwar prinzipiell vorkommen, würde aber faktisch stets von der Individualselektion übertroffen.[28] Es kam

---

25 vgl. z. B. Massimo Pigliucci, "Phenotypic Plasticity," in *Evolution – The Extended Synthesis*, Hg. M Pigliucci and G B Müller (Cambridge, Mass.: MIT Press, 2010), 355–78 // Jablonka und Lamb, *Evolution in Four Dimensions: Genetic, Epigenetic, Behavioral, and Symbolic Variation in the History of Life*. // Theunis Piersma and Jan A van Gils, *The Flexible Phenotype. A Body-Centred Integration of Ecology, Physiology, and Behaviour* (Oxford: Univ. Press, 2011).
26 Bei Integration der Umwelteinflüsse nun auch „EcoEvoDevo".
27 So erklärt er den suizidalen Stich der Honigbiene: „.... *if on the whole the power of stinging be useful to the social community, it will fulfill all the requirements of natural selection, though it may cause the death of some few members.*" Charles Darwin, *The Origin of Species*, Kap. 6, *Organs of little apparent importance*, S. 230.
28 vgl. bes. S. 114 in der Ausgabe von 1996. // Es ist bezeichnend, dass sich diese Einschätzung auf theoretische Argumente und das Prinzip der Sparsamkeit stützte und weniger auf experimentelle Nachweise; vgl. David Sloan Wilson, "Instant Expert – Evolution of Selfless Behaviour," *New Scientist* 2824 (2011): i–viii. // David Sloan Wilson, „Multilevel Selection and Major Transitions," in *Evolution – The Extended Synthesis*, Hg. Massimo Pigliucci und Gerd B Müller (Cambridge, MA: MIT Press, 2010): 84.

schnell zu einem breiten Konsens: „*Group-related adaptations do not, in fact, exist.*" (Williams 1966, S. 93)

45 Jahre nach Williams behauptet nun der Evolutionsbiologe Andrew Gardner: „*Everyone agrees, that group selection occurs.*"[29] Was war in der Zwischenzeit passiert? Drängende empirische Hinweise hatten sich angesammelt, die nicht mehr geleugnet werden konnten[30] und die zugehörigen Modelle wurden schließlich verändert. Man gelangte im Wesentlichen zurück zu den Aussagen von Charles Darwin, diesmal aber theoretisch *und* empirisch untermauert.[31]

2.2.1 »Major Transitions« – Die großen Übergänge

Die bedeutendsten evolutiven Entwicklungssprünge geschehen offensichtlich, wenn Gruppen von Individuen so miteinander interagieren, dass sie zu einem neuen Individuum höherer Ebene werden. Von Genen und Proteinen zur Zelle, von prokaryotischen zu eukaryotischen Zellen, von der Einzelzelle zum Vielzeller, von asexuellen zu sexuellen Populationen und von solitären Organismen zu sozialen Gemeinschaften. Solche Übergänge nennt man »Major Transitions«.[32] Sie sind die großen Ereignisse innerhalb der Diversifizierung des Lebenden. Sie sind der Schritt zum jeweils nächsten Level. Ein Kennzeichen dafür ist, dass die ehemaligen Gruppenmitglieder voneinander abhängig werden und sich spezialisieren: Sie werden zu einem neuen „In-dividuum" im wörtlichen Sinn.

Die Fitness eines Individuums ergibt sich als Produkt aus seiner Lebenskraft *(viability)* und seiner Fortpflanzungsfähigkeit *(fecundity)*. Durch Erhöhung eines oder beider dieser Faktoren, lässt sich die Fitness steigern. Eine Möglichkeit die Lebenskraft zu vergrößern, ist der Zusammenschluss von Individuen zu größeren Einheiten. Dies kann dem Einzelnen Vorteile bringen durch größeren Schutz vor

---

29 zit. in Marek Kohn, "The Needs of the Many," *Nature* 456 (2008): 296.
30 Einige wissenschaftshistorisch wichtige Beispiele nennt David Sloan Wilson (2010, S. 85–87). // Vgl. auch Marc E Borrello, "The Rise, Fall and Resurrection of Group Selection," *Endeavour* 29 (2005): 43–47.
31 David Sloan Wilson und Elliott Sober, "Reintroducing Group Selection to the Human Behavioral Sciences," *Behav Brain Sci* 17 (1994): 585–608. // Samir Okasha, *Evolution and the Levels of Selection* (Oxford: Clarendon, 2006). // David Sloan Wilson und Edward O Wilson, "Rethinking the Theoretical Foundation of Sociobiology," *The Quarterly Review of Biology* 82 (2007): 327–48. // Eine knappe, gute Einführung in die Diskussion unter Berücksichtigung beider Seiten bietet Marek Kohn (2008), S. 296–299.
32 J Maynard Smith und E Szathmary, *The Major Transitions in Evolution* (New York: Oxford Univ. Press, 2004).

Feinden und effizientere Nahrungssuche, dem stehen aber die Nachteile einer Gruppe wie höhere Nahrungskonkurrenz und größere Auffälligkeit gegenüber.

Beispiel: Volvocine Algen sind dichter als Wasser. Ein auf Dauer tödliches Absinken wird durch den Schlag ihrer Flagellen verhindert. Auch für die Nahrungsaufnahme sind die Flagellen wichtig, denn da diese Algen in ruhigem Wasser leben, sind sie darauf angewiesen, sich fortzubewegen um Ressourcen zu erschließen. Für die Lebenskraft der volvocinen Algen ist daher ihre Flagellenaktivität in großem Maß verantwortlich. Ein Konflikt entsteht bei der Fortpflanzung: Da sie sich wegen ihrer steifen Zellwand nicht fortpflanzen können, solange sie Flagellen besitzen, müssen diese vorher von ihrem Basalkörper getrennt und deaktiviert werden.[33]

Für die einzellige Alge gibt es keine Alternative, als diese Investition zu irgendeinem Zeitpunkt zu leisten, denn auch die Fitness eines Individuums mit hoher Lebenskraft wird Null, wenn gar keine Fortpflanzung stattfindet. Unter den Volvocinen Algen gibt es aber auch koloniale Formen. Diese können den temporären Verlust der Motilität durch eine Differenzierung in reproduktive und somatische Zellen umgehen. Die reproduktiven Zellen liegen im Inneren der Kolonie und produzieren den Embryo, der sich durch Zellteilung zu einer Tochterkolonie entwickelt. Die somatischen Zellen gewährleisten währenddessen die dauerhafte Beweglichkeit der Kolonie. Beides, Fortpflanzung und Nahrungssuche, kann hier gleichzeitig stattfinden. Obwohl die Fitness der Einzelzellen (als Produkt aus Lebenskraft und Fortpflanzungsfähigkeit) im kolonialen Verband nahezu null ist, erwirbt die Kolonie durch Kooperation der spezialisierten Zellen eine hohe Gruppen-Fitness. Kolonien volvociner Algen bestehen aus genetisch nahezu identischen Einzelzellen. Daher ist die Konkurrenz innerhalb der Kolonie minimal und Selektion tritt zwischen den verschiedenen Kolonien als Gruppenselektion auf.

Eine Gruppe ist also genau dann ein »Evolutionäres In-dividuum«, wenn...:
1. ...sie eine gemeinsame Gruppenfitness besitzt, die von der durchschnittlichen Fitness der Mitglieder unabhängig ist und damit einigen der wirksamen selektiven Kräfte als ein unteilbares Ganzes begegnet (indivisibility).
2. ...ein Medium vorhanden ist, das Veränderungen der Gruppe vererbbar oder tradierbar macht (heritability).

Hier erhält der Satz „Das Ganze ist mehr als die Summe seiner Teile" eine klare biologische Bedeutung.

---

[33] Richard E Michod et al., "Life-History Evolution and the Origin of Multicellularity," *J Theor Biol* 239 (2006): 257–72. // Richard E Michod, "Evolution of Individuality during the Transition from Unicellular to Multicellular Life," *PNAS* 104 Suppl (2007): 8613–18.

2.2.2 Gruppenselektion

Genetisch

Betrachten wir zunächst nur die genetische Evolution, ohne ein bestimmtes Verhalten oder gar Einflüsse der Kultur zu berücksichtigen. In diesem Fall nimmt der egoistische Phänotyp *innerhalb* einer Gruppe stets zu (»within-group selection«). Kommt es jedoch zu Konkurrenz zwischen Gruppen (»between-group selection«), so wird sich im direkten Vergleich diejenige mit einem hohen Anteil an Kooperatoren stärker vermehren, als eine mit wenigen.

> Selfishness beats altruism within groups. Altruistic groups beat selfish groups. Everything else is commentary.[34]

Wenn der Unterschied zwischen den Gruppen groß genug ist, kann die relative Häufigkeit des selbstlosen Phänotyps über alle Gruppen hinweg zunehmen, auch wenn innerhalb jeder einzelnen Gruppe der egoistische Phänotyp zugenommen hat. Derartige Konstellationen mögen auf den ersten Blick selten scheinen, und bereits kleine Abweichungen von den Bedingungen scheinen die Waage zugunsten der Individualselektion zu kippen. Doch die empirischen Hinweise sprechen eine andere Sprache: Derartige Prozesse finden offenbar real und nicht selten statt.

Beispiel: Das Team des Mikrobiologen Benjamin Kerr kultivierte das bekannte Bakterium Escherichia coli auf Nährplatten und infizierte es anschließend mit einem Virus (Phage T4), der in einer sich aggressiv und einer sich langsam vermehrenden Form vorkommt. Mithilfe von automatisierten Pipetten wurde die natürliche Ausbreitung des Virus von einer Schale zur nächsten simuliert. Wenn beide Virentypen zusammen in eine Schale eingebracht wurden, so verdrängte der aggressive Typus stets den langsamen. Wurden sie dagegen in getrennten Schalen kultiviert, dann hing der Erfolg von den Ausbreitungsmöglichkeiten ab. Bei unbeschränkter Ausbreitungsmöglichkeit war der aggressive erfolgreicher, bei beschränkter Ausbreitungsmöglichkeit der langsame. Bei realistischen Umweltbedingungen mit begrenzten Ressourcen hat der langsame Typus daher gute Aussichten, sich in der Population mit einer hohen Häufigkeit zu erhalten.[35]

Ein vollständiger Erfolg der langsamen Variante ist auf diese Weise allerdings nur dann zu erreichen, wenn die schnelle jeweils zum Aussterben der Gruppe führt. Damit sich die langsame Variante irgendwann „aus eigener Kraft" durchsetzt, bräuchte es zusätzlich die Evolution von Mechanismen, die die Konkurrenz mit der

---

34 David Sloan Wilson und Edward Osborne Wilson, "Evolution: Survival of the Selfless," *New Scientist* 2628 (2007): 46.
35 Benjamin Kerr et al., "Local Migration Promotes Competitive Restraint in a Host-Pathogen 'Tragedy of the Commons'," *Nature* 442 (2006): 75–78.

schnellen Variante verhindern. Im Fall des Phagen könnten dies zum Beispiel Mechanismen sein, die eine Mischinfektion und damit die direkte Konkurrenz verhindern. Im Fall der Volvocinen Algen wird Konkurrenz durch die genetische Identität der Zellen verhindert; im Fall der Gene unter anderem durch deren Zusammenfassung auf Chromosomen. Die Gene können sich so nicht mehr unabhängig voneinander replizieren. „It [die Harmonie des Organismus oder einer Gruppe; Anm.] *requires the evolution of mechanisms that prevent subversion from within.*"[36] Für solche Mechanismen wäre dann Selektion auf der Ebene der Gruppe verantwortlich.

Wichtige Faktoren bei der Evolution menschlicher Gemeinschaften sind jene physiologischen Prozesse, die zu Verbundenheit und gegenseitigem Vertrauen führen. Auch hier handelt es sich um Mechanismen, die die hohen Kosten von Konkurrenz vermeiden und damit zumindest teilweise wohl auf Ebene der Gruppe selektiert sind. Wer sich verbunden fühlt, kann besser kooperieren, und wer einander vertraut, muss keine Energien zur Sicherung der eigenen Investition verschwenden. Die frei werdenden Ressourcen können zur Erreichung äußerer Ziele eingesetzt werden. Die gemeinsame Fitness wird so unabhängig von der durchschnittlichen Fitness der Mitglieder und die Gruppe wird in manchen Aspekten zu einem evolutionären In-dividuum.

Zusätzlich können in menschlichen Gemeinschaften kulturelle Einflüsse und die Möglichkeit differentiellen Verhaltens eine Rolle spielen. Mathematische Modelle zeigen zum Beispiel, dass die Ausbreitungschance eines selbstlosen Merkmals stark erhöht ist, wenn die Möglichkeit besteht, die Kooperationspartner zu wählen.[37] Kooperatoren können sich so selektiv zusammenfinden und jene höchst konkurrenzfähigen Gemeinschaften bilden, die von Zuverlässigkeit, Vertrauen und hoher Einsatzbereitschaft geprägt sind.

Kulturell

Unter den Bedingungen kultureller Evolution kann sich ein Merkmal innerhalb kürzester Zeit in einer Gemeinschaft (eventuell sogar zu 100 %) etablieren. Das „Aussterben" der Konkurrenzschwachen findet hier in der Regel nicht körperlich-organismisch statt, sondern etwa indem eine Idee oder Technik vollständig durch eine attraktivere ersetzt wird. Es gibt dann nur noch Gruppen mit dem neuen

---

36 Wilson, *Evolution for Everyone*, 135. // vgl. ebd., 125–143.
37 Julia Poncela et al., "Complex Cooperative Networks from Evolutionary Preferential Attachment," *PLoS ONE* 3 (2008): e2449. // Ronald Noé und Peter Hammerstein, "Biological Markets: Supply and Demand determine the Effect of Partner Choice in Cooperation, Mutualism and Mating," *Behavioral Ecology and Sociobiology* 35 (1994): 1–11.

Merkmal, das alte (im Beispiel die unterlegene Idee oder Technik) ist verschwunden.

Doch auch hier existiert das Problem, dass Merkmale, die den Erfolg des Einzelnen im Vergleich zu anderen Gruppenmitgliedern maximieren, gleichzeitig dem Gemeinwohl schaden. Es braucht daher ebenfalls Anpassungen auf der Ebene der Gruppe, die einer solchen Konkurrenz zwischen den einzelnen Gruppenmitgliedern entgegenwirken. In menschlichen Gemeinschaften sind dies zum Beispiel Sanktions- und Belohnungssysteme, die Bildung von Institutionen, die über Rechte und Pflichten wachen, und schließlich die Festlegung und Durchsetzung von Konventionen, Normen und Gesetzen.

Derartige Anpassungen sind üblicherweise nicht rein kulturell, sondern greifen auch auf natürliche und genetisch bedingte Fähigkeiten und menschliche Reaktionsnormen zurück. Der Sinn für Gerechtigkeit muss uns zum Beispiel nicht anerzogen werden, aber die Institutionen, die Gerechtigkeit garantieren, sind kulturell geformt und geplant. Der Prozess und seine Produkte verstärken sich dabei gegenseitig: Die Unterdrückung der Konkurrenz innerhalb der Gruppe ermöglicht Selektion auf Ebene der Gruppe, diese führt wiederum dazu, dass Anpassungen entstehen, die die Unterdrückung der Konkurrenz effektiver machen und damit wieder die Selektion auf Gruppenebene gegenüber jener auf der Individualebene stärken usw. Gerade weil der Mensch ein kulturelles Wesen ist, konnte Gruppenselektion in seiner Phylogenese außerordentlich wirksam werden.[38]

David Sloan Wilson, der maßgeblich daran beteiligt war, dass die Theorie der Selektion auf der Ebene der Gruppe, nach der zeitweisen Verabschiedung ab den 60er Jahren, heute wieder nahezu allgemein anerkannt wird, äußert eine Gefahr und weist dabei der Moral einen funktionalen Platz in diesem Gefüge zu:

> Within-group selection is only suppressed, not stopped, so constant vigilance is needed to maintain prosocial behavior. Indeed, many aspects of human morality can be interpreted as the apparatus that evolved to make group selection a strong force in our species.[39]

Was das Themengebiet dieser Arbeit betrifft, ist Marc Borrello aber wohl zuzustimmen, dass Moral oder Altruismus noch nicht dadurch erklärt werden, dass eine bestimmte Selektionsebene eingeführt wird, sondern nur als Ergebnis eines

---

[38] Bezüglich möglicher Synergieeffekte zwischen Gruppenselektion und kulturellen Errungenschaften vgl. Christopher Boehm, *Hierarchy in the Forest: The Evolution of Egalitarian Behavior* (Cambridge: Harvard University Press, 1999), 205–52.
[39] David Sloan Wilson, "Instant Expert – Evolution of Selfless Behaviour", vi.

komplexen Zusammenspiels von Selektion auf verschiedenen Ebenen und den kontingenten Einflüssen von Kultur und Historie.[40]

2.3 EvoDevo

Ein wichtiger Verdienst Darwins war, dass er ein Modell der Entwicklung beschrieb, mit dem die externen Kräfte der Evolution von den damals methodisch kaum zugänglichen, internen Kräften der ontogenetischen Entwicklung kausal konsequent getrennt werden konnten.[41] Den einzigen Berührungspunkt zwischen beiden Kräften sieht der Darwinismus darin, dass die inneren Kräfte Phänotypen hervorbringen, die zu den extern herrschenden Kräften passen oder auch nicht und so selektiert werden. Nur durch diese konsequente Trennung, war es der Evolutionswissenschaft möglich, den Prozess der Natürlichen Selektion, die nun autonom gedacht wurde, in den Blick zu bekommen. Die für die Hypothesenbildung äußerst fruchtbare Unterscheidung von ultimat und proximat ist eine Konsequenz aus dieser Trennung: Nur die ultimaten Fragen sind jene, die von der Evolutionstheorie beantwortet werden. Für die proximaten Fragen sind andere Fachbereiche zuständig und ihre Beantwortung schien keine Relevanz für den Gang der Evolution zu haben, da keine Rückwirkung auf die Gene erwartet wurde.

So notwendig diese Trennung zum damaligen Zeitpunkt war, um die Wissenschaft voranzubringen, so sehr hat sie sich nun zu einer Erkenntnisbremse entwickelt.[42] Organismen sind nämlich nicht die bloßen Produkte eines ablaufenden inneren Programms, sondern einer komplexen Interaktion von inneren wie äußeren Kräften, die üblicherweise eine nicht-lineare Dynamik zeigen.[43] Heute existieren moderne Methoden, mit denen sich das Zusammenspiel dieser Faktoren untersuchen lässt. Unter der Bezeichnung »EvoDevo« – eine Wortschöpfung aus Evolution und Development – versuchen Wissenschaftler eine neue, „Erweiterte Synthese"[44] zu schaffen, und wo zusätzlich noch die Umweltfaktoren in den Blick geraten, entsteht schließlich die Fachdisziplin »EcoEvoDevo«.[45]

---

40 Borrello, "The Rise, Fall and Resurrection of Group Selection", 46.
41 vgl. Lewontin and Levins, *Biology Under the Influence – Dialectical Essays on Ecology, Agriculture, and Health*, 31f und 230f.
42 ebd., 30 und 231.
43 siehe Anhang 1.
44 vgl. Massimo Pigliucci und Gerd B Müller, eds., *Evolution – The Extended Synthesis* (Cambridge, Mass.: MIT Press, 2010).
45 Scott F Gilbert und David Epel, *Ecological Developmental Biology. Integrating Epigenesis, Medicine, and Evolution* (Sunderland, Mass.: Sinauer, 2009).

2.3.1 Evolvierbarkeit als Eigenschaft phänotypischer Variation

Variation war innerhalb der Evolutionsbiologie immer ein ambivalentes Phänomen. Während es einerseits klar ist, dass Evolution ohne Veränderung nicht stattfinden kann, war – nicht nur für die Kritiker – ebenso klar, dass eine gravierende, *richtungslose* Veränderung häufig ein Merkmal unbrauchbar machen und damit die Fitness des Organismus verringern würde. Die „Lösung" dieses Problems durch die Annahme eines Gradualismus, schien nicht mit dem Fossilbericht übereinzustimmen[46] und hätte wohl größere Zeiträume benötigt, um die komplexen und innovativen Formen des Lebens hervorzubringen. Wenige Evolutionsbiologen waren wirklich zufrieden, aber eine bessere Lösung schien nicht zur Hand. Das Problem, das nicht nur theoretisch, sondern ganz konkret vom evolvierenden Leben gelöst werden muss, ist: Wie erreicht man vererbbare Variation, die groß genug ist, den evolutiven Prozess voran zu treiben, aber nicht so groß, dass evolvierende Organismen meist dabei zugrunde gehen?

Zunächst lässt sich feststellen, dass eine gewisse Variabilität der Normalzustand ist. Aus ein und demselben Genotyp entwickeln sich, in Interaktion mit der Umwelt, unterschiedliche Phänotypen, wie man besonders leicht am Wachstum von Pflanzen beobachten kann.[47] Physikalische oder chemische Unregelmäßigkeiten oder die Einflüsse der Umwelt stellen unterschiedliche Herausforderungen an jeden Organismus. Dieser muss daher die Mittel haben, seine Funktionstüchtigkeit gegen die sich verändernde Umwelt aufrechtzuerhalten.[48] Das gelingt nur, indem er selbst plastisch darauf reagiert.

Eine hohe Plastizität kann nun in zwei Richtungen wirksam werden. **1. Als Variabilität:** Ein Organismus kann *ohne genetische Veränderung* bereits flexibel auf seine Umwelt reagieren.[49] **2. Als Robustheit:** Die Auswirkungen einer *genetischen Veränderung* können durch flexible Ausprägung abgepuffert werden. Ein plastischer Phänotyp fördert also sinnvolle Veränderungen (variabel) und grenzt

---

46 vgl. Stephen Jay Gould, *Punctuated Equilbrium* (Cambridge Massachusetts: Belknap Press, 2007), bes. 14–38.
47 Ernst Mayr, *What Evolution Is* (NY: Basic Books, 2001), 128 ff. // Piersma und Gils, *The Flexible Phenotype*, 174. // Ein experimentelles Beispiel findet sich bei Günter Vogt et al., "Production of Different Phenotypes from the same Genotype in the same Environment by Developmental Variation," *Journal of Experimental Biology* 211 (2008): 510–23.
48 Pigliucci, "Phenotypic Plasticity", 355–59.
49 Besonders deutlich ist dies im Fall von flexiblem Verhalten. Wenn Nahrungsknappheit herrscht, kann man zum Beispiel auswandern oder auf eine andere Nahrungsquelle ausweichen. Vgl. Piersma und Gils, *The Flexible Phenotype*, 183.

gleichzeitig die Folgen kritischer Veränderungen ein (robust).[50] Diese Kombination aus Variabilität bei gleichzeitiger Robustheit führt zu **Evolvierbarkeit**.[51] Kirschner und Gerhart (2010) beschreiben drei Mechanismen, die dem in der Ontogenese dienen: Explorative Prozesse, Schwache Verknüpfung und Kompartimentierung.[52]

2.3.1.1 Explorative Prozesse und Phänotypische Akkomodation

Wirbeltierextremitäten gibt es in vielen hochangepassten Ausführungen, als Hände, Flossen, Flügel, Grabschaufeln usw. Alle bestehen aus Knochen, Knorpel, Bindegewebe, Muskeln, Gefäßen und Haut und sind innerviert. Um zu funktionieren müssen alle Bestandteile korrekt zueinander platziert werden. Wie gelingt dies?

Eine Wirbeltiergliedmaße entsteht aus einer Extremitätenknospe. Aus dem Mesoderm der Knospe entwickeln sich Knorpelvorlagen, die später teilweise verknöchern. Dabei wird mittels selektiver Verstärkung und Abbau von Elementen aus einem massiven Knorpel ein stabiler und leichter Knochen mit filigranen Stützelementen, die sich entsprechend der Kraftlinien des mechanischen Stresses ausgerichtet haben. Die dazugehörigen Muskeln haben ihren Ursprung im Mesoderm des Körpermyotoms und ihre Vorläuferzellen müssen zunächst von dort in die Extremitätenknospe einwandern.[53] Wird die Knospe an eine andere Stelle, zum Beispiel an den Kopf, verpflanzt, so wandern die Vorläuferzellen dort hin und lassen die Muskeln dort entstehen. Die Motorneurone, die die Muskeln schließlich innervieren, werden zunächst im Überfluss produziert. Ihre Axone gehen vom Rückenmark aus in alle Richtungen weg und erreichen die Muskeln, wo auch immer im Körper sie sich befinden. Wenn sie nicht auf Muskeln treffen, sterben sie ab. Das Gefäßsystem schließlich wächst in die verbliebenen Räume ein und wird dabei von hypoxischen Umgebungen angezogen. Ohne einem Wegeplan zu folgen, erreichen die Gefäße dadurch zielsicher jene Bereiche des größten Bedarfs. Die nötigen Verbindungen entstehen also nicht, indem ein genauer Lageplan repro-

---

50 Erika Crispo, "Modifying Effects of Phenotypic Plasticity on Interactions among Natural Selection, Adaptation and Gene Flow," *Journal of Evolutionary Biology* 21 (2008): 1460–69.
51 »Phänotypische Plastizität« hat daher in einer *veränderlichen Umwelt* erhebliche Fitnessvorteile. // vgl. Annalise B Paaby und Matthew V Rockman, "Cryptic Genetic Variation: Evolution's Hidden Substrate," *Nat Rev Genet* 15 (2014): 247–58.
52 Die folgende Darstellung orientiert sich an Marc W Kirschner und John C Gerhart, "Facilitated Variation," in *Evolution – The Extended Synthesis*, ed. M Pigliucci und G Müller (Cambridge, Mass.: MIT Press, 2010), 259–69.
53 Scott Gilbert, *Developmental Biology* (Sunderland, MA: Sinauer, 2010), 486–88.

duziert wird, sondern indem explorative Prinzipien, befolgt werden. Außerdem wird zunächst im Überfluss produziert und erst später das Unnötige ausselektiert und abgebaut. Auf diese Weise wird ein System erreicht, das sehr flexibel ist, wenig anfällig für Störungen, fähig auf den aktuellen Bedarf zu reagieren und damit in der Lage einer morphologischen Veränderung, zum Beispiel im Knochenbau, mühelos zu folgen, ohne dass dazu genetische Veränderungen nötig wären. Eine Fähigkeit die »Phänotypische Akkomodation« genannt wird.

Beispiel: Der „Star" der »Phänotypischen Akkomodation« ist die Zweibeinige Ziege, die der Tiermediziner Everhard J. Slijper im Jahr 1942 beschrieb. Die Ziege konnte von Geburt an ihre Vorderbeine nicht benutzen. Sie lernte aber schnell, sich auf den Hinterbeinen hüpfend fortzubewegen. Die posthume Untersuchung zeigte, dass sich vor allem der Beckenbereich von dem anderer Ziegen deutlich unterschied. Die Form der Beckenknochen hatte sich offenbar an die andere Verwendung angepasst. Ebenso hatte sich die dazugehörige Muskulatur verändert, einschließlich einer neuen Sehne, die bei Ziegen sonst nicht existiert. Interessanterweise hat die neue Morphologie große Ähnlichkeit zu jener, die man bei zweibeinigen Säugetierspezies findet: Der komprimierte Thorax und das verlängerte Sitzbein ähnelten denen beim Känguru, das weite Brustbein dagegen dem bei Orang-Utans, die ebenso wie die Ziege den Schwanz nicht als Stütze verwenden können. In neuerer Zeit wurden zur »Phänotypischen Akkomodation« Experimente an Mäusen und Fischen durchgeführt, die zu ähnlichen Ergebnissen führten.[54]

Man bemerke: Ein Verhalten hat sich geändert und der ganze Komplex aus Knochen, Muskeln, Sehnen, Nerven und Blutgefäßen hat sich dem angepasst und dadurch eine anatomische Neuheit hervorgebracht.[55]

---

54 Emily M Standen, Trina Y Du, und Hans C E Larsson, "Developmental Plasticity and the Origin of Tetrapods," *Nature* 513 (2014): 54–58. // Colin Barras, "Adapt First, Mutate Later," *New Scientist* 225, (2015): 29 f.
55 Gilbert and Epel, *Ecological Developmental Biology. Integrating Epigenesis, Medicine, and Evolution*, 388. // Die Hypothese, dass unser menschliches Gehirn nur aus einem glücklichen Zufall heraus vor 2,5 Mio Jahren größer wurde, beruht auf Phänotypischer Akkomodation. Das Wachstum des Schädels wird bei unseren Vorfahren durch die Krafteinwirkung des Kaumuskels beschränkt. Zum betreffenden Zeitpunkt kam es in der humanen Linie jedoch zu einer Einzelmutation, die zu einer substanziellen Verkleinerung des Kaumuskels führt. Hat dies womöglich die Ausweitung des Schädels und die Vergrößerung des Gehirns ermöglicht? Hansell H Stedman et al., "Myosin Gene Mutation Correlates with Anatomical Changes in the Human Lineage," *Nature* 428 (2004): 415–18. // Man kann weiter spekulieren, dass die Einführung von gekochter Nahrung dann eine wichtige Rolle spielte; vgl. Richard Wrangham, *Catching Fire – How Cooking Made Us Human* (London: Profile Books, 2010), 42. Auch wenn es eine elegante Geschichte ergibt, ist die kausale Verknüpfung der Ereignisse hier hoch spekulativ.

2.3.1.2 Schwache Verknüpfung

Auf vielen Ebenen des Lebens – sei es auf der molekularen, zellbiologischen, genetischen, physiologischen, bedingt auch auf der neuro- oder verhaltensbiologischen – finden sich Kernprozesse, die in sich kaum verändert werden und noch in sehr entfernt verwandten Organismengruppen nahezu identisch vorkommen. Selektion hat bei ihnen offenbar deshalb kaum Änderungen zugelassen, weil sonst vitale Funktionen gefährdet wären. Typisch für solche Kernprozesse ist, dass sie trotz ihrer Unveränderlichkeit in vielen unterschiedlichen Funktionen und Zusammenhängen verwendet werden. Viele davon haben zum Beispiel zentrale, vielseitige Funktionen in der Ontogenese und der Physiologie. Die Spezifität eines Merkmals wird in heutigen Organismen vermutlich selten durch einzigartige Prozesse erzeugt, sondern üblicherweise durch die einzigartige Kombination der zur Verfügung stehenden Kernprozesse und durch deren räumlich oder temporal veränderte Aktivität. Dies erklärt, warum trotz einer kaum steigenden Zahl von Genen, evolutionäre Innovation auf komplexem Niveau stattfindet. Variation wird dadurch zu einer Frage der Regulation bereits vorhandener Prozesse. Für die Frage nach Evolvierbarkeit bei gleichzeitiger Robustheit interessiert jedoch nicht die Regulation selbst, sondern wodurch Prozesse auf eine Weise regulierbar werden, dass die Entstehung neuer Kombinationen erleichtert wird, die gleichzeitig eine hohe Wahrscheinlichkeit haben, in einem bestimmten Kontext nützlich – oder zumindest nicht letal – zu sein.

Regulation geschieht durch Austausch von Information. Die Informationssysteme im biologischen Bereich arbeiten dabei häufig mit »Schwacher Verknüpfung«. Schwache Verknüpfung bedeutet, dass die Eigenschaften des Signals den Eigenschaften des Resultats nur wenig entsprechen. Ein typisches Beispiel sind Nervensignale. Die Nervenzelle verbindet die vielen chemischen Inputs über ein elektrisches Signal mit chemischen Outputs an einer entfernten Stelle. Die Nervenzelle selbst besitzt nur zwei Zustände: aktiv und inaktiv. Die Komplexität des Inputs wird also nicht übertragen. Dennoch induziert das einfache Signal wiederum einen komplexen Output. Die Komplexität des Inputs ist aber von der Komplexität des Outputs isoliert. Dies ermöglicht, dass die Inputseite unabhängig von der Outputseite variieren und evolvieren kann. Neue Input-Output-Regeln können so in einem Schritt etabliert werden und die Charakteristiken von Input oder Output können sich verändern, ohne dass die Gegenseite rekonfiguriert werden muss.

Es hat sich gezeigt, dass »Schwache Verknüpfung« eine wesentliche Eigenschaft all jener Kernprozesse ist, die Informationen transportieren: Signale mit geringem Informationsgehalt lösen eine komplexe, vorprogrammierte Antwort des Kernprozesses aus. Kommt es zu einer neuen Signal-Antwort-Verknüpfung, so muss der Output nicht erst einzeln aus molekularen Fragmenten zusammengebaut werden, sondern ist sofort als eine komplexe, in anderem Kontext bewährte Antwort da, aus der dann (ähnlich wie die Motoneuronen, die die Muskeln innervieren, s. o.) die nachteiligen Elemente ausselektiert werden können, um den Output den aktuellen Bedürfnissen anzupassen. Systeme Schwacher Verknüpfung existieren vermutlich auf nahezu allen biologischen Ebenen.[56]

2.3.1.3 Kompartimentierung und Modularisierung

Es ist ein ungeheurer Vorteil, wenn man nicht jedes Mal von Null anfangen und „das Rad neu erfinden" muss, sondern wenn man auf vorhandene Strukturen zurückgreifen kann. Für die Evolution komplexer Organismen war diese Ökonomie vermutlich sogar absolut notwendig. Sollen Kernprozesse, die üblicherweise unentbehrlich sind, nicht verändert, sondern einfach nur neu kombiniert werden, so muss ein Problem gelöst werden: Wie kann ein Prozess gleichzeitig verschiedene Funktionen ausüben oder wie ein bestimmtes Signal ganz unterschiedliche Prozesse auslösen und sich dabei nicht selbst in die Quere kommen? Die Biologie hat eine elegante und mächtige Antwort auf dieses Problem gefunden: Kompartimentierung.

Jeder vielzellige Organismus ist in einzelne Bereiche, in Kompartimente, eingeteilt, von denen jedes eine eigene individuelle Signatur aus Transkriptionsfaktoren und Signalmolekülen besitzt. Dadurch ist es eindeutig erkennbar. So ist es möglich, dass ein Prozess im einen Kompartiment Zellen zur Vermehrung anregt, in einem anderen zur Ausdifferenzierung oder zum Zelltod führt, und in wieder einem anderen ist der Prozess gänzlich unterdrückt. Derselbe Prozess kann in benachbarten Zellen zu völlig unterschiedlichen Resultaten führen. Die vorhandene räumliche und zeitliche Information – welcher Ort im sich entwickelnden Organismus und welcher Zeitpunkt der Entwicklung – ermöglicht es, bewährte Prozesse in spezifischen Zusammenhängen flexibel einzusetzen.

Diese funktional voneinander isolierten Bereiche können sich nun unabhängig voneinander entwickeln: Wenn sich ein Arm verändert, muss sich nicht auch das Bein verändern. In der Realität ist dies vielleicht kein gutes Beispiel, denn die Isolation ist gerade hier nicht vollkommen und Finger und Zehen beim Menschen zeigen phänotypische Kovariation. Möglicherweise hat die Vergrößerung des Großen Zehs im Zusammenhang mit dem Aufrechten Gang dazu geführt, dass der Daumen ebenfalls an Größe zunahm und dass er dann, weil sich die Spitzen von Daumen und Zeigefinger nun berühren konnten, neue Aufgaben

---

[56] Kirschner und Gerhart (2010, S. 265 f) bringen Beispiele aus der Signaltransduktion, der Transkription, der genetischen Regulation und der Achsenindukion beim Embryo.

übernehmen konnte.[57] Andererseits war die extreme morphologische Veränderung, die den Flügel der Fledermaus hervorgebracht hat, offenbar nur dadurch möglich, dass bei ihnen irgendwann eine vehemente Trennung der Entwicklung von Vorder- und Hinterextremitäten stattgefunden hat.[58] Experimentelle Untersuchungen haben in den letzten Jahren eine beeindruckende Menge an Nachweisen dafür erbracht, dass minimale Veränderungen des räumlichen oder zeitlichen Expressionsmusters einzelner Gene oder der Regulation von Signalmolekülen für dramatische morphologische Unterschiede verantwortlich sein können.

Beispiel 1: Alle Darwin-Finken besitzen zwar dieselben Gene für die Entwicklung ihrer Schnäbel, aber diese werden unterschiedlich reguliert. So wird der Schnabel zum prominentesten Unterschied zwischen den verschiedenen Arten. Durch künstliche Manipulation des Bmp4-Levels (Bone morphogenetic protein 4) kann jeweils ein anderer Schnabeltyp hervorgerufen werden.[59] Dieselbe Arbeitsgruppe fand bei Untersuchungen an Hühner- und Alligatorenembryonen heraus, dass zwei Signalmoleküle[60] dafür verantwortlich sind, ob ein Hühnerschnabel entsteht oder eine Alligatorenschnauze. Beim Alligator findet man die beiden Signalmoleküle nur entlang der Kopfseiten, beim Hühnchen aber zusätzlich in der Mitte. Wenn man das Signalmuster des Alligatorenembryo auf einen Hühnerembryo überträgt, entwickelt dieser nicht einen Schnabel, sondern etwas, das einer Alligatorenschnauze im selben Stadium zum Verwechseln ähnlich sieht.[61] Aus ethischen Gründen müssen solche Embryonen in einem frühen Stadium abgetötet werden.

Beispiel 2: Der Schildkrötenpanzer.[62] Scott Gilbert und sein Team konnten zeigen, dass FGF10, das in anderen Organismen in den Extremitätenknospen vorkommt, bei Schildkrötenembryos in der Haut nachgewiesen werden kann. Die Anwesenheit dieses Wachstumsfaktors führt dazu, dass Rippen-Vorläuferzellen in die Haut einwandern. So kommt es dort zur Entstehung der Rippen. Die

---

[57] Campbell Rolian, Daniel E Lieberman, und Benedikt Hallgrimsson, "The Coevolution of Human Hands and Feet," *Evolution* 64 (2010): 1558–68.
[58] Nathan M Young und Benedikt Hallgrimsson, "Serial Homology and the Evolution of Mammalian Limb Covariation Structure," *Evolution* 59 (2005): 2691–2704. // Vgl. auch Kimberly L Cooper und Clifford J Tabin, "Understanding of Bat Wing Evolution Takes Flight," *Genes & Development* 22 (2008): 121–24.
[59] Arhat Abzhanov et al., "Bmp4 and Morphological Variation of Beaks in Darwin's Finches," *Science* 305 (2004): 1462–65.
[60] *hedgehog* und FGF8 *(fibroblast growth factor)*.
[61] vgl. Sujata Gupta, "Chicken Revisits Its Dinosaur Past," *New Scientist* (2011): 6–7. // Die Auswahl der Embryonen ist nicht zufällig: Krokodilartige und Vögel sind die beiden einzigen lebenden Taxa, die direkt von den Dinosauriern abstammen. Es handelt sich um monophyletische Schwestergruppen, die viele Merkmale gemeinsam haben. Unter anderem ähneln sich die Embryonalstadien sehr.
[62] Judith Cebra-Thomas et al., "How the Turtle Forms Its Shell: A Paracrine Hypothesis of Carapace Formation," *Journal of Experimental Zoology Part B: Molecular and Developmental Evolution* 304B (2005): 558–69.

Anwesenheit verschiedener *Bone Morphogenetic Proteine* führt schließlich zur Verknöcherung der umgebenden Dermis. Der Schildkrötenpanzer entsteht. Weder die Einwanderung der Rippen in die Haut noch die Verknöcherung der Dermis benötigen größere genetische Veränderungen. Dies ist ein besonders eindrucksvolles Beispiel, wie der räumliche Wechsel in ein anderes Kompartiment ohne Zwischenstadien zu drastischen Veränderungen führen kann.

An dieser Studie kann man erkennen, dass die Erwartung einer lückenlosen Phylogenese und die Forderung von Zwischenformen (»Missing Links«) im Fossilbericht nicht immer gerechtfertigt ist:

> This relatively rapid means of carapace formation would allow for the appearance of turtles in the fossil record without obvious intermediates.[63]

Ein Prozess kann innerhalb eines Kompartiments weitgehend unabhängig entwickelt und verfeinert werden. Er kann dann als funktionierendes Ganzes, als Modul, in einen anderen Bereich übertragen werden, wo er in neue Zusammenhänge gerät, mit neuen Partnern interagiert, sich im Lauf der Zeit für die neuen Aufgaben optimiert und so, auf schnelle und unkomplizierte Weise, vergleichsweise häufig nicht-letale, evolutionäre Neuheiten hervorbringen.

> It is this tinkering with bits and pieces of animal bodies, rather than radical re-invention of the body, that has fuelled the astonishing biological innovation among arthropods and vertebrates in particular.[64]

Auf allen Ebenen biologischen Lebens lassen sich Merkmale finden, die durch ihre Eigenschaften Variation auf eine Weise erleichtern, dass die Wahrscheinlichkeit einer fatalen Veränderung verringert und die einer sinnvollen erhöht ist. Die Anwendung in unterschiedlichsten Kontexten, die Universalität und die Konserviertheit solcher Prinzipien wie Kompartimentierung, Schwache Verknüpfung oder Exploratives Verhalten, sind ein Hinweis auf ihre zentrale Wichtigkeit. Für die Entwicklung komplexer Lebewesen anhand einer begrenzten Menge Information, die in eine sich verändernde Umwelt hineingestellt sind, ist jede einzelne Ontogenese ohne solche Mechanismen unvorstellbar. Es gibt daher einen starken Selektionsdruck, dass Organismen gleichzeitig evolvierbar und robust sind.

Phänotypische Variabilität ist aber weder nur ontogenetisch wichtig, noch erhöht sie nur die Frequenz des plastischen Genotyps in der nächsten Generation, sie führt auch zu *qualitativer Phylogenese* und zu *Innovation*.

---

63 ebd., 558.
64 Dan Jones, "Winning Combinations," *New Scientist* 2766 (2010): 49.

2.3.2 Phylogenetische Stabilisierbarkeit

Es ist die herausragende Eigenschaft genetischer Information, dass sie konservativer ist als andere bekannte, biologische Informationseinheiten. Daher ist in der Praxis die Frage nach der phylogenetischen Stabilisierbarkeit identisch mit der Frage, ob die genetische Erbinformation so verändert werden kann, dass die Eigenschaften eines varianten Phänotyps von nachfolgenden Generationen genetisch vererbt und dadurch zuverlässig reproduziert werden können. In andern Worten: Gibt es – entgegen dem neodarwinistischen „Dogma" – Informationsfluss vom Phänotyp zum Genotyp?

Das erste Problem, das gelöst werden müsste, betrifft die Populationsdynamik. Ein einzelnes Individuum mit einem neuen Merkmal genügt üblicherweise nicht, um sich in einer Population durchzusetzen oder eine neue zu gründen. Die EvoDevo geht hierzu von folgenden Annahmen aus:
1. Ein varianter Phänotyp ist üblicherweise nicht zufällig, sondern eine Reaktion auf Impulse aus der Umwelt.
2. Der Phänotyp lag innerhalb der Möglichkeiten des bestehenden Genotyps, sonst wäre er nicht entstanden. Somit ist es wahrscheinlich, dass auch andere Mitglieder der Population unter demselben Umwelteinfluss dieses Merkmal zeigen.

Es braucht in diesem Modell also keine lange Reihe von zufälligen Mutationen, um adaptive Merkmale hervorzubringen und es scheint wahrscheinlich, dass bei entsprechenden Impulsen aus der Umwelt nicht nur ein Einzelorganismus, sondern gleich ein größerer Teil der Population diesen Phänotyp quasi schlagartig ausprägt. Das Problem der konventionellen Evolutionstheorie, dass der Träger einer auf zufälliger Mutation beruhenden Errungenschaft allein da stehen müsste, als »Hopeful Monster«[65] in einer Population von „Normalen", löst sich damit auf.

Das zweite Problem betrifft die Erklärung, wie es gelingen kann, dass ein phänotypisches Merkmal seine Ausprägung genetisch etabliert, so dass es in zukünftigen Generationen dann zuverlässig und umweltunabhängig auftritt. Wie wird aus einem umweltabhängigen Ereignis der Ontogenese ein phylogenetisches Ereignis von Evolution?

Als Kandidaten dafür werden drei Prozesse diskutiert: Der »Baldwin-Effekt«, »Genetische Assimilation« und »Genetische Akkomodation«.[66]

---

65 Goldschmidt (1940), zit. in Stuart A Newman, "Dynamical Patterning Modules," in *Evolution – The Extended Synthesis*, ed. M Pigliucci and G B Müller (Cambridge, Mass.: MIT Press, 2010), 293.
66 Der Vorgang der Assimilation nimmt in der neueren Literatur *(2005–2011)* einen recht großen Raum ein und drängt das umfassendere Konzept der »Genetischen Akkomodation« deutlich in

2.3.2.1 Der Baldwin-Effekt

Der »Baldwin-Effekt«, der auf einen Artikel von James Marc Baldwin (1861–1934) aus dem Jahr 1896 zurückgeht,[67] beschreibt wie eine Merkmalsvariante zu Evolution führen kann, wenn sie sich in einer spezifischen Umwelt als lebensfähig erweist und dieser Umweltzustand anhält. Die Variabilität der Merkmalsausprägung wird dadurch entweder breiter oder verschiebt sich in eine Richtung. Durch die Natürliche Selektion vorhandener oder neu entstehender genetischer Varianten kann dann im Lauf der Zeit das adaptive Feintuning der neuen Reaktionsnormen stattfinden. Während Baldwin, ein Psychologe, zunächst vor allem von *Verhaltens*spektren ausgeht, bezieht sich Iwan Iwanowitsch Schmalhausen (1884–1963), der unabhängig ein ähnliches Konzept entwickelte, auf jede Kategorie phänotypischer Merkmale. Dies entspricht der modernen Verwendung des Begriffs »Baldwin-Effekt«.[68]

2.3.2.2 Genetische Assimilation

Das Konzept der »Genetischen Assimilation« wurde von Conrad Hal Waddington (1905–1975) im Anschluss an konkrete Experimente formuliert. Einige seiner Fruchtfliegen zeigten bei Hitzeeinwirkung ein bestimmtes Muster der Flügeladern. Durch künstliche Selektion prägten deren Nachkommen nach wenigen Generationen auch ohne den Hitzeimpuls dieses Muster aus.[69] Waddington betont daher, dass die phänotypische Variante zunächst kanalisiert wird, also in einer Weise stabilisiert wird, dass sie diesen spezifischen Phänotyp zuverlässig reproduziert, unabhängig davon, ob der Umweltimpuls weiter existiert. Die kanalisierte Merk-

---

den Hintergrund. Während die Genetische Assimilation (genAss) klar definiert ist und damit leicht auch im Experiment erkennbar wird, leidet der Begriff der Genetischen Akkomodation (genAkk) darunter, dass alle möglichen epigenetischen oder genetischen Prozesse unabhängig von der Richtung, in die sie verlaufen, und unabhängig vom Resultat, das entsteht, darunter subsummiert werden (vgl. West-Eberhard 2003, S. 153f). Der Begriff beschreibt dadurch letztlich Alles und Nichts, und man weiß noch wenig über ein Ereignis, wenn es nur als „Genetische Akkomodation" bezeichnet wird. Unglücklicherweise hat dieser Umstand zu einer inkonsequenten Verwendung der Begriffe geführt. Für West-Eberhard (2003) ist genAss wie beschrieben, ein Sonderfall von genAkk. Andere sehen beide als gegenläufige Prozesse, die sich unter anderem darin unterscheiden, dass sie die Phänotypische Plastizität erhöhen (genAkk) oder verringern (genAss), z. B. Gilbert und Epel (2009, S. 384). Klärend wirken hier die Artikel von Crispo (2007) und Pigliucci (2010). An Letzteren lehnt sich die Einteilung in dieser Arbeit an.

67 James M Baldwin, "A New Factor in Evolution," *The American Naturalist* 30 (1896): 536–53.
68 vgl. Pigliucci, "Phenotypic Plasticity", 366.
69 C H Waddington, "Canalization of Development and Genetic Assimilation of Acquired Characters," *Nature* 183 (1959): 1654–55. // Ch Waddington, "Genetic Assimilation of an Acquired Character," *Evolution* 7 (1953): 118–26.

malsvariante wird im Lauf der Zeit durch Natürliche Selektion genetisch festgeschrieben.[70] Der scheinbar kleine Unterschied der Kanalisation bedeutet, dass die Phänotypische Plastizität unter »Genetischer Assimilation« zunächst abnimmt,[71] während sie beim »Baldwin-Effekt« gleich bleibt oder zunimmt.

2.3.2.3 Der Überbegriff »Genetische Akkomodation«

Der Begriff »Genetische Akkomodation« wurde von Mary Jane West-Eberhard (2003) eingeführt. Er bezieht sich auf sämtliche genetischen Veränderungen, die durch phänotypische Innovationen hervorgerufen werden.[72] Damit handelt es sich um einen Überbegriff, unter den sowohl der »Baldwin-Effekt« als auch die »Genetische Assimilation« fallen.

Beispiel: Der nordamerikanische Tomatenschwärmer *(Manduca quinquemaculata)* zeigt einen temperaturabhängigen Polyphänismus. Bei einer Temperatur von 20 °C entwickelt er einen schwarzen, bei 28 °C dagegen einen grünen Phänotyp. Dies scheint ein adaptiver Trade-Off zu sein, da die dunkle Morphe das Sonnenlicht effizienter absorbiert, während die grüne Morphe besser getarnt ist. Beim nahverwandten Tabakschwärmer *(Manduca sexta)* gibt es zwar keinen Polyphänismus, doch findet man hier gelegentlich eine Mutation, die zu einem schwarzen Phänotyp führt. Wenn Tabakschwärmer während ihrer Entwicklung zur Raupe hitzebehandelt werden (6 h bei 42 °C), entstehen die normalen grünen Raupen. Anders bei der schwarzen Mutante: Hier entwickeln sich verschiedene Phänotypen von schwarz bis grün.

Mithilfe von Selektionsexperimenten versuchten Suzuki und Nijhout (2006) bei *M. sexta* einen echten Polyphänismus zu etablieren. Es wurden dazu 3 Zuchtgruppen aufgestellt: (a) Selektion zu Polyphänismus: Individuen der schwarzen Mutante, deren Nachkommen bei Hitze grün werden, wurden miteinander fortgepflanzt, (b) Selektion zu Monophänismus: Mutante Individuen, die schwarz bleiben wurden miteinander fortgepflanzt und (c) eine Vergleichsgruppe ohne Selektion.

In Gruppe (a) erschien der grüne Phänotyp nach 13 Generationen zuverlässig nach Hitzebehandlung. In Gruppe (b) blieb der schwarze Phänotyp nach 7 Generationen trotz Hitzebehandlung zuverlässig schwarz. Diese selektierten Linien wurden ab der 14. Generation ohne Hitzebehandlung weitergezüchtet. Dabei zeigte sich bei der polyphänen Gruppe (a) eine Reaktion, die erstaunlich genau derjenigen von *M. quinquemaculata* entspricht: Unter 28,5 °C waren die

---

70 Ein Beispiel geben Fabien Aubret und Richard Shine, "Genetic Assimilation and the Postcolonization Erosion of Phenotypic Plasticity in Island Tiger Snakes," *Current Biology* 19 (2009): 1932–36. Junge Inselpopulationen der Tigerschlange *Notechis scutatus* entwickeln bei vornehmlich großer Beute große Köpfe plastisch, wogegen alte Populationen auf Inseln bereits genetisch darauf fixiert sind.
71 vgl. aber Paul M Brakefield, "Evo-Devo and Constraints on Selection," *Trends Ecol Evol* 21 (2006): 362–68.
72 Mary J West-Eberhard, *Developmental Plasticity and Evolution* (New York: Oxford Univ. Press, 2003), 153. // In der neueren Literatur wird nun fast ausschließlich dieser Begriff verwendet.

Raupen üblicherweise schwarz, darüber jedoch mehrheitlich grün. Bei der monophänen Gruppe (b) blieben die Raupen bei jeder Temperatur schwarz.

Die plastische, umweltabhängige Ausprägung eines Merkmals ist häufig adaptiv. Wenn nun die Umstände, die diesen Phänotyp hervorgerufen haben, unverändert weiter wirken, kann sich diese Merkmalsausprägung in der Population ausbreiten. Eine epigenetische Stabilisierung ist wahrscheinlich. Vermutlich wird es nun Fälle geben, in denen es für den Organismus kostengünstiger oder sicherer ist, wenn dieses Merkmal genetisch hervorgerufen wird und nicht mehr durch Impulse aus der Umwelt induziert oder epigenetisch stabilisiert werden muss. Wenn dieser Zustand lange genug fortdauert, sollte es aufgrund der Natürlichen Selektion schließlich zu einer genetischen Stabilisierung und Fixierung des Merkmals kommen. Sobald dies geschieht, wird der Phänotyp von da an entweder unabhängig von der Umwelt (Genetische Assimilation) oder als spezifische Antwort auf bestimmte Umweltsignale (zum Beispiel Baldwin-Effekt) zuverlässig hervorgebracht. In dem Experiment von Suzuki und Nijhout (2006) standen für die polyphänen Raupen der Gruppe (a) zwei mögliche Reaktionen zur Verfügung, deren Realisierung an sehr genau definierte Umweltbedingungen geknüpft war. Die monophäne Gruppe (b) kannte am Ende dagegen nur eine Reaktionsnorm, die schwarze Morphe. Sicherlich ist es dabei innerhalb der kurzen Zeit nicht zur genetischen Fixierung durch eine Mutation gekommen. Zwischenschritte oder andere Wege sind wahrscheinlicher. Mögliche Mechanismen für Genetische Akkomodation sind:
- Die genetische Regulation kann sich an die Erfordernisse der Umwelt dynamisch anpassen. Bleibt die Umwelt stabil, so erhält sich auch der Phänotyp.
- Das Merkmal kann epigenetisch vorläufig oder dauerhaft stabilisiert werden. Das gelingt ebenfalls indem die Regulation der beteiligten Gene verändert wird, diesmal durch epigenetische Faktoren. Durch quantitative oder qualitative Beeinflussung Regulatorischer Gene und von Expressionsmustern kann das betroffene genetische Netzwerk angepasst werden.[73]
- Es können epigenetische oder genetische Restriktionen gelöst werden, so dass vormals enge Reaktionsnormen aufgeweitet, aufgesplittet oder neu definiert werden.
- Es können kryptische Gene zum Vorschein kommen. Dies sind Gene, die zwar zur genetischen Variabilität der Population gehören, aber phänotypisch und

---

[73] Typische Veränderungsmöglichkeiten der Genexpression sind Heterochronie, Heterotopie, Heterometrie und Heterotypie; vgl. Gilbert und Epel, *Ecological Developmental Biology. Integrating Epigenesis, Medicine, and Evolution*, Kapitel 4.

damit auch selektiv zuvor nicht wirksam waren, weil sie zum Beispiel epigenetisch stillgelegt wurden.
– Durch das Selektionsregime können bestimmte Genkombinationen in den Individuen vermehrt zusammentreffen, sich in der Population durchsetzen und zur Fixation gelangen.

Diese Konzepte außer-genetischer Evolution sind nicht neu. Sie erfuhren jedoch ab dem Moment, da die DNA und mit ihr die Grundlagen genetischer Vererbung entdeckt wurden, scharfe Ablehnung von Seiten der wissenschaftlichen Gemeinde. Phylogenetisch relevante Vererbung schien nur über den genetischen Weg einer „nackten" DNA zu verlaufen. Die eben vorgestellten Mechanismen der Akkomodation ermöglichen (quasi-lamarckistisch), dass auch erworbene Eigenschaften so vererbt werden, dass sie zu Evolution führen.[74]

2.3.3 Vererbbarkeit – Evolution in vielen Dimensionen

Jablonka und Lamb (2005, 2007) formulieren die jetzt weithin akzeptierte These, dass es zusätzlich zum bekannten genetischen Weg der Vererbung weitere gibt. Sie identifizieren insgesamt fünf (oder vier)[75] Wege: Genetik, Epigenetik, Entwicklung, die Weitergabe von Verhalten und die – weitgehend den Menschen vorbehaltene – der symbolischen Tradierung. Der genetische Weg ist ausreichend bekannt. Im Folgenden werden die vier zusätzlichen Wege vorgestellt.

2.3.3.1 Epigenetische Vererbung

Epigenetische Effekte sind noch nicht lange untersuchbar. Die notwendigen Methoden wurden erst in den letzten Jahren entwickelt. Die am längsten bekannte und am leichtesten nachzuweisende Form epigenetischer Veränderung betrifft die Methylierung der DNA. Methylgruppen bewirken, dass die DNA an der methylierten Stelle weniger abgelesen wird. Im Lauf der Ontogenese wird dies aktiv eingesetzt, um die Expressionsmuster nach dem zeitlichen und räumlichen Bedarf zu steuern. Umweltbedingte Methylierungen konstituieren dadurch so etwas wie ein zelluläres Gedächtnis. Lange wurde bezweifelt, dass diese Muster in die

---

[74] vgl. Carl D Schlichting und Matthew A Wund, "Phenotypic Plasticity and Epigenetic Marking: An Assessment of Evidence for Genetic Accomodation," *Evolution* 68 (2014): 656–72.
[75] Die Anzahl fünf bezieht sich auf ihren Artikel (2007), wo sie anmerken, dass die Trennung zwischen dem „epigenetic" und dem „behavioral" Weg nicht scharf ist und überlappt. Sie führen daher einen zusätzlichen „developmental" Weg ein (S. 358f).

nächste Generation übertragen werden können, doch in der Zwischenzeit gibt es hierfür zweifelsfreie experimentelle Bestätigungen.[76] Sie – und andere derartige Markierungen – modifizieren offenbar auch die DNA in den Keimzellen und haben eine reelle Chance, die Prozesse von Meiose und Gametenbildung unverändert zu überstehen. So können erworbene Eigenschaften und Inhalte des zellulären Gedächtnisses des Elternorganismus an die nachfolgende und weitere Generationen übermittelt werden.[77]

Weitere mögliche Mechanismen epigenetischer Beeinflussung sind verschiedene Formen von metabolischen Rückkopplungen, strukturellen Veränderungen, Chromatin-Markierungen oder RNA-Interferenz. Der interessierte Leser findet eine kurze Beschreibung dieser Mechanismen in Anhang 2.

Die letzten Jahrzehnte der Forschung haben gezeigt, dass epigenetische Vererbung stattfindet. Die Tatsache, dass sie in verschiedensten Organismengruppen nachzuweisen ist, und dass sie in Situationen relevant ist, die im Leben eines Organismus zentral sind und ihn lebenszeitlich prägen, lässt dabei die Vermutung zu, dass epigenetische Vererbung im Reich des Lebendigen eher allgegenwärtig und häufig ist als selten.[78]

2.3.3.2 Vererbung durch Entwicklungswege

Grundsätzlich kann ein Phänotyp von einer Generation zur nächsten weitergegeben werden, indem spezifische Auslöser für die Ausprägung dieses Phänotyps an der Keimbahn vorbei tradiert werden. Hierzu gehört die Beeinflussung der Nachkommen durch Hormone oder Pheromone,[79] durch die Weitergabe von

---

76 z.B. Matthew D Anway et al., "Epigenetic Transgenerational Actions of Endocrine Disruptors and Male Fertility," *Science* 308 (2005): 1466–69 // Vardhman K Rakyan et al., "Transgenerational Inheritance of epigenetic States at the murine AxinFu Allele occurs after maternal and paternal Transmission," *PNAS* 100 (2003): 2538–43.
77 vgl. Pilar Cubas, Coral Vincent, und Enrico Coen, "An Epigenetic Mutation Responsible for Natural Variation in Floral Symmetry," *Nature* 401 (1999): 157–61. // Dies bedeutet aber auch, dass durch Umweltgifte induzierte Schäden evtl. über Generationen weitergegeben werden. Vgl. Anway et al. (2005).
78 Eva Jablonka und Marion J Lamb, "Transgenerational Epigenetic Inheritance," in *Evolution – The Extended Synthesis*, ed. M Pigliucci und G B Müller (Cambridge, Mass.: MIT Press, 2010), 153 und 163.
79 Der Wechsel der Wanderheuschrecken von der solitären Form zur Schwarmform wird zum Beispiel so ausgelöst. A McCaffery und S Simpson, "A Gregarizing Factor Present in the Egg Pod Foam of the Desert Locust *Schistocerca gregaria*," *The Journal of Experimental Biology* 201 (1998): 347–63. // Jablonka und Lamb, "Transgenerational Epigenetic Inheritance", 160.

Umweltinformationen etwa in der Plazenta, durch die Muttermilch oder durch Ausscheidungen[80] oder durch parentales Verhalten.

Eine Arbeitsgruppe um Michael Meaney erfasste die Dauer, mit der Rattenmütter sich ihren Jungen durch Lecken und Fellpflege während der ersten Woche zuwendeten. Viel Zuwendung resultiert dabei in Jungen, die offen sind für Neues, unter Stress wenig Angst zeigen und, wenn es sich um Weibchen handelt, ihren eigenen Jungen ebenfalls viel Zuwendung zukommen lassen. Für wenig Zuwendung gilt das Gegenteil. Das mütterliche Verhalten wird also in die Tochtergeneration weitergegeben. Die Unterschiede im Verhalten waren mit einer veränderten Genexpression in der Hypothalamus-Hypophysen-Nebennieren-Achse verbunden, die für die Reaktion auf Stress verantwortlich ist. Weitere Analysen brachten dabei erhebliche epigenetische Veränderungen zum Vorschein. Es gab eine deutliche Korrelation mit Veränderungen der Methylierung am Startsignal (*Promoter*) für ein Glucocorticoid-Rezeptor-Gen im Hippocampus. Außerdem wurde eine veränderte Acetylierung von Histonen und ein verändertes Bindeverhalten eines Transkriptionsfaktors am betroffenen Glucocorticoid-Rezeptor festgestellt. Der kausale Zusammenhang zwischen diesen epigenetischen Veränderungen und dem Verhalten konnte durch die pharmakologische Verhinderung des Acetylierungsprozesses gezeigt werden, wodurch die Unterschiede zwischen den Gruppen verschwanden. In einer späteren Studie wurde gezeigt, dass die Expression von über 900 Genen direkt oder indirekt durch die mütterliche Zuwendung beeinflusst wird, und dass die Methylierungen zwar grundsätzlich stabil, aber auch noch in adulten Ratten pharmakologisch rückgängig gemacht werden können, wodurch sich das entsprechende Verhalten wieder verändert.[81] Das modifizierte Rezeptorgen behält seinen Zustand während der Lebenszeit der Ratte und wird dann mithilfe der mütterlichen Zuwendung an die Töchter übertragen, in denen sich ein vergleichbares epigenetisches Muster als Antwort darauf ausprägt. Hier geschieht epigenetische Vererbung an der Keimbahn vorbei, die das Verhalten der Folge-

---

80 Die Futterwahl von Kaninchen wird zum Beispiel durch die Ernährung der Mutter während der Schwangerschaft, während der Säugephase und durch ihren Kot beeinflusst. Ágnes Bilkó, Vilmos Altbäcker, und Robyn Hudson, "Transmission of Food Preference in the Rabbit: The Means of Information Transfer," *Physiology & Behavior* 56 (1994): 907–12. // Die Wichtigkeit von Muttermilch für die Entwicklung des Immunsystems und für die Kenntnis von Antigenen ist ebenfalls gut dokumentiert. Laura M'Rabet et al., "Breast-Feeding and Its Role in Early Development of the Immune System in Infants: Consequences for Health Later in Life," *The Journal of Nutrition* 138 (2008): 1782S – 1790S.
81 Ian C G Weaver, Michael J Meaney, und Moshe Szyf, "Maternal Care Effects on the Hippocampal Transcriptome and Anxiety-Mediated Behaviors in the Offspring that are Reversible in Adulthood," *PNAS* 103 (2006): 3480–85.

generation beeinflusst. Der Übergang zum epigenetischen und zum folgenden Vererbungsweg ist hier fließend.

2.3.3.3 Vererbung durch Verhalten

Wir sind alle mit der Vorstellung vertraut, dass genetisch determinierte Verhaltensmerkmale so selektiert werden, dass es zu Anpassung und Evolution kommen kann. Darum geht es hier nicht! Was hier zur Debatte steht, ist die Frage: Wie kann Verhalten *unabhängig* von der Selektion genetischer Varianten zu Evolution führen?

Tarbutniks

Jablonka und Lamb (2005) führen ihr Konzept mit einem Gedankenexperiment ein: Die Tarbutniks[82] seien rattenähnliche Säuger, die in Familiengruppen leben und sich untereinander genetisch nicht unterscheiden. Trotzdem werden sie Variationen im Phänotyp besitzen. Eine solche Variation ist die Vorliebe für Beeren in einer Familie und die Vorliebe für Nüsse in einer anderen. Es handelt sich um lernfähige Tiere, daher kann Verhalten an die nächste Generation weitergegeben werden. Doch da man Nüsse in Bäumen findet, werden die Nussliebhaber darüber hinaus auch andere Fähigkeiten und andere Muskelgruppen entwickeln als die Beerenliebhaber. Bei der Partnerwerbung ist es üblich, dass das Männchen dem Weibchen ein Brautgeschenk offeriert. Angenommen ein Weibchen aus einer Beeren-Familie wird von zwei Männchen umworben, eines bietet ihr Nüsse an, das andere Beeren: Das Weibchen wird sich wohl für den Beerenmann entscheiden. Die Population wird auf diese Weise langsam aber sicher divergieren und die Subpopulationen können zu „cultural species"[83] werden, ohne dass sich Gene verändern müssen. Unter Umständen kommt es jedoch zu genetischen Nachfolgebewegungen. Die Unabhängigkeit von Verhalten und Genen wird daher in realen Systemen nicht unendlich andauern.

Soziales Lernen

Viele Tiere erlernen oder perfektionieren im Lauf ihres Lebens verschiedene Fähigkeiten und Strategien. Laubenvögel verbessern ihre Nester von Jahr zu Jahr, manche Singvögel lernen einen lokalen Dialekt, Ratten lernen, wie sie an die

---
82 Der Name leitet sich ab vom hebräischen „Tarbut" = Kultur.
83 ... also reproduktiv getrennt; Jablonka und Lamb, *Evolution in Four Dimensions*, 159.

Samen von Kiefernzapfen gelangen können, indem sie von ihrer Mutter einen halb-abgeernteten Zapfen zum Weiter-bearbeiten erhalten usw. Ein Beispiel für Lernverhalten bei Tieren, das Aufsehen erregt hat, waren die Milchflaschen öffnenden Meisen von Großbritannien. In einer Zeit, als die Milchflaschen noch morgens vom Milchmann vor der Haustüre abgestellt wurden, entdeckten offenbar mehrere Meisen unabhängig voneinander,[84] dass sich unter dem Aludeckel eine schmackhafte Schicht Sahne befindet, an die man mit wenig Mühe gelangen konnte. In den 40er Jahren war dieses Verhalten unter den Meisen Englands weitverbreitet und hatte sogar andere Vogelarten „infiziert". In einigen Städten lernten die Meisen sogar den Wagen des Milchmanns zu erkennen, flogen ihm hinterher und versuchten die Flaschen schon auf der Ladefläche zu öffnen.[85] Es ist klar, dass es sich nicht um die Folge einer genetischen Mutation handelte, sondern um eine Innovation, die sich ausbreitete. Eine genauere Analyse zeigte, dass die Meisen aber nicht das Verhalten der „Experten" imitierten, sondern nur lernten, dass an diesem Ort – in den Milchflaschen – eine begehrte Nahrung zu finden ist. Jede Meise musste dann selbständig einen Weg finden, um an die Sahne zu gelangen. Es handelte sich hier um nicht-imitatives Lernen. Derartige Verhaltenstraditionen findet man auch bei Nahrungsvorlieben, Balzverhalten, Kommunikation, elterlicher Fürsorge, Feindvermeidung und anderen zentralen Aspekten tierischen Lebens. Bei Vögeln und Säugern ist nicht-imitatives Lernen offenbar nicht selten.[86]

Anders sieht dies aus bei Lernen durch Imitation. Während Menschenkinder regelrecht darauf „programmiert" scheinen, Vorbilder exakt zu imitieren, ist dasselbe bei Tieren in weit geringerem Grad vorhanden.[87] Bewegungsimitation ist kein selbstverständlicher Bestandteil ihres Repertoires. Aber es gibt Nachweise, die zeigen, dass Schimpansen eine Reihe von verschiedenen sozialen Lernformen, inklusive Imitation, im Labor anwenden können.[88] Wie relevant dies für wildle-

---

[84] Louis Lefebvre, "The Opening of Milk Bottles by Birds: Evidence for Accelerating Learning Rates, but against the Wave-of-Advance Model of Cultural Transmission," *Behavioural Processes* 34 (1995): 43–53.
[85] Jablonka und Lamb, *Evolution in Four Dimensions*, 169 ff.
[86] ebd., 171.
[87] Victoria Horner und Andrew Whiten, "Causal Knowledge and Imitation/emulation Switching in Chimpanzees," *Animal Cognition* 8, no. 3 (2005): 164–81. //Josep Call, Malinda Carpenter, und Michael Tomasello, "Copying Results and Copying Actions in the Process of Social Learning: Chimpanzees *Pan troglodytes* and Human Children *Homo sapiens*," *Animal Cognition* 8 (2005): 151–63. // Siehe außerdem Kapitel 6.5.2.
[88] Der Unterschied zu Kindern ist aber auch hier enorm; vgl. Andrew Whiten et al., "Emulation, Imitation, over-Imitation and the Scope of Culture for Child and Chimpanzee," *Philosophical Transactions of the Royal Society B: Biological Sciences* 364 (2009): 2417–28.

bende Menschenaffen ist, ist nicht klar. Wo Imitation zweifellos eine Rolle spielt, ist bei Vokalimitationen, wenn Singvögel oder Meeressäuger einen Gesang erlernen. In der Studie von Whiten et al. (2009) kristallisiert sich ein vermutlich folgenreicher Unterschied im Sozialen Lernen heraus: Wenn Menschenaffen einmal eine Technik erlernt haben, scheinen sie unempfänglich zu werden für andere, auch bessere Strategien. Menschen übernehmen dagegen problemlos verschiedene Strategien in ihr Repertoire. Sie sammeln Verhaltensmöglichkeiten. Dies, so folgern die Forscher, könnte einer der Gründe sein, warum beim Menschen kumulative Kultur in viel größerem Ausmaß entsteht, als bei Menschenaffen. Vererbung durch Soziales Lernen hebt sich in einigen wichtigen Eigenschaften von der genetischen Form der Vererbung ab:

- Die Neuerung ist nicht zufällig und blind, sondern zielgerichtet und sinnvoll. Bewegungsabläufe werden nicht zufällig aneinandergereiht. Es gibt offenbar Kriterien, die es ermöglichen abzuschätzen, was sinnvoll sein kann. Über dieselben Kriterien verfügen wohl auch die potentiellen Imitatoren. Auch sie wählen aus.[89]
- Daraus folgt, dass der Empfänger aktiv ist, Informationen sucht und selbst entscheidet, welche er übernehmen möchte und welche nicht.
- Informationen können zwischen beliebigen Individuen ausgetauscht werden. Sie müssen dazu nicht miteinander verwandt sein.

Ein neues Verhalten kann sich durch soziales Lernen ausbreiten, das steht außer Frage. Führt dies aber auch zu evolutionären Konsequenzen?

Jerusalemer Ratten

In den 80er Jahren wurde in Pinienwäldern Jerusalems eine Population von Hausratten *(Rattus rattus)* entdeckt, die eine Methode beherrschten, mit der sie an die Kerne von Pinienzapfen gelangen.[90] Dazu entfernen sie die Zapfenschuppen spiralförmig von unten nach oben. Junge Ratten und solche von außerhalb dieser Population erlernen die Methode nur, wenn sie bereits zum Teil abgeerntete Zapfen als Muster erhalten. Durch eine Kombination aus verschiedenen Kreuzungs- und Adoptionsexperimenten, konnte nachgewiesen werden, dass die Fähigkeit keine genetische Grundlage hat, sondern erlernt wird (offenbar ohne Imitation). Mit dieser neuen Nahrungsressource verbindet sich ein neuer, baum-

---

[89] Jablonka und Lamb, *Evolution in Four Dimensions, 175.*
[90] R Aisner und J Terkel, "Ontogeny of Pine Cone Opening Behaviour in the Black Rat, *Rattus rattus,*" Animal Behaviour 44 (1992): 327–36.

lebender Lebensstil. Die jungen Ratten dieser Population wachsen also in einer Umwelt auf, die sich von jener anderer Ratten deutlich unterscheidet. Zu ihrer Entwicklung gehört nun konstitutiv dazu, dass sie nicht nur den spezifischen Nahrungserwerb erlernen, sondern auch ihre Kletterfähigkeiten perfektionieren und lernen, ihre Nester in Bäumen zu bauen. Das neue Verhalten konfrontiert die Ratten mit einer neuen Umwelt und dies genügt, um das Verhalten der Eltern bei ihren Nachkommen durch soziales Lernen zu reproduzieren, ohne dass sich dazu Gene verändern müssten. Auch die Physiologie wird sich auf die neue, einseitige Nahrung einstellen. All dies wird begleitet durch veränderte Muster der Genexpression, das heißt die Stabilisierung dieser Lebensstrategie erfolgt zunächst epigenetisch.[91] Darüber hinaus ist es aber leicht vorstellbar, dass durch Akkomodation im Lauf der Generationen echte genetische Anpassungen erfolgen, die Morphologie, Physiologie und Verhalten der Ratten für die Erfordernisse dieser neuen Umwelt fixieren und sie damit von den bodenlebenden Ratten schließlich auch genetisch unterscheiden.[92]

Bemerkenswert ist, dass ein echter evolutiver Prozess allein durch variantes Verhalten in Gang kommt. Dass die Gene irgendwann nachziehen, ist nur die Festschreibung eines Ergebnisses, dessen Ursache die neu erworbene Fähigkeit war.[93] Viele Vertreter von Evo-Devo sind der Meinung, dass diese Reihenfolge der Merkmalsveränderung zumindest bei komplexeren Organismen die häufigere sei.

---

91 Per Jensen, "Adding 'epi-' to Behaviour Genetics: Implications for Animal Domestication," *The Journal of Experimental Biology* 218 (2015): 32–40.
92 Jablonka und Lamb, *Evolution in Four Dimensions*, 171. // Zwei konvergente Beispiele einer solchen verhaltensgesteuerten Evolution, sind mit großer Wahrscheinlichkeit die extrem langen und dünnen Finger des Aye-Aye (*Daubentonia madagascariensis*) und des Langfinger-Triok (*Dactylopsila palpator*). Mit ihrer Hilfe angeln sie holzbewohnende Insektenlarven aus ihren Gängen; Trevor D Price, "Phenotypic Plasticity, Sexual Selection and the Evolution of Colour Patterns," *Journal of Experimental Biology* 209 (2006): 2370.
93 Die Aussagen über genetische Veränderungen sind natürlich spekulative Erwartungen für die Zukunft. Im Moment haben die Pinienkern fressenden Ratten möglicherweise noch dieselben Gene wie ihre bodenlebenden Verwandten und doch sind sie bereits jetzt anders als andere Ratten. // Dagegen ist bei den in getrennten Gewässern über lange Zeit parallel evolvierenden Stichlingen eine teilweise genetische Fixierung wahrscheinlich. Hier wurde erkannt, dass ähnliche Umwelten auch zu ähnlichen, parallelen Anpassungen führen; Matthew A Wund et al., "A Test of the 'Flexible Stem' Model of Evolution: Ancestral Plasticity, Genetic Accommodation, and Morphological Divergence in the Threespine Stickleback Radiation," *The American Naturalist* 172 (2008): 449–62. // Matthew A Wund et al., "Ancestral Plasticity and Allometry in Threespine Stickleback reveal Phenotypes associated with derived, Freshwater Ecotypes," *Biological Journal of the Linnean Society* 105 (2012): 573–83. // vgl. Paul M Brakefield, "Evo-Devo and Constraints on Selection," *Trends Ecol Evol* 21 (2006): 362–68.

Im Kontrast zur konventionellen Evolutionstheorie wird betont, dass in der Evolution die Gene meist die Nachfolgenden sind, nicht die Anführer.[94]

Unter den Evo-Devo-Vertretern gilt daher das geflügelte Wort: „*Phenotypes first!*".[95]

2.3.3.4 Symbolische Vererbung

Bei manchen Vogelarten ist der Gesang angeboren: Sie beherrschen ihren arttypischen Gesang auch dann, wenn sie keine Vorbilder besitzen. Die Vererbung ist genomisch. Andere Vögel müssen den Gesang anhand von Vorbildern erlernen. Hier wird Verhalten vererbt. Das gelingt aber nur, wenn es Vorbilder gibt. Bei der symbolischen Vererbung, die nur beim Menschen vorzukommen scheint, werden dagegen wiederum *keine* Vorbilder benötigt. Mithilfe eines symbolischen Systems können wir die Noten eines Gesanges weitergeben, ohne dass er gesungen werden muss. Sie können sogar in schriftlicher Form oder als mp3-Datei oder anders hinterlegt werden und vor ihrer Wiederentdeckung viele Generationen überspringen.[96]

Eine wichtige Eigenschaft von Symbolen ist es, dass sie sich auch auf Objekte beziehen können, die nicht unmittelbar gegenwärtig sind. Dies unterscheidet sie zum Beispiel von den Warnrufen der Tiere. Ein Warnruf „Schlange" setzt voraus, dass eine Schlange in der Nähe ist oder jedenfalls in der Nähe vermutet wird. Das *Wort* „Schlange" kann als Symbol dagegen in unterschiedlichsten Kontexten verwendet werden. Es behält zwar seinen Bezug zum Objekt, aber nicht seinen situations-spezifischen Wahrheitsgehalt, seinen emotionalen Gehalt oder seine Auswirkung auf Sprecher und Hörer.[97] Jablonka und Lamb (2005, S. 200 f) betonen, dass Zeichen nur dann zu Symbolen werden, wenn sie in einem System verwendet werden, wo sich ihre Bedeutung aus zweierlei erschließt: Aus ihrer Beziehung zur menschlichen Erfahrungswelt und ihrer Beziehung zu den anderen Zeichen des Systems. Symbole existieren nicht isoliert, sondern nur in einem Netzwerk, in dem sie aufeinander verweisen. Die gegenseitige Abhängigkeit ist aber unterschiedlich stark. Während ein Kunstwerk seine Bedeutung mitteilen kann, auch wenn das kulturell-symbolische System fremd ist, so benötigt eine mathematische Formel seine exakt definierte symbolische Umgebung um verstanden werden zu können.

---

94 West-Eberhard, *Developmental Plasticity and Evolution*, 20.
95 Piersma and Gils, *The Flexible Phenotype*, 174. // Barras, "Adapt First, Mutate Later."
96 Jablonka und Lamb, *Evolution in Four Dimensions*, 202.
97 ebd., 198.

Symbolische Systeme ermöglichen die Konstruktion einer „*gemeinsamen, imaginierten Realität*".[98] Sie haben das Potential, den Lebensstil grundlegend zu verändern, wie man an der Entwicklung des Menschen sehen kann. Die Wahrscheinlichkeit, auf diesem Weg eine bestimmte Information zu vererben, hängt dabei von verschiedenen Faktoren ab: ihrer Anschlussmöglichkeiten an das vorhandene System, ihrer Attraktivität, ihrer voraussichtlichen Nützlichkeit, von Beliebtheit, Einfluss oder Glaubwürdigkeit der Protagonisten, von gerade konkurrierenden Gedanken usw. – oft genug wohl auch vom Zufall.

Alle oben genannten zusätzlichen Vererbungswege können die Geschwindigkeit von Evolution deutlich erhöhen. Veränderungen aufgrund des flexiblen Phänotyps sind einerseits häufiger, andererseits mit größerer Wahrscheinlichkeit funktional: Bei *epigenetischen* Veränderungen, weil sie bevorzugt an Genen stattfinden, die gerade auch aktiv sind und bei *Verhaltensänderungen* oder *symbolischer Vererbung*, weil sie vom Organismus nicht zufällig, sondern zielgerichtet eingesetzt und horizontal weitergegeben werden. Das alles führt nicht ausnahmslos zu adaptiven Lösungen, aber die Wahrscheinlichkeit ist doch ungleich höher als bei zufälliger Mutation des Genoms.[99]

2.4 EcoEvoDevo – Integration der Ökologie

Am Beispiel der Jerusalemer Ratten wird deutlich, welch enorme Rolle eine veränderte Umwelt spielen kann: Es ist die neue Umgebung des Baumes, die die jungen Ratten zwangsläufig entsprechende Fähigkeiten ausbilden lässt. Diese Einflussnahme der Umwelt bleibt in der Modernen Synthese nahezu unberücksichtigt. Hier gelten für die Analyse die Umwelteinflüsse, mit den resultierenden Veränderungen im Selektionsdruck und den folgenden phänotypischen Varianten, als Störungen, die den Blick auf die evolutiv relevante (genetische) Ebene vernebeln. Evo-Devo erklärt den Phänotyp dagegen aus seiner Entwicklung im Dialog mit der Umwelt: Die umweltabhängige Natürliche Selektion bewirkt, dass der Organismus seine vielfältigen phänotypischen Möglichkeiten überhaupt erst ausnutzt. Umwelteinflüsse sind hier für die Analyse keine Störungen mehr, sondern bilden den Kontext, ohne den weder die phänotypische Form noch die genotypische Aktivität verstanden werden kann.[100] Der Organismus wird hier außerdem als Teil eines geschichtlichen Entwicklungsprozesses betrachtet und ist

---

98 ebd., 201.
99 ebd., 144 f.
100 Gerd B Müller, "Epigenetic Innovation," in *Evolution – The Extended Synthesis*, ed. M Pigliucci und G B Müller (Cambridge, Mass.: MIT Press, 2010), 327.

nicht souverän im Gestalten seiner Umwelt. Die Vorfahren haben die Umwelt geprägt oder gewählt: Bäume als Habitat (bei den Jerusalemer Ratten), Kulturlandschaft, Häuser, Kleidung usw. Der Organismus entwickelt sich also in eine bereits bestehende und von ihm nur bedingt zu verändernde Umwelt hinein. Umwelten vererben sich üblicherweise, indem die eigenen Nachkommen wieder in ihnen aufwachsen, durch sie geprägt werden und ihnen gleichzeitig ihren eigenen Stempel aufdrücken. So wird die Umwelt – unbelebte wie belebte – selbst zu einem sich verändernden Teil im Entwicklungsprozess.[101]

Der in diesem Zusammenhang verwendete Begriff »Nische« ist missverständlich. Er suggeriert, dass es einen leeren Platz gäbe, der entweder eingenommen wird, oder eben leer bleibt. In Wirklichkeit entsteht die »Nische« während der Entwicklung im Dialog mit dem Organismus. Dies ist das Konzept der »Nischenkonstruktion«.[102] Durch Nischenkonstruktion wird der Selektionsdruck der Umwelt mitverändert und die Organismen werden zu Ko-Direktoren ihrer eigenen Evolution.[103] Nicht selten geschieht dies in einer Weise, dass man von einer Gestaltung der Umwelt sprechen kann. Beispiele aus dem nicht-menschlichen Bereich sind die Dämme der Biber, die durch die Stauung des Wassers Seen entstehen lassen, die Aktivität von Regenwürmern, Termitenhügel und Ameisennester, in denen die Temperatur geregelt werden kann, Blattschneiderameisen, die in ihren Nestern Pilze als Nahrung züchten, Parasiten, die das Verhalten ihres Wirts verändern, Buchenwälder, die durch die Beschattung und die Erzeugung eines spezifischen Nährstoffstresses den eigenen Nachwuchs bevorzugt hochkommen lassen usw.[104] Beim letzten Beispiel ist besonders deutlich, wie die Nischenkonstruktion auch für andere („ökologisch verwandte"[105]) Arten lebens-

---

101 vgl. James A Fordyce, "The Evolutionary Consequences of Ecological Interactions mediated through Phenotypic Plasticity," *Journal of Experimental Biology* 209 (2006): 2377–83. // Kevin Laland et al., "Does Evolutionary Theory Need a Rethink?," *Nature* 514 (2014): 161–64.
102 Lewontin und Levins, *Biology under the Influence – Dialectical Essays on Ecology, Agriculture, and Health*, 32.
103 Gilbert und Epel, *Ecological Developmental Biology. Integrating Epigenesis, Medicine, and Evolution*, 392.
104 Laland et al., "Does Evolutionary Theory Need a Rethink?" // David Hughes, "Pathways to Understanding the Extended Phenotype of Parasites in their Hosts," *The Journal of Experimental Biology* 216 (2013): 142–47. // Das ursprüngliche Konzept des »Extended Phenotype« (vgl. Dawkins 1982) scheint auf den ersten Blick ähnlich zu sein. Tatsächlich wird dort jedoch verengend das Konzept der Modernen Synthese auf Phänomene der Nischenkonstruktion angelegt. Die gestaltete Umwelt wird so als bloße Auswirkung des von der Natürlichen Selektion geformten Genotyps verstanden und Interaktivität wird wegerklärt; vgl. John Odling-Smee, "Niche Inheritance," in *Evolution – The Extended Synthesis*, ed. M Pigliucci und G B Müller (Cambridge, Mass.: MIT Press, 2010), 180.
105 ebd., 181.

wichtig und evolutiv wirksam sein kann. Wenn die Nachkommen in der so veränderten Umwelt aufwachsen, erben sie quasi die ökologischen Bedingungen ihrer Existenz. Man spricht dann von »Ökologischer Vererbung«.[106]

Das Paradebeispiel für Nischenkonstruktion ist aber der Mensch. Ein genetisch moderner Mensch, der ohne ein entsprechendes soziokulturelles Umfeld aufwächst, verfügt nur über wenige Grundemotionen, ist weder fähig eine Sprache zu erlernen noch funktionierende soziale Beziehungen zu anderen Menschen aufzunehmen und lernt dies auch später nicht mehr, wie man an den dokumentierten Fällen von »Wolfskindern« erkennen kann.[107] Dabei geht es nicht nur um fehlende Erziehung, sondern darum, dass der menschliche Genotyp seine typisch menschliche Gestalt *(Phänotyp)* nur in einer soziokulturell geprägten Umwelt (zu der auch Erziehung gehört) ausdifferenziert.

Spätestens seit sich das Klima durch ihn verändert, ist der menschliche Einfluss weltweit, bis in die Tiefen der Ozeane, spürbar. Alle Organismen, müssen lernen, in einer sich durch menschliche Aktivität verändernden Nische zu leben. Manche profitieren davon, andere nicht. Möglich wurde dieser dramatische Einfluss des Menschen durch die symbolische Vererbung und der daraus folgenden kumulativen Kultur. Dadurch ist er in der einzigartigen Situation, dass er sich weniger an die natürliche Umwelt anpassen muss, sondern vielmehr die natürliche Umwelt an seine Bedürfnisse anpassen kann. Der Selektionsdruck, der auf den modernen Menschen wirkt, wird daher wohl nicht mehr so stark von seiner natürlichen Umwelt, als vielmehr von seiner sozialen und kulturellen Umwelt ausgehen.

2.5 Innovation

Die Natürliche Selektion kann nur auf Merkmale einwirken, die bereits existieren. Daher ist die Moderne Synthese nicht in der Lage, qualitative Aussagen über evolutionäre Neuheiten zu machen. Sie kennt als alleinigen Motor für Innovation und damit als „Erklärung" nur den Zufall von Mutationen. Viele der genannten Konzepte von EvoDevo funktionieren aber ebenfalls nur, wenn man von einem flexiblen Phänotyp als Initiator für Evolution ausgehen kann. Auch hier ist die gesuchte Variante also bereits latent vorhanden. Um echte Neuheiten zu erklären sind zusätzliche Konzepte für ihre Entstehung nötig: Der Ansatz der Variation muss ergänzt werden durch einen Ansatz der Innovation. Variation von Vorhan-

---

[106] ebd., 175.
[107] Michael Newton, *Savage Girls and Wild Boys* (London: Faber & Faber, 2002).

denem ist eine *naheliegende* Antwort auf Veränderungen. Sie führt zu **Anpassung**. »Innovation« ist dagegen eine *nicht naheliegende,* überraschende Antwort, die nicht auf offensichtlich Vorhandenes zurückgreift. Sie führt zur Entstehung von **Neuheiten**.

Die Fragen, die sich stellen, sind: Gibt es überhaupt phänotypische Neuheiten? Folgt ihre Entstehung eigenen Mechanismen und wenn ja, welchen? Hat dies Konsequenzen für das Muster und die Dynamik der evolutiven Entwicklung im Ganzen?

2.5.1 Das Homologiekriterium

Eine »Neuheit« ist eine qualitativ neue Struktur, die nicht in einer kontinuierlichen Entwicklung durch Anhäufung quantitativer Veränderungen entstanden ist. Um solche Strukturen identifizieren zu können, schlagen Müller und Newman (2005) vor, das Homologiekriterium anzuwenden.[108]

In der Evolutionstheorie ist dieses Kriterium bereits gut etabliert: Homologe Strukturen sind durch gemeinsame Abkunft gekennzeichnet. Sie entwickeln sich aus dem gleichen Ursprungsort durch dieselben Prozesse. Dabei kann ihr äußeres Erscheinungsbild jedoch stark divergieren. Die Grabschaufel des Maulwurfs und der Fledermausflügel sind homologe Extremitäten, während die Grabschaufel der Maulwurfsgrille derjenigen des Maulwurfs analog ist, da sie trotz ihrer äußeren Ähnlichkeit aus anderen Extremitätenanlagen entstanden ist.

Aus der Vergleichenden Biologie ist bekannt: Ähnlichkeiten aufgrund von Analogie sind seicht. Je tiefer man dringt, desto unähnlicher werden die Dinge. Ähnlichkeiten aufgrund von Homologie sind tief. Je tiefer man dringt, desto ähnlicher werden die Dinge, selbst wenn sich die Funktion völlig verändert. In der Forschung wird häufig fraglos von Homologie ausgegangen. Nur deshalb ist es möglich, dass Wissenschaftler, die an der menschlichen Psychologie interessiert sind, bei bestimmten Fragestellungen mit Ratten arbeiten können. Wenn dies unhinterfragt geschieht, besteht jedoch die Gefahr falscher Parallelisierungen. Die Homologisierung von Angstphänomenen bei Mensch und Ratte hat noch eine plausible Basis, für Vögel liegt dies bereits nicht mehr auf der Hand und bei Mollusken, wie Kraken, wäre die Annahme einer *Analogie* die wahrscheinlichere Hypothese. Welche Emotionen und Verhaltensaspekte bei Tieren kann man mit jenen des Menschen homologisieren und welche nicht? Die Antwort auf diese

---

108 Gerd B Müller und Stuart A Newman, "The Innovation Triad: An EvoDevo Agenda," *J Exp Zool B Mol Dev Evol* 304 (2005): 487–503. // Müller, "Epigenetic Innovation", 309 ff.

Frage entscheidet ob vergleichende Studien überhaupt gültige Erkenntnisse hervorbringen können.

Innerhalb der Biologie wird zum Beispiel von „moral-homologem Verhalten" bei Tieren gesprochen. Dieser Begriff kann zutreffend sein und bedeutet dann, dass wir Menschen in unserem moralischen Sinn auch auf Fähigkeiten und Strukturen zurückgreifen, die bereits bei Tieren vorhanden sind. Eine funktionale Ähnlichkeit ist damit ausdrücklich nicht ausgesagt. Eine solche würde dagegen in dem von Geisteswissenschaftlern eher akzeptierten Begriff „moral-analoges Verhalten"[109] ausgesagt werden, was biologisch aber nicht haltbar ist. Es würde bedeuten, dass die Fähigkeiten und Strukturen, zum Beispiel der Gerechtigkeitssinn, bei Mensch und Tier zwar ähnlich gestaltet seien und in ähnlichem Funktionszusammenhang stünden, aber keine gemeinsame evolutive Grundlage besäßen. Das Missverständnis entsteht durch die sehr spezifische Bedeutung des Begriffs „homolog" in der Biologie.

Niemand, der sich mit der Biologie der Moral beschäftigt und Evolution prinzipiell anerkennt, hat Zweifel, dass es in manchen Aspekten des Moralischen Sinns Kontinuität gibt und nur wenige bezweifeln, dass beim Menschen im moralischen Bereich qualitativ neue Phänomene – Innovationen – aufgetreten sind. Der Begriff „moral-homolog" betont das Erstere, die völlige Abstinenz von der Verwendung des Begriffes „moral-" für tierisches Verhalten betont Letzteres. Sachlich falsch ist dagegen der Begriff „moral-analog" *innerhalb* der Biologie.

Analogie ist ein zentrales Konzept der *Soziobiologie*, da es hier um ähnliche Angepasstheit geht. Homologie ist dagegen ein zentrales Konzept der *EvoDevo*, da es hier um eine gemeinsame Entstehungsgeschichte geht. Das Homologiekonzept legt den Fokus auf die Voraussetzungen, die das Merkmal in seiner Entwicklung kanalisieren und in seiner Variabilität einschränken. Echte Innovation bedeutet also, dass ein *nicht-homologes* Merkmal entsteht, das sich von den gegebenen Voraussetzungen emanzipiert hat. Analogien kann es dabei geben, muss es aber nicht. Neuheiten nach diesem Nicht-Homolog-Kriterium sind nur gelegentlich leicht zu erkennen. Einige gut abgesicherte Beispiele sind der Schildkrötenpanzer, die Vogelfeder, das Leuchtorgan des Glühwürmchens, die Backentaschen der Nagetiere, der Insektenflügel oder die Blütenorgane bei Pflanzen, um nur einige zu nennen.[110]

---

109 vgl. Konrad Lorenz, "Moral-Analoges Verhalten Geselliger Tiere: Vortrag anlässlich der Jahresversammlung 1954 des Stifterverbandes für die deutsche Wissenschaft," (Essen-Bredeney, 1954).
110 Müller, "Epigenetic Innovation", 312.

2.5.2 Mechanismen der Innovation

In den vorhergehenden Abschnitten haben wir in den verschiedenen Wegen der Vererbung auch schon die möglichen Wege der Initiierung von Neuheiten kennengelernt, denn auch sie müssen vererbbar sein, sonst wären es nur einmalige Kuriositäten. Impulse für Innovation können aber in allen vererbungsfähigen Ebenen wirksam werden, der genetischen, der epigenetischen, durch Entwicklungs-, Verhaltens- oder Umweltveränderungen oder durch Kultur.

Im Fall einer morphologischen Neuheit kann der Prozess ihrer Realisierung verfolgt werden: Die formgenerierenden Prozesse sind hier die ontogenetischen Entwicklungsprozesse. Es handelt sich um hochintegrierte, komplexe, kommunizierende und interagierende Systeme von Genprodukten, Zellen und Geweben. Die einzelnen Komponenten sind teilautonom und sie und das gesamte System besitzen auf nahezu allen Interaktionsebenen die Fähigkeit ihre eigene Regulation zu beeinflussen. Von solchen selbst-regulativen, dynamischen Systemen ist bekannt, dass sie auf Veränderungen nicht-linear reagieren. Typische Eigenschaften sind plötzliche Umschläge beim Überschreiten eines Schwellenwerts und die Fähigkeit zur Selbstorganisation.[111]

Reizschwellen sind in der Biologie weit verbreitet. Als gut untersuchtes Beispiel betrachten wir wieder die Wirbeltierextremität.[112]

Beispiel: Die Knochen der Wirbeltierextremität entstehen aus Knorpelstrukturen, die wiederum embryonal durch Vorläuferzellen entstehen. Für deren korrekte, räumliche Anordnung ist ein komplexes Zusammenspiel vieler Faktoren notwendig (im Folgenden wird der Prozess sehr verkürzt dargestellt). Durch verschiedene biochemische Signale wird ein Koordinatensystem in der Knospe etabliert. Entsprechend dieser räumlichen Informationen verdichten sich Knorpelvorläuferzellen in bestimmten Regionen. Die positive Auto-Regulation von TGF (Transforming Growth Factor) initiiert die Produktion von Fibronectin. Die Anwesenheit von Fibronectin führt zum einen dazu, dass Knorpelmatrix produziert wird und zum anderen dazu, dass laterale Inhibitoren aktiv werden. Zusammen mit den geometrischen Gegebenheiten in der Extremitätenknospe und dem gerichteten Wachstum, führt dies zu diskreten Aktivitätszonen und schließlich zu regelmäßig angeordneten und spezifisch lokalisierten Knorpelelementen in der heranwachsenden Extremität. Mithilfe von Computermodellen, die die Diffusionsgradienten und Reaktionsschwellen abbildeten, konnte gezeigt werden, dass die Anordnung der späteren Knochen eine emergente Konsequenz dieser Aktivierungs-Inhibierungs-Prozesse innerhalb des begrenzten geometrischen Raumes der Extremitätenknospe ist.

Das Skelettmuster wird also nicht durch Programmierung erzeugt, sondern emergent durch Selbstorganisation innerhalb der – in diesem Fall räumlichen –

---

111 Siehe Anhang 1. // vgl. Stuart Kauffman, *Der Öltropfen im Wasser* (München: Piper, 1995).
112 vgl. Müller, "Epigenetic Innovation", 318 f.

Gegebenheiten. Kommt es zu Veränderungen, so geschieht dies nicht-linear: Es wird der nächste diskrete, stabile Zustand realisiert. So vermehrt sich in unserem Beispiel vielleicht die Anzahl von Knorpelanlagen in der Knospe, was dann nicht zu einem neuen *halben* Finger führt, sondern zu einem neuen, vielleicht kleineren, aber *ganzen* Finger.[113]

2.5.3 Makroevolution

Man darf wohl vermuten, dass die geschilderten Mechanismen der verschiedenen Vererbungswege, die Prinzipien von Evolvierbarkeit und Robustheit, die biologisch allgegenwärtige Kompartimentierung und Modularisierung, die nicht-lineare Dynamik dieser komplexen Systeme und schließlich die Multi-Level-Selektion auch im Bereich der Makroevolution relevant sind.[114] So wird immer wahrscheinlicher, dass Evolution gegebenenfalls mit hoher Geschwindigkeit ablaufen kann.

Genauso ist aber auch deutlich geworden, dass die Mechanismen kurzfristiger Veränderung nicht eins zu eins auf die langfristige Evolution übertragen werden können: Während rezente Populationen sich oft entsprechend einem gerichteten Selektionsdruck entwickeln, lässt sich das Muster der Entwicklung von makroevolutionär relevanten Merkmalen häufiger durch ungerichtete Selektion erklären. In der Makroevolution und damit bei der Entstehung von Neuheiten scheint also zumindest eine andere Gewichtung der Faktoren vorzuliegen.[115]

---

[113] vgl. ebd., 319 ff. // Ganz so reibungslos, wie das in der Theorie klingt, ist es in der Realität dann doch nicht immer. Ein sechster Finger ist bei Menschen zum Beispiel nur selten voll funktionsfähig und oft ohne Knochen. Hier ist die Polydaktylie aber offensichtlich auch nicht durch die Knorpelanlage verursacht. Wenn dies der Fall ist, gibt es gelegentlich voll funktionsfähige, zusätzliche Finger mit Knochen, Gelenken und allem was dazugehört; vgl. Wikipedia „Polydactyly" (http://en.wikipedia.org/wiki/Polydactyly), Zugriff am 12.5.2011.

[114] Zur Rolle der phänotypischen Plastizität z.B. Antonine Nicoglou, "Phenotypic Plasticity: From Microevolution to Macroevolution," in *Handbook of Evolutionary Thinking in the Sciences*, ed. Thomas Heams et al. (Springer, 2015), 285–318.

[115] In einer Untersuchung von 250 verschiedenen fossilen Merkmalen ließ sich die Entwicklung nur bei 5% auf gerichtete Selektion zurückführen. Bei den andern 95% entspricht das Entwicklungsmuster entweder stabilisierender (*Stasis*) oder ungerichteter (*Drift*) Selektion. Gene Hunt, "The Relative Importance of Directional Change, Random Walks, and Stasis in the Evolution of Fossil Lineages," *PNAS* 104 (2007): 18404–8. // Der Unterschied deutet darauf hin, dass die dahinter liegenden Prozesse noch nicht wirklich verstanden sind; vgl. David Jablonski, "Origination Patterns and Multilevel Processes in Makroevolution," in *Evolution – The Extended Synthesis*, ed. M Pigliucci und G B Müller (Cambridge, Mass.: MIT Press, 2010), 342.

Auch das Konzept der »Artselektion« war lange Zeit verpönt und wurde als unwissenschaftlich angesehen. Die Ablehnung ist verständlich, wenn man es aus Sicht eines individuellen Organismus betrachtet, für den gemäß der Modernen Synthese nur die genetische Verwandtschaft ausschlaggebend sein kann, aber nicht die quasi virtuelle Artgrenze. Wenn jedoch die Millionen Jahre umgreifende phylogenetische Entwicklung in den Blick genommen wird, ist es nicht nur plausibel, sondern gibt es auch viele paläontologische Belege dafür, dass der Stammbaum auch faktisch durch unterschiedliche Speziations- und Extinktions-Raten geformt wird, die auf Eigenschaften der beteiligten Populationen und Arten zurückzuführen sind.[116] Für eine Theorie der Makroevolution ist es daher nötig, nicht nur die Mechanismen der konventionellen Evolutionstheorie mit der Evo-Devo zu vereinen, sondern in besonderer Weise auch die Prozesse der Populationsbiologie unter der neuen Prämisse der Multi-Level-Selektion. Sehr viel Arbeit ist hier noch zu leisten. Es muss zwar in aller Deutlichkeit gesagt werden, dass über die Mechanismen der Makroevolution bislang in erster Linie nur spekuliert werden kann, doch in Anbetracht dessen, dass diese neue integrierende Form von Evolutionsforschung noch in den Kinderschuhen steckt, sind die Ergebnisse so ermutigend, dass man hoffen darf, auch hier bald zu plausiblen und überzeugenden Modellen zu gelangen.

2.6 Evolutionäre Psychologie

2.6.1 Kognitive Module aus der Steinzeit

Bei der klassischen »Evolutionären Psychologie« handelt es sich um eine Theorie der *genetischen Evolution der menschlichen Psychologie*. Die Möglichkeit kultureller Evolution wird hier kaum berücksichtigt. Da genetische Evolution langsam ist, wird davon ausgegangen, dass die menschliche Psychologie bis heute an das Leben in Jäger-Sammler-Gemeinschaften angepasst ist, wie sie für die Zeit des Pleistozän (bis vor etwa 10.000 Jahren) typisch waren. Eine weitere Anpassung habe in der kurzen Zeit danach kaum stattgefunden und in den Menschen, die mit modernen Werkzeugen umgehen und moderne Kleidung tragen, arbeiteten immer noch die psychologischen und physiologischen Strukturen aus der Steinzeit.[117]

---

116 ebd., 343. // vgl. Matthew W Pennell, Luke J Harmon, und Josef C Uyeda, "Is there Room for Punctuated Equilibrium in Macroevolution?," *Trends in Ecology & Evolution* 29 (2014): 23–32.
117 vgl. John Tooby und Leda Cosmides, "Toward Mapping the Evolved Functional Organization of Mind and Brain," in *Conceptual Issues in Evolutionary Biology*, ed. Elliott Sober (Cambridge, MA: MIT Press, 2006), 176–95.

Für die spezifischen adaptiven Probleme hätten sich jeweils einzelne kognitive Bearbeitungsstrukturen oder -algorithmen herausgebildet: »Mentale Module«. Diese seien wie „Minicomputer"[118], die für die Lösung eines Problems programmiert seien. Das „Theory-of-Mind-Modul" oder das „Cheater-Detection-Modul", die für die Fähigkeit verantwortlich sind, dass wir sozialen Betrug leicht und mühelos erkennen, sind Paradebeispiele der »Evolutionären Psychologie« geworden.[119] Dabei ist es offensichtlich, dass Menschen solche kognitiven Strukturen besitzen,[120] aber ob diese die Eigenschaften tragen, die die klassische »Evolutionäre Psychologie« postuliert, muss angezweifelt werden: Ihr zufolge sollten Mentale Module bereichsspezifisch, informatorisch isoliert, genetisch kodiert und steinzeitlich optimiert sein.

Bereichsspezifität und informatorische Isolation: Diese Eigenschaften bedeuten, dass ein Modul nur von einer bestimmten Sorte Information aktiviert wird, vergleichbar etwa dem Gehörsinn, der nicht auf visuelle Reize reagiert.[121] Module werden experimentell unter anderem daran erkannt, dass sie bei falschem oder fehlendem Informationseingang keine passenden Ergebnisse hervorbringen.

Es zeigt sich jedoch, dass solche Spezialisierungen keine Isolierung bedeuten. Stattdessen findet man beträchtliche Flexibilität und Überlappung der Informationsströme. Am deutlichsten wird dies daran erkannt, dass bei Ausfall eines bestimmten kognitiven Systems seine Funktion durch ein anderes übernommen werden kann. Statt strikter Spezifizität findet man also eher Dominanz.[122]

---

118 David Buller und Valerie Hardcastle, "Evolutionary Psychology, Meet Developmental Neurobiology: Against Promiscuous Modularity," *Brain and Mind* 1 (2000): 311.
119 Leda Cosmides und John Tooby, "Can a General Deontic Logic Capture the Facts of Human Moral Reasoning? How the Mind Interprets Social Exchange Rules and Detects Cheaters," in *The Evolution of Morality: Adaptations and Innateness*, ed. W Sinnott-Armstrong (Cambridge, MA: MIT Press, 2008), 53–119.
120 siehe Kapitel 8.5.3.
121 *"We use the term module to refer to a cognitive system that has access only to specific informational input and whose internal operations are hidden from external cognitive processes; the larger cognitive system, under this view, has access only to the module's final output."* Derek E Lyons, Webb Phillips, und Laurie R Santos, "Motivation Is Not Enough," *Behav Brain Sci* 28 (2005): 708.
122 Eine ausführliche Darstellung, die jedoch noch nicht den EvoDevo-Ansatz integriert, findet man bei Buller und Hardcastle, "Evolutionary Psychology, Meet Developmental Neurobiology: Against Promiscuous Modularity." // Eine weitere bei Jesse Prinz, "Is the Mind Really Modular," in *Contemporary Debates in Cognitive Science*, ed. Robert Stainton (Hoboken, NJ: Blackwell, 2006), 22–36. // Vgl. auch David J Buller, "Evolutionary Psychology: A Critique," in *Conceptual Issues in Evolutionary Biology*, ed. Elliott Sober (Cambridge, MA: MIT Press, 2006), 197–214. // Scott Atran, "A Cheater-Detection Module? Dubious Interpretations of the Wason Selection Task and Logic," *Evolution and Cognition* 7 (2001): 187–93.

Genetische Determiniertheit und steinzeitliche Optimierung: Für eine genetische Theorie der evolutionären Psychologie ist es notwendig, dass die Eigenschaften der Module vererbbar sind. Im neodarwinistischen Modell kommen dafür nur Gene in Frage. Damit erhielt man als Modell ein System, das nur langsam evolvieren konnte. Die These, dass die Module sich seit der Steinzeit nicht mehr wesentlich verändert hätten, wurde zu einem Charakteristikum der »Evolutionären Psychologie«. Als Beispiel könnte unser Verlangen nach süßer und fettiger Nahrung gelten, das in der Steinzeit selbstverständlich sinnvoll war, aber in einer Umwelt mit Fast-Food-Ketten fatale Auswirkungen haben kann.[119]

Zu der Zeit, als die »Evolutionäre Psychologie« aufkam, existierten noch stark übertriebene Vorstellungen von der Anzahl der menschlichen Gene. In der Zwischenzeit weiß man, dass es nur wenig mehr als 20.000 sind und dass die Ausbildung des Gehirns einer jener »Explorativen Prozesse«, der Überproduktion und anschließender bedarfsorientierter Reduktion darstellt. Dann kommt aber auch die finale Konstruktion der synaptischen Verbindungen in erster Linie durch die Interaktion mit der Umwelt und weniger durch genetische Festschreibungen zustande.[123]

Dass auch solche Faktoren vererbbar sind und eine schnell evolvierende Psychologie begründen können, hat die EvoDevo-Bewegung gezeigt. Dadurch verliert die Annahme, dass die Evolution der menschlichen kognitiven Strukturen im Pleistozän stecken geblieben sei, ihre Plausibilität. Es gibt dafür auch empirische Hinweise: Unsere menschliche Psychologie und Physiologie zeigen moderne Anpassungen und Evolution geht offenbar nicht nur weiter, sondern nimmt sogar an Geschwindigkeit zu.[124]

Der Terminus »Evolutionäre Psychologie« bezog sich in der Literatur lange Zeit nur auf die klassische Theorie, die Module als bereichsspezifisch, informatorisch isoliert, genetisch kodiert und steinzeitlich optimiert ansieht. Neuerdings wird er aber auch dann benutzt, wenn ganz allgemein das Forschungsfeld der evolutiven Formung menschlicher Psychologie gemeint ist, unabhängig von derart spezia-

---

123 Die »Evolutionäre Psychologie« kennt einen Einfluss der Umwelt, doch hier beschränkt er sich darauf, innerhalb eines sensiblen Entwicklungsfensters den Impuls dafür zu geben, dass genetisch bestimmte Strukturen realisiert werden; vgl. Buller und Hardcastle (2000), S. 315 f.
124 vgl. John Hawks et al., "Recent Acceleration of Human Adaptive Evolution," *PNAS* 104 (2007): 20753–58. // Peter J Richerson, Robert Boyd, und Joseph Henrich, "Gene-Culture Coevolution in the Age of Genomics," *PNAS* 107 (2010): 8985–92.

lisierten Konzepten. Dort hat sich der Begriff »Modul« dann von seiner ursprünglich engen Definition emanzipiert.[125]

2.6.2 Die „Module" einer neuen evolutionären Psychologie

Massive Modularität

Der Anthropologe Dan Sperber ist der Meinung, dass wir unser menschliches Leben mit einer kleinen Anzahl angeborener Lernmodule beginnen, die eine Art Vorlage darstellen. Die meisten Module, die im Leben wirksam sind, seien selbst nicht angeboren, sondern würden aufgrund dieser Vorlagen erst erzeugt. Ein angeborenes Gerechtigkeitsmodul erzeuge so zum Beispiel kulturspezifische Detektormodule: einen Drängel-Detektor in Kulturen, wo Schlange gestanden wird, einen Detektor für die exakte Gleichverteilung von Essen, dort wo Essen üblicherweise gleich verteilt wird, aber nicht dort, wo das Essen dem Alter entsprechend verteilt wird usw. Sperber spricht in diesem Zusammenhang von „massive modularity".[126]

Mentale Module aus Sicht der EvoDevo

Ein EvoDevo inspirierter Ansatz versucht in den Blick zu nehmen, dass kulturelle und psychologische Merkmale genauso wenig aus dem Nichts entstehen, wie die natürlichen, sondern ebenfalls eine Entwicklungsgeschichte haben. Dabei wird dem Aspekt der Homologie eine Schlüsselrolle zum tieferen Verständnis Mentaler Module eingeräumt. Dies steht in deutlichem Kontrast zur »Evolutionären Psychologie«, die ihr Augenmerk auf die Angepasstheit und die Funktionalität richtet. Den Erkenntnismehrwert für *psychologische* Fragestellungen beschreibt Griffiths (2010, S. 215):

Beispiel: Angenommen zwei Tiere besitzen analoge mentale Module um Beutegreifer zu erkennen. Die Module ähneln sich aufgrund derselben Funktion. Beide stellen Lösungen für ein Signal-Erkennungs-Problem dar. Das einzige, was als Erkenntnis aus ihrer Analogie erwartet werden kann, ist, dass sich ihre Charakteristik – wie Sensitivität und Rausch/Signal-Verhältnis – dem von

---

125 Diese unterschiedliche Verwendung des Begriffs „Modul" könnte gelegentlich zu Verwirrungen führen. Einige Wissenschaftler sähen den Terminus deshalb lieber aus dem wissenschaftlichen Vokabular gestrichen. Sie haben sich mit diesem Anliegen aber nicht durchgesetzt; z.B. Jesse Prinz (2006), S. 22–36.
126 Dan Sperber, "Massive Modularity and the First Principle of Relevance," in *The Innate Mind, Vol. 1 Structure and Content*, ed. P Carruthers, S Laurence, und S Stich (Oxford: Univ. Press, 2005), 53–68.

der Theorie vorhergesagten Optimum annähern sollte. Abweichungen von den Vorhersagen sind nur für Ökologen interessant, da sie auf unterschiedliche Anpassungserfordernisse hindeuten. Ganz andere Aussagemöglichkeiten ergeben sich, wenn es sich um homologe mentale Module handelt. Auch wenn sich die Funktion durch unterschiedliche Ökologie verändert hat, kann man Aussagen über die physiologische Realisierung und die beteiligten neuronalen Strukturen vom einen zum andern übertragen. Gerade von der Erkenntnis, wie homologe mentale Module von ihren Vorläufern aus in den neuen ökologischen und sozialen Zusammenhang zum Beispiel einer menschlichen Lebensweise eingepasst werden, ist zu erwarten, dass sie ein fundamentaleres Verständnis der besonderen menschlichen Psychologie ermöglicht.[127]

2.7 Die Integration der Modelle – Was sich verändert hat

Mary Jane West-Eberhard (2003) formuliert im Standardwerk der EvoDevo ein generell gültiges Modell für den Ablauf von Evolution komplexer Organismen in vier Schritten:[128]

1. Ein neues Ereignis betrifft (im Fall einer Mutation) ein oder (im Fall einer Umweltveränderung) mehrere Individuen einer Population.
2. Aufgrund der vorhandenen, plastischen Entwicklungsmöglichkeiten, wird der neue Impuls durch »Phänotypische Akkomodation« integriert. Ein neuer Phänotyp entsteht.
3. Die Ausbreitung des neuen Phänotyps ist am Anfang schnell (wenn eine Umweltveränderung Ursache war) oder langsam (wenn eine Mutation Ursache war).
4. Wenn der neue Phänotyp vorteilhaft ist, wird er durch die Natürliche Selektion fixiert. »Genetische Akkomodation« – also Veränderungen in der genetischen Architektur – führen zu seiner Stabilisierung, so dass er in dieser Umwelt zuverlässig auftritt.

Wie wir des Weiteren gesehen haben, enthält der klassische, soziobiologische Ansatz einige Annahmen über natürliche Evolution, die sich als problematisch oder regelrecht falsch herausgestellt haben.[129] Die wichtigsten seien hier noch einmal zusammen getragen:

---

[127] Dass dies tatsächlich gelingt, zeigen die Wissenschaftler um Michael Tomasello am Max-Planck-Institut für Anthropologie in Leipzig, von deren Erkenntnissen – aus vergleichenden Studien mit Kindern und Menschenaffen – noch mehrfach die Rede sein wird.
[128] Hier gemäß der Darstellung in Pigliucci, "Phenotypic Plasticity", 368.
[129] vgl. Laland et al., "Does Evolutionary Theory Need a Rethink?" // Denis Noble, "Evolution beyond Neo-Darwinism: A New Conceptual Framework," *The Journal of Experimental Biology* 218 (2015): 7–13.

- *DNA sei die einzige nicht-kulturelle, vererbbare Information.* Dies ist nicht zutreffend. Es gibt andere biologische Tradierungssysteme, die andere Eigenschaften haben als DNA und sich daher phylogenetisch anders verhalten. Die Eigenschaften dieser Systeme sind: Sie werden vor allem dann aktiv, wenn die Umweltbedingungen sich verändern und sie sind reversibel.
- *Der Informationsfluss sei stets unidirektional, vom Genotyp zum Phänotyp.* Dies trifft nicht immer zu. Epigenetische Veränderungen (aber auch erlernte Verhaltensvarianten) können zum Beispiel einen Zustand so lange stabilisieren, bis die vergleichsweise langsamen Gene nachgezogen haben. Durch derartige Mechanismen erhält man Evolution, bei der erworbene Eigenschaften an die nächste Generation weitergegeben werden, ähnlich wie es Darwin und Lamarck angenommen hatten und im Gegensatz zu den verschiedenen Varianten des Neodarwinismus.
- *Veränderungen im Genotyp würden (mit Ausnahme von Bakterien) durch Rekombination und vererbbare, zufällige Mutationen hervorgerufen.* In der Zwischenzeit wurde auch beim Menschen ein hohes Maß an horizontalem Gentransfer, zum Beispiel durch Übertragung mittels Viren, festgestellt. Man geht davon aus, dass ca. 9 % des menschlichen Genoms viralen Ursprungs sind.[130] Schnelle Evolution wird leichter verständlich, wenn man bedenkt, dass bei einem Transferereignis ganze Funktionseinheiten hinzukommen oder verschwinden können.
- *Ein Gen übersetze sich tendenziell in ein Merkmal.* Die Interaktion von Genen und Umwelt war offensichtlich, doch das Ausmaß der Vernetzung ist erst in den letzten Jahren einigermaßen klar geworden. Eine Art Schock war das Ergebnis des Human Genome Projects, dass das menschliche Genom nur etwas über 20.000 Gene enthält, sehr viel weniger als man angenommen hatte. Dass so wenig Gene notwendig sind, liegt daran, dass es sich bei der Erbinformation tatsächlich um ein interaktives Programm handelt, das als komplexes Netzwerk funktioniert.
- *Die Beziehung von genotypischer zu phänotypischer Variabilität sei direkt und linear und Evolution verlaufe graduell.* Durch Modularisierung und Kompartimentierung können ganze Funktionskomplexe verändert oder in neue Zusammenhänge gestellt werden. Mutationen bewirken außerdem häufig nicht die Entstehung eines neuen Genprodukts, sondern beeinflussen das Netzwerk durch Änderungen in der Genaktivität bereits vorhandener Gene. Da es sich um hochintegrierte, selbst-regulative Systeme handelt, sind die phänotypi-

---

130 Die ca. 20.000 Gene machen dagegen nur ca. 1.5 % des Genoms aus; vgl. Frank Ryan, "I, Virus: Why You're Only Half Human," *New Scientist* 2745 (2010): 32–35.

schen Auswirkungen im Normalfall nicht-linear. Evolution kann daher auch sprunghaft verlaufen.
- *Selektion auf der Ebene des Individuums sei stets stärker als Selektion auf Ebene der Gruppe, daher spiele Gruppenselektion keine Rolle.* Die Mathematik ist in diesem Bereich nicht völlig zufriedenstellend. Sie suggeriert sehr spezifische Bedingungen, die gegeben sein müssen, damit genetische Selektion auf der Ebene der Gruppe stattfindet. Eine erdrückende Zahl von Indizien weist aber darauf hin, dass Selektion nicht nur selten auf unterschiedlichen Ebenen stattfindet, sondern sogar die entscheidende Rolle bei den großen evolutionären Übergängen spielt. Mittlerweile akzeptieren nahezu alle Evolutionsbiologen die Theorie der »Multi-Level-Selektion«, auch wenn das theoretische Fundament noch nicht völlig überzeugt.

2.8 Fazit

Dieses Kapitel wollte einerseits in die neue Evolutionsbiologie einführen und Missverständnisse ausräumen, aber auch verdeutlichen, dass die noch junge Evolutionstheorie kein statisches Gebilde, sondern ein sich wandelndes Wissens- und Erkenntnisgebäude ist. Gerade in diesen Jahren, etwa seit der Jahrtausendwende, findet eine äußerst fruchtbare Re-Evaluation und Neufindung statt, die vermutlich noch eine Weile benötigt, um ein einheitliches Bild abzugeben. Aber auch dann wird sie noch nicht abgeschlossen sein, sondern irgendwann wieder zu einer noch neueren Synthese aufbrechen.

Die interdisziplinäre Auseinandersetzung kann jedoch nicht zwischen zukünftigen Theorien stattfinden, sondern immer nur zwischen den jeweils aktuellen. Aber dies sollte auch passieren, und nicht das, was heute in der Literatur noch gang und gäbe ist: Ein Kampf gegen alte, leichter zu demontierende Strohmänner, die im andern Wissenschaftsbereich schon längst zurückgelassen oder modifiziert wurden.[131]

---

131 Ein haarsträubendes Beispiel auf biologischer Seite findet man in Richard Dawkins *(2006)* „*The God delusion*" wo er sehr dezidiert den historischen Kontext, philosophische Grundregeln und die aktuellen Positionen seines „Sparringspartners" ignoriert und dadurch an der Sache zwar publikumswirksam aber fulminant vorbeiargumentiert. Vgl. hierzu die Analysen in Langthaler und Appel (Hrsg.) *(2010)* „*Dawkins' Gotteswahn*". Von Seiten der Theologie müsste man jene Versuche erwähnen, die sich gegen eine überzogen genetisch-deterministische Evolutionstheorie wehren, die kaum ein Biologe mehr vertritt.

3 Kulturelle Evolution

Die darwinschen Bedingungen für Evolution – Variation, Vererbung und Selektion – gelten nicht nur für biologische Organismen, sondern können als ein generelles Gesetz[1] formuliert werden: Evolutive Prozesse finden immer dann statt, wenn...
1. ... nicht alle Entitäten identisch sind. **(Variation)**
2. ... die Reproduktion einer Entität A in zukünftigen Generationen mehr Entitäten vom Typ A hervorbringt und diejenige einer Entität B mehr vom Typ B. **(Vererbung)**
3. ... ein Teil der phänotypischen Unterschiedlichkeit dafür verantwortlich ist, dass die Entitäten verschiedene Überlebens- und Reproduktionswahrscheinlichkeiten in ihrer Umwelt besitzen. **(Selektion)**

Wenn diese drei Bedingungen gleichzeitig gegeben sind, ist die Entwicklung stets eine *evolutive*, unabhängig davon, um was für Entitäten es sich handelt, wie die Variabilität zustande kommt oder welche Informationen weitergegeben werden. Man beachte, dass es sich hierbei nicht um eine Hypothese, sondern um eine logische Notwendigkeit handelt. Viele Vorgänge, bei denen kulturelle Informationen entweder vertikal (von einer Generation zur nächsten) oder horizontal (zwischen den Individuen) weitergegeben werden, erfüllen diese Bedingungen: Gruppenidentitäten, Verhaltensweisen, Techniken, Ideen, Rituale, Religionen, Normen, Symbole usw.[2]

Beispiel: Die Technik, Pfeil und Bogen herzustellen, wird von Generation zu Generation weitergegeben. Durch kleine Ungenauigkeiten, durch Versuch und Irrtum oder durch geplante Konstruktion werden die Eigenschaften oder der Herstellungsprozess so verändert, dass sie zu besseren Flugeigenschaften des Pfeils, zu höherer Treffsicherheit, größerer Reichweite oder zu anderen wünschenswerten Qualitätsmerkmalen führen. Werden die Veränderungen als Verbesserung erkannt, so werden zukünftige Pfeil und Bogen mit dieser neuen Charakteristik hergestellt werden.

Bei der Kulturellen Evolution geht es also nicht in erster Linie um genetische Evolution. Dies ist ein Missverständnis, das dadurch provoziert wird, dass die Soziobiologie häufig kulturelle Merkmale auf ihre Nützlichkeit für die genetische Fitness zu deuten versucht hat. Der Versuch ist zwar legitim, doch die exzessive Verwendung solcher Interpretationsmuster, zementiert den falschen Eindruck,

---

[1] vgl. Richard Lewontin, "The Units of Selection," *Annual Review of Ecology and Systematics* 1 (1970): 1 f.
[2] vgl. ebd., S. 1–18.

dass es – wie in der sogenannten »Evolutionären Psychologie« (siehe Kap. 2.6) – auch bei Kultureller Evolution letztlich immer darum gehe, den Reproduktionserfolg der Gene zu optimieren. Richard Dawkins und andere Evolutionsbiologen versuchen aktiv solche Missverständnisse auszuräumen, schon weil sie es leid sind, dass ihnen dies fälschlicherweise immer wieder vorgeworfen wird.[3] Ob die Gene davon profitieren oder nicht, ist für Kulturelle Evolution nicht entscheidend. »Angepasstheit« bedeutet hier, dass kulturelle Produkte eine psychologische Attraktivität und gesellschaftliche Penetranz besitzen, so dass sie sich in der Population ausbreiten können. So können dann Entwicklungen stattfinden, die für genetische Evolution sehr unwahrscheinlich wären.[4]

3.1 Die (eingeschränkte) Universalität von Evolution

Nach der Befreiung aus der Totalumklammerung der Gene ist die Evolutionstheorie sehr viel weiter geworden: Selbst Planungs- und Designprozesse, die bislang immer als Kontrastfolie für Evolution dienten, können nun als „evolutiv" bezeichnet werden, da sie oft denselben Prinzipien gehorchen wie vergleichbare, durch interne Faktoren verursachte, natürliche Prozesse. Muss damit neu definiert werden, was gemeint ist, wenn etwas „sich evolutiv entwickelt"? Ist der Begriff überhaupt noch inhaltlich gefüllt?

Angenommen man möchte keine neue Bezeichnung einführen und beschreibt alle Prozesse der Erweiterten Synthese – ontogenetische wie phylogenetische, darwinische wie „lamarckistische" – als »evolutive« Prozesse, dann lässt sich der Begriff am leichtesten erklären, indem man sagt, was er nicht umfasst.

a) *Wenn etwas weder Kosten verursacht, noch Nutzen bringt, also keine Selektion stattfindet.* Das wäre in einer Umgebung, in der die Weitergabewahrscheinlichkeit einer Information sowohl von der Umwelt als auch vom Informationsgehalt als solchem unabhängig und damit eine Frage des Zufalls ist. Dafür existieren Modelle aus der Populationsbiologie.[5] Dass dies im moralischen Bereich eine wichtige Rolle spielt ist unwahrscheinlich, da es sich hierbei

---

[3] z. B. betont Sam Harris (2010, S. 20) in erfreulicher Klarheit, dass der Erfolg einer kulturellen Vererbungseinheit für die Gene des Merkmalsträgers eigentlich nur bedeutet, dass sein Verhalten ihn nicht im selben Augenblick umbringt. // ... doch selbst Märtyrertode führen häufig zu einer erfolgreichen Ausbreitung der Märtyrer-Idee.
[4] Richard McElreath und Joseph Henrich, "Modelling Cultural Evolution," in *Oxford Handbook of Evolutionary Psychology*, ed. R Dunbar und L Barrett (New York: Oxford Univ. Press, 2007), 579.
[5] siehe Kap. 3.4.5.

häufig um kostenintensives Verhalten handelt, das vermutlich fitnessrelevant ist.

b) *Wenn etwas sich im Prozess der Weitergabe nicht verändert.* Dies gilt zum Beispiel von anerkannten mathematischen Gesetzen, die völlig identisch weitergegeben werden. Eine weitere Möglichkeit, die vor allem von religiösen Kreisen propagiert wird, ist die mögliche Existenz eines dem Menschen oder der menschlichen Natur eingeschriebenen Gesetzes, das sich nicht verändert. Eine solche metaphysische Entität wäre jedoch auf eine Natur angewiesen, um real wirksam zu werden: Auch der kulturelle Mensch ist als Natur und nur in seinem Natur-Sein vorhanden. Die beteiligten natürlichen Strukturen wären also wieder evolutiven Kräften ausgesetzt und damit sollte zumindest die äußere Form solcher innerlicher Gesetze evolvieren können.[6]

c) *Wenn etwas nicht Teil eines Reproduktionsprozesses ist.* Das gilt relativ häufig für nichtbelebte Materie.[7] Doch Vorsicht ist geboten: Wenn etwas aktuell nicht reproduziert, so kann es trotzdem Teil eines Reproduktionsprozesses sein.

Beispiel: Viele tausend Tomatenschneider werden nahezu identisch von einer Maschine hergestellt. Vom Tomatenschneider in meiner Küche gibt es aber keine Rückkoppelung zum Herstellungsprozess, so dass dieser die Form späterer Tomatenschneider beeinflussen könnte, – es sei denn ich schreibe als unzufriedener Kunde einen Brief. Der Tomatenschneider in der Küche reproduziert also selbst nicht. Trotzdem repräsentiert er einen evolutiven Prozess: den des Designs und der kleinen Verbesserungen, die zu seiner spezifischen Form geführt haben und die ihn zum Beispiel von einem Eierschneider unterscheiden.

d) *Wenn etwas Neues entsteht.* Wenn etwas plötzlich, in einem Schritt ohne erkennbare Geschichte, auftritt, dann ist es nicht sinnvoll es »evolutiv« zu nennen. Sobald es aber existiert, hat seine Geschichtlichkeit begonnen und nun kann es sich nach evolutiven Prinzipien entwickeln.

Wenn ein Merkmal »evolutiv« ist, bedeutet das, (1) dass man es sinnvoll unter funktionalen Aspekten untersuchen kann, (2) dass man Entwicklungsprinzipien,

---

6 Eine Möglichkeit evolutiven Veränderungsprozessen zu entgehen, stellt die theologische Hypothese dar, dass bei jeder Entstehung eines Organismus dieses Gesetz durch »individuelle Eingießung einer Seele« von Neuem in seiner „Originalfassung" eingeschrieben würde. In ihrer literalen Form führt diese Theorie zu einem Abbruch des interdisziplinären Dialogs. Ein Gedanke, der nicht jedem unangenehm ist, aber stets den Verdacht der billigen Selbstimmunisierung trägt. Dass es andere Möglichkeiten gibt, die lehramtliche Glaubenswahrheit der »Eingießung der Seele« zu verstehen, zeigen Brüntrup (2008), Lüke (2007), Maldamé (2002) oder Söling (1995). An dieser Stelle kann nicht darauf eingegangen werden.

7 Auch hier gibt es Ausnahmen, wie selbstreplizierende Computerprogramme, chemische Zyklen oder andere physikalisch-chemische Prozesse, die Templates voraussetzen.

die aus anderen evolvierenden Systemen stammen, auch hier erwarten kann, (3) dass es eine Geschichte und eine Umwelt hat, die Bedingungen vorgeben, (4) dass man mit Ungleichzeitigkeiten in der Anpassung rechnen muss, (5) dass die Entwicklung nicht in eine beliebige Richtung geht usw.[8] Dies alles hat eklatante heuristische Auswirkungen: Die Kenntnis des Selektionsdrucks – im Fall des Tomatenschneiders sind dies zum Beispiel die Eigenschaften der Tomate und des Materials, Produktionskosten, ästhetische Aspekte usw. – lässt uns das Design besser verstehen. Es gilt aber auch umgekehrt: Vom Design lassen sich Rückschlüsse auf die selektiven Kräfte und den Funktionszusammenhang während der Entwicklung ziehen.

3.2 Memetik – Kulturelle Evolution als Replikationsprozess

In seinem Buch „*The Selfish Gene*" führte Richard Dawkins (1976) den Begriff »Mem« ein. Er beschreibt es als eine kulturelle Entität, die von Gehirn zu Gehirn weitergegeben wird und sich dadurch – selbst nicht intentional aber doch faktisch – ausbreitet, also eine *kulturell vererbbare Einheit*.[9] Dies kann ein Satz sein, eine Technik, ein Produkt, eine Idee, ein Glaubensinhalt, ein Tanz, Musik, Mode, Tischmanieren – schlicht alles, was an andere weitergegeben und von ihnen übernommen werden kann.

Dawkins vergleicht Meme mit Viren, die den Träger für die eigene Ausbreitung nutzen und desaströse Auswirkungen auf seine Fitness haben können. Religiöse Vorstellungen werden zum Beispiel häufig horizontal verbreitet, sind daher unabhängig vom biologischen Erfolg ihrer Träger, können für diese irrational, kostspielig und desaströs sein und trotzdem in Bezug auf ihre eigene Ausbreitung erfolgreich.[10] Die Fitness eines kulturellen Merkmals bestimmt sich allein über den „Nutzen für die Weiterverbreitung des zugehörigen Mems".[11] Parallel zum Konzept des »Egoistischen Gens« gibt es das »Egoistische Mem«:

---

[8] Jablonka und Lamb, *Evolution in Four Dimensions*, 228.
[9] „*Memes reside in the brain, are embodied as localized or distributed neural circuits, have phenotypic effects in the form of behaviors or cultural products and move from brain to brain through imitation.*" Eva Jablonka und Marion J Lamb, "Précis of Evolution in Four Dimensions," *Behav Brain Sci* 30 (2007): 361.
[10] Richard Dawkins, *The God Delusion* (London: Bantam Press, 2006), 230 ff.
[11] Es ist nicht unwahrscheinlich, „*that a cultural trait may have evolved in the way that it has, simply because it is advantageous to itself.*" Dawkins, *The Selfish Gene*, 200. // Vgl. auch Susan Blackmore, "Consciousness in Meme Machines," *Journal of Consciousness Studies* 10 (2003): 1–12.

> An organism is just a gene's way of reproducing itself.[12]
> A mind is just a meme's way of reproducing itself.[13]

»Meme« besitzen – nach der Definition Dawkins' – zwei besondere Eigenschaften. *Erstens:* Sie seien häufig »Replikatoren«, das heißt sie werden mit einer so hohen Zuverlässigkeit reproduziert, dass man von Kopien oder Varianten sprechen kann. *Zweitens:* Die Hauptquelle für Variation seien Ungenauigkeiten, Zufälle oder Neukombination von Vorhandenem.

Beispiel: »Psychologischer Altruismus« ist ein Verhalten, das dem handelnden Individuum uneigennützig erscheint. Ob es sich dabei für den Organismus um eine Selbsttäuschung oder um eine korrekte Wahrnehmung handelt, in beiden Fällen geht die Soziobiologie davon aus, dass auf der Ebene der Gene oder Meme jeweils ein Egoismus dahinter steckt. Genetischer oder Memetischer Altruismus ist dagegen denkbar, wenn er (1) mit wichtigeren „egoistischen" Genen oder Memen fest verbunden und mit diesen weitervererbt wird (als »evolutionäres Nebenprodukt«) oder wenn er (2) früher eine egoistische Anpassung war, die in einer neuen Umwelt nun negativ (altruistisch) wurde, aber noch nicht aus der Population verdrängt werden konnte. So wird angenommen, dass das Helferverhalten gegenüber Fremden, möglicherweise in kleinen Gemeinschaften als Anpassung entstanden ist. Dort ist es nicht nötig, zu unterscheiden, wem man hilft, da sich der Einsatz auf längere Sicht ausgleicht und gegenseitig profitiert wird. Sich zu helfen ist dort, obwohl es sich altruistisch anfühlt, auf jeder Ebene der Selektion eigennützig. Wenn dieses Verhalten in den großen, anonymen menschlichen Gesellschaften fortgeführt und weiter unterschiedslos geholfen wird, handle es sich um eine Fehlanpassung, da vom Einsatz für Fremde, die man nie wiedersieht, nur der Fremde profitiert.[14] Genetische Selektion sollte dafür sorgen, dass dieses unangepasste Verhalten auf Dauer verschwindet. Memetische Selektion könnte es aber stabilisieren, wenn der Hilfsgedanke weiter attraktiv ist.

Entscheidend ist, dass die evolutiv wirksamen Kräfte in diesem Modell vollständig unabhängig vom Wohl oder Wehe des Organismus sind: Egoistische Gene oder Meme können altruistische Organismen hervorbringen. Doch Gene oder Meme, die nicht egoistisch sind, werden ausselektiert und verschwinden, sofern sie nicht anderweitig stabilisiert werden.

---

12 Richard Dawkins *zit.* in: Schloss, "Introduction: Evolutionary Ethics and Christian Morality: Surveying the Issues.", 5.
13 Susan Blackmore, *zit.* in: ebd.
14 Diese Just-So-Story hat sich zwischenzeitlich als falsch herausgestellt; vgl. Joseph Henrich et al., "Markets, Religion, Community Size, and the Evolution of Fairness and Punishment," *Science* 327 (2010): 1480–84.

3.2.1 Kritik am Mem-Konzept

Es gibt Zweifel an der grundsätzlichen Nützlichkeit von Memetik: Es ist wenig interessant zu wissen, dass eine Idee erfolgreicher ist als eine andere. Was uns interessiert ist, was diesen Erfolg ausmacht, und genau diese Frage wird durch die Memetik nicht erhellt. Angenommen eine religiöse oder moralische Vorstellung hätte die Eigenschaften eines Mems, so würde nicht viel dadurch erklärt, dass man sie als einen „kognitiven Virus"[15] identifiziert. Um sie zu verstehen, ist es darüber hinaus notwendig, ihren Ursprung, ihre geschichtliche Entwicklung und ihr funktionales und nicht funktionales Design mit der Frage nach der menschlichen Psychologie in Verbindung zu bringen.[16] Dies ist ein weitaus komplexeres, von der Memetik unabhängiges Unterfangen, doch wenn es geleistet sein sollte, wird die Memetik vermutlich keine wesentlichen zusätzlichen Erkenntnisse mehr beitragen können.[17]

Memetik besticht zwar durch ihre Einfachheit, hat aber mindestens eine entscheidende Schwäche: Viele kulturelle Informationen replizieren sich nicht einfach, sondern werden vom Empfänger reproduziert. Damit sind sie aber auch sensibel für ihre soziale Umwelt. Es handelt sich also wohl meist nicht um Replikatoren (parallel zu Genen) in einem Kopiervorgang, sondern um Reproduzierer (parallel zu den phänotypischen Merkmalen der EvoDevo) in einem Konstruktionsprozess.[18]

3.3 Kulturelle Evolution als Konstruktionsprozess

Während die Genauigkeit *genetischer* Informationsweitergabe enorm hoch ist, ist dies bei *kultureller* Weitergabe der Ausnahmefall.[19] Der Übertragungsmechanismus ist hier nicht Kopieren, sondern Kommunizieren. Menschliche Kommuni-

---

15 Richard Dawkins listet einige religiöse Vorstellungen auf, die er für solche sich selbst verstärkende, „virenartige" Meme hält. Dawkins, *The God delusion*, 231 f.
16 Entsprechende Versuche finden sich etwa bei Daniel C Dennett, *Breaking the Spell: Religion as a Natural Phenomenon* (NY: Viking, 2006) // Wilson, *Darwin's Cathedral* // Scott Atran, *In Gods We Trust: The Evolutionary Landscape of Religion*, Evolution and Cognition (New York: Oxford University Press, 2002) // Pascal Boyer, *Religion Explained – The Evolutionary Origins of Religious Thought* (New York: Basic Books, 2001) und anderen; aber auch bei Richard Dawkins (2006).
17 Jablonka und Lamb, *Evolution in Four Dimensions*, 221 ff. // Kim Sterelny, "Memes Revisited," *The British Journal for the Philosophy of Science* 57 (2006): 145–65.
18 Jablonka und Lamb, *Evolution in Four Dimension*, 210 ff.
19 Sie ist es meist nur bei Informationen mit der Qualität einer Gebrauchsanleitung oder einer Gleichung wie 2+2=4 oder bei materiellen Produkten.

kation ist aber ultimativ nicht daran interessiert, die exakte Bedeutung eines Wortes zu verstehen, sondern zu verstehen, was der Sprecher mit diesem Wort *meint*. Ebenso möchte ein Sprecher nicht, dass nur etwas verstanden wird, sondern dass das verstanden wird, was *in ihm vor sich geht*.[20] Dies vollständig in Worten auszudrücken ist aber unmöglich. Stattdessen werden signifikante aber unvollständige Aspekte einer Idee weitergegeben.[21] Kommunikationsprozesse sind beim Menschen daher üblicherweise Konstruktionsprozesse. Was beim Empfänger ankommt wird zwar von der Wortwahl des Sprechers und seinen nonverbalen Signalen genauso beeinflusst wie durch den Kontext, aber am Ende des Prozesses steht doch ein eigener Gedanke – etwas, das dem Empfänger bedeutungsvoll erscheint.

> What you want when you see others doing something that you think is worth doing, for instance, cook a soufflé, it's not to copy the exact gestures and the exact soufflé that you saw, with its qualities, and also maybe its defects, your goal is to cook a good soufflé, your good soufflé.[22]

Während Kommunikation bei Tieren dem einfachen Modell aus Kodierung und Dekodierung zu folgen scheint, dient sie beim Menschen vor allem dazu, den mentalen Zustand des anderen zu verändern und den eigenen mentalen Zustand vom andern verändern zu lassen.[23] Möglicherweise wird genau dort die Grenze zwischen tierischer und menschlicher Kultur überschritten, wo einerseits Kommunikation über das Schema Kodierung/Dekodierung zum gegenseitigen Anteil-Geben hinauswächst und wo andererseits Informationen nicht nur repliziert, sondern transformiert oder jeweils individuell neu konstruiert werden.

3.3.1 Kulturelle Attraktoren

Es ist kein Geheimnis, dass bei der Kommunikation zwischen Menschen erstaunlich viele Fehler unterlaufen. Ein Replikationsmechanismus würde bei dieser Fehlerquote zu keiner sinnvollen Entwicklung führen. Nur ein Konstruk-

---

[20] vgl. Dan Sperber, "An Epidemiology of Representations – A Talk with Dan Sperber," *Edge – The Third Culture* 164 (2005), http://www.edge.org/documents/archive/edge164.html.
[21] „*It is biologically prepared, culturally enhanced, richly structured minds that generate and transform recurrent convergent ideas from often fragmentary and highly variable input.*" Scott Atran und Ara Norenzayan, "Religion's Evolutionary Landscape: Counterintuition, Commitment, Compassion, Communion," *Behav Brain Sci* 27 (2004): 757.
[22] Sperber, "An Epidemiology of Representations – A Talk with Dan Sperber."
[23] siehe Kapitel 6.5.2.

tionsprozess kann für die Unvollständigkeit und Degradation der ursprünglichen Information kompensieren. Allerdings nur dann, wenn er nicht in beliebige Richtungen verläuft.[24]

Sperber postuliert »Kulturelle Attraktoren«. Dies sind innerhalb des Bereichs aller Möglichkeiten bestimmte Regionen – d. h. Gruppen von Möglichkeiten – zu denen Transformationen und Konstruktionen (nicht-linear; siehe Anhang 1) hin tendieren.

> The stability of cultural phenomena is not provided by a robust mechanism of replication. It's given in part, yes, by a mechanism of preservation which is not very robust, not very faithful (and it's not its goal to be so). And it's given in part by a strong tendency for the construction – in every mind at every moment – of new ideas, new uses of words, new artifacts, new behaviors, to go not in a random direction, but towards attractors.[25]

Diese »Kulturellen Attraktoren« sind einerseits variabel und können sich geschichtlich verändern, andererseits bauen sie auf die menschliche Psychologie auf und es wird immer Bereiche geben, die für die menschliche Psyche besonders attraktiv oder einfach nur leichter zugänglich sind.[26]

3.3.2 Kulturelle Populationsdynamik

Henrich und Boyd (2002) nähern sich dem Problem der Stabilität kultureller Information von einer anderen Seite. Sie gehen nicht von einem durch die menschliche Psychologie auf ein Ziel ausgerichteten Informationsfluss aus, sondern vermuten, dass bestimmte Strategien bei der Informationsweitergabe für den Erhalt kultureller Identität verantwortlich sind. Um an die "richtigen" Informationen zu gelangen, wählten Menschen sie nach der Qualität ihrer Quellen aus.[27] Besonders zwei Neigungen erweisen sich in den mathematischen Modellen als erfolgreich:
- **Die Neigung zu Konformität** (*„conformist bias"*). Diese kann sich darin ausdrücken, dass bevorzugt Informationen von einem Anführer, oder von der Mehrheit der Gruppe übernommen werden. In den meisten Gruppen gibt es

---

24 Sterelny, "Memes Revisited."
25 Sperber, "An Epidemiology of Representations – A Talk with Dan Sperber."
26 Eine modernisierte Evolutionäre Psychologie hat hier einen bedeutenden Beitrag zu leisten.
27 Joseph Henrich und Robert Boyd, "On Modeling Cognition and Culture: Why Cultural Evolution Does Not Require Replication of Representations," *Journal of Cognition and Culture* 2 (2002): 87–112.

auch explizite Normen für Konformität, die häufig mit Sanktionen verbunden sind.[28]
– **Die Neigung zu Exzellenz** (*„prestige bias"*). Hierbei werden bevorzugt die Informationen von besonders erfolgreichen und angesehenen Mitgliedern der Gruppe übernommen.

Die mathematischen Modelle zeigen, dass durch derartige Neigungen kulturelle Identität trotz individueller Variabilität erhalten werden kann.

Gelegentlich kann von den Verbreitungsmustern, die eine Information innerhalb der Population zeigt, auf die dahinterliegenden Prozesse geschlossen werden. Orientierung an der Mehrheit sorgt zum Beispiel für eine schnelle Verbreitung von Information und eine Reduktion der Variabilität. Orientierung an erfolgreichen Individuen kann zu aufwändigen oder extremen Merkmalen führen.[29] Zufällige Prozesse führen dagegen zu einer kleinen Zahl populärer und einer großen Zahl seltener Merkmale.[30] Nischenkonstruktion führt zu relativ homogenen Gruppen.[31]

3.3.3 Die »evolutive Landschaft« der Kultur

Die Vielfalt realisierter und nicht realisierter Möglichkeiten der Evolution wird oft im Bild einer Landschaft mit Tälern und Hügeln versinnbildlicht.[32] So wie sich Wege durch eine echte Landschaft schlängeln, verläuft in diesem Bild die biologische und kulturelle Entwicklung der Menschen in einer der Landschaft angepassten, kanalisierten aber nicht determinierten Weise.

Im Kulturellen Bereich bestehen die „Hügel" aus unterschiedlichen emotionalen, kognitiven und sozialen Prädispositionen.

> One such evolutionary ridge encompasses panhuman emotional faculties, or affect programs [...] Another ridge includes social-interaction schema, [...] such as those involved in the

---

[28] Robert Boyd et al., "The Evolution of Altruistic Punishment," *PNAS* 100 (2003): 3531–35. // Peter J Richerson und Robert Boyd, *Not by Genes Alone: How Culture Transformed Human Evolution* (Chicago: Univ. of Chicago Press, 2005), 120 ff.
[29] Vergleichbar dem Pfauenrad und anderen „übertriebenen" Merkmalen, die aufgrund von Sexueller Selektion stabil sind.
[30] Alex Mesoudi und Peter Danielson, "Ethics, Evolution and Culture," *Theory Biosci*, 2008, 229–40.
[31] Sterelny, "Memes Revisited," 153.
[32] Waddington, "Canalization of Development and the Inheritance of Acquired Characters," 563–565.

detection of predators and seeking protectors, or which govern direct ›tit-for-tat‹ reciprocity. Other social-interaction schema seem unique to humans, such as committing to nonkin. Still another ridge encompasses panhuman mental faculties, or cognitive modules, like folkmechanics, folkbiology, folkpsychology.[33]

Die Bewegungen eines Einzelnen, einer Gruppe oder einer Kultur verlaufen innerhalb dieser Landschaft nicht zufällig, sondern haben die Tendenz sich entlang bestimmter Spuren zu bündeln. Bereiche, die eine höhere Wahrscheinlichkeit besitzen erreicht zu werden und die selbst stabile „Aufenthaltsorte" bieten, werden zu »Attraktoren«.

The result is socially transmitted amalgamations that distinctively link landscape features with cognitive, affective, and interactional propensities. This produces the religious and cultural diversity we see in the world and throughout human history.[34]

3.4 Wege kultureller Evolution

3.4.1 Koevolution

Der Begriff »Koevolution« wird in der Biologie ursprünglich für die evolutive Entwicklung von Systemen aus funktional verbundenen Spezies verwendet, bei denen beide profitieren. Alle Formen von Symbiosen sind beispielsweise durch Koevolution entstanden. Auch beim Menschen lassen sich derartige Prozesse erkennen: Menschen können Gras zum Beispiel nicht als Nahrung verwerten, aber Kühe können dies. Kühe können sich kaum gegen Löwen verteidigen, aber Menschen können dies. Beide Kräfte miteinander vereint, ist dies bis heute – zumindest quantitativ – eine evolutionäre Erfolgsstory.[35] Die Beziehung zwischen Genen und Kultur ist ähnlich. Gene können sich nicht an eine sich schnell verändernde Umwelt anpassen. Die Ausbreitungsgeschichte des Menschen zeigt jedoch, dass genau dies eine Stärke menschlicher Kultur ist. Kulturelle Merkmale funktionieren ihrerseits nicht ohne Gehirn und Körper und sind so notwendig auf die Funktion von Genen angewiesen. Beide Kräfte miteinander vereint haben zu einer neuen »Major Transition«[36] geführt: Zu komplexen, kooperativen menschlichen Gesellschaften, die nahezu jeden irdischen Lebensraum im Lauf der letzten 10.000 Jahre besiedelt und viele radikal verändert haben.

---

33 Atran und Norenzayan, "Religion's Evolutionary Landscape," 16.
34 ebd.
35 Richerson und Boyd, *Not by Genes Alone*, 191 f.
36 ebd., 195–236. // siehe Kap. 2.2.1.

Kulturelle Evolution arbeitet nicht einfach nur parallel zur genetischen Evolution, sondern beide sind eng miteinander verwoben und beeinflussen sich gegenseitig. Kultur verändert die Umwelt von Genen und dadurch ihre Expression und die Selektionskräfte, die auf sie wirken. Die Gene sind andererseits nicht nur die Bedingung der Möglichkeit zur Kultur, sondern stellen auch einige der physiologischen und psychologischen Weichen, denen die kulturellen Veränderungen folgen.[37] Abhängig von den Eigenschaften des jeweiligen Merkmals, gibt es vermutlich mindestens vier Prozesse, durch die kulturelle Evolution voranschreitet: Nischenkonstruktion, Kulturelle Vererbung, Mem-artige Transmission und zufällige Drifteffekte.

3.4.2 Kulturelle Evolution durch Nischenkonstruktion

Schimpansen sind unter geeigneten Bedingungen in der Lage, recht komplexe Verhaltensweisen zu kopieren. Ihre geringere Imitationsfähigkeit scheint nicht der Grund zu sein, warum ihre Traditionen so viel ärmer sind als menschliche. Offenbar gibt es hierfür andere Ursachen: Marshall-Pescini und Whiten (2008) stellten fest, dass neu erlernte Verhaltensweisen bei Schimpansen schnell zur Gewohnheit werden. Wenn ihnen später eine andere Strategie gezeigt wird, als jene, die sie bereits beherrschen, dann übernehmen sie die neue nicht, auch wenn sie offensichtlich effizienter ist.[38] Menschenkinder sind dagegen bereit, suboptimales Verhalten zu verbessern. Neben der Tendenz von Kindern, Dinge exakt zu kopieren,[39] ist diese Bereitschaft zur Verbesserung von bereits Funktionierendem vermutlich der Schlüssel für die Produktion einer Kumulativen Kultur, zu der wir unsere Umwelt gemacht haben.[40]

Der Mensch verändert die Welt, in der er lebt. Aber er verändert nicht nur seine eigene und die seiner Mitmenschen, er verändert auch die Welt für kommende Generationen, sowohl physisch als auch in Bezug auf die vorhandenen Informationen. Menschlicher Lebensraum ist dadurch nicht nur Vorgegebenes, son-

---

[37] Tim Lewens, "Cultural Evolution," in *The Stanford Encyclopedia of Philosophy (Fall 2008 Edition)*, ed. E N Zalta, 2008, http://plato.stanford.edu/entries/evolution-cultural/.
[38] Sarah Marshall-Pescini und Andrew Whiten, "Chimpanzees (*Pan troglodytes*) and the Question of Cumulative Culture: An Experimental Approach," *Animal Cognition* 11 (2008): 449–56. // Andrew Whiten, "The Scope of Culture in Chimpanzees, Humans and Ancestral Apes," *Philosophical Transactions of the Royal Society B: Biological Sciences* 366 (2011): 997–1007.
[39] siehe Kap. 6.5.2.
[40] Whiten et al., "Emulation, Imitation, over-Imitation and the Scope of Culture for Child and Chimpanzee." // Andrew Whiten et al., "Culture Evolves," *Philosophical Transactions of the Royal Society B: Biological Sciences* 366 (2011): 938–48.

dern er ist auch Produkt dieser und früherer Generationen. Wenn nun ein neues kulturelles Merkmal, eine Innovation, auftaucht, wird es häufig zunächst horizontal weitergegeben. Es wird zu einer öffentlichen Innovation. Ein gutes Beispiel hierfür sind wissenschaftliche Erkenntnisse. Sie werden, nach ihrer Veröffentlichung, zu einem allgemein zugänglichen Wissen und verändern, wenn sie angewandt werden, den menschlichen Lebensraum, die Nische, potentiell für alle. Nischenkonstruktion bedeutet gleichzeitig, dass die Innovation für alle Nischenbewohner erfahrbar wird. Merkmale, die nach diesem Modell evolvieren, erfahren Selektionskräfte auf der Ebene der Gruppe, da die Nische eine Umwelt für die gesamte Gruppe – ein »Darwinsches Individuum« – darstellt. Nischenkonstruktion führt daher zu einer Vereinheitlichung innerhalb der Gruppe.

Um derartige Innovationen auch vertikal weitergeben zu können, wurden Formen entwickelt und Institutionen organisiert, die eine zuverlässige Weitergabe gewährleisten und erleichtern können. Zum menschlichen Lebensraum gehören daher jetzt Schulen, Bibliotheken und seit einigen Jahren das Internet, in denen öffentliche Informationen weitergegeben werden. Dieses wesentliche Charakteristikum von Kultur, dass Fähigkeiten nach und nach weiter verbessert werden, dass sich Wissen ansammelt, statt regelmäßig verloren zu gehen,[41] und dass es Institutionen gibt, die dies gewährleisten, wird vor allem durch Modelle der Nischenkonstruktion plausibel erklärt.

3.4.3 Kulturelle Vererbung

Es gibt Merkmale, die nicht durch Nischenkonstruktion, sondern nach anderen Kriterien evolvieren. Zum Beispiel jene Merkmale, die in erster Linie vertikal weitergegeben werden und die daher nicht öffentlich sind. Typische Schlüsselfiguren in diesem Prozess sind Eltern und ihre Kinder. Sterelny (2006, S. 153) spricht hier von „Kultureller Vererbung". Die Diversifizierung innerhalb der Gruppe wird dadurch verstärkt und Individualselektion begünstigt. Andersherum begünstigt eine starke Individualselektion die Entstehung vertikaler Transmission, da die Individuen versuchen werden, ihren eigenen Vorteil möglichst innerhalb der Familie zu sichern. So etwas gelingt allerdings nur mit Informationen, die geheim gehalten werden können. Spezielles Wissen, rituelle Kompetenzen, besondere

---

[41] Gelegentlich kommt es jedoch auch zu Verlust von Information. Wie bei der ursprünglichen Bevölkerung von Tasmanien: Nach der Besiedlung dieser Insel kam es zum Verlust vieler kultureller Errungenschaften. Unter anderem waren sie irgendwann nicht mehr in der Lage, selbst Feuer zu entzünden oder Pfeil und Bogen herzustellen. Wissen und Fähigkeiten dafür waren verloren gegangen; vgl. Sterelny, "Memes Revisited," 154.

technische Fähigkeiten und anderes werden daher oft nicht horizontal, sondern häufig von Vater zu Sohn oder Mutter zu Tochter weitergegeben.

Es gibt Merkmale mit unterschiedlichen Eigenschaften, daher ist es wahrscheinlich, dass beide, Nischenkonstruktion und Kulturelle Vererbung, für die kulturelle Evolution wirksam sind. Kulturelle Vererbung wird dabei häufig in eine Nischenkonstruktion übergehen, weil es schwierig ist, Informationen dauerhaft geheim zu halten.

3.4.4 Mem-artige Transmission

Vermutlich existieren Merkmale, die die Bedingungen für ein Mem erfüllen. Ihre besondere Art und Weise zu evolvieren wird durch die spezifische Selektionsebene bestimmt.. Bei Nischenkonstruktion ist es die Gruppe, bei kultureller Vererbung das Individuum und bei mem-artiger Transmission ist es das Mem selbst, dessen Fitness ausschlaggebend ist. Meme mit hoher Fitness könnten sehr einfache und elegante, psychologisch attraktive, leicht zu funktionalisierende oder sich selbst stabilisierende Informationen sein. Diese Eigenschaften einer Information anzuerkennen, und ihren Einfluss auf die Entscheidungen eines Trägers, muss aber nicht bedeuten, dass der Träger solcher egoistischer kultureller Replikatoren von diesen manipuliert würde.

> One can describe scientific change as a struggle between selfish memes, but one can also describe just the same process in terms of scientists choosing to accept, or to reject, theories by reference of familiar criteria of explanatory power, theoretical elegance and so forth. It is only an incidental feature of the metaphor of memetic selfishness that appears to deprive humans of control over which ideas they do, and do not, accept.[42]

Die Umwelt, in der ein Mem aktiv wird,[43] ist der menschliche Geist und dessen Lebensraum. Genau diese Umwelt ist jedoch zu einem gewissen Teil bereits Produkt eben dieses menschlichen Geistes, seiner genetischen und kulturellen Gegebenheiten und Errungenschaften.

---

42 Lewens, "Cultural Evolution."
43 Man beachte, dass hier, im Gegensatz zur klassischen Memetik, davon ausgegangen wird, dass nur wenige der wirksamen Merkmale tatsächlich auch Meme sind.

3.4.5 Kulturelle Evolution durch Zufall

Aus der genetischen Evolutionstheorie ist bekannt, dass zufällige Ereignisse eine bedeutende Rolle spielen können. Sie bewirken genetische Drift. Im kulturellen Bereich kann mit parallelen Prozessen gerechnet werden.

3.4.5.1 Gründereffekt

Wenn eine kleine Gruppe Individuen eine neue Population begründet, so handelt es sich üblicherweise nicht um eine repräsentative Auswahl aus der Ursprungsgruppe, sondern bestimmte Merkmale werden in der neuen Population häufiger und andere seltener vorkommen. Wenn nun eine Gruppe Menschen auswandert, so werden diese ebenfalls nicht eine repräsentative Auswahl an Ideen, Visionen und Fähigkeiten mitbringen, sondern unterscheiden sich vom Durchschnitt der Ursprungspopulation. Die folgende kulturelle Evolution wird von diesem Stichprobenfehler (Sampling Error) in ihrem weiteren Verlauf bestimmt. Mesoudi und Danielson nennen als historisches Beispiel die Besiedlung Nordamerikas durch puritanische Gemeinschaften. Deren spezifische Form von Religiosität könnte aufgrund eines Gründereffekts die heutigen, auffälligen Unterschiede in der Religiosität von US-Amerikanern *(neue Population)* und Europäern *(Ursprungspopulation)* zum Teil erklären.[44]

3.4.5.2 Neutrale Evolution

Manche genetische Mutationen haben entweder keine Auswirkung auf den Phänotyp und werden für die Selektion daher nicht sichtbar oder bewirken keinen Unterschied in der Fitness. Damit sie sich irgendwann in der Population durchsetzen, benötigt es entweder einen Gründereffekt oder sie werden zum Sprungbrett für weitere Veränderungen, die dann die Fitness verbessern. Auch Veränderungen in einer Information können in diesem Sinne neutral sein. Es sind zufällige Eigenschaften, die genauso gut auch anders sein könnten. Sie können für kulturelle Gruppen eine große Wichtigkeit erlangen. Fast alle Identifikationssymbole bestehen zum Beispiel aus nicht-nützlichen, kontingenten Elementen. Das ergibt Sinn, denn wären sie funktional, würde es sich erstens nicht mehr um Symbole handeln, und es würden zweitens andere Gruppen früher oder später dieselben Eigenschaften erwerben und ihnen damit ihre identitätsstiftende Funktion nehmen. Im kulturellen Bereich muss man vermutlich mit einer hohen

---

[44] Mesoudi und Danielson, "Ethics, Evolution and Culture."

Dichte zufälliger Information rechnen. Ein typisches Beispiel sind die vielfältigen Eigenschaften verschiedener Sprachen oder Religionen.[45]

3.5 Aufwachsen in einer sozialen, kulturellen Umgebung

»Angeboren« heißt weder „zwangsläufig" noch „unveränderlich", sondern es bedeutet *„im Voraus organisiert"*. Ein angeborenes Merkmal ist genetisch so angelegt, dass es sich, wenn die richtigen Impulse aus der Umwelt kommen, zum gegebenen Zeitpunkt entwickelt. Wenn es sich phylogenetisch beim Menschen um eine Ko-Evolution von Natur und Kultur handelt, so könnte man ontogenetisch von einer Ko-Entwicklung beider sprechen. Auch hier sind Natur und Kultur wechselseitig aufeinander angewiesen um das Wesen hervorzubringen, das wir als „individuellen Menschen" wahrnehmen, mit allen seinen sozialen und technischen Fähigkeiten, seiner Verhaltensflexibilität und seinen persönlichen Eigenheiten. Die lange intensiv diskutierte Frage, was ausschlaggebend ist, die Natur oder die Erziehung, führt daher bei den meisten menschlichen Merkmalen sowohl phylogenetisch als auch ontogenetisch in die Irre.[46]

Die soziale Entwicklung von Lebewesen ist auf Impulse von außen angewiesen. Wenn sie fehlen, kommt es zu dramatischen Verarmungserscheinungen.[47] Dass die Anreicherung mit bestimmten Impulsen aber ebenso dramatische Effekte haben kann, wird offensichtlich, wenn Tiere in menschlicher Obhut aufwachsen. Nur einige Beispiele:
- Kanzi, der Bonobo, erlernte nebenbei und mühelos eine Sprache aus Lexigrammen. Er war als junger Affe dabei, als seine Mutter in dieser Sprache trainiert wurde.[48]
- Affen, die in menschlicher Obhut aufwachsen, können im Gegensatz zu anderen rational imitieren.[49]

---

[45] Dawkins, *The God Delusion*, 220 f.
[46] Trotzdem kann es sinnvoll sein, die jeweiligen Anteile so weit möglich zu bestimmen; vgl. Steven Pinker, "Why Nature & Nurture Won't Go Away," *Daedalus* 4 (Fall 2004): 5–17.
[47] vgl. Newton, *Savage Girls and Wild Boys*.
[48] vgl. Sue Savage-Rumbaugh und Roger Lewin, *Kanzi, der sprechende Schimpanse: Was den tierischen vom menschlichen Verstand unterscheidet* (München: Knaur, 1998).
[49] David Buttelmann et al., "Enculturated Chimpanzees Imitate Rationally," *Dev Sci* 10 (2007): F31–38. // Im Übrigen lernen sie mit Gesten zu kommunizieren und Intentionen zu berücksichtigen – Fähigkeiten, die andere Menschenaffen ebenfalls besitzen, aber offenbar kaum einsetzen; Michael Tomasello und Josep Call, "The Role of Humans in the Cognitive Development of Apes Revisited," *Anim Cogn* 7 (2004): 213–15.

- Training zum Werkzeuggebrauch führt bei Affen zu Veränderungen im Gehirn, die es dem menschlichen Gehirn ähnlicher erscheinen lassen. Zusätzlich fangen sie dann spontan an zu imitieren.[50]
- Haushunde, Pferde, Ziegen und Katzen sind in der Lage kommunikative Gesten von Menschen richtig zu interpretieren, mit denen Menschenaffen und Wölfe offenbar nicht umgehen können.[51]

Bei den Wölfen der Experimente von Hare et al. (2002) handelte es sich um von Menschen aufgezogene Tiere. Dass sie die kommunikativen Signale nicht verstanden, schien auf den ersten Blick ein Hinweis auf genetische Faktoren zu sein, die sich erst durch längere Domestikation beim Haushund etablieren konnten. Doch in einem neueren Experiment von Udell et al. (2008) waren die Wölfe in der Lage solche Signale zu verstehen. Auch sie waren von Hand aufgezogen und hatten täglichen Kontakt zu Menschen. Im Experiment waren sie den gut sozialisierten Hunden im Verständnis sozialer Signale ebenbürtig und beachtenswerterweise wesentlich besser als Hunde, die streunend aufgewachsen waren. Entscheidender als die Gene[52] scheint also der enge soziale Kontakt zu sein und die Bereitschaft, den Menschen als Kooperationspartner anzuerkennen.

3.5.1 Werkzeuggebrauch

Haben Sie sich jemals darüber gewundert, mit welcher Selbstverständlichkeit Sie in kurzer Zeit lernen, einen Badmintonschläger so zu führen, dass er den Federball trifft? Wir müssen nicht über die Länge des Schlägers nachdenken, sondern ohne Mühe und mit dem Gefühl von Natürlichkeit führen wir den Arm so, dass der Schläger wie eine Verlängerung unseres Körpers wirkt. Genau das passiert im Gehirn: Im parietalen Cortex, wo unser Körper abgebildet ist, wird der Badmintonschläger in das Körperbild integriert. Er wird vom Gehirn wie ein Teil des Körpers verarbeitet, so dass wir sogar schnell hintereinander ohne Probleme

---

50 siehe Kapitel 3.5.1. // Atsushi Iriki und Osamu Sakura, "The Neuroscience of Primate Intellectual Evolution: Natural Selection and Passive and Intentional Niche Construction," *Philosophical Transactions of the Royal Society B: Biological Sciences* 363 (2008): 2229–41.
51 siehe Kapitel 6.5.2. // Michael Tomasello et al. "Understanding and Sharing Intentions," 675–691. // J McKinley und T D Sambrook (2000), 13–22. // K Maros, M Gácsi, und A Miklósi (2008), 457–66. // Juliane Kaminski et al. (2005), 11–18. // Brian Hare et al. (2002), 1634–36. // Monique A R Udell, Nicole R Dorey, und Clive D L Wynne (2008), 1767–73.
52 Auch im Sinne von „Phenotype first!"(siehe Kapitel 2.3.3.3): Man darf allerdings mit der Möglichkeit »Genetischer Akkomodation« und einer damit verbundenen leichteren Initiierung bei den lange domestizierten Tieren rechnen.

zwischen einem Badminton-, einem Tennis- oder einem Tischtennisschläger wechseln können.

Tieraffen brauchen diese Möglichkeit ihres Gehirns normalerweise nicht. Doch wenn sie dafür trainiert werden, zeigt sich, dass ihr Gehirn auf ähnliche Weise reagiert, wie unseres: Das Werkzeug wird im parietalen Cortex in das Körperbild integriert. Am RIKEN Brain Science Institut in Wako, Japan, hat sich die Arbeitsgruppe um Atsushi Iriki daran gemacht, die Maximalmöglichkeiten von Japan-Makaken zu erforschen. Im eigentlichen Experiment brachte das Team den Affen, die in einem menschlichen Umfeld aufwuchsen, Werkzeuggebrauch bei. Es dauerte etwa zwei Wochen, bis die Makaken einen Rechen erfolgreich benutzten, um an Futter zu gelangen. Es kam daraufhin zu neurologischen Auffälligkeiten: Der Teil des Hirns, der für die Informationen über den Körper zuständig ist (parietaler Cortex), war zu Beginn des Trainings inaktiv, aber am Ende reagierte er auf die Benutzung des Rechens. Der Rechen wurde – wie beim Menschen – nach einer Weile vom parietalen Cortex wie ein Teil des Körpers behandelt.

Bei den Makaken fanden die Forscher durch das Werkzeugtraining aber nicht nur eine Veränderung in der Aktivität entsprechender Hirnregionen, sondern auch anatomisches Wachstum im parietalen und frontalen Cortex. Dies sind aber genau jene Hirnregionen, die in der phylogenetischen Entwicklung zum Menschen, ebenfalls am stärksten expandiert haben. All das wäre noch keine Sensation, wenn sich nicht gleichzeitig das Verhalten der Affen auf eine sehr spezifische, für Tieraffen untypische Weise verändert hätte: Die Makaken zeigen mit einem Mal »Joint Attention« und folgen dem Blick eines anderen, sie beginnen spontan zu imitieren, strecken die Zunge heraus, öffnen zielsicher Kästchen, wenn es ihnen nur einmal vorgemacht wurde, und es scheint, dass sie sogar neue, objektbezogene Kommunikationsformen entwickeln.[53]

> Teach them to use tools and monkeys start behaving in oddly human ways. It's like they're following in our evolutionary footsteps.[54]

3.5.2 Vertrauen – Ein Spezifikum menschlicher Umgebung

Charles Darwin vermutete, dass der Prozess ein Tier zu zähmen und die Merkmale zum Vorschein zu bringen, die unsere Haustiere auszeichnen, nahezu unmerklich langsam vonstattengehe.

---

[53] Mari Kumashiro et al., "Natural Imitation Induced by Joint Attention in Japanese Monkeys," *Int. Journal of Psychophysiology* 50 (2003): 81–99.
[54] Laura Spinney, "Tools Maketh the Monkey," *New Scientist* 2677 (2008): 42–45.

...their production [von Haustieren und Nutzpflanzen, Anm. d. Verf.], through the action of unconscious and methodical selection, has been almost insensibly slow.[55]

Dimitri Beljajew, ein russischer Genetiker, dachte anders und so startete er im Jahr 1959 seine berühmt gewordenen Zuchtversuche mit 130 Silberfüchsen, die er von einer Pelzfarm erhielt. In jeder Generation suchte er sich nur die zahmsten Füchse aus, um mit ihnen weiter zu züchten. Nach nur vier Generationen begannen die ersten mit dem Schwanz zu wedeln. Nach acht Generationen erschienen neue Muster im Fell. Dann wurden die Ohren schlaffer, die Schwänze kürzer, der Schädel breiter und die Reproduktionszeit wurde flexibler. Die Hypothalamus-Hypophysen-Nebennierenrinden-Achse, die unter anderem unsere Stressantwort koordiniert, zeigte deutlich reduzierte Aktivität. Außerdem wurden erhöhte Serotonin Level im Gehirn der Füchse gefunden, jenes Neurotransmitters, der aggressives Verhalten inhibiert. Nach nur 20 Jahren hatte Beljajews Team ohne größere Schwierigkeiten eine Zuchtlinie domestizierter Silberfüchse geschaffen. Dabei hatten sie alles andere außer Acht gelassen und nur auf ein einziges Merkmal selektiert: auf Zahmheit.[56]

So wie Haushunde sind die domestizierten Silberfüchse heute (nach 50 Jahren), anders als ihre wilden Verwandten, in der Lage menschliche kommunikative Gesten zu verstehen. Offenbar tauchen die soziokognitiven Fähigkeiten dieser Silberfüchse – und möglicherweise anderer Haustiere – als Nebeneffekt der Selektion auf Angst- und Aggressionsfreiheit auf.[57] Da sie keine direkte Selektion benötigen, um sich zu entwickeln, liegt die Vermutung nahe, dass bereits vorhandene Fähigkeiten aufgedeckt oder in einen neuen Zusammenhang gestellt werden. Zum Beispiel wäre es möglich, dass Wildtiere zwar dieselben sozio-kognitiven Fähigkeiten besitzen, dass diese jedoch durch Angst und Misstrauen überlagert werden. Erst nachdem die Angst durch Domestikation genommen ist, werden Menschen als potentielle soziale Partner betrachtet und echte Interaktion wird möglich.

Beljajew machte später ähnliche Zuchtversuche mit wildgefangenen Ratten, wobei er diesmal zusätzlich eine Linie mit den jeweils aggressivsten Nachkommen zog. Während sich die Ratten der zahmen Linie problemlos in die Hand nehmen

---

[55] Charles Darwin, *The Variation of Animals and Plants under Domestication* (New York: Appleton & Co, 1887), 235.
[56] Henry Nicholls, "My Little Zebra: The Secrets of Domestication," *New Scientist* 2728 (2009): 40–43.
[57] vgl. Brian Hare, Victoria Wobber, und Richard Wrangham, "The Self-Domestication Hypothesis: Evolution of Bonobo Psychology is due to Selection against Aggression," *Animal Behaviour* 83 (2012): 573–85.

und manipulieren lassen, stürzen sich die Ratten der aggressiven Linie schreiend auf eine eindringende Hand, krallen sich fest und versuchen hinein zu beißen.[58] Diese Linien werden derzeit ebenfalls im Max-Planck-Institut in Leipzig von der Arbeitsgruppe um Svante Pääbo genetisch analysiert und miteinander verglichen. Einige genetische Schlüsselregionen konnten bereits identifiziert werden[59] und in einigen Jahren hofft man, vielleicht sogar das gesamte Netzwerk von Genen charakterisieren zu können, das für Aggressivität und für Zahmheit verantwortlich ist.[60] In der Zwischenzeit ist man dem »Domestikations-Syndrom« aber aus entwicklungsbiologischer Sicht mehr und mehr auf die Spur gekommen. Für die Hypothese, dass es sich dabei in erster Linie um eine Verlangsamung der Entwicklung handle und die entscheidende Zeit die frühe Embryonalentwicklung sei, verdichten sich die Hinweise.[61] Langsamere Entwicklung bedeutet verlängerte Lern- und Sozialisationsphasen und weniger Zellen der Neuralrinne, die den ursprünglichen Bestimmungsort erreichen.[62] Aus Zellen der Neuralrinne entstehen Zähne, pigmentierte Haut, Ohren und Schnauzenregion. Diese fallen dann entsprechend kleiner aus, wie man es beim Domestikations-Syndrom beobachtet. Damit ebenso verbunden ist aber die späte Entwicklung und damit Unterfunktion der Nebenniere und des sympathischen Nervensystems, was nun direkt zu verminderter Aggression führt.[63] Jenes Merkmal, für das im Fall der Silberfüchse ausschließlich selektiert wurde.

Wenn die beteiligten Prozesse identifiziert würden, wäre dies auch für die Anthropologie von großem Interesse, denn möglicherweise liegen solche Prozesse auch der Entwicklung des Menschen zu Grunde, ausgehend von den letzten mit den Menschenaffen gemeinsamen Vorfahren. Die Hypothese von der »Selbst-Domestizierung« des Menschen ist nicht abwegig, sondern wird zunehmend durch empirische Daten gestützt.[64] Verminderte Aggression und gegenseitiges

---

[58] Um die Zahmheit zu testen verwendet das Team in Leipzig daher den „Handschuhtest", bei dem über zwei Baumwollhandschuhen noch ein zusätzlicher Kettenhandschuh getragen wird.
[59] Frank W Albert et al., "Genetic Architecture of Tameness in a Rat Model of Animal Domestication," *Genetics* 182 (2009): 541–54.
[60] vgl. Nicholls, "My Little Zebra: The Secrets of Domestication."
[61] Ann Gibbons, "How we tamed ourselves—and became modern," *Science* 346 (2014): 405–6.
[62] Adam Wilkins, Richard Wrangham, und Tecumseh Fitch, "The 'Domestication Syndrome' in Mammals: A Unified Explanation Based on Neural Crest Cell Behavior and Genetics," *Genetics* 197 (2014): 795–808. // Michael J Montague et al., "Comparative Analysis of the Domestic Cat Genome Reveals Genetic Signatures Underlying Feline Biology and Domestication," *PNAS* 111 (2014): 17230–35.
[63] Tecumseh Fitch, "How Pets Got Their Spots (and Floppy Ears)," *New Scientist* 3002 (2015): 24.
[64] vgl. Hare, Wobber, und Wrangham, "The Self-Domestication Hypothesis." // Richard Wrangham hat vorgeschlagen, „... *people are a domesticated form of ape, the domestication having been*

Vertrauen sind zunächst physiologische Reaktionsnormen, die unwillkürlich und damit auch vorhersehbar sind. Dies macht sie zu besonders geeigneten Kandidaten für jene Mechanismen, die die Individuen zu einer Gruppe zusammenfügen und deren Fitness auf die Ebene der Gruppe transportieren (siehe Kap. 2.2.1 bzw. 5.1.4).

Wenn dies zutrifft, könnte man von der Fähigkeit des Vertrauens, als dem „Sprungbrett" sprechen, das die Entwicklung zu einer menschlichen Gemeinschaft ermöglicht, die nicht heteronom hyperkontrollierter Superorganismus ist, sondern autonom intrinsisch-motivierte Gemeinschaft. Doch auch Vertrauen braucht die richtige Umwelt, um sich zu entwickeln und wirksam zu sein. Vielfältige äußere Möglichkeiten der Absicherung, der Solidarität Dritter und der Sanktionen erleichtern dies in den heutigen menschlichen Gemeinschaften. Doch auch Aggression und Angst sind weiterhin bedeutende und überlebenswichtige menschliche Themen, dort wo es durch die Umwelt erforderlich ist – allerdings viel zu oft auch noch dort, wo Vertrauen die bessere Wahl wäre.

---

self-administered as human societies penalized or ostracized individuals who were too aggressive"; zit. in Nicholas Wade, "Nice Rats, Nasty Rats: Maybe it's all in the Genes," *New York Times* (2006, 25. Juli).

4 Evolution der Moral

Manche moralische Normen lassen sich mühelos auf genetische Grundlagen zurückführen. Das klassische Beispiel hierfür ist das Inzesttabu, dessen Wirkungsweise sich sehr direkt auf die Fitness des Individuums und seiner Nachkommen auswirkt. Aber auch verschiedene andere Normen – vor allem rund um die Themen Gerechtigkeit, Unversehrtheit, Autorität und Gruppenzugehörigkeit[1] –, entwickelten sich zumindest partiell unter dem Diktat der Natürlichen Selektion. Moralische Normen, die auf diese Weise entstanden sind, haben dann charakteristische Merkmale:[2]

- Sie sind universal und existieren kulturübergreifend. Möglicherweise lassen sich Vorläufer im Tierreich finden.
- Sie sind emotional untermauert.
- Sie lassen sich kaum modifizieren.
- Sie entwickeln sich auch in einer impulsarmen Umwelt vollständiger als zu erwarten.
- Es sollte spezifische neuronale Strukturen dafür geben.

Viele moralische Probleme zeichnen sich jedoch dadurch aus, dass ihre Verbindung zur Fitness des Individuums oder der Gruppe gering ist – etwa der Umgang mit Tieren oder verschiedene Speisegebote – oder dass sie sich aufgrund der kurzen Zeitspanne ihrer Existenz nicht evolutiv auswirken konnte – alle typisch modernen Fragestellungen wie Umweltschutz, Genfood, Human-Enhancement-Technologien, Stammzellforschung, die technische Reproduktionsmedizin usw. Ihre Merkmale sind:

- Sie sind inter- oder intrakulturell variabel.
- In einer impulsarmen Umwelt sind sie nicht vorhanden oder die dazugehörigen Intuitionen sind unterentwickelt.
- Sie haben die Möglichkeit, sich im Lauf des Lebens zu verändern, oder sogar plötzlich umzuschlagen.[3]

---

[1] vgl. Jonathan Haidt, "The New Synthesis in Moral Psychology," *Science* 316 (2007): 998–1002.
[2] Mesoudi und Danielson, "Ethics, Evolution and Culture," 229–40.
[3] So der abrupte Meinungsumschwung durch die atomare Katastrophe in Fukushima im März 2011.

4.1 Die (prä-)historische Phylogenese von Moral

Die folgende Rekonstruktion geht in ihrer prähistorischen Phase auf das Modell von Christopher Boehm (Professor für Anthropologie am Jane Goodall Primate Research Center und an der University of Southern California) zurück, der in seinem Buch „Moral Origins" (2012) einen in den betroffenen Wissenschaftsbereichen hohe Anerkennung erfahrenden Versuch liefert, die aktuellen Daten zu einem Entwicklungsbild von Moral zusammenzufügen, das in etwa die letzten 10.000 Generationen umfasst.[4] Paläontologie und Archäologie liefern zunächst einige Eckdaten: Der letzte gemeinsame Vorfahr von Menschen und Menschenaffen lebte vor ungefähr 6 Millionen Jahren. Zum dezidierten Großwildjäger wurde der Mensch vor etwa einer Viertelmillion Jahren, obwohl es schon vorher die Gelegenheitsjagd auf Großwild gab. Anatomisch moderne Menschen lebten in Afrika seit etwa 150.000 Jahren und kulturell moderne Verhaltensweisen und moderne Gehirne findet man ab etwa 45.000 Jahren (S. 318–322 und 78). Boehm legt überzeugend dar, dass die Lebensweise der Menschen im späten Pleistozän mit jener gegenwärtiger, wirtschaftlich isolierter Jäger-Sammler-Gemeinschaften vergleichbar ist. Fünfzig von diesen hat Boehm für sein evolutionäres Szenario genauer analysiert. Obwohl sie in so unterschiedlichen Umwelten leben wie dem Urwald oder der Arktis, besitzen sie einige gemeinsame Charakteristiken: Die Gruppen bestehen gleichzeitig aus verwandten und nichtverwandten Familien und können sich in ihrer Zusammensetzung schnell verändern. Große Jagdbeute wird an die ganze Gruppe verteilt. Sie sind egalitär organisiert und jeder Jäger hat eine gleichwertige politische Stimme. Sie besitzen ähnliche soziale Kontrollmechanismen gegen Betrug und soziale Dominanz. Die Gruppe besteht im Durchschnitt aus 20–30 Personen und jede Familie kocht für sich selbst (S. 78–87).

Der letzte gemeinsame Vorfahr – Präadaptationen
Der Übergang vom Tier zum Menschen bedeutet auch den Übergang von einer nicht moralischen Lebensweise zu einer moralischen. Als Präadaptationen zur Moral finden sich bei Menschenaffen erstens verschiedene soziale Fähigkeiten, wie Empathie, Selbstwahrnehmung und soziales und kulturelles Lernen. Zweitens gibt es ein Verständnis für Regeln und für das Brechen von Regeln. Im Unterschied zum Menschen findet man bei ihnen jedoch keine emotionale Identifikation mit den Regeln (S. 128). Diese werden vielmehr als Instrumente verwendet, um soziale

---
[4] Christopher Boehm, *Moral Origins – The Evolution of Virtue, Altruism, and Shame* (NY: Basic Books, 2012).

Kontrolle auszuüben. Ihre Einhaltung geschieht nicht aus Überzeugung, sondern aus Angst vor den Konsequenzen. Drittens gibt es die Möglichkeit, sich gegen andernfalls überlegene Individuen zu solidarisieren und Koalitionen gegen sie zu bilden. Dies geschieht dann aber offensichtlich eher aus Ärger oder Wut und zeigt wenig Ähnlichkeit zu einer echten moralischen Missbilligung (S. 129).

4.1.1 Egalitäre Gemeinschaften

Erster Schritt: Großwildjagd und die Entstehung des Gewissens
Wie die Großwildjagd und der Egalitarismus zusammenhängen ist spekulativ aber dass sie miteinander in Beziehung stehen ist wahrscheinlich (S. 160 ff und 340 ff). 400.000 Jahre alte Überreste von Jagdbeute zeigen an den Knochen wilde Spuren von Steinwerkzeugen, die offenbar von mehreren, gleichzeitig arbeitenden Individuen geführt wurden. Dies entspricht dem Umgang mit Jagdbeute bei Schimpansen. Auch hier arbeiten (natürlich ohne Steinwerkzeuge) mehrere Individuen gleichzeitig an der Karkasse und obwohl eines davon die Kontrolle zu haben scheint, kommt es doch häufig zu Konflikten. Wenn in einer solchen Situation dann jeder gerade eine tödliche Steinwaffe in der Hand hält, ist eine hohe Selbstkontrolle notwendig, damit es nicht regelmäßig zu fatalen Verletzungen kommt. 200.000 Jahre alte Überreste von Jagdbeute zeigen an den Knochen schließlich andere, wesentlich regelmäßigere Spuren von Steinwerkzeugen, die offenbar von nur einer Person geführt wurden.[5] Die Spuren deuten auf eine ähnliche Praxis hin, wie man sie bei den heutigen Jäger-Sammler-Gemeinschaften findet. Hier ist es oft eine „neutrale" Person, die nicht an der Jagd beteiligt war, die den einzelnen Familien im Anschluss ihren jeweiligen Teil an der Beute zuweist. Um das Großwild im Pleistozän systematisch zu jagen, mussten sich nichtverwandte Familien zu kooperativen Gemeinschaften zusammenschließen, es mussten Umgangsweisen entwickelt werden, damit weder Einzelpersonen noch einzelne Familien übermäßig profitierten und es brauchte Mechanismen, die das Konfliktpotenzial gering hielten.

Gegen ungerechte Monopolisierung durch dominante Individuen hilft zunächst die Bildung von Koalitionen. Echter *Egalitarismus* kann sich aber erst etablieren, sobald es diesen Koalitionen gelingt, dass die dominanten Individuen von der Ausübung ihrer Dominanz nicht mehr profitieren, sondern einen signifikanten Preis dafür bezahlen. In einer typischen Rangordnung unter Men-

---

[5] Mary C Stiner, Ran Barkai, und Avi Gopher, "Cooperative Hunting and Meat Sharing 400–200 kya at Qesem Cave, Israel," *PNAS* 106 (2009): 13207–12.

schenaffen gelingt es den niederträchtigsten Individuen oder Gruppen, die andern einzuschüchtern und Ressourcen zu monopolisieren. In einer typischen egalitären Jäger-Sammler-Gemeinschaft werden die niederträchtigsten Individuen und Gruppen lächerlich gemacht, bestraft, ausgeschlossen oder sogar getötet.[6] Durch die Verfügbarkeit von Waffen, war körperliche Kraft allein kein ausreichender Schutz mehr, selbst ein schwaches Mitglied konnte mit einer Waffe den Stärkeren töten. Waffen ebneten so die sozialen Unterschiede ein.

Zunächst werden die dominanten Individuen aus Furcht vor Vergeltung auf ihre Dominanz verzichten. Doch auf Dauer wird eine Internalisierung der Regeln zu einer besseren Anpassung an die Erfordernisse zunehmend egalitärer Gruppen führen (S. 312). Man musste nicht nur in der Lage sein, die Regeln zu lernen und die Reaktionen anderer vorherzusehen, man musste sich mit diesen Regeln auch emotional verbinden. Diese Internalisierung der Regeln entspricht der Ausbildung einer Art Gewissens (S. 210 ff). Es bedeutet, dass die Individuen sich nun persönlich mit den Werten ihrer Gemeinschaft identifizieren und eine zusätzliche interne Kontrolle über die eigenen Triebe erlangen. Übertretungen führen dann nicht mehr nur zu Schuld- sondern auch zu Schamgefühlen. Christopher Böhm datiert das Auftreten eines Gewissens daher auf die Zeit als die systematische Großwildjagd begann, vor etwa 250.000 Jahren (S. 113 ff und 313).

Zweiter Schritt: Soziale Selektion
Mit zunehmender sozialer Kompetenz wurden die frühen Menschen in die Lage versetzt, sich nicht nur gegen die dominanten Individuen zu wehren, sondern auch gegen Betrüger. Sie verstanden sicherlich, dass ein Betrüger nicht nur den gerade Betrogenen sondern die ganze Gruppe bedrohte und sie verstanden sicherlich auch, dass kollektive Sanktionen den größten Erfolg als Gegenmaßnahme versprachen (S. 195). Eine Bestandsaufnahme unter den gegenwärtigen Jäger-Sammler-Gemeinschaften zeigt, dass eine Vielzahl sozialer Sanktionen zur Verfügung steht, die vor allem als Antwort auf Betrug oder hyperdominantes Verhalten zum Einsatz kommen. Und wenn die Abweichler nicht unter Kontrolle zu bringen sind, gibt es auch Möglichkeiten, sich ihrer zu entledigen (S. 196–199).

Normgerechtes Verhalten wird zusätzlich durch die Ausbildung einer Reputation verstärkt. Eines der häufigsten Gesprächsthemen in gegenwärtigen Jäger-Sammler-Gemeinschaften ist das Verhalten anderer. Gemeinsam mit den inter-

---

[6] David Sloan Wilson, *The Neighborhood Project* (NY: Little, Brown and Company, 2011), 118. // James Woodburn, "Egalitarian Societies," *Man, New Series* 17 (1982): 436. // Vgl. Laura Spinney, "Force for Change," *New Scientist* 2886 (2012): 48.

nalisierten Regeln und dem damit verbundenen Schamgefühl erleichtert dies indirekte Reziprozität und altruistische Handlungen. Beides ist geeignet die Reputation zu verbessern und prosoziales Verhalten kann auf diese Weise zu signifikanten Vorteilen im kooperativen wie im reproduktiven Bereich führen. Ohnehin ist es in diesen kleinen Gemeinschaften schwierig, zu betrügen oder die eigene Reputation zu manipulieren, ohne dass dies bemerkt wird. Jedes Mitglied ist ein sozialer Detektiv. Und durch die emotionale Identifikation mit der Gruppe kann es als Antwort auf eine Normübertretung zu einer kollektiven moralischen Entrüstung kommen. Die Gruppe wird so zu einer *moralischen* Institution (S. 177 und 189). Christopher Boehm vermutet, dass diese Entwicklung bereits vor 200.000 Jahren begann, und dass ab der Zeit vor 150.000 Jahren die anatomisch modernen Menschen in Afrika, die kurz davor waren, moderne kulturelle Verhaltensweisen zu entwickeln, bereits signifikant altruistischer geworden waren und allmählich zu moralischen Subjekten wurden (S. 322).

Das späte Pleistozän. Adaptive Flexibilität

In heutigen Jäger-Sammler-Gemeinschaften findet man eine hohe, umweltbedingte Flexibilität, was die Gruppenzusammensetzung und den Modus der Ressourcenverteilung angeht (S. 274 ff). In *normalen* Phasen, wenn Großwild vorhanden aber nicht sehr häufig ist, herrschen die höchsten Level von Kooperation und Ressourcenverteilung. Wenn Großwild *im Überfluss* vorhanden ist – bei den Inuit zum Beispiel zur Zeit der Karibouwanderungen –, verliert das gerechte Aufteilen der Beute unter den Familien seine Bedeutung. In Zeiten intensiven *Mangels* wandert die Kooperation schließlich langsam die Selektionslevel hinauf: Zunächst wird Beute nur noch innerhalb der Familie geteilt und schließlich nicht einmal mehr dort. Im Extremfall kann es sogar zu Kannibalismus innerhalb der Familie kommen. Interessant ist, dass die ethische Qualität, die den Normen zukommt, offensichtlich den Umweltbedingungen angepasst wird. Handlungen, die unter anderen Umständen monströs wären und zu Bestrafung führen würden, werden zu Zeiten von Ressourcenknappheit oder gar einer Hungersnot, wo es ums Überleben geht, von anderen Mitgliedern der moralischen Gemeinschaft „verstanden" und akzeptiert (S. 291). Das späte Pleistozän, während dem die beschriebene Entwicklung zum moralischen Menschen geschah, war geprägt von außergewöhnlich hohen klimatischen Schwankungen und sich schnell verändernden Umweltbedingungen (S. 276). So kam es offenbar immer wieder einmal zu evolutionären Flaschenhälsen, zu Zeiten, in denen viele Gruppen ausstarben und insgesamt nur eine geringe Anzahl Menschen überlebte. Gruppen, die sich mithilfe flexibler Verhaltensmuster anpassen konnten, besaßen damals vermutlich einen erheblichen Überlebensvorteil.

4.1.2 Hierarchische Gemeinschaften

Ackerbau und Viehzucht – Stratifizierung und Expansion

Wenn man davon ausgeht, dass modernes Verhalten beim Menschen vor ungefähr 45.000 Jahren begann, ist es vielleicht überraschend, dass Ackerbau und Viehzucht erst vor etwa 9000 Jahren entstanden. Es braucht jedoch ganz bestimmte Bedingungen, bevor diese Fähigkeiten ausgebildet werden können: nötig sind bestimmte kognitive Fähigkeiten, domestizierbare Tiere und Pflanzen[7] und eine Notsituation. Jared Diamond (2002, S. 703) macht darauf aufmerksam, dass der Anbau von Feldfrüchten ursprünglich nicht dort begann, wo die besten Bedingungen herrschten, sondern gerade dort, wo die Umwelt schwierig war. In den fruchtbaren Gebieten gab es stets genügend Wild um ein Jäger-und-Sammler-Dasein zu ermöglichen. Nur in den schwierigen Gebieten brachten Ackerbau und Viehzucht einen so großen Vorteil, dass es die Nachteile überwog: Die frühen Farmer waren schlechter ernährt, hatten eine kleinere Statur, mehr Arbeit und wesentlich mehr Krankheiten, die sie sich durch die Tierhaltung und eine unausgewogene Ernährung eingefangen hatten.[8] Nur dort, wo die Umweltbedingungen unzuverlässig waren oder aufgrund steigender Besiedlungsdichte die Nahrung knapp wurde, waren sie gegenüber den Jägern und Sammlern im Vorteil.

Nachdem Technologien zur Vorratshaltung entwickelt waren, ergab sich für den sesshaften Lebensstil die Möglichkeit, mehrere Kinder gleichzeitig aufzuziehen und dadurch größere Gemeinschaften zu bilden.[9] Die Herausforderung des Überlebens bestand nicht mehr darin, genügend Wild zu finden, sondern darin, ein so großes Gebiet zu monopolisieren, dass die Ernährung der Gruppe und des Viehbestandes unter wechselnden Umweltbedingungen gesichert war. »Besitz« und die »Macht« ihn zu verteidigen wurden zu den entscheidenden Faktoren. Damit veränderten sich auch die Inhalte des sozialen Status: Während in Jäger-Sammlergemeinschaften der beste Jäger das höchste Ansehen genoss, waren es nun jene, denen es gelang, die meisten Ressourcen zu sichern.[10] Die Statussymbole wurden, weil sie materiell waren, plötzlich nahezu beliebig vermehrbar. Die

---

[7] Während bei den eurasischen Großsäugern etwa 18 % domestizierbar sind, finden sich unter den afrikanischen südlich der Sahara gar keine.
[8] "The only people who could make a conscious choice about becoming farmers were hunter-gatherers living adjacent to the first farming communities, and they generally disliked what they saw and rejected farming." Jared Diamond, "Evolution, Consequences and Future of Plant and Animal Domestication," *Nature* 418 (2002): 700. // Jared Diamond, *Der Dritte Schimpanse – Evolution und Zukunft des Menschen* (Frankfurt am Main: Fischer, 2000), 232–246.
[9] ebd., 244 f.
[10] Waffen spielten auch hier wieder eine zentrale Rolle; Herbert Gintis zit. in Spinney, "Force for Change," 49.

Gesellschaft war nun nicht mehr egalitär, sondern hierarchisch, untergliedert in Mitglieder mit viel Macht, Besitz und hohem Status und Mitglieder mit geringerem sozialen Status und schließlich in Mitglieder, die Grundbesitzer und Arbeitgeber waren, und solche, die zu besitzlosen Arbeitern wurden.[11]

Ethik der »Ehre«
Das Konzept von »Besitztum« war neu.[12] Dadurch ergab sich nun auch die Möglichkeit von Diebstahl und Raub.[13] Diese stellten vor allem für Viehzüchter, deren Besitz mobil ist, einen Faktor dar, der das Leben der Gruppe potenziell bedrohen konnte.

In einer staatslosen Gesellschaft – also ohne eine legitimierte Autorität mit Institutionen, die den Schutz von Einzelinteressen gewährleisten können – bestehen die Gemeinschaften meist aus Familien-Clans mit ihren angegliederten Getreuen und Untergebenen.[14] Jeder dieser Clans muss für sein eigenes Recht sorgen. Dabei spielen Bündnisse eine wichtige Rolle, denn ein schwacher Clan würde sonst leicht von einem stärkeren attackiert. Jeder Clan muss daher darauf bedacht sein, seine »Ehre« zu erhalten, um die Bündnisse nicht zu gefährden. Die Ethik, die sich in diesem Kontext ausbildet, gruppiert sich um die Konzepte »Eid«, »Ehre«, »Blut«, »Heilige Gastfreundschaft«, »Mahlgemeinschaft« und »Vergeltung«.[15]

---

11 Dieses Phänomen findet man aber nicht nur im Zusammenhang von Ackerbau und Viehzucht, sondern auch bei jenen Jäger-Sammlern, die auf Vorratshaltung angewiesen waren oder mit Handel in Kontakt kamen. Für die gut untersuchten Kwakiutl-Indianer Kanadas vgl. Eugene E Ruyle, "Slavery, Surplus, and Stratification on the Northwest Coast: The Ethnoenergetics of an Incipient Stratification System," *Current Anthropology* 14 (1973): 603–31. // Kenneth M Ames, "Slaves, Chiefs and Labour on the Northern Northwest Coast," *World Archaeology* 33 (2001): 1–17.
12 Ein Thema, das in dem sehenswerten Film „Die Götter müssen verrückt sein" aufgenommen wird, wo die Buschmannkultur mit der modernen westlichen Kultur in tragisch-komischen Konflikt gerät.
13 Konflikte zwischen Jägern und Hirten waren anfangs vorprogrammiert.
14 z. B. die Familien von Abraham bis Jakob, Buch Genesis 12–36.
15 K Yamamoto, "The Ethical Structure of Homeric Society," *Collegium Antropologicum* 26, no. 2 (2002): 695–709. // vgl. auch Sarah Mathew und Robert Boyd, "Punishment Sustains Large-Scale Cooperation in Prestate Warfare," *PNAS* 108 (2011): 11375–80. // Wiederzuerkennen in der Bibel (z. B. in Genesis 34), in den Werken Homers (Yamamoto 2002), im albanischen *Kanun* (Yamamoto 1999), unter den montenegrinischen Hirten (vgl. David S Wilson "Evolution for everyone", 227 ff) – deren überwältigende Gastfreundschaft ich im Sommer 1990 selbst erleben durfte –, in den Blutfehden und Gastgebräuchen der Welt und in der bis heute physiologisch nachweisbar unterschiedlichen Mentalität von US-Amerikanern aus den Südstaaten (Viehzüchter) und den Nordstaaten (Farmer): Die Beschimpfung als „*asshole*" löst bei Studenten aus den Nordstaaten eher belustigtes Ignorieren aus,

Häufig werden diese Konzepte religiös untermauert: Im Gast begegnet Gott. Eine Verletzung der Gastfreundschaft, der Verpflichtungen aus einem gemeinsamen Essen oder ein Eidbruch sind *Sakrilege*. Die Verletzung der Ehre oder Gesundheit einer Person gehen gegen die Gruppe und *gegen ihre Ahnen*. Beides verpflichtet zu einer Genugtuung auch in der transzendenten Sphäre, durch das »Blut« des Täters (oder eine andere freiwillige Kompensation, wenn diese akzeptiert wird). Es ist ein ethisches System, das in der Abwesenheit einer Staatsmacht eine gewisse Ordnung garantiert und einen Sinn für Gerechtigkeit etabliert, so dass Übeltäter nicht gänzlich ungeschoren davonkommen.[16] Blutrache blieb dabei üblicherweise auf einem Niveau, das das Überleben der Gruppen nicht gefährdete und nur selten in einen echten Krieg ausartete.[17] Ohne eine Staatsmacht repräsentiert diese Form der Ethik offenbar ein funktionierendes System, um in einer Welt, wo der Expansion Grenzen auferlegt sind, zwischen den Gruppen die Willkür der Mächtigeren und die Übertretungen von Einzelnen so weit im Griff zu behalten, dass kein Chaos ausbricht.

Instabilität führt zu Expansion
Mathematische Modelle zeigen, dass hierarchische Gemeinschaften an sich nicht stabil sind: In einer konstanten Umwelt kommt es immer wieder zum Zusammenbruch, die Mitgliederzahl bleibt insgesamt gering und sie erreichen kein Gleichgewicht.[18] Die einzige Möglichkeit, dass sich hierarchische Gemeinschaften gegenüber egalitären durchsetzen, ist offenbar entweder eine sehr variable Umwelt oder die Möglichkeit zur Expansion. Die archäologischen und genetischen Daten zeigen, dass sich tatsächlich Ackerbau und Viehzucht nicht durch das Weitergeben der Technologie ausbreiteten, sondern durch demographische Diffusion, Invasion und Eroberung.[19] Im direkten Konflikt waren sie den Jäger-

---

während bei jenen aus den Südstaaten die männliche Ehre auf dem Spiel zu stehen scheint, der Cortison-Level ansteigt und physiologische Vorbereitungen für einen Vergeltungsschlag (und die Wiederherstellung des Gleichgewichts) getroffen werden; Dov Cohen et al., "Insult, Aggression, and the Southern Culture of Honor: An experimental Ethnography," *J Pers Soc Psychol* 70 (1996): 945–59.
16 Yamamoto, "The Ethical Structure of Homeric Society," 706.
17 Kazuhiko Yamamoto, "The Origin of Ethics and Social Order in a Society without State Power," *Collegium Anthropologicum* 23 (1999): 222.
18 Deborah S Rogers, Omkar Deshpande, und Marcus W Feldman, "The Spread of Inequality," *PLoS ONE* 6 (2011): e24683. // Deborah Rogers, "The Evolution of Inequality," *New Scientist* 215 (2012): 38–39.
19 Ron Pinhasi, Joaquim Fort, und Albert J Ammerman, "Tracing the Origin and Spread of Agriculture in Europe," *PLoS Biol* 3 (2005): e410. // Ron Pinhasi und Noreen von Cramon-Taubadel,

Sammler-Gemeinschaften demographisch, technologisch, politisch, militärisch und zahlenmäßig überlegen. So drehte sich schließlich die räumliche Verteilung um, so dass nun die Jäger-Sammler-Gemeinschaften auf die unproduktiven Lebensräume abgedrängt wurden, wo sie sich bis heute gehalten haben. Ironischerweise scheint gerade ihre *Instabilität* dazu geführt zu haben, dass sich hierarchische Gemeinschaften ausbreiten und durchsetzen mussten.

Als grundsätzliche Regel scheint zu gelten, dass Hierarchie auf Expansion angewiesen ist. Es kommt (in den mathematischen Modellen) nie zu einem Gleichgewicht, sondern entweder zu einem Zusammenbruch oder zur Eroberung weiterer Ressourcen.[20] In der Geschichte findet man extreme Formen von stratifizierten und gleichzeitig ihren Einfluss expandierenden Gesellschaften etwa im Phänomen des Kolonialismus.[21]

4.1.3 Gesellschaftliche Strukturen

Handel und Stadtleben

Die eben geschilderte Entwicklung einer stratifizierten, expandierenden Gesellschaft überlappt mit dem Leben in Städten und dem Beginn des Handels. Städte sind unübersichtliche Großgesellschaften, in denen die Solidarität vor allem dem unmittelbaren sozialen Umfeld gilt. Individuelle soziale Aktivitäten beziehen sich nicht mehr auf die Lebensgemeinschaft als Ganze, sondern auf die Familie, Freunde und Geschäftspartner. Gegenseitige Nutznießer können sich zu Koalitionen zusammenschließen und Macht akkumulieren. Die Unübersichtlichkeit führt einerseits dazu, dass Menschen durchs soziale Netz fallen und andererseits dazu, dass Normübertreter hier mit etwas Geschick unerkannt bleiben. Um die Ordnung in der gesamten anonymen Gesellschaft aufrechtzuerhalten, benötigt es daher institutioneller, bestrafender Instanzen.

Die umfassende Arbeitsteilung innerhalb der Gesellschaft – zusätzlich gefördert durch die Entwicklung von Technologien – erlaubt es den Menschen, sich zu spezialisieren und auf jene Dinge zu konzentrieren, in denen sie gut sind. Während man in Jäger-Sammler-Gemeinschaften die fitten Individuen leicht erkannt hat, weil es nur auf wenige Eigenschaften ankam, hing in den Städten der „Wert" eines Anderen vom eigenen Ergänzungsbedarf ab und konnte selten auf

---

"Craniometric Data Supports Demic Diffusion Model for the Spread of Agriculture into Europe," *PLoS ONE* 4 (2009): e6747.
20 Rogers, Deshpande, und Feldman, "The Spread of Inequality." // vgl. Diamond, *Der Dritte Schimpanse*, 278–282 und 297–312.
21 Eine Darstellung findet sich in ebd., 346–387.

Anhieb ermittelt werden. Jeder war von vielen anderen abhängig und es gab die Notwendigkeit untereinander Güter und Dienstleistungen zu tauschen.[22] Der „Fremde" wurde dadurch aber zu einem potentiell besonders lukrativen Kooperator und Nutzbringer und es wäre kontraproduktiv ihn jeweils von vornherein mit Misstrauen zu belegen: Wo Handel, Mobilität und Technologien florierten, wurde die Gesellschaft von allein globaler und offener.[23] Gleichzeitig wurden Instrumente entwickelt, die die Interaktion mit Fremden absicherten, Proportionalität gewährleisteten und so die Abhängigkeit vom gegenseitigen Vertrauen reduzierten: zum Beispiel Verträge, eine appelierbare Justiz, Geld usw.

Post-Moderne

Der Übergang zur post-modernen Gesellschaft ist unter anderem dadurch geprägt, dass eine relativ gute Versorgungssituation eintritt. Üblicherweise müssen die Mitglieder hier materiell nicht um ihr Überleben fürchten. In diesem Kontext scheinen die Verhaltensmuster sehr flexibel zu werden. Die moderne Gesellschaft ist vor allem geprägt durch eine große *Mittelschicht* mit moderatem Wohlstand. Innerhalb dieser Mittelschicht ist Kooperation häufig vorteilhaft und die Gefahr betrogen zu werden ist gering. Betrug ist keine vernünftige Option, da man viel zu verlieren hat und – anders als die Mächtigen – leicht angreifbar ist. Altruismus scheint unter diesen Bedingungen zuzunehmen und es herrschen deutliche kooperative und egalitäre Tendenzen.[24]

Der breiten Mittelschicht steht in post-modernen Gesellschaften eine kleine Gruppe Menschen gegenüber, die im Überfluss leben. Untersuchungen zeigen, dass diese im Durchschnitt weniger großzügig und weniger prosozial sind als die Mittel- und Unterschicht.[25] Sie kümmern sich in erster Linie um ihre eigenen

---

22 Dies kann zu einem Gefühl persönlicher Entwertung führen, wenn man nichts anzubieten hat, was jemand anderer brauchen könnte und so finanziell und schließlich sozial isoliert wird; vgl. Sophie Body-Gendrot, "Urban Violence: A Quest for Meaning," *Journal of Ethnic and Migration Studies* 21 (1995): 525–36.
23 vgl. Joseph Henrich et al., "Economic Man in Cross-Cultural Perspective: Behavioral Experiments in 15 Small-Scale Societies," *Behav Brain Sci* 28 (2005): 811 und 813. // So nimmt etwa der Sinn für Gerechtigkeit mit der Einbindung in überregionale Märkte zu; J Ensminger, "Experimental Economics in the Bush," *Engineering and Science* 65 (2002): 15.
24 Sandeep Mishra und Martin L Lalumière, "Risk-Taking, Antisocial Behavior, and Life Histories," in *Evolutionary Forensic Psychology*, ed. J Duntley und T K Shackelford (NY: Oxford Univ. Press, 2008), 143.
25 Paul K Piff et al., "Having Less, Giving More: The Influence of Social Class on Prosocial Behavior," *J Pers Soc Psychol* 99 (2010): 771–84.

Angelegenheiten[26] und deuten die Not Anderer als selbst-verschuldet.[27] Kriminalität ist hier nicht selten, wird aber gern als Kavaliersdelikt betrachtet.[28] Wo sich Reichtum und legislative Macht die Hand geben, wird es daher schon aufgrund dieser Psychologie schwierig – aber nicht unmöglich –, dass sozialer Ausgleich zu einem wichtigen politischen Ziel wird.

Schließlich gibt es noch eine Unterschicht von Ärmeren. Hier findet sich häufig ein besonders hohes Ethos des Zusammenhalts und der Identität – nicht gegenüber der Gesellschaft als Ganzer, aber innerhalb eines kleinen sozialen Kreises –,[29] meist gepaart mit einer scharfen, oft feindseligen Absetzung von ähnlichen Kreisen. Die hohe Gewaltbereitschaft, die Ablehnung von Verbindlichkeiten gegenüber der Gesellschaft und eine offensichtliche Form von Aggressivität, die mit Reputation einhergeht,[30] sind hier oft prägend. Sie haben materiell oft nicht viel zu verlieren aber alles zu gewinnen und verfolgen daher eher einen riskanten Lebensstil.[31]

Auch die post-moderne Form der stratifizierten Gesellschaft scheint auf Expansion angewiesen zu sein. In der Wirtschaft ist die Steigerung der Produktivität der Normalfall und der Kapitalismus schenkt den Erfolgreichen und Leistungsstarken psychologische Bestätigung. Dieser Sozialdruck wirkt auf die Mitglieder – von wenigen Aussteigern abgesehen – unweigerlich.

Demokratie

Unterstützt wird dieses System durch die politische Form der Demokratie. Diese ist vermutlich der ultimative Kompromiss zwischen einem egalitären Ideal und einer hierarchischen Realität. Durch die politische Macht des Volkes – „one man one vote" – besitzen die tatsächlichen Machthaber eine hohe Legitimität, was zu Privilegien und zur Korruption der Selbstwahrnehmung und bei den „Unterge-

---

26 Michael W Kraus et al., "Social Class, Solipsism, and Contextualism: How the Rich Are Different from the Poor," *Psychol Rev* 119 (2012): 546–72.
27 Michael W Kraus, Paul K Piff, und Dacher Keltner, "Social Class, Sense of Control, and Social Explanation," *J Pers Soc Psychol* 97 (2009): 992–1004.
28 Paul K Piff et al., "Higher Social Class Predicts Increased Unethical Behavior," *PNAS*, 2012, 4086–91.
29 Michael W Kraus und Dacher Keltner, "Signs of Socioeconomic Status," *Psychological Science* 20 (2009): 99–106. // Piff et al., "Having Less, Giving More," 771–784.
30 Jeffrey K Snyder et al., "Trade-Offs in a Dangerous World: Women's Fear of Crime Predicts Preferences for Aggressive and Formidable Mates," *Evolution and Human Behavior* 32 (2011): 127–37.
31 Mishra und Lalumière, "Risk-Taking, Antisocial Behavior, and Life Histories."

benen" zur Akzeptanz der hierarchischen Strukturen führt (siehe Kap. 8.5.2).[32] Das Typische an einer Demokratie ist, dass die personelle Identität des Anführers oder der Anführerin recht fluid ist. Sie werden (zumindest theoretisch) an ihrem „Dienst" bemessen und dementsprechend wieder für eine neue Legislaturperiode beauftragt. Außerdem sind Demokratien im Durchschnitt reicher als autoritäre, können sich bessere Waffen leisten und sind als Gruppe dadurch höchst konkurrenzfähig.[33]

Die in stratifizierten Systemen notwendige Expansionsmöglichkeit[34] findet sich in heutigen Demokratien in Form wirtschaftlicher Produktivitätssteigerung und in der Hoffnung auf sozialen Aufstieg und auf technologischen Fortschritt. Die Unübersichtlichkeit der global vernetzten politischen Systeme und die Unabsehbarkeit von Veränderungen wirken zusätzlich den Status Quo konservierend.[35] Ebenfalls wichtig scheint in diesem Zusammenhang die Verdrängung des Wertes der »Gerechtigkeit« durch jenen der »Chancengleichheit«.[36] Dies ist im Grunde ein geschickter „Schachzug des Systems": Im Angesicht eines egalitären Verständnisses eröffnet sich damit die Möglichkeit, eine stratifizierte Gesellschaft mit ihrer ungleichen Macht- und Ressourcenverteilung zu rechtfertigen, ohne gleichzeitig den egalitären Anspruch aufzugeben. Wer sich in den unteren gesellschaftlichen Strata befindet, ist nun sogar offiziell „selber schuld", weil er seine Chancen nicht genutzt hat. Wie groß die Chancengleichheit tatsächlich ist, müsste eigentlich von jeder Generation jeweils von neuem selbst ausbuchstabiert werden dürfen; stattdessen findet man sich in der Regel bereits in einem vorgezeichneten Kontext wieder.

---

32 vgl. Ian Robertson, "Power: The Ultimate High," *New Scientist* 215, no. 2872 (2012): 28–29.. Macht führt aber auch zu einer erhöhten Risikobereitschaft, reduzierter Angst und abstraktem, strategischem Denken. *„As a species that goes in for hierarchically organised groups, leadership or dominance should enhance strategic thinking, reduce anxiety and allow leaders room to inspire others to keep up to the mark. We cannot use leaders who are paralysed by a surfeit of empathy."* (ebd., 29).
33 Spinney, "Force *for* Change," 48.
34 vgl. Rogers, "The Evolution of Inequality."
35 Obwohl uns die Evolution lehren könnte, wie man komplexe Systeme gleichzeitig flexibel und robust gestalten kann; vgl. Wolf Singer, "Gekränkte Freiheit. Interview," in *Das Gehirn und seine Freiheit*, ed. G Roth und K-J Grün (Göttingen: Vandenhoeck & Ruprecht, 2009), 86 f. // Diesen Zustand hervorzurufen scheint übrigens eine Aufgabe strategischer Leitung innerhalb komplexer Systeme zu sein; vgl. Kimberly B Boal und Patrick L Schultz, "Storytelling, Time, and Evolution: The Role of Strategic Leadership in complex adaptive systems," *The Leadership Quarterly* 18 (2007): 411–28.
36 Obwohl die nötigen Bedingungen, die philosophisch von John Rawls (1971) klar abgesteckt wurden, in der Realität nie zutreffen, funktioniert dieses Konzept als emotionale und konzeptuelle Rechtfertigung für demokratisch-kapitalistische Systeme, die disproportionale Ungleichverteilungen nicht nur zulassen sondern begünstigen.

Vollständiger Egalitarismus ist in einer großen, auf Synergieeffekten beruhenden Gemeinschaft zwar dysfunktional,[37] aber genauso sind auch Hierarchisierung und Stratifizierung nicht beliebig verstärkbar. Für demokratische Systeme muss man aus evolutionärer und psychologischer[38] Perspektive vermuten, dass zum Beispiel mit schwindender Expansionsmöglichkeit die Ressourcen umso gerechter verteilt werden müssen, um die gleiche Robustheit der Gemeinschaft zu erlangen.

4.1.4 Hierarchischer Weg – Egalitäres Ergebnis

Während die Eckpunkte dieser historischen und prähistorischen Entwicklungsgeschichte empirisch gestützt sind, sind die geschilderten Zusammenhänge manchmal spekulativ und möglicherweise sind es zufällige Korrelationen ohne ursächliche Verbindung. Sicherlich wird manches daran richtig sein, anderes wird sich vielleicht als falsch herausstellen. Doch man kommt nicht um die Aufgabe herum, ein zu den vorliegenden Fakten möglichst konsistentes Szenario zu entwickeln, auch wenn es derzeit zweifellos noch den Charakter einer Hypothese besitzt. Die gefundenen phylogenetischen Linien sind auch aus einer pädagogischen und einer praktisch-ethischen Perspektive höchst relevant: Wir haben offenbar sowohl eine Tendenz zum Egalitarismus als auch eine Tendenz zur Hierarchie evolviert. Sozialpsychologisch macht sich das eine bemerkbar in der unbewusst arbeitenden „Inequity-Aversion", wo es um Gerechtigkeit im Ergebnis geht,[39] und das andere in der gegenläufigen, ebenfalls starken, psychologischen Tendenz, uns problemlos und bevorzugt in hierarchische Systeme einzubinden.[40] Als Weg wird offenbar ein hierarchischer bevorzugt, als Ergebnis dagegen ein egalitäres.

---

37 Richard Ronay et al., "The Path to Glory Is Paved With Hierarchy," *Psychological Science* 23 (2012): 669–77.
38 Thomas McDade, "Inequality: Of Wealth and Health," *New Scientist* 2875 (2015): 42–45.
39 Sarah F Brosnan und Frans B M de Waal, "Monkeys Reject Unequal Pay," *Nature* 425 (2003): 297–99. // Charles Bellemare, S Krüger, und A Van Soest, "Measuring Inequity Aversion in a Heterogeneous Population Using Experimental Decisions and Subjective Probabilities," *Econometrica* 76 (2008): 815–39.
40 Joan Y Chiao et al., "Neural Basis of Preference for Human Social Hierarchy versus Egalitarianism," *Ann N Y Acad Sci* 1167 (2009): 174–81. // Ronay et al., "The Path to Glory Is Paved With Hierarchy."

4.2 Die unvermeidliche Dialektik der faktischen Moral

Die Patchwork-Genese von Moral hat zur Folge, dass sich in einer gegebenen Situation genuine moralische Intuitionen widersprechen können. Die Notwendigkeit Kompromisse zu schließen ist im moralischen Bereich daher notorisch und beruht nicht auf einem Mangel an Einsicht, sondern gehört zu den Charakterzügen *faktischer* Moral.

4.2.1 Gegenläufige Kräfte

Multi-Level-Selektion
Weil Selektion auf verschiedenen Ebenen stattfindet, existieren Anpassungen der Individualselektion und der Gruppenselektion nebeneinander und führen zu konflikthaften Entscheidungssituationen. Je stärker eine persönliche Bedrohung wahrgenommen wird – auch dann wenn sie faktisch gar nicht existiert –, desto eher wird zum Beispiel eine individualinteressierte Ethik der Absicherung, des Selbsterhalts und der Abgrenzung von den Ansprüchen anderer wirksam. Je entspannter dagegen die Situation wahrgenommen wird, desto mehr kann sich eine gemeinschaftsinteressierte Ethik des Engagements und eines umfassenden Miteinanders durchsetzen. Abhängig von den Umständen haben sowohl Sicherheit als auch Engagement eine eindeutige und wichtige Funktion für das soziale Zusammenleben und geben diesem ihre Gestalt. So führt eine gewisse Bedrohtheit zu vermehrter Akzeptanz hierarchischer und oft ungerechterer Systeme. Es handelt sich für das Individuum um einen Trade-Off.[41]

Doch auch Individualselektion allein kann zu gegensätzlichen Merkmalen führen je nachdem, ob sie unter dem Regime der Natürlichen Selektion (Akquirierung und Nutzung von Ressourcen) oder der Sozialen Selektion (Optimierung des sozialen Status) stattfindet. Ein Individuum wird versuchen, das eigene Wohl so weit wie möglich zu fördern, ohne dabei das eigene Standing in der Gruppe zu gefährden, und es wird versuchen, seinen sozialen Status in der Gruppe so weit wie möglich zu verbessern, ohne dadurch übermäßige Kosten tragen zu müssen. Im sozialen Bereich ist daher stets mit gegenläufigen Anpassungen zu rechnen: Sie existieren als komplementäre, einander gegenseitig begrenzende Merkmalspaare.[42]

---

[41] vgl. Norbert Sachser, Matthias Dürschlag, und Daniela Hirzel, "Social Relationships and the Management of Stress," *Psychoneuroendocrinology* 23 (1998): 891–904.
[42] Bereits Aristoteles hat die Mitte als das tugendhafte Maß (μέσοτες) zwischen den zwei Extremen des Mangels (ἔλλειψις) und des Übermaßes (ὑπέρβολή) bestimmt (Nikom Ethik 2. Buch, 8).

Egalitarismus ⇔ Hierarchie

Menschen verstehen sich einerseits als autonome Individuen und andererseits existiert ein Bedürfnis, sich in die Hierarchie einer Gruppe einzugliedern und deren Regeln und Konventionen zu übernehmen.

Man findet beim Menschen eine gut definierte neuronale Basis für Leben innerhalb hierarchischer Strukturen. Die individuelle Bereitschaft, sich in eine Hierarchie einzugliedern ist dabei von der Persönlichkeitsstruktur, der Kultur, den Lebensbedingungen und der Genetik (als entscheidend wurde ein Serotonin-Rezeptor-Gen festgestellt) abhängig.[43] Während die westliche Mentalität eher individualistisch geprägt ist, betont die östliche Mentalität zum Beispiel stärker den Zusammenhang untereinander.[44] (Interessanterweise findet man in den östlichen, kollektivistischen Kulturen auch einen höheren Anteil des entsprechenden Serotonin-Rezeptor-Gens im Vergleich zu westlichen, individualistischen Kulturen.[45]) Die einzelnen Menschen sind mehr oder weniger prädisponiert für ein Leben in hierarchischen Strukturen und manche Mitglieder werden bereits auf genetischer Basis empfindlicher auf Fremdbestimmung reagieren als andere.

Eine dauerhaft funktionierende, evolutionär stabile Gesellschaft muss hier offensichtlich einen Kompromiss finden, der der genetischen Konstitution und den Lebensbedingungen gerecht wird. In westlichen Kulturen scheint die Demokratie eine passende soziale Organisationsform zu sein. Hier verbindet sich eine hohe Legitimität mit den erheblichen Synergieeffekten von hierarchischen Strukturen. Sicherlich ist dies nicht die einzige gesellschaftliche Form, der ein funktionierender Kompromiss gelingt, aber es ist jedenfalls eine politische Sozialform, in der sich die Mitglieder als vergleichsweise autonom erleben, und die daher wenig angreifbar von innen ist, solange es ihr gelingt einen akzeptablen Wohlstand der Mitglieder sicherzustellen.

Einige seiner Kategorien, wenn auch nicht alle, lassen sich als Trade-Off zwischen Eigennutz und sozialem Standing erkennen, z. B. Geiz ⇔ Freigebigkeit ⇔ Verschwendung (4. Buch, 1); streitsüchtig ⇔ freundlich ⇔ harmoniesüchtig (4. Buch, 12); Unrecht tun ⇔ gerecht sein ⇔ Unrecht leiden (5. Buch, 9).

43 Joan Y Chiao, "Neural Basis of Social Status Hierarchy across Species," *Current Opinion in Neurobiology* 20 (2010): 803–9.

44 vgl. Tracy Dennis et al., "Self in Context: Autonomy and Relatedness in Japanese and U.S. Mother-Preschooler Dyads," *Child Development* 73 (2002): 1803–17. // Joan Y Chiao und Katherine D Blizinsky, "Culture-Gene Coevolution of Individualism-Collectivism and the Serotonin Transporter Gene," *Proc Biol Sci* 277 (2010): 529–37. // Gegen Schwarz-Weiß-Malerei vgl. aber Mattison Mines, "Conceptualizing the Person: Hierarchical Society and Individual Autonomy in India," *American Anthropologist* 90 (1988): 568–79.

45 Chiao und Blizinsky, "Culture-Gene Coevolution of Individualism-Collectivism."

Solche sozialen Lösungen sicherzustellen scheint ein Ziel unserer moralischen Intuitionen zu sein. Selektion hat unser Gehirn offenbar dafür angepasst, in den meisten realen Umwelten die Bildung von Hierarchien derjenigen von wenig konkurrenzfähigen, egalitaristischen Gemeinschaften vorzuziehen – insbesondere dann, wenn man selbst am oberen Ende der Hierarchie zu liegen kommt. Unsere moralischen Intuitionen helfen nun einerseits, sich in eine solche Hierarchie einzugliedern, ein gutes Mitglied zu sein und dadurch die vollen Vorteile der Mitgliedschaft genießen zu können, andererseits verhindern sie durch die Stärkung der Autonomie des Einzelnen die Entstehung von hypertrophen, instabilen und ausbeutenden Diktaturen und gewährleisten, dass jeder einzelne motiviert ist, seine Talente einzubringen.

Autonomie ⇔ Heteronomie
Mit wachsender Größe, einem komplexeren Umgang mit der Umwelt und verschiedenen Aufgabenbereichen, ergibt sich die Notwendigkeit der Strukturierung und Hierarchisierung der Gemeinschaft. Dies unterstützt die Entwicklung großer, komplexer und technologischer Gruppen, in denen sich Wissen horizontal auf verschiedene Experten aufteilt. Auf diese Weise lassen sich eine hohe Diversität und enorme Synergieeffekte erzielen. Gegenüber egalitaristischen Gemeinschaften sind solche Gruppen nicht nur wegen ihrer Größe konkurrenzfähiger.

Eine hohe Autonomie der Mitglieder ist dabei aus Sicht der Gruppe nicht nur eine Form des Apeacement, sondern bringt auch konkrete Fitnessvorteile, da dadurch Kreativität gefördert und die individuellen Potentiale freigesetzt werden.[46] Je mehr die autonomen Mitglieder sich dabei mit der Gruppe identifizieren, desto mehr profitiert die Gruppe von ihrer Autonomie. Die maximale dauerhafte Performance erreichen Gruppen vermutlich dann, wenn sie, in welcher Form auch immer, hierarchisch organisiert sind und sich die Mitglieder darin als autonom erleben, sich also mit ihrer Gruppe identifizieren und bereit sind persönlichen Einsatz zu bringen. „Verantwortung für die Gemeinschaft" beinhaltet hier beides, die Bereitschaft zur Eingliederung und die Verhinderung von Machtmonopolisierungen. Für das Leben in unübersichtlichen, sozialen Gemeinschaften sind beide Tendenzen notwendig, um ein reibungsarmes Funktionieren zu gewährleisten. Moral spielt hier eine bedeutende Rolle und funktionale moralische In-

---

[46] vgl. E L Deci und R M Ryan, "The Support of Autonomy and the Control of Behavior," *J Pers Soc Psychol* 53 (1987): 1024–37.

tuitionen fördern je nach Situation sowohl Autonomie als auch die Bejahung von Heteronomie.[47]

4.2.2 Ein Beispielfall: Die Rangordnung der Liebe

Eine unvermeidliche Dialektik der praktischen Moral besteht in dem Streben nach Idealen einerseits und deren Begrenzung gegenüber allzu hohen Kosten andererseits. Es ist offensichtlich, dass unsere menschliche Natur nicht dafür ausgelegt ist, alle unsere Überzeugungen konsequent durchzuhalten. Im Bereich unserer konkreten Handlungen findet sich ausnahmslos die Unterscheidung zwischen dem, „was als *wertvoll* anerkannt wird" und dem, „was *mir wertvoll* ist". Obwohl zum Beispiel das Wohlergehen aller Menschen als Wert anerkannt werden kann, wird die eigene Verantwortung trotzdem auf die *mir* Nahestehenden eingeschränkt.[48]

Soziobiologisch lässt sich dies durch Reziprozität begründen. Ausschließlich potentielle Interaktionspartner sollten gefördert und dadurch verpflichtet werden. Die Motivation dies zu tun sei deshalb natürlich und stark. Die entsprechenden „Empathie-Anker" werden – vor allem in Zeiten der bildgebenden Fernkommunikation – aber auch von Individuen präsentiert, die nicht zu diesem Kreis gehören. Die Motivation diesen zu helfen sei daher zwar auch natürlich und potentiell stark, aber da die Menge aller Signalgeber zu groß ist, um ihnen gerecht zu werden und ohne sich selbst über Gebühr zu schädigen, gäbe es eine Priorisierung der Verantwortlichkeit nach sozialer Nähe. Inkonsistentes Handeln, unter Vernachlässigung der eigenen Überzeugung, dass ein anderer wertvoll ist, wird zu notwendigem, selbst-verantwortlichem Verhalten.[49]

Die **entwicklungsbiologische** Begründung ist aber mindestens ebenso plausibel und dabei fundamentaler. Da Menschen zu ihrer Entwicklung darauf angewiesen

---

47 vgl. Sachser, Dürschlag, und Hirzel, "Social Relationships and the Management of Stress."
48 Es handelt sich um das vieldiskutierte ethische Problem des „ordo amoris".
49 Normative Ethiken, die sich diesem Gedankengang anschließen, gehen wie Peter Singer (1972) entweder davon aus, dass eine solche, philosophisch inkonsequente Unterscheidung moralisch verwerflich sei und jeder Mensch prinzipiell dasselbe Recht gegenüber dem moralischen Subjekt habe. Oder sie argumentieren – wenn es sich um eine Evolutionäre Ethik als Beschreibung des Menschenmöglichen handelt, wie z. B. Franz Wuketits (1990, 101) vertritt –, dass konsequentes Verhalten in diesem Fall die menschlichen Möglichkeiten übersteigt und somit nicht moralisch gefordert werden kann; obwohl die normative Einschätzung anders ausfallen würde, wenn es dem Menschen einmal möglich wäre.

sind, in einem engen sozialen Netz aufzuwachsen mit intimen Beziehungen, echter Freundschaft und erfahrbarer Liebe, dieses Netz aber nur etabliert wird, indem emotionale Verbindungen geknüpft und verstärkt werden und gegenseitige Teilhabe[50] geschieht, muss *notwendigerweise* in die Beziehungen zu Nahestehenden mehr investiert werden. Ohne diese Priorisierung von Freunden und Familie würde das soziale Gefüge zerbrechen und ein Heranwachsen „als Mensch" wäre gar nicht mehr möglich.[51]

Während die soziobiologische Erklärung die Rangordnung der Liebe als einen Mangel im Menschenmöglichen kennzeichnen muss und unseren moralischen Sinn in dieser Hinsicht als „Notlüge" zu entlarven meint, erscheint sie entwicklungsbiologisch als eine Notwendigkeit des menschlichen Lebens und unser moralischer Sinn – wenn auch nicht im Einzelfall, so doch prinzipiell – als zutreffend. Unsere faktischen moralischen Intuitionen sind geeignet, eine Balance zu suchen zwischen den Ansprüchen des Nahen und des Fernen, zwischen dem, was grundsätzlich als wertvoll anerkannt wird und dem, was *mir* wertvoll ist, und befinden sich in einer dialektischen Schwebe zwischen Ideal und Rationalisierungen. Es ist typisch für solche Gratwanderungen, dass sie in Extreme abrutschen können und dass die rechte Mitte nicht eindeutig bestimmbar ist. Dieses Unvermögen ändert aber nichts daran, dass es bleibende Aufgabe des moralischen Sinns zu sein scheint, genau diese Balance jeweils zu suchen und die Mitte zu bestimmen.

---

50 In der einseitigen Fokussierung auf die evolutionären Kosten und Nutzen übersehen die Soziobiologen diese entwicklungspsychologischen Notwendigkeiten. // Stephen Pope hat auf diesen Zusammenhang hingewiesen: „*nature requires that order be brought to human love and that this order will always, without exception, give special affective and moral priority to some people and not others.*" Stephen J Pope, *The Evolution of Altruism and the Ordering of Love* (Washington, DC: Georgetown Univ Press, 1994), 156. Aus diesem Faktum zieht er den normativen Schluss – der nur gerechtfertigt ist, wenn man die Ermöglichung des Mensch-Seins als gültigen Wert voraussetzt –, dass es moralisch geboten sei, die eigene soziale Umwelt in angemessener Weise zu gestalten, wozu es gehört, dass Familie und Freunde bevorzugt werden. Er räumt ein, dass dies eine moralische Gratwanderung ist: „*it [kin preference] can contribute to the disregard of others if not properly balanced with recognition of the dignity of all people and an appreciation for the value of other goods*" (ebd., 157).
51 siehe Kapitel 6.5.2.

4.2.3 Fazit

Die evolutionäre Entwicklungsgeschichte der Moral ist wie wir gesehen haben eine recht bunte Angelegenheit. In den verschiedenen Phasen übernahm der moralische Sinn immer wieder neue, unterschiedliche Funktionen und Inhalte, so dass man bei unserer gegenwärtigen Moral-Konstitution von einer Patchwork-Moral ausgehen muss. Wer hier etwas anderes als moralischen Relativismus oder eine Fehlertheorie herauslesen möchte, muss letztlich davon ausgehen, dass es in der Evolution Fortschritt gibt, so dass sich nach und nach eine Wahrheit entdeckt. Diese Entdeckung muss nicht einer metaphysischen Entität gelten, sondern kann auch eine allmähliche Freilegung einer tiefen menschlichen Entsprechung darstellen. Dann gäbe es möglicherweise keine präexistente, vom Menschen unabhängige Regel zu entdecken, sondern eine in Form einer Selbst-Erkenntnis zu ergreifende Wahrheit zu bergen. Dann ist aber auch nicht sicher, dass dieser Bergungsprozess menschheitsgeschichtlich bereits an sein Ende gekommen ist.

4.3 Der Erkenntnisgewinn evolutionären Denkens

Mesoudi et al. (2004) vergleichen die aktuelle Situation der Theorie Kultureller Evolution mit der Situation von Charles Darwin 1859. Er kannte die Mechanismen der genetischen Vererbung nicht. Dies konnte ihn aber nicht davon abhalten, seine Evolutionstheorie zu formulieren und viele gültige Zusammenhänge aufzudecken. In ähnlicher Weise sollte es heute möglich sein, evolutionäre Modelle für Kultur und Moralentwicklung gewinnbringend zu entwickeln, selbst wenn die dahinterliegenden Mechanismen und Gesetzmäßigkeiten noch kaum bekannt sind.[52]

Beispiel: Bei Pfeil und Bogen erbringt eine evolutionäre Betrachtung nahezu keine Erkenntnis, die nicht auch so offensichtlich wäre: Das Design von Pfeil und Bogen spiegelt die Funktion und die Umwelt wieder, in der sie benutzt werden. Der Bogen der nordamerikanischen Indianer, der vom Pferd aus abgeschossen wird oder mit dem man anschleichen kann, ist vergleichsweise klein, da er mobil sein muss und keine allzu große Reichweite benötigt. Der Langbogen, mit dem im Mittelalter feindliche, gepanzerte Heere angegriffen wurden, benötigt eine große Reichweite und eine hohe Durchschlagskraft. Die benötigte Kraft ihn zu spannen betrug über 40 kg, doch die Treffsicherheit war unbedeutend, da ein Pfeilhagel abgeschossen wurde. Der Jagdbogen der Buschleute in

---

[52] Alex Mesoudi, Andrew Whiten, und Kevin N Laland, "Perspective: Is Human Cultural Evolution Darwinian? Evidence Reviewed from the Perspective of the Origin of Species," *Evolution Int J Org Evolution* 58 (2004): 9. // Dennoch sollte man im Blick behalten, dass die prinzipielle Fähigkeit der e, einen Beitrag zum Verständnis kultureller Phänomene zu leisten, momentan noch gepaart ist mit einem Mangel an konkreter Aussagefähigkeit.

Südwestafrika ist besonders klein und grazil. Er tötet nicht durch Einschlag, sondern verwundet nur. Dies genügt, da giftgetränkte Pfeile verwendet werden.

Solche Einsichten können scheinbar mühelos erlangt werden, auch ohne die Evolutionstheorie zu bemühen. David Sloan Wilson betont aber, dass jeder, der anfängt auf diese Weise – nämlich funktional – zu denken und die Phänomene zu betrachten, sich bereits mitten in einer evolutionistischen Denkweise befindet. Diese sei keinesfalls den Experten vorbehalten, sondern legt sich uns in vielen Fällen intuitiv nahe, wenn wir versuchen, die Dinge zu *verstehen*. Unser Gehirn scheint in besonderer Weise dafür sensibilisiert zu sein, Zwecke und Funktionen zu erkennen.[53]

4.3.1 Ultimate und proximate Ursachen – eine Entlarvung?

Wenn evolutive Vorgänge bei der Ausformung eines Merkmals relevant waren, dann sollte man aus seiner Form Rückschlüsse ziehen können auf die Umwelt, in der es sich entwickelt hat und die Funktion, die es dort innerhalb des Prozesses der Weitergabe von Information einnimmt. Das eben vorgestellte, phylogenetische Szenario ist auf diese Weise – durch die Verbindung von Merkmals- und Umwelteigenschaften – entstanden. Ein wichtiger Erkenntnisgewinn liegt darin, dass sogenannte *ultimate* Ursachen – „moralisches Phänomen X existiert, weil es diesen Nutzen für Y hat" – erkennbar werden.

Beispiel aus der Natur: Gerade einmal zwei Jahre nach der Veröffentlichung von Darwins „On the Origin of Species" wurde Archaeopteryx in einer Kalkplatte in Solnhofen gefunden. Er gehört zu einer Gruppe der Saurier, genannt Theropoden, und hat voll ausgebildete Federn. Charles Darwin hatte genau solche Übergangsfossilien vorhergesagt. Was lange Zeit nicht gefunden wurde, waren jedoch Zwischenformen: Fossilien mit primitiven Federn oder deren Vorläufern. So blieb der Mechanismus der Federevolution (proximat) spekulativ. Es wurde angenommen, dass sie aus Reptilienschuppen entstanden seien. Als ursprüngliche Funktion (ultimat) kursierten Hypothesen, dass sie entweder direkt für das Fliegen evolviert seien oder als thermische Isolation oder als Schmuck, um Weibchen zu beeindrucken usw.[54]

Erst im Jahre 1996 kam von neuem Bewegung in dieses Forschungsgebiet, als in China Sinosauropteryx gefunden wurde, der die filamentösen Vorformen von Federn trug, aber offensichtlich am Boden lebte. Der proximate Prozess konnte in der Folge detaillierter geklärt werden,

---

53 Wilson, *Evolution for Everyone*, 60 f.
54 vgl. R O Prum und A H Brush, "The Evolutionary Origin and Diversification of Feathers," *Q Rev Biol* 77 (2002): 267.

da viele weitere Fossilien gefunden wurden,[55] und weil man erkannte, dass rezente Jungvögel mit ihren anfangs filamentösen Flaumhaaren den gesuchten phylogenetischen Übergang abbilden. Die ultimate Ursache für ihre Erstentstehung bleibt dagegen weiterhin recht spekulativ. Die derzeit favorisierte These ist, dass Federn ursprünglich als Schmuck entstanden sind, da die ersten Träger sie offenbar nicht zum Fliegen verwendeten und Farbpigmente nachgewiesen werden konnten.[56] Die ultimate Ursache für die aerodynamische Weiterentwicklung der Federn ist aber offensichtlich das Fliegen. Vermutlich erst sekundär besitzen sie auch noch hervorragende Isolationseigenschaften, wie jeder weiß, der schon einmal in einem Daunenschlafsack gelegen hat.

Während sich proximate Ursachen also oftmals direkt beobachten und nachweisen lassen, gelingt dies bei ultimaten Ursachen nicht. Die Identität ultimater Ursachen kann üblicherweise nicht als Nachweis erbracht, und bei menschlichem Verhalten auch nicht durch Introspektion erkannt werden, sondern muss vielmehr, quasi detektivisch, aufgrund von Indizien verständlich gemacht werden. Als Kriterium für die Gültigkeit eines Indizes zählt allein, ob dadurch die Nützlichkeit des Verhaltens für die Informationsweitergabe plausibel erklärt und spezifische Fragen beantwortet werden können: In welcher Umwelt ist dieses Verhalten evolviert? Die Weitergabe welcher Information wird dadurch begünstigt und auf welcher Selektionsebene liegen die Vorteile? Oder handelt es sich um erstens einen Nebeneffekt, oder zweitens um ein zufällig entstandenes Merkmal, das keine Auswirkungen auf die Fitness besitzt, oder handelt es sich drittens um eine quasiparasitäre Ausnutzung des Individuums durch andere?

Der Haken bei der Sache ist, dass sich auch plausible Antworten als falsch herausstellen können. Außerdem sind ultimate Ursachen häufig kombiniert und repräsentieren unter Umständen ein komplexes Gefüge selektiv wirksamer Kräfte.[57] Auf der einen Seite der Medaille steht also das Spekulative ultimater Antworten, auf der anderen Seite steht aber der Eindruck und die echte Chance, die Phänomene dadurch in ihrem Geworden-Sein zu verstehen und so der „wahren Natur" eines Merkmals tiefer auf den Grund zu kommen.

Beispiel aus der Kultur: Angenommen eine Gruppe von Archäologen findet in einem Grab in Sibirien einen Bogen, wie ihn heute die Buschleute in der Kalahari benutzen. Die proximaten Ursachen – aus welchem Holz sie bestehen und mit welchem Werkzeug sie hergestellt wurden

---

55 vgl. Mark A Norell und Xing Xu, "Feathered Dinosaurs," *Annual Review of Earth and Planetary Sciences* 33 (2005): 277–99.
56 vgl. Xing Xu, Xiaoting Zheng, und Hailu You, "A New Feather Type in a Nonavian Theropod and the Early Evolution of Feathers," *PNAS* 106 (2009): 832–34.
57 Zu der Suche nach der ultimaten Ursache für die Evolution der Feder bemerken Prum und Brush (2002, 287): „*By focusing too intensely on singular functional explanations, functional theories of the origin of feathers have obscured the fact that the history of feather evolution is characterized by a continued diversification and novelty in development, form, and function that cannot be explained by natural selection for a single function.*"

usw. – sind hier nicht so interessant, die ultimaten aber schon: In der jetzigen Umwelt scheint diese Form von Pfeil und Bogen nicht nützlich, denn es gibt keine geeigneten Giftlieferanten. Wild lässt sich damit nicht erlegen. War die Umwelt damals vielleicht eine andere? Dies kann unter anderem von Geologen oder Palynologen überprüft werden. Finden sich hierfür jedoch keine Indizien, dann müssen Alternativhypothesen gebildet und geprüft werden. Handelt es sich um ein Spielzeug oder um einen rituellen oder magischen Bogen, oder hat er als Grabbeigabe nur einen symbolischen Charakter und soll Jagdglück in der jenseitigen Welt verheißen oder entsprach es der Mode in der damaligen Zeit eine Bogen-Miniatur mit sich zu tragen? Doch selbst wenn die Umwelt zur Begräbniszeit tatsächlich anders war und giftige Tiere oder Pflanzen zur Verfügung standen, so schließt dies nicht aus, dass eine der genannten Alternativhypothesen doch zutrifft.

Während sich die Soziobiologie auf die Erkennung ultimater Ursachen spezialisiert hat, müssen in der EvoDevo-Bewegung ultimate und proximate Ursachen gleichermaßen berücksichtigt werden. Die Unterscheidung ist faktisch nicht in der Weise scharf, dass beides voneinander unabhängig wäre. Sie können zwar methodisch getrennt untersucht werden, aber im konkreten, lebenden Organismus verzahnen sich beide Ursachenkomplexe eng miteinander und beeinflussen sich gegenseitig. So sind auch die *kulturell* geprägten Normvorstellungen stets über Emotionen mit der menschlichen *Natur* verbunden. Ohne Emotionen würde ein Problem gar nicht erst als ein „*moralisches Problem*" erkannt.[58] Sie sind der proximate Mechanismus, durch den eine Regel erst moralische Relevanz erhält. Auch die menschliche Erinnerung und Kognition haben spezifische Charakteristiken, die die Weitergabe bestimmter Informationen erleichtern, und diejenige anderer erschweren. Es ist daher mit »Kulturellen Attraktoren« zu rechnen, denen die erfolgreichen moralischen Normen zustreben. Natur und Kultur sind eng miteinander verknüpft und können gerade im Bereich unseres Sinnes für Moral, nicht streng auseinandergehalten werden.[59] Auch hier wird die Untersuchung durch die Erweiterte Synthese komplexer und es gibt bislang nur wenige Versuche, die Ergebnisse der EvoDevo auf kulturelle Merkmale im Allgemeinen oder moralische Merkmale im Speziellen zu übertragen.[60]

---

58 Shaun Nichols, "Norms with Feeling: Towards a Psychological Account of Moral Judgment," *Cognition* 84 (2002): 221–36.
59 Eine wichtige moralische Emotion ist z. B. der Ekel. Wenn sich mit einer Norm die Emotion Ekel verbindet, hat diese offenbar eine größere Durchsetzungschance als eine Norm ohne diese Emotion. Eine Analyse von Regeln der Etikette im 16. Jahrhundert zeigt, dass jene Regeln, die abstoßendes Verhalten betreffen, eine höhere Wahrscheinlichkeit haben, heute noch zu gelten, als andere. Shaun Nichols, "On The Genealogy Of Norms: A Case For The Role Of Emotion In Cultural Evolution," *Philosophy of Science* 69 (2002): 234–55.
60 Aber z. B. Cecilia Heyes, "Four Routes of Cognitive Evolution," *Psychol Rev* 110 (2003): 713–27. // Paul E Griffiths, "Evo-Devo Meets the Mind: Toward a Developmental Evolutionary Psychology," in *Integrating Evolution and Development: From Theory to Practice*, ed. R Sansom und Brandon R (Cambridge, MA: MIT Press, 2007), 195–225. // William C Wimsatt und James R Griesemer, "Re-

4.3.2 »Zweckhaftigkeit« von Verhalten

Wenn in der evolutionswissenschaftlichen Literatur von einem »Zweck« gesprochen wird, dem eine Anpassung dient, so liegt dem ein teleonomisches Verständnis zu Grunde. Merkmale entstehen zufällig. Nicht zufällig sind dagegen die Erhaltung und die Ausbreitung dieses Merkmals in der Population. Die Rede von der »Zweckhaftigkeit« einer Anpassung bedeutet also, dass das betreffende Merkmal die Weitergabe von fitnessrelevanter Information fördert. Es geht bei der Suche nach der »ultimaten Ursache« darum zu zeigen, weshalb ein Merkmal diesen Prozess fördert oder behindert. Dies ist eine Schlüsselfrage für Evolutionstheoretiker. Verwirrend wird die Situation, wenn das Verhalten intentionaler Organismen betrachtet wird, denn hier existieren zwei unterschiedliche Formen von Zweckhaftigkeit gleichzeitig nebeneinander: Die teleonomische „Zweckhaftigkeit" auf der ultimaten Ebene und die intentionale Zweckhaftigkeit auf der proximaten Ebene.

Beispiel Selbstloses Verhalten: Die *proximaten* Ursachen für eine altruistische Handlung besitzen eine neurologische und hormonelle Signatur, die gemessen werden kann und dem subjektiven Eindruck entspricht, sich tatsächlich selbstlos zu verhalten. Dies ist die Ebene, auf der die Geisteswissenschaften und die Sozialpsychologie ihre Erkenntnisse gewinnen. Hier lautet der »Zweck« altruistischen Verhaltens „Ich *möchte* dem Anderen aus bestimmten Gründen helfen".

Evolutionisten wenden nun ein, dass die Motivation anderen zu helfen evolutiv nicht für ein stabiles Verhalten ausreicht, da alles, was durchschnittlich Kosten verursacht, ausselektiert wird. Die Motivation sollte daher auf Dauer verschwinden. Da es sich aber offensichtlich um ein stabiles Verhalten handelt, müssen – so das evolutionstheoretische Postulat – auf einer anderen Ebene Vorteile wirksam sein, die das Verhalten stabilisieren. Verschiedene Szenarien sind dabei als Erklärung denkbar:

Nutznießer	ultimater Grund	Individualfitness
Gene	die Attraktivität als Kooperations- oder Sexualpartner wird erhöht.	nimmt zu
Organismus	Reziprozität: Ein ander Mal wird mir geholfen.	nimmt zu
Gruppe	Gruppen aus hilfsbereiten Mitgliedern sind im Vorteil.	nimmt ab oder zu
Kulturelle Gemeinschaft	Der Helfer wird von der Gruppe ausgenutzt.	nimmt ab

---

producing Entrenchments to Scaffold Culture: The Central Role of Development in Cultural Evolution," in *Integrating Evolution and Development: From Theory to Practice*, ed. R Sansom und Brandon R (Cambridge, MA: MIT Press, 2007), 227–323.

Nutznießer	ultimater Grund	Individualfitness
Der Andere	Mangel an Information oder Fehleinschätzungen.	nimmt ab
Fehlverhalten	Es war einmal eine nützliche Anpassung, ist es im jetzigen Kontext aber nicht mehr.	nimmt ab

Das, was proximat altruistisch erscheint, kann auf der ultimaten Ebene alles Mögliche sein: egoistisch, evolutiv widersinnig oder auch gruppen-altruistisch. Unter Genselektion könnte zum Beispiel folgendes Szenario gelten: Durch die Verbesserung meiner Reputation, weil ich Fremden helfe, erhalte ich Vorteile, die die Verbreitung meiner Gene fördern, etwa weil ich dadurch als Sexualpartner attraktiver werde. Meine Reputation verbessere ich aber dann am sichersten, wenn ich selbst der Meinung bin, aus selbstlosen Motiven zu handeln. Meine Wahrnehmung ist daher nicht sensibel für meine eigenen Vorteile und sie bleiben mir verborgen.[61]

Die »Zweckhaftigkeit« liegt für Evolutionisten also auf der ultimaten, selektiv ausschlaggebenden Ebene. Diese ist häufig nicht identisch mit der individuellen, durch Introspektion zugänglichen, handlungsmotivierenden, proximaten Ebene, die die Geisteswissenschaftler im Blick haben, wenn sie von „Zweckhaftigkeit" sprechen.

Die handlungsmotivierende Ebene, die sich selbstlos anfühlt, ist die Ebene der proximaten Ursachen. Für alle intentionalen Subjekte und Objekte ist dies die bedeutungsvolle Ebene, da es hier um Beziehungen geht, um die soziale Stellung des Subjekts innerhalb des Gefüges der Gemeinschaft und um die Frage des Selbstbildes. Es ist der Bereich, der durch Introspektion prinzipiell zugänglich ist und wir befinden uns sozusagen unmittelbar in den Sozial- und Geisteswissenschaften.

Der Blick auf die ultimaten Ursachen ist dagegen fundamentalgenealogisch: Er nimmt weniger das Jetzt in den Blick, als vielmehr das generationsübergreifende Gefüge, in dem das Individuum steht, und von dem seine Eigenschaften abstammen und geformt wurden. Dieser teleonomische Prozess kennt keine Intentionalität, keine Ziele und kein Gut oder Böse.

Beide Sichtweisen besitzen ihre Stärken und ihr eigenes Erkenntnisvermögen. Die EvoDevo-Perspektive macht schließlich aber darauf aufmerksam, dass beide Ebenen voneinander abhängig sind und nicht getrennt verstanden werden können.

---

61 vgl. C Daniel Batson und Elizabeth C Collins, "Moral Hypocrisy. A Self-Enhancement/Self-Protection Motive in the Moral Domain," in *Handbook of Self-Enhancement and Self-Protection*, ed. M D Alicke und C Sedikides (Guilford Press, NY, 2010), 96 und 100.

4.4 Diskursprobleme

4.4.1 Kategorienfehler – Dialog auf zwei Ebenen

Nicht selten kommt es zum Konflikt: Proximate Ursachen erscheinen wie ein Mittel zum Zweck, während die ultimaten Ursachen die wahre Raison d'etre zu sein scheinen, das, „was in Wahrheit dahinter steckt". Dementsprechend wird die ultimate Ebene von Evolutionisten oft als die eigentliche Realität hinter dem Schein der nur subjektiv erfahrenen Wirklichkeit proximater Ursachen inszeniert. Durch die Reduktion einer selbstlosen Handlung auf ihre Funktion in einem größeren Ganzen, das auf einen Egoismus herausläuft, scheint der moralische Wert der Handlung aufgehoben zu werden. Viele Geisteswissenschaftler erleben das Eindringen der Evolutionstheorie in ihre angestammten Forschungsbereiche daher als einen Versuch, ihre Untersuchungsobjekte als geschickte Selbsttäuschungen zu entlarven. Sie fühlen sich durch solche reduktionistischen Interpretationen kompromittiert und wehren sich gegen derartige Übergriffe. Was dabei auf dem Spiel zu stehen scheint, ist nicht weniger als das, was wir von uns selbst wahrnehmen und was Grundlage der Geisteswissenschaften über Jahrhunderte hinweg war und ist.

Im fachlichen Diskurs verschanzen sich die Kontrahenten, Geisteswissenschaftler wie Naturwissenschaftler, nun viel zu häufig auf ihrer eigenen Ebene und argumentieren von dort aus gegen die Position des andern, ohne sich in ihren Argumenten zu treffen. Es ist leider notorisch geworden, dass die eine Seite ultimate Aussagen des Ursprungs und die andere Seite proximate Aussagen subjektiven Selbsterlebens als irrelevant ansieht. Dies konkretisiert sich in der zwar richtigen Aussage, dass Genese und Geltung voneinander getrennt werden müssen, verhindert aber gleichzeitig sehr effektiv dass sich einer vom andern überhaupt noch etwas sagen lässt.

Doch was bedeutet es, etwas zu »verstehen«? Die Naturwissenschaft sieht (außerhalb der Quantenmechanik) etwas als verstanden an, wenn eine lückenlose Kausalkette erkannt werden kann. Innerhalb dieser Kausalkette hat jedes einzelne Glied seine Funktion. Das Sein eines Dinges wird damit auf das Messbare reduziert, also darauf, welche Wirkung es auf Anderes hat. Aus dem kausalen Zusammenhang ausscherende Verstehensweisen gelten dann schnell als unwissenschaftlich und irrelevant.[62] Die Frage ist jedoch, was denn tatsächlich

---

[62] Kurt Appel, "Ursprung und Defizite von Dawkins' Religionsbegriff oder: Warum Dawkins die Religion aus seinen Voraussetzungen nicht verstehen kann," in *Dawkins' Gotteswahn – 15 Kritische Antworten auf seine atheistische Mission*, Hrsg. R Langthaler und Appel K (Wien: Böhlau Verlag, 2010), 165 ff.

verstanden wird, wenn eine lückenlose Kausalkette beschrieben werden kann. Die maschinelle Herstellung eines Gegenstandes mag damit gut verstehbar sein, doch gerade das spezifisch Menschliche, etwa das in diesem Zusammenhang oft bemühte Phänomen der „Liebe", entgeht dem kausal sezierenden Blick.[63] Der *„Wahn eines lückenlos funktionierenden Mechanismus"*[64] macht uns für uns selbst gerade nicht mehr verstehbar.

Andererseits ist die messbare Natur des Menschen auch nicht durch Hinweise auf den Naturalistischen Fehlschluss oder die Trennung von Genese und Geltung moralphilosophisch aus der Welt zu räumen. Die Verfasstheit unseres moralischen Sinns kann nicht völlig folgenlos sein für die Frage nach der Geltung von Normen. Die Natur des Menschen und seine Kultur sind damit nicht zu übergehende Grunddaten einer Moralphilosophie.

4.4.2 Weitere Fallen für den Diskurs

»Just-So-Stories«
Die große Versuchung für Evolutionisten ist es, sogenannte »Just-So-Stories« zu produzieren, also Hypothesen, die zwar plausibel erscheinen, jedoch noch nicht ausreichend getestet wurden. So hatte sich ja bei der Evolution der Feder die naheliegende Vermutung, dass sie ursprünglich zum Fliegen evolviert sei, als eine solche »Just-so-Story« herausgestellt (s. o.). Warum gerade im Bereich der Evolution »Just-so-Stories« so häufig vorkommen, liegt an der Einfachheit, entsprechende Hypothesen zu entwickeln,[65] und an der Schwierigkeit, Indizien in rechter Weise (und nicht zur heimlichen Stützung des eigenen Standpunktes) zu gewichten. Man sollte diese Versuchung nicht auf die leichte Schulter nehmen, da evolutionäre „Stories", ein hohes Potential haben, gesellschaftliches Bewusstsein zu prägen. Der heute verbreitete Bioliberalismus, ist vermutlich nicht nur von soziobiologischen »Just-So-Stories« mit in Gang gesetzt worden, sondern wird damit auch am Laufen gehalten.[66]

---

63 vgl. die Wertschätzung einer eigenständigen Innenperspektive bei Ch E Elger et al., "Das Manifest – Gegenwart und Zukunft der Hirnforschung," in *Wer erklärt den Menschen? Hirnforscher, Psychologen und Philosophen im Dialog*, Hrsg. C Könneker (Frankfurt am Main: Fischer, 2006), 84.
64 Appel, "Ursprung und Defizite von Dawkins' Religionsbegriff," 168.
65 Eine Behauptung, die das ganze Buch „*Evolution for everyone*" von David Sloan Wilson (2007) durchzieht und für die er viele Belege gibt. Er betont aber, dass ein Mangel an überzeugenden Indizien dazu motivieren sollte, die Ärmel hoch zu krempeln und nach besseren Indizien zu suchen, um so aus einer »Just-So-Story« eine gut belegte Hypothese zu machen (62).
66 Entsprechende Artikel im SPIEGEL oder der FAZ bezeugen dies, vgl. Linke (2007), bes. 192–214.

Strohmänner
Für alle besteht offensichtlich eine große Versuchung darin, der anderen Seite einseitige Behauptungen unterzuschieben. Es werden Strohmänner aufgebaut, die wenig plausibel sind und leicht demontiert werden können. Den Soziobiologen wird zum Beispiel gelegentlich genetischer Determinismus vorgeworfen,[67] den Religionen, dass sie ihre Anhänger lehrten, damit zufrieden zu sein, die Welt nicht zu verstehen.[68]

Das »Prinzip der Sparsamkeit«
Aus dem wenigen bereits Gesagten dürfte deutlich geworden sein, dass das bekannte philosophische »Prinzip der Sparsamkeit« (auch bekannt als »Parsimonie« oder »Ockhams Messer«) in einer evolutiven Welt nur begrenzt anwendbar ist. Sparsamkeit in der Begründung ist zwar prinzipiell anzustreben, doch wenn sie um jeden Preis geschieht wird sie zu einem irreführenden wissenschaftstheoretischen Instrument. Die einfachste Erklärung trifft evolutionär höchstens ausnahmsweise die ganze Wahrheit. Nicht immer erfasst eine plausible Erklärung auf der niedereren Ebene auch die wirklich wirksamen Faktoren. In der Evolution herrscht eher das Prinzip: Vieles was möglich ist, wird unabhängig voneinander auf unterschiedlichste Weise realisiert, und die Prozesse, Kräfte und Wirkungsebenen verweben sich miteinander in ein komplexes Muster, das zu irreduziblen, höheren Ebenen der Integration führt.[69] Wer dieses Bild zu sehr zu vereinfachen sucht, läuft daher Gefahr, viele reale Aspekte biologischer und kultureller Phänomene zu übersehen.

4.5 Die wenig hilfreiche Rolle der (deutschen) Medien

Das soziobiologische Modell ist bis heute das im Diskurs meist gepflegte Modell von Evolutionstheorie. Dafür ist sicher seine mediale Wirksamkeit verantwortlich,

---

67 Ein Vorwurf, der sich an publikumswirksamen Aussagen mancher Soziobiologen entzünden konnte, der aber auf kompetente Evolutionsbiologen nie wirklich zutraf. Richard Dawkins setzt sich mit diesem Vorwurf ausführlich auseinander im zweiten Kapitel des „*Extended Phenotype*" (1982). // Vgl. auch John Alcock, *The Triumph of Sociobiology* (Oxford: Univ. Press, 2001), 42–46. // In der Erweiterten Synthese findet der Vorwurf nun gar keinen Anhaltspunkt mehr.
68 z. B. Dawkins "*The God delusion*", 152 und Kapitel 8. // Eine Antwort darauf gibt z. B. Appel, "Ursprung und Defizite von Dawkins' Religionsbegriff," 161–195.
69 Herbert Gintis, "Zoon Politicon: The Evolutionary Roots of Human Sociopolitical Systems," in *Beitrag auf der Ernst Strüngmann Forum Konferenz "Cultural Evolution" am 27. März 2012* (Frankfurt, 2012), 18.

indem es sowohl erschreckt als auch in seiner Einfachheit fasziniert, indem es provoziert und Anstoß erregt. Wie Sebastian Linke (2007) zeigen konnte, führte dies zu einer eigenartigen Verzerrung der Wissenschaftskommunikation. Als „Evolutionsbiologen" kommen vorzugsweise jene Forscher zu Wort, die extreme soziobiologische Positionen vertreten. Deren Meinung wird dann als die geltende naturwissenschaftliche Position dargestellt. Bei so herausragenden deutschen Printmedien wie dem SPIEGEL und der FAZ, stellte Linke eine *„völlige Eigenständigkeit der Medien im Umgang mit der Soziobiologie und den beteiligten ›Experten‹"* (S. 213) fest, die auf eine Umorientierung des Wissenschaftsjournalismus hinausläuft: *„von einer Ausrichtung an der Wissenschaft hin zu einer Orientierung an seinem Publikum."* (S. 214). Das Ziel des Wissenschaftsjournalismus scheint hier nicht mehr eine Darstellung des wissenschaftlichen Diskurses zu sein, sondern die Beeinflussung des gesellschaftlichen Bewusstseins. Linke (2007, zum Beispiel S. 192 ff) meint, dass eine Verzweckung erkennbar wird. Die Soziobiologie wird offenbar vor den Karren einer von Teilen der Gesellschaft gewollten »Bioliberalisierung« gespannt. In den entsprechenden Artikeln *„scheint die Soziobiologie lediglich nach Gutdünken zur Untermauerung bestimmter Perspektiven zitiert zu werden"* (S. 194), ohne sie in den wissenschaftlichen Kontext zu stellen. Laut Linke ist *„die Darstellung der Soziobiologie in den deutschen Printmedien [...] damit als ein rein kulturelles, von außerwissenschaftlichen Umständen gelenktes, Phänomen zu betrachten."* (S. 195).

Ein ähnliches Ergebnis mit einer anderen Motivation lässt sich in den US-amerikanischen Medien feststellen. Hier ist es offenbar die Konfrontation mit der zu Recht als wissenschaftsfeindlich empfundenen kreationistischen Bewegung, die dazu geführt hat, dass sich zwei Weisen herausbildeten »Darwinist« zu sein:[70] Eine naturwissenschaftliche, für begründete Veränderungen offene Form ohne Agenda und eine ideologische, offen auf Konfrontation gehende Form, die aus der Evolutionstheorie ein Weltbild konstruiert, das keinen Raum für anderes lässt. In den Medien sind, wie sollte es anders sein, vor allem Vertreter der ideologischen Richtung präsent, die als ihr Feindbild die Religiösen entdeckt haben. Diese »Neue Atheismus«- oder »Enlightenment«-Bewegung schwappt in den letzten Jahren zusehends nach Europa und Deutschland. Bezeichnend ist, dass diese Bücher oft sehr schnell ins Deutsche übersetzt und zu Bestsellern werden, während Bücher

---

[70] vgl. Alister E McGrath, "The Ideological Uses of Evolutionary Biology in Recent Atheist Apologetics," in *Biology and Ideology from Descartes to Dawkins*, ed. Denis R Alexander und Ronald L Numbers (Univ. of Chicago Press, 2010), 351.

mit einem ausgewogeneren wissenschaftlichen Anspruch zum selben Thema offenbar nur selten einer Übersetzung für wert erachtet werden.[71]

4.6 Fruchtbarer Diskurs

Im fruchtbaren Diskurs ist es unabdingbar, sich nicht an extrem widerständigen Außenseiterpositionen der anderen Wissenschaft abzukämpfen, sondern die jeweils aktuellen Thesen in den Blick zu nehmen. Andernfalls wird nicht nur Energie verbraucht, sondern es kommt zu der frustreichen Erfahrung, keine echten Anknüpfungspunkte zu finden und sich auf den jeweiligen Positionen einzugraben. Andererseits gilt es aber auch, sich im eigenen Fachbereich eine Offenheit und Aufmerksamkeit zu bewahren für neue Fakten oder Denkhorizonte, denn das Neue beginnt immer als kleine Bewegung.

Es gilt: Von **Evolutionisten** kann nicht erwartet werden, dass sie bestimmte Lebensbereiche aus ihrer Untersuchung ausklammern, doch es darf erwartet werden, dass sie die Fülle des zur Verfügung stehenden Instrumentariums und der anwendbaren Theorien einsetzen und dabei keine ideologischen Vereinnahmungen versuchen. Von **Theologen** kann nicht erwartet werden, dass sie auf jeden anfahrenden Zug in der Biologie aufspringen, noch bevor er sich halbwegs etabliert hat, doch es darf erwartet werden, dass sie sich im Dialog nicht auf Wissenslücken und auf transzendente Wahrheiten zurückziehen, sondern der Mühe nicht ausweichen, klar zu definieren und zu begründen. Hier ist es notwendig, sich nicht nur im sichersten Teil des Hafens der abgesegneten lehramtlichen Meinungen zu bewegen, sondern deren Weite und Tiefe philosophisch auszuloten, um zu entdecken, wie nah sich Naturwissenschaft und Theologie zu kommen wagen.[72]

---

[71] Richard Dawkins, Daniel Dennett und Sam Harris sind Aushängeschilder dieser »Neuen Atheismus«-Bewegung. David Sloan Wilson, Pascal Boyer oder Scott Atran schreiben zu den gleichen Themen, verzichten aber auf ideologische Grenzüberschreitungen, obwohl auch sie sich als Atheisten ausweisen.

[72] Die Teilnehmer der Konferenz „Evolution" im Februar/März 2009 in Rom konnten den Unterschied hautnah erleben: Kardinal Georges Cottier behauptete in neuscholastischer Begründungsmanier, die Seele könne nicht aus einer Evolution im materiellen Sinne kommen. Sie sei vielmehr direkte Schöpfung Gottes und erst mit ihrer Einflößung in den Körper sei der Mensch auf der Welt erschienen. Eine Feststellung, mit der er sich wörtlich auf das Lehramt berufen konnte und gleichzeitig die Evolutionisten als nicht zuständig abstempelte, da die Seele ja keine biologische Natur habe. Wenig später hielt der Dominikanermönch Jean-Michel Maldamé einen Vortrag, in dem er beeindruckend aufzeigen konnte, wie eine weite Interpretation des lehramtlichen Satzes dazu führt, dass der Widerspruch zwischen der kontinuierlichen Evolution zum Menschen

All jene, die den Dialog suchen, müssen eine hohe Frusttoleranz mitbringen, denn der Prozess ist ein mühsamer, auf dem keine faulen Kompromisse eingegangen werden können, ohne sich als Gesprächspartner zu disqualifizieren. Dass es hier noch viel zu tun gibt, wird an der Bemerkung des französischen Religionsanthropologen Pascal Boyer deutlich, der nach einem Vortrag vor Theologen in Frankfurt 2008 in einem Interview gestand, dass ihn der Dialog etwas ermüde:

> Die Debatten zwischen Wissenschaftlern und Theologen sind leider sehr vorhersehbar. ›Da wird stets gesagt, dass Wissenschaft mit Fakten, Religion aber mit Sinn und Bedeutung zu tun habe – und damit hat sich's dann meist.‹ Natürlich müsse er eingestehen, dass auch er die letztgültige Struktur des Universums nicht kenne und daher nicht sagen könne, ob es da noch 'etwas Höheres' gebe. Aber mit schwammigen Bezügen auf irgendwelche transzendenten Wahrheiten will sich der Forscher eben nicht zufriedengeben. ›Ich möchte gerne eine klare Antwort vonseiten der Theologen, wie sie das, was außerhalb der wissenschaftlichen Beschreibung liegt, bezeichnen.‹[73]

Die Komplexität der Aufgabe aber auch ihre Möglichkeiten sind durch die Erweiterte Synthese immens gestiegen. Die bislang sowohl methodisch als auch begrifflich oft divergierenden empirischen Wissenschaften (Anthropologie, Psychologie, Evolutions-, Entwicklungs- und Neurobiologie, Soziologie, Wirtschaftswissenschaften und andere) müssen für die interdisziplinäre Arbeit eine anschlussfähige Sprache – ein gemeinsames System von Symbolen – entwickeln, damit sich nicht nur Daten anhäufen, sondern Erkenntnis generiert wird. Inwiefern die Theologie und die Philosophie dabei eine Rolle spielen werden, hängt auch davon ab, wie sehr diese bereit sind, sich vom naturwissenschaftlichen Menschenbild befruchten zu lassen. Dies sollte der Theologie jetzt, wo die Gen-Zentrierung der vergangenen Jahrzehnte aufgebrochen ist und ein nicht-reduktionistisches Bild vom Menschen wieder Unterstützung bei den Naturwissenschaften findet, leichter fallen. Es sollte ihr prinzipiell auch deswegen leicht fallen, weil sie selbst behauptet, dass die naturwissenschaftlichen Wahrheiten den theologischen letztlich nicht widersprechen können, *„weil die profanen Dinge und die Dinge des Glaubens sich von demselben Gott herleiten."*[74]

---

und einer inhärenten göttlichen Beseelung verschwinden kann. Damit schien ein echter Dialog plötzlich wieder im Bereich des Möglichen. Pater Maldamè entwickelt sein Konzept in Anlehnung an Thomas von Aquin mit einem scholastischen Instrumentarium; vgl. Maldamé, "L'émergence de L'homme comme Avènement de L'âme."
73 http://www.zeit.de/2008/34/P-Boyer; Zugriff am 26.08.2011.
74 2. Vatikan. Konzil: Pastoralkonst. „Gaudium et spes", GS 36.

5 Evolution des Helfens

5.1 Altruismus unter Multi-Level-Selektion

Die neodarwinistische Evolutionstheorie ist eine Theorie »egoistischer« Ausbreitungseinheiten. Dies ist keine ideologische Entscheidung, sondern eine logische Notwendigkeit sobald die drei Bedingungen für evolutive Dynamik gegeben sind: Variation, Vererbung und Selektion. Bis in die Mitte des 20. Jahrhunderts hatte aber trotzdem kaum jemand Probleme mit selbstlosem Verhalten, da man es als »egoistische« Strategie zum Erhalt der Art oder der Gruppe betrachten konnte. Erst als mit dem Aufkommen der Genetik Gruppen- und vor allem Artselektion nicht mehr plausibel schienen, gerieten die Phänomene selbstlosen Verhaltens in ein Erklärungsvakuum: Wenn jene, die ausschließlich ihr eigenes Wohl im Blick haben, notwendigerweise eine *höhere Fitness* erzielen, wie kann dann kostspieliges Verhalten zugunsten anderer evolutionär stabil sein? Müssten selbstlose Individuen nicht aussterben?

Die Realität zeigt ein anderes Bild. Selbstloses Verhalten ist in der Natur nicht selten: Ameisen, die darauf verzichten, eigene Eier zu legen; Löwinnen, die ihre Gruppe verteidigen und dabei ihr Leben aufs Spiel setzen; Vampirfledermäuse, die mit fremden Artgenossen das Futter teilen; Paviane, die ein Alphamännchen ablenken, während ein anderer die Gelegenheit nutzt, sich mit einem Weibchen zu verpaaren; Menschen, die scheinbar ohne eigenen Nutzen anderen helfen usw.

Erst die Soziobiologie mit ihrer Theorie der »Inklusiven Fitness« und des »Egoistischen Gens« bot hierfür eine Lösung. Sie weist darauf hin, dass die Hilfe für einen Anderen mit genetischen (oder memetischen) Eigenvorteilen verknüpft sein kann, die auf der Ebene des Organismus gar nicht erkennbar sind. Als ein solcher »versteckter Egoismus« kann altruistisches Verhalten evolutiv ohne weiteres entstehen. Es gibt durchaus realistische Situationen, in denen die selbstlose Opferbereitschaft eines Organismus zu einer Vermehrung und Ausbreitung der verantwortlichen »Egoistischen Gene (oder Meme)« führt. Es war der Verdienst von Richard Dawkins' Buch „*The Selfish Gene*", dies allgemeinverständlich formuliert und so einer breiten Öffentlichkeit zugänglich gemacht zu haben.

Der Mythos vom „*Selfish Gene*"[1] polarisierte die Leserschaft, vor allem weil viele die Betonung auf das Wort „*Selfish*" legten. Die von Richard Dawkins intendierte Betonung und das Neuartige und Revolutionäre seines Ansatzes liegen

---

1 Richard Dawkins, *The Selfish Gene.*

aber in dem Wort „*Gene*":[2] Es sei eben nicht der eigennützige *Organismus*, der für die Evolution relevant ist, sondern das eigennützige *Gen*. Das Gen ist in Dawkins' Konzept die Standard-Selektionsebene und der Organismus übernimmt die Rolle eines Vehikels, das von den Replikatoren, den Genen, zur Fortpflanzung genutzt wird.

> We are survival machines – robot vehicles blindly programmed to preserve the selfish molecules known as genes.[3]
>
> The organism is only DNA's way of making more DNA.[4]

Solche pointierten Darstellungen wurden von manchen enthusiastisch begrüßt, von anderen strikt abgelehnt, weil sie sie als Angriff auf die Menschenwürde verstanden. Unter Biologen hat diese Sichtweise zu einem wichtigen Paradigmenwechsel geführt: Einerseits wurde die Wahrnehmung dafür geschärft, dass es wichtig ist, die wirksamen Selektionsebenen richtig zu bestimmen und zu erkennen, dass es zwischen diesen zu Konflikten kommen kann. Die erstaunliche *Eigen*dynamik unseres genetischen Erbes wurde deutlich. Andererseits wurde gleichzeitig aber auch ein Primat der Selektionsebene des Gens (und des Mems) errichtet und damit für die nächsten Jahrzehnte eine Übergewichtung der Rolle der Gene festgeschrieben, die erst in den letzten Jahren wieder relativiert und aufgebrochen werden konnte.[5] Heute ist es weitgehend akzeptiert, dass es innerhalb eines „Individuums" sowohl Merkmale geben kann, für die der Eigennutz eines „Selfish Gene" verantwortlich ist, als auch Merkmale aufgrund des Eigennutzes des Organismus und wieder andere, die ihre Existenz möglicherweise dem Nutzen der Gruppe oder gar des Ökosystems verdanken:[6] Die Alternative zum „Selfish Gene" ist also nicht das „Altruistic Gene", sondern das „Selfish Individual" oder die „Selfish Group".

Eigennutz auf der einen Ebene kann identisch sein mit selbstlos aussehendem Verhalten auf einer der anderen Ebenen. Wenn jemand seine Kinder mit seinem Leben verteidigt, so ist dies genetischer Eigennutz, aber individuelle Selbstlo-

---

[2] vgl. sein Vorwort zur 30jährigen Jubiläumsausgabe von "*The Selfish Gene*", wo er auf dieses Missverständnis hinweist (Oxford Univ Press 2006, S. VIII).
[3] Richard Dawkins, *The Selfish Gene*, XXI.
[4] Edward O Wilson, *Sociobiology*, 3.
[5] vgl. hierzu David Sloan Wilson, "Levels of Selection: An Alternative to Individualism in Biology and the Human Sciences," in *Conceptual Issues in Evolutionary Biology*, ed. Elliott Sober (MIT Press, 2006), 63–75.
[6] Einen Überblick gibt z.B. Bob Holmes, "The Selfless Gene: Rethinking Dawkins's Doctrine," *New Scientist* 2698 (2009): 36–39.

sigkeit. Wenn eine Nonne auf eigene Fortpflanzung verzichtet und stattdessen der Gemeinschaft dient, so ist dies für die Gruppe eigennützig, für die Gene und das Individuum jedoch selbstlos. Dementsprechend finden sich auf den verschiedenen Selektionsebenen jeweils eigene Lösungsmöglichkeiten für uneigennütziges, altruistisches Verhalten – das „zentrale theoretische Problem der Soziobiologie".[7]

5.1.1 Lösung auf der Ebene der Gene – Verwandtenselektion

Einer jener Fälle, der für Charles Darwin zunächst gegen seine Theorie der Natürlichen Selektion sprach, sind die sterilen Arbeiterinnen bei Ameisen. Wie können sich die Arbeiterinnen evolutiv entwickeln, wenn sie weder der Mutter noch dem Vater ähneln und selbst keine Nachkommen haben?[8] Er besinnt sich dann auf die Prinzipien der Rinder- und Pflanzenzucht und erkennt, dass es möglich ist, auch dann Nachkommen mit bestimmten Eigenschaften zu züchten, wenn diese Nachkommen nicht die Möglichkeit erhalten, sich selbst fortzupflanzen.

> The difficulty, [...] disappears when it is remembered that selection may be applied to the family, as well as to the individual, and may thus gain the desired end.[9]

Wovon Darwin hier unaufgeregt spricht, ist das Konzept der Verwandtenselektion.[10]

---

[7] „*As more complex social behavior by the organism is added to the genes' techniques for replicating themselves, altruism becomes increasingly prevalent and eventually appears in exaggerated forms. This brings us to the central problem of sociobiology: how can altruism, which by definition reduces personal fitness, possibly evolve by natural selection?*" Edward O Wilson, *Sociobiology*, 3.
[8] "*At first (the difficulty) appeared to me insuperable, and actually fatal to my whole theory.*" Charles Darwin, *The Origin of Species*, 257.
[9] ebd., 258.
[10] Nachfolgende Biologen kümmerten sich dann manchmal nicht um eine nähere Bestimmung von Verwandtschaftsgraden, solange nur irgendeine Verwandtschaft vorlag. So fassten sie die selektierte Gruppe immer größer und verwässerten dadurch die an sich klaren Gedankengänge Darwins. Lange Zeit galt es nun als selbstverständlich, dass ein Organismus Anpassungen zum Wohl seiner Art besitzt. Ein wenig reflektiertes Konzept der Artselektion musste als Begründung für alles Mögliche herhalten, ganz besonders aber für die Erklärung altruistischer Akte. Konrad Lorenz gehörte zur Generation der Ethologen, für die es selbstverständlich war, mithilfe von Arterhaltung zu argumentieren. // Vgl. auch Irenäus Eibl-Eibesfeldt, *Grundriss der vergleichenden Verhaltensforschung* (München: Piper, 1980), 415–422. // John Maynard Smith und G R Price, "The Logic of Animal Conflict," *Nature* 246 (1973): 15–18. // Richard Dawkins, *The Selfish Gene*, 30th Anniv (New York: Oxford University Press, 2006), Vorwort zur Jubiläumsausgabe: "...they might

Es war William Hamilton, der mit der Hypothese der »Inklusiven Fitness« die Grundlage für eine moderne, genetische Theorie von Selbstlosigkeit und Eigennutz legte. Er wechselte dazu einfach die Perspektive und betrachtete das Phänomen des Helfens aus der Sicht der verantwortlichen Gene. Auf diese Weise gelingt es ihm, zu erklären, dass selbstloses Verhalten dann stabil sein kann, wenn es gleichzeitig aus Sicht der Gene „egoistisch" ist. Das Wort »Verwandtenselektion« bezieht sich also nicht auf eine neue Ebene der Selektion. Es ist vielmehr nichts anderes als eine *indirekte Form der Genselektion*. Das selektierte Gen befindet sich hier nur in einer speziellen Umwelt: als identische Kopie in einem anderen Organismus; mit Darwins Worten in der *„Familie"*.

An Hamiltons Gleichung für »Inklusive Fitness«[11] $r \cdot B - C > 0$ kann man ablesen, dass es statistisch gesehen vorteilhaft ist, auf eigenen Nutzen zu verzichten, wenn dieser Nutzen in gleichem Umfang stattdessen drei Nachkommen oder drei Geschwistern, mit einer durchschnittlichen Verwandtschaft von $r = 0{,}5$, zugutekommt.[12] In der Realität sind Kosten C und Nutzen B bei Helfer und Empfänger nur schwer exakt zu quantifizieren, wogegen das statistische r – im Unterschied zum realen r – leicht errechnet werden kann. Die Überbetonung des Verwandtschaftsgrads r in der frühen Soziobiologie ist möglicherweise darauf zurückzuführen. Die Gleichung von Hamilton besagt aber nicht, dass nur r (Genetik) wichtig ist, sondern dass r und B und C (Genetik und Ökologie) wichtig sind.[13]

Wissen um Verwandtschaft verändert tatsächlich das Verhalten. In einem Spiel, bei dem Studenten sich entscheiden mussten, ob eine ihnen bekannte andere Person 75\$, oder sie selbst einen geringeren Betrag erhalten, zeigte sich, dass sowohl Freundschaft als auch Verwandtschaft eine Rolle bei der Entscheidung spielten. Die Studenten waren – wenig überraschend – eher bereit auf eigenen Gewinn zu verzichten, wenn die andere Person als sozial nahestehend

---

limit their birth rates to avoid overpopulation, or restrain their hunting behaviour to conserve the species' future stocks of prey. It was such widely disseminated misunderstandings of Darwinism that originally provoked me to write the book." // Das Konzept der Species-Selection von John Gould ist etwas völlig anderes und bezieht sich auf das phylogenetische Aussterben bzw. Überleben unterschiedlich angepasster Arten, wie es in der Fossilienabfolge erkennbar ist; vgl. Gould, *Punctuated Equilibrium*, 58.
11 siehe Kap. 2.1.3.
12 Berühmt geworden ist ein Satz, den der Populationsgenetiker J.B.S. Haldane bereits im Jahr 1932 gesagt haben soll: *"I would gladly lay down my life for 2 brothers or 8 of my cousins."* (Für Cousins gilt: $r = 0{,}125$).
13 Stuart A West, Ashleigh S Griffin, und Andy Gardner, "Social Semantics: Altruism, Cooperation, Mutualism, Strong Reciprocity and Group Selection," *J Evol Biol* 20 (2007): 415–32. // West und Gardner, "Altruism, Spite, and Greenbeards."

empfunden wurde. Bei gleicher sozialer Distanz verzichteten sie aber noch bereitwilliger, wenn die andere Person verwandt war.[14]

Doch wie erkennt man Verwandte und hält dadurch das genetische Kosten/Nutzen-Verhältnis[15] günstig? Bei Nagetieren gibt es die vorgeburtlich erworbene oder angeborene Fähigkeit genetische Verwandtschaft durch Geruch zu erkennen.[16] Selbst beim Menschen gibt es Hinweise darauf, dass sich Verwandtschaft im Geruch wiederspiegelt und möglicherweise unbewusst erkannt wird.[17] Doch es gibt eine „kostengünstige" Alternative.

Beispiel: Inzest ist beim Menschen nahezu universal mit moralischen Verboten belegt. Um diese einhalten zu können, ist es notwendig, zu wissen, mit wem man verwandt ist. Bei Untersuchungen in Kibbuzim wurde festgestellt, dass Männer und Frauen, die bis zum Alter von sechs Jahren miteinander aufwuchsen, eine starke Tendenz zeigten, sich sexuell nicht zueinander hingezogen zu fühlen, unabhängig von ihrer genetischen Verwandtschaft.[18]

Inzest wird beim Menschen also offenbar durch eine unterbewusste, gelernte Prägung vermieden, die durch (1) räumliche oder (2) frequenzabhängige Informationen zustande kommt. Ein hoher Verwandtschaftsgrad wird für alle vermutet, die während einer sensiblen Phase in der näheren Umgebung leben oder mit denen häufig interagiert wird.[19]

---

14 Howard Rachlin und Bryan A Jones, "Altruism among Relatives and Non-Relatives," *Behav Processes* 79 (2008): 120–23.
15 M van Baalen und V Jansen, "Kinds of Kindness: Classifying the Causes of Altruism and Cooperation," *J Evol Biol* 19 (2006): 1377–79.
16 Josephine Todrank et al., "Preferences of Newborn Mice for Odours Indicating Closer Genetic Relatedness: Is Experience Necessary?," *Proc Biol Sci* 272 (2005): 2083–88. // Mäuse sind auch als Ausgewachsene noch in der Lage, ihre Nestgenossen am Geruch zu erkennen und für Belding-Erdhörnchen (Spermophilus beldingi) konnte nachgewiesen werden, dass die Weibchen dieser Art ihnen unbekannte Schwestern am Geruch von Halbschwestern unterscheiden können. John R Krebs and Nicholas B Davies, *Einführung in die Verhaltensökologie* (Berlin: Blackwell-Wiss.-Verl., 1996), 323 ff.
17 Erin M Ables, Leslie M Kay, und Jill M Mateo, "Rats Assess Degree of Relatedness from Human Odors," *Physiol Behav* 90 (2007): 726–32. // Glenn E Weisfeld et al., "Possible Olfaction-Based Mechanisms in Human Kin Recognition and Inbreeding Avoidance," *J Exp Child Psychol* 85 (2003): 279–95.
18 J Shepher, "Mate Selection among Second-Generation Kibbutz Adolescents: Incest Avoidance and Negative Imprinting," *Archives of Sexual Behaviour* 1 (1971): 293–307.
19 Bei Vögeln scheint dies auch eine übliche Methode zu sein, vgl. Jan Komdeur, David S Richardson, und Terry Burke, "Experimental Evidence That Kin Discrimination in the Seychelles Warbler Is Based on Association and Not on Genetic Relatedness," *Proc Biol Sci* 271 (2004): 963–69. // B J Hatchwell et al., "Kin Discrimination in Cooperatively Breeding Long-Tailed Tits," *Proc Biol Sci* 268 (2001): 885–90.

5.1.2 Lösung auf der Ebene des Individuums – Reziprokes Verhalten

Neben den Mechanismen der Verwandtenselektion, bei der Gene in anderen Individuen begünstigt werden, gibt es auch die Möglichkeit, sich altruistisch zu verhalten und trotzdem die eigenen Gene profitieren zu lassen. Dies gelingt in reziproken Beziehungen:
- **Mutualismus,** bei dem der Helfer durch seine Hilfe selbst direkte Fitnessvorteile erlangt. Als Beispiel kann ein Bild von zwei Paddlern dienen. Sobald einer aufhört zu paddeln, fährt das Boot im Kreis. Beide müssen zusammenarbeiten um ein Ziel zu erreichen. Der typische Fall in einer Symbiose.
- **Direkte Reziprozität,** bei der der Helfer zu einem anderen Zeitpunkt vom Nutznießer eine Rückerstattung oder Vergütung der geleisteten Hilfe erhält (oder erwartet). Im Bild des Bootes wäre dies der Fall, wenn es nur ein einzelnes Paddel gibt und die beiden sich abwechseln müssten. Der entscheidende Unterschied liegt in der zeitlichen Verzögerung der Vergütung.
- **Indirekte Reziprozität,** bei der der Helfer zwar zu einem anderen Zeitpunkt eine Vergütung erhält (oder erwartet), aber nicht von dem Nutznießer selbst. Im Bild des Bootes wäre dies der Fall, wenn jemand einen Anhalter in seinem Boot mit nur einem Paddel mitnimmt, in der Erwartung, dass auch er von jemand mitgenommen wird, wenn er einmal Anhalter sein muss. Zusätzlich zur zeitlichen Verzögerung kommt hier noch hinzu, dass gegenüber einem Dritten nicht ohne weiteres Anspruch auf Vergütung geltend gemacht werden kann. Menschliche Gesellschaften haben Instrumente entwickelt, die diese Form von Reziprozität auch in extrem großen Gruppen gewährleisten können: Geld, Gesetze, Verträge, Gerichtswesen usw.

Die Erwartung, zu irgendeinem Zeitpunkt und in irgendeiner Form einen Vorteil für sich selbst zurück zu erhalten, wird häufig nicht bewusst sein, sie kann auch enttäuscht werden, muss aber im Durchschnitt berechtigt sein, damit Helferverhalten aufgrund dieser Prinzipien genetisch evolieren kann. Wie bei der Verwandtenselektion wäre es nun auch in reziproken Beziehungen von Vorteil den richtigen, in diesem Fall einen zuverlässigen, Partner zu erkennen.

Für ein zuverlässiges, fälschungssicheres Signal[20] ist es notwendig, dass:
- es sich nur diejenigen leisten können, die auch die entsprechende Qualität aufweisen.

---

[20] Krebs und Davies, *Verhaltensökologie*, 432. // Die Prinzipien des „Costly Signaling" oder „Honest Signaling" wurden im Rahmen der Theorie der Sexuellen Selektion entdeckt. Dort erhält die zuverlässige Signalgebung eine zentrale Bedeutung, um sich als Sexualpartner zu empfehlen. Die Logik dahinter ist, dass sich nur gesunde und fitte Individuen, die gleichzeitig als Sexual-

– es einen direkten Zusammenhang zwischen dem Bau des Signals und der signalisierten Qualität gibt.

Eines der Merkmale, von dem aus wir auf den Charakter eines anderen Menschen schließen, ist seine Physiognomie. In das Gesicht prägen sich mit zunehmendem Alter die Spuren vergangener Gesichtsausdrücke ein, und es wird so zu einem von Jahr zu Jahr zuverlässigeren Merkmal für den Charakter eines Menschen. Bereits Darwin hat diesen Prozess beschrieben:

> Whatever amount of truth the so-called science of physiognomy may contain, appears to depend on different persons bringing into frequent use different facial muscles, according to their dispositions; the development of these muscles being perhaps thus increased, and the lines or furrows on the face, due to their habitual contraction, being thus rendered deeper and more conspicuous.[21]

Dass sich aus den Gesichtszügen keine hundertprozentige Vorhersage über die Kooperationsbereitschaft eines Menschen machen lässt, ist offensichtlich. Dennoch wird man einem von freundlichen Zügen geprägten Gesicht leichter Vertrauen entgegenbringen, als einem Gesicht, das neutral erscheint oder in das sich die Spuren von Ärger und Wut eingegraben haben.[22] Die in Tests gefundene Übereinstimmung des Urteils über ein Gesicht mit den anhand von Fragebögen ermittelten tatsächlichen Charaktereigenschaften war allerdings nicht hoch.[23] Dies könnte an der reduzierten, künstlichen Situation liegen, in der die Tests stattfinden. In der Realität wird man das Urteil ja nicht nur anhand einer Abbildung des Gesichtes treffen müssen, sondern hier stehen in der Regel eine Vielzahl weiterer Anzeichen, wie Gestik, Mimik, und Verhalten zur Verfügung. Das Urteil, das bereits anhand von zweidimensionalen Abbildungen besser war als Zufall, wird so sicherlich noch um einiges akkurater werden. Äußere Merkmale der

---

partner interessant sind, die Ausbildung von teuren Merkmalen leisten können. Ein teures Merkmal wird zu einem Handicap für den Träger, aber damit zugleich zu einem zuverlässigen Qualitätsmerkmal.

21 Charles R Darwin, *The Expression of the Emotions in Man and Animals* (London: John Murray, 1872), Kapitel XIV, 366.

22 Die Arbeit von Julie Hall, University of Michigan in Ann Arbor, zeigt, dass Testpersonen, denen ein Bild eines glücklichen Gesichtes gezeigt wurde, in einem anschließenden Spiel häufiger eine risikoreiche Strategie wählten, als jene, denen ein neutrales Gesicht gezeigt worden war. Dies galt auch dann, wenn das Bild nur so kurz gezeigt wurde, dass die Testpersonen es nicht bewusst wahrnahmen; zit. in Peter Aldhous, "Cheery Traders May Encourage Risk Taking," *New Scientist* 2702 (2009): 9.

23 z. B. Nikolaas N Oosterhof und Alexander Todorov, "The Functional Basis of Face Evaluation," *PNAS* 105 (2008): 11087–92.

Gruppenzugehörigkeit und Erfahrungswerte geben dann zusätzlich Informationen darüber, ob eine zukünftige Interaktion überhaupt wahrscheinlich ist.

5.1.3 Helfen als Fehlleistung

Mit Verwandtenselektion und Reziprozität lässt sich offensichtlich Altruismus gegenüber Verwandten und sozial Nahestehenden erklären. Doch es ist gerade für Menschen typisch, dass sie auch Fremden helfen, von denen nichts zurück erwartet werden kann. Hier helfen weder die Theorie der »Inklusiven Fitness« noch Reziprozität weiter, daher nimmt die Soziobiologie an, dass ein großer Teil unserer Hilfsbereitschaft gegenüber Fremden auf einer Fehlleistung beruhe. Es ist offensichtlich, dass bei den genannten Erkennungsregeln die geringen Kosten ihrer Anwendung mit einem geringen Schutz vor Irrtum erkauft sind. Die Gefahr besteht, dass der Helfer zum Opfer des Systems wird, wenn seine Hilfe vom Falschen in Anspruch genommen wird.

Die Evolutionäre Psychologie geht davon aus, dass nichtadaptives, menschliches Fehlverhalten eher die Regel als eine Ausnahme ist, weil wir versuchen, in einer modernen Umwelt mit einem Verhaltensrepertoire aus dem Pleistozän zu überleben. In den kleinen steinzeitlichen Lebensgemeinschaften sei es gar nicht notwendig gewesen, zu unterscheiden, wem man hilft. Daher habe sich auch keine entsprechende Unterscheidungs-Fähigkeit ausbilden müssen. Das in kleinen Lebensgemeinschaften unschädliche Nicht-Unterscheiden der Kooperationspartner könne so in der neuen Umwelt von Megagemeinschaften zu einem Verhalten führen, das unserer genetischen Fitness schadet.[24]

Diese Hypothese erschien lange Zeit plausibel. Doch wenn sie stimmt, müsste man erwarten, dass die Kultur des Miteinander-Teilens in den kleinen Gemeinschaften, wo sie adaptiv ist, ausgeprägter ist als in industrialisierten Gesellschaften, wo sie es nicht ist. Das genaue Gegenteil ist jedoch der Fall. In einer großangelegten multikulturellen Studie wurde entdeckt, dass die Großzügigkeit gegenüber einem anonymen Mitspieler bei Mitgliedern einer modernen US-amerikanischen Kleinstadt sehr viel höher ist als bei jenen in kleinen Dorfgemeinschaften. Mitglieder der Hadza (Jäger-Sammler) gaben 20 % eines Geldge-

---

[24] vgl. „*Our lust for fat, sugar, and salt makes great sense in an environment, where these substances were in perennial short supply, but putting a fast-food restaurant on every corner is like lighting up the inland sky for baby sea turtles. [...] Today, the question of whether you weigh 160 or 300 pounds in the same fast-food environment depends in part on where your ancestors came from.*" David S Wilson, *Evolution for Everyone*, 55. // Richard Joyce, *The Evolution of Morality* (Cambridge, Mass.: MIT Press, 2006), 22. // Siehe Kapitel 2.6.

schenkes an einen anonymen Anderen ab, Orma (Subsistenzfarmer) gaben 34% und Bewohner einer US-amerikanischen Kleinstadt 48%. Dasselbe Muster fand man auch in Bezug auf die Vertrauensbereitschaft.[25]

Die Hypothese, dass die Häufigkeit von altruistischem Verhalten gegenüber Fremden auf dem Gefangen-Sein in einer anachronistischen Fehlanpassung beruht, ist damit wohl abzulehnen. Vielmehr scheint die hohe Kooperations- und Hilfsbereitschaft eine Anpassung an die spezifischen Herausforderungen moderner Gemeinschaften zu sein. Dabei ist nicht die Größe der Gemeinschaft das Ausschlaggebende, sondern die Marktintegration. Die Bereitschaft zu teilen und zu vertrauen war in den Studien durchgängig mit dem Eingebunden-Sein in den regionalen und überregionalen Wirtschaftsfluss korreliert.[26] Ob Vertrauensbereitschaft und Großzügigkeit das *Ergebnis* oder die *Ursache* für erfolgreichen Handel und überregionale Märkte sind, lässt sich auf diese Weise allerdings nicht feststellen.[27]

5.1.4 Lösung auf der Ebene der Gruppe – Multi-Level-Selektion

Mithilfe der Multi-Level-Selektion kann unterschieden werden zwischen Selektion innerhalb der Gruppe und Selektion zwischen Gruppen. Beide sind sich üblicherweise entgegengerichtet. Selektion innerhalb der Gruppe fördert (als direkte Individualselektion) kompetitive Merkmale und reduziert die Harmonie innerhalb der Gruppe, Selektion zwischen Gruppen fördert (als Gruppenselektion) dagegen die Harmonie und Bindung unter den Mitgliedern und die Wahrscheinlichkeit altruistischer Handlungen. Damit Selektion *zwischen* Gruppen in Gang kommt, muss sie *innerhalb* also irgendwie eingeschränkt werden.[28] Wo dies gelingt, kann man eine Verschiebung der Fitness beobachten: Die Fitness eines Organismus berechnet sich als das Produkt aus seiner Lebenskraft und seiner Reproduktionsfähigkeit. Wenn eines von beiden Null wird, dann wird auch seine Fitness Null. Wenn sich einzelne Mitglieder der Gruppe auf Reproduktion spezialisieren und andere im Gegenzug darauf verzichten – wie zum Beispiel in allen komplexen Vielzellern, wo sich die einzelnen Zellen spezialisiert haben, oder in den eusozialen Insektenstaaten, wo nur noch eines oder wenige Individuen reproduktiv

---

[25] Henrich et al., "Economic Man in Cross-Cultural Perspective."
[26] ebd. // Joseph Henrich et al., "Markets, Religion, Community Size, and the Evolution of Fairness and Punishment," *Science* 327 (2010): 1480–84.
[27] Ensminger, "Experimental Economics in the Bush," 14.
[28] vgl. Edward Osborne Wilson and Bert Hölldobler, "Eusociality: Origin and Consequences," *PNAS* 102 (2005): 13367 f.

aktiv sind –, dann wird die Fitness der einzelnen Gruppenmitglieder Null. Die Gruppe als Ganze kann aber weiterhin gedeihen und sich fortpflanzen, da sich die Beiträge ihrer Mitglieder zu Reproduktion und Lebenskraft ergänzen. Sie besitzt nun eine eigene Fitness, die von derjenigen ihrer Mitglieder unabhängig ist.[29]

5.1.4.1 Eusoziale Superorganismen

Eusoziale Superorganismen wie Bienen- oder Ameisenstaaten werden in der Literatur meist als Ergebnis von Verwandtenselektion und als ihr bester Beweis hingestellt. In einem zweiten Schritt wird dann gelegentlich die menschliche Gesellschaftsform mit einem solchen eusozialen Superorganismus parallel gesetzt und damit begründet, dass auch sie unter dem Aspekt der Verwandtenselektion und deren Fehlentwicklungen verstanden werden könnte. Beides ist aber so nicht zutreffend! Weil dies in der Literatur trotzdem immer wieder als Paradebeispiel herhalten muss, findet sich in Anhang 3 eine ausführliche Darstellung der Evolution von Superorganismen, um diese verbreiteten Missverständnisse auszuräumen.

Kurz zusammengefasst beruhen die aktuellen Szenarien für die Entstehung von Eusozialität auf einer Kombination aus hohem Verwandtschaftsgrad, einer speziellen Ökologie und von Selektion auf Ebene der Gruppe: Als ökologische Vorbedingung scheint die Existenz von wertvollen, im Verband leichter zu erschließenden oder zu verteidigenden Ressourcen oder alternativ ein hoher Feinddruck nötig zu sein (Reziprozität). Kooperation kommt so in Gang, die im Fall der eusozialen Tiere durch einen hohen Verwandtschaftsgrad erleichtert und gegen Betrug gesichert wird (Verwandtenselektion). Manche Fähigkeiten, zum Beispiel eine effektive Stichwaffe bei Bienen oder Wespen, sind bereits vorhanden und müssen nur in der neuen Situation kooperativ eingesetzt werden. Andere Anpassungen entwickeln sich neu. Die neuen Verhaltensweisen führen in der Folge – durch Akkomodation – zu genetischer Evolution. Schließlich verändern sich der Lebenszyklus der Kolonie, die Arbeitszuteilung und die sozialen Strukturen in einer Weise, dass Trittbrettfahrer gehindert, Kooperation gefördert, die Fitness der Gruppe immer unabhängiger von der ihrer Mitglieder und die tatsächlichen Verwandtschaftsverhältnisse unbedeutender werden (Gruppenselektion). Der „Point of no Return" scheint die Ausbildung eines Kastensystems zu sein

---

[29] siehe Kap. 2.2.1.

und die Kontrolle der Gruppe über die individuelle Kastenzugehörigkeit (bei Bienen durch Fütterung der Larven).[30]

Die Vorteile – in Anhang 3 ausführlicher dargestellt und begründet – sind:
- Die Aufteilung der Arbeit auf spezialisierte Kasten. Viele verschiedene Aufgaben können dadurch parallel erledigt werden. Besonders deutlich ist die Aufteilung in reproduktiv aktive und inaktive Mitglieder, ähnlich wie bei der Entstehung von vielzelligen Organismen.
- Die erhöhte Unabhängigkeit von externen Einflüssen und Ereignissen. Die Arbeiterinnen sind redundant und viele können ausfallen, ohne dass die Kolonie Schaden nimmt. Außerdem sind viele eusoziale Insekten in der Lage, die klimatischen Bedingungen in ihren Kolonien zu steuern.
- Eine stark verbesserte Verteidigungsfähigkeit, die nur noch von spezialisierten Angreifern überwunden oder umgangen werden kann.
- Die Möglichkeit, durch die enormen explorativen, Fähigkeiten seltene Ressourcen mit großer Sicherheit zu finden.
- Die Ermöglichung selbstorganisierender Prozesse, die Informationen dezentral und quasi-intelligent verarbeiten.

5.1.4.2 Sind menschliche Gemeinschaften »Superorganismen«?

Sowohl Aristoteles als auch die Begründer der Soziologie haben die verschiedenen Institutionen einer Gesellschaft mit den Organen eines Körpers verglichen.[31] Es ist dann naheliegend, das Gesamt mit einem Organismus zu vergleichen oder es – entsprechend einem Ameisenstaat – als »Superorganismus« zu bezeichnen.[32] Solche Metaphern wecken jedoch Bilder eines totalitären Staates – vergleichbar dem Naziregime oder Stalin's Russland –, in dem Effizienz durch Kontrolle, Einschränkung der Freiheit und Machtkonzentration angestrebt wird. In den Augen der modernen Soziologen wurde die Bezeichnung der menschlichen Gesellschaft als „Superorganismus" dadurch diskreditiert und entsprechende Vergleiche werden heute meist vermieden.[33] Dadurch wird aber auch das Potential

---

30 Judith Korb und Jürgen Heinze, "Multilevel Selection and Social Evolution of Insect Societies," *Naturwissenschaften* 91 (2004): 297. // Wilson und Hölldobler, "Eusociality: Origin and Consequences." // Nowak, Tarnita, und Wilson, "The Evolution of Eusociality," 1062.
31 Aristoteles: z. B. „Politik" III 4.1277 a 5 ff oder IV 4.1291 a 24 ff. // Soziologen: Heylighen (2007, 58) nennt Comte, Durkheim und Spencer.
32 z. B. Herbert Spencer, *The Principles of Sociology*, vol. ii (New York: Appleton & Co, 1890), Kap. 19, §580, S. 659.
33 vgl. F Heylighen, "The Global Superorganism: An Evolutionary-Cybernetic Model of the Emerging Network Society," *Social Evolution & History* 6 (2007): 58 f.

verspielt, durch Vergleich etwas über das soziale Wesen des Menschen herauszufinden und die hier wirksamen Prinzipien zu identifizieren. Es ist ja auffällig, dass der Mensch die einzige Primatenart ist, die in ihrer Gemeinschaftsstruktur zumindest eusozial-ähnlich zu sein scheint.

Für die Entstehung von sozialen Gemeinschaften scheint bei Primaten als ökologischer Auslöser der erhöhte Feinddruck verantwortlich gewesen zu sein, der beim Wechsel von nächtlicher Lebensweise zu Tagaktivität aufgetreten ist. Um diesem Feinddruck zu begegnen, haben sich vermutlich mehrere Individuen zu größeren, wehrhaften Gruppen zusammengeschlossen.[34] Da dies für alle Beteiligten vorteilhaft ist, benötigt es keine verwandtschaftlichen Beziehungen um diese Gruppen stabil zu halten. Trotzdem wird man hier über kurz oder lang einen hohen Verwandtschaftsgrad finden. Dies ebnet den Weg für intensivere Kooperation, für einen festeren Gruppenzusammenhalt und schließlich sogar für gemeinsame Jungenaufzucht. Irgendwann werden durch Gruppenselektion auch Anpassungen entstehen, die sozialen Betrug einschränken.

Soweit scheint die Geschichte der menschlichen Gemeinschaften mit derjenigen der Eusozialität parallel zu verlaufen. Allerdings werden beim Menschen noch einmal ganz andere Dimensionen erschlossen, die seine Gemeinschaften von Superorganismen signifikant unterscheiden:

- Reproduktive Kastenbildung ist für menschliche Gemeinschaften nicht wesentlich. Nahezu alle, die wollen und können, dürfen auch reproduktiv aktiv sein.
- Die menschliche Physiologie und emotionale Befindlichkeit setzen dem Subjekt Grenzen, die als Zwang oder als innere Zustimmung erlebt werden können. Menschen können hier – anders als Insekten – unterscheiden und sich gegebenenfalls gegen den Zwang auflehnen. Beim Menschen ist die Wirkung nie völlig determinierend.
- Je weniger äußerer Zwang ausgeübt werden muss und je mehr es gelingt, dass sich die Mitglieder als autonom und dennoch der Gruppe verbunden erleben, desto kreativer und explorativer wird die Gruppe als Ganzes sein.
- Eine außerordentlich hohe explorative, Potenz besitzen menschliche Gemeinschaften durch die Fähigkeiten des Geistes: Szenarien können entwickelt, geplant, durchgespielt und bereits evaluiert werden, ohne dass sie in die Tat umgesetzt werden müssten. Sowohl vorher als auch nachher können die qualitativ besseren Versionen selektiert werden.

---

34 Susanne Shultz, Christopher Opie, und Quentin D Atkinson, "Stepwise Evolution of Stable Sociality in Primates," *Nature* 479 (2011): 219–22.

5.1.4.3 Prinzip »Commitment« – Autonomie und Verantwortung in der Gruppe

Während bei den Bienen Pheromone und ein spezifischer Nestgeruch für Bindung an die Gemeinschaft sorgen, gibt es beim Menschen andere mächtige, angeborene Mechanismen: Die menschliche Psychologie und Physiologie sorgen dafür, dass sehr unterschiedliche Emotionen freigesetzt werden, je nachdem ob man mit einem Gruppenmitglied oder einem Fremden interagiert. Dabei schaffen bereits unbedeutende oder auch nur eingebildete Gemeinsamkeiten[35] eine intensive emotionale Verbundenheit und fügen völlig fremde Personen so zu einer Gruppe zusammen, dass sie sich auch tatsächlich als Gruppe fühlen. Zum Beispiel stellten Chen und Xin Li (2009) in ihren Untersuchungen an über 500 US-amerikanischen Studenten fest, dass Mitspieler, die in einem Spiel besser abgeschnitten hatten, mit über 90 % höherer Wahrscheinlichkeit bestraft wurden, wenn sie nicht zur eigenen Gruppe gehörten. Gespielt wurde um echtes Geld und die Autoren werteten diese Bestrafungen als Ausdruck von Neid.[36]

Typische Signale, die solche In-Group/Out-Group-Effekte hervorrufen, sind ein gemeinsamer Dialekt, ein ähnlicher Kleidungsstil, diverse Statussymbole oder Liebhaberstücke, die Hautfarbe und andere ethnische Marker und natürlich gemeinsame Vorlieben oder Hobbys. Manche dieser Signale sind sehr fälschungssicher, andere nicht. In Experimenten wurde festgestellt, dass der Bias aber nicht erst bei der Verarbeitung des Signals auftritt, sondern bereits bei der Wahrnehmung.[37] Das Subjekt kann die Wirkung solcher Signale zunächst also gar nicht vermeiden. Erst durch nachträgliche Reflexion können solche unbewussten Gruppeneffekte wieder aufgehoben werden. Unvoreingenommenheit ist daher eine Leistung bewusster Reflexion. So ist es möglich einen Bias zu erkennen, seine Wirkung aufzuheben und sogar sein zukünftiges Auftreten zu verändern.[38]

Ein Zwang kann sich auf unterschiedlichen Wegen etablieren. Wird er von einer äußeren Instanz direkt ausgeübt, wird dies als Fremdbestimmung erlebt und es kommt zu emotionaler Abwehr und Gelegenheiten zum Betrug werden gesucht.

---

35 Eine klassische Gruppenbildung erfolgt nach Kandinsky- und Klee-Liebhabern; z. B. Tajfel et al. (1971). Effektive Gruppeneinteilung gelingt aber bereits durch Auslosung, vgl. Billig und Tajfel (1973).
36 Y Chen und S Xin Li, "Group Identity and Social Preferences," *American Economic Review* 99 (2009): 431–57.
37 Pascal Molenberghs et al., "Seeing Is Believing: Neural Mechanisms of Action-Perception Are Biased by Team Membership," *Human Brain Mapping* 34 (2013): 2055–68.
38 siehe Kapitel 6.2 // Weitere Mechanismen, die Verbindlichkeit schaffen, sind beim Menschen aktiv, wie Empathie, die Fähigkeit innere Zustände des Anderen zu erkennen oder das Bedürfnis, die eigenen inneren Zustände mit anderen zu teilen. Von diesen wird später noch ausführlicher die Rede sein. An dieser Stelle genügt es zu erkennen, dass auch beim Menschen Mechanismen existieren, die ihn auf die eigene Gruppe innerlich verpflichten.

Nimmt der Zwang den „Umweg" über die eigene Physiologie, wie die Pheromone der Bienenkönigin, die die Arbeiterinnen zur Erfüllung ihrer Rolle antreiben, oder wie die unbewussten emotionalen Reaktionen beim Menschen, dann wird die Motivation zur Handlung – zumindest vom Menschen – als ein authentisches Gefühl erlebt. Extern und intern lassen sich in der Realität allerdings nicht sauber trennen, da externe Zwänge mit internen Ängsten gepaart sind und bei den internen Motiven nahezu immer auch soziale Motive der Außenwirkung eine Rolle spielen.

Aber auch wenn die Befolgung der Normen auf beiden Wegen erreicht werden kann, gibt es doch spezifische Unterschiede je nach dem, ob eine Norm intern oder extern durchgesetzt wird. Jäger der Aché (Paraguay), der Hadza (Tansania) und der Au (Papua Neu-Guinea) teilen ihre Beute mit der Gruppe. Bei den Hadza kommt es häufig vor, dass die Beute heimlich ins Dorf geschmuggelt wird. Wird dies entdeckt, kommt es als Konsequenz zu Schmähungen durch die anderen Dorfbewohner (mittlere externe Verstärkung). Jäger der Aché haben dagegen eine Tugend der Bescheidenheit entwickelt. Die Beute wird außerhalb des Dorfes abgelegt, dort von anderen entdeckt und gleichmäßig aufgeteilt. Es ist aber nicht unwahrscheinlich, dass bekannt wird, wer der erfolgreiche Jäger war (hohe interne Verstärkung). Wenn dagegen ein Jäger der Au seine Beute nicht teilt, kann es sein, dass er angegriffen oder sogar getötet wird (hohe externe Verstärkung).[39]

In der öffentlichen Situation teilen Jäger aller Gruppen ihre Beute mit den anderen, in einer anonymen Situation handeln sie jedoch unterschiedlich entsprechend ihrer internen Motivation. Dies spiegelt sich auch im Verhalten bei ökonomischen Spielen wieder.[40] Während die Aché einem Mitspieler fast immer 50 % oder sogar mehr anbieten und alle Angebote akzeptiert werden, bieten die Hadza einem Mitspieler oft nur wenig an und die Angebote werden, ob hoch oder niedrig, zum großen Teil abgelehnt.[41] Externe Normen werden nur dann befolgt, wenn Sanktionen zu befürchten sind, interne Normen werden dagegen unabhängig von der Situation befolgt und erweisen sich als zuverlässig. Auch psychologisch bedeutet dies einen gravierenden Unterschied: Menschen sind darauf aus, authentisch zu handeln und wehren sich gegen Formen von äußerem Zwang. Authentisches Handeln erzeugt Gefühle des Glücks oder der Genugtuung, äußerer Zwang dagegen Wut und Verzweiflung. Deshalb wird die maximale Integration in eine Gemeinschaft beim Menschen durch innere Zustimmung und Identifizierung mit der Gruppe erreicht.

---

39 Ensminger, "Experimental Economics in the Bush," 13 und 15.
40 Das dazu verwendete Ultimatum Game wird auf Seite 149 beschrieben.
41 Henrich et al., ""Economic Man" in Cross-Cultural Perspective," 803.

Für eine echte, autonome Entscheidung sind Authentizität und Innen-Geleitet-Sein zwar notwendig aber doch auch nicht hinreichend. Bienen sind nämlich deswegen nicht autonom, weil sie sich von der Wirkung der königlichen Pheromone nicht distanzieren können, sondern ihr ausgeliefert sind. Eine autonome Entscheidung benötigt aber neben dem inneren Antrieb auch die Fähigkeit, sich von diesen inneren Motivationen noch einmal distanzieren, sie durchschauen und beurteilen zu können ... und erst dann wird es auch möglich, „Verantwortung" wahrzunehmen.[42]

Die natürlichen Veranlagungen zur Autonomie scheinen dabei nicht einheitlich zu sein. Es gibt Menschen die damit sehr zufrieden sind, zwar authentisch aber nicht unbedingt autonom zu leben, indem sie sich relativ kritiklos mit einer Gemeinschaft identifizieren und mitunter deren Ordnung vehement verteidigen. Andere spüren dagegen einen inneren Drang zu kritischer Autonomie. Evolutionär gesehen könnte sich in diesen unterschiedlichen Lebensstrategien ein Kompromiss zwischen der Stabilität der Gruppe durch Verbindlichkeit und ihrer Weiterentwicklung durch Individualisierung ausdrücken.[43]

Offenbar geht es bei der psychologischen Ausstattung des Menschen nicht nur darum, ihn zu beliebigem selbstlosen Verhalten zugunsten der Gruppe zu bewegen, sondern zu einem, das einer inneren Motivation entspringt, die nicht heimlich von anderen manipuliert wurde.[44] Das Ziel scheint nicht maximale Kontrolle zu sein, sondern eine Robustheit, die Flexibilität erlaubt und damit Kreativität und Innovation fördert. Das Streben nach einer Gemeinschaft, wo innere Identifikation und Selbstbestimmung möglich ist, also ein Prinzip »Com-

---

[42] Ob Autonomie und Verantwortung eine Anpassung oder ein unvermeidlicher Nebeneffekt der Evolution der geistigen Fähigkeiten ist, braucht an dieser Stelle nicht beantwortet zu werden. Vgl. jedoch Francisco J Ayala, "Colloquium Paper: The Difference of Being Human: Morality," *PNAS* 107 Suppl (2010): 9015–22.

[43] vgl. Jesse Graham, J Haidt, und B A Nosek, "Liberals and Conservatives Rely on Different Sets of Moral Foundations," *J Pers Soc Psychol* 96 (2009): 1030. Man ist geneigt, Autonomie als die moralisch wertvollere Haltung zu betrachten. Sie ist aber ein zweischneidiges Schwert, da sie z. B. auch zu Anarchie führen kann. Das was als „moralisch" bezeichnet wird, kann daher konservative und progressive Haltungen repräsentieren.

[44] Sarah Blaffer Hrdy beschreibt die Seite des evolutionär ursprünglichen Empfängers, der bis heute eine maximale Motivation auslöst. Die Botschaft, die Babys erleben wollen, lautet: „Wir sorgen für dich, egal was passiert". Für diese Botschaft sind Menschenbabys speziell sensibel und sie testen ihren Wahrheitsgehalt kontinuierlich. Sie sind „Connoisseurs" (Kenner und Genießer) von Commitment. Sarah Blaffer Hrdy, *Mothers and Others. the Evolutionary Origins of Mutual Understanding* (Cambridge, MA: Belknap Press, 2009), 117–119.

mitment«, ist deshalb keine individualistische Störung der Gruppenentwicklung, sondern vielmehr ihr historisch vielleicht wichtigster Motor.[45]

Die Bezeichnungen „Superorganismus" oder „Ultrasoziale Gemeinschaft",[46] die in der Literatur gelegentlich verwendet werden, um über menschliche Gemeinschaften zu sprechen, sind zwar insofern gerechtfertigt, weil hier – wie bei Bienenvölkern – die Selektion zwischen Gruppen diejenige innerhalb der Gruppe übertrumpft,[47] doch sie berücksichtigen die spezifischen menschlichen Eigenarten gerade nicht. In ihnen wird nicht erfasst, dass hier beides gleichzeitig maximiert wird: die Autonomie des Einzelnen und die kooperative Einbindung in die Gruppe.

Sowohl moralische als auch religiöse Normen spielen dabei eine stabilisierende Rolle: Beide liefern zunächst äußere Handlungs- oder Haltungsanweisungen. Diese bleiben aber nicht äußerlich, sondern bieten sich zur Verinnerlichung an und führen dadurch Autonomie und Verbindlichkeit des Subjekts in einzigartiger Weise zusammen.

5.2 Praxis des Helfens

5.2.1 Ökonomische Spiele als Analysewerkzeuge

Entscheidungsstrategien und die dahinterstehenden Motive sind Untersuchungsobjekte der Spieltheorie. Mithilfe von „Social-Dilemma-Games" werden hier einzelne Interaktionen oder Interaktionsfolgen einer experimentellen Untersuchung zugänglich gemacht.
1. Man versucht anhand der Entscheidungen der Spieler, ihre handlungsleitenden bewussten und unbewussten Motive zu bestimmen.

---

45 Ob dies immer so war, ist eine kulturhistorische Fragestellung, die ich nicht zu beantworten wage. Doch lässt es sich kaum übersehen, dass heute eine Autonomie und eine Flexibilisierung des Verhaltens herrscht, die sich dramatisch abhebt von jenen geschichtlichen Perioden, in denen noch Feudalherren die Kontrolle hatten und Kinder denselben Beruf ausübten, den die Eltern und Großeltern und Urgroßeltern vor ihnen bereits hatten.
46 Kooperative Gemeinschaften, bei denen die Mitglieder nicht genetisch verwandt sein müssen; z.B. Mark Pagel, "Adapted to Culture," *Nature* 482 (2012): 298. // David Sloan Wilson und John M Gowdy, "Human Ultrasociality and the Invisible Hand: Foundational Developments in Evolutionary Science alter a Foundational Concept in Economics," *Journal of Bioeconomics* (2014): 1–16.
47 David S Wilson, *Evolution for everyone*, 154. // David Sloan Wilson macht darauf aufmerksam, dass die menschliche Major Transition – anders als jene der eusozialen Insekten – auf Egalitarismus basierte und daher vielleicht mehr Ähnlichkeit mit dem egalitären „Sozialverhalten" der Gene (Zusammenfassung auf Chromosomen, Meiotische Regeln usw.) zu erwarten sei; ebd., 155.

2. Man versucht die Spiele in ihren Regeln, Rahmenbedingungen und Handlungsmöglichkeiten so zu verändern, dass die Ergebnisse immer besser mit der beobachtbaren realen Welt korrespondieren. Auf diesem Weg sollen die tatsächlich wirksamen Rahmenbedingungen bestimmt werden.

Der Vorteil der Spiele ist, dass sich Dilemmas hier isoliert und wiederholbar betrachten lassen, dass die Versuchspersonen die möglichen Konsequenzen ihrer Entscheidungen klar durchschauen können, dass die Spiele sowohl mathematisch als auch mit echten Versuchspersonen gespielt werden können, und dass an ihnen Hypothesen und darauf basierende Voraussagen relativ einfach überprüft werden können.

Der Nachteil ist, dass sie in ihrer Einfachheit nur bedingt mit den Entscheidungssituationen des realen Lebens vergleichbar sind. Eine besonders künstliche Versuchsbedingung ist der One-Shot-Aufbau, bei dem nur eine Runde gespielt wird. Eine isolierte, einmalige Interaktion ist im normalen Leben aber selten. Trotzdem bieten gerade die One-Shot-Experimente die Möglichkeit, die im Hinblick auf Altruismus besonders interessanten Entscheidungen zu untersuchen, in denen keinerlei Aussicht auf zukünftige Rückvergütung (Reziprozität) besteht.

5.2.2 Vertrauen

> In the absence of trust among trading partners, market transactions break down. In the absence of trust in a country's institutions and leaders, political legitimacy breaks down. Much recent evidence indicates that trust contributes to economic, political and social success.[48]

Einem anderen zu vertrauen, bedeutet sich verletzlich zu machen. Der andere erhält die Möglichkeit Entscheidungen zu treffen, die das eigene Wohlergehen beeinflussen können. Gleichzeitig ist diese Bereitschaft, zu vertrauen, ständige Realität und Notwendigkeit innerhalb menschlicher Gemeinschaften.

Das Trust-Game
In einem »Trust-Game« gibt es einen Investor und einen Treuhänder. Der Investor bekommt eine bestimmte Spielsumme (zum Beispiel 100 Euro), von der er einen beliebigen Teil dem Treuhänder überlassen kann (zum Beispiel 50 Euro). Die Summe des Treuhänders wird dann vom Spielleiter verdreifacht (3 · 50 = 150). Der

---

[48] Michael Kosfeld et al., "Oxytocin Increases Trust in Humans," *Nature* 435 (2005): 673–76.

Treuhänder kann nun seinerseits einen beliebigen Teil davon an den Investor zurückgeben und behält selbst den Rest. Je mehr der Investor investiert, desto höher wird der Gesamtgewinn beider. Für ein One-Shot-Game, sagt die »Theorie der Rationalen Entscheidung« voraus, dass der Treuhänder nichts an den Investor zurückgeben wird, sondern die ganze Summe einstreicht. Der Investor sollte daher von Anfang an nichts investieren, da er mit dieser Reaktion rechnet. Die Realität sieht anders aus: Investoren transferieren im „westlichen" Durchschnitt etwa die Hälfte ihrer Summe und erhalten von den Treuhändern etwas weniger zurück.[49]

5.2.2.1 Neurologie und Physiologie von Vertrauen

Der Effekt von guten Erfahrungen lässt sich neurophysiologisch messen: Das entsprechende Signal im Dorsalen Striatum von Investoren verschiebt sich bei guten Erfahrungen im Trust Game zeitlich nach vorn. Der Impuls, einem Mitspieler auch in der kommenden Runde zu vertrauen, stellt sich also aufgrund guter Erfahrungen schneller und zuverlässiger ein.[50]

Auch auf hormoneller Ebene kann die Auswirkung positiver Erfahrungen gezeigt werden: Der Oxytocinlevel erhöhte sich signifikant bei den Treuhändern, denen in einem anonymen One-Shot Trust Game eine bedeutende Summe anvertraut wurde. Im Gegenzug gaben sie einen größeren Anteil der Summe an die Investoren zurück.[51] Oxytocin galt lange Zeit als das „Kuschelhormon", das die Vertrauensbereitschaft erhöht. Eine intranasale Verabreichung von Oxytocin hatte in einem One-Shot Trust Game zum Beispiel zur Folge, dass sich die Gewinnspanne beider Beteiligten deutlich erhöhte: Die Investoren investierten durchschnittlich 17 % mehr und die Treuhänder gaben auch mehr zurück.[52] Erst kürzlich erkannte man jedoch, dass die Wirkung des „Kuschelhormons" wesentlich komplizierter ist: Wenn jemand bereits ängstlich ist, dann reduziert es zum Beispiel die Vertrauensbereitschaft zusätzlich und die Kooperation mit Bekannten oder Personen derselben Nationalität wird zwar gefördert, jene mit Unbekannten

---

[49] Colin Camerer, "Behavioural Studies of Strategic Thinking in Games," *Trends Cogn Sci* 7 (2003): 228f.
[50] Brooks King-Casas et al., "Getting to Know You: Reputation and Trust in a Two-Person Economic Exchange," *Science* 308 (2005): 78–83.
[51] Paul J Zak, Robert Kurzban, und William T Matzner, "Oxytocin Is Associated with Human Trustworthiness," *Horm Behav* 48 (2005): 522–27. // Ein Anstieg des Oxytocinlevels wurde nur dann gefunden, wenn die Zuwendung beabsichtigt war. Bei einer ausgelosten Zuteilung in derselben Höhe, fand sich kein Anstieg des Oxytocin.
[52] Kosfeld et al., "Oxytocin Increases Trust in Humans."

oder Ausländern aber nicht.⁵³ Es scheint so, als ob Oxytocin bereits vorhandene Vorbehalte verstärkt, indem es für die sozialen Signale anderer sensibilisiert.⁵⁴

Bei wiederholten Trust-Games findet man nicht selten den Effekt, dass die Investoren zunächst viel investieren und auch viel zurückbekommen, dass diese Strategie aber in der letzten oder vorletzten Runde durchbrochen wird, um noch einmal maximalen Eigengewinn zu machen.⁵⁵ Ein Hinweis darauf, dass auch das hohe Vertrauen in den vorhergehenden Runden nicht nur physiologisch gesteuert, sondern auch strategisch geplant ist.

5.2.2.2 Schutz durch Institutionen

Vertrauen ist eine Strategie, die von anderen ausgenutzt werden kann. Je mehr Sicherheit besteht, nicht ausgenutzt zu werden, desto mehr Vertrauen kann dann auch gewagt werden. Diese Sicherheit wird in vielen Gemeinschaften durch die Existenz von Institutionen, die den nötigen Schutz des Einzelnen gewährleisten, geschaffen. Führt dies zu einer Kultur des Vertrauens? Diese Vermutung wurde durch einen interkulturellen Vergleich der Ergebnisse aus dem Trust Game mit dem Korruptionsindex von Transparency International für das jeweilige Land bestätigt: Es gab eine „nahezu perfekte" Korrelation zwischen geringerer Korruption und höherer Vertrauensbereitschaft.⁵⁶ In einer Gesellschaft, wo solche Institutionen effektiv sind, lohnt sich eine Strategie des Vertrauens allein schon deswegen, weil man mit Betrügereien und dem Nichteinhalten von Verträgen ohnehin nicht leicht durchkommen würde.

---

53 Jennifer Bartz et al., "Oxytocin Can Hinder Trust and Cooperation in Borderline Personality Disorder," *Soc Cogn Affect Neurosci* 6 (2011): 556–63. // Carsten de Dreu et al., "The Neuropeptide Oxytocin Regulates Parochial Altruism in Intergroup Conflict among Humans," *Science* 328 (2010): 1408–11. // Carolyn H Declerck, Christophe Boone, und Toko Kiyonari, "Oxytocin and Cooperation under Conditions of Uncertainty: The Modulating Role of Incentives and Social Information," *Horm Behav* 57 (2010): 368–74.
54 Einen Überblick geben Jennifer A Bartz et al., "Social Effects of Oxytocin in Humans: Context and Person Matter," *Trends Cogn Sci* 15 (2011): 301–9. // vgl. auch Carsten K W de Dreu et al., "Oxytocin Promotes Human Ethnocentrism," *PNAS* 108 (2011): 1262–66.
55 Camerer, "Behavioural Studies of Strategic Thinking in Games," 228 f.
56 Ensminger, "Experimental Economics in the Bush," 13 f.

5.2.3 Reputation

Ein guter Kooperationspartner kann nicht nur anhand von äußeren Signalen *er*kannt werden, er kann auch *ge*kannt werden oder für sein kooperatives Verhalten *be*kannt sein! In einem Zitat von Heinrich Alwin Münchmeyer[57] wird dies deutlich:

> Wenn ein junger Mann ein Mädchen kennenlernt und ihr erzählt, was für ein großartiger Kerl er ist, so ist das Reklame. Wenn er ihr sagt, wie reizend sie aussieht, so ist das Werbung. Wenn sie sich aber für ihn entscheidet, weil sie von anderen gehört hat, er sei ein feiner Kerl, so sind das Public Relations.

Im ersten Fall behauptet der junge Mann etwas. Im zweiten Fall macht sich das Mädchen selbst ein Bild und der junge Mann erwirbt dabei das, was wir „ein Ansehen" oder „eine Reputation" nennen. Der dritte Fall zeigt, wie eine solche Reputation an Dritte weitergegeben wird. Sie wird zu einem echten Signal: Erfahrungen müssen nicht mehr selbst gemacht werden, was Kosten und Enttäuschungen ersparen kann.

Da die Reputation nicht in erster Linie selbst konstruiert wird, sondern in der Interaktion mit anderen entsteht und von ihnen mitkontrolliert wird, ist das Signal einigermaßen fälschungssicher. Es kann somit sehr spezifisch die Qualität des Subjekts als Kooperationspartner signalisieren.

Es gibt innerhalb der menschlichen Kultur viele Möglichkeiten, die eigene Reputation zu verbessern. Dies fängt mit einem charmanten Auftreten an und geht über Höflichkeit, Hilfsbereitschaft, Spenden für wohltätige Zwecke, Ausrichten von Festen, großzügiges Verteilen von Geschenken bis hin zu den äußeren Zeichen von Reichtum und zur Präsenz in den Medien.[58] Es gibt offenbar ein großes Interesse an einer guten Reputation und es werden viele Ressourcen dafür aufgewendet, eine solche zu erlangen. Vor allem in einer Umgebung mit wiederholten Interaktionen und der Möglichkeit die Partner zu wechseln, wird der Wert einer guten Reputation so hoch, dass es sich lohnt viel dafür zu investieren und der Versuchung kurzfristiger Vorteile zu widerstehen.[59]

---

57 Präsident des Deutschen Industrie- und Handelstages (1958–1962) und des Bundesverbandes deutscher Banken (1968–1975), zit. in: www.zitate-online.de
58 Herbert Gintis, Eric Smith, und Samuel Bowles, "Costly Signaling and Cooperation," *J Theor Biol* 213 (2001): 103–19.
59 Im Bereich des Fundraising zeigt sich, dass sich mehr Spenden eintreiben lassen, wenn den Spendern Öffentlichkeit geboten wird: „Tu Gutes und sprich darüber." Im Bereich von Unternehmen wird dieses Prinzip interessanterweise „Corporate Social Responsibility" genannt. Dabei leistet ein Unternehmen freiwillige Beiträge, die über die Einhaltung gesetzlicher Bestimmungen hinausgehen. Neben der Förderung von sozialen oder ökologischen Werten, soll dies den Un-

Eine einmal erworbene Reputation lässt sich schließlich nicht mehr leicht verändern. In einem Trust Game bekamen die Investoren vorab gefälschte Informationen über den Treuhänder. Eine Gruppe spielte mit tugendhaften, eine andere mit moralisch dubiosen und die dritte mit neutralen Spielpartnern. Unabhängig vom tatsächlichen Verhalten der Treuhänder investierten die Probanden in der Gruppe mit den Tugendhaften viel und in jenen mit den Zweifelhaften und Neutralen wenig. Hirn-Scans zeigten, dass der Nucleus caudatus, der für die Anpassung aufgrund von Erfahrungen eine Rolle spielt, vor allem bei neutralen Partnern aktiv war, bei Dubiosen dagegen kaum und bei Tugendhaften gar nicht. Offenbar findet Lernen durch Erfahrung nur noch erschwert statt, wenn sich erst einmal eine feste Überzeugung gebildet hat.[60]

5.2.3.1 Großzügigkeit

Das Diktator-Spiel

In einem Diktator-Spiel spielen zwei Personen: Ein Diktator und ein Empfänger. Der Diktator teilt die Spielsumme auf und der Empfänger muss die ihm zugeteilte Summe akzeptieren. Er hat keine Möglichkeit abzulehnen. Der Diktator „diktiert" ihm das Ergebnis.

Die Vorhersage für rationale und eigennützige Spieler ist, dass der Diktator die gesamte Spielsumme selbst behält und der Empfänger leer ausgeht.[61] In Wirklichkeit findet man jedoch verschiedene Strategien. Die Diktatoren lassen sich drei Gruppen zuordnen: **Strategie 1:** *jene, die ihren eigenen Vorteil suchen,* **Strategie 2:** *jene, die gerecht **sein** wollen* und **Strategie 3:** *jene, die gerecht **aussehen** wollen.* Die Anteile der jeweiligen Strategien lassen sich leicht durch eine Veränderung der Rahmenbedingungen oder Regeln verschieben. Die Variabilität aufgrund von Kultur oder soziologischem Klima ist so hoch, dass sich signifikante Unterschiede im Spielverhalten bereits zwischen benachbarten Dörfern ergeben.[62]

---

ternehmen vermutlich auch Vorteile im Image und Marktzugang (z. B. durch verbürgte Qualitätsstandards wie den blauen Umweltengel) bringen. Vgl. Christiane Jaud, *Corporate Social Responsibility als Erfolgsfaktor für das Marketing von Unternehmen* (München: GRIN, 2009), z. B. 9. // Auch im privaten Bereich scheint Großzügigkeit nicht immer selbstlos zu sein. Viele, die sich gegenüber Mitspielern großzügig verhalten, tun dies nicht mehr, wenn sie anonym bleiben können; siehe Kap. 5.2.3.1.
60 M R Delgado, R H Frank, und E A Phelps, "Perceptions of Moral Character Modulate the Neural Systems of Reward during the Trust Game," *Nat Neurosci* 8 (2005): 1611–18.
61 Camerer, "Behavioural Studies of Strategic Thinking in Games," 225–231.
62 Michael Gurven, Arianna Zanolini, und Eric Schniter, "Culture Sometimes Matters: Intra-Cultural Variation in pro-Social Behavior among Tsimane Amerindians," *J Econ Behav Organ* 67 (2008): 587–607.

Diktator-Spiel mit Anonymität
Dem Diktator wird in einem One-Shot Diktator-Spiel die Möglichkeit der völligen Anonymität durch einen »Quiet Exit« geboten. Bei einem »Quiet Exit« erhält der Diktator einen bestimmten Teil der Spielsumme (zum Beispiel 9 von 10 Einheiten). Im Gegenzug erfährt der Empfänger nicht, dass ein Spiel gespielt worden ist – daher die Bezeichnung „quiet" Exit.

Diktatoren mit der Strategie 1 entscheiden immer egoistisch, auch dann, wenn der Empfänger davon erfährt. Ihr Ansehen beim Andern spielt für sie offensichtlich keine entscheidende Rolle. Diktatoren, die gerecht sein wollen (Strategie 2) wählen dagegen auch dann die gerechte Aufteilung, wenn der Empfänger nichts von einem Spiel erfährt, sondern nur das Geld erhält. Bei ihnen spielt das Ansehen offenbar ebenfalls keine entscheidende Rolle. Als Motivation kommen in Frage: der echte Wunsch, anderen Gutes zu tun, ein positives Bild von sich selbst zu bewahren oder einfach nur Schuldgefühle zu vermeiden.[63] Der Rest der Diktatoren (Strategie 3) verändert die Zuteilung an den Empfänger, je nachdem, ob sie anonym spielen oder nicht. Sie wählen wenn möglich den „Quiet Exit". Bei einer festen Auszahlung von 90 % der Spielsumme entschieden sich zwischen 28 % und 63 % der Diktatoren für diese Option.[64] Interessanterweise findet man unter jenen, die den „Quiet Exit" wählen, einen überproportional höheren Anteil derjenigen, die zuvor durch besonders großzügiges Spiel aufgefallen waren.[65] Offenbar ist Großzügigkeit also in manchen Fällen eher Ausdruck des Wunsches, andere nicht zu enttäuschen beziehungsweise sein eigenes Ansehen zu schützen, als eine echte Sorge um das Wohlergehen des anderen. Besteht die Möglichkeit egoistisch zu handeln, ohne den Eindruck zu gefährden, ein fairer Partner zu sein, so nimmt die Anzahl der Kooperierenden signifikant ab.[66]

Diktator-Spiel mit Rückmeldung
Mit dieser Variante des »Diktator-Spiels« kann das Phänomen Großzügigkeit daraufhin untersucht werden, ob Imagepflege und Schuldgefühle bei der Entscheidung eine Rolle spielen. Die Ergebnisse des typischen Spiels werden dazu mit jenen verglichen, die man erhält, wenn die Empfänger zwar weiterhin nichts am Ergebnis ändern können, aber nach der Aktion dem Diktator eine Mitteilung machen dürfen. Die Möglichkeit der Rückmeldung bewirkt, dass die Diktatoren den

---

63 vgl. Alexander Koch und Hans T Normann, "Giving in Dictator Games: Regard for Others or Regard by Others?," *Southern Economic Journal* 75 (2008): 223–31.
64 Jason Dana, Daylian M Cain, und Robin M Dawes, "What You Don't Know Won't Hurt Me: Costly (but Quiet) Exit in Dictator Games," *Organizational Behavior and Human Decision Processes* 100 (2006): 193–201.
65 Tomas Broberg, Tore Ellingsen, und Magnus Johannesson, "Is Generosity Involuntary?," *Economics Letters* 94 (2007): 32–37.
66 Jason Dana, Roberto Weber, und Jason Kuang, "Exploiting Moral Wiggle Room: Experiments Demonstrating an Illusory Preference for Fairness," *Economic Theory* 33 (2007): 67–80.

Empfängern einen deutlich höheren Anteil der Spielsumme geben, und zwar auch dann, wenn es sich um ein „One-Shot-Game" handelt.[67]

Diktator-Spiel mit Klatsch und Tratsch
Die Großzügigkeit der Diktatoren erhöht sich auch dann deutlich, wenn sie zwar für den Empfänger anonym bleiben, dieser aber mit einer dritten Person über das Spiel reden darf, die über die Identität des Diktators Bescheid weiß.[68] Es handelt sich um die Drohung, dass die Reputation und damit die „Public Relations" leiden, wenn nicht kooperiert wird, sozusagen eine „Läster-Drohung". Die Ergebnisse des Experiments zeigen die Wirksamkeit von Gerede und Klatsch zur Sicherstellung kooperativen Verhaltens.

Diktator-Spiel als Verdienst
In den Experimenten von Cherry et al (2002)[69] hatten sich die Diktatoren die Spielsumme zuvor durch Beantwortung von Quizfragen verdient. Die Empfänger kamen erst anschließend dazu. Wenn die Aufteilung der Summe anonym gespielt wurde und wie in einem Glücksspiel zufällig auf die Empfänger verteilt wurde, so entschieden sich 97% der Diktatoren dafür, die gesamte Spielsumme selbst zu behalten. Was die egoistische Entscheidung hier stabilisiert, ist einerseits die Anonymität und andererseits die Wahrnehmung, im Gegensatz zum Empfänger eine Leistung erbracht und damit die Spielsumme verdient zu haben. Alles selbst zu behalten, scheint unter diesen Umständen nicht als unfair angesehen zu werden.

Das unterschiedliche Verhalten zeigt, dass ein Teil der Großzügigkeit von Personen das Ergebnis ihres Wunsches ist, von anderen gut beurteilt zu werden. Großzügigkeit wird in diesem Fall als Signal an die Umwelt eingesetzt, durch das die eigene Reputation und damit zukünftige Interaktionen beeinflusst werden können. Der Antrieb, ein solches Signal zu setzen, ist offenbar auch dann noch bei vielen präsent und handlungsleitend, wenn klar ist, dass es keine weiteren Interaktionen geben wird.

5.2.3.2 Die Intention ist wichtiger als die Handlung

Die Reputation eines Anderen zu kennen bringt nur dann einen Vorteil, wenn jemand, der in der Vergangenheit großzügig gehandelt hat, dies auch in Zukunft mit großer Wahrscheinlichkeit tut.[70] Eine gewisse Stabilität des Charakters über

---

67 Tore Ellingsen und Magnus Johannesson, "Anticipated Verbal Feedback Induces Altruistic Behavior," *Evolution and Human Behavior* 29 (2008): 100–105.
68 Jared Piazza und Jesse M Bering, "Concerns about Reputation via Gossip Promote Generous Allocations in an Economic Game," *Evolution and Human Behavior* 29 (2008): 172–78.
69 Todd L Cherry, Peter Frykblom, und Jason F Shogren, "Hardnose the Dictator," *The American Economic Review* 92 (2002): 1218–21.
70 Bei verschiedenen Tiergruppen konnte gezeigt werden, dass soziale Hierarchien bereits durch die Beobachtung fremder Konflikte etabliert werden können (z. B. Vögel: Paz-Y-Mino et al. (2004) oder Peake et al. (2002). Fische: Oliveira et al. (1998)). Besiegt ein fremdes Individuum ein anderes, das in der Hierarchie über dem Beobachter steht, so ordnet sich der Beobachter dem neu ange-

die Zeit hinweg ist somit Voraussetzung für die Zuverlässigkeit erfahrungsgestützter Urteile. Die bloße Beobachtung von Verhalten ist daher kein optimaler Indikator. Wer zusätzlich die konkreten Umstände und die Intentionen des Handelnden kennt, wird wesentlich präzisere Vorhersagen zukünftigen Verhaltens treffen können. Mathematische Modelle zeigen, dass ein verbessertes Urteil möglich ist, wenn ein Mitglied der Gemeinschaft seine gute Reputation nur dann verliert, wenn es einem anderen „guten" Mitglied die Hilfe verweigert. Wird die Hilfe gegenüber einem „schlechten" Mitglied verweigert, so sollte dies keine Konsequenzen auf die eigene gute Reputation haben, da die Weigerung ja nun gerechtfertigt ist.[71] Auch in Experimenten zeigt sich, dass solche Unterschiede eine wesentliche Rolle dabei spielen, ob die Handlung einer Person als „freundlich" oder „unfreundlich" wahrgenommen wird.[72] Erst die Intention des Agierenden macht aus einem schlechten Verhalten auch wirklich ein tadelnswertes und aus einem Verhalten mit guten Konsequenzen erst ein lobenswertes Verhalten.[73]

> Human beings are the world's experts at mind reading. As compared with other species, humans are much more skillful at discerning what others are perceiving, intending, desiring, knowing, and believing.[74]

---

kommenen Individuum ohne weiteres unter. Diese Fähigkeit vermindert die Anzahl nötiger Auseinandersetzungen deutlich. Doch nicht nur die Dominanz wird beurteilt. Putzerfische, die ihre Kunden betrügen und sich nicht nur Parasiten, sondern auch das Körpergewebe des Kunden schmecken lassen, werden von anderen Kunden gemieden, die dies beobachten; Bshary und Grutter (2006). // Bei Schimpansen und anderen Primaten lässt sich zeigen, dass sie bei der Auswahl von Helfern wählerisch sind und gute Helfer bevorzugen. Sie beobachten soziale Interaktionen innerhalb der Gruppe, lernen daraus und richten ihr Verhalten danach aus; vgl. Melis et al. (2006). // Subiaul et al. (2008).
71 Karthik Panchanathan und Robert Boyd, "A Tale of Two Defectors: The Importance of Standing for Evolution of Indirect Reciprocity," *J Theor Biol* 224 (2003): 115–26. // Gilbert Roberts, "Evolution of Direct and Indirect Reciprocity," *Proc Biol Sci* 275 (2008): 173–79.
72 Armin Falk und Urs Fischbacher, "A Theory of Reciprocity," *Games and Economic Behavior* 54 (2006): 293–315.
73 *„Selection may favour distrusting those who perform altruistic acts without the emotional basis of generosity or guilt, because the altruistic tendencies of such individuals would be less reliable in the future."* Robert Trivers, "The Evolution of Reciprocal Altruism," *Quarterly Review of Biology* 46 (1971): 50 f. // *„Understanding intentions is foundational because it provides the interpretive matrix for deciding precisely what it is that someone is doing in the first place. Thus, the exact same physical movement may be seen as giving an object, sharing it, loaning it, moving it, getting rid of it, returning it, trading it, selling it, and on and on – depending on the goals and intentions of the actor."* Tomasello et al., "Understanding and Sharing Intentions," 675.
74 ebd.

Allerdings haben sich die Menschen möglicherweise auch zu den „world's experts" im Verstecken der Intentionen vor Ihresgleichen und im Lügen entwickelt.

5.2.4 Soziale Netzwerke

5.2.4.1 Das Public-Goods-Game

Im »Public-Goods-Game« erhält jeder Mitspieler zu Beginn einen bestimmten Betrag, den er entweder behalten oder in einen gemeinsamen Pool einbringen kann. Der gemeinsame Pool wird mit einem Faktor multipliziert und gleichmäßig an alle Mitspieler verteilt. Die Spieler geraten in ein Dilemma, das deutlich wird, wenn wir konkrete Zahlen einsetzen: Nehmen wir 4 Spieler, die zu Beginn 20 Euro erhalten und einen Pool, der mit dem Faktor 1,5 vermehrt wird: Der maximale Gewinn für die ganze Gruppe würde dann erreicht, wenn jeder seine 20 Euro in den gemeinsamen Pool gibt und dann mit dem Faktor 1,5 multipliziert wieder ausgeschüttet bekommt. Jeder hätte am Ende 30 Euro und der Gesamtgewinn wäre 120 Euro. Das Dilemma besteht nun darin, dass der Einzelne für sich mehr als 30 Euro gewinnen kann, indem er selbst nichts in den Pool einbringt, seine 20 Euro spart und die Ausschüttung von $3 \cdot 20$ Euro $\cdot 1,5 \div 4 = 22,50$ Euro zusätzlich erhält, sofern alle anderen ihren vollen Betrag in den Pool eingebracht haben. Der Eine gewinnt in diesem Fall 42,50 Euro (für einen Einzelnen maximal erreichbarer Gewinn), während die drei anderen mit nur 22,50 Euro dastehen, der Gesamtgewinn der Gruppe beträgt dann allerdings nur noch 110 Euro. Wenn jedoch gar keiner etwas in den Pool einbringt, dann erhält jeder nur 20 Euro und der Gesamtgewinn schrumpft auf 80 Euro. Der minimal mögliche Einzelgewinn beträgt gerade mal 5 Euro, wenn nur einer der vier seine ganzen 20 Euro in den Pool einspeist.

Jeder Mitspieler muss also abwägen, ob er den Gewinn der Gruppe maximieren möchte oder den eigenen Gewinn; wie sich die Mitspieler wohl verhalten werden; und ob und wie viel er deshalb selbst in den Pool einbringen möchte. Das Dilemma entsteht dadurch, dass es zwei Güter gibt (hier der individuelle Maximalgewinn und jener der Gruppe), die beide für einen Spieler attraktiv sein können, sich aber gegenseitig ausschließen. Zusätzlich besteht die Gefahr in einen Teufelskreis zu geraten, wo kein Mitspieler mehr dem anderen traut, und in der Folge der Gewinn der Gruppe minimal ausfällt.

5.2.4.2 Der Einfluss der Zusammensetzung

Im Public-Goods-Game findet man die höchsten Kooperationslevel dort, wo Kooperatoren zu einem gemeinsamen Spiel zusammengestellt werden. Aber auch dann, wenn man eine Gruppe aus lauter Trittbrettfahrern zusammenstellt, ist die Kooperationsbereitschaft höher als in einer nur zufällig zusammengestellten Gruppe. Eine erhöhte Bereitschaft zur Kooperation ergibt sich also scheinbar auch aus einer Art „Seelenverwandtschaft" der Teilnehmer, jedenfalls wenn sie darum wissen.[75]

Soziale Netzwerke werden offenbar nicht dadurch gebildet, dass kooperative Individuen oder solche mit sich ergänzenden Fähigkeiten als Partner bevorzugt werden. Vielmehr scheint neben der Verwandtschaft vor allem die Ähnlichkeit – besonders jene im Verhalten – das entscheidende Kriterium zu sein, nach dem soziale Verbindungen geknüpft werden. Dies konnte sowohl bei den Hadza, einer Jäger-Sammler-Gemeinschaft in Tansania, als auch bei weiblichen Teenagern an einer US-amerikanischen Highschool festgestellt werden.[76] Durch dieses Verbindungskriterium verringern sich die Unterschiede innerhalb der Gruppe und jene zwischen den Gruppen vergrößern sich; es kommt zu Cliquenbildung. Verschiedene mathematische Modelle zeigen, dass sich dadurch innerhalb eines großen Netzwerkes schnell Untermodule bilden, deren Mitglieder zuverlässig miteinander kooperieren und als Gruppe innerhalb des Netzwerks gedeihen.[77]

Im Netzwerk werden die Schlüsselpositionen zwischen den Untermodulen von Brückenpersonen eingenommen. Sie stellen Verbindungen zwischen Gruppen bzw. Cliquen her. Wenn solche Brückenpersonen ein Trust-Game spielen, dann zeigen sie als Trustee eine überdurchschnittlich hohe Vertrauenswürdigkeit. Vermutlich ist dies eine Voraussetzung dafür, von beiden Seiten überhaupt als Brückenperson anerkannt zu werden. Da es sich zwar um eine riskante, aber gleichzeitig hochangesehene und sozial äußerst einträgliche Rolle handelt, lohnt es sich, die Vertrauenswürdigkeit auch nach außen zu signalisieren.[78]

---

[75] „Apparently, knowing that they are among like-minded free riders allowed them to maintain a higher level of strategic cooperation than the lowest third of random groups, who did not have such clearcut evidence that they are composed offree rider types." Simon Gächter and Christian Thöni, "Social Learning and Voluntary Cooperation Among Like-Minded People," *Journal of the European Economic Association* 3 (2005): 303–14.
[76] Hadza: Coren L Apicella et al., "Social Networks and Cooperation in Hunter-Gatherers," *Nature* 481 (2012): 497–501. // Joseph Henrich, "Social Science: Hunter-Gatherer Cooperation," *Nature* 481 (2012): 449–50. // US-Teenager: Jacob K Goeree et al., "Law of Giving," *American Economic Journal: Microeconomics* 2 (2010): 183–203.
[77] Hisashi Ohtsuki et al., "A Simple Rule for the Evolution of Cooperation on Graphs and Social Networks," *Nature* 441 (2006): 502–5. // Poncela et al., "Complex Cooperative Networks from Evolutionary Preferential Attachment," e2449.
[78] A Barr, J Ensminger, und J C Johnson, "Social Networks and Trust in Cross-Cultural Economic Experiments," in *Whom Can We Trust?: How Groups, Networks, and Institutions Make Trust Possible*, ed. K S Cook, M Levi, und R Harden (New York: Russell Sage Foundation Press, 2010), 83.

Bei der Betrachtung realer sozialer Netzwerke ist deutlich geworden, dass es keinesfalls genügt, die Interaktionen zwischen Einzelpersonen zu untersuchen. Um die Existenz von Kooperation und selbstlosem Helfen zu erklären, braucht es auch ein Verständnis der dynamischen Prozesse auf der Ebene der Population.[79] Hier besteht noch erheblicher Nachholbedarf.

5.2.5 WEIRDos

Eine Untersuchung der Publikationen in den Zeitschriften der „American Psychological Association" kam kürzlich zu dem Ergebnis, dass 96% der Versuchspersonen aus einer westlichen, industrialisierten Kultur stammten. Bei mehr als $2/3$ davon handelte es sich um Psychologiestudenten.[80] Lange Zeit ging man davon aus, dass sich deren Ergebnisse auf die übrige Weltbevölkerung übertragen lassen würden, doch mittlerweile zeigt sich immer deutlicher, dass es enorme Unterschiede gibt unter den vorhandenen menschlichen Denkweisen, sowohl inter- als auch intrakulturell.[81] Die genannten typischen Probanden stellen offenbar sogar eine ausgesprochen wenig repräsentative Gruppe dar. Für sie hat sich der Ausdruck „*WEIRD*"[82] etabliert.

> ... WEIRD subjects are particularly unusual compared with the rest of the species – frequent outliers. The domains reviewed include visual perception, fairness, cooperation, spatial reasoning, categorization and inferential induction, moral reasoning, reasoning styles, self-concepts and related motivations, and the heritability of IQ. The findings suggest that members of WEIRD societies, including young children, are among the least representative populations one could find for generalizing about humans.[83]

Interkulturell angelegte Online-Untersuchungen sind auch keine Lösung: Auch wenn die Teilnehmer aus unterschiedlichen Kulturkreisen und Staaten kommen, so wird eine Online-Befragung doch nur jene erreichen, die einen Internetzugang

---

79 Henrich, "Social Science: Hunter-Gatherer Cooperation," 450.
80 Jeffrey J Arnett, "The Neglected 95%: Why American Psychology Needs to Become Less American," *American Psychologist* 63 (2008): 602–14.
81 vgl. Henrich et al., "Markets, Religion, Community Size, and the Evolution of Fairness and Punishment."
82 engl. „seltsam". Es setzt sich zusammen aus **W**estern, **E**ducated, **I**ntellectual, **R**ich, **D**emocratic.
83 Joseph Henrich, Steven J Heine, und Ara Norenzayan, "The Weirdest People in the World?," *Behav Brain Sci* 33 (2010): 61.

besitzen und sich für entsprechende Themen interessieren. Ob diese Teilnehmer jeweils repräsentativ für ihre Kultur sind, ist fraglich.[84]

Um *WEIRD* und *Nicht-WEIRD* zu vergleichen, bleibt oft nichts anderes übrig, als aufwändig vor Ort zu gehen und die Leute dort aufzusuchen, wo sie leben – so, wie es Anthropologen und Ethnologen von jeher tun. Ein Paradebeispiel für solche interkulturellen Studien unter Beteiligung vieler über die Welt verteilter Forscher sind jene von Henrich et al. (2005, 2006, 2010). Mitglieder der Teams arbeiteten vor Ort mit tausenden Versuchspersonen aus kleinen Gemeinschaften von Jäger-Sammlern, über Hirten bis zu Farmern und von Afrika über Amazonien, Sibirien und Ozeanien bis Papua-Neuguinea. Die Teilnehmer spielten jeweils ein Diktator- (DG), ein Ultimatum- (UG) oder ein Public-Goods-Game (PGG).[85]

Dabei wurde deutlich, dass das Verhalten zwischen den Kleingemeinschaften stark variiert und teilweise extrem von den üblichen Laborergebnissen mit „WEIRDos" abweicht. Die Zugehörigkeit zu einer bestimmten Kleingemeinschaft schien oft das einzige geeignete Kriterium zu sein, um das Verhalten einzelner Probanden vorherzusagen. Geschlecht, Alter oder Vermögen schienen dagegen nur wenig Einfluss zu haben.[86] Das Verhalten in den ökonomischen Spielen spiegelte häufig lokale Traditionen wieder. Folgende Beispiele stammen aus der ersten Versuchsreihe von 2005.

– Die Orma (östliches Kenia) geben im PGG großzügig, aber nicht im UG. Grund: Sie erkannten im PGG ihren „Harambie"-Brauch wieder. Beim „Harambie" zahlen die Familien in einen gemeinsamen Topf ein, um öffentliche Projekte zu finanzieren.
– Bei den Au und den Gnau (Papua-Neuguinea) werden im UG großzügige Angebote gemacht und sie werden gleichzeitig häufig abgewiesen. Vermuteter Grund: Der Empfang von Geschenken ist bei den Au und den Gnau mit einer hohen Verpflichtung verbunden, später einmal etwas Entsprechendes zurückzugeben. Außerdem sinkt ein Empfänger im sozialen Status. Große Geschenke erregen den Verdacht, dass der Geber nur seinen eigenen Status erhöhen möchte und werden daher zurückgewiesen.[87]

---

84 Aussagekräftig werden solche Untersuchungen, wenn man weiß, welche der Faktoren (W,E,I,R oder D) variieren. Dies gelingt etwa indem man die Teilnahme auf bestimmte Gruppen beschränkt. Ein Beispiel für eine solche Studie ist Herrmann et al. (2008) (siehe Kap. 5.3.2) bei der ausschließlich Studenten (E,I, und R sind bei allen gegeben) teilnahmen, die aus vielen unterschiedlichen Kulturkreisen stammten. Im Spielen eines Public Good Games konnte das Auftreten von Antisozialer Bestrafung dadurch als Effekt des kulturellen Hintergrunds (W und D) erkannt werden.
85 siehe DG S. 140; UG: S. 149; PGG: S. 144.
86 Henrich et al., "Economic Man in Cross-Cultural Perspective," 795–815.
87 Auch in anderen Kulturen erregen übergroße Geschenke eher Missfallen.

- Die Aché (Paraguay) und die Hadza (Tansania) sind Jäger und Sammler und beide Volksgruppen teilen die Beute eines Jägers auf die Dorfmitglieder auf. Trotzdem verhalten sie sich auffallend unterschiedlich im UG. Aché: Großzügige Angebote und keine Ablehnungen. Hadza: Niedrige Angebote und häufige Ablehnungen.

  Der Unterschied wird verständlich, wenn man die jeweiligen Gepflogenheiten berücksichtigt. Bei den Aché lässt der Jäger die Beute oft außerhalb des Dorfes liegen, damit es von Anderen entdeckt wird. Jede Form von Prahlerei und Ruhmsucht wird vermieden. Seine Familie bekommt auch keinen größeren Anteil als andere. Bei den Hadza teilen die Jäger ihre Beute nicht so freiwillig und versuchen es gelegentlich sogar zu vermeiden. Die Jäger schleichen sich dann heimlich mit der Beute ins Lager. Der Grund aus dem die Hadza teilen, ist ihre Furcht vor sozialen Konsequenzen in Form von Reputationsverlust, Gerede oder Ausgrenzung.[88]

  Die Ergebnisse im UG spiegeln die alltäglichen Gebräuche wieder. Obwohl es sich jeweils um beuteteilende Jäger-Sammler-Gemeinschaften handelt, verhalten sich beide Gruppen extrem unterschiedlich.

Als weiteres Ergebnis der Studie zeigt sich, dass der Altruismus gegenüber Fremden mit der Größe der Gemeinschaften und vor allem mit deren Marktintegration zunimmt. Wenn Altruismus eine Anpassung aufgrund von Verwandtenselektion wäre, die gegenüber Fremden fehlgeleitet wird (siehe Kap. 5.1.3), hätte man aber das Gegenteil erwarten müssen. So präsentiert sich der Altruismus gegen Fremde in diesen Untersuchungen nicht als evolutives Überbleibsel, sondern als eine genuine Anpassung an die Herausforderungen von handeltreibenden und vergleichsweise anonymen Großgemeinschaften.

Die Ergebnisse zeigen einerseits die Notwendigkeit, sich an die unterschiedlichsten Lebens-und Umweltbedingungen anzupassen, von kleinen Familienclans in den drückend schwülen Dschungelregionen über Sand- und Eiswüsten bis hin zum Leben in einer modernen Megacity mit ihren Flaniermeilen, Bankenvierteln und Slums. Andererseits zeigen sich kulturelle, gestalterische Elemente deren Variabilität umweltunabhängig scheint und am ehesten durch die Zugehörigkeit zu einer ganz bestimmten dörflichen Gemeinschaft erfasst wird. Diese Form der Variation lässt sich kaum als eine Anpassung an Lebensumstände deuten, sondern eher als kulturelles Herkommen. Weiterhin machen diese Studien darauf aufmerksam, dass es kaum möglich sein wird, die *menschliche Natur* zu

---

88 Bei den Hadza zeigt sich im UG allerdings eine starke Abhängigkeit von der Größe der Gemeinschaft. Je größer ein Lager, desto größer wurden auch die Angebote im UG.

erkennen, wenn man sich in den Untersuchungen auf WEIRDos oder auf Studenten der ersten Semester beschränkt.

5.3 Sanktionen – »Soziale Selektion«

Man kann sich einen guten Partner suchen, man kann den Partner aber auch so beeinflussen, dass er zu einem guten Interaktionspartner wird. Dies gelingt, wenn sein Verhalten positiv oder negativ sanktioniert werden kann.

5.3.1 Bestrafung

Zunächst meinte man mit der Möglichkeit zur Bestrafung das soziobiologische Rätsel der Stabilität und Allgegenwärtigkeit menschlicher Kooperation lösen zu können.[89] Doch schnell entpuppte es sich selbst als ein äußerst rätselhaftes Phänomen. Milinski und Rockenbach (2008) stellen einige Jahre und viele Experimente später fest: „*Costly punishment remains one of the most thorny puzzles in human social dilemmas.*"[90]

5.3.1.1 Das Ultimatum Game und der „Exit Threat"

Wer sich auf einem Spielplatz mit Kindern aufhält, wird nicht sehr lange darauf warten müssen, den Satz zu hören: „... dann bin ich nicht mehr dein Freund." oder „... dann spiele ich nicht mehr mit dir!" Diese Form der Drohung nennt sich »Exit Threat«. Um ihn zu untersuchen, eignet sich in besonderer Weise das Ultimatum Game.

Ultimatum Game
Zwei Personen spielen miteinander: Einer von beiden, der Anbieter, verfügt über die Spielsumme und teilt sie auf. Der Empfänger kann das Angebot entweder annehmen oder zurückweisen. Bei einer Zurückweisung (Exit Threat) erhält keiner der beiden etwas. In einem One-Shot-Game ist die Vorhersage für rationale und eigennützige Spieler, dass der Empfänger jedes Angebot über null annehmen sollte, weil der Gewinn dann immer noch höher ist als der einer Zurückweisung. Der Anbieter, der dies vorhersieht, könnte also eine minimale Summe anbieten. Diese Vorhersage trifft bei Menschen nicht zu. In Wirklichkeit bewegen sich die Angebote üblicherweise zwischen 30 %

---

89 Ernst Fehr und Simon Gächter, "Altruistic Punishment in Humans," *Nature* 415 (2002): 137–40.
90 Manfred Milinski und Bettina Rockenbach, "Human Behaviour: Punisher Pays," *Nature* 452 (2008): 297–98.

und 50% der Spielsumme und Angebote unter 20% werden in den meisten Fällen vom Empfänger zurückgewiesen.[91]

Im Ultimatum Game sind die Empfänger offenbar bereit, durchschnittlich auf bis zu 20% der Spielsumme zu verzichten, damit der Anbieter mit einem als unfair wahrgenommenen Angebot nicht durchkommt. Dies ist ein hoher Preis, wenn wir uns vor Augen halten, dass in diesen Experimenten um beträchtliche Geldbeträge gespielt wird, die die Probanden im Anschluss behalten dürften.

Das Rätsel ist zweifach: (1) In einer One-Shot-Situation dürfte ein solches Verhalten gar nicht vorkommen, weil dadurch nicht nur dem Bestraften, sondern auch dem Strafenden selbst erhebliche Verluste entstehen. *(2)* In Spielen mit Wiederholung kann man zwar erwarten, dass sich Bestrafung langfristig auszahlt, indem Kooperation stabilisiert wird. Aber hier gibt es eine alternative Strategie, die in der direkten Konkurrenz erfolgreicher ist und Bestrafung verdrängen müsste: Am meisten gewinnen nämlich jene, die zwar selbst kooperativ sind, aber darauf verzichten, andere zu bestrafen. Sie profitieren davon, dass andere bestrafen, sparen sich aber selbst diese Kosten. Man spricht hier von »Second order freeriding«.[92]

Eine ganze Reihe von Vorschlägen wurde gemacht, wie „costly punishment" in einer Population stabilisiert werden kann. Dies gelingt unter anderem dann, wenn...
- ... jene, die sie einsetzen, belohnt oder die anderen bestraft werden.[93]
- ... Bestrafung die soziale Reputation des Strafenden erhöht.[94]
- ... Gruppenselektion und kulturelle Evolution wirksam sind.[95]

---

[91] Colin F Camerer und Ernst Fehr, "When does 'Economic Man' Dominate Social Behavior?," *Science* 311 (2006): 47–52.

[92] Ernst Fehr und Urs Fischbacher, "The Nature of Human Altruism," *Nature* 425 (2003): 785–91. // Milinski und Rockenbach, "Human Behaviour: Punisher Pays," 297 f. // *"... in the framework of direct reciprocity, winners do not use costly punishment, whereas losers punish and perish."* Anna Dreber et al., "Winners Don't Punish," *Nature* 452 (2008): 348–51.

[93] Jeremy Kendal, Marcus W Feldman, und Kenichi Aoki, "Cultural Coevolution of Norm Adoption and Enforcement When Punishers Are Rewarded or Non-Punishers Are Punished," *Theor Popul Biol* 70 (2006): 10–25. // Ernst Fehr und Urs Fischbacher, "The Nature of Human Altruism." // Es gibt experimentelle Hinweise, dass Belohnungen als Maßnahmen von Einzelpersonen eine höhere soziale Akzeptanz aufweisen als Bestrafungen, trotz ihrer deutlich geringeren Effektivität als Sanktionsmittel. K Sigmund, C Hauert, und M A Nowak, "Reward and Punishment," *PNAS* 98 (2001): 10757–62.

[94] Gintis, Smith, und Bowles, "Costly Signaling and Cooperation," 103–119.

[95] Bestrafer werden in Gruppen, wo es nur wenige Betrüger gibt, nur geringe Kosten haben. Bei einem geringen Anteil von Betrügern ist es daher unwahrscheinlich, dass dieses Verhalten von anderen imitiert wird, wenn, wie zu erwarten, in erster Linie die erfolgreicheren Individuen oder

– ... die Bestrafung durch Institutionen vorgenommen wird, deren Kosten von allen getragen werden.[96]

5.3.1.2 Bestrafung stabilisiert kooperative Gemeinschaften

In einer Versuchsreihe der Erfurter Arbeitsgruppe um Bettina Rockenbach aus dem Jahr 2006 wird deutlich, wie sich trotz kurzfristiger Nachteile und der daraus zu erwartenden evolutiven Instabilität, die langfristig lukrativere Kooperationsstrategie gegen Freeriding durchsetzen kann.[97]

Ein dreiphasiges Public-Goods-Game wurde über 30 Runden gespielt. In Phase 1 wählten die Spieler, ob sie in der jeweils nächsten Runde mit der Möglichkeit zu Bestrafung und Belohnung (*SI*; „sanctioning institution") oder ohne diese Möglichkeit (*SFI*; „sanction-free institution") spielen wollten. In Phase 2 spielten die Spieler mit jenen Teilnehmern, die denselben Spielmodus gewählt hatten, ein PGG. Jeder Spieler erhielt dafür 20 Geldeinheiten. Im Anschluss an das Spiel wurden die Spieler über die jeweiligen Beiträge der anderen Mitspieler informiert. In Phase 3 gab es in der *SI*-Gruppe dann die Möglichkeit, Mitspieler zu bestrafen oder zu belohnen. Für jede eingesetzte Geldeinheit wurden dem Bestraften drei Geldeinheiten abgezogen bzw. dem Belohnten eine zusätzliche Geldeinheit gegeben.

Nur ein Drittel aller Spieler wählten zu Beginn *SI*, die Spielumgebung mit Bestrafungsmöglichkeit (Abb. 5.1). Die Hälfte davon leistete einen hohen Beitrag zum Pool. Von dieser Hälfte setzten etwa ¾ das Instrument der Bestrafung gegen jene Mitspieler ein, die einen geringen Beitrag zum Pool geleistet hatten. Dadurch etablierte sich in den folgenden Runden in dieser Spielumgebung *SI* ein hoher Grad an Kooperation. Die Gewinne in *SFI* nahmen dagegen kontinuierlich ab und gingen innerhalb von etwa 20 Runden auf Null zurück. Obwohl die Teilnehmer am Anfang zögerten die Umgebung mit Bestrafungsmöglichkeit (*SI*) zu wählen, hatten am Ende praktisch alle dorthin gewechselt und kooperierten nun nahezu vollständig.

Der Versuchsaufbau ermöglichte es, individuelle Strategien zu unterscheiden: Die Gruppe, die in *SI* sofort und von sich aus einen hohen Beitrag zum Pool leistete

---

die Mehrheit als Vorbilder dienen (kulturelle Evolution). Dadurch wird der Unterschied groß gehalten zwischen Gruppen mit vielen Bestrafern und denen mit wenigen und Gruppenselektion könnte zwischen nicht allzu großen Gruppen stattfinden. Boyd et al., "The Evolution of Altruistic Punishment."
96 Ozgür Gürerk, Bernd Irlenbusch, und Bettina Rockenbach, "The Competitive Advantage of Sanctioning Institutions," *Science* 312 (2006): 108–11.
97 ebd.

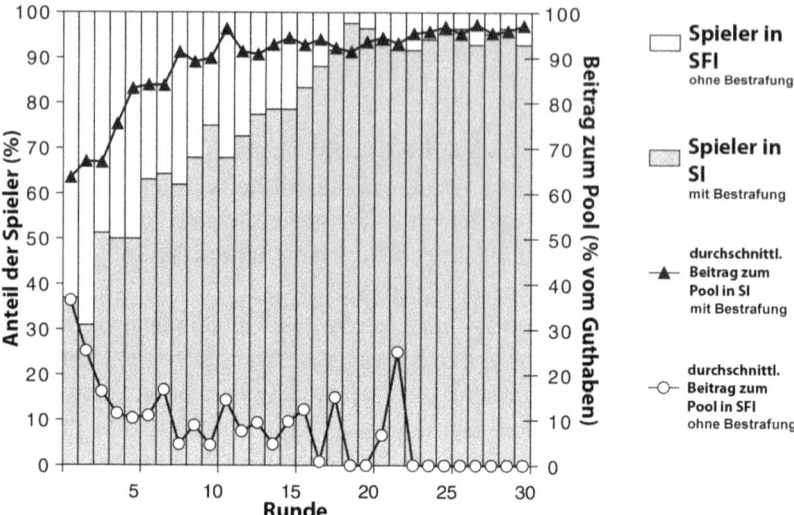

Abbildung 5.1 Einfluss von Bestrafung. Wahl des Spielmodus (*SI* mit oder *SFI* ohne Möglichkeit der Bestrafung) und die durchschnittlichen Beiträge zum gemeinschaftlichen Pool. Nach Gürerk et al. (2006). Mit freundlicher Genehmigung, Copyright © 2006 AAAS.

und gleichzeitig Bestrafung anwendete – sogenannte »Strong Reciprocators« (s. u.) –, machte 15,5% der Teilnehmer aus. Andere ließen sich mit der Zeit davon anstecken, so dass am Ende etwa 40% der Teilnehmer Bestrafung anwendeten, obwohl dies nicht die lukrativste Strategie war.[98] Beim Wechsel von *SFI* nach *SI* zeigten 80% der Wechselnden, dass sie eine bipolare Strategie verfolgten: Sie erhöhten in *SI* sofort ihren Beitrag zum Pool. 27,1% „konvertierten" sogar vom vollständigen Freerider (Beitrag 0) zum vollen Kooperator (Beitrag 20).

5.3.1.3 Strong Reciprocators

Dass Kooperation in diesem Beispiel so gut funktioniert, ist der Existenz von »Strong Reciprocators« zu verdanken. Diese sind bereit die Möglichkeit zur Bestrafung anzuwenden, obwohl sie dadurch teilweise erhebliche Kosten auf sich nehmen. Sie bestrafen sozusagen altruistisch.

---

[98] ebd., 110. // siehe auch Kapitel 3.3.2. // Übernahme suboptimaler Strategien ist bei Konformismus zu erwarten, vgl. McElreath und Henrich, "Modelling Cultural Evolution," 583.

> Although strong reciprocators are a minority, they manage to establish and enforce a cooperative culture that attracts even previously noncooperative individuals ...[99]

Die erfolgreichste Strategie war am Ende jene, in *SI* einen hohen Beitrag zum Pool zu leisten, aber selbst auf Bestrafung anderer zu verzichten. Spieler, die diese Strategie verfolgten, erreichten den höchsten individuellen Gewinn, weil sie vom Einsatz der »Strong Reciprocators« profitierten ohne den Preis dafür zu zahlen. Ca. 60% der Teilnehmer verfolgten am Ende diese Strategie. Sie sind aber gleichzeitig von der Existenz von Strong Reciprocators abhängig, da ohne diese die Kooperation zusammenbrechen würde. Hilfreich ist es, wenn die Fitnessdifferenz zwischen beiden Strategien nicht allzu groß wird. In diesem Experiment wurde der tatsächliche Unterschied im Gewinn sogar sehr schnell gering. Dies lag zum einen daran, dass die Notwendigkeit von Bestrafungen seltener wurde, zum anderen daran, dass die Zahl der Bestrafenden verhältnismäßig zunahm. Der Druck der Individualselektion gegen den Einsatz von Bestrafung wird bei einer hohen Wiederholrate von Interaktionen also niedrig sein und Selektion zwischen Gruppen kann die Oberhand gewinnen.[100]

Sonderfall Belohnung
Es gab in diesem Experiment eine überraschende Differenz zwischen Belohnung und Bestrafung: Während Bestrafung zur Folge hatte, dass der Bestrafte seinen Einsatz tatsächlich erhöhte, hatte Belohnung im Durchschnitt eine zwar schwache, aber doch eindeutig gegenteilige Wirkung. Die Autoren vermuten, dass Belohnung als Zeichen dafür genommen wird, dass der eigene Beitrag höher war, als andere erwarteten. In der Folge wird der eigene Beitrag gesenkt.

5.3.2 Antisocial Punishment

In einem vergleichbaren Experiment in der Schweiz kamen Fehr und Gächter (2002) zu ähnlichen Ergebnissen wie Gürerk. et al. (2006). Auch hier fanden sich genügend altruistisch Strafende, um aus einer steten Abschwächung der Kooperation mithilfe von bestrafenden „Strong Reciprocators" eine Aufwärtsbewegung zu machen, an deren Ende ein hoher Grad an Kooperation stand. In einem

---

[99] Gürerk, Irlenbusch, und Rockenbach, "The Competitive Advantage of Sanctioning Institutions."
[100] Boyd et al., "The Evolution of Altruistic Punishment," 3531–3535.

Nachfolgeexperiment[101] wurde dieses Spiel mit Studenten aus unterschiedlichen Kulturkreisen und von 5 verschiedenen Kontinenten durchgeführt. Es wurde über 10 Runden gespielt und der Einsatz wurde mit dem Faktor 1.6 multipliziert. Studenten aus westlichen Gesellschaften, wie USA, Großbritannien oder Australien reproduzierten die Ergebnisse der Originalstudie mit Schweizer Studenten. Bei vielen Studentengruppen aus einem anderen Kulturkreis gab es jedoch eine Überraschung: In etwa der Hälfte der Spiele trat ein Phänomen gehäuft auf, das bislang nur eine Randerscheinung gewesen war: Antisoziale Bestrafung. Einige Versuchspersonen bezahlen dafür, dass andere, die mehr als sie in den Pool eingebracht haben, bestraft werden. Einem hohen Grad an antisozialer Bestrafung entspricht – nicht verwunderlich – ein niedriger Level an Kooperation.

Die Autoren der Studie nennen verschiedene mögliche Gründe für dieses Verhalten:

- **Den andern motivieren.** Der Bestrafende möchte dass der Andere noch mehr in den Pool einbringt. Für diese Hypothese spricht, dass in vielen Gruppen die antisoziale Bestrafung abnahm, je höher die Beiträge zum Pool waren.
- **Ein eigenes Bedürfnis befriedigen.** Dominante oder kompetitive Personen könnten versucht sein, gerade kooperative Personen zu bestrafen, um Dominanz auszuüben.
- **Rache nehmen.** Viele bestraften erst dann zurück, wenn sie selbst zuvor bestraft wurden. Die Versuchsteilnehmer kannten sich nicht. Es scheint nicht unwahrscheinlich, dass Probanden aus kollektivistischen Gemeinschaften, bei denen eine starke Identifikation mit einer Gruppe existiert, eher „allergisch" auf eine „Einmischung von außen" reagieren als Probanden aus einer individualistischen Gesellschaft.[102] Im Experiment zeigt sich tatsächlich eine deutliche Korrelation zur Gesellschaftsform. Außerdem könnten typische Fragen der Ehre eine wichtige Rolle spielen.

Es ist klar, dass eine kooperative Gemeinschaft innerhalb ihrer Grenzen das Phänomen Antisozialer Bestrafung nicht tolerieren sollte. Dies ist ein weiterer guter Grund warum es für einen Staat sinnvoll ist, Selbstjustiz zu ächten und Bestrafungen zu institutionalisieren und zu zentralisieren.

---

[101] Benedikt Herrmann, Christian Thöni, und Simon Gächter, "Antisocial Punishment across Societies," *Science* 319 (2008): 1362–67.
[102] vgl. Jung-Kyoo Choi und Samuel Bowles, "The Coevolution of Parochial Altruism and War," *Science* 318 (2007): 636–40.

5.3.3 Policing – Dritt-Parteien-Bestrafung

Nicht selten ist es in der Realität nicht der Betroffene selbst, der bestraft, sondern ein Beobachter.[103] Diese Form der Bestrafung durch eine dritte Partei, wird im englischen „Policing" oder „Third-Party-Punishment" ($3^{rd}PP$) genannt.

Third-Party-Punishment-Games
Hier spielen zwei Partner miteinander ein Diktator-Game.[104] Doch diesmal beobachtet eine dritte Person (Beobachter) den Geldtransfer. Der Beobachter kann nun einen kleineren Geldbetrag, der ihm zur Verfügung steht, nutzen, um unfaire Diktatoren zu bestrafen. Da eine Bestrafung kostspielig ist, ist die Vorhersage des Rationalen Modells, dass keine Bestrafungen stattfinden. In der experimentellen Realität nutzen aber etwa 55% aller Beobachter dann die Möglichkeit zur Bestrafung, wenn der Betrag, den ein Diktator dem Empfänger zuteilt, geringer ist als 50% der Spielsumme. Je geringer die zugeteilte Summe ist, desto höher fällt die Bestrafung aus. Im Gegenzug erwarten 70–80% der benachteiligten Empfänger vom Beobachter, dass er eine Bestrafung veranlasst, wenn die Zuteilung unfair ausgefallen ist.[105]

Solange man vermutet, dass sich Menschen gemäß der »Theorie der Rationalen Entscheidung« verhalten, bleibt die hohe Bereitschaft zur Bestrafung von Normübertretern ein Rätsel. Das Problem wird durch $3^{rd}PP$ nicht gelöst, sondern noch verschärft: Die Kosten werden hier auf eine dritte Person abgewälzt, die gar nicht direkt betroffen ist und daher auch keinen eigenen Nutzen daraus zieht. Der experimentelle Befund lässt dennoch erkennen, dass „altruistische" Bestrafung durch Dritte eine Sanktionsform ist, die zum festen Bestandteil des menschlichen sozialen Verhaltensrepertoires zählt und daher mit beträchtlicher Häufigkeit in menschlichen Gemeinschaften zu erwarten ist.

5.3.4 Institutionen

In menschlichen Gemeinschaften ist $3^{rd}PP$ häufig institutionalisiert, indem bestimmte Personen oder Berufsgruppen damit beauftragt werden. Richter, Schamanen und Dorfälteste, die Dorfversammlung oder Polizei und Gerichtssysteme haben die Aufgabe, Überschreitungen von Normen und Gesetzen festzustellen und

---

[103] Der Impuls zur Betriebsblindheit scheint dabei weniger von empathischen Gefühlen für den unfair Behandelten auszugehen, als vielmehr von negativen Gefühlen gegenüber den Normverletzern. Ernst Fehr und Urs Fischbacher, "Third-Party Punishment and Social Norms."
[104] siehe S. 140.
[105] Ernst Fehr und Bettina Rockenbach, "Human Altruism: Economic, Neural, and Evolutionary Perspectives," *Current Opinion in Neurobiology* 14 (2004): 784–90.

zu bestrafen und auf diese Weise jene Mitglieder, die sich innerhalb der Norm bewegen, vor ungerechter Übervorteilung zu schützen.

Der Vorteil der Institutionalisierung ist, dass die Kosten dabei nicht an einer Person hängen bleiben, sondern auf viele, wenn nicht sogar alle Mitglieder einer Gemeinschaft verteilt werden. Dies kann in Form von Steuern oder anderen Beiträgen geschehen, die in kontrollierter Weise von den Mitgliedern der Gemeinschaft abverlangt werden können. Freeriding wird dadurch effektiv eingedämmt und mit negativen Konsequenzen belegt. In der Gruppe lässt sich so ein hoher Kooperationsgrad aufrechterhalten. Eine Nebenwirkung solcher Institutionen ist, dass die Motivation selbst zu bestrafen und als Einzelner Verantwortung für das Ganze zu übernehmen abnimmt. Bei Abwesenheit solcher Institutionen beginnen Einzelne dagegen wieder in kostspielige, altruistische Bestrafung zu investieren.[106]

Auch dort, wo die Größe einer Gruppe so weit ansteigt, dass die Reputation der anderen Mitglieder für den Einzelnen nicht mehr hinlänglich zu ermitteln ist, bekommen Institutionen eine wichtige Überwachungsfunktion. Zwar ist selbst in einer großen, urbanen Gesellschaft die Zahl der Mitglieder, mit denen ein Individuum direkt interagiert, nicht sehr groß, dennoch wird man immer wieder mit Mitgliedern zu tun haben, von denen man noch nie gehört hat und deren Vertrauenswürdigkeit unbekannt ist. Äußere Institutionen geben hier Sicherheit indem sie – mit Hilfe der Medien – die Reputation von Einzelpersonen nachverfolgen. Normübertretungen werden bestraft und als Information hinterlegt, die bei Bedarf von autorisierten Personen wieder abgerufen werden kann.

Allerdings sind auch die raffiniertesten Institutionen nicht in der Lage, alle Normübertretungen festzustellen. Ein nicht festgestelltes oder anonymes Fehlverhalten kann aber auch nicht geahndet werden. Hier springen nun Mechanismen, die unsere menschliche Natur mit sich bringt, in die Bresche: Üblicherweise verbinden sich starke Emotionen mit den entsprechenden Normen. Auch da, wo äußere Kontrolle aufhört, sind Menschen daher nicht völlig aus dem steuernden Druck entlassen, sich normgerecht zu verhalten.

Äußere Institutionen sichern normgerechtes Verhalten durch Reputationseffekte oder durch Bestrafung und die damit verbundenen Gefühle von Scham oder Stolz.[107] In der menschlichen Psyche findet sich zusätzlich ein umfangreiches Instrumentarium an inneren „Institutionen". Als spezifisch internes Gefühl begegnet uns hier zum Beispiel das Schuldgefühl:

---

[106] vgl. Christoph Hauert et al., "Via Freedom to Coercion: The Emergence of Costly Punishment," *Science* 316 (2007): 1905–7.
[107] vgl. hierzu J P Tangney, J Stuewig, und D J Mashek, "Moral Emotions and Moral Behavior," *Annu Rev Psychol* 58 (2007): 345–72.

> Sociologists sometimes distinguish guilt from shame. Guilt is internal pressure, whereas shame is external pressure [...]. The important issue is observability. A worker feels shame when others can observe his actions. Without observability, only guilt can be an effective form of pressure.[108]

Einige innere Institutionen besitzen die besondere Autorität, dass sie wie äußere Institutionen wahrgenommen werden, die unentrinnbar und oft moralisch unbestechlich sind. Das persönliche Gewissen oder das sogenannte „Über-Ich" der Psychoanalyse, übernatürliche Institutionen wie Religionen, Ahnenkulte, Gottesbilder und manches mehr üben hier, im nicht überwachbaren Bereich, Kontrolle aus und stabilisieren damit normgerechtes, kooperatives Verhalten dort, wo es der Gemeinschaft sonst entzogen wäre. Manche dieser inneren „Institutionen" sind individuell, lebensgeschichtlich geprägt, während andere eher kulturell und durch Vorbilder oder Lehrer geformt sind.

5.3.5 Übernatürliches Policing – Religionen als Sprungbrett der Zivilisation

Es ist ein experimentell nachvollziehbares Faktum, dass sich Menschen im Durchschnitt vertrauenswürdiger verhalten, wenn sie sich unter Beobachtung fühlen.[109] Der Effekt tritt zuverlässig – wenn auch mit unterschiedlichem Wirkungsgrad – auf, ob es sich um eine reale Öffentlichkeit handelt, eine Fernsehkamera, gemalte Augen oder einen transzendenten, allsehenden Gott.[110]

Werden Spieler unmittelbar vor einem Diktator-Spiel unauffällig mit religiösen Begriffen konfrontiert, dann fühlen sie sich offenbar stärker unter Beobachtung und spielen großzügiger.[111] Wird Probanden eine Geschichte erzählt, dass im Labor ein Geist umgehen solle, betrügen diese anschließend in einem Konkurrenzspiel weniger.[112] Ein transzendenter Gott hat aber gegenüber anderen Öffentlichkeiten den disziplinarischen

---

108 Eugene Kandel und Edward P Lazear, "Peer Pressure and Partnerships," *Journal of Political Economy* 100 (1992): 801.
109 Kevin J Haley und Daniel M T Fessler, "Nobody's Watching?: Subtle Cues Affect Generosity in an Anonymous Economic Game," *Evolution and Human Behav* 26 (2005): 245–56.
110 Ara Norenzayan, "The God Issue: Religion Is the Key to Civilisation," *New Scientist* 2856 (2012): 43.
111 Azim F Shariff und Ara Norenzayan, "God Is Watching You: Priming God Concepts Increases Prosocial Behavior in an Anonymous Economic Game," *Psychol Sci* 18 (2007): 803–9. // Will M Gervais, Azim F Shariff, und Ara Norenzayan, "Do You Believe in Atheists? Distrust Is Central to Anti-Atheist Prejudice," *J Pers Soc Psychol* 101 (2011): 1189–1206.
112 Jesse Bering, Katrina McLeod, und Todd Shackelford, "Reasoning about Dead Agents Reveals Possible Adaptive Trends," *Human Nature* 16 (2005): 360–81.

Vorteil, als Institution *omnipräsent* und damit nicht hintergehbar zu sein und in vielen Fällen, zum Beispiel beim christlichen Gott, einen privilegierten Zugang selbst zu den Gedanken einer Person zu haben.[113]

Das Gottesbild, ob er *allwissend* und *allsehend* ist oder nicht und ob er moralisierend ist, macht einen Unterschied. Betrug scheint zum Beispiel nicht prinzipiell durch Religiosität verringert zu werden, sondern spezifisch durch das Gottesbild eines strafenden Gottes.[114] Im interkulturellen Vergleich von 15 über die ganze Welt verteilten Gemeinschaften wurde im Diktator-Spiel dort durchschnittlich mehr Großzügigkeit vom Mitspieler eingefordert und höhere Angebote abgelehnt,[115] wo ein monotheistischer Hintergrund vorlag und Gott die genannten Eigenschaften zugeschrieben werden.[116]

John Locke, der Gesellschaftstheoretiker und Wirtschaftsphilosoph, schrieb in „*A letter concerning toleration*":

> Those are not at all to be tolerated who deny the being of a God. Promises, covenants, and oaths, which are the bonds of humane society, can have no hold upon an atheist. The taking away of God, though but even in thought, dissolves all.[117]

Auch in der Bibel wird dieses Thema immer wieder angesprochen:[118]

> Die Toren sagen in ihrem Herzen: ›Es gibt keinen Gott‹. Sie handeln verwerflich und schnöde; da ist keiner, der Gutes tut. (Psalm 14,1)

---

113 Jesse Bering und Dominic Johnson, "'O Lord You Perceive My Thoughts from Afar': Recursiveness and the Evolution of Supernatural Agency," *Journal of Cognition and Culture* 5 (2005): 118–42. // Als Symbol findet man gelegentlich das Dreieck mit einem offenen Auge darin. Ein dazu gehöriger Spruch lautet: „Ein Auge ist, das alles sieht, auch was in dunkler Nacht geschieht!" Die Botschaft ist, dass Gott in die geheimsten Winkel des Herzens sieht. Vor ihm kann man sich und seine Handlungen nicht verstecken. Bis heute prägen solche angstbesetzten Vorstellungen das Gottesbild mancher gläubiger Zeitgenossen: Gott als perfekter Überwachungsapparat, der alles registriert. Die christliche Version von „Big Brother's watching you." Vgl. Hauert et al., "Via Freedom to Coercion: The Emergence of Costly Punishment." // Dennett, *Breaking the Spell: Religion as a Natural Phenomenon*, 126 ff und vor allem Kapitel 10.1.
114 Azim F Shariff und Ara Norenzayan, "Mean Gods Make Good People: Different Views of God Predict Cheating Behavior," *International Journal for the Psychology of Religion* 21 (2011): 85–96.
115 Die Strategie eines »Strong Reciprocators«, siehe S. 152.
116 Henrich et al., "Markets, Religion, Community Size, and the Evolution of Fairness and Punishment," 1483.
117 John Locke, *A Letter concerning Toleration* (1689/1796): 56. Die erste Ausgabe von 1689 war noch in Latein, spätere in Englisch.
118 z. B. Ps 64,6; Ps 94,7 oder Jes 47,10: „Du hast dich auf deine bösen Taten verlassen und gedacht: Es sieht mich ja keiner. Deine Weisheit und dein Wissen verleiteten dich, in deinem Herzen zu denken: Ich und sonst niemand!"

Dies ist auch der Hintergrund der Gretchenfrage:

> Nun sag, wie hast du's mit der Religion? Du bist ein herzlich guter Mann, allein ich glaub, du hältst nicht viel davon.[119]

Gretchen stellt jene Frage, die am sichersten Auskunft zu geben scheint über die Ehrlichkeit der Absichten des Doktor Faustus: Religiosität wird zu einem Signal und zum Garant für Vertrauens- und Glaubwürdigkeit.[120] Das wirkungsvollere Signal ist jedoch nicht die bloße Kundgabe einer religiösen Überzeugung, sondern deren Demonstration in Form kostspieliger ritueller Handlungen oder in Form von Opferbereitschaft.[121]

5.3.5.1 Religion als Signal für Vertrauenswürdigkeit

Existiert also ein Zusammenhang zwischen Religiosität und Vertrauenswürdigkeit? Die Untersuchung ist schwierig, da man häufig auf Selbstaussagen zur Religiosität angewiesen ist. Nach *eigener Aussage* spenden Religiöse zum Beispiel wesentlich mehr für wohltätige Zwecke und engagieren sich eher sozial als Nicht-Religiöse.[122] Gleichzeitig könnte für Religiöse aber auch der Anreiz höher sein, als spendabel und sozial engagiert zu gelten, da sie in stärkerem Maß ein positives Selbstbild und eine prosoziale Reputation anstreben.[123] Eindeutiger als Selbstaussagen sind daher Untersuchungen zu tatsächlichem Helferverhalten.

Die experimentellen Hinweise zeigen hier ein komplexeres Bild: Wenn religiöse Konzepte im Moment der Entscheidung vergegenwärtigt werden, werden egoistische Impulse tatsächlich eher im Zaum gehalten.[124] Doch überraschen-

---

119 Johann Wolfgang von Goethe (1808), Faust. Der Tragödie erster Teil, Vers 3415.
120 Joseph Henrich, "The Evolution of Costly Displays, Cooperation and Religion: Credibility Enhancing Displays and Their Implications for Cultural Evolution," *Evolution and Human Behavior* 30 (2009): 244–60. // Rüdiger Vaas und Michael Blume, *Gott, Gene und Gehirn: Warum Glaube nützt – Die Evolution der Religiosität* (Stuttgart: Hirzel, 2008): 123 f.
121 Henrich, "The Evolution of Costly Displays, Cooperation and Religion." // Richard Sosis und Candace Alcorta, "Signaling, Solidarity, and the Sacred: The Evolution of Religious Behavior," *Evolutionary Anthropology: Issues, News, and Reviews* 12 (2003): 264–74. // Bradley J Ruffle und Richard Sosis, "Does It Pay To Pray? Costly Ritual and Cooperation," *The Berkeley Electronic Journal of Economic Analysis & Policy* 7 (2007): Artikel 18.
122 Stephen V. Monsma, "Religion and Philanthropic Giving and Volunteering: Building Blocks for Civic Responsibility," *Interdisciplinary Journal of Research on Religion* 3 (2007): 1–28.
123 vgl. Ara Norenzayan und Azim F Shariff, "The Origin and Evolution of Religious Prosociality," *Science* 322 (2008): 59.
124 Shariff und Norenzayan, "God Is Watching You: Priming God Concepts increase prosocial behavior."

derweise scheint dies unabhängig von der religiösen Grundeinstellung der Probanden zu sein. Man findet in jenen Untersuchungen, wo der Einfluss religiöser Dispositionen auf Helferverhalten getestet wird, üblicherweise nämlich keinen signifikanten Zusammenhang.[125] Andere Faktoren scheinen wichtiger zu sein.[126]

Einerseits scheint Religiosität also nicht schon per se einen motivierenden Effekt zu haben, sondern nur, wenn sie dazu führt, dass religiöse Konzepte im entscheidenden Moment auch aktiviert werden. Andererseits deuten die Versuchsergebnisse darauf hin, dass auch Atheisten durch religiöse Impulse sehr wohl beeinflusst werden.[127] Entscheidend ist offenbar die aktuelle Präsenz religiöser Konzepte und weniger die intellektuelle Einstellung dazu. Immerhin scheinen sich auf nationaler Ebene die religiösen Einstellungen der Bürger messbar auf das Maß des Vertrauens auszuwirken.[128]

Das Wissen um die Religiosität des Gegenübers macht einen Unterschied: In einem Versuch in Deutschland gaben im Trust-Game (siehe S. 136) sehr religiöse

---

[125] In Public-Goods- und Trust-Games wurde zwar kein genereller Zusammenhang gefunden zwischen Religiosität und Verhalten, doch es schien eine schwache Korrelation zu existieren bei denen, die regelmäßig Gottesdienste besuchen. Es könnte also wichtig sein, bei derartigen Untersuchungen die religiöse Verbindlichkeit zu berücksichtigen und nicht nur die Religiosität allgemein. L Anderson, J Mellor, und J Miylo, "Did the Devil Make Them Do It? The Effects of Religion in Public Goods and Trust Games," *Kyklos* 63 (2010): 163–75.

[126] Norenzayan und Shariff, "The Origin and Evolution of Religious Prosociality." // Brandon Randolph-Seng and Michael E. Nielsen, "Honesty: One Effect of Primed Religious Representations," *International Journal for the Psychology of Religion* 17 (2007): 303–15. // Der „Barmherzige Samariter Versuch" hat eine gewisse Berühmtheit erlangt. Theologiestudenten wurden in ein anderes Gebäude beordert, um dort einen Vortrag zu halten, und begegneten unterwegs einem reglos herumliegenden Mann, der möglicherweise hilfsbedürftig war. Ob der zu haltende Vortrag über das Gleichnis des Barmherzigen Samariters ging oder über ein neutrales Thema, hatte keinen Einfluss auf die geleistete Hilfe. Dagegen brachte Zeitdruck („Wir haben leider überzogen, aber wenn Sie sich beeilen schaffen Sie es noch rechtzeitig.") viele der Studenten dazu, an dem Mann vorüber zu gehen. R E Smith, G Wheeler, und E Diener, "Faith Without Works: Jesus People, Resistance to Temptation, and Altruism," *Journal of Applied Social Psychology* 5 (1975): 320–30. // Ebenso J M Darley und C D Batson, ""From Jerusalem to Jericho": A Study of Situational and Dispositional Variables in Helping Behavior," *J Pers Soc Psychol* 27 (1973): 100–108.

[127] Randolph-Seng und Nielsen, "Honesty: One Effect of Primed Religious Representations." // Ali M Ahmed und Osvaldo Salas, "Implicit Influences of Christian Religious Representations on Dictator and Prisoner's Dilemma Game Decisions," *Journal of Socio-Economics* 40 (2011): 242–46. // Bradley J Ruffle und Richard Sosis, *Do Religious Contexts Elicit More Trust and Altruism? An Experiment on Facebook* (Ben Gurion University, Beerscheba, Israel, 2010).

[128] Bei hohen Anteilen von hierarchischen Religionen oder Konfessionen scheint die Vertrauensbereitschaft insgesamt geringer zu sein als bei einem hohen Anteil „geschwisterlicher"; Rafael La Porta et al., "Trust in Large Organizations Trust in Large Organizations," *American Economic Review* 87 (1997): 333–38.

Investoren dem Treuhänder signifikant mehr Geld, wenn sie wussten, dass dieser ebenfalls religiös ist. Im Gegenzug erwiesen sich die religiösen Treuhänder tatsächlich als vertrauenswürdiger. Vermutlich führte hier das Stereotyp „religiös = vertrauenswürdig" in eine selbstverstärkende Interaktion.[129] Die Wirksamkeit solcher Effekte könnte allerdings auch vom gesamten sozialen Umfeld herrühren, in dem religiöse Personen leben. In den hochkooperativen kleinen religiösen Gemeinschaften baut man ja gerade nicht nur auf den guten Willen der Mitglieder, sondern dort gibt es effektive Sanktionsmöglichkeiten wie Reputation und Bestrafung, die normgerechtes Verhalten sicherstellen.[130]

Ebenso kann das Wissen um die Nicht-Religiosität eines Anderen einen gravierenden Unterschied ausmachen. Eine öffentliche Demonstration dieses Faktums begegnet uns jeweils im US-amerikanischen Wahlkampf, bei dem nicht selten die religiösen Überzeugungen der Kandidaten ausschlaggebend sind. Für viele Amerikaner wäre es undenkbar einen atheistischen Präsidenten zu wählen.[131] In einer breit angelegten Untersuchung wurde die anonyme Beschreibung einer kriminellen, nicht vertrauenswürdigen Person als repräsentativ für Sexualverbrecher und für Atheisten angesehen, aber nicht für Christen, Muslime, Juden, Feministen oder Homosexuelle. Diese Voreingenommenheit zeigt ein tiefes Misstrauen, das mit der Überzeugung einhergeht, dass Menschen sich besser verhalten, wenn sie glauben, dass ein Gott über ihnen wacht.[132]

Religiösen Gemeinschaften gelingt es offensichtlich recht effektiv, Menschen in ihrem spezifischen Umfeld zu vertrauenswürdigem Verhalten zu motivieren. In einem Vergleich zwischen religiösen und säkularen Kibbuzim fand sich in den religiös motivierten Gemeinschaften ein höheres Maß an Kooperation und am höchsten unter jenen Mitgliedern, die regelmäßig an religiösen Ritualen teilnehmen.[133] Auch die Überlebensdauer von 200 visionär-utopischen Kommunen in

---

129 Jonathan H W Tan und Claudia Vogel, "Religion and Trust: An Experimental Study," *Journal of Economic Psychology* 29 (2008): 832–48.
130 Richard Sosis, "Does Religion Promote Trust? The Role of Signalling, Reputation and Punishment," *Interdisciplary Journal of Research on Religion* 1 (2005): -30. // M D Regnerus, "Moral Communities and Adolescent Delinquency: Religious Contexts and Community Social Control," *The Sociological Quarterly* 44 (2003): 523–54.
131 W Sinnott-Armstrong, *Morality Without God?* (Oxford Press, NY, 2009), 5 f. // *„Americans construct the atheist as the symbolic representation of one who rejects the basis for moral solidarity and cultural membership in American society altogether."* Penny Edgell, Joseph Gerteis, und Douglas Hartmann, "Atheists As 'Other': Moral Boundaries and Cultural Membership in American Society," *American Sociological Review* 71 (2006): 211–34.
132 Gervais, Shariff, und Norenzayan, "Do You Believe in Atheists? Distrust Is Central to Anti-Atheist Prejudice."
133 Ruffle und Sosis, "Does It Pay To Pray? Costly Ritual and Cooperation."

den USA des 19. Jahrhunderts spiegelt die größere Verbindlichkeit durch religiöse Praxis. Während die religiös motivierten Kommunen durchschnittlich 25 Jahre Bestand hatten, verschwanden die säkularen im Durchschnitt bereits nach 6,4 Jahren wieder. Je strikter die Tabus und Verbote, desto höher war die Lebenserwartung der religiösen Gemeinschaften, aber nicht jene der säkularen. Ausschlaggebend scheint dabei die Bereitschaft gewesen zu sein, kostspielige Beiträge zur Gemeinschaft zu leisten. Ein weiterer stabilisierender Faktor sind möglicherweise die für religiöse Rituale typischen Gefühle des Numinosen. Solche Transzendenzerfahrungen vermitteln den Eindruck einer nicht widerlegbaren Wahrheit. Säkulare Rituale rufen solche Emotionen nicht hervor, schaffen weniger Gemeinschaftsgefühl und werden leichter in Frage gestellt.[134]

Am deutlichsten ist die Verbindung von Religiosität und prosozialem Verhalten dort, wo es darum geht, eine positive Reputation innerhalb der Gruppe zu erwerben. Das besondere religiöse Moment liegt dabei sowohl in der besonderen Bindung der Mitglieder untereinander – oft über kulturelle Grenzen hinweg – als auch in der De-Anonymisierung des Alltags durch den all-sehenden, transzendenten Gott. Im Gegenzug zu der hohen Kooperation innerhalb religiöser Gruppen findet sich häufig eine ausgeprägte Abgrenzung gegenüber Mitgliedern anderer Gruppen und eine entsprechend differenzierende Hilfsbereitschaft. Dieses „Denken" in sogenannten InGroup/OutGroup-Kategorien ist emotional fundiert und geht nicht selten – wie etwa im Christentum mit seinem jesuanischen Gebot der inklusiven Nächstenliebe – gegen die theologische Doktrin.

5.3.5.2 Religion als Katalysator für Zivilisation

Bis vor etwa 12.000 Jahren lebten alle Menschen in kleinen Gruppen, in denen Kooperation durch Verwandtschaft oder Reziprozität ausreichend gesichert war. Der Übergang zu einem sesshaften Lebensstil in großen Gemeinschaften erforderte aber die Kooperation mit anonymen Fremden und benötigte hierfür neue Garantien. Es ist wahrscheinlich, dass Religion hier eine Schlüsselrolle einnahm: Durch die Zurschaustellung von Religiosität in gemeinsamen Festen, Ritualen, Essensregeln und anderen kostspieligen Signalen wird eine Glaubensgemeinschaft unabhängig von Verwandtschaft oder sozialer Nähe emotional miteinander verbunden. Nach außen signalisiert es die Verpflichtung gegenüber einer höheren Macht, die somit als Garant des Ausgehandelten auftreten kann. Wer einen so-

---

[134] Richard Sosis und Eric R Bressler, "Cooperation and Commune Longevity: A Test of the Costly Signaling Theory of Religion," *Cross-Cultural Research* 37 (2003): 211–39. // Richard Sosis, "Religion and Intragroup Cooperation: Preliminary Results of a Comparative Analysis of Utopian Communities," *Cross-Cultural Research* 34 (2000): 70–87.

zialen oder ökonomischen Vertrag bricht, muss sich nun auch vor seiner Gottheit verantworten.

So werden mithilfe von Religion und moralischen Gottesbildern anonyme Fremde unter einer gemeinsamen übernatürlichen Aufsicht zu einer kooperierenden Gemeinschaft zusammengeschmiedet. Solche Gruppen können dann größer und kooperativer werden und damit konkurrenzfähiger sein als andere.[135] Große Gruppen tragen aber ein höheres Risiko, in Teilgruppen zu zerfallen. In einer Umgebung, wo es häufig und wiederholt zu Gefährdungen durch Angriffe anderer oder schwierige Umweltbedingungen kommt, müssten sich mit der Zeit Absetzungstendenzen einstellen. Auch hiergegen wirkt Religion als identitätsstiftendes und effektiv auf die Gruppe verpflichtendes Element. In Großgruppen findet man daher Gottesbilder, die eine ausgeprägt moralische Ausrichtung haben.[136] Beispiele gibt es in den Heiligen Texten der sogenannten „Großen Götter", deren Verehrer Megagemeinschaften aus vielen Millionen Mitgliedern bilden. Viele der darin formulierten Anweisungen kann man als Anleitungen verstehen, wie es gelingt, ein gutes Mitglied seiner eigenen Gemeinschaft zu sein, und – vor allem in multiethnischen Gesellschaften – auch über die Grenzen der unmittelbaren Gruppe hinaus, ohne dabei die eigene Identität zu verlieren.[137] Bei den kleinen, überschaubaren Jäger-Sammler-Gruppen – wie den Buschleuten oder den Hadza – findet man dagegen Gottheiten, die keine moralischen Ansprüche stellen. Die Überwachungsfunktion der Religion wird in diesen transparenten Gemeinschaf-

---

135 Ara Norenzayan, "In Atheists We Distrust," *New Scientist* 2856 (2012): 43. // Bering und Johnson, "'O Lord You Perceive My Thoughts from Afar'," 118–142. // Dominic Johnson und Jesse Bering, "Hand of God, Mind of Man: Punishment and Cognition in the Evolution of Cooperation," *Evol Psych* 4 (2006): 219–33. // Besonders überzeugt eine Metastudie von 186 verschiedenen Kulturen und ihren Gottesbildern: Dominic Johnson, "God's Punishment and Public Goods," *Human Nature* 16 (2005): 410–46.
136 Frans L Roes und Michel Raymond, "Belief in Moralizing Gods," *Evolution and Human Behavior* 24 (2003): 126–35. // Norenzayan und Shariff, "The Origin and Evolution of Religious Prosociality," 61. // Ara Norenzayan, *Big Gods: How Religion Transformed Cooperation and Conflict* (Princeton: Princeton University Press, 2013).
137 Ein Beispiel für Letzteres findet man in der Bergpredigt Jesu (Mt 5 und 6). Vgl. D C Lahti, "'You Have Heard ...but I Tell You ...': A Test of the Adaptive Significance of Moral Evolution," in *Evolution and Ethics. Human Morality in Biological & Religious Perspective*, ed. P Clayton und J Schloss (Eerdmans, 2004), 132–50. // Die Zugehörigkeit zu einer Religion kann dabei eine ambivalente Wirkung haben: In ihrem Glauben fest verwurzelte Personen mit täglicher Praxis haben offenbar eine überdurchschnittliche Bereitschaft ihr Vertrauen auch über die Gruppengrenzen hin auszudehnen. Mitglieder mit wenig religiöser Praxis verhalten sich in dieser Hinsicht dagegen unterdurchschnittlich und beschränken ihr Vertrauen eher auf den engen sozialen Kreis. Michael R Welch et al., "Trust in God and Trust in Man: The Ambivalent Role of Religion in Shaping Dimensions of Social Trust," *Journal for the Scientific Study of Religion* 43 (2004): 317–43.

ten offenbar nicht benötigt.[138] Auch fehlen hier die für Weltreligionen typischen Anreize wie ein Leben nach dem Tod mit Himmel oder Hölle.[139]

Offenbar werden wir so geboren, dass uns Glaube als natürliche Begabung zukommt. Kinder haben eine starke Tendenz, Ereignisse als Folge einer zielgerichteten Handlung zu erklären, hinter Phänomenen einen Designer und einen Zweck zu vermuten, ein dualistisches Weltbild zu entwickeln und anzunehmen, dass andere über vollkommenes Wissen verfügen.[140] Von diesen Versuchen, die natürliche Umwelt zu erklären, ist es nur ein kleiner Schritt zur Annahme eines Gottes, der für die Welt verantwortlich ist.[141] Die Art und Weise, wie wir in diesem Entwicklungsstadium Probleme lösen, öffnet einen „gott-förmigen" Raum, der empfänglich ist für die kulturellen Details der Religion, in die wir geboren werden.[142] Die Hypothese, dass Religion nur ein parasitisches Mem sei,[143] kann sich also höchstens auf bestimmte Inhalte beziehen, aber nicht auf Religiosität per se. Diese scheint zwar als unvermeidliches Nebenprodukt der kognitiven Fähigkeiten zu entstehen, brachte aber in der Phylogenese des Menschen und in der Entwicklung der Zivilisation einen erheblichen, wenn nicht gar den entscheidenden, adaptiven Mehrwert.[144]

---

138 Norenzayan, "The God Issue: Religion is the Key to Civilisation," 43.
139 Quentin D Atkinson und Pierrick Bourrat, "Beliefs about God, the Afterlife and Morality Support the Role of Supernatural Policing in Human Cooperation," *Evolution and Human Behavior* 32 (2011): 41–49.
140 Gegen diesen „spontanen Weltzugang" ist eine atheistische Einstellung nur mühevoll zu erlangen; vgl. Eckart Voland, *Die Natur Des Menschen: Grundkurs Soziobiologie* (München: Beck, 2007), 121.
141 Es ist sehr wahrscheinlich, dass Glaube an eine übernatürliche Entität ab einer gewissen kognitiven Befähigung quasi unweigerlich auftritt. Dennett, *Breaking the Spell*, 116 ff. // Anders als es manche Autoren suggerieren – z. B. Dawkins, *The God Delusion*, 188 f und im ganzen Buch – erlaubt diese Feststellung jedoch keine logischen Rückschlüsse auf die Existenz oder Nichtexistenz Gottes.
142 Barrett, "Born Believers," 41.
143 vgl. Dennett *Breaking the Spell*, 84 f.
144 Ilkka Pyysiäinen und Marc Hauser, "The Origins of Religion: Evolved Adaptation or by-Product?," *Trends in Cognitive Sciences* 14 (2010): 104–9. // Candace Alcorta und Richard Sosis, "Ritual, Emotion, and Sacred Symbols," *Human Nature* 16 (2005): 323–59. // „*Among a representative sample of 186 human societies, high gods are significantly associated with societies that are larger, more norm compliant in some tests (but not others), loan and use abstract money, are centrally sanctioned, policed, and pay taxes... . Theories that hold that religion is an arbitrary by-product of big brains or culture do not predict any relationship between indices of cooperation and whether moralizing gods are present or not. It must be noted that cause and effect remain obscure.*" Johnson (2005), 426.

5.3.5.3 Reinigende Säkularisation

Viele moderne Gesellschaften sind nicht mehr von Religion abhängig, um einen hohen Grad von Kooperation zwischen Fremden zu gewährleisten und um Trittbrettfahrer und Betrüger zu entmutigen. Säkulare Institutionen wie Vertragswesen, Gerichte und Polizei, haben diese Aufgaben übernommen. Dort, wo diese Strukturen gut funktionieren und wo wenig Korruption herrscht, beobachtet man gleichzeitig einen zahlenmäßigen Rückgang der religiösen Mitglieder. Im Diktator-Spiel führt nicht nur die Erwähnung religiöser Begriffe zu mehr Kooperation, sondern auch die Erwähnung von Begriffen wie „Polizei", „Gericht" oder „zivile Verantwortung".[145]

Eine Anmerkung für Theologen

Obwohl zunächst erschreckend, ist diese Entwicklung eine, die von den christlichen Kirchen begrüßt werden sollte. Nicht selten betrachten Außenstehende wie Mitglieder die soziale Funktion von Religion – als Garant für moralisches Verhalten – als deren Kern. Aus einem evolutionär ultimaten Blickwinkel ist dies durchaus zutreffend und wird von Biologen auch so formuliert.[146] Wenn Kirche sich moralisch definiert, macht sie sich aber überflüssig, sobald die säkularen Institute diese Funktion allein bewerkstelligen können. Eine derartige Einschränkung des Glaubens auf eine soziale Funktion ginge außerdem an dem vorbei, was nach Jesu Zeugnis wirklich zentral ist: Die Begegnung mit dem lebendigen Gott und die Immersion des eigenen Lebens in seine Allgegenwart, bei der ein sozialverträgliches Leben nur als Nebenprodukt herauskommt – als weiteres Nebenprodukt aber stets auch die Sozialkritik als Gegenüber zur Gesellschaft. Kirchliche Selbstdefinitionen als *Moralinstanz* sind somit nicht nur eine Überforderung, die in der Konfrontation mit der garstigen Realität (z. B. in den Missbrauchsfällen) zu einem gravierenden Vertrauens- und Glaubwürdigkeitsverlust führen, sondern auch eine erhebliche Ablenkung vom Kern christlicher

---

145 Norenzayan, "The God Issue: Religion is the Key to Civilisation," 44. // Norenzayan, *Big Gods*, 172–175.
146 z. B. David Sloan Wilson, *Darwin's Cathedral*. // Im Frühjahr 2009 fragte mich David Sloan Wilson in einem persönlichen Gespräch, was ich als zentrales Ziel meines Glaubens bezeichnen würde. Noch vor meiner Antwort äußerte David seine eigene Vermutung: „To live morally?" Ich war einigermaßen überrascht, denn für mich sind ganz andere Ziele zentral. Ich erkannte in diesem Moment welchen Unterschied eine Außen- im Vergleich zu einer Innenwahrnehmung eines Lebens im Glauben haben kann. Was von innen als liebevolles Beziehungsgeschehen erlebt wird, wird von außen – funktional und reduktionistisch – als eine soziale Institution der moralischen Kontrolle menschlichen Verhaltens gedeutet; vgl. Ara Norenzayan, "Does Religion Make People Moral?," Behaviour 151 (2014): 373.

Botschaft. Auch wenn die gesellschaftliche Relevanz darunter leidet, durch das Wegfallen solcher peripheren Vorstellungen ließe sich der Kern gelebter Religiosität vermutlich eher wieder – für Insider wie Außenstehende – sichtbar machen und gebührend würdigen.

5.4 Ertrag des Kapitels

5.4.1 Menschen sind anders

Das klassische ökonomische Modell des „Rationalen Profitmaximierers" hat sich als miserables Instrument erwiesen, wenn es darum geht, menschliches Verhalten vorherzusagen.[147] Menschen verhalten sich üblicherweise nicht so.

In den mathematischen Modellen sind stabile Strategien gleichzeitig vergebungsbereit und vergeltend. Dabei spielen, wie wir gesehen haben, verschiedene Formen von Sanktionen und das Streben nach einer guten Reputation eine wichtige stabilisierende Rolle. Institutionen verteilen die Kosten der Sanktionen schließlich auf die Mitglieder und entlasten dadurch die sozial Verantwortungsvollen. Sie sorgen für Sicherheit und Transparenz. Wenn keine Institutionen vorhanden sind, scheint die Anwesenheit von sogenannten „Strong Reciprocators" notwendig zu sein, um die Stabilität einer solchen Gruppe zu gewährleisten. Sie sind bereit, auf eigene Kosten zu bestrafen oder zu belohnen. Selbst wenn sie in der Minderheit sind, kann es ihnen gelingen, einen hohen Grad von Kooperation in der Gruppe zu etablieren.[148] Besonders in den Situationen, wo keine Reputationseffekte damit einhergehen, ist diese Strategie ein aussichtsreicher Kandidat für echtes altruistisches Verhalten, da es Alternativstrategien (Second-Order-Freeriding) gibt, die auch langfristig gesehen lukrativer sind. Bei der Wahl der Strategie ist es offensichtlich, dass die Persönlichkeit der Spieler, der Kontext

---

147 Schimpansen verhalten sich zwar im Ultimatum Game wie „Rationale Profitmaximierer", in anderen Situationen aber nicht. Keith Jensen, Josep Call, und Michael Tomasello, "Chimpanzees are Vengeful but Not Spiteful," *PNAS* 104 (2007): 13046–50. // Brosnan und de Waal, "Monkeys Reject Unequal Pay," 297–99. // Entgegen Adam Smith's Hypothese der „Unsichtbaren Hand" wird die Gemeinschaft dort, wo Menschen sich so verhalten, auf Dauer destabilisiert. Während der Wirtschaftskrise Ende 2008 musste Alan Greenspan, lange Jahre Präsident der US-Notenbank mit dem Nimbus der Unfehlbarkeit, zugeben: „*Those of us who have looked to the self-interest of lending institutions to protect shareholder's equity (myself especially) are in a state of shocked disbelief.*", 24. Oktober 2008, NY Times, B1. // Vgl. auch R H Frank, T Gilovich, und D T Regan, "Does Studying Economics Inhibit Cooperation?," *Journal of Economic Perspectives* 7 (1993): 159–71.
148 Hauert et al., "Via Freedom to Coercion: The Emergence of Costly Punishment."

und kulturelle Prägungen Einfluss nehmen. Es lassen sich grob drei Motivationen unterscheiden:[149]
- Prosoziale Spieler zeigen ein intrinsisches Interesse an einem gerechten Ausgang des Spiels.
- Egoistische Spieler versuchen immer den eigenen Gewinn zu maximieren, auch wenn dies für die Mitspieler transparent ist.
- Opportunistische Spieler wählen unterschiedliche Strategien um sozial erfolgreich zu sein: So selbstlos wie nötig und so egoistisch wie möglich.

Die Motivation einzelner Personen ist dabei keinesfalls festgelegt. Abhängig von Rahmenbedingungen und Prioritäten können sie sich verändern. Nahezu sämtliche Diktatoren konnten in den Versuchen von Cherry et al. (2002) dazu gebracht werden, eigennützig zu spielen.[150] Um auch den größten Teil der zuvor „Prosozialen Spieler" dazu zu bringen, egoistisch zu spielen, war es nötig, dass...
a) ...Eigennutz nicht als Normverletzung angesehen werden muss, weil es eine objektive Berechtigung für solches Verhalten gibt (Spielsumme wird verdient).
b) ...die Verantwortung für die Enttäuschung des Empfängers nicht mit einem bestimmten Diktator verbunden werden kann, der dann „schuld" wäre (Güter werden den Empfängern zufällig zugeteilt).

Mit diesen Versuchsbedingungen können sowohl Schuldgefühle (Selbstbild), als auch Scham (Reputation) als Motivatoren weitgehend eliminiert werden. Nur 3 % der Spieler verfolgen unter diesen Umständen noch weiter eine prosoziale Strategie. Über ihre Motive – ob sie vor einer übernatürlichen Instanz oder vor sich selbst durch eine supererogatorische Handlung gut dastehen wollen, ob es reines Wohlwollen oder ein anderer Grund ist – kann nur spekuliert werden. Es wird deutlich, dass der *reine Wunsch einem Unbekannten Gutes zu tun, ohne dass es jemand merkt,* in diesem Experiment eine untergeordnete Rolle spielte.

Außerhalb experimenteller Bedingungen lässt sich ein Verhalten wie das der 3 % Kooperatoren aber vermutlich häufiger antreffen. Rahmenbedingungen wie Anonymität, sind im realen Leben für die Akteure weniger transparent als unter Versuchsbedingungen. Die Furcht vor möglicher Entdeckung, Vorwürfen und Sanktionen könnte manchen zu Kooperation drängen, der in der anonymen Sicherheit des Experiments, egoistisch handelt. Auch der Versuchsaufbau ist kein genaues Abbild der realen Verhältnisse in menschlichen Gemeinschaften. So muss die Abkoppelung der Tat vom Effekt durch die zufällige Aufteilung an die

---

[149] Dana, Weber, und Kuang, "Exploiting Moral Wiggle Room."
[150] Cherry, Frykblom, und Shogren, "Hardnose the Dictator."

Empfänger als eher künstliches Konstrukt angesehen werden. In den meisten realen Interaktionen wird es eben doch möglich sein, Verantwortung in direkter Weise nachzuvollziehen. Und nur wenn dies möglich ist, kann eine mächtige menschliche Fähigkeit ihr Potential ausspielen: Die Empathie – die Fähigkeit, sich in Andere hineinzuversetzen und sich mit ihren Anliegen zu identifizieren. Ihr kommt vermutlich eine wichtige Rolle zu, uneigennützige Akte zu motivieren.[151] In der Studie von Cherry et al. (2002) wurde aber genau diese Möglichkeit, sich empathisch zu verhalten, sich mit einem diskreten Empfänger zu identifizieren, durch den experimentellen Versuchsaufbau eliminiert. Es ist wahrscheinlich, dass eine weitaus größere Zahl von Diktatoren bereit gewesen wäre, von ihrem Verdienst abzugeben, wenn sie mit einer konkreten Not eines bestimmten Empfängers in einer Weise konfrontiert worden wären, die ihnen Empathie ermöglicht hätte.

5.4.2 Wie altruistisch ist Altruismus?

Die Frage, ob hinter jedem Auftreten kooperativen Verhaltens eigennützige Motive ausgemacht werden können, kann bei eingehender Betrachtung der Fakten verneint werden. Es scheint zumindest beim Menschen echten Altruismus zu geben, jenseits von Verwandtenselektion oder Reziprozität. Als ultimater Grund hierfür lässt sich kulturelle oder genetische Gruppenselektion vermuten. Gegen die Theorie, dass es sich dabei um Fehlverhalten handelt, wie es vor allem die Vertreter der Evolutionären Psychologie und der klassischen Soziobiologie propagieren, gibt es experimentelle Indizien. Für diese Annahme sprechen die mathematischen Modelle, die einen evolutiv sinnvollen, echten Altruismus kaum als »Evolutionär Stabile Strategie« etablieren können. Allerdings liegt die Beweislast bei den Theoretikern, da sich die Stärke eines mathematischen Modells an der Realität misst und nicht andersherum. Pauschalaussagen stehen in der Gefahr ein komplexes Phänomen zu einfach erklären zu wollen. Denkbar und wahrscheinlich ist es zum Beispiel, dass sowohl Gruppenselektion als auch kurzzeitige Fehlanpassungen ultimate Ursachen für das Entstehen und Persistieren von kooperativem und altruistischem Verhalten sein können.

Dass es ein „Egoismus" der Gruppe sein soll, der echten Altruismus hervorbringt, ist dabei nicht problematisch. Es entspricht ja gerade der Bedeutung von Altruismus, dass dabei andere profitieren. Problematisch wird es höchstens dadurch, dass es nicht das Individuum, sondern die *Gruppe* ist, von der die altru-

---

[151] Frans B M de Waal, "Putting the Altruism Back into Altruism: The Evolution of Empathy," *Annual Review of Psychology* 59 (2008): 279–300.

istische Dynamik evolutiv ausgeht. Gibt es im Altruismus des Einzelnen dann überhaupt noch eine Freiwilligkeit, oder handelt es sich nicht stets um einen Zwang, der dem Individuum durch gruppen-selektive Anpassungen auferlegt ist? Selbst wenn wir nicht von einem strikten Determinismus ausgehen, so stellt sich nun in jedem einzelnen Fall die Frage, wie viel der prosozialen Motivation und der moralischen Tugendhaftigkeit noch autonomen Ursprungs ist? Und was überhaupt damit gemeint sein kann, wenn man von einem »autonomen moralischen Urteil« spricht?

Teil II **Natur des moralischen Sinns**

6 Soziale Kognition

Wenn sich Organismen zu Gruppen zusammenschließen, braucht es neue Kommunikationsformen und Schnittstellen. Wie kann aber Integration beim Menschen gelingen, wo die Individuen Selbstbewusstsein besitzen und ihr Verhalten und ihre Beziehungen reflektieren können?

Kommunikation muss hier in einer Weise möglich werden, dass sie nicht nur Verbindung schafft – das ultimate Ziel –, sondern zusätzlich von den autonomen, selbstbewussten Mitgliedern als eine Verbindlichkeit oder als etwas Attraktives wahrgenommen wird. Andernfalls würde die Gruppe auseinanderbrechen. Es ist diese Ebene der Emotionen,[1] der Wünsche und Ängste, der Triebe und Vorlieben, des Bauchgefühls, der Veranlagungen, Charaktereigenschaften und erlernten Denkmuster, auf der ein großer Teil des Ringens darum ausgetragen wird, wer die Oberhand behält: Ob das Wohl der Gruppe oder das eigene Wohl zum Ziel der Handlung werden. Im Folgenden wird uns beschäftigen, welche physiologischen Anpassungen dafür verantwortlich sind, dass Kommunikation zwischen Individuen nicht nur Verbindung schafft, sondern *Verbindlichkeit*.

---

1 Eine Definition für »Emotion« zu finden hat sich als überaus schwierig erwiesen und offenbart darüber hinaus eine erhebliche Uneinheitlichkeit zwischen den Fächern und einzelnen Wissenschaftlern. In der Psychologie wird unter dem Begriff »Emotion« meist ein bewusster Zustand verstanden, der zu einer reflektierenden Beurteilung der Situation befähigt. Inder Biologie gilt dies gerade nicht. Der Begriff »Emotion« bezeichnet hier in der Regel ausschließlich die unbewussten Teile dieses Prozesses. Einige Autoren beschränken »Emotion« sogar auf die rein körperlichen Reaktionen (vgl. Damasio 2005). Um reflektierte emotionale Prozesse zu kennzeichnen, wird dann üblicherweise der Begriff »feeling« benutzt, der in der deutschsprachigen Literatur meist mit »Empfindung« übersetzt wird; z. B. in Pritzel et al. (2003). Das, was die meisten Biologen als »Emotion« bezeichnen, hat in der psychologischen Terminologie keine rechte Entsprechung. Stattdessen taucht hier der Begriff »Affekt« auf, der wiederum in der biologischen Literatur kaum zu finden ist. Doch auch »Affekt« wird nicht einheitlich verwendet. Manchmal ist damit die automatische, äußerst schnelle und eher grobe Beurteilung einer Situation als gut oder schlecht gemeint (z. B. Baumeister und Bushman 2008, 161), ein anderes Mal jene emotionalen Prozesse, die deutlich über den Zeitpunkt eines Reizes hinausgehen, wie Stimmungen, Einstellungen, dauerhafte physische Zustände oder entsprechende Persönlichkeitsmerkmale (z. B. Pritzel et al. 2003, 386). Natürlich gibt es auch Übereinstimmungen: In allen Fachrichtungen, Biologie, Psychologie und Philosophie, werden zum Beispiel die automatischen, nicht reflektierten Prozesse von den kontrollierten, reflektierten unterschieden. Meine Wahl fällt auf die in der Biologie verbreitete Differenzierung zwischen »Emotionen« und »Empfindungen«, da diese sich an die dahinter liegenden physiologischen Prozesse anlehnt.

6.1 Emotionen

Ein Grunzen im Wald (1. Teil)

Am Beginn einer Emotion steht immer ein auslösender externer oder interner Impuls, der von einem der sensorischen Systeme (1) aufgenommen wird (Abb. 6.1). Hören wir ein Grunzen im Wald, so löst dies zunächst ein Signal in den auditorischen Hirnarealen aus. Damit ein emotionaler Impuls daraus wird, muss dieses Signal an emotionsauslösende Areale übermittelt werden. Diese liegen in unterschiedlichen Hirnregionen und je nachdem, welche Emotion schließlich aktiv wird – in unserm Beispiel könnte das Angst sein –, ergibt sich ein spezifisches Erregungsmuster (2).[2]

Als nächstes werden exekutive Hirnareale (Hypothalamus, basales Vorderhirn usw.) beteiligt, die eine Änderung des Körperzustands herbeiführen (3). Nach einer verbreiteten Definition sind Emotionen Änderungen im *körperlichen Zustand*, die durch einen internen oder externen Stimulus hervorgerufen werden:[3] Bevor sich nicht „das Herz zusammenzieht", „der Puls rast", „die Wange sich rötet" oder „Schmetterlinge im Bauch" flattern, kann man nicht von einer »Emotion« sprechen.

Aber die körperliche Repräsentation allein genügt noch nicht: Denn gehört der rote Kopf zu einer ärgerlichen, zu einer peinlichen oder zu einer freudigen Situation?

In einem nächsten Verarbeitungsschritt erfassen nun sensorische Systeme den eigenen körperlichen Zustand und übermitteln diese Information an kortikale Regionen (4). Diese Re-Repräsentation der Zustandsveränderung kann nun mit dem ursprünglichen Stimulus in Beziehung gesetzt werden (5). Erst so wird die Gänsehaut als „Angst" und die heißen Wangen je nach Situation entweder als „Zorn", als „Scham" oder sogar als „Freude" erkennbar.[4] Der Schritt, dass das körperlich Repräsentierte wieder in Dialog tritt mit der Situation, die sie ausgelöst

---

[2] Im Fall von Angst sind vor allem die Amygdala und der Orbitofrontale Cortex (OFC) involviert. Beide Areale haben dabei jeweils spezifische Rollen in der Verarbeitung: Die Amygdala ist stärker beteiligt, wenn es sich um einen aktuellen Impuls handelt, wogegen der OFC stärker anspricht, wenn der emotionale Impuls nur erinnert wird. Antoine Bechara und Nasir Naqvi, "Listening to Your Heart: Interoceptive Awareness as a Gateway to Feeling," *Nature Neuroscience* 7 (2004): 102–3.

[3] vgl. Louise Barrett, Robin Dunbar, und John Lycett, *Human Evolutionary Psychology* (Basingstoke: Palgrave, 2002), 289.

[4] Erst an dieser Stelle möchte ich von einer »Emotion« im eigentlichen Sinn sprechen; vgl. Peter Goldie, *The Emotions: A Philosophical Exploration* (Oxford: Clarendon Press, 2002), 52ff. // Damasio spricht hier dagegen bereits von einer »Empfindung« (feeling). Antonio R Damasio, *Descartes' Irrtum: Fühlen, Denken Und Das Menschliche Gehirn* (Berlin: List, 2007), 198ff.

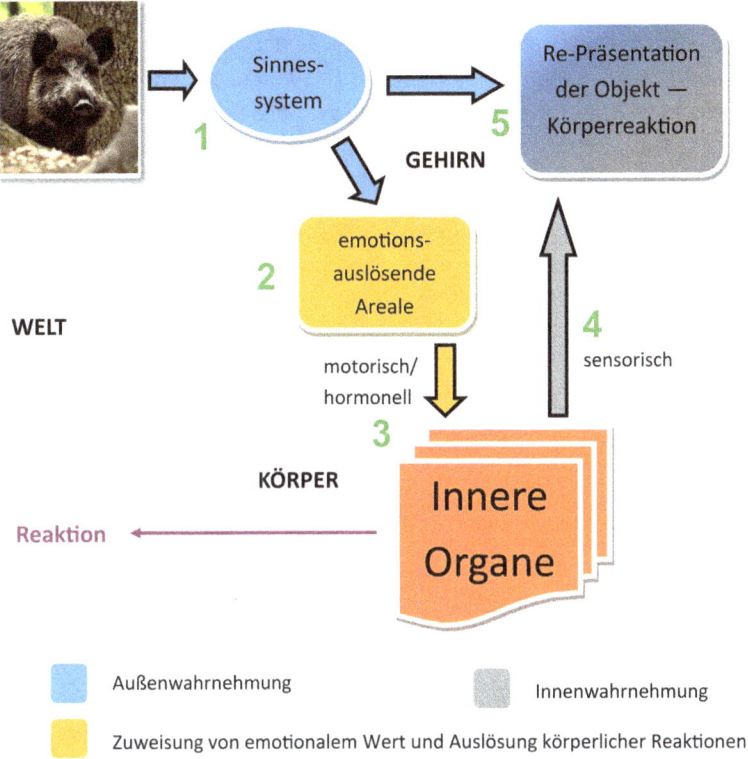

Abb. 6.1: Die Entstehung einer Emotion. Die Darstellung ist stark vereinfacht. An die Stelle eines sensorischen Impulses (hier ein Wildschwein) kann auch eine entsprechende Erinnerung treten. Wildschwein: Mit freundlicher Genehmigung, Copyright © 2013 Malte Schmidt, http://www.fotocommunity.de/pc/pc/display/31664359.

hat, unterscheidet eine Emotion von den rein körperlichen Veränderungen, die sie nur begleiten.

6.1.1 Emotionen sind Handlungsanweisungen

Emotionen beinhalten einen Drang zu bestimmten Handlungen oder Unterlassungen.[5] Häufig werden diese aber nicht *durch* die Emotion ausgelöst, sondern *um*

---

[5] *„…fear involves an urge to escape, anger an urge to attack, parental love an urge to take care of*

eine Emotion zu erreichen oder zu vermeiden. So vermeiden wir Entscheidungen, die die Aussicht auf Trauer, Ärger, Schmerz, Schuld oder ähnliches besitzen, und suchen Entscheidungen, die Glück, Freude oder Erleichterung in Aussicht stellen. Positive wie negative Emotionen haben sowohl real als auch antizipatorisch erheblichen Einfluss auf konkrete (auch moralische) Entscheidungen.

Beispiel: Die Hilfsbereitschaft von Probanden im Experiment ist bei trauriger Stimmung höher als bei einer anhaltend positiven Stimmung.[6] In einem raffinierten Experiment konnte der Grund dafür aufgedeckt werden.[7] Die Probanden wurden zunächst in eine glückliche, traurige oder neutrale Stimmung versetzt. Jeweils eine Hälfte bekam dann Tabletten, von denen es hieß, dass sie den emotionalen Zustand für die Dauer einer Stunde fixieren würden. Sie sollten glauben, dass sie, gleich was sie unternähmen, ihren emotionalen Zustand nicht verändern könnten. Im eigentlichen Versuchsteil wurde dann die Hilfsbereitschaft der Teilnehmer getestet. Wie schon in anderen Experimenten waren die Traurigen hilfsbereiter als der Rest. Dies galt aber nicht, wenn sie die angeblich gefühlsfixierenden Tabletten eingenommen hatten. Die Experimentatoren schlossen daraus, dass die erhöhte Hilfsbereitschaft der Traurigen in der Vergleichsgruppe nicht das Resultat eines verbesserten Einfühlungsvermögens ist, sondern Ausdruck dessen, dass sie ihren traurigen Zustand zu verbessern suchten. Wenn sie überzeugt sind, ihren Zustand nicht verbessern zu können, verschwindet auch die erhöhte Hilfsbereitschaft. Dementsprechend sind Personen, die befürchten, dass sich ihre positive Stimmung bald ändern könnte, ebenfalls geneigt anderen zu helfen.[8] Wer hoffen kann, durch Hilfeleistung glücklicher zu werden, ist also hilfsbereiter als jemand, der bereits sehr glücklich ist.

Beispiel: Schuldgefühle werden nach Möglichkeit vermieden. Eine Person, die über das Konzept „Schuld" verfügt, wird daher vorhersehen, wo sie Gefahr läuft, schuldig zu werden und genau diese Handlungen vermeiden. Bereits durch die Antizipation von Schuld wird die Person also angetrieben, sowohl moralisch als auch sozial verträglich zu leben. Schuldgefühle müssen dazu nicht erst entstehen, im Gegenteil, die Antizipation bewahrt ja gerade davor.[9]

Während wir im Kino trotz unserer Emotionen zu Hilflosigkeit verurteilt sind und nur mit den Protagonisten mitleiden können, befähigen uns Emotionen im realen Leben, Entscheidungen zu treffen und zu handeln. Deutlich wird dies an Men-

---

offspring, and so forth." John A Lambie, "Emotion Experience, Rational Action, and Self-Knowledge," *Emotion Review* 1 (2009): 276.
6 Roy F Baumeister und Brad J Bushman, *Social Psychology and Human Nature* (Belmont, CA: Wadsworth, 2008): 277. // Daniela Niesta Kayser et al., "Why Mood Affects Help Giving, but Not Moral Courage: Comparing Two Types of Prosocial Behaviour," *European Journal of Social Psychology* 40 (2010): 1136–57.
7 G K Manucia, D J Baumann, und R B Cialdini, "Mood Influences on Helping: Direct Effects or Side Effects?," *Journal of Personality and Social Psychology* 46 (1984): 357–64.
8 Yoel Yinon und Meir O Landau, "On the Reinforcing Value of Helping Behavior in a Positive Mood," *Motivation and Emotion* 11 (1987): 83–93.
9 Baumeister und Bushman, *Social Psychology and Human Nature*, 180.

schen, denen dies nicht gelingt. Bei einer bestimmten Schädigung im Ventromedialen Präfrontalen Cortex (VMPFC) sind die für Emotionen zuständigen Hirnareale von jenen für die Entscheidungen abgekoppelt. Betroffene Menschen können keine Emotionen verarbeiten und leiden an einer tiefgreifenden Antriebslosigkeit und Handlungsunfähigkeit. Im Extremfall, dem »Akinetischen Mutismus«, liegen die Betroffenen reglos im Bett: bei vollem Bewusstsein aber ohne jede Motivation zu handeln.[10] Das Zusammenspiel von Emotionen, reflektiertem Nachdenken und dem Willen ist zweifellos komplex, doch diese Patienten zeigen sehr deutlich, dass Emotionen für konkrete Entscheidungen notwendig sind.

6.1.2 Emotionen vermitteln Relevanz

Die grundlegende Botschaft jeder Emotion ist: „Diese Situation ist relevant für dich! Das geht dich an und erfordert, dass du dich dazu verhältst." Die darauf folgende physiologische Reaktion ist meist spezifisch, situationsbedingt und zeitnah. Neural repräsentiert wird sie zur »Empfindung«, zu einer Botschaft des Körpers, zu einem „Zaunpfahl", mit dem er winkt und sofortiges Verhalten nahe legt.

Aber auch dann, wenn sich gerade kein spezielles Gefühl meldet, gibt es ständig eine unbewusste oder bewusste Körperwahrnehmung. Antonio Damasio bezeichnet diese normale Befindlichkeit als „Hintergrund" („background feelings").[11] Dieser ist zwar nicht stets gleichbleibend, sondern verändert sich je nach Situation, aber typisch für ihn ist, dass keine dringende Botschaft an das Subjekt damit verbunden ist: Wenn ich mich in einem normalen Maß müde fühle, ist das zwar ein Ansporn, sich irgendwann Ruhe und Schlaf zu gönnen, aber es besteht kein akuter Handlungsbedarf. Das Gefühl der Müdigkeit gehört daher üblicherweise zu diesem Hintergrund – oder, wie es andere bezeichnen würden, zum affektiven Zustand[12] des Subjekts oder zu seiner Stimmung.[13]

---

10 Antonio Damasio und G W van Hoesen, "Emotional Disturbances Associated with Focal Lesions of the Limbic Frontal Lobe," in *Neuropsychology of Human Emotion*, ed. Heilman KM und Satz P (The Guilford Press, New York, 1983), 85–110.
11 vgl. Barrett, Dunbar, und Lycett, *Human Evolutionary Psychology*, 289.
12 M Pritzel, M Brand, und H J Markowitsch, *Gehirn und Verhalten: Ein Grundkurs der Physiologischen Psychologie* (Heidelberg: Spektrum Akad. Verl., 2003), 386.
13 Baumeister und Bushman, *Social Psychology and Human Nature*, 161.

Ein Grunzen im Wald (2. Teil)
Wenn ich nachts durch den Wald gehe und plötzlich aus einem Gebüsch das Grunzen eines Wildschweins höre, signalisiert das Gefühl auftretender Angst nicht nur etwas allgemein Wichtiges, sondern bezeichnet spezifisch „Gefahr!" Völlig unwillkürlich wird das vegetative Nervensystem stimuliert und damit der Körper in Alarmbereitschaft versetzt. Hormone werden ausgeschüttet, die die autonomen Reaktionen des Körpers verstärken. Eventuell bekomme ich eine Gänsehaut. Die Sinne werden wacher. Der Kreislauf wird angekurbelt. Wenn ich nicht bewusst dagegen arbeite, werden meine nächsten Schritte vorsichtiger und mein Körper nimmt eine Schutzhaltung ein. Wenn ich mich in Begleitung befinde, wird der Andere durch meine Reaktion ebenfalls eine Gefährdung erkennen können, auch wenn er das Grunzen selbst nicht wahrgenommen hat. Seine körperlichen Reaktionen passen sich dann üblicherweise an.

Emotionen haben sich im Lauf der Evolution so entwickelt, dass sie erstens relevante Ereignisse signalisieren, zweitens diese nach innen (Botschaft für mich) und nach außen (Botschaft an andere) kommunizieren und drittens eine körperliche Reaktion auslösen oder diese zumindest vorbereiten. Dabei wirken sich Emotionen, die nicht ins Bewusstsein treten, unmittelbar aus. Emotionen, die zu einer Empfindung werden, sind dagegen wie Ausrufezeichen, die unsere Aufmerksamkeit auf wichtige Eigenschaften der Situation lenken. Dass die von Emotionen informierte Handlungsweise dabei nicht immer zu einer Lösung des Konflikts führt, hat vermutlich jeder schon erfahren. Und dass eine Emotion sich auch irren kann, wird derjenige feststellen, der „todesmutig" dem Grunzen im Gebüsch nachspürt und dabei nur einen lautstarken Igel entdeckt.

6.1.3 Der Vorteil unwillkürlicher Signale

Emotionen kommunizieren nach außen durch unwillkürliche Körpersignale. Vor Schreck geweitete Augen, ein Erröten bei Scham oder ähnliches treten äußerst plakativ auf unserer Außenseite in Erscheinung. Die evolutionäre Signifikanz solcher unwillkürlichen und äußerlichen Signale scheint mit der Entwicklung von sozialen Systemen zusammenzuhängen. Es wird vermutet, dass sie durch ihre Zuverlässigkeit eine besondere Rolle für den Zusammenhalt einer Gruppe spielen: Während Worte trügerisch sein können, sind diese körperlichen Signale ja gerade deswegen zuverlässig, *weil* sie unwillkürlich sind. Soziale Beziehungen werden dadurch transparenter.

Beispiel Erröten: Wozu ist es gut, wenn andere erkennen können, dass mir etwas peinlich ist? Schamesröte tritt auf, wenn – z. B. aus Unachtsamkeit – bekannte Regeln gebrochen wurden oder wenn ein nichtöffentliches Faktum bzw. dessen Ausmaß plötzlich ans Licht kommt. Wie Darwin bereits gezeigt hat, geschieht es nicht wenn man selbst etwas Unangenehmes bemerkt, sondern wenn man sich bewusst wird, dass ein Anderer es bemerkt.[14] Erröten galt lange Zeit als evolutionäres Rätsel, da nicht klar war, worin der ultimate genetische Vorteil bestehen soll, von anderen überführt werden zu können, und wenn es einen solchen Vorteil gibt, wieso dann ein so einfaches Signal nicht gefälscht werden sollte.[15] Erröten lässt sich tatsächlich erst im Kontext einer Lebensgemeinschaft verstehen (mit Hilfe von Gruppenselektion): Hier kann es als Signal der Versöhnung und Reue eine wichtige Rolle für die Harmonie in einer Gruppe spielen. Gerade dadurch, dass es unwillkürlich auftritt, signalisiert es zuverlässig, dass sich jemand der Übertretung von Regeln bewusst geworden ist. Es weckt damit die Erwartung, dass jemand beim nächsten Mal nicht wieder so handeln wird. Wer errötet schafft Vertrauen.[16]

Durch die Unwillkürlichkeit von Signalen ist gleichzeitig eine hohe Kongruenz und damit ein hoher informativer Wert gewährleistet. Wenn dagegen zum Beispiel ein Lächeln nicht authentisch ist oder nicht zu den äußeren Umständen passt, verliert es seinen Informationsgehalt und löst in Beobachtern sogar neuronale Reaktionen aus, die mit negativen Emotionen korreliert sind. Ein Lächeln vorzutäuschen scheint somit mehr zu schaden als zu nützen.[17]

Unterschwelligkeit hat signifikante evolutionäre Vorteile: Ein unwillkürliches Signal ist kongruent und übermittelt zuverlässige Informationen. Damit ein solches Signal nicht ausgenutzt werden kann, sollte es für den Empfänger möglichst ebenfalls unterschwellig bleiben. Gelänge es einer der beiden Seiten – der des Senders oder der des Empfängers – die Signale vollständig bewusst zu setzen bzw. zu erkennen ohne dass die andere Seite dies merkt, könnten sie diese Form der Kommunikation einseitig zu ihren Gunsten beeinflussen.[18] Das System könnte in Richtung einer Individualselektion kippen und wäre evolutionär möglicherweise nicht mehr stabil.

---

14 *„It is not the simple act of reflecting on our own appearance, but the thinking what others think of us, which excites a blush."* Darwin, *The Expression of the Emotions in Man and Animals*, (1872), Kapitel 13, S. 328.
15 Caroline Williams, "10 Mysteries of You," *New Scientist* 2720 (2009): 28.
16 ebd. // Dacher Keltner, *Born to Be Good: The Science of a Meaningful Life*, Kindle Edition (NY: Norton and Company, 2009), Pos. 818 ff und 4441–4447.
17 Barbara L Fredrickson und Marcial F Losada, "Positive Affect and the Complex Dynamics of Human Flourishing," *Am Psychol* 60 (2005): 685.
18 Wenn zwei Personen interagieren, kann man die unbewusste Tendenz feststellen, einander in Ausdruck, Gestik und Mimik zu imitieren. Es konnte gezeigt werden, dass Interaktionen, in denen dieser „Chamäleoneffekt" auftritt, reibungsloser gelingen und die Partner mehr Sympathie füreinander empfinden. Allerdings nur, solange die Nachahmung nicht bewusst wird. Sobald einer den Verdacht hegt, absichtlich imitiert zu werden, erscheint ihm das, was sonst natürlich ist, mit einem Mal als aufgesetzt und manipulativ. Melissa J Ferguson und John A Bargh, "How Social Perception Can Automatically Influence Behavior," *Trends in Cognitive Sciences* 8 (2004): 33–39.

Die Gefahr der Ausnutzung ist eine ganz reale Bedrohung. Der Primatologe Frans Plooij erzählt, wie ein Schimpanse versteckte Bananen ausfindig machte. Da ein dominantes Tier in der Nähe war, tat er jedoch so, als ob nichts wäre, bis sich das dominante Tier, scheinbar nichtsahnend, verzog. Kaum war es verschwunden, holte der erste Schimpanse die Bananen aus ihrem Versteck. Mit einem Mal stürmte das dominante Tier heran, das sich in Wahrheit nicht verzogen, sondern versteckt hatte, und kassierte die Bananen von dem überraschten Schimpansen ein.[19] Offenbar hatte dieser durch unwillkürliche Körpersignale seine wahren Absichten preisgegeben und konnte deshalb vom dominanten Männchen ausgetrickst werden.[20] Es gibt einerseits Berichte, von Affen, die über einen überraschenden Fund in lautes Freudengeschnatter ausbrachen, dadurch die dominanten Tiere erst anlockten und so ihren Fund genauso schnell wieder verloren hatten, andererseits gelang es untergeordneten Tieren in vielen Fällen sehr gut und manchmal auf äußerst dreiste Weise, ihre Aktionen geheim zu halten.[21]

Beispiel Kooperatives Auge: Beim Menschen finden sich weitere spezifisch kooperative Anpassungen. Besonders markant ist das menschliche Auge. Hier sind sowohl der Umriss des Auges, als auch die Position der Iris deutlich erkennbar. Dies wird ermöglicht durch den starken Kontrast der ständig sichtbaren weißen Sklera (Lederhaut) zur Iris und der dunklen Pupille.[22] Anders als bei Tieren, gelingt es beim Menschen ohne große Mühe, selbst bei unveränderter Kopfhaltung, die Blickrichtung eines Anderen zu erkennen (Abb. 6.2).[23]

---

19 SPIEGEL, Ausgabe 5/1988 „Affen lügen wie Menschen. Lügen Menschen noch immer wie Affen?"
20 Man beachte, welche kognitiven Fähigkeiten hinter dem Verhalten des dominanten Schimpansen steckt: „X glaubt, daß ich glaube, daß er keine Ahnung hat, wo Bananen sind. In Wirklichkeit glaube ich aber, dass er es weiß. Deshalb verhalte ich mich so, dass er sich in Sicherheit wähnt, doch stattdessen verstecke ich mich und lauere ihm auf."
21 Von einem Beispiel weiblicher Raffinesse berichtet der Schweizer Primatologe Hans Kummer: 20 Minuten lang hatte ein Weibchen hinter einem Felsblock so agiert, dass Kopf und Schultern für das Alphamännchen jederzeit sichtbar waren. Was dem Pascha entging, war, dass sie währenddessen einen Nebenbuhler lauste, der sich hinter dem Stein verborgen hielt. Das Affenweibchen habe es also fertiggebracht, sich ihre eigenen Umrisslinien vom Standpunkt des Gehörnten aus vorzustellen. Diese und weitere Episoden haben Richard Byrne und Andrew Whiten gesammelt und in einem Artikel veröffentlicht: "The Thinking Primate's Guide to Deception," *New Scientist* 1589 (1987): 54–57.
22 Hiromi Kobayashi und Shiro Kohshima, "Unique Morphology of the Human Eye and Its Adaptive Meaning: Comparative Studies on External Morphology of the Primate Eye," *Journal of Human Evolution* 40 (2001): 419–35.
23 *„….humans, and only humans among primates, have developed a morphological feature – the highly visible eye – that makes their gaze direction easier for others to follow across all contexts."* Michael Tomasello et al., "Reliance on Head versus Eyes in the Gaze Following of Great Apes and Human Infants: The Cooperative Eye Hypothesis," *Journal of Human Evolution* 52 (2007): 318.

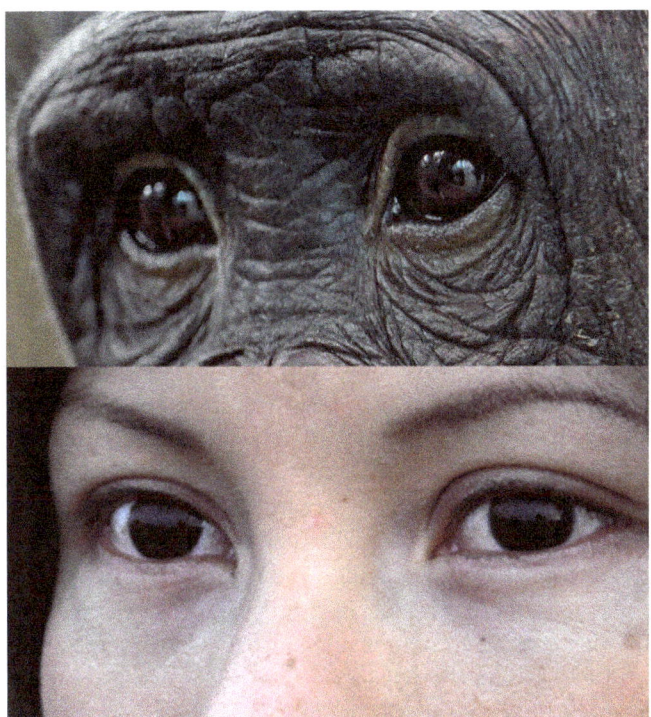

Abb. 6.2: Die Hypothese vom Kooperativen Auge. Die Augenpartie eines Bonobo und die eines Menschen. Die weiße Sklera beim Menschen ermöglicht es, auch aus größerer Entfernung die Blickrichtung sehr genau zu erkennen. Mit freundlicher Genehmigung © 2014 Emmanuel Keller (Tambako), https://www.flickr.com/photos/tambako/14139699527 und © Emerich Sumser.

In Versuchen konnte gezeigt werden, dass Orang-Utans, Schimpansen und Bonobos die Blickrichtung eines Menschen anhand seiner Kopfhaltung zu erkennen versuchen. Wenn Blickrichtung und Kopfhaltung voneinander abweichen, orientieren sie sich am Kopf. Kinder ab einem Alter von 18 Monaten orientieren sich im Gegensatz dazu an den Augen. Michael Tomasello deutet dies als eine menschliche Anpassung für Kooperation. Die bloße Existenz eines Merkmals, das so leicht ausgenützt werden kann, bedeutet, dass die Gruppen, in denen es sich entwickelt hat, von kooperativen Beziehungen geprägt sein mussten.[24]

> With the sole exception of our own species, primate eyes have evolved to be difficult to see, to conceal rather than reveal information about ourselves – the natural equivalent of sunglasses ...[25]

---

[24] ebd., 314–320.
[25] [Hervorh. i. Orig.] David Sloan Wilson, *Evolution for everyone*, 166.

6.2 Somatische Marker

Durch seine Patienten mit einer Schädigung im VMPFC (ventromedialer präfrontaler Cortex) kam Antonio Damasio auf die Spur einer besonderen Kategorie von Emotionen, die er als Somatische Marker (»Somatic markers«) bezeichnet. Sie sind offensichtlich an Entscheidungsfindungen maßgeblich beteiligt, denn obwohl die Intelligenz der Patienten nicht beeinträchtigt war, zeigten sie starke Abweichungen von der Norm, wenn es darum ging, Entscheidungen aufgrund früherer Erfahrungen zu treffen.[26]

Experimentell wurde dies mithilfe eines einfachen Glücksspiels, der „Iowa-Gambling-Task", untersucht.[27] Der Proband erhält dabei vier Stapel mit verdeckten Spielkarten. In jeder Runde entscheidet er sich, von welchem Stapel eine Karte gezogen wird. Je nach Karte gewinnt oder verliert der Proband einen bestimmten Geldbetrag. Zwei der Stapel enthalten Karten, wo zwar hohe Gewinne möglich sind, diese aber durch noch höhere Verluste überwogen werden. Die anderen beiden Stapel haben Karten mit nur moderaten Gewinnen. Diese sind aber durchschnittlich höher als die ebenfalls moderaten Verluste. Diese Stapel stellen also langfristig die günstigere Alternative dar. Es zeigt sich, dass gesunde Probanden meist schnell lernen, die beiden extremen Stapel zu meiden. Probanden mit Schädigung des VMPFC lernen dies dagegen nicht. Sie passen ihre Entscheidungen nicht an das zuvor Erlebte an. Diese Unfähigkeit aus Erfahrungen zu lernen, liegt aber nicht daran, dass sie gar keine emotionalen Reaktionen hätten. Messungen der Hautleitfähigkeit zeigen vielmehr, dass sie emotional in ähnlicher Weise auf Verlust und Gewinn reagieren wie gesunde Probanden. Doch es gibt einen bedeutenden Unterschied: Wenn sie sich den kommenden Spielzug vorstellen sollten, zeigten nur die gesunden Probanden eine emotionale Reaktion. Offenbar können die Probanden mit einer derartigen Schädigung ihre emotionalen Erlebnisse nicht in gleicher Weise für künftige Entscheidungen nutzen.

Antonio Damasio entwickelte davon ausgehend die Hypothese eines emotionalen Gedächtnisses, dessen Inhalte als abrufbare neuronale Muster und damit verbundene Emotionen – »Somatische Marker« – vorliegen. Diese würden laufend an die Erfahrungen angepasst und seien unter Umständen in der Lage, Entscheidungen autonom herbeizuführen. Werden gewisse Merkmale aus einer früheren Situation wiedererkannt, so wird das entsprechende Muster unterbewusst

---

26 Antoine Bechara et al., "Insensitivity to Future Consequences Following Damage to Human Prefrontal Cortex," *Cognition. 1994* 50 (1994): 7–15.
27 Antoine Bechara, Daniel Tranel, und Hanna Damasio, "Characterization of the Decision-Making Deficit of Patients with Ventromedial Prefrontal Cortex Lesions," *Brain* 123 (2000): 2189–2202.

aktiv. Dies geschieht nicht nur in aktuellen, sondern auch in imaginierten Situationen wie beim Erinnern oder beim Abwägen von Alternativen. In solchen Entscheidungssituationen werden die antizipierten Handlungsmöglichkeiten mithilfe der Somatischen Marker unbewusst oder bewusst bewertet. Negative Somatische Marker funktionieren dabei üblicherweise als Alarmsignal und positive als Ermutigung zu einer bestimmten Handlung.[28]

Einige vorgebrachte Bedenken[29] haben der Popularität der Hypothese kaum geschadet und aufgrund weiterer Forschungsergebnisse der letzten Jahre konnte der immense Einfluss von emotionalen Bewertungen auf die meisten, wenn nicht gar alle Entscheidungen bestätigt werden. Die physiologische und strukturelle Identität von Somatischen Markern ist vermutlich uneinheitlich: Obwohl es eine gemeinsame lokalisierbare Instanz zu geben scheint, die durch Schädigung des VMPFC beeinträchtigt wird, so ist diese Instanz für sich genommen nicht mit dem Begriff »Somatische Marker« identisch. Vielmehr handelt es sich wohl um eine besondere Form der Aktivierung von Emotionen als Antwort auf eine aktuelle Situation. Jeder Marker stellt eine integrierte Form von gespeicherter situationsbedingter Erfahrung dar, die als Emotion abgerufen und weiterverarbeitet werden kann.[30] Ihre Aktivierung geschieht in einer Weise, dass vergangene Erfahrungen, aktuelles Erleben und antizipierter Verlauf zueinander in Beziehung gesetzt werden.[31] In ihrer Summe sind sie eine Art persönliches, emotionales Situationsgedächtnis, das in der Lage ist, unbewusst Entscheidungen hervorzubringen und die bewussten zu beeinflussen.

Antonio Damasio berichtet aus seiner klinischen Praxis von einem Patienten mit VMPFC-Schädigung, der vermutlich keine »Somatischen Marker« bilden konnte. Er sollte sich einen von zwei Terminen heraussuchen und war damit offenbar heillos überfordert.

> Fast eine halbe Stunde lang zählte er Gründe für und gegen die beiden Termine auf. [...] Er zwang uns, nun einer ermüdenden Kosten-Nutzen-Analyse zu folgen, einer endlosen Aufzählung und einem überflüssigen Vergleich von Optionen und möglichen Konsequenzen. Wir mussten uns sehr beherrschen... Schließlich teilten wir ihm ganz ruhig mit, dass er zum zweiten der Termine zu erscheinen habe. Seine Reaktion war ebenso ruhig und prompt. Er

---

28 Antoine Bechara und Antonio R Damasio, "The Somatic Marker Hypothesis: A Neural Theory of Economic Decision," *Games and Economic Behavior* 52 (2005): 336–72.
29 vgl. Alan G Sanfey und Jonathan D Cohen, "Is Knowing Always Feeling?," *PNAS* 101 (2004): 16709–10. // Tiago V Maia und James L McClelland, "A Reexamination of the Evidence for the Somatic Marker Hypothesis: What Participants Really Know in the Iowa Gambling Task," *PNAS* 101 (2004): 16075–80.
30 vgl. Pritzel, Brand und Markowitsch, *Gehirn und Verhalten*, 390.
31 vgl. Bechara und Damasio, *The Somatic Marker Hypothesis*.

sagte einfach: ›In Ordnung‹. Mit diesen Worten steckte er den Terminkalender in die Tasche und war fort.[32]

Diese Episode vermittelt einen Eindruck von den Grenzen rein rationalen Entscheidens. Dass Gefühle uns gelegentlich auch irreführen, weil wir ihnen zu viel oder das falsche Gewicht geben, ändert nichts an ihrer grundsätzlichen Nützlichkeit bzw. Notwendigkeit. Gegenüber einer bewussten, rationalen Entscheidung besitzt der Rückgriff auf Somatische Marker signifikante Vorteile:
- **Erster Vorteil:** Somatische Marker beinhalten die Bewertung einer aktuellen Situation unter Berücksichtigung vieler früherer Erfahrungen. Eine sehr viel größere Menge an Information fließt in die Bewertung ein, als auf rein kognitivem Weg zu bewerkstelligen wäre.
- **Zweiter Vorteil:** Das Profil der Somatischen Marker verändert sich kontinuierlich mit den weiteren gemachten Erfahrungen und der nachträglichen Beurteilung der getroffenen Entscheidung. Sowohl die Aktivierung als auch die Aktualisierung geschehen automatisch[33] und mühelos.
- **Dritter Vorteil:** Somatische Marker bringen auf zweierlei Weise einen enormen Geschwindigkeitsvorteil. Es wird sofort eine Vorauswahl unter den Alternativen getroffen. Manche Optionen werden unterbewusst abgelehnt und andere, die mit positiven Somatischen Markern verbunden sind, treten in den Vordergrund. Außerdem findet der Prozess auf der sehr schnellen, unbewussten Ebene statt, ohne Zeit durch Nachdenken zu verlieren.[34]

6.3 Empathie

Am 16. August 1996 kletterte ein dreijähriger Junge im Chicagoer Zoo auf die Mauer des Gorillageheges, stürzte 6 Meter in die Tiefe und verlor das Bewusstsein. Eine Gorilladame, Binti Jua, näherte sich, ihr eigenes Kind auf dem Rücken. Die hilflosen Zoobesucher wurden Zeugen einer rührenden Szene. Binti Jua nahm den

---

32 Damasio, *Descartes' Irrtum*, 263 f
33 Wenn in der Neurophysiologie etwas »automatisch« erfolgt, geschieht es *unbewusst, mühelos, schnell* und *ohne eine explizite Entscheidung*. »Automatisch« bedeutet aber *nicht*, dass auf das Ergebnis kein Einfluss mehr genommen werden könnte!
34 Le Doux, der sich besonders mit dem Phänomen Angst beschäftigt hat, erwähnt übereinstimmend zwei Wege, wie die Information über eine Gefahr verarbeitet wird: Den langsamen bewussten über den Cortex, der auf Empfindungen angewiesen ist, und einen schnellen und unbewussten („*quick and dirty*") über die Amygdala, der auf Emotionen (bzw. Somatischen Markern) basiert; zit. in Barrett, Dunbar und Lycett, *Human evolutionary Psychology*, 291.

Jungen auf ihren Arm, hielt andere Gorillas, die sich neugierig näherten, auf Distanz und brachte ihn schließlich zu einer entfernten Tür, wo ihn die Zoowärter in Empfang nehmen konnten. Was ging in der Affendame vor, als sie auf das bewusstlose Kind zu ging, es auf den Arm nahm und zu den Wächtern brachte? Viele Wissenschaftler und sicherlich ein großer Teil jener Zoobesucher, die Zeugen dieser Episode wurden, würden das Verhalten von Binti Jua ohne Zögern als „empathisches Verhalten" bezeichnen.

Das Phänomen »Empathie« lässt sich untergliedern:

- **Gefühlsansteckung:** Das Subjekt übernimmt unbewusst die Emotionen des Objekts und lässt sich von ihnen „anstecken". *Beispiel:* Bis zum Alter von etwa 14 Monaten reagieren Babys auf die Stresssignale anderer Babys häufig dadurch, dass sie selbst zu schreien beginnen.[35] Im Jahre 1992 wurden die sogenannten »Spiegelneurone« entdeckt, die in gleicher Weise aktiv werden, ob das Subjekt eine bestimmte Handlung selbst durchführt oder ob es ein anderes Individuum bei dieser Handlung beobachtet.[36]
- **Affektive Empathie:** Das Subjekt besitzt ein gewisses Verständnis für Ziele und Beweggründe anderer. Ein ausgewachsenes Selbstbewusstsein ist hierfür nicht unbedingt notwendig, aber doch mindestens die Wahrnehmung des eigenen Körpers als eigenem. *Beispiel:* Ab etwa einem Jahr beginnen Kinder damit, auf Stresssignale mit Hilfsangeboten zu reagieren. Stressverhalten wird in diesem Alter jedoch oft noch imitiert; möglicherweise um es besser verstehen zu lernen.[37]
- **(Kognitive) Empathie:** Das Subjekt ist in der Lage, die Perspektive des anderen einzunehmen und dessen Situation zu imaginieren. Es erlangt dabei Einsicht in dessen Wünsche, Ziele und Erwartungen. Kognitive Empathie tritt zusammen mit anderen Merkmalen von Bewusstsein auf. Zu diesen gehören die Fähigkeit zur Perspektivenübernahme, zum Betrug, Werkzeuggebrauch oder auch das Erkennen im Spiegel.[38] *Beispiel:* Mit zunehmendem Alter nimmt bei

---

35 Elaine Hatfield und Cacioppo Hatfield, *Emotional Contagion* (Cambridge Univ. Pr., 1994), 82.
36 G di Pellegrino et al., "Understanding Motor Events: A Neurophysiological Study," *Experimental Brain Research. Experimentelle Hirnforschung. Experimentation Cerebrale* 91 (1992): 176–80. // Giacomo Rizzolatti et al., "Premotor Cortex and the Recognition of Motor Actions," *Cognitive Brain Research* 3 (1996): 131–41. // *„A brain region is considered to be part of a mirror system or a shared network if it is activated during performance of the action as well as during the observation of the same action being performed by another person."* Chris D Frith und Tania Singer, "The Role of Social Cognition in Decision Making," *Philos Trans R Soc Lond B Biol Sci* 363 (2008): 3876.
37 C Zahn-Waxler, M Radke-Yarrow, und J Brady-Smith, "Perspective-Taking and Prosocial Behavior," *Dev Psych* 13 (1977): 87–88.
38 Die Entwicklungspsychologin Doris Bischof-Köhler konnte in ihren Versuchen eine deutliche Korrelation zeigen, zwischen der Fähigkeit, sich im Spiegel zu erkennen und empathischen Fä-

Kindern der eigene Stress ab, wenn sie jemand anderen gestresst erleben, während ihre Hilfsangebote der Situation immer besser entsprechen („tailored helping").[39] Psychologen und der allgemeine Sprachgebrauch meinen meist diese Form, wenn sie den Begriff »Empathie« benutzen. Im Folgenden wird er auch in diesem Sinn verwendet.

Für eine voll entwickelte empathische Reaktion ist es also notwendig, die emotionalen und motivationalen Zustände eines anderen nicht nur zu spiegeln, sondern sie als die Zustände *eines Anderen* zu verstehen: Gerade weil eine emotionale Verbindung entsteht, müssen Ich und Anderer auch wieder unterschieden werden um zu sinnvollen Handlungen zu kommen.[40] Zur Identifikation mit dem Objekt, indem man sich auf dessen Gefühle, Ziele und Intentionen ein-lässt *(Integration)*, kommt das Erkennen hinzu, dass es ein Anderer ist, nicht identisch mit dem Ich des empathischen Subjekts *(Differenzierung)*. Emotionale Ansteckung ist dann ein Fall fehlender Differenzierung, entweder weil die Unterscheidung zwischen Ich und Anderem noch nicht möglich ist (zum Beispiel bei Babys), oder weil sie momentan nicht gemacht wird (zum Beispiel im Kino). Einerseits wird damit klar, dass sich die vielen Berichte über Tiere, die angemessene Hilfe leisteten, wie die Schimpansendame Binti Jua, keinesfalls mit emotionaler Ansteckung erklären lassen. Andererseits muss auch kein „ausgewachsenes" Selbstbewusstsein, in einer Art, wie wir es als erwachsene Menschen erleben dafür postuliert werden.[41]

---

higkeiten, z. B. andere zu trösten. Doris Bischof-Köhler, "Über den Zusammenhang von Empathie und der Fähigkeit, sich im Spiegel zu erkennen," *Schweizerische Zeitschrift Für Psychologie* 47 (1988): 147–59.

39 C Zahn-Waxler, S L Friedman, und E M Cummings, "Children's Emotions and Behaviors in Response to Infant's Cries," *Child Dev* 54 (1983): 1522–28. // Als Beispiel aus dem Tierreich wird hierfür in der Literatur häufig Binti Jua angeführt. Ein anderes eindrucksvolles Beispiel berichtet Frans de Waal (2006, 71). Der Wassergraben des Bonobo Geheges im Zoo von San Diego wurde abgelassen um ihn zu schrubben. Nach getaner Arbeit wurden die Affen wieder freigelassen und die Wärter gingen, um den Wassereinlass zu öffnen und den Graben neu zu befüllen. Plötzlich kam Kakowet, ein altes Männchen, schreiend und gestikulierend zum Fenster. Einige junge Bonobos waren in den trockenen Graben gestiegen und kamen nicht mehr heraus. Die Wärter holten daraufhin eine Leiter, und alle wurden gerettet. Kakowet ließ es sich nicht nehmen, dabei den Jüngsten der Bonobos selbst herauszuziehen.

40 Michael Lewis, "Empathy Requires the Development of the Self," *Behavioral and Brain Sciences* 25 (2001): 42.

41 vgl. Marc Bekoff, *Minding Animals: Awareness, Emotions, and Heart* (Oxford: Univ. Press, 2002), 131f.

6.3.1 Verbindung schafft Verbindlichkeit

Empathie benötigt Signale beim Gegenüber, an denen sie sich festmachen kann – »Empathie-Anker«: Verschiedene soziale Signale, wie die Kooperativen Augen oder die Merkmale des sogenannten Kindchenschemas[42] rufen beim Menschen unwillkürlich, positiv empathische Reaktionen hervor. Vor allem unwillkürliche Signale spielen eine wichtige Rolle, weil sie Informationen unterschwellig übermitteln und deshalb eine besondere Zuverlässigkeit besitzen. Ein wesentlicher Charakterzug der Empathie ist ja ihre inhärente Unsicherheit darüber, ob der Eindruck korrekt ist. Empathische Reaktionen sind ja nie exakt und liefern mitunter glatte Fehlinformationen. Schließlich erfolgt der Zugriff auf die inneren Zustände eines Gegenübers nur indirekt: durch äußere Signale und die eigenen Sinne. Letztlich handelt es sich immer nur um eine Simulation des Zustands des Andern. Empathie täuscht sich daher mitunter und kann vor allem auch durch ein geschicktes Gegenüber getäuscht werden. Trotz dieser Unsicherheit besitzt die Empathie einerseits eine wichtige informative Funktion, indem sie ansonsten verborgene Informationen über Interaktionspartner und soziale Situationen zugänglich macht, und andererseits eine soziale Funktion, indem sie Kommunikation erleichtert, Motivation liefert und Beziehungen klärt.[43] Damit dies gelingt, ist von beiden Interaktionspartnern Kongruenz gefordert.

Beispiel: „Ich sehe dein Gesicht von Schmerz verzerrt, und fühle deinen Schmerz mental mit dir. Du kannst an meinem Gesichtsausdruck erkennen, dass ich deinen Schmerz teile und bist getröstet durch das Wissen, dass jemand deinen Schmerz mit dir teilt."

Empathische Vorgänge können zwar für jeden Beteiligten separat betrachtet werden, aber die Situation wird in ihrem sozialen Aspekt besser erfasst, wenn man die Beteiligten als eine Einheit versteht.[44]

> A truly selfish individual would have no trouble walking away from another in need, whereas empathic engagement hooks one into the other's situation.[45]

---

42 große Augen, runder Kopf, vorgewölbte Stirn usw.; vgl. Eibl-Eibesfeldt (1980), 603f.
43 Frederique de Vignemont und Tania Singer, "The Empathic Brain: How, When and Why?," *Trends in Cognitive Sciences* 10 (2006): 435–41.
44 vgl. A Roepstorff, C Frith, und U Frith, "How Our Brains Build Social Worlds," *New Scientist*, 2009, 32–33. // Diesen Ansatz verfolgt Andreas Roepstorff mit seinem „*Interacting Minds Project*" an der Universität Aarhus, DK, http://interactingminds.au.dk/.
45 de Waal, "Putting the Altruism Back into Altruism: The Evolution of Empathy," 292.

Weder das Ergehen des Anderen, noch das eigene Ergehen können aus dem Prozess heraus gehalten werden.[46] Und genau hier – wenn sich die Empathie an einem »Empathie-Anker« festmacht – geschieht, was wir am Anfang des Kapitels postuliert haben: Es wird durch die proximaten Mechanismen nicht nur Verbindung geschaffen, sondern *Verbindlichkeit*. Das Wohl des Anderen wird zum eigenen Anliegen.

6.3.2 Die ungleichen Zwillinge

Empathische Fähigkeiten suggerieren einen freundlichen, wohlwollenden Träger. Doch dabei wird Empathie mit Sympathie oder Mitleid verwechselt.[47] Kognitive Empathie befähigt aber sowohl dazu, dem anderen zu helfen, als auch dazu, seinen Zustand zu eigenen Gunsten ausnutzen. Sie kann sich also mit Sympathie verbinden, um Prosoziales Verhalten hervorzubringen, oder mit Antipathie, um Antisoziales Verhalten hervorzubringen. Der Anschaulichkeit halber nenne ich hier diese beiden „Zwillinge" »Pro-Empathie« und »Contra-Empathie«.

In einem raffinierten Versuch konnten Englis et al. (1982) beide „auf die experimentelle Bühne locken": In der ersten Phase (Konditionierung) glaubten die Probanden ein Investmentspiel mit einem anderen Studenten zu spielen, doch in Wirklichkeit handelte es sich dabei um eine Video-Sequenz, die ihnen auf ihrem Bildschirm vorgespielt wurde. Laut Spielanleitung hingen Gewinn oder Verlust einer Spielrunde von der Entscheidung beider Spieler ab. Bei Gewinn gab es für den Probanden Punkte, bei Verlust einen moderaten Elektroschock. Der Schauspieler im Video reagierte jeweils entweder mit Bedauern oder mit Freude: In der einen Versuchsgruppe tat er dies kongruent, also bei Gewinn mit Freude und bei Elektroschock mit Bedauern, in der anderen Versuchsgruppe tat er dies inkongruent – bei Gewinn mit Bedauern und bei Elektroschock mit (Schaden-)Freude. In der anschließenden zweiten Phase durfte jeder Proband dem vermeintlichen Mitspieler per Video bei einem Ein-Personen-Spiel zuschauen. Es wurde nun untersucht, wie die Probanden emotional auf dessen Gewinne und Niederlagen reagierten. Es ist nicht überraschend, dass die Probanden, die zuvor einen kon-

---

[46] z.B. führt der ungerechte Umgang von Kunden mit einem Kollegen zu den gleichen emotionalen Reaktionen, als wenn man selbst das Opfer der Ungerechtigkeit geworden wäre; Sharmin Spencer und Deborah E Rupp, "Angry, Guilty, and Conflicted: Injustice toward Coworkers Heightens Emotional Labor through Cognitive and Emotional Mechanisms," *J Appl Psychol* 94 (2009): 429–44.

[47] vgl. Grit Hein und Tania Singer, "I Feel How You Feel but Not Always: The Empathic Brain and Its Modulation," *Current Opinion in Neurobiology* 18 (2008): 153–58.

gruenten mitfühlenden Mitspieler erlebt hatten, nun ebenfalls pro-empathisch reagierten, die anderen, die den Mitspieler zuvor als schadenfroh und missgünstig erlebt hatten, dagegen indifferent oder contra-empathisch.[48]

> ... the joy and distress of a cooperative model elicit similar reactions from observers. By contrast, displays of joy by an alleged competitive distress observers and displays of stress calm them.[49]

Die Reaktion ist bei Männern und Frauen allerdings unterschiedlich: Vertreter beider Geschlechter reagieren pro-empathisch, wenn sie sehen, dass *faire* Mitspieler aus einem Investment-Spiel Schmerz leiden. Wenn es sich dagegen um *unfaire* Mitspieler handelt, findet man bei Männern eine deutlich gesteigerte Aktivität in belohnenden Hirnregionen, wenn der andere leidet. Bei Frauen findet sich dagegen keine derartige Korrelation.[50]

Vergleichbare Umschläge der empathischen Antworten von Pro- nach Contratreten auf, wenn der Andere als zur eigenen Gruppe gehörig (In-Group) oder als nicht-zugehörig (Out-Group) betrachtet wird.[51] Biases dieser Art lassen sich zwar leicht manipulieren,[52] zeigen sich in manchen Kontexten aber als sehr hartnäckig und – vor allem in angstbesetzten – als geradezu unüberwindbar.[53]

---

48 B G Englis, K B Vaughan, und J T Lanzetta, "Conditioning of Counter-Empathetic Emotional Responses," *Journal of Experimental Social Psychology* 18 (1982): 375–92. Die emotionale Reaktion wurde über die Leitfähigkeit der Haut gemessen. // vgl. auch Chen and Li, "Group Identity and Social Preferences."
49 Albert Bandura, "Reflexive Empathy: On Predicting More than Has Ever Been Observed," *Behav Brain Sci* 25 (2002): 24.
50 Diese Resultate ergeben im evolutionären Kontext durchaus einen Sinn und könnten die unterschiedlichen Rollen der Geschlechter in menschlichen Gesellschaften wiederspiegeln. Die Wissenschaftler raten zwar zu vorsichtiger Interpretation, da die geschlechtsspezifischen Effekte weiterer Untersuchungen bedürften. Sie geben z. B. zu bedenken, dass die Form der Bestrafung – physische Gewalt – eine typisch männliche Form von Bestrafung darstellt. Sollten die geschlechtsspezifischen Unterschiede aber weiterhin bestätigt werden, so könnte dies ein Hinweis sein auf „... *a predominant role for males in the maintenance of justice and punishment of norm violation in human societies.*" Tania Singer et al., "Empathic Neural Responses Are Modulated by the Perceived Fairness of Others," *Nature* 439 (2006): 468.
51 Piercarlo Valdesolo und David DeSteno, "Moral Hypocrisy," *Psychological Science* 18 (2007): 689–90.
52 „... *some of the studies reported here demonstrated that even minimal deviations from the minimal group paradigm leading to a shift from intergroup to interpersonal or even intragroup relations may suffice to eliminate discrimination.*" Michael Diehl, "The Minimal Group Paradigm: Theoretical Explanations and Empirical Findings," *European Review of Social Psychology* 1 (1990): 288. // Eine contra-empathische Antwort kann sich z. B. zu einer pro-empathischen Antwort verändern, indem

Biases sind meist Voreingenommenheiten aufgrund von „Signalen", die verzerrend oder im falschen Kontext wahrgenommen werden. Dieser Prozess verläuft offenbar automatisch, sofort und unbewusst ab. Ein Beispiel wäre unsere verzerrte Wahrnehmung von Gruppenmitgliedern gegenüber Fremden[54] oder die Tatsache, dass Richtersprüche direkt nach einem Essen wohlwollender ausfallen.[55] Müssen die Gründe dagegen zuerst imaginiert werden, zum Beispiel wenn man die eigenen Intentionen oder die des Gegenübers (re-)konstruieren oder nach Rechtfertigungen für eine Handlung suchen muss, dann müssen *noch vor der Bias-Bildung* diese kognitiven Prozesse ablaufen. In diesem Fall erscheint der Bias erst nach einer bewussten Reflexion. Beispiele wären die Tatsache, dass wir eigene Fehler als weniger gravierend ansehen als dieselben Fehler bei anderen. Im Experiment lassen sich solche Biases durch kognitive Ablenkung verhindern.[56]

Viele Faktoren modulieren und bestimmen die empathische Reaktion in einer Weise, die evolutiv sinnvoll zu sein scheint: Positive Beziehungen führen zu Pro-Empathie, während Beziehungen zu Fremden oder zu Gegnern die empathische Reaktion indifferent oder zu Contra-Empathie werden lassen. Als Ergebnis unserer Fähigkeit zur Empathie existiert allerdings beides: einerseits großartige kooperative Leistungen und Beispiele von selbstlosem Einsatz zugunsten anderer, aber ebenso auch Fälle schamlosen Betrugs und erfinderischer Grausamkeit.

---

in den Versuch eine gegenseitige Abhängigkeit der Probanden eingeführt wird; vgl.Bandura (2002), S. 24.

53 z.B. Klaus R. Scherer und Tobias Brosch, "Culture-Specific Appraisal Biases Contribute to Emotion Dispositions," *European Journal of Personality* 23 (2009): 265–88. // Andreas Olsson et al., "The Role of Social Groups in the Persistence of Learned Fear," *Science* 309 (2005): 785–87. // Zur (Un-)Möglichkeit bestimmte Biases zu reduzieren, vgl. Carlos David Navarrete et al., "Fear Extinction to an out-Group Face: The Role of Target Gender," *Psychol Sci* 20 (2009): 155–58. // Robert W Livingston und Brian B Drwecki, "Why Are Some Individuals Not Racially Biased?," *Psychological Science* 18 (2007): 816–23.

54 „*We showed that (...) such skewed impressions arise from a subtle bias in perception and associated brain activity rather than decision-making processes, and that this bias develops rapidly and involuntarily as a consequence of group affiliation. Our findings suggest that the neural mechanisms that underlie human perception are shaped by social context.*", Molenberghs et al. (2012), 149.

55 Shai Danziger, J Levav, und L Avnaim-Pesso, "Extraneous Factors in Judicial Decisions," *PNAS* 108 (2011): 6889–92.

56 Piercarlo Valdesolo und David DeSteno, "The Duality of Virtue: Deconstructing the Moral Hypocrite," *Journal of Experimental Social Psychology* 44 (2008): 1334–38.

6.3.3 Theory of Mind (ToM)

Den Startschuss zu ToM-Experimenten gab der Artikel von Premack und Woodruff (1978) *„Does the chimpanzee have a theory of mind?"* Hier wurde der Begriff »Theory of mind«[57] folgendermaßen definiert: *„An individual has a theory of mind if he imputes mental states to himself and others."*[58]

Der Philosoph Daniel C Dennett argumentierte, dass man sich nur dann sicher sein könne, dass jemand über ToM verfügt, wenn derjenige in der Lage ist, Annahmen („beliefs") Anderer zu verstehen.[59] Er stellte einen möglichen Test vor, aus dem Wimmer und Perner schließlich ein Laborexperiment – die sogenannte »False-Belief-Task«[60] – entwickelten. Kindern zwischen 3 und 9 Jahren wurde eine Bildergeschichte erzählt:

„Die Mutter von Maxi möchte einen Kuchen backen und bringt dafür Schokolade nach Hause. Maxi beobachtet, wie sie die Schokolade in eine blaue Schublade legt. Dann geht Maxi zum Spielen nach draußen. In der Zwischenzeit benutzt die Mutter einen Teil der Schokolade für den Kuchen und legt den Rest zurück, aber diesmal in die grüne Schublade. Maxi kommt zurück und hat Lust auf Schokolade."

Die Kinder wurden dann gefragt, in welcher Schublade Maxi danach suchen wird. Die Vermutung, dass er in der grünen Schublade sucht, wo sich die Schokolade tatsächlich befindet, deutet darauf hin, dass das Kind sich nicht in die Situation von Maxi hineinversetzt hat und wohl nicht über ToM verfügt. Die Vermutung, dass er in der blauen Schublade sucht, wo sich die Schokolade zuvor befand, zeigt, dass das Kind sich in Maxis Lage versetzen kann und erkannt hat, dass er den neuen Aufenthaltsort der Schokolade nicht wissen kann.

Der Begriff *„Theory* of Mind" deutet darauf hin, dass hierbei eine Theorie gebildet wird. Die dazugehörigen Phänomene lassen sich aber auch durch eine Simulation erklären: Bei einer *Simulation* versetzt man sich selbst in die Situation des Anderen. Unter der Annahme, dass jeder mental ähnlich funktioniert, ist es so möglich, das Verhalten anderer vorherzusagen oder zu verstehen. Die Einsicht gelingt durch Selbstbeobachtung. Bei einer *Theorienbildung* entwickelt das Subjekt dagegen eine Theorie darüber, was im Anderen gerade vor sich geht. Da

---

57 Man findet in der Literatur auch die Begriffe »Mentalizing« und »Intentional Stance«. Beide sind quantifizierbar. »Mentalizing« bezieht sich dabei auf die *Aktivität* des Sich-Hineinversetzens (vgl. Frith und Frith 1999), während »Intentional Stance« die *Geneigtheit* des Subjekts bezeichnet, ein Objekt als intentional und mental zu betrachten (vgl. Dennett 2006, 109 f und 396 f).
58 David Premack und Guy Woodruff, "Does the Chimpanzee Have a Theory of Mind?," *Behavioral and Brain Sciences* 1 (1978): 515–26.
59 Daniel C. Dennett, "Beliefs about Beliefs," *Behavioral and Brain Sciences* 1 (1978): 568.
60 Heinz Wimmer und Josef Perner, "Beliefs about Beliefs: Representation and Constraining Function of Wrong Beliefs in Young Children's Understanding of Deception," *Cognition* 13 (1983): 103–28.

Wahrnehmungen, Aktionen, Wünsche und Erwartungen miteinander verknüpft sind, kann man durch die Anwendung von Verknüpfungsregeln – zum Beispiel Karl sieht es nicht = Karl weiß es nicht – eine Vorstellung davon erhalten, was im Gegenüber vor sich geht. In der Zwischenzeit herrscht Konsens, dass wohl beide Prozesse eine Rolle spielen.[61] Theorienbildung spielt ihre Stärke wohl besonders in unbekannten, übersichtlichen Situationen aus. In vertrauten oder komplizierten Situationen sind Simulationen die effektivere Alternative.

Beispiel Autismusforschung: Die Unterscheidung von Theorienbildung und Simulation erklärt, warum Autisten bestimmte ToM-Aufgaben gut lösen können und andere nicht: Nicht-Autisten vertrauen bei der Ausübung der ToM häufig auf Simulationen, weil dies weniger kognitive Mühe bereitet. Autisten beschränken sich dagegen offenbar auf die Theorienbildung und sind darin mit wachsender Erfahrung oft sehr gut. Zumindest unter den strukturierten Bedingungen eines Laborexperiments haben sie große Chancen bei ToM-Aufgaben kaum aufzufallen. Dies kann im chaotischeren, sozialen Alltag jedoch ganz anders aussehen, da hier die Simulationsfähigkeit oft die erfolgreichere Weise ist, die mentalen Inhalte Anderer richtig einzuordnen und zu verstehen.[62]

Das konkrete Aufgabenfeld für ToM im Alltag ist, die Handlungen anderer aufgrund ihrer Erwartungen zu verstehen, vorherzusagen, zu erklären und gegebenenfalls zu manipulieren. Dafür spielt es aber gar keine Rolle, ob die zu Grunde liegenden Annahmen richtig oder falsch sind. Es geht nicht um möglichst korrekte Abbildung einer objektiven Realität, sondern um ein Verständnis der subjektiven Wirklichkeit, auf die ein Anderer seine Handlungen aufbaut. Diese möchte der Träger von ToM verstehen um selbst in adäquater Weise darauf reagieren zu können, sei es zur Kooperation oder zur Manipulation.

6.3.4 Das Aufbrechen von Verantwortung

Der Einblick in die mentale Welt eines Gegenübers, das Verstehen seiner Situation und der eigenen Einflussmöglichkeiten ist eine Voraussetzung für Verantwortung. Empathie legt dabei die Grundlage. Sie ermöglicht es, mit einem Anderen mitfühlen zu können und sich in dessen Lage einzufühlen. Da dies »automatisch« geschieht, ist der Empathische einer, den etwas angeht und der sich unwillkürlich verbunden vorfindet. Diese emotionale Verbindung ist mitunter sehr mächtig und kann bewirken, dass sich auch selbstzerstörerische Handlungen gut anfühlen,

---

[61] Martin J Doherty, *Theory of Mind: How Children Understand Others' Thoughts and Feelings* (Hove: Psychology Press, 2009), 35–53.
[62] Elisabeth H M Sterck und Sander Begeer, "Theory of Mind: Specialized Capacity or Emergent Property?," *European Journal of Developmental Psychology* 7 (2010): 1–16.

etwa sein Leben für eine größere Sache oder für die Gruppe zu opfern. Möglicherweise bestimmen ähnliche (weniger dramatische) Verbindungen von Lust und Belohnung mit dem Zustand Anderer (oder einer Idee) einen großen Teil unserer täglichen Entscheidungen. Dennoch sind wir als Menschen dieser unwillkürlichen Verbindung nicht ausgeliefert. In einem ersten Schritt der Abstraktion kann es gelingen, die Umstände zu berücksichtigen und damit die eigene emotionale Reaktion zu gestalten, zu verstärken, zu verringern oder sogar ins Gegenteil zu verkehren. Dies passiert noch auf einer recht tiefen kognitiven Ebene, oft unbewusst.

Doch Verbindung kann – über das Emotionale hinaus – auch zu einer „Entscheidung-Für" werden und damit zu einer *Verbindlichkeit* als Selbst-Verpflichtung (oder zu einer „Entscheidung-Gegen" und damit zur Abwehr eines Anspruchs). Eine solche Form der Verbindlichkeit erfordert weit mehr als ein nur emotional-empathisches Reagieren, es benötigt auch ToM und Selbstbewusstsein. Erst durch das Verstehen des Selbstbildes des Anderen von sich in seiner Umwelt durch das Verstehen der Frage, als die mir der Andere da begegnet, und im gleichzeitigen Wahrnehmen dieser Frage, wird jedes folgende Handeln zu einer Antwort darauf. Von dorther wird Ver*Antwort*ung erlebt: die Notwendigkeit in irgendeiner Weise zu dieser *AnFrage* Stellung zu beziehen.[63] Das Faktum eines Angesprochen-Seins mit moralischer Qualität ergibt sich damit unweigerlich aus den natürlichen, sozial-kognitiven Fähigkeiten des Menschen.

6.4 Die überraschenden Fähigkeiten von Tieren

Sue Savage-Rumbaugh berichtet aus ihrer Schimpansen-Gruppe, dass Austin in jungen Jahren gern das Fressen von nicht vorhandenem Futter spielte, wozu er imaginäre Löffel verwendete. Sherman spielte lieber mit Puppen und tat so, als würden sie ihn in den Finger beißen oder er ließ sie in gespielten Szenen mit-

---

63 Man beachte die Parallelen zum philosophischen Ansatz von Emmanuel Levinas: Im Begriff »le visage« bringt er eine Analyse dessen, was sich in einer Begegnung von Angesicht zu Angesicht ereignet. Dies führt zu „Verantwortung für den Anderen, das heißt als Verantwortung für das, was nicht meine Sache ist oder mich sogar nichts angeht (*ne me regarde pas*); oder auch gerade für das, was mich etwas angeht (*me regarde*)" (S. 72), weil der Andere mir als Antlitz (*visage*) begegnet; vgl. Emmanuel Lévinas, *Ethik und Unendliches – Gespräche mit Philippe Nemo*, ed. Peter Engelmann (Wien: Edition Passagen, 1986), 64 ff und 72 ff. // „Weil ich ohne Zuflucht bin vor der *Besetzung durch den Anderen*, konstituiere ich mich als Subjekt. Ich bin nicht selbst mein Ursprung, als *Stellvertreter und Geisel des Anderen* komme ich zu mir." [Hervorh. d. Verf.] Gerald Rauscher, "Niemand ist bei sich zu Hause – Bruchstücke der Identität des Anderen bei Emmanuel Lévinas," in *Ethik und Identität*, ed. T Laubach (Marburg: Francke Verlag, 1998), 147.

einander kämpfen. Panbanishas Lieblingsspiel bestand darin, sich so zu benehmen als hätte sie im Nachbarzimmer ein Ungeheuer gehört. Sie ging mit gesträubtem Fell zur Tür, signalisierte „Ungeheuer!" und forderte andere dazu auf, dieses mit ihr zu suchen.[64] Von Austin und Sherman berichtet sie weiter, dass Sherman den schwächeren Austin häufig schikanierte. Wenn es diesem zu viel wurde, nutzte er manchmal Sherman's Angst vor der Dunkelheit aus, um sich dessen Tyrannei zu erwehren und die Dominanzbeziehungen auf den Kopf zu stellen. Austin rennt dann hinaus in die Dunkelheit und inszeniert dort laute, furchterregende Geräusche. Schließlich jagt er, als wäre er von Schrecken gepackt, zurück ins Haus und schaut aus dem Fenster, als ob dort draußen etwas Fürchterliches im Gange wäre. Sherman reagiert in diesen Momenten panisch, läuft voller Angst zu Austin und sucht bei diesem Trost und Schutz. Savage-Rumbaugh berichtet, dass es kaum gelingt Austin draußen beim Krachmachen zu erwischen, da er sofort damit aufhört, wenn er sich beobachtet fühlt.[65] Man beachte, dass Austin offenbar die Fähigkeit besaß, sich in Sherman hineinzuversetzen und zusätzlich das Wissen, dass seine *gespielte* Angst Sherman *wirkliche* Angst einflößen kann. Mit dieser Anekdote, die eine hohe kognitive Leistung voraussetzt, sei auch auf eine Diskrepanz zu den experimentellen Ergebnissen hingewiesen, die üblicherweise – aus Gründen die nicht bekannt sind – keinen solchen Reichtum offenbaren. Derartige Höhenflüge tierischer Leistung finden bislang üblicherweise nicht im Labor statt.

6.4.1 Emotionale Tiere

> Not long ago, the notion that animals have emotions was considered subversive, but opinion is changing.[66]

Freude
Kühe, die übermütig springen, wenn sie im Frühjahr das erste Mal wieder auf die Weide dürfen; Büffel, die aufgeregt brüllend mit Anlauf und Wiederholung über Eis schlittern;[67] viele Vögel und Säugetiere, vor allem junge, die offenbar vergnügt

---

[64] Savage-Rumbaugh und Lewin, *Kanzi, der sprechende Schimpanse*, 308 f.
[65] Sue Savage-Rumbaugh und Kelly McDonald, "Deception and Social Manipulation in Symbol-Using Apes," in *Machiavellian Intelligence: Social Expertise and the Evolution of Intellect in Monkeys, Apes, and Humans*, ed. R W Byrne und A Whiten (Oxford University Press, 1988), 228.
[66] Marc Bekoff, "Do Animals Have Emotions?," *New Scientist* 2605 (2007): 42.
[67] ebd.

allein oder miteinander spielen. Freude und die Fähigkeit zu genießen sind bei höheren Tieren immer wieder zu beobachten.[68]

Trauer
Vermutlich besitzen viele Tiere die physiologischen Voraussetzungen für Trauer. Das dabei vor allem engagierte limbische System ist bei Säugern, Vögeln und selbst bei Reptilien vorhanden. Auch die typischen äußeren Veränderungen bei Trauer lassen sich beobachten. Konrad Lorenz hat diese bei einem Gänserich beschrieben:

> Die Muskulatur erschlafft, die Augen sinken tief in die Augenhöhlen zurück, das ganze Individuum wirkt schlapp, es lässt im buchstäblichen Sinn den Kopf hängen. [...] Auch wenn der Witwer vorher noch so hoch im Rang stand, lässt er sich nunmehr von den schwächsten und rangniedrigsten Artgenossen widerstandslos verjagen.[69]

Empathie
Auch hierfür finden sich viele überzeugende Anekdoten aus dem Tierreich. Ladygina-Kohts berichtet, dass der Schimpanse Joni, wenn er auf dem Dach war, kaum durch Belohnung oder Drohung dazu zu bringen war, herunterzusteigen. Dagegen funktionierte es sehr zuverlässig, wenn sie ihm vortäuschte traurig zu sein und zu weinen begann. Joni ließ alles stehen und liegen, um sie zu trösten und herauszufinden, was geschehen war.

> If I pretend to be crying, close my eyes and weep, Joni immediately stops his plays or any other activities, quickly runs over to me, all excited and shagged, from the most remote places in the house, such as the roof or the ceiling of his cage, from where I could not drive him down despite my persistent calls and entreaties. He hastily runs around me, as if looking for the offender; looking at my face, he tenderly takes my chin in his palm, lightly touches my face with his finger, as though trying to understand what is happening, and turns around, clenching his toes into firm fists.[70]

---

68 Vgl. hierzu auch Jonathan P Balcombe und Wolfgang Hensel, *Tierisch vergnügt: Ein Verhaltensforscher entdeckt den Spaß im Tierreich* (Stuttgart: Kosmos, 2007).
69 zit. in Tina Baier, "Trauer in der Wildnis," *Süddeutsche Zeitung* Ausgabe vom 17. Mai 2010. Dieser Artikel beschreibt knapp, fundiert und erfreulich unpathetisch das Phänomen der Trauer bei Tieren.
70 zit. in de Waal, *Primates and Philosophers*, 121.

Marc Bekoff listet noch eine ganze Reihe anderer Emotionen wie Dankbarkeit, Staunen, Mitgefühl, Boshaftigkeit oder Fürsorge.[71]

6.4.2 Zwischen Reduktionismus und Anthropomorphismus

Traditionell stehen sich zwei Lager gegenüber: Die einen sagen, es sei legitim in einem Analogieschluss anzunehmen, dass jenes tierische Verhalten, das von außen her ähnlich aussieht und unter denselben Bedingungen gezeigt wird wie menschliches Verhalten, auch ähnlich interpretierbar ist. Die anderen sträuben sich gegen eine solche Interpretation mit dem Einwand, dass dadurch tierisches Verhalten mit Anthropomorphismen belegt würde, die der Eigenheit der Tiere nicht gerecht würden. Aus Redlichkeit müssten Interpretationen sparsam und reduktionistisch sein. Die letzten Jahre haben ein Erstarken der ersten Haltung und eine deutliche Abnahme des Reduktionismus gesehen. Der Grund lag in der Häufung anekdotischer Berichte und der Verbesserung von Versuchsanordnungen, durch die viele unerwartete Fähigkeiten bei Tieren entdeckt wurden. Ein strikter Reduktionismus lässt sich heute nicht mehr halten; jedenfalls nicht, ohne dabei gleichzeitig das emotionale Leben des Menschen mit abzuschaffen.[72] Marian Stamp Dawkins ist sicher zuzustimmen, wenn sie sagt: *„A little anthropomorphism may help. Too much is disastrously unscientific"*[73] Eine neue Generation von Verhaltensbiologen macht sich heutzutage ohne Scheuklappen und Denkverbote daran, Parallelen zu ziehen, zwischen uns und unseren nächsten tierischen Verwandten. Die Gefahr von unangemessenen Anthropomorphismen ist weiterhin im Bewusstsein, doch lässt man sich von ihr nicht mehr ausbremsen.

Beispiel Metakognition: In einem Experiment zur Untersuchung retrospektiver Metakognition wurde zwei Rhesusaffen – Lashley und Ebbinghaus – nach der Beantwortung einer Aufgabe aber noch vor deren Auflösung die Möglichkeit gegeben, eines von zwei Symbolen zu wählen und damit eine Art Wette abzuschließen: Mit dem »hohe Zuversicht«-Symbol erhielten die Affen eine Belohnung von drei Tokens, wenn sie die Aufgabe richtig beantwortet hatten, aber drei wurden ihnen abgezogen, wenn sie sie falsch beantwortet hatten. Bei der Wahl des »geringe Zuversicht«-Symbols, erhielten sie in jedem Fall ein Token als Belohnung. Es zeigte sich, dass die Affen in der Lage waren, mit großer Zuverlässigkeit nur dann das »hohe Zuversicht«-Symbol zu wählen, wenn die

---

71 Bekoff "Do animals have emotions?"(2007) New Scientist, S. 42–47.
72 z. B. Robert R. Provine, "Illusions of Intentionality, Shared and Unshared," *Behavioral and Brain Sciences* 28 (2005): 713–14.
73 Marian Stamp Dawkins, "Are You Feeling What I'm Feeling?," *The New Scientist* 2605 (2007): 47.

Antwort tatsächlich richtig gewesen war.[74] Bis weit über die Mitte des 20. Jahrhunderts erschien es vielen völlig undenkbar, Metakognition bei Tieren überhaupt in Erwägung zu ziehen. Als die Forschung langsam in Fahrt kam, standen die wenigen Wissenschaftler einem hohen Rechtfertigungsdruck und vielfältigen, alternativen Interpretationen gegenüber. Durch immer feinere Abstimmung des Versuchsaufbaus konnten der Reihe nach die einzelnen Kritikpunkte ausgeschlossen und die tatsächlichen Fähigkeiten der Tiere mehr und mehr ans Licht gebracht werden. In der Zwischenzeit kann es als sicher gelten, dass zumindest Affen metakognitive Fähigkeiten besitzen. Eine Erkenntnis, die sich schon seit vielen Jahrzehnten aufgrund von Einzelbeobachtungen hätte aufdrängen müssen.

Die Versuchsergebnisse beantworten nicht die Frage, was wirklich in den Köpfen der Tiere vor sich geht: Wir können nicht wissen, ob sie sich auf dieselbe Weise unsicher oder zuversichtlich fühlen, wie wir es tun. Der Philosoph Thomas Nagel hat in seinem einflussreichen Essay „*What is it like to be a bat?*", deutlich gemacht, dass das Bewusstsein der Tiere für uns dauerhaft unzugänglich ist. Allerdings – und dies wird viel seltener zitiert – zeigt er in diesem Essay auch die Bedingungen der Möglichkeit für ein solches Verständnis:

> There is a sense in which phenomenological facts are perfectly objective: one person can know or say of another what the quality of the other's experience is. They are subjective, however, in the sense that even this objective ascription of experience is possible only for someone sufficiently similar to the object of ascription to be able to adopt his point of view – to understand the ascription in the first person as well as in the third, so to speak. The more different from oneself the other experiencer is, the less success one can expect with this enterprise.[75]

Diejenigen Wissenschaftler, die mit Menschenaffen arbeiten, erleben diese faszinierenden Tiere als so ähnlich, dass es ihnen kaum gelingt, ihre Handlungen nicht auf menschliche Weise zu interpretieren.[76] Wissenschaftlern, die mit Tauben, Ratten oder Fledermäusen arbeiten, drängen sich solche Vergleiche viel weniger auf.

---

74 Nate Kornell, Lisa K Son, und Herbert S Terrace, "Transfer of Metacognitive Skills and Hint Seeking in Monkeys," *Psychological Science* 18 (2007): 64–71.
75 Thomas Nagel, "What is it Like to be a Bat?," *The Philosophical Review* 83 (1974): 435–50.
76 Frans de Waal, "Moral als Ergebnis der Evolution," in *Primaten und Philosophen – Wie die Evolution die Moral hervorbrachte*, ed. S Macedo und J Ober (München: Carl Hanser, 2008), 60.

6.4.3 Vervollständigung des Bildes

Werkzeuggebrauch

Schimpansen und einige Vögel sind hier die Spitze, allen voran die Neukaledonische Krähe (*Corvus moneduloides*). Individuen dieser Spezies sind in der Lage einen Draht zu einem Haken zu biegen, mit dem sie eine Belohnung aus einer Flasche hervorangeln können.[77] Sie werfen Steine in einen hohen Behälter, um den Wasserspiegel so zu erhöhen, dass sie einen schwimmenden Wurm erreichen können.[78] Außerdem wurde gezeigt, dass sie wohl in der Lage sind dabei kausale Verknüpfungen durchzuführen.[79] Welche außerordentlichen Konsequenzen das Erlernen von Werkzeuggebrauch haben kann, wurde bereits im Kapitel 3.5.1 beschrieben.

Theory of Mind

Experimente, denen Menschenaffen bislang nie gewachsen waren, sind die typischen ToM-»False-Belief-Aufgaben«. Doch weshalb sie dabei scheitern ist nicht offensichtlich, denn an der grundsätzlichen Fähigkeit, mentale Inhalte zu repräsentieren, kann es nicht liegen, da diese für Menschenaffen nachgewiesen ist. Sie zeigen ein Verständnis für die Ziele, die Intentionen und das Wissen anderer Individuen und reagieren sinnvoll darauf. Irrtümliche Annahmen *(False Beliefs)* bleiben jedoch mit den bisherigen Versuchsansätzen für Schimpansen nicht erkennbar.[80] Blauhäher, die Futterverstecke anlegen, zeigen dagegen recht unmissverständlich, dass sie auch False-Beliefs verstehen, denn sie nutzen auf sehr flexible und sinnvolle Weise das Anlegen von falschen Verstecken und einige andere Täuschungsmanöver um Beobachter auszutricksen und so ihren Vorrat zu schützen.[81]

---

[77] Alex A S Weir, Jackie Chappell, und Alex Kacelnik, "Shaping of Hooks in New Caledonian Crows," *Science* 297 (2002): 981.
[78] Christopher D Bird und Nathan J Emery, "Insightful Problem Solving and Creative Tool Modification by Captive Nontool-Using Rooks," *PNAS* 106 (2009): 10370–75.
[79] A H Taylor et al., "Do New Caledonian Crows Solve Physical Problems through Causal Reasoning?," *Proceedings of the Royal Society B: Biological Sciences* 276 (2009): 247–54.
[80] Josep Call und Michael Tomasello, "Does the Chimpanzee Have a Theory of Mind? 30 Years Later," *Trends Cogn Sci* 12 (2008): 187–92.
[81] J M Dally, N J Emery, und N S Clayton, "Food-Caching Western Scrub-Jays Keep Track of Who Was Watching When," *Science* 312 (2006): 1662–65. // vgl. auch den Review Uri Grodzinski und Nicola S Clayton, "Problems Faced by Food-Caching Corvids and the Evolution of Cognitive Solutions," *Philosophical Transactions of the Royal Society B: Biological Sciences* 365 (2010): 980–83.

Zeitbezug
Es wurde vermutet, dass sich Tiere nicht von ihrem gegenwärtigen Zustand distanzieren können, um eine Zukunft zu antizipieren und für diese vorzusorgen.[82] Bei Blauhähern konnte dies jedoch nun nachgewiesen werden: In einem Versuch durften die Blauhäher Erdnüsse und die besonders beliebten Mehlwürmer verstecken. Wenn sie nach 4 Stunden wieder in die Voliere durften, leerten sie zunächst die Verstecke mit den Mehlwürmern und dann erst die mit den Erdnüssen. Wenn es aber 5 Tage dauerte – eine Zeit, in der Mehlwürmer schlecht werden – bis sie wieder in diese Voliere durften, leerten sie zuerst die Verstecke mit den Erdnüssen.[83] Ein ähnlicher Versuch wurde erfolgreich mit Schimpansen und Bonobos durchgeführt.[84]

Berühmt-berüchtigt ist das in München geborene Schimpansen-Männchen Santino aus dem Furuvik-Zoo in Uppsala, Schweden, der die Besucher mit Steinen bewirft. Diese sucht er sich zusammen noch bevor die Besucher kommen. In jüngster Zeit hat er sogar begonnen, Verstecke für seine Wurfprojektile in größerer Nähe zu den Besuchern anzulegen.[85]

Keine Einzelstudie reicht aus, um episodisches Gedächtnis oder „mental time travel" allein nachzuweisen, aber die Summe der sich langsam ansammelnden Hinweise lässt die Zweifel nach und nach verdunsten.[86] Offensichtlich stecken die genannten Tiere nicht *in der Gegenwart fest*.[87]

---

[82] William Roberts, "Are Animals Stuck in Time?," *Psychological Bulletin* 128 (2002): 473–89.
[83] Nicola S Clayton und Anthony Dickinson, "What, Where, and When: Episodic-like Memory during Cache Recovery by Scrub Jays," *Nature* 395 (1998): 272–74. // Nicola S Clayton und Anthony Dickinson, "Scrub Jays (*Aphelocoma coerulescens*) Remember the relative Time of Caching as well as the Location and Content of their Caches," *J Comp Psychol* 113 (1999): 403–16.
[84] Gema Martin-Ordas et al., "Keeping Track of Time: Evidence for Episodic-like Memory in Great Apes," *Anim Cogn* 13 (2010): 331–40.
[85] Mathias Osvath, "Spontaneous Planning for future Stone Throwing by a Male Chimpanzee," *Curr Biol* 19 (2009): R190–91. // Mathias Osvath und Elin Karvonen, "Spontaneous Innovation for Future Deception in a Male Chimpanze," *PLoS One* 7 (2012): e36782.
[86] Grodzinski und Clayton, "Problems Faced by Food-Caching Corvids and the Evolution of Cognitive Solutions." // William A Roberts und Miranda C Feeney, "The Comparative Study of Mental Time Travel," *Trends Cogn Sci* 13 (2009): 271–77.
[87] Ähnliches gilt offenbar auch für Totenkopfäffchen und selbst für Ratten; Mariam Naqshbandi und William A Roberts, "Anticipation of Future Events in Squirrel Monkeys (*Saimiri sciureus*) and Rats (*Rattus norvegicus*): Tests of the Bischof-Kohler Hypothesis," *J Comp Psychol* 120 (2006): 345–57. // vgl. den Review Roberts und Feeney, "The Comparative Study of Mental Time Travel."

Sprache

Nur Menschen scheinen natürlicherweise eine Sprache zu besitzen, die auf einem System mit vielen untereinander kombinierbaren Symbolen beruht. Tiere sind aber bedingt in der Lage eine solche Sprache zu erlernen. Immerhin beherrschte der Bonobo Kanzi nach intensivem Training 300 Lexigramme und verstand 3000 gesprochene Wörter, ein Border Collie namens Chaser kann über 1000 Gegenstände nach ihren Namen unterscheiden und der Graupapagei Alex konnte 100 Objekte benennen, 7 Farben und 5 Formen erkennen und verstand Zahlen bis 10, einschließlich der Zahl „Null"! Affen können Früchte durch unterschiedliche Lautäußerungen identifizieren und einige zeigen ein Verständnis für Grammatik.[88] Kommunikation findet bei Tieren in einer Weise statt, die es ihnen ermöglicht teilweise komplexe Informationen auszutauschen. Wie sonst lässt sich erklären, dass Delphine in der Lage sind, sich Kunststücke selbst auszudenken und sie zu zweit koordiniert vorzuführen?[89]

Moralähnliches Verhalten

In einem Experiment lernten Rhesusaffen an einer Kette zu ziehen um ihr Futter zu bekommen. Nachdem sie sich daran gewöhnt hatten, wurde im benachbarten Käfig ein anderer Rhesusaffe untergebracht. Dieser erhielt nun bei jeder Betätigung der Kette einen schmerzhaften Stromstoß. Viele der Affen betätigten die Kette nun nicht mehr und hungerten lieber. Dies galt besonders für Affen, die zuvor selbst derartige Stromstöße erlebt hatten.[90] Die naheliegende Erklärung ist, dass der Schmerz des Anderen auch den Beobachter unter Stress setzt. Aber reicht dies

---

[88] Kanzi: Savage-Rumbaugh und Lewin 1998, 149 ff. // Chaser: Pilley und Reid 2011, 184–195. // Alex: Pepperberg 2010, 44–49. (von Alex gibt es eindrucksvolle Videos im Internet, z. B. ein höchst informatives über seine Geschichte mit Irene Pepperberg; http://video.pbs.org/video/1778560467) // Semantik: Zuberbühler 2006, R123–R125. // Grammatik: Fitch und Hauser 2004, 377–380. // Gentner et al. 2006, 1204–1207.

[89] „*Dolphins often synchronize their movements in the wild, such as leaping and diving side by side, but scientists don't know what signal they use to stay so tightly coordinated. Herman* [der Präsident des Dolphin-Institut auf Hawaii; Anm.] *thought he might be able to tease out the technique with his pupils. (...) Akeakamai and Phoenix are asked to create a trick and do it together. The two dolphins swim away from the side of the pool, circle together underwater for about ten seconds, then leap out of the water, spinning clockwise on their long axis and squirting water from their mouths, every maneuver done at the same instant.* »*None of this was trained,*« *Herman says,* »*and it looks to us absolutely mysterious. We don't know how they do it – or did it*«", zit. in: Virginia Morell, "Inside Animal Minds," *National Geographic Magazine* März-Ausgabe (2008).

[90] Jules H Masserman, Stanley Wechkin, und William Terris, "Altruistic Behavior in Rhesus Monkeys," *The American Journal of Psychiatry* 121 (1964): 584–85.

aus, um zu erklären, dass einer der Affen lieber zwölf Tage lang hungerte, als noch einmal an der Kette zu ziehen? Marc Bekoff meint, dass bei sozialen Säugetieren moralähnliches Verhalten zu erwarten ist, weil hier Regeln gelernt und beachtet werden müssen, damit die Gruppe funktioniert.[91]

Gerechtigkeit
Frans de Waal und Sarah Brosnan fanden bei Kapuzineraffen (*Cebus apella*) Sinn für Gerechtigkeit. In der ersten Phase des Experiments erhielten zwei Affen jeweils einen Spielstein und durften diesen gegen ein Stück Gurke eintauschen. In der zweiten Phase erhielt einer der beiden Affen Trauben statt des Stücks Gurke. Gurken sind für Kapuzineraffen eine gern gesehene Belohnung aber Trauben sind der „Kapuzineraffen-Himmel". Nun eskalierte die Situation sehr schnell: Nach wenigen Durchgängen pfefferte der benachteiligte Gurkenempfänger voll Wut seine Spielsteine in die Ecke und manchmal sogar das zuvor so begehrte Stück Gurke.[92] Auch Hunde reagieren sehr sensibel auf Ungerechtigkeiten. Individuen, die gern auch ohne Belohnung die Pfote geben, winseln zunächst und verweigern dann bald die Pfote, wenn ein anderer Hund dafür jeweils mit einem Leckerbissen belohnt wird.[93]

Doch was motiviert diejenigen, die selbst nicht unter der Ungerechtigkeit einer Situation leiden, sich aber dennoch für Gerechtigkeit einsetzen? In einem Experiment konnten Kapuzineraffen zwischen einer egoistischen Option, bei der nur sie selbst eine Belohnung erhielten oder einer prosozialen Option wählen, bei der zusätzlich noch ein anderer Affe eine Belohnung erhielt. Es zeigte sich, dass die Affen die prosoziale Option bevorzugen, wenn der andere Affe *(a)* bekannt und *(b)* sichtbar ist und wenn *(c)* die Belohnung des Anderen nicht besser ist als die eigene.[94]

6.4.4 Fazit

Es gibt nicht ein einziges Tierbewusstsein. In Anpassung an die ökologischen Bedürfnisse haben die verschiedenen Tierarten auch unterschiedliche Weisen

---
[91] Bekoff, *Minding Animals: Awareness, Emotions, and Heart*, 130.
[92] Brosnan and de Waal, "Monkeys Reject Unequal Pay," 297–299.
[93] F Range et al., "The Absence of Reward Induces Inequity Aversion in Dogs," *PNAS* 106 (2009): 340–45.
[94] Frans B M de Waal, Kristin Leimgruber, und Amanda R Greenberg, "Giving is Self-Rewarding for Monkeys," *PNAS* 105 (2008): 13685–89.

entwickelt, ihre Umwelt wahrzunehmen und mit ihr umzugehen. Während einige Menschenaffen und fast alle Häher hervorragende Täuscher sind, ist die Neukaledonische Krähe die Königin der Werkzeugbearbeitung und Delphine Kommunikationskünstler. Jedes „Bewusstsein" ist auf seine Weise einzigartig. Außerdem gibt es, wie beim Menschen auch, viele Normal-Begabte und einige wenige Genies.[95] Was in den Anekdoten berichtet wird, muss daher nicht immer gleich auf jedes Mitglied dieser Arten zutreffen, zeigt aber jedenfalls die Extremmöglichkeiten.

Wer jetzt nur mit der Messlatte der menschlichen kognitiven Fähigkeiten kommt, wird vieles am tierischen Verhalten gar nicht erst verstehen und wird ihnen damit auch nicht gerecht werden können. Hinter einem derartigen Zugang steckt ja oft die Suche nach dem unterscheidend Menschlichen. Gibt es *qualitative* Unterschiede oder sind nur die – wenn auch enormen – quantitativen Unterschiede auszumachen? Ein Kontinuum ohne qualifizierte Demarkationslinie zwischen Tieren und Menschen, so wie es die Evolutionstheorie nahelegt, scheint die außerordentliche Stellung des Menschen im Kosmos zu relativieren und damit zu gefährden. Durch neuere Arbeiten hat sich gezeigt, dass die Suche nach besonderen Fähigkeiten ohnehin wohl ein Holzweg ist. Es gibt mittlerweile viele starke Hinweise dafür, dass die besondere menschliche Entwicklung nicht in erster Linie durch neu erworbene Fähigkeiten vorangetrieben wird, sondern durch eine neuartige Verwendung bereits vorhandener Fähigkeiten.

6.5 Unterscheidend Menschliches

Menschen nutzen möglicherweise dieselben Fähigkeiten, wie viele andere Primaten auch, aber auf eine typisch menschliche Weise, die dann Imitation zu einer selbstverständlichen Fähigkeit macht.[96] Japan Makaken *(Macaca fuscata)* können die Fähigkeit zur Imitation zwar experimentell erwerben[97] – die Anlagen dafür sind also offenbar vorhanden –, doch scheint es in ihrer natürlichen Umwelt nicht gefordert zu sein und wird daher nicht ausgeprägt. Die kognitive Entwicklung hängt offenbar eng zusammen mit der Ökologie des Organismus.

---

95 Michael Marshall, "The Makings of Supersmart Animals," *The New Scientist* 213 (2012): 6–7.
96 Esther Herrmann et al., "Humans Have Evolved Specialized Skills of Social Cognition: The Cultural Intelligence Hypothesis," *Science* 317, (2007): 1360–66.
97 Kumashiro et al., "Natural Imitation Induced by Joint Attention in Japanese Monkeys."

6.5.1 Das Prinzip »Kooperation«

Die Forschung an Primaten hat gezeigt, dass die menschlichen *sozialen* Fähigkeiten und Eigenschaften weniger Gemeinsamkeiten mit unseren genetisch nächsten Verwandten, den Menschenaffen, zeigen, sondern mehr mit den „ökologisch verwandten" Primaten, die kooperative Jungenaufzucht betreiben – v. a. aus den Gattungen der Büschelaffen *(Callithrix)* und Tamarinen *(Saguinus)*. Von „Kooperativer Jungenaufzucht" spricht man, wenn nicht-elterliche Mitglieder einer Gruppe bei der Versorgung von Jungen helfen. Bei diesen Arten findet man eine wesentlich höhere Bereitschaft zu prosozialem Verhalten gegenüber nichtverwandten Gruppenmitgliedern.[98] Während bei den Menschenaffen die prosoziale Motivation hier *reaktiv* ist, also nur dann dauerhaft funktioniert, wenn die Rolle des Gebers häufig wechselt (= Reziprozität), findet man bei Callitrichiden *proaktive* Prosozialität (= Altruismus), die auch dann aufrechterhalten wird, wenn die Rollen über lange Zeit gleich bleiben und einseitig profitiert wird.[99]

Mit dieser Ökologie sind nun offensichtlich entscheidende sozial kognitive Errungenschaften verbunden: (1) erhöhte soziale Toleranz, (2) erhöhte Aufmerksamkeit für das Verhalten anderer und daraus folgend soziales Lernen und (3) spontane, proaktive Prosozialität. Die nicht-sozialen kognitiven Fähigkeiten sind bei den Callitrichiden dagegen deutlich geringer als etwa bei Menschenaffen.[100]

Für die menschliche Evolution liegt die Vermutung nahe, dass sich die Errungenschaften der kooperativen Jungenaufzucht mit den menschenaffen-ähnlichen kognitiven Fähigkeiten verbunden und so zu einer einzigartigen menschlichen Entwicklungslinie geführt haben (Abb. 6.3).[101] Während Menschenaffen ihre Fähigkeiten vor allem in kompetitiven Situationen ausspielen können,[102] eröffnete sich für Menschen nun die Möglichkeit, dieselben Fähigkeiten im kooperativen

---

98 Judith Burkart, Sarah Blaffer Hrdy, und Carel van Schaik, "Cooperative Breeding and Human Cognitive Evolution," *Evolutionary Anthropology* 18 (2009): 178. // Kooperative Jungenaufzucht findet man bei Wildhunden und Elefanten mit ähnlichen prosozialen Auswirkungen; ebd., 180.
99 z. B. Katherine A Cronin und Charles T Snowdon, "The Effects of Unequal Reward Distributions on Cooperative Problem Solving by Cottontop Tamarins (*Saguinus oedipus*)," *Animal Behaviour* 75 (2008): 245–57.
100 Judith Burkart und Carel van Schaik, "Cognitive Consequences of Cooperative Breeding in Primates?," *Animal Cognition* 13 (2010): 13.
101 vgl. Burkart, Hrdy, und Schaik, "Cooperative Breeding and Human Cognitive Evolution," 182. // vgl. auch Michael Tomasello und Malinda Carpenter, "Shared Intentionality," 124.
102 Esther Herrmann und Michael Tomasello, "Apes' and Children's Understanding of Cooperative and Competitive Motives in a Communicative Situation," *Dev Sci* 9 (2006): 518–29. // Josep Call, "Past and Present Challenges in Theory of Mind Research in Nonhuman Primates," in *From Action to Cognition*, ed. C von Hofsten und K Rosander (Amsterdam: Elsevier, 2007), 341–53.

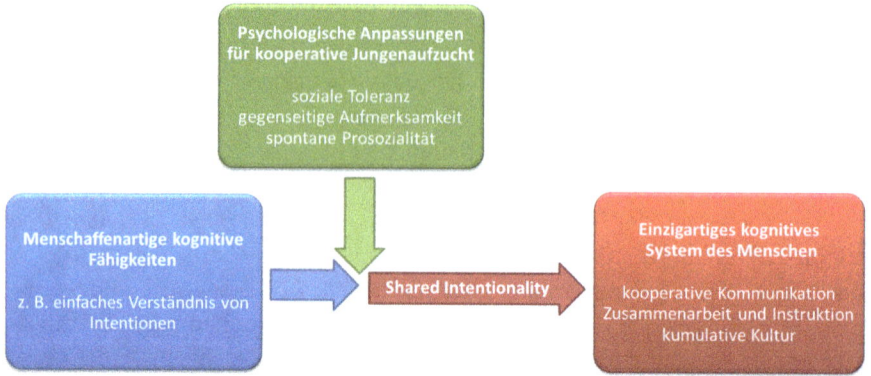

Abb. 6.3: Die menschliche Entwicklungslinie. Beim Menschen kamen die Anpassungen kooperativer Jungenaufzucht zu einem menschenaffenartigen kognitiven System dazu. Zu den hochentwickelten Fähigkeiten kam also die Motivation dazu, diese spontan prosozial einzusetzen. Zur prosozialen Motivation kam schließlich die Möglichkeit dazu, sie auf mentale Inhalte anzuwenden. Diese „Shared Intentionality" gilt als der ontogenetisch und phylogenetisch entscheidende Unterschied zwischen Affen und Menschen. Nach Burkart et al. (2009). Mit freundlicher Genehmigung, Copyright © 2009 John Wiley & Sons.

Kontext einzusetzen.[103] Das Teilen von Nahrung und von Informationen, wie man es bei den Callitrichiden findet, konnte beim Menschen zusätzlich erweitert werden auf das Teilen von mentalen Inhalten, von Wahrnehmungen, Emotionen und Intentionen. Diese so genannte »Shared Intentionality« wird zwischenzeitlich als das unterscheidend Menschliche angesehen und führt zusätzlich zum Prinzip des »Commitments« (siehe Kap. 5.1.4.3) zu einem Prinzip der »Kooperation« als Motor menschlicher Evolution.[104]

Es gibt anekdotische Hinweise, dass auch Menschenaffen – vor allem wenn sie noch jung sind – gelegentlich Verhalten zeigen, das nach der menschlichen Entwicklungslinie aussieht. Solange dies aber nicht wie beim Menschen in systematischer Weise kultiviert und von der entsprechenden Ökologie[105] unterstützt wird, können sich keine festen Strukturen darauf aufbauen und es kommt nicht zu einer Koentwicklung von Kultur und Kognition.[106] Obwohl es sich im Detail auch beim Menschen nur um eine Neu-Ausrichtung von Fähigkeiten handelt, so muss

---

[103] Burkart und van Schaik, "Cognitive Consequences of Cooperative Breeding in Primates?," 14.
[104] Hrdy, *Mothers and Others,* (2009), bes. 111–141.
[105] Diese ist z. B. ansatzweise gegeben, wenn sie in einem menschlichen Umfeld aufwachsen.
[106] vgl. Carel P van Schaik und Judith M Burkart, "Social Learning and Evolution: The Cultural Intelligence Hypothesis," *Philosophical Transactions of the Royal Society B: Biological Sciences* 366 (2011): 1008–16.

man in der Summe und in ihrer konsequenten Umsetzung zweifellos von einer neuen *Qualität* des Miteinanders sprechen.

6.5.2 Shared Intentionality

Blick-Verfolgung wird zu Geteilter Aufmerksamkeit

Ein Klassiker unter den Scherzen ist es, irgendwo zu stehen, intensiv in eine bestimmte Richtung zu schauen und abzuwarten, wie die Passanten reagieren. Doch nicht nur Menschen, auch viele Tiere sind in der Lage, dem Blick eines anderen zu folgen. Sie richten ihren Blick ebenfalls auf den Ort, auf den der andere blickt, versuchen etwas Interessantes zu entdecken und rückversichern sich, wenn sie nichts entdecken können.[107] Bei Menschen wurde festgestellt, dass der Blick eines Anderen uns auf »automatische« Weise beeinflusst. Die Reaktion auf ein Signal ist schneller, wenn zuvor ein anderer in die Richtung blickt, aus der das Signal kommt, sie verlangsamt sich dagegen, wenn der andere in die falsche Richtung blickt. Diese Beeinflussung ist auch dann feststellbar, wenn der Blick des anderen nur unterbewusst wahrgenommen wird.[108] Diese grundlegenden Fähigkeiten gehören zu der Entwicklungslinie, die allen Primaten (und einigen anderen Tieren) eigen ist. Affen nutzen ihre Fähigkeit jedoch individualistisch, schauen einen anderen zwar an, doch offenbar nur, um herauszufinden was der andere tut. Doch was passiert, wenn »Shared Intentionality« hinzutritt?

Bereits bei Kleinkindern ist der Blick zum Andern nicht mehr nur ein informationsgewinnender Blick, sondern – oft unterstützt durch Mimik oder Gestik – ein dialogischer Blick.[109] Kinder wollen nicht nur wissen, was ein anderer sieht, sie wollen vielmehr, dass es zu einer gemeinsamen, geteilten Erfahrung wird. Darin unterscheiden sie sich von Menschenaffen in eklatanter Weise. Michael Tomasello und Malinda Carpenter stellen fest: *„From a very early age human infants are motivated to simply share interest and attention with others in a way that our nearest primate relatives are not."*[110]

In der Dynamik der zweiten Entwicklungslinie begnügt sich das Individuum nicht mehr damit, dieselbe Erfahrung zu machen, sondern möchte auch *wissen*,

---

107 Tomasello und Carpenter "Shared Intentionality," 121–125.
108 Wataru Sato, Takashi Okada, und Motomi Toichi, "Attentional Shift by Gaze is Triggered without Awareness," *Experimental Brain Research* 183, no. 1 (2007): 87–94.
109 vgl. Henrike Moll et al., "Infants Determine Others' Focus of Attention by Pragmatics and Exclusion," *Journal of Cognition and Development* 7 (2006): 411–30.
110 Tomasello und Carpenter "Shared Intentionality," 122.

dass man dieselbe Erfahrung macht. Erst das macht »Geteilte Aufmerksamkeit« aus.

Beispiel: Ich treffe einen Bekannten unvermittelt auf der Straße. Ohne etwas zu sagen, zeigt er auf ein entferntes Gebäude. Ich bin ratlos. Es sei denn, es gibt einen gemeinsamen Grund, auf den sich dieses Signal beziehen lässt. Wenn ich weiß, dass der Freund weiß, dass ich ein bestimmtes Restaurant suche, werde ich seinen Fingerzeig entsprechend interpretieren und annehmen, dass sich in diesem Gebäude besagtes Restaurant befindet.

Der gemeinsame Ausgangspunkt macht den Fingerzeig zu einem Signal, das als relevant für ein (gemeinsames) Ziel verstanden werden kann.[111] Die Kommunikationssituation hat sich nun dramatisch verändert: Es ist nicht mehr ein Subjekt, das versucht, Informationen über ein Objekt zu erlangen, sondern es begegnen sich zwei Subjekte, die einander Anteil an ihrer Wahrnehmung geben und einen gemeinsamen mentalen Standpunkt suchen – mit allen Chancen und Risiken, die dieser Prozess birgt.

Marc Hauser macht darauf aufmerksam, dass es für Menschen auch typisch ist, innerhalb einer Gruppe eine hohe Konformität anzustreben. Wenn in einer Schimpansengruppe ein Mitglied beschließt, eine der Traditionen zu verändern, wird er deswegen nicht ausgeschlossen. In menschlichen Gemeinschaften kann dies Mitgliedern durchaus passieren und es kann als mangelnde Loyalität angesehen werden. In menschlichen Gruppen ist die mentale Verbindung mit anderen, die dann auch in äußeren Zeichen zum Ausdruck kommt, ein hohes – und moralisches – Gut. Dies führt in einer kontrastierenden Gegenbewegung dazu, dass zugunsten der eigenen Identität die inneren und äußeren Differenzen zu Out-Groups überhöht werden.[112]

Soziale Manipulation wird zu kooperativer Kommunikation

Menschenaffen beherrschen eine Menge kommunikativer Signale und können diese flexibel der Situation und dem Partner anpassen.[113] Hilfsbedürftigkeit oder eigene Wünsche zu signalisieren fällt ihnen offenbar nicht schwer. So nutzen sie ihre kommunikativen Fähigkeiten unter anderem sehr geschickt, um andere zu manipulieren und ihre eigenen Ziele zu erreichen.[114] Sie scheinen jedoch kaum motiviert zu sein, Hinweise zu geben, wenn diese Informationen ausschließlich

---

111 vgl. Tomasello et al. "Understanding and Sharing Intentions," 687–690.
112 Marc D Hauser, *Moral Minds – How Nature Designed our Universal Sense of Right and Wrong* (London: Abacus, 2006), 451 ff.
113 Simone Pika et al., "Gestural Communication of Apes," *Gesture* 5 (2005): 41–56.
114 vgl. z. B. Boehm, *Moral Origins*, 123.

anderen nützen. Zeigegesten werden von ihnen imperativ verwendet, aber nicht deklarativ.[115]

Ein Experiment dazu kann beispielsweise so aussehen: Eine Belohnung wird unter einem von mehreren Eimern versteckt. Der Experimentator hilft bei der Suche, indem er auf den Eimer mit der Belohnung zeigt. Ein Verständnis für den Fingerzeig wird dann angenommen, wenn die Probanden auf den richtigen Behälter zugehen. Das Unvermögen der Menschenaffen, den Fingerzeig zu verstehen – mit Ausnahme jener Individuen, die von Menschen aufgezogen wurden[116] – kann nicht daran liegen, dass sie die Richtungsinformation nicht verstehen, denn Blickverfolgung beherrschen sie ja. Stattdessen muss man annehmen, dass sie die Bedeutung der Hilfestellung nicht verstehen. Die Auffassung, dass der Experimentator mit seinem Fingerzeig eine partnerschaftliche Lösung der Aufgabe intendiert und wirklich helfen will, scheint ihnen nicht zugänglich zu sein. Fehlt dieser Kontext aber, dann bleibt der Fingerzeig bedeutungslos.[117]

Michael Tomasello und Malinda Carpenter veranschaulichen, was im Kopf eines Schimpansen dabei möglicherweise vor sich geht: *„Ein Eimer? Na und? Aber wo ist das Futter?"*[118]

Wenn ein Experimentator dagegen zunächst ein Konkurrenzverhältnis aufbaut und dann vergeblich nach einem Eimer langt, verstehen Menschenaffen dies problemlos als Zeichen dafür, dass dort etwas Attraktives zu finden sein muss. Warum sind sie in dieser äußerlich ähnlichen Situation mit einem Mal erfolgreich? Die Vermutung ist, dass sie den Kontext, jetzt wo er kompetitiv ist, verstehen können.[119]

Die übliche Kommunikation von Menschenaffen dient in der Regel zwei Zielen: Einen Wunsch oder eine Absicht zu artikulieren oder die Aufmerksamkeit auf sich zu lenken. Es handelt sich meist um dyadische Formen von Kommuni-

---

115 Pika et al. "Gestural Communication in Apes."
116 Josep Call, Bryan Agnetta, und Michael Tomasello, "Cues That Chimpanzees Do and Do Not Use to Find Hidden Objects," *Animal Cognition* 3 (2000): 23 f. // Shoji Itakura und Masayuki Tanaka, "Use of Experimenter-Given Cues During Object-Choice Tasks by Chimpanzees (*Pan troglodytes*), an Orangutan (*Pongo pygmaeus*), and Human Infants (*Homo sapiens*)," *Journal of Comparative Psychology* 112 (1998): 119–26.
117 Hunde, die als domestizierte Tiere eine lange kooperative Geschichte mit dem Menschen durchlaufen haben, können den Kontext und die Signale dagegen verstehen. Brian Hare und Michael Tomasello, "Human-like Social Skills in Dogs?," *Trends Cogn Sci* 9 (2005): 439–44. // McKinley und Sambrook, "Use of Human-given Cues by Domestic Dogs (*Canis familiaris*) and Horses (*Equus caballus*)."
118 vgl. Tomasello und Carpenter "Shared Intentionality," 122.
119 Herrmann und Tomasello "Apes' and children's understanding of cooperative and competitive motives," 518–529.

kation und ihre Gesten sind imperativ, nicht deklarativ. Menschenkinder kommunizieren anders: Bereits im Alter von einem Jahr zeigen sie auf Objekte, nicht weil sie etwas haben wollen, sondern damit der andere seine Aufmerksamkeit darauf richtet, um ein gemeinsames Interesse zu wecken oder einfach nur um Information mit anderen zu teilen. Noch vor dem Erwerb der Sprachfähigkeit zeigt sich also bereits der einander zuarbeitende Grundzug menschlicher Kommunikation.[120]

Eine andere typisch menschliche Eigenschaft ist das Ausmaß, in dem Menschenbabys nicht nur daran interessiert sind, was andere überhaupt denken, sondern was andere *über sie* denken. Positive und negative Aufmerksamkeit ist eine unverzichtbare Motivation und Bestärkung für die Entwicklung von Babys.[121] Es ist nicht zu übersehen, wie intensiv sie bereits im ersten Lebensjahr darauf reagieren und sich – und dies ist typisch menschlich – „stolz" in der Bewunderung anderer „sonnen" oder sich schämen, wenn ihnen signalisiert wird, dass etwas nicht in Ordnung war.[122]

Gruppenaktivität wird zu Zusammenarbeit

Es gibt Kooperation als Gruppenaktivität und Kooperation als Zusammenarbeit. Als Zusammenarbeit sollen hier ausschließlich jene Aktivitäten gelten, die von Individuen ausgeführt werden, die sich einem gemeinsamen Ziel verschrieben haben, um die Verbindlichkeit der Verfolgung dieses Ziels wissen und gemeinsame Pläne entwickeln, um es zu erreichen. Obwohl Schimpansen – vor allem wildlebende – sehr komplexe Gruppenaktivitäten entwickeln, scheint die Zusammenarbeit bei ihnen doch eine andere Qualität zu haben.[123]

---

120 Tomasello und Carpenter "Shared Intentionality," 122.
121 Esther Thelen and Linda B Smith, "Dynamic Systems Theories," in *Handbook of Child Psychology, Vol. 1: Theoretical Models of Human Development*, ed. W Damon und R M Lerner (Hoboken, NJ: Wiley, 2006), 258–312.Thelen, Esther und Smith, Linda B (2006) Dynamic Systems Theories. In Damon, W und Lerner, R M (Hrsg.) Handbook of Child Psychology, Vol. 1: Theoretical Models of Human Development. Hoboken, NJ: Wiley, 266.
122 Hrdy (2009), S. 117.
123 Es wird durchaus kontrovers diskutiert, wie die Kooperation bei Menschenaffen einzuschätzen ist: Tomasello et al (2005, S. 722) vermuten, dass bei Schimpansen die einzelnen Individuen einer Gruppe, beispielsweise bei einer Gruppenjagd, nicht wirklich zusammen arbeiten, sondern jeder für sich die Situation analysiert und dann tut, was gerade das Sinnvollste zu sein scheint. // Andere Wissenschaftler gehen davon aus, dass sich die verschiedenen Rollen bei einer solchen Jagd nicht nur situativ ergeben, sondern geplant sein könnten; z.B. Christophe Boesch, "Joint Cooperative Hunting among Wild Chimpanzees: Taking Natural Observations Seriously," *Behavioral and Brain Sciences* 28 (2005): 692–93.

In einem Experiment wurden Kleinkindern und jungen, von Menschen aufgezogenen Schimpansen Aufgaben gestellt, die sie gemeinsam mit einem menschlichen Experimentator lösen sollten. Zu einem bestimmten Zeitpunkt beendete der Experimentator seine Mitarbeit. Nun wurde festgehalten, ob und wie die Probanden versuchten, den Experimentator dazu zu bringen, weiterzumachen. 18 und 24 Monate alte Kinder und einige im Alter von 14 Monaten taten dies aktiv, ermutigten den Erwachsenen sich wieder zu engagieren und wiesen auf unterschiedliche Weise auf seine Verpflichtung gegenüber dem gemeinsamen Ziel hin. Ganz anders die Schimpansen: In keinem der Fälle animierten sie den Experimentator zur Weiterarbeit. Stattdessen versuchten sie die Aufgabe nun allein zu lösen.[124] Außerdem scheint für Kleinkinder die Aktivität, die Zusammenarbeit mit einem anderen, oftmals attraktiver zu sein als die Erreichung des Ziels. So wird eine erlangte Belohnung gern wieder zurückgelegt, wenn dadurch die gemeinsame Tätigkeit von vorn beginnen kann.[125] Sie sind aktiv daran interessiert Zusammenarbeit zu initiieren.

Imitation führt zu Konvention und Ritual
In einem Experiment wurde Schimpansen und 3–4 Jahre alten Kindern eine Box gezeigt, aus der sie etwas herausholen sollten (bei den Schimpansen handelte es sich um Futter). Ein Assistent zeigte ihnen, wie die Box zu öffnen sei und vollführte dabei einige zusätzliche, unnötige Handlungen. Bevor er die Tür öffnete, verschob er einen Bolzen und klopfte mehrmals mit einem Stock auf die Box. Wenn die Box undurchsichtig war, wiederholten die Schimpansen die einzelnen Schritte, die sie beim Assistenten beobachtet hatten. Wenn die Box aber transparent war, erkannten sie, welche Schritte unnötig waren und öffneten einfach die Tür, ohne sich um den Bolzen oder den Stock zu scheren. Anders die Kinder. Sie wiederholten die einzelnen, überflüssigen Schritte auch dann akribisch, wenn die Box transparent war.[126]

Funktionslose Handlungssequenzen werden von Kindern sogar treuer nachgeahmt als jene, deren Funktion erkennbar ist. Die evolutiven Wurzeln dieser Motivation zum exakten Imitieren stammen offenbar aus dem sozialen Bereich: Sichtlich überflüssige Handlungen scheinen für Kinder ein Signal zu sein, dass es sich hier nicht um eine zielorientierte Aktion handelt, sondern um eine konven-

---

[124] F Warneken, F Chen, und M Tomasello, "Cooperative Activities in Young Children and Chimpanzees," *Child Development* 77 (2006): 640–63.
[125] Tomasello und Carpenter "Shared Intentionality", 123.
[126] Horner und Whiten "Causal knowledge and imitation/emulation switching in chimpanzees," 164–181.

tionelle oder gar eine rituelle.¹²⁷ Damit erhält sie eine außerordentliche Wichtigkeit: Rituale haben die Funktion, eine Gruppenidentität zu begründen und zu bezeugen. Die exakte Nachahmung ist mit einem Mal von besonderer Bedeutung, denn sie entscheidet über die Zugehörigkeit zur Gruppe. Wer das Ritual beherrscht, ist einer von „Uns" und gehört dazu. Wer es nicht beherrscht, ist ein „Fremder" und gehört nicht dazu.¹²⁸ Die akribische Treue in der Nachahmung, die man bei Kindern – aber nicht bei Menschenaffen – beobachtet, entspringt also dem fundamentalen, sozialen Bedürfnis dazu zu gehören. Je eindringlicher die Vorbilder Handlungen ohne erkennbare Funktion vollziehen, desto wichtiger wird deren exakte Einhaltung anschließend auch genommen.¹²⁹

> For observant children, it's the useless things we do that tell them the most about how to be a good group member.¹³⁰

In einem anderen Experiment mit Kindern im Alter von 2 bis 3 Jahren wurde dieser Zusammenhang von Imitation und Instruktion anhand einer neuen sozialen Konvention gezeigt. Ein Erwachsener erklärte den Kindern: *„Jetzt werde ich daxen."* und führte dann eine neue Aktivität durch. Im Anschluss daran kam eine Puppe und „daxte" falsch. Viele der Kinder erklärten daraufhin der Puppe, wie sie es richtig zu machen habe und nahezu alle ließen Protest erkennen. Das, was die Puppe tat, entsprach nicht dem, was die Kinder als Norm dafür ansahen, wie man „daxt". Durch ihren Protest oder ihre Instruktion verstärkten die Kinder zusätzlich die soziale Norm für „Daxen".¹³¹

Tomasello und Carpenter unterstreichen die Rolle, die »Shared Intentionality« bei der Ausbildung von solchen Konventionen spielt:

---

127 Dan Jones, "Dark Rites," *New Scientist* 225, no. 3004 (2015): 36–39. // Je detaillierter und aufwändiger die Rituale, desto mehr kausale Wirkung wird ihnen zugeschrieben und je schmerzhafter und emotional oder körperlich intensiver, desto mehr stärken sie das Gefühl der Gruppenzugehörigkeit; ebd., 38f. // vgl. auch Cristine H Legare und André L Souza, "Evaluating Ritual Efficacy: Evidence from the Supernatural," *Cognition* 124 (2012): 1–15.
128 Rachel E Watson-Jones et al., "Task-Specific Effects of Ostracism on Imitative Fidelity in Early Childhood," *Evolution and Human Behavior* 35 (2014): 204–10.
129 Patricia A Herrmann et al., "Stick to the Script: The Effect of Witnessing Multiple Actors on Children's Imitation," *Cognition* 129 (2013): 536–43.
130 Matt Rossano, zit. in Jones, "Dark Rites," 39.
131 Hannes Rakoczy, Felix Warneken, und Michael Tomasello, "The Sources of Normativity: Young Children's Awareness of the Normative Structure of Games," *Dev Psych* 44 (2008): 875–81.

Social norms [Konventionen; Anm.][...] can only be created by creatures who engage in shared intentionality and collective beliefs, and they play an enormously important role in maintaining the shared values of human cultural groups.[132]

Instruktion führt zu Kumulativer Kultur

Es gibt in der menschlichen Kultur viele hochkomplexe Vorgänge, die nicht emuliert werden können oder jedenfalls kaum auf Anhieb zu einem qualitativ hochwertigen Produkt führen würden. Es genügt nicht mehr, die Ziele des Andern zu kennen und zu versuchen, sie irgendwie zu erreichen. Hier kommt man nur durch instruiertes Lernen zum Ziel. Im Experiment versuchen Kinder solche explizite Instruktionen dann auch möglichst exakt einzuhalten.[133]

Für die kulturelle Entwicklung des Menschen war diese hohe Bereitschaft fraglos zu imitieren – d. h. auch dann dem zu folgen was andere tun, wenn deren Intentionen und Ziele noch nicht offensichtlich sind, weil das Endprodukt vielleicht noch viele Zwischenschritte entfernt ist – vermutlich eine wichtige Voraussetzung, dass Errungenschaften früherer Generationen tradiert werden konnten, und sie war damit das Fundament für kumulative Kultur.[134]

So scheint die Fähigkeit einen Bogen für die Jagd herzustellen bereits so komplex zu sein, dass es nicht mehr allein durch Emulation zu bewerkstelligen ist. Deshalb haben die Ureinwohner von Tasmanien diese Fähigkeit – zusammen mit der Fähigkeit Feuer zu machen – nach der Besiedlung der Insel offenbar schnell verloren.[135]

Imitation has, however, evolved to serve uniquely human functions as a component mechanism recruited by a complex cognitive system that we call human 'pedagogy'. We propose that human pedagogy is a primary species-specific cognitive adaptation to ensure fast, efficient, and relevance-proof learning of cultural knowledge in humans under conditions of cognitive opacity of cultural forms.[136]

---

132 Tomasello und Carpenter "Shared Intentionality," 124.
133 György Gergely und Gergely Csibra, "Sylvia's Recipe: The Role of Imitation and Pedagogy in the Transmission of Cultural Knowledge," in *Roots of Human Sociality: Culture, Cognition and Interaction*, ed. N J Enfield und S C; Wenner-Gren Foundation for Anthropological Research Levinson (Berg Publishers, 2006), 238 ff. // Carl Zimmer, "Children Learn by Monkey See, Monkey Do. Chimps Don't," *The New York Times – Essay* 13. Dezember (2005).
134 L.G. Dean et al., "Identification of the Social and Cognitive Processes Underlying Human Cumulative Culture," *Science* 335 (2012): 1114–18.
135 Sterelny "Memes Revisited," 154.
136 Gergely und Csibra, "Sylvia's Recipe," 241.

Sobald sich der Kontext und die Umstände jedoch verändern, müssen auch die Prozesse verändert werden, um die gewünschte Qualität zu erhalten. Hierzu benötigt es dann die zielorientierte Emulation – das Ziel zu kennen und einen noch unbekannten Weg dorthin zu suchen. Nun würde man vielleicht erwarten, dass hier Menschenaffen gut sein sollten, doch es zeigt sich, dass es ihnen nur schwer gelingt, einmal Erlerntes auf einen anderen, neuen Kontext zu übertragen.[137] Menschen gelingt dies jedoch. Sie lernen zu unterscheiden zwischen instrumentellen und konventionellen Instruktionen und zwischen der Notwendigkeit eine Handlung treu nachzuahmen oder ihr Ergebnis zu emulieren und neue Wege zu gehen. Bereits von früher Kindheit an werden diese in der menschlichen sozialen Welt wichtigen Unterscheidungen erlernt und eingeübt.[138]

Doch die verschiedenen Lernformen haben sicher auch etwas mit dem individuellen Persönlichkeitsprofil zu tun: Der eine kocht nach Rezept, ein anderer improvisiert. Der eine baut den Ikea-Schrank genau nach Anleitung auf, ein anderer versucht es erstmal so. Der eine lernt lieber auswendig, ein anderer versucht die Zusammenhänge zu verstehen und leitet sich den Rest her.

6.5.3 Fazit

Obwohl alle Primaten innerhalb ihrer Gemeinschaften auf vielfältige und komplexe Weise interagieren, zeichnet sich der Mensch unter ihnen dadurch aus, dass er motiviert ist, Emotionen, Erfahrungen und Aktivitäten mit anderen zu teilen: Menschen schauen sich gegenseitig an, lächeln einander zu und treten in triadische Beziehungen, sie weisen sich auf Interessantes hin, informieren sich gegenseitig und helfen einander in ihren Bemühungen, sie arbeiten zusammen und ergänzen sich, sie haben gemeinsame Ziele und geben ihre Fähigkeiten, ihre Produkte und ihre Überzeugungen weiter und erreichen damit eine Kumulative Kultur mit ungeahnten Wissensmengen und fortschrittlichen Technologien.[139]

---

[137] „...even when one cue is mastered, chimpanzees do not generalize these skills when novel cues are available that closely resemble the one they previously learned. This difficulty for primates and especially chimpanzees is something of a mystery." Hare und Tomasello "Human-like Social Skills in Dogs," 439.
[138] Herrmann et al., "Stick to the Script: The Effect of Witnessing Multiple Actors on Children's Imitation," 536.
[139] vgl. Tomasello et al. "Understanding and Sharing Intentions," 685 f. // In einem Experiment waren nur Kinder in der Lage eine dreistufige Rätselbox zu öffnen: Jede Stufe ist über einen anderen Verschlussmechanismus zugänglich und alle enthalten eine Belohnung mit steigender Attraktivität. Während Schimpansen und Kapuzineräffchen nie die letzte Stufe erreichten, gelang es den Kindern, weil sie zusammenarbeiteten, sich über die Lösungen austauschten und sich

> The primary human adaptation, however, is for our behaviors to be acquired less and less directly from our genes and more and more from other people.[140]

Menschliche Gemeinschaften zeichnen sich in ihrer typischen Form durch mindestens drei Charaktereigenschaften aus:
- **(Ultra-)Sozialität:** Andere – auch Fremde – werden als potentielle Kooperationspartner wahrgenommen und man begegnet einander mit Vertrauensvorschuss (siehe Kap. 3.5). Es gibt ein Interesse zu kooperieren, andere an den eigenen inneren Zuständen teilhaben zu lassen und miteinander Probleme zu lösen. Gemeinschaft wird häufig wichtiger als das Ergebnis.
- **Autonomie:** Freiheit von Zwang, Eigenständigkeit und Individualität sind menschliche Bedürfnisse, machen eine Gemeinschaft flexibel und robust, da sie Kreativität und Innovation fördern (siehe Kap. 5.1.4.3). Menschliche Gemeinschaften streben daher nach innerer Identifikation. Sie basieren auf dem »Prinzip Commitment«, auf der Selbstverpflichtung ihrer Mitglieder.
- **Kultur:** Durch instruiertes Lernen und durch symbolische Tradition (siehe Kap. 2.3.3.4 und Kap. 3) ist beim Menschen die Möglichkeit kulturelle Errungenschaften vertikal und horizontal weiterzugeben institutionalisiert worden, so dass sich Wissen und Techniken akkumulieren können. Diese kumulative Kultur führt auch zu einer beschleunigten Ko-Evolution der Biologie des Menschen.[141]

Auch wenn Tiere immer wieder Elemente davon zeigen, der Mensch ist das einzige bekannte Lebewesen, das in einer *sein ganzes Leben prägenden Weise* gleichzeitig sozial-kooperativ, autonom und kulturell ist. Das Bedürfnis des Menschen, innere Zustände, Wissen und Errungenschaften zu teilen, seine auf gegenseitigem Vertrauen beruhenden Gemeinschaften und das Erleben moralischer Verantwortung sind die physiologischen, inneren Konsequenzen und Voraussetzungen dieser Prägung. Kooperative Augen, unwillkürliche Mimik, eine sich rötende Wange oder ein Körper, der durch unterschwellige Signale die wahren Intentionen preisgibt, sind die äußeren Zeichen dafür – Somatisierungen einer kulturell-biologischen Koevolution, die zu dem geführt hat, was wir als unsere menschliche Lebenswelt kennen.

---

gegenseitig helfen. Dean et al. "Identification of the Social and Cognitive Processes Underlying Human Cumulative Culture," 1114–1118.
140 Wilson, *Evolution for everyone*, 186.
141 Richerson, Boyd und Henrich "Gene culture coevolution in the age of genomics," 8985–8992. // Hawks et al. "Recent Acceleration of Human Adaptive Evolution," 20753–758.

7 Allgemeine Kognition

7.1 Selbst-Bewusstsein

7.1.1 Die erstaunlichen Fähigkeiten des Unbewussten

Angenommen jemand muss in einer vertrauten Situation eine wichtige Entscheidung treffen. Die Informationen, die er hierfür besitzt, sind zahlreich und komplex. Wie sollte er vorgehen? Es zeigt sich, dass jene, die eine derartige Entscheidung intuitiv und aufgrund eines Bauchgefühls treffen, im Durchschnitt erfolgreicher und zufriedener mit ihrer Entscheidung sind, als jene, die dabei rational vorgehen.[1] Unbewusste, intuitive Prozesse sind schneller, lassen sich nicht ablenken und integrieren mehr Informationen. Sie sind es auch, die am Steuer sitzen, denn es ist eine unbewusste „Entscheidung", ob eine Information bewusst wird oder nicht. Die Entdeckungen der letzten Jahre zeigen einerseits das Unbewusste als eine mächtige Entscheidungsinstanz, andererseits gerät das Bewusste in den Verdacht, nur dazu da zu sein, bereits getroffene Entscheidungen im Nachhinein zu dokumentieren. Doch wenn die Evolution ein so kostspieliges Phänomen wie bewusstes Denken hervorbringt, müsste es dann nicht auch eine erhebliche funktionelle Bedeutung besitzen?

Für die Frage nach der Moral ist eine Beschreibung des Unbewussten von großer Relevanz. Wir werden sehen, dass unbewusste Prozesse gerade dort eine entscheidende Rolle spielen. Es wäre nun eine grobe Fehleinschätzung, deshalb ungeordnete, irrationale und mit den eigenen Überzeugungen nicht vereinbare Ergebnisse zu erwarten. Die Beschreibung der Kapazität des Unbewussten wird vielmehr zeigen, dass es sich um ein System von potentiell großer Kohärenz handelt.

7.1.1.1 Das Unbewusste bearbeitet Probleme eigenständig

In einem Experiment bekamen die Probanden komplexe Informationen über vier verschiedene Wohnungen. Eine war mit attraktiveren Daten ausgestattet als der Rest. Die Probanden wurden in drei Gruppen unterteilt. Gruppe eins sollte die Wohnungen sofort beurteilen, Gruppe zwei sollte 3 Minuten lang gründlich darüber nachdenken und dann urteilen und Gruppe drei wurde drei Minuten lang

---

[1] vgl. Ap Dijksterhuis et al., "On Making the Right Choice: The Deliberation-Without-Attention Effect," *Science* 311 (2006): 1005–7. // Jonah Lehrer, *The Decisive Moment. How the Brain makes up its Mind* (Edinburgh: Canongate, 2009), 221–227.

abgelenkt bevor sie um ihr Urteil gebeten wurde. Die Ablenkung verhinderte, dass die Probanden der Gruppe drei sich bewusst mit dem Problem beschäftigen konnten. Gemessen wurde, wie gut die Probanden in der Lage waren, die beste von der schlechtesten Wohnung zu unterscheiden. Es stellte sich heraus, dass kein Unterschied zwischen dem sofortigen und dem durchdachten Urteil bestand. Diejenigen, die abgelenkt waren und das Problem nur unbewusst bearbeiten konnten, waren dagegen signifikant besser in der Lage, die gute Wohnung zu erkennen.[2] Diese Ergebnisse erhielt man nicht nur im Labor, sondern auch bei „Feldstudien" in IKEA-Kaufhäusern.[3] Sowohl bei komplexen Objekten (Qualität von Vorlesungen) als auch bei Präferenzen (Erdbeermarmelade oder ein Poster für zuhause) führt eine rationale Analyse zu Ergebnissen, die stärker von den Expertenmeinungen abweichen und zu einer geringeren Zufriedenheit führen als die intuitiven Entscheidungen.[4] Offenbar konzentriert man sich bei der rationalen Analyse auf leicht zu verbalisierende Eigenschaften. Diese sind aber häufig nicht die wichtigsten.

7.1.1.2 Das Unbewusste folgt Zielsetzungen

In einem anderen Experiment wurden vier fiktive Autos vorgestellt. Die eine Hälfte der Probanden erhielt die Information, dass sie zu einem späteren Zeitpunkt ein Urteil über die Autos abgeben sollten, der anderen Hälfte wurde erzählt, dass die Aufgabe abgeschlossen sei und nun ein neues Experiment beginne. Anschließend wurden beide Gruppen abgelenkt, so dass eine Beschäftigung mit den gegebenen Informationen nur unbewusst stattfinden konnte. Diejenige Gruppe, die wusste, dass sie später noch ein Urteil abgeben sollten, besaß bei der Beurteilung der Autos eine signifikant bessere Organisation und Integration der gegebenen Informationen, als jene, die davon ausgegangen waren, dass die Aufgabe beendet sei.[5] Interessanterweise werden also – anders als früher angenommen – auch die

---

[2] Ap Dijksterhuis, "Think Different: The Merits of Unconscious Thought in Preference Development and Decision Making," *Journal of Personality and Social Psychology* 87 (2004): 586–98. Dijksterhuis zitiert hier Sigmund Freud: „*When making a decision of minor importance, I have always found it advantageous to consider all the pros and cons. In vital matters however [...] the decision should come from the unconscious, from somewhere within ourselves.*" (S. 586).
[3] Jonah Lehrer, *The Decisive Moment. How the Brain makes up its Mind*, 225.
[4] T D Wilson und J W Schooler, "Thinking Too Much: Introspection Can Reduce the Quality of Preferences and Decisions," *Jorurnal of Personality and Social Psychology* 60 (1991): 181–92. // T D Wilson et al., "Introspecting About Reasons Can Reduce Post-Choice Satisfaction," *Personality and Social Psychology Bulletin* 19 (1993): 331–39.
[5] Maarten W Bos, Ap Dijksterhuis, und Rick B van Baaren, "On the Goal-Dependency of Unconscious Thought," *Journal of Experimental Social Psychology* 44 (2008): 1114–20.

unbewussten Prozesse durch Ziele beeinflusst.[6] Durch Zielsetzungen wird unwillkürlich die Aufmerksamkeit so gelenkt, dass sie völlig unabhängig von bewussten Prozessen zielführend wirksam wird.[7] Zwar haben zielgerichtete oder zielstörende Aspekte tatsächlich eine höhere Wahrscheinlichkeit, bewusst zu werden, doch dies ist nicht immer von Vorteil: Ziele werden am besten durch eine Kombination von Fokussierung und flexibler Reaktion erreicht. Diese Balance wird durch Aufmerksamkeit aufrechterhalten. Eine Bewusstwerdung des Vorgangs kann nun aber beides: Die Balance fördern oder stören.[8]

Das vielleicht überraschende Fazit ist: Unbewusste Informationsverarbeitung geschieht strategisch. Wir können unbewusst logische Operationen durchführen und Informationen können in Bezug auf ihren semantischen Gehalt[9] oder ihre Übereinstimmung mit Werten[10] abgeglichen und beurteilt werden. Das Unbewusste ist kein „gedankenloser Autopilot", den man rational bändigen müsste, sondern eine zielgerichtete, aktive und unabhängige Entscheidungshilfe.[11]

Diese Fähigkeiten können und sollten genutzt werden: Bei komplexen Problemen in vertrauten Themenbereichen sind unbewusste Prozesse den bewussten überlegen. Bei Problemen mit wenigen Kriterien und bei Problemen in neuen Situationen sind dagegen die bewussten, rationalen Lösungsprozesse überlegen.[12]

---

6 vgl. Stanislas Dehaene et al., "Conscious, Preconscious, and Subliminal Processing: A Testable Taxonomy," *Trends in Cognitive Sciences* 10 (2006): 204–11. // „... . *temporal attention can amplify unconscious processes without making them available to conscious report* ... ", Lionel Naccache, Elise Blandin, und Stanislas Dehaene, "Unconscious Masked Priming Depends on Temporal Attention," *Psychol Sci* 13 (2002): 423.
7 In Sportarten wie Tischtennis ist offensichtlich, dass die Handlungsentscheidungen nicht bewusst getroffen werden können, aber sehr wohl zielgerichtet sind. // Dies gilt auch für langfristige Ziele, auch wenn es hier nicht so offensichtlich ist; vgl. Bruce Headey, "Life Goals Matter to Happiness: A Revision of Set-Point Theory," *Social Indicators Research* 86 (2008): 213–31.
8 Ap Dijksterhuis und Henk Aarts, "Goals, Attention, and (un)consciousness," *Annu Rev Psychol* 61 (2010): 467–90. // Vor allem Musiker sind sich dieser Tatsache sehr bewusst.
9 z.B. Stanislas Dehaene, Michel Kerszberg, und Jean-Pierre Changeux, "A Neuronal Model of a Global Workspace in Effortful Cognitive Tasks," *PNAS* 95 (1998): 14529–34.
10 z.B. Mathias Pessiglione et al., "How the Brain Translates Money into Force: A Neuroimaging Study of Subliminal Motivation," *Science* 316 (2007): 904–6.
11 Kate Douglas, "Subconscious: The Other You," *The New Scientist* 196 (2007): 42.
12 Lehrer (2009) beschreibt den Fall des britischen Radaroffiziers Riley, der im ersten Golfkrieg am Morgen des 25. Februar 1991 an Bord der HMS Gloucester für die Luftüberwachung zuständig war. Um 5.01 Uhr erschien auf seinem Radarschirm ein kleiner grüner Punkt, ähnlich wie dutzend andere zuvor. Doch diesmal bekam Riley Furcht, sein Puls raste und seine Hände fingen an zu schwitzen. Üblicherweise flogen die amerikanischen A-6 auf dieser Route, doch hätte es auch eine irakische Rakete sein können. Die Signale sahen völlig identisch aus, und da die Piloten auf dem Rückflug ihren Funk ausschalteten, um nicht so leicht von feindlichen Raketen gefunden werden

If you want to buy a car according to one or two important criteria (e. g., mileage and safety) [...] it would indeed be best to use consciousness. As we argued before, unconscious thought cannot make a decision based on a specific rule. Alternatively, if you want to decide on the basis of a more holistic judgment in which many criteria are taken into account, [...] it would be best to use unconscious thought. At some point, a gut feeling or intuition would arrive, and this would be your unconscious telling you what you should do. You should not distrust this feeling. Rather, you should welcome it as the best device to base your decision on.[13]

7.1.1.3 Kreativität
Wir haben noch nicht mehr als nur begonnen, das komplexe Zusammenspiel von bewussten und unbewussten Prozessen zu erkennen. Aber es ist jetzt schon klar, dass dieses Zusammenspiel Grundlage und Ermöglichung für einige wesentlich menschliche Leistungen ist. Woher kommen neue Ideen? Warum fällt uns die

---

zu können, hatte Riley keine Möglichkeit, den Punkt sicher zu identifizieren. Kurz bevor es zu spät war, gab Riley den Befehl zum Abschuss. Die nächsten vier Stunden waren vermutlich die längsten seines Lebens, bis die Nachricht kam, dass es sich tatsächlich um eine Rakete gehandelt hatte. Die folgenden Analysen des Signals kamen zu dem Schluss, dass eine A-6 von der Rakete nicht zu unterscheiden gewesen wäre und man betrachtete Rileys Entscheidung als einen Glückstreffer. Erst als zwei Jahre später der Psychologe Gary Klein die Aufnahmen analysierte, erkannte er den Unterschied: Die Raketen flogen tiefer als die A-6 und ihr Radarsignal wurde durch die Bodennähe gestört. Daher tauchte das Signal etwas später auf dem Bildschirm auf als das einer A-6. Aussehen und Verhalten der Punkte waren dagegen, sobald sie zu sehen waren, nicht mehr zu unterscheiden. Obwohl Riley nicht wusste, warum er so reagierte, wusste er intuitiv, dass etwas Gefährliches passierte: Dieser eine grüne Punkt musste abgeschossen werden (S. 34–39). Im Fall des Fluges 232 einer DC-10 am 19. Juli 1989 von Denver nach Chicago hätte blindes Vertrauen in das Bauchgefühl dagegen den sicheren Absturz zur Folge gehabt. Das komplette dreifach gesicherte hydraulische System, mit dem alle Flugmanöver gesteuert werden, war nach einer Explosion ausgefallen. Das Flugzeug konnte nur noch durch differentiellen Schub der Düsen an den Tragflächen gesteuert werden. Doch plötzlich geriet das Flugzeug zusätzlich in eine sich aufschaukelnde Phugoidschwingung, ein Vorfall, für den es ohne Verwendung der Steuerung damals keine Routine gab. Was tun? Die intuitive Reaktion jedes Piloten, auch die von Al Haynes, wäre gewesen, in der Abwärtsphase Schub zurückzunehmen und in der Aufwärtsphase zu beschleunigen. Dies hätte jedoch fatale Folgen gehabt: Da die Düsen unterhalb der Tragfläche angebracht sind, hätte eine Schubreduzierung dazu geführt, dass sich die Nase weiter senkt und sich die Schwingung zusätzlich verstärkt hätte. Haynes erkannte dies und tat das Nicht-Intuitive: Er gab in der Abwärtsbewegung zusätzlichen Schub: „That wasn't very easy to do. You felt like you were going to fall out of the sky." (S. 123) In der Aufwärtsbewegung reduzierte er den Schub. Ein Manöver, das seither fester Bestandteil der Pilotenausbildung ist. Der Flug 232 erreichte auf diese Weise den nächstgelegenen Flughafen. Eine Bruchlandung konnte unter den gegebenen Umständen zwar nicht verhindert werden und es starben 111 Personen. Doch 185 Menschen wurden durch Al Haynes nicht-intuitives, geistesgegenwärtiges Handeln gerettet (S. 118–130).
13 Ap Dijksterhuis und Loran F Nordgren, "A Theory of Unconscious Thought," *Perspectives on Psychological Science* 1 (2006): 95–109.

Lösung für ein Problem manchmal erst ein, wenn wir duschen oder darüber geschlafen haben?[14] Unser Unbewusstes ist eine machtvolle Problemlösungsinstanz, und Kreativität ist eine der Auswirkungen. Tatsächlich ist es bei der Suche nach neuen, kreativen Lösungen hilfreich, sich nicht zu sehr zu konzentrieren – zumindest gilt dies im Labor. In einem Versuch ließ man den Probanden einige Minuten Zeit, sich möglichst viele kreative Anwendungen für einen Gegenstand – zum Beispiel einen Backstein – auszudenken. Die eine Gruppe erhielt anschließend eine einfache, stupide Aufgabe, bei der die Gedanken wandern konnten. Die andere Gruppe musste eine anspruchsvolle Aufgabe lösen, die die volle Konzentration erforderte. Danach sollten sie – für alle Probanden überraschend – sich noch einmal kreative Anwendungen für diesen Gegenstand überlegen. Diejenigen mit der stupiden Aufgabe listeten nun etwa 40 % mehr neue Anwendungen auf als jene mit der anspruchsvollen Aufgabe, obwohl sie angaben in der Zeit dazwischen nicht über das Problem nachgedacht, sondern nur allgemein in Gedanken gewesen zu sein.[15] Eine andere Studie stellte fest, dass Erwachsene mit der Konzentrationsschwäche ADHS in diesem Test mehr Lösungen finden als eine Vergleichsgruppe.[16]

In einem weiteren Test ließ Jonathan Schooler die Probanden während der Problemlösung berichten, was sie gerade tun. Dieses Verbalisieren des Lösungsvorgangs schien bei analytischen, mathematischen oder logischen Problemen nicht zu stören. Doch wenn die Probanden ein Rätsel lösen sollten, wirkte das gleichzeitige Verbalisieren störend auf die Performance. Der Konflikt wird plausibel, wenn man bedenkt, dass für kreative Lösungen unbewusste Prozesse nötig sind, die gar nicht verbalisiert werden können. Statt einer Lösung näherzubringen, bindet das Verbalisieren die mentalen Kräfte.[17]

7.1.1.4 Die evolutionäre Signifikanz des Unbewussten

Wir nutzen stets eine große Zahl unbewusst ablaufender Prozesse, um uns durch unseren Alltag zu navigieren. Vor allem gewöhnliche, wiederkehrende Aufgaben werden zuverlässig von Untersystemen durchgeführt, von deren Aktivität wir oft

---

14 Simone M Ritter und Ap Dijksterhuis, "Creativity—the Unconscious Foundations of the Incubation Period," *Frontiers in Human Neuroscience* 8 (2014): Artikel 215, 1–10.
15 Jonathan Schooler zit. in Richard Fisher, "Daydream Your Way to Creativity," *New Scientist* 214 (2012): 36.
16 Holly A White und Priti Shah, "Uninhibited Imaginations: Creativity in Adults with Attention-Deficit/Hyperactivity Disorder," *Personality and Individual Differences* 40 (2006): 1121–31.
17 J W Schooler, S Ohlsson, und K Brools, "Thoughts Beyond Words: When Language Overshadows Insight," *Journal of Experimental Psychology* 122 (1993): 166–83.

nichts mitbekommen.[18] Diese Untersysteme werden auch »Zombiesysteme« genannt, weil sie keine bewusste Steuerung benötigen. Wie wir gesehen haben liegen ihre Vorteile in der Schnelligkeit, in der Möglichkeit sie ablaufen zu lassen ohne sich darauf konzentrieren zu müssen, dass sie nicht so leicht ablenkbar sind, dass sie komplexe Informationen zielgerichtet bearbeiten können, ohne den mentalen Arbeitsspeicher zu belasten, und dass sie kreativ sind.

Man sollte meinen, dass eine derart mächtige Fähigkeit Auswirkungen auf die Fitness eines Organismus hat und von der Evolution geformt wird. Stattdessen wird meist davon ausgegangen, dass die Fähigkeiten unseres Unbewussten weitgehend mit denen unserer nächstverwandten Tiere übereinstimmen.[19] Dies ist aber nicht plausibel: Es ist vielmehr ungleich wahrscheinlicher, dass sich im Lauf der Evolution des Menschen und in der Entwicklung immer neuer Gesellschafts- und Sozialformen auch die Fähigkeiten und die Arbeitsweise des Unbewussten verändert haben, und dass sowohl das menschliche als auch das tierische Unbewusste eine evolutive Anpassung an die jeweils spezifischen ökologischen Erfordernisse darstellt. Ist unser Unbewusstes womöglich ein ebenso wichtiger Aspekt unseres Mensch-Seins wie unser Bewusstes? Und welche Rolle spielte es bei der Entwicklung von einer Horde aufrecht gehender Affen hin zu einer komplexen Gesellschaft von werkzeuggebrauchenden und -herstellenden Jägern, Handwerkern, Künstlern, Dienstleistern und Fließbandarbeitern?[20]

7.1.1.5 Die bewusste Verarbeitung von Informationen

Unbewusste und Bewusste Verarbeitung ergänzen sich gegenseitig und haben ihre je spezifischen Stärken und Schwächen. Bewusste Verarbeitung zeigt sich dabei als ungeeignet für die direkte Kontrolle von physischem Verhalten. Dort, wo im Versuch bewusste Kontrolle gesucht wird, verschlechtert sich die Performance erheblich.[21] Auch für Aufgaben, bei denen es auf Synchronizität ankommt, ist das Bewusstsein ungeeignet, da sich die bewusste Wahrnehmung von Gleichzeitigkeit

---

18 Allein der Gedanke, ich müsste meine Finger zu hundert Prozent bewusst steuern, um diesen Satz über die Tastatur einzugeben, macht mich schwindlig. Stattdessen denke ich die Worte, und die Finger reagieren – manchmal treffen sie sogar die richtige Taste. Tatsächlich stört der Versuch bewusster Motorkontrolle die Performance; vgl.
19 Dies führt dann zu der seltsamen Schlussfolgerung, dass alles, was Menschen unbewusst zustande bringen, auch für Tiere möglich sein sollte; z. B. Douglas Heaven, "Do Maths without Having to Think," *New Scientist* 2891, no. 2891 (2012): 14.
20 vgl. Kate Douglas, "Subconscious: The Other You," *New Scientist* 2632 (2007): 46.
21 Roy F Baumeister, E J Masicampo, und Kathleen D Vohs, "Do Conscious Thoughts Cause Behavior?," *Annual Review of Psychology* 62 (2011): 352.

auf einen Zeitraum von ca. 2,5 Sekunden erstrecken kann.[22] Musiker, die gemeinsam improvisieren, benötigen so für die Melodien zwar bewusste Verarbeitung, für den Rhythmus jedoch unbewusste.[23] Der Einfluss von Bewusstsein auf konkretes Verhalten[24] erstreckt sich aber zumindest wohl auf:
- Verstärkung oder Mäßigung von Motivationen. Das Bewusstsein scheint Einfluss darauf nehmen zu können, welche konkurrierende Motivation sich am Ende durchsetzt.
- Verbindung von abstrakten Ideen mit konkretem Verhalten. Dies ist von besonderer Bedeutung in einem kulturellen Kontext, wo viele Informationen in abstrakter Form (z. B. als Text) weitergegeben werden.
- Integration des gegenwärtigen Verhaltens unter eine langfristige Perspektive. Bewusstsein kann vergangene Ereignisse reflektieren und neu bewerten, und es kann kurzfristige Impulse unterdrücken zugunsten langfristiger, zukünftiger Ziele.
- Imagination unterschiedlicher Handlungsfolgen. Indem verschiedene Handlungsmöglichkeiten geistig durchgespielt werden, wird die Wahrscheinlichkeit erhöht, dass schließlich eine günstige Alternative initiiert wird.[25]
- Bearbeitung, Neubewertung und Suche von Informationen im Falle eines Vetos. Wenn ein Handlungsimpuls abgebrochen wird (es handelt sich um unbewusste Prozesse), kann das Bewusstsein hinzugezogen werden, um zu neuen Handlungsmöglichkeiten zu gelangen.[26]

Die Hinweise, dass das Bewusstsein Verhalten beeinflussen kann, sind empirisch unzweifelhaft. Es handelt sich dabei allerdings nie um direkten, sondern stets um indirekten Einfluss. Wie schon erwähnt, bewusste Verarbeitung dient nicht der direkten Kontrolle von Verhalten. Die eigentliche Funktion und die Stärke des Bewusstseins – und damit möglicherweise auch die ultimate Ursache ihrer evolutiven Entwicklung – liegen darin, soziales Leben und Kultur zu ermöglichen.

---

22 Scott L Fairhall, Angela Albi, und David Melcher, "Temporal Integration Windows for Naturalistic Visual Sequences," *PLoS ONE* 9 (2014): e102248.
23 Baumeister, Masicampo, und Vohs, "Do Conscious Thoughts Cause Behavior?", 353.
24 Folgende Aufzählung vor allem nach: ebd.
25 Brahic, Catherine. "Daydream Believers." *New Scientist* 2987 (2014): 32–37.
26 Manche Zielkonflikte werden offenbar auch schon auf der unbewussten Ebene ausgehandelt, insbesondere dann, wenn das Bewusstsein bereits ausgelastet ist. Vgl. Tali Kleiman und Ran R. Hassin, "Non-Conscious Goal Conflicts," *Journal of Experimental Social Psychology* 47 (2011): 521–32.

Dort, wo wir miteinander auf einer Ebene kommunizieren, die über bloße Warnrufe hinausgeht, ist offenbar Bewusstsein notwendig.

> ...conscious experience is useful for sharing information across different brain and mind sites, for enabling thoughts to be communicated socially, and for constructing meaningful sequences of thoughts too complex for purely unconscious processing.[27]

Die Stärken bewusster Verarbeitung sind:
- Wenn etwas ins Bewusstsein tritt, bekommen viele zusätzliche Hirnregionen Zugriff auf diese Information. Ein mentaler Inhalt, der bewusst wird, hat deshalb mehr Einflussmöglichkeiten.[28]
- Bewusstsein ermöglicht die Integration von Verhalten in einen großen Zeitrahmen und in Gegebenheiten, die gerade nicht präsent sind.[29]
- Die Imagination von unterschiedlichen Handlungsszenarien und ihren Folgen und das imaginäre Nachspielen bereits vergangener Ereignisse ermöglichen zielorientierte und effektive Lernprozesse. Imagination ist schließlich auch die Voraussetzung für technische und kulturelle Innovation.[30]
- Umfangreiche logische Operationen verlangen den Einsatz bewussten Denkens und Memorierens. Arbeitsspeicherkapazität kann dann z. B. auch durch Aufschreiben von Zwischenergebnissen geoutsourct und damit Lösungen oder Gedächtnisinhalte gesichert werden.
- Nur bewusste Inhalte können mitgeteilt werden. Beim Menschen ist diese Möglichkeit vor allem im Kontext der hochsozialen menschlichen Gesellschaften äußerst signifikant, **als Bedingung der Möglichkeit von Tradition und Kultur.**

Zweifellos handelt es sich beim Bewusstsein also nicht nur um ein Epiphänomen, das immer erst im Nachhinein für uns dokumentiert, was ein völlig autarkes

---

27 Baumeister, Masicampo, und Vohs, "Do Conscious Thoughts Cause Behavior?", 353
28 vgl. M Platt et al., "Levels of Processing during Non-Conscious Perception: A Critical Review of Visual Masking," in *The Strüngmann Forum Report. Better than Conscious? Decision Making, the Human Mind, and Implications for Institutions*, ed. Christoph Engel und Wolf Singer (MIT Press, 2008), 125–54. // Philip M Merikle und Steve Joordens, "Parallels between Perception without Attention and Perception without Awareness," *Conscious Cogn* 6 (1997): 219–36. // „consciousness seems to act as a gateway [...] Conscious experience creates access to the mental lexicon, to autobiographical memory, and to voluntary control over automatic action routines [...] All these facts may be summed up by saying that consciousness creates global access." Bernard Baars, "In The Theatre Of Consciousness. Global Workspace Theory, A Rigorous Scientific Theory of Consciousness," *Journal of Consciousness Studies* 4 (1997): 292.
29 Baumeister, Masicampo, und Vohs, "Do Conscious Thoughts Cause Behavior?"
30 Knutsen, "Daydream Believers."

Unbewusstes längst geregelt hat. Vielmehr handelt es sich um eine ausgesprochen wirkungsvolle und für das menschliche Leben unverzichtbare Fähigkeit.

> Human conscious thought may be one of the most distinctive and remarkable phenomena on earth and one of the defining features of the human condition.[31]

Bewusste und unbewusste Prozesse sind zwei nicht zu trennende Komponenten des einen menschlichen Systems, mit dessen Hilfe wir Probleme und Informationen mental bearbeiten und auf effiziente Weise Lösungen finden.[32] Worin sich die Prozesse genau unterscheiden, wo ihre Grenzen und Möglichkeiten liegen, welche neuronalen Mechanismen ihnen im Detail zu Grunde liegen, wie sie ineinandergreifen und wie sie jeweils Einfluss auf unsere Entscheidungen und Beurteilungen nehmen, muss Gegenstand weiterer Forschung sein.[33]

7.1.2 Das „Ich"

Lange Zeit nahm man an, dass das Gehirn im Ruhezustand weitgehend inaktiv sei. Diese Vor-annahme, aber auch die übliche Methodik der Neurowissenschaften, nur Aktivitätsunterschiede festzustellen, erschwerte die Entdeckung eines Netzwerks von Hirnregionen, die im Ruhezustand ein charakteristisches Aktivitätsmuster zeigen, das Default Network des Gehirns.[34] Es ist keine funktionale Einheit, sondern das kombinierte Aktivitätsmuster verschiedener Prozesse, die unter anderem für unser inneres Erleben verantwortlich sind. Ein großer Teil davon übt selbstbezügliche Funktionen aus wie Imaginationen und Gedanken über sich selbst, aber auch »Theory of Mind«, das Hineinversetzen in ein intentionales Gegenüber.[35] Die Aktivität in diesem Netzwerk ist reduziert bei Aufgaben, die nach außen gerichtete Aufmerksamkeit benötigen und verstärkt bei introspektiven

---

31 Baumeister, Masicampo, und Vohs, "Do Conscious Thoughts Cause Behavior?", 354.
32 „...the subconscious isn't the dumb cousin of the conscious, but rather a cousin with different skills." Peter Dayan (Theoretische Neurowissenschaften, University College London), zit. in Douglas (2007), 45.
33 vgl. Platt et al. "Levels of Processing during Non-Conscious Perception," 143. // Roy F Baumeister, Kathleen D Vohs, und E J Masicampo, "Maybe It Helps to Be Conscious, after All," *The Behavioral and Brain Sciences* 37 (2014): 20–21.
34 vgl. Douglas Fox, "Private Life of the Brain," *The New Scientist* 2681 (2008): 28–31.
35 vgl. Trey Hedden, "The Default Network – Your Mind, on Its Own Time," *Cerebrum: The Dana Forum on Brain Science*, 2010, 19.

Aufgaben wie moralischen Urteilen, episodischer, autobiographischer Erinnerung oder dem Erleben als ein Selbst.[36]

Bewusstes Erleben eines „Selbst" bedeutet, sich als unterscheidbares, ganzheitliches Individuum zu erleben, das als Einheit handeln und seine Aufmerksamkeit lenken kann und das einen Körper besitzt mit einer definierten Lokalisierung in Raum und Zeit.[37] Üblicherweise wird hierbei unterschieden zwischen einem phänomenologischen Selbst und einem Selbst mit einer Ich-Perspektive („Ich"). Ein phänomenologisches Selbst entsteht, wenn eine externe Welt als Objekt wahrgenommen wird und nur die Inhalte, aber nicht der Prozess der Wahrnehmung repräsentiert werden: Wenn ich einen Apfel in die Hand nehme, erlebe ich ihn nicht als repräsentative Konstruktion meines Gehirns, sondern als ein Objekt in meiner Umwelt. Der Repräsentationsprozess gerät selbst nicht in den Blick, ist dadurch „transparent" und lässt mich eine Realität erleben.[38] Um dagegen zu einer Ich-Perspektive zu gelangen, muss die Wahrnehmung „einen Schritt zurücktreten", so dass die Beziehungen zwischen Subjekt und Objekt und damit die Einstellung des Subjekts zum Objekt in den Blick kommen kann. Was dabei repräsentiert wird, ist vermutlich das intentionale Bezogen-Sein eines *Subjekts* auf Aspekte der Welt. Daraus entwickelt das menschliche Gehirn ein Selbst-Modell eines singulären, kohärenten und zeitlich dauerhaften „Ich", das sich in intentionaler Weise zu seiner Umwelt zu verhalten meint. *„The ability to co-represent this intentional relationship itself while actively constructing it in interacting with a world is what it means to be a subject."*[39]

7.1.2.1 Kohärenz

Das körperliche Selbstbild, das bewusst ist, ist eine *Interpretation,* die es dem Subjekt erlaubt, die zur Verfügung stehenden Informationen sinnvoll und zweckoptimiert zu nutzen. Im Normalfall funktioniert das sehr gut, aber *„When*

---

36 Mary Helen Immordino-Yang und Vanessa Singh, "Hippocampal Contributions to the Processing of Social Emotions," *Human Brain Mapping* 34 (2013): 945–55. // Joshua Greene et al., "An fMRI Investigation of Emotional Engagement in Moral Judgment," *Science* 293 (2001): 2105–8. // Antonio Damasio und Kaspar Meyer, "Consciousness: An Overview of the Phenomenon and of Its Possible Neural Basis," in *The Neurology of Consciousness*, ed. Steven Laureys und Giulio Tononi (London: Elsevier, 2009), 3–14.
37 Olaf Blanke und Thomas Metzinger, "Full-Body Illusions and Minimal Phenomenal Selfhood," *Trends Cogn Sci* 13 (2009): 7–13.
38 vgl. Thomas Metzinger, "Self Models," *Scholarpedia* 2 (2007): 4174.
39 ebd.

things go wrong, the brain becomes really creative."[40] Personen mit einer Schädigung im rechten, hinteren Bereich des Gehirns entwickeln manchmal »Anosognosia«. Der linke Arm ist dann zwar gelähmt und nimmt keine taktilen Reize mehr auf, aber die Personen nehmen dies nicht wahr und beharren darauf, dass alles in Ordnung sei. Die Berichte von Vilayanur S Ramachandran[41] zeugen von der erstaunlichen Diskrepanz, zwischen dem, was diese Personen glauben und dem, was sie tatsächlich können.

> VSR: Can you clap? LR: Of course I can clap. VSR: Will you clap for me? She proceeded to make clapping movements with her right hand as if clapping with an imaginary hand near the midline. VSR: Are you clapping? LR: Yes, I am clapping.

Offenbar hat das Gehirn von Frau LR die Bewegung der linken Hand mental ersetzt und ihr so den Eindruck vermittelt, dass sie tatsächlich klatsche.

> VSR: Mrs. LR, why aren't you using your left arm? LR: Doctor, these medical students have been prodding me all day and I'm sick of it. I don't want to use my left arm.

In diesem Fall wird eine Begründung erfunden, die der Patientin hilft, ihr Selbstbild – dass mit ihrem Arm alles in Ordnung sei – aufrechtzuerhalten. Andere Störungen führen dazu, dass Personen einen fremden Arm für den ihren halten, oder von ihrem behaupten, er gehöre jemand anderem.[42]

Wenn zwei eineiige Zwillinge einander begegnen, verwechseln sie sich nicht, selbst dann nicht, wenn sie sich sehr ähnlich sehen. Im Normalfall führt Selbst-

---

40 Christopher Frith, *Making up the Mind: How the Brain creates our Mental World* (Malden: Blackwell, 2007), 70.
41 Im Folgenden nach ebd., 75
42 Olaf Blanke und Thomas Metzinger, "Full-Body Illusions and Minimal Phenomenal Selfhood," *Trends Cogn Sci* 13 (2009): 7–13 // Eine Ahnung von der Macht solcher Illusionen erhält man, wenn man einen Partytrick ausprobiert, der auf Botvinick und Cohen (1998, 756) zurückgeht. Einer der Arme wird hinter einem Sichtschutz verborgen. Ein Gummiarm oder ein ausgestopfter Gummihandschuh wird sichtbar in die Nähe gelegt. Dann werden der verborgene Arm und der Gummiarm gleichzeitig mit einem Pinsel gestrichelt. Man fühlt das Streicheln am eigenen Arm doch man sieht es am Gummiarm. Nach kurzer Zeit wandert die Empfindung des Gestreichelt-Werdens in den Gummiarm. Die Empfindung hat irgendwie den eigenen Körper verlassen und befindet sich nun in einem klar getrennten, physikalischen Objekt. Und nun bittet man jemand, am Gummiarm einen der Finger zu verbiegen oder mit einem Hammer draufzuschlagen... Die Fähigkeit unseres Gehirns, die Körperwahrnehmung an einen anderen Ort zu projizieren, ist eine normale Fähigkeit. Sie ist unter anderem dafür verantwortlich, dass wir ein Werkzeug sehr schnell zu beherrschen lernen: Wir dehnen einfach die mentale Grenze unseres Körpers auf das Werkzeug aus und integrieren es so in unser Körperbild; siehe Kapitel 3.5.1.

wahrnehmung dazu, dass ich mich gerade *nicht* verwechsle.[43] Dies ist aber nur solange gewährleistet, wie sich Übereinstimmung zwischen den sensorischen Informationen und dem Selbsterleben herstellen lässt. Im Experiment kann diese Übereinstimmung gestört werden, und ein Zustand, in dem sich die Probanden mit etwas oder jemand anderem verwechseln, sich falsch lokalisieren oder wo sie die Ausführung einer Handlung falsch zuordnen, kann ohne große Mühe hervorgerufen werden.[44] Bekannt sind vor allem sogenannte Out-of-Body-Erfahrungen. Dabei kommt es offenbar zu einem Konflikt der Wahrnehmungen, der durch den Eindruck, dass das Selbst sich außerhalb des Körpers befindet „harmonisiert" wird. Interessanterweise wird dabei der Körper aus der Außenperspektive betrachtet.[45] Dieses auf den ersten Blick überraschende Phänomen ist möglicherweise eine „normale" Simulationsleistung des Gehirns: Sowohl autobiographische Erinnerungen als auch Träume werden gelegentlich aus einer Dritt-Person-Perspektive visualisiert.[46]

7.1.2.2 Wirkung

Für den Eindruck, dass ein Effekt das Resultat einer bestimmten Handlung ist, ist der richtige Zeitabstand zwischen beiden wichtig. Wir alle kennen Momente, wo in einem Film die Tonspur vom Bild zeitlich abweicht und uns unsere Illusion zerstört, und wir kennen gute Synchronisationen, die keinen Zweifel aufkommen lassen, dass Bild und Ton zusammengehören, obwohl Sprecher und Schauspieler in Wirklichkeit nicht dieselben sind. Dies gilt auch für unsere eigenen Handlungen. Wenn sich der Zeiger der Computermaus auf dem Bildschirm mit dem eigenen

---

[43] vgl. Stephen L White, "Self," in *The MIT Encyclopedia of the Cognitive Sciences*, ed. R A Wilson und F C Keil (Cambridge, MA: MIT Press, 2001), 733.
[44] z. B. H Henrik Ehrsson, "The Experimental Induction of out-of-Body Experiences," *Science* 317 (2007): 1048. // Einen Überblick geben Olaf Blanke und Christine Mohr, "Out-of-Body Experience, Heautoscopy, and Autoscopic Hallucination of Neurological Origin Implications for Neurocognitive Mechanisms of Corporeal Awareness and Self-Consciousness," *Brain Res Brain Res Rev* 50 (2005): 184–99.
[45] ebd., 186f.
[46] Wenn eine Erinnerung abgerufen wird, wird ihr Inhalt daraufhin kontrolliert, ob sie mit den gegenwärtigen Zielen des Subjekts übereinstimmt. Es wird vermutet, dass durch die Dritt-Person-Perspektive entweder Distanz geschaffen wird, wenn die Erinnerungen mit dem gegenwärtigen Selbstbild nicht übereinstimmen oder wenn sie mit negativen Emotionen verbunden sind, oder dass durch sie die eigene Person mehr in den Vordergrund rückt, wenn die Kongruenz zwischen vergangenem und jetzigem Selbst bestätigt oder erhöht werden soll. Angelina R Sutin und Richard W Robins, "When the 'I' Looks at the 'Me': Autobiographical Memory, Visual Perspective, and the Self," *Consciousness and Cognition* 17 (2008): 1386–97.

Impuls bewegt, wird der Effekt als selbstverursacht wahrgenommen. Geschieht die Bewegung zu früh oder zu spät, so empfindet man den Effekt als fremdverursacht, unabhängig davon, was tatsächlich der Fall ist.[47] In einem anderen Experiment wurden Personen aufgefordert, mit der Maus eine vertikale Linie auf dem Bildschirm zu ziehen, während sie zwar den Bildschirm, aber nicht ihre Handbewegung sehen konnten. Der Computer war so programmiert, dass die Linie in einem steilen Winkel nach rechts verzog. Die Probanden korrigierten diese Abweichung mühelos, indem sie mit ihrer Hand im entsprechenden Winkel nach links entgegensteuerten, und merkten nichts davon.[48] Es kommt nicht darauf an, eine Handlung möglichst exakt ausführen zu können, sondern darauf, das Ziel zu erreichen. Die motorische Flexibilität ermöglicht es uns, Abweichungen unbewusst zu korrigieren, ohne davon abgelenkt zu werden. Was wir bewirken, hat für unsere Selbstwahrnehmung Priorität vor dem, was wir faktisch tun.

Aus demselben Grund – weil die Erreichung von Zielen evolutiv wichtiger ist als die Frage nach dem Weg – ist unsere Wahrnehmung offensichtlich dafür optimiert, Abweichungen von Erwartungen zu erkennen und darauf aufmerksam zu machen.[49] Chris Frith beschreibt dies anhand eines Weinglases:

> I reach for my glass and all I experience is the look and the taste of the wine as I drink it. I don't experience the various corrections made to the movements as my brain navigates my arm through the various obstacles on the table to reach the wine glass. [...] I feel in control of myself because I know what I want to do (have a drink) and I can achieve this aim without any apparent effort. As long as I stay in control, I don't have to bother with the physical world of actions and sensations. I can stay in the subjective world of desires and pleasure.[50]

Dies ändert sich in dem Moment, wo es zu einer Abweichung kommt, weil der Stiel bricht oder das Glas unvorhergesehen ein anderes umstößt. Das Gehirn schlägt Alarm: Es ist an der Zeit, den Ereignissen die bewusste Aufmerksamkeit zuzuwenden. Chris Frith betont, dass wir vor allem dann, wenn wir *nichts* Besonderes empfinden, den Eindruck haben, uns selbst und die Dinge unter Kontrolle zu haben.[51] Wenn uns der Körper dagegen etwas signalisiert und unsere Aufmerksamkeit einfordert, besteht im Allgemeinen auch ein Handlungsbedarf, weil der

---

47 Frith, *Making up the Mind: How the Brain Creates Our Mental World*, 76 f.
48 Pierre Fourneret und Marc Jeannerod, "Limited Conscious Monitoring of Motor Performance in Normal Subjects," *Neuropsychologia* 36 (1998): 1133–40.
49 Das scheint auch der Grund zu sein, warum wir uns nicht selbst kitzeln können: Das eigene Kitzeln entspricht der Erwartung und daher wird der Reiz unterdrückt. Frith, *Making up the Mind*, 102 f.
50 ebd., 105.
51 ebd.

eigene Zustand, oder die Umweltbedingungen nicht den Erwartungen oder Wünschen entsprechen.

Es gibt Personen, die zwar ihre Handlungen völlig normal kontrollieren, aber den Eindruck haben, dass sie es nicht selbst sind, die zum Beispiel ihren Arm bewegen, sondern dass eine fremde Macht Kontrolle darüber ausübt. Derartige Phänomene werden klinisch der Kategorie Schizophrenie zugeordnet. Frith vermutet die Ursache darin, dass das Gehirn dieser Patienten die Wahrnehmungen, die die Bewegung begleiten, nicht ausreichend unterdrückt. Ihr Gehirn gibt sozusagen ständig Alarm und signalisiert dadurch fälschlicherweise, dass etwas nicht erwartungsgemäß verläuft.[52] Für die Patienten entsteht dadurch der Eindruck, dass jemand anderes ihren Arm bewegt. Diese Empfindung ist für die Betroffenen dabei so real, dass sie eher bereit sind, ihr Bild von der Wirklichkeit aufzugeben, als die Realität ihrer Empfindung zu bezweifeln. Der eigentliche Konflikt liegt nicht in einer gestörten Wahrnehmung der physikalischen Welt, sondern in einer gestörten mentalen Verarbeitung dieser Informationen. Sie sind sich Wahrnehmungen bewusst, die unter normalen Umständen unterdrückt werden.[53]

Das Erlebnis eines „Selbst" ist das Ergebnis des Versuchs, die verschiedenen sensorischen Inputs in ein kongruentes Bild des eigenen Leibs (Körper und Geist) zu integrieren, das möglichst ökonomisch und widerspruchsfrei sein soll. Gelingt dies nicht, werden einzelne Informationen einfach ergänzt oder ins Unbewusste ausgeblendet. Bewusste Wahrnehmung ist daher eine Fantasie, die im günstigen Fall mit der Realität übereinstimmt.[54] Ins Bewusstsein gelangen dabei üblicherweise nur solche Selbstinterpretationen, die akzeptable Konzepte enthalten. In manchen Fällen scheint es, dass die Betroffenen zwar „technisch" in der Lage

---

[52] Solche Personen können sich selbst kitzeln (ebd., 109). // Diese Störungen beschränken sich aber nicht auf Handlungen. Es gibt auch Betroffene, die den Eindruck haben, dass ihre Empfindungen oder sogar ihre Gedanken diejenigen einer anderen Person sind. Chris Frith berichtet von Mani, die glaubt, dass andere Mächte unerwünschte Gefühle in ihr initiieren: „*There is a particular girl, that he [the evil spirit] tries to make me jealous of*", und von Mary, die glaubt, dass ihre Gedanken nicht ihre eigenen sind: „*He treats my mind like a screen and flashes his thoughts onto it like you flash a picture.*" (ebd., 158). // Unwillkürlich denkt man an Berichte von direkten religiösen Erfahrungen, wie Visionen oder Auditionen. Es scheint nicht unwahrscheinlich, dass ein Teil von ihnen eher eine schizophrene Störung darstellt als eine authentische Gotteserfahrung. Zurecht werden sie von der Kirche vor einer offiziellen Anerkennung sorgfältig geprüft. Wie eine Unterscheidung mit naturwissenschaftlichen Mitteln gelingen könnte ist aber nicht klar, da niemand weiß, wie eine authentische Gotteserfahrung neurophysiologisch aussehen und sich unterscheiden müsste.
[53] ebd., 108f und 39.
[54] vgl. ebd., 134.

wären, ihre Empfindungen als irreal zu betrachten, aber dass sie nicht dazu bereit sind, weil die Konsequenzen daraus nicht akzeptabel erscheinen. Ist der Widerspruch zwischen dem Selbstkonzept und der Selbstwahrnehmung zu groß kommt es zu einer Krise, in deren Verlauf die Möglichkeit besteht, zu einem neuen Selbstbild zu gelangen. Oft ist es aber erstaunlich, wieviel Diskrepanz toleriert wird.

7.1.2.3 Dissoziationen
Eine Alternative zur Veränderung ist offenbar die Möglichkeit, unterschiedliche Persönlichkeiten mit zum Teil nur geringen Überschneidungen herauszubilden. Die Idee eines einzigen Selbstbewusstseins, das mein Ich ausmacht, beruht auf unserer zu einem bestimmten Zeitpunkt jeweils unvollständigen Wahrnehmung. In Wirklichkeit besitzen vermutlich alle Menschen mehrere „Selbstbilder", die in unterschiedlichen Kontexten zum Vorschein treten und unter Umständen erstaunlich wenig Gemeinsamkeiten oder Überschneidungen besitzen.

Im Jahre 1791 berichtete der deutsche Arzt Eberhardt Gmelin von einer Patientin, die regelmäßig zwischen zwei Selbstkonzepten wechselte. Eines davon war das einer bürgerlichen Deutschen, das andere eine adlige Französin, die perfekt Französisch sprach, aber Deutsch nur mit einem französischen Akzent beherrschte. Als Französin konnte sie sich nur an das erinnern, was sie auch als Französin erlebt hatte und umgekehrt, und beide wussten nichts voneinander. Es handelte sich um eine sogenannte Multiple Persönlichkeitsstörung, die gelegentlich, wie in diesem Fall, mit einer totalen Dissoziation einhergeht. Multiple Persönlichkeitsstörungen hängen wohl meist mit frühkindlichem (vor dem vierten Lebensjahr) Missbrauch durch eine fürsorgende Person zusammen. Die Kinder entwickeln zwei Bilder dieser Person, als Sorgender und als Missbrauchender, die offenbar voneinander getrennt werden müssen. Dies „gelingt" durch die Ausbildung von zwei Persönlichkeiten, von einer, die mit dem Trauma umgehen muss und einer anderen, die sich entweder nicht daran erinnert oder glaubt, dass es eine andere Person war, der dies passiert ist.[55]

Die Auftrennung von Erfahrungen und Erinnerungen auf unterschiedliche Bewusstseinsströme wurde lange Zeit ausschließlich unter der Rubrik Psychopathologie behandelt. Dass die Fähigkeit zur Dissoziation aber auch eine grundlegende Fähigkeit des psychisch gesunden Menschen ist, mit Stress- und

---

[55] Jessica Hamzelou, "Split Personality Crime: Who Is Guilty?," *New Scientist* 215 (2012): 10 – 11. // vgl. E A Carlson, T M Yates, und L A Sroufe, "Dissociation and Development of the Self," in *Dissociation and the Dissociative Disorders: DSM-V and beyond*, ed. P F Dell, J O'Neil, und E Somer (NY: Routledge, 2009), 39 – 52.

Krisensituationen umzugehen, ist eine eher junge Erkenntnis. „*The truth is we all dissociate to some extent. [...] So the gap between ›crazy‹ people with Multiple Personality Disorder and the rest of us is a matter of degree.*"[56] Dissoziation ist in vielen Fällen sogar eine nützliche Strategie. In Notfallsituationen ist es zum Beispiel erforderlich, dass die Helfer sich von ihren Emotionen kurzfristig abspalten, um ihren Dienst effektiv ausführen zu können. Die Gefahr, dass sich Dissoziationen zu einem pathologischen Zustand entwickeln, ist dann gegeben, wenn eine Abspaltung über die Stresssituation hinaus geschieht. Die Emotionen und Erlebnisse sind ja nicht einfach gelöscht, sondern lediglich aus dem bewussten Teil der Wahrnehmung verdrängt. Im Unbewussten sind sie dagegen weiterhin zugänglich und wirksam. Je komplexer eine Lebenswelt ist, desto wichtiger wird die normale Dissoziationsfähigkeit, aber desto größer scheint auch die Gefahr zu sein, auf Dauer nicht mehr zu einem kohärenten Selbstbild zurückzufinden. Einerseits sind Personen, die sich als „multiple Persönlichkeiten" bezeichnen weniger anfällig für stressbedingte Krankheiten, auf der anderen Seite muss man feststellen, dass heute immer mehr Personen an chronischen Dissoziationen leiden.[57]

Dissoziationen können experimentell simuliert werden. Der Psychologe Ernest Hilgard führte ein Experiment an Patienten durch, die unter Hypnose operiert werden sollten.[58] Für den Versuch wurden sie voroperativ hypnotisiert. Dabei wurde ihnen gesagt, dass ein „verborgener Beobachter"[59] ihren Schmerz stell-

---

56 Rita Carter, "Perspectives: The Flip Side to Multiple Personalities," *New Scientist* 2647 (2008): 52. // Vgl. auch Rita Carter, *Multiplicidad: La Nueva Ciencia de la Personalidad* (Editorial Kairós, 2009), 114 ff und 189–236.
57 vgl. Carter "Perspectives," 53. // Vgl. auch Carter, *Multiplicidad*, 120 ff.
58 Ernest R Hilgard and Josephine R Hilgard, *Hypnosis in the Relief of Pain* (New York: Brunner/Mazel, 1994), 166 ff. // Über die tatsächliche Wirkweise von Hypnose ist noch wenig bekannt (vgl. Dienes et al. 2009, 837–847) Die ursprüngliche Kritik jedoch, die behauptete, dass die Versuchspersonen simulierten, kann getrost als widerlegt gelten. Ein diesbezüglich überzeugendes Experiment beruht auf dem Effekt, dass wir zusätzliche Zeit benötigen, um eine Tintenfarbe zu benennen, wenn der Name einer anderen Farbe damit geschrieben wurde – wenn beispielsweise das Wort „blau" in roter Tinte geschrieben ist. Dieser so genannte »Stroop-Effekt« verschwindet, wenn den Probanden unter Hypnose suggeriert wird, sie könnten nicht lesen. Jetzt gelingt es ihnen, die Tintenfarbe ohne Verzögerung zu benennen; Colin M MacLeod und Peter W Sheehan, "Hypnotic Control of Attention in the Stroop Task: A Historical Footnote," *Consciousness and Cognition* 12 (2003): 347–53. // Eine verbreitete Theorie ist, dass bei der Hypnose die rechte Hirnhemisphäre Dominanz über die linke erhält. Jedenfalls ist unter Hypnose die Verbindung zwischen den Hirnhälften geringer und die Aktivität der linken Seite vermindert; Peter L N Naish, "Hypnosis and Hemispheric Asymmetry," *Consciousness and Cognition* 19 (2010): 230–34.
59 „*It should be noted, that the ›hidden observer‹ is a metaphor for something occurring at an intellectual level but not available to the consciousness of the hypnotized person. It does not mean,*

vertretend für sie übernehmen würde. Nach der Operation berichteten die Patienten, keine Schmerzen gefühlt zu haben. Wenn sie dann erneut hypnotisiert wurden und nun der „verborgene Beobachter" nach seinen Erlebnissen befragt wurde, erzählte „dieser" von den großen Schmerzen, die während der Operation aufgetreten waren. Die Erfahrung des Schmerzes war also nicht weg, sondern nur an einer für die übliche Erinnerung unzugänglichen Stelle verwahrt.[60]

Unser Gehirn ist in der Lage, mehrere Persönlichkeiten zu realisieren, die miteinander um das Bewusstsein konkurrieren, im Normalfall in vielen Bereichen kooperieren aber unter bestimmten Bedingungen auch völlig getrennt voneinander arbeiten können und mitunter keinerlei Informationen miteinander teilen. Theoretisch sind wir zu jedem Zeitpunkt ein wenig eine andere Persönlichkeit. Praktisch sind sich diese aber meist ähnlich genug, um sich mühelos zu einem einzigen kohärenten Selbstbild zu integrieren. Doch dort, wo das Leben selbst heterogen ist, finden wir gelegentlich nur locker miteinander verbundene dissoziierte Selbstkonzepte.

7.1.2.4 Körperlichkeit

In der westlichen Tradition sind die Einflüsse des dualistischen, cartesianischen Weltbilds tief verwurzelt. Auch wenn heutzutage weitgehend anerkannt wird, dass Körper und Geist eng miteinander verbunden sind, so ist doch die alte Intuition einer dualistischen Trennung in vielen Bereichen weiterhin zu finden.[61] Die Tatsache, dass wir einen Körper haben, bzw. dieser Körper sind, bedeutet aber, dass wir biologischen und physikalischen Gegebenheiten unterworfen sind, die auch unsere Gedanken und Handlungen mitbestimmen. Gleichzeitig liefert uns unsere Körperlichkeit die Konzepte, mit denen wir unsere Umwelt kategorisieren: Neuronale Untersuchungen zeigen, dass Sätze, wie *„Ich kicke den Ball"*, die mit den Füßen verbunden sind, länger brauchen um verarbeitet zu werden als Sätze, die

---

that there is some sort of secondary personality with a life of its own – a kind of homunculus lurking in the shadows of the conscious person." Hilgard und Hilgard, *Hypnosis in the Relief of Pain,* 168 f.
60 vgl. Carter, *Multiplicidad,* S. 36.
61 In einem Genetischen Kurs an der Universität Freiburg im Jahr 1996 wurden uns, einer Gruppe von 12 Biologiestudenten, verschiedene Patientenbeschreibungen vorgelegt. Darunter war unter anderem die eines Kindes mit einer leichten geistlichen Retardierung (offensichtlich war das Klinefelter-Syndrom gemeint) und die eines von Geburt an querschnittsgelähmten Patienten mit normalen geistigen Fähigkeiten und einer Lebenserwartung von 50 Jahren. Eine deutliche Mehrheit von uns Studenten hielt es jeweils für gerechtfertigt, eine Schwangerschaft abzubrechen, wenn eine geistige Beeinträchtigung vorlag, aber lehnte dies im andern Fall ab. Dieser Einschätzung lag offensichtlich eine sehr einseitige Wertschätzung für das Geistige im Vergleich zum Körperlichen zu Grunde.

mit dem Gesicht verbunden sind, wie „Ich beiße in den Apfel". Die neuronalen Signale müssen im ersten Fall eine größere Distanz zurücklegen, weil jeweils eine Repräsentation des betreffenden Körperteils aktiviert wird.[62] Die Vorstellung, dass Wahrnehmungskonzepte universal sind, geht von einer a-körperlichen Vorstellung eines universellen Geistes aus ... und damit an der Realität vorbei.[63]

7.1.2.5 Formelle Kontinuität

Auf lange Frist gesehen gibt es keine materielle Identität einer Person. Aber gibt es eine andere Identität? Warum bin ich mit dem Kind, das ich einmal war, identisch? Liegt es daran, dass ich mit meinen früheren Ichs dieselben Erinnerungen teile? Oder existiert Identität nur deswegen, weil die Veränderungen nicht abrupt genug sind?

Am 13 September 1848 schoss eine 6 kg schwere, ca. 1 m lange und 3 cm dicke Eisenstange durch den Kopf des Bahnarbeiters Phineas Gage. Er hatte ein Bohrloch für eine Sprengung präpariert und die Ladung war vorzeitig explodiert. Die Eisenstange trat unterhalb des linken Wangenknochens ein, trat oben durch den Schädel wieder aus und landete 25 Meter entfernt. Überraschenderweise überlebte Phineas Gage den Unfall und wurde dafür berühmt. Ein Team um Hanna Damasio rekonstruierte anhand seines Schädels später die Schädigung des Gehirns: Orbitofrontaler und Präfrontaler Kortex waren betroffen.[64] Gage's kognitive Fähigkeiten schienen normal. Was jedoch auffiel, war eine dramatische Persönlichkeitsveränderung. Gage war vor dem Unfall freundlich, besonnen, verantwortungsbewusst und ausgeglichen, danach jedoch zunehmend respektlos, ungeduldig, inkonsequent und launisch. Er litt außerdem unter einer er-

---

62 Benjamin Bergen, *Louder Than Words: The New Science of How the Mind Makes Meaning* (NY: Basic Books, 2012), 89–92.
63 Mark Johnson (2007) geht in seinem Buch „The Meaning of the Body" der Rolle unserer Körperlichkeit für die Entstehung von Bedeutung und Sinn nach. Als privilegierten Ort einer gefühlsbetonten, vor-reflexiven und körperlichen Bedeutungsgebung sieht Johnson die Ästhetik und die Kunst an. Auch der Philosoph John Dewey (1934/2005, „Art As Experience", vor allem 3. Kapitel) schreibt, dass Ästhetik ein hochintegriertes Erlebnis von Bedeutung ermöglicht, das körperlich und emotional ist und Hingabe erfordert; (ebd., S. 55). Antonio Damasio hat mit seiner Hypothese der Somatischen Marker aufgezeigt, wie die verschiedenen Erfahrungen und Erlebnisse eines Subjekts und deren Beurteilung eine körperliche Gestalt erhalten können; siehe Kapitel 6.2.
64 Hanna Damasio et al., "The Return of Phineas Gage: Clues about the Brain from the Skull of a Famous Patient," *Science* 264 (1994): 1102–5.

heblichen Entschlusslosigkeit.[65] Für die Menschen um ihn herum war dies eine belastende Situation. Unwillkürlich taucht die Frage auf: Ist dieser Mensch noch derselbe, der er vorher war? Wir bezeichnen ihn offenbar immer noch mit demselben Namen, und erkennen damit an, dass es auch in der abrupten Veränderung noch Kontinuität gibt. Wir verhalten uns gemäß der Hypothese, dass sich nur die Persönlichkeit geändert hat, aber nicht die Person selbst.

7.1.3 Das Narrative Selbst

Für unsere Wahrnehmung als ein „Ich" ist es notwendig, dass wir uns als eine Kontinuität erleben, deren diskrete Zustände auf eine verstehbare Weise miteinander verbunden sind.[66] Wir konstruieren unsere Lebensgeschichte so, dass sie kohärent erscheint und einen Sinn ergibt. Eine eigene „Persönliche Geschichte" erleben wir, wenn der Zusammenhang unserer Zustände erkennbar wird – ob fiktiv oder nicht. Dieser selbst-kreative Akt eines individuellen Narrativs geschieht zu einem großen Teil im Unbewussten.[67] Das Ergebnis kann aber durch bewusste Reflexion beeinflusst oder einer Prüfung unterzogen werden. Die Sprachfähigkeit spielt sowohl dort eine herausragende Rolle, wo eine hohe Kohärenz gefunden wird, die sich in ein definiertes, explizites Selbstbild oder sogar irgendwann in ein Lebensthema übersetzt, als auch dort, wo ein Widerspruch nur durch mühevolle, psychologische Arbeit am „Selbst" aufgelöst werden kann. Das entstehende Selbstbild als eine sinnstiftende mentale Konstruktion wird das »Narrative Selbst« genannt.[68]

Unser spontanes Erleben ist allerdings pragmatisch strukturiert. Es geschieht nicht in Narrativen, sondern in Verpflichtungen und Verhaltensmöglichkeiten; nicht reflektierend, sondern direkt und unwillkürlich. Wir erleben uns nicht abstrakt als „Vater" oder „Mutter", sondern unmittelbar als diejenigen, die den Kindern jetzt Grenzen setzen müssen oder die dem Sohn/der Tochter jetzt die

---

65 Antonio Damasio vermutet in *Descartes' Irrtum* eine Beeinträchtigung der Bildung Somatischer Marker und nimmt insbesondere Gage's Fall als Beleg für seine Hypothese.
66 Dies trägt auch signifikant zur psychischen Gesundheit bei, vgl. Susan Bluck und Nicole Alea, "Remembering Being Me – The Self Continuity Function of Autobiographical Memory in Younger and Older Adults," in *Self Continuity. Individual and Collective Perspectives*, ed. Fabio Sani (Psychology Press, New York, 2008), 65.
67 vgl. Michael S Gazzaniga, *The Ethical Brain* (NY: Dana Press, 2005), 147 ff.
68 vgl. Katherine Nelson, "Self in Time – Emergence within a Community of Minds," in *Self Continuity. Individual and Collective Perspectives*, ed. Fabio Sani (Psychology Press, New York, 2008), 13–26. // R Fivush and C A Haden, *Autobiographical Memory and the Construction of a Narrative Self: Developmental and Cultural Perspectives* (Mahwah: Erlbaum, 2003).

Hand aufmunternd auf die Schulter legen könnten.[69] Die Narrative (zum Beispiel „Vater" oder „Mutter") begleiten uns im Alltag also eher unbewusst und implizit. Wenn alles rund läuft, gibt es keinen Grund, dass sie uns bewusst werden müssten. Für effizientes und sinnvolles Handeln genügt es, wenn wir den Raum der zu ihnen gehörenden Verhaltensmöglichkeiten kennen. Erst im Konfliktfall ist es hilfreich, sich die eigenen Selbstkonzepte explizit bewusst zu machen. Wir machen die Erfahrung,[70] dass dadurch jene konkreten Entscheidungen verstärkt werden können, die eine größere Übereinstimmung mit unseren im Narrativ enthaltenen Zielen und Idealen besitzen.

„*Im Beruf bin ich berechnend und zielbewusst wie eine Raubkatze, zuhause kann ich mich nicht durchsetzen und bin lammfromm.*" Solche narrativen Bilder enthalten Realitäten, falsche Festlegungen, Ängste aber auch Ideale. Sie sind eine Art privater Meme, mit deren Hilfe wir uns unsere Persönlichkeit zuschreiben. Gerade ihre Bildhaftigkeit erleichtert es, Veränderungen bewusst (Top-Down) zu initiieren. So kann man sich in einer wiederkehrenden Situation, wo man, um einem Konflikt aus dem Weg zu gehen, sich vielleicht bisher immer zurückgezogen hat, das Bild einer „*Raubkatze*" zu Hilfe nehmen oder sich einfach nur ein Stichwort in Erinnerung rufen, sich so neue Verhaltensmöglichkeiten eröffnen und den eigenen Spielraum erweitern. Bilder befähigen, mit der Vielzahl bzw. Unendlichkeit der Verhaltensmöglichkeiten so umzugehen, dass bewusst entschiedene Verhaltensänderungen und langfristig sogar Veränderungen der Persönlichkeit möglich werden. Dies gelingt durch Bewusstmachung und Einübung bis die angezielten Ideale zu einer Gewohnheit werden, sich fest ins Selbstbild integrieren und dadurch den Spielraum erneut, diesmal um die gewünschte Gewohnheit herum, einengen bzw. darauf fokussieren.

Oft beinhalten die Selbstkonzepte ein beträchtliches Maß an Schönfärberei. Wir geben uns nur allzu oft irgendwelchen Illusionen hin in Hinsicht auf den uns zur Verfügung stehenden Verhaltensspielraum. Um derlei schöngefärbte Selbstkonzepte nicht zu gefährden, werden dann Bewährungsproben gemieden und die fraglichen Möglichkeiten nicht bis zur Grenze ausgereizt. Dies erspart zwar die Ent-Täuschung, verhindert aber gleichzeitig den Aufbau eines wirklichkeitsnahen und damit robusteren Selbstbildes.

---

69 Im Englischen begegnet hier der Fachterminus „affordances" (≈ Handlungsangebote, die durch Signale der Umwelt erkannt werden). Vgl. White, "Self."
70 Ob diese Erfahrung real oder illusorisch ist und ob es überhaupt eine Möglichkeit gibt, unsere Entscheidungen bewusst und frei zu beeinflussen, sei im Moment dahingestellt. Fakt ist jedenfalls, dass wir es so erleben. Vgl. Shaun Gallagher, "Philosophical Conceptions of the Self: Implications for Cognitive Science," *Trends Cogn Sci* (Elsevier Science, 2000), 20.

Doch nicht nur Schönfärberei findet statt. Manchmal „verbessern" wir unser »Narratives Selbst« auch durch irgendwelche, halbwegs plausiblen Fiktionen. Wir benutzen sie, um die auftretenden Ungereimtheiten und Widersprüche glatt zu bügeln. Das »Narrative Selbst« wird trotzdem nicht zu einer bloßen, inhaltlichen Fiktion, da es sich ja in erster Linie als Organisator von *tatsächlich* erlebten Ereignissen betätigt.

At most, in the nonpathological case, it may be ›only a bit fictional‹ .[71]

7.1.3.1 Die Einbettung in ein soziales und kulturelles Umfeld

Um die Frage der Entstehung von Narrativen hat sich in der Entwicklungspsychologie des 20. Jahrhunderts eine Debatte entwickelt: Hat Selbsterkenntnis einen internen oder einen externen Ursprung?

Der internalistische Standpunkt

Die Psychologen in der Tradition von Jean Piaget verstanden die Entwicklung von Kindern als Ausbildung von internen kognitiven Strukturen, die durch die Interaktion mit Objekten und anderen Personen ausreifen. Schlüsselprozesse sind hierbei die Entwicklung des Gehirns, insbesondere des Kortex, und die Ausreifung kognitiver Strukturen, die zu bestimmten Momenten der Entwicklung auftauchen. Die treibende Kraft in der Entwicklung kommt in Piagets Konzept den intrinsisch motivierten Aktivitäten des Kindes zu, die sich in der Auseinandersetzung mit ihrer Umwelt nach und nach besser adaptieren. Die Umwelt selbst erscheint nicht als Quelle von Erkenntnis, sondern nur als die Form, an die sich Erkenntnis anpasst.[72]

Der externalistische Standpunkt

Psychologen in dieser Tradition fokussieren nicht einfach auf das, was sich innerhalb des Kindes verändert, sondern auf das, was sich in der Beziehung von Kind und Umwelt – insbesondere seiner sozialen Umwelt – verändert.[73] Das

---

[71] ebd., 19.
[72] Philippe Rochat, "'Know Thyself!' … But What, How, and Why?," in *Self Continuity. Individual and Collective Perspectives*, ed. Fabio Sani (Psychology Press, New York, 2008), 246.
[73] Ein wichtiger Pionier war der Psychologe George Herbert Mead. Bewusstsein, Selbst und Gesellschaft entstehen ihm zufolge miteinander. *„There has to be a social process going on in order that there may be individuals."* (1934, „Mind, Self and Society", 189).

Selbstbild entsteht im Zusammenspiel der Perspektiven von erster, zweiter und dritter Person.

> Without the individual there would be no self to be conceptualized. However, without others who surround and are external to the individual, there would be no reasons to conceptualize the self. Both are mutually defining of selfhood.[74]

Die wissenschaftlichen Befunde der letzten Jahre bestätigen eher die externalistische Auffassung. Das Selbst kann nicht einfach als ein unabhängiges Objekt entdeckt werden, sondern es wird einerseits in der Interaktion mit anderen sozial konstruiert und entsteht andererseits immer schon als Teil einer Gesellschaft und einer Kultur mit ihren Werten und Vorstellungen: Der Mensch als ein sich plastisch entwickelndes, lernendes System ist *„environmentally embedded", „corporeally embodied"* und *„neurally entrained by feedback".*[75]

Die Narrative, die das Selbstbild konstituieren, sind nicht nur historische Narrative der eigenen Lebensgeschichte. Im kulturellen Bereich tragen Erzählungen viel dazu bei, das Selbstbild zu formen. Geschichten, Mythen und gemeinschaftliche, öffentliche Erinnerungen werden dabei neuronal wie persönliche Geschichten erlebt[76] und oft so kunstvoll integriert, dass sie sogar über die eigene Erlebniswelt dominieren können. Dadurch wird ein „Selbst" geformt, das an die jeweiligen gesellschaftlichen und gemeinschaftlichen Erfordernisse in besonderer Weise angepasst sein kann.[77] Dies gelingt sowohl zum Guten als auch zum Schlechten: Fremdgesteuerte Narrative können zum Beispiel aus einer religiösen Person einen Helden der Nächstenliebe, einen welt-entzogenen Asketen oder einen Selbstmordattentäter machen.

---

74 Rochat, "'Know Thyself!' ... But What, How, and Why?," 246.
75 D Depew und B Weber, "Self-Organizing Systems," in *The MIT Encyclopedia of the Cognitive Sciences*, ed. R A Wilson und F C Keil (Cambridge, MA: MIT Press, 2001), 737–39.
76 G J Stephens, L J Silbert, und U Hasson, "Speaker-Listener Neural Coupling Underlies Successful Communication," *PNAS* 107 (2010): 14425–30. // N K Speer et al., "Reading Stories Activates Neural Representations of Visual and Motor Experiences," *Psychological Science* 20 (2009): 989–99.
77 „*Prior research supports the notion that the self as a continuous individual person with a past and a future emerges during the early childhood period through the medium of talk about self and other, past and future, in a community of selves with common fates and belief systems. It is through a particular medium of discourse that the child gains a purchase on beliefs shared within the community that reflect on the meaning of the self. [...] One cannot develop a ›continuing me‹ self without a sense of situatedness within such a community of beliefs, a ›community of minds‹ expressed in a common language.*" Nelson, "Self in Time – Emergence within a Community of Minds," S. 13. // Beispiele finden sich in der ethnologischen Literatur, z. B. bei Peggy J. Miller et al., "Narratives Practices and Social Construction of Self in Childhood," *American Ethnologist* 17 (1990): 292–311.

7.1.2.3 Kulturelle Selbstkonzepte

Narrative sind oft kulturell spezifisch und ein Mensch, der in einem bestimmten Kontext aufwächst konstruiert sein Bild von sich selbst zunächst mithilfe der vorhandenen Narrative. Dadurch ergeben sich recht unterschiedliche und spezifische Konzepte von Selbst, die bestimmen, wie ein Subjekt hereinkommende Information beurteilt, mit ihr umgeht und sie organisiert. Üblicherweise bewegen sich die Konzepte von Selbst zwischen den zwei Polen „Relationalität" und „Autonomie".[78] Wie sehr verstehe ich mich als Teil einer Gemeinschaft, also in Abhängigkeit und in Beziehung zu Anderen und wie sehr als ein autonomes Individuum? Die Antwort auf diese Frage hat nicht nur auf unser Denken Einfluss, sondern formt direkt unsere unbewussten Motivationen und Emotionen und damit wesentliche Aspekte unserer Person und unserer Handlungsentscheidungen. Es zeigt sich, dass Menschen mit (a) westlicher Kulturprägung sich tendenziell autonomer verstehen, als Menschen aus (b) traditionellen Kulturen. Für die jeweiligen Extreme lassen sich typische Einstellungen erkennen:[79]

– Das Selbst konstruiert sich
    (a) aus internen psychologischen Zuständen ⇔
        (b) aus (hierarchischen), sozialen Beziehungen.
– Die Persönlichkeitsstruktur ist
    (a) eine weitgehend unveränderliche Eigenschaft einer Person ⇔
        (b) abhängig vom Kontext und den Lebensumständen.
– Die Selbsteinschätzung ist
    (a) üblicherweise zu positiv ⇔
        (b) nicht zu positiv oder sogar übertrieben bescheiden.
– Persönliche Wahlfreiheit ist
    (a) ein hoher Wert ⇔
        (b) weniger wichtig.
– Das Denken ist
    (a) analytisch ⇔
        (b) holistisch.

Für die Gemeinschaft geht es um das »Commitment« eines Mitglieds und darum, welche Rolle es im Gesamt einnimmt, welche Verantwortungen Pflichten und Rechte damit verbunden sind, und wie es sich in dem komplexen Beziehungsnetz einordnet und dadurch nicht nur sich selbst definiert, sondern auch sein Umfeld.

---

78 vgl. Hazel Rose Markus und Shinobu Kitayama, "Culture and the Self: Implications for Cognition, Emotion, and Motivation," *Psychological Review* 98 (1991): 224–53.
79 Joseph Henrich, Steven J Heine, und Ara Norenzayan, "The Weirdest People in the World?," *Behav Brain Sci* 33 (2010): 61–83.

Das Teilen von Emotionen und Ideen verbindet die Mitglieder einer narrativen Gemeinschaft, es schafft Identität und Loyalität.[80] Dies geht soweit, dass „individualistisches" Verhalten in einer individualistischen Gemeinschaft aufgrund von *Konformismus* entsteht.[81] Das momentane Selbst ist so in das soziale Gefüge der Gemeinschaft eingebettet, dass gerade nicht alle denkbaren Möglichkeiten als Handlungs- und Verwirklichungsraum zur Verfügung stehen, sondern von vornherein nur jene, die zwar mit dem Selbstverständnis kompatibel, aber zusätzlich auch für die momentan abgerufenen Rollen sinnvoll und sozial akzeptabel sind. Als Vater oder Mutter hat man andere Handlungsmöglichkeiten denn als Lehrer, in Russland andere als in Deutschland und zuhause andere als in der Kirche.

> Ultimately, it [Selbsterkenntnis, Anm. d. Verf.] is driven by our insatiable need to affiliate with others, to monitor our social proximity and intimacy with others that we depend on to survive.... By knowing the self, we do understand first and foremost our place and situation in relation to others.[82]

Für das Subjekt geht es bei der Entwicklung des Selbstbildes nicht nur um Fragen der Gruppenidentität, sondern auch um Persönliche Identität. Es verfolgt *eigene* Ziele und Projekte, die nicht diejenigen der Gruppe sind. Ein Subjekt versteht sich als Selbst immer auch als autonomes Gegenüber zur Gemeinschaft und als von anderen unterschiedene Person.[83] Man wird deshalb innerhalb der Gruppe auch nicht einfach *irgendeine* Rolle erfüllen, sondern sich zu bestimmten Rollen und zu bestimmten Teilgruppen hingezogen fühlen. Es gibt innerhalb der Gemeinschaft bestimmte Aspekte und Werte, die besonders gut wiederspiegeln, welche Vorstellung wir von uns selbst haben.

---

80 vgl. Jessica Marshall, "Mind Reading: The Science of Storytelling," *New Scientist* 2799 (2011): 45–47.
81 Jolanda Jetten, Tom Postmes, und Brendan J McAuliffe, ""We're All Individuals": Group Norms of Individualism and Collectivism, Levels of Identification and Identity Threat," *European Journal of Social Psychology* 32 (2002): 189–207.
82 Rochat, "'Know Thyself!' ... But What, How, and Why?," 250.
83 vgl. Steven Hitlin, "Values as the Core of Personal Identity: Drawing Links between Two Theories of Self," *Social Psychology Quarterly* 66 (2003): 118.

7.2 Entwicklungsprinzipien

7.2.1 Die Suche nach Glück

»Hedonistisches Glück« erleben wir, wenn wir unseren Einflussbereich, unsere Macht, unser Vermögen und unsere Autarkie ausweiten. Wenn diese abnehmen oder auch nur gleich bleiben, verschwindet das Glücksgefühl. Das nachlassende Glücksgefühl ist eine Aufforderung wieder „Lust schaffend" tätig zu werden und eigene selbstfokussierte Interessen zu verfolgen. Damit dieses System funktioniert und das „Erfolgs-Messinstrument" »Glück« sensibel bleibt, braucht es eine ständige Nivellierung des Glücksempfindens.[84] Hedonistisches Glück ist daher nicht von Dauer, sondern es fluktuiert. Wer es anstrebt wird erfahren, dass es sich stets mit Phasen des Unglücks abwechselt und dass auf Lust prinzipiell Unlust folgt.[85] Diese Form von Glückserleben ist mit einem *selbstzentrierten Selbstbild* verbunden, bei dem sich das Subjekt als eine von anderen getrennte Entität versteht.[86] Selbstverbesserung und -entwicklung wird durch Vermehrung oder Verbesserung der *äußeren* Ressourcen angestrebt. Deren Eroberung und deren Inbesitznahme bestätigen das abgeschlossene Selbstbild und lassen das Individuum sich als machtvoll, bedeutend und autark erleben.

Die phylogenetische Entwicklungslinie zum Menschen führt aber zu prosozialen Gemeinschaften, in denen auf solche Formen von Selbstentwicklung verzichtet und dieses Eigeninteresse häufig aufgegeben werden muss. In einem egalitaristischen System ist es beispielsweise nicht erlaubt, den eigenen Machtbereich über Gebühr auszudehnen. Wer dies versucht, muss mit Bestrafung rechnen.[87] Auch in einer stratifizierten Gesellschaft sind es nur wenige „Despo-

---

[84] Hinweise dafür, dass das emotionale System seine Empfindlichkeit auf einem hohen Niveau hält, indem es sich nach Phasen der Eingewöhnung wieder in einer Mittelstellung ausbalanciert, erbrachte z. B. ein Vergleich von Personen mit einem Locked-In-Syndrom: Wenn der Zustand neu ist, wird er als bedrückend und das Leben als eine Last empfinden. Doch nach einer gewissen Zeit äußern viele Patienten eine überraschend hohe Zufriedenheit mit ihrem Schicksal. „47 patients professed happiness and 18 unhappiness. [...] A longer time in Locked-In-Syndrome was correlated with happiness." Marie-Aurélie Bruno et al., "A Survey on Self-Assessed Well-Being in a Cohort of Chronic Locked-in Syndrome Patients: Happy Majority, Miserable Minority," *BMJ Open* 1 (2011): e000039.
[85] Michaël Dambrun et al., "Measuring Happiness: From Fluctuating Happiness to Authentic-Durable Happiness," *Frontiers in Personality Science and Individual Differences* 3 (2012): Artikel 16.
[86] Michaël Dambrun und Matthieu Ricard, "Self-Centeredness and Selflessness; A Theory of Self-Based Psychological Functioning and Its Consequences for Happiness," *Review of General Psychology* 15 (2011): 138–57.
[87] siehe Kap. 4.1.1.

ten", die ihre Eigeninteressen durchsetzen können.[88] Die Mehrzahl der Mitglieder einer Hierarchie muss sich damit begnügen ihre hedonistischen Interessen nur sehr unvollständig erfüllen zu können.

Das »Hedonistische Glück« bietet bereits selbst Möglichkeiten mit dieser Frustration umzugehen: *Erstens* nivelliert sich ebenso wie das Glücks- auch das Unglückserleben,[89] *zweitens* ist der emotionale Stress reduziert und Gesundheitsrisiken vermindert, wenn man sich sozial einfügt,[90] und *drittens* kann durch bewusst aktivierte Biases, ein positives Selbstbild aufrechterhalten werden.[91]

Damit *intrinsisch motivierte*, prosoziale Gemeinschaften existieren können, ist aber mehr notwendig, als nur ein „Krisenmanagement" der Relativierung und Eindämmung hedonistischen Glücksstrebens. Es braucht vielmehr einen potenten, ebenbürtigen Gegenspieler. Die starke physiologische Reaktion, die dies leistet, ist ebenfalls Glück, aber diesmal kein hedonistisches, sondern »Selbstloses Glück«. Man kann davon ausgehen, dass diese zweite Form des Glück-Erlebens evolutiv aus der Mutter-Kind-Beziehung stammt, dann zunächst in der kooperativen Jungenaufzucht auf Nicht-Verwandte ausgedehnt und schließlich auch für den selbstlosen Umgang mit entfernteren Mitgliedern der Gemeinschaft kooptiert werden konnte.[92] Eine entscheidende Mitvoraussetzung für diese phylogenetische Entwicklung ist die menschliche Errungenschaft, Beziehungen nicht mehr zuerst als Konkurrenzverhältnisse zu betrachten, sondern einander mit Vertrauen zu begegnen.[93] Die entscheidende Eigenschaft selbstlosen Glücks ist

---

88 ...und auch von diesen sterben wenige eines natürlichen Todes; Laura Spinney, "Force for Change," *New Scientist* 2886 (2012): 49.
89 Bruno et al., "A Survey on Self-Assessed Well-Being in a Cohort of Chronic Locked-in Syndrome Patients: Happy Majority, Miserable Minority."
90 Norbert Sachser, Matthias Dürschlag, und Daniela Hirzel, "Social Relationships and the Management of Stress," *Psychoneuroendocrinology* 23 (1998): 891–904. // J M Koolhaas et al., "Stress Revisited: A Critical Evaluation of the Stress Concept," *Neurosci Biobehav Rev* 35 (2011): 1291–1301. // Dietrich v. Holst, "Renal Failure as the Cause of Death in *Tupaia belangeri* exposed to persistent Social Stress," *Journal of Comparative Physiology A: Neuroethology, Sensory, Neural, and Behavioral Physiology* 78 (1972): 236–73.
91 siehe Kap. 8.5.2 // Piercarlo Valdesolo und David DeSteno, "The Duality of Virtue: Deconstructing the Moral Hypocrite." // Joris Lammers, Diederik A Stapel, und Adam D Galinsky, "Power Increases Hypocrisy," *Psychological Science* 25 (2010): 737–44.
92 siehe Kap. 6.5.1. // *„People construct vast and intricate terminologies to identify kin and as-if kin, in order to expand the potential for relationships based on trust. Depending on the situation, these can be activated and kept going by reciprocal exchange or left dormant until needed."* Hrdy, *Mothers and Others*, 16. // vgl. Elizabeth W Dunn, Lara B Aknin, und Michael I Norton, "Spending Money on Others Promotes Happiness," *Science* 319 (2008): 1687–88.
93 „Selbst-Domestikation"; Brian Hare, Victoria Wobber, und Richard Wrangham, "The Self-Domestication Hypothesis." // siehe Kap. 5.2.2.

allerdings ihre potentielle Stabilität. Selbstverständlich muss sie gepflegt werden, benötigt aber nicht die ständige Steigerung, die typisch ist für das hedonistische Glück.

Das Ergebnis unserer zwei Glücksmöglichkeiten ist ein ständiger Konflikt: Beide liegen in einander entgegen gerichteten Verhaltensweisen. Die hedonistischen stehen damit gegen die prosozialen Glücksmöglichkeiten. In der Realität suchen Menschen üblicherweise einen Kompromiss, so dass beide Tendenzen in wechselnden Anteilen wirksam werden.[94] Eine echte Lösung dieses Konflikts ist offenbar nur dann möglich, wenn sich die Psychologie[95] und das Selbstbild[96] prosozial verändern: Das Subjekt versteht sich dann nicht mehr als eine abgeschlossene individuelle Entität, sondern sieht sich in ein dynamisches, soziales Netzwerk eingebunden an dem es innerlich – und nicht nur äußerlich – partizipiert.[97]

Für jemanden mit einem solchen Selbstbild, müssen die Glücksmöglichkeiten als authentischere erscheinen. Hier muss sich echtes Eigeninteresse nicht mehr auf das Selbst zurückwenden, sondern kann sich mit dem des Anderen oder der Gruppe *identifizieren*. Im selben Maß wird das prosoziale Glück dann zu einem »Authentischen Glück«: Authentisches Glück verleiht der Person die *inneren* Ressourcen, mit allen Höhen und Tiefen des Lebens umzugehen. Es ist nicht Folge von Aktivitäten, sondern ein Zustand tiefen emotionalen Gleichgewichts.[98] Die typische Eigenschaft dieser Glücksform, die auch geeignet ist, einen *Primat* zu begründen, ist ihre Dauerhaftigkeit, ihre Unabhängigkeit und ihr Potential zur Fülle: Wo »Authentisches Glück« realisiert ist, erscheint hedonistisches Glück nicht mehr als Alternative.

Dies wird von einer Vielfalt recht neuer Forschungsergebnisse unterstützt: Glück durch Besitz ist weder beliebig steigerbar, noch dauerhaft, sondern fluktuiert.[99] Geld und Reichtum hindern daran, das Alltägliche zu genießen.[100] An

---

94 Dambrun und Ricard, "Self-Centeredness and Selflessness," 140.
95 Judith Burkart, Sarah Blaffer Hrdy, und Carel van Schaik, "Cooperative Breeding and Human Cognitive Evolution."
96 Dambrun und Ricard, "Self-Centeredness and Selflessness; A Theory of Self-Based Psychological Functioning and Its Consequences for Happiness." 145 f.
97 siehe Kap. 6.5. // ebd., 142.
98 ebd., 139.
99 Daniel Kahneman et al., "Would You Be Happier If You Were Richer? A Focusing Illusion," *Science* 312 (2006): 1908–10. // Lara B Aknin, Michael I Norton, und Elizabeth W Dunn, "From Wealth to Well-Being? Money Matters, but Less than People Think," *The Journal of Positive Psychology* 4 (2009): 523–27.
100 Jordi Quoidbach et al., "Money Giveth, Money Taketh Away," *Psychological Science* 21 (2010): 759–63.

andere abzugeben und die dadurch verbesserten sozialen Beziehungen fördern das eigene Glück.[101] Entgegen der weit verbreiteten Sollwert-Theorie[102] haben Langzeitstudien festgestellt, dass der Glückslevel zwar genetisch beeinflusst, aber keinesfalls festgelegt und nicht selten sogar ein kommunitäres Phänomen ist. Es gibt also Faktoren, die Glück dauerhaft beeinflussen.[103] Gemäß einer Langzeitstudie über 25 Jahre gehören in Deutschland zu den positiven Faktoren vor allem Familienwerte, Altruismus und Religiosität und zu den negativen Faktoren vor allem die Neurotizität des Lebenspartners, die Fokussierung auf Karriere und materiellen Besitz, bei Frauen Übergewicht und bei Männern Untergewicht.[104] Außerdem kann Glück durch Zielsetzung und bewusste Lenkung über längere Zeit aufgebaut und zu einer robusten Eigenschaft der Person werden, die auch in Krisenzeiten trägt.[105]

Das bedeutet, dass positive Emotionen, wie Glückserlebnisse, hier nicht wie beim hedonistischen Glück als Handlungsanweisungen oder „Messinstrumente" dienen. »Authentisches Glück« ist vielmehr selbstverstärkend und führt zu persönlicher Entwicklung.[106] Authentisches Glück erweitert *(„broaden")* die kognitiven Fähigkeiten und die einzelnen Glücks-Ereignisse bauen *(„build")* sich zu

---

101 Headey, "Life Goals Matter to Happiness: A Revision of Set-Point Theory." // Dunn, Aknin, und Norton, "Spending Money on Others Promotes Happiness," 1687 f. // Lara B Aknin et al., "It's the Recipient That Counts: Spending Money on Strong Social Ties Leads to Greater Happiness than Spending on Weak Social Ties," *PLoS One* 6 (2011): e17018. // Lara B Aknin, J Kiley Hamlin, und Elizabeth W Dunn, "Giving Leads to Happiness in Young Children," *PLoS One* 7 (2012): e39211.
102 Die Zwillingsforschung stellte bei der subjektiven Einschätzung, wie glücklich man ist, eine enorm hohe Heritabilität fest; David Lykken und Auke Tellegen, "Happiness Is a Stochastic Phenomenon," *Psychological Science* 7 (1996): 186–89.
103 Bruce Headey, "The Set-Point Theory of Well-Being: Negative Results and Consequent Revisions," *Social Indicators Research* 85 (2008): 389–403. // kommunitär: Ronald Inglehart et al., "Development, Freedom, and Rising Happiness: A Global Perspective (1981–2007)," *Perspectives on Psychological Science* 3 (2008): 264–85. // James H Fowler und Nicholas A Christakis, "Dynamic Spread of Happiness in a Large Social Network: Longitudinal Analysis over 20 Years in the Framingham Heart Study," *BMJ* 337 (2008): a2338.
104 Bruce Headey, Ruud Muffels, und Gert G Wagner, "Long-Running German Panel Survey Shows That Personal and Economic Choices, Not Just Genes, Matter for Happiness," *PNAS* 107 (2010): 17922–26.
105 Barbara L Fredrickson et al., "What Good Are Positive Emotions in Crises? A Prospective Study of Resilience and Emotions Following the Terrorist Attacks on the United States on September 11th, 2001," *J Pers Soc Psychol* 84 (2003): 365–76. // Michael A Cohn et al., "Happiness Unpacked: Positive Emotions Increase Life Satisfaction by Building Resilience," *Emotion* 9 (2009): 361–68. // Headey, "Life Goals Matter to Happiness: A Revision of Set-Point Theory."
106 *„Positive feelings change the way our brains work and expand the boundaries of experience, allowing us to take in more information and see the big picture."* Barbara Fredrickson, zit. in Dan Jones, "How to Be Happy (but Not Too Much)," *New Scientist* 2779 (2010): 45.

einer inneren, robusten Haltung auf, die schließlich mit ihren inneren Ressourcen gegen negative Ereignisse schützt (*„buffer"*).[107]

Unser evolviertes, duales Glückserleben beinhaltet also eine kurzfristige Strategie, die in Situationen der Selbsterhaltung und der Konkurrenz angemessen ist und eine langfristig orientierte Strategie, die sich unter sicheren Bedingungen zu einer inneren Haltung aufbauen kann und zu »Authentischem Glück« führt, das dauerhaft und widerstandsfähig ist und so zu einer Verbesserung der gesamten und nicht nur momentanen Lebensqualität beim Menschen führt.[108] Evolutiv sind es zwei von ihrem Ursprung her getrennte und einander entgegen gerichtete Motive, die aber beide das Gefühl »Glück« als starkes emotionales Motiv kooptiert haben. Der emotionale Zwiespalt wird nur gelöst, indem sich das Individuum ein offenes Selbstbild aneignet und jenes »Authentische Glück« erlangt, wo das eigene Interesse und das des Andern in eins fallen und das so zum motivationalen Grundbaustein prosozialer Gemeinschaften geworden ist.

7.2.2 Mechanismen der Persönlichkeitsentwicklung

Wenn zwei gut informierte Parteien mit guten Absichten verschiedener Meinung sind, dann ist es sehr wahrscheinlich, dass jede der Seiten in einigen Punkten Recht hat und in anderen nicht.[109] Wenn es um die Entwicklung der Persönlichkeit geht, gibt es nicht nur zwei, sondern viele solcher Seiten, die den Fokus auf

---

[107] ebd., 44–47. // Diese heute weitgehend akzeptierte »broaden and build«-Theorie geht auf Barbara Fredrickson zurück, die sich dabei auf bestimmte positive Emotionen (Freude, (entspannte) Neugier, Zufriedenheit, Liebe) bezieht; Barbara L Fredrickson, "What Good Are Positive Emotions?," *Rev Gen Psychol* 2 (1998): 300–319. // In den Untersuchungen wird häufig die Auswirkung von Meditation hervorgehoben. Neurologisch lässt sich zeigen, dass in manchen Meditationsformen die selbstreferentiellen Systeme zur Ruhe gebracht und dadurch ein Erlebnis der umfassenden Einheit und Verbindung resultiert. Meditation führt daher zu einer erhöhten Empfänglichkeit für dauerhaftes, selbstloses Glück. Norman A S Farb et al., "Attending to the Present: Mindfulness Meditation Reveals Distinct Neural Modes of Self-Reference," *Social Cognitive and Affective Neuroscience* 2 (2007): 313–22. // Stefan G Hofmann, Paul Grossman, und Devon E Hinton, "Loving-Kindness and Compassion Meditation: Potential for Psychological Interventions," *Clinical Psychology Review* 31 (2011): 1126–32. // Barbara L Fredrickson et al., "Open Hearts Build Lives: Positive Emotions, Induced through Loving-Kindness Meditation, Build Consequential Personal Resources," *J Pers Soc Psychol* 95 (2008): 1045–62.
[108] Dambrun und Ricard, "Self-Centeredness and Selflessness" // Dambrun et al., "Measuring Happiness," Art. 16. // Headey, Muffels, und Wagner, "Long-Running German Panel Survey." // Stafford, "What Good Are Positive Emotions?"
[109] vgl. Jonathan Haidt, "Moral Psychology Must Not Be Based on Faith and Hope: Commentary on Narvaez (2010)," *Perspectives on Psychological Science* 5 (2010): 182.

verschiedene Aspekte legen. Sigmund Freud hat erkannt, dass Weiterentwicklung als Aneinanderreihung von Konflikten und deren Bewältigung verstanden werden kann. Diesen Ansatz hat Erik Erikson auf die soziale Realität des Menschen bezogen. Er benennt acht typische psychosoziale Krisen, die zur Ausbildung einer Identität führen.[110] Für das Erwachsenenalter sind vor allem die Krisen der letzten drei Stufen relevant: *Stufe 6* Die Gestaltung von intimen Beziehungen schwankt zwischen Intimität ⇌ Isolierung, *Stufe 7* die Frage nach Selbstverwirklichung und Verantwortung für andere schwankt zwischen Generativität ⇌ Stagnation und *Stufe 8* die Konstruktion eines kohärenten Gesamtbildes des eigenen Lebens schwankt zwischen Ich-Integrität ⇌ Verzweiflung.[111] Erikson zufolge ist das menschlich-psychologische Leben als Ganzes eine Suche nach Identität. Er selbst geht aber nicht darauf ein, welche Mechanismen und Ressourcen für eine erfolgreiche Bewältigung der Konflikte notwendig sind.[112]

Mit dieser Frage hat sich Jean Piaget auseinandergesetzt.[113] Indem er versuchte, die kognitive Entwicklung als Anpassungsprozess zu verstehen, konnte er darin das dialektische Wechselspiel von zwei komplementären Bewegungen, von »Assimilation« und »Akkomodation«, erkennen. Durch Assimilation wird die wahrgenommene Realität durch bereits vorhandene, kognitive Muster rekonstruiert. Die Wahrnehmung wird also an schon Bekanntes angepasst. „Wir sehen die Dinge nicht wie *sie* sind, sondern wie *wir* sind."[114] Bei der Akkomodation wird dagegen die kognitive Struktur an die Erfordernisse einer Realität angepasst, die mit den vorhandenen Strukturen nicht zufriedenstellend interpretiert werden konnte. Diese Reorganisation führt dann zu einer gelungeneren Assimilation. Von der Geburt bis zum Tod finden »Assimilation« und »Akkomodation« in jeder kognitiven Aktivität statt und suchen im dialektischen Wechselspiel den zufriedenstellenden Zustand eines »Äquilibriums« zu erreichen.[115]

Alle modernen Konzepte der Persönlichkeitsentwicklung gehen mit einigen Variationen von einem solchen dialektischen Modus aus. Robert Kegan bestimmt die gegenläufigen Bewegungen als Verlangen nach Verschiedenheit („Differenzierung") und Verlangen nach Zugehörigkeit („Integration"). Das eine ist der Versuch, die Umwelt als Um-Welt und damit sich selbst als von der Umwelt ge-

---

110 vgl. Patricia H Miller, *Theories of Developmental Psychology* (NY: Worth, 2011), 106–143 (Freud) und 143–163 (Erikson).
111 Frieder R Lang, M Martin, und Pinquart M, *Entwicklungspsychologie – Erwachsenenalter* (Göttingen: Hogrefe, 2012), 152–154.
112 ebd., 155.
113 Miller, *Theories of Developmental Psychology*, 28–104.
114 Anais Nin, zit. in ebd., 64.
115 ebd., 67.

trenntes „Selbst" wahrzunehmen, das andere ist der Versuch, sie in die eigenen Konzepte zu integrieren und damit Einheit zu erleben. Das Individuum steht zeitlebens in einer Spannung zwischen diesen zwei attraktiven Polen, die es hin und hergerissen sein lassen und die Bewegung mal in die eine, mal in die andere Richtung lenken. Dabei entsteht die Form einer Entwicklungs-Spirale, denn Schritte in eine der beiden Richtungen werden nicht zurückgenommen, sondern es wird komplementär darauf aufgebaut. Der Mensch entwickelt dabei nicht nur eine größere Eigenständigkeit sondern auch eine qualitativ neue Eingebundenheit in seine Umwelt.[116]

Dass die Umwelt häufig eine soziale Umwelt ist, versucht Lew Vygotsky in seinem Modell zu berücksichtigen.[117] Anders als die meisten Theorien, betrachtet er das Individuum nicht isoliert, sondern als Teil einer sozialen und kulturellen Welt, deren spezifische Eigenheiten selbstverständlich zur Persönlichkeitsentwicklung genutzt werden. Hierzu gehört die Nutzung kultureller Werkzeuge, wie Sprache, Symbole, Wissensvermittlung, Konventionen, Erziehung, usw. Es gehört aber vor allem die Möglichkeit dazu, sich mithilfe anderer zu entwickeln und dabei die Lücke zwischen dem, was man nur mit Hilfe kann und dem, was man dann auch ohne Hilfe kann, zu verkleinern.

Der fundamentale Mechanismus ist nach Vygotsky der dialektische Prozess, durch den nicht übereinstimmende Ideen oder Phänomene zu einheitlichen und gemeinsamen Ideen oder Phänomenen zusammengefügt werden. Zum Beispiel indem ein Kind mit einer anderen Person zusammenarbeitet und sie miteinander die Bedeutung der Aufgabe, ihr Ziel und die Lösung bestimmen.[118] Vygotsky's Ansatz der kulturellen und sozialen Natur des Menschen und sein ökologischer Blick auf die *Person in ihrem Kontext*, ist für ein modernes Verständnis der Persönlichkeitsentwicklung nicht mehr wegzudenken.

In Beziehungen zwischen Personen nimmt der dialektische Prozess die Form eines Dialogs an. Intermentale Aktivitäten werden intramental und intramentale Inhalte können direkt oder indirekt wieder in intermentale Aktivitäten eingebracht werden.[119] Wo dies gelingt, kommt es zu einer gemeinsamen *Dialogischen Entwicklung* und alle beteiligten Individuen sind dann nicht nur als Individuen aktiv, sondern bilden miteinander auch ein dialogisches System, das eigenen Gesetzmäßigkeiten folgt.

---

116 Robert Kegan, *Die Entwicklungsstufen des Selbst. Fortschritte und Krisen im Menschlichen Leben* (München: Kindt, 1986), 107 ff und S. 150 ff. // B Sodian, "Theorien Der Kognitiven Entwicklung," in *Lehrbuch Entwicklungspsychologie*, ed. H Keller (Bern: Hans Huber, 1998), 156.
117 Miller, *Theories of Developmental Psychology*, 165–221.
118 Shared Intentionality; siehe Kap. 6.5.2.
119 ebd., 219.

Eine Strömung innerhalb der Entwicklungspsychologie, um die man in der gegenwärtigen Debatte nicht herum kommt, ist die Theorie dynamischer Systeme (siehe Anhang 1).[120] Man geht davon aus, dass Persönlichkeitsentwicklung sowohl von der neuronalen Verwirklichung her, als auch im systemischen Kontext gemäß der Regeln nicht-linearer, dynamischer Systeme funktioniert. Das heißt, sie verläuft selbstorganisierend, läuft auf »Attraktoren« zu und Unterschiede in den Ausgangsbedingungen können sich einmal extrem auswirken, ein andermal gar nicht (Tab. 7.1).

Einfache lineare Systeme	Komplexe, nicht-lineare Systeme
Das Ausmaß der Entwicklung entspricht quantitativ den Veränderungen in den Ausgangsbedingungen.	Das Ausmaß der Entwicklung ist quantitativ unabhängig von den Ausgangsbedingungen.
Die Stabilität von Systemen beruht auf einem Gleichgewicht (Äquilibrium).	Die Stabilität von Systemen beruht auf ihrer Nähe zu einem Konvergenzpunkt (Attraktor).
Qualitative Entwicklung geschieht durch Veränderung der psychologischen Ressourcen.	Qualitative Entwicklung geschieht durch (oft minimale) Impulse, die zur Änderung des Attraktors führen.
Ähnliche Persönlichkeit deutet auf ähnliche Ausgangsbedingungen hin.	Ähnliche Persönlichkeit deutet auf ähnliche Selbstbilder, bzw. denselben Attraktor hin.
Unterschiedliche Persönlichkeit deutet auf Unterschiede in den Ausgangsbedingungen hin.	Unterschiedliche Persönlichkeit deutet auf mehrere stabile Attraktoren hin.

Der Äquilibrationsprozess Piagets, die Suche nach Identität bei Erikson oder die dialogische Entwicklung bei Kegan und Vygotsky werden von der Theorie dynamischer Systeme als Beispiele selbstorganisierender Prozesse aufgefasst. Dann gelten aber auch die Regeln komplexer Systeme und minimalste Anfangsunterschiede können zu dramatischen Effekten führen: Menschen, die unter nahezu identischen Umständen aufwachsen, können sehr verschiedene Persönlichkeiten entwickeln und Menschen können unter widrigen Bedingungen oft eine hohe psychische Widerstandsfähigkeit (»Resilienz«) zeigen, während andere unter guten Bedingungen sehr labil sein können.[121]

---

[120] Esther Thelen und Linda B Smith, "Dynamic Systems Theories," in *Handbook of Child Psychology, Vol. 1: Theoretical Models of Human Development*, ed. W Damon and R M Lerner (Hoboken, NJ: Wiley, 2006), 258–312.
[121] vgl. Rolf Oerter und Leo Montada, eds., *Entwicklungspsychologie* (Weinheim: Beltz, 2008), S. 923 ff.

Ein nicht-lineares Verständnis durchbricht endlich auch die oberflächlichen Dichotomien der Entwicklungspsychologie: Modelle der Kontinuität neben solchen der Diskontinuität, Struktur gegen Prozess und soziale Prozesse gegenüber nicht-sozialen Prozessen. All diese Kräfte sind gleichzeitig wirksam. Genau deswegen mussten die Entwicklungsprozesse auch schon immer als „dialektisch" oder „dialogisch" beschrieben werden. *Stabilität* bedeutet hier dynamische Bewegung um einen Attraktor, also kein isolierter, statischer sondern ein kollektiver, beweglicher Zustand.[122] *Entwicklungsmöglichkeit* ist dagegen eine durch einen minimalen Impuls hervorrufbare Neuausrichtung auf einen anderen Attraktor – dies kann ein angestrebter „Wert" sein –, auf den sich dann das System als Ganzes, *selbstorganisierend* und dynamisch interagierend, zubewegt.

7.3 Freiheit des Willens

„Die Freiheit des Willens ist eine Illusion", sagen uns einige Neurowissenschaftler in den Medien.[123] Doch deswegen in substantielle Selbstzweifel zu geraten wäre eine überzogene Reaktion, denn die wissenschaftliche Ablehnung der Willensfreiheit, wie sie dort präsentiert und inszeniert wird, bezieht sich auf ein sehr eigentümliches Verständnis von Willensfreiheit, das kaum jemand als erstrebenswert ansehen wird. Der Neurowissenschaftler Gerhard Roth gibt zum Erstaunen seines Interviewpartners zu, dass er anfangs davon ausgegangen sei, dass die Philosophie unter „Willensfreiheit" nur die Möglichkeit verstünde, unter völlig identischen Bedingungen unterschiedlich wählen zu können. Erst später hätten er und seine Kollegen gemerkt, dass es ganz andere und wesentlich gehaltvollere Definitionen von Willensfreiheit in der philosophischen Diskussion gibt, die sich teilweise als kompatibel mit den neurowissenschaftlichen Ergebnissen erwiesen hätten.[124] Dadurch hat der bis dahin wohl prominenteste Kritiker der Willensfreiheit in Deutschland seinen kritischen Anspruch offenbar wieder weitgehend zurückgezogen. Doch welches sind überhaupt die Begriffe der Freiheit, die zur Debatte stehen?

Es gibt den Begriff der „unbedingten Willensfreiheit", der davon ausgeht, dass jemand in einer bestimmten Situation genauso gut Handlung A wie Handlung B

---

122 Thelen und Smith, "Dynamic Systems Theories," 274.
123 z. B. Gerhard Roth im »Spiegel«-Interview „Die Ratio allein bewegt überhaupt nichts" vom 21.04.2009, oder Wolf Singer in einem Interview der »Frankfurter Rundschau« „Gehirnforscher sind doch keine Unmenschen – Aber vielleicht leiden sie an Schizophrenie?" vom 03.04.2004.
124 Gerhard Roth, "Die Ratio allein bewegt überhaupt nichts," *SPIEGEL-Interview* (21. April 2009).

wählen kann, ohne dafür unterschiedliche Gründe zu haben. Es erfordert entweder ein dualistisches Weltbild, wo das Geistige völlig unabhängig vom Körperlichen agieren kann – eine Position, die heute wohl niemand mehr vertritt –, oder es müsste sich um eine zufällige Form der Freiheit handeln, die dann aber wohl nur selten sinnvolle Ergebnisse hervorbringen dürfte. Dieses Konzept der „unbedingten Willensfreiheit" ist dasjenige, das von den Neurowissenschaftlern als widerlegt bezeichnet wird.[125] Dass eine solche Willensfreiheit nicht existiert, ist nun wirklich keine Überraschung und der Medienrummel, der sich darum gebildet hat, ist offensichtlich den terminologischen Ungenauigkeiten geschuldet.

Weiterhin gibt es aber „schwache Begriffe von Willensfreiheit". Sie laufen auf die Forderung hinaus, dass unsere bewussten Überlegungen irgendwie auf unsere Entscheidungen Einfluss nehmen können. Einen ersten Schritt geht dabei das Konzept der »Handlungsfreiheit«. Diese ist gegeben, wenn eine Person in ihrem Handeln frei ist, das zu tun, was sie tun will. Sie ist frei von äußeren Zwängen. Wenn Handlungsfreiheit vorliegt, erlebt sich der Mensch vermutlich häufig als „frei" ohne es deswegen auch schon in einem bedeutungsvollen Sinn zu sein. Handlungsfreiheit ist die typische Form von Freiheit, die in einer deterministischen Welt problemlos möglich ist. Besitzt eine Person nur Handlungsfreiheit und nicht mehr, dann tut sie zwar was sie will, eventuell steht sie dabei aber unter einem inneren Zwang und kann nicht wollen, was sie will. Dabei ist nicht das Wollen im Sinn eines Wunsch-Verspürens gemeint – dieses gibt es ja auch bei innerem Zwang –, sondern ein rationales, reflektiertes Wollen.[126] Auf dieses Wollen kommt es aber an, wenn man von *Willens*freiheit spricht.

John Locke geht deshalb einen Schritt weiter und formuliert: *„Eine Person ist in einer Entscheidung frei, wenn sie erstens die Fähigkeit besitzt, vor der Entscheidung innezuhalten und zu überlegen, was zu tun richtig wäre, und wenn sie zweitens die Fähigkeit besitzt, dem Ergebnis dieser Überlegung gemäß zu entscheiden und zu handeln."*[127] Hier kommt als Forderung hinzu, einen spontanen Impuls suspendieren und innehalten zu können. Ein Urteil kann dann gebildet werden – nicht im luftleeren Raum, sondern anhand von Werten oder Zielen[128] –, und durch Selbstkontrolle kann die als *besser* erkannte Lösung realisiert werden.

---

125 vgl. Gerhard Roth, "Willensfreiheit und Schuldfähigkeit aus Sicht der Hirnforschung," in *Das Gehirn und seine Freiheit*, ed. G Roth und K-J Grün (Göttingen: Vandenhoeck & Ruprecht, 2009), 9 – 27.
126 vgl. Aristoteles, *De Anima*, III, 10.
127 vgl. John Locke, *Versuch über den Menschlichen Verstand* (Hamburg: Felix Meiner, 1689/1981), 2. Buch, Kapitel 21.
128 Ernst Tugendhat, *Anthropologie statt Metaphysik* (München: Beck, 2010): 60.

Die Suspension der Impulse eröffnet einen Spielraum, in dem dann offensichtlich das Entscheidende geschehen muss. Ernst Tugendhat macht darauf aufmerksam, dass es sich dabei sogar um zwei Spielräume handelt, und damit auch um eine zweifache Verantwortung.[129] Der erste Spielraum ist der des Überlegens und der Wahl: „*...man überlegt, welches der beste Weg ist, der zu einem Ziel führt, oder auch, auf welche Ziele man sich ausrichten soll.*" (S. 60 f) Der zweite Spielraum ist der des Sichanstrengens: „*....ich muss aktiv an dem Ziel festhalten und die widerstrebenden motivationalen Faktoren unter Kontrolle halten.*" (S. 61) In beiden Spielräumen können wir das Bewusstsein haben, dass es „an mir liegt" – also ob ich mich genügend angestrengt oder die richtige Wahl getroffen habe, oder ob nicht. In beiden Spielräumen wird daher Verantwortung erlebt.

Die Reflexion in diesen Spielräumen kann allerdings auf unterschiedlichen Stufen erfolgen: 1. Sorge um die Zukunft, 2. Übereinstimmung mit dem eigenen Selbstverständnis, 3. Übereinstimmung mit moralischen Normen, 4. Prüfung, was in dieser Situation wirklich gut ist, 5. Reflexion über die Richtigkeit der eigenen Meinung. Auf jeder Stufe begegnet eine eigene Form der Verantwortung. Bei (1) bis (4) wird dies eine praktische Verantwortung sein: Bei (1) z. B. „Wie konntest Du Dich nicht um die Folgen für dein weiteres Leben kümmern?" Im Fall von (5) wäre es eine theoretische Verantwortung, die höchstens zu einer der anderen noch hinzutritt.

Damit ist das, was wir unter echter Willensfreiheit verstehen müssen, zunächst beschrieben. Es sind die Möglichkeiten, die eine Person, auch wenn sie sie nicht alle ausübt, doch zumindest potentiell haben muss, damit wir ihr eine Freiheit des Willens zuschreiben. Was uns in der Annahme, dass dieses Phänomen real ist, bestärkt, ist unser Selbsterleben. Was uns daran zweifeln lässt, sind die Beobachtungen, dass unser Bewusstsein nicht für Handlungskontrolle evolviert und nicht einmal dazu geeignet ist.[130] Ob sich diese Beobachtungen miteinander versöhnen lassen, wird auch davon abhängen, als was sich dieses Entscheidende bestimmen lässt, das da in den Spielräumen geschieht, und ob es kompatibel ist mit einem Determinismus oder nicht.

---

[129] ebd., 60–64.
[130] siehe Kapitel 7.1.1.5

7.3.1 Das Unbewusste in Kontrolle

7.3.1.1 Die Libet-Experimente

Der historische Auslöser der ganzen „spektakulären" Debatte um die Willensfreiheit kann in dem 1983 veröffentlichten, berühmt gewordenen Experiment von Benjamin Libet gesehen werden. Er untersuchte mithilfe von Elektroenzephalografie (EEG) die Hirnströme bei Probanden, die eine „willentliche" Handlung durchführten.[131] Es war bekannt, dass bis zu einer Sekunde vor einer solchen Handlung ein sogenanntes Bereitschaftspotenzial auftritt. Libets Hypothese war, dass die bewusste Entscheidung zu einer Handlung dem dazugehörigen Bereitschaftspotenzial vorausgehen müsste. Um dies zu testen, instruierte er die Probanden, einen Finger anzuheben, wann immer sie den Impuls dazu hätten. Das Entscheidende an seinem Experiment war, dass die Probanden registrieren sollten, in welchem Moment sie diesen Impuls hatten. Dies gelang mithilfe einer Uhr, auf der sich ein kleiner Punkt im Kreis bewegte. Dessen Position im entsprechenden Moment wurde dokumentiert. Es stellte sich heraus, dass der bewusste Impuls, den Finger zu bewegen, etwa 200 ms vor der eigentlichen Bewegung auftrat. Die große Überraschung jedoch, die eine hitzige und andauernde Diskussion entfachte, war, dass das Bereitschaftspotenzial schon vorher da war, nämlich 500 ms bevor der Finger bewegt wurde und damit 300 ms bevor die Probanden den entsprechenden Antrieb dazu verspürten.

Die Aufregung war nicht nur innerhalb der Neurowissenschaften groß. Es sah so aus, als würde selbst den einfachsten Handlungen, ein unbewusster Impuls vorausgehen und sie dadurch vorherbestimmen. Theoretisch schien es möglich, eine „willentliche" Handlung vorherzusagen, bevor der Handelnde selbst von ihr wusste. In der Zwischenzeit wurden ähnliche Situationen auch mithilfe von fMRI[132] analysiert. Signale für die laufenden Vorbereitungen zu einer Entscheidung konnten bis zu 10 Sekunden vor der Bewusstwerdung in den betreffenden Hirnregionen gemessen werden.[133] Das Gehirn agiert bereits bevor das Bewusst-

---

131 B Libet et al., "Time of Conscious Intention to Act in Relation to Onset of Cerebral Activity. The Unconscious Initiation of a Freely Voluntary Act," *Brain : A Journal of Neurology* 106 (1983): 623–42. // Benjamin Libet, "Unconscious Cerebral Initiative and the Role of Conscious Will in Voluntary Action," *Behavioral and Brain Sciences* 8 (1985): 529.
132 Bei dem Standardverfahren der funktionalen Magnetresonanztomographie (fMRI) werden Unterschiede in der Versorgung mit oxygeniertem Blut und damit die Aktivierung von Hirnregionen gemessen.
133 Chun Siong Soon et al., "Unconscious Determinants of Free Decisions in the Human Brain," *Nature Neuroscience* 11 (2008): 543–45.

sein „entscheidet". „*Although it is your brain, your conscious mind does not know yet that a decision has already been taken.*"[134]

Diese Experimente bedeuten, dass das, was wir als einen bewussten und die Handlung verursachenden endogenen Impuls wahrnehmen, in Wirklichkeit das Gewahrwerden eines Prozesses ist, der längst in Gang gesetzt ist.

Libets Experimente sind aus naturwissenschaftlicher Sicht aber nicht geeignet jede Form von Willensfreiheit auszuschließen – was er selbst auch nie getan hat.[135] So ist die experimentelle Signifikanz unzureichend geklärt:

1. Es ist nicht klar, welche Informationen das Bereitschaftspotenzial enthält.[136]
2. Die bewusste Wahrnehmung von Gleichzeitigkeit erstreckt sich auf bis zu zwei bis drei Sekunden. Das Ablesen der Zeit durch die Probanden ist daher ein zweifelhaftes Maß.[137]
3. Im Experiment lag keine Wahlmöglichkeit vor und Willensfreiheit wurde somit nicht untersucht. Wenn es echte Wahlmöglichkeiten gibt, zeigt sich allerdings ein ganz ähnliches zeitliches Muster.[138]
4. Von einer echten willentlichen Entscheidung erwarten wir, dass sie aufgrund von Kriterien erfolgt. Im Experiment gab es keine.
5. Die Trivialität der Aufgabe gibt nicht die Entscheidungsfindungen im komplexen, realen Leben wieder.

---

134 Christof Koch, "Free Will, Physics, Biology and the Brain," in *Downward Causation and the Neurobiology of Free Will*, ed. N Murphy, George F R Ellis, und T O'Connor, Understanding Complex Systems (Berlin: Springer, 2009), 46.
135 vgl. Benjamin Libet, "Do We Have Free Will?," *Journal of Consciousness Studies* 6 (1999): 47–57.
136 Libet führte Folgeexperimente durch und konnte zeigen, dass es 200 ms bis 100 ms vor der Handlung die Möglichkeit gibt, sie abzubrechen. Der Handelnde kann ein Veto einlegen. Das Bereitschaftspotenzial ist also noch nicht die endgültige Entscheidung. B. Libet, E. W. Wright, und C. a. Gleason, "Preparation- or Intention-to-Act in Relation to Pre-Event Potentials Recorded at the Vertex," *Electroencephalography and Clinical Neurophysiology* 56 (1983): 367–72. // Möglicherweise ist das Bereitschaftspotential sogar nur eine Akkumulation von Rauschen, das die Erregung schon einmal in die Nähe der Reizschwelle bringt und dadurch die anschließende Reaktion schneller macht. Aaron Schurger, Jacobo D Sitt, und Stanislas Dehaene, "An Accumulator Model for Spontaneous Neural Activity prior to Self-Initiated Movement," *PNAS* 109 (2012), E2904–13. // Goschke vermutet, dass sich darin die Absicht wiederspiegelt, irgendwann die Bewegung auszuführen; Thomas Goschke, "Der Bedingte Wille," in *Das Gehirn und seine Freiheit*, ed. G Roth und K-J Grün (Vandenhoeck & Ruprecht, 2009), 140 f.
137 Fairhall, Albi, und Melcher, "Temporal Integration Windows for Naturalistic Visual Sequences." // vgl. Gilberto Gomes, "On Experimental and Philosophical Investigations of Mental Timing: A Response to Commentary," *Consciousness and Cognition* 11 (2002): 304–7.
138 vgl. P Haggard und Martin Eimer, "On the Relation between Brain Potentials and the Awareness of Voluntary Movements," *Experimental Brain Research* 126, (1999): 128–33.

6. In Libets Experimenten wurden vermutlich nicht »freie Entscheidungen« untersucht, sondern die Probanden spielten eher ein komplexes „Spiel" mit dem Versuchsleiter.[139]

Die Konsequenzen für unser Bild von „Freiheit" sind ausgesprochen unklar, zumal diese Experimente echte Freiheitsformen, wie zum Beispiel eine „Entscheidung nach reiflicher Überlegung", nicht in den Blick genommen haben. Das Resultat ist jedoch gültig: Zu dem Zeitpunkt, an dem wir glauben uns zu entscheiden, hat sich unser Gehirn längst entschieden. Das bedeutet aber nicht unbedingt, dass die Handlung nicht frei gewählt wurde, sondern höchstens, dass wir uns nicht bewusst waren, dass wir die Entscheidung zu diesem früheren Zeitpunkt – frei? – getroffen haben.[140]

7.3.1.2 Veto-Möglichkeit
Benjamin Libet konnte sich offenbar Willensfreiheit ohne eine Führungsrolle des Bewusstseins nicht vorstellen. Er versuchte sie daher zu retten, indem er eine Veto-Möglichkeit postulierte und annahm, dass zumindest Abbruch bzw. Freigabe einer Handlung bewusst initiiert würden. Auch eine unbewusst eingeleitete Handlung würde auf diesem Weg noch unter den entscheidenden Einfluss des Bewusstseins kommen.[141] Die Experimente schienen tatsächlich zunächst zu bestätigen, dass Inhibition in engem Zusammenhang mit Bewusstsein stehe.[142] Doch mit immer spezifischeren Versuchsdesigns zerschlug sich auch dieser Ausweg. In der Zwischenzeit ist es unstrittig, dass – parallel zu ihrer Initiierung – auch die Inhibition einer Handlung unbewusst in die Wege geleitet und das Bewusstsein erst nachträglich „dazu geschaltet" wird.[143]

---

139 „*Each participant would have intuitively known that Dr. Libet would not have been pleased if after half an hour or so they had not lifted their finger even once »because the urge never came« [...] To do what Dr. Libet really wants, the participants need to severely curtail their free choice. They need to instruct themselves to behave something like this: »I shall make the interval between one finger lift and the next one different each time (but not too different) in such a way that the experimenter cannot easily predict when I will next lift my finger.«*" Frith, *Making up the Mind*, 187.
140 ebd., 67 f.
141 Libet, "Unconscious Cerebral Initiative and the Role of Conscious Will in Voluntary Action."
142 z. B. S Dehaene et al., "Conscious and Subliminal Effects in Normal Subjects and Patients with Schizophrenia: The Role of the Anterior Cingulate," *Proceedings of the National Academy of Sciences: USA* 100 (2003): 13722–27.
143 Gethin Hughes, Max Velmans, und Jan De Fockert, "Unconscious Priming of a No-Go Response," *Psychophysiology* 46 (2009): 1258–69. // Elisa Filevich, Simone Kühn, und Patrick Haggard, "Intentional Inhibition in Human Action: The Power of 'No,'" *Neuroscience and Bio-*

Die experimentellen Untersuchungen zur Inhibition von Handlungen kämpfen mit einer spezifischen Schwierigkeit: Man weiß entweder nicht, wann die Inhibition genau beginnt, da ja keine Handlung nachfolgt, oder man gibt den Zeitpunkt der Inhibition vor, was wiederum den freiheitlichen Charakter einschränkt. Dies ist aber nicht unerheblich, da offenbar deutliche Unterschiede zwischen einer von außen initiierten und einer innerlich motivierten Inhibition bestehen. Es werden dabei zum einen unterschiedliche Hirnareale aktiviert,[144] zum anderen lassen sich Unterschiede im Reaktionspotential vor und während der Inhibition feststellen. Bei sequentiellen Aufgaben bahnt sich so nur bei innerlich motivierter Inhibition die Unterdrückung der Handlung an. Plausibel scheint, dass das Subjekt hier die verstreichende Zeit beobachtet und sich das Reaktionspotential allmählich abschwächt, weil die kommende Inhibition nach und nach wahrscheinlicher wird.[145] Allerdings ist die experimentelle Lage hier noch keinesfalls eindeutig.

Klar ist allerdings, dass es sich bei der Inhibition nicht um eine positive Handlungsentscheidung handelt. Es wäre ja möglich, dass das Subjekt sich irgendwann im Vorfeld dafür entscheidet, nicht zu handeln. Vielmehr repräsentiert die Inhibition tatsächlich eine negative Antwort, ein Veto, gegenüber einer Handlung, die zuvor schon initiiert wurde.[146]

Filevich et al (2012, S. 1115 f) schlagen ein Modell vor mit zwei Kontrollschleifen. Die erste Schleife – der Ausführungswächter – prüft, ob die Motorsignale geeignet sind, das Nahziel zu erreichen und passt sie gegebenenfalls an. Die zweite Schleife – der Auswirkungswächter – überwacht kontinuierlich die sich entwickelnde Handlung und prüft sie auf ihre Kompatibilität mit den Fernzielen des Subjekts. Wird ein Konflikt festgestellt, unterbricht die zweite Schleife die Handlung und setzt den motorischen Befehl auf Null zurück. Danach kann eine neue Handlung initiiert werden. Die besondere Bedeutung sehen sie in komplexen, sozialen Settings, wo nicht selten attraktive Kurzfrist-Strategien zurückgehalten werden müssen zugunsten langfristiger Chancen.

---

behavioral Reviews 36 (2012): 1107–18. // Elisa Filevich, Simone Kühn, und Patrick Haggard, "There Is No Free Won't: Antecedent Brain Activity Predicts Decisions to Inhibit," *PLoS ONE* 8 (2013): e53053.
144 Filevich, Kühn, und Haggard, "Intentional Inhibition in Human Action: The Power of 'No,'" 1113 f.
145 Erman Misirlisoy und Patrick Haggard, "Veto and Vacillation: A Neural Precursor of the Decision to Withhold Action," *Journal of Cognitive Neuroscience* 26 (2013): 301.
146 Filevich, Kühn, und Haggard, "Intentional Inhibition in Human Action: The Power of 'No,'" 1114 f.

> All human societies have a concept of moral responsibility for action, which presupposes the capacity for intentional inhibition: the individual could have refrained from an action that they made. This concept of responsibility is a cultural mechanism for directing the cognitive capacities of intentional action and inhibition to serve wider social needs.[147]

Nun gibt es zwar Modelle zu den neuronalen Vorgängen bei einem Veto, aber es gibt noch nicht viele Daten. Letztlich ist die Existenz des Mechanismus bekannt, aber die Funktionsweise noch nicht bestätigt. Doch vor allem eines hat sich bereits zweifelsfrei herauskristallisiert: Auch intentionale Inhibition wird stets unbewusst initiiert.

7.3.1.3 Gründe und Ursachen

Eine wichtige philosophische Unterscheidung ist jene zwischen »Gründen« und »Ursachen« von Handlungen. Sie geht zurück auf Plato. Dessen Frage ist: *„Warum flieht Sokrates nicht aus dem Gefängnis?"* Als Antwort lässt sich eine »Ursache« angeben, *„weil seine Sehnen und Knochen sich nicht bewegten"*, oder man kann »Gründe« angeben, *„weil er nicht gegen die Ordnung des Staates handeln wollte".*[148] Während sich die »Ursachen« messen lassen, kann der »Grund« nur von Sokrates selbst erkannt werden. Gründe werden aus einer Innenperspektive subjektiv erlebt.[149]

Alle naturwissenschaftlichen Erkenntnisse der Hirnforschung bewegen sich notwendigerweise auf der »Ursachen«-Ebene oder müssen andere Phänomene auf diese Ebene reduzieren. Naturwissenschaft beginnt erst in dem Moment, wo wir die subjektive Innenperspektive aufgeben und versuchen, einen objektiven Standpunkt zu finden.[150] Die Physik muss um Physik zu sein auf die Beschreibung von Qualitäten, wie Farbe, Geschmack, Geruch, Wärme oder Kälte verzichten. Also auf alles, was die Erscheinung eines Objekts für das Bewusstsein gerade ausmacht. Ein Objekt ist nicht warm oder kalt, sondern hat eine bestimmte Temperatur. Für die Physik *sind* die Dinge, aber sie *erscheinen* nicht.[151] Die Ebene intentionaler »Gründe« ist für sie daher prinzipiell nicht zugänglich.[152]

---

147 ebd., 1116 f.
148 Eberhard Schockenhoff, "Wir Phantomwesen. Die Grenzen der Hirnforschung," *Frankfurter Allgemeine Zeitung* Ausgabe vom 17. November (2003).
149 Roth, "Willensfreiheit und Schuldfähigkeit aus Sicht Der Hirnforschung," S. 25.
150 vgl. Thomas Nagel, *Der Blick von Nirgendwo* (Frankfurt am Main: Suhrkamp, 1992).
151 Ray Tallis, "Consciousness, not yet explained," *The New Scientist* 205 (2010): 28–29.
152 *„Selbst wenn wir irgendwann einmal sämtliche neuronalen Vorgänge aufgeklärt haben sollten, die dem Mitgefühl beim Menschen, seinem Verliebtsein oder seiner moralischen Verantwortung zugrunde liegen, so bleibt die Eigenständigkeit dieser »Innenperspektive« dennoch erhalten";* so die

Dennoch stehen Gründe und Ursachen in einem sehr konkreten Zusammenhang. Gründe sind zunächst abstrakte Konzepte, die im Gehirn einer individuellen Person auf neurophysiologischer Ebene konkret als „Überzeugungen", „Prinzipien" oder „Handlungsmotive" realisiert werden. Theoretisch müssten sie von Ursachen neuronal unterschieden werden können, denn diese sind zeitlich punktuell, wogegen realisierte Gründe dauerhaft sind.[153] Gerhard Roth macht darauf aufmerksam, dass Gehirne, um als Überlebenswerkzeuge tauglich zu sein, nicht nur Sachverhalte erfassen dürfen, sondern vor allem die *Bedeutung* von Sachverhalten. „*Die assoziativen Netzwerke der Großhirnrinde befassen sich mit Semantik und Intentionalität; sie sind auf Gründe ausgelegt, nicht auf Ursachen.*"[154] Bedeutung erlangt etwas nun durch die Verknüpfung mit emotionalen Zuständen, indem bestimmte Inhalte mit einem „Label" versehen werden: „gut", „schlecht", „lustvoll", „schmerzhaft", „sozial erwünscht" oder „sozial unerwünscht".[155] Die Verknüpfung erfolgt durch die neuronalen Repräsentanten der Gründe und die Inhalte werden so mit einer positiven oder negativen Valenz und damit Intentionalität versehen. „*Was menschliche Handlungen von physikalischen Ereignissen unterscheidet, ist die Struktur ihrer Intentionalität; Menschen handeln um der Ziele willen, die sie durch ihr Handeln erreichen wollen.*"[156]

Ein häufiges Missverständnis ist, dass diese »Gründe« bewusst sein müssten um zu wirken.[157] Doch dies entspricht nicht den empirischen Befunden. Es kann zwischenzeitlich als erwiesen gelten, dass „inkubierte" Intentionen und Werte nicht einfach weg sind, wenn sie nicht mehr gegenwärtig gehalten werden, sondern dass sie die Arbeit und die Ergebnisse unseres Unbewussten beeinflussen und auf Ziele hin ausrichten. Sie liegen weiterhin in einer wirksamen Form vor,

---

„Speerspitze" der deutschen Neurowissenschaftler (Roth, Singer, Koch u. a.) in Elger et al. (2006), 84. // Daher handelt es sich bei einer naturwissenschaftlichen Position auch nicht schon um eine reduktionistische; vgl. Pauen und Roth (2008), 122–126.

153 Eine gute Darstellung der Unterscheidung von Gründen und Ursachen geben Pauen und Roth (2008), 113–126.

154 „*Die Unterscheidung zwischen Gründen und Ursachen geht vielmehr quer durch das Gehirn und trennt nicht das Gehirn von der Gesellschaft oder vom Geist. Es gilt aber, dass im menschlichen Gehirn aus Gründen immer Ursachen werden müssen, damit ein Mensch handelt. Nicht Gründe, sondern nur Ursachen bewegen letztlich meinen Arm, wenn ich etwas ergreifen will.*" [Hervorh. i. Orig.] Roth (2009), 23f.

155 ebd.

156 vgl. Schockenhoff, "Wir Phantomwesen. Die Grenzen Der Hirnforschung."

157 So offenbar auch Michael Schmidt-Salomon, *Jenseits von Gut und Böse. Warum wir ohne Moral die besseren Menschen sind* (München: Piper, 2010), 139.

verleihen Bedeutung und werden gegebenenfalls zu »Ursachen«:[158] Aus (bewussten und unbewussten) »Gründen« werden »Ursachen«, wenn sie (unbewusst) als bedeutungsvoll und entscheidend für die jeweilige Situation anerkannt werden.

Eine bleibende Stärke von Libets Versuch liegt in der Abbildung des *Moments* einer Entscheidung: Dieser Moment tritt irgendwann ein, unabhängig davon wie lange vorher über das Problem nachgedacht wurde. Eine Momentaufnahme (Abb. 7.1) zeigt uns, dass unser Gehirn, wenn wir die Entscheidung wahrnehmen, bereits unbewusst entschieden hat. Die Tatsache, dass die Evidenzen, Kriterien und Teilbewertungen offenbar unbewusst abschließend verarbeitet werden, sagt aber nichts darüber aus, wie *willentlich* und *frei* diese Entscheidung im Vorfeld zustande kam.

Damit echte Willensfreiheit möglich bleibt, ist es allerdings nötig, dass die Gründe zumindest teilweise auch von einem rationalen Prozess des Überlegens und Beurteilens abstammen. Es ist erforderlich, dass sich so eine oder mehrere der verschiedenen Verantwortungsstufen in ihnen realisiert. Denn dann wird auch ihre unbewusste Berücksichtigung im Moment der Entscheidung als rational beeinflusst und vom Subjekt zu verantworten angesehen werden können. Diese Forderung ist vermutlich in den meisten Entscheidungssituationen erfüllt: Während einer Entscheidungsfindung kann sich durch Suspension ein Spielraum eröffnen, in dem mithilfe des Bewusstseins die Gründe rational reflektiert werden, bevor sie unbewusst initiiert werden. Aber selbst wenn keine Suspension stattfindet, oder wenn Gründe unbewusst bleiben, so werden sie dennoch meist die

---

158 vgl. Ap Dijksterhuis und Henk Aarts, "Goals, Attention, and (un)consciousness." // Philosophen und Theologen haben darauf schon lange aufmerksam gemacht: Zum Beispiel stellt Josef Quitterer (2004) fest, dass vermutlich jeder von uns viele jener Verhaltensweisen als willentlich oder absichtlich bezeichnen würde, denen keine bewusste Entscheidung vorausging. *"So habe ich beispielsweise heute Morgen eine Tasse Tee getrunken und die Wohnungstür abgeschlossen, ohne dass ich mich vorher bewusst dazu entschlossen hätte. Trotzdem würde ich diese Handlungen als absichtlich bezeichnen und nicht als Ereignisse, die mir lediglich widerfahren sind."* Josef Quitterer, "Die Freiheit, die wir meinen. Neurowissenschaft und Philosophie im Streit um die Willensfreiheit," *Herder Korrespondenz* 58 (2004): 364–68. // Albert Käuflein weist darauf hin, dass im moraltheologischen Begriff der »Tugend« erfasst ist, dass wir nicht in jedem Einzelfall überlegen, sondern oft aus einer inneren Haltung heraus handeln. Es sei kein Zufall, dass „*die moraltheologische Tradition ein größeres Interesse an der guten Haltung (Tugend) als an der guten Handlung hat*"; Albert Käuflein, "Hirnforschung, Freiheit und Ethik," in *Determiniert oder Frei? – Auseinandersetzung mit der Hirnforschung*, ed. A Käuflein und T Macherauch (Karlsruhe: Braun, 2006), 20 f. // Auch Karl Rahner sieht es als einen korrekten Eindruck an, dass sich die menschliche Freiheit „*in wenigen Grundentscheidungen und Grundeinstellungen vollzieht, von denen aus die Einzelheiten seines Lebens ihre gemeinsame eigene Gestalt empfangen.*" Karl Rahner, "Vom Geheimnis Menschlicher Schuld und Göttlicher Vergebung," *Geist und Leben* 55 (1982): 44.

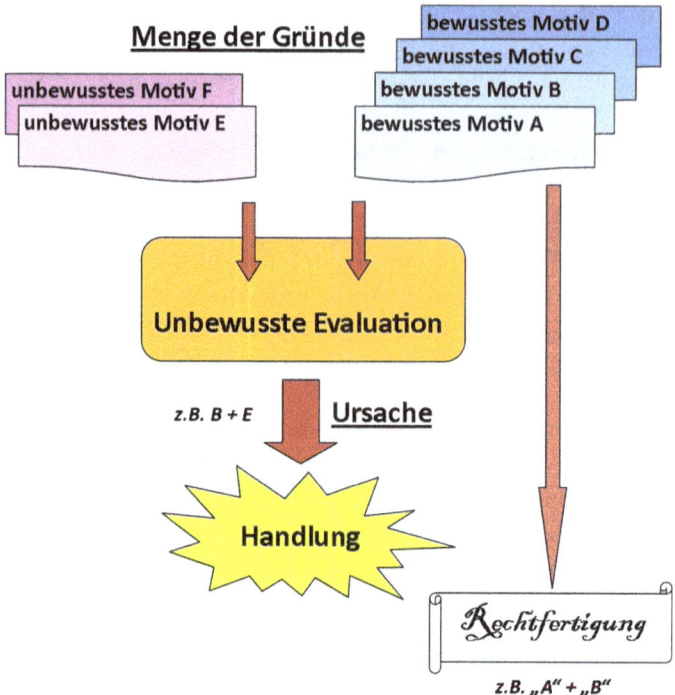

Abb. 7.1: Der Moment einer Entscheidung. Bewusste und unbewusste Motive (Menge der Gründe) werden in einem unbewussten Prozess integriert und abgewogen, bevor auf dieser Grundlage eine Handlung initiiert wird. In der Abbildung sind die Motive *B* + *E* die ausschlaggebenden. Aus der Menge bewusster Motive werden nachträglich eines oder mehrere ausgewählt, um die Handlung vor sich selbst oder vor anderen zu rechtfertigen. Die Auswahl der Rechtfertigungsgründe – hier „A" + „B" – richtet sich vor allem nach der Wahrscheinlichkeit ihrer Akzeptanz und weniger danach, ob sie die wirklich ursächlichen waren. Gleichzeitig lässt sich aber auch erkennen, dass die Entscheidung tatsächlich durch Gründe zustande kommt.

Signatur rationaler Reflexion tragen. Die zugehörigen Reaktionsnormen wurden durch frühere Überlegungen und Reflexionsprozesse geformt. Sie sind üblicherweise das Ergebnis einer subjektiven Lern- und Anpassungsgeschichte, bei der bewusste Prozesse eine entscheidende Rolle spielten. Verantwortung bezieht sich dann aber auch darauf, die Mühe, das Vergangene zu reflektieren und einen Lernprozess zu durchlaufen, nicht gescheut zu haben.

Dass sich die wirksame End-Gestalt unseres „Wollens" unbewusst ausbildet, ist daher kein Argument gegen ihren Ursprung in rationalen »Gründen«, sondern nur ein Hinweis darauf, dass es sich um einen komplexen und ganzheitlichen

Vorgang handelt, der auf bewusstem Weg nicht mit derselben Integrationstiefe oder Schnelligkeit zu bewerkstelligen wäre.[159] Die Wirksamkeit von »Gründen« ist nicht nur ein im Nachhinein konstruierter Eindruck, sondern sie ist real und messbar,[160] auch wenn wir uns in unseren Post-Hoc-Rechtfertigungen gelegentlich über unsere wahren „Gründe" täuschen.[161]

7.3.2 Freiheit und Determinismus

Handlungsfreiheit ist mit Determinismus kompatibel, aber ist es auch die Willensfreiheit? Die Schwierigkeit wird bereits sichtbar, wenn man den Begriff der „Willensfreiheit" in seine zwei Komponenten unterteilt: „Freiheit" und „Wille". Von „Freiheit" wird man nur sprechen, wenn etwas *nicht determiniert* ist, das heißt, wenn aus einem Anfangszustand verschiedene Endzustände resultieren können. Von wählbaren „Inhalten des Willens" wird man dagegen nur sprechen, wenn sie auch gewollt werden können, und zwar *nicht zufällig*, sondern aufgrund von (impliziten und expliziten) Kriterien und in einer gewissen Übereinstimmung mit den Intentionen des Subjekts. *Damit scheint „Freiheit des Willens" ein Paradox zu sein: Determinismus widerspricht der Freiheit und Indeterminismus (als Zufall) widerspricht einem Willen als Intention.*

Die Frage ist gerade für die Ethik von größter Tragweite: Wenn der Determinismus zutrifft, scheint subjektive Verantwortung ausgeschlossen werden zu können. Denn wenn für jeden Anfangszustand die weitere Entwicklung in absolut festgelegten Bahnen verläuft, so dass man bei entsprechender Kenntnis die Zukunft exakt vorhersagen könnte, dann mag es sich vielleicht so anfühlen, als ob etwas „an mir liege", es handelte sich dabei aber um eine Illusion.

Die moderne Zuflucht der Inkompatibilisten[162] zu quantenmechanischen Vorgängen funktioniert nicht. Diese durchbrechen zwar die determinierende Kausalkette, aber sie sind stochastisch und führen nur den Zufall ein. Sie als Ursprung für die Entscheidung zu setzen, kann die Freiheit, die gesucht wird, nicht retten. Statt »Freiheit« erhielte man »Beliebigkeit«. Stochastischer Indeterminismus (also die Freiheit, bei völlig identischen Bedingungen unterschiedlich zu wählen) setzt eine grundlose Wahl voraus, die dann aber nichts mehr mit der

---

159 vgl. Will M Bennis, Douglas L Medin, und Daniel M Bartels, "The Costs and Benefits of Calculation and Moral Rules," *Perspectives on Psychological Science* 5 (2010): 187–202.
160 Ap Dijksterhuis, "Think Different: The Merits of Unconscious Thought in Preference Development and Decision Making."
161 Frith, *Making up the mind*, 134 f.
162 Jene, die davon ausgehen, dass Freiheit nicht mit Determinismus kompatibel sein kann.

Person zu tun hat, dadurch ihre Urheberschaft verliert und gerade nicht mehr die *eigene* Wahl ist.[163]

> ... indeterminism is no substitute for free will. For surely, my actions should be caused because I want them to happen for one or more reasons rather that they happen by chance.[164]

Willensfreiheit scheint paradox zu sein, denn sie kann weder durch zufällige noch durch gesetzmäßige Ereignisse so begründet werden, dass jeder damit zufrieden ist. Mit der Willensfreiheit steht und fällt aber auch das Phänomen „Moralische Verantwortung". Wir müssen erstens entweder auf die Vorstellung von Verantwortung verzichten, weil es sich dabei nur um eine Selbsttäuschung handelt, die unsere Determiniertheit kaschiert, oder zweitens wir definieren Verantwortung um, so dass wir für Handlungen verantwortlich sind, die wir zwar aus persönlichen Gründen gewählt haben, an deren Wahl wir aber faktisch nichts ändern konnten (nur Handlungsfreiheit), oder wir finden drittens bestimmte Eigenschaften, die Freiheit vergrößern können, ohne die Urheberschaft zu verringern.[165]

Der übliche Versuch des modernen Kompatibilismus besteht in dem Hinweis, dass die Erste-Person-Perspektive nicht reduziert werden kann auf eine Drittperson-Perspektive. Wir haben dies bereits bei der Unterscheidung von Gründen und Ursachen gesehen: Die Ebene der Bedeutungen ist für Messmethoden prinzipiell nicht zugänglich.

Die Kritiker behaupten, dass es nur eine Frage der Genauigkeit der Messmethoden und damit eine Frage der Zeit sei, bis man aus den Messungen der Hirnströme ablesen könne, an was eine Person gerade denkt und welche Bedeutung dies für sie hat. Doch während sie mit dieser Behauptung vermutlich Recht haben, hebt das doch nicht den Unterschied der Perspektiven auf. In den reinen Messdaten ist die Bedeutung ja tatsächlich nicht enthalten. Bedeutung wird vielmehr erst erkennbar, wenn die Daten in den Kontext anderer Ich-Perspektiven gestellt werden: Wir wissen nur deshalb, dass ein neuronales Signal mit dem Gefühl von z. B. Erhebung zusammenhängt, weil uns zuvor andere davon berichtet haben. Erst dadurch und nicht schon durch sich selbst werden die Messdaten durchsichtig auf die verbundenen Bedeutungen und werden so erst interpretierbar. Die

---

[163] Michael Pauen und Gerhard Roth, *Freiheit, Schuld und Verantwortung*, 55–57.
[164] Koch, "Free Will, Physics, Biology and the Brain," 41. // vgl. Eliezer J Sternberg, *My Brain Made Me Do It* (Amherst, NY: Prometheus Books, 2010): 33f und 188ff.
[165] Steven Pinker, *How the Mind Works* (NY: Norton, 1997), 55.

naturwissenschaftliche Nichtreduzierbarkeit der Ich-Perspektive ist deshalb sicherlich eine dauerhafte Gegebenheit.[166]

Kompatibilisten verweisen nun auf diese Tatsache und argumentieren, dass aufgrund dieses Unterschieds die Ich-Perspektive eine Eigenständigkeit besitzt, die sie möglicherweise dem üblichen Kausalzusammenhang entzieht und dass Freiheit deshalb wohl hier zu realisieren sei.[167] Im Einzelnen kann hier nicht darauf eingegangen werden. Letztlich leiden diese Argumente, selbst wenn sie zutreffen sollten, an ihrer prinzipiellen Nichtfalsifizierbarkeit. Solche kompatibilistischen Versuche können sicherlich plausibel sein, doch aus demselben Grund, warum sie meinen Freiheit gewinnen zu können, bleiben sie auch den Nachweis von Freiheit schuldig, entziehen sich einer Widerlegung und bleiben daher spekulativ.

Doch vielleicht eröffnet sich eine andere Möglichkeit, Freiheit zu vergrößern ohne Urheberschaft abzuschaffen, wenn man die Besonderheiten komplexer Dynamiken berücksichtigt? Biologische Organismen befinden sich ja offenbar häufig zwischen striktem Determinismus und Zufall, in einem sogenannten Zustand „Selbstorganisierter Kritikalität".[168]

7.3.2.1 Freiheit als evolutionäre Notwendigkeit – Das variable Verhalten der Überlebenden

Streng determiniertes Verhalten ist evolutionär nur selten stabil, weil es von Konkurrenten oder Beutegreifern vorhergesehen und ausgenutzt werden kann. Die Problematik wird deutlich an der Jagdtechnik der fischfressenden Tentakelschlange *(Erpeton tentaculatus)*: Wenn Fische eine plötzliche Druckveränderung an ihrer Seite wahrnehmen, biegen sie sich zunächst in eine C-Form, um dann blitzschnell in die gegenüberliegende Richtung zu flüchten. Die Tentakelschlange nutzt dieses vorhersehbare Verhalten aus: Mit einem Teil ihres Körpers reizt sie das Beutetier und löst damit den C-Reflex des Fisches aus, woraufhin dieser geradewegs in ihr Maul „flüchtet".[169] Besser als den Fischen gelingt eine unvorherseh-

---

166 vgl. Max Velmans, "How Could Conscious Experiences Affect Brains?," *Journal of Consciousness Studies* 9 (2002): 21–24.
167 z. B. Nagel, *Der Blick von Nirgendwo*.
168 vgl. den Review Brembs, "Towards a Scientific Concept of Free Will as a Biological Trait" // Auch Pauen und Roth (2008, 110 ff) gehen nicht von einem strikten, sondern von einem „Quasi-Determinismus" der Hirnprozesse aus, können darin aber nur eine Reduktion der Urheberschaft erkennen.
169 K C Catania, "Tentacled Snakes turn C-Starts to their Advantage and Predict Future Prey Behavior," *PNAS* 106 (2009): 11183–87. Ein Video zu dieser Jagdtechnik findet man unter: http://www.spektrum.de/alias/zoologie/die-tricks-der-fuehlerschlange/1124677.

bare Flucht den Kakerlaken. Diese besitzen am Ende ihres Körpers zwei Cerci, mit denen sie minimale Luftbewegungen wahrnehmen können. Ein entsprechender Reiz löst eine Fluchtbewegung aus, die bei Kakerlaken aber nicht vorhersehbar ist: Sie variieren den Winkel, in dem sie fliehen, von Mal zu Mal. Es ist unmöglich für den Beutegreifer, die genaue Fluchtlinie vorherzusagen.[170]

Konstantes „Optimal-Verhalten" hat dort Vorteile, wo eine Umwelt sehr stabil ist, Feinddruck und Konkurrenz gering und die Ressourcen im Übermaß vorhanden sind. In einer andern Umwelt hat variables Verhalten beachtenswerte Vorteile. Variabilität reduziert zwar die Effizienz, da man sich nicht auf eine optimale Strategie beschränken kann, aber sie erhöht gleichzeitig die oft lebenserhaltende Unvorhersehbarkeit und flexible Anpassungsfähigkeit des Verhaltens. *„Efficiency (or optimality) always has to be traded off with flexibility in evolution, on many, if not all, levels of organization."*[171]

Obstfliegen, die an einem feinen Draht stationär in der Luft gehalten werden, fliegen mal nach links, mal nach rechts. Das Muster, das sich zeigt, ist jedoch nicht das einer zufälligen Verteilung (»Random Noise«), sondern die Signatur des Verhaltensmusters ist »nicht-linear«.[172] Nichtlineare Systeme zeichnen sich dadurch aus, dass sie zwar von ihren Ausgangsbedingungen abhängen, aber nicht aus ihnen ableitbar sind. Es handelt sich dabei also nicht um zufälliges, sondern um *spontanes* Verhalten. Typisch sind seltene aber große Sprünge. Derartige nichtlineare Eigenschaften würden im neuronalen Bereich weitreichende Konsequenzen haben. Selbst anfänglich identische Systeme könnten sich – ausgelöst z. B. durch die überall auftretenden Quantumfluktuationen – schließlich extrem auseinanderentwickeln. Die prinzipielle Nichtvorhersagbarkeit zumindest von langfristigem Verhalten wäre die Folge.[173]

Viele Neurowissenschaftler gehen heute davon aus, dass Entscheidungen im Gehirn tatsächlich als Ergebnisse komplexer, nicht-linearer Systeme entstehen, nämlich *„... als Resultat von Selbstorganisationsprozessen, wobei Kompetition zwischen unterschiedlich wahrscheinlichen Gruppierungsanordnungen die trei-*

---

170 P Domenici et al., "Cockroaches Keep Predators Guessing by Using Preferred Escape Trajectories," *Curr Biol* 18 (2008): 1792–96.
171 Brembs, "Towards a Scientific Concept of Free Will as a Biological Trait," 931.
172 Maye et al., "Order in Spontaneous Behavior," e443.
173 Brembs, "Towards a Scientific Concept of Free Will as a Biological Trait," 933. // Tatsächlich kommt es in neurobiologischen Netzwerken zu Erregungsfluktuationen, die sich auf Verhalten auswirken; Michael D Fox et al., "Intrinsic Fluctuations within Cortical Systems Account for Intertrial Variability in Human Behavior," *Neuron* 56 (2007): 171–184. // Dass dabei Quantumfluktuationen eine Rolle spielen, ist jedoch nicht erwiesen; vgl. Carl S. Helrich, "On the Limitations and Promise of Quantum Theory for Comprehension of Human Knowledge and Consciousness," *Zygon* 41 (2006): 543–66.

bende Kraft und kohärente Systemzustände die Konvergenzpunkte der Entscheidungstrajektorien darstellen."[174] Wer sich über die Arbeitsweise des Gehirns und die dadurch möglichen Freiheitsgrade Gedanken macht, muss also nicht-lineare Systemeigenschaften zugrunde legen mit deren Tendenz zu quasi-teleologischen und emergenten Phänomenen (siehe Anhang 1).

Doch ergibt sich dadurch nicht wieder eine Form von »Willensfreiheit«, die zwar die Einschränkungen des Determinismus überwindet, aber dann doch nur »Zufälligkeit« hervorbringt? Eine genauere Betrachtung zeigt ein anderes Bild: Untersuchungen an Invertebraten und die Entdeckung eines neuronalen Amplifizierungsprozesses bei Nagetieren führen Brembs (2011) zu der Hypothese, dass hier nicht die Entscheidung selbst stochastisch beeinflusst wird, sondern dass sich die *Menge der Entscheidungsmöglichkeiten* verändere. Experimente zeigen, dass die Bandbreite der produzierten Variabilität nicht konstant, sondern situationsspezifisch ist: In neuartigen Situationen wird sie erhöht – das heißt es gäbe dann zusätzliche Verhaltensmöglichkeiten –, während sie durch Training – wie beim Üben für den Freiwurf im Basketball oder für den Anlauf im Hochsprung (beim Menschen, nicht bei Nagetieren) – reduziert wird.[175]

Vieles deutet derzeit darauf hin, dass sowohl exogene als auch endogene Impulse aufgenommen werden können und in sinnvoller, situationsgerechter Weise Einfluss auf das Ausmaß an Variabilität nehmen, das zugelassen, bzw. produziert wird:

> Evolution has shaped our brains to implement ›stochasticity‹ in a controlled way, injecting variability ›at will‹.[176]

Das Merkmal, »kontrollierte Variabilität der Verhaltensmöglichkeiten«, ist eine evolutionäre Anpassung. Es ist die biologische Weise, den evolutionär notwendigen Trade-Off zwischen optimalem und unvorhersehbarem Verhalten zu bewerkstelligen; es ist die Standardeinstellung der beschriebenen tierischen Orga-

---

174 Wolf Singer, "Gekränkte Freiheit," 86.
175 Bei Drosophila konnte der neurologische Ort, wo diese gegenläufigen Tendenzen miteinander koordiniert werden, in den sogenannten „Mushroom-Bodies" lokalisiert werden; Björn Brembs, "Mushroom Bodies Regulate Habit Formation in Drosophila," *Curr Biol* 19 (2009): 1351–55. // „*It is this combination of chance and necessity that renders individual behavior so notoriously unpredictable. The consequences of this result are profound and may seem contradictory at first: despite being largely deterministic, this initiator falsifies the notion of behavioral determinism. By virtue of its sensitivity to initial conditions, the initiator renders genuine spontaneity a biological trait even in flies.*" Maye et al., "Order in Spontaneous Behavior," Discussion.
176 Brembs, "Towards a Scientific Concept of Free Will as a Biological Trait," 933.

nismen, eine Vorstufe von Willensfreiheit, die offenbar bereits in primitiven Nervensystemen realisierbar und tatsächlich zu finden ist.

Doch was bedeutet es, wenn derartige Prozesse bei unseren Entscheidungen eine Rolle spielen? Wenn es sich nur um eine kontrollierte Variabilität des *Verhaltens* handeln würde, erhielte man zwar das „Prinzip der alternativen Möglichkeiten" zurück – dass unterschiedliche Entscheidungen bei identischen Voraussetzungen getroffen werden können –, doch man würde, wie Pauen und Roth (2008, S. 55ff) völlig richtig sehen, dadurch die Urheberschaft und *Selbst*bestimmung verlieren. Dies ist aber wie gezeigt wurde, vermutlich nicht der Fall. Nicht das Verhalten selbst wird variabel, sondern die *Verhaltensmöglichkeiten* werden vermehrt. Dies ändert die Sachlage: Wenn der Raum der Handlungs*möglichkeiten* erweitert wird, dann kann es vorkommen, dass unter fast identischen Bedingungen (gleiche Person, kurz aufeinanderfolgende Zeitpunkte, gleiche Rahmenbedingungen) nun ein Verhalten gewählt wird, das vorher noch gar nicht als Möglichkeit existiert hat. Dadurch erhält man glücklicherweise keine unbedingte Willensfreiheit, die ja Beliebigkeit wäre, sondern die Entscheidungen bleiben *selbstbestimmt,* denn die „neue Wahl" geschieht ja nur dann, wenn die „erfundene" Möglichkeit als der „bessere Weg" oder sogar als neuer, „authentischer" oder „nützlicherer" Konvergenzpunkt erkannt wird. Diesen zu erreichen wird dann zur *Intention* des Individuums. Ein solcher innovativer Prozess erscheint kaum exotisch, wenn er als „kreativ" oder „spielerisch" aufgefasst wird.[177] Vermutlich handelt es sich sogar um einen evolutiven (Variation und Selektion) Prozess, der neue Verhaltensvarianten gebiert, die dem Subjekt dann zur Auswahl stehen.

Dort, wo das Bewusstsein zugeschaltet wird, kann schließlich durch Aufmerksamkeit auch die Richtung beeinflusst werden, in die gesucht wird und in welche sich der Raum der Verhaltensmöglichkeiten erweitert.[178] Freiheit und Verantwortung – wenn es sie hier gibt – könnten sich nun z. B. darin zeigen, dass die Anstrengung unternommen wird, den kreativen Suchprozess solange voranzutreiben, bis eine wirklich zufriedenstellende, weil authentische Lösung gefunden ist.

7.3.2.2 Die Frage nach der Freiheit

Hat sich durch die komplexe Dynamik nun Freiheit des Willens ergeben, oder nicht? Dies hängt davon ab, wie man komplexe Dynamiken verstehen darf. Was ist

---

[177] vgl. Schmidt-Salomon, *Jenseits von Gut und Böse*, 176 f.
[178] Dies wäre ein quasi-lamarckistischer Prozess.

die Ursache dafür, dass nicht-lineare Prozesse so andere Eigenschaften besitzen als lineare Prozesse? Leider ist das eine Frage, die noch nicht gut verstanden ist, so dass das Folgende spekulativ bleibt. Jedenfalls gilt für beide Formen – linear und nicht-linear –, dass sie nicht aus dem Kausalzusammenhang ausscheren und von ihrer physikalischen Definition her mit einem Determinismus kompatibel sind. Trotzdem ist es im einen Fall möglich, die Zukunft aus den Anfangsbedingungen vorherzusagen, im andern Fall nicht. Dabei ist die Unvorhersagbarkeit komplexer Dynamiken aber nicht – wie häufig geargwöhnt wird – nur dem Mangel an Messbarkeit geschuldet. Wenn dem so wäre, würde man im Ergebnis eine Mischung von vorhersagbaren und nicht vorhersagbaren Situationen erwarten. In der Realität erkennt man aber eine emergente, qualitativ unterschiedene Natur: Komplexe Dynamiken laufen auf einen Attraktor zu und werden von diesem mehr bestimmt als von ihren Anfangsbedingungen. Dabei gilt, dass Prozesse dann komplex verlaufen können, wenn viele Elemente wechselseitig und plastisch miteinander vernetzt sind und wenn sie informatorisch nicht isoliert sind. Informationen, die ins System eintreten, werden innerhalb dessen weitergegeben.

Es scheint plausibel, davon auszugehen, dass auch der Spielraum, der sich im Moment der Suspension ergibt, wenn nicht schon von Anfang an, so doch spätestens wenn sich das Bewusstsein zuschaltet, komplexe Eigenschaften besitzt. Bewusstheit hat zur Folge, dass einerseits viele zusätzliche Hirnregionen Zugriff auf die Informationen erhalten, andererseits sich das Denken reflexiv auf sich selbst wenden kann. Das Netzwerk wird dadurch komplexer und der Entscheidungsprozess begibt sich vermutlich spätestens jetzt in einen Zustand selbstorganisierter Kritikalität. Die neuen Verhaltensmöglichkeiten, die sich ergeben, würden dann von den Attraktoren, die in diesem Fall wohl die bewussten und unbewussten Intentionen darstellen, bestimmt.

Da komplexe Dynamiken mit einem Determinismus kompatibel sind, ist davon auszugehen, dass die Freiheit des Wollens, die sich ergibt, ebenfalls dazu kompatibel ist. Ernst Tugendhat hat die Verbindung von Determinismus mit Freiheit im Bild eines Wollfadens mit einem Knoten darzustellen versucht. Der Faden ist über seine ganze Länge kontinuierlich verbunden, dennoch ist durch den Knoten eine Störung eingeführt, bei der sich der Prozess auf sich selbst zurückwendet ohne die Kontinuität und damit den Kausalzusammenhang zu unterbrechen.

Der Knoten entspricht im Fall eines Entscheidungsprozess dem „Ich"-Modus des Bewusstseins. Für die Bildung des „Knotens" ist eine Störung verantwortlich. Dort wo keine kohärenten Lösungen „automatisch" gefunden werden, wird der Prozess suspendiert und in den kritischen Zustand des reflexionsfähigen Ich-Spielraums versetzt, wo es „an *mir* liegt". Hier kann nun echte Innovation geschehen und es können die Ergebnisse bewusster Überlegung Einfluss nehmen und in ihrer Motivation selbst noch einmal reflektiert werden. Das ganze System scheint dabei recht ökonomisch ausgerichtet zu sein, so dass mit bleibender oder zunehmender Konflikthaftigkeit, erst nach und nach immer höhere Reflexionsstufen erreicht werden. So würde sich im Normalfall erst „von Not zu Not" mehr und mehr jene Freiheit des Willens realisieren, die wir im Blick haben, wenn wir von echter Willensfreiheit sprechen.

7.3.2.3 Die Frage nach dem Willen

Wie gesagt benötigt es für »*Willens*freiheit« auch die Fähigkeit aufgrund von Kriterien jene Möglichkeit konkret werden zu lassen, die der eigenen Intention entspricht. Je souveräner dies gelingt, desto mehr aktuiert sich (auch das Erlebnis von) Willensfreiheit. Offenbar gelangen wir mit dieser Forderung in den Bereich kognitiv höher organisierter Organismen, denn es braucht dazu erstens Intentionen (Attraktoren), zweitens die Fähigkeit, die unterschiedlichen Handlungsmöglichkeiten zu re-präsentieren (Knotenbildung) und schließlich drittens die Möglichkeit ihre Konkretisierung zu beeinflussen. Keines davon erfordert zwingend Bewusstheit.

Doch woran erkennen wir, dass ein Ergebnis unserer Intention entspricht, und was meinen wir, wenn wir behaupten, etwas gewollt zu haben? Für das Erleben eines »Selbst« ist die Erfahrung von Kontrolle eine grundlegende Voraussetzung. Ebenso gehört die erlebte Kohärenz mit dem eigenen Selbstbild dazu, also gerade nicht ein Bruch mit dem, was vorausgegangen ist. So kann dem Vorwurf, dass Willensfreiheit eine Illusion ohne reale Entsprechung sei, begegnet werden, indem plausibel gemacht wird, dass die Selbst-Wahrnehmung als kohärentes und Kontrolle ausübendes Subjekt einer Handlung nicht nur eine nachträgliche Selbsttäuschung ist, sondern die Dokumentation einer wirksamen Realität ist.[179]

Die entsprechenden Experimente zeigen, dass im Moment einer Entscheidung das Unbewusste in Kontrolle ist. Fehlende Bewusstheit ist dabei üblicherweise kein Mangel: Unsere unbewusst getroffenen Entscheidungen werden oft große Kohärenz und Kontinuität mit unserer eigenen Lebensgeschichte haben, ja üblicherweise sogar eine größere als unsere bewussten (siehe Kapitel 7.1). Das Unbewusste ist weitaus besser in der Lage komplexe und bekannte Situationen schnell zu beurteilen. Doch wenn genügend Zeit vorhanden ist oder wenn es widerstreitende Gefühle gibt oder weitere Informationen gebraucht werden, können bewusste Prozesse miteinbezogen werden. Alle Handlungen – auch die unbewusst herbeigeführten –, die eine Wirkung entfalten, die Kontinuität und

---

[179] vgl. Velmans, "How Could Conscious Experiences Affect Brains?," 22 f.

Kohärenz zum Selbstbild ermöglichen und die die eigenen Intentionen repräsentieren, wird das Subjekt als die „*eigenen willentlichen Entscheidungen*" bezeichnen. Und genau dies sind die Kriterien, die eine Entscheidung wirklich zu einer „willentlichen" machen, ob sie nun unbewusst oder bewusst zustande kam.

Man beachte aber, dass es sich hierbei um eine quantitative Eigenschaft handelt: Eine Entscheidung kann die innere Welt des Subjekts nämlich mehr oder weniger repräsentieren und auch diese innere Welt kann mehr oder weniger frei sein. Man darf vermutlich darauf vertrauen, dass Entscheidungen, die als „frei und willentlich" erlebt werden, dies im Normalfall zu einem gewissen Grad auch sind. Man muss aber ebenso damit rechnen, dass dieses Erleben unter Umständen, eine Illusion ist: Wir sind Meister darin, unser Selbstbild und unsere Wahrnehmung im Angesicht größter Widersprüche zu harmonisieren und schrecken dann selbst vor grotesk falschen Konfabulationen nicht zurück.[180] Menschen können vermutlich immer Wege finden, sich als „willensfrei" zu erleben, wenn es ihnen in dieser Situation nur wichtig genug ist, dieses Selbstbild aufrecht zu erhalten.

Eine »*willentliche und freie Entscheidung*« sollte sich dadurch auszeichnen, dass sie dem Selbstverständnis des Subjekts entspricht. Eine »*unfreie Entscheidung*« ist dem Subjekt aufgezwungen oder steht im nicht-harmonisierten Konflikt mit dessen Selbstverständnis. Die »*Illusion einer ›freien‹ Entscheidung*« zeichnet sich dadurch aus, dass das kommunizierte Bild von sich selbst den Konsequenzen der Entscheidung angepasst wird. Die Enttarnung solcher Illusionen gelingt mithilfe der Introspektion, bei der bewusste Instanzen beteiligt sind, die den Entscheidungsfindungsprozess re-präsentieren und analysieren können. Damit besitzen bewusste Prozesse aber eine wichtige Fähigkeit, die vom Unbewussten nicht in ähnlicher Weise geleistet werden kann: Bewusstes Abwägen kann Diskontinuität einführen. Es sind wohl stets bewusste Prozesse im Spiel, wenn eine Änderung des Lebensstils bewirkt wird, Menschen ihren „Inneren Schweinehund überwinden" oder „über den eigenen Schatten springen".[181]

7.3.3 Ein hypothetisches Modell

Die Neurowissenschaften haben eine ganze Reihe neuronaler Mechanismen entdeckt und zusammengetragen. Die Frage ist nun, ob man aus den besprochenen Elementen nicht ein Modell menschlicher Entscheidungsprozesse entwickeln kann, das die Eigenschaften „frei" und „selbstbestimmt" besitzt?

---

[180] siehe Kapitel 7.1.3.
[181] vgl. Gerhard Roth, *Fühlen, Denken, Handeln* (Frankfurt am Main: Suhrkamp, 2001): 230 f.

Die bekannten Elemente sind:
1. unbewusst initiierte Handlungsimpulse und Motorkontrolle
2. unbewusst initiierte Inhibition, wenn Ziel-Konflikte erkannt werden
3. der Wunsch nach Authentizität und kongruentem Handeln
4. ein Mechanismus, der bei Bedarf die Menge der Verhaltensmöglichkeiten sinnvoll erweitert oder einengt
5. ein Bewusstsein, das die Aufmerksamkeit auf bestimmte Aspekte lenken kann und dadurch die Richtung vorgibt, in der nach einer besseren Lösung gesucht wird
6. die Möglichkeit, durch Imagination Alternativen durchzuspielen und so kohärentere Handlungsszenarien wahrscheinlicher werden zu lassen
7. die Möglichkeit, eine Entscheidung aufzuschieben, neue Informationen zu suchen oder das Ziel zu korrigieren

Wenn man diese Elemente zusammenfügt, erhält man ein *hypothetisches* und noch sehr spekulatives Modell des Freien Willens. Es kann vermutet werden, dass hier komplex-dynamische Abläufe vorherrschen. Daher soll auch die Terminologie komplexer Dynamiken verwendet werden, indem wir die individuellen Handlungsmöglichkeiten als Attraktoren betrachten. Für das Subjekt spontan verfügbar wären jeweils jene Attraktoren, die in einer gegebenen Situation so viel Kohärenz bieten, dass kein Veto ausgelöst wird. Das Modell baut auf jenem von Filevich et al. (2012, S. 1116) auf.

Fall 1: Konfliktfreie Entscheidungen
Ist in einer bestimmten Situation ein robuster, kohärenter Attraktor vorhanden, der auf das Problem anwendbar ist und dessen Auswirkungen nicht mit anderen Zielen kollidieren, kann der Organismus eine spontane Handlungsentscheidung treffen ohne dazu das Bewusstsein zu engagieren. Dieses wird – wenn überhaupt – erst im Nachhinein aktiv. Handlungsentscheidungen können auf diese Weise ablaufen, weil kein Veto ausgelöst wird. Die neuronale Schleife, die über die Auswirkungen wacht, erkennt keine Konflikte. Eine solche Handlung wird umso mehr als authentisch und frei erlebt, je weniger das Bewusstsein darauf aufmerksam werden muss.[182]

Diese Art von schnellen Lösungen ist die Domäne des Unbewussten. Das Bewusste spielt hier nur insofern eine Rolle, weil durch bewusste Reflexion vergangener Ereignisse der Raum der Verhaltensmöglichkeiten an die Erfahrungen

---

[182] Frith, *Making up the Mind*, 105.

des Organismus angepasst und so in einem Lernprozess für zukünftige Entscheidungen geprägt wird.

Fall 2: Konflikt und mehrere verfügbare Attraktoren
Angenommen ein Angestellter wird von seinem Chef ungerecht behandelt und würde ihm spontan gern ein Schimpfwort „an den Kopf werfen". Zum einen gäbe es dann die kurzfristig stimmig erscheinende Motivation, dem eigenen Ärger Luft zu machen, zum anderen würde aber wohl auch die neuronale Schleife des „Auswirkungswächters" aktiv und ein Veto würde initiiert: Die langfristigen Ziele kollidieren mit den kurzfristigen. Der Motorimpuls wird auf Null zurückgesetzt. All dies geschieht auf der unbewussten Ebene. Wenn der Veto-Impuls stark genug und die Ressource Aufmerksamkeit verfügbar ist, wird durch diese „Störung" das Bewusstsein zum Entscheidungsprozess dazu geschaltet. Mithilfe des Bewusstseins wird es möglich, die verschiedenen Lang- und Kurzfrist-Konsequenzen abzuwägen und weitere Informationen hinzuzuziehen und durch Aufmerksamkeit zu gewichten. Eventuell wird auch das Ziel korrigiert (z. B. aus „Dampf ablassen" wird dann „Arbeitsplatz behalten"). Die verschiedenen neuen Aspekte führen zu einer Veränderung der Landschaft der Attraktoren, so dass nun möglicherweise eine andere Handlungsweise attraktiver scheint. Wird bei der unbewussten Initiierung dieser neuen Handlung kein Veto ausgelöst, wird sie durch die motorischen Areale realisiert. Emotionen spielen während des ganzen Prozesses eine Rolle als alarmierende oder bestätigende Signalgeber.

Fall 3: Konflikt und Suche nach neuen Handlungsmöglichkeiten
Der Ausgangspunkt ist eine Situation für die die Person keine spontan verfügbare kohärente Handlungsmöglichkeit besitzt. Alle vorhandenen Möglichkeiten werden durch ein Veto blockiert. Der Raum ihrer subjektiven Möglichkeiten beinhaltet also zu diesem Zeitpunkt keine erreichbaren Attraktoren. In diesem Fall wird das evolvierte Merkmal „kontrollierte Variabilität der Verhaltensmöglichkeiten" dazu führen, dass sich der Raum der Möglichkeiten erweitert. Dies ist zunächst einmal ein unbewusster Prozess, der bereits in primitiven Gehirnen zu funktionieren scheint und auch dort schon selektiv in sinnvolle Richtungen verläuft. Doch wenn nun noch bewusste Verarbeitung und Aufmerksamkeit hinzukommen, können sich vermutlich sehr zielgerichtete und kreative neue Möglichkeiten eröffnen. Typischerweise kommen diese besonders nach einem kurzen Mittagsschlaf, beim Duschen oder beim kurzen Gang auf die Toilette, weil es sich um kreative, neue

Möglichkeiten schaffende Prozesse handelt, bei denen intensive Konzentration oft nur stört.[183] Dabei kann zusätzlich auf der bewussten Ebene Neubewertung und weitere Suche von Informationen stattfinden, die neuen Ideen können imaginiert und durchgespielt und Ziele korrigiert werden. Die Richtung wird unter anderem von der Aufmerksamkeit des Subjekts bestimmt, die sich selektiv auf bedeutungsvoll erscheinende Aspekte oder Ziele richten wird. Erreicht der Raum der Handlungsmöglichkeiten im Verlauf seiner Aufweitung einen oder mehrere Attraktoren, wird das Subjekt handlungs- und entscheidungsfähig.

7.3.3.1 Das hypothetische Modell: Welche Form von Willensfreiheit wird realisiert?

Die Freiheit, die sich dadurch ergäbe, wäre in der Praxis sicher uneinheitlich: In Standardsituationen und in jenen konzentrierten und fokussierten Momenten, in denen das persönliche Ziel klar vor Augen steht, würde das Subjekt vermutlich „Handlungsfreiheit" ausüben, da es hier nur auf eine hohe Kongruenz ankommt. Zusätzlich gäbe es aber auch die Möglichkeit, in Momenten der Unsicherheit[184] oder bei besonders wichtigen Entscheidungen, den Raum der Möglichkeiten kreativ zu erweitern. Noch einmal: *„Evolution has shaped our brains to implement ›stochasticity‹ in a controlled way, injecting variability ›at will‹."*[185] Die resultierende Freiheit wäre insofern „selbstbestimmt", weil die Handlungen solange inhibiert werden, bis eine gefunden wird, die genügend Kohärenz zum eigenen Selbstbild und den Zielen aufweist. Sie wäre „flexibel und erfinderisch", weil durch den Aufweitungsprozess echte Innovation und zusätzliche Befähigung stattfinden kann. Es wäre eine Freiheit, wo das Bewusstsein Kontrolle übernimmt und zwar – ob dies für Freiheit nun notwendig ist oder nicht – in einer Erste-Person-Perspektive. So böte sie die Basis für echte „Freiheit des Willens",[186] da die Entscheidungen mindestens immer dann durch bewusste Überlegungen beeinflussbar sind, wenn es zu einem Konflikt und damit zu einem Einhalt kommt. Dies alles besagt jedoch noch nicht, ob Freiheit des Willens tatsächlich auch realisiert wird,

---

183 Ritter und Dijksterhuis, "Creativity-the Unconscious Foundations of the Incubation Period."
184 vgl. Brembs, "Mushroom Bodies Regulate Habit Formation in Drosophila."
185 Brembs, "Towards a Scientific Concept of Free Will as a Biological Trait," 933. // Das Verständnis von Freiheit wird dadurch auf jeden Fall reicher und flexibler. Ob es auch freier wird, ist nicht sicher, denn es könnten Determinanten der jeweiligen Persönlichkeit dafür verantwortlich sein, wie viel Mangel an Authentizität toleriert wird und wie weit daher der einzelne den Raum seiner Möglichkeiten erforscht.
186 vgl. Ernst Tugendhat, *Anthropologie statt Metaphysik*, 60 ff.

denn dazu müsste man zeigen, dass auch die hinreichenden Bedingungen erfüllt sind. Dies lässt sich aber besser am Phänomen der Verantwortung prüfen.

7.3.3.2 Das hypothetische Modell: Gibt es Verantwortung?

Verantwortung scheint sich prinzipiell nicht mit einem Determinismus zu vertragen, denn wenn ich zwar bewusst wählen kann, aber meine bewusste Wahl nicht verändern kann, besitze ich auch keine Verantwortung dafür. Wieder hat Ernst Tugendhat sehr genau beschrieben, um welches Wollen es hier gehen muss: *„Nach meiner Meinung muß man den Satz «er/ich hätte auch anders können» ausschließlich auf dasjenige Wollen beziehen, [...] das sich in dem einen oder anderen der zwei beschriebenen Handlungsspielräume befindet."*[187] Es geht bei der gesuchten Verantwortung also darum, ob man erstens tatsächlich das richtige Ziel gewählt hat und ob man sich zweitens genügend angestrengt hat, um das Richtige zu finden. Bei der Entscheidungsfindung würde das bedeuten, dass man nicht zu früh den Aufweitungsprozess abbricht, dass man sich nicht mit halben Kohärenzen zufrieden gibt, und dass man die Aufmerksamkeit auf die richtigen Dinge lenkt.

Als nicht nur notwendige, sondern hinreichende Bedingung für eine solche Verantwortung, die echte Willensfreiheit repräsentiert, könnte der Nachweis gelten, dass es zumindest in der Suspensions-Situation im Zustand selbstorganisierter Kritikalität möglich ist, auch die Tiefe der Reflexion zu wählen und damit sich doch *noch einmal mehr* zu bemühen und so *noch einmal anders* wählen zu können.[188] Zwar konnte gezeigt werden, dass es eine evolutiv bedeutsame Fähigkeit ist, dass sich der Raum der Möglichkeiten auf sinnvolle Weise *doch noch einmal* erweitert, aber da dies bei sehr einfachen Organismen gezeigt werden kann, bleibt unklar, inwiefern dieser Prozess auch Ausdruck echter menschlicher Freiheit sein kann. Der gewünschte Nachweis eines freien *„doch noch einmal mehr"* muss daher ausbleiben – zumindest solange die Natur komplexer Dynamiken noch nicht nachhaltig verstanden ist. Dagegen wird man eine etwas weniger anspruchsvolle Freiheit, wie etwa John Locke sie beschrieben hat – als Fähigkeit, dem Ergebnis meiner rationalen Überlegungen gemäß zu entscheiden und zu handeln – nach dem Gesagten als erwiesen betrachten dürfen. Hier könnte

---

[187] ebd., 75.
[188] In Experimenten findet man in Wahlsituationen, wo es um Wahrnehmungskonflikte geht, eine Heritabilität von etwa 50%. Was darauf hindeutet, dass zumindest der innere Zwang durch Gene in Wahlsituationen nicht vollständig ist. Vgl. Steven Mark Miller, Trung Thanh Ngo, und Bruno van Swinderen, "Attentional Switching in Humans and Flies: Rivalry in Large and Miniature Brains," *Frontiers in Human Neuroscience* 5 (2012): Article 188.

man dann vorsichtshalber statt von Verantwortung besser von Zurechenbarkeit sprechen. Eine Entscheidung kann mir dann zugerechnet werden, wenn sich in meinen Reaktionsnormen eine Geschichte des rationalen Überlegens und Reflektierens abbildet. Genau das ist, wie wir gesehen haben, der Fall: Sowohl bei den Entscheidungen, die unbewusst bleiben, als auch bei jenen, die ins Bewusstsein treten, gilt, dass sie Produkte der Lebensgeschichte und der eigenen Reflexion darüber sind. Wann diese Reflexion stattfindet und wann die Reaktionsnormen festgelegt werden, ist dabei für echte Urheberschaft unerheblich.

7.3.4 Die „Idee des Freien Willens" und moralisches Verhalten

Willensfreiheit ist nicht notwendig, um Moral als gemeinschaftsförderndes Bündel von Normen und Regeln begründen zu können, aber sie ist notwendig um *Verantwortung* begründen zu können. Dies gilt nicht nur philosophisch, sondern auch lebenspraktisch: Es konnte gezeigt werden, dass der Gedanke, keinen freien Willen zu besitzen, die Selbstkontrolle von Versuchspersonen schwächt[189] und sie dazu bringt, in einem Test eher zu betrügen, weniger altruistisch und Fremden gegenüber aggressiver zu sein.[190] Das den Egoismus rechtfertigende Alibi des Determinismus ist dabei allerdings auf *bewusste* Prozesse angewiesen. Die Person muss das implizit stets vorhandene Verantwortungsgefühl aktiv – durch inneres, rationales Argumentieren – unterdrücken; ein Vorgang, der unter Ablenkung nicht gelingt.[191]

> Würde die Welt ohne *eine Ahnung von Freiheit* also moralisch schlechter werden? **Ja!**

> Würde die Welt durch den *wissenschaftlichen Beweis von Determiniertheit* moralisch schlechter werden? **Nicht unbedingt!**

Es ist wahrscheinlich, dass sich das Verhalten der Menschen in Alltagssituationen nicht wesentlich oder jedenfalls nicht dauerhaft verändert, da die kontra-intuitive Vorstellung, total determiniert zu sein, aktiv im Bewusstsein gehalten werden

---

[189] Davide Rigoni et al., "Reducing Self-Control by Weakening Belief in Free Will," *Consciousness and Cognition* 21 (2012): 1482–90.
[190] Kathleen D Vohs und Jonathan W Schooler, "The Value of Believing in Free Will: Encouraging a Belief in Determinism Increases Cheating," *Psychological Science* 19 (2008): 49–54. // Roy F Baumeister, E J Masicampo, und C Nathan DeWall, "Prosocial Benefits of Feeling Free: Disbelief in Free Will Increases Aggression and Reduces Helpfulness," *Personality and Social Psychology Bulletin* 35 (2009): 260–68.
[191] Valdesolo und DeSteno, "The Duality of Virtue: Deconstructing the Moral Hypocrite."

muss und bei nachlassender Konzentration schnell verschwindet.[192] Selbst die wichtigsten Protagonisten der Idee menschlicher „Determiniertheit" verhalten sich praktisch so, als hätten sie einen freien Willen.

Solange wir uns selbst als jemand wahrnehmen, der Kontrolle über seine Handlungen hat, erfahren wir uns gleichzeitig auch als willensfrei. Dieser fundamentalen Erfahrung – auch wenn sie illusorisch sein sollte – können gedankliche Konzepte der Determiniertheit – auch wenn sie uns noch so plausibel erscheinen – dauerhaft nicht die Stirn bieten.

7.3.5 „Ich" und Verantwortung

Unter der Annahme es gebe Verantwortung: Wo wäre dann ihr genuiner Ort? Durch Libets Experimente wird gezeigt, dass in dem Moment der Entscheidung unbewusste Prozesse maßgeblich sind, was nicht überraschend ist, da die „teure Ressource" Bewusstsein vor allem dann engagiert wird, wenn Konflikte auftreten und neue Lösungen gesucht werden müssen oder wenn Vorhersagen enttäuscht werden.[193] Dies ist aber entweder *vor* oder *nach* einer Entscheidung der Fall aber jedenfalls nicht in dem Augenblick. Die Einflussmöglichkeiten unserer bewussten Überlegungen sind offensichtlich zeitlich anders verortet:

Bevor eine Entscheidung getroffen werden muss, die nicht schon allein durch unbewusste Prozesse bearbeitet werden kann, steht üblicherweise eine geraume Zeit zur Verfügung, in der verschiedene Optionen abgewogen, Gedankenexperimente durchgespielt und neue Lösungswege imaginiert werden können. Wenn Zeit vorhanden ist, können die Handlungsoptionen also bewusst vermehrt werden,[194] um schließlich *durch emotionale Bewertung* – mithilfe somatischer Marker, an deren Gestaltung rationale Prozesse beteiligt waren – jene zu finden, die am nützlichsten (rational-kognitiv) oder authentischsten (intuitiv) zu sein scheinen. Der *Moment* der Entscheidung findet dann wieder auf der unbewussten, intuitiven Ebene statt.

Nachdem eine Entscheidung getroffen wurde, können bewusste Überlegungen auch wieder eine Rolle spielen. Dies tun sie aber offensichtlich nur dann,

---

[192] „Outside the lab we might only accept that our actions are predetermined for a short time. We have a natural, instinctual tendency to hold people, and ourselves, responsible for what we do. [...] We can snap people out of this for a little while, but because it's such a basic aspect of our whole way of understanding the world, it's unlikely we could totally stop society as a whole doing it." Joshua Knobe, zit. in: Dan Jones, "The Free Will Delusion," New Scientist 2808 (2011): 35.
[193] vgl. Frith, *Making up the Mind*, 105–107. // Roth, *Fühlen, Denken, Handeln*, 231.
[194] vgl. Brembs, "Towards a Scientific Concept of Free Will as a Biological Trait," 933.

wenn unerwartete Ergebnisse auftraten oder wenn die Entscheidung von außen oder von innen angefragt wird. Die häufigste rationale Reaktion auf eine Anfrage ist der Versuch einer Rechtfertigung in Form einer Post-Hoc-Rationalisierung, die analytisch zutreffend aber auch völlig erfunden sein kann. Gelingt diese Rechtfertigung, dann wird die betroffene Entscheidungsstruktur langfristig verstärkt werden, so dass sie in Zukunft in ähnlichen Fällen favorisiert wird. Gelingt die Rechtfertigung nicht oder wird eine kritische Information oder ein nicht zu harmonisierendes Ergebnis festgestellt, oder stellt sich im Nachhinein heraus, dass eine andere Handlungsweise doch nützlicher oder authentischer gewesen wäre, so kann dies zu langfristigen Veränderungen führen, indem das betreffende neuronale Netzwerk abgeschwächt und andere Netzwerke verstärkt werden.[195] Es kommt dann in zukünftigen Entscheidungssituationen zu einem anderen Verhalten.

Offensichtlich kann rationale Verantwortung nun nicht mehr darin bestehen, im entscheidenden Moment bewusst die richtige Möglichkeit zu wählen, sondern wird vielmehr in einem zweistufigen Prozess wahrgenommen: **Im Vorfeld** einer Entscheidung gilt es, die Bedingungen klug zu gestalten, so dass der Raum der Handlungsmöglichkeiten groß und variabel genug ist, damit eine komplex-informierte, kreative Intuition gebildet werden kann. Im Konfliktfall oder im Fall einer unbekannten Situation müssten hier in einem weiteren Schritt zusätzliche Informationen eingeholt und die Aufmerksamkeit auf die „richtigen" (verantwortungsvollen) Ziele gelenkt werden, um dadurch den Intuitionen zusätzliche Kriterien an die Hand zu geben. Außerdem wäre es Teil der Verantwortung, die antizipierten Ergebnisse mit den mental repräsentierten Zielen abzugleichen.[196] **Im „Dazwischen"** – in der Zeit zwischen den Entscheidungen – bedeutet Verantwortung dagegen, durch eine Evaluation der getroffenen Entscheidungen und ihrer Ergebnisse und durch imaginäres Durchspielen von Alternativen, somatische Marker auszubilden, die Intuitionen anzupassen, neue neuronale Netzwerke aufzubauen und so langfristig „Tugend" bzw. „Expertentum" zu entwickeln.[197]

Damit lässt sich auch die Frage nach dem „Ich" in einem anderen Licht sehen. Das „Ich" setzt die Fähigkeit zur Metakognition voraus, indem „der Blick" auf die inneren Prozesse gerichtet werden kann und diese wie ein Objekt beurteilt und

---

195 Gerhard Roth, *Das Gehirn und seine Wirklichkeit* (Frankfurt am Main: Suhrkamp, 1994), 213.
196 Goschke, "Der Bedingte Wille," 145 f.
197 vgl. Darcia Narvaez, "Moral Complexity," *Perspectives on Psychological Science* 5 (2010): 170 f. // Klaus-Jürgen Grün, "Die Sinnlosigkeit eines kompatibilistischen Freiheitsbegriffs – Arthur Schopenhauers Entlarvung der Selbsttäuscher," in *Das Gehirn und seine Freiheit*, ed. G Roth und K-J Grün (Göttingen: Vandenhoeck & Ruprecht, 2009), 104 f. // Die Neurobiologie dieses Vorgangs beschreiben Pauen und Roth, *Freiheit, Schuld und Verantwortung*, 89–98.

abgewogen werden können.[198] Das eigentliche „Erleben eines Ich" erscheint aber erst in dem Moment, wo dieses Selbstmodell nicht mehr nur in ein Umweltmodell integriert ist, sondern wenn es sich intentional auf Aspekte dieser Umwelt bezieht.[199] Es wäre verlockend zu behaupten, dass Intentionalität damit eine unhintergehbare Dynamik des „Ich" ist, aber es verhält sich gerade umgekehrt: Intentionalität bewirkt, dass wir in den „Ich"-Modus wechseln, weil hier Aufmerksamkeit gelenkt und neue Ziele und Interessen effektiv verfolgt werden können.[200] Die Schlussfolgerung mancher Wissenschaftler und Philosophen ist, dass das „Ich" nur eine Illusion sei, ein Epiphänomen der evolutionären Notwendigkeit, flexibel agieren zu können. Mit dem Begriff „Illusion" wollen sie vermutlich völlig zurecht die dualistische Vorstellung abwehren, dass es eine Entität sei, die unabhängig von der neuronalen Repräsentation und der materiellen Realität existiere. Mit dem Begriff „Illusion" scheinen sie aber zusätzlich zu suggerieren, dass dem „Ich" gar keine Realität zukomme, so als ob es ohne die Identifikation mit einer materialen Realität gleich ganz verschwinde (was nur der Fall wäre, wenn das Konzept „Ich" ausschließlich dualistisch Sinn machen würde, was nicht zutrifft). Wiederum macht Roth (2009) darauf aufmerksam, dass die materiale Realität und ihre Bedeutung weder trennbar sind, noch ineinander aufgehen.

> Da es das Merkmal dieser Zustände ist, Intentionen zu repräsentieren, kann man die subjektiven Erlebniszustände auch nicht zu Epiphänomenen erklären. Wenn ich den intentionalen Gehalt der Hirnzustände störe, störe ich das neuronale Geschehen, und umgekehrt." (S. 25) [...] „Gehirne verarbeiten Bedeutungen und nicht bloße Erregungen. Erregungen sind das, was Hirnforscher registrieren; das bedeutet aber nicht, dass man als Hirnforscher die Illusion haben muss, diese Erregung (sic!) seien das Eigentliche oder einzig Gegebene, nur weil man Bedeutungen nicht direkt messen, sondern nur erschließen kann. (S. 26).

Selbst-Bewusstsein wird engagiert, wenn eine intentionale Beziehung vorhanden ist, in Form eines Konflikts oder eines Interesses der Selbst-Repräsentation zu ihrer Umwelt. In diesem Fall wird unbewusst „beschlossen", dass die vorhandenen Informationen nicht ausreichen, weitere Informationsquellen erschlossen werden müssen, und dass dazu das Bewusstsein zu Hilfe genommen wird. Nur hier, in bewusster Fokussierung auf bestimmte Aspekte, scheint es dann möglich

---

[198] Singer, "Gekränkte Freiheit," 85.
[199] Thomas Metzinger, *Being No One – The Self-Model Theory of Subjectivity* (Cambridge, MA: MIT Press, 2004), Kapitel 6.
[200] Roth, *Fühlen, Denken, Handeln*, 231. // „Die Wirklichkeit und ihr ›Ich‹ sind Konstruktionen, welche das Gehirn in die Lage versetzen, komplexe Informationen zu verarbeiten, neue, unbekannte Situationen zu meistern und langfristige Handlungsplanung zu betreiben." ebd., 340.

zu sein, etwas grundlegend zu verändern und ganz anders zu machen *als üblich*.[201] Das „Ich" ist der Bewusstheitsmodus in dem das narrative Selbstbild einer intentionalen, körperlichen und geschichtlichen Realität zur Disposition steht. Es ist zwar auch der Level, auf dem die großen Verhaltensänderungen und Identitätssprünge dieser *Einheit* bewerkstelligt werden. Im Normalfall wird es jedoch genügen auf dieser Ebene ein bestimmtes Interesse zu verfolgen oder Konflikte zu lösen und damit sich selbst mehr und mehr *zu entdecken und zu erfinden*. Dies scheinen mir, als körperliche Veränderungen, sehr reale und nicht nur „virtuelle" Vorgänge zu sein, die sehr genau das umfassen, was man sich auf einer funktionalen Ebene von einem „Ich" erwarten kann. Es ist daher auch keine „Illusion" im Sinne einer Täuschung,[202] sondern es ist die Art und Weise, wie sich das Gesamt der realen, körperlich-geistigen Ganzheit „Mensch" selbst in den Blick nehmen kann.

7.3.6 Zusammenschau und Ausblick zur Moral

Was ist Willensfreiheit anderes, als dass ich meine Lebensgeschichte in Beziehung setze zu den Erlebnissen und Anforderungen des Moments und dass die Handlung, für die ich mich entscheide, dieser Beziehung gerecht wird? Dies tue ich nicht „im luftleeren Raum", sondern als geschichtliche, gewordene Person, mit den Werten, mit denen ich konfrontiert wurde und die ich übernommen habe, mit den Beziehungen, die mich prägen und mit meinen ganz persönlichen Wünschen und Bedürfnissen. Aufgrund einer eigenen Geschichte gestalte ich die Gegenwart so wie ich es tue – unbewusst oder bewusst.[203] Eine völlige Leere und ein absolutes

---

201 vgl. ebd., 230 f.
202 für eine ähnliche Argumentation in Bezug auf unser Willenserleben, vgl. Goschke, "Der Bedingte Wille," 144.
203 Hat dies Konsequenzen für die juristische Schuldfrage? Wenn das juristische Konzept „Verantwortung" auf einem nicht zutreffenden Freiheitskonzept basiert, das rationale Abwägungsprozesse im Moment der Handlung in den Vordergrund stellt, so dass die innere Konstitution des Subjekts nur als Störfaktor und als mildernder Umstand in den Blick gerät, dann steht sie im Widerspruch zu den tatsächlichen Gegebenheiten des Menschen. Willensfreiheit und Verantwortung ereignen sich unbewusst-bewusst dialogisch und die innere Konstitution ist davon genauso ein Ausdruck wie die äußere, superfizielle Handlungsentscheidung. Dass es dabei zahlreiche nicht-schuldhafte Determinanten und Entwicklungsmängel gibt, die bei der Frage nach der Verantwortung ebenfalls in Betracht gezogen werden müssten, ist selbstverständlich. Doch diese Einschränkung gilt dann ebenfalls für beide, für unbewusste Faktoren wie für unsere bewussten Biases und Denkmuster. Und spätestens jetzt wird klar, dass diese Komplexität juristisch keinesfalls erfassbar ist. Es werden hier also häufig andere formelle Instrumente herangezogen

Fehlen von Vorbedingungen, kann keine Willensfreiheit konstruieren, sondern führt nur zu einer kriterienlosen Beliebigkeit.

Derzeit ist in den Medien immer noch die Überzeugungsarbeit dominant, dass wir *keinen* »Freien Willen« besitzen. Noch wird es als eine spektakuläre und erschreckende Erkenntnis angesehen und verspricht den Befürwortern mediale Aufmerksamkeit, obwohl es sich genau besehen um ein Spiel mit Begriffen und wenn dieses durchschaut ist um eine Selbstverständlichkeit handelt. Im wissenschaftlichen Diskurs scheint dagegen eine Versachlichung stattgefunden zu haben. Man versteht einander besser, hat Missverständnisse über den andern ausgeräumt und die definitorischen Hausaufgaben gemacht.[204] Als gravierendes Problem für die Freiheit stellt sich weiterhin die Frage nach dem Determinismus. Genügt eine Form der Freiheit, die sich auf die Zeiten zwischen den Entscheidungen beschränkt und auch dort zu einem gegebenen Zeitpunkt nicht unterschiedliche Dinge wollen kann? Wie wirkt sich „selbstorganisierte Kritikalität" auf den Determinismus und die Kausalkette aus und was lässt sich dadurch für die Freiheit gewinnen?

Wie auch immer die Frage nach der Freiheit des Willens ausgeht, in jedem Fall müssen wir uns von der Vorstellung verabschieden, dass »Wille« immer ein bewusster Prozess ist. Stattdessen gilt es, sich damit anzufreunden, dass uns unsere „Willensfreiheit" oft implizit gegeben ist: in der Tätigkeit eines Unbewussten, das *unser* Unbewusstes ist, ein eigenes und persönliches, das selbsttätig urteilen und *unsere* Ziele verfolgen kann. Die Konsequenz daraus ist nicht ein deterministisches Hinterherhinken des Bewussten, sondern – im engen Zusammenspiel mit diesem – die Teilhabe und besondere Rolle des Unbewussten an unserer genuinen Verantwortung.

---

werden müssen, wie die Argumentation vom Schutz der Gesellschaft oder der Abschreckung, und Fragen der Klugheit und Praktikabilität.
204 Weiterhin Quelle für Missverständnisse scheint mir der unbewusste/bewusste Charakter von »Gründen« zu sein; vgl. auch Grün, "Die Sinnlosigkeit eines kompatibilistischen Freiheitsbegriffs," 89–105.

8 Moralpsychologie

„Moralisch" wird eine Entscheidung dann genannt, wenn sie sich auf Handlungen bezieht, für die Regeln gelten, die universell und für jeden verbindlich zu sein scheinen. Wer gegen sie verstößt, verdient Bestrafung. Eine Zuordnung zu den Kategorien „gut" oder „schlecht" ist möglich und die Handlung kontaminiert häufig auch den Handelnden, so dass auch er selbst „gut" oder „schlecht" erscheint. Das Subjekt erlebt dabei, dass moralische Urteile nicht seiner eigenen Beliebigkeit unterliegen, sondern eine unabhängige Gültigkeit beanspruchen. Dabei wird die eigene, subjektive Überzeugung aber als autoritativ erlebt und widersprechendes, fremdes Expertenwissen wird nicht anerkannt. Offensichtlich wird Moral also als etwas erlebt, das weder aus einem selbst stammt, noch von Drittpersonen, sondern aus einer eigenen unabhängigen Quelle. Moralische Urteile sind eng verknüpft mit den Empfindungen von Verpflichtung und Verbindlichkeit. Die Verpflichtung bezieht sich darauf, die richtige und nicht die falsche oder gar keine Entscheidung zu treffen.

Der Begriff „ethisch" wird in dieser Arbeit im umfassenderen Sinn verwendet. Ethische Fragestellungen suchen dann ganz allgemein nach einer Antwort auf die Frage von Immanuel Kant „Was sollen wir tun?" Hierzu gehören dann nicht nur jene Fragen, die sich auf Verbotenes beziehen oder die auf einklagbare Verpflichtungen abzielen, sondern im weitesten Sinn alle Fragen nach dem „Guten Leben" oder nach dem jeweils „Besseren".

8.1 Die Rolle von Intuition und Rationaler Abwägung

8.1.1 Piaget und Kohlberg – Der Rationalismus des 20. Jahrhunderts

In der ersten Hälfte des 20. Jahrhunderts lag der Fokus der entwicklungspsychologischen Moralforschung noch auf den moralischen Gefühlen. Die moralische Entwicklung des Individuums wurde als ein Anpassungsprozess an die Regeln der Gesellschaft angesehen, der durch negative oder positive Verstärkung – Strafe oder Belohnung – bewirkt und in moralischen Gefühlen abgelegt wird. In diese Richtung tendierte auch Sigmund Freud (1856–1939), der die moralischen Gefühle, vor allem Scham und Schuld, als jene Weise ansah, wie sich elterliche Autorität und gesellschaftliche Normen als Teil eines Über-Ichs verinnerlichen.

Das Denken und die Vernunft des Menschen fanden in jener Zeit in der moralischen Psychologie kaum Berücksichtigung.[1]

Dies änderte sich mit Jean Piaget (1896–1980) und Lawrence Kohlberg (1927–1987). Piaget legte die Grundlagen für einen Paradigmenwechsel. Er betrachtete die moralische Entwicklung als eine Entwicklung der kognitiven Fähigkeiten, bei der allmählich die Perspektivübernahme verbessert wird und die Egozentrik abnimmt.[2]

Lawrence Kohlberg baute darauf auf und erweiterte Piagets Ansatz. Er sah den denkenden und interpretierenden Menschen als Brennpunkt der Entwicklung moralischer Urteile.[3] Die Frage, die ihn bewegt, ist wie sich moralische Begründungsmuster verändern, welche moralischen Kriterien ihnen zu Grunde liegen und wie die Entwicklung von moralischer Heteronomie zu Autonomie voranschreitet. Kohlberg arbeitete dazu mit Dilemmas, die er Kindern, Jugendlichen und Erwachsenen vorlegte. Sie sollten begründen, warum eine Handlung moralisch erlaubt sei oder warum nicht. Bei dem bekannten Heinz-Dilemma geht es zum Beispiel um die Frage, ob es moralisch richtig ist, dass Heinz ein überteuertes Medikament, das er sich finanziell nicht leisten kann, für seine krebskranke Frau stiehlt, um dadurch ihr Leben zu retten. Kohlberg fand sechs verschiedene Begründungsmuster – jeweils zwei vorkonventionelle, konventionelle und postkonventionelle – die er als Stufen innerhalb eines linearen, kognitiv-moralischen Reifungsprozesses beschreibt.[4]

Dieses Modell Kohlbergs prägte über Jahrzehnte die Entwicklungspsychologie der Moral. Doch sah er selbst bald die Notwendigkeit, seine ursprünglichen Aussagen zu modifizieren.[5] Man erkannte, dass durch seine Dilemma-Experimente nur die nachträgliche Rechtfertigung der Probanden für ihre Urteile erfasst wurde, aber nicht die wirklichen Gründe für das Urteil.[6] So wurde festgestellt, dass Kinder, die heteronom argumentieren dass eine Tat deshalb falsch sei, *weil sie zu einer Strafe führt* (vor-konventionelle Stufe 1 oder 2), bei entsprechendem Nachfragen, durchaus wissen, dass es falsch ist andere zu schlagen, unabhängig davon

---

[1] vgl. Monika Keller, "Moralentwicklung und Sozialisation," in *Pädagogik und Ethik*, ed. D Horster und J Oelkers (Verlag für Sozialwissenschaften, Wiesbaden, 2005), 149 ff.
[2] Richard Kohler, *Jean Piaget* (Stuttgart: UTB, 2008), 72 ff und 113 f.
[3] vgl. Keller "Moralentwicklung und Sozialisation," S. 149.
[4] vgl. Rolf Oerter und Leo Montada, eds., *Entwicklungspsychologie*, 593–599.
[5] vgl. Lawrence Kohlberg, Charles Levine, und Alexandra Hewer, "Moral Stages: A Current Formulation and a Response to Critics," *Contributions to Human Development* 10 (1983): 174. // Charles Levine, Lawrence Kohlberg, und Alexandra Hewer, "The Current Formulation of Kohlberg's Theory and a Response to Critics," *Human Development* 28 (1985): 94–100.
[6] siehe Kap. 8.1.4.

ob jemand es erlaubt hat oder ob es bestraft wird, oder ob nicht.[7] Dennoch blieb für Jahrzehnte der Rationalismus das vorherrschende Modell innerhalb der Moralpsychologie.

Die empirischen Befunde machten aber schließlich eine grundlegende Revision nötig. In der Zwischenzeit kann es als experimentell gesichert gelten, dass kein ausschließliches Modell – also weder ein reiner Rationalismus, noch ein reiner Intuitionismus – das *psychologische* Phänomen „Moral" erfassen kann, sondern dass es ein irgendwie geartetes Zusammenspiel beider Ebenen gibt. Was heute benötigt wird, ist daher ein Modell, das erklären kann, wie beide als Partner zusammenarbeiten und interagieren.[8] Hauptsächlich zwei Modelle werden diskutiert; eines, das den Intuitionen einen *Primat* einräumt – das »Social Intuitionist Model« von Jonathan Haidt, mit dem im Jahre 2001 die rationalistische Phase in der Moralpsychologie endgültig verabschiedet wurde – und solche, die Intuition und Ratio als *gleichwertige* Partner ansehen – unter diesen ist das Modell von Darcia Narvaez recht überzeugend. Eine Führungsrolle des rationalen Argumentierens („reasoning") wird dagegen nicht mehr ernsthaft erwogen.[9]

8.1.2 Jonathan Haidt – Primat der Intuition

Die entscheidende Umorientierung im Bereich der „Sozialpsychologie der Moral" wurde durch den Artikel von Jonathan Haidt aus dem Jahre 2001: „The emotional dog and it's rational tail" eingeläutet.[10] Haidt bringt hier überzeugende empirische Belege dafür, dass rationale Überlegungen weder am Anfang einer moralischen Urteilsbildung stehen, noch dafür kausal ausschlaggebend sind. Seine Entdeckung war, dass häufig die rationalen Überlegungen nur noch dazu dienen, ein bereits zuvor intuitiv gefasstes Urteil zu bestätigen. Er entwickelt daraus das »Social-Intuitionist-Modell« (SIM) der moralischen Urteilsbildung.

Die Wirkungsgeschichte des SIM ist von Beginn an von Missverständnissen begleitet. Ein erstes Missverständnis ist, dass „intuitionist" bedeute, dass das Subjekt unfähig sei, eine einmal eingenommene Position zu revidieren. Moral wäre nur blinder Instinkt. Dieses Missverständnis lässt sich verstehen, wenn man

---

[7] Elliot Turiel, *The Development of Social Knowledge: Morality and Convention* (Cambridge University Press, 1983), 62f.
[8] Jonathan Haidt, "The Emotional Dog and Its Rational Tail: A Social Intuitionist Approach to Moral Judgment," *Psychol Rev* 108 (2001): 828.
[9] vgl. Jonathan Haidt, "Moral Psychology must not be based on Faith and Hope," 183.
[10] Haidt nennt diesen Artikel auf seiner Homepage „... *the most important article I have ever written.*"

sich vergegenwärtigt, was häufig mit „Intuitionismus" verbunden wird. In einem Diktum des Philosophen David Hume kommt es zum Ausdruck:

> We speak not strictly and philosophically when we talk of the combat of passion and of reason. Reason is, and ought only to be the slave of the passions, and can never pretend to any other office than to serve and obey them.[11]

Jonathan Haidt's SIM hebt sich davon aber ab, indem es Veränderungen und Anpassungen des Urteils aufgrund von Überlegungen oder aufgrund neuer Informationen zulässt.[12]

Ein zweites Missverständnis ist, dass das Modell behaupte, moralische Fragen würden gar nicht reflektiert oder dies habe zumindest keinen Einfluss auf das Urteil. Man muss zugeben, dass Jonathan Haidt (vermutlich um seine Botschaft der »Intuitive Primacy« zu betonen) die Bedeutung der Reflektion nicht immer artikuliert und so zu derartigen Missverständnissen einlädt.[13] Konkret darauf angesprochen ist Haidt jedoch unzweideutig: Sein Modell besage, dass rationales Argumentieren überall vorkomme, aber es begegne weniger als eine private Suche nach Wahrheit sondern vielmehr als eine soziale Wirklichkeit. Moralische Begründungen seien fester Bestandteil des kontinuierlichen menschlichen Bestrebens, unsere Allianzen und Reputationen zu gestalten.[14] Die Betonung liegt im SIM daher auf beidem: »Intuitionist« *und* »Social«. »Social« steht hier für den „Ort", wo rationale Argumente nicht nur nachgeschoben werden, sondern, indem sie durch Auseinandersetzung weitergegeben und modifiziert werden, direkte und kausale Wirkung auf Entscheidungen ausüben können (Abb. 8.1).

Doch bevor das Bild vor lauter Ausräumung von Missverständnissen seinerseits schief wird, sei noch einmal betont, dass Haidts Modell die Rolle der Argumente vor allem in der nachträglichen Dokumentation eines zuvor intuitiv getroffenen Urteils sieht. Sie haben nicht die Rolle des Richters, sondern die eines Pressesprechers, der das intuitive Urteil vor einem selbst und vor anderen rechtfertigt. Die Funktion bewusster, rationaler Begründungen sei daher in erster Linie keine analysierende, sondern eine kommunikative. Die Rechtfertigung geschehe dabei nicht durch wahrheitsgetreue, sondern durch plausible und akzeptable

---

11 David Hume, *A Treatise of Human Nature*. (London: Allmann, 1817/1739), 462.
12 vgl. Jonathan Haidt, "The Emotional Dog Does Learn New Tricks: A Reply to Pizarro and Bloom (2003)," *Psychological Review* 110 (2003): 197–98.
13 vgl. die Kritik von David A Pizarro und Paul Bloom, "The Intelligence of the Moral Intuitions: Comment on Haidt (2001)," *Psychol Rev* 110 (2003): 193–96.
14 Jonathan Haidt, "Moral Psychology must not be based on Faith and Hope," 182.

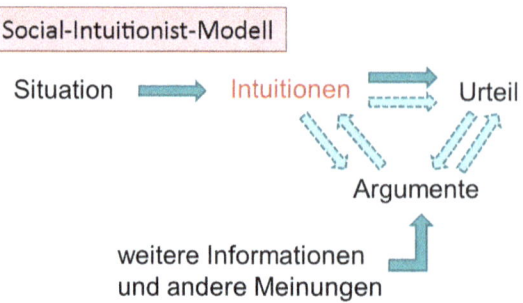

Abbildung 8.1 Das SIM-Modell. Ein Urteil wird sofort über Intuitionen gebildet ("intuitionist"). Wenn genügend Zeit ist, können zusätzliche Informationen eingeholt werden ("social") und bewusste Prozesse können Einfluss nehmen.

Begründungen. Hierzu kann er auf eine stattliche Zahl empirischer Befunde hinweisen, von denen einige weiter unten noch dargestellt werden.

Dies sei der *Normalfall*. Doch es gebe auch die Ausnahmen, bei denen auf der Suche nach Rechtfertigung ein Stück Information gefunden wird, das so wenig passt, dass dadurch neue Intuitionen hervorgerufen werden und ein Gesinnungswechsel stattfinden kann.[15] In der Moralpsychologie ist Haidt's SIM das Modell, auf das gegenwärtig wohl am meisten Bezug genommen wird, um das Zueinander von Intuition und rationaler Überlegung im Moment des Urteils zu beschreiben.

8.1.3 Darcia Narvaez – Gleichwertigkeit von Intuitionen und Argumenten

Es gibt eine erstarkende Gegenbewegung, die den rationalen Überlegungen wieder einen größeren Stellenwert als im SIM einräumen möchte.[16] Hier hat sich Darcia Narvaez (2010) durch die Entwicklung eines konkurrierenden, interdisziplinären und ähnlich umfassenden Modells hervorgetan. Dem rationalen Abwägen wird in ihrem Modell ein weitreichenderer Einfluss zugestanden:

- **Durch bewusste Distanzierung:** Rationale Überlegung erlaubt es, sich aus der Situation ein Stück weit herauszunehmen und weitere Informationen, alternative Indizien, neue Fakten und zusätzliche Lösungswege in Blick zu neh-

---

[15] vgl. Jonathan Haidt und Selin Kesebir, "Morality," in *Handbook of Social Psychology*, ed. S Fiske und D Gilbert (New Jersey: John Wiley & Sons, 2010), 797–831.
[16] z. B. Pizarro und Bloom, "The Intelligence of the Moral Intuitions," 193–196.

men. „*Deliberation and its tools (e. g., scientific method) allow one to adjudicate among intuitions and reasons, test them for accuracy, and reject those that are wrong. Deliberation is often a matter of shifting between reasoning and intuition, principles and goals, and values and abilities as one weighs options and monitors goals and reactions.*" (S. 169).

- **Durch moralische Entwicklung:** Die Art und Weise, wie argumentiert wird, ändert sich mit Alter und Erfahrung und kann durch Ausbildung beeinflusst werden. Dies resultiert in einer Zunahme von Autonomie und postkonventionellem Denken. Es geht dann nicht mehr darum, sich *innerhalb* der Systemgrenzen zu rechtfertigen und zu inkulturieren (wie beim SIM), sondern *neue* Perspektiven einzunehmen, konsistentere und adäquatere Argumentationen zu finden, auch eine gesellschaftskritische Position vertreten zu können und so moralische Entwicklung voranzutreiben (S. 168).
- **Durch die Ausbildung von Expertentum:** Die Intuitionen, die ein moralisches Urteil hervorbringen, sind zuvor bereits durch rationale Argumente vorgeformt worden. Beispiel: Ich infomiere mich und bilde mir eine Meinung zu einem bestimmten Thema, wie Abtreibung, und muss dann in einem Urteilsfall nicht mehr lange überlegen, sondern kann die frühere Überlegung als vorgeformte Intuition schnell und zuverlässig abrufen (S. 170 f.).

Narvaez sieht den rationalen Einfluss also auch in den Intuitionen selbst am Werk.[17] Zunächst nicht formulierbare Inhalte des passiven Wissens („tacit knowledge") können im Lauf der individuellen Entwicklung durch Bildung und Erfahrung zu aktivem Wissen umgewandelt und damit artikulierbar werden.[18] Schließlich kommt es aber zu einer Gegenbewegung: Bewusste Aufgaben werden wieder ans Unterbewusste übertragen. Wenn die Ausbildung umfassend und die Erfahrung reich wird, entsteht so „Expertentum".[19] Dieses etabliert sich, indem ehemals mühsame Prozesse des Überlegens somatisieren und wieder zu Intuitionen werden, die diesmal nicht mehr generelle und *„naive Intuitionen"* sind, sondern an die spezifische Lebenssituation *„angepasste Intuitionen"*, die zu schnellen, mühelosen und üblicherweise akkuraten Urteilen führen.

---

17 siehe Kapitel 7.1.1.1. // Das postkonventionelle Denken im Modell Kohlbergs ist zum Beispiel wesentlich früher feststellbar, wenn es nicht sprachlich (durch Formulierung, wie in Interviews) getestet wird, sondern wenn das implizite Wissen (durch Wiedererkennung, wie in einem Multiple Choice Test) abgefragt wird; Darcia Narvaez, "Moral Complexity," 168.
18 ebd., 167 f.
19 ebd., 170 f.

such a process [moral judgment; Anm. d. Verf.] may become automatized with practice, making it look like intuition even though it was initially guided by prior reasoning and reflection[20]

Dadurch relativieren sich die Widersprüche zwischen Haidt und Narvaez. Jonathan Haidt hat offensichtlich nur die *bewussten* rationalen Argumente im Sinn, wenn er auf deren kommunikative Funktion verweist. Ein großer Teil dessen, was Haidt als „Intuitionen" bezeichnet, wird von Darcia Narvaez aber dem "Rationalen Abwägen" zugeordnet.[21] Sie möchte ausdrücklich auch die *unbewussten*, kognitiven Inhalte und Reaktionsmuster, die sich aufgrund rationaler Prozesse ausgeformt haben, so verstanden wissen, dass sie zumindest an den rationalen Gründen („reasoning") teilhaben. Der gleichwertige Partner der Intuitionen ist also nicht separat von diesen zu finden, sondern in Form bewusster oder unbewusster Elemente, deren Existenz der rationalen Fähigkeit des Subjekts geschuldet ist, und die unauftrennbar mit der Menge der Intuitionen verwoben sind.

Die komplexe Integration aus „naiven" und „angepassten" (rational überformten) Intuitionen und deren Abgleich mit imaginierten Alternativwegen, wie sie im moralischen Urteil stattfindet wenn genügend Zeit gegeben ist, versucht Narvaez im Begriff der »Moral Imagination« zu fassen (S. 169f). Dabei werden verschiedene Gedankenexperimente durchgespielt und eventuell neue imaginiert oder konstruiert. Dieser Prozess erfordert den Einsatz hochentwickelter, mentaler Fähigkeiten wie Selbst-Distanzierung und Perspektivwechsel, Entwicklung alternativer Szenarien und die Suche nach Gegenindizien (S. 170). Erst dies ermöglicht dem Subjekt aber im moralischen Bereich autonom zu entscheiden und verleiht ihm „self-authorship". Kommt es zu »Expertentum«, werden diese Errungenschaften für die jeweilige Lebenssituation präzisiert und ihre Anwendung „unbewusst gemacht" und automatisiert.

Jonathan Haidt streitet die Möglichkeit dessen nicht ab, verweist aber auf die Forschung zu unseren moralischen *Alltags*entscheidungen, die zeige, dass diese Form hochentwickelter Argumentation ein seltenes und schwer zu erlernendes Phänomen sei.[22] Allerdings gibt es Experimente, bei denen ein intuitives Urteil schnell verändert wurde, durch Mittel, die keinesfalls exotisch oder selten an-

---

20 ebd., 167; vgl. auch 171.
21 Obwohl diese unterschiedlichen Definitionen erwarten lassen, dass sich die beiden Modelle am Ende inhaltlich womöglich nicht mehr sehr unterscheiden, kommen sie doch zu deutlich verschiedenen pädagogischen Empfehlungen, wohl aufgrund ihres divergierenden Grundverständnisses des Primat der Intuition einerseits und der Gleichwertigkeit andererseits.
22 „...*the sort of independent, unbiased, look-on-both-sides reasoning that Narvaez describes in her essay is rare and hard to teach.*" Jonathan Haidt, "Moral Psychology must not be based on Faith and Hope," 183.

muten oder schwer anzuwenden scheinen: Einfach indem ein Gegenargument geliefert wurde.[23]

8.1.4 Beurteilung der Ansätze von Haidt und Narvaez

Beide, Haidt und Narvaez, können auf eine beeindruckende Fülle von empirischen Studien zur Stützung ihrer Position verweisen.[24] Zum Beispiel ist der IQ offenbar ein gutes Maß dafür, wie gut Menschen darin sind, Evidenzen und Argumente für ein Urteil zu finden. Dies gilt aber nur in Bezug auf jene Argumente, die die eigene Position stützen. Personen mit hohem IQ können ihre *eigene* Position gut verteidigen, zeigen aber keinerlei Hang zu Unvoreingenommenheit oder Objektivität. Dieser sogenannte „Confirmation Bias" ist in der psychologischen Literatur gut dokumentiert.[25] Andererseits kann nicht geleugnet werden, dass es sowohl im individuellen Leben, als auch in einer Gesellschaft zu bedeutenden Entwicklungen des moralischen Sinns kommt, dass rationale Überlegungen, Diskurs, Bildung und Tradition durchaus regelmäßig Einfluss nehmen und unseren moralischen Sinn verändern. Dies führt schließlich *kausal* zu anderen Urteilen. Beide Phänomene wurden in einem verblüffenden Experiment sichtbar.

Moralische »Change Blindness«: Solange wir es nicht erwarten, sind wir überraschend unsensibel gegenüber Veränderungen in unserer Umwelt. Diese fehlende Sensibilität nennt sich »Change Blindness«.[26]
Der Frage, ob sich dies auch für moralische Fragestellungen nachweisen lässt, sind Lars Hall, Petter Johansson und Thomas Strandberg nachgegangen.[27] In einem Park in Malmö, Schweden, wurden Passanten (n = 160) gebeten, zu moralisch relevanten Fragen Stellung zu nehmen. Dazu erhielten sie einen zweiseitigen Fragebogen mit zwölf Fragen, bei denen sie auf einer Skala von 1–9 ankreuzen konnten, wie sehr sie mit einem Statement übereinstimmen. Es wurden entweder konkrete moralische Probleme angesprochen – zum Beispiel *ob die Gewalt, die Israel gegenüber*

---

23 Joseph M Paxton, Leo Ungar, und Joshua D Greene, "Reflection and Reasoning in Moral Judgment," *Cogn Sci* 36 (2012): 163–77.
24 vor allem Haidt und Kesebir "Morality," 801–808 und Narvaez, "Moral Complexity," 165–169.
25 vgl. Hugo Mercier und Dan Sperber, "Why Do Humans Reason? Arguments for an Argumentative Theory," *Behav Brain Sci* 34 (2011): 57–74 und Diskussion.
26 Ein Passant wird von einem Teammitglied nach dem Weg gefragt. Während der Unterhaltung wird zwischen den beiden eine große Platte hindurch getragen und dabei das Teammitglied gegen eine andere Person ausgetauscht. Verblüffend häufig wird diese für einen Außenstehenden offensichtliche Veränderung vom Passanten nicht bemerkt; Daniel Simons und Daniel Levin, "Failure to Detect Changes to People during a Real-World Interaction," *Psychonomic Bulletin & Review* 5 (1998): 644–49.
27 Lars Hall, Petter Johansson, und Thomas Strandberg, "Lifting the Veil of Morality: Choice Blindness and Attitude Reversals on a Self-Transforming Survey," *PLoS ONE* 7 (2012): e45457.

der Hamas anwendet, angesichts der zivilen Opfer unter den Palästinensern, moralisch verwerflich sei –, oder moralische Prinzipien – zum Beispiel *ob es stimme, dass es wichtiger sei, das Wohlergehen der Bürger sicherzustellen, als deren persönliche Integrität zu schützen.* Beim Umblättern der ersten Seite wurden nun durch einen einfachen Klebemechanismus zwei der Originalstatements durch gegensätzliche Formulierungen ersetzt. Die Probanden wurden anschließend aufgefordert, ihre Auffassung zu begründen.

Obwohl die Probanden eine klare Meinung vertraten (durchschnittlich 2,8 bzw. 7,2 von 1–9) wurde häufig der Austausch der Statements nicht bemerkt und 69 % aller Probanden übersahen in mindestens einem Fall, dass sich die Statements ins Gegenteil verkehrt hatten. Überraschend ist, dass der Wechsel auch in etwa einem Drittel (31,4 %) jener Fälle unbemerkt durchging, wo zuvor eine 1 (strongly disagree) oder eine 9 (strongly agree) angekreuzt worden war. Wenn die Probanden ihre Statements, deren Manipulation sie nicht entdeckt hatten, nun begründen sollten, gelangen ihnen häufig kohärente und unzweideutige Argumentationsgänge, obwohl sie ja nun zu Gunsten des Gegenteils ihrer ursprünglichen Meinung argumentierten. Nicht nur das, die Evaluation durch eine unabhängige Jury ergab: Je klarer das ursprüngliche Urteil ausgefallen war, desto stärker wurde nun für das Gegenteil argumentiert.

Ob der Austausch bemerkt wurde, war dabei weder mit dem Geschlecht noch mit dem Alter oder der Selbstevaluation der Probanden bezüglich der Stärke ihrer moralischen Überzeugungen korreliert. Allerdings gab es einen Zusammenhang zur politischen Aktivität der Probanden. Letzteres überrascht nicht, da politische Aktivität dafür spricht, dass sich die entsprechende Person zu der Fragestellung bereits im Vorfeld ein festes Urteil gebildet hat. Politisch Aktive kennen ihre Überzeugung dadurch explizit. Eine spontane Umkehrung des eigenen Urteils, wie sie im Versuch häufig beobachtet wird, würde als Bruch wahrgenommen und die Manipulation entdeckt.

Das Ergebnis der Studie ist einfach: Die Probanden äußern eine klare, moralische Auffassung, sind Momente später nicht in der Lage, die ins Gegenteil verkehrte Meinung zu erkennen und übernehmen und verteidigen diese nun als ihre eigene. Die Interpretation ist dagegen nicht einfach. Was sich zeigt ist, dass das Fehlen einer expliziten Überzeugung und damit die Anfälligkeit für »Change Blindness« einen hohen Anteil an unbewusster, intuitiver Verarbeitung der moralischen Probleme bezeugt und damit das SIM verifiziert.[28] Die erhöhte Aufdeckung der Manipulation durch politische Probanden zeigt dagegen, dass konkrete moralische Urteile durch vorausliegende Überlegungen oder Diskussionen beeinflusst werden.[29] Obwohl also unter bestimmten Umständen und vor allem im Blick auf die langfristige Entwicklung das Modell von Darcia Narvaez zutrifft, und obwohl intuitive Urteile schnell verändert werden können, wenn man sich nicht in einer Verteidigungshaltung befindet,[30] so scheint Jonathan Haidts SIM den Standardfall

---

28 vgl. Haidt, "The Emotional Dog and Its Rational Tail."
29 Narvaez, "Moral Complexity," 167 f. // Pizarro and Bloom, "The Intelligence of the Moral Intuitions," 193–196. // Haidt, "The Emotional Dog Does Learn New Tricks," 197–198.
30 Paxton, Ungar, und Greene, "Reflection and Reasoning in Moral Judgment," 163–177.

eines alltäglichen moralischen Urteils in einem sozialen, beobachtenden Umfeld korrekt abzubilden.[31]

8.1.5 Der Einfluss von Emotionen auf moralische Urteile

8.1.5.1 Psychopathen

Psychopathen[32] können – ähnlich wie Damasios Patienten mit einer Schädigung im VMPFC (vgl. Kapitel 6.2) – zwar eine hohe Intelligenz besitzen, es gelingt ihnen aber nicht eine emotionale Verbindung zu Personen herzustellen. Sie kennen die Regeln und verstehen die Konsequenzen für sich selbst und für die Betroffenen. Ohne die emotionale Verbindung scheint es ihnen aber gleich zu sein, ob sie anderen Schmerz zufügen oder gar deren Leben zerstören. Sie sind gegenüber den Bedürfnissen anderer indifferent.[33]

> Psychopaths [...] even murder their parents to collect insurance benefits, without showing any trace of remorse, or of shame when caught. The very existence of the psychopath illustrates Hume's statement that ›tis not contrary to reason to prefer the destruction of the whole world to the scratching of my little finger‹[34] It is not contrary to reason to kill your parents for money, unless it is also contrary to sentiment.[35]

Es ist also nicht intellektueller Mangel, der zu unmoralischem Verhalten führt, sondern emotionaler Mangel. Nur durch emotionale Komponenten wird Betrof-

---

31 Jonathan Haidt, "The New Synthesis in Moral Psychology," 998.
32 Die internationale Klassifikation ICD-10-GM (2012) der WHO listet es unter F60.2 als „Dissoziale Persönlichkeitsstörung": Eine Persönlichkeitsstörung, die durch eine Missachtung sozialer Verpflichtungen und herzloses Unbeteiligtsein gekennzeichnet ist. Zwischen dem Verhalten und den herrschenden sozialen Normen besteht eine erhebliche Diskrepanz. Das Verhalten erscheint durch nachteilige Erlebnisse, einschließlich Bestrafung, nicht änderungsfähig. Es besteht eine geringe Frustrationstoleranz und eine niedrige Schwelle für aggressives, auch gewalttätiges Verhalten, eine Neigung, andere zu beschuldigen oder vordergründige Rationalisierungen für das Verhalten anzubieten, durch das der betreffende Patient in einen Konflikt mit der Gesellschaft geraten ist. Persönlichkeit: amoralisch, antisozial, asozial, psychopathisch, soziopathisch.
33 „*Psychopaths are social predators who charm, manipulate, and ruthlessly plow their way through life, leaving a broad trail of broken hearts, shattered expectations, and empty wallets. Completely lacking in conscience and in feelings for others, they selfishly take what they want and do as they please...* " Robert D Hare, *Without Conscience: The Disturbing World of the Psychopaths among Us* (New York: Guilford Press, 1999): xi.
34 Hume, *Treatise of Human Nature*, „influencing motives of the will", 107.
35 [Hervorh. d. Verf.], Haidt, "The Emotional Dog and Its Rational Tail," 824.

fenheit, Relevanz oder empathisches Mitfühlen erzeugt, und nur durch sie wird ein „moralisches" Urteil überhaupt möglich.[36]

8.1.5.2 Schritte zum moralischen Urteil

Auf viele moralisch relevante Situationen reagieren Menschen schnell und automatisch auf affektive Weise.[37] Unterschiedliche Handlungen wie einem Kind eine Nadel in die Hand zu stechen, sich mit einem Grillhähnchen selbst zu befriedigen, den eigenen Vater zu ohrfeigen oder mit der Nationalflagge die Toilette zu putzen, rufen in uns unweigerlich Emotionen wach.[38] Ohne dass wir vorher überlegen würden, überfällt uns eine Ahnung, dass diese Handlungen auf irgendeine Weise falsch sind, und diese sofortigen, affektiven Reaktionen entsprechen im Experiment üblicherweise auch dem endgültigen Urteil.[39] Es kommt offenbar nur selten so weit, dass nachfolgende Prozesse das anfängliche Urteil noch verändern. Im Gegenteil, das Abwägen von Argumenten und die bewusste Überlegung werden offenbar eher dazu genutzt, die anfängliche Hypothese zu bestätigen und vor sich selbst und anderen zu rechtfertigen. Indizien, die gegen die eigene anfängliche Intuition sprechen, werden kaum gesucht oder sie werden dann in ihrer Bedeutung abgewertet. Es ist offensichtlich nicht das primäre Ziel rationaler Begründungen, wahrheitsgetreue Ergebnisse zu liefern, sondern gewünschte Ergebnisse zu reproduzieren.[40]

In vielen Fällen kommt es erst gar nicht so weit, dass über ein moralisches Problem, das intuitiv bereits „gelöst" ist, noch lange und bewusst nachgedacht wird. Das intuitive Urteil genügt so lange, wie es nicht intern oder extern in Frage

---

36 vgl. Keller, "Moralentwicklung und Sozialisation," S. 153. // VMPFC-Geschädigte, die Ausfälle in den sozialen Emotionen zeigen, verändern ihre moralischen Urteile weg von deontischen und hin zu utilitaristischen Entscheidungen. Diese Veränderung lässt sich nur durch eine kausale Rolle der Emotionen für moralische Entscheidungen erklären; Michael Koenigs et al., "Damage to the Prefrontal Cortex Increases Utilitarian Moral Judgements," *Nature* 446 (2007): 908–11.
37 Joshua Greene et al., "An fMRI Investigation of Emotional Engagement in Moral Judgment," 2105–8. // Joshua Greene und Jonathan Haidt, "How (and Where) Does Moral Judgment Work?," *Trends Cogn Sci* 6 (2002): 517–23. // Joshua Greene, "Emotion and Cognition in Moral Judgment: Evidence from Neuroimaging," in *Neurobiology of Human Values*, ed. J.-P. Changeux et al., Research and Perspectives in Neurosciences (Berlin: Springer, 2005), 57–66.
38 Die genannten Beispiele stammen aus verschiedenen Experimenten (Haidt, Koller und Dias (1993); Haidt 2007).
39 vgl. Alan G Sanfey et al., "Phineas Gauged: Decision-Making and the Human Prefrontal Cortex," *Neuropsychologia* 41 (2003): 1218–29.
40 Z Kunda, "The Case for Motivated Reasoning," *Psychological Bulletin* 108 (1990): 480–98. // vgl. aber auch Thalia Wheatley und Jonathan Haidt, "Hypnotic Disgust Makes Moral Judgments More Severe," *Psychol Sci* 16 (2005): 780–84.

gestellt wird. Bei wichtigen moralischen Fragen, bei denen man sich zudem Zeit lassen kann, wird man jedoch damit rechnen dürfen, dass – noch vor der Entscheidung – intensive Rechtfertigungsszenarien innerlich durchgespielt werden. Vermutlich wird es hier komplexe Wechselwirkungen zwischen Emotionen, Simulationen und rationalen Begründungen geben. Es wäre verwunderlich, wenn es dann nicht auch zu Trade-Offs käme, so dass man schließlich das wählt, was den eigenen Wünschen zwar nahe kommt, von dem man aber gleichzeitig annehmen kann, es gerade noch rechtfertigen zu können. Die wirklich häufigen Fragestellungen sind ja – anders als in den Experimenten – häufig subtil, betreffen oft den persönlichen Lebensstil und sind eher selten Entweder-Oder-Entscheidungen: Wie viel will ich der Hilfsorganisation Spenden? Wie verteile ich meine Zeit angemessen auf Arbeit, Familie, Hobby usw.? Welche Hilfe erwartet jemand von mir? Wo sehe ich die Grenze für einen Kavaliersdelikt? Was bedeutet für mich Treue? In diesen Fragen gibt es keine allgemeingültigen Richtlinien, die eigenen Intuitionen sind oft unsicher und es finden – vor allem wenn Öffentlichkeit und Zeit gegeben sind – sicherlich auch rationale Abwägungen im Vorfeld einer Entscheidung statt.

8.1.5.3 Ekel als moralisch relevante Emotion

Um den Einfluss von emotionalen Informationen auf moralische Urteile zu charakterisieren, nutzten Wheatley und Haidt (2005) die Möglichkeit unter Hypnose die Emotionen von Probanden zu manipulieren. Für die Versuchspersonen wurde mittels posthypnotischer Suggestion ein Signalwort mit der Emotion „Ekel" verknüpft. Im Anschluss lasen sie Beschreibungen moralischer Übertretungen, die das Signalwort entweder enthielten oder nicht. Wenn das Signalwort vorkam, erlebten die Probanden unwillkürlich „Ekel". Sie sollten anschließend die Schwere der moralischen Übertretung und wie eklig sie diese fanden jeweils quantitativ bewerten. Unter den Beschreibungen gab es welche, die an sich bereits Ekel hervorrufen wie „den eigenen gestorbenen Hund essen" und Berichte, die moralisch eindeutig falsch sind aber nicht eklig, wie „Bestechung", aber auch diffiziler zu bewertende Fälle wie „Sex zwischen Cousin und Cousine". Wenn in den Beschreibungen der nicht-ekligen Fälle das Signalwort vorkam und ein Emotionsflash induziert wurde, stieg die Ekel-Bewertung wie erwartet deutlich an. Parallel dazu veränderte sich aber auch die Einschätzung der moralischen Übertretung. Fälle, die zuvor als nicht schwerwiegend klassifiziert wurden, wurden nun als deutlich gravierender eingestuft. Bei den an sich schon ekligen Fällen („eigenen Hund essen") gab es dagegen beide Male keinen Unterschied in der Bewertung, da das Signalwort hier ja keine neue Information einbrachte: Die Ekel-Empfindung war ja bereits vorhanden. Offensichtlich verwenden die Versuchspersonen eine vorliegende Emotion „Ekel" als Information um die Schwere einer moralischen Übertretung einzuschätzen, und zwar auch dann, wenn es gar keine kausale Verbindung gibt.[41]

In einem weiterführenden Experiment wurde die Aussage „*Dan, ein Student, organisiert an der Uni regelmäßig Studenten/Professoren-Gespräche. Um die Diskussion anzuregen, versucht er Themen zu wählen, die sowohl die Professoren als auch die Studenten ansprechen.*" mit einem post-hypnotischen Ekel-Flash verknüpft. Alle Probanden hatten daraufhin das Gefühl, dass mit Dan's Motivation irgendetwas nicht in Ordnung und was er tat irgendwie falsch sei. Während etwa ⅔ der Probanden erkannten, dass diese Annahme rational nicht zu rechtfertigen ist und von ihrer ersten, intuitiven Einschätzung schließlich abrückten, phantasierte ein Drittel der Probanden Gründe, die ihre Intuition stützen sollten: „Dan will sich in den Vordergrund spielen", „Er hat irgendetwas im Schilde" usw.[42]

Die Rolle anderer Emotionen im moralischen Bereich ist meist weniger direkt, doch eine ganze Reihe von ihnen dient offenbar als moralische Signalgeber, die bestimmten Ereignissen, Objekten und Handlungen Relevanz und Wert zuweisen.[43] Dazu gehören Mitleid,[44] Schuld, Scham und Verlegenheit[45], Dankbarkeit[46], Bewunderung und Ergriffenheit[47], Stolz und Demut[48], Ärger, Ekel und Verachtung[49], Empörung[50] und andere.

---

[41] vgl. auch Simone Schnall et al., "Disgust as Embodied Moral Judgment," *Pers Soc Psychol Bull* 34 (August 2008): 1096–1109. // Jorge Moll et al., "The Moral Affiliations of Disgust: A Functional MRI Study," *Cogn Behav Neurol* 18 (2005): 68–78.

[42] Wheatley and Haidt, "Hypnotic Disgust Makes Moral Judgments More Severe," 780–784.

[43] vgl. Jorge Moll et al., "The Neural Correlates of Moral Sensitivity: A Functional Magnetic Resonance Imaging Investigation of Basic and Moral Emotions," *The Journal of Neuroscience* 22 (2002): 2730–36. // Einen guten Überblick gibt Jonathan Haidt, "The Moral Emotions," in *Handbook of Affective Sciences*, ed. R J Davidson, K R Scherer, und H H Goldsmith (University Press, 2003), 852–70. // vgl. auch Elizabeth J Horberg, Christopher Oveis, und Dacher Keltner, "Emotions as Moral Amplifiers: An Appraisal Tendency Approach to the Influences of Distinct Emotions upon Moral Judgment," *Emotion Review* 3 (2011): 237–44.

[44] Jennifer L Goetz, Dacher Keltner, und Emiliana Simon-Thomas, "Compassion: An Evolutionary Analysis and Empirical Review," *Psychol Bull* 136 (2010): 351–74.

[45] Tangney, Stuewig, und Mashek, "Moral Emotions and Moral Behavior." // Taya R Cohen et al., "Introducing the GASP Scale: A New Measure of Guilt and Shame Proneness," *J Pers Soc Psychol* 100 (2011): 947–66. // Hidehiko Takahashi et al., "Brain Activation Associated with Evaluative Processes of Guilt and Embarrassment: An fMRI Study," *NeuroImage* 23 (2004): 967–74.

[46] M E McCullough et al., "Is Gratitude a Moral Affect?," *Psychological Bulletin* 127 (2001): 249–66.

[47] Dacher Keltner und Jonathan Haidt, "Approaching Awe, a Moral, Spiritual, and Aesthetic Emotion," *Cognition and Emotion* 17 (2003): 297–314.

[48] Joseph Henrich und Francisco Gil-White, "The Evolution of Prestige: Freely Conferred Deference as a Mechanism for Enhancing the Benefits of Cultural Transmission," *Evol Hum Behav* 22 (2001): 165–96.

8.1.5.4 Macht und Grenzen des emotionalen Einflusses

Welch ungeheuren Einfluss moralische Emotionen haben, wurde in einem Experiment des bekannten Psychologen Stanley Milgram deutlich. Er bat seine Studenten in der New Yorker U-Bahn andere Mitreisende um deren Sitzplatz zu bitten, ohne dies zu begründen. *„You wanna get us killed?"*, war die spontane Reaktion der Studenten. Diese spezielle Befürchtung war aber unbegründet und 68 % der Fahrgäste überließen ihnen bereitwillig ihren Sitzplatz. Etwas anderes stellte sich als viel größere Herausforderung dar, so dass viele der Studenten den Versuch entweder gar nicht antraten oder früh abbrachen und Stanley Milgram sich schließlich selbst in die U-Bahn begab. Was er dort erlebte, kommt in seiner eigenen Schilderung am besten zum Ausdruck. Als er den ersten Fahrgast ansprechen wollte, war er wie versteinert: *„The words seemed lodged in my trachea and would simply not emerge."* Deshalb zog er sich zurück und brachte sich selbst zur Räson: *„What kind of craven coward are you?"* Einige Fehlversuche später gelang es ihm schließlich die Bitte um den Sitz hervorzupressen. *„Taking the man's seat, I was overwhelmed by the need to behave in a way that would justify my request."* [...] *„My head sank between my knees, and I could feel my face blanching. I was not role-playing. I actually felt as if I were going to perish."*[51]

Während Emotionen durch ihr bloßes Vorhandensein wirksam sind, bildet sich eine Intuition erst kontext- und problemspezifisch aus. Mithilfe dessen, was Damasio »Somatische Marker« nennt, wird eine erste schnelle Beurteilung der Situation möglich. Hier werden die eigene Lebensgeschichte, frühere Erfahrungen, Emotionen, Wissen, Selbstbild und andere Dinge zu einem intuitiven Urteil integriert. Dieses Urteil muss nicht eindeutig sein. Häufig kommt es zu einem Widerstreit, da wir nicht nur *ein* Selbstbild, nicht nur *eine* Erfahrung und nicht nur *eine* Emotion haben, die in einer gegebenen Situation angesprochen werden. Wenn dieser Widerstreit nicht bewusst wird, kann es zu Unsicherheit und manchmal zu plötzlichen Umschlägen im Urteil kommen.[52] Wenn die beteiligten Faktoren und

---

49 Cendri A Hutcherson und James J Gross, "The Moral Emotions: A Social-Functionalist Account of Anger, Disgust, and Contempt," *J Pers Soc Psychol* 100 (2011): 719–37. // Paul Rozin et al., "The CAD Triad Hypothesis: A Mapping between Three Moral Emotions (Contempt, Anger, Disgust) and Three Moral Codes (Community, Autonomy, Divinity)," *J Pers Soc Psychol* 76 (1999): 574–86. // Paul Rozin, Jonathan Haidt, und Katrina Fincher, "Psychology. from Oral to Moral," *Science* 323 (2009): 1179–80. // Christopher Boehm berichtet, dass der Gorilla Koko „Toilette" als Schimpfwort benutzt. Boehm, *Moral Origins*, 125 ff.
50 Erin M O'Mara et al., "Will Moral Outrage Stand up?: Distinguishing among Emotional Reactions to a Moral Violation," *European Journal of Social Psychology* 41 (2011): 173–79.
51 nach Interviews, zit. in M Luo, "'Excuse Me. May I Have Your Seat?'; Revisiting a Social Experiment, and the Fear that goes with it," *NY Times* (14. Sept. 2004).
52 Ähnlich wie bei Vexierbildern; vgl. Frith, *Making up the Mind*, 130 ff.

der Rahmen jedoch bewusst werden, dann wird es auch möglich, die Perspektive zu verändern und mit Absicht einen anderen Blickwinkel einzunehmen.

8.1.6 Der Einfluss bewusster oder rationaler Prozesse

Die vergleichsweise langsamen und mühsamen bewussten Prozesse können nur in den Fällen von Urteilsbildung zum Einsatz kommen, in denen genug Zeit zur Verfügung steht. Dies ist im Alltag moralischer Entscheidungen allerdings häufig der Fall. Die überwiegende Mehrzahl moralisch relevanter Entscheidungen muss nicht innerhalb eines Bruchteils von Sekunden getroffen werden, sondern ermöglichen es dem Subjekt zusätzlich in einen bewussten Abwägungsprozess zu treten.[53] Wenn dies gelingt, können Perspektiven verändert und Informationen neu gewichtet werden.[54] Auch der Kontext, in dem die Situation auftritt, kann dann differenzierter berücksichtigt werden, so dass ich zum Beispiel einem bettelnden Erwachsenen etwas gebe aber nicht einem bettelnden Kind, auch wenn mich das Kind emotional viel stärker anspricht. Bewusste Prozesse sind auch für die moralische Urteilsbildung in unterschiedlicher Weise nützlich:
- Sie machen es möglich einen bestimmten Blickwinkel einzunehmen und die Perspektive gezielt zu verändern.
- Sie können andere oder zusätzliche Somatische Marker aktivieren, die etwa mit bestimmten Prinzipien oder Werten verbunden sind.
- Sie können den Fokus auf Teilaspekte der Urteilsbildung richten und einem Urteil selbst gegen starke Emotionen – wie etwa Angst – zum Durchbruch verhelfen.
- Mit ihrer Hilfe werden neue Informationen gesammelt und die Suche nach weiteren Informationen gelenkt.
- Es können bestimmte Erinnerungen aktiviert werden.
- Wenn die Urteilsbildung bewusst verläuft und wenn im Nachhinein die Konsequenzen deutlich werden oder darüber reflektiert wird, tragen rationale Systeme zur Reifung und Ausformung der beteiligten Somatischen Marker und Intuitionen bei, *dadurch beeinflussen sie zukünftige Urteilsbildungen, selbst wenn diese dann völlig unbewusst verlaufen.*

---

53 Vergleiche etwa die ⅔ Probanden, die von ihrer intuitiven Einschätzung von „Dan" abrückten (siehe S. 288); Wheatley und Haidt, "Hypnotic Disgust Makes Moral Judgments More Severe."
54 Paxton, Ungar, und Greene, "Reflection and Reasoning in Moral Judgment."

Alle genannten Punkte sind miteinander verbunden und beeinflussen sich wechselseitig. Auch sind unbewusste und bewusste Prozesse nie getrennt voneinander zu betrachten, da sie in komplexer Weise miteinander verknüpft sind. Es mag zwar Situationen geben, wo nur unbewusste Prozesse am Werk sind, sobald aber etwas bewusst wird, ist dies nur ein Teil eines größeren Prozesses: immer schon eingebunden in das wechselseitige Miteinander, voller Rückkopplungsmechanismen, einer Vielzahl von Instanzen und Informationen. Vor allem die Studien pathologischer Fälle haben gezeigt, dass sowohl am Anfang, als auch am Ende einer Urteilsbildung stets implizite und emotionale Prozesse stehen. Moralische Abwägungen beginnen immer mit einer unbewussten Intuition und sie werden erst dann zu einem Urteil, wenn wir emotionale Sicherheit gefunden haben. Die Rationalen Prozesse sind jeweils dazwischen wirksam.

8.1.7 Framing-Effekte – Kontext kann entscheidend sein.

Eine Grippeepidemie bedroht das Leben von 600 Personen. Um die Krankheit zu bekämpfen, stehen zwei alternative Maßnahmen *A* und *B* zur Verfügung. Durch Maßnahme *A* werden 200 Personen gerettet. Wenn Maßnahme *B* durchgeführt wird, besteht eine Wahrscheinlichkeit von ⅓, dass alle gerettet werden, und von ⅔, dass niemand gerettet wird. Im Versuch wählten 72 % Maßnahme *A* und 28 % Maßnahme *B*.[55]

Nun wurden wieder zwei Optionen *A* und *B* zur Wahl gestellt: Durch Maßnahme *A* werden 400 Personen sterben. Wenn Maßnahme *B* durchgeführt wird, besteht eine Wahrscheinlichkeit von ⅓, dass niemand stirbt, und von ⅔, dass alle sterben. Im Versuch wählten nun 22 % Maßnahme *A* und 78 % Maßnahme *B*.

Bei genauer Betrachtung sind die Optionen aber jeweils identisch und nur die Formulierungen unterscheiden sich: *A* und *B* werden jeweils einmal als Gewinn formuliert und einmal als Verlust. Es ist experimentell gut belegt, dass die meisten Probanden bei drohendem Verlust riskantere Entscheidungen treffen, während sie bei möglichen Gewinnen eher Risiken vermeiden.[56] Nahezu alle unsere Urteile lassen sich durch die Art und Weise, wie das Problem präsentiert wird – durch den »Frame« – beeinflussen. Offenbar sind unsere Präferenzen nicht in einer abstrakten Weise präexistent, sondern werden in Abhängigkeit zum jeweiligen

---

55 A Tversky und D Kahneman, "The Framing of Decisions and the Psychology of Choice," *Science* 211 (1981): 453–58.
56 Daniel Kahneman und Amos Tversky, "Choices, Values, and Frames," *American Psychologist* 39 (1984): 341–50.

Kontext erst konstruiert.[57] Derartige psychologische Effekte treten natürlich auch dann auf, wenn nur eine Formulierung vorliegt. Information impliziert stets einen Frame, in dem sie sich mitteilt.[58] Ist man sich des Frames bewusst, ist es möglich, unwillkürliche Asymmetrien zu korrigieren. Andererseits kann dieses Wissen auch (aus)genutzt werden: In der Politik und der Werbung bedient man sich zunehmend derartiger Effekte, aber auch bei vielen sozialen Fragen – zum Beispiel wie man Leute dazu bewegt, anderen zu helfen oder Mülltrennung zu praktizieren, usw. – könnte ein geschicktes Framing entscheidende Vorteile bringen.[59]

8.1.8 Joshua Greene – »Dual-Process-Model«

Der Neurobiologe Joshua Greene legt den Fokus in seinem »Dual-Process-Model« auf die neuronalen Grundkomponenten, die bei moralischen Beurteilungen zum Einsatz kommen. Im Gehirn sind diese durch zwei Prozesse repräsentiert, die relativ unabhängig voneinander arbeiten und deshalb nicht selten zu widersprüchlichen Beurteilungen kommen. Beide Prozesse sind neurobiologisch recht gut charakterisiert. Der eine – kontrollierte, kognitive Verarbeitung – führt vor allem zu konsequentialistischen Urteilen, der andere – intuitive, emotionale Verarbeitung – führt zu eher deontologischen Urteilen.[60]

Mit seinem Modell liefert Joshua Greene eindrucksvoll die neurologische Grundlage für die beiden großen moralphilosophischen Argumentationstypen der Deontologie und des Utilitarismus. Nach Kohlbergs Theorie müssten beide auf kognitiven Grundlagen beruhen und nach Haidts SIM sollten beide primär emotional motiviert sein. Die historische Tradition vermutet im Blick auf Kant's Rationalismus, dass Deontologie kognitiver sei, während der Konsequentialismus mit seinen Wurzeln im Hume'schen Intuitionismus als emotionaler angesehen wird. Joshua Greenes überraschende Feststellung ist aber, dass das Gegenteil der Fall ist: Deontologie ist emotionsbasiert und Konsequentialismus kognitionsbasiert.

---

57 vgl. Tage S Rai und Alan P Fiske, "Moral Psychology Is Relationship Regulation: Moral Motives for Unity, Hierarchy, Equality, and Proportionality," *Psychol Rev* 118 (January 2011): 59.
58 vgl. Benjamin Bergen, *Louder Than Words*.
59 Katherine White, R MacDonnell, und D W Dahl, "It's the Mind-Set That Matters: The Role of Construal Level and Message Framing in Influencing Consumer Efficacy and Conservation Behaviors," *Journal of Marketing Research* 48 (2011): 472–85.
60 J D Greene et al., "The Neural Bases of Cognitive Conflict and Control in Moral Judgment," *Neuron* 44 (2004): 389–400.

Deontologische Argumente, die sich auf Pflichten beziehen, beruhen eher auf spontanen, emotionalen Impulsen und deren anschließender rationaler Rechtfertigung. Emotionen wirken hier wie ein „Alarm",[61] wie eine Grenze, die nicht überschritten werden darf und weisen so auf einen Bereich verbotener oder gebotener Handlungen hin.[62] Ein bestimmtes Verhalten wird hervorgerufen, wenn der Organismus mit einer entsprechenden Psychologie ausgestattet ist, durch die er emotional und intuitiv das „Richtige" tut. Wenn dies anschließend auf einem hohen Niveau durch rationale, nachvollziehbare Gründe gerechtfertigt wird, erhält man als Resultat »Deontologische Moralphilosophie« bzw. »Pflichtenethik«.[63] Da Post-Hoc-Rechtfertigungen aber dazu tendieren, subjektive und kulturelle Biases zu stabilisieren, muss man in der Pflichtenethik prinzipiell mit einer hohen Anfälligkeit für Biases rechnen.

Der Konsequentialismus beruht dagegen auf der prinzipiellen Verrechenbarkeit von Gütern, engagiert eher kognitive und rationale Prozesse und ist damit auch die langsamere und mühevollere Form moralischer Abwägung.[64] Emotionen spielen hier zwar ebenfalls eine wichtige Rolle, haben aber nicht den Charakter eines Alarms, sondern den einer „quantifizierbaren Währung".[65] Die Fragen, die sich mit dem konsequentialistischen Argumentationstyp besonders verbinden, sind jene nach dem Erlaubten, also der Bereich der Möglichkeiten und die Fragen proportionaler Gerechtigkeit.[66] Der Konsequentialismus besitzt als theoretisches Konzept eine hohe Attraktivität, weil seine Prinzipien einfach und ästhetisch sind, weil er rational begründbar und in sich nicht widersprüchlich ist. Doch sobald er in der Praxis angewendet werden soll, stößt er auf größte Schwierigkeiten: Konsequentialistische Begründungen werden im Alltag meist zu einem Ratespiel, da

---

61 Joshua Greene, "The Secret Joke of Kant's Soul," in *Moral Psychology, Vol 3: The Neuroscience of Morality: Emotion, Brain Disorders, and Development.*, ed. W Sinnott-Armstrong (Cambridge, MA: MIT Press, 2008), 41.
62 Diese Komponente scheint vor allem im ventrolateralen PFC lokalisiert zu sein und spiegelt phylogenetisch möglicherweise die Notwendigkeit wieder, sich innerhalb einer Hierarchie gegenüber den Forderungen dominanter Individuen zu verhalten; vgl. Aron K Barbey und Jordan Grafman, "An Integrative Cognitive Neuroscience Theory of Social Reasoning and Moral Judgment," *Wiley Interdisciplinary Reviews: Cognitive Science* 2 (2011): 59.
63 vgl. Greene, "The Secret Joke of Kant's Soul," 62f.
64 Joshua Greene et al., "Cognitive Load Selectively Interferes with Utilitarian Moral Judgment," *Cognition* 107 (2008): 1144–54.
65 Greene, "The Secret Joke of Kant's Soul," 41.
66 Diese phylogenetisch jüngere Komponente scheint vor allem im dorsolateralen PFC lokalisiert zu sein und spiegelt möglicherweise das evolutive Problem wieder, innerhalb einer Gemeinschaft eigene Ziele zu verfolgen; Barbey und Grafman, "An Integrative Cognitive Neuroscience Theory of Social Reasoning and Moral Judgment," 59.

die fraglichen Güter nicht wirklich quantifizierbar sind.[67] Bereits ein leicht veränderter Blickwinkel oder eine geringfügige zusätzliche Information kann die Entscheidung maßgeblich verändern.

Der Verzicht auf eine Kosten-Nutzen-Abwägung scheint daher in bestimmten Fällen die erfolgreichere Strategie zu sein.[68] Vermutlich sind dies jene Fälle, in denen unser Unbewusstes seine Stärken ausspielen kann – komplexe, bekannte Situationen – und jene, wo wir darauf vertrauen dürfen, dass unsere evolvierte Physiologie eine bessere Langzeit-Integration darstellt als unsere beschränkten Vorhersagemodelle – so vermutlich in jenen sozialen Fragen die seit vielen Generationen für das Leben innerhalb einer Ingroup relevant sind. Konsequentialistische Argumente können die intuitiven Urteile aber auch erfolgreich korrigieren.[69] Dies wird vor allem in jenen Bereichen sinnvoll sein, wo unsere evolvierte, intuitive Ausrüstung durch Biases die Wahrnehmung verzerrt oder wo neue evolutiv unbekannte Probleme zu lösen sind wie in den spezifischen Herausforderungen der modernen Welt. Schlussfolgerungen müssen sorgfältig gezogen werden:

> Where does one draw the line between correcting the nearsightedness of human moral nature and obliterating it completely? This, I believe, is among the most fundamental moral questions we face in an age of growing scientific self-knowledge...[70]

8.2 Die verborgene Genese von Normen

An vielen Schulen gibt es die Regel, dass Schüler in der Großen Pause auf den Pausenhof müssen und nicht im Klassenzimmer bleiben dürfen. Diese Regel wurde irgendwann von irgendjemandem aufgestellt, der sich davon Vorteile versprach – eine bessere Kontrolle der Schüler durch wenige Aufsichtslehrer oder die bessere Performance der Schüler, wenn sie zwischendurch an die frische Luft kommen. Nun wird es Situationen geben, wo die angestrebten Güter nicht erreichbar sind oder gravierende Nachteile damit verbunden wären, zum Beispiel bei einem Gewittersturm. Durch Erfahrung oder Vorausblick kann die Regel an die Bedürfnisse der Situation angepasst werden. Bereits Kinder in einem Alter von 2

---

67 Greene, "The Secret Joke of Kant's Soul," 64. // Dies gilt aber nicht nur für den Alltag, sondern generell und die meisten Kosten-Nutzen-Analysen leiden unter diesem Problem; Bennis, Medin, und Bartels, "The Costs and Benefits of Calculation and Moral Rules."
68 ebd.
69 Kosten-Nutzen-Abwägungen haben einen spezifischen Geltungsbereich: In der Politik erlauben sie Entscheidungen, die nachvollziehbar und juristisch überprüfbar sind.
70 Greene, "The Secret Joke of Kant's Soul,"Greene (2008b), S. 76.

Jahren erkennen solche Regeln als *Konventionen*, die vom Lehrer ohne weiteres aufgehoben werden können, etwa wenn gerade ein Gewitter vorbeizieht.[71]

Eine andere Regel ist, dass weder Mitschüler noch Lehrer geschlagen werden dürfen. Im Experiment erkennen Kinder dies als eine dauerhaft gültige *Norm*, die vom Lehrer nicht außer Kraft gesetzt werden kann und unabhängig von den Schulregeln gültig ist. Normen wie diese werden nicht irgendwann von jemandem *aufgestellt*, sondern sie werden höchstens irgendwann *formuliert*. Eine Genese ist nicht erkennbar, sondern sie existieren einfach.[72] Interessanterweise sind Normen manchmal weniger leicht durchsetzbar als Konventionen: Es wird, zumindest was die Mitschüler angeht, bei der genannten Norm wohl häufiger zu Übertretungen kommen als bei der Konvention; trotzdem hat sie den größeren Verpflichtungscharakter.

Der Ursprung von Konventionen ist oftmals leicht historisch nachzuvollziehen, daher können sie auch leicht kritisiert werden. Bei Normen ist dies schwieriger. Ihre Anerkennung besitzt einen doppelten meist nicht einsehbaren Ursprung: Ihre Verbindlichkeit ergibt sich biologisch aus angeborenen, phylogenetischen als auch aus lebensgeschichtlichen, ontogenetischen Faktoren.

8.2.1 Phylo-Genese: Geltung durch Akkomodation

Angeborene Elemente kann man mit einem Mischpult vergleichen. Bei einer ungestörten Entwicklung bildet sich im Lauf der Ontogenese alles, was notwendig ist, um die „angeborenen" Fähigkeiten hervorzubringen, es bildet sich aber noch nicht die Fähigkeit selbst. Die Technik wird zur Verfügung gestellt, aber noch nicht das Produkt. Wie sich die Fähigkeit dann konkret ausgestaltet, hängt von vielen weiteren Faktoren ab. Im Bild des Mischpults ist dies die *Stellung der Regler:* Durch sie wird die Endgestalt des Outputs bestimmt.

Als Mensch wächst man in einer sozialen Gemeinschaft auf, deren kleinste Realisierung die Familie ist. Bereits in Tierfamilien findet man hier Regeln, mit denen Heranwachsende konfrontiert werden: Respekt, Interessensausgleich, Kooperation oder Konflikt mit Geschwistern usw. Stets präsente Themen sind die Fragen nach Anerkennung, nach Stress und Harmonie oder nach der Aufteilung von Ressourcen. Der erfinderische und sprachlich begabte Mensch kann diesen

---

71 z.B. Larry P Nucci und Elliot Turiel, "Social Interactions and the Development of Social Concepts in Preschool Children," *Child Development* 49 (1978): 400–407.
72 ebd., 406. // Psychopathen unterscheiden übrigens nicht zwischen Normen und Konventionen; R J Blair, "A Cognitive Developmental Approach to Morality: Investigating the Psychopath," *Cognition* 57 (1995): 1–29.

Regeln nun eine kulturelle Form geben, indem Normen explizit formuliert und tradiert werden und schließlich sogar Institutionen gegründet werden, deren Aufgabe es ist, die Einhaltung der Normen zu garantieren.

Die menschliche Lebensweise blieb früher über viele Generationen ähnlich. Genetische Akkomodation konnte dann einsetzen, Emotionen kooptiert werden usw. Phylogenetisch können wir damit rechnen, dass die stabileren dieser kulturellen Normen durch Akkomodationsprozesse schließlich zu angeborenen Dispositionen werden. Eine Norm, die zum Zeitpunkt $x - 1$ faktische Geltung besitzt, indem sich Menschen nach ihr richten und entsprechend urteilen, kann epigenetisch oder genetisch fixiert werden. Die faktische Geltung, die ihr gegeben wird, beeinflusst also die Genese der gleichen Norm zum Zeitpunkt x und bestimmt deren Gestalt mit. Single-Mutationen sind hier kaum zu erwarten und Kultur wird die Vorreiterrolle spielen. Wir können also davon ausgehen, dass eine Norm bereits kulturell wirksam ist, bevor sie zu einer „angeborenen" wird.[73]

Theoretisch könnten in einer Gemeinschaft viele Merkmale zur (genetischen oder epigenetischen) Fixation gelangen, praktisch jedoch nicht: *Erstens* weil nur diejenigen Normen eine ausreichende, generationenübergreifende Lebensdauer besitzen, die selbst funktional oder an ein funktionales Merkmal gekoppelt sind oder die eine andere gravierende Bedeutung besitzen. *Zweitens* weil es die Zustimmung der Anderen braucht, dass es sich tatsächlich um eine verbindliche Norm handelt. Diese Bedingungen scheinen nur in den drei großen Themenbereichen erfüllt zu sein: Sozialer Erfolg als Teil einer Gruppe (Gruppenwerte); Fürsorge für Andere und Widerstand gegen eine Hypertrophierung der Gruppe (Individualwerte); Umgang mit mir selbst und mit dem Heiligen.[74]

8.2.2 Onto-Genese: Der Weg zur faktischen Geltung

Die Ontogenese entspricht im Bild des Mischpults dem Einstellen der unterschiedlichen Regler: Nicht alle möglichen Kombinationen sind für die musikalische Performance sinnvoll, und unter den sinnvollen sind die meisten nur suboptimal, und andere sind Geschmackssache. Auf den Bereich der Moral lässt sich dieses Bild folgendermaßen übertragen. Die faktische Gestalt von Normen und die entsprechenden moralischen Dispositionen (Stellung der Regler) bilden sich lebensgeschichtlich aus den vorhandenen Möglichkeiten und Rahmenbedingungen

---

73 „*Phenotypes first!*", siehe S. 55.
74 Richard A Shweder et al., "The 'big Three' of Morality (autonomy, Community, and Divinity), and the 'big Three' Explanations of Suffering," in *Morality and Health*, ed. A Brandt und P Rozin (NY: Routledge, 1997), 119–69. // vgl. auch Jonathan Haidt und Craig Joseph, "The Moral Mind."

(Mischpult) heraus. Dabei werden im kulturellen Bereich vor allem zwei Informationsquellen wirksam sein: diejenige der Tradition und die der individuellen Erlebnisse.

Sowohl das Erlernte, als auch das Erlebte gerät nun kontinuierlich mit den bereits vorhandenen Dispositionen in Wechselwirkung; die Regler werden in Stellung gebracht und die moralischen Dispositionen verändern und konkretisieren sich. Es werden »Somatische Marker« geformt: Was Geltung hat zum Zeitpunkt $x - 1$ wird im Anschluss an die Erfahrung „$x - 1$" bewusst oder unbewusst analysiert, korrigiert und neu eingeregelt und wird zu einer neuen, veränderten Geltung x. Als Somatischer Marker steht sie nun in einer kommenden Situation x als neue Disposition (Reaktionsmuster) zur Verfügung. Die daraus resultierende Erfahrung „x" wird dann ihrerseits verwendet, um eine veränderte Geltung $x + 1$ zu produzieren usw. Durch diesen Anpassungs-Prozess verändern sich sowohl die Auslöser, als auch die Reizschwellen für die zugehörigen Emotionen, was sich in neuen intuitiven Reaktionsmustern niederschlägt. Die gegenwärtig aktiven, spontanen Reaktionsmuster sind daher nicht für die Situation vor Augen optimiert, sondern für vergangene ähnliche Erfahrungen, die auf die jetzige Situation übertragen werden. Damit sind es aber tatsächlich *Fakten* – Erfahrungen, Erlebnisse und Informationen –, die die (faktische) *Geltung* begründen, die einer Norm gegeben wird.

8.3 Prinzipien des Moralischen Urteilens

8.3.1 Beurteilung von Handlungen – Trolleyologie

Die »Experimentelle Philosophie« hat sich an der Schnittstelle zwischen Philosophie und Naturwissenschaft etabliert. Ihr geht es darum herauszufinden, welche Logik von Menschen in konkreten moralischen Situationen angewandt wird. Sie untersucht, welche Urteile Menschen außerhalb der Vorlesungssäle und akademischen Debatten fällen.[75] Das wohl bekannteste Szenarium, das dafür verwendet wird, ist das „Trolley-Dilemma".[76]

---

75 Joshua Knobe und Shaun Nichols, *Experimental Philosophy* (Oxford University Press, 2008). // Fiery Cushman und Joshua D Greene, "Finding Faults: How Moral Dilemmas Illuminate Cognitive Structure," *Social Neuroscience* 7 (2012): 269–79.
76 Ursprünglich wurde es von Philippa Foot (1967) eingeführt, um den Unterschied zwischen Tötung und Sterben-Lassen herauszuarbeiten. Nachfolgende Forscher haben die Situation dann variiert und die Fragestellung auf eine Reihe weiterer Problemfelder ausgedehnt, z. B. in Judith Jarvis Thomson (1976) oder Michael Otsuka (2008). Die Szenarien sind wirklichkeitsfremd und

Variante 1 („Trolley-Dilemma"): Ein Zug fährt mit hoher Geschwindigkeit heran. Auf der Gleisstrecke läuft eine Gruppe von 5 Personen, die nur dadurch zu retten sind, dass Andrea eine Weiche umstellt und den Zug auf eine andere Strecke umleitet. Auf diesem Teil der Strecke läuft jedoch ebenfalls eine Person, die dann sicher getötet werden würde. Ist es moralisch erlaubt, dass Andrea die Weiche umstellt?

Variante 2 („Footbridge-Dilemma"): Wieder nähert sich ein Zug und droht das Leben der fünf Gleiswanderer auszulöschen. Diesmal gibt es keine Weiche, sondern Bernd steht auf einer Brücke und neben ihm eine schwergewichtige Person. Die einzige Möglichkeit, den Zug rechtzeitig zum Stehen zu bringen ist, dass Bernd die Person neben ihm von der Brücke stößt. Er kann sich sicher sein, dass dies den Zug rechtzeitig zum Halten bringen würde, wogegen sein eigenes Gewicht nicht ausreichen würde. Ist es moralisch erlaubt, dass Bernd den Nebenmann hinabstößt?

Die mehrheitliche Antwort ist, dass Andrea die Weiche umstellen darf, während ebenso eine Mehrheit es als nicht erlaubt ansieht, dass Bernd seinen Nachbarn von der Brücke stößt. Diese unterschiedliche Beurteilung der zwei Varianten findet man durchgängig und unabhängig von Kultur oder Ausbildung.[77]

Eine utilitaristische Kosten-Nutzen-Analyse ergibt für beide Dilemmas dasselbe Ergebnis. Eine Person wird geopfert, um fünf Personen das Leben zu retten. Dieses Kriterium gibt uns also keinen Hinweis darauf, warum es einmal erlaubt sein soll und einmal nicht. Der Grund für die unterschiedliche Bewertung liegt nicht im Ergebnis, sondern in der Handlung:

- Bernd wendet direkte, physische Gewalt an: **Physischer Kontakt** erscheint moralisch schwerwiegender als Fernwirkung.
- Bernd verwendet den Tod der schwergewichtigen Person als Mittel um den Zug zu stoppen. Er intendiert diesen Tod. Andrea nimmt den Tod des einzelnen Wanderers dagegen nur in Kauf. Er ist ein Nebeneffekt der Rettungsaktion. Hier kommt das **„Prinzip der Doppelwirkung"** zur Geltung, nach dem eine

---

konstruiert. Die Ergebnisse sind sicherlich nur deshalb einigermaßen zuverlässig, weil es nie darum geht, wie man sich selbst in solchen Fällen verhalten würde, sondern stets nur darum, ob das Verhalten eines Anderen moralisch verwerflich sei oder erlaubt.

77 Patricia O'Neill und Lewis Petrinovich, "A Preliminary Cross-Cultural Study of Moral Intuitions" 19 (1998): 349–67. // Fiery Cushman, Liane Young, und Marc Hauser, "The Role of Conscious Reasoning and Intuition in Moral Judgment: Testing Three Principles of Harm," *Psychol Sci* 17 (2006): 1082–89. Der dazugehörige Online-Test findet sich auf http://moral.wjh.harvard.edu.

Handlung mit guten und schlechten Konsequenzen nur dann erlaubt ist, wenn die schlechten unbeabsichtigt sind.[78]

Die Probanden sind offenbar intuitiv in der Lage nach diesen – und weiteren – Kriterien zu unterscheiden und kommen so zu ihrer unterschiedlichen Beurteilung. Die Unterscheidung geschieht aber unbewusst und häufig sind die Probanden sprachlos, wenn sie ihr Urteil begründen sollen.[79] Bei den Versuchen von Cushman et al. (2006) konnten ca. 60 % der Probanden Kriterium 1 benennen, und 30 % Kriterium 2.

Damit ergibt sich aber ein moralphilosophisches Unterscheidungsproblem: Es ist zum Beispiel nicht einsichtig, warum das Kriterium des physischen Kontakts moralisch relevant sein sollte. Auch andere Faktoren, die das Urteil beeinflussen, wie ekliger Geruch, Hungergefühle oder die Reihenfolge, in der die Szenarien präsentiert werden[80] sind offensichtlich nicht wirklich moralisch relevant. Andere Kriterien wie das genannte „Prinzip der Doppelwirkung", die Unterscheidung von „Handlung und Unterlassung" oder der „moral-relevante Zufall"[81] sind dagegen nach Meinung der meisten Ethiker ausschlaggebend.

Es ist also notwendig zu unterscheiden und zu entscheiden, welche Intuitionen epistemologisch nützlich sind und welche nicht. Einigermaßen ernüchternd ist dabei die Erkenntnis, dass es keine bestimmte Personengruppe ist, die Einsicht in ihre Urteilskriterien besitzt: Diese waren in den Studien weder gebildeter, noch waren sie älter, religiöser oder Angehörige einer bestimmten Kultur, und sie hatten auch nicht mehr Übung im moralischen Urteil.[82] Sogar ein Vergleich zwischen Nichtakademikern, Akademikern und Doktoranden der Ethik erbrachte

---

78 In diesem Fall käme auch der Kant'sche »Kategorische Imperativ« zur Anwendung: „*Handle so, dass du die Menschheit sowohl in deiner Person, als in der Person eines jeden anderen jederzeit zugleich als Zweck, niemals bloß als Mittel brauchst*"; Immanuel Kant, AA iv, 429.
79 „moral dumbfounding"; z. B. Marc Hauser et al., "A Dissociation Between Moral Judgments and Justifications," *Mind & Language* 22 (2007): 1–21.
80 Schnall et al., "Disgust as Embodied Moral Judgment." // Shai Danziger, J Levav, und L Avnaim-Pesso, "Extraneous Factors in Judicial Decisions," *PNAS* 108 (2011): 6889–92. // Lewis Petrinovich und Patricia O'Neill, "Influence of Wording and Framing Effects on Moral Intuitions," *Ethology and Sociobiology* 17 (1996): 145–71. // Eric Schwitzgebel und Fiery Cushman, "Expertise in Moral Reasoning? Order Effects on Moral Judgment in Professional Philosophers and Non-Philosophers," *Mind & Language* 27 (2012): 135–53.
81 Beispiel: Wenn ein Autofahrer im Sekundenschlaf in einem Fall einen Baum rammt oder im anderen Fall einen Menschen zu Tode fährt. // Dana K Nelkin, "Moral Luck," in *The Stanford Encyclopedia of Philosophy (Fall 2008 Edition)*, ed. E N Zalta, 2008, http://plato.stanford.edu/archives/fall2008/entries/moral-luck.
82 Hauser, *Moral Minds*, 140.

keinen signifikanten Unterschied in ihrer Urteilskompetenz. Allen unterliefen dieselben Biases. Erst in der nachfolgenden Rechtfertigung ihres Urteils, setzen sich die Ethiker von den anderen deutlich ab.[83]

8.3.2 John Mikhail und Marc Hauser – »Moral Grammar«

Der Philosoph John Rawls hat – angeregt von den linguistischen Modellen Noam Chomskys – vermutet, dass es parallel zur Sprachfähigkeit eine Moralfähigkeit gibt.[84] Die Analyse der Trolley-Dilemmas hat einige Wissenschaftler dazu gebracht, diese Idee aufzugreifen und ein weiteres Modell für das Zustandekommen moralischer Urteile zu formulieren. Während das »Dual-Process-Model« von Joshua Greene die Grundkomponenten in den Blick nimmt, geht es hierbei um die innere Struktur und „Computation" moralischer Argumentationen. Die wichtigsten Proponenten dieses Modells sind derzeit wohl John Mikhail und Marc Hauser. Sie vermuten, dass es einen moralischen Instinkt gibt, der – ähnlich wie unser Sprachvermögen – durch kulturelles Lernen mit unterschiedlichen Inhalten und Strukturen eingeregelt wird und dann moralische Kompetenz im eigenen Kulturraum hervorbringt. Das Modell der »Moral Grammar« vertritt daher die Position, dass Moralsysteme (ähnlich wie Sprache) zwar pluralistisch sind, dabei aber nicht beliebige Formen annehmen können.[85] Sie postulieren eine universelle moralische „Grammatik". Marc Hauser hat versucht, durch die Analyse verschiedener moralischer Dilemmas jene Prinzipien herauszufinden, die zur universalen Grammatik der Moral gehören. Einige davon sind uns bereits bei den Trolley-Dilemmas begegnet: Kontakt/kein Kontakt, Mittel/Nebeneffekt („Doppelte Wirkung"), Handlung/Unterlassung, Absicht/Zufall, persönlich/unpersönlich usw.

Die Struktur dieser Grammatik sei zu komplex, als dass man sie einfach durch die Auslösung eines emotionalen Impulses verstehen könnte – wie das SIM oder das Dual-Process-Model suggerieren.[86] »Moral Grammar« postuliert daher einen Zwischenschritt zwischen der Perzeption der Situation und der intuitiven oder rationalen Beurteilung. Zunächst müsse die interne Struktur des Problems mental repräsentiert werden. Parallel zu unserer Fähigkeit, jeden Satzbau zu verstehen,

---

83 Schwitzgebel und Cushman, "Expertise in Moral Reasoning?"
84 John Rawls, *A Theory of Justice* (Harvard University Press, 1971), 46 f.
85 Hauser, *Moral Minds*.
86 John Mikhail, "Moral Cognition and Computational Theory," in *Moral Psychology, Vol 3: The Neuroscience of Morality: Emotion, Brain Disorders, and Development.*, ed. W Sinnott-Armstrong (Cambridge, MA: MIT Press, 2008), 81–83.

der in der Sprache vorkommt in die wir inkulturiert sind, ermögliche es die Moralfähigkeit, die Struktur moral-relevanter Situationen sofort und mühelos intuitiv zu erfassen.[87] Erst wenn dies geleistet sei, könnten so komplexe Situationen wie die Trolley-Dilemmas in einer Tiefe erfasst werden, die die subtilen Veränderungen im Urteil der Probanden zwischen den verschiedenen Szenarien erklären können. Im Unterschied zu den Modellen von Haidt und Greene geschieht die *Urteilsbildung* hier bereits nach der Situationsanalyse und noch vor der Ausbildung von Emotionen und rationalen Argumenten. Bei moralischen Urteilen wären dann nicht nur „eineinhalb" (Haidt) oder zwei (Narvaez, Greene), sondern drei Prozesse wirksam. Neben den Intuitionen und der Rationalität gäbe es dann noch die Moralfähigkeit.[88] Durch sie werde die Struktur der Situation und deren moralische Relevanz erkannt.

Die Existenz einer Moralfähigkeit („moral faculty"), die parallel zur Sprachfähigkeit[89] aufgebaut ist, ist keinesfalls offensichtlich. Dass unübersichtliche Situationen in ihrem strukturellen und intentionalen Aufbau (unbewusst) „verstanden" werden müssen, um sie moralisch beurteilen zu können, liegt auf der Hand. Dieses Verständnis scheint aber durchaus nicht immer vor den Emotionen zu kommen, sondern muss sich gelegentlich gegen starke moralische Emotionen gerade erst durchsetzen.[90] Ich stimme mit Joshua Greene überein, der meint, dass sich die empirischen Befunde bereits dadurch erklären lassen, dass es eine emotionale Reaktion gibt und ein rationales Reflektieren über die Situation, die sich dann beide gegenseitig beeinflussen.[91] Aber auch wenn es keinen separaten dritten Prozess geben sollte, weist das Model der »Moral Grammar« darauf hin, dass unseren moralischen Urteilen ein strukturelles Verständnis zu Grunde liegt und dass es bestimmte (universelle?) Prinzipien sind, nach denen wir moralische Übertretungen kategorisieren.

---

87 Hauser, *Moral Minds*, 49.
88 Hauser nennt sie das „Rawlsian Creature".
89 Deren Natur ist in der Zwischenzeit allerdings auch nicht mehr unumstritten; vgl. Daniel Everett, *Language: The Cultural Tool* (London: Profile Books, 2012).
90 Joshua Greene, "Reply to Mikhail and Timmons," in *Moral Psychology, Vol 3: The Neuroscience of Morality: Emotion, Brain Disorders, and Development.*, ed. W Sinnott-Armstrong (Cambridge, MA: MIT Press, 2008), 109.
91 ebd.

8.3.3 Beurteilung von Handelnden

Bei den Trolley-Dilemmas geht es um die Wahl zwischen verschiedenen Gütern und die Frage nach den erlaubten Mitteln zur Erreichung des – zumindest numerisch – größeren Gutes. Eine andere Form moralischen Urteils ist die Bewertung des Täters selbst.[92] Bei dieser Fragestellung kommen noch mindestens drei zusätzliche Faktoren ins Spiel:

Die Handlungsfreiheit: wie groß die Möglichkeiten des Täters waren, anders zu handeln.

Die Intentionalität: über die Frage der angewandten Mittel hinaus, geht es hier darum, wie sehr sich der Täter mit seiner Tat identifiziert.

Die Dauerhaftigkeit der Identifikation: wie sehr die Handlung für den Täter zu einem persönlichen Ziel geworden ist. Es gibt einen Unterschied zwischen einer kurzen emotionalen Aufwallung und einem langfristig und sorgfältig geplanten Verbrechen, selbst wenn beide zum selben Ergebnis führen.

Philosophisch gilt: Wo keine Handlungsfreiheit, da keine Schuld. In der Psychologie findet sich entsprechend das »Discounting Principle«: Wo andere Ursachen erkennbar sind, wird die Verantwortlichkeit herabgestuft. Von Schimpansen ist bekannt, dass sie das »Discounting Principle« anwenden. Sie machen einen Unterschied zwischen Kooperationspartnern, die nicht kooperieren *wollen* und jenen, die es zwar wollen aber offensichtlich *nicht können*.[93] Ähnliches findet man bei Kindern etwa ab einem Alter von 9 Monaten.[94]

Die Beurteilung von Tätern im Experiment offenbart, dass das „Discounting Principle" nicht vollständig angewendet wird. Die Beurteilungen ziehen die Intentionen des Täters nämlich auch dann in Betracht, wenn gar keine Handlungsalternativen zur Verfügung stehen. Woolfolk et al. (2008) verwendeten folgendes Szenario, an dessen Ende jeweils Frank getötet wird (hier stark gekürzt): Bill entdeckt während des gemeinsamen Urlaubs, dass sein bester Freund Frank eine Affäre mit seiner Frau Susan hat.

---

92 In der modernen, westlichen Form der Juristik geht es vorrangig um diese Form des Urteilens. Andere Rechtssysteme gingen und gehen eher von der Handlung aus und berücksichtigen kaum den Kontext.
93 Josep Call et al., "'Unwilling' versus 'unable': Chimpanzees Understanding of Human Intentional Action," *Developmental Science* 7 (2004): 488–98.
94 Tanya Behne et al., "Unwilling versus Unable: Infants' Understanding of Intentional Action," *Dev Psychol* 41 (2005): 328–37.

Ziel 1: *(Bill identifiziert sich mit Franks Tötung)* Nach einigen Überlegungen kommt Bill zu dem Schluss, dass er dies nicht ertragen kann und beschließt Frank zu töten.

Ziel 2: *(Bill identifiziert sich nicht mit Franks Tötung)* Bill ringt mit sich selbst, und beschließt die beiden zuhause damit zu konfrontieren. Er nimmt an, dass was immer dabei herauskommt, auch das Richtige sein wird. Er will dem Glück der Beiden nicht im Weg stehen. Bill fühlt, wie sich bei ihm am Ende seiner Überlegungen wieder innerer Friede einstellt.

Auf dem Rückflug wird jedoch das Flugzeug entführt:

Situation A: *(Bill sieht keine Handlungsalternativen)* Nachdem sie einen anderen Passagier exekutiert haben, geben die Entführer Bill eine Pistole mit einer Patrone und der Anführer befiehlt ihm, Frank zu erschießen. Sie stehen zu acht mit Maschinenpistolen um ihn herum. Sollte er dem Befehl nicht folgen, würden Frank und weitere 10 Personen getötet. Bill erkennt, dass er keine Chance gegen die Entführer hat.

Situation B: *(Bill sieht Handlungsalternativen)* Nachdem sie einen anderen Passagier exekutiert haben, geben zwei Entführer Bill eine Pistole mit einer Patrone und der Anführer befiehlt ihm, Frank zu erschießen. Der andere Entführer richtet eine Pistole auf Bill. Ein dritter befindet sich im Cockpit. In diesem Moment werden die Entführer von außen über ein Megaphon aufgefordert, sich zu ergeben. Bill sieht, dass sich Anti-Terroreinheiten rund um das Flugzeug postiert haben. Die Entführer werden nervös und sind abgelenkt. Bill überlegt: Er könnte versuchen, die Entführer zu überreden sich zu ergeben; er könnte versuchen Zeit zu schinden, bis das Flugzeug gestürmt wird; oder er könnte den Anführer erschießen und hoffen, dass die andern Passagiere die restlichen beiden überwältigen können.

Situation C: *(Bill **hat keine** Handlungsalternativen)* Die Entführer injizieren Bill eine Droge, die ihn unfähig macht starken Autoritäten zu widerstehen. Als die Droge wirkt, gibt ihm der Anführer eine Pistole mit einer Patrone und befiehlt Bill, Frank zu erschießen. Wie von alleine hebt sich Bills Arm, ohne dass er etwas dagegen tun kann. Er fühlt sich wie eine Marionette. Er beobachtet, wie sich sein Finger auf den Abzug legt, wie die Pistole abfeuert und Frank getötet wird.

Wie erwartet weisen die Probanden Bill desto mehr Verantwortung zu, je mehr er sich mit der Tat identifiziert und desto weniger Verantwortung, je zwingender die

Umstände sind. Die eigentliche Überraschung ist, dass auch bei Variante C – unter absolutem Zwang – noch Verantwortung bei Bill gesehen wird.[95] Der sich über alle Szenarien durchhaltende Unterschied in der Beurteilung Bills, abhängig von dessen Identifikation (Ziel 1) oder Nichtidentifikation (Ziel 2), zeigt, dass die Verknüpfung von Tat und Intention auch ohne kausale Verbindung moralische Intuitionen beeinflusst. Je undeutlicher der Zusammenhang zwischen Intention, Handlung und Ergebnis ist, desto mehr scheinen Beobachter den Charakter des Handelnden und desto weniger die beobachtete Situation als Grundlage für ihr Urteil zu berücksichtigen.[96]

Wieder einmal zeigt sich, dass die menschliche Realität von der Logik in funktionaler Weise abweicht. Der evolutionäre Sinn, warum wir eine Situation moralisch beurteilen, liegt nicht nur darin, dass wir eine vergangene Situation korrekt analysieren möchten, sondern vor allem darin, auch in Zukunft die richtigen Entscheidungen zu treffen. Dazu ist es notwendig, neben dem Urteil über eine Handlung auch zu einem Urteil über den Handelnden selbst zu gelangen, so dass dessen Reputation angepasst und zukünftige Interaktionen abgestimmt werden können. Gerade weil die genauen, kausalen Zusammenhänge von außen nie offensichtlich sind, ist folgende Einstellung adaptiv: „Der Andere hatte ein Interesse an dem Ergebnis und es ist eingetreten. Das ist verdächtig – in Zukunft: Vorsicht!"

8.3.4 Zuverlässige Signale

Ein „Freispruch" erfolgt nur, wenn der Täter das Misstrauen der anderen aus der Welt schaffen kann, indem er seine (verborgenen) Intentionen sichtbar macht. Dies erfordert mitunter drastische Maßnahmen. Als wichtige soziale Signale dienen uns ein sichtbarer Widerwille bei der Handlung, ein offensichtlich schlechtes Gewissen, Schuldbekenntnisse, Wiedergutmachung, Bußfertigkeit, Tränen oder ein anderer Ausdruck von Schuld, Verlegenheit oder Scham![97] In den

---

[95] Freiheit von Bill in den Situationen (Skala von 1–7): A *5,21*; B *3,08*; C *1,98*. Bill's Verantwortlichkeit wenn er Frank *töten will* (Ziel 1): A *5,49*; B *4,81*; C *3,25*. Bill's Verantwortlichkeit, wenn er Frank *nicht töten will* (Ziel 2): A *4,38*; B *3,11*; C *2,25*; Robert L Woolfolk, John M Doris, und John M Darley, "Identification, Situational Constraint, and Social Cognition – Studies in the Attribution of Moral Responsibility," in *Experimental Philosophy*, ed. Joshua Knobe und Shaun Nichols (Oxford: Oxford University Press, 2008), 75.

[96] ebd., 62.

[97] „Mitleid" des Übeltäters führt dagegen zur gegenteiligen Reaktion: zu Verhärtung beim Opfer; Shlomo Hareli und Zvi Eisikovits, "The Role of Communicating Social Emotions Accompanying Apologies in Forgiveness," *Motivation and Emotion* 30 (2006): 189–97.

großen, hierarchischen Gemeinschaften entfällt diese Notwendigkeit, wenn die „Ankläger" nicht zum direkten sozialen Umfeld gehören oder nicht die nötige Macht besitzen. Dann können macht-monopolisierende Untergruppen und narzisstische Individuen Nischen finden, in denen sie ungestört gedeihen und ein zunehmend verzerrtes und überhöhtes Selbstbild kultivieren können. Solange das Umfeld keinen Riegel vorschiebt, schaukelt sich so ein System hoch bis man bei so skurrilen (und teilweise bedrohlichen) Machthabern landet wie Muammar al-Gaddafi, George W. Bush Jr., Silvio Berlusconi oder Vladimir Putin.[98] Die Bedrohung des Selbstbildes scheint dabei einer der häufigsten Gründe für aggressives Verhalten zu sein: Ärger nach außen zu lenken erspart einem die Überprüfung und Revision des eigenen Selbstbildes.[99]

Soziale Signale, die die Beziehungen harmonisieren könnten, werden vor allem dort nicht gesetzt, wo die erwarteten Kosten einer Bestrafung oder eines Gesichtsverlusts größer scheinen als die erwarteten Kosten das Ganze zum Beispiel „zu leugnen und auszusitzen". Dies ist vor allem dort der Fall, wo sich Mächtige an Weniger-Mächtigen verfehlen (zum Beispiel in der Politik, Väter in der Familie usw.[100]), wo das Risiko aufzufliegen gering ist, verzweifelte Angst vor einer Bestrafung oder Entsetzen vor der „eigenen Wahrheit" herrscht. Ein weiterer Grund kann natürlich auch fehlende Einsicht in die Schuldhaftigkeit sein.[101]

Wenn dagegen die entsprechenden Zeichen gesetzt werden, offenbart ein „Täter" *„was in seinem Herzen ist"*. Die unwillkürlichen, zuverlässigen Zeichen – Tränen, Erröten usw. – sind hier die entscheidenden. Die entsprechende Antwort ist Vergebung.[102] Beziehungen funktionieren reibungsloser, wo man einander Verfehlungen vergeben kann. Wenn der Schmerz und die Scham stark und authentisch zum Ausdruck kommen, fällt den Anderen Vergebung leichter, nicht nur willentlich, sondern emotional gefühlt.[103] In kommenden Interaktionen kann

---

98 vgl. Ian Robertson, "The Ultimate High," *New Scientist* 2872 (2012): 29.
99 „....it is mainly the people who refuse to lower their self-appraisals who become violent." Roy F Baumeister, L Smart, und J M Boden, "Relation of Threatened Egotism to Violence and Aggression: The Dark Side of High Self-Esteem," *Psychol Rev* 103 (1996): 5–33.
100 vgl. ebd., 12–26.
101 Werner Greve und Dirk Wentura, "Immunizing the Self: Self-Concept Stabilization Through Reality-Adaptive Self-Definitions," *Personality and Social Psychology Bulletin* 29 (2003): 39–50.
102 z. B. Eliza Ahmed und Valerie Braithwaite, "Forgiveness, Reconciliation, and Shame: Three Key Variables in Reducing School Bullying," *Journal of Social Issues* 62 (2006): 347–70. // Man Yee Ho und Helene H Fung, "A Dynamic Process Model of Forgiveness: A Cross-Cultural Perspective," *Review of General Psychology* 15 (2011): 77–84.
103 Hareli und Eisikovits, "The Role of Communicating Social Emotions Accompanying Apologies in Forgiveness." // Männer und Frauen reagieren offenbar verschieden stark auf unterschiedliche Signale; Varda Konstam, Miriam Chernoff, und Sara Deveney, "Toward Forgiveness:

dann wieder vertraut werden, weil man sich der *guten Intentionen* des anderen versichert hat.

> A teenager's blush triggers a forgiving smile from parents, and conflict and tension subside. [...] Parents, pushing infants on swings, fill a space with smiles, coos and laughs, creating a warm environment of trust and goodwill.[...] With the subtle turn of a phrase or use of the voice, spouses and siblings and parents and their children transform thorny conflicts into playful banter.[104]

8.4 Werte

Werte sind physiologisch *attraktiv*. Sie werden durch die Setzung von konkreten Zielen angestrebt und an die Situation angepasst: Während beide, eine Frau in Deutschland und eine Frau in Saudi-Arabien denselben Wert „Selbstverwirklichung" anstreben können, so wird dieser eventuell nur durch unterschiedliche Ziele erreicht. Während der deutschen Frau möglicherweise eine Selbstverwirklichung über den Weg als Familienmutter verwehrt ist, weil dies nicht die nötige gesellschaftliche Anerkennung bietet, so ist der Frau in der arabischen Kultur möglicherweise der Weg zur Selbstverwirklichung durch eine bestimmte berufliche Karriere verwehrt, wenn Frauen in diesem Beruf nicht akzeptiert werden. Ein Wert wird sich also immer in situationsabhängige Ziele übersetzen müssen, um erreichbar zu sein.[105]

Die Lebenssituation beeinflusst auch, welche Wertvorstellungen gerade aktiv sind. Jemand, der viel zu verlieren hat, wird den Wert „Sicherheit" höher schätzen, als jemand, der täglich Risiken eingehen muss, um das Nötigste zum Leben zu haben. Es ist nicht zufällig, dass die Kriminalitätsrate in Slums höher ist, als jene in reichen Vierteln.[106] Bemerkenswert ist, dass sich Werte und Ziele aber auch von der Umwelt emanzipieren können. So kommt es gelegentlich vor, dass einzelne Menschen aufgrund ihrer Werte Ziele verfolgen, die zunächst unrealistisch aussehen, die neu sind und durch die sie aus der Gesellschaft ausscheren. Manchmal

---

The Role of Shame, Guilt Anger, and Empathy," *Counseling and Values* 46 (2001): 26 – 39. // Robert C Roberts, "Emotional Consciousness and Personal Relationships," *Emotion Review* 1 (2009): 281– 88.
104 Dacher Keltner, *Born to Be Good*, Pos. 4441–4447. // Und die meiste Zeit sind dabei Gesichtsmuskeln involviert, die (normalerweise) nicht willentlich gesteuert werden können und daher als zuverlässige Signale dienen; ebd., Pos. 818 ff.
105 vgl. Roy F Baumeister und Brad J Bushman, *Social Psychology and Human Nature*, 108.
106 Das schlägt sich auch in der Partnerwahl nieder: Jeffrey K Snyder et al., "Trade-Offs in a Dangerous World."

können diese eine Gesellschaft verändern: Man darf sich fragen, woher zum Beispiel ein Mahatma Gandhi die Kraft bezog, seine Ziele so anders nicht nur zu setzen, sondern auch durchzusetzen.

8.4.1 Tabus und Sakrale Werte – Wenn Heiliges ins Spiel kommt

›Don't do x because I say so‹ has less impact than ›don't do x because God says so‹.[107]

Ein Verhandeln von sakralen Werten erscheint den Menschen als ein Tabu, als etwas, das gegen unverbrüchliche Gesetze verstößt. Ein Tabu ist eine absolute, automatisch und ohne Nachdenken einsetzende Aversion gegen eine Grenzüberschreitung zwischen dem Profanen und dem Sakralen.[108] Ein religiöser Bezug muss aber nicht notwendigerweise gegeben sein. Tabus existieren auch im profanen Bereich – wie für manche das Verbot, mit der Nationalflagge die Toilette zu wischen.[109] Die Handlungsanweisung ist in Tabu-Bereichen klar: Andere Werte können verhandelt werden, diese nicht!

Dementsprechend kann man zwischen drei verschiedenen Trade-Offs unterscheiden: *alltägliche Trade-Offs*, bei denen zwischen verhandelbaren Werten ein Ausgleich gefunden werden muss, *Tabu-Trade-Offs*, bei denen ein Wert mit Tabustatus verhandelt werden soll, und *tragische Trade-Offs*, bei denen zwischen zwei tabuartigen Verlustsituationen gewählt werden muss:

Der Leiter eines Krankenhauses muss entscheiden: (A) Er kann nur ein einziges Leben retten. Er muss sich zwischen zwei Kindern entscheiden *(tragischer Trade-Off)*. (B) Er kann entweder das Leben eines Jungen retten, oder 1 Million $ für das Krankenhaus einsparen *(Tabu Trade-Off)*. Probanden in einem Experiment beobachteten diese Entscheidungsprozesse. Dabei wurde die Zeit variiert (kurz oder lang), die der Krankenhausleiter benötigte, um zu einer Entscheidung zu kommen.[110] Die beobachtenden Probanden beurteilten es beim tragischen Trade-Off positiv, wenn der Leiter lang überlegte und negativ wenn er schnell zu einer Entscheidung kam. Beim Tabu-Trade-Off war es genau umgekehrt: Hier wurde es

---

107 Philip E Tetlock, "Thinking the Unthinkable: Sacred Values and Taboo Cognitions," *Trends in Cognitive Sciences* 7 (2003): 320.
108 ebd., 320–324.
109 Jonathan Haidt, S H Koller, und M G Dias, "Affect, Culture, and Morality, or Is It Wrong to Eat Your Dog?," 617.
110 P E Tetlock et al., "The Psychology of the Unthinkable: Taboo Trade-Offs, Forbidden Base Rates, and Heretical Counterfactuals," *Journal of Personality and Social Psychology* 78 (2000): 853–70.

positiv beurteilt, wenn der Leiter die Entscheidung für den Jungen schnell traf, dagegen negativ, wenn er lange überlegen musste.[111] Bei einem Tabu Trade-Off wird es als unangemessen erlebt, wenn jemand lange überlegen muss. Selbst wenn er am Ende zur „richtigen" Entscheidung findet, ist seine moralische Integrität angegriffen. Bereits das Wissen, dass jemand über ein Tabu-Trade-Off nachgedacht hat, ruft bei Beobachtern Verachtung, Missbilligung und den Wunsch zu bestrafen hervor.[112] Beim tragischen Trade-Off wird das lange Zögern dagegen als der unlösbaren Situation und der damit verbundenen menschlichen Tragödie angemessen betrachtet.

8.4.1.1 Neuer Kontext – Neue Gültigkeit?
In einer Welt mit begrenzten Ressourcen lassen sich Tabu-Trade-Offs nicht immer vermeiden. Die friedliche Nutzung der Atomkraft zur Energiegewinnung ist für den einen ein Tabu, weil die Risiken nicht abschätzbar sind und das Leben von Menschen dadurch bedroht wird, für den anderen ist es eine verhandelbare Frage der zu erwartenden Kosten und Nutzen. Mit der Fortentwicklung der Möglichkeiten in der Medizin, haben wir schon seit längerer Zeit die Situation, dass in manchen Fällen die Kosten einer Therapie gegen das Leben eines Menschen abgewogen werden müssen.[113] Obwohl Tabu-Trade-Offs auf den ersten Blick nicht verhandelbar sind, zeigt sich im Experiment (und in der Realität) dass es Bedingungen und Umstände gibt, unter denen dies doch geschieht.

Philip Tetlock (2003) untersuchte dies anhand eines Fallbeispiels: Eine Regierungskommission schlägt vor, statt 400 möglichen Leben nur 200 zu retten und die freiwerdenden 100 Millionen $ für andere Projekte zu verwenden. Im Experiment wurde nun die Art der Begründung variiert: Es gab eine utilitaristische Version (*„Aufgrund einer Kosten-Nutzen-Analyse kommt die Kommission zu dem Ergebnis, dass dies die richtige Maßnahme ist."*), eine deontische Version (*„Aufgrund ihrer Analyse, kommt die Kommission zu dem Ergebnis, dass es moralisch richtig ist, dies zu tun."*) und eine dritte Version, die den Entscheidungsprozess transparent machte. Die Zustimmung lag bei etwa 72%, wenn die Entscheidung in einem utilitaristischen oder deontischen Frame dargeboten wurde, aber nur bei etwa 35%, wenn die Entscheidung transparent war.

---

[111] „Taboo tradeoffs are, in this sense, morally corrosive: the longer one contemplates indecent proposals, the more irreparably one compromises ones moral identity." ebd., 854.
[112] Will M Bennis, Douglas L Medin, und Daniel M Bartels, "The Costs and Benefits of Calculation and Moral Rules," *Perspectives on Psychological Science* 5 (2010): 190.
[113] In Deutschland gilt derzeit die Faustregel, dass die Sicherung eines menschlichen Lebensjahres etwa 50.000 € kosten darf; Eberhard Schockenhoff, mdl. Mitteilung.

In einem andern Fall wurde gefragt, ob Bill Clinton seine größten Spendengeber im Weißen Haus übernachten lassen darf. Wenn dazu keine weitere Erklärung gegeben wurde, rief dies viel Widerstand hervor, ebenso wenn es als Form der Wiedergutmachung begründet wurde. Deutlich weniger Widerstand gab es, wenn es als das Recht formuliert wurde, seinen Freunden etwas Gutes zu tun.[114] Der neue Frame des Freundschaftsdienstes hatte jedoch wenig Auswirkung auf die Beurteilung jener Probanden, die dem anderen politischen Lager angehörten.[115]

Offensichtlich kann der Frame großen Einfluss auf das Ausmaß der Tabuisierung haben. Der *Fokus* wird dadurch selektiv auf bestimmte zur Disposition stehende Werte gelenkt. Doch es muss auch der *Wille* vorhanden sein, den neuen Frame zu akzeptieren.

8.4.1.2 Die Verhandelbarkeit von Tabuwerten

Möglichkeiten

In seinem Review zählt Tetlock (2003) drei Voraussetzungen auf, die es Menschen erleichtern, auch in Bezug auf ihre Tabu-Werte Kompromisse zu schließen:
1. Die Tabu-Trade-Offs können so umformuliert werden, dass sie wie tragische oder wie alltägliche Trade-Offs klingen.
2. Menschen sind im Allgemeinen bereit wegzuschauen, solange ihnen der Tabucharakter eines Trade-Offs nicht direkt unter die Nase gehalten wird.
3. Unter dem Eindruck guter Argumente oder für ein gemeinsames Ziel, ist die Bereitschaft üblicherweise vorhanden, die Vorstellung aufzugeben, dass bestimmte Werte eine „unverhandelbare" Wichtigkeit besitzen.

Unmöglichkeiten

Nicht jede Fragestellung kann jedoch so leicht manipuliert werden. Bei strikten Tabus führt bereits der Gedanke, einen materiellen Ausgleich schaffen zu können, zu vehementer Ablehnung.

> Some taboos – abortion rights, racism, or the sacred soil of Jerusalem or Kashmir – become so entrenched at certain historical junctures that to propose compromise is to open oneself up to irreversible vilification.[116]

---

[114] Dieser Fall ist real und das Weiße Haus wählte damals tatsächlich „Freundschaftsdienst" als Begründung.
[115] Tetlock, "Thinking the Unthinkable: Sacred Values and Taboo Cognitions," 323.
[116] ebd.

Eine politische Strategie, die darauf abzielt, den Verlust von Heiligem Boden durch anderes Land oder eine finanzielle Entschädigung wettzumachen, ist zum Scheitern verurteilt und wird nur die Verachtung der Betroffenen ernten. Es wird als grundsätzlich unangemessen erachtet, die in Frage stehenden Werte materiell zu betrachten. Die Ablehnung und Verachtung bei solch strikten Tabus wird sogar umso vehementer, je mehr als Entschädigung geboten wird.[117]

Überwindung der Unmöglichkeiten

Das einzige, was hier zu helfen scheint, ist die Bereitschaft, einen *echten* Kompromiss zu schließen: Für das Heilige, das genommen wird, muss auch etwas Heiliges geopfert werden. Wer selbst etwas Heiliges zum Ausgleich gibt, anerkennt die Unverhandelbarkeit des Wertes dessen, was der andere verliert. Er setzt nicht auf überlegene Macht oder Finanzkraft, sondern begegnet den Betroffenen auf Augenhöhe – diese werden dann oft keinen eigenen Vorteil daraus ziehen, ja dürfen dies nicht einmal. Die Bereitschaft zu einem derartigen „Ausgleich" scheint das einzige Mittel zu sein, die ehrliche Entrüstung Betroffener zu dämpfen und eventuell sogar zu befrieden.[118]

8.4.2 Jonathan Haidt – Fünf universelle Themenbereiche

Die Sozialpsychologen Jonathan Haidt und Craig Joseph[119] werteten die einschlägige Literatur zu den moralischen Werten verschiedener Kulturen aus und versuchten dadurch jene Kandidaten zu finden, die die impliziten, „inside-the-head"-Mechanismen des Menschen repräsentieren.

Sie fanden fünf Kategorien, die den Wertvorstellungen der verschiedenen Kulturen zugrunde liegen:[120]

---

117 Jeremy Ginges und Scott Atran, "What Motivates Participation in Violent Political Action," in *Values, Empathy, and Fairness across Social Barriers*, ed. S Atran et al. (Boston: Blackwell, 2009), 118.
118 Scott Atran, Robert Axelrod, und Richard Davis, "Sacred Barriers to Conflict Resolution," *Science* 317 (August 2007): 1039–40. // Ginges und Atran, "What Motivates Participation in Violent Political Action," 115–123.
119 Jonathan Haidt und Craig Joseph, "Intuitive Ethics: How Innately Prepared Intuitions Generate Culturally Variable Virtues," *Daedalus* 133 (2004): 55–66.
120 Jonathan Haidt und Selin Kesebir (2010, 822) weisen auf die ähnliche Ethik von Shweder et al. (1997) hin. In den Bereich seiner *Ethik der Autonomie* fallen die Wertekategorien 1 und 2, die die Wertschätzung des Einzelnen als autonomes Individuum wiederspiegeln. Der Bereich einer *Ethik der Gemeinschaft* wird durch die Wertekategorien 3 und 4 abgedeckt. Das Individuum wird hier als

1. Unversehrtheit/Fürsorge
2. Gerechtigkeit/Ausgleich
3. Gruppenzugehörigkeit/Loyalität
4. Autorität/Respekt
5. Reinheit/Heiligkeit

Unversehrtheit / Fürsorge
Säugetiere überleben nur, weil es Mechanismen gibt, die die Eltern dazu bringen, für ihre Nachkommen zu sorgen. Hierfür ist es hilfreich, wenn diese ihre Bedürfnisse kommunizieren können, verstanden werden und damit fürsorgliches Verhalten motivieren. Wir erleben die Wirksamkeit dieses Mechanismus überall dort, wo wir uns vom Kindchenschema eines Objektes ansprechen lassen. Der übliche Output dieses Moduls besteht in Empathie und Gefühlen der Fürsorge. Im kulturellen Kontext kann dieser ursprüngliche Mechanismus spezifische Formen annehmen, neue Zielgruppen finden und wohl auch neue Module formen. So wird es möglich, – auch kurzfristig – besondere (De-)Sensibilisierungen für bestimmte Formen von Leid zu entwickeln.

Gerechtigkeit / Ausgleich
Bei dieser Wertekategorie geht es ursprünglich um die Sicherstellung des eigenen Interesses und die Abwehr von Ausbeutung. Experimentell konnte nachgewiesen werden, dass Menschen sozialen Betrug im Vergleich zu anderen Unstimmigkeiten viel müheloser und sensibler erkennen können. Die emotionale Reaktion ist dabei besonders stark bei sozialen Ungerechtigkeiten. Dieser Alarmmechanismus tritt aber nicht nur in Kraft, wenn wir selbst betroffen sind, sondern auch wenn wir Ungerechtigkeiten nur beobachten. Der Output ist – je nach dem Status der Handlung und den Möglichkeiten der Beteiligten – Rückzug, Vorsicht und Absicherung, Ärger oder Bestrafung. Kulturelle Unterschiede sind verbreitet.

Teil einer Gruppe verstanden, das ihr gegenüber Pflichten und Rollen zu erfüllen hat. Der dritte Bereich ist eine *Ethik des Transzendenten*, in dem das Individuum einerseits als nicht allein sich selbst verdankt angesehen wird und somit sowohl einer höheren Macht als auch seiner eigenen Würde verpflichtet ist. // Jonathan Haidt und Craig Joseph, "The Moral Mind: How 5 Sets of Innate Moral Intuitions Guide the Development of Many Culture-Specific Virtues, and Perhaps Even Modules," in *The Innate Mind, Vol. 3 Foundation and the Future*, ed. P Carruthers, S Laurence, und S Stich (NY: Oxford Press, 2008), 378f. // Die folgende ausführlichere Beschreibung der 5 Kategorien lehnt sich an Haidt und Joseph (2008, S. 379–384) an, von wo auch die Zitate stammen.

Gruppenzugehörigkeit / Loyalität

Menschen sind soziale Wesen und organisieren sich in Gruppen, die sich nach außen abgrenzen. Dies geschieht sehr bereitwillig und bereits aufgrund trivialer Gemeinsamkeiten. Gruppen, deren Mitglieder sich stark identifizieren, sind im Allgemeinen hoch kooperativ, zeigen eine enorme Vertrauensbereitschaft und sind dadurch äußerst konkurrenzfähig. Unter anderem diese Vorteile ermöglichten es den frühen menschlichen Kleingemeinschaften, sehr lebensfeindliche Umwelten erfolgreich zu besiedeln. Die negativen Auswirkungen dieser Wertekategorie sorgen dagegen für einen großen Teil der täglichen Nachrichten, vom Konflikt zwischen rivalisierenden Banden (oder Parteien) bis hin zu den Kriegen dieser Welt. Gruppenzugehörigkeit und Loyalität sind der Treibstoff, der die Mitglieder der Gruppe bei der Stange hält und sowohl zu beträchtlichen Gewalttaten und Grausamkeiten, aber auch zu persönlichen Opfern für andere, bis hin zum eigenen Leben, antreibt.

Autorität / Respekt

Diese Wertekategorie wird überall dort relevant, wo Dominanzhierarchien existieren. Die Tatsache, dass soziale Primaten und der Mensch ganz ähnliche Signale benutzen, um Dominanz und Unterwerfung zu signalisieren, weist darauf hin, dass die Menschen bereits von ihrer Natur her mit der Bereitschaft ausgerüstet sind, sich in eine solche Hierarchie einzufügen.

> ... something in the human mind was organized in advance of experience, making it easy for humans to develop a suite of emotions and behaviors related to authority and power. (S. 382f)

Es gibt eine Tendenz, hinter allen Formen von Ungleichheit auch irgendeine Form der Unterdrückung zu vermuten. Dies wird dieser Wertekategorie jedoch nicht wirklich gerecht. Der Leistung des Untergebenen – Respekt und Tribut –, steht nämlich die Leistung des Dominanten gegenüber, dem Untergebenen Schutz und Ordnung zu gewähren. Dass dies nicht immer gelingt, ändert nichts an der prinzipiellen Gegenseitigkeit die auch innerhalb von Dominanzverhältnis-sen gegeben sein kann. In hierarchischen Gemeinschaften kann ein einzelner Richter, König oder Häuptling beides sein: Segen oder Fluch.

Reinheit/Heiligkeit

Diese Wertekategorie ist insofern eine Ausnahme, weil sie ursprünglich wohl nicht aus einem sozialen Kontext, sondern aus dem Umgang des Menschen mit Nahrung entstanden ist. Mit dieser Wertekategorie ist die Emotion „Ekel" verknüpft. Durch

Ekel werden wir davor gewarnt etwas zu essen, das unserer Gesundheit schaden könnte. Dieses Beurteilungssystem für Nahrung konnte evolutiv nun leicht dafür kooptiert werden, die Qualität bestimmter sozialer Beziehungen und Handlungen zu beurteilen.

> ...most if not all human societies use some of the vocabulary and logic of physical disgust in its moral life. (S. 383)

Moralischen Ekel empfinden Menschen sowohl im sakralen Bereich, als auch im Bereich des eigenen Leibes oder der eigenen Gruppe, die vor „Beschmutzungen" beschützt werden müssen. Die Vorstellung von Reinheit und Heiligkeit führt ihrerseits gleichermaßen zu klassischen Tugenden wie „Keuschheit" und „Maß", wie auch zu Untugenden: Bei den entsetzlichen Genoziden der jüngeren Vergangenheit mischte sich die Ablehnung einer Outgroup mit den Intuitionen von Unreinheit und Ekel zu einer grausamen Dynamik die urplötzlich bislang unbescholtene Bürger in ihren todbringenden Bann zog.

8.4.3 Darcia Narvaez – „Triune Ethics"

Ausgehend von der hierarchischen Hirnorganisation beschreibt Darcia Narvaez drei zentrale Motive der Ethik: Sicherheit, Engagement und Imagination. Ein phylogenetisch alter Teil des Gehirns[121] beschäftigt sich mit Fragen der Selbsterhaltung und damit, wie die eigene Gruppe gefördert werden kann. Seine Themen sind unter anderem instinktives Überleben, Territorialität, Dominanz und Status, Befolgung von Routinen und Konformität.[122] Die Ethik, die daraus folgt, ist eine *instinktive* »Ethik der Sicherheit«. In diesem Bereich sind die Überlebensmechanismen angesiedelt und entsprechend mächtig ist ihr Einfluss. Wenn sie wirksam ist und wenn sie nicht durch eine andere ethische Motivation gedämpft wird, ist sie anfällig für verminderte Sensibilität gegenüber den Anliegen anderer, für Rücksichtslosigkeit und für eine Verbissenheit, das Ziel zu erreichen, koste es was es wolle.[123]

---

[121] Dazu gehört unter anderem das extrapyramidal-motorische Nervensystem.
[122] Darcia Narvaez, "Triune Ethics: The Neurobiological Roots of Our Multiple Moralities," *New Ideas in Psychology* 26 (2008): 96 ff. // Sie bezieht sich dabei auf die Studien von Paul D MacLean, *A Triune Concept of the Brain and Behavior* (Toronto: Univ. Press, 1973) und Jaak Panksepp, *Affective Neuroscience: The Foundations of Human and Animal Emotions* (NY: Oxford Univ. Press, 1998).
[123] Darcia Narvaez, "Triune Ethics Theory and Moral Personality," in *Moral Personality, Identity and Character: An Interdisciplinary Future*, ed. D Narvaez und D K Lapsley (NY: Cambridge Univ. Pr., 2009), 139 und 143–145.

Ein phylogenetisch jüngerer Teil des Gehirns[124] beschäftigt sich mit Fragen der Fürsorge. Während der Entwicklung sind Menschen (wie andere Säuger) auf fremde Fürsorge angewiesen und zeitlebens erlangen wir psychische Stabilität durch unsere sozialen Bindungen.

Unser Gehirn ist so evolviert, dass unsere Belohnungssysteme primär auf soziale Beziehungen reagieren.[125] Themen in diesem Bereich sind Harmonie, Verbindlichkeit, Liebe, Verehrung, Gemeinschaftsgefühl usw. Die Ethik, die hier entsteht, ist eine *intuitive* »Ethik des Engagements«, die auf Verbindung und Vertrauen zielt. Hier sind Kooperation und beim Menschen „Shared Intentionality" angesiedelt und die Ingroup wird nicht so sehr aus der Abgrenzung zu anderen konstruiert, sondern aus der inneren Verbundenheit.[126]

Auf einer noch jüngeren und höheren Integrationsstufe, die beim Menschen ihre höchste Ausprägung findet,[127] kommt es zur Koordination und Abgleichung der Instinkte und Intuitionen mit einer Fülle weiterer Informationen aus der internen und externen Umgebung. Hier spielen kurzfristige und langfristige Ziele eine Rolle, hier kann Aufmerksamkeit gelenkt, alternative Szenarien imaginiert und logisch geplant werden. Die Ethik, die hier entsteht, nennt Narvaez »Ethik der Imagination«. Sie zeichnet sich dadurch aus, dass sie sich sowohl von der Innenwelt mit ihren Instinkten und Emotionen, als auch von den Bedingungen der Außenwelt selektiv distanzieren kann. Dadurch ist sie in der Lage, persönliche Ziele und Narrative zu verfolgen und kreativ zu werden.[128]

Die »Ethik der Imagination« ist allerdings ambivalent, da sie sich in einer Bedrohungssituation „auf die Seite der Sicherheitsethik schlagen" kann und es dann ermöglicht, dass sehr ausgeklügelte Verteidigungssysteme, Eroberungsstrategien oder Unterdrückungsapparate installiert werden. Anderseits ist sie in der Lage, vor allem in Verbindung mit einer Ethik des Engagements, die intuitiven Grenzen zu überschreiten und ein universales Gemeinschaftsbewusstsein zu unterhalten, die Idee der Menschenrechte zu entwickeln oder Hilfsbereitschaft und Opferbereitschaft zu fördern.[129]

Das System der »Dreieinen Ethik«, das Narvaez vorstellt, ist nur auf den ersten Blick eine Alternative zu den drei Themenbereichen von Shweder und deren

---

[124] Dazu gehört die limbisch-hypothalamisch-hypophysäre Achse.
[125] ebd., 145.
[126] ebd., 139 und 145 f.
[127] Dabei ist die thalamo-neocorticale Achse involviert und vor allem der laterale PFC.
[128] ebd., 139 und 146–149.
[129] ebd., 148.

Ausfaltung auf fünf bei Haidt.¹³⁰ Bei genauerer Betrachtung zeigt sich, dass Narvaez' Konzept im Grunde orthogonal zu den anderen angelegt ist. In allen Bereichen Shweder's und Haidt's kann der Fokus entweder auf der Sicherheit oder auf dem Engagement liegen. Wer im Themenbereich der Autonomie auf Sicherheit aus ist, wird sich um die *eigene* Unversehrtheit und Gerechtigkeit bemühen, wer dort auf Engagement aus ist, wird sich um *fremde* Unversehrtheit (als Fürsorge) und Gerechtigkeit für andere (als Ausgleich) kümmern. Wer im Bereich der Gemeinschaft auf Sicherheit aus ist, wird die heteronomen Werte Autorität und Gruppenzugehörigkeit betonen. Wer hier eine Logik des Engagements verfolgt, wechselt zu den autonomen Gütern Respekt und Loyalität. Im Bereich der Transzendenz entspricht der Übersteig von Sicherheit zu Engagement, dem Wechsel vom Suchen der eigenen Reinheit und der Pflicht zum Opfer hin zur Verehrung der göttlichen Heiligkeit und der Freude am Geben (Tab. 8.1).

	Autonomie	Gemeinschaft	Transzendenz	
Sicherheit	Unversehrtheit und Gerechtigkeit für mich	Autorität und Gruppenidentität	Forderungen der Reinheit	**Abgrenzung**
Engagement	Fürsorge und Ausgleich für andere	Respekt und Loyalität	Hilfe zum heil(ig)en Leben	**Verbindung**
Imagination	Integration in das Gesamt der persönlichen Realität			

Tabelle 8.1 Die Projektion von Narvaez' „Triune Ethics" auf Shweder's „Big Three" und Haidt's „Fünf Themenbereiche der Moral".

Beim Menschen kann man davon ausgehen, dass im nicht-pathologischen Fall alle drei Ethiken gleichzeitig aktiv sind, wobei Sicherheit und Engagement häufig konkurrieren. Die »Ethik der Sicherheit« hat relativ starre Reaktionsmuster, die »Ethik des Engagements« zeigt bereits eine deutliche Flexibilität und die »Ethik der Imagination« ist schließlich der Ort, wo das moralische Urteil zum *eigenen* moralischen Urteil wird, weil es hier zum Ausdruck der Gesamtheit der Persönlichkeit werden kann.¹³¹

Es ist plausibel, dass eine Ethik des Engagements unter ansonsten gleichen Umständen als die moralisch lobenswertere angesehen wird. Handlungsweisen, die der Logik der Sicherheit folgen, werden nur dann als die moralisch „richtigen"

---

130 1. Autonomie (Unversehrtheit/Fürsorge, Gerechtigkeit/Ausgleich), 2. Gemeinschaft (Autorität/Respekt, Gruppenzugehörigkeit/Loyalität), 3. Transzendenz (Reinheit/Heiligkeit); siehe Kapitel 8.5.2.
131 vgl. Michael Pauen und Gerhard Roth, *Freiheit, Schuld und Verantwortung*, 99–109.

angesehen, wenn tatsächlich eine Bedrohungssituation vorliegt. Im anderen Fall wird eine Ethik des Engagements stets als besser beurteilt.

8.4.4 Spezifische Wertsetzungen

8.4.4.1 Sozialliberal-Progressiv ⇔ Konservativ

Es gibt signifikante Unterschiede, wie Menschen die moralischen Themenbereiche untereinander gewichten. Diese Unterschiede sind oft nicht *zwischen* den Kulturen am größten, sondern *innerhalb*: Die „Trennung" verläuft zwischen den *konservativen* Mitgliedern einer Gemeinschaft und den *sozialliberal-progressiven*.[132] Konservative Personen gewichten alle fünf Bereiche in etwa gleich. Sozialliberal-aufgeschlossene Personen legen dagegen besonderen Wert auf die ersten zwei Kategorien, Unversehrtheit und Gerechtigkeit, und sehen die übrigen drei Kategorien als moralisch weniger relevant an (Abb. 8.2).

Haidt vermutet, dass beide Gruppen, Konservative wie Sozialliberal-Progressive, gerade deshalb eine spezifische Funktion innerhalb der Gesellschaft ausüben und sich gegenseitig ergänzen.[133] Während den Konservativen der Erhalt von Struktur und Ordnung am Herzen liegt – eine Aufgabe, die erst dann richtig eingeschätzt werden kann, wenn die Ordnung einmal zerstört ist und wieder aufgebaut werden muss –, ermöglichen die Sozialliberal-Progressiven, mit ihrer Offenheit für Neues, dass die Gruppe sich weiterentwickelt und neue Strategien und „Lebensraum" erwirbt.[134] Die progressive Strategie wird dabei in einer schnell veränderlichen, herausfordernden Umwelt ihre größte Funktionalität erreichen, die konservative Strategie dagegen in einer stabilen Umwelt mit geringen Entwicklungsmöglichkeiten.

Die deutliche Priorisierung der Individualwerte bei den Sozialliberal-Progressiven führt häufig in einen Konflikt mit jenen, die vor allem das Funktionieren

---

132 „Liberals" und „Conservatives" bezieht sich in Haidts Studien auf die politischen Lager in den USA. Für andere Länder müssen die Begriffe angepasst werden. Zum Beispiel sind die „Liberalen" der deutschen Politik (FDP) wohl eher Haidt's Kategorie „Slightly Conservativ" zuzuordnen. Ich verwende daher die Beschreibung „sozialliberal-progressiv"" für Haidt's „Liberals" und „Konservative" für seine „Conservatives". // Jonathan Haidt, "The New Synthesis in Moral Psychology." // Man kann unter www.yourmorals.org den aktuellen Stand der internationalen Untersuchung sehen und die eigenen moralischen Gewichtungen testen. // Einen detaillierten Überblick geben Jesse Graham, J Haidt, und B A Nosek, "Liberals and Conservatives."
133 Auch wenn sie sich dabei meistens „in den Haaren liegen".
134 Jonathan Haidt und Jesse Graham, "Planet of the Durkheimians, Where Community, Authority, and Sacredness Are Foundations of Morality," in *Social and Psychological Bases of Ideology and System Justification*, ed. J Jost, A C Kay, und H Thorisdottir (NY: Oxford Press, 2009), 388 ff.

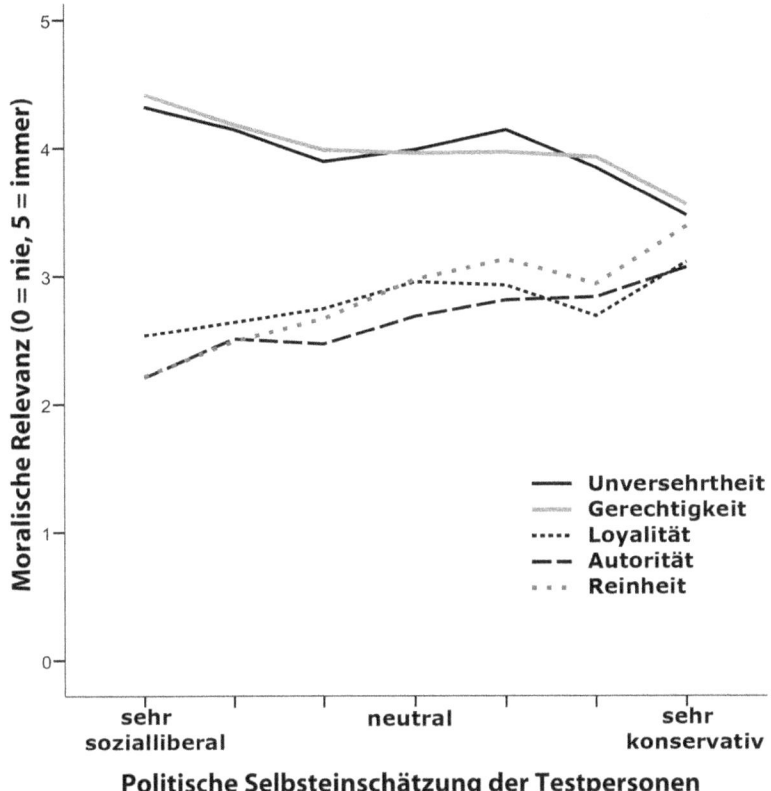

Abb. 8.2: Die moralische Relevanz der fünf Themenbereiche nach politischer Einstellung. Man beachte, dass sich die politische Einstellung auf US-amerikanische Verhältnisse bezieht und den dortigen Parteien nachgebildet ist. Die Daten stammen aus einer Online-Umfrage (n = 1613); nach Graham, Haidt und Nosek 2009. Mit freundlicher Genehmigung © 2009 by the American Psychological Association.

der Gruppe im Blick haben. Während Sozialliberale im Konfliktfall eher den Individualwerten einen Vorrang einräumen, ist dies bei Konservativen nicht selbstverständlich. Häufig wird man hier die Einstellung finden, dass der Einzelne zu Gunsten der Gruppe von seinen Rechten zurücktreten muss und die Individualrechte werden in engem Zusammenhang mit den Pflichten des Einzelnen gegenüber der Gemeinschaft gesehen.

8.4.4.2 Kulturelle Eigenheiten

Um kulturelle Unterschiede statistisch einigermaßen sicher feststellen zu können, braucht es eine große Datenmenge, da die intrakulturellen Unterschiede bereits groß sind. Derartige Datenmengen produziert zum Beispiel der World Values Survey (WVS), bei dem seit 30 Jahren im Abstand von fünf Jahren Menschen aus aller Welt über ihre Wertvorstellungen befragt werden. In der Umfragewelle (2005–2008) konnten 62 Länder mit jeweils mindestens 1000 Befragten abgedeckt werden.[135] Wichtig ist, dass man dabei Korrelationen erkennen kann, aber keine kausalen Zusammenhänge. Einen guten Überblick verschafft zum Beispiel der Artikel von Inglehart und Baker (2000).

Deutlich ist eine „Verwandtschaft" von Ländern aus vergleichbaren Kulturräumen zu erkennen. Jeder davon besitzt offenbar eine jeweils charakteristische Kombination aus Wertvorstellungen (Abb. 8.3). Die Systematisierung nach Religionen bedeutet nicht, dass die Unterschiede religiös motiviert wären, doch wo es vorherrschende religiöse Strömungen gibt, prägen und beeinflussen diese selbstverständlich auch das kulturelle Klima.

Ebenso prägend sind aber materielle Bedingungen. Wo das Überleben nicht gesichert ist, treten Werte der Selbstverwirklichung in den Hintergrund. Wo die Grundbedürfnisse (Ernährung, Bildung, Hygiene, Gesundheit) stärker an die Gemeinschaft gebunden sind, werden gemeinschaftliche Werte höher bewertet. Wo Religion Funktionen bezüglich dieser Grundbedürfnisse erfüllt, werden transzendente Werte höher eingestuft. Wo die religiösen Dienste als eine von vielen Alternativen einer persönlichen Selbstverwirklichung angesehen werden, relativiert sich deren Stellung in der Hierarchie der Werteskala usw. Die Akzeptanz von Werten ist daher mit den Bedingungen der Lebensumwelt eng verbunden. Einige konkrete Beispiele benennen Henrich et al. (2005, 2006, 2010, siehe Kapitel 5.2.5) etwa mit den Hadza (Tansania), die desto prosozialer eingestellt sind, je größer das Dorf ist, aus dem sie stammen, oder den Tsimane (Bolivien), die aufgeschlossener und prosozialer sind, je näher sie an einer größeren Stadt leben und je stärker sie in den regionalen Handel eingebunden sind.

Die Grafiken bilden auf der X-Achse die Werte von typischen Überlebenswerten bis zu Werten der Selbstverwirklichung ab. Dass eine Entwicklung vom reinen Überleben hin zur selbständigen Gestaltung des eigenen Lebens etwas Positives ist, liegt auf der Hand, da sich in diesen Werten unmittelbar die Lebensqualität der Personen niederschlägt. Daher kann eine Bewegung entlang der X-Achse positiv bewertet werden, solange damit nicht eine Abkehr von dem Ge-

---

[135] http://www.worldvaluessurvey.org/

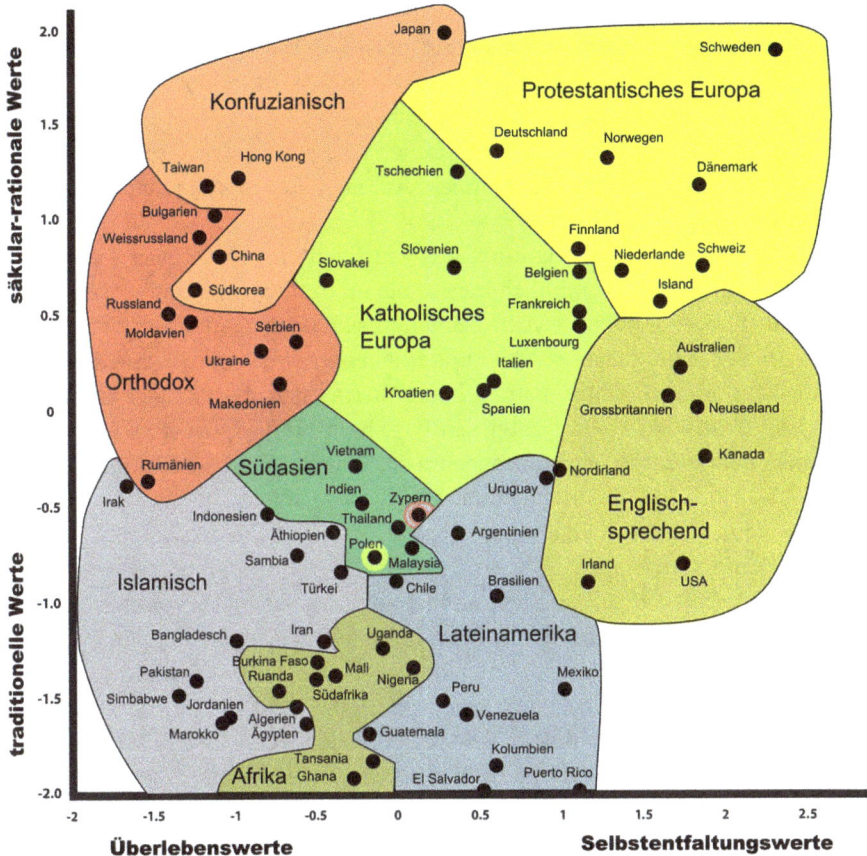

Abb. 8.3: Kulturkarte der Welt nach Inglehart-Welzel. 2. Version. Die Daten stammen aus der Erhebung von 2005–2008. Polen und Zypern wurden zusätzlich vom Verfasser farblich markiert. Wikimedia Commons; http://de.wikipedia.org/wiki/Datei:Inglehart_Values_Map2_DE.svg.

danken einer Verpflichtung gegenüber der (weltweiten) Gemeinschaft verbunden ist.

Auf der Y-Achse werden die Werte von traditionell bis säkular-rational abgebildet. Eine Bewegung in einer bestimmten Richtung entlang dieser Achse ohne weitere Begründung als die bessere zu bezeichnen, wäre vermutlich eine typische WEIRDo-Perspektive (vgl. Kapitel 5.2.5). Diese Annahme ist nicht selbstevident und müsste – selbst wenn sie stimmen sollte – eigens begründet werden.

8.4.4.3 The Great Narrowing

In der sozialpsychologischen Forschung finden sich, wenn es um moralische Themen geht nahezu ausschließlich Arbeiten zu den Themenbereichen Gerechtigkeit und Unversehrtheit. Jonathan Haidt bemängelt diese Engführung auf nur zwei der von ihm ermittelten fünf moralischen Kategorien. Seine Kritik wurde von anderen Wissenschaftlern aufgenommen und man spricht von jener Phase nun auch als »The Great Narrowing«.[136]

Die Ursache für diese Engführung ist im Nachhinein unschwer erkennbar. Sozialpsychologen gehören üblicherweise einem bestimmten Typ Menschen an: Akademiker mit eher progressiven, sozialen Ansichten und einer Verwurzelung in der westlichen Kultur. Dass solche Minderheitengruppen eine gewisse Betriebsblindheit mitbringen, kann nicht wirklich überraschen. Der Mangel an moralischer und politischer Vielfalt unter den Forschern führte so zu einer eklatanten Blindheit der Sozialpsychologie gegenüber den moralischen Werten der Gemeinschaft und des Transzendenten. Wenn diese überhaupt wahrgenommen wurden, dann wurden sie häufig als unreife Wertvorstellungen ohne echte moralische Qualität abgetan.

In einer Arbeit des Experimental-Philosophen Shaun Nichols werden die unterschiedlichen Reaktionen von Probanden auf die Verletzung von (a) emotional neutralen Konventionen, (b) emotional beladenen Konventionen und (c) „echten" moralischen Regeln untersucht.[137] Dabei stellt er fest, dass sich die Reaktionen bei (b) und (c) ähneln. Sein Kriterium für „echte" moralische Normen (c) ist, dass sie Schaden verhindern. Regeln, die andere Themen betreffen seien dagegen Konventionen, die sich – ausgelöst durch ihren emotionalen Inhalt – experimentell nur wie moralische Fragen verhalten. Es handle sich jedoch in Wirklichkeit um Konventionen.

Aus Sicht von Jonathan Haidt und dessen Mitstreitern, haben die emotional beladenen „Konventionen" aus Nichols Experiment dagegen moralische Qualität, gerade *weil* sie diese Reaktionen auslösen. Unterteilungen wie jene von Shaun Nichols laufen Gefahr, die eigene Vorannahme – „Moral hat immer mit Schaden oder Benachteiligung zu tun" – dem Phänomen überzustülpen, bevor es sich als etwas anderes offenbaren kann.

---

136 vgl. Haidt und Kesebir, "Morality."
137 Shaun Nichols, "Norms with Feeling: Towards a Psychological Account of Moral Judgment."

8.5 Moralisches Denken dient sozialem Handeln

8.5.1 Der Effekt von Anonymität – „Intuitiver Politiker"

In seiner „Politeia" beschreibt Plato in den ersten Büchern eine philosophische Auseinandersetzung – mit Sokrates als zentraler Person – um die Frage, was Gerecht-Sein bedeutet. Zu Beginn des zweiten Buches schlägt Glaukon (ein Bruder des Plato) ein Gedankenexperiment vor: Ob jemand, der den legendären „Ring des Gyges" besitzt, der dem Träger Unsichtbarkeit verleiht, sich, wenn er zuvor ein gerechter Mensch war, weiterhin gerecht verhalten würde, oder ob er sich nun, da ihn niemand mehr sehen kann, zu ungerechten Werken, die ihm selbst nützlicher sind, hinreißen lassen würde. Er argumentiert des Weiteren, dass dann kein innerlicher Unterschied mehr wäre zwischen dem Gerechten und einem Ungerechten. Glaukon vermutet in seinem Gedankenexperiment, dass der Gerechte tatsächlich nur durch sozialen Zwang gerecht handle.[138]

Glaukons Gedankenexperiment lässt sich empirisch überprüfen. Der „Ring des Gyges" kann im echten Experiment durch Anonymität ersetzt werden. Dadurch lässt sich feststellen, ob das moralische Verhalten den Probanden ein echtes Anliegen ist, oder ob sie nur „moralisch" aussehen möchten.[139]

In dem Experiment von Dana et al. (2006) wurde ein Diktator Game (siehe S. 140f) einmal transparent, einmal anonym und ein anderes Mal mit einer anonymen Option gespielt: Bei Letzterer durften die Diktatoren entweder 10 Geldeinheiten auf sich und einen Mitspieler aufteilen oder als anonyme Option einen »Quiet Exit« wählen, bei dem sie zwar nur 9 Geldeinheiten erhielten, aber dafür kein Spiel zu spielen brauchten. Im transparenten Spiel spielte ⅓ der Spieler egoistisch und ⅔ fair. Im anonymen Spiel drehte sich das Verhältnis um. Es spielten jetzt ⅔ egoistisch und nur noch ⅓ fair. Die Option des »Quiet Exit« entlarvte schließlich das eine Drittel Diktatoren, die nur dann, wenn es bemerkt wird, fair handeln und ansonsten Anonymität bevorzugen und dann egoistisch wählen. Es gab also drei unterscheidbare Strategien:
a) egoistisch sein
b) fair sein
c) fair *scheinen.*

---

[138] Plato, *Politeia,* Buch II, 5; 359–362.
[139] z. B. Dana, Cain, und Dawes, "What You Don't Know Won't Hurt Me." // Dana, Weber und Kuang, "Exploiting Moral Wiggleroom." // C D Batson et al., "In a Very Different Voice: Unmasking Moral Hypocrisy," *Journal of Personality and Social Psychology* 72 (1997): 1335–48. // Piercarlo Valdesolo and David DeSteno, "Moral Hypocrisy." // Philip E Tetlock, "Social Functionalist Frameworks for Judgment and Choice: Intuitive Politicians, Theologians, and Prosecutors," *Psychological Review* 109 (2002): 451–71.

Die Effekte der Anonymität verschwinden im Experiment, wenn ein dritter Beobachter eingeführt wird, und zwar auch dann, wenn dieser nicht eingreifen, sondern nur beobachten darf.[140] Ja, es gelingt sogar, wenn es sich gar nicht um echte Beobachter handelt. Werden Experimente an einem Bildschirm durchgeführt, auf dem als Desktophintergrund Augen abgebildet sind, wird häufiger eine prosoziale Option gewählt. Und aus offenen Kassen wird weniger entwendet und mehr hineingelegt, wenn ein künstliches Augenpaar in der Nähe angebracht ist.[141] Offensichtlich wirken sich Anonymität und Öffentlichkeit unbewusst auf unsere Handlungen aus.

Das Gefühl von Öffentlichkeit – also beobachtet zu werden – stärkt in diesen Experimenten prosoziales Verhalten. Dunkelheit bewirkt das Gegenteil.[142] Vermutlich beschränken sich diese Effekte nicht auf prosoziales Verhalten. Soziale Kontrolle wird sich wohl auf alle Verhaltensweisen auswirken, die geeignet sind, das Ansehen innerhalb dieser Gruppe zu steigern, also auch auf Aggressionen gegen Outsider oder auf außergewöhnliche Tapferkeit im Kampf oder ähnliches – wenn sie sich gegen die richtigen Personen richten.

Tetlock nennt solche sozialen Strategien, die auf Außenwirkung bedacht sind, die Strategie des »Intuitiven Politikers«.[143] Dem Typus des „Politikers" kommt es in erster Linie darauf an, ein gutes Bild abzuliefern, um bei der nächsten Wahl von möglichst Vielen gewählt zu werden. Dazu gehört es auch, die bisherigen Wähler zufrieden zu stellen. Tetlock stellt fest, dass sich bei moralischen Entscheidungen ein großer Teil der Leute eher wie Politiker verhalten, die gute Umfragewerte wollen, und weniger wie Idealisten, die von einem bestimmten Wert überzeugt sind und diesen gegen Widerstände aufrechterhalten.

8.5.2 Der Effekt eines Alibis – »Moralische Heuchelei«

In einer Reihe von Versuchen ist ein Team von Psychologen um Daniel Batson der Frage nachgegangen, welche Faktoren »Moralische Heuchelei« begünstigen, die

---

140 Emel Filiz-Ozbay und Erkut Y Ozbay, *Social Image in Public Goods Provision with Real Effort*, Tüsiad-Koç University Economic Research Forum – Working Papers 1026 (2010).
141 Kevin J Haley und Daniel M T Fessler, "Nobody's Watching?." // Melissa Bateson, Daniel Nettle, und Gilbert Roberts, "Cues of Being Watched Enhance Cooperation in a Real-World Setting," *Biology Letters* 2 (2006): 412–14.
142 Chen-Bo Zhong, Vanessa K Bohns, und Francesca Gino, "Good Lamps Are the Best Police: Darkness Increases Dishonesty and Self-Interested Behavior," *Psychological Science* 21 (2010): 311–14.
143 Tetlock, "Social Functionalist Frameworks for Judgment and Choice."

Fähigkeit eines Individuums, an bestimmten Überzeugungen festzuhalten, aber gleichzeitig gegen diese zu handeln. Dazu wurden Versuchsregimes entwickelt, die es ermöglichen, zwischen Moralischer Integrität und Moralischer Heuchelei zu unterscheiden.

In einem ersten Versuchsansatz wurden den Probanden zwei Aufgaben vorgestellt. Eine war sowohl finanziell als auch von ihrer Art her deutlich attraktiver als die andere. Wenn der Proband diese Aufgabe für sich wählte, musste der nächste Proband die unattraktive und unangenehme Aufgabe übernehmen.[144] Im Experiment wählten 80 % der Probanden für sich die attraktivere Aufgabe, obwohl sie im Nachhinein ihre Wahl als nicht besonders moralisch charakterisierten (M = 4,38 auf einer Skala bis 9). Fehlte ihnen die Motivation moralisch zu handeln, oder hatten sie möglicherweise die moralische Dimension ihrer Wahl gar nicht im Blick?

Eine Veränderung des Versuchsansatzes sollte diese Frage klären. Diesmal durften die Probanden entweder a) sich die Aufgaben selbst zuweisen oder b) eine Münze werfen. Außerdem wurden sie darauf hingewiesen, dass das Werfen der Münze als die fairere Möglichkeit angesehen werde. Durch den Fragebogen am Ende stellte sich heraus, dass nahezu alle Probanden diese Ansicht teilten. Ein Teil der Versuchspersonen wies sich die Aufgabe selbst zu, ohne die Münze zu werfen. Von diesen wählten 90 % die attraktive Aufgabe für sich. Aber von denen, die die Münze warfen, wiesen sich überraschend ebenfalls etwa 90 % die attraktivere Aufgabe zu, ein signifikant höherer Anteil als das erwartete Zufallsergebnis von 50 %. Da dies in vielen Versuchen repliziert werden konnte, muss offenbar ein beträchtlicher Teil der Personen entweder die Münze werfen, sich dann aber nicht an das Ergebnis halten, oder nur vorgeben die Münze geworfen zu haben.

Der Anstieg von 80 % in Versuchsansatz 1 auf nun 90 % erklären die Forscher mit der Alibifunktion der Münze. Manche, die andernfalls wohl altruistisch gewählt hätten, nutzen das Alibi „ich habe die Münze geworfen", um nun egoistisch zu wählen, weil nun niemand ihnen ihren Egoismus nachweisen kann.

Nach vielen ähnlichen Versuchen, durchgeführt von unterschiedlichen Forschungsgruppen,[145] ist deutlich geworden, dass ein großer Anteil der Personen nicht um moralische Integrität bemüht ist. Man fand vielmehr überwältigende Hinweise auf »Moralische Heuchelei«.

> The results consistently conform to the pattern we would expect if the goal of many who flipped the coin was to appear moral yet, if possible, avoid the cost of being moral.[146]

---

144 Batson et al., "In a Very Different Voice: Unmasking Moral Hypocrisy."
145 Eine Darstellung findet sich bei C Daniel Batson und Elizabeth C Collins, "Moral Hypocrisy."
146 ebd., 100.

Die genannten Beobachtungen können auf zweierlei Weise erklärt werden. (1) Entweder die Probanden nehmen ihr eigenes Handeln in der jeweiligen Situation irrtümlich als moralisch richtig wahr, täuschen sich also in irgendeiner Weise selbst oder (2) sie verzichten einfach darauf die zu treffende Entscheidung mit ihren moralischen Vorstellungen zu vergleichen.

Um zwischen diesen beiden Möglichkeiten zu unterscheiden, hat die Forschungsgruppe um Batson ihren Versuchsansatz nochmals verändert. Sie kennzeichneten die Wahlmöglichkeiten so, dass es im Moment des Wählens für die Probanden unmissverständlich war, welches die moralisch minderwertige Wahl ist.[147] Derartige Markierungen ändern jedoch nichts am Ergebnis, so dass (1) für diese Versuche ausgeschlossen werden kann. Die Probanden täuschen sich üblicherweise nicht über den moralischen Status ihrer Wahl.[148] Sie können vielmehr ihre unmoralische Wahl deshalb treffen, weil sie (2) ihr Verhalten nicht mit ihren moralischen Standards vergleichen.

Wenn dies stimmt, sollte es möglich sein, „Moralische Heuchelei" zu verringern, indem man die Selbstwahrnehmung verbessert. Dadurch wird nämlich gleichzeitig die Wahrnehmungsfähigkeit für Verhaltensdiskrepanzen erhöht.[149] Eine Möglichkeit dies zu erreichen ist, einen Spiegel vor den Versuchspersonen zu platzieren.

Die Ergebnisse ändern sich nun auf dramatische Weise. Ohne Spiegel verhalten sich die Probanden wie in früheren Studien, doch im Versuchsaufbau mit Spiegel verschwindet die Asymmetrie bei den Münzwerfern: Etwa 50 % derer die

---

147 C Daniel Batson et al., "Moral Hypocrisy: Appearing Moral to Oneself Without Being so." // vgl. auch Valdesolo und DeSteno, "Moral Hypocrisy," 689 f.

148 Dies wird noch einmal deutlicher, wenn man die nachträgliche Beurteilung bei denen, die das Ergebnis des Münzwurfs ignorierten und denen, die beim Münzwurf Glück hatten, getrennt erfasst. Im Detail zeigen sich bei den Antworten auf die Frage „*Do you think the way you made the task assignment was moraly right?*"; auf einer Skala von $M = 1$ („überhaupt nicht") bis $M = 9$ („ja, völlig") jeweils signifikante Unterschiede zwischen jenen *Altruisten,* die freiwillig die unattraktive Aufgabe übernehmen ($M1 = 8{,}50; SD = 0{,}76$), den Münzwerfern, die gewinnen ($M2 = 7{,}45; SD = 1{,}37$), den Münzwerfern, die das Ergebnis ignorieren ($M3 = 5{,}56; SD = 2{,}37$) und den Egoisten, die gleich die attraktive Aufgabe wählen ($M4 = 3{,}89; SD = 1{,}45$). Der Unterschied zwischen M2 und M3 zeigt dass sich die Personen korrekt einschätzen und spricht damit für Hypothese (2). Der Unterschied zwischen M3 und M4 erklärt sich am einfachsten mit der Annahme, dass einige Münzwerfer versuchen, ihren Plot geheim zu halten und nach außen das Bild des „fairen" Münzwerfers zu wahren. Wie zu erwarten, ist in dieser Gruppe die Selbsteinschätzung dann auch am uneinheitlichsten ($SD = 2{,}37$). C Daniel Batson, Elizabeth R Thompson, und Hubert Chen, "Moral Hypocrisy: Addressing Some Alternatives," *J Pers Soc Psychol* 83 (2002): 330–39.

149 Edward Diener und Mark Wallbom, "Effects of Self-Awareness on Antinormative Behavior," *Journal of Research in Personality* 10 (1976): 107–11. // Batson et al., "Moral Hypocrisy: Appearing Moral to Oneself Without Being so."

die Münze warfen, übernahmen nun die unattraktive Aufgabe. Dies entspricht der statistischen Erwartung wenn kein Betrug stattfindet. Außerdem bewerteten sie nun im Fragebogen die moralische Qualität ihrer Wahl als sehr hoch ($M = 8{,}80$).[150] Wenn die Aufmerksamkeit darauf gelenkt wird, welches Verhalten mit den eigenen moralischen Standards übereinstimmt, ist es vor einem Spiegel offenbar nicht mehr so einfach Diskrepanzen auszuhalten. Die Probanden scheinen dadurch zu moralischem Verhalten genötigt zu sein, um so das Bild (bzw. Selbstbild) einer „moralischen und integren Person" aufrechtzuerhalten.

8.5.3 „Staatsanwalt" und „Pressesprecher"

Menschen sind dafür sensibilisiert, Betrug im sozialen Bereich zu erkennen. Diese Fähigkeit zeigt sich im Experiment so deutlich, dass manche Wissenschaftler ein »Cheater-Detection-Modul« postuliert haben.[151] Wie auch immer dieses Phänomen neurologisch zustande kommt, und unabhängig davon, ob es modular organisiert ist, wir sind offenbar evolutionär dafür sensibilisiert, sozialen Betrug zu erkennen.

Dies ist eine Herausforderung für den moralischen Heuchler, der bestrebt sein muss, dass seine Heuchelei – die aus Sicht des Anderen ja ein Betrug ist – nicht erkannt wird. Bereits Robert Trivers, einer der Urväter der Soziobiologie, hat dieses Problem beschrieben und vermutete, dass sich in einer Art Wettrüstens beides verfeinert habe, die Fähigkeit Betrug zu erkennen und die Fähigkeit Betrug zu verstecken. Eine besonders erfolgreiche Art des Versteckens ist seiner Meinung nach die eben erwähnte mangelhafte Selbstwahrnehmung, oder anders ausgedrückt „Selbst*täuschung*".

> If we are unaware that serving our own interests violates our moral principles, then we can honestly appear moral, and so avoid detection, without paying the price of actually upholding the principles.[152]

---

150 ebd.
151 Valerie E Stone et al., "Selective Impairment of Reasoning about Social Exchange in a Patient with Bilateral Limbic System Damage," *PNAS* 99 (2002): 11531–36. // Leda Cosmides und John Tooby, "Cognitive Adaptations for Social Exchange," in *The Adapted Mind: Evolutionary Psychology and the Generation of Culture*, ed. J H Barkow, L Cosmides, und J Tooby (Oxford Univ. Press, 1992), 163–228.
152 Robert Trivers, *Social Evolution* (Menlo Park, CA: Benjamin/Cummings Pub. Co., 1985), 415–420. // vgl. auch das Update und die intensive Diskussion in William von Hippel und Robert Trivers, "The Evolution and Psychology of Self-Deception," *Behav Brain Sci* 34 (2011): 1–56. // „If one is to gain the self-rewards for being moral and, more important perhaps, to avoid the self-punishments for

Durch die oben dargestellten Versuche von Batson et al. (1997, 1999, 2001) hat sich gezeigt, dass die Selbsttäuschung zunächst darauf beruht, dass ein Vergleich mit den eigenen moralischen Prinzipien vermieden wird. Wird die Entscheidung jedoch *zu einem späteren Zeitpunkt* von außen (oder innen) in Frage gestellt, gerät der Betrug also in Gefahr aufzufliegen, dann müssen andere Mechanismen greifen.

Der Rechtfertigung im Nachhinein haben sich insbesondere Piercarlo Valdesolo und David De Steno (2007 und 2008) gewidmet. Sie variierten den Ansatz von Batson et al. (1999), indem sie einen Teil der Probanden die Aufgabe wählen und einen anderen Teil der Probanden diesen Vorgang beobachten ließen. Im anschließenden Fragebogen tauchte im einen Fall die Frage auf „*How fairly did you act?*", im andern „*How fairly did the subject act?*", mit der Möglichkeit, es auf einer 7er-Skala zwischen „extrem fair" und „extrem unfair" zu beurteilen. Es ist nicht überraschend, dass die Selbstbeurteilungen deutlich positiver ausfallen als die Urteile dritter. Wirklich überraschend ist dagegen, dass diese Asymmetrie verschwindet, wenn die Versuchspersonen die Beurteilung unter kognitiver Belastung vornehmen,[153] d. h. wenn keine rationalen Prozesse für die Problemlösung herangezogen werden können. Das bedeutet: Bei der *intuitiven* Beurteilung der eigenen moralischen Übertretungen findet keine „Moralische Heuchelei" statt. Erst wenn höher kognitive, rationale Rechtfertigungsprozesse hinzutreten, wird die Selbstbeurteilung zu eigenen Gunsten verzerrt. Wenn nötig, wird also sowohl gegenüber sich selbst, als auch gegenüber anderen in einer Post-Hoc-Rechtfertigung durch rationale Argumentation die Schwere der eigenen Übertretung herabgesetzt oder ganz wegerklärt. Unter kognitiver Last gelingt dies nicht.[154]

Gruppeneffekte
Diese Rechtfertigungsmechanismen werden nun nicht nur zur Selbst-Rechtfertigung eingesetzt, sondern werden bereitwillig auch auf Mitglieder der eigenen Gruppe angewendet. Dies gelingt selbst bei sogenannten »Minimalen Gruppen«,

---

being a hypocrite, then one must appear moral to oneself." Batson und Collins, "Moral Hypocrisy," 100.
153 Piercarlo Valdesolo und David DeSteno, "The Duality of Virtue: Deconstructing the Moral Hypocrite," *Journal of Experimental Social Psychology* 44 (2008): 1334–38.
154 Dieses Ergebnis widerspricht den Erwartungen der lange Zeit populären »Veneer-Theorie« („Fassadentheorie"), nach der Moral wie ein dünner kultureller „Schleier" über die egoistische und unmoralische Natur des Menschen gelegt sei. Eine Darstellung und Kritik dieser Theorie findet sich bei Frans de Waal, "Moral als Ergebnis der Evolution," 25–31. // Man beachte auch die Kommentare anderer Autoren im selben Buch.

bei denen nur für die Dauer des Experiments ein Zusammengehörigkeitsgefühl hervorgerufen wird.[155] Valdesolo und De Steno (2007) ließen die Probanden nach der Gruppenbildung entweder ein Mitglied der eigenen oder der anderen Gruppe dabei beobachten, wie es sich die attraktive Aufgabe selbst zuweist, ohne die Münze zu benutzen. Die Beurteilung der Fairness auf einer 7er-Skala zeigte deutliche Unterschiede, ob es sich bei dem Beobachteten um ein Mitglied der eigenen oder der anderen Gruppe handelt. Jene aus der eigenen Gruppe wurden dabei ebenso positiv bewertet wie die Selbstbeurteilung in einem anderen Versuch. Die Mitglieder der anderen Gruppe werden dagegen so negativ oder schlechter bewertet wie Probanden ohne Gruppenzugehörigkeit.

Entlarvung und Verteidigung
Im Kapitel 7.1.3 haben wir bereits gesehen, dass das menschliche Gehirn notfalls frei erfundene Narrative konfabuliert, um das Selbstbild aufrechtzuerhalten. Dabei werden selbst extreme Abweichungen von der Realität toleriert. Besonders wichtig ist diese Fähigkeit im moralischen Bereich. Wo Entscheidungen angegriffen sind, werden sie sowohl nach innen – vor sich selbst –, als auch nach außen – vor anderen – notfalls mit frei erfundenen Begründungen gerechtfertigt. Haidt und Kesebir (2010) ordnen dieses Phänomen in das Bild vom »Intuitiven Politiker« ein und bezeichnen es als den »Pressesprecher«. Die Funktion des »Pressesprechers« ist, die getroffenen Entscheidungen, wenn sie infrage gestellt werden, einem internen oder externen Publikum plausibel zu machen, und zwar unabhängig davon, wie sie tatsächlich zustande gekommen sind.

> The press secretary has no access to the truth (he or she was not present during the deliberations that led to the recent actions), and no particular interest in knowing what really happened. The secretary's job is to make the administration look good.[156]

Der »Intuitive Staatsanwalt« in uns hat die Aufgabe, solche Unstimmigkeiten zu entlarven und Betrug aufzudecken, auch dort wo dieser unbewusst ist.[157] Mit seiner Hilfe wird das Verhalten anderer auf Übertretungen von Regeln, Normen und Konventionen überprüft und es werden gegebenenfalls Konsequenzen ein-

---

[155] Man kann diese Gruppen beispielsweise dadurch erzeugen, dass alle Probanden zunächst einen wertneutralen Test – Schätzfragen, ästhetische Vorlieben oder ähnliches – durchlaufen und gemäß dem Ergebnis in zwei Gruppen eingeteilt werden; vgl. Brad Pinter und Anthony G Greenwald, "A Comparison of Minimal Group Induction Procedures," *Group Processes & Intergroup Relations* 14 (2011): 81–98.
[156] Haidt und Kesebir, "Morality," 811.
[157] Haidt, "The new Synthesis in Moral Psychology," 1000.

geleitet.¹⁵⁸ Angestoßen wird seine Aktivität durch emotionale Signale.¹⁵⁹ Die Entlarvung selbst muss, da sie in eine Auseinandersetzung führt, durch Argumente geführt werden.¹⁶⁰

8.5.4 Unbedingte Verpflichtung – Der „Intuitive Theologe"

Die Überzeugung, dass Moral eine transzendente oder jedenfalls unhintergehbare Bedeutung hat, ist weltweit wesentlich weiter verbreitet als die gegenteilige Meinung und gehört wohl zur *intuitiven* Grundausrüstung des moralischen Menschen.¹⁶¹ Der »Intuitive Theologe« in uns hat die Aufgabe, moralische Normen und Werte gegen die Angriffe gesellschaftlicher Trends, des Nutzendenkens der Ökonomie und der reduktionistischen Naturwissenschaften zu verteidigen.¹⁶² Seine größte Wirksamkeit entwickelt er durch die Formulierung und intuitive Verankerung von unverhandelbaren Tabu-Werten.¹⁶³ Intuitiv unhintergehbar begründete Normen haben eine besondere Kraft als „Konversations-Stopper"¹⁶⁴, damit Diskussionen nicht ohne Ergebnis ins Unendliche laufen und sie sind – wenn sie akzeptiert werden – die wirksamsten Mittel gegen die Gefahr der moralischen „Schiefen Ebenen". Für Gemeinschaften, deren Zusammenhalt auf gemeinsamen Werten basiert, hat der „Intuitive Theologe" eine wesentliche, Verbindlichkeit generierende Funktion.¹⁶⁵

Die lange Zeit populären Modelle des „Intuitiven Wissenschaftlers", der Erkenntnis sucht, und des „Intuitiven Ökonomen", der Kosten und Nutzen abschätzt, lassen sich auf empirischer Basis nicht nachweisen. Sie spielen im Bereich der Alltags-Moral, wenn überhaupt, dann eine völlig untergeordnete Rolle. Stattdessen findet man einen „Intuitiven Politiker" mit seinem „Pressesprecher", einen „Intuitiven Staatsanwalt" und einen „Intuitiven Theologen", die ihre Arbeit bereitwillig in den Dienst ihrer Gruppe stellen. Sie sind offensichtlich ko-evolutive Ergebnisse einer Lebenswelt, die sehr genau die Entwicklung von Reputationen verfolgt und die auf sozialen Erfolg als Gruppe und innerhalb der Gruppe ausgerichtet ist.

---

158 Tetlock, "Social Functionalist Frameworks for Judgment and Choice," 461 ff.
159 vgl. Wheatley und Haidt (2005), S. 780–784.
160 vgl. Haidt, "The new Synthesis in Moral Psychology," 1000.
161 Barrett (2012), S. 39–41.
162 Tetlock, "Social Functionalist Frameworks for Judgment and Choice," 458.
163 Tetlock, "Thinking the Unthinkable: Sacred Values and Taboo cognitions," 320–324.
164 vgl. Daniel C Dennett, *Darwins Gefährliches Erbe* (Hamburg: Hoffmann und Campe, 1997), 712.
165 Tetlock, "Social Functionalist Frameworks for Judgment and Choice," S. 461.

The many biases, hypocrisies, and outrageous conclusions of (other) people's moral thinking are hard to explain from an epistemic functionalist perspective, as is the frequent failure of intelligent and well-meaning people to converge on a shared moral judgment. But from a social-functionalist perspective, these oddities of moral cognition appear to be design features, not bugs.[166]

8.5.5 Der Einfluss von Macht – Hypo- und Hyperkritik

Es trifft sich mit der Erfahrung der Menschheitsgeschichte, dass Macht die Menschen moralisch korrumpiert.[167] Dies geschieht auch im Experiment. Probanden, die sich machtvoll fühlen, schummeln eher zu ihren Gunsten, als die, die sich abhängig und ohne Macht fühlen.[168] Doch machtvolle Menschen übertreten moralische Standards nicht nur mehr, sie beurteilen auch ihre Übertretungen weniger streng und fordern gleichzeitig strikter von Anderen, dass sie dieselben moralischen Standards einzuhalten haben. Machtunterschiede verstärken den hypokritischen Effekt der „Moralischen Heuchelei" also in beide Richtungen.[169]

Dies gilt aber nicht für jede Art von Macht. In einem der Versuchsansätze von Lammers et al. (2010, Experiment 5) wurde zwischen legitimer und illegitimer Macht verglichen. Dabei zeigte sich, dass der *hypo*kritische Effekt nur dann erscheint, wenn es sich um *legitime* Macht handelt. Legitim Mächtige bedienen sich offenbar nicht nur deshalb über Gebühr, weil sie es ungestraft können, sondern weil sie sich außerdem dazu berechtigt fühlen. Anders die illegitim Mächtigen, die wie die Machtlosen im Experiment sogar die umgekehrte Tendenz zu einem *hyper*kritischen Urteil zeigen: Sie beurteilen die eigene Übertretung als schwerwiegender als eine vergleichbare Übertretung einer anderen Person. Doch das ist noch nicht alles: Mitglieder von Niedrig-Status-Gruppen kultivieren negative Vorurteile gegenüber Mitgliedern der *eigenen* Gruppe. Mitglieder von anderen

---

166 Haidt und Kesebir, "Morality," 814.
167 Macht erhöht den Testosteronspiegel, was wiederum zu einer erhöhten Rezeptivität für Dopamin führt. Der Mächtige wird dadurch egozentrischer und weniger empathisch; Adam D Galinsky et al., "Power and Perspectives Not Taken," *Psychological Science* 17 (2006): 1068–74. // Oliver C Schultheiss, "A Biobehavioral Model of Implicit Power Motivation Arousal, Reward, and Frustration," in *Social Neuroscience: Integrating Biological and Psychological Explanations*, ed. E Harmon-Jones und P Winkielman (NY: Guilford Press, 2007), 181.
168 Joris Lammers, Diederik A Stapel, und Adam D Galinsky, "Power Increases Hypocrisy."
169 „*The effect of power on the expression of moral standards goes in completely opposite directions depending on whether those standards refer to how other people should behave or how one personally does behave.*" ebd., 738.

Hoch-Status-Gruppen werden von ihnen positiver eingeschätzt, wohlwollender beurteilt und es wird ihnen mehr zugetraut.[170]

Die experimentellen Bedingungen, unter denen diese Ergebnisse erzielt wurden, sind zwar in gewisser Weise artifiziell: Es gab keine echten Interaktionen zwischen den Gruppen und die Statusunterschiede waren nicht real sondern künstlich induziert.[171] Es ist wahrscheinlich, dass sich in der Realität keine so klaren Unterschiede ergeben. Die Persönlichkeitsstruktur und die individuellen Erfahrungen werden die Urteile von Einzelpersonen immer mitbestimmen. Insbesondere ist es unwahrscheinlich, dass die illegitim Mächtigen im Experiment mit illegitimen Machthabern in der Realität vergleichbar sind, da ihre emotionale Konstitution sicher sehr verschieden ist. Die genannten Experimente offenbaren aber, gerade weil die Probanden aus realen Zusammenhängen herausgenommen werden, die unbewusst wirksamen Tendenzen und Veranlagungen, die uns Menschen prinzipiell zu Hypo-, aber auch zu Hyperkritik neigen lassen.

Lammers et al. (2010) weisen darauf hin, dass sich ein System aus hypokritischen, legitimen Machthabern und hyperkritischen „Untergebenen" selbst stabilisiert. Ungleichheit muss also offenbar nicht nur von oben auferlegt sein, sondern kann auch von unten unterstützt werden. Es handelt sich vermutlich um nicht-bewusste Reaktionen, die den jeweiligen Status Quo der sozialen „Harmonie", wie gerecht oder ungerecht das System auch sein mag, stabilisieren, solange es als legitim angesehen wird.[172]

> [...] people seem to imbue placebic explanations with legitimacy, use stereotypes to rationalize power differences, and exhibit biases in memory such that the status quo is increasingly legitimized over time.[173]

Damit ist auch klar, warum für Machthaber die Begründung ihrer Legitimität so wichtig ist, und sei es durch ererbte, historische oder fiktive Titel wie „Sohn der Sonne", „Revolutionsführer" oder dergleichen. Solange das Volk die Gründe ak-

---

170 John T Jost, "Outgroup Favoritism and the Theory of System Justification: A Paradigm for Investigating the Effects of Socioeconomic Success on Stereotype Content," in *Cognitive Social Psychology: The Princeton Symposium on the Legacy and Future of Social Cognition*, ed. Gordon B Moskowitz (Lawrence Erlbaum, Mahwah, NJ, 2001), 89–102.
171 Haines und Jost (2000) diskutieren dieses Problem.
172 Lammers, Stapel, und Galinsky, "Power Increases Hypocrisy." // Jim Sidanius and Felicia Pratto, *Social Dominance. An Intergroup Theory of Social Hierarchy and Oppression* (Cambridge: Univ. Pr., 2001), 304 f.
173 Elizabeth L Haines und John T Jost, "Placating the Powerless: Effects of Legitimate and Illegitimate Explanation on Affect, Memory, and Stereotyping," *Social Justice Research* 13 (2000): 219.

zeptiert, funktionieren die Biases und stabilisieren das System. Andererseits wurden demokratische Strukturen – freie Wahlen, begrenzte Amtszeiten, Gewaltenteilung und freie Presse – zum Teil ja gerade dazu entwickelt, die negativen Auswirkungen der Macht auf die Regierenden unter Kontrolle zu halten.[174] Diese Biases sind dort funktional, wo stark hierarchisch organisierte, soziale Gemeinschaften auf intensive Kooperation angewiesen sind. Derartige „Spiralen der Ungleichheit" können aber dann durchbrochen werden, wenn den Machthabern ihre Legitimität entzogen oder ihr Ansehen beschädigt wird. Wie gezeigt werden konnte, verkehrt sich mit fehlender Legitimierung schlagartig die jeweilige Beurteilungstendenz in ihr Gegenteil und fehlendes Ansehen bewirkt Verlust an Autorität und schließlich an Macht.[175] Dass dies immer wieder geschieht, lehrt uns die Geschichte.

8.5.6 Wechsel der Perspektive

Ezra Stotland (1969) erkannte in seinen klassischen Studien zur Empathie,[176] dass es zwei Möglichkeiten gibt, die Perspektive eines anderen einzunehmen.
– Die Vorstellung, welches die eigenen Emotionen wären, wenn man sich in der Situation des Andern befände. *»imagine-self«*
– Die Vorstellung, welche Emotionen die andere Person in ihrer Situation gerade erlebt. *»imagine-other«*

Dies ist nicht nur eine theoretische Unterscheidung, sondern es werden tatsächlich verschiedene Emotionen dabei ausgelöst: Eine »imagine-self«-Perspektive produziert einen Mix aus empathischen Emotionen für den Anderen und Stress, der auf sich selbst gerichtet ist. Die »imagine-other«-Perspektive produziert dagegen fast nur empathische Emotionen für den Andern.[177] Batson et al. (2003) testeten die Auswirkungen dieser unterschiedlichen Formen von Perspektivübernahme. Sie verwendeten wieder den Versuchsansatz, bei dem die Probanden

---

174 Robertson, "The Ultimate High."
175 Lammers, Stapel, und Galinsky, "Power Increases Hypocrisy."
176 Die Probanden beobachteten eine Person, deren Hand in eine Maschine eingespannt war, von der sie glaubten, dass sie schmerzvolle Hitzewellen produziere. Ein Drittel der Versuchspersonen sollte die Situation aufmerksam beobachten, ein weiteres Drittel sollte sich vorstellen, wie sich die Person fühlt, und das letzte Drittel sollte sich vorstellen, selbst an dessen Stelle zu sein. E Stotland, "Exploratory Studies in Empathy," in *Advances in Experimental Social Psychology*, ed. L Berkowitz, vol. 4 (Academic Press, NY, 1969), 271–314.
177 vgl. auch Batson et al., "In a Very Different Voice: Unmasking Moral Hypocrisy."

eine attraktive und eine unattraktive Aufgabe entweder sich oder einem anderen zuweisen. Der Versuch beinhaltete die Möglichkeit, eine Münze zu werfen. Die Perspektivübernahme wurde durch eine kurze Imaginationsübung induziert: *„Imagine yourself in the place of the other participant"* (»imagine-self«) oder *„Imagine how the other participant likely feels"* (»imagine-other«). Nach der Übung sollten sie niederschreiben, was sie sich vorgestellt hatten. Als Zunahme von Fairness wurde gewertet, wenn diejenigen, die die Münze warfen (die fairste Form der Zuweisung) das Ergebnis respektierten, erkennbar daran, dass sich der Anteil der Werfer, die sich „attraktiv" bzw. „unattraktiv" zuwiesen, jeweils 50 % annäherte. Dies konnte jedoch weder unter der »imagine-self«- noch unter der »imagine-other«-Bedingung festgestellt werden. Die geringen Verschiebungen, die sichtbar wurden, blieben im nicht-signifikanten Bereich.

Es gab aber eine andere drastische Verschiebung, und zwar bei jenen, *die nicht die Münze warfen* und nur unter der *»imagine-other«*-Bedingung: Nachdem sie sich die Gefühle der anderen Person vorgestellt hatten, entschied sich ein überwältigender Anteil von Dreiviertel der Probanden dafür, selbst die unattraktive Aufgabe zu übernehmen – im Vergleich zu ca. 15 % ohne Imaginationsübung. Offenbar veranlasste die Vorstellung der Gefühle des Andern die Probanden nicht dazu *fairer* zu handeln, sondern *altruistischer.*[178]

Doch warum hat die *»imagine-self«* Perspektive so wenig Auswirkung? Im Experiment standen die Probanden vor einem *symmetrischen Dilemma:* Einer *muss* die unattraktive Aufgabe erledigen, entweder ich oder der andere. Batson et al. vermuten, dass die unangenehme *»imagine-self«*-Vorstellung unter diesen Bedingungen die Entscheidung, selbst die attraktivere Aufgabe zu wählen, zusätzlich stärkt.

Würde die *»imagine-self«*-Bedingung einen Unterschied ergeben, wenn das Problem asymmetrisch ist? In einem weiteren Versuch wurde dies getestet. Den Probanden wurde gesagt, dass sie für ein asymmetrisches Experiment ausgesucht worden seien, wo sie für jede korrekte Antwort zwei Lose für eine anschließende Lotterie bekommen. Ein zweiter Proband würde dagegen kein Los für seine Antworten erhalten. Wenn die Probanden es jedoch wünschten, könnten sie auch zu einem symmetrischen Experiment wechseln, wo jeder für eine korrekte Antwort je ein Los bekommt.[179] Der Effekt der *»imagine-self«*-Perspektive war nun deutlich: Während in der Vergleichsgruppe nur 38 % zu den symmetrischen Regeln

---

178 Dabei gab es eine deutliche, negative Korrelation ($r = -0{,}53$) zwischen dem Grad von geäußerter Empathie und der Entscheidung die Münze zu werfen.
179 C Daniel Batson et al., "'…As You Would Have Them Do Unto You': Does Imagining Yourself in the Other's Place Stimulate Moral Action?," *Personality and Social Psychology Bulletin* 29 (2003): 1190–1201.

wechselten, taten dies 83% derer, die sich zuvor selbst in die Situation des andern versetzt hatten. Es scheint als hätte die »*imagine-self*«-Perspektive unter den *asymmetrischen Bedingungen* bei einer beträchtlichen Zahl von Probanden den Sinn für Gerechtigkeit wachgerufen.

Viele aktuelle moralische Fragen sind asymmetrisch: Sollen wir auf einen Teil des Lohns verzichten, damit Arbeitsplätze erhalten bleiben können? Soll ich Fairtrade-Produkte kaufen, obwohl ich mir dann etwas anderes nicht mehr leisten kann? Soll ich eine Spende tätigen? Soll ich Steuern zahlen oder ins Ausland „flüchten"? Wenn es darum geht, auf etwas zu verzichten, damit andere eine Chance bekommen, kann die Vorstellung, sich selbst in der Situation des Andern zu befinden, ein gutes Mittel sein, die moralische Sensibilität und Integrität der Privilegierteren zu fördern. Andererseits könnte genau dies für viele zum Grund werden, eine solche Perspektive gerade zu vermeiden, um den eigenen Lebensstil oder die eigenen Überzeugungen nicht verändern zu müssen.[180]

> The goal of moral hypocrisy – appearing moral without having to be moral – is not attained without skill. To gain the full self-enhancing and self-protecting benefits, one must be adept not only at post hoc rationalization and deceit of others but also at self-deception. Many of us seem to be.[181]

8.5.7 Rai und Fiske – Moral als »Relationship Regulation«

Rai und Fiske (2011) machen darauf aufmerksam, dass weder nur kognitive Prinzipien (zum Beispiel Kohlberg et al. 1983, Hauser 2006) noch bestimmte Themenbereiche (zum Beispiel Haidt 2007) ausreichend seien, um moralische Urteile verstehen zu können. Es benötige vor allem ein Verständnis des sozialen Zusammenhangs. Warum jemand das Töten einer Person im einen Kontext als unerlaubt ansieht, im anderen aber als erlaubt, wird nur durch die Berücksichtigung des sozial-relationalen Kontextes verstehbar.[182] Die Forscher stellen die Hypothese auf, dass der moralische Sinn vor allem die Bildung und Aufrechterhaltung von langfristigen, kooperativen Beziehungen ermöglicht. Unterschiedliche Beziehungstypen führen so auch zu unterschiedlichen moralischen Vorstellungen und Normen.[183] Die Tatsache, dass wir uns über die wahren Gründe für unser moralisches Urteil oft täuschen (siehe Kap. 8.3.1), kann dann auch daran

---

180 vgl. Batson und Collins, "Moral Hypocrisy."
181 ebd., 108.
182 z. B. bei Blutrache, Ehrenmord oder Kopfjägern; ebd. // Michelle Z. Rosaldo, "The Shame of Headhunters and the Autonomy of Self," *Ethos* 11 (1983): 135–51.
183 Rai und Fiske, "Moral Psychology Is Relationship Regulation," 59 und 68.

liegen, dass wir uns sozial falsch zuordnen und einen falschen Beziehungstypus vermuten.[184]

Durch die Untersuchung der moralpsychologischen Literatur finden Rai und Fiske vier moralische *Motive,* denen jeweils eine bestimmte Beziehungsqualität entspricht: „Gemeinsame Teilhabe" führt zu »Zusammengehörigkeit« *(Unity),* „Autoritätsdenken" führt zu »Hierarchie« *(Hierarchy),* „gleiche Verteilung" führt zu »Gleichheit« *(Equality)* und die „Prinzipien des Marktes" führen zu »Proportionalität« *(Proportionality).* Da die verschiedenen Motive voneinander unabhängige Konzepte sind, kann es zu moralischen Konflikten kommen, die nicht auf einem Mangel an Information oder einem Dissens über moralische Relevanz beruhen, sondern auf einem unterschiedlichen Verständnis der fraglichen Beziehungsqualität.[185] In komplexen Beziehungen sind üblicherweise mehrere oder alle Motive wirksam: Zwei Freunde können gemeinsam eine Portion Pommes essen (Gemeinsame Nutzung), während einer den andern über eine kommende Aufgabe instruiert (Autoritätsdenken). Anschließend fahren sie vielleicht ein Boot anschauen, das der eine dem andern abkauft (Prinzipien des Marktes), wobei sie die Fahrtkosten dorthin teilen (Reziprozität).[186] Wichtig ist, dass eine Übertretung der spezifischen Normen, innerhalb ihres Beziehungstypus negative Emotionen und Missbilligung auslöst, während dieselbe Handlung außerhalb dieses Beziehungstyps moralisch neutral ist.[187]

8.5.8 Moral verbindet Individuen zu Gemeinschaften

Menschen leben in großen, sozialen, kulturellen und hochkooperativen Gruppen, mit Normen und Sanktionen als Rahmenbedingung. Ein dauernder Balanceakt zwischen „individueller Identität", „zwischenmenschlichen Beziehungen" und dem „Gruppeninteresse" ist nicht überraschend, wenn als formende Kräfte sowohl die Individualselektion, als auch die Gruppenselektion wirksam sind.[188] Damit

---

184 Befürworter von Folter verteidigen ihre Überzeugung meist mit Nützlichkeits- und Proportionalitäts-Argumenten. Vorhersagen, welche Personen Folter befürworten, sind aber eher dann zutreffend, wenn man Motive der Vergeltung und Bestrafung (Gleichheit) zugrunde legt; Kevin M Carlsmith and Avani Mehta, "Journal of Experimental Social Psychology The Fine Line between Interrogation and Retribution," *Journal of Experimental Social Psychology* 45 (2009): 191–96.
185 Rai und Fiske, "Moral Psychology Is Relationship Regulation," 69.
186 vgl. ebd., 60.
187 ebd., 64 f.
188 *„Humans are ambivalently social, engaged in a perpetual juggling act between individual identity, interpersonal relationships and collective interests simultaneously."* Linnda Caporael, "Why We Are Still Social," *The Inquisitive Mind* 4 (2007).

solche Gruppen nicht auseinanderbrechen, sondern über lange Zeit stabil kooperieren können, braucht es sowohl psychologische, als auch emotionale und institutionelle Mechanismen, die friedliches Zusammenleben gewährleisten oder gegebenenfalls wiederherstellen. Bereits Primatengruppen zeigen zum Beispiel ein ausgeprägtes Post-Konflikt-Verhalten, mit Versöhnung oder Trost für unterlegene Tiere, und reduzieren dadurch den Stresslevel der Gruppe.[189] Im Übergang zu menschlichen Gemeinschaften übernimmt das Phänomen der Moral nun eine Hauptrolle um den notorischen Balanceakt zwischen mir, dem Anderen und der Gruppe zu meistern.

Beispiel Schuldgefühl: Mutter ist alt geworden und kann sich nicht mehr selbst versorgen. Die Kinder wohnen alle zu weit weg und die alleinige Versorgung durch den Sozialdienst wäre nicht ausreichend. Mutter würde natürlich lieber zuhause wohnen bleiben, aber sie versteht, dass dies nicht mehr geht. Gemeinsam kommt man zu dem Schluss, dass es das Beste ist, wenn sie in ein Pflegeheim umzieht. Es ist, rational betrachtet, die richtige Entscheidung; alles andere wäre schlechter oder nicht praktikabel. Obwohl es die richtige Entscheidung ist, haben die Kinder Schuldgefühle. Eine rein rationale Argumentation würde vielleicht sagen: „Ihr braucht keine Schuldgefühle zu haben, denn es ist richtig was ihr tut." Doch wie würde man von außen jemanden beurteilen, der seine Eltern voller Überzeugung und ganz ohne Schuldgefühle in ein Pflegeheim überweist? Man würde ihn als kaltherzig empfinden! In dieser Situation handelt es sich bei den Schuldgefühlen um wichtige soziale Signale, die die Harmonie in der Beziehung wiederherstellen und absichern können. Sie zeigen nicht einen objektiven Sachverhalt an, sondern einen sozialen Sachverhalt: Sie signalisieren den Kindern, dass der Mutter dieser Schritt schwer fällt, dass sie vermutlich sogar enttäuscht und verletzt ist – obwohl sie die Notwendigkeit einsieht – und dass die Beziehung einen „Knacks" bekommen hat. Sich nun einfach nur zu freuen, dass die beste Lösung gefunden wurde, bedeutet, die Situation der Mutter und die Mutter selbst zu übersehen. Die Wahrheit der Mutter ist, dass sie Leidtragende ist. Die Schuldgefühle können die Kinder darauf aufmerksam machen. Selbstverständlich gibt es noch andere Möglichkeiten, das Leid der Mutter zu erkennen. Wichtig ist aber, dass die Kinder die Fähigkeit erlangen, sich der Mutter gegenüber so zu verhalten, dass diese merkt, dass ihre Kinder um ihr Leid wissen. Sie erlebt sich in ihrem Schmerz dann nicht mehr allein gelassen, sondern anerkannt. Die Beziehung zwischen Mutter und Kindern kann so wieder ins Reine kommen, Verletzungen können heilen und Vertrauen kann als Basis wieder hergestellt werden.[190]

Bei einem inneren Schuldgefühl geht es stets darum, nicht nur die eigene Situation, sondern auch die eines anderen in den Blick zu bekommen. Wenn dies nach außen sichtbar wird, wirkt es wie ein Beschwichtigungssignal, das dem anderen

---

189 Orlaith N Fraser, Daniel Stahl, und Filippo Aureli, "Stress Reduction through Consolation in Chimpanzees," *PNAS* 105 (2008): 8557–62. // D P Watts, "Conflict Resolution in Chimpanzees and the Valuable Relationships Hypothesis," *International Journal of Primatology* 27 (2006): 1337–64. // Agustin Fuentes et al., "Conflict and Post-Conflict Behavior in a Small Group of Chimpanzees," *Primates; Journal of Primatology* 43 (2002): 223–35.
190 vgl. Roberts, "Emotional Consciousness and Personal Relationships," 285.

zeigt, dass ich nicht einfach über seine berechtigten Anliegen hinweggehen möchte, sondern bereit bin, diese zu sehen, sie mir *zu eigen zu* machen und wenn möglich auch zu berücksichtigen. Emotionen kreieren positive Beziehungen, indem sie als Pro-Empathie die Anliegen eines anderen in mir als *eigenes Anliegen* verkörpern.[191]

Gelegentlich wird man es nicht vermeiden können, mit anderen Personen in einer Weise umzugehen, wie es diesen nicht gefällt. Eine Entscheidung kann so in offenem Konflikt mit moralischen Intuitionen liegen und trotzdem die richtige Entscheidung sein. Die durch die Übertretung hervorgerufenen Gefühle signalisieren den Konflikt, können das Augenmerk dabei auf die benachteiligten Personen richten und die notwendigen Prozesse in Gang bringen, die das Vertrauen der Beziehung wieder herstellen. Moralische Emotionen sind in diesem Kontext Handlungsanweisungen, die zu Versöhnungsgesten auffordern und sie ermöglichen. Es geht bei moralischen Fragestellungen und den damit verbundenen Intuitionen und Emotionen also nicht nur darum, wie man mit Anderen umgehen soll, sondern häufig noch mehr darum, wie ich gutes Mitglied einer sozialen Gemeinschaft sein kann.[192]

8.5.9 In-Group oder Out-Group

Der Mensch ist „*homo socialis*". Er zeigt eine außerordentlich hohe Bereitschaft, sich in Gruppen zusammen zu schließen. »Minimal Groups« lassen sich im Experiment bereits dadurch hervorrufen, dass man die Probanden entsprechend ihrer Vorliebe für Bilder von Paul Klee oder Wassily Kandinsky einteilt. Und bereits die bloße *Idee* einer »Gruppe« genügt und macht einen affektiven und physiologischen Unterschied: *Innerhalb* derart zustande gekommener Gruppen ist der Level an Pro-Empathie wesentlich höher als *zwischen* den Gruppen – wo es auch zu Contra-Empathie umschlagen kann. Erfolgsneid ist zum Beispiel drastisch reduziert: Der Erfolg eines Gruppenmitglieds wird zu „unserem Erfolg".[193]

---

191 Emotionen kreieren dagegen negative Beziehungen, indem sie als Contra-Empathie die Anliegen eines anderen in mir als *Aversion* verkörpern. ebd., 286 f.
192 vgl. Haidt und Kesebir, "Morality," 815 ff. // Emerich Sumser, "Die Schuldfrage als Beziehungsmanagement – Die Perspektive der Evolutionsbiologie," in *Schuld – Überholte Kategorie oder menschliches Existential?*, ed. Ulrich Lüke und Georg Souvignier (Freiburg i. Br.: Herder, Reihe Quaestiones Disputatae, 2015), 75–80.
193 vgl. Michael Billig und Henri Tajfel, "Social Categorization and Similarity in Intergroup Behaviour," *European Journal of Social Psychology* 3 (1973): 27–52. // Y Chen und S Xin Li, "Group Identity and Social Preferences." // Christine A Fawcett und Lori Markson, "Similarity Predicts

Formen extremer Loyalität findet man im Schwur der Drei Musketiere: „*Alle für einen und einer für alle!*", in der Mentalität eines Platoons, aber auch in weniger dramatischer Form in der Verbindlichkeit von Universitäts-Sport-Teams oder kleiner religiöser oder ideologischer Gruppen. Die Mitglieder sind häufig untereinander abhängig (physisch oder mental) und arbeiten als hochintegrierte Einheit. Es sind vor allem Gruppen mit charismatischer Leitung; mit persönlichen, quasi-familiären Beziehungen; einem gewissen Bestand an irrationalen Regeln; ohne Aufnahmebedingungen, aber mit festgelegten Prozessen der Sozialisierung in die Gruppe und einer klaren Abgrenzung nach außen. Die Gruppe wird für die Mitglieder zum zentralen Lebensmittelpunkt und kontrolliert deren Verhalten auch außerhalb. Bereitwillige Unterordnung unter eine Autorität ist der Normalfall.[194] Dass derartige Formen überraschend bereitwillig übernommen werden, zeigten unter anderem das Naziregime in Deutschland, aber auch das Sozialexperiment „The Third Wave", das ein Geschichtslehrer im Jahr 1967 an einer Schule im kalifornischen Palo Alto durchführte. Anlass war die Vermutung der Schüler, dass so etwas wie in Nazi-Deutschland bei ihnen nicht vorkommen könnte. Im Experiment stellte sich sehr schnell das Gegenteil heraus: Eine unberechenbare Eigendynamik aus Begeisterung und Denunziationen setzte ein und das Experiment wurde nach fünf Tagen abgebrochen. „*Vielen war es peinlich, wie leicht sie sich von der Welle haben mitreißen lassen. [...] Sie alle waren unglaublich schockiert, wie schnell sie bereit gewesen waren, ihre persönliche Freiheit aufzugeben.*"[195]

Es ist aus Sicht der Gruppenselektion adaptiv, wenn sich Gruppenzusammenhalt bereits durch geringfügige Merkmale herstellen lässt. Der Leichtigkeit, mit der Gruppen gebildet werden[196] korrespondiert aber dieselbe Leichtigkeit, mit der man sich bereits aufgrund geringfügiger Merkmale abgrenzt und das Gegenüber als einen „Anderen", als „Nicht-Mitglied" und gerade nicht als „Wir" klassifiziert.

Liking in 3-Year-Old Children," *Journal of Experimental Child Psychology* 105 (2010): 345–58. // siehe Kapitel 6.3.2.
194 Patricia A Adler und Peter Adler, "Intense Loyalty in Organizations: A Case Study of College Athletics," *Administrative Science Quarterly* 33 (1988): 413 f.
195 Christian Hambrecht, "Schul-Experiment Die 'Welle': Nazis Für Fünf Tage," *Spiegel-Online: Einestages* (11. März 2008), URL: http://einestages.spiegel.de/static/topicalbumbackground/1577/nazis_fuer_fuenf_tage.html.
196 „*It's as though human beings have a slider switch in their heads which runs from ›me‹ to ›we‹.*" Haidt und Kesebir, "Morality," 816.

8.6 „Der Strich, der das Gute vom Bösen trennt... *

8.6.1 Verantwortung

Die Zugehörigkeit zu „Gruppen" verändert sich im sozialen Bereich fließend.[197] Als Kind stritt ich mich eben noch mit meinem Bruder um ein Spielzeug, um mich im nächsten Moment mit ihm zu verbünden, weil unsere Schwester uns dazu bringen wollte endlich aufzuräumen. Ich gehöre zur Gruppe der fühlenden Lebewesen – Menschen – hellhäutigen Europäer – Deutschen – Badener – Katholiken – Priester – Mitglieder des Naturschutzbund – bin Sohn, Bruder, Schwager und Onkel – bin einer von denen, die jetzt gerade hier sind und helfen könnten – bin einer, der wie die anderen nicht hilft – usw.

Der physiologische, fitnessrelevante Begriff „Gruppe", bezieht sich nicht nur auf tatsächliche Interaktionen, sondern auf das implizite Selbstverständnis als ein , ausgelöst durch äußere, innere, lebensgeschichtliche oder imaginierte Gemeinsamkeiten. Welches der vielen „Wir" gerade im Vordergrund aktiv ist, kann sich schnell ändern. Das komplexe Zu- und Ineinander von Gruppenzugehörigkeiten führt auf ultimater Ebene zu Effekten der Gruppenselektion, die unüberschaubar sind[198] und im Alltag zu einem ständigen intuitiven Modellieren der verschiedenen Verpflichtungsgrade und Beziehungsqualitäten. Entsprechend ausgelöste Emotionen weisen auf Situationen hin, die Handlung erfordern und so einen Anspruch „formulieren", zu dem man sich irgendwie verhalten muss, auf den zu „antworten" man verpflichtet ist.

Diese Antwort-Pflicht oder „Verantwortung" gründet stets auf einem „Wir-Verständnis": Eine wie auch immer geartete Wahrnehmung von Gemeinsamkeit ist die Voraussetzung dafür, dass ich mir das Anliegen eines anderen überhaupt erst zu eigen mache. Dass dieses „Wir-Gefühl – die „implizite Identität" – dabei gestuft erlebt wird, zeigt sich zum Beispiel darin, dass man eher hilft, wenn man zuvor auf solche Gemeinsamkeiten hingewiesen wurde oder wenn der andere aus einer sozial nahen Gruppe stammt.[199] Anerkannte Gemeinsamkeit generiert Verantwortung.

---

197 z. B. Josephine D Korchmaros und David A Kenny, "Emotional Closeness as a Mediator of the Effect of Genetic Relatedness on Altruism," *Psychological Science* 12 (2001): 262–65.
198 vgl. Carl Simpson, "How Many Levels Are There?," in *The Major Transitions in Evolution Revisited*, ed. B Calcott und K Sterelny (MIT Press, 2011), 222.
199 R B Cialdini et al., "Reinterpreting the Empathy-Altruism Relationship: When One into One Equals Oneness," *J Pers Soc Psychol* 73 (1997): 481–94. // Mark Levine, Clare Cassidy, und Ines Jentzsch, "The Implicit Identity Effect: Identity Primes, Group Size, and Helping," *British Journal of Social Psychology* 49 (2010): 785–802.

Die Frage nach unserer „Verantwortung" begegnet uns im Alltag in Form der kranken Tante, die besucht werden möchte *(Gruppe Familie)*, in der Entscheidung, ob ich Eier aus Käfig- oder Freilandhaltung kaufe *(Gruppe fühlende Lebewesen)* oder ob ich dem Afrikaner, der in der U-Bahn angepöbelt wird, zu Hilfe komme oder nicht *(Gruppe Menschen)*. Dabei kommt es nahezu immer zu Konflikten zwischen dem Eigeninteresse und der Verantwortung: Man müsste Zeit, Geld oder die eigene Sicherheit als Einsatz bringen. Nicht immer sind wir dazu bereit und der Anspruch kann auch abgelehnt werden. Dies gelingt aber nicht ohne weiteres, denn hierzu muss die physiologische Realität des „Wir" verändert werden. Es gibt zwei Hebel, an denen man ansetzen kann: Man lässt entweder die *Ver-„Antwortung"* oder den *An-„Spruch"* verschwinden (Abb. 8.4).

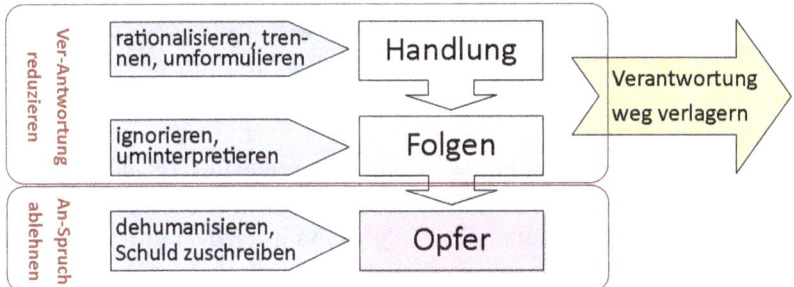

Abb. 8.4: Möglichkeiten das Verantwortungsgefühl zu umgehen. Die Reduktion der Verantwortung ist eine Frage des Selbstmanagements, die Weg-Verlagerung ist eine Frage der Rollendefinition und die Ablehnung des Anspruchs ist eine Frage, welches Bild ich mir vom Anderen mache.

8.6.1.1 Verantwortung reduzieren

Eine Möglichkeit die „Verpflichtung zur Antwort" los zu werden ist, ihre Dimension so weit zu verringern, dass die eigennützigen Alternativen gerechtfertigt erscheinen. Dies gelingt, indem die eigenen ethischen Prinzipien gar nicht auf die Handlung angewendet werden,[200] indem Gründe für das Nichthandeln gesucht und notfalls zusammengereimt werden[201] oder indem die Notsituation verharmlost oder die Handlung in einen anderen Bedeutungskontext gestellt wird.[202] Die

---

[200] Batson et al., "Moral Hypocrisy."
[201] Rationalisierung durch den „Pressesprecher"; siehe S. 233.
[202] z.B. durch Framing; F D Gilliam und S Iyengar, "Super-Predators or Victims of Societal Neglect? Framing Effects in Juvenile Crime Coverage," in *Framing of American Politics* (Pittsburgh, PA: Univ. Press, 2005), 148–66. // In Milgram-Experimenten (s.u.) versuchen die Probanden

Folgen können schließlich ignoriert, schön geredet oder positiv uminterpretiert werden.[203] Viele dieser Mechanismen wurden bereits im Kapitel 8.5 unter dem Begriff der „Moralischen Heuchelei" abgehandelt. Wir sind in der Lage, von etwas überzeugt zu sein und gleichzeitig gegen diese Überzeugung zu handeln, ohne dabei in einen inneren Konflikt zu geraten.

8.6.1.2 Verantwortung weg verlagern

Verantwortung abgeben

Das Experiment, das die Psychologie im 20. Jahrhundert vielleicht am nachhaltigsten veränderte, war das Milgram-Experiment im Jahr 1971.[204] Das Aufsehenerregende daran war, wie sich völlig normale Leute von der experimentellen Situation zu potentiell tödlichen „Werkzeugen" verwandeln ließen. Die Autorität des Versuchsleiters, eines „Mannes im weißen Kittel", brachte sie dazu, einem „Schüler"[205] bei Fehlern Stromstöße zunehmender Spannung zu verabreichen. Der „Schüler" hinter einer Sichtbarriere schrie schmerzerfüllt, verlangte das Experiment abzubrechen, wimmerte und verstummte schließlich. Etwa ⅔ fuhren dennoch fort, bis der Andere offenbar bewusstlos war und 60 % erhöhten die Spannung bis zur höchsten Stufe: „XXX". Der Mann im weißen Kittel tat nichts anderes, als eindringlich dazu aufzufordern und *die Verantwortung zu übernehmen*.[206]

Die Testpersonen stecken in einem Dilemma: Sie hören den An-„Spruch" des Schülers, der offenbar Schmerzen hat, die sie verändern könnten, ja deren Ursache sie sogar sind. Sie hören aber auch den Anspruch des Versuchsleiters und fürchten die Konsequenz eines Ungehorsams, der ja üblicherweise soziale Ächtung mit sich bringt. Die Möglichkeit, die Verantwortung an den Versuchsleiter

---

manchmal die Schreie des „Opfers" durch lautes Reden oder nervöses Lachen zu übertönen und abzuwerten.

203 eine Fähigkeit des „Intuitiven Politikers"; siehe S. 321f.
204 Stanley Milgram, *Obedience to Authority. An Experimental View* (NY: Harper & Row, 1974). // Jan De Vos, "From Milgram to Zimbardo: The Double Birth of Postwar Psychology/psychologization," *History of the Human Sciences* 23 (2010): 156–75.
205 Was sie nicht wussten war, dass es sich hierbei um einen Schauspieler handelte.
206 In einem ähnlichen Experiment, in dem eine Fernsehshow simuliert wurde, gingen sogar 70 % bis zur höchsten Voltzahl, obwohl der andere (Schaupieler) darum flehte, aufzuhören und gegen Ende keine Lebensäußerung mehr von sich gab. Man sollte aber nicht übersehen, dass sich doch immerhin 24 von 80 Teilnehmern gegen den Druck der Moderatorin und gegen die Rufe eines hundertköpfigen Publikums schließlich weigerten weiterzumachen. Christophe Nick und Michel Eltchianinoff, *L'Expérience Extrême* (Paris: Don Quichotte, 2010).

abzugeben, ist der Ausweg aus diesem Dilemma: „Ich bin nicht mehr der, der zur ›Antwort‹ verpflichtet ist."

Die Stärke des Dilemmas ist abhängig davon, wie „laut" die beiden Ansprüche formuliert werden: 100 % Kooperation erhielt Milgram wenn der Schüler gar nicht zu hören ist, 65 % wenn er an die Wand klopft, 40 % wenn er sichtbar ist und 30 % wenn er berührt werden kann. 21 % sind es schließlich, wenn der Versuchsleiter während des Experiments nicht anwesend ist und 0 % wenn es zwei Autoritätspersonen gibt, die sich widersprechen.[207] Die Möglichkeit, Verantwortung abzugeben hängt also einerseits von der Nähe ab, aus der der An-"Spruch" erfolgt, und andererseits von den Eigenschaften der Person, an die die Verantwortung abgegeben wird, ob sie mehr Informationen hat, ob sie als Autorität eingesetzt ist, ob sie bereit ist, die Verantwortung zu übernehmen und ob sie ein gewisses Vertrauen genießt. Zusätzlich sind Gruppierungsprozesse wirksam: Wenn der Schüler in einem separaten Raum ist, formt die Testperson leichter eine Allianz mit dem Versuchsleiter.

Interessanterweise gibt es in diesen Experimenten genau deshalb auch eine scharfe Grenze: Aufforderungen, die *Befehle* darstellen, werden gerade *nicht* befolgt. Milgram verwendete eine strenge Abfolge von Aufforderungen (1) „Bitte fahren Sie fort", (2) „Das Experiment erfordert, dass Sie weitermachen", (3) „Es ist absolut erforderlich, dass Sie weitermachen", (4) „Sie haben keine andere Wahl. Sie müssen weitermachen." Nur Nummer 4 ist als nicht weiter begründeter Befehl formuliert und adressiert die Testperson nicht als Kooperationspartner, sondern als unfreien Befehlsempfänger. In einer Wiederholung der Experimente brachen die Testpersonen *jedesmal*, wenn die Aufforderung in dieser Weise formuliert wurde, das Experiment ab.[208]

Die Experimente zeigen, dass es bei der Fügsamkeit der Probanden nicht um Gehorsam und Autorität geht, sondern darum, mit dem Versuchsleiter ein gemeinsames gutes Ziel zu erreichen („engaged followership"[209]). Die entscheidende Frage, die über Abbruch und Kooperation entscheidet, ist daher, mit wem sich die Testperson mehr identifiziert, mit dem Versuchsleiter oder dem Schüler.

Menschen sind dann bereit zu kooperieren, gegen ihre Intuition zu handeln und Verantwortung abzugeben, wenn akzeptable Gründe dafür angeboten wer-

---

207 Milgram, *Obedience to Authority. An Experimental View,* Experimente 1, 2, 3, 4, 7 und 15.
208 Jerry M Burger, "Replicating Milgram: Would People Still Obey Today?," *Am Psychol* 64 (2009): 1–11.
209 S Alexander Haslam et al., "'Happy to Have Been of Service': The Yale Archive as a Window into the Engaged Followership of Participants in Milgram's 'obedience' Experiments," *British Journal of Social Psychology,* (2014), online ahead of print. // S Alexander Haslam und Stephen Reicher, "Just Obeying Orders?," *New Scientist* 223, no. 2986 (2014): 28–31.

den.[210] Der Hinweis des Versuchsleiters „Sie haben keine andere Wahl. Sie müssen weitermachen" zerstört aber das Bild eines gemeinsam durchzuführenden Experiments, bei dem gemeinsam für die Wissenschaft gearbeitet wird.[211] Er überschreitet damit auch seine soziale Rolle als leitender Versuchs-*Partner*. Die Kooperation wird abgebrochen und die Verantwortung muss von den Probanden wieder selbst übernommen werden. Die Testpersonen verspüren nun offenbar keine Verpflichtung mehr der Autoritätsperson gegenüber, sondern identifizieren sich jetzt stattdessen mit den Anliegen des malträtierten Anderen.

Eine ähnliche Formulierung eines Befehls kann in einem anderen Kontext aber als begründet angesehen werden. Zum Beispiel dann, wenn die Autoritätsperson damit die Grenzen ihrer sozialen Rolle nicht überschreitet, z. B. beim Militär, bei psychischer Abhängigkeit oder weil sie tatsächlich Zwangsmittel einsetzen würde.

Verantwortung streuen – „Der Zuschauereffekt"
Ein anderer Fall der Verteilung von Verantwortung ist die Anwesenheit einer Gruppe von anderen potentiellen Helfern. Wenn jeder verantwortlich ist, fühlt sich niemand verantwortlich,[212] und wenn alle unmoralisch handeln, kann es nicht so schlimm sein. Im Stanford-Prison-Experiment[213] teilte der Psychologe Philip Zimbardo im Jahr 1971 freiwillige Studenten in zwei Gruppen auf: In Wärter und Häftlinge. Die Wärter erhielten Uniformen, Trillerpfeifen, Handschellen und Sonnenbrillen. Die Häftlinge wurden mit echter Polizei und Handschellen von zuhause aus abgeführt, schließlich entlaust und geschoren und es wurde ihnen eine Nummer zugeteilt, mit der sie fortan angesprochen wurden. Bald versuchten einige der Häftlinge den Widerstand und die Wärter antworteten mit zunehmend

---

210 Stephen Reicher und S Alexander Haslam, "After Shock? Towards a Social Identity Explanation of the Milgram 'obedience' Studies," *British Journal of Social Psychology* 50 (2011): 168 f.
211 S Alexander Haslam, Stephen D Reicher, und Megan E Birney, "Nothing by Mere Authority: Evidence that in an Experimental Analogue of the Milgram Paradigm Participants are motivated not by Orders but by Appeals to Science," *Journal of Social Issues* 70 (2014): 473–88.
212 Der „Zuschauereffekt"; Bibb Latané und Steve Nida, "Ten Years of Research on Group Size and Helping," *Psychol Bull* 89 (1981): 308–24. // Der Effekt verringert sich allerdings, wenn die Situation gefährlich ist (z. B. bei Angreifern) oder großen physischen Einsatz erfordert. In diesem Fall werden die anderen „Zuschauer" offensichtlich als wichtige Unterstützung angesehen und ihre Anwesenheit erleichtert es dem Einzelnen sich einzubringen. Peter Fischer et al., "The Bystander-Effect: A Meta-Analytic Review on Bystander Intervention in Dangerous and Non-Dangerous Emergencies," *Psychological Bulletin* 137 (2011): 532 ff.
213 Philip G Zimbardo, *Der Luzifer-Effekt: Die Macht der Umstände und die Psychologie des Bösen* (Heidelberg: Spektrum, 2008), 21–189.

sadistischen Zwangsmaßnahmen, Einschüchterungen und mentaler „Folter". Nach 6 Tagen hatten sich einige Häftlinge in einen dumpfen Gehorsam gefügt, während andere vor einem emotionalen Zusammenbruch standen. An dieser Stelle musste das auf zwei Wochen angelegte Projekt gestoppt werden.[214] Menschen sind skrupelloser, wenn sie als Gruppe handeln können und sich nicht als individuell verantwortlich erfahren.[215]

8.6.1.3 Den An-„Spruch" ablehnen

Die Not eines anderen wird nur dort als An-„Spruch" erlebt, wo dessen Rechte verletzt werden. Der An-„Spruch" verstummt daher, wenn diese nicht gesehen werden, weil der Andere nicht als Rechtsträger (an-)erkannt wird oder weil er selbst (Teil-)Schuld an seiner Situation trägt.

Die Schuld beim Andern suchen
„*Er hat angefangen*" ist vermutlich der häufigste Versuch, durch den im Kindesalter Schuld von sich selbst abgewendet werden soll. Überhaupt zeigen sich Kinder als sehr talentiert, wenn es darum geht, eine Ent-Schuldigung zu finden, und haben den Satz: „Zu einem Streit gehören immer Zwei" auf ihre eigene Weise – und gegen dessen eigentliche Intention – verinnerlicht: Aggressive Kinder unterstellen (für sich selbst und wenn sie ihre Tat rechtfertigen sollen) häufig beim andern eine feindliche Einstellung oder sie transformieren ihre Aggression zu einer Verteidigung sozialer Güter und stellen sich dadurch am Ende sogar als besonders tu-

---

[214] In diesen wenigen Zeilen kommt die soziale Dramatik nicht zum Ausdruck. Eine lohnende, detaillierte Beschreibung von den Autoren der Studie mit Videosequenzen findet sich unter http://www.prisonexp.org/deutsch/. Der Film „Das Experiment"(2001) von Oliver Hirschbiegel basiert auf einem Roman über dieses Experiment. // Allerdings ist in nachfolgenden Experimenten deutlich geworden, dass die Entwicklung maßgeblich durch Zimbardos Auftragsbeschreibung beeinflusst wurde: „*You can create in the prisoners feelings of boredom, a sense of fear to some degree, you can create a notion of arbitrariness, that their life is totally controlled by us, by the system, you, me...*" Ohne eine solche Auftragsbeschreibung, zeigten Wärter keine Tendenz zu Brutalität und identifizierten sich kaum mit ihrer Rolle – zumindest solange bis ein kreativer Wärter die Führungsrolle übernahm. Haslam und Reicher sehen auch hierin einen Hinweis auf „engaged followership" als auslösende Motivation. Menschen wollen mit anderen ein gemeinsames Ziel verfolgen und suchen nach Gründen dies zu tun; vgl. Haslam und Reicher, "Just Obeying Orders?".
[215] Albert Bandura et al., "Mechanisms of Moral Disengagement in the Exercise of Moral Agency," *J Pers Soc Psychol* 71 (1996): 365.

gendhaft dar.²¹⁶ Auch unter Erwachsenen wird der Verweis auf eine eigene Schuld des Opfers nicht selten als mildernder Umstand für den Täter angeführt. Ein notorisches Problem ist dies zum Beispiel im Fall sexuellen Missbrauchs: „*Sie hat es doch selbst so gewollt*" oder „*Anhalterinnen sind selbst schuld, sie bekommen was sie verdienen*" sind nur zwei Beispiele von „Mythen", die um diese Straftat konstruiert werden und die Schuld umverteilen sollen. Je stärker Gender-Stereotype kultiviert werden und je mehr die Anwendung von Gewalt als soziales Handlungsinstrument akzeptiert wird, desto höher ist die Wahrscheinlichkeit solcher Schuldzuweisungen.²¹⁷

De-Humanisierung
Bandura et al. (1975) replizierten Milgram's Experiment unter etwas anderen Bedingungen: Einige Studenten sollten dem Versuchsleiter dabei helfen, Studenten von einem anderen College zu trainieren, indem sie ihnen bei falschen Antworten Elektroschocks verabreichten. Bevor das Experiment begann, kam ein Assistent und berichtete – für die Studenten hörbar – dem Versuchsleiter: „*The subjects from the other school are here*" (neutral) oder „*The subjects from the other school are here; they seem nice*" (humanisierend) oder „*The subjects from the other school are here; they seem like animals*" (dehumanisierend). In der ersten Fragerunde zeigte sich noch kein Unterschied, doch als der Versuch weiter voranschritt, wurde es deutlich: die Studenten im dehumanisierenden Ansatz erhöhten die Schockintensität wesentlich schneller als jene im neutralen, und diese wieder signifikant schneller als jene unter der humanisierenden Versuchsbedingung.²¹⁸ Eine Ein-Wort-Beschreibung genügte, um ein Stereotyp zu erzeugen, das es den Studenten

---

216 Nicki R Crick und Kenneth A Dodge, "A Review and Reformulation of Social Information-Processing Mechanisms in Children's Social Adjustment," *Psychol Bull* 115 (1994): 74–101. // Man unterscheidet entsprechend zwischen reaktiver und proaktiver Aggression; N R Crick und K A Dodge, "Social Information-Processing Mechanisms in Reactive and Proactive Aggression," *Child Development* 67 (1996): 993–1002.
217 M R Burt, "Cultural Myths and Supports for Rape," *Journal of Personality and Social Psychology* 38 (1980): 217–30. // vgl. auch Jessica A Turchik und Katie M Edwards, "Myths about Male Rape: A Literature Review," *Psychology of Men & Masculinity* 13 (2012): 211–26.
218 Der Effekt war verstärkt, wenn durch die Ermittlung eines Durchschnittswertes die Verantwortung für die Schockintensität auf mehrere verteilt wurde. Dann wählten die Einzelnen jeweils höhere Schocklevel. Albert Bandura, Bill Underwood, und Michael E Fromson, "Disinhibition of Aggression through Diffusion of Responsibility and Dehumanization of Victims," *Journal of Research in Personality* 9 (1975): 253–69.

ermöglichte, sich emotional zu distanzieren und so ohne Unrechtsbewusstsein andere Menschen „unmenschlich" zu behandeln.[219]

Dehumanisierungen[220] und Kategorisierungen sind vermutlich in jeder Kultur aktiv.[221] Unsere Gruppen selektierende, evolutionäre Herkunft hat uns mit impliziten psychologischen Reaktionsmustern ausgestattet, durch die wir Menschen aus anderen Gruppen mit Misstrauen und tendenziell eher abschätzig begegnen.[222] Es ist leichter, andere Menschen schlecht zu behandeln, wenn sie als subhuman, roboterhaft oder animalisch wahrgenommen werden.[223] Wer einen Krieg führen möchte und wer eine effektive und tödliche Armee haben möchte, ist darauf angewiesen, diese Mechanismen zu Hilfe zu nehmen. *„Every nation that goes to war must first construct ›the face of the enemy‹ for its soldiers to want to kill and its citizens to want to work and sacrifice ... "*[224]

Anonymisierung und Kategorisierung

Im Stanford-Prison-Experiment war eine wesentliche Voraussetzung für die Eskalation, die systematische Anonymisierung und Uniformisierung sowohl der Wächter als auch der Häftlinge. Anonymität schützt und enthemmt die Straftäter, und die Opfer werden nicht mehr als Einzelpersonen wahrgenommen, sondern als Repräsentanten einer Gruppe und damit als Träger der mit ihr verbundenen Stereotype und Vorurteile. Diese Vorurteile und Stereotype beeinflussen in Kombination mit den *sozialen Zielen* dann die Emotionen und die Handlung.[225]

---

219 vgl. Philip Zimbardo, "The Psychology of Evil," *Eye on Psi Chi* 5 (2000): 18. // Derselbe Weg kann aber offensichtlich auch in die andere Richtung beschritten werden; vgl. Nick Haslam et al., "Subhuman, Inhuman, and Superhuman: Contrasting Humans with Nonhumans in Three Cultures," *Social Cognition* 26 (2008): 248–58.
220 Um deutlich zu machen, dass es sich um ein graduelles Phänomen handelt, werden in der Literatur auch die Begriffe „Infra-Humanisierung" oder „sub-human" verwendet.
221 In Deutschland z. B. Andreas Klink und Ulrich Wagner, "Discrimination Against Ethnic Minorities in Germany: Going Back to the Field (1)," *Journal of Applied Social Psychology* 29 (1999): 402–23.
222 A J C Cuddy, S Fiske, und P Glick, "The BIAS Map: Behaviors From Intergroup Affect and Stereotypes," *J Pers Soc Psychol* 92 (2007): 631–48.
223 Mark van Vugt, "Sex Differences in Intergroup Competition, Aggression, and Warfare," *Annals of the New York Academy of Sciences* 1167 (2009): 129. // Haslam et al., "Subhuman, Inhuman, and Superhuman: Contrasting Humans with Nonhumans in Three Cultures."
224 Zimbardo, "The Psychology of Evil," 18.
225 Susan T Fiske, Lasana T Harris, und Amy J C Cuddy, "Why Ordinary People Torture Enemy Prisoners," *Science* 306 (2004): 1482. // Mary E Wheeler und Susan T Fiske, "Controlling Racial Prejudice: Social-Cognitive Goals Affect Amygdala and Stereotype Activation," *Psychol Sci* 16 (2005): 56–63.

Wenn ein Vorurteil nützlich ist, um ein hochrangiges, soziales Ziel zu erreichen, dann wird es sich als sehr widerstandsfähig erweisen.

Wenn Leute als Teil einer fremdartigen Gruppe wahrgenommen werden, löst dies ein Signal in der Amygdala aus, ähnlich jenem bei Alarmbereitschaft. Die Stärke der Reaktion ist individuell verschieden und korreliert mit den sozialen Zielen des Subjekts. Dieses Signal verschwindet im Experiment, wenn dieselben Personen nicht mehr als Teil einer Gruppe, sondern als Individuen angesehen werden oder wenn die Unterschiedlichkeit und die Gefühle in Worte gefasst werden.[226] Beim sogenannten „Williams-Syndrom", einer seltenen genetischen Veranlagung, empfinden die Träger kaum soziale Furcht und sind auch gegenüber Fremden extrem kontaktfreudig. Es konnte gezeigt werden, dass betroffene Kinder keine Vorurteile gegenüber dunkel- oder hellhäutigen Personen haben: „Normale", hellhäutige Kinder und Jugendliche ordnen Bildern von Hellhäutigen bevorzugt Adjektive wie „klug" oder „freundlich" und Dunkelhäutigen Adjektive wie „dumm" oder „hässlich" zu. „Williams-Kinder" treffen die Zuordnung dagegen nahezu unabhängig von der Hautfarbe. Offenbar werden die Rassenvorurteile in diesem Fall direkt durch soziale Angst – die bei „Williams-Kindern" ja fehlt – ausgelöst. Interessanterweise zeigen die „Williams-Kinder" aber genauso wie ihre Altersgenossen Gender-Stereotype. Diese Studie zeigt, dass den verschiedenen Arten von Vorurteilen auch unterschiedliche soziale Motivationen zu Grunde liegen.[227]

8.6.2 Von Helden und Monstern

8.6.2.1 Psychologie des Bösen

Unsere Psychologie hat uns mit Mechanismen ausgestattet, die uns zu leistungsfähigen Gemeinschaften zusammenschweißen, die gegenüber anderen Gruppen konkurrenzfähig sind und uns durch eine bedeutungsvolle soziale Rolle emotionale Stabilität geben. Sie bringen Menschen dazu, das eigene Leben für die Gruppe freiwillig zu opfern, aber auch dazu, das Leben unfreiwilliger Anderer zu opfern. Soziale Konformität und Gehorsam sind für sich genommen moralisch neutral: Es kommt auf den Kontext und auf die innere Haltung an, in der sie

---

[226] ebd., 59 f. // Elizabeth A Phelps et al., "Performance on Indirect Measures of Race Evaluation Predicts Amygdala Activation," *Journal of Cognitive Neuroscience* 12 (2000): 729–38. // Matthew D Lieberman et al., "An fMRI Investigation of Race-Related Amygdala Activity in African-American and Caucasian-American Individuals," *Nature Neuroscience* 8 (2005): 720–22.

[227] Andreia Santos, Andreas Meyer-Lindenberg, und Christine Deruelle, "Absence of Racial, but Not Gender, Stereotyping in Williams Syndrome Children," *Current Biology* 20 (2010): R307–8.

ausgeübt werden, ob – wie bei einem Team aus Feuerwehrleuten – daraus heldenhafte oder – wie in Nazideutschland oder in Pol Pot-Kambodscha – abscheuliche, unmenschliche Taten resultieren.

Zimbardo (2000, S. 17) liefert ein Rezept, wie „normale" Menschen im Experiment zu „Monstern" transformieren: Beginne mit einer Ideologie – Nutze Autorität – Gib den Beteiligten bedeutungsvolle Rollen – Hab Regeln – Lass Autorität gerecht beginnen und erst langsam ungerecht werden – Verzerre die Bedeutung von Begriffen (anderen helfen = der Gemeinschaft schaden) – Mach Verträge – Bring in extreme Situationen – Versetze in ein ungewohntes Umfeld – Lass Gewalt mit minimalen Überschreitungen beginnen – Eskaliere schrittweise – Zerstreue Verantwortung – Lenke den Fokus auf Details, weg vom Ganzen – Lass keine Unstimmigkeiten zu – Mach die Situation zwingend und ausweglos. Dieses Rezept für experimentelle Setups wie das Stanford-Prison-Experiment, zeigt viele Parallelen zu echten Ereignissen und man kann sich vorstellen, wie diese Elemente angewendet wurden, um die Vernichtungsmaschinerien unserer Geschichte am Laufen zu halten.

Auf der staatlichen Ebene müssen natürlich weiter reichende Prozesse ausgelöst werden als in einem Experiment mit 20 Probanden. Hier wird eine der größten Schwierigkeiten darin bestehen, zunächst eine Ideologie in die Köpfe der Menschen einzupflanzen: Es „braucht" eine soziale Identität, die unmenschliche Akte gegenüber anderen rechtfertigt. Reicher et al. (2008) beschreiben fünf Schritte: (i) Bildung einer In-Group durch hohe Identifikation; (ii) Ausschluss bestimmter anderer sozialer Gruppen als Out-Group; (iii) Aufbau einer Bedrohungsphantasie durch die Outgroup; (iv) Hervorhebung der besonderen Tugenden der In-Group; (v) Vernichtung der Out-Group wird als Verteidigung der In-Group gefeiert. Die Implementation dieser Ideen in ein ganzes Volk erfolgt durch Propaganda und Manipulation der Medien, über die Sozialisation der heranwachsenden Generation in den Familien und durch systematische Erziehung, die vorhandene Vorurteile verstärkt und als Fakten darstellt.[228]

Vorurteile werden erst im Zusammenhang von sozialen Zielen wirksam: Dehumanisierung erhält nur Sinn als Kontrastprogramm zur Favorisierung der eigenen Gruppe und zur Stärkung der Identität und Vernichtungsprogramme lassen sich nur als Verteidigung gemeinsamer Werte und einer gefährdeten sozialen Identität begründen. Unsere Gruppen-Psychologie, mit all ihren Möglichkeiten zum Guten wie zum Bösen, funktioniert letztlich als Instrument, um Beziehungen zu gestalten und sozial erfolgreich zu sein.

---

[228] vgl. Zimbardo, "The Psychology of Evil," 18.

8.6.2.2 Die Evolution des Bösen

Die frühesten Nachweise für menschliche Kriegsführung sind etwa 200.000 Jahre alt.[229] Es wird vermutet, dass in der Frühzeit des Menschen 20–30 % der Männer infolge von Konflikten zwischen Gruppen ums Leben kamen.[230] Wir sind evolviert als soziale Wesen in einer Umwelt, in der der Gruppenzusammenhalt Voraussetzung für das Überleben war.[231] Unter diesen Selektionsbedingungen werden Gruppen durch psychologische Mechanismen Verbindlichkeit und Identität schaffen, um gemeinsam konkurrenzfähiger zu sein.[232]

Die Phänomenologie des Bösen zeigt, dass die systematischen Verletzungen von Menschenrechten, die Massenvernichtungen und Pogrome dadurch möglich werden, dass der Anspruch einer In-group angesichts einer Bedrohung von außen hypertrophiert und Gruppenwerte überschießen. Die psychologischen Mechanismen, die durch Gruppenselektion evolviert sind, geraten in ein Umfeld, in dem sie sich zur Maßlosigkeit steigern.

Doch auch die Mechanismen der Individualselektion können hypertrophieren: Dies geschieht dort, wo die Gemeinschaft für eigene Zwecke missbraucht wird. Diese Form der maßlosen Übersteigerung des eigenen Interesses führt im Fall einer Einzelperson meist „nur" zu kriminellen Straftaten. Im Fall einer Teilgruppe ist Nepotismus und Korruption die Folge davon.[233] Doch auch die großen menschlichen Katastrophen haben irgendwann dort ihren Anfang genommen, wo ein Einzelner oder eine kleine Teilgruppe begonnen hat, die große Gemeinschaft für ihre Zwecke gekonnt zu instrumentalisieren.

8.6.2.3 „* ... durchkreuzt das Herz eines jeden Menschen."

In Abu Ghraib war die 800. Militärpolizei-Brigade als Gefängnisaufsicht stationiert. Sie wurden von jenen, zu deren Hilfe sie ins Land gesandt waren, als Feinde betrachtet, die Begegnung mit Einheimischen außerhalb des Gefängnisses wurde zu einer Bedrohungssituation, Kameraden starben täglich, ihre Rückkehr nach-

---

229 Massengräber männlicher Skelette, die durch Gewalteinwirkung ums Leben kamen. Marc van Vugt, "Sex Differences in Intergroup Competition, Aggression, and Warfare," 127.
230 Archäologische und ethnographische Daten. Bei den Yanomami im brasilianischen Amazonasbecken liegt dieser Wert auch heute noch so hoch; ebd.
231 Michael Bond, "They Made Me Do It," *The New Scientist* 194 (2007): 43.
232 Marc van Vugt, "Sex Differences in Intergroup Competition, Aggression, and Warfare," 126 f.
233 Die meisten Diktatoren der Geschichte waren prosozial; aber oft nur gegenüber ihrer eigenen Familie. Ihre Rolle verlangt Verantwortung für das ganze Volk, doch beschränken sie sich auf einen kleinen Kreis von Günstlingen. // Auch vom Aufseher des Konzentrationslagers Auschwitz, Rudolf Höß, wird berichtet, dass er ein liebevoller Mann war; aber zuhause, im Umgang mit seinen eigenen Kindern. Manfred Deselaers, mdl. Mitteilung.

hause war ein Jahr überfällig, die Kommandostrukturen waren lax geworden, Hitze und mangelnde Hygiene taten ihr Übriges und in den Gefängniszellen gab es genügend hilflose Repräsentanten des „Feindes": Dies war ein Ort, an dem Stereotypisierungen und Dehumanisierungen ins Negative wuchern konnten und es schließlich auch taten.[234] Bilder dieser menschlichen Tragödie – zum Sinnbild wurde dasjenige eines Mannes mit Kapuze über dem Kopf und Elektroden an den Fingern, der wacklig auf einer kleinen Box steht – und Namen wie Lindsay England und Ivan Frederick haben im April 2004 die Welt aufgeschreckt. Doch dann war da auch Joseph Darby: Mitglied derselben Kompanie und verantwortlich dafür, dass der Missbrauch gestoppt wurde. Er übergab eine CD mit Fotos an eine übergeordnete Stelle. Keine große Tat? Vielleicht nicht hier, aber in einer Militärkompanie im Krieg entscheidet Illoyalität über Tod und Leben. Er selbst und seine Familie leben untergetaucht, aus Furcht vor Vergeltung durch Mitglieder seiner Einheit.[235]

Philip Zimbardo hat sein Interesse in den letzten Jahren der Frage zugewandt, was jemand zu einem »Helden« macht.[236] Er stellt fest, dass unserem Hang, uns unter dem Einfluss einer Gruppe zum Bösen verleiten zu lassen, ein genauso inhärenter Hang entgegensteht, dem Druck einer Gruppe zu widerstehen und das „Richtige" zu tun.

Alexander Solschenizyn hat offenbar recht, wenn er in seinem Buch „Archipel Gulag" schreibt:

> ...der Strich, der das Gute vom Bösen trennt, durchkreuzt das Herz eines jeden Menschen. Und wer mag von seinem Herzen ein Stück vernichten?[237]

Wer in solche Situationen gerät, muss sich entweder verstecken und sich in sich zurückziehen[238] oder jeweils einen Teil seines „Herzens", in dem beide Tendenzen vorhanden sind – jene zum Guten wie jene zum Bösen –, preisgeben.

---

234 Fiske, Harris, und Cuddy, "Why Ordinary People Torture Enemy Prisoners," 1482.
235 Bond, "They Made Me Do It," 45.
236 z.B. Zeno E Franco, K Blau, und P G Zimbardo, "Heroism: A Conceptual Analysis and Differentiation between Heroic Action and Altruism," *Review of General Psychology* 15 (2011): 99–113. // Auf der Homepage seines Projektes gibt er eine anschauliche Zusammenfassung der Faktoren, die „Heldentum" verhindern und stellt ein Programm vor, es zu trainieren. vgl. http://heroicimagination.org/.
237 Alexander I Solschenizyn, *Der Archipel Gulag* (Bern: Scherz, 1974): 167.
238 Was sowohl in Nazideutschland als auch in Pol Pot-Kambodscha passiert ist. „Reden heißt meine Familie in große Gefahr zu bringen. Mit fünf Jahren beginne ich zu verstehen, wie es ist allein zu sein, still und einsam und mit der Erwartung, dass jeder mich verletzen könnte." Loung Ung, *Der weite Weg der Hoffnung* (Frankfurt: Fischer, 2002): 4.

Teil III Anthropologische Ethik

9 Möglichkeiten einer Evolutionären Ethik

Da das Projekt der vorliegenden Arbeit die Zusammenschau ist, kann hier keine systematisch-philosophische Untersuchung der einzelnen Themen erfolgen. Das Ziel ist vielmehr, die großen argumentativen Linien offenzulegen und häufig wiederkehrende Muster zu beschreiben. Auch die drei vorgestellten konkreten Entwürfe einer Evolutionären Ethik (EE) werden nicht en détail, sondern als Beispiele behandelt, wie man aufgrund unterschiedlicher evolutionsbiologischer Annahmen zu recht verschiedenen Aussagen kommt. Schließlich wird in diesem Kapitel immer wieder auch dargestellt, welche zusätzlichen Aussagemöglichkeiten sich durch die Metaphysik bieten. Das Gesamtziel des Kapitels ist der Brückenschlag, der es den Diskursteilnehmern erleichtern soll, sich im interdisziplinären Diskurs souverän und mit größerem Verständnis für die Stärken und Schwächen der eigenen und der Gegenseite zu bewegen.

9.1 Darwinsche Impulse für die Ethik

9.1.1 Moral bei Darwin

Im vierten Kapitel von „The Descent of Man" (1871) bezeichnet Darwin den moralischen Sinn als die wichtigste Unterscheidung zwischen Mensch und Tier (2004, S. 120 und 151). Seine Entstehung sieht er in Kontinuität mit der Entwicklung bei Tieren: Sobald bei irgendeinem Wesen die intellektuellen Fähigkeiten genügend entwickelt seien, führe dies unweigerlich zu moralischem Vermögen (S. 121). Er beschreibt folgendes Szenario (S. 120 ff): Tiere, die in Gemeinschaften leben, entwickeln Gefühle der Sympathie füreinander und die Bereitschaft, sich gegenseitig zu helfen. Diese Gefühle beziehen sich nicht auf alle Individuen derselben Art, sondern auf die Gruppenmitglieder. In einem zweiten Schritt führe die Entwicklung einer ausgeprägten Erinnerung zu einer Form von Gewissen: Es entstehe dann Unzufriedenheit wenn erkannt wird, dass man in irgendeiner Situation kurzfristige Antriebe über die an sich starken und andauernden, sozialen Instinkte gestellt hat. Drittens hätte die Ausbildung von Sprache schnell dazu geführt, dass sich eine allgemeine Vorstellung herausbildet, wie sich Gruppenmitglieder zu verhalten haben, damit das Gemeinwohl dadurch gefördert wird. In einem letzten Schritt würden diese faktischen Normen schließlich zur Gewohnheit werden.[1]

---

[1] Darwin ist – wie die Vertreter eines Moralischen Relativismus oder wie Michael Ruse, (1986,

Unter der Annahme von Gruppenselektion begründet er weiter ultimat die Ausbildung von Moral (S. 155 ff): Wenn zwei Gemeinschaften miteinander konkurrieren, so würde jene, deren Mitgliedern es besser gelingt sich gegenseitig zu unterstützen, die mutiger, wohlwollender und loyaler sind, sich sicherlich gegen die andere durchsetzen können. Gruppen, in denen es passende moralische Normen und Gewohnheiten gibt, würden sich im Rahmen der Natürlichen Selektion daher auch evolutiv durchsetzen. Bald würden die Mitglieder lernen, dass sie selbst üblicherweise Hilfe erhalten, wenn sie auch anderen helfen. Aus diesem „niederen Motiv" (S. 156; Darwin meint damit reziproken Altruismus) kann schließlich die feste Gewohnheit entstehen, anderen zu helfen. Wie heute die EvoDevo, so nahm auch Darwin an, dass solche Gewohnheiten zu vererbbaren Merkmalen werden, wenn sie über viele Generationen ausgeübt werden (ebd.). Den einflussreichsten Stimulus für die Entwicklung sozialer Tugenden sieht Darwin in der Reputation und den dazugehörigen Emotionen und Sanktionen – Scham und Stolz und Lob und Tadel (S. 156 f). Durch sie würde auch das Problem der Konkurrenz innerhalb der Gruppe im Zaum gehalten, denn die Bewunderung und öffentliche Anerkennung für eine tugendhafte Person, kann andere zu ähnlicher Tugendhaftigkeit anstecken und so die Entwicklung der Gruppe effektiver vorantreiben als durch bloße Nachkommenschaft. Durch zunehmende Erfahrung und Vernunft könnten die Langzeit-Konsequenzen einer Handlung schließlich zutreffender abgeschätzt werden. Dies sei dann zum Beispiel der Ursprung jener abgeleiteteren Tugenden, die sich auf den Umgang mit sich selbst beziehen, wie Mäßigung oder Keuschheit.

> Ultimately our moral sense or conscience becomes a highly complex sentiment – originating in the social instincts, largely guided by the approbation of our fellow-men, ruled by reason, self-interest, and in later times by deep religious feelings, and informed by instruction and habit. (ebd., S. 157)

Mit der Theorie der Natürlichen Selektion entfiel scheinbar die Notwendigkeit, für moralische Aussagen einen göttlichen Gesetzgeber zu postulieren. Im 18. Jahrhundert waren Naturwissenschaft, Ethik und Religion noch eng ineinander verwoben und stellten gemeinsam die damalige Wahrheit dar. Durch Darwin wurde

---

108) – der Ansicht, dass andere soziale Lebensformen bei geeigneter kognitiver Ausstattung ebenfalls eine Ahnung von „Richtiger" und „Falscher" Handlung entwickeln würden, dass die resultierenden Normen aber durchaus andere sein könnten. Darwin, *The Descent of Man*, Kapitel 4, "The Moral Sense."

nun mit einem Mal diese Verquickung aufgebrochen und die Eigenständigkeit des naturwissenschaftlichen Zugangs nicht nur möglich, sondern geradezu geboten.[2]

Diese Ent-Mystifizierung der Natur führte zu drei Reaktionen: zu Widerstand, vor allem aus religiösen Kreisen, zur Formulierung des »Naturalistischen Fehlschlusses« für den Fall, dass die Trennung zwischen ethischen und naturwissenschaftlichen Aussagen nicht beachtet würde und zur naturalistischen Re-Mystifizierung als »Darwinismus«, indem die Natürliche Auslese (Selektion) als Weg angesehen wurde, der zu Verbesserung führt und damit einen moralischen Wert in sich trägt.

9.1.2 Darwinismus (von dem sich Darwin wohl distanziert hätte)

In der Zeit nach Darwin und im frühen 20. Jh wurden verschiedene Bewegungen die ihre Rechtfertigung vom darwinschen *"survival of the fittest"* bzw. *"struggle for existence"*[3] ableiteten, »Darwinismus« genannt. Sie sahen in der Evolution einen Fortschritt und leiteten davon einen normativen Anspruch der evolutionären Prozesse ab. Franz Wuketits (1998, S. 115) nennt drei gemeinsame Kernaussagen aller Darwinismen: (1) Die Theorie der Auslese bestimme die menschliche Entwicklung in sozialer, ökonomischer und moralischer Hinsicht, (2) es gebe gute und schlechte Anlagen, (3) die guten sollten gefördert, die schlechten dürften ausgemerzt werden.

Beispiel Sozialdarwinismus: Im 19. Jahrhundert war es völlig üblich, die menschlichen Rassen in ihrem Wert und Rechtsstatus zu unterscheiden. Diese damals allgemein anerkannte Differenz schien durch die Evolutionstheorie nun erklärt werden zu können, als das Resultat eines kontinuierlichen, evolutiven Fortschritts vom Affen über den Wilden zum Kulturmenschen.[4] In Deutschland gilt Ernst Haeckel (1834–1919) als denkerischer Wegbereiter für sozialdarwinistische Ideen.[5] Eine direkte Beziehung zwischen seinen Lehren und dem Nationalsozialismus lässt sich

---

[2] Susan F Cannon (1978), zit. in Robert J Richards, *Darwin and the Emergence of Evolutionary Theories of Mind and Behavior* (Chicago: Univ. Press, 1987): 595.

[3] z.B. Darwin (1859) und Wallace (1858, 54) in seinem Teil der gemeinsamen Publikation.

[4] vgl. Ernst Haeckel, *Die Lebenswunder – Gemeinverständliche Studien über biologische Philosophie.* (Stuttgart: Kröner Verlag, 1905), vor allem Kapitel 17, 444–472. *„Diese Naturmenschen (z.B. Weddas, Australneger) stehen in psychologischer Hinsicht näher den Säugetieren (Affen, Hunden), als dem hochcivilisirten Europäer; daher ist auch ihr individueller Lebenswerth ganz verschieden zu beurtheilen."* (S. 450) Ähnliche Unterschiede sieht er auch zwischen den verschiedenen Klassen einer Gesellschaft (z.B. S. 470f).

[5] *„So traurig an sich auch der Kampf der verschiedenen Menschen-Arten ist, und so sehr man die Thatsache beklagen mag, daß auch hier überall 'Macht vor Recht' geht, so liegt doch anderseits ein höherer Trost in dem Gedanken, daß es durchschnittlich der vollkommenere und veredeltere Mensch*

aber historisch nicht nachweisen, zumal seine Werke von den Nazis aus den Büchereien verbannt und die von ihm gegründete Monistenliga verboten wurde.[6] Auch auf Darwin lässt sich der Sozialdarwinismus nicht zurückführen: Zwar findet sich bei ihm ein Hinweis darauf, dass ein Züchter niemals die schlechten Tiere für die Zucht verwenden würde, während es in einer zivilisierten Gesellschaft viele Einrichtungen gibt, die es auch den schwächeren Mitgliedern ermöglichen, sich fortzupflanzen. Aber er bezeichnet dies als eine zu ertragende Folge unserer Sympathie, des edelsten Teils unserer Natur: „…if we were intentionally to neglect the weak and helpless, it could only be for a contingent benefit, with an overwhelming present evil." (Darwin 1871, S. 159)

Anders klingt dies bei seinem Cousin Sir Francis Galton, der die Gefahr der Degeneration der eigenen Rasse beschreibt und unter dem Begriff »Eugenik« die Kontrolle der Geburtenrate von „Erwünschten" und „Unerwünschten" propagiert.[7] Solche Ideen ergaben einen guten Nährboden für die nationalsozialistische Propaganda. In dieser wurde die Überzeugung eigener Überlegenheit mit der Angst vor Degeneration gepaart und als Fundament gelegt, auf dem die menschenverachtende Praxis der Eugenik bis zum Ziel und der Durchführung der Vernichtung anderer Rassen aufgebaut werden konnte. Es handelte sich dabei um ein Konglomerat aus Ideen, die für die eigene Ideologie nützlich schienen, und denen eine entsprechend modifizierte Evolutionstheorie einen Hauch von Wissenschaftlichkeit verlieh. Nach dem II. Weltkrieg wurde der Begriff »Sozialdarwinismus« mit der Nazi-Ideologie identifiziert und damit nach dem II. Weltkrieg quasi zum Tabu erklärt. Die Ideen Darwins führen aber nicht zu einer bestimmten Politik.[8] Während um die Jahrhundertwende die Mehrheit behauptete, Darwinismus stütze den Kapitalismus und die aristokratische Gesellschaft als legitime Machtübernahme der Überlegenen, argumentierten andere, dass diese Gesellschaftsform durch ihre Tendenz zur Konservierung der Verhältnisse das Wirken der Natürlichen Selektion geradezu verhindere: Menschen, die herausragende oder zumindest ebenbürtige »Fitness« besitzen, bekämen so nicht die Chance, diese einzusetzen. August Bebel versucht in dieser Manier für die Gleichberechtigung der Frau und die Gleichwertigkeit der Arbeiterklasse zu argumentieren und ist mit einigen anderen der Meinung, dass Darwinismus in Wirklichkeit zu Sozialismus führen müsste.[9]

---

ist, welcher den Sieg über die anderen erringt, und daß das Endergebnis dieses Kampfes der Fortschritt zur allgemeinen Vervollkommnung und Befreiung des Menschengeschlechts, zur freien Selbstbestimmung des menschlichen Individuums unter der Herrschaft der Vernunft ist." Ernst Haeckel, *Über die Entstehung und den Stammbaum des Menschengeschlechts* (Berlin: C. G. Lüderitz, 1873): 76.

6 vgl. den in dieser Hinsicht klärenden Konferenzbeitrag von Robert J Richards, "Evolutionary Ethics: Contra Nietzsche and Contemporaries," 2009. // Außerdem Richards, *Darwin and the Emergence of Evolutionary Theories of Mind and Behavior*, 519–536, vor allem 533.

7 So etwa im XXI. Kapitel von Francis Galton, *Memories of My Life* (London: Methuen, 1908) oder in *Hereditary Genius – An Inquiry into its Laws and Consequences* (London: MacMillan and Co, 1869), 362.

8 vgl. Richards, *Darwin and the Emergence of Evolutionary Theories of Mind and Behavior*, 597 f.

9 August Bebel, *Die Frau und der Sozialismus*, 11. Auflage (Stuttgart: Verlag Dietz, 1892), S. 196 ff. An vielen Stellen argumentiert er, dass es die Existenzbedingungen sind, die viele Menschen daran hindern, nützliche Glieder der Gesellschaft zu sein.

Darwinismen begehen den Naturalistischen Fehlschluss in einer naiven und eklektizistischen Weise. Einerseits identifizieren sie den Selektionsprozess als Weg zum Guten und rechtfertigen ihn unkritisch. Andererseits benutzen sie nur bestimmte Interpretationen der Evolutionstheorie und gelangen so zu einer Ethik des Stärkeren.[10] Damals waren solche Gedanken offenbar plausibel. Das heute gängige Verständnis von Moral und Menschenwürde, bei dem es gerade darum geht die Rechte der Schwachen zu verteidigen und das sich besonders in der Formulierung der universellen Menschenrechte ausdrückt, lässt derartige Unterscheidungen nicht mehr ohne weiteres zu.[11] Andererseits gibt es wieder Tendenzen, neue Ingroup/Outgroup-Kriterien einzuführen – wie den Besitz von kognitiven und anderen Fähigkeiten[12] –, die eine Unterscheidung zwischen schützenswertem und zur Disposition stehendem, menschlichem Leben ermöglichen sollen. An diesen Beispielen kann man erkennen, wie moralische Intuitionen im Fluss sind, zwar auch in Bezug auf ihre Inhalte,[13] aber ebenso in Bezug auf die Personen und Kreise, auf die sie angewendet werden.

9.2 Argumentationstypen im interdisziplinären Dialog

9.2.1 Interpretation als „Empirie"

Das Ziel der Soziobiologen war es, vor dem Hintergrund der genetischen Erkenntnisse, dem „Augenschein" zu misstrauen, und stattdessen herauszufinden, was in Wirklichkeit dahinter steckt, also die Gründe, welche Gene oder Meme überleben lassen. Die empirischen Daten besitzen dabei eine hohe heuristische Verbindlichkeit. Daher ist es für eine Geisteswissenschaft sinnlos gegen sie zu argumentieren. Wenn beispielsweise experimentell gemessen wird, dass einer bewussten Handlung stets ein unbewusster Impuls vorausgeht, ist es nicht sinnvoll, dies zu leugnen, sondern man muss dies zur Kenntnis nehmen und sich damit auseinandersetzen.

---

10 Die Parallele zu Nietzsches Konzept des »Übermenschen« ist auffällig. Doch da er sich als Zeitgenosse Darwins nie explizit auf diesen bezieht, bleibt der Einfluss darwinistischen Gedankenguts auf Nietzsche spekulativ. Vgl. Richards (2009).
11 Man denke etwa an die „UN-Konvention über die Rechte von Menschen mit Behinderungen" vom 3. Mai 2008, durch die versucht wird, Behinderten *nicht nur theoretisch, sondern auch praktisch* die entsprechenden Rechte zu sichern.
12 z. B. Peter Singers Präferenzutilitarismus.
13 vgl. Steven Pinker, *The Blank Slate: The Modern Denial of Human Nature* (London: Allen Lane, 2002), S. 34.

Wenn die Ergebnisse vieler empirischer Einzelstudien dann gebündelt werden, ergibt sich aber aus der Art und Weise, wie die Daten zusammengestellt und gewichtet werden, eine *Interpretation*.[14] Diese enthält nun zwangsläufig eine Reihe von Prämissen und reiht sich daher zunächst gleichberechtigt neben anderen Interpretationen ein. Erst hier ist es wissenschaftlich legitim, eine andere weltanschauliche Interpretation entgegenzusetzen, sofern diese die Daten und die Unbekannten ähnlich gut integrieren kann und sofern sie ausschließlich Argumente enthält, die – auch wenn man ihnen nicht zustimmt – grundsätzlich doch verstehbar sind.

Verbreitet ist dagegen die Unart, auch dort aufgrund einer Weltanschauung bereits eine Vorentscheidung zu treffen, wo die empirischen Erkenntnisse bei weitem noch nicht ausreichen, sich endgültig für eine bestimmte Alternative zu entscheiden. In der Frage der Willensfreiheit konnte man dies lange Zeit beobachten (siehe Kap. 7.3). Grundsätzlich scheinen solche Konflikte dort aufzubrechen, wo reduktionistische gegen wertgeladene Weltbilder stehen. Die Reduktionisten sprechen dann gern von den „Kränkungen",[15] die der Mensch durch die wissenschaftlichen Erkenntnisse erfahren habe, angefangen bei der kopernikanischen Verbannung aus dem Zentrum der Welt bis hin zur vermeintlichen Dekonstruktion der Willensfreiheit. Statt sich mit Argumenten auseinandersetzen zu müssen, kann so schnell darauf verwiesen werden, dass der Diskussionspartner die Kränkung eben nicht ertrage und sich deswegen erkenntnisresistent zeige.

Der Vorwurf vor allem an die Geisteswissenschaften, sich den empirischen Beweisen zu verschließen, ist aber nicht allein schon dadurch gerechtfertigt, dass sie nicht bereit sind, den bis auf die Spitze getriebenen Reduktionismus mitzugehen, den ja auch viele Naturwissenschaftler nicht mitgehen. Im Gegenteil müsste man in diesem Fall darauf hinweisen, dass die Naturwissenschaft ihrer Aufgabe nicht gerecht wird, wenn sie eine Hypothese, die mit den Daten zurechtkommt und begründete Argumente vortragen kann, vor allem deshalb ablehnt, weil sie befürchtet, dass religiöse Vorstellungen davon gestützt werden könnten. Redliche Naturwissenschaft würde vielmehr anstreben, diesen Fragen experimentell nachzugehen und bis zu einer substantiellen Verdichtung der Hinweise zumindest die *Möglichkeit* all jener widerspruchsfreien Interpretationen mit rational begründbaren Prämissen gelten zu lassen.

---

14 vgl. das bekannte Diktum: „Die Summe von Daten ist nicht Fakten."
15 vgl. Michael Schmidt-Salomon, *Manifest des Evolutionären Humanismus. Plädoyer für eine zeitgemäße Leitkultur* (Aschaffenburg: Alibri, 2006), 9–13.

9.2.2 Der Bezug aufs Selbsterleben

Der Konflikt zwischen den Natur- und den Geisteswissenschaften endet häufig in der Enttäuschung, dass die einen sich in ihrem Anspruch nicht ernst genommen fühlen und die anderen erleben müssen, dass ihre „elementaren Erfahrungen nicht erklärt, sondern wegerklärt" werden.[16] Während die Naturwissenschaft mit der Autorität der Empirie auftritt, beziehen sich die Geisteswissenschaften dann häufig auf ein offensichtliches Selbsterleben.[17]

Es handelt sich um einen Konflikt der Qualitätskriterien: Die Geisteswissenschaften sehen die Überlegenheit einer Theorie in der möglichst hohen Übereinstimmung mit Selbsterleben und Introspektion und einer sich daran anschließenden widerspruchsfreien Rekonstruktion jener Eigenschaften, die als unverzichtbar menschlich angesehen werden, wie Freier Wille, Verantwortung, Identität, Personalität usw. Die Naturwissenschaften versuchen sich dagegen von diesem Selbsterleben möglichst vollständig zu distanzieren, weil es epistemologisch suspekt ist: Mithilfe der interozeptiven Wahrnehmung werden (quasi empirisch) Daten gesammelt über den eigenen Zustand in einer bestimmten Situation.[18] Was dann jedoch als Selbsterleben *bewusst* wird, ist zuvor durch verschiedenste unbewusste, lebensgeschichtlich gefärbte Filter gegangen und wurde – unbewusst und bewusst – verschiedenen Zwecken untergeordnet. Es handelt sich beim Selbsterleben um ein geschicktes Konstrukt, das in der Lage ist, uns Freiheit, Kohärenz und Kontinuität selbst dann zu suggerieren, wenn diese nachweislich nicht zutreffen, weil zum Beispiel die Wahrnehmung experimentell manipuliert wurde.[19] Dass sich unser Selbsterleben experimentell täuschen lässt, heißt nicht, dass es auch in der Regel völlig getäuscht ist. Aber von einer deutlichen, unbewussten Einfärbung unserer Eigenwahrnehmung muss man ausgehen.

> ... pretty much everything you think and do is coloured by biases that you are typically totally unaware of. Rather than seeing the world as it is, you see it through a veil of prejudice and self-serving hypocrisies.[20]

---

16 Robert Spaemann, "Deszendenz und Intelligent Design," 58.
17 Selbsterleben hat einen *autoritativen, unmittelbaren* und von außen *nicht widerlegbaren* Charakter; vgl. Cynthia MacDonald, "Introspection," in *The Oxford Handbook of Philosophy of Mind*, ed. B P McLaughlin, A Beckermann, und S Walter (Oxford: Clarendon Press, 2009), 741.
18 Antoine Bechara und Nasir Naqvi, "Listening to Your Heart."
19 vgl. Frith, *Making up the Mind*, bes. 151–193.
20 Graham Lawton, "The Grand Delusion: Blind to Bias," *New Scientist* 2812 (2011): 38.

Es bleibt ein gut begründetes Misstrauen gegenüber dem heuristischen Wert einer Form von Erkenntnis, die evolutionär nicht für Wahrheitsfindung optimiert wurde, sondern für sozialen Erfolg.[21] Wer nun das Selbsterleben als *entscheidende* Erkenntnisform argumentativ verwendet, muss sich bewusst sein, dass er damit einen gemischten Argumentationstypus verwendet und sich nicht ohne weiteres wie auf empirische Daten darauf beziehen kann: Das Selbsterleben bezieht sein Urteilsvermögen aus einem subjektiven Eindruck und zwar selbst dann, wenn es sich um eine allgemein menschliche Form des Selbsterlebens handelt. Es genügt daher dem Anspruch einer heuristisch verbindlichen Erkenntnisform nicht.[22]

In seiner Kritik an den ethischen Folgerungen der Soziobiologie folgt Andreas Knapp der Prämisse, dass der Regelfall menschlicher Erkenntnisfähigkeit eine *primäre Ausrichtung auf Wahrheit* sei, so dass der Mensch „Wirklichkeit erkennen und Wahrheit denken" kann, wenn auch bruchstückhaft.[23] Zur Zeit der Veröffentlichung gab es zugegebenermaßen nur Anhaltspunkte, doch in der Zwischenzeit hat die Neuropsychologie unzweifelhaft gezeigt, dass die *primäre* Ausrichtung der menschlichen Erkenntnis eher in einem Konglomerat aus sozialem Erfolg und dem Erhalt eines kohärenten Selbstbildes besteht. Wenn nötig werden diese Ziele auch unter erheblicher Verbiegung der Wahrheit erreicht. Diese stellt damit eine höchstens *nachrangige* Ausrichtung und eher einen Sonderfall menschlicher Erkenntnisfähigkeit dar (siehe Abschnitte 7.1.3 und 8.5.1). Die naturwissenschaftliche Entlarvung des Selbsterlebens muss nun aber nicht zur völligen Selbstaufhebung der evolutionären Erkenntnistheorie führen, wie Andreas Knapp (S. 112) befürchtet. Wären die systematischen Biases und Framingeffekte einfach nur irrational, hätte er recht. Unsere ganze Ratio und Vernunft wären dann illusorisch und wir könnten über gar nichts mehr Auskunft geben. Es

---

21 vgl. z. B. Tetlock, "Social Functionalist Frameworks for Judgment and Choice." // Haidt und Kesebir, "Morality." // Selbst unser „rationales" Argumentieren und besonders die „Praktische Vernunft" sind davon mitbetroffen; vgl Mercier und Sperber, "Why Do Humans Reason?".

22 Dieser ließe sich nur gewinnen, wenn der Entstehungsprozess einer konkreten Selbst-Wahrnehmung im Detail geklärt, die unbewussten Voraussetzungen erkannt sind und die unbewusst wirksamen subjektiven Anteile dadurch korrigiert werden können. Erstaunlich viele Prämissen, z. B. systematische Biases oder Framing-Effekte, konnten in der Zwischenzeit experimentell freigelegt werden (vgl. die umfassende Darstellung in Mercier und Sperber, "Why Do Humans Reason?") Doch wie sich bei einem konkreten Ereignis das Selbsterleben konstruiert, ist – wenn überhaupt – noch auf lange Sicht faktisch nicht lückenlos erfassbar. Doch selbst das Wissen um die eigene Voreingenommenheit kann diese offenbar nicht ausmerzen: „.... *confronting people with new information that contradicts their beliefs more often than not ends up hardening their position.*" (Lawton "The Grand Delusion: Blind to Bias," 38)

23 Andreas Knapp, *Soziobiologie und Moraltheologie – Kritik der ethischen Folgerungen moderner Biologie* (Weinheim: VCH, Acta Humaniora, 1989), 114.

würde bedeuten, dass wir uns in den grundlegendsten Dingen der Welt täuschten. Diese Annahme ist aber evolutionsbiologisch gar nicht haltbar. Es handelt sich bei der Erkenntnisfähigkeit ja ebenfalls um ein evolutives Produkt, das in irgendeinem Zusammenhang funktional ist und damit zumindest eine *rational verstehbare Verzerrung der Wahrnehmung* darstellt. Eine Täuschung in begründeten Fällen kann sinnvoll sein und vorteilhaft, eine beliebige Verzerrung der Wahrnehmung hätte evolutiv dagegen sicher keinen Bestand. Schließlich gibt es aber auch Wissen und Erkenntnisse, die schlechterdings nicht als getäuscht angenommen werden können, z. B. dass ein fallender Baum Schmerzen zufügen kann usw. Die Skepsis gegenüber dem Selbsterleben darf daher auch naturwissenschaftlich keine absolute sein: Es besitzt in aller Voreingenommenheit und Verzerrung erkennbare und verstehbare Strukturen. Wir sind in manchen Dingen getäuscht, aber „die Welt ist nicht verrückt."[24]

9.2.3 Der Rückbezug auf Metaphysik

Angesichts der reduktionistischen Weg-Erklärungstendenzen kommt der Verdacht auf, dass die einzige gleichzeitig naturwissenschaftlich wie philosophisch konsequente Haltung bei Wegfall von Metaphysik ein »Ethischer Nihilismus« sein müsse. Hier entsteht bei jenen, die diesen Reduktionismus nicht teilen wollen, häufig das dringende Bedürfnis, Metaphysik und Transzendenz zu verteidigen und als Argument zu validieren, da sie den einzigen „sicheren Hafen" der unanfechtbaren Geltung von Ethik zu bieten scheinen. Zweifellos gilt:

> Wer Schöpfung sagt, sagt auch Anspruch des Schöpfers. Wenn es eine lesbare Sprache des Schöpfers gibt, dann ist sie auch Anrede, Anspruch. Dann folgt aus ihr ein Sollen, eine ethische Ordnung ...[25]

Manche drehe diese Schlussfolgerung aber um und argumentieren dann, dass man ohne *transzendente* Begründung moralischer Prinzipien Ethik gar nicht verteidigen könne.[26] Wenn sich dieses Argument mit der Angst vor Reduktionis-

---

24 Peter Takacs und Michael Ruse, "The Current Status of the Philosophy of Biology," *Science & Education* Online First (2011): Kapitel 9.
25 Christoph Schönborn, "Fides, Ratio, Scientia. Zur Evolutionismusdebatte," 96.
26 vgl. Knapp, *Soziobiologie und Moraltheologie,* 113, 276 und 285. // Johannes Rosado, "Die Menschenwürde in der Anthropologie JOHANNES PAUL II. Eine Analyse im Ausgang von KANTs Begründung der Menschenrechte," *Imago Hominis* 13 (2006): 18. Rosado argumentiert hier, im Anschluss an die Lehren von Papst Johannes Paul II., dass das Konzept der Menschenwürde und die darauf aufbauenden Menschenrechte einen gegen nichts verrechenbaren, unendlichen Wert

mus verbindet, bekommt man manchmal den Eindruck, dass es sich eher um eine Beschwörung oder Drohung handeln soll,[27] im Sinne von „*Wir müssen Metaphysik zulassen, weil niemand die Alternative verantworten kann*"; zum Beispiel dass Menschenwürde und Menschenrechte in Frage gestellt werden können. Sicherlich würde niemand die geistige Herrschaft eines ethischen Nihilismus wünschen, doch durch den Hinweis auf diesen Wunsch können keine metaethischen Fragen beantwortet werden. Es braucht dazu Begründungen die darüber hinausreichen.

Dies bedeutet für den interdisziplinären Dialog, dass auf vorschnelle, billige Immunisierungen – die Flucht in den „sicheren Hafen" der Metaphysik – dezidiert verzichtet werden muss. Der weltanschauliche Minimalismus dieser Arbeit lehnt Metaphysik nicht prinzipiell ab. Damit metaphysische Annahmen oder die Akzeptanz transzendenter Wirklichkeit nun aber nicht als einfache Immunisierungsmöglichkeit und diskursive Faulheit erscheinen, müssen vorher zwei Fragen diskutiert werden: (1) Welche Rolle spielt Metaphysik überhaupt für die Begründung der Objektivität von Ethik? (2) Wie muss die Wirkweise einer transzendenten Wirklichkeit gedacht werden, damit sie diesen Einfluss auch haben kann? Als Argumentationstypus im Diskurs hat der „Rückbezug auf Metaphysik" daher verschiedene Aspekte: Einen *psychologischen* – die Angst vor dem Reduktionismus und dessen Folgen –, einen *philosophisch-ethischen* – die Suche nach der Wahrheit von Ethik – und einen *empirisch-pragmatischen* – die Auswirkungen auf die ethische Praxis.

Die psychologische Motivation
Sie ist nicht wissenschaftlich und ihr darf im Diskurs nicht stattgegeben werden. Zweifellos erzeugt sie jedoch Biases, die den Diskurs erheblich verzerren können. Die Gefahr, solche Biases nicht zu bemerken, ist interdisziplinär allerdings geringer als intradisziplinär.

Die philosophisch-ethische Motivation
Eine transzendente Wirklichkeit verspricht eine kaum anfechtbare, formelle Begründung von objektiver Ethik. Sie steht aber in der Gefahr als „billige" Lösung verwendet zu werden. Um Metaphysik im interdisziplinären Dialog als gültiges Denkmuster etablieren zu können, müssen die oben genannten zwei Fragen ge-

---

des Menschen beinhalten. Diese Unendlichkeit setze jedoch notwendig eine metaphysische Grundlage voraus.
27 Knapp nennt entsprechende Beispiele: *Soziobiologie und Moraltheologie*, 285 f.

klärt werden. *Erstens* die Frage nach der Rolle, die Metaphysik für die Begründung der Objektivität von Ethik spielt. Diese kann dann umgekehrt werden zu der Frage, wie weit man überhaupt *ohne* Metaphysik kommt. Hier begegnet einem das klassische Problem des Übergangs von Fakten zu Geltung und von Natur zu Normativität. Entsprechende Versuche stehen unter dem Verdacht eines Naturalistischen Fehlschlusses. Diese Diskussion wird in Abschnitt 9.5 „Naturalistischer Fehlschluss" einen größeren Raum in Anspruch nehmen. Die *zweite* Frage – wie die Wirkweise einer transzendenten Wirklichkeit gedacht werden muss, damit sie Ethik begründet – kann bereits teilweise beantwortet werden: Alle derartigen Ethikentwürfe gehen nämlich davon aus, dass sich das gesuchte „Sollen" via Metaphysik durch eine Zielgerichtetheit (Teleologie) ergibt. Die Frage konzentriert sich dann darauf, wie Transzendenz oder allgemein Metaphysik gedacht werden können, so dass sich eine Zielgerichtetheit ergibt, die mit den empirischen Fakten kompatibel ist.[28] Auch diese Frage benötigt in ihrer Darstellung einen größeren Raum und wird in Abschnitt 9.3 „Teleologie" behandelt.

Der empirisch-pragmatische Aspekt
Der Verdacht ist, dass sich das ethische Verhalten von Menschen verändert, wenn sie keine metaphysische Begründung für ihre Normen und ethischen Ziele haben. Dies könnte zwei Gründe haben: *Erstens* würde die äußere Motivation abnehmen, weil der „übernatürliche Aufseher" dadurch verschwindet.[29] Dies hat nachweislich negativen Einfluss auf ansonsten anonymes prosoziales Verhalten.[30] *Zweitens* könnte die innere Motivation aus verschiedenen anderen Gründen abnehmen. Experimente legen jedenfalls nahe, dass die prosoziale Motivation durch nihilistische Gedanken im Vergleich zu solchen, die an eine religiöse oder anders geartete Verpflichtung erinnern, reduziert wird.[31] Da nihilistische Gedanken ohne

---

28 Dabei steht auch die Prämisse 1 »*alle kausalen Einflüsse, gleich ob transzendenten oder immanenten Ursprungs, müssen um wirksam zu sein, materielle Wirklichkeit erlangen*« auf dem Spiel. Wird diese Prämisse aufgegeben, dann entzieht man der Naturwissenschaft ihre Zugriffsmöglichkeiten und beendet damit die Interdisziplinarität. Dies ist ein durchaus legitimes Verfahren und wird dort sogar notwendig, wo man etwas über die transzendente Wirklichkeit selbst und nicht nur über ihre Auswirkungen aussagen möchte Man betreibt dann aber Philosophie oder Theologie (z. B. Lüke *„Bio-Theologie"*) und nicht mehr einen reinen Dialog.
29 siehe Kap. 5.3.5.
30 vgl. Randolph-Seng und Nielsen, "Honesty: One Effect of Primed Religious Representations."
31 Azim F Shariff und Ara Norenzayan, "God is Watching You: Priming God Concepts increases Prosocial Behavior in an Anonymous Economic Game," *Psychol Sci* 18 (2007): 803–9. // siehe Kapitel 5.3.5.1. // Dasselbe gilt für deterministische Überzeugungen; vgl. Vohs und Schooler, "The

Metaphysik wahrscheinlicher sind, würde man also auch hier zumindest im Durchschnitt einen Unterschied erwarten, wenn Verhaltensnormen metaphysisch begründet werden oder wenn nicht. Es wird allerdings zu Recht bestritten, dass dies zur Ablehnung von Moral insgesamt führe.[32] Wir handeln nämlich weder beliebig noch aufgrund von objektiv wahren Überzeugungen, sondern aufgrund von eigenen subjektiven Überzeugungen, die wir als gültig erleben! Ein völliges Abwenden von Verpflichtung und ein Abdriften in die soziale Unbeständigkeit sind daher nicht zu erwarten. Dazu besitzen wir zu starke moralische Intuitionen. Auf der praktischen Ebene kann man also jene beruhigen, die bei Ablehnung von Metaphysik gleich den ethischen Nihilismus als Schreckgespenst an die Wand malen: Auf die moralische Praxis ihrer Vertreter haben nicht-objektivistische Überzeugungen überraschend wenig Einfluss.[33] Dies gilt aber genauso für jene, die von metaphysisch begründeten, objektiven Werten überzeugt sind. Dass beides intellektuell inkonsequent ist, scheint unseren moralischen Sinn wenig zu stören.

Auch wenn er in der derzeitigen Philosophie wenig populär ist, hat der Rückbezug auf Metaphysik seine legitime Anwendungsweise. Innertheologisch ist es sogar ausgesprochen wichtig, sich hier nicht dauernd in Frage stellen zu müssen. Im interdisziplinären Dialog muss aber sichergestellt werden, dass aus dem Rückbezug kein Rückzug aus einem unangenehm werdenden Zugriff des Anderen und keine billige Immunisierung wird. Nicht jede theologische Vorstellung und nicht jede Metaphysik eignet sich daher für diesen Dialog.

Value of Believing in Free Will." // Davide Rigoni et al., "Reducing Self-Control by Weakening Belief in Free Will."

[32] z. B. Scott Atran, "Unintelligent Design," in *Intelligent Thought – Science versus the Intelligent Design Movement*, ed. J Brockman (NY: Vintage Books, 2006), 140. // Michael Ruse, "The Darwinian Revolution: Rethinking its Meaning and Significance," *PNAS* 106 Suppl (2009): 10040–47.

[33] Shaun Nichols, "Folk Concepts and Intuitions: From Philosophy to Cognitive Science," *Trends Cogn Sci* 8 (2004): 514–18. // *„... tastes and colors, and all other sensible qualities, lie not in the bodies, but merely in the senses. (...) Though colours were allowed to lie only in the eye, would dyers or painters ever be less regarded or esteemed? There is a sufficient uniformity in the senses and feelings of mankind, to make all these qualities the object of art and reasoning, and to have the greatest influence on life and manners. And as it is certain, that the discovery above-mentioned in natural philosophy, makes no alteration on action and conduct; why should a like discovery in moral philosophy make any alteration?"* David Hume (1742) Essay XVIII, „The Sceptic".

9.3 Teleologie

In der Natur kann man Zielgerichtetheit und Zweckmäßigkeit beobachten. Die Evolutionstheorie lehrt, wie dieser Eindruck innerweltlich durch einen selbst nicht auf ein Ziel ausgerichteten Prozess, die Natürliche Selektion, entsteht.[34] Wenn diese Erklärung bereits alles ist, was hier entdeckt und darüber ausgesagt werden kann, dann wäre unsere Wahrnehmung von Zielgerichtetheit eine Illusion. Die Vermutung, dass dem nicht so ist, sondern dass es weitere Faktoren oder Grenzbedingungen gibt, die die Zielgerichtetheit verursachen, so dass der Beobachtung „Zielgerichtetheit" auch ein bestimmtes „Ziel" entspricht, nennt man »Teleologie«. Wenn man die kausale Ebene betrachtet, dann kann Teleologie entweder intentional gedacht werden, also so dass eine Absicht dahinter steht, oder nicht-intentional, wenn es bestimmte Grenzbedingungen sind, die einem Prozess notwendig eine Ausrichtung geben. Im Zusammenhang mit moralischen Fragen, erhält das Konzept der Teleologie ein besonderes Gewicht, da es in der Lage ist eine Entwicklungsrichtung unserer Welt anzugeben und damit möglicherweise ein Ziel und ein „Sollen" zu begründen.

Es gibt keinen Zweifel, dass unsere menschliche Kognition dafür optimiert ist, intentionale und teleologische Hypothesen gegenüber anderen zu bevorzugen. Unser Gehirn versucht notorisch hinter jeder Bewegung, die wir wahrnehmen, ein Muster zu erkennen und sie als Ausdruck einer Intention zu betrachten. Dies ist evolutiv sinnvoll, denn zur Zeit der Säbelzahntiger und Höhlenbären war man, wie ein klassisches Diktum sagt: „*...besser einmal zu viel geflohen, als einmal zu wenig.*"[35] Dieser Bias ist eine Überlebensstrategie, die uns letztlich aber an einer objektiven Wahrnehmung hindert. Aus Sicht des Neodarwinismus sind alle teleologischen Vorstellungen durch einen solchen Bias verzerrte Ansichten. Sein Programm ist es ja gerade, Evolution als einen teleonomischen Prozess zu beschreiben, bei dem augenscheinlich Intentionales, Design- und Zweckhaftes aus „blinden", nicht zielgerichteten Ereignissen heraus entsteht. Wer sich auf Teleo-

---

[34] Wir haben zwar gesehen, dass mit dem Vorhandensein von Kognition intentionale Wesen in die Lage versetzt werden, echte zielgerichtete Prozesse zu initiieren, die dann auch Evolution formen können, zum Beispiel durch kulturelle Nischenkonstruktion oder kognitive Evolution (siehe Kapitel 3). Hier interessieren uns aber die evolutiven Prozesse, die auch ohne Intentionalität zielgerichtet scheinen.
[35] „*Better safe than sorry.*" Dennett, *Breaking the Spell*, 109. // Für diesen unwillkürlichen Bias der menschlichen Kognition gibt es eine überwältigende experimentelle Evidenz. Eine gute, unprätentiöse Darstellung findet sich bei Frith, *Making up the Mind*, 139 ff. // Selbst unsere Sprache ist ja so aufgebaut, dass es uns kaum gelingt, von evolutionären Prozessen nicht-intentional zu sprechen.

logie einlässt, scheint die Errungenschaften der Evolutionstheorie wieder preiszugeben.

9.3.1 Teleologie durch Metaphysik

Die metaphysischen Formen von Teleologie besitzen eine lange philosophische Tradition. In historischer Zeit scheint sich der Mensch wohl immer schon Gedanken gemacht zu haben, warum ein Kosmos ist und nicht vielmehr Chaos. Dieses Thema wird in den Schöpfungsberichten der Völker offenkundig und ist eines der Grundthemen der griechischen Philosophie. Plato und Aristoteles erkennen die designhafte Gestaltung der Natur – zum Beispiel die unterschiedliche, funktionale Form der Zähne – und gehen davon aus, dass ihr Hingeordnetsein auf einen bestimmten Zweck (telos) ursächlich dafür verantwortlich ist. Während Plato aber eine externe hinordnende Ursache (»Ideen«) vermutet, postuliert Aristoteles die Existenz von internen »Finalen Ursachen« bzw. »Zweckursachen«.[36] Überall wo Zweckursachen wirksam sind (Aristoteles sieht dies in der Natur und in der Kunst, aber nicht in den Ereignissen der unbelebten Natur, wie einem Regen oder einer Mondfinsternis), sind sie es, die uns ein Phänomen erst wirklich verstehen lassen.[37] Im Fall der Zähne wäre die Zweckursache ihrer Form die spezifische Funktion beim Zerkleinern der Nahrung, die Zweckursache von Blüten wäre das Anlocken von Insekten.

Sollte sich herausstellen, dass metaphysische Teleologie mit den naturwissenschaftlichen Daten in Einklang zu bringen ist und kohärent gedacht werden kann, dann wäre dies für die Begründung, dass Moral objektiv sein kann, höchst bemerkenswert: Hätte die Welt nämlich ein Ziel und stünde gar eine Absicht dahinter, dann würde es auch Handlungen geben, die dem Ziel im Weg stehen und andere, die ihm förderlich wären. In einem teleologisch-intentionalen Weltbild stellt sich daher wie von selbst die Frage nach dem „Sollen".

9.3.1.1 Transzendenz durch Intervention

Das intervenierende Schöpfungskonzept geht davon aus, dass das Übernatürliche punktuell in das Natürliche hineinwirkt[38] und so den Gang der Entwicklung an

---

36 Takacs und Ruse, "The Current Status of the Philosophy of Biology," Kapitel 8.
37 Andrea Falcon, "Aristotle on Causality," in *The Stanford Encyclopedia of Philosophy (Fall 2011)*, ed. E N Zalta, 2011, http://plato.stanford.edu/archives/fall2011/entries/aristotle-causality.
38 z. B. die Erschaffung von Grundtypen im Intelligent Design. Reinhard Junker und Siegfried Scherer, *Evolution – Ein kritisches Lehrbuch* (Gießen: Weyel, 2006): 295 ff. Diese deutschen Autoren

den allein nicht zu überwindenden Schlüsselstellen neu ausrichtet. Damit würde jeweils eine neue Information in die Natur diskontinuierlich hineingetragen. In diese Kategorie fallen z. B. jene kreationistischen Konzepte einer „Natürlichen Theologie", wie sie zu Zeiten Darwins populär war und die er vehement und ausdrücklich abgelehnt hat.[39] Es begegnet auch in den heutigen Formen des Kreationismus unterschiedlichster Couleur.

Der jüngste Spross dieser Erklärungsstrategie ist wohl das „Intelligent Design" (ID), das sich als Alternative zur Evolutionstheorie sieht. Hier wird bewusst darauf verzichtet, die Identität des Intervenierenden zu benennen. Dadurch, so meinen vor allem die Vertreter amerikanischer Provenienz, lasse sich der Anspruch, eine Naturwissenschaft zu sein, vertreten. Tatsache ist, dass ID eine Intelligenz voraussetzen muss – deren Identität sie nicht angibt –, durch die sich die unverstandenen Naturphänomene erklären lassen. Das Konzept stützt sich also vor allem auf die verbleibenden wissenschaftlichen Erklärungslücken.[40] Weil sie dadurch nur einen äußerst schwachen wissenschaftlichen Anspruch vertreten können und weil es der Evolutionswissenschaft wenn auch nicht abschließend, so doch zunehmend gelingt, solche vermeintlichen Schlüsselstellen natürlich zu erklären und Lücken zu schließen, werden die intervenierenden Schöpfungskonzepte im allgemeinen nicht als Dialogpartner akzeptiert.[41] Die Strategie an sich lässt sich historisch häufig belegen: Dort, wo die wissenschaftliche Erklärungsfähigkeit an ihre Grenzen stößt, wird auf einen Designer („Gott") oder ein Design-Prinzip verwiesen.[42] Doch wer Gott als innerweltliche Erklärung zulässt, entfernt jenen „Stachel des rastlosen Voranschreitens von Erklärung zu Erklärung, der sie [die Naturforschung, Anm. d. Verf.] so sehr erfolgreich macht".[43] Immanuel Kant nennt diese Strategie daher eine „faule Vernunft".[44] Im Übrigen ist es ein Lückenbüßer-Konzept, bei dem der Designer dort eingreifen muss, wo die Natur

---

stellen es erfreulich klar, dass sie damit den Bereich der Naturwissenschaft verlassen und nennen das Kapitel konsequent „Grenzüberschreitungen".
39 James G Lennox, "Darwin was a Teleologist," *Biology and Philosophy* 8 (1993): 420.
40 Dadurch ergibt sich eine Immunität: Obwohl die Paläontologie beständig Missing Links findet, so wird es doch stets wieder neue, eben kleinere Lücken im Fossilbericht geben. Aber während man früher auf das Auge und den Vogelflug verwiesen hat, als »irreduzibel komplexe« Merkmale, so müssen heute schon der Nanomotor der Bakteriengeißel oder bestimmte Proteinfunktionen das Gewicht des Arguments tragen. Junker und Scherer, *Evolution – Ein kritisches Lehrbuch*, 306 ff.
41 vgl. die verschiedenen kritischen Beiträge in John Brockman, ed., *Intelligent Thought: Science versus the Intelligent Design Movement* (New York: Vintage Books, 2006).
42 vgl. die Darstellung der *Causa Newton* in Schönborn, "Fides, Ratio, Scientia," 82f.
43 Christian Kummer, "Ein Neuer Kulturkampf? Evolutionsbiologen in der Auseinandersetzung mit dem christlichen Schöpfungsmythos," *Stimmen der Zeit* (2008): 97.
44 Kant, *Kritik der reinen Vernunft*, AA XXVIII.2.2, 1071.

alleine scheinbar nicht weiterkommt. Mit jeder Verkleinerung der Erklärungslücken bleibt diesem immanent aber auch immer weniger Platz.[45]

9.3.1.2 Selbsttranszendenz
THOMAS VON AQUIN – Innerliche Dynamik

Im Anschluss an Aristoteles beschreibt Thomas von Aquin die Wirkungsweise des Transzendenten am Beispiel eines Holzschiffes: *„die Natur scheint sich nämlich in nichts anderem von der Kunst zu unterscheiden als dadurch, dass die Natur ein innerliches Prinzip ist, die Kunst hingegen ein äußerliches Prinzip. Falls nämlich die Kunst des Schiffsbaus dem Holz innerlich wäre, dann würden Schiffe auf natürliche Weise entstehen, so wie sie jetzt durch Kunst produziert werden."*[46] Und weiter unten fährt er fort: *„Die Natur ist nichts anderes als die den Dingen eingestiftete Vernunft einer Art Kunst, nämlich der göttlichen, durch welche diese Dinge auf ein bestimmtes Ziel hingeordnet werden: so wie wenn ein Schiffsbauer dem Holz die Fähigkeit verleihen könnte, aus sich selbst die Gestalt eines Schiffes hervorzubringen."*[47] Wie Rhonheimer (2007, S. 55 f) darlegt, „wird die Natur erschaffende *„ars divina"* – d. h. ihre ›ratio‹ – zum Bestandteil der Natur selbst. Deshalb ist auch der Künstler der Natur gewissermaßen immanent – aber eben nicht, und das ist die Pointe, als intelligente Ursache, sondern eben als ›Natur‹ („ratio artis *indita* rebus")."

Damit ist der entscheidende Unterschied zu den intervenierenden Ansätzen von Schöpfung herausgearbeitet: Die Wirkung eines transzendenten, intentionalen Agenten drückt sich dann gerade in den natürlichen Eigenschaften inhärent aus, zu denen auch die Fähigkeit gehört, Neues hervorzubringen, sich Räume zu erobern und die Möglichkeiten auszuloten. Für Thomas von Aquin ist die Dynamik in der Natur damit Teilhabe an der göttlichen Schöpfungsaktivität, die nicht punktuell eingreift, sondern kontinuierlich wirkt. Die Teleologie, die der Schöpfung innewohnt, entspringe diesem göttlichen Schöpfungswirken und bilde darin die dem Schöpfer eigene Dynamik ab.[48]

---

45 vgl. Schönborn, "Fides, Ratio, Scientia," 83.
46 Thomas von Aquin in Physic., lib 2 l. 14 n.8: „*In nullo enim alio natura ab arte videtur differre, nisi quia natura est principium intrinsecum, et ars est principium extrinsecum. Si enim ars factiva navis esset intrinseca ligno, facta fuisset navis a natura, sicut modo fit ab arte."* (übers. Rhonheimer 2007)
47 In Physic., lib 2 l. 14 n.8: „*[Unde patet quod] natura nihil est aliud quam ratio cuiusdam artis, scilicet divinae, indita rebus, qua ipsae res moventur ad finem determinatum."* (übers. Rhonheimer 2007)
48 vgl. Gerard Verbeke, "Teleology and Logic in Stoicism and Aquinas," in *Finalité et Intentionnalité – Doctrine Thomiste et Perspectives Modernes*, ed. J Follon und J J McEvoy (Leeuven: Peeters, 1992), 57.

Karl Rahner – Aktive Selbsttranszendenz

Karl Rahner beschäftigt sich mit dem „Problem" der Evolution eher sekundär. Als Ausgangspunkt dient ihm seine bereits früher entwickelte Philosophie der Erkenntnis. Im menschlichen Erkenntnisakt, so stellt er fest, erfährt das erkennende Subjekt zugleich eine aktive Selbstbewegung und ein Bewegt-Werden durch ein es übersteigendes Woraufhin.[49] Beide Bewegungsimpulse bilden eine Einheit, die zu einer aktiven und empfangenden Selbstübersteigung führt. *„Das menschliche Denken greift immer schon auf ein Mehr vor, als die sinnliche Anschauung dem Menschen vermittelt. […] Das Woraufhin ist nach Rahner also (dialektisch) zugleich ein inneres Moment des Vorgriffs und ein dem Vorgriff unabhängig vorausliegendes Moment… ".*[50] Damit kann Rahner die traditionelle philosophische Ansicht halten, dass eine Übersteigung nie vom Niederen her geschehen kann, Neues nicht aus dem Nichts entsteht und Höherentwicklung eingestiftet sein muss.[51]

Da zum menschlichen Selbstvollzug konstitutiv auch Selbsttranszendenz gehört, ermöglicht dem Menschen erst der Vorgriff auf das Absolute – das sich in derselben Bewegung selbst offenbart – ganz er selbst und bei sich zu sein. Dieses Erkennen ist also weder nur „Anstoß von außen", noch bloßer „Impetus von innen", sondern „wirkliches Sichselbstübersteigen."[52]

Von hier aus versucht Rahner analog Evolution zu erklären. Der wichtigste theoretische Widerstand, der sich einer Parallelisierung von Erkenntnistranszendenz und evolutionärer Wesenstranszendenz entgegenstellt, ist wohl die Bestimmung des Verhältnisses von Materie und Geist. Beide sind für Rahner weder ineinander überführbar noch absolut voneinander getrennt zu denken.[53] Er lehnt jede monokausale Welterklärung ab, sowohl die reduktionistisch-naturwissenschaftliche, die meint mit den Eigenschaften der Materie allein auszukommen, als auch jene interventionistisch-theologische, die in jeder Neuheit ein alleiniges Handeln Gottes erkennen will. Im Anschluss an Aristoteles begründet er stattdessen, dass sich ein Mehr nie allein schon aus der Potenz (Geist) ergeben kann, sondern zu seinem Mehrwerden immer auch einen entsprechenden Akt (Materie) benötigt.[54]

---

49 vgl. Karl Rahner, *Geist in Welt* (München: Kösel, 1957): 284–300. // Herbert Vorgrimler, "Der Begriff der Selbsttranszendenz in der Theologie Karl Rahners," 244.
50 ebd., 243.
51 „Metaphysisches Kausalprinzip"; vgl. Karl Rahner, "Art. Evolution, Evolutionismus," Spalte 1258.
52 Herbert Vorgrimler, "Der Begriff der Selbsttranszendenz in der Theologie Karl Rahners," 244.
53 „Wesensverschiedenheit" nicht „Wesensgegensätzlichkeit"; Karl Rahner, "Christologie innerhalb einer Evolutiven Weltanschauung," in *Schriften zur Theologie V* (Einsiedeln: Benziger, 1962), 190.
54 Vorgrimler, "Der Begriff der Selbsttranszendenz in der Theologie Karl Rahners," 246.

Parallel zum Erkenntnisprozess handle es sich bei der Evolution ebenfalls um einen Selbstvollzug und eine Selbsttranszendenz, diesmal der materiellen Wirklichkeit auf den Geist hin.[55] Für Rahner ist es aufgrund der Wesensverschiedenheit zwischen Materie und Geist dabei unvorstellbar, dass der menschliche Geist ein reines Produkt der natürlichen Evolution sein könne. „Echte" Evolution – also Entwicklung durch *Wesens*transzendenz – benötige notwendig ein schöpferisches Moment. Diese immanente, schöpferische Wirksamkeit des transzendenten absoluten Seins bestimmt er mithilfe jener Dialektik, die er aus seinen Studien des Erkenntnisvorgangs gewonnen hat.

Herbert Vorgrimler (1979) beschreibt Rahners Gedankengang so: „Beim Erkennen steht das Sein (schlechthin) außerhalb des Selbstvollzugs des menschlichen Geistes, der ja nach ihm fragen muss, und es ist doch zugleich ein inneres Moment des Erkenntnisaktes, da es sich ja als Woraufhin schon erschlossen hat. Daraus schließt Rahner: Die Kraft der absoluten Seinsfülle ist dem Endlichen *innerlich*, ist aber nicht Wesenskonstitutiv dieses Endlichen. Das endliche Wirken des Geschöpfes und das unendliche Wirken des schöpferischen Gottes fallen in jedem innerweltlichen (Neues)-Wirken [...] zusammen: *eine und dieselbe* Wirkung ist *zugleich* und *ganz* von der transzendenten und von der kategorialen Ursache gesetzt, und zwar genauerhin so, dass die kategoriale Ursache von der transzendenten Ursache die aktive Potenz empfängt, sich selbst zu überbieten."[56] Gott als „Grund" aller Wirklichkeit ist bei ihm nicht punktuell wirksam, sondern als der tragende Grund, der allem Existenz und Überbietung ermöglicht und zu aktiver Selbsttranszendenz befähigt, so dass „*die transzendentale Kausalität Gottes gerade der wirkenden Kreatur gibt, dass sie dieses Plus aktiv wirkt und nicht nur passiv empfängt.*"[57] Das Ziel, auf das Rahner seine Theologie stets ausgerichtet hat, und damit auch das Ziel, das er in der Evolution angelegt denkt, ist die Selbstmitteilung Gottes an die Welt,[58] womit sich der Kreis zur Erkenntnistranszendenz wieder schließt. Dass die gesamte Schöpfung dieses eine, gemeinsame Ziel besitzt – das gleichzeitig Ursprung ist[59] – begründet er mit der gemeinsamen Abstammung von

---

55 Rahner, "Christologie innerhalb einer Evolutiven Weltanschauung," 191.
56 [Hervorh. im Orig.] Vorgrimler, "Der Begriff der Selbsttranszendenz in der Theologie Karl Rahners," 247.
57 Rahner, "Art. Evolution, Evolutionismus," Spalte 1253 f.
58 Rahner, "Christologie innerhalb einer Evolutiven Weltanschauung," 201 f.
59 Aus heilsgeschichtlicher – nicht ontologischer – Sicht formuliert Rahner: „*Insofern die freie Gnade Gottes, die göttliche Selbstmitteilung der Welt von Anfang an eingestiftet war, steht diese Weltevolution real unter der Dynamik auf das ›Reich Gottes‹.*" Die Gedanken Teilhard de Chardins aufgreifend, fährt er fort: „*Ihr Punkt ›Omega‹ ist tatsächlich Christus, in dem geschaffene Materie, endlicher Geist und der göttliche Logos, in dem alles seinen Bestand hat, einer werden und diese Einheit geschichtlich erscheint.*" Rahner, "Art. Evolution, Evolutionismus," Spalte 1257.

einer Ursache, die „Verschiedenstes schaffen kann", so dass „dieses Verschiedene eine innere Ähnlichkeit und Gemeinsamkeit aufweist, [...] und dass dieses Vielfältige und Verschiedene eine Einheit in Ursprung, Selbstvollzug und Bestimmung bildet, eben die *eine* Welt."[60]

Aus theologischer Sicht meint Karl Rahner eine „innere Affinität" zwischen Christentum und evolutiver Weltanschauung ausmachen zu können. Dies ist nur konsequent, denn Selbsttranszendenz und insbesondere *Wesens*transzendenz, machen den Gedanken einer sich übersteigenden – und dann warum nicht *evolvierenden* – Schöpfung quasi zu einer philosophischen Forderung.[61] Und Selbsttranszendenz wird im Werk Karl Rahners noch vor seiner eigentlichen Beschäftigung mit Evolution bereits zu einem Schlüsselbegriff, der sich durch seine ganze Theologie zieht.

Sowohl für Karl Rahner als auch für Thomas von Aquin müsste dann gelten, dass ein bevorzugter Ort, um Gottes Wirken in der Welt[62] aufzuspüren, in jenen natürlichen Phänomenen gegeben ist, die den Naturwissenschaften grundsätzlich zugänglich sind. Emergenz und Innovation erscheinen unter diesen Paradigmen weder rätselhaft noch sind sie Folge singulärer Eingriffe eines Schöpfers, sondern konsequente Eigenschaften einer sich dynamisch entwickelnden *Schöpfung*. Da die Präsenz und das Wirken des Schöpfers nicht punktuell und äußerlich, sondern universell und innerlich ist, wird das „Ereignis" der Schöpfung *als natürlicher Vorgang,* die eingestiftete Dynamik und das geschöpfliche Bewegt-sein durch ein Woraufhin[63] *als Teleologie* und sein außerordentliches Wirken *als Zufall* beobachtbar.[64]

---

60 Rahner, "Christologie innerhalb einer Evolutiven Weltanschauung," 187 f.
61 vgl. Leo J O'Donovan, "Der Dialog mit dem Darwinismus. Über Karl Rahners Einschätzung der evolutiven Weltsicht," in *Wagnis Theologie – Erfahrungen mit der Theologie Karl Rahners* (Freiburg im Breisgau: Herder, 1979), 217 f.
62 Wenn Selbsttranszendenz den ordentlichen Fall darstellt, bedeutet dies nicht, wie Rhonheimer (2007, 53) überzeugend darlegt, dass es nicht auch einen außerordentlichen Fall geben kann – ein intervenierendes Eingreifen Gottes. Um die geschöpfliche Freiheit hier nicht wieder zu verlieren, setzt meiner Meinung nach der außerordentliche Fall göttlicher Intervention voraus, dass es als „Spiel" zwischen freien Personen, zum Beispiel als Gebetsantwort, geschieht. Nur so scheint mir die für die freiheitliche Beziehung Gottes zu seiner Schöpfung fundamentale Möglichkeit einer Weigerung oder eines freiwilligen Sich-auf-das-gemeinsame-Spiel-Einlassens gegeben. Spätestens die Annahme einer Inkarnation des Gottessohnes oder seiner Auferstehung setzt etwas so radikal Neues voraus, dass dies keinesfalls als in der Natur inhärent angelegt gedacht werden kann.
63 Was Robert Spaemann offenbar als »Innerlichkeit« bezeichnet; Spaemann (2007, 61).
64 Martin Rhonheimer, "Neodarwinistische Evolutionslehre, Intelligent Design und die Frage nach dem Schöpfer," *Imago Hominis* 14 (2007): 53.

ULRICH LÜKE – Strenge Gegenwart
Wie kann das Miteinander und Ineinander von transzendenter Kausalität und Welt nun so gedacht werden, das es empirisch zwar nicht nachweisbar, aber doch zugleich absolut wirksam ist? Die Theologie kennt schon lange die Vorstellung, dass „Zeit" ein geschöpfliches Phänomen ist, Gott aber außerhalb der Zeit steht, und selbst nicht-zeitlich ist.[65] Er kann (und muss) dann jedem zeitlichen Moment absolut gegenwärtig sein.[66] Ulrich Lüke führt nun den Begriff einer »strengen Gegenwart« ein als dem einzigen, punktuellen Ort des Ineinanders von schöpferischer Transzendenz und zeitlich-geschöpflicher Welt. Die strenge Gegenwart hat, als „ausdehnungsloser Augenblick" (S. 165), eine „tendentia ad non esse" (S. 154).

Als Metapher verwendet Lüke einen Fluss und einen Baum. Der Fluss fließt mit glatter Oberfläche dahin (= Zukunft). *Creatio continua* versinnbildlicht er in den Ästen eines überhängenden Baumes, die als „störendes Ereignis der strengen Gegenwart" ins Wasser hineinragen und dort Strukturen im Fluss hervorrufen (= Vergangenheit): Wellen, Interferenzen und weitere Wechselwirkungen (S. 156). Da die Naturwissenschaft für ihre Messungen auf derartige Strukturen angewiesen ist, können erst *im Nachhinein der strengen Gegenwart* überhaupt Beobachtungen gemacht werden. Diese ist dem Zugriff der Naturwissenschaften prinzipiell entzogen (S. 158). *„...im Medium strenger Gegenwart [...] ereignet sich das der Materie eigene raumzeithafte Strömen als Kontaktieren mit der Ewigkeit."* (S. 156) *„... die Wandlung der Zeit wäre immer nur eine sich im Kontakt mit der wandlungslos seienden Ewigkeit gestaltende Wandlung."* (ebd.) Alles Existierende und alle Zeit realisiert sich erst am Ort der strengen Gegenwart durch die transzendente Kausalität, die inmitten der Zeit stehende, zeitlose creatio continua ist (S. 156).

Lükes Modell der Strengen Gegenwart begründet die Einfachheit der göttlichen creatio – gegen alle wenig plausiblen Modelle, wo sie in mehreren separaten Schöpfungsinitiativen gedacht wird – und erklärt die „definitive Unerreichbarkeit" des Kontaktpunktes für die empirischen Wissenschaften. Vor allem das Bild vom Fluss hat aber auch seine Grenzen, wie Lüke selbst betont (S. 154). So wird

---

[65] vgl. manche Übersetzungen von Gen 1,1 „*Als Anfang...*" // z. B. Aurelius Augustinus (ca. 400/ 1914) Bekenntnisse. München: Bibliothek der Kirchenväter 1. Reihe, Band 18 (URL: http://www.unifr.ch/ bkv/buch91.htm), 11. Buch, bes. Abschnitte 10–13. // auch Aurelius Augustinus (1911) Zweiundzwanzig Bücher über den Gottesstaat. München: Bibliothek der Kirchenväter 1. Reihe, Band 01, 16, 28 (URL: http://www.unifr.ch/bkv/buch91.htm), 11. Buch, Abschnitt 6.

[66] *„Überall (Raum) und immer jetzt (Zeit) und in einem einzigen Geschehen (Einheit) stellt Gott Materie ins Sein und hält Gott Materie im Sein. [...] Es gibt keine Zukunft im Sinne einer sich selbstmächtig ins Spiel bringenden Potentialität. Unsere Zukunft ist Gott."* Ulrich Lüke, "Als Anfang schuf Gott ..." – *Bio-Theologie. Zeit – Evolution – Hominisation* (Paderborn: Schöningh, 2001): 164. // Die folgenden Seitenangaben beziehen sich auf ebd.

zum Beispiel nicht deutlich, dass die creatio continua nicht jeweils von neuem eine „jungfräuliche" Welt zum Gegenüber hat, sondern eine mit ihrer Vergangenheit in Kontinuität befindliche, geschichtliche – ein freigesetztes, „wirkliches" *Gegenüber*.

Wenn man – ausgehend von einer intentionalen Teleologie und einfach aktiver Selbsttranszendenz , wie in den Modellen von Thomas, Rahner und Lüke – versucht zu re-konstruieren, wie eine Schöpfung unter diesen Prämissen aussehen würde, dann stellt man fest, dass sie innerweltlich als „zufällige Evolution mit Designcharakter" sichtbar werden müsste. Diese Übereinstimmung mit der Realität ist nun alles andere als verwunderlich, da dies ja jeweils der Ausgangspunkt für die Entwicklung der Modelle war. Als Wahrheitsargument wäre es ein Zirkelschluss. Aber es kann doch zumindest als Aufweis der möglichen Widerspruchsfreiheit „selbsttranszendenter" Ansätze dienen.

9.3.2 Teleologie ohne Metaphysik

Die strikte Ablehnung von Teleologie durch viele Neodarwinisten rührt einerseits daher, dass der Begriff missverstanden und mit einer interventionistischen Natürlichen Theologie verwechselt wurde, andererseits von einer einseitigen Betonung des Faktors „Zufällige Mutation" als dem Motor für Evolution. Wenn nun statt der Mutation die *Selektion als Randbedingung* in den Blick rückt, wird die Aussage mit einem Mal sinnvoll, dass ein Merkmal *aufgrund der Konsequenzen* in einer bestimmten Weise evolviert ist, bzw. – und dieses Wort ist dann angemessen – sich so *entwickelt* hat.[67] Damit trifft aber die Definition eines „teleologischen Prozesses" bereits zu. Selbst Darwin begründet nicht selten in dieser Weise und spricht auch von „Finalen Ursachen".[68] Viele seiner Äußerungen lassen keinen Zweifel aufkommen, dass er offensichtlich keinen Konflikt zwischen Natürlicher Selektion und bestimmten (aristotelischen) Versionen von Teleologie sah.[69]

Es gibt einen neuen, innerbiologischen Trend, Fortschritt in der Evolution und die Unausweichlichkeit bestimmter Ergebnisse nicht mehr kategorisch auszu-

---

[67] vgl. Michael Chorost, "One-Way Evolution: The Ladder of Life Makes a Comeback," *New Scientist* 2848 (2012): 35–37.
[68] In „The Origin" (1859) z. B. um den Parasitismus des Kuckucks zu erklären (Kapitel VII, 242), während er sich von einer falschen, kreationistischen Verwendung des Begriffs, zur „Erklärung" für Homologien, hier nachdrücklich distanziert (Kapitel XIII, 416).
[69] Lennox, "Darwin was a Teleologist." // Stephen T Asma, "Darwin's Causal Pluralism," *Biology and Philosophy* 11, (1996): 1–20. // Allan Gotthelf, "Darwin on Aristotle," *Journal of the History of Biology* 32, (1999): 3–30.

schließen. Man hat festgestellt, dass die Auswirkungen der Natürlichen Selektion auf den Gang der Evolution nicht so universell sind, wie man lange geglaubt hatte. Einerseits spielen Zufallsereignisse eine erhebliche Rolle,[70] andererseits ist konvergente Evolution nicht selten. Die Tatsache evolutionärer Konvergenzen – dass bestimmte, auch komplexe „Lösungen" in der Natur mehrfach unabhängig realisiert werden (das Kameraauge zum Beispiel sechsmal) – lässt darauf schließen, dass manche Lösungen quasi „in der Luft liegen" und irgendwann unweigerlich auftreten.[71] Der Paläontologe Simon Conway Morris ist der Meinung, dass solche Lösungen, zu denen er auch die Entwicklung eines werkzeuggebrauchenden, intellektuellen Sozialwesens „Mensch" zählt, sich wieder entwickeln würden, wenn das Band der Evolution von Neuem abgespielt würde – wenn auch in einer anderen Realisierung und nicht zum selben Zeitpunkt.[72] Obwohl der Ablauf der Evolution zufällig ist, so sind es doch nicht die Ergebnisse.[73] Die Menge möglicher und sinnvoller Lösungen ist begrenzt und die Natur entwickelt sich evolutiv dorthin, allerdings ohne notwendigerweise alle potentiellen Nischen zu realisieren.[74] Dies würde aber bedeuten, dass Leben nicht nur evolviert, sondern sich auch entwickelt, im Ablauf zufällig aber innerhalb von Grenzen und mit einer Richtung.[75] Obwohl die Vertreter dieser Theorie den Begriff »Teleologie« vermeiden oder ablehnen – was wegen der Belastetheit des Begriffs verständlich und möglicherweise klug ist –, trifft die Definition dennoch zu.

9.3.3 Bewertung der teleologischen Konzepte

Ein Vergleich der beiden metaphysischen Teleologie-Entwürfe kann den Verdacht erwecken, dass die Variante einer sich konsequent selbsttranszendierenden Teleologie sich womöglich nur durch einen Kunstgriff unangreifbar macht, indem sie sich in den Raum des Nicht-Messbaren zurück und damit aus der Affäre zieht. In

---

[70] z. B. Lewis G. Spurgin et al., "Genetic and Phenotypic Divergence in an Island Bird: Isolation by Distance, by Colonization or by Adaptation?," *Molecular Ecology* 23 (2014): 1028–39.
[71] vgl. Chorost, "One-Way Evolution: The Ladder of Life Makes a Comeback."
[72] Simon Conway Morris, *Jenseits des Zufalls: Wir Menschen im einsamen Universum* (Berlin: Univ. Verlag, 2008): 205–215 und 242f.
[73] Bob Holmes, "Life Chances," *New Scientist* 3012 (2015): 32–35.
[74] Simon Conway Morris, *Jenseits des Zufalls*, 37 oder 262. // Dies erinnert nicht ohne Grund an eine nicht-lineare Dynamik mit definierten Attraktoren.
[75] *„admitting progress into evolution would give a different perspective on our own existence. In offering a naturalistic explanation for the emergence of intelligence and its offspring, language and technology, it would cast them as predictable outcomes of the cosmos rather than as accidents of contingency."* Chorost, "One-Way Evolution: The Ladder of Life Makes a Comeback," 37.

der Zusammenschau aller Entwürfe lassen sich jedoch mindestens zwei starke Gründe erkennen, warum dieser Verdacht unbegründet ist: Erstens handelt es sich um das philosophisch kohärentere und ästhetischere Konzept, unter anderem weil es keine Brüche und harte Interventionen voraussetzen muss. Zweitens lässt sich der eben beschriebene biologische Entwurf, wenn er sich verifizieren lässt, konfliktlos und unterstützend daran anschließen. Die Hypothese einer transzendent-intervenierenden Teleologie, mit »Intelligent Design« als ihrem sichtbarsten Protagonisten, würde dagegen im Gegenteil auf noch kleinere Lücken zurückgedrängt.

In Kapitel 9.2.3 wurde die Frage aufgeworfen, wie Transzendenz oder Metaphysik gedacht werden können, dass sich eine Zielgerichtetheit, die mit den empirischen Fakten kompatibel ist, und dadurch dann ein „Sollen" ergeben. Die Zielgerichtetheit kann zumindest phänomenologisch auf biologischem Grund bestätigt werden. Ob es sich schließlich um eine *intentionale* Zielgerichtetheit handelt, die dann ein „Sollen" generieren könnte, lässt sich biologisch naturgemäß nicht entscheiden. Es stehen aber in den Modellen von Selbsttranszendenz theologische Entwürfe zur Verfügung, in denen die postulierte Intentionalität – die dann Ethik begründen würde – keinen offensichtlichen Widerspruch mit den empirischen Fakten erzeugt.

9.4 Metaethik – Gibt es objektive Normen?

Es ist ein verbreiteter „Mythos", dass Moral ohne Gott nicht begründbar sei.[76] Während Anhänger des Realismus sagen, dass es deshalb metaphysische Konzepte geben muss, sagen die Skeptiker, dass es aus demselben Grund schlicht *keine* verbindlichen Wahrheiten gebe. Die typischen Argumente, die dafür von den Skeptikern vorgebracht werden, sind der naheliegende Einwand der *kulturellen Vielfalt* (Normen scheinen nicht objektiv zu sein, sondern umweltabhängig), der *Evolutionären Entstehung* (Moral kann auch ohne Metaphysik erklärt werden), des *Projektivismus* (Der Eindruck moralischer Relevanz beruhe auf einer Projektion der eigenen subjektiven Empfindungen) und der *Absonderlichkeit* (Moralische Wahrheiten müssten einen »absonderlichen« ontologischen Status besitzen). Diese vier Kritikpunkte werden im Folgenden untersucht.

---

[76] z. B. John Locke, *A Letter concerning Toleration* (1689/1796): 56.

9.4.1 Der Einwand der kulturellen Variabilität und ökologischen Bedingtheit

Charles Darwin („The Descent of Man", Kapitel 4, 122f) und Michael Ruse (1986, 108f) machen ein Gedankenexperiment mit Insekten (Biene bzw. Termite), die menschenähnliche kognitive Fähigkeiten besitzen – unter anderem einen moralischen Sinn –, ebenfalls in sozialen Gemeinschaften leben, aber unter den insektentypischen ökologischen Bedingungen. Eine Arbeiterbiene *sollte* dann zum Beispiel auf eigene Fortpflanzung verzichten, die Königin *sollte* ihre fertilen Töchter umbringen und Termiten *sollten* Kot fressen, um sich mit den benötigten holzzersetzenden Bakterien zu infizieren. Dies nicht zu tun, würde als moralisch verwerflich angesehen, da es die Gemeinschaft in Unordnung brächte oder einem Suizid gleichkäme. Michael Ruse betrachtet dies als Hinweis auf die Nichtexistenz unabhängiger, moralischer Wahrheit. William FitzPatrick hält dagegen, dass es bei solchen Bienen dann sicher auch einige gäbe, die ihr Verhalten reflektierten und sich fragen, ob es wirklich gute Gründe sind, die sie dazu bringen, alles zu tun, wofür die Evolution sie disponiert hat. Sobald jemand anfängt rational zu denken, gäbe es keinen Grund anzunehmen, dass seine moralischen Vorstellungen einfach nur die Ökologie spiegeln, vielmehr dürfte man autonome moralische Reflexion und ökologie-übergreifende Konvergenz mancher Normen erwarten.[77]

Während der Disput um Objektivismus und Relativismus mindestens seit der Antike in den philosophischen Denkstuben tobt, widmet man sich in der experimentellen Philosophie der Frage, wovon die Menschen faktisch ausgehen, wenn sie moralische Urteile treffen: Dass diese objektiv und damit universell gültig sind? Oder dass sie relativ und damit kulturabhängig sind?[78] In einer Studie konfrontierte Shaun Nichols (2004) die Probanden mit einer Geschichte von John und Fred. Darin ist John der Meinung, man dürfe Leute schlagen, wenn man Lust dazu hat, und Fred bestreitet dies. Die Probanden sollten entscheiden ob, erstens John recht hat, zweitens Fred recht hat oder drittens es von der Kultur abhängt, und daher nicht eindeutig bestimmt werden kann. 78% der Studenten wählten eins

---

[77] William FitzPatrick, "Morality and Evolutionary Biology," in *The Stanford Encyclopedia of Philosophy (Winter 2008 Edition)*, ed. E N Zalta, 2008, http://plato.stanford.edu/archives/win2008/entries/morality-biology, 4.1.
[78] Von einem Experiment berichtet bereits Herodot in seinen „Historien": Der Perserkönig Darius habe damals aus Neugier Griechen und indische Kallatier mit ihren jeweils anderen Bestattungsriten konfrontiert. Die Griechen verbrannten damals ihre Toten, während die Kallatier sie verspeisten. Für beide war die jeweils andere Praxis aus moralischer Sicht völlig skandalös und für kein Geld der Welt wären sie dazu zu bringen gewesen mit ihren Toten auf die jeweils andere Weise zu verfahren. Herodotus (5.Jh. v Chr) „The Histories" Buch III 38, 2–4. Herodot versucht damit zu zeigen, dass jedes Volk die eigenen Regeln stets als die besten ansehe und der nómos (die gesellschaftliche Norm) letztlich das Bestimmende sei.

oder zwei und zeigten, dass sie hier von einer objektiven moralischen Wahrheit ausgehen, 22% urteilten nicht-objektivistisch.[79] Bei Kindern ist es eindeutiger: 100% der Fünf- und Siebenjährigen und 94% der Neunjährigen zeigten sich in dieser Frage als Objektivisten.[80] Eine andere Untersuchung, die ein breiteres Spektrum der Bevölkerung in den Blick nahm, kommt zu dem Schluss, dass – abgesehen von einer kurzen Lebensphase, in die auch die studentische Zeit fällt – offenbar eine große Mehrheit von moralischem Objektivismus ausgeht.[81] Diese Objektivität ist aber selten vollkommen: Die Antworten werden zunehmend relativistisch, je fremder die Kultur oder der Lebensstil der zu beurteilenden Personen.[82]

Die akademische Position eines Extremen Moralischen Relativismus ist besonders unter Anthropologen und Ethnologen verbreitet.[83] Bei ihnen gehört es quasi zur Arbeitsmethodik, die eigenen kulturellen Intuitionen zurückzustellen und sich urteils- und emotionsfrei auf das Fremde einzulassen. Der Extreme Moralische Relativismus geht davon aus, dass moralische Normen stets nur Ausdruck einer bestimmten Lebensweise und damit von außen nicht kritisierbar sind. Dies lässt sich aber als pauschale Annahme kaum rechtfertigen.

Beispiel Kindstötung: Eine Praxis der Kindstötung fand man früher bei den Eskimos und heute noch bei einigen südamerikanischen Indianerstämmen als gesellschaftlich anerkannte Handlung. Dabei zeigt sich aber, dass diese Tötungen nicht willkürlich geschehen, sondern einen ökologischen Grund haben. Ohne Verhütungsmethoden gebaren die Eskimofrauen etwa alle anderthalb Jahre. Kinder wurden bis zum Alter von vier Jahren mit Muttermilch ernährt und auf Wanderungen konnte eine Frau nur jeweils ein Kind in ihrer Kleidung mittragen. So war es schlicht nicht möglich, alle Kinder, die geboren wurden, auch durchzubringen. Dass mehr männliche Babys am Leben gelassen wurden, lässt sich ebenfalls aus der Lebensweise der Eskimos erklären. Als Jäger waren hauptsächlich die Männer für die Ernährung der Gruppe verantwortlich und da die Jagd riskant war, kam es relativ häufig zu Todesfällen. Somit war es sinnvoll, wenn nicht gar lebensnotwendig, vorzugsweise männliche Nachkommen zu unterstützen. Rachels (2001, S. 59f) zeigt an

---

[79] Shaun Nichols, "Folk Concepts and Intuitions," 20. Dieses Ergebnis kam zustande, obwohl jeweils nicht wenige Studenten aus der Studie ausgeschlossen werden mussten, weil sie auch bei faktischen Aussagen wie „Die Erde ist flach" behaupteten, dies könne nicht eindeutig als richtig oder falsch beantwortet werden. Zur speziellen Situation der Studenten (z. B. dass sie sich in einer Lebensphase befinden, wo Meinungen in Frage gestellt werden) vgl. ebd., 8f.
[80] Cecilia Wainryb et al., "Children's Thinking about Diversity of Belief in the Early School Years: Judgments of Relativism, Tolerance, and Disagreeing Persons," *Child Dev* 75 (2004): 687–703.
[81] James R Beebe und David Sackris, "Moral Objectivism across the Lifespan," *University of Buffalo*, 2010, unpublished Manuscript.
[82] Hagop Sarkissian et al., "Folk Moral Relativism," *Mind & Language* 26 (2011): 482–505.
[83] vgl. Sam Harris, *The Moral Landscape – How Science Can Determine Human Values* (New York: Free Press, 2010): 19f. // James Rachels, "The Challenge of Cultural Relativism," in *Moral Relativism – A Reader* (NY: Oxford Univ. Press, 2001), 54f.

diesem Beispiel, dass trotz der Gepflogenheit, Kinder zu töten, das Leben eines Kindes in der Eskimogesellschaft dennoch prinzipiell als wertvoll und schützenswert angesehen wurde. Doch die ökologischen Umstände in dieser lebensfeindlichen Umgebung machten Ausnahmen erforderlich. Die Tatsache, dass es Ausnahmen gibt, kompromittiert aber nicht den grundsätzlich anerkannten moralischen Wert ein Kind zu schützen und zu versorgen, denn die Ausnahme wird toleriert vor dem Hintergrund einer akzeptierten Norm. Der Wert neugeborenen Lebens wird in allen menschlichen Gesellschaften anerkannt. Die einen leben nur unter dem Luxus, dass sie in der Lage sind, diesen Wert für jedes geborene Kind einzufordern, andere nicht.

Ob Kindstötungen aus einer ökologischen Unvermeidlichkeit heraus erlaubt sind oder nicht, in beiden Kulturformen wird neugeborenes menschliches Leben prinzipiell wertgeschätzt. Ob die Toten verbrannt oder verspeist oder begraben werden ist kulturell variabel. Nicht variabel ist, dass mit ihnen würdevoll und entsprechend der Riten umgegangen werden soll. Aber manches, was ursprünglich als Konvention begonnen hat, scheint mit der Zeit moralische Qualität erworben zu haben. So erregen die bloßen Brüste von Frauen in den Kulturen, wo das offene Tragen üblich ist, vermutlich kaum unmoralische Gedanken. In anderen Kulturen wird das offene Tragen als verführerisch empfunden und erhält dadurch, besonders in einer offiziell monogamen Kultur, tatsächlich eine moralische Qualität.[84] Auch die außergewöhnlich starke Verbindung von Homosexualität mit dem Gefühl von Ekel im jüdisch-christlich-muslimischen Kulturbereich und in typischen Macho-Kulturen beruht wahrscheinlich auf einer kulturellen Entwicklung. Der unbefangenere Umgang mit diesem Phänomen in anderen Kulturkreisen, vor allem dem südostasiatischen, und die sich messbar verändernde emotionale Einstellung dazu im westeuropäischen Raum, sind Zeugen dafür.[85] Solches Wissen liefert zwar keinen Hinweis auf den moralischen Status von Homosexualität, sollte jedoch bei seiner Beurteilung vorsichtig machen, da hier mit starken emotionalen Barrieren zu rechnen ist, die eine kulturfreie, normative Betrachtung erheblich erschweren und die moralischen Intuitionen in dieser Frage zu unzuverlässigen Wegweisern und Störfaktoren werden lassen.[86]

Unter den gegenwärtigen und vergangenen kulturellen Traditionen findet man mitunter schädliche oder menschenverachtende Praktiken wie die Beschneidung von Frauen, Sklaverei, Blutrache, Menschenopfer, gefährliche In-

---

84 Nur aufgrund solcher Ruchbarkeit im Alltag funktioniert dann wieder die bewusste Zurschaustellung der Brüste in Oben-Ohne-Bars oder beim Karneval in Rio.
85 vgl. Sebastian Jäckle und Georg Wenzelburger, "Religion und Religiosität als Ursache von Homonegativität," *Berliner Journal für Soziologie* 21 (2011): 231–63.
86 Yoel Inbar et al., "Disgust Sensitivity Predicts Intuitive Disapproval of Gays," *Emotion* 9 (2009): 435–39.

itiationsrituale, dubiose Heilungsriten, gesundheitsschädigende Schönheitsideale und vieles mehr. Der kulturell begründete Moralische Relativismus führt zu der wertvollen Einsicht, dass diese Praktiken und Normen variabel und damit auch veränderlich sind. Er begeht jedoch einen Fehler, wenn er annimmt, dass dies für alle Normen gilt. Über die *grundlegenden* moralischen Prinzipien und Werte gibt es kulturübergreifend einen erstaunlich großen Konsens.[87]

> ...there are some moral rules that all societies will have in common, because those rules are necessary for society to exist.[88]

Häufig beruhen Unterschiede auf einer abweichenden Priorisierung von Werten oder auf einer abweichenden Definition der Gruppen, für die sie gelten sollen. Die relativistische Position, die dies zu berücksichtigen versucht, nennt sich „Moderater Moralischer Relativismus".[89]

9.4.2 Der Einwand der Evolutionären Entstehung

Michael Ruse weist darauf hin, dass moralische *Wahrheiten* zur Erklärung des moralischen Sinns nicht notwendig sind, sondern dass dieser rein evolutionär erklärbar ist.[90] Die Wissenschaft habe gezeigt, dass der einzige Grund, warum moralische Emotionen anders als andere Emotionen seien, darin liege, dass sie für eine spezielle Funktion evolviert sind: *um selbstloses Handeln gegen unsere egoistischen Tendenzen zu garantieren*. Dazu bedürften sie aber einer besonderen Autorität. Diese entstehe, indem moralische Überzeugungen „objektiviert" würden. „Wir glauben, dass Moral einen objektiven Bezug habe, obwohl dies nicht so ist."[91] Doch gäbe es diese Illusion nicht, besäße jeweils der Egoismus die größere

---

87 Rachels, "The Challenge of Cultural Relativism," 65.
88 ebd., 61.
89 Katinka Quintelier und Daniel Fessler, "Varying Versions of Moral Relativism: The Philosophy and Psychology of Normative Relativism," *Biology and Philosophy* 27 (2012): 97.
90 ...wenn Multi-Level-Selektion vorausgesetzt wird, sogar mühelos!
91 Michael Ruse, "Evolutionary Ethics: A Phoenix Arisen," 103. // Michael Ruse, *Taking Darwin Seriously* (NY: Basil Blackwell, 1986): 252–256. // John L Mackie, *Ethik – Auf der Suche nach dem Richtigen und Falschen (orig. 1977: "Ethics – Inventing Right and Wrong")* (Stuttgart: Reclam, 1981): 49–54. // Aber auch schon in der Antike: „Arme Tugend! Bist nur ein Name, so entdecke ich, und habe dich doch ausgeübt als wahr!" Unbekannt (1. Jh); vgl. August Nauck, ed., *Tragicorum Graecorum Fragmenta* (Leipzig: Teubner, 1889), Adespota, Nr. 374, 910.

emotionale „Wucht".[92] Die zusätzliche Autorität zeigt sich uns als Eindruck *unbedingter moralischer Verpflichtung.*[93]

> This is a case where biology is deceiving us for our own good, [...] if we stop being moral society breaks down and then we all lose.[94]

Die *Genese* moralischer Intuitionen würde dann aber nicht von echten moralischen Kategorien motiviert, sondern würde nach den Regeln der Natürlichen Selektion vorangetrieben, d. h. indem bestimmte Darwinsche Individuen (in diesem Fall wohl Gene, Meme oder Gruppen) davon profitieren. *Moralische Relevanz* wäre dann (nur) akzidentelle Eigenschaft einer Handlung und außerdem (nur) ein Instrument, durch das das Subjekt dazu gebracht wird, selbstlos zugunsten des selektiv relevanten Darwinschen Individuums zu handeln.[95] Ruse ist der Meinung, dass Ethik ein evolutionärer Trick, *„eine kollektive Illusion der Menschen",* ohne objektive Grundlage sei.[96] Es handelt sich um eine sogenannte »Fehlertheorie«:[97] Der „Fehler" besteht darin, dass moralischen Aussagen eine Wahrheit zugesprochen wird, für die es keinerlei Garanten gibt.

Ruse's Einwand gegen objektive Normen besitzt zwei argumentative Hebel: Einerseits die *Redundanz:* Objektive Wahrheiten sind ein überflüssiges Postulat, um den moralischen Sinn des Menschen zu erklären. Andererseits die *Unverbundenheit:* Die evolutionäre Genese des moralischen Sinns vollzieht sich ohne Rückbezug auf irgendwelche objektiven Wahrheiten.

Evolutionsbiologisch lässt sich dagegen kontern, dass es auch möglich sei, dass die menschlichen Fähigkeiten, die für Moral notwendig sind, zwar in einem Kontext evolviert sind, der mit Moral zunächst nichts zu tun hatte, dass sie nun

---

92 vgl. Friedemann von Thun, *Miteinander Reden: Das »Innere Team« und situationsgerechte Kommunikation* (Reinbek: Rowohlt, 1998): 184.
93 „If I say ›Killing is wrong‹ I do not mean simply that I do not like killing, nor yet (as traditional emotivism would have it) am I merely emoting against it: ›I hate killing, Goddam it!‹ I am saying that killing fails by certain standards, not up for decision or choice. Therefore, its prohibition is laid upon and fixed for us all." Ruse, *Taking Darwin Seriously,* 252f. // Richard Joyce (2006) nennt dies den „oomph", die unwiderstehliche Überzeugungskraft, die moralische Vorstellungen besitzen.
94 Peter Takacs und Michael Ruse, "The Current Status of the Philosophy of Biology," *Science & Education* Online First (2011): Kapitel 10.
95 Entsprechend der „robot vehicles" von Richard Dawkins, *The Selfish Gene,* XXI.
96 Ruse, "Evolutionary Ethics: A Phoenix Arisen," 102.
97 „An error theory is used only to show that a belief for which no good reasons can be given has never in fact been derived from reasons but rather caused non-rationally. Such a theory is thus meant to show that not only is there now no evidence in support of the belief, but also there never was any such evidence involved in the formation of the belief." James A Ryan, "Taking the 'Error' Out of Ruse's Error Theory," *Biology and Philosophy* 12 (1997): 395.

aber dazu befähigen über *echte* moralische Probleme nachzudenken und zu urteilen.[98] Die *evolutionäre* Sicht zeichnet sich ja gerade dadurch vor den Design-Ansätzen aus, dass es *keinen* Zusammenhang geben muss zwischen den formgebenden Kräften während der Genese und der späteren Verwendung von Merkmalen.[99] Es wäre also wahrscheinlich, dass ein Subjekt mit entsprechenden Fähigkeiten moralische Wahrheiten, sofern es solche gibt, durch autonome Überlegungen auch erkennen würde.

Beide Erklärungen können daher gleichermaßen zur beobachteten moralischen Ausrüstung des Menschen führen.[100] Den moralischen Skeptizismus unterstützt die evolutionäre Geschichte jedenfalls nicht zwingend, sondern nur dann, wenn man sich bereits zuvor gegen die Idee von objektiver moralischer Wahrheit entschieden hat.[101] Michael Ruse gibt seine eigene Vorentscheidung diesbezüglich zu, wenn er erklärt, dass eine Welt mit objektiver Ethik „extrascientific forces" postulieren müsste und dies ein „Anathema" für moderne Biologen sei.[102]

Dass das Phänomen Moral ohne metaphysische Konzepte erklärt werden *kann*, muss die Moraltheologie *im interdisziplinären Gespräch* als gegeben akzeptieren. Kritisieren lässt sich allenfalls der Reduktionismus, dessen Feststellung als Tatsache und nicht nur als Möglichkeit die Kompetenz der Naturwissenschaften überschreitet.[103]

9.4.3 Der Verdacht des Projektivismus

Die empirischen Untersuchungen scheinen zu zeigen, dass unsere moralischen Urteile primär emotionale Antworten sind und nicht rationale Reflexionen.[104] Selbst wenn wir über moralische Situationen diskutieren, geht es uns in erster

---

98 Wenn diese Annahme mit einer absoluten, quasi präexistenten Moral begründet wird, dann trifft sie allerdings der Vorwurf der „Absonderlichkeit" (siehe S. 383) mit voller Wucht.
99 Es ist daher nicht ohne eine gewisse Ironie, dass gerade die Vertreter einer „evolutionären" Sichtweise die *Genese* des moralischen Sinns als ihr stärkstes Argument gegen die Objektivität von Moral anführen.
100 vgl. FitzPatrick, "Morality and Evolutionary Biology," 4.1.
101 ebd., Kapitel 4.2.
102 Ruse, "Evolutionary Ethics: A Phoenix Arisen," 107.
103 vgl. Martin Rhonheimer, "Neodarwinistische Evolutionslehre, Intelligent Design und die Frage nach dem Schöpfer," 71. // Zur Gefahr eines abbrechenden Dialogs, vgl. auch Philip J Jacobs, "An Argument over 'Methodological Naturalism' at the Vatican Observatory," *The Heythrop Journal* 49 (2008): 566 f.
104 vgl. Jonathan Haidt, "The Emotional Dog and Its Rational Tail." // siehe Kapitel 8.1.2.

Linie darum, die eigenen emotionalen Urteile zu rechtfertigen. Zwar kann sich unsere emotionale Antwort im Nachhinein jeweils anpassen, doch in dem Moment eines spontanen, moralischen Urteils handelt es sich auch dann noch eher um eine Projektion der eigenen emotionalen Befindlichkeit auf die Situation als um eine Analyse.[105] Für die Suche nach einer objektiven Realität kommt erschwerend hinzu, dass jede Form menschlicher Kognition, ob emotional oder rational, anfällig für die verschiedensten Biases ist.[106] Es handelt sich daher im bestmöglichen Sinn um authentische, aber eben nur subjektiv „wahre"[107] Urteile.

Ungeachtet dessen tritt eine Überzeugung, wenn sie erst einmal vorhanden ist, mit Autorität auf, so dass man nun nicht mehr ohne weiteres zu einer früheren Position zurückkehren kann. Sie lässt sich auch nicht einfach wegbehaupten: Es gibt, anders als in anderen Erkenntnisbereichen, keine Experten. Wenn jemand – und sei er auch noch so gelehrt – einen Anderen in moralischen Fragen belehren möchte, so wird dieser sich nie darauf einlassen, solange er noch die gegenteilige Überzeugung trägt. Im Bereich der Moral nimmt jeder, sobald er zu einer festen Überzeugung gelangt ist, für sich selbst die höchste Kompetenz in Anspruch.[108] In dieser Hinsicht handelt es sich um eine subjektive, aber für das Subjekt unbedingte Geltung beanspruchende Form der Erkenntnis.[109] Es herrscht offensichtlich eine eigentümliche Diskrepanz zwischen dem Anspruch, den wir einem moralischen Urteil intuitiv zugestehen – den der Objektivität – und der Weise, wie wir *faktisch* zu unseren moralischen Urteilen kommen. Dabei steht nicht wenig auf dem Spiel, denn wie Schockenhoff völlig richtig bemerkt:

> Wenn das Gute nur in Abhängigkeit von unseren subjektiven Geschmacksurteilen und gefühlsmäßigen Einstellungen erkannt werden kann, gibt es keinen zureichenden Grund für die Annahme mehr, dass das Gute etwas ist, was getan werden soll, oder dass wir Böses un-

---

105 Dies wurde z. B. in jenen Versuchen deutlich, wo hypnotisch induzierter Ekel zu strengeren moralischen Bewertungen führte. Wheatley und Haidt, "Hypnotic Disgust Makes Moral Judgments More Severe."
106 vgl. Hugo Mercier and Dan Sperber, "Why Do Humans Reason?"
107 ...aber doch auch wirkungsvolle und damit in diesem Sinn durchaus „reale" Urteile; vgl. Jesse J Prinz, *The Emotional Construction of Morals* (Oxford: Univ. Press, 2007): 165.
108 vgl. ebd., 146.
109 Der Philosoph Jesse Prinz weist darauf hin, dass das Faktum, dass es Objektivisten und Nicht-Objektivisten gibt, die beide moralische Intuitionen besitzen, bedeutet, dass es entweder zwei getrennte intuitive Konzepte von Moral gibt oder dass objektive Geltung gar nicht konstitutiv für Moral sei (ebd., 148 f). Was er dabei allerdings nicht bedenkt ist erstens, dass eines der Konzepte falsch sein könnte und zweitens, dass oft kein *strikter* Zusammenhang hergestellt wird zwischen Konzepten und faktischem Verhalten; vgl. Bruce N Waller, "Moral Commitment without Objectivity or Illusion: Comments on Ruse and Woolcock," *Biology and Philosophy* 11 (1996): 245–54. // Sarkissian et al., "Folk Moral Relativism."

bedingt vermeiden sollen. Eine normative Ethik ist daher nur unter der Prämisse möglich, dass moralische Urteile zu wahrheitsfähigen Aussagen führen, die dem Einzelnen rational überprüfbare Handlungsgründe für sein Tun und Unterlassen nennen.[110]

Es wäre also zu zeigen, dass dort, wo zweifellos Projektionen vorkommen, diese eine gewisse reale Entsprechung haben. Dabei ist uns die Unterteilung in proximate und ultimate Ursachen nützlich. Empathie arbeitet proximat wie eine Projektion, denn wir können nur Einsicht erlangen, indem wir mit unserer eigenen Erfahrung zu simulieren versuchen, was im andern vor sich geht. Als evolviertes Merkmal hat die Empathie aber eine Funktion: Den emotionalen und mentalen Zustand anderer zu erkennen, ihre Handlungen zu verstehen und dadurch selbst angemessen handeln zu können. Diese Funktion könnte sie jedoch nicht ausüben, wenn die Projektionen völlig fiktiv sind und im luftleeren Raum bleiben.[111] Es ist also eine *evolutionsbiologisch sinnvolle Annahme*, dass es zu den Modellen in unserem Gehirn *im Regelfall* auch eine davon unabhängig existierende Realität gibt. Eine ontologische Vorentscheidung, die unsere Projektionen als irrelevante Illusionen ohne Anhalt in der Realität bestimmen möchte, ist daher weder philosophisch zureichend begründet noch biologisch plausibel. Ob eine Realität, die sich in unseren Projektionen als „moralisch" niederschlägt, aber auch tatsächlich moralisch relevant ist, steht auf einem anderen Blatt und kann weder durch ihre objektive Existenz noch durch ihr Nur-Subjektive-Projektion-Sein zum Positiven oder Negativen entschieden werden.

9.4.4 Der Einwand der »Absonderlichkeit«

„Das ist ungerecht,... Das tut mir weh,... Das ist nicht erlaubt,... *deshalb* ist es falsch!" Welche Beziehung besteht zwischen den natürlichen Eigenschaften einer Handlung und ihrer moralischen Qualität? Was ist in diesem *„deshalb"* ausgedrückt?

Wenn es nur die Bezugnahme auf Wünsche und Ziele, interpersonale Ansprüche, psychologische Effekte, Nützlichkeiten usw. ist, oder wenn es eine Bezugnahme auf evolutionäre Fakten ist, dann wäre nichts „Absonderliches" daran zu erkennen.[112] Doch damit das *„deshalb"* eine moralische Aussage konstituiert, muss es auch die dazugehörigen Eigenschaften vermitteln: *Universalität* – d. h. es

---

110 Eberhard Schockenhoff, *Grundlegung der Ethik: Ein Theologischer Entwurf* (Freiburg im Breisgau: Herder, 2007): 318.
111 Takacs und Ruse, "The Current Status of the Philosophy of Biology," Kapitel 9.
112 Mackie, *Ethik*, 49.

gilt immer und für jeden – , *Impartialität* (Unparteilichkeit) – d.h. ohne vernünftige Gründe ist der Grad der Verpflichtung für jeden gleich – und *Autorität* – d.h. es gilt unabhängig vom subjektiven Zustand oder den Umständen und ist nicht außer Kraft zu setzen (höchstens gegen ein höheres moralisches Gut aufzurechnen).

Offensichtlich kann der bloße Rückgriff auf Leid, Gerechtigkeit, Erlaubtheit oder ähnliches diese Eigenschaften nicht begründen: Wenn ein Anderer dies für sich nicht zu akzeptieren bereit wäre, dann ließen sich auf rationalem Grund nur Argumente der Plausibilität finden, aber keine zwingenden Argumente der Logik. Und wer zur Begründung auf konkrete Güter verweist, würde einen lehrbuchmäßigen Naturalistischen Fehlschluss begehen. Das Besondere des moralischen Anspruchs lässt sich durch die Definition eines Grundes also gerade nicht erweisen.[113]

> Gäbe es objektive Werte, dann müsste es sich dabei um Wesenheiten, Qualitäten oder Beziehungen von sehr seltsamer Art handeln, die von allen anderen Dingen in der Welt verschieden wären. Und entsprechend müsste gelten: wenn wir uns ihrer vergewissern könnten, müssten wir ein besonderes moralisches Erkenntnis- oder Einsichtsvermögen besitzen, das sich von allen anderen uns geläufigen Erkenntnisweisen unterschiede.[114]

Mackie meint, dass deren Existenz daher nicht plausibel sei.

Für den interdisziplinären Dialog ist es wichtig zu wissen, dass Mackie objektive Werte in einem *theistischen* Weltbild *nicht* für „absonderlich" hält, sondern für möglich erachtet (S. 57f). Erst im *a-theistischen* Weltbild – das er als zutreffend erachtet – sei es nicht mehr möglich, objektive Werte zu erhalten. Das Argument der Absonderlichkeit ist also keines, das sich gegen Metaphysik richtet, sondern eines, das sich gegen die Existenz objektiver Wahrheiten richtet unter der Voraussetzung, dass es keine transzendente Wirklichkeit gibt. Der Einwand der Absonderlichkeit ist aus Sicht Mackies also nur ein Argument gegen jene a-theistisch, materialistischen Positionen, die dennoch die objektive Geltung von Wahrheit behaupten.

Wenn Mackie recht hat, dann gerät ein nicht-metaphysischer Realismus in ein Dilemma: Entweder er akzeptiert einen Zusammenhang von moralischer Wahrheit mit der evolvierten menschlichen Natur und Kultur und vermeidet dadurch absonderliche Kategorien. Dann wäre Moral aber nicht mehr unabhängig vom Faktum, wie wir uns entwickelt haben, und mindestens das Kriterium der Uni-

---

[113] vgl. ebd., 47–49. // vgl. auch Richard Joyce, "Darwinian Ethics and Error," *Biology and Philosophy* 15 (2000): 713–26.
[114] Mackie, *Ethik*, 43f.

versalität wäre nicht mehr vollständig erfüllt. Der Ethische Realist müsste dann also begründen, wieso er weiterhin „Realist" ist und nicht „Relativist", wo doch die Werte abhängig und kontingent zu sein scheinen. Oder er bestreitet einen solchen Zusammenhang und verliert dadurch die Möglichkeit, moralische Wahrheiten mithilfe der *„conditio humana"* überhaupt zu erkennen oder auch nur zu rechtfertigen. Es gäbe dann höchstens eine Vermutung, aber keinen Grund mehr zur Annahme, dass unsere konkreten moralischen Urteile irgendeine Ähnlichkeit mit den (dann im wahrsten Sinne des Wortes „ab-sonderlichen") realen, moralischen Wahrheiten hätten. Die Kritik von Mackie trifft diesen Ansatz mit voller Wucht.

Mackie und Ruse vertreten daher eine »Fehlertheorie«: Jede moralische Aussage sei „falsch", da sie einen Sachverhalt behauptet, der nicht begründbar ist. Dies steht allerdings in offenem Konflikt zu der gut begründeten Annahme, dass Ethischer Nihilismus vermutlich objektiv falsch ist. Wer wollte tatsächlich behaupten, dass man die Gräueltaten des Naziregimes oder eine Folterung aus „Spaß an der Freude" nicht als *objektiv moralisch falsch* bezeichnen kann?[115] Um diesem Dilemma zu entgehen, versuchen nicht-metaphysische Ethiker entweder (A) Ethik im Angesicht der Fehlertheorie pragmatisch zu begründen oder (B) den Anspruch der Objektivität einzuschränken, was genau genommen zu verschiedenen Formen eines „moderaten Relativismus" führt. Unter diesem „gedämpften" metaethischen Anspruch scheinen normative Aussagen ihre Rationalität wieder zurückgewinnen zu können.

A1 Fiktionalismus: Der australische Philosoph Richard Joyce bezieht sich, wie Ruse, auf die evolutionäre Funktionalität von Moral. Diese Funktion sei aber eng daran gekoppelt, dass wir moralische Normen auch wirklich als echte Verpflichtung akzeptieren.[116] Er zeigt, dass man dies kann, ohne sie gleich glauben zu müssen. Die „objektive Wahrheit" moralischer Normen sei eine Fiktion, die es diesen Konzepten ermöglicht, ihre funktionale Rolle innerhalb der Gesellschaft auch tatsächlich auszufüllen. Was zu optimaler Funktion führt, sei in diesem Sinn zwar „rational", aber nicht objektiv, sondern fiktiv.[117] Eine weitere Form des Fiktionalismus findet man bei Daniel Dennett (1997) in seiner These, dass es sich bei Moral um einen „Conversation-Stopper" (in der deutschen Ausgabe unglücklich mit „Gesprächsbremsen" übersetzt) handelt. Damit in einer Gruppe die Diskussionen um wichtige Fragen nicht endlos ohne Entscheidung weitergehen, brauche

---
115 vgl. Ryan, "Taking the 'Error' Out of Ruse's Error Theory," 387.
116 *„...they are useful only if we treat them as true in our day-to-day lives."* Joyce, *The Evolution of Morality*, 167.
117 Joyce, "Darwinian Ethics and Error," 728 ff.

es die Möglichkeit von „Zauberwörtern" wie „Aber das wäre Mord!" oder „Aber das hieße ein Versprechen zu brechen!". Dies sei eine praktische Notwendigkeit für das Funktionieren von Gemeinschaften.[118]

A2 Formen des Realismus: „Real" ist nicht gleichbedeutend mit „objektiv": *„Whatever its ontological status may be, a moral sense is part of the standard equipment of the human mind. It's the only mind we've got, and we have no choice but to take it's intuitions seriously. If we are so constituted that we cannot help but think in moral terms (at least some of the time and toward some people), then morality is as real for us as if it were decreed by the Almighty or written into the cosmos."*[119] Nicht-objektive Gegebenheiten können also z. B. „psychologische Existenz" oder „kausale Wirksamkeit" haben und in diesem Sinne durchaus „real" sein. Ryan (1997) identifiziert moralische Relevanz dementsprechend mit jenen Bestrebungen, die die Bedürfnisse der Gemeinschaft abbilden: „*[...] moral properties are real properties which acts have relative to the values shared in a society.*"[120] Dies läuft scheinbar auf die paradoxe Rechtfertigung hinaus: Was für eine Gemeinschaft wichtig *ist,* das *soll* ihren Mitgliedern wichtig sein. Doch Ryan legt dar, dass die Autorität moralischer Werte erst durch ihre Kohärenz mit anderen moralischen Werten oder mit den relevanten Fakten gegeben sei. Vorhandene moralische Werte seien also dann falsch, wenn sich hier Inkonsistenzen ergeben.[121] Eine ähnliche Begründungsstruktur findet man auch in der Ethik Peter Singers, dem es um die „Gleiche Berücksichtigung individueller *Interessen*" geht. Diese sind zwar eindeutig subjektiv, aber gerade deswegen von außen nicht ohne weiteres kritisierbar und daher so real, dass sie Verpflichtung generieren.[122] Ein Interesse, das auf falschen Informationen basiert, ist in diesem Sinne zwar real aber keinesfalls objektiv; allenfalls fähig zu Objektivität, oder eben gerade nicht. Der Philosoph Jesse Prinz (2007) sieht schließlich die „Realität" moralischer

---

118 Daniel C Dennett, *Darwins gefährliches Erbe* (Hamburg: Hoffmann und Campe, 1997): 712 ff. // Eine ähnliche Funktion moralischer Urteile, dass *„Gründe für ein anderes Handeln [...] nicht ausgestochen, sondern völlig zum Schweigen gebracht"* werden, beschreibt auch der Philosoph John McDowell (*Wert und Wirklichkeit*, 150 f.). Er sieht dies aber nicht als ihre einzige Funktion an und hält sie auch nicht für fiktiv.
119 Steven Pinker, *The Blank Slate: The Modern Denial of Human Nature* (London: Allen Lane, 2002): 193.
120 „Relationaler Realismus"; vgl. Ryan, "Taking the 'Error' Out of Ruse's Error Theory," 395.
121 „*Nazi values were incoherent, holding that all people have rights and that Jews are people without rights. They were also inconsistent with the relevant non-moral facts, holding that Jews were a threat to Germany.*" ebd., 394.
122 „Präferenzutilitarismus"; vgl. Peter Singer, *Praktische Ethik* (Ditzingen: Reclam Verlag, 1994/ 1979).

Aussagen dadurch gegeben, dass sie kausal verantwortlich sind für emotionale Änderungen im Zustand des Subjekts, was wiederum zu einem bestimmten Verhalten führt. Er vergleicht Moral in ihrer Wirksamkeit mit Geld: Wir haben eine spezifische Vorstellung davon *konstruiert* und lassen uns nun von dieser bestimmen.[123]

B1 Identifizierung von höchsten moralischen Werten: Indem Ziele festgelegt werden, die dann als Wertmaßstab zur Verfügung stehen, wie „Das größte Glück Vieler" im Mill'schen Utilitarismus oder „Ein gutes Leben" bei Sam Harris, oder „Das Gemeinwohl" in der Ethikskizze von Robert Richards, wird eine Objektivität erzeugt, die zwar innerhalb des konstruierten Systems objektiv ist, deren Allgemeingültigkeit aber davon abhängt, ob der Wert richtig und umfassend genug gewählt ist. Die Begründungen, die dafür jeweils angegeben werden, berufen sich auf die Offensichtlichkeit, dass dieser Wert erstrebenswert ist, auf den Gesunden Menschenverstand und seine Intuitionen und auf Prinzipien der Unparteilichkeit. Damit kann jedoch nur Plausibilität aber nicht Objektivität begründet werden. Immerhin ermöglicht diese Form der Ethik – zumindest prinzipiell –, dass man dann *empirisch* jene Normen finden kann, die der Realisierung dieser Werte dienen.[124]

B2 Letztbegründungen: In Form einer Letztbegründung kann zurückgefragt werden nach den notwendigen Bedingungen für die Möglichkeit typisch menschlichen Handelns, Entscheidens oder Zusammenlebens. Als Ausgangspunkt dient hierbei häufig die Annahme, dass eine rationale Reflexion autonomer Individuen zu einer Konvergenz der resultierenden, moralischen Überzeugungen führen sollte. Der Grund dafür sei – und hier gelangen wir vermutlich zu „objektiven" Prämissen des Mensch-Seins –, dass ein rationales und soziales Subjekt unter einem moralischen Anspruch steht, der sich bereits aus seiner Rationalität und Sozialität notwendig ergibt. Objektive Werte können sich dann aber nur relativ zur spezifischen Weise des Mensch-Seins als Beziehungswesen ergeben, und gerade deshalb für jeden *Menschen* „objektiv" verbindlich sein; vorausgesetzt man kann begründete *Bedingungen der Möglichkeit* für Mensch-Sein im Vollsinn angeben. An die Stelle einer Metaphysik muss hier konsequenterweise eine Anthropologie treten.

---

123 „Konstruktiver Sentimentalismus"; vgl. Prinz, *The Emotional Construction of Morals,* 166 f.
124 vgl. John Stuart Mill, *Utilitarismus* (Hamburg: Meiner Verlag, 2009/1861). // Harris, *The Moral Landscape.* // Robert J Richards, "A Defense of Evolutionary Ethics."

9.4.5 Metaphysik als „Joker"

Die weltanschaulichen Prämissen dieser Arbeit (siehe S. 10f) erlauben es über eine transzendente Wirklichkeit als Grund allen Seins nachzudenken und auszuloten, welche zusätzlichen Lösungsmöglichkeiten sich dadurch ergeben.

Dass Mackie den Einwand der Absonderlichkeit nur für ein nicht-metaphysisches Weltbild einbringt (1981, S. 57f), ist kein Freibrief für Metaphysiker. Auch dann muss erklärt werden, wie moralische Qualität so erkannt werden kann, dass nicht doch noch Absonderlichkeiten entstehen. Wie kann dies gelingen, wenn man jeweils von einer (a) intervenierenden oder einer (b) reinen Transzendenz ausgeht?

Transzendenz durch Intervention: Moralische Qualität als Intervention eines Transzendenten führt dazu, dass die Subjekte ihren moralischen Anspruch nicht aus sich selbst begründen könnten, sondern dass er ihnen verliehen würde. Es handelte sich dann um einen extrinsischen *Ein*-Spruch des Absoluten Seins. Dann müsste man allerdings, da sich Reiz und Wahrnehmungsfähigkeit entsprechen müssen, davon ausgehen, dass sich auch das moralische Erkenntnisvermögen einer *verliehenen* Sensibilisierung verdankt. Dies wäre durchaus eine Lösung, die im Sinne Mackies keine Absonderlichkeit produziert. Allerdings hätte dies eine neue, theologisch unbefriedigende Konsequenz: Man kommt damit nur zu heteronomen Konzepten von Moral. Nicht mehr die „Moralische Qualität" wäre eine Illusion, sondern unsere Autonomie. Moral wäre nicht mehr verstehbar, sondern nur noch akzeptierbar. Natürlich sind schwächer intervenierende Varianten denkbar, doch dies ist das heutzutage nicht mehr zufriedenstellende Szenario einer »Moral aufgrund göttlicher Intervention«.

Selbsttranszendenz: Transzendenz als innere Dynamik des Natürlichen ist für empirische Methoden prinzipiell zugänglich – freilich ohne dass dabei das Transzendente dingfest gemacht werden könnte. Dessen *Selbsttranszendenz* erscheint ja in der Natur nicht als „intelligente Ursache", sondern gerade als „Natur".[125] Ein solcher Ansatz muss sich daher mit dem Vorwurf der Absonderlichkeit auseinandersetzen, weil der moralische Anspruch nicht von außen begegnet, sondern innerhalb der natürlichen Kategorien und damit auch innerhalb des prinzipiell empirisch Zugänglichen. Moralische Relevanz würde einem Objekt dadurch vermittelt, dass ein transzendenter An-Spruch[126] darin als ihm eigen

---

[125] Rhonheimer, "Neodarwinistische Evolutionslehre, Intelligent Design und die Frage nach dem Schöpfer," 55 f.
[126] Christoph Schönborn, "Fides, Ratio, Scientia," 96 f.

aufscheint und in seinem Dasein mit(-auf-)gegeben ist.[127] Hier stellt sich dann die Frage, vermittels welchen Sinnes dieser Anspruch des Transzendenten im Immanenten erkannt werden kann. Es ist ja offensichtlich, dass nicht alles wirklich Auftretende allein dadurch auch schon moralisch gut ist.[128]

Es gilt weiterhin die sinnesphysiologische Grundregel, dass sich ein Reiz und das zugehörige Sinnesvermögen entsprechen müssen. Moralische Ansprüche könnten dann durchaus folgendermaßen erkannt werden: Da ja Selbstmitteilung nicht nur im Objekt, sondern auch im Erkennenden geschieht, könnte die Werthaftigkeit des Anderen in Form eines *Sich-(Darin)-Wiedererkennens* entdeckt werden, bzw. sich dem Suchenden entdecken. Metaphorisch ließe sich hier vom (An-)Erkennen einer „Verwandtschaft" sprechen.[129] Die Werthaftigkeit des Anderen gründet dann letztendlich in der eigenen Werthaftigkeit, die sich durch erlebte Gemeinsamkeiten unterbewusst und intuitiv auf diesen überträgt. Dies ist sicherlich kein absonderlicher, sondern ein sehr natürlicher, empirisch untersuchter Vorgang. Die unwillkürliche Entstehung dieser emotionalen Verbindung und die Möglichkeit, sie zu einer „Entscheidung-Für" oder zu einer „Entscheidung-Gegen" werden zu lassen und damit Anspruch und Verantwortung von moralischer Qualität zu erleben, wurde in Kapitel 6.3.4 geschildert.

Unter der Annahme von Selbsttranszendenz geschieht hierin gleichzeitig transzendente Selbstmitteilung eines „Schöpfers". Die „Verwandtschaft" der Begegnenden gründet dann primär in der Abstammung aus einem gemeinsamen transzendenten Ursprung und in der Ausrichtung auf ein gemeinsames transzendentes Ziel. Doch wenn das Ziel ein gemeinsames ist, dann ist nicht nur das aktuelle Sein des Anderen ethisch relevant, sondern im selben Maß bereits seine Potentialität.

9.5 Der Naturalistische Fehlschluss

Der Naturalistische Fehlschluss (NF) existiert in zwei Versionen. Zum einen formulierte David Hume (1711–1776) im *„Treatise of Human Nature"* sein Erstaunen

---

127 vgl. das Konzept des „Antlitz" in Emmanuel Lévinas, *Ethik und Unendliches – Gespräche mit Philippe Nemo*, ed. Peter Engelmann (Wien: Edition Passagen, 1986): Kapitel 8.
128 Die Schöpfung als eine Freigelassene realisiert sich durchaus als eine, die nicht immer auf die göttliche Dynamik durchsichtig wird.
129 Die sich allerdings zunächst an äußeren Merkmalen festmachen muss und daher getäuscht werden kann; vgl. Terrel Miedaner, "Die Seele des Tiers vom Typ III," in *Einsicht ins Ich – Fantasien und Reflexionen über Selbst und Seele*, ed. D R Hofstadter und D C Dennet (Stuttgart: Klett-Cotta, 1986), 110–14.

darüber, dass alle ihm bekannten Moralphilosophien unreflektiert von Seinsaussagen zu Sollensaussagen übergehen.[130] Dies sei jedoch keinesfalls zulässig, da ein „Sollensanspruch" logisch eine ethische Prämisse voraussetze. Das »Hume'sche Gesetz« besagt also, dass man allein von einer Seinsaussage logisch nicht auf ein Sollen schließen kann.

Eine etwas andere Begründung gibt George Edward Moore (1873–1958) in seinem Werk „*Principia Ethica*". Dort begegnet auch zum ersten Mal der Begriff »Naturalistischer Fehlschluss«. Moore's Ausgangspunkt ist das Konzept des ethisch „Guten". In seiner Untersuchung kommt er zu dem Schluss, dass „gut" – so wie etwa auch die Farbe „gelb" (Kapitel 1, §12) – nicht noch einmal durch etwas anderes definiert werden kann. Er begründet dies mit dem Argument der »Offenen Frage«: Wenn irgendetwas Natürliches definiert wird, so ist es stets möglich und sinnvoll, *zusätzlich* danach zu fragen, ob es denn auch „gut" sei.[131] Dabei handle es sich gerade nicht um eine redundante Frage: Etwas als „gut" zu bezeichnen fügt etwas hinzu, das noch nicht mit dessen Beschreibung bereits gegeben ist. Moore sieht dies als Nachweis dafür, dass es sich bei „gut" zum einen um eine bedeutungsvolle Kategorie handelt, und dass „gut" zum anderen nicht durch irgendeine natürliche Entität bereits erfasst ist. Versucht man trotzdem „gut" mit irgendetwas anderem zu identifizieren, so begehe man einen »Naturalistischen Fehlschluss«.[132] Im Unterschied zum Hume'schen Gesetz, dass aus einer *Fest*stellung (Sein) kein *Bewegungsgrund* (Sollen) abgeleitet werden kann, geht es bei Moore darum, dass sich das Gut-Sein nicht aus einer Eigenschaft oder Funktion ableiten lässt. Die Konsequenz für Moore ist Enthaltsamkeit:

> Wenn wir die Frage in diesem Sinn [*nicht vom allgemeinen Gebrauch des Begriffs, sondern vom Wesen her; Anm. d Verf.*] verstehen, erscheint meine Antwort darauf sehr enttäuschend. Wenn ich gefragt werde ›Was ist gut?‹ so lautet meine Antwort, dass gut gut ist, und damit ist die

---

[130] „In every system of morality, which I have hitherto met with, I have always remarked, that the author proceeds for some time in the ordinary ways of reasoning, and establishes the being of a God, or makes observations concerning human affairs; when of a sudden I am surprised to find, that instead of the usual copulations of propositions, *is*, and *is not*, I meet with no proposition that is not connected with an *ought*, or an *ought not*. This change is imperceptible; but is, however, of the last consequence. For as this *ought*, or *ought not*, expresses some new relation or affirmation, 'tis necessary that it should be observed and explained; and at the same time that a reason should be given, for what seems altogether inconceivable, how this new relation can be a deduction from others, which are entirely different from it." [Hervorh. i. Orig.] David Hume, *A Treatise of Human Nature*. (London: Allmann, 1817/1739): Buch III, Teil I, Kapitel I.
[131] George Edward Moore, *Principia Ethica* (Stuttgart: Reclam Verlag, 1970/1903): Kapitel 1, §13, 46 f.
[132] ebd., Kapitel 2, §24, 74 f.

Sache erledigt. Oder wenn man mich fragt ›Wie ist gut zu definieren?‹ so ist meine Antwort, dass es nicht definiert werden kann, und mehr ist nicht darüber zu sagen.[133]

Eine bestimmte Handlung *X* als gut zu *bezeichnen* erfüllt jedoch nicht in jedem Fall die Voraussetzungen für einen Moore'schen NF. Erst wenn begründet wird „die Handlung *X* ist deswegen gut, weil sie *Y* dient", begeht man einen NF, da dann durch *Y* der Wert verliehen wird und *Y* dadurch unzulässigerweise als das „Gute an sich" definiert wird.[134]

Dies ist aber häufig die Vorgehensweise evolutionärer Ethikentwürfe: Es wird ein höchstes, anzustrebendes Gut *Y* formuliert und die fraglichen Einzelhandlungen *X*1, *X*2 usw. werden danach beurteilt, ob sie diesem Gut *Y* förderlich sind oder nicht.[135] Alle diese Konzeptionen müssten daher zusätzlich zeigen, warum sie das, was Moore als NF bezeichnet, begehen dürfen. Üblicherweise wird auf diese Diskussion jedoch verzichtet und das Gut Y wird als selbstevident genommen.[136] In Kapitel 9.7 „Metaethische Überlegungen" wird deutlich werden, dass eine solche Diskussion durchaus fruchtbar sein kann und kein vergebliches Unterfangen sein muss.

9.6 Versuche einer normativen Evolutionären Ethik

Ausgehend von evolutionären Genese-Modellen haben verschiedene Autoren versucht, eine *Normative* Evolutionäre Ethik zu konstruieren. Drei davon, die überraschend unterschiedliche Wege gehen, sollen im Folgenden vorgestellt werden: Der Ansatz von Robert J Richards, der auf Gruppenselektion und Adaptationismus beruht, der von Brian Zamulinski, der Moral als evolutionäres Nebenprodukt bestimmt und der Ansatz von Michael Schmidt-Salomon, der auf Individualselektion beruht und die Werte des Humanismus voraussetzt.

---

[133] ebd., Kapitel 1 §6, 36.
[134] Dabei führt ein NF nach Moore nicht unbedingt zu einem falschen Ergebnis, aber jedenfalls zu einem unbegründbaren, weil das Prädikat „gut" einfach ist, nicht analysierbar und undefinierbar; ebd., Kapitel 1, §14, 48–53.
[135] Der Utilitarismus, der das „größte Glück möglichst Vieler" als „Gut" definiert; viele humanistische Positionen, die das glückende Leben, als „Gut" anstreben; im Grunde jede Form von Konsequentialismus, der ja angeben muss, was er als gute Konsequenz ansieht und was nicht; ebenso das Naturrecht, das zwar in der *conditio humana* die Anklänge göttlicher Gesetzgebung zu entdecken meint, aber doch auch wieder auf eine Interpretation dieser *Conditio* angewiesen ist.
[136] deutlich so in Harris, *The Moral Landscape*, Introduction.

9.6.1 Robert Richards – Moral durch Gruppenselektion

Der Historiker und Philosoph Robert J Richards argumentiert in einem vielbeachteten Artikel,[137] dass es möglich sei, Aussagen über das moralisch Gute zu treffen, ohne dabei einen *unzulässigen* Fehlschluss zu begehen.

Richards Ansatz ist nicht als endgültige Evolutionäre Ethik (EE) konzipiert. Sein Anliegen ist vielmehr zu zeigen, dass der Naturalistische Fehlschluss (NF) für eine EE nicht hinderlich sein muss. Deshalb treffen jene Kritiker, die versuchen, ihm einen NF nachzuweisen nicht den Kern seiner Argumentation, sondern rennen bei ihm offene Türen ein.[138] Er gibt unumwunden zu, dass er vom Sein auf das Sollen und von Fakten auf Werte schließt und damit das, was man einen NF *nennt*, sehr bewusst tut. Er behauptet aber, dass der NF bei seiner Vorgehensweise gar kein *Fehlschluss* sei, sondern eine gültige Folgerung vom Sein auf das Sollen. Seine Hauptverteidigung stützt er dabei auf zwei Punkte: Erstens den empirischen Nachweis, dass „Moral" in einem evolutionären Kontext entsteht, dem sich die Menschen nicht entziehen können und zweitens den Nachweis, dass nahezu alle etablierten Moralphilosophien ebenfalls vom Sein auf ein Sollen schließen.

9.6.1.1 Unentrinnbarkeit des evolutionären Kontext
Das phylogenetische Szenario Richards: Menschen haben sich phylogenetisch in kleinen Gruppen entwickelt, in denen altruistische Handlungen aufgrund von Verwandten- und Gruppenselektion zur Regel werden konnten. Die Evolution habe den Menschen mit der angeborenen Disposition ausgestattet, auf die Bedürfnisse von Gruppenmitgliedern und der Gemeinschaft als ganzer zu antworten (S. 272). Die menschliche Natur berechtige dazu, mindestens ein *faktisches* Sollen anzunehmen (S. 288). Wenn jemand fragt, warum er altruistisch handeln soll, wäre also die passende Antwort: „[...] weil du ein Mensch bist und daher motiviert bist, so zu handeln."[139] Er nennt drei unentrinnbare Zusammenhänge, in denen sich Menschen immer schon vorfinden.
– **Die eigenen Dispositionen:** Die menschliche Natur ist durch die Evolution so konstruiert, dass moralisches Denken für Menschen (mit Ausnahme von einigen pathologischen Zuständen) unausweichlich ist. Wir können nicht aus

---
[137] Robert J Richards, "A Defense of Evolutionary Ethics." Die folgenden Seitenangaben beziehen sich, wenn nicht anders vermerkt, auf diesen Artikel.
[138] vgl. seine Entgegnungen in Robert J. Richards, "Dutch Objections to Evolutionary Ethics," *Biology & Philosophy* 4 (1989): 331–43.
[139] vgl. William Hughes, "Richards' Defense of Evolutionary Ethics," *Biology and Philosophy* 1 (1986): 311.

unserer Haut. Selbst wenn jemand nicht auf die Stimme seiner Natur hört und sich dem *moralischen Anspruch* verweigert, so ändert das nichts an dessen realem Vorhandensein.[140] Richards geht sogar so weit, dass er sagt, dass *unter optimalen Bedingungen* die moralische Entscheidung für das Subjekt daher zu einer *„kausalen Notwendigkeit"* wird (S. 287 ff.).

- **Das Konzept „Moral":** Menschen leben in großen, kooperativen Gemeinschaften, in denen man sich gelegentlich altruistisch verhalten muss, um erfolgreich zu sein. Das Konzept „Moral" sei daher ein evolutionäres Produkt und die entsprechenden Sachverhalte, nämlich jene, die dem Gemeinwohl dienen, *müssten* von Menschen unweigerlich als moralisch erkannt und gemeint werden, weil die entsprechenden kognitiven Module so evolviert seien. Die Bezeichnung „moralisch" impliziert dabei die spezifische Verpflichtung, auch entsprechend zu handeln. Wer als „moralisch" gelten möchte, muss diese Erwartungen bedienen. Ähnlich wie in der Diskursethikschränkt er daher den Kreis der kompetenten Subjekte ein, indem er sich explizit auf „moralische und rationale Menschen" bezieht. (S. 285).[141] Welche Handlungsweisen in einer bestimmten Situation tatsächlich eine Chance haben, als moralisch wahrgenommen zu werden, lässt sich nun empirisch ermitteln (S. 290 ff).
- **Die Universalität des „Moralischen":** Aufgrund ihrer Lebensweise besitzen alle Menschen eine gemeinsame Vorstellung des moralisch Guten als jenem, das dem Gemeinwohl dient. Jeder Mensch sei entsprechend diesem selben Standard evolviert und der moralische Sinn stimme daher in seinen Grundzügen von Mensch zu Mensch überein.[142]

Was Richards mit diesen drei „unentrinnbaren" Zusammenhängen begründet, ist ein *faktischer* Sollensanspruch, der mit der menschlichen evolutiv entstandenen

---

140 vgl. Milgrams U-Bahn-Versuch, siehe S. 289.
141 Sein Konzept des Konsens (S. 284) beruht dabei aber nicht auf einem Diskurs, wie in anderen Konsens-Ethiken, sondern der hier beschriebene Konsens besteht bereits vor jedem Diskurs aufgrund des gemeinsamen evolutionären Ursprungs des Motivs „Moral" und muss nur aufgedeckt werden. Diesen Unterschied scheint Gräfrath mit seiner Kritik an Richards Konzept zu übersehen. Bernd Gräfrath, *Evolutionäre Ethik? Philosophische Programme, Probleme und Perspektiven der Soziobiologie* (Berlin: de Gruyter, 1997): 137.
142 Diese Universalität legitimiere überhaupt erst die Schritte jener Moralphilosophen – Richards nennt beispielhaft G.E. Moore, Immanuel Kant und Herbert Spencer (S. 291) –, die hinter den moralischen Intuitionen der Menschen nach allgemeinen Prinzipien suchen, die die moralische Qualität einer Situation verstehen lassen. Ohne eine solche Universalität könnten die Moralphilosophen argumentieren wie sie wollten, am Ende könnte der Dialogpartner stets sagen, er sei eben anderer Meinung (S. 291 f.).

Lebensform notwendig gegeben ist. Während Richard Dawkins und in Deutschland Hans Mohr,[143] ausgehend vom Konzept des Egoistischen Gens/Mems, den Egoismus als natürliches Wesen des Menschen (und aller Lebewesen) kennzeichnen, der für eine lebenswerte Welt irgendwie überwunden werden muss, sieht Richards das natürliche Wesen des Menschen (im Unterschied zu dem anderer Lebewesen) als einem authentischen Altruismus verpflichtet.[144] Nur durch störende interne oder externe Faktoren würde der Mensch davon abgehalten, dieser Verpflichtung zu entsprechen.

Beide Sichtweisen sind auf ihre Weise idealisierend. Die Realität des Menschen liegt irgendwo in der Mitte: Auch ein „ungestörter" Mensch besitzt emotionale Impulse, die seiner Selbsterhaltung dienen und mit dem Wert des Gemeinwohls in Konflikt geraten können. Und auch die altruistischen Impulse zugunsten der Gemeinschaft sind nicht nur Überwindung menschlicher Natur, sondern auch deren Verwirklichung.

Richtig an Richards Konzept der Unentrinnbarkeit ist, dass wir uns nicht aussuchen können, was wir als moralisch betrachten. Wir haben gesehen, dass starke emotionale Reaktionen mit moralischen Urteilen verbunden sind und diese absichern. Wir haben außerdem gesehen, dass es Themenbereiche gibt, die von allen Menschen als mehr oder weniger moralisch relevant angesehen werden. Als Mitglieder der Spezies Mensch befinden wir uns immer schon unter einem moralischen Anspruch, den wir gegebenenfalls auch formulieren können. In manchen Fragen gibt es dabei universale Übereinstimmung, in andern Fragen wird man wohl keinen Konsens finden. Aber selbst dort, wo unmoralisch gehandelt wird, verändert sich nicht die Auffassung dessen, was moralisch ist, sondern der interne Konflikt wird einfach nicht beachtet oder der Kontext wird einseitig interpretiert.

---

143 Dawkins, *The Selfish Gene*, 200 f. // vgl. Hans Mohr, "Evolutionäre Ethik als biologische Theorie," in *Evolutionäre Ethik zwischen Naturalismus und Idealismus*, ed. W Lütterfelds und T Mohrs (Darmstadt: Wissenschaftliche Buchgesellschaft, 1993), 22.
144 Den Reziproken Altruismus der Soziobiologen betrachtet er als eine Form von Egoismus und stellt ihm einen „Authentischen Altruismus" gegenüber, der aufgrund von Verwandten- und Gruppenselektion entsteht und den er als die typische Moral in menschlichen Gemeinschaften ansieht (S. 286).

9.6.1.2 Jede Moralphilosophie gründet auf Fakten

Richards versucht zu zeigen, dass man positive[145] Moralphilosophie gar nicht betreiben kann, ohne irgendwann Fakten mit Normen zu verbinden.[146] Seine Argumentation berücksichtigt drei Aspekte.

- **Das Menschenbild, das in die ethischen Konzepte einfließt:** Jede Ethik geht von einer Vorstellung vom Menschen aus, die so sein muss, dass ihre Normen nicht unmöglich einzuhalten sind (S. 281 f.).
- **Was „moralisch" ist, muss konkret definiert werden:** Jede positive Moralphilosophie muss zu irgendeinem Zeitpunkt sagen, was sie mit ihren moralischen Begriffen denn nun verbindet.[147]
- **Jede Ethik muss sich rechtfertigen:** Eine Rechtfertigung kann dabei nie aus sich selbst gelingen – dies würde zu einem Zirkelschluss führen –, sondern muss durch äußere Kriterien geleistet werden.[148] Richards legt dar, dass sich alle Moralphilosophen irgendwann auf empirische Fakten stützen, um dadurch die Prinzipien ihres ethischen Systems zu rechtfertigen.[149] Dazu bedienen sie sich unstrittiger Fallbeispiele, wo wir im Grunde *wissen*, was moralisch richtig oder falsch ist („facts of intuitive clarity", S. 336). Die Übereinstimmung mit diesem Common-Sense (Faktum) wird dann zur Rechtfertigung (Geltung) von moralischen Prinzipien herangezogen.

---

[145] Negative Moralphilosophien, wie die Position eines metaethischen Relativismus (vgl. Richard Brandt, "Ethical Relativism.") oder der Fehlertheorie (siehe Kapitel 9.4.2), die davon ausgehen, dass es keine moralischen Wahrheiten zu entdecken gibt, braucht er nicht zu berücksichtigen: Da sie überhaupt keine Schlüsse auf Normen ziehen, stehen sie auch nicht unter dem Verdacht eines NF.

[146] vgl. auch Eberhard Schockenhoff, *Naturrecht und Menschenwürde* (Mainz: Matthias-Grünewald, 1996), 184 f.

[147] Besonders deutlich wird dies in jenen Fällen, wo ein oder mehrere höchste moralische Güter postuliert werden (z.B. im Utilitarismus). Aber dasselbe gilt selbst von den verschiedenen Versuchen einer Letztbegründung: Die Bedingungen, die hier von den Normen garantiert werden, ermöglichen etwas, was benannt werden muss: Eine gelingende Kommunikation (Diskursethik), die Gleichheit aller (Tugendhat, im weiteren Sinne auch Immanuel Kant) usw.: Wer etwas Normatives aussagen möchte, muss dies *konkret* tun.

[148] Dabei gibt es die Möglichkeit einer logischen oder einer empirischen Rechtfertigung. Eine Moralphilosophie, die den Anspruch einer Letztbegründung hat, muss sich zum Beispiel logisch rechtfertigen lassen. Ernst Tugendhat begründet im Anschluss an Aristoteles seine Annahme – die grundsätzliche Gleichheit aller als oberstes moralisches Prinzip – etwa damit, dass die andere Annahme, jene der Ungleichheit, stets eine zusätzliche Begründung erfordert, warum der andere ungleich behandelt werden darf; Ernst Tugendhat, *Anthropologie statt Metaphysik* (München: Beck, 2010), 138 ff.

[149] Als Beispiele nennt er Aristoteles und Immanuel Kant. „*Kant [...] justified normative principles by showing that their application to particular cases reproduced the common moral conclusions of 18th century German burgers and Pietists.*" (S. 285 f)

Das letzte Argument, die Übereinstimmung mit dem Common Sense in unstrittigen Fragen, ist aus historischer und interdisziplinärer Sicht interessant. Die Kritik an der EE ist ja vor allem deshalb so vehement entbrannt, weil sie in manchen Versionen Aussagen traf, die mit dem Common Sense-Urteil gerade nicht übereinstimmten: Edward O Wilson versuchte auf den Grundlagen der Soziobiologie eine EE zu entwerfen, die die ultimate Funktion von Moral vor allem darin sieht, das genetische Material des Menschen intakt zu halten.[150] Reziproker Altruismus oder jener gegenüber Verwandten habe demnach größeren Wert als jener „selbstlose" Altruismus, der den eigenen Genen schadet. Dies widerspricht aber allem, was wir über Moral „wissen": Nämlich dass Handlungen, bei denen kein eigener Vorteil entsteht, moralisch wertvoller sind, als solche, bei denen man selbst profitiert. Richards meint, dass solche Formen von EE in Selbstwiderspruch geraten, denn wenn unser Konzept von „Moral" ebenfalls evolviert sei, dann müsse es auch die *realen ultimaten Ursachen von Moral wiederspiegeln*. Richards (S. 280) distanziert sich aber von jenen Formen der EE, die (1) alles natürlich Existierende als „gut" (Biologismus) oder zumindest als gleich-gültig bezeichnen (strikter moralischer Relativismus) oder (2) alles, was den Langzeittrends der Evolution folgt, als gut bezeichnen, weil dies einen Fortschritt bedeute (Sozialdarwinismus). Er propagiert weder eine bestimmte soziale Lebensform noch eine bestimmte Entwicklungsrichtung.

9.6.1.3 Kritik an Richards Konzept

Das Problem der Determiniertheit

Die Unentrinnbarkeit wird von Richards so hoch angesiedelt, dass er davon ausgeht, dass Menschen unter optimalen Bedingungen so von ihren moralischen Impulsen gesteuert werden, dass sie moralisch handeln *müssen*. Die Evolution habe uns – aufgrund von Gruppenselektion – mit einem moralischen Sinn ausgestattet, der dafür optimiert ist, das Gemeinwohl Fördernde zu erkennen. Hinter dem ethischen Sollen verberge sich daher ein kausales Sollen: Der Satz „Jemand *sollte* etwas tun, weil es gut ist", entspricht bei ihm einem „Jemand sollte etwas tun, weil seine Voraussetzungen so sind." Das heißt, er *wird* es dann sicher tun, wenn er nicht durch etwas anderes daran gehindert wird (S. 335). Dieses Sollen werde aber nicht wegen seiner *Struktur* als ein „moralisches" Sollen bezeichnet, sondern wegen des *Kontextes*, in dem es steht: der auf das Gemeinwohl ausge-

---

[150] Edward Osborne Wilson, *On Human Nature* (Cambridge: Harvard University Press, 2004/1978), 167.

richteten Natur des Menschen (S. 340). Gerade diese einseitige Ausrichtung auf das Gemeinwohl lässt sich jedoch nicht aufrechterhalten.

Adaptationismus
Richards vertritt einen ausgesprochen strikten Adaptationismus,[151] mit dem er den kausalen Charakter des Sollens begründen möchte (S. 290 f).[152] Nun ist aber gerade im kognitiven Bereich mit einem großen Anteil an Inhalten zu rechnen, die nicht funktional sondern Nebenprodukte sind. Zum Beispiel ist eine gewisse *Leichtgläubigkeit* für einen Organismus, der in einer traditionsreichen Gemeinschaft aufwächst, in der vieles auf Treu und Glauben übernommen wird, adaptiv. Es werden dadurch aber unvermeidlich auch Dinge übernommen, die nicht adaptiv sind.[153] Strikte Angepasstheit würde man daran erkennen, dass die Merkmalseigenschaften ihren ultimaten Zweck fördern. Wenn dieser Zweck nur einer ist – laut Richards das Gemeinwohl –, dürfte es – außer im Fall mangelhafter Erkenntnis – gar keinen Konflikt geben. Sind aber die moralischen Dilemmas und unsere Beurteilungskriterien nur Ausdruck unserer moralischen Unvollkommenheit? Die empirischen Daten deuten eher darauf hin, dass die Konflikte daher rühren, dass es weitere moralische Güter gibt, die nicht in Gemeinwohl transferierbar sind.

Nicht nur Gemeinwohl ist moralisch
Die Behauptung, dass sich Moral stets auf das Gemeinwohl bezieht, trifft nicht zu: Die fünf Themenbereiche von Moral (siehe S. 311), also das, was universell als „moralisch" bezeichnet wird, repräsentieren sowohl Individualwerte als auch Gemeinschaftswerte und Regeln zum Umgang mit sich selbst. Dabei zeigt sich, dass gerade die Individualwerte »Unversehrtheit« und »Gerechtigkeit« einen besonders hohen moralischen Status besitzen.[154] Natürlich kann man nun behaupten, dass die Individualwerte langfristig ebenfalls dem Gemeinwohl dienen, da eine Gemeinschaft, die die Rechte des Einzelnen mit dessen Pflichten in Einklang bringt, auf Dauer leistungsfähiger sein sollte, als eine, die ihre Mitglieder

---

[151] Strikter Adaptationismus: Alle Merkmale sind Anpassungen und von der Natürlichen Selektion geformt.
[152] Eine kausale Determiniertheit, so wie Richards sie voraussetzt, erscheint schon deswegen unwahrscheinlich, weil sich *echte* moralische Werte trotz Angepasstheit entgegenstehen können; vgl. Gräfrath, *Evolutionäre Ethik? Philosophische Programme, Probleme und Perspektiven der Soziobiologie*, 135.
[153] vgl. Richard McElreath und Joseph Henrich, "Modelling Cultural Evolution," 582.
[154] Jonathan Haidt, "The New Synthesis in Moral Psychology."

unterdrückt. Dies missachtet jedoch den unmittelbaren Sinn der Individualwerte: Das Individuum vor den Übergriffen einer Gemeinschaft zu schützen. Dies ist der Inhalt, der als „moralisch" wahrgenommen wird. Gemäß Richards eigener Theorie, dass moralische Konzepte evolutiv geformte Anpassungen sind, kann man diesen Inhalt nicht einfach ignorieren, vor allem nicht seine Sinnspitze: Die Rechte des Individuums *gegen* jene der Gemeinschaft zu verteidigen. Damit zeigt sich das moralische „Sollen" aber nicht mehr als eines, das unter optimalen Bedingungen unweigerlich eine bestimmte Entscheidung trifft, sondern als eines, zu dem die Unsicherheit einer Güterabwägung in vielen Fragen konstitutiv dazugehört. Das Ergebnis ist dabei aber nicht beliebig: Denn zumindest die Richtungen, in die moralisch gedacht werden kann, scheinen tatsächlich *unentrinnbar*.

Kulturelle Vielfalt
Jede Gemeinschaft verbindet die moralischen Begriffe, die sie verwendet, mit ihrer je eigenen Gesinnung, ihren Erfahrungen, ihren Lebensumständen und ihrem Wissen. Die Unterschiede, die sich dadurch ergeben und kulturelle Vielfalt ausmachen, sieht Richards aber letztlich als Folge einer mangelhaften Erkenntnis und einer noch nicht erreichten rationalen Entwicklungsstufe (S. 281f). Dadurch koppelt er sein Argument der Universalität des moralischen Sinns aber plötzlich an Bedingungen. William Hughes (1986) weist daraufhin, dass seine Schlussfolgerung: „*Jeder Mensch sollte altruistisch handeln*" dadurch ihre Bedeutung verändert zu: „*[...] jeder sollte so handeln, wie seine Gemeinschaft es für richtig erachtet.*"[155] Richards gelange dadurch zu einer Ethik des sozialen Konformismus und des moralischen Relativismus.

Genau dies versucht Richards allerdings zu umgehen, indem er die Vorstellung von evolutivem Fortschritt pflegt: Gemeinschaften können Entwicklungsstufen erklimmen und sich in ihrer ethischen Kompetenz verbessern. Deshalb kann er auch sagen, dass die Opferung einer Jungfrau durch einen Inkapriester in dessen Gemeinschaft als moralisch angesehen werden kann und er damit auch moralisch handle. Trotzdem wären wir verpflichtet, die Opferung zu verhindern, da eine Gemeinschaft, die meint Jungfrauen opfern zu müssen, von falschen rationalen Prämissen ausgehe (S. 281f, 334f). Letztlich ist für Richards das Vorhandensein von rationalen, moralischen Subjekten erforderlich, die in der Lage sind, die jeweils geeigneten Handlungen auch zu erkennen. Leider liefert er kein unabhängiges Kriterium für deren Rationalität und Moralität. Bernd Gräfrath macht darauf aufmerksam, dass Richards' Begründungsversuche dadurch (zu-

---

[155] Hughes, "Richards' Defense of Evolutionary Ethics," 311.

mindest aus Sicht eines Letztbegründungsprogramms) möglicherweise ins Leere laufen.[156]

Die Unterscheidung von „moralisch" und „unmoralisch"
Alan Gewirth (1986, S. 304 f) kritisiert, dass Richards keinen Anhaltspunkt dafür liefere, wieso die evolvierte Natur durch kausale Verknüpfung nur zu moralischem aber nicht zu unmoralischem Handeln führt. Er übersieht dabei zwar Richards' – zur damaligen Zeit ungewöhnliche – Annahme von Gruppenselektion, die ja tatsächlich spezifisch zu prosozialen Merkmalen führt. Aber gleichzeitig hat er auch recht, denn die durch Individualselektion evolvierten, egoistischen Merkmale, für die genauso eine kausale Verknüpfung zu erwarten wäre, existieren ja ebenso. Die Begründung der normativen Differenz zwischen moralischem und unmoralischem Handeln ist also auf weitere, unabhängige Kriterien angewiesen. Dass Richards' Favorit, die Rationalität, nicht unbedingt ein geeignetes Mittel dafür ist, haben wir am Beispiel der ausgesprochen rational urteilenden Psychopathen gesehen.[157] Empirisch bleiben ihm zwei weitere Wege: *(1) Der Rückgriff auf den Konsens:* Als Ergebnis eines Übereinkommens hat dieser aber keine normative Kraft, und als Entdeckung einer evolutiven Gegebenheit, so wie Richards ihn sieht, führt er in eine zirkuläre Begründung, da er dann ja das entdecken müsste, wofür er eigentlich das Kriterium abgeben soll. *(2) Der Rückgriff auf den semantischen Inhalt der ethischen Begriffe:* Richards geht davon aus, dass die Verknüpfung der Begriffe und der dazugehörigen kognitiven Strukturen durch Selektion so gestaltet ist, dass diese es ermöglichen, gemeinschaftsfördernde von egoistischen Handlungen zu unterscheiden. Damit erhält man durch die Unterscheidung von „moralisch" und „unmoralisch" aber nur ein Kriterium, die Merkmale danach einzuteilen, wem sie förderlich sind. Richards hält dies offensichtlich bereits für die Essenz dessen, worum es bei Moral geht.

9.6.1.4 Bewertung
Richards hat wohl Recht, dass letztlich alle von Fakten ausgehen müssen. Aber die Tatsache, dass wir auf unsere Natur rekurrieren müssen und nicht an ihr vorbei Normen etablieren können, kann nicht die Normativität der Inhalte so rechtfertigen, dass dadurch ein absoluter Verpflichtungscharakter entstünde. Einerseits sollte es philosophisch demütiger machen, dass alle Moralphilosophien auf un-

---

[156] Gräfrath, *Evolutionäre Ethik?,* 138.
[157] siehe S. 285 f.

sere menschliche Natur rekurrieren, andererseits ist damit die Gültigkeit der empirischen Argumente weder gezeigt noch widerlegt, denn diese müssten ihrerseits erst bewertet werden: Ein unentrinnbarer Zusammenhang scheint auf den ersten Blick ja nur zu Determinismus und Zwang zu führen, aber nicht zu einem „Sollen". Vielleicht „sollte" man ja gerade gegen diese Unentrinnbarkeit rebellieren, wie Richard Dawkins vermutet.[158]

Robert Richards geht dagegen in seinem Entwurf davon aus, dass sich „Sollen" dann vom Sein erhalten lässt, wenn es sich bei dem Sein um einen unentrinnbaren Kontext im Einklang mit dem Gemeinwohl handelt. Störungen könnten ein eindeutiges moralisches Urteil zwar verhindern, doch ohne diese entstehe sogar ein „kausales Sollen", womit der Determinismus ausgesprochen ist. Das moralische „Sollen" transformiert bei ihm – wegen seiner Unentrinnbarkeit gerade für moralische Personen – in letzter Konsequenz zurück zu einem moralischen „Sein". Dies ist völlig in Übereinstimmung mit dem, was wir empirisch vom Moment einer Entscheidung wissen.[159] Ein Determinismus in diesem spezifischen Moment erscheint nur dann problematisch, wenn man nicht sehen will, dass das Handeln entsprechend der moralischen Überzeugungen für moralische Personen tatsächlich zu einer Frage von Authentizität und Kongruenz wird. Das eigentliche Problem von Richards Entwurf ist damit nicht der Determinismus, sondern das Beurteilungskriterium „Gemeinwohl".

In der Beschränkung auf das Gemeinwohl erfasst Richards die Bandbreite des Moralischen nicht. Dies mag insofern verzeihlich sein, weil es nur sein Ziel war, einen Weg aufzuzeigen, wie ein unzulässiger NF vermieden werden kann. Er meint, dass man dann auch ein anderes Gut einsetzen könne. Doch wenn man die Ergebnisse der neueren Forschung einsetzt, erhält man plötzlich nicht mehr nur ein Gut, sondern mehrere, die sich außerdem widersprechen können und nicht objektiv und zweifelsfrei gegeneinander abgewogen werden können. Damit gerät aber sein Argument der Unentrinnbarkeit und des kausalen Sollens ins Wanken und der NF scheint wieder in seine unzulässige Form zurückzukehren. Letztlich scheitert sein Ansatz aus heutiger Sicht wohl daran, dass es ihm nicht gelingt eine inhaltlich-universelle Unentrinnbarkeit so zu charakterisieren, dass sie mit den heutigen wissenschaftlichen Fakten übereinstimmt. Dennoch ist es bis heute einer der mutigsten mir bekannten Ansätze, den Naturalistischen Fehlschluss evolutionär-ethisch an den Hörnern zu packen. Gezähmt wird er dadurch aber nicht.

---

158 *„We, alone on earth, can rebel against the tyranny of the selfish replicators."* Dawkins, *The Selfish Gene*, 200 f.
159 siehe Kap. 7.3.

9.6.2 Brian Zamulinski – Moral als Evolutionäres Nebenprodukt

Das prinzipielle Problem aller Anpassungsmodelle ist, dass sie ein Gut bestimmen müssen, auf das der Moralische Sinn abzielt. Richards nimmt zum Beispiel das „Gemeinwohl" als moralisches Gut an.[160] Dadurch wird den moralischen Überzeugungen eine Funktion zugewiesen. Verlieren sie in einer bestimmten Situation ihre Funktion auf dieses Gut hin, so verlören sie gleichzeitig auch ihre moralische Qualität und andere Handlungsprinzipien könnten an ihre Stelle treten. Moral wäre dann umwelt- und kultur-*relativ*. Diese Schwierigkeit umgehen Ansätze, die Moral als reines Nebenprodukt einer anderen Anpassung betrachten. Der kanadische Philosoph Brian Zamulinski hat in seinem Modell des »Evolutionary Intuitionism«[161] versucht, diese Möglichkeit konsequent durchzudenken.

9.6.2.1 Das Szenario
Zamulinski geht davon aus, dass zunächst Prozesse der Individualselektion wirken. Dadurch werden vor allem Merkmale gefördert, die der Selbsterhaltung dienen. Während dies bei Tieren instinktiv geregelt werden kann, sei beim verhaltensflexiblen Menschen die effektivste Weise die Ausbildung einer bestimmten Überzeugung, so dass die Prozesse, die der Selbsterhaltung dienen, emotional und kognitiv attraktiv erscheinen (S. 18). Das zugehörige Mem, das dies bewirkt – Zamulinski nennt es eine »Foundational Attitude« (FA) (S. 25 ff und 49 ff) – lautet: *„Ich bin unbedingt wertvoll und sollte mich entsprechend verhalten."* Wichtig ist das *„unbedingt":* Es geht nicht darum, dass ich nur zeitlich begrenzt wertvoll bin oder solange ich dies oder jenes kann oder Träger dieser oder jener Eigenschaft bin – das alles würde meinen Wert angreifbar machen –, sondern das für das Ziel des Selbsterhalts effektivste Mem lautet: *„unbedingt wertvoll"* (S. 31 ff und 52 ff).

Hat sich diese Überzeugung einmal etabliert, wird es aufgrund von Verwandtenselektion und Reziprozität nun einen Selektionsdruck geben, auch meinen Verwandten und Freunden diesen Status eines unbedingten Werts anzuerkennen, weil dadurch ebenfalls die eigene Fitness erhöht wird. Die Annahme eines eigenen Wertes ist dabei mit einem sichtbaren Symptom verknüpft: Wer sich für wertvoll erachtet, wird versuchen sich und die eigenen Interessen zu schützen

---

[160] Der Utilitarismus setzt hier das größtmögliche Glück möglichst Vieler ein und der evolutionäre Humanismus gemeinsam mit dem Präferenzutilitarismus Peter Singers die berechtigten Interessen aller.
[161] Brian Zamulinski, *Evolutionary Intuitionism: A Theory of the Origin and Nature of Moral Facts* (Montreal: McGill Queens Univ Press, 2007). // Offenbar wurde sein Werk außer durch den renommierten Philosophen Michael Ruse bislang nicht rezipiert.

(S. 33 und 51f). Zamulinski unterstellt dann im Folgenden dem Subjekt einen logischen Schritt: Wenn dieses Symptom der Interessenssicherung bei Verwandten und Freunden ihren Wert signalisiert, dann muss auch für alle anderen, die dieses Symptom zeigen, angenommen werden, dass sie – ebenso wie ich, meine Verwandten und meine Freunde – ebenfalls unbedingt wertvoll sind. Sobald ich angefangen habe, mich als Teil einer Gemeinschaft (Symptomträger) zu verstehen, muss ich um meiner eigenen Konsistenz willen allen Mitgliedern denselben moralischen Status zugestehen (S. 33). Diese Ausdehnung der Vorstellung unbedingten Wertes auf alle aktuellen und potentiellen[162] Symptomträger nennt Zamulinski »Extended Foundational Attitudes« (extFA). Die extFAs sind Anpassungen, die die Fitness von Symptomträgern erhöhen, weil sie die Kooperation mit Fremden erleichtern (S. 55). Darüber hinaus bringen sie aber nun ein selbst nicht funktionales Nebenprodukt mit sich: *Die Moral* (S. 57ff und 110ff).

9.6.2.2 „Moral" als konsistentes Handeln

Zamulinski vermutet, dass Menschen versuchen konsistent zu sein und in Übereinstimmung mit ihren extFAs zu handeln.[163] Alle Handlungen, die im Konflikt mit den extFAs stehen, also mit der Überzeugung, dass alle einen unbedingten Wert tragen, würden dann – so seine Hypothese – als „moralisch verboten" erlebt. Die moralische Qualität einer Handlung bestimmt sich also dadurch, ob sie mit den extFAs übereinstimmt oder ob sie ihnen widerspricht (S. 111ff und 129). Eine Eigenschaft, die sich *objektiv* feststellen lässt. Die Moral selbst habe keine Funktion, sondern sei nur ein Signal dafür, dass das Subjekt nicht kohärent zu seinen evolvierten Überzeugungen handelt. Damit beschränkt sich Moral im Modell von Zamulinski auf jene Fälle, in denen man der unbedingten Wertschätzung gegenüber Anderen nicht gerecht wird. Alle Symptomträger bilden miteinander eine natürliche moralische Gemeinschaft. Ihnen gegenüber besteht, ihrem unbedingten Wert entsprechend, auch eine unbedingte Verpflichtung.

Zamulinski begründet schließlich evolutionär, wieso es eine gestufte moralische Verpflichtung gibt. Zwar erleichtern extFAs die Kooperation mit Fremden und dienen manchmal den langfristigen Interessen des Subjekts. Die Ausweitung des Wertanspruchs auf *Alle* müsste jedoch dazu führen, dass der Fitnessvorteil

---

[162] Ein *unbedingter* Wert kann nicht auf die Fälle seiner Aktuierung eingeschränkt werden, sondern gilt stets. Damit begründet Zamulinski dann das Verbot, menschliche Embryonen zu töten; S. 50.
[163] Dies ist evolutionsbiologisch durchaus plausibel: Wenn es vererbbare Überzeugungen gibt, die Anpassungen sind, dann muss man auch Strukturen erwarten, die konformes Handeln sicherstellen.

durch wahlloses Wohlwollen schnell egalisiert und ins Negative verkehrt wird. Gegen diese Tendenz wirken daher selektive Prozesse, die schließlich zu einer »Desire-Dependence« führen (S. 60 ff und 70 ff): ein Mem, das den mir Nahestehenden einen Vorrang einräumt.

Bedroht nun eine Handlung, die wegen der extFAs eigentlich geboten wäre, das Wohl von mir nahestehenden Personen, dann sticht dieses zweite Mem den Anspruch des ersten aus. Zamulinski schildert dies im Bild einer Glühlampe, bei der der Stromkreis unterbrochen wird. Bei einem Konflikt zwischen den Interessen Fremder und mir Nahestehender verlöschen die *Extended* Foundational Attitudes und werden unwirksam (S. 37 f). Deshalb könne es auch nicht mehr zu einem Widerspruch kommen und der Konflikt verlöre seine moralische Qualität. Das sei der Grund, warum niemand moralisch verpflichtet ist, sich selbst oder seine Gesundheit für jemand anderen zu opfern. Bei einem Angriff ist es nun moralisch erlaubt, sich und die Seinen zu verteidigen und Angreifer zu töten, selbst dann wenn es zahlenmäßig viel mehr sind. Die »Desire-Dependence« begründe einen unbedingten Vorrang. Sie sei eine Anpassung, die aufgrund von Individualselektion als Schadensbegrenzung evolviert ist. Sie etabliert den in der Realität beobachtbaren Vorrang von Nahestehenden und führt in die moralische Verpflichtung Abstufungen entsprechend der sozialen Nähe ein (S. 60 – 86).

Laut Zamulinski lässt sich „Moral" als evolutives Nebenprodukt folgendermaßen beschreiben: Die Anpassung, die als Nebenprodukt Moral hervorbringt, ist die Überzeugung, dass der andere ebenso wertvoll ist wie ich. Sie wird selektiert, weil sie es ermöglicht, langfristige, kooperative Projekte erfolgreich zu verfolgen. Eine Handlung kann nun im Widerspruch mit dieser Überzeugung stehen und damit inkonsistent sein. „Moralische" Fragen betreffen nun nicht den Erfolg kooperativer Projekte, sondern allein die Feststellung von Konsistenz oder Inkonsistenz. Einen anderen zu hintergehen ist also nicht deswegen falsch, weil Betrug nicht erlaubt ist, sondern deswegen, weil dies meiner eigenen Überzeugung widerspricht, dass der andere ebenso wertvoll ist wie ich.

Moralische Aussagen sind nach Zamulinski reale Fakten, da ein logischer Widerspruch zwischen Handlung und Überzeugung objektiv festgestellt werden kann (S. 109 f). Dies wäre ein entscheidender Vorteil seiner Hypothese von „Moral" als Nebenprodukt: Wenn es sich um eine Anpassung handeln würde, wäre Moral funktional für ein anderes Gut und moralische Qualität damit supervenient auf andere, kontingente Eigenschaften. Eine Objektivität von Moral ließe sich so kaum begründen. Als Nebenprodukt ist Moral dagegen nicht funktional, sondern gründet auf der Logik von Konsistenz und Inkonsistenz (S. 111 f). Selbst wenn die Ur-Foundational Attitude, die Überzeugung, dass *Ich* unbedingt wertvoll bin, nur eine Fiktion ohne Wahrheitsgehalt ist – wovon Zamulinski ausgeht–, es sich also um eine falsche Überzeugung handelt, so änderte dies nichts daran, dass eine

Handlung zu dieser Überzeugung in *objektivem* Widerspruch stehen kann. Dieser Widerspruch ist dann keinesfalls fiktional, sondern real. Zamulinski legt dar, dass Moral als Nebenprodukt daher zu realen, objektiven und universalen moralischen Normen führt.

Weil sich moralische Fakten auf Konsistenz beziehen, handelt es sich um überprüfbare Fakten, die nicht absonderlich sind[164] und weil es sich um eine logische Schlussfolgerung handelt, unterlägen sie auch nicht einem Naturalistischen Fehlschluss, meint Zamulinski (S. 109 ff). Einige normative Folgerungen, die sich aus (a) der Grundüberzeugung, dass jeder in gleicher Weise *unbedingt* wertvoll ist, und (b) dem Vorrang von Nahestehenden ergeben sind (S. 86 ff):

- Grundsätzlich sollte die Zahl von Todes- und Schadensfällen minimiert werden.
- Benachteiligungen und Ungerechtigkeiten aufgrund von Rasse, Geschlecht, Status usw. sind falsch.
- Abtreibung ist falsch, solange es nicht für die Mutter lebensbedrohlich ist.
- Man darf sich selbst, seine Familie und seine Freunde bevorzugen.
- Niemand darf verpflichtet werden, sich zu opfern, aber es ist lobenswert dies zu tun (S. 62).

9.6.2.3 Inkonsistentes Handeln durch „Reflexive Rationalisierungen"

Da Konsistenz per se keine Fitnessvorteile bringt, steht sie beharrlich anderen Strategien, die kurzfristige Vorteile versprechen, im Weg und tritt mit ihnen in Konkurrenz. Reflexive Rationalisierungen dienen nun dazu, den Anspruch der Konsistenz zu ignorieren und andere inkonsistente Handlungsmöglichkeiten zu eröffnen, ohne dass dem Subjekt die Inkonsistenz (= moralische Relevanz) bewusst wird. Dazu werden passende Gründe konstruiert und konfabuliert (S. 44 ff).

Besonders leicht kann dies innerhalb von Gemeinschaften gelingen (S. 99 f). Gruppen kultivieren häufig falsche Vorstellungen und unterliegen kollektiven Selbsttäuschungen. Innerhalb der Gruppe muss dies nicht zu Nachteilen führen. Die Kosten einer individuellen Rationalisierung – dass es zu Bestrafungen kommt, wenn die Täuschung auffliegt – sind nicht gegeben, wenn die Selbsttäuschung von der Gruppe ausgeht. Es wird üblicherweise sogar eher zu Nachteilen führen, wenn sich jemand innerhalb einer Gruppe, die eine kollektive Selbsttäuschung pflegt, versucht konsistent zu verhalten. Es wird starke Kräfte geben, die sich gegen eine solche Form der Desillusionierung wehren. Zamulinski vermutet, dass die Fähigkeit zur Selbsttäuschung in der Bevölkerung normalverteilt sein müsste, mit

---

164 Mackies Kritik objektiver Moral trifft hier nicht zu.

wenigen, denen es perfekt gelingt sich selbst zu täuschen, einer großen Masse, denen es immer wieder unterläuft und wenigen „moralischen Helden", die es nicht „übers Herz bringen", sich über Inkonsistenzen hinwegzutäuschen (S. 106 f). Reflexive Rationalisierungen sind deswegen so außerordentlich persistent, weil es schwer ist, alte Rationalisierungen abzulegen, und damit vor sich selbst, aber eventuell auch vor anderen zuzugeben, dass man falsch gehandelt hat und schuldig geworden ist.

9.6.2.4 Kritikpunkte an Zamulinski's „Evolutionärem Intuitionismus"

Erstens gibt es moralische Verpflichtung für Zamulinski nur gegenüber aktuellen oder potentiellen Symptomträgern. Tiere gehören dann nicht zur moralischen Gemeinschaft und es gäbe ihnen gegenüber keine Verpflichtung. Das erscheint jedoch intuitiv nicht plausibel. **Zweitens** werden nur Individualwerte anerkannt. Gruppenwerte wie Autorität oder Loyalität tauchen hier nur als störende Rationalisierungen auf. Dies wird aber dem Phänomen Moral nicht gerecht und scheint eher aus einer typischen WEIRDo-Vorentscheidung Zamulinskis zu resultieren. **Drittens** beruht seine Ablehnung des Adaptationismus auf einer neodarwinistischen Biologie. Er sieht dadurch nicht die enormen Möglichkeiten, wie insbesondere durch die Kulturelle Gruppenselektion funktionale moralische Intuitionen stabil evolvieren können. Im Bereich sozialer Gemeinschaften muss sogar sicher mit entsprechenden Mechanismen gerechnet werden. **Viertens** entrinnt er dem Vorwurf des Naturalistischen Fehlschlusses vielleicht nur scheinbar: Wenn eine Konsistenz festgestellt wird, so ist die Konsistenz selbst zwar wahr, aber nicht unbedingt die daraus resultierende Aussage. Deren Wahrheit hängt nämlich davon ab, dass die Prämissen alle wahr sind. Zamulinski geht aber ausdrücklich davon aus, dass die Ursprungs-Annahme eines unbedingten Eigenwertes nur fiktiv sei. Eine konsistente Schlussfolgerung, die auf falschen Prämissen beruht, ist aber selbst falsch. Es müsste also eigens noch einmal begründet werden, wieso das Befolgen einer Unwahrheit zu einer moralischen Norm werden soll. Dies leistet Zamulinskis Entwurf allerdings nicht. Wir *nennen* Konsistenz vielleicht „gut", aber dadurch ist nicht gezeigt, dass ein entsprechendes Handeln auch so unbedingt *gesollt* wird, wie Zamulinski es behauptet. Die Frage ist hier ja nicht, ob wir einen moralischen Drang haben, sondern ob wir ihn haben sollen.[165] Dies wäre aber nur begründbar, indem man annimmt, dass der unbedingte Wert des Subjekts nicht fiktiv sondern wahr ist und damit den konsistenten Schlussfolgerungen ebenso ein

---

165 Michael Ruse, *Taking Darwin Seriously*, 240.

wahrer *Wert* zukommt. Dies scheint mir der einzige Weg zu sein, wie die Objektivität der Moral, wie Zamulinski sie versteht, gerettet werden könnte.

9.6.3 Michael Schmidt-Salomon – Evolutionärer Humanismus (EH)

Der »Evolutionäre Humanismus« wurde entwickelt als eine Kombination aus naturwissenschaftlichen Erkenntnissen und aufklärerisch-humanistischen Annahmen. In Deutschland tritt als ihr wichtigster Proponent und Ideengeber der Philosoph und Geschäftsführer der Giordano-Bruno-Stiftung Michael Schmidt-Salomon auf.[166] Die wissenschaftlichen Grundlagen sind das soziobiologische Postulat, dass alle Organismen gemäß eigennütziger Kriterien handeln und die neurowissenschaftliche „Erkenntnis", dass der Mensch nicht über Willensfreiheit verfüge, sondern nur über Handlungsfreiheit. Das humanistische Ideal wird im EH damit begründet, dass Personen Interessensträger sind. Aus der prinzipiellen Gleichwertigkeit dieser Interessen folgen schließlich die gleiche Würde von Interessensträgern und die allgemeinen Menschenrechte. Das Ziel des Evolutionären Humanismus ist eine naturwissenschaftlich informierte Humanisierung der menschlichen Lebensverhältnisse (Manifest, S. 35). Dazu sei es notwendig, die eigennützige menschliche Natur mit ins Boot zu holen und die Rahmenbedingungen so zu gestalten, dass Menschen befähigt werden, nicht nur trotz, sondern *aufgrund* ihres Eigennutzes das humanistische Ideal zu verfolgen. Die Biologie dient hier nicht dazu, Normen zu begründen – das wird mithilfe des Humanismus geleistet –, sondern das menschlich Mögliche und Unmögliche zu unterscheiden und jene Rahmenbedingungen zu bestimmen, die ethisches Verhalten fördern (Manifest, S. 92).

Das evolutionäre Szenario des EH
Durch genetische Evolution ist der Mensch so konstruiert, dass er in Situationen, die ihm genetische Fitnessvorteile bringen, positive Emotionen (Lust) empfindet und in Situationen, die seine Fitness gefährden, negative Emotionen (Unlust). Eine Fähigkeit, die dabei gefördert wurde, ist die Empathie, die zu Fürsorge in der Familie aber auch zu Betrug, Hinterlist und anderen ego-taktischen Verhaltensweisen befähigt. Als evolutionäres Nebenprodukt habe sich die Empathie auch auf

---

[166] vgl. Michael Schmidt-Salomon, *Manifest des Evolutionären Humanismus. Plädoyer für eine zeitgemäße Leitkultur* (Aschaffenburg: Alibri, 2006) = Manifest. // Michael Schmidt-Salomon, *Jenseits von Gut und Böse. Warum wir ohne Moral die besseren Menschen sind* (München: Piper, 2010) = Jenseits.

Fernstehende ausgedehnt. Die Möglichkeit, einen Einblick in das Innenleben anderer zu erhalten, führt so unmittelbar dazu, dass das fremde Leid mit eigenem Leid-Erleben gekoppelt wird. Hilfe für andere (Altruismus) entspricht daher einem empathischen Eigennutz, da hierbei die eigene Unlust reduziert wird (Manifest, S. 21; Jenseits, S. 65).

Im Lauf der kulturellen Evolution haben sich Meme oder ganze Memplexe ausgebildet, die die menschlichen Reaktionsnormen für Lust und Unlust umgeformt haben (Jenseits, S. 83). Dadurch können sich positive oder negative Emotionen nun auf Dinge beziehen, die mit der Fitness des Organismus in keinerlei Zusammenhang mehr stehen oder ihr sogar konträr entgegengesetzt sind. Die Soziobiologen vermuten, dass eine Gemeinschaft das Individuum durch bestimmte Ideen und Erziehung – quasi parasitisch – zu ihren eigenen Gunsten kulturell indoktriniert und dadurch heteronom bestimmt, ohne dass das Individuum es merkt. Diese Memplexe nehmen die Interessen des Individuums „gefangen".[167] Was vom sozialisierten Individuum als Lust empfunden wird, ist nicht mehr nur das, was in seinem eigenen Interesse liegt. Verhaltensnormen in Gruppen, die häufig als moralisch erlebt werden,[168] können so dem realen Eigennutz, der von Schmidt-Salomon als individuelles Interesse gekennzeichnet wird, entgegenstehen.

9.6.3.1 »Moral« und »Ethik«

Da der EH eine Interessensethik ist, Interessen aber weder den Genen noch den Institutionen, sondern nur den Individuen zugesprochen werden können, ist die Überordnung von Gruppenmoral über das Interesse eines Individuums im EH ethisch nicht vertretbar. Der einzige ethische Ernstfall tritt dann ein, wenn individuelle Interessen gegeneinander gerichtet sind. Aus diesem Grund definiert Schmidt-Salomon die Begriffe »Moral« und »Ethik« neu:[169]

> In der »Moral« geht es um die subjektive Wertigkeit von Menschen vor dem Hintergrund vermeintlich vorgegebener metaphysischer Beurteilungskriterien (»Peter ist gut, Paul ist böse!«), in der »Ethik« hingegen um die objektive Angemessenheit von Handlungen anhand ausgehandelter Spielregeln (»Peter hat die Interessen aller Beteiligten berücksichtigt und sich fair verhalten; Pauls Verhalten war dagegen hochgradig unfair«) (Jenseits, S. 197).

---

167 Eckart Voland, *Die Natur des Menschen*, 29 f. // „.... *von freiheitsfeindlichen Memplexen entführt...* " Jenseits, 192; auch 76–105.
168 Haidt, "The New Synthesis in Moral Psychology."
169 Wo die Begriffe im Sinne des EH verwendet werden, stehen sie zur Kennzeichnung in Guillemets (» «). Vgl. die davon verschiedene Definition der Begriffe im Rest dieser Arbeit, siehe S. 13.

Unter dem Begriff »Moral« vereint Schmidt-Salomon nun all jene Regeln und Konventionen, die nicht aus der Berücksichtigung von individuellen Interessen stammen. Sie seien nicht nur »Ethik«-fremd, sondern sogar konträr dazu. Vorstellungen einer verpflichtenden »Moral« seien das Produkt von Gemeinschaften. Die Verabschiedung von derartigen Gruppen-Codizes und von den »moralischen« Konzepten „Gut" und „Böse" ermögliche es dem Menschen daher überhaupt erst wieder, die eigenen, wahren Interessen in Blick zu nehmen und gemäß dem humanistischen Ideal »ethisch« zu leben.

So wie Schmidt-Salomon »Moral« definiert, kann man ihm hier vermutlich zustimmen. Allerdings stellt sich die Frage, ob er mit seiner Einteilung die menschliche Natur als soziales Wesen überhaupt erfassen kann. Seine einseitige soziobiologische Vorannahme, dass wir ausschließlich aus Eigennutz handeln, muss dies im Grunde verunmöglichen. Die menschliche Realität besteht sowohl aus individual- wie auch aus gruppen-selektierten Merkmalen. Die Grenzen zwischen »Moral« und »Ethik«, wie Schmidt-Salomon sie definiert, müssen dort notwendigerweise verschwimmen.

9.6.3.2 »Das Paradigma der Unschuld«

Der Verzicht darauf, andere Personen zu bewerten oder sich selbst Schuld zuzuweisen, wird im Evolutionären Humanismus damit begründet, dass der Mensch keine unbedingte Willensfreiheit besitzt, und daher wirklich unschuldig ist, weil er unter den gegebenen Umständen gar nicht anders handeln konnte. Dies wird von Schmidt-Salomon als erwiesene Tatsache logisch-empirischer Forschung angesehen.[170]

Wer aus dieser Überzeugung – dem Paradigma der Unschuld – zu leben lernt, erlange ganz konkrete Vorteile, denn durch den Verzicht auf abwertende, »moralische« Schuldzuweisungen – sich selbst aber auch anderen gegenüber –, erfahre man eine Leichtigkeit des Seins, die eine gesunde psychische Entwicklung ermögliche (Jenseits, S. 208–218). Zudem fördere es die Hilfsbereitschaft, denn wer würde schon jemandem helfen, der an seiner Misere selbst schuld ist?[171] Von einem die Person abwertenden und psychologisch zerstörerischen, *subjektiven* Schuldbegriff unterscheidet Schmidt-Salomon einerseits einen *objektiven* Schuldbegriff, bei dem es darum geht, dass objektiv die „Spielregeln" der Gemeinschaft verletzt wurden, was diese dann eventuell zur Strafverfolgung berechtigt, und andererseits den Begriff der *»Reue«*, bei der wir zwar unser Fehl-

---

170 Jenseits, S. 203. // siehe aber Kap. 7.3.
171 Jenseits, S. 293. // siehe auch Kap. 8.6.1.3.

verhalten bedauern, uns aber nicht selbst schlecht machen, sondern auf Genugtuung und Besserung ausrichten. Während die abzulehnenden subjektiven Schuldgefühle zu Selbstentwertung führen und damit Entwicklung verhindern, fordere »Reue« zu persönlichem Wachstum heraus (Jenseits, S. 215–218).

Schmidt Salomon sieht hier offensichtlich Freiheitsgrade, die man auf den ersten Blick nicht mit bloßer Handlungsfreiheit in einer kausal determinierten Welt verbinden würde. So lehnt er z. B. fatalistische Vorstellungen rigoros ab. Er begründet dies mit dem Dualismus des Lebens und Nicht-Lebens: Da lebende Wesen Intentionalität besitzen, ist ihr Verhalten, anders als das unbelebter Objekte, prinzipiell unberechenbar. Im Reich des Lebendigen führe dies zur Möglichkeit der Kreativität.

> Kreativität ist das Vermögen, vorgegebene Wirkfaktoren so umzukodieren, dass dabei etwas völlig Neues, noch nie Dagewesenes entstehen kann." [...] „Weil in einem System, in dem eigennützige Akteure zur Kreativität verurteilt sind, die Zukunft niemals en détail festgeschrieben ist, sondern von Sekunde zu Sekunde immer wieder neu geschaffen wird. (Jenseits, S. 176 f)

An anderer Stelle erwartet er vom Einzelnen daher konsequenterweise, dass dieser von Reue motiviert daran arbeitet, künftig anders zu reagieren (Jenseits, S. 204) und dass er es als ein Ziel ansieht, als Person zu wachsen (ebd., S. 226–252).

Es stellt sich die Frage, ob eine derartige Form von Freiheit, die nahezu alle Möglichkeiten umfasst, die man sich von einer persönlichen Freiheit wünschen kann, tatsächlich kompatibel ist mit der Annahme, dass niemand subjektiv schuld ist? Schmidt-Salomon geht zwar davon aus, doch offenbar gelingt ihm dies nur, indem er die Schuldfähigkeit auf den singulären Moment der Entscheidung begrenzt. Wenn der Blick dagegen die Vorgeschichte einer Entscheidung umfasst, die intentionale Ausrichtung und die Möglichkeit, einen Impuls zu suspendieren und eine Phase bewusster Reflexion einzuschieben, dann wird die Tatsache, nicht genügend aus der Reue gelernt, an sich gearbeitet oder kreativ nach Handlungsalternativen gesucht zu haben – unter der Annahme der von Schmidt-Salomon beschriebenen Freiheitsgrade – durchaus als individuelles Versäumnis sichtbar. Der allgemeine Sprachgebrauch würde hier sehr wohl von einer persönlichen „Schuld" sprechen und darin die Diskrepanz zu Wort bringen, zwischen der der Reue zugrunde liegenden Überzeugung und der daraus nicht erfolgten Konsequenz der Verhaltensänderung. Auch die Bezeichnung „böse Person" bezieht sich ja gerade nicht auf eine Einzelhandlung, sondern auf die innere Haltung, die das Gesamt der Handlungen prägt und Vergangenheit wie Zukunft umfasst. In Abschnitt 7.3 über die Freiheit haben wir gesehen, dass diese gar nicht im *Moment* der Entscheidung ausgeübt werden kann, sondern sich nur im „Vorher" oder „Dazwischen" realisiert.

Während Schmidt-Salomon die menschliche Freiheit durchaus zutreffend beschreibt, bleibt doch unverständlich, wieso er von dort aus eine prinzipielle subjektive „Unschuld" behaupten kann. Nimmt man ernst, was er über die menschliche Freiheit schreibt, dann muss man von der Möglichkeit der Selbst-Urheberschaft ausgehen. Er selbst spricht ja weiterhin von der Gültigkeit des „Prinzips Verantwortung" (Jenseits, S. 201 f.). Um hier keinen Selbstwiderspruch zu erzeugen, müsste Schmidt-Salomon die determinierte Vergangenheit („ich konnte nicht anders handeln") von der „neu zu schaffenden" Zukunft aber so trennen, dass das Individuum gerade keine subjektive Verantwortung für diese Zukunft trägt, obwohl es sie doch intentional und kreativ durch „eigennützige Selbststeuerung" (Jenseits, S. 177) gestalten soll. Auch ein nicht-lineares System scheint mir eine derartige Trennung seiner vergangenen von seinen zukünftigen Zuständen nicht zuzulassen, ohne in die Beliebigkeit abzugleiten. Der Verdacht kommt auf, dass seine Unterscheidung zwischen „Schuld" und „Reue" nur ein terminologischer Taschenspielertrick ist, um das, was in Wirklichkeit zusammenhängt – Vergangenheit, Gegenwart und Zukunft in der Identität der einen, ganzheitlichen Person – voneinander zu trennen.

Was meint er dadurch zu gewinnen? Durch die Abschaffung der Schuld werden die psychologisch oft so zerstörerischen Selbst-Beschuldigungen und die manipulativen, fremden Schuldzuschreibungen unwirksam gemacht. Schmidt-Salomon spricht hier von einer „Neuen Leichtigkeit des Seins" (Jenseits, S. 205).

Obwohl er mit seinem Konzept der „objektiven Schuld" also versucht, Verantwortung und Engagement zu retten, wäre in der Realität wohl häufig der Effekt zu erwarten, dass die Annahme eigener Schuldlosigkeit eher als Alibi herhalten müsste, um unsittliches, ungerechtes oder faules Verhalten zu rechtfertigen.[172] Schmidt-Salomons aufklärerisch-humanistisches Ziel ist, den Menschen aus seiner Schuldverstrickung und aus seiner Selbstentwertung zu befreien, ihn dem manipulativen Zugriff von außen zu entziehen und ihn mithilfe von »Reue« zur Selbststeuerung und zu persönlichem Wachstum zu befreien: *„Lernen wir zu ertragen, der zu sein, der wir sind, um gleichzeitig daran zu arbeiten, der zu werden, der wir optimalerweise sein könnten."* (Jenseits, S. 251)

Diesem würdigen Ziel opfert er dabei einiges an logischer und begrifflicher Konsistenz. So hätte er sicherlich besser daran getan, sich an die – auch in der naturwissenschaftlichen Literatur genutzte – traditionelle Unterscheidung zwischen »Schuld« einerseits und »Scham« andererseits zu halten. Hier wird der Begriff »Schuld« verwendet, wenn es um die Einsicht geht, dass ein *Verhalten* schlecht war (bei Schmidt-Salomon also »Reue«) und »Scham« wenn es darum

---

172 vgl. Kathleen D Vohs und Jonathan W Schooler, "The Value of Believing in Free Will."

geht, dass sich die *Person* abwertet (bei Schmidt-Salomon »Schuld«).[173] Ein Paradigma, dass es keinen Grund gibt sich zu schämen, hätte sicher auch weniger Opposition hervorgerufen.

9.6.3.3 »Prinzip Eigennutz«

Der Evolutionäre Humanismus versteht die soziobiologische Erklärung des Menschen als nicht hintergehbares und in der Praxis nicht veränderbares Faktum. Demzufolge steckt hinter jedem – auch einem selbstlosen – Verhalten letztlich irgendeine eigennützige Motivation.[174] Diese Motivation kann auch von außen kommen, indem ein „parasitischer" Memplex das Individuum zu Gunsten der Gemeinschaft kulturell indoktriniert und dadurch heteronom bestimmt, ohne dass das Individuum die Fremdbestimmung bemerkt, z. B. in den Gruppenwerten oder den Inhalten des Gewissens.[175]

Dass das eigene Lust- und Unlust-Empfinden von Memplexen gefangen genommen ist, sei aber nicht automatisch auch negativ zu bewerten. Es komme vielmehr darauf an, dass es der richtige Memplex ist (Jenseits, S. 194 f). Diesen meint Schmidt-Salomon mithilfe der Empirie und der Logik als den humanistisch-aufklärerischen Memplex identifizieren zu können. Eine dementsprechende Sozialisierung würde zu der wünschenswerten Humanisierung der Lebensbedingungen führen.

Die moderne Biologie hat durch die Wiederentdeckung der Gruppenselektion das Prinzip Eigennutz als alleiniges Prinzip nun allerdings entthront: Durch Selektion auf Ebene der Gruppe wird das Eigeninteresse so evolutiv geformt, dass es sich auf das Wohl der Gruppe richtet, selbst unter Preisgabe des selbstfokussierten, eigennützigen Interesses. Beide sind dabei als *eigenes* Interesse realisiert. Während der EH Konflikte mit dem Gemeinwohl als Konkurrenz zwischen dem autonomen Interesse des Individuums und heteronomen Memplexen versteht, zeigt die moderne Biologie, dass dieser Konflikt auch zwischen verschiedenen

---

173 vgl. P Gilbert, J Pehl, und S Allan, "The Phenomenology of Shame and Guilt: An Empirical Investigation," *British Journal of Medical Psychology* 67 (1994): 23 – 36. // Einen Überblick über die psychologischen „Folgeschäden" und einige Fehlformen von Schuld gibt Kim Sangmoon, R Thibodeau, und R S Jorgensen, "Shame, Guilt, and Depressive Symptoms: A Meta-Analytic Review," *Psychol Bull* 137 (2011): 68 – 96.
174 vgl. Franz M Wuketits, *Gene, Kultur und Moral. Soziobiologie – Pro und Contra* (Darmstadt: Wiss. Buchges., 1990), 136 f.
175 Voland, *Die Natur des Menschen*, 29 f. // „... *von freiheitsfeindlichen Memplexen entführt...* " (S. 192) Schmidt-Salomon, *Jenseits von Gut und Böse*, 76 – 105 und 192.

autonomen Interessen des Individuums ausgetragen wird. Es gibt zwei *autonome* Prinzipien: »Eigennutz« und »Commitment«.[176]

Die Wirksamkeit von Gruppenselektion beim Menschen bezeugen spezifische, gruppenfokussierte Merkmale: Die Emotion Ehrfurcht oder das Gefühl der Erhabenheit (engl. „awe") sind z. B. wohl evolviert, um das Eigeninteresse dem Kollektiv unterzuordnen. Mit ihnen ist häufig die Erfahrung verbunden, dass die Grenzen zwischen Selbst und Anderen verschwimmen und ein gemeinsamer „größerer" Sinn erlebt wird. Sie gehören zu den bedeutungsvollsten und das Leben am stärksten verändernden Emotionen. Mit ihnen reagieren wir auch auf jene Menschen, Symbole und Riten, die diese Einheit repräsentieren (Führungspersonen, Vorfahren, Lieder, Geschichten, Feste, Götter usw.).[177] Glücksempfinden erleben Menschen gerade dann, wenn sie sich einer solchen Gemeinsamkeit und ihren Memplexen hingeben und die eigenen Interessen und Grenzen dabei transzendieren oder dafür preisgeben.[178]

Nach der Theorie des EH muss es gesellschaftlich darum gehen, das soziobiologische »Prinzip des Eigennutzes« für den „richtigen", humanistisch-aufklärerischen Memplex in Dienst zu nehmen. Schmidt-Salomon zeigt dies beispielhaft für die Tierethik (Manifest, S. 128 f): *Erstens* müsse das Bewusstsein dafür geschaffen werden, dass umweltschädigendes Verhalten auch unsere eigene Lebensqualität beeinträchtigt. Massentierhaltung bringe etwa nicht nur tierethische, sondern auch ökologische, medizinische und soziale Probleme für uns selbst. *Zweitens* müssten die wirtschaftlichen und rechtlichen Rahmenbedingungen so gestaltet werden, dass Alternativen für einen selbst attraktiver werden. *Drittens* müsse unser Bewusstsein für die Würde der Tiere und damit unsere Empathiefähigkeit ihnen gegenüber ausgebildet werden. Ziel ist also nicht, den Eigennutz zu überwinden – was der EH als Unmöglichkeit ansieht –, sondern ihn durch solche Meme und Institutionen zu lenken, die – und das ist der entscheidende Punkt – »ethisch« und vernünftig sind.[179] *„Unsere Aufgabe besteht darin, endlich jene strukturellen Bedingungen zu schaffen, die gewährleisten, dass der Eigennutz*

---

176 siehe Kap. 5.1.4.3 „Prinzip Commitment" und Kap. 7.2.1 „Suche nach Glück".
177 Keltner, *Born to Be Good*, „Awe", Pos. 4309–4321. // Weitere gruppenselektierte Merkmale vgl. ebd., „rational irrationality" Pos. 818–825.
178 Jessica Griggs, "The Emotions You Never Knew You Had," *The New Scientist* 2743 (2010): 26 f. // Zipora Magen, "Commitment beyond Self and Adolescence: The Issue of Happiness," *Social Indicators Research* 37, (1996): 235–67.
179 Das bedeutet aber auch, dass dort, wo kein Eigennutz auf vernünftige Weise erkennbar gemacht werden kann, auch kein ethischer Anspruch existiert, da das Unmögliche vom Menschen ja nicht gefordert werden kann; vgl. Franz M Wuketits, "Die Evolutionäre Ethik und ihre Kritiker. Versuch einer Metakritik," in *Evolutionäre Ethik zwischen Naturalismus und Idealismus*, ed. W Lütterfelds und T Mohrs (Darmstadt: Wiss. Buchges., 1993), 213.

der Individuen sowie der von ihnen geschaffenen Institutionen in humanere Bahnen gelenkt wird."(Manifest, S. 114)

Eine zentrale humanistische Forderung ist die der gleichen Menschenrechte und der Gerechtigkeit. Dies führt in Kombination mit dem »Prinzip Eigennutz« und dem gerechten Ausgleich der Individualinteressen psychologisch aber unweigerlich zu einer »Ethik der Sicherheit«, die die eigenen Rechte gegen diejenigen der Anderen oder der Gruppe sichert.[180] Wenn erst einmal die Angst zu kurz zu kommen herrscht, müssen die eigenen Rechte durchgesetzt, abgelistet oder eingeklagt werden und Aggressivität nimmt zu. Rationalisierungen und Hypokritik werden ihrerseits die Vernunft für das eigene Interesse zurechtbiegen.[181] Plötzlich wird klar, dass es mir eben nicht nützt die Interessen anderer gleich zu berücksichtigen, jedenfalls nicht in dem Sinne wie es meinem Interesse entsprechen würde. Die Behauptung „Du hast in Wirklichkeit ein anderes Interesse" funktioniert in einer echten Interessensethik aber nicht,[182] die nicht schon andere Werte voraussetzt. Gleichheit und reiner Eigennutz sind vermutlich prinzipiell unvereinbar und die Vision des EH erscheint damit aporetisch.

Während also das Ziel des EH die Humanisierung der Lebensverhältnisse aller ist, so kann er doch nicht damit rechnen, dass ihm dabei eine eigennützige Psychologie bis ans Ziel zu Hilfe kommen würde. Allenfalls – und das ist es, was wir beobachten – bequemt sie sich, ein kleines Stück des Wegs zur Gerechtigkeit zu gehen, solange es sich noch gut anfühlt. Am einfachsten wird dies wohl jenen fallen, die in ungefährdetem Wohlstand leben und gleichzeitig für eine globale Verantwortung sensibilisiert sind. Eine Kombination, die man aber selbst in der intellektuellen Schicht der westlichen Welt nur selten so ausgeprägt antreffen wird, dass daraus radikale Konsequenzen gezogen werden. So drängt sich der Verdacht auf, dass der EH eine Wohlstandsethik ist, die dann nicht mehr funktioniert, wenn die Verhältnisse schwierig werden. Eine Kombination aus dem »Prinzip Eigennutz« und der „flächendeckenden" Forderung nach Gleichheit in einer Welt mit 7 Mrd. Bewohnern erscheint psychologisch unmöglich.

9.6.3.4 Personen als Interessensträger

Der Humanismus begründet den gleichen Wert von Menschen damit, dass jeder Mensch bereits von seiner Natur her bestimmte Eigenschaften, Bedürfnisse und Interessen besitzt (Jenseits, S. 190). Alle kennen „Wohl und Wehe" und diese

---

[180] Narvaez, "Triune Ethics Theory and Moral Personality." // Splett, *Der Mensch ist Person*, 36 f.
[181] Valdesolo und DeSteno, "The Duality of Virtue: Deconstructing the Moral Hypocrite."
[182] Ein irrationales Interesse hat, wenn es mit derselben Festigkeit vertreten wird, in einer reinen Interessensethik denselben Status wie ein rationales.

hängen von ähnlichen Faktoren ab. Was ein gutes Leben ausmacht, ist daher zum Teil empirisch und universell bestimmbar.[183] Gegen einen strikten Relativismus sagt Schmidt-Salomon, dass es deshalb auch nicht beliebig ist, *„welche Werte und Normen das Zusammenleben der Menschen bestimmen."* (Jenseits, S. 191) Als empathische Menschen und Wesen mit einem eigennützigen Interesse kann es uns gleichzeitig auch nicht gleichgültig sein, was mit den anderen, um die wir uns sorgen, geschieht, weil wir empathisch involviert sind. Auch das Streben nach fremdem Wohl äußert sich schließlich – Empathie vorausgesetzt – als eigenes Interesse (Jenseits, S. 232 f.).

Da der EH eine Interessensethik darstellt, ist die bloße Zugehörigkeit zur Spezies Mensch nicht das entscheidende Kriterium für moralische Kompetenz. Um ein Interesse zu besitzen, muss man kein Mensch sein und nicht jeder Mensch besitzt aktuelle Interessen. Daher werden in einer Interessensethik bestimmte unverbrüchliche Rechte Menschen nicht deswegen zuerkannt, weil sie Menschen sind, sondern weil sie (zumindest in der Regel) »Personen« sind (Manifest, S. 124). »Personen«, nach der Definition des EH, „leben nicht nur in der Gegenwart, sondern wissen um ihre Vergangenheit und entwickeln Wünsche für die Zukunft. Aufgrund ihres Ich-Bewusstseins verfügen Personen über ein echtes, bewusstes ›Überlebensinteresse‹ das über den bloßen *Überlebensinstinkt* bzw. das *punktuelle Lebensinteresse* der allermeisten Tiere hinausgeht." (Hervorh. i. Orig.; Manifest, S. 125) Daher müssen manche Tiere als »Personen« betrachtet werden, während andererseits nicht alle menschlichen Lebensformen diesen kognitiv begründeten Status erreichen.

Indem er also die unbedingten „Personrechte" an jene kognitiven und volitiven Fähigkeiten koppelt, die ein Interesse generieren, handelt sich der EH das Problem ein: Wer etwas Unbedingtes an Eigenschaften knüpft, die mal mehr und mal weniger vorhanden sind,[184] der kann die Grenze zwischen Trägern eines unbedingten Rechts und anderen nicht sicher bestimmen (Manifest, S. 126). Vielmehr erhält man fließende Übergänge. Es wird so zum Normalfall, dass ein Individuum im Lauf seiner Lebenszeit seinen Rechtsstatus verändert.

Durch seine „logisch-empirischen" Schlussfolgerungen gelangt Schmidt-Salomon somit gerade nicht zu den Allgemeinen Menschenrechten, die die UN-Generalversammlung im Blick hatte. Diese weisen dem Menschen nämlich unabhängig von solchen Eigenschaften eine unverbrüchliche Würde und bestimmte Rechte zu, was noch einmal deutlich in der „UN-Konvention über die Rechte von

---

183 vgl. Sam Harris, *The Moral Landscape*, 15–21.
184 Seine »ethischen« Fairnessregeln sind quantifizierbar gemäß dem Prinzip ›*Je stärker ein Bedürfnis ausgeprägt ist, desto höher sind auch die Kosten, die ein Individuum in Kauf nimmt, um dieses Bedürfnis befriedigen zu können*‹; Manifest, 122.

Menschen mit Behinderungen" vom 3. Mai 2008 zum Ausdruck gebracht wird. Obwohl Schmidt-Salomon die Menschenrechte als aufklärerisch-humanistisches Gut deklariert, deren Verletzung ein objektives Übel ist (Jenseits, S. 190ff), relativiert er sie durch seinen Versuch einer logisch-empirischen Begründung selbst. Seine Aussage, „dass aus evolutionär-humanistischer Perspektive *jeder Mensch von Geburt an – und dies ungeachtet seiner geistigen Kapazitäten! – das uneingeschränkte Recht auf Leben (incl. der damit einhergehenden Menschenrechte) besitzt, ...* " (Hervorh. i. Orig.; Manifest, S. 127), ist zwar lobenswert aber von der Logik seiner Interessensethik nicht gedeckt.

9.6.3.5 Selbst-Realisierung und Glücksmöglichkeiten

Der EH erkennt es als wesentlich für das Wachstum einer Person an, dass sie nicht nur auf sich selbst bezogene Interessen besitzt, sondern auch an der Gestaltung der Welt interessiert ist. Um dies mit dem Prinzip Eigennutz zu harmonisieren, verweist Michael Schmidt-Salomon auf drei Weisen menschlichen Glücksempfindens (Jenseits, S. 226–239). Dieses lasse sich durch drei Lebensstile erreichen: Durch die Kunst aufmerksam die Fülle des Lebens zu genießen (Hedonismus), durch die Ausrichtung auf das Wohl einer „größeren" Sache (Sinnerfüllung) und durch das Anpacken und Bestehen von Herausforderungen (Aktives, gestaltetes Leben). Da sich Eigeninteresse auf „Glück" ausrichte und dessen Maximum in einer Verbindung aller drei Stile zu erwarten sei, könne es genau dann zu einer Einheit von eigennützigem Interesse und Gemeinwohl kommen, wenn ein Memplex etabliert ist, der die drei Glücksfaktoren positiv bewertet und dabei das Glück nicht auf Kosten anderer, sondern gemeinsam, anhand »ethischer« Prinzipien sucht (Jenseits, S. 233). Opferbereitschaft sei dann aber nicht mehr nötig, da das Individuum ja seine eigenen Interessen verfolgt. Wo das Konzept der „Opferbereitschaft" bemüht werden muss, repräsentiere es vielmehr den heteronomen Zwang eines »unethischen« Gruppenmemplex.

In der Glücksforschung haben sich, wie wir gesehen haben (siehe Kapitel 7.2.1), in der Zwischenzeit neue Erkenntnisse ergeben: „Glück" ist nicht gleich „Glück" und während ein selbstzentriertes Glück fluktuiert und instabil ist, ist das »Authentische Glück« dauerhaft.[185] Obwohl Schmidt-Salomon zu dem richtigen Ergebnis kommt, nämlich dass Selbstlosigkeit der beste Weg zu einem umfassenden Glück ist (Jenseits, S. 239–252), so übersieht er dabei doch, dass dies nur unter den Bedingungen des Wohlstands und der inneren Sicherheit ohne Opferbereitschaft möglich ist. In einer bedrohlichen und von Konkurrenz geprägten

---

[185] vgl. Dambrun und Ricard, "Self-Centeredness and Selflessness."

Situation müssen dagegen zugunsten eines *selbstlosen* Glücks ganz vitale Eigeninteressen und hedonistische Glücksmöglichkeiten missachtet werden.

9.6.3.6 Fazit

Beim EH handelt es sich um ein ambitioniertes Projekt eine moderne humanistische Ethik zu begründen, die wenig weltanschaulich geprägt ist – wenn man die vehemente Ablehnung von Religionen als freiheitsfeindliche Memplexe als weltanschaulich neutral zu akzeptieren bereit ist. An dieser grundsätzlichen Ablehnung von Religion hängt jedoch nicht der EH als Ethik, sondern sie scheint eher eine politische Note und ein Teil des Erfolgsrezepts im EH zu sein. Doch hinter fast allen der genannten Kritikpunkte steht letztlich eine nicht zutreffende Biologie. Wenn die vorausgesetzte Biologie die menschliche Realität aber nicht erfasst, kann man auch von der darauf aufbauenden Ethik nicht erwarten, dass es ihr gelingt.

Man kann vermuten, dass ein großer Teil des Erfolgs des EH an seinen biologischen Mythen liegt. Bei ihnen handelt es sich um sogenannte minimal kontraintuitive Narrative: »Prinzip Eigennutz«, »Paradigma der Unschuld«, die Neudefinition von Ethik und Moral. Solche Meme sind – ebenso wie viele religiöse – unabhängig von ihrem Wahrheitsgehalt psychologisch attraktiv.[186]

Ein wenig wird die biologische Schieflage ausgeglichen durch das humanistische Ideal. Insgesamt vermittelt der EH dadurch immer wieder den Eindruck, dass hier zugunsten der „richtigen" Ergebnisse die Übereinstimmung mit den eigenen biologischen Voraussetzungen schließlich geopfert wird und erhebliche Inkonsistenzen in Kauf genommen werden. In Anhang 4 findet sich ein direkter Vergleich mit dem Christlichen Ethos, das zwar keine EE ist, aber ungeachtet dessen eine erheblich größere Nähe zur modernen Biologie aufweist.

9.7 Metaethische Überlegungen

9.7.1 Die Notwendigkeit einer Wertsetzung

Offensichtlich sind alle präskriptiven Ansätze darauf angewiesen, zumindest irgendeinen Wert als gegeben vorauszusetzen.[187] In den drei beschriebenen Ent-

---

186 Ara Norenzayan et al., "Memory and Mystery: The Cultural Selection of Minimally Counterintuitive Narratives," *Cognitive Science* 30 (2006): 531–53.
187 Das Hume'sche Gesetz zeigt sich hier robust; siehe S. 390.

würfen Evolutionärer Ethik wurden die Kriterien für *normative*, ethische Aussagen recht unterschiedlich bestimmt. Bei Richards ist es die Gemeinschaft unter dem Vorbehalt der Rationalität. Zamulinski meint durch seinen Nebenprodukt-Trick ohne einen Wert auszukommen, doch es kann gezeigt werden, dass er allein durch Konsistenz zwar ein objektives Kriterium für logische Wahrheit erhält, aber nicht für ethische Wahrheit. Um Normativität zu erlangen müsste zusätzlich angenommen werden, dass die Überzeugung eigenen Werts auch tatsächlich zutrifft. Schmidt-Salomon sieht schließlich als Ziel jeder gerechten Ethik das Wohl des Menschen an. David Hume hat Recht: Wertsetzungen scheinen unabdingbar für die Begründung einer Ethik.

Dies gilt auch umgekehrt: Wer Werte annimmt, kann Ethik nicht völlig ablehnen. Wer schließlich aber Werte ablehnt, betritt einen Bereich biologischer Unentrinnbarkeit: Evolutionäres Leben lässt keine völlige Wertfreiheit zu. So ist die Selbsterhaltung eine dem Leben eigene Dynamik, die sich als aktive Erschließung von Ressourcen selbst bei Bakterien findet. Es ist für den Menschen eine praktische Unmöglichkeit als Mensch zu existieren, ohne einen Selbstwert implizit anzunehmen und ein Interesse zu besitzen. Es ist ein unhintergehbares Gut, das sich streng genommen selbst noch im Akt eines Suizids ausdrückt, denn auch die Beendigung eines unerträglich gewordenen Seins ist Ausdruck eines Interesses und einer Motivation des Ich, das Unerträgliche nicht länger ertragen zu müssen.

Es ist möglich, das Interesse und den Selbstwert des Menschen als bloße, funktionale Illusion zu behaupten – jedenfalls lässt sich diese Auffassung logisch nicht widerlegen –, es erfordert aber die philosophische Entscheidung für einen absoluten (nun nicht mehr nur ethischen) Nihilismus, mit seiner vollkommenen Entrinnbarkeit, der als Enfant terrible in seiner Normlosigkeit sich immer als theoretische (aber keinesfalls als praktische) Alternative anbietet. Seine Möglichkeit muss toleriert werden, und es ist nicht einmal ein Selbstwiderspruch, wenn sich Nihilisten moralisch verhalten, denn es steht einem Nihilisten ja frei, sich nach den Normen der Gesellschaft zu richten.[188] Wenn alles egal ist, dann ist auch das Ergebnis einer Entscheidung egal.

Die Alternative ist, das Selbst als Wertträger zu akzeptieren. Sobald man sich auf dieses biologisch erste, fundamentale „Sollen" eingelassen hat, kann man von hier aus normativ weitergehen ohne den Hume'schen NF zu begehen, muss sich nun aber mit der Moore'schen Version des NF auseinandersetzen. Moores Argument der Offenen Frage bezieht sich darauf, dass man bei jeder gegebenen Ei-

---

[188] Es wäre allerdings ein Selbstwiderspruch, wenn er irgendein Verhalten als objektiv geboten bezeichnen würde.

genschaft noch einmal sinnvoll nachfragen kann, ob sie denn auch „gut" sei. Gut könne daher nicht weiter definiert werden und der NF tritt ein, wenn man dies versucht (siehe Kap. 9.5).

9.7.2 Ceteris Paribus Untersuchungen

Sobald man einen Wert – wie das Selbst als Wertträger – annimmt, kann man von dort aus zumindest komparative Aussagen über „Besseres" und „Schlechteres" treffen, ohne einen NF im Sinne Moores zu begehen. So wird die Aussage, dass in jeder nicht-bedrohlichen[189] Situation »**unter ansonsten identischen gegenwärtigen Umständen und zukünftigen Konsequenzen**« – *ceteris paribus (cp)* – Gesundheit besser ist als Krankheit, Schmerzfreiheit besser ist als Schmerz und Freiheit besser ist als Gefangenschaft, zutreffend sein und ein „Sollen" implizieren, ohne dass dazu die Eigenschaft, die das Gut-Sein verleiht, extra noch einmal definiert werden müsste.[190] Mit ebenso großer Sicherheit lassen sich die extremen „(un-)menschlichen" Verbrechen von den Höhepunkten menschlicher Liebe und Wohlfahrt unterscheiden.[191]

Warum erhält man durch *ceteris paribus* Untersuchungen, wo alle anderen Faktoren gleich sind, Sicherheit über moralische Prinzipien? Weil unsere *Un*sicherheit darüber, was generell moralisch geboten ist, gerade von jenen Fällen herrührt, in denen *nicht* alle anderen Faktoren gleich sind: Wenn es unter bestimmten Umständen ethisch erlaubt ist, zum Beispiel ein Versprechen *nicht*

---

189 Dass es in bedrohlichen Situationen auch anders sein kann, indem z. B. die Krankheit oder Gefangenschaft eines Assassinen seiner Gesundheit und Freiheit vorzuziehen wäre, macht die prinzipielle Feststellung von Gesundheit und Freiheit als intrinsisch Gutem nicht ungültig.

190 Man beachte, dass die Klausel *identischer zukünftiger Konsequenzen* im ethischen Gebrauch von *cp*-Argumenten notwendig ist. So gehört es ja unbedingt dazu, dass man für ein zukünftiges Gut auch Schmerz auf sich nimmt. In der naturwissenschaftlichen Anwendung von *cp*-Begründungen geht es dagegen üblicherweis nur um identische Ausgangsbedingungen.

191 Der Neurobiologe Sam Harris (*The Moral Landscape*, 10 – 14) scheint diese Linie verfolgen zu wollen, wenn er „Well-Being" als ein nicht bezweifelbares „Gutes" beschreibt. Er weicht allerdings der Frage nach dem „Guten an sich" aus, ja thematisiert sie nicht einmal, sondern spricht von „gut" in undifferenzierter Weise. Er meint trotzdem Moore's Einwand abbügeln zu können: *„It makes no sense at all to ask whether maximizing well-being is ›good‹."* (S. 12) Diese Vernachlässigung des Problems ist philosophisch und gegenüber dem Leser nicht redlich: Indem er die *ceteris paribus* Einschränkung weglässt, inszeniert er die Maximierung des „Well-Beings" als eine universelle Regel ohne Ausnahme. Dadurch erscheinen hedonistisches und selbstloses Glück (siehe Kap. 7.2.1) als gleichwertig und Dissoziationen sind vorprogrammiert.

einzuhalten[192] oder zu lügen,[193] dann kann dies dazu führen, dass nun auch die allgemeine Gültigkeit der Norm, nicht lügen zu sollen, angezweifelt wird.

Eine andere Quelle derartiger Zweifel sind Situationen, in denen die Verbindlichkeit moralischer Werte in einem Konflikt „de-absolutiert" werden, um einen Kompromiss zu finden. Halten beide Parteien an der absoluten Verbindlichkeit ihrer Überzeugung fest, kommt es nie zu einer Lösung. Das jedoch, was die moralische Qualität auszumachen schien, die absolute Verbindlichkeit, muss in solchen Fällen gerade aufgegeben werden.[194] Auch aus solchen Ausnahmen speist sich der Zweifel, ob die infrage stehenden Werte nicht doch sogar *generell verhandelbar* sind.

Hier helfen *Ceteris Paribus (cp)* Untersuchungen,[195] indem sie einerseits erkennen lassen, dass moralische Prinzipien (wahrscheinlich) *nie* in allen Situationen ohne Ausnahme gelten.[196] Es handelt sich bei ihnen nicht um generelle, sondern um *allgemeine* Prinzipien.[197] Sie machen andererseits sichtbar, dass es sich trotz ihrer Verhandelbarkeit weiterhin um echte moralische Werte handelt,

---

192 Zum Beispiel wenn ich der Freundin versprochen habe, sie rechtzeitig vom Bahnhof abzuholen und unterwegs einem verletzten, hilfsbedürftigen Kind begegne; Paul M Pietroski, "Prima Facie Obligations, Ceteris Paribus Laws in Moral Theory," *Ethics* 103 (1993): 503.
193 Das klassische Beispiel ist die Frage der Gestapo, ob Juden im Keller versteckt seien. Die katholische Moraltheologie begründet das Gebot in dieser Situation zu lügen damit, dass die Gestapo kein Recht auf die Wahrheit habe, da sie diese missbrauchen würde; vgl. Eberhard Schockenhoff, *Zur Lüge verdammt? Politik, Medien, Medizin, Justiz, Wissenschaft und die Ethik der Wahrheit* (Freiburg im Breisgau: Herder, 2000), 80–130.
194 Gerhard Engel macht auf diesen Sachverhalt aufmerksam: „*Wenn* man keine funktionierende Familie *will*, dann nützen auch ausführliche Interessenmoderationen nichts. Aber *wenn* man sie will, dann wird man in Konfliktfällen um eine *Motivation durch De-Moralisierung* nicht herumkommen." [Hervorh. i. Orig.], Ungeschickterweise verwendet er dabei den Begriff „De-Moralisierung", obwohl es sich vielmehr um eine De-Absolutierung weiterhin moralischer Inhalte handelt. Gerhard Engel, "Von Fakten zu Normen: Zur Ableitbarkeit des Sollens aus dem Sein," in *Fakten statt Normen? Zur Rolle einzelwissenschaftlicher Argumente in einer Naturalistischen Ethik*, ed. C Lütge und G Vollmer (Baden-Baden: Nomos, 2004), 48.
195 *cp*-Regeln stammen ursprünglich aus den Naturwissenschaften. In vielen physikalischen oder biologischen Experimenten wird versucht, nur jeweils einen Faktor zu verändern und alle anderen gleich zu belassen. Generelle Regeln sind hier (außer in der Quantenmechanik) üblicherweise vom *cp* Typ: Eine Kugel mit kinetischer Energie bewegt sich geradlinig, es sei denn, es wirken andere Kräfte auf sie – zum Beispiel die Gravitation – und vererbbare Unterschiede in der Fitness führen zwar generell zu Evolution, aber nur *ceteris paribus*, wenn keine sonstigen, gegengerichteten Kräfte auftreten. Elliott Sober, *The Nature of Selection*, 27–59, bes. 28. // In der Ethik können in *cp*-Untersuchungen die Faktoren »Intention«, »Handlung« oder »Resultat« variiert werden, um dann Veränderungen im moralischen Urteil festzustellen.
196 Pietroski, "Prima Facie Obligations, Ceteris Paribus Laws in Moral Theory," 495.
197 Moore, *Principia* Ethica, 219–221.

die unter anderen Bedingungen sehr wohl eine aktuelle Verpflichtung darstellen. *cp* Untersuchungen sind Instrumente, die es *erstens* ermöglichen, Klarheit über einen *prima facie* vermuteten oder infrage stehenden moralischen Wert zu erhalten, die *zweitens* die De-Absolutierung von Werten ermöglichen, ohne deren intrinsischen Wert dabei völlig aufzugeben, die *drittens* darauf hinweisen, dass der Inhalt von Moral keine inkommensurable, homogene Menge von Prinzipien ist und die *viertens* in die Lage versetzen, eine Rangordnung von Wertigkeit in den jeweiligen Situationen zu begründen.[198]

In der Ethik ist der Einsatz von *ceteris paribus* Regeln nicht unumstritten. *Erstens* bergen sie die Gefahr eines Zirkelschlusses: Sie setzen einerseits voraus, dass man sich bereits *prima facie* auf ein moralisches Gut geeinigt hat, andererseits sind es genau solche *cp* Überlegungen, die unseren *prima facie* Intuitionen Sicherheit verleihen. Ein Zirkelschluss liegt allerdings dann nicht vor, wenn es sich bei den *prima facie* Annahmen und den zugehörigen *cp* Aussagen um zwei sich gegenseitig bestärkende (aber nicht sich gegenseitig begründende) Blickwinkel auf denselben Sachverhalt handelt.[199]

Zweitens wird bezweifelt, ob das Wissen aus *cp* Situationen überhaupt relevant ist für nicht-*cp* Situationen.[200] Dieser Einwand berücksichtigt aber nicht, dass spätestens wenn wir uns um zukünftige Entscheidungen bemühen, wir darauf angewiesen sind, uns an allgemeinen Eigenschaften der Situation mithilfe von *cp* Klauseln zu orientieren.[201] Aufgrund der Unvorhersehbarkeit der Zukunft ist alles andere (außer in wenigen Situationen) einfach nicht praktikabel.[202] *cp*-Regeln werden also nicht nur faktisch eingesetzt, sondern besitzen auch den epistemologischen Vorteil, dass sie in komplexen Situationen funktionieren. Wenn dies aber für zukünftige Situationen gilt, so ist nicht einsehbar, warum es nicht auch für gegenwärtige Situationen gelten und hier nicht ebenfalls relevante Informationen liefern sollte.[203]

---

[198] So steht im obigen Beispiel das Wohl des Kindes über dem Halten des Versprechens, aber eben nicht prinzipiell, sondern in diesem spezifischen Fall.
[199] vgl. ebd., 212ff.
[200] Jonathan Dancy, "Ethical Particularism and Morally Relevant Properties," *Mind* 92 (1983): 540f.
[201] Robert L Frazier, "Moral Relevance and Ceteris Paribus Principles," *Ratio* 8 (1995): 126f.
[202] vgl. Moore, *Principia Ethica*, 216.
[203] Frazier, "Moral Relevance and Ceteris Paribus Principles," 127.

9.7.3 Der Mehrwert der Selbst-Realisierung

Wenn komparative »Es ist *cp* besser«-Aussagen möglich sind, lassen sich aber auch die *cp* „besseren" *Entwicklungsrichtungen* identifizieren. Angenommen ein unbedingter Eigenwert von Personen sei wahr. In diesem Fall könnte man die „*cp* bessere" Entwicklungsrichtung beschreiben als die „*Verwirklichung spezifischer Vollendungsmöglichkeiten [...], die in der Natur eines Seienden angelegt sind*".[204] Diese Vollendungsmöglichkeiten sind nun nicht nur abstrakte Ideen, sondern haben mit dem aktuellen Sein des Subjekts etwas zu tun. Das Sein des moralischen Subjekts enthält schon während seiner Genese – also etwa auch während der Ausbildung spezifischer Somatischer Marker – nicht nur Aspekte seiner »Existenz«, sondern auch seiner »Potenz«. Für ein Subjekt, das planen und zukünftige Zustände antizipieren kann, gehört daher der Ausblick auf seine ausständigen Möglichkeiten im wörtlichen Sinne zu seinen *Gegebenheiten*. Dieser Ausgriff auf die eigene Potentialität bringt sich beim Menschen vehement in die Genese seiner sich aktuierenden Existenz ein, und zwar in der Form eines subjektiv erlebten „Sollens" als Selbst-Realisierung (oder Selbst-Ver-Wirklichung).

Wer auf die Frage, „*ob es denn überhaupt „gut" sei, dass X seine Vollendungsmöglichkeiten verwirklicht*", mit „Nein" oder „Ich weiß nicht" antwortet, stellt damit *X* selbst in seiner Gegebenheit infrage.[205] Unter der Annahme der Werthaftigkeit von *X* bleibt daher als einzig konsistente Antwort nur ein „Ja, es ist gut, dass *X* sich vollendet."

Die Selbst-Realisierung als ein „Ich" geschieht dabei stets innerhalb eines sozialen Gefüges. Dort ist der Ort, wo sich menschliche Subjekte in einer dialogischen Entwicklung eine Gestalt geben, die einen Kompromiss darstellt, zwischen dem eigenen Selbstverständnis, den unreflektiert wirksamen, unbewussten Wünschen und den Rückmeldungen von außen. Angestrebt wird dabei offenbar nicht nur eine gewisse Kongruenz, so dass Dissoziationen weder nach innen noch nach außen offensichtlich werden, sondern eine Minimierung von Dissoziation. Unzufriedenheit und Sehnsucht sind Signale, die die noch unausgeloteten Möglichkeiten präsent halten.

Was uns wertvoll ist, was wir glauben und wovon wir überzeugt sind, wird auch neuronal ein Teil unserer eigenen Identität. Was wir als „Sollen" erfahren, gehört im selben Moment zu unserem „Sein". Sam Harris – der hier als Neurobiologe spricht – sagt: „*When we believe a proposition to be true, it is as though we*

---

[204] Schockenhoff, *Grundlegung der Ethik*, 354.
[205] Dessen Werthaftigkeit wir zuvor vorausgesetzt haben. Nur so gelangt man ja nach David Hume zu funktionierenden Sollensaussagen. Eine wert-nihilistische Position ist als Alternative also weiterhin ohne weiteres möglich.

have taken it in hand as part of our extended self: we are saying, in effect, ›This is mine. I can use this. This fits my view of the world.‹"²⁰⁶ Dabei macht unser Gehirn keinen Unterschied, ob es sich um eine auf Fakten gründende oder um eine moralische Überzeugung handelt.²⁰⁷

Während es sich in einem reduktionistisch-teleonomischen Weltbild bei der Selbst-Realisierung lediglich um das Ablaufen eines Fitnessmaximierungs-Programmes handelt, und es sich jeweils nur um Reaktionen auf gegenwärtige Umweltimpulse, aber nicht um einen echten Ausgriff auf Zukunft handelt, erhält die Annahme eines Ziels in einem entwicklungsorientierten (teleologischen) Weltbild einen das Funktionale zur Selbst-Vollendung hin übersteigenden Sinn.²⁰⁸ Wenn sich also menschliches Sein immer schon als Werden präsentiert und realisiert, dann ist mit diesem Sein eines Menschen automatisch auch ein subjektives Sollen gegeben. Ein objektives „Sollen" wird aber erst daraus, wenn man bereit ist, das Sein eines existierenden Menschen allgemein als einen Wert anzuerkennen.

9.7.4 Was sollen wir tun?

Normativ stellt sich dann die Frage, was als „gute" Vollendungsmöglichkeit angesehen werden soll. Bei der Beantwortung dieser Frage droht nun der Moore'sche NF wieder zu greifen. Er liegt dann vor, wenn man sich auf bestimmte Eigenschaften oder gar auf ein bestimmtes Endergebnis festlegt. Doch es existiert eine Alternative:

Mit dem Postulat eines unbedingten *Selbstwerts* gerät das unvermeidliche Irgendwie-Werden des Subjekts unter den Anspruch eines „Werden-Sollens" in ganz bestimmte Richtungen seiner Selbst-Realisierung. Wie uns die Entwicklungspsychologie zeigt, ist es für eine solche Entwicklung notwendig, einen dialogischen Prozess zu wagen. Der eine dialogische Pol besteht darin, dem Begegnenden sein Anderssein zuzugestehen. Der andere Pol ist, sich selbst authentisch in diesen Prozess hinein zu investieren. Eine wirklich authentische Selbst-Investition besteht aber darin, sich dem Anderen zuzumuten, also gemäß den eigenen Überzeugungen zu handeln. Für eine solche Entwicklung wird es also nötig sein, sich offen zu halten, um aus den „Rückmeldungen" und Erfahrungen dialogisch zu lernen: Dem authenti-

---

206 Harris, *The Moral Landscape*, 121.
207 ebd., 121 und 240 ff.
208 vgl. Thomas von Aquin STh II-II, q. 141, a, 6,c: „... *nam bonum habet rationem finis, et ipse finis est regula eorum quae sunt ad fine.*" „... denn das Gute besitzt einen Aspekt des Ziels, und das Ziel ist Regel für alles, was dem Ziel zustrebt." [Übers. d. Verf.]

schen Sich-Einbringen steht daher die Bereitschaft zur Seite, sich verändern zu lassen. Die Frage „*Was sollen wir tun?*" bekommt hier die praktische Gestalt der Offenheit gegenüber Anderen und des Handelns gemäß der eigenen Überzeugungen, und zwar auch noch dann, wenn es das Falsche ist.

Eine Frucht dieser Herleitung ist, dass angesichts unserer unvollkommenen und gelegentlich fatalen Überzeugungen, dennoch auch das irrende Gewissen seine Würde und seinen Verpflichtungscharakter behält.[209] Diese Autonomie und der freie Gehorsam gegenüber sich selbst sind ja die Bedingungen der Möglichkeit, sich authentisch fortzuentwickeln und der eigenen Selbst-Realisierung nachzugehen. Vom Einzelnen kann zwar nicht normativ erwartet werden, dass er stets das Richtige tut, aber es kann sehr wohl erwartet werden, dass er an der Realisierung seiner Vollendungsmöglichkeiten arbeitet.

Eine präskriptive EE müsste vermutlich von folgenden, anthropologisch begründeten Minimal-Arbeitsprämissen ausgehen:
- Man muss sich für die Annahme entscheiden, dass es überhaupt Wertvolles gibt, und dass der Mensch als Person jedenfalls dazu gehört.
- *Ceteris Paribus* ist subjektives Wohl *objektiv* besser als subjektives Weh.
- *Ceteris Paribus* ist dialogische Fortentwicklung *objektiv* besser als einseitige Entwicklung oder Stillstand und Rückschritt.
- Die Eigenschaften und Bedingungen für subjektives Wohl und dialogische Fortentwicklung sind empirisch (häufig) feststellbar.

Unter der Annahme dieser Prämissen und mithilfe einer genauen Kenntnis des Menschen und der Situation könnte man, wenn man will – wenn also die Frage „Warum soll ich etwas tun?" ein neugieriges, suchendes und wissen-wollendes Fragen ist und man sich damit zufrieden gibt, dass die Antwort zwar keine zwingend überzeugende, aber doch eine überzeugend begründete Antwort ist – wohl recht sicher auch zu konkreten, konsensfähigen, präskriptiven Aussagen gelangen.

Wer sich so für die Möglichkeit von Normativität entscheidet und den Inhalt eines solchen „Sollens" sucht, wird offensichtlich auf eine fundierte Anthropologie angewiesen sein. Dabei stellt die Natur gute wie schlechte Handlungsmöglichkeiten zur Verfügung, so dass bloße „Natürlichkeit" als Kriterium unbrauchbar ist. Es müsste sich vielmehr – im Sinne einer Letztbegründung – um eine spezifische Natur handeln, und zwar eine, die die moralfähigen Subjekte zu Ethik realisierenden, sich dialogisch fortentwickelnden Subjekten macht und sie Menschen mit Ausgriff auf eine eigene Zukunft sein lässt.

---

[209] vgl. ebd., STh I-II, 19, 5–6. // Katechismus der Katholischen Kirche, 1790–1794.

10 »BEZIEHUNGSTYP-ETHIK«

Wenn der Versuch, sowohl den Moralischen Sinn als auch die üblichen Konzepte von Ethik als Produkte evolutiver Prozesse zu betrachten, erfolgreich sein soll, müssen Erklärungen für ihre Existenz gefunden werden. Es müssten also entweder Entstehungsgeschichten oder funktionale Zusammenhänge erkennbar sein, die ihren evolutiven Erfolg als Merkmal plausibel machen. Natürlich ist das Risiko groß, dabei Just-So-Stories zu produzieren, die sich später als nicht haltbar herausstellen, doch wie bereits erwähnt (siehe S. 29 und S. 115) stehen einerseits am Beginn stets hypothetische Szenarien, andererseits existieren zum hier vorliegenden Problem bereits eine ganze Reihe wissenschaftlicher Erhebungen, so dass durch die Übereinstimmung mit deren Daten auch eine hohe Plausibilität gewährleistet scheint.

Da die Fähigkeit zu Moral und Ethik nur Menschen eigen ist, stellt sich insbesondere die Frage, welche Bereiche davon die typisch menschliche Entwicklungslinie widerspiegeln und deshalb als charakteristisch für menschliche Gemeinschaften gelten können. Es geht also nicht um irgendeine evolutive Entstehung, sondern spezifisch um jene Merkmale, die direkt mit der menschlichen Entwicklung in Verbindung stehen und daher kontemporäres Mensch-Sein wesentlich ausmachen. Gesucht werden universell vorhandene, mentale Konzepte und die dazugehörigen sozialen Strukturen, in denen sie sich abbilden. Wo Abweichungen zu finden sind, sollten sich diese durch die Umweltbedingungen erklären lassen. Für die Konzepte müsste sich außerdem entweder eine Funktion finden können, die auf derselben Ebene liegt wie der Selektionsdruck, der wirkt, oder es braucht ein soziales Ziel dem das Konzept dient oder es handelt sich um eine Forderung der logischen Konsistenz. Wenn eines dieser drei Kriterien erfüllt ist, ist eine evolutive Stabilität möglich.

Für den Fall, dass die oben genannten Minimal-Prämissen einer Evolutionären Ethik anerkannt werden, könnten dann auch normative Schlussfolgerungen gezogen werden. Im Überstieg zur Normativität wäre dann aber zu prüfen, ob die moralischen Verbote und ethischen Gebote überhaupt Menschen möglich sind oder nicht. Es braucht also den Nachweis, dass sowohl eine attraktive Idee als auch eine psychologische Motivation mit dem jeweiligen Konzept verbunden werden kann.

Prinzipiell sind dabei keine Überraschungen zu erwarten. Wenn die moralischen und ethischen Konzepte richtig erfasst sind, sollte man vielmehr mit einer intuitiven Plausibilität rechnen, da es sich um Konzepte handeln müsste, die jeder implizit bereits kennt.

Das Modell, das im Folgenden entwickelt wird, beginnt nicht bei Null, sondern baut auf dem bereits vorhandenen, datengestützten Modell von Rai und Fiske (2011) auf und entwickelt dieses weiter.

10.1 Die drei natürlichen Beziehungskonzepte

Wir haben gesehen, wie unsere moralischen Intuitionen uns helfen durch das soziale Leben zu navigieren, wie sie dabei gleichzeitig sowohl die Entwicklung der eigenen Gemeinschaft fördern und kontrollieren, als auch die eigene Autonomie sichern, um so selbst Urheber des eigenen narrativen Selbstbildes zu bleiben. Unsere Psychologie stattet uns hierfür mit Bildern aus, die helfen, uns in komplexen Situationen zurechtzufinden, indem sie die vielfältigen Informationen auf ein Maß zurecht bündeln, das kognitiv verarbeitbar ist.

Rai und Fiske (2011) machen darauf aufmerksam, dass jene Bilder, mit denen unser moralischer Sinn arbeitet, einen sozialen Hintergrund haben. Die vier elementaren Motive, die sie in ihrer Metaanalyse finden, sind „Gemeinsame Teilhabe", „Autoritätsdenken", „Gleiche Verteilung" und „Prinzipien des Marktes".[1] Die Kriterien, anhand derer sie die elementaren psychologischen Motive zu identifizieren suchen, sind deren Verbindlichkeit und Einklagbarkeit, ihre intrinsische Attraktivität und ihre reale Abbildung in sozialen Strukturen.[2] Während diese Kriterien durchaus geeignet scheinen, jene Motive zu identifizieren, die sich auf Verpflichtungen und Verbote beziehen – also der Moral im engeren Sinn –, so erfassen sie doch nicht die Gesamtheit der ethischen Wirklichkeit, zu der nicht nur die Frage nach dem Verbotenen sondern auch jene nach dem Gebotenen gehört. Rai und Fiskes Modell der vier Motive erklärt daher all jene Aspekte von Beziehungen nicht, die keine einklagbare Verpflichtung darstellen, sondern zusätzliche Möglichkeiten freiwilligen Investments. Die Kultur des Sich-Beschenkens wird von ihnen zum Beispiel als Ausdruck des Prinzips „Gemeinsame Teilhabe" angesehen, das Zugehörigkeit und Einheit ausdrückt.[3] Geschenkhafte Handlungen erhalten aber erst dann ihren Sinn, wenn sie von den Beteiligten gerade *nicht* als „Gemeinsame Teilhabe" verstanden werden: „Geschenke" sind ja nur dann Geschenke, wenn sie nicht als ohnehin gemeinsames Gut aufgefasst werden.

---

[1] Alan P. Fiske, "The Four Elementary Forms of Sociality: Framework for a Unified Theory of Social Relations," *Psychological Review* 99 (1992): 689–723. // Rai und Fiske, "Moral Psychology Is Relationship Regulation."
[2] Fiske, "The Four Elementary Forms of Sociality," 716.
[3] Tage Rai, pers. Kommunikation.

Im Bereich der Ethik, also bei dem „*was wir tun sollen*", wozu auch jene Dinge gehören, die zwar nicht als verpflichtend aber doch als gut angesehen werden, ist offensichtlich noch ein fünftes psychologisches Motiv wirksam: das Motiv der *Selbst-Investition*.[4] Vermutlich handelt es sich dabei um ein Prinzip, das evolutiv aus der Eltern-Kind-Beziehung stammt und über kooperative Jungenaufzucht und unter Gruppenselektion zu einer wesentlichen Eigenschaft menschlicher Gemeinschaften geworden ist (siehe Abb. 6.3, S. 204).[5]

Im Folgenden schlage ich daher eine neue, erweiterte Einteilung gemäß verschiedener psychologisch wirksamer *Beziehungskonzepte* bzw. *Beziehungstypen* vor.[6] Die Hypothese ist, dass in der menschlichen Psychologie Bilder wirksam sind, die sich durch drei *natürliche* Beziehungskonzepte charakterisieren lassen: *Interaktion, Identität und Intimität*. In diesen finden sich die Motive wieder, die Rai und Fiske (2011) in ihrer Metaanalyse gefunden haben: *Interaktion* ist geprägt durch die Beziehungsmotive „Prinzipien des Marktes" und „gleiche Verteilung".[7] Im zweiten Konzept der *Identität* sind diese zwar ebenfalls wirksam, im Zentrum stehen hier jedoch die Motive „Gemeinsame Nutzung" und „Autoritätsdenken".[8] Das dritte Konzept *Intimität* beherbergt nun zusätzlich zu den vier genannten Motiven als Spezifikum das Motiv der „Selbst-Investition" oder in anderen Worten des persönlichen Engagements.

---

[4] Alan Fiske erwähnt selbst die Möglichkeit weiterer elementarer Motive (1992, 692).

[5] Es ist durchaus möglich, dass die vier Motive von Rai und Fiske die „Selbst-Investition" in irgendeiner Weise – z. B. als Kombination aus „Gemeinsamer Teilhabe" („*Zu wem gehöre ich?*") und „Marktprinzipien" („*Was springt für mich dabei heraus?*") – bereits beinhalten. Dies ist aber nicht offensichtlich und es erscheint mir sinnvoll hier zusätzlich zu unterscheiden.

[6] In diesen werden jeweils verschiedene psychologische Motive und soziale Instrumente zusammengefasst, gemäß ihrer Fähigkeit, bestimmte soziale Leitfragen zu adressieren. Diese Bündelung wird durch beide Begriffe – »Konzept« und »Typ« – erfasst. Der Begriff »Konzept« leitet sich von einem Verb ab (lat: concipere = erfassen) und die Betonung liegt darauf, dass es sich um eine mentale *Konstruktion*, um einen subjektiven Entwurf handelt, durch den das Subjekt versucht seine soziale Welt zu organisieren. Der Begriff »Typ« leitet sich dagegen von einem Substantiv ab (lat: typus = Figur, Ausprägung). Er vermittelt eher den Eindruck einer objektiven Realität. Beide Begriffe bezeichnen jedenfalls eine reale, soziale Wirklichkeit, die die Handlungsweise des Subjekts bestimmt. Beide erscheinen für den Zweck der Hypothese geeignet. Sie besitzen eine je eigene Betonung, werden hier aber prinzipiell als austauschbar behandelt.

[7] „exchange relationships"; Margaret S Clark and Judson Mills, "The Difference between Communal and Exchange Relationships: What it is and is not," *Pers Soc Psychol Bull* 19 (1993): 684–91.

[8] „communal relationships"; ebd.

10.1.1 Mentale Konzepte bilden soziale Strukturen

In der modernen psychologischen Literatur wird zwar kaum unterschieden zwischen Beziehungen, die auf Intimität beruhen, und solchen, die auf Gruppenzugehörigkeit beruhen, doch in der soziologischen Literatur ist diese Unterscheidung gebräuchlich – obgleich es sich auch hier um ein derzeit wenig beachtetes Thema handelt.[9] Der Soziologie geht es vor allem um die Einbindung des Individuums in soziale Strukturen und deren intersubjektive Aspekte, während es der Psychologie eher um die mentalen Prozesse und Bilder geht, die dann zu Strukturen und einem Selbstkonzept führen. Beides ist aber eng miteinander verbunden: Die mentalen Konzepte bilden sich in sozialen Strukturen ab und diese Strukturen beeinflussen und formen ihrerseits wieder die mentalen Konzepte. Die bloße Tatsache, dass es die Kategorie „Freundin" gibt, macht entsprechende Beziehungen verstehbar und artikulierbar. Dies bestärkt nun wechselseitig sowohl die Beziehung, als auch die Existenz der Kategorie.[10] Prinzipiell ist es also möglich von der Gestalt vorhandener sozialer Strukturen auf zugrundeliegende psychologische Konzepte zu schließen.

Recht universell vorhandene Sozialstrukturen sind zum Beispiel die Familie, der Freundeskreis, die Nachbarn, Peer-Gruppen, die Arbeitskollegen, Geschäftspartner usw. Wir arbeiten mit Menschen zusammen, mit denen wir in einem geschäftlich, pragmatischen Verhältnis stehen, zu denen wir aber keine persönliche Beziehung aufbauen. Ein solches Verhältnis zwischen „Geschäftspartnern" wird durch geregelte oder vereinbarte Interaktionen bestimmt *(Interaktion)*. Außerdem gehören wir aber auch zu Gruppen, die sich als einander zugehörig empfinden, weil sie zur selben Schule gegangen sind, gleiche Hobbys haben, denselben Dialekt sprechen, den gleichen Schal tragen, derselben Religion angehören, im

---

9 vgl. aber bes. Liz Spencer und Ray Pahl, *Rethinking Friendship* (Princeton: Univ. Press, 2006). // Jeffrey A Hall, "Friendship Standards: The Dimensions of Ideal Expectations," *Journal of Social and Personal Relationships* 29 (2012): 884–907. // B N Adams, "Interaction Theory and the Social Network," *Sociometry* 30, no. 1 (1967): 64–78. // „Blinder Fleck" oder methodische Eingrenzung der gegenwärtigen Psychologie? Vgl. Sheldon Stryker, "Identity Theory and Personality Theory: Mutual Relevance," *Journal of Personality* 75 (2007): 1086. // Kay Deaux und Peter Burke, "Bridging Identities," *Social Psychology Quarterly* 73 (2010): 315–20.
10 Susan A Gelman und Gail D Heyman, "Carrot-Eaters and Creature-Believers: The Effects of Lexicalization on Children's Inferences about Social Categories," *Psychological Science* 10 (1999): 489–93. // P. Bourdieu, "On the Family as a Realized Category," *Theory, Culture & Society* 13 (1996): 19–26. // vgl. William C Wimsatt und James R Griesemer, "Reproducing Entrenchments to Scaffold Culture: The Central Role of Development in Cultural Evolution." // Marjorie Rhodes, Sarah-Jane Leslie, und Christina M Tworek, "Cultural Transmission of Social Essentialism," *PNAS* 109 (2012): 13526–31.

selben Sportverein sind oder die gleiche Herkunft besitzen. Innerhalb einer solchen Gruppe ist es nicht nötig, sich persönlich zu kennen. Das Wissen um die Gemeinsamkeiten genügt. Wir erleben uns dabei als Mitglieder einer partikularen Identitäts-Gruppe *(Identität)*. Schließlich gehört jeder von uns auch noch zu Gruppen, die sich aus Sympathie und Freundschaft ergeben. Diese Beziehungen sind durch Intimität charakterisiert. Es handelt sich um den „Freundeskreis" *(Intimität)*. Im Gegensatz zu den auf Interaktion beruhenden geschäftlichen Beziehungen, die nur durch *äußere* Regelungen zusammengehalten werden, beruhen die auf Identität und Intimität gründenden Gruppen auf *innerer* Verbindlichkeit („Commitment").

Der Sonderfall Familie

Obwohl alle spezifischen Aspekte einer freundschaftlichen Beziehung – gemeinsame Werte (Identität), affektive Zuneigung (Intimität) und gegenseitige Fürsorge (Intimität) – innerhalb von „Familie" vorkommen können, so wird es doch immer Familienmitglieder geben, auf die diese Aspekte nicht zutreffen. Daher unterteilen Soziologen „Familie" je nach sozialer Nähe weiter in intimfreundschaftliche,[11] sozial wirksame oder nur nominelle Verwandtschaft.[12]

Familiäre Strukturen besitzen zwar häufig freundschaftliche Aspekte, sie unterscheiden sich von Freundschaften aber dennoch augenfällig: Familienzugehörigkeit generiert unabhängig von Sympathie und sozialer Nähe eine Verpflichtung aufgrund von Identität.[13] Selbst gegenüber den nur nominell Verwandten verspüren Menschen diese hohe Verpflichtung und handeln danach. So wird dem Neffen, der aus Australien zu Besuch kommt, ganz selbstverständlich geholfen, selbst wenn zu diesem Zweig der Familie schon länger keine Verbindung mehr bestand.

Obwohl Familie dadurch nicht nur äußerlich, sondern auch intrinsisch eindeutig von Freundschaft unterschieden ist, tritt aber doch kein ganz neues Beziehungskonzept hinzu. Es ist vielmehr ihre spezifische Kombination aus Intimitäts- und Identitätsmustern, die einerseits die ähnlichen Handlungsmöglichkeiten und andererseits die unterschiedlichen Handlungsweisen im jeweiligen Kontext bestimmt. In beiden Kategorien – Familie wie Freundschaft – ist es üblich, miteinander zu teilen und sich zu beschenken, aber nur im familiären Kontext

---

11 Ray Pahl und David J Pevalin, "Between Family and Friends: A Longitudinal Study of Friendship Choice," *The British Journal of Sociology* 56 (2005): 433–50.
12 Adams, "Interaction Theory and the Social Network," 76.
13 ebd., 69ff, bes. 72. // Spencer und Pahl, *Rethinking Friendship*, 108–127.

wird das Motiv der „gemeinsamen Teilhabe" unabhängig von Zuneigung angewendet.[14]

10.1.2 Mentale Konzepte stellen soziale Fragen

Eine Geschäftsbeziehung ist zwar zunächst als reine Interaktions-Beziehung verstehbar, doch häufige Wiederholung wird mit der Zeit wie von allein Aspekte der Identität hinzukommen lassen („Kundenbindung").[15] Ebenso werden häufige positive soziale Kontakte fast immer dazu führen, dass bestimmte Gruppenmitglieder vermehrt unter dem Aspekt der Intimität – wie Freunde – behandelt werden. Wenn eine Geschäftsbeziehung in einen der anderen Beziehungstypen übergeht, stehen aber mit einem Mal neue, ganz spezifische soziale Fragen im Raum: „Zu wem gehöre ich?" *(Identität)* und „Wer bin ich als Person für Dich?" *(Intimität)*. Dies sind Fragen, die bei reiner Interaktion noch nicht interessieren, sondern erst mit zunehmender sozialer Intensität immer dringender gestellt werden, weil sie innerhalb des sozialen Netzwerks Identität und Sicherheit vermitteln.[16] Mithilfe der Beziehungskonzepte wird also nicht beschrieben, wie die Beziehung zwischen zwei Parteien objektiv aussieht oder was evolutionsbiologisch dahintersteckt, sondern wie wir unsere Einzelhandlungen subjektiv *verstehen* und welche *Bedeutung* wir diesen beimessen. Wenn ich mit jemandem in der Weise der Intimität umgehe, mache ich dadurch unweigerlich eine Aussage, wie ich unsere Beziehung verstehe. Wenn ich mit jemandem auf der Interaktionsebene umgehe, mache ich dadurch deutlich, dass in der Handlung gerade keine Aussage über die persönliche Beziehung zum Ausdruck kommen soll. In ein und derselben Beziehung können die unterschiedlichen Beziehungskonzepte daher situations- und aussagespezifisch zur Anwendung kommen. In kurzer Zeit kann ich einem Freund mein Auto verkaufen *(Interaktion)*, anschließend mit ihm im Fanblock unsere Mannschaft anfeuern *(Identität)* und ihn schließlich tröstend in den Arm nehmen, weil ihn seine Freundin verlassen hat *(Intimität)*.[17] In den

---

14 vgl. Kerris Oates und Margo Wilson, "Nominal Kinship Cues Facilitate Altruism," *Proceedings of the Royal Society of London. Series B: Biological Sciences* 269 (2002): 105–9.
15 vgl. David M Merolla et al., "Structural Precursors to Identity Processes: The Role of Proximate Social Structures," *Social Psychology Quarterly* 75 (2012): 149–72.
16 Sheldon Stryker und Peter J Burke, "The Past, Present, and Future of an Identity Theory," *Social Psychology Quarterly* 63 (2000): 284–97. // Kay Deaux und Daniela Martin, "Interpersonal Networks and Social Categories: Specifying Levels of Context in Identity Processes," *Social Psychology Quarterly* 66 (2003): 101–17.
17 vgl. Rai und Fiske, "Moral Psychology Is Relationship Regulation," 60.

konkreten Beziehungen werden die verschiedenen Fragestellungen in unterschiedlich starker Ausprägung relevant und die sozialen Handlungselemente werden entsprechend miteinander kombiniert.[18] So wird eine einzigartige Beziehungsqualität und ein individuelles Selbstverständnis erzeugt.

Dass es sich tatsächlich um voneinander unterschiedene, psychologische Konzepte handelt, zeigt sich darin, dass sie zu sozialen Strukturen führen.[19] So besitzt jeder Beziehungstyp auch ganz eigene, spezifisch gestaltete soziale Instrumente, die den dort relevanten Fragestellungen angepasst sind. Es lassen sich jeweils eigene Regeln und Formen des Miteinanders erkennen: Unter *Interaktion* gelten Verträge und Spielregeln, bei *Identität* Normen und Konventionen und bei *Intimität* – im freundschaftlichen Kreis – müssen schließlich gemeinsam jene Regeln gefunden werden, die der aktuellen Beziehungsqualität gerecht werden.[20] Vom Arbeitskollegen am Fließband 20 Meter weiter kann ich nicht erwarten, dass er denselben Fußballclub unterstützt, aber ich darf erwarten, dass er seine Teile rechtzeitig fertig hat, so dass ich weiterarbeiten und den Akkord erfüllen kann. Von einem anderen Fan erwarte ich möglicherweise, dass er im Stadion die Farben unsres Vereins trägt und an den „richtigen" Stellen jubelt und trauert, aber ich erwarte nicht, dass er sich für meine persönlichen Probleme interessiert. In einer intimen Beziehung erwarte ich nicht, dass der andere immer höflich mit mir spricht, aber dass er mitfühlt wenn es mir schlecht geht, dass er an unseren Hochzeitstag denkt und mir eventuell auch dann zum Geburtstag eine Eintrittskarte zu einem Fußballspiel meiner Mannschaft schenkt, wenn er Fan einer anderen Mannschaft ist. Und wenn er beim gemeinsamen Fernsehen für die andere Mannschaft jubelt, sehe ich es ihm nach – was ich nicht tun würde, wenn er Mitglied desselben Fanclubs wäre.

Die drei Konzepte sind offensichtlich keine künstlichen Konstrukte, sondern sie und die zugehörigen Unterscheidungen gehören zu einem kompetenten,

---

18 gemäß dem Axiom der Soziologie: »Die soziale Verbindung bestimmt die soziale Handlung«; vgl. Sheldon Stryker, Richard T Serpe, und Matthew O Hunt, "Making Good on a Promise: The Impact of Larger Social Structures on Commitments," *Advances in Group Processes* 22 (2005): 94.
19 vgl. die Kriterien in Fiske 1992, 716.
20 Andererseits gibt es gelegentlich spezifische soziale Strukturen, die dann auch in den anderen Konzepten – quasi ortsfremd – eingesetzt werden. So ist Geld zwar in der Lage, für Proportionalität und Konvertierbarkeit von Werten zu sorgen – dies scheint seine genuine Aufgabe zu sein –, aber wo immer es Geld gibt, wird es auch für die sozialen Fragestellungen instrumentalisiert. Geld ermöglicht so nicht nur Bezahlung und Lohn, sondern wird auch identitätsstiftend als Prämie oder Verleihung eines Anspruchs verwendet oder intimitätsstiftend als Geschenk und Symbol der affektiven Zuneigung. „*Families, intimate friends, and businesses likewise reshaped money into its supposedly most alien form: a sentimental gift, expressing care and affection.*" Viviana A Zelizer, "Payments and Social Ties," *Sociological Forum* 11 (1996): 484 f.

menschlichen Sozialleben üblicherweise dazu. Zu Verwirrungen kommt es, wenn Instrumente verwendet werden, die nicht mit der Beziehungsqualität kongruent sind,[21] wenn am Anfang einer gemeinsamen Unternehmung schon unterschiedliche Vorstellungen darüber herrschen, welches Modell gilt, oder wenn dies während einer Handlung einseitig verändert wird.

10.1.3 Das Konzept der Interaktion

Beschreibung
Eine Interaktions-Gruppe entsteht, wenn zwei Parteien Interessen und Ressourcen besitzen und sie einander zum Tausch anbieten, nicht wegen einer emotionalen Verbundenheit oder dem Gefühl einer Verpflichtung, sondern weil sie sich einen eigenen Vorteil davon versprechen. Die Kriterien, die in einer Interaktions-Gruppe Geltung haben, sind daher jene der Kosten-Nutzen-Analyse. Diese kann aber bereits durch kleine Abweichungen kippen, weshalb quantitative Exaktheit und größtmögliche Vorhersagbarkeit wichtig sind. Güter und Ressourcen müssen gegeneinander verrechnet werden und Proportionalität und Reziprozität sind zu gewährleisten.[22] Offensichtlich mutwillige Benachteiligungen werden nicht toleriert und es gelten die Regeln des Marktes. Da keine emotionale, innere Verbindlichkeit zwischen den Parteien vorausgesetzt ist, muss es andere Verbindlichkeit und Sicherheit schaffende Institutionen geben. Die typische Form ist in diesem Beziehungstyp der *Vertrag*, der zum Beispiel innerhalb eines Staatswesens durch verschiedene Institutionen kontrolliert und damit von außen garantiert wird: Recht und Justiz, Finanzwesen usw. Ein Vertrag legt die Bedingungen und das Ausmaß fest, zu denen die Beteiligten zur Kooperation willig sind. Werden diese schuldhaft nicht eingehalten, ist der Vertrag für die andere Partei nicht mehr bindend, und sie kann ohne Nachteile für ihr Ansehen aussteigen.[23]

---

[21] „*Within the contemporary family, a monetary compensation system does not fit the expected intimacy of domestic relations, while a gift system of payment in the business world muddles the presumably impersonal working relations between employer and employee. To be sure, people do play with variance in these regards. [...] Nevertheless, on the whole, different kinds of organization concentrate on one category of payment: compensation* [Interaktion, Anm.], *entitlement* [Identität, Anm.], *or gift* [Intimität, Anm.]." *Ebd.*, 482f.
[22] Der *moralische* Fokus liegt aber auch hier auf dem „gleich viel", und nicht auf dem „wie viel" eines »*homo oekonomicus*«; Max H Bazerman, Sally Blount White, und George F Loewenstein, "Perceptions of Fairness in Interpersonal and Individual Choice Situations," *Current Directions in Psychological Science* 4 (1995): 39–43.
[23] vgl. Karthik Panchanathan und Robert Boyd, "A Tale of Two Defectors."

Echte Verträge setzen dabei eine zumindest hypothetische dritte „Partei" voraus, an die gegebenenfalls appelliert werden kann. *In einem Staat* begibt man sich durch Vertragsschluss unter die Schirmherrschaft der Justiz und ihrer Exekutive. *Ohne Staat* wird die „Schirmherrschaft" durch die öffentliche Ruchbarkeit von Vertragsbrüchen und den damit verbundenen Verlust von „Ehre", durch ein ethisches Selbstverständnis, durch die Aussicht auf langfristige Zusammenarbeit oder durch Berufung auf transzendente Gewalten übernommen.[24] Eine gewisse Dritt-Parteien-Kontrolle ist notwendig, damit ein Vertragswesen nicht in ein diktatorisches und unproportionales Machtverhältnis umschlagen kann. Je stärker ein Vertragspartner, desto mächtiger muss daher auch das Kontrollorgan sein. Sanktionsmöglichkeiten beinhalten eine zum Schaden proportionale Strafe und den Abbruch der Beziehungen.

Wenn das Konzept der Interaktion angewendet wird, ist die Aussage: *„Ich möchte mit dem was ich tue keine soziale oder persönliche Aussage machen!"* Das Ziel von Interaktions-Beziehungen ist primär der persönliche Vorteil oder Eigennutz. Jeder ist bei Vertragsschluss und bei der Feststellung eines Vertragsbruchs für sein eigenes Interesse selbst verantwortlich. Die Handlungsmaxime – was einen sittlich gerechten Vertrag ausmacht – ist die angemessene Berücksichtigung der individuellen Interessen. Die typische Übertretung in diesem Bereich ist der *Betrug* (Abb. 10.1).

Kontrolle und Engagement bei Interaktion
Weil sie nicht auf emotionaler Verbundenheit basieren, besitzen Interaktionsgruppen „natürlicherweise" ein Bedürfnis nach Kontrolle. Hierbei macht es einen bedeutenden Unterschied, ob die Angst zu kurz zu kommen die Handlung bestimmt oder nicht. Während in diesem Fall der Fokus auf der eigenen Gewinnabsicherung liegt, würde ein Partner, der ohne Angst Verbindung und Engagement anstrebt, eher Win-Win-Situationen suchen, Verlässlichkeit zeigen und ein gutes Image und gemeinsames Wachstum anstreben, was *langfristig* vermutlich sogar zu einem höheren eigenen Profit führen würde.[25]

---

[24] siehe Kapitel 5.2.3 und 5.3 und 4.1.2.
[25] siehe Kap. 5.3.1.3.

Abb. 10.1: Die Eigenheiten der verschiedenen Beziehungstypen. Darstellung der typischen Moralformen und Übertretungen (rot), die Instrumente, die eingesetzt werden, um Kontrolle auszuüben (jeweils unten links) und die Motive, die autonomes Engagement fördern (jeweils oben rechts).

Was „sollen"[26] wir tun?
Verschiedene Ethikansätze versuchen zu begründen, dass überhaupt nur dieser Bereich der Moral normativen Charakter besitzt. Dies betrifft vor allem die Vertrags- und die Interessens-Ethiken. Sie argumentieren, dass man sämtliche Beziehungen als Verträge und Interessensausgleich verstehen kann, und dass deshalb im Modell der Interaktion das Gesamt der menschlichen sozialen Realität bereits in den Blick genommen sei. Dies ist aber nur teilweise richtig. Richtig daran ist, dass es theoretisch möglich ist, alle Handlungen auch als soziale Interaktion zwischen egoistischen Interessensträgern zu modellieren. So kann der Einsatz für die Gruppe zum Beispiel als kostspieliges Signal zur Verbesserung des eigenen sozialen Status verstanden werden. Doch viele Phänomene des menschlichen Lebens lassen sich dadurch nur noch als irregeleitet verstehen bzw. als Ereignisse, wo sich einer der Partner über seine wahren Interessen täuscht und dadurch von anderen ausgenutzt werden kann. Verantwortlich für diese Fehleinschätzung seien häufig Memplexe, die auf das Individuum heteronomen Zwang ausüben und es zum Beispiel dazu bringen, die eigenen Interessen für diejenigen der Gruppe aufzuopfern.[27]

Eine solche Aufopferung des eigenen Interesses nun als nicht ethisch oder sogar unethisch zu bezeichnen,[28] geht aber an der menschlichen Wahrnehmung vorbei, die denjenigen, der selbstlosen Einsatz bringt, gerade als ethisch lobenswert ansieht.[29] Eine der landläufigen Meinung so diametral entgegengesetzte Einschätzung müsste aber für ihre Ansicht gute Gründe anführen, was zumindest evolutionsbiologisch nicht gelingt.[30]

Tatsächlich scheinen die Vertreter einer Interessens- oder Vertragsethik das Kind mit dem Bade auszuschütten, wenn sie selbstlosen Einsatz für eine Gruppe als fehlgeleitet darstellen: Wer davon ausgeht, dass bei der ethischen Beurteilung einer Situation nur die Einzelinteressen der Mitglieder gegeneinander abgewogen werden dürfen, wird zwar richtig erkennen, dass eine Ungleichverteilung der Lasten auf Kosten eines Individuums ethisch nicht in Ordnung ist, er wird aber offenbar nicht mehr wahrnehmen, dass dies möglicherweise nicht die ethische

---

26 Das „Sollen" in Anführungszeichen bezieht sich in diesem und dem folgenden Kapitel auf das, was Menschen üblicherweise als gesollt wahrnehmen. Es handelt sich um eine deskriptive, anthropologische bzw. psychologische Aussage, nicht um eine normative.
27 vgl. Michael Schmidt-Salomon, *Jenseits von Gut und Böse*, 192 ff.
28 „Freiheiten zur Unterwerfung"; ebd., 192.
29 vgl. den Fall der „Strong Reciprocators" (siehe Kap. 5.3.1.3) die aus Sicht des Individuums nicht die optimale Strategie verfolgen, aber in den ökonomischen Spielen einen hohen Kooperationslevel gewährleisten. Dreber et al., "Winners Don't Punish." // Gürerk, Irlenbusch, und Rockenbach, "The Competitive Advantage of Sanctioning Institutions."
30 siehe Kapitel 9.6.3.3.

Qualität des *hohen* Einsatzes desavouiert, sondern eventuell ausschließlich ein Fragezeichen hinter den *mangelnden* Einsatz jener stellt, die einseitig davon profitieren.

Natürlich kann ein Vergleich mit der landläufigen Wahrnehmung nicht über normative Fragen entscheiden und man könnte über diese Kritik hinweg sehen, wenn der Nutzen auf einer anderen Ebene zu finden wäre. Es müssen aber zusätzlich auch Zweifel an der Praktikabilität solcher Versuche geäußert werden. Während Interaktionen im wirtschaftlichen Bereich durchaus quantitativ handhabbar sind und man davon ausgehen kann, dass ein Geschäftspartner Kosten und Nutzen halbwegs übersehen kann, gilt dies für die alltäglichsten Entscheidungen gerade nicht. Wenn ich einem Freund bei etwas zur Hand gehe oder einem Fremden helfe, lässt sich dies nur sehr theoretisch als Ausgleich von Interessen modellieren. Eine praktische Quantifizierung scheitert an der Komplexität und der Nichtverfügbarkeit von Informationen. In der Praxis setzt eine Orientierung an dieser Form von Ethik daher autonome und völlig selbst-kompetente Subjekte voraus, die tatsächlich in der Lage sind, Kosten und Nutzen korrekt zu bestimmen. Dies sind aber Voraussetzungen, von denen keine einzige faktisch gegeben ist.[31]

Dennoch gibt es für den ethischen Argumentationstypus der Interaktion einen angemessenen Anwendungsbereich: Jenen der geschäftlichen und politischen Entscheidungen, die man öffentlich rechtfertigen können muss und alle Fragen der Gerechtigkeit. Im Einzelfall muss die Anwendungsmöglichkeit aber klug und sorgfältig bestimmt werden. So müsste zuerst gezeigt werden, dass die Situation tatsächlich als Interaktion verstanden werden kann ohne die Wirklichkeit dabei zu verzerren oder zu verkürzen, und es müsste sichergestellt sein, dass die notwendigen Quantifizierungen möglich sind. Ist eines von beidem nicht der Fall, kann auch nicht erwartet werden, dass kontraktualistische oder interessensethische Prinzipien hier allein zu richtigen ethischen Urteilen kommen. Man befindet sich dann in einem Anwendungsbereich, in dem andere Argumentationstypen voraussichtlich leistungsfähiger sind.[32] Wenn Normativität also auf einen quantitativen Argumentationstypus der »Fairness« oder des »Vertrags« eingeschränkt werden soll, kann man dadurch notwendigerweise einen großen Teil der menschlichen Realität gar nicht oder nur unter falschen Prämissen erfassen. Man muss sich dann damit abfinden, auf viele Fragen keine Antwort geben zu können. Wo Normativität aber weitere ethische Dimensionen kennt – jene nämlich, wo Beziehungen von den Beteiligten als auf *Identität* oder *Intimität* beruhend verstanden werden –, kann in den entsprechenden Situationen der Ausgleich von

---

31 vgl. Bennis, Medin, und Bartels, "The Costs and Benefits of Calculation and Moral Rules."
32 ebd.

Interessen in der ethischen Beurteilung in den Hintergrund treten und dies führt dann zu ganz eigenen Klassen von ethischen Verhaltensregeln.

10.1.4 Das Konzept der Identität

Beschreibung
Mitglieder von Identitätsgruppen müssen sich nicht kennen, aber sie müssen sich zumindest als Mitglieder *er*kennen. Nur so erhält die Mitgliedschaft eine faktische Bedeutung, so dass nicht-reziprokes Entgegenkommen, Solidarität gegenüber Mitgliedern oder gegenseitige Unterstützung in Not regelmäßig vorkommen. Die Größe von Gruppen, ihre praktische Relevanz und die emotionale Nähe, die sie generieren, variiert dabei sehr stark, genauso wie ihre Merkmale. Diese rangieren von Hautfarbe, über Nationalität bis hin zu den Stickern des örtlichen Hundesportvereins oder den Begrüßungsriten einer Clique.

Ein höherer Zusammenhalt und eine höhere Kooperation sind am leichtesten – das heißt, ohne dass sich die Gruppe selbst verändern müsste – durch eine Abgrenzung nach außen zu erreichen. Dies führt dann zu dem notorischen Ingroup/Outgroup-Denken, das ein Eliteverständnis, Infra-Humanisierung und die ungeprüfte Kultivierung von dualistischen Narrativen fördert und so ungerechte und aggressive Verhaltensweisen nach außen legitimiert. Diese Abgrenzung und Aggression nach außen hat nach innen eine verbindende und stabilisierende Funktion, führt aber fast immer zu Ungerechtigkeit und Missbrauch.[33] Prinzipiell kann Verbindlichkeit aber auch ohne Abgrenzung zu Anderen gestärkt werden, indem sich die Gruppe verändert und zum Beispiel die Lebensqualität ihrer Mitglieder verbessert. Um sich als Deutscher zu erleben kann man ein Fußballnationalspiel gegen Holland sehen, aber man kann sich auch darüber freuen, dass in unserm Land die soziale Schere (noch) nicht allzu weit auseinanderklafft und dass wir in großer Sicherheit leben dürfen ... und bei diesen Gedanken ein Stück guten, alten Goudas genießen.

Die soziale Frage, die im Identitätskonzept beantwortet wird, ist: *„Zu wem gehöre ich?"*. Das Neue ist das Prinzip »Commitment«, die Selbst-Verpflichtung gegenüber einer Gemeinschaft und ihrer Mitglieder und die Bereitschaft, dafür die eigenen Interessen zurückzustellen. Die für den Beziehungstyp „Identität" charakteristischen Regeln sind die moralischen Codes. Diese sind partikular und müssen es auch sein, da universale Regeln ja nicht gruppenspezifisch sein würden und dadurch keine *Gruppenidentität* generieren können. Typisch sind also Kon-

---

[33] siehe Kap. 8.5.9.

ventionen, Brauchtümer, Riten und dergleichen. Der einzige Sinn vieler dieser Regeln ist, emotionale Verbindung unter den Mitgliedern zu schaffen. Wer sich dann nicht an die Regeln hält, kann es sich entweder leisten[34] oder gehört nicht zum Kern der Gruppe.

Während man in nicht-säkularen Staaten häufiger solche identitätsstiftenden Regeln auch im Gesetz findet, deren Übertretung dann öffentlich geahndet werden kann,[35] kann ein säkularer Rechtsstaat keine Verpflichtungen aus derartigen Partikularnormen ableiten. Sanktionen bei Übertretungen eines moralischen Codes bewegen sich deshalb dort im nicht-öffentlichen, privaten Bereich. Es handelt sich um soziale Bestrafungen, Entzug von Vergünstigungen oder Anerkennung, Demütigungen, Ausschluss aus der Gruppe usw. Die Gefahr von Missbrauch ist hier besonders hoch, da die Machtverhältnisse meist deutlich asymmetrisch sind, der Einzelne sich nur durch Rückzug oder Protest wehren kann, und solange keine übergeordneten Regeln (Gesetze oder Menschenrechte) betroffen sind, ist auch keine Intervention von außen zu erwarten.

Kommt es zur Schuld eines Einzelnen, so „kontaminiert" dies die ganze Gruppe. Es entsteht eine kollektive Verantwortung für die Wiedergutmachung.[36] Ein Konflikt, der die Gruppen-Identität betrifft, ist daher für jedes Mitglied sofort persönlich relevant und emotional.[37] Dies kann manchmal für den Schuldigen vorteilhaft sein, wenn die Gruppe ihn unterstützt oder vor Dritten schützt, es kann vor allem in moralischen Systemen der Ehre (siehe Kap. 4.1.2) aber auch tödlich für den Betroffenen enden.

Das Ziel von Identitäts-Beziehungen ist eine funktionierende Gruppe, mit der man sich identifizieren kann. Die typische Übertretung ist in diesem Bereich daher der *Verrat*.

---

[34] Deshalb haben Neonazis in leitenden Funktionen auch keine obligatorischen „Glatzen". Man kennt sie persönlich und die vereinheitlichenden Merkmale werden nicht nur weniger wichtig, sondern für eine Leitungsfunktion geradezu hinderlich. Auch Adolf Hitler hat ja nicht gerade mit arischen Merkmalen geglänzt.
[35] z.B. die muslimische „Scharia"; vgl. http://de.wikipedia.org/wiki/Scharia, Zugriff am 19.10. 2012.
[36] Rai und Fiske, "Moral Psychology is Relationship Regulation," 62.
[37] Susan Clayton und Susan Opotow, "Justice and Identity: Changing Perspectives on what is fair," *Personality and Social Psychology Review* 7 (2003): 308.

Kontrolle und Engagement bei Identität

Wo eine Gruppe sich als gefährdet erlebt, tendiert sie zu verstärkter Kontrolle nach innen und außen.[38] Die Formen, in denen die Gruppe ihre Werte lebt, nehmen dann ebenfalls eine striktere Gestalt an: Respekt kommt in ihrer geordneten und festgeschriebenen Form als Autorität und Gehorsamspflicht zum Tragen; autonome Loyalität wird zu überwachter Gruppenzugehörigkeit. Offensichtlich werden hier Prinzipien aus dem Interaktionsbereich im Sinne eines sozialen Vertrags zu Hilfe genommen, um die innere Verbindung der Gruppe abzusichern. Prinzipiell kann man sagen, dass Kontrolle in einer Gemeinschaft dadurch erreicht wird, dass man das Machtverhältnis von Gruppe zu Mitglied asymmetrischer werden lässt oder indem man die Bedrohlichkeit der Outgroup verstärkt. Eine Ethik des Engagements, die bei Entspannung und geringer Gefährdung möglich wird, führt dagegen zu Autonomie und zu innerer Selbstverpflichtung, zum Fest statt zum Aufmarsch, zu gemeinsamer Freude statt zu gemeinsamem Hass.

Was „sollen" wir tun?

Wer die vielfältigen moralischen Codes der Völker betrachtet und versucht, darauf eine Ethik aufzubauen, muss zu einem kulturellen Relativismus kommen. Moralische Codes sind grundsätzlich unterschiedlich und vielfältig, denn sie dienen auch als Kontrastfolie, an der sich Gruppenidentität aufbauen kann. Wichtig ist jedoch, dass sich gerade in dieser Vielfalt ein Themenbereich herauskristallisiert, der universell zu sein scheint: Es geht um die innere Verbindung von Individuen zu ihrer Gemeinschaft. Die wichtigsten Instrumente sind Abgrenzung nach außen, innere Attraktivität oder eine Erhöhung der Verbindlichkeit durch sozialen Druck oder durch Bezug auf eine übernatürliche Instanz.

Abhängig von der Situation führen moralische Codes zu unterschiedlichen Konsequenzen: Bei einer *Bedrohung von außen* machen sie eine Gruppe konkurrenzfähiger und schlagkräftiger. In Not geratene Mitglieder erfahren Unterstützung. Bei einer *Bedrohung von innen* werden die „problematischen" Individuen erkannt und zur Ordnung gerufen. Die Gruppe stabilisiert sich dadurch gegen individualistische oder gegen ihre Werte gerichtete Tendenzen und hält die sozialen Spannungen im Zaum. *Ohne Bedrohung* tritt dagegen häufig der Fall ein, dass die gemeinsamen moralischen Codes ihre Kraft verlieren und sich die Gemeinschaft in verschiedene Interessensgruppen oder Bevölkerungsschichten

---

38 Hierarchisierung vermindert z. B. durch ihre klaren Strukturen Unsicherheit und sozialen Stress innerhalb der Gruppe und verhindert so „Reibungsverluste". Sachser, Dürschlag, und Hirzel, "Social Relationships and the Management of Stress."

aufspaltet, die sich nun ihre eigenen Codes zulegen.[39] Eine intensive Stratifizierung und eine Aufweitung der sozialen Schere sind die Folge, wenn es der übergeordneten Gemeinschaft nicht gelingt, durch Interaktionsregeln und die Schaffung entsprechender Institutionen dagegen zu steuern und die Identifikation hoch zu halten.

Die moralischen Codes sind also durchaus ambivalent. Als Maßstab für eine ethische Beurteilung kann ihre Fähigkeit dienen, die Bildung einer guten Gruppe zu fördern. Diese könnte sich dadurch auszeichnen, dass sie die Sozialität, Autonomie und Kultur ihrer Mitglieder unterstützt, ohne dabei auf die Abgrenzung von einer Outgroup zu setzen. Einer inklusiven Gemeinschaft, der dies gelingt, dürfte man als gutem Lebensraum vieler Individuen und als Modell für kommende Gesellschaftsentwürfe vermutlich einen quasi-eigenen Wert zusprechen, der den Wert eines einzelnen Individualinteresses rechtmäßig überwiegen kann und dadurch nicht nur irgendeinen Einsatz, sondern gegebenenfalls sogar den Einsatz von Leib und Leben zugunsten der Gruppe als eine ethisch „gute" Option erscheinen lassen kann.

10.1.5 Das Konzept der Intimität

Beschreibung

In einer Intimitäts-Gruppe, also unter Freunden und in der sozial nahen Familie, kennen sich die Mitglieder persönlich, verbringen Zeit miteinander und teilen Erlebnisse. Es geht also nicht nur um eine Gemeinsamkeit in Merkmalen, sondern um das Teilen von inneren Zuständen und Erfahrungen. Je einmütiger man sich dabei erlebt, desto intensiver wird die innere Verbundenheit empfunden. Eine entscheidende Fähigkeit ist sicher jene, den Blickwinkel des anderen einnehmen zu können und daran Anteil zu nehmen: *„Wie geht es ihm/ihr jetzt?"* Durch verschiedene Signale und durch das Kümmern um das Wohl des Andern, kann Anteilnahme gezeigt werden.[40]

Die soziale Frage, die im Intimitätskonzept beantwortet wird, ist *„Wer bin ich für Dich und wer bist Du für mich als Person."* Das Neue ist die Selbst-Investition, die persönliche Selbstgabe und die Suche des Anderen als individuelle Person. Die beiden charakteristischen Gesten dieses Beziehungstyps sind das Geschenk und das Opfer, das „Mehr als nötig" und das „Mehr als erwartet". Eine intime Bezie-

---

39 Kraus et al., "Social Class, Solipsism, and Contextualism." // Jeffrey K Snyder et al., "Trade-Offs in a Dangerous World."
40 vgl. Ferguson und Bargh, "How social Perception can automatically influence Behavior." // siehe Kap. 6.5.2, „Shared Intentionality ".

hung ist zwar nicht davon abhängig, aber nährt sich doch davon, dass regelmäßig die Erwartung übertroffen wird. Das Übermäßige wird zum Signal: *„Ich bin dir gut."*

Wenn eine Intimitäts-Gruppe intakt ist, müssen sich die Mitglieder kaum voreinander schützen und haben die Möglichkeit in besonderer Weise kongruent zu handeln und zu reden. Da dies auf Gegenseitigkeit beruht, wird dem Einzelnen die Möglichkeit gegeben, sich bestätigen, konfrontieren und herausfordern zu lassen und so allein und als Gemeinschaft zu wachsen. Das bloße Einhalten von Regeln genügt hier nicht, sondern es muss jeweils auch neu erfunden und ausbuchstabiert werden, was der Beziehung in jedem Moment angemessen und förderlich ist. Damit wird die individuelle Gestaltung der Beziehung aber auch zu einer Selbstaussage.

Was der Einzelne jeweils einbringt, kann nicht eingefordert werden, sondern nur erwartet und erhofft, durch ein Übermaß überrascht oder auch durch Mangelhaftigkeit enttäuscht werden. Typisch für intime Beziehungen ist ihr Charakter der fehlenden Verpflichtung. Die große Öffnung nach innen muss wegen der damit verbundenen Verletzlichkeit mit einer hohen Vergebungsbereitschaft gekoppelt sein, damit ein robustes System entsteht.

Das Ziel von intimitätsstiftenden Handlungen ist die Beziehung selbst und das gemeinsame Wachstum. Die typischen Kardinal-Übertretungen in diesem Bereich sind daher *Gleichgültigkeit* und Desinteresse am Schicksal des Andern.

Kontrolle und Engagement bei Intimität
Das typische Verhaltensmuster der Absicherung ist in diesem Bereich der Versuch, den anderen zu manipulieren. Hierzu wird nicht selten auf Verhaltensmuster aus dem Identitäts- und Interaktionsbereich zurückgegriffen: Die „Ehre der Familie" (Identität), eine „ehemalige Schuld"[41] (Interaktion) oder diverse Vorwürfe (Pflicht statt Geschenk) werden dann angeführt, um den eigenen Willen durchzusetzen. Dadurch wird zwar das Ausgeliefertsein an die Freiheit des Andern gemildert und scheinbar Kontrolle erlangt, gleichzeitig wird aber die Chance einer authentischen Begegnung verspielt.

Innere Verbindung – statt äußerer Verpflichtung – wird dagegen *erzeugt*, indem sie *be*zeugt wird: in Form von gemeinsam verbrachter Zeit, durch angebotene Hilfe, kompetente Anerkennung, Zärtlichkeit und andere Formen kör-

---

41 Sumser, "Die Schuldfrage als Beziehungsmanagement – Die Perspektive der Evolutionbiologie," 81 f.

perlicher Nähe oder durch wertschätzende Geschenke.⁴² Der glaubhafteste Beweis innerer Zuneigung gelingt schließlich durch Verzicht und Opfer zu Gunsten des anderen: *„Du bist mir kostbar!"*, *„Du bist mir etwas wert!"*

Die implizite Annahme, die jeder Intimitätsgruppe zugrunde liegt ist, dass der andere mir gut will. Von diesem Bild her wird das Miteinander konstruiert. Wenn eine starke Verbindung erlebt wird, kann daher auch viel ertragen werden. Wichtig ist dabei, dass der andere hier im Idealfall nicht um irgendwelcher Fähigkeiten willen wertgeschätzt wird, sondern unabhängig davon. Ich will dass der Andere nicht nur meinen Erwartungen entspricht (Identität) oder seine Zusagen einhält (Interaktion), sondern dass er mir als er selbst und als ein anderer begegnen und bei mir ankommen kann (Intimität). Damit wird auch deutlich, dass hier der bevorzugte Ort sein muss, wo die erwähnte dialogisch-polare Entwicklung der Person auf der intersubjektiven Ebene stattfinden kann.⁴³ Während im Interaktions- und auch noch im Identitätsbereich der Andere objektifiziert werden kann, begegnet er, wo Intimität wirksam ist, zwingend als Subjekt, als ein Du.

Dies bildet sich auch in den Symmetrieverhältnissen ab. Im Beziehungstyp der Intimität sind die einzelnen Gesten des Sich-Investierens jeweils asymmetrisch. Ein dynamisches Gleichgewicht stellt sich daher nur dort ein, wo die Asymmetrien auf Gegenseitigkeit beruhen, wie in einem Ballspiel, das davon lebt, dass Bälle nicht nur gefangen, sondern auch wieder zurückgeworfen werden. Wenn nun ein Partner im Wunsch nach Sicherheit beginnt, Kontrolle auszuüben, dann wird dieses Gleichgewicht gestört. Aus dem Spiel wechselseitiger Asymmetrie wird plötzlich eine Machtdemonstration – *„Ich werfe nur, wenn du ..."* – und es verliert dabei seinen dialogischen Charakter und seine Wachstumschancen.

Was „sollen" wir tun?
Auf dem Beziehungskonzept der Intimität lässt sich keine normative Ethik aufbauen, sondern nur ein Ideal. Was in diesem Bereich gesollt wird, ist nichts was einklagbar wäre. Der Ausnahmefall ist die Eltern-Kind-Beziehung. Diese ist von den Machtverhältnissen her höchst asymmetrisch. Da das Kind seine eigenen Interessen noch nicht vertreten kann, muss dies durch die Eltern übernommen werden. Gleichzeitig wird aber erwartet, dass diese Pflicht nicht ohne Liebe geschieht.

---

42 vgl. Gary Chapman, *Die Fünf Sprachen der Liebe. Wie Kommunikation gelingt* (Marburg: Francke, 2003).
43 Siehe Kap. 7.2.2.

Wo eine intime Beziehung auf Augenebene vorhanden ist, bezeichnet das Sollen stets ein Ziel, aber keine Forderung, und Pflicht existiert nur in der Form der Selbstverpflichtung. Die „Normen", die in diesem Bereich gelten, sind Gebote, wie etwa das Gebot den anderen um seiner selbst willen zu lieben. Wenn sie auch keine heteronome Verpflichtung erlauben, so zielen sie doch auf eine *autonome Selbstverpflichtung,* weisen auf Mängel hin und geben eine Entwicklungsrichtung vor. Da dieser Prozess nur autonom vorankommt, weil er andernfalls zu einer Fälschung und Lüge verkommt, ist er – wo er geschieht – gleichzeitig ein Prozess der Selbst-Realisierung.

10.1.6 Die Rechtfertigung von Bestrafungen

Das bereits geschilderte (siehe S. 132) Minimalgruppen-Experiment von Chen und Xin Li (2009) lässt sich durch die verschiedenen Beziehungskonzepte nun in seiner psychologischen Struktur besser verstehen. Durch die Einteilung in Kandinsky- und Klee-Liebhaber wurden zunächst experimentell zwei Identitäts-Gruppen nach ästhetischer Vorliebe erzeugt. Im anschließenden Spiel wurden dann je zwei Mitspieler zu einer Interaktions-Gruppe zusammengestellt. Wenn nun im Spiel betrogen wird, ist dies ein Verstoß gegen die Regeln der Interaktions-Gruppe. Ein neutraler Beobachter und ein Beobachter aus der konkurrierenden Gruppe verspüren daher den Wunsch, den Betrüger zu bestrafen. Nicht so ein Beobachter aus der eigenen Gruppe. Dieser fühlt sich offenbar zu Loyalität verpflichtet, sucht nach Rechtfertigungen für das betrügerische Verhalten oder deutet es um zu einer „Handlung zugunsten der eigenen Identitäts-Gruppe".

Doch was wäre zu erwarten, wenn statt des Spiels jeder seine eigene Gruppe hätte verraten müssen: „*Ich finde Kandinskys/Klees Bilder Mist!*"[44] Diesmal würden wohl der neutrale und ein Beobachter aus der *eigenen* Gruppe[45] den Wunsch nach Bestrafung verspüren: Es werden Normen verletzt, die die *Gruppenidentität* betreffen. Ein derartiger »Verrat« an der Identitäts-Gruppe wird vermutlich allen Beobachtern unmoralisch erscheinen, aber es wird Beobachter aus einer *konkurrierenden* Gruppe kaum zu einer Bestrafung veranlassen.

Bei Konventionen, die die Gruppenidentität betreffen, stellt man also fest, dass das Bedürfnis, Übertretungen zu bestrafen, gegenüber den normverpflichteten Gruppenmitgliedern stärker ist als gegenüber Nicht-Mitgliedern. Zu erheb-

---

44 oder als realistischeres und emotionaleres Beispiel: „Ich finde Bayern/Schalke ist ein Haufen Müll!"
45 ... aus dem Bayern- bzw. Schalke-Fanclub.

lichen Konflikten kann es daher kommen, wenn es unterschiedliche Auffassungen darüber gibt, ob jemand zur selben Gruppe gehört oder nicht, oder wenn es verschiedene Vorstellungen darüber gibt, welche Regeln gerade anzuwenden sind. Dies hat ganz konkrete alltägliche und weltpolitische Auswirkungen. Im Alltag kann es zum Beispiel zu Konflikten kommen, wenn vom verwandten Handwerker erwartet wird, dass er für die Familie umsonst arbeitet. Während er als Familienmitglied (Intimität) vielleicht gerne diesen Dienst tun würde, muss er als Profi (Interaktion) dafür sorgen, dass er seinen Lebensunterhalt verdient.[46] Ein experimentelles Beispiel für diese Art Konflikt liefert die bereits beschriebene Studie von Herrmann et al. (2008).[47] Während Studenten aus dem westlichen Kulturkreis die Vorstellung haben, dass sie im *PGG* Kooperation von ihren Mitspielern verlangen dürfen, wird dies von anderen offenbar nicht so gesehen. Die Autoren vermuten, dass »Antisoziale Bestrafung« am ehesten von jenen ausgeübt wird, die zuvor für etwas bestraft wurden, das aus ihrer Sicht gar keine Übertretung war. Mangel an Kooperation im *PGG* scheint für manche Mitspieler vermutlich gerechtfertigt, da das Wohl der Gruppe als „nur" Interaktions-Gruppe für sie keine innere Verpflichtung darstellt. Dafür bestraft zu werden entspricht dann einer Überschreitung der Kompetenz und muss „antisozial" zurückbestraft werden.

Besonders offenkundig werden derartige Diskrepanzen, wo verschiedene Vorstellungen darüber herrschen, ob eine Konfliktpartei den Normen einer Identitätsgruppe verpflichtet ist oder nicht. In Nordindien kommt es beispielsweise immer wieder zu Vorfällen, wo Paare aus verschiedenen Kasten, wenn sie einander heiraten, anschließend von der Familie und anderen Dorfbewohnern umgebracht werden. Während sich die immer besser ausgebildete Jugend nicht mehr an das Kastensystem gebunden fühlt, wird die Einhaltung der Kasten-Regeln von der Gemeinschaft teilweise vehement eingefordert. Dabei kann der Druck genausogut von der Familie der höheren wie von der niedrigeren Kaste ausgehen.[48]

---

46 Linda A Renzulli, Howard Aldrich, und James Moody, "Family Matters: Gender, Networks, and Entrepreneurial Outcomes," *Social Forces* 79 (2000): 523–46.
47 siehe Kapitel 5.3.2.
48 z. B. der Fall von Rajiv Verma und Renu Pal, von deren Steinigung durch Renus Familie (höhere Kaste) und 200 andere Dorfbewohner die Medien im Mai 2011 berichteten; oder jener von Kuldeep und Monica, die von Monicas Bruder (niedrigere Kaste) hingerichtet wurden; SPIEGEL 34/2010, S. 110–114. // Etwas anders liegt der Fall bei dem teilweise tödlich ausgefochtenen Streit um Mohammed-Karikaturen oder Koranverbrennungen. Aus Sicht mancher „aufgeklärter" westlicher Nicht-Muslime müssen sich die Regeln des Respekts – vor einer aus ihrer Sicht irrigen Meinung – dem Recht auf freie Meinungsäußerung unterordnen. Dabei wird gern übersehen, dass das Recht auf Respekt dadurch ja nicht ausgelöscht wird, so als existiere es gar nicht mehr. Meinungsfreiheit

Ein anderer konfliktträchtiger Wert sind die allgemeinen Menschenrechte. Jene, die sie vertreten – als Institution vor allem der Europäische Gerichtshof für Menschenrechte in Straßburg –, müssen notwendigerweise davon ausgehen, dass *kein* Mensch außerhalb dieser universellen Gruppe steht, sondern dass *alle* den entsprechenden Verpflichtungen unterliegen. Daher können auch Menschen, die die allgemeinen Menschenrechte selbst nicht anerkennen, vom Gerichtshof für entsprechende Übertretungen verurteilt werden.

10.1.7 Falsche Zuordnungen

Bereits am Beispiel des Handwerkers aus der Familie wurde deutlich, dass unterschiedliche Vorstellungen darüber, welcher Beziehungstyp gerade gilt, zu Konflikten, Missverständnissen und Verletzungen führen. Clark und Waddel (1985) stellten zum Beispiel fest, dass das Ausbleiben einer Bezahlung in einer Interaktionsbeziehung als Ausbeutung empfunden wird, aber nicht in einer Identitätsbeziehung.[49] Andererseits führt Bezahlung dazu, dass eine Handlung, die zuvor vielleicht selbstbelohnend war, dadurch in die Kategorie „Arbeit" verschoben und nun nicht mehr so freiwillig ausgeführt wird. Materielle Belohnungen untergraben die intrinsische Motivation.[50] Deshalb reduzieren ehrenamtliche Helfer ihren Einsatz, wenn sie Geld als Anerkennung erhalten: Monetäre Zuwendungen verschieben den freiwilligen Einsatz in das Interaktionskonzept

---

bedeutet aber nicht Narrenfreiheit. Vielmehr müsste eine ethisch verantwortliche Entscheidung versuchen, beidem in jeweils ihrem Maß gerecht zu werden. Es wäre vermutlich kein Schaden, wenn Meinungsäußerungen, die dieses Maß deutlich überschreiten, auch aus diesem Grund juristisch verboten werden könnten. Ein Verbot nur wegen befürchteter Störung des gesellschaftlichen Friedens, so wie es derzeit in Deutschland üblich ist, gibt dagegen nur den Gewalttätigen Recht. Dass Teile der muslimischen Welt aus Sicht von WEIRDos „irrational überreagieren", liegt aber wohl weniger an der Religion, als an dem dort dominierenden Kulturkreis, in dem traditionell eine „Ethik der Ehre" die Norm war oder ist: Eine Beleidigung Gottes oder des Propheten kompromittiert die Ehre der ganzen Gemeinschaft. Diese muss wiederhergestellt werden – am wirksamsten mit „Blut ...", und sei es das eigene; siehe S. 96.
49 Margaret S Clark und Barbara Waddell, "Perceptions of Exploitation in Communal and Exchange Relationships," *Journal of Social and Personal Relationships* 2 (1985): 403–18.
50 Nic Fleming, "The Bonus Myth: How Paying for Results can backfire," *New Scientist* 2807 (2011): 41f. // Edward L Deci, R Koestner, und R M Ryan, "A Meta-Analytic Review of Experiments Examining the Effects of Extrinsic Rewards on Intrinsic Motivation," *Psychol Bull* 125 (1999): 627–68.

und machen aus lobenswerten Ehrenamtlichen »unterbezahlte Dienstleister«.[51] Hier wäre es offenbar sinnvoller, nicht-monetäre, symbolische Anerkennungen zu geben, da sich in diesen die „Unbezahlbarkeit" des freiwilligen Einsatzes ausdrückt.[52] Heyman und Ariely (2004) unterscheiden dementsprechend monetäre Märkte (Interaktion), in denen auf proportionale Kompensation geachtet wird, von sozialen Märkten (Identität), wo proportionale Kompensation keine Rolle spielt.[53]

10.1.8 Die Zuschreibung von „Schuld" in den drei Beziehungskonzepten

In jede Beziehung, gleich welchen Typs, muss in irgendeiner Weise investiert werden. Wer dies tut, geht offenbar davon aus, dass die Investition einen Nutzen bringen kann und wird erwarten, dass dieser Nutzen erreicht wird. Den anderen Beziehungsteilnehmern wird dabei das Vertrauen entgegengebracht, dass sie mit dieser Investition verantwortlich umgehen und sie nicht zum Schaden des Investors ausnutzen. Dieses Vertrauen kann jedoch enttäuscht werden und führt, wo es bewusst gebrochen wurde, zu einer Schuldzuschreibung: *„Du hast mein Vertrauen missbraucht, du bist schuldig geworden!"*. Da die Investition je nach Beziehungstypus aber unterschiedliche Ziele hat, ist sowohl das, worauf sich das Vertrauen bezieht, als auch das Schulderleben bei einer Enttäuschung jeweils unterschiedlich.

In einer **Interaktion**s-Beziehung ist die zentrale Frage: *„Was springt für mich dabei heraus?"* Trotz dieser Fokussierung auf den eigenen Vorteil wird auch hier üblicherweise eine gewisse Verantwortung für die Investition des Anderen erlebt. Wer eine Interaktions-Beziehung eingeht, übernimmt Verantwortung für das Gelingen des gemeinsamen Projekts und dafür, dass der Gewinn nicht einseitig und ohne nachvollziehbare Gründe auf Kosten des anderen gesteigert wird. Allerdings gibt es offenbar deutliche kulturelle Unterschiede in der Wahrnehmung dieser Verantwortung.[54] Die schlimmste Übertretung im Bereich Interaktion ist der **Be**-

---

51 James Heyman und Dan Ariely, "Effort for Payment," *Psychological Science* 15 (2004): 787–93. // Bruno S Frey und Reto Jegen, "Motivation Crowding Theory: A Survey of Empirical Evidence," *Journal of Economic Surveys* 15 (2001): 589–611.
52 vgl. Sanford E DeVoe und Sheena S Iyengar, "Medium of Exchange Matters," *Psychological Science* 21 (2010): 159–62.
53 Heyman and Ariely, "Effort for Payment," 787. // vgl. auch Zelizer, "Payments and Social Ties," 481–495.
54 Benedikt Herrmann, Christian Thöni, und Simon Gächter, "Antisocial Punishment across Societies" *Science* 319 (2008): 1362–67.

trug: Wenn der Partner eine Abmachung bewusst ignoriert oder sogar nur zur Täuschung eingegangen ist, wird „Schuld" erlebt.

In einer **Identität**s-Beziehung ist die zentrale Frage: *„Zu wem gehöre ich und wofür stehen wir miteinander ein?"*. Wer sich einer Identitäts-Gemeinschaft anschließt, übernimmt damit Verantwortung, einem anderen Mitglied in Not zu helfen und die Gruppe und jene Anliegen, die deren Identität begründen, zu fördern und zu achten. Dabei wird erwartet, dass der Einzelne bereit ist, für die gemeinsame Sache auch persönliche Nachteile in Kauf zu nehmen. Die schlimmste Übertretung ist hier der **Verrat** an der Gruppe oder an deren Idee. *„Du bist schuldig geworden"* bedeutet in diesem Zusammenhang, dass jemand die eigenen Interessen ohne ausreichende Gründe über jene der Gruppe gestellt hat. Das Vertrauen, dass das gemeinsame Ziel geachtet und gefördert wird, ist gegenüber einem Verräter zerstört.

In einer **Intimität**s-Beziehung steht schließlich die Frage im Raum, ob der andere mich als Person mit meinen Bedürfnissen wahrnimmt: *„Wer bin ich für dich persönlich und wie verstehst du unsere Beziehung?"*. Wer eine Intimitäts-Beziehung eingeht, übernimmt daher die Verantwortung, die Anliegen und Bedürfnisse des anderen zu achten und ihn in seiner persönlichen Entwicklung zu unterstützen. Die schlimmste Übertretung in diesem Bereich ist, wie bereits erwähnt, die **Gleichgültigkeit.** Gleichgültigkeit ist offenbar eine noch stärkere Vernichtung der persönlichen Qualität des Anderen als etwa Hass.[55]

Die Basis für menschliches Miteinander ist das Vertrauen. Einander zu vertrauen heißt darauf zu bauen, dass mein Anliegen oder meine Investition beim anderen in guten Händen ist und er es jedenfalls nicht wissentlich und willentlich hintertreibt. Dies befreit von der Sorge, meine Investition dauernd gegenüber dem anderen absichern zu müssen und setzt so Energien für positives Engagement frei. Die Zuschreibung „Du bist schuld!" bedeutet dagegen, dass jemand seiner beziehungstypischen Verantwortung nicht gerecht geworden ist und er dadurch das Vertrauen als Grundlage für das typisch menschliche, beidseitig profitable Miteinander gestört hat. Weil damit auch die Basis zukünftiger Kooperation und Investition bedroht oder zerstört ist, ergeht mit der Zuschreibung „Du bist schuld" gleichzeitig die Aufforderung an den Schuldig-Gewordenen, diese Basis des Vertrauens wieder aufzubauen, damit die Beziehung eine Zukunft hat.[56]

---

[55] vgl. Theodor W Adorno, *Negative Dialektik: Jargon Der Eigentlichkeit* (Frankfurt: Suhrkamp, 1973), S. 355.
[56] vgl. Sumser, "Die Schuldfrage als Beziehungsmanagement – Die Perspektive der Evolutionbiologie," 75–80.

10.1.9 Die Asymmetrie zwischen Interaktion – Identität – Intimität

Im Modell der Triune-Ethics-Theory hat Darcia Narvaez dargestellt, wie eine „Ethik der Sicherheit" und eine „Ethik des Engagements" die Handlungen von Personen in entgegengesetzte Richtungen lenken können.[57] So steckt hinter der Ethik der Sicherheit zum Beispiel meist ein Gefühl der Bedrohung oder die Angst zu kurz zu kommen. Dass man unter solcher Perspektive anders handelt, als wenn man sich prinzipiell sicher und ungefährdet erlebt, liegt auf der Hand. Im Folgenden wird gezeigt, wie die „richtungsbestimmenden" Motive »Kontrolle« (Ethik der Sicherheit) und »Engagement« (Ethik des Engagements) auch *zwischen* den unterschiedlichen Beziehungsebenen wirksam werden können und zu charakteristischen Formen von Verhaltensregeln und sozialen Instrumenten führen.

Eine „Ethik der Sicherheit" setzt auf heteronome Verstärkung der Bindung, generiert also eine Verbindlichkeit von außen. Eine „Ethik des Engagements" erfordert dagegen eine autonome Verstärkung der Bindung, die somit zu einer inneren Selbstbindung wird. Entsprechend der Logik der verschiedenen Beziehungskonzepte gibt es nun auf jeder Ebene jeweils spezifische Instrumente sowohl für die Sicherung und Kontrolle der Beziehung wie auch zu ihrer Motivation und Stärkung. Dabei tritt eine Asymmetrie zutage: Zusätzlich funktionieren jeweils auch die Sicherungsmuster aus den jeweils darunter liegenden – sozial und emotional weniger anspruchsvollen – und die Motivationsmuster aus den darüber liegenden – sozial und emotional anspruchsvolleren – Beziehungstypen (Abb. 10.2). Zur Sicherung einer Intimitäts-Beziehung können daher auch Muster und Vorwürfe aus dem Bereich der Identität oder Interaktion verwendet werden, und um in einer Interaktionsbeziehung das autonome Engagement zu maximieren, können zusätzliche Motive aus dem Bereich von Identität oder Intimität eingesetzt werden.

Zur Erinnerung: Die typischen Vorwürfe zur ABSICHERUNG der eigenen Investition sind für *Interaktion* der Vorwurf des Betrugs und der einseitigen Vorteilsnahme; für *Identität* der Vorwurf des Verrats und der nur vorgetäuschten Identifikation; und für *Intimität* der Vorwurf von Gleichgültigkeit und von Desinteresse an der Person. Die typischen Motive zur Verstärkung des ENGAGEMENTS sind für *Interaktion* das Anstreben von gemeinsamem Wachstum; für *Identität* eine Gemeinschaft innerlich verbundener und gegenseitig verantwortlicher Mitglieder; und für *Intimität* das Wohl des Anderen (vgl. Abb. 10.1, S. 433).

---

[57] Darcia Narvaez, "Moral Complexity." // siehe Kap. 8.4.3.

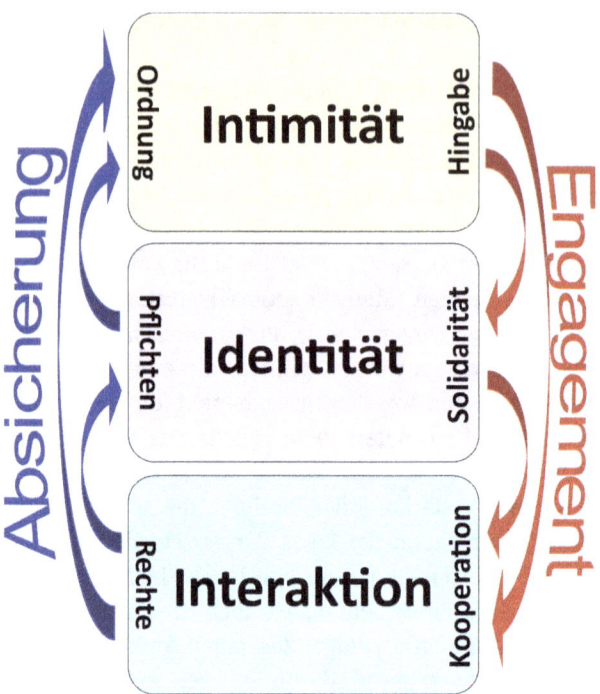

Abb. 10.2: Übergreifende Absicherung und Engagement. Auf jeder Ebene können die Instrumente der Kontrolle aus den emotional und sozial weniger anspruchsvollen Beziehungstypen und die Instrumente des Engagements aus den emotional und sozial anspruchsvolleren verwendet werden – aber nicht anders herum.

Übergreifende Absicherung und Engagement im Bereich der Intimität

Jemand, der befürchtet die emotionale Nähe in einer Partnerschaft zu verlieren, kann den Wunsch nach **ABSICHERUNG** verspüren. Zum Beispiel kann eine Frau ihrem Partner unterstellen, dass dieser nur noch an sich selbst denke, da er ihr schon lange kein Geschenk mehr gemacht hat (Vorwurf der Gleichgültigkeit und Manipulation durch Erzeugung von Schuldgefühlen; INTIMITÄT), sie könnte ihm aber auch unterstellen, dass er sie offensichtlich gar nicht mehr liebe, wenn er den Hochzeitstag vergisst, und dass er nicht glauben solle, dass sie mit ihm heute noch schlafen würde. (Vorwurf des Verrats und soziale Bestrafung durch Liebesentzug; IDENTITÄT) oder ihm – insbesondere wenn beide berufstätig sind – vorwerfen, dass er sie als Putzfrau und Köchin ausnutze und er seine Hemden von jetzt an selber bügeln müsse (Vorwurf der einseitigen Vorteilsnahme und proportionale Bestrafung; INTERAKTION). Zur Verstärkung des **ENGAGEMENTS** könnte sie sich darauf konzentrieren, den Partner zu verstehen und ihr eigenes Wohlwollen und ihren Einsatz dementsprechend auszurichten und symbolische Zeichen zu setzen (Wohl des Anderen und liebevolle Zuwendung; INTIMITÄT). Aber es würde die Intimität der Beziehung nicht verbessern, dem Partner einfach nur den Hochzeitsfilm in die Hand zu drücken (Ritual ohne persönliche Verbundenheit; IDENTITÄT) oder ihm für jeden Kuss fünf Euro zu versprechen (Großzügige Bezahlung; INTERAKTION).

Übergreifende Absicherung und Engagement im Bereich der Identität
Jemand, der seine Gemeinschaft vor Ausbeutung schützen möchte, wird Maßnahmen der **ABSICHERUNG** treffen. Zum Beispiel kann ein Christ gegenüber einem anderen Christen den Verdacht äußern, dass dieser sich gar nicht innerlich mit dem Christentum identifiziere, sondern nur noch Christ sei, weil er ein ordentliches Begräbnis wolle (Vorwurf des Verrats und soziale Bestrafung durch Reputationsverlust; IDENTITÄT).[58] Dieser Christ könnte einem anderen aber auch – ohne dessen Glauben infrage zu stellen – vorwerfen, dass er nur die Vorteile der Gemeinschaft ausnutze, aber keinen eigenen Beitrag leiste – wer Mitglied sein will, muss auch Kirchensteuer zahlen (Vorwurf der einseitigen Vorteilsnahme und Androhung rechtlicher Konsequenzen; INTERAKTION). Er würde die Gemeinschaft andererseits nicht schützen, sondern selbst ausnutzen, wenn er die Erwartung äußert, dass sich ein fremder Christ gefälligst in *persönlicher* Weise um ihn zu kümmern habe (INTIMITÄT). Zur Verstärkung des **ENGAGEMENTS** und der inneren Verbindlichkeit könnte er dagegen dem anderen einfach helfen (Solidarität und Stärkung der inneren Verbindlichkeit; IDENTITÄT). Er könnte aber auch beginnen, sich für den Anderen selbst zu interessieren und mit ihm freundschaftlich Zeit zu verbringen (Wohl des Anderen und liebevolle Zuwendung; INTIMITÄT). Nicht sehr hilfreich für eine *innere* Selbst-Bindung des Anderen an eine Gemeinschaft wäre dagegen der Hinweis, dass diese ihm doch einmal aus einer finanziellen Not geholfen habe und der Betrag immer noch nicht zurückgezahlt sei (einseitige Großzügigkeit; INTERAKTION).

---

58 In Kambodscha wird ähnlich abwertend von den „Reis-Christen" gesprochen, die sich während einer Hungersnot taufen ließen, weil sie von christlichen Organisationen etwas zu essen bekommen konnten. In Deutschland wird dieser Verdacht häufig von Mitgliedern einer Kerngemeinde gegenüber denjenigen geäußert, die eher am Rand stehen und „nur an Weihnachten in den Gottesdienst gehen".

Übergreifende Absicherung und Engagement im Bereich der Interaktion

Geschäftspartner benötigen **ABSICHERUNGEN** gegen einseitige Vorteilsnahmen. Wer Kontrolle über die Interaktion möchte, muss einen ordentlichen Vertrag aufsetzen und dessen Einhaltung überprüfen (Kontrolle durch rechtliche Absicherung; INTERAKTION). Ein Geschäftspartner kann aber, wenn er befürchtet nicht in die Gewinnzone zu kommen, weder geltend machen, dass sie doch beide aus Schwerin stammen (IDENTITÄT), noch dass sie beide Freunde sind (INTIMITÄT), und damit ein *Recht* begründen, dass der andere ihm deswegen entgegen kommen *muss*. Zur Verstärkung des **ENGAGEMENTS** kann aber zum Beispiel die Berücksichtigung von eigenen langfristigen Interessen oder der Wunsch nach Gerechtigkeit, oder auch nur nach einem guten Gewissen und einer guten Reputation, dazu führen, dass man bei der Aufsetzung von Verträgen dem anderen entgegen kommt oder zumindest eine Win-Win-Situation sicherstellt (Aktiver Ausgleich durch Kooperation; INTERAKTION). Sowohl die gemeinsame Herkunft aus Schwerin (Solidarität wegen Gemeinsamkeit; IDENTITÄT) als auch die Freundschaft (liebevolle Zuwendung aus Sympathie; INTIMITÄT) kann in dieser Hinsicht emotional äußerst motivierend wirken und zu Ergebnissen führen, wo man eigene Nachteile bewusst in Kauf nimmt.

Beispiel Erb-Freundschaften

Auf Neuguinea findet man eine recht außergewöhnliche Form sozialer Netzwerke. Die Mitglieder wohnen weit auseinander, treffen sich selten und sprechen oft unterschiedliche Sprachen. Sie verhalten sich aber ausgesprochen freundschaftlich und gewähren einander selbstverständlich Schutz und Unterkunft. Weil diese Netzwerke von einer Generation zur nächsten weitervererbt werden, spricht man von "Erb-Freundschaften". Der Anthropologe John Edward Terrell berichtet von einem Mann auf Tumleo Island (Neuguinea), dessen Netz von „Erb-Freundschaften" sich über 15 Dorfgemeinschaften, eine Distanz von 250 km und 10 verschiedene Sprachen unähnlich seiner eigenen Muttersprache erstreckt. Dies ist in diesem Teil Neuguineas kein außergewöhnlicher Fall. Erb-Freundschaften ermöglichen es den Beteiligten über weite Distanzen sicher und komfortabel zu reisen. In früheren Zeiten handelte es sich gleichzeitig um eine Absicherung gegen Aggressionen zwischen verfeindeten Gemeinschaften. Ein Angreifer konnte sich sicher sein, danach nicht nur die Überlebenden sondern auch deren ganzes Netzwerk von Erb-Freunden im Wunsch nach Vergeltung gegen sich vereint zu sehen. Offene Angriffe waren daher selten.[59]

---

[59] John Edward Terrell, *A Talent for Friendship* (New York: Oxford Univ. Press, 2015): 55–59.

Interessant ist die Art und Weise, wie diese Erb-Freundschaften gepflegt werden. Von ihrer Funktion her ist klar, dass hier eine Interaktionsbeziehung emotional nicht genügen würde. Reziprozität würde regelmäßig nicht hergestellt und deshalb wäre eine selbstzentrierte Interaktions-Motivation viel zu schwach, um sich darauf verlassen zu können. Auch die emotionale Kraft der Identität kann in diesem Kontext nur teilweise mobilisiert werden. Bei den vielen unterschiedlichen Sprachen müsste der Andere emotional eher als nicht zugehörig erlebt werden. Allerdings führt der Verweis auf die vererbte Natur der Freundschaft eine quasi familiäre Identitäts-Verpflichtung ein: Es ist Familientradition, dass wir Freunde sind und einander helfen, unabhängig von Sympathien. Würde der Faktor Vererbung fehlen, wären die Freundschaften viel unzuverlässiger und müssten dauernd neu aufgebaut werden. Während die quasi-familiäre Verpflichtung also wichtig ist, werden in der Realität dann aber die sozialen Instrumente aus dem Intimitätsbereich verwendet. Erb-Freunde beschenken sich und zeigen persönliches Interesse:

> What seems particularly important is that people in this part of the world gain a great deal of personal satisfaction from being out and about visiting friends, joking with them, feeling so warmly connected with people in other places, and getting to know their children who will inherit these friendships–just as their own children will do on their parents' death.[60]

Diese ungewöhnliche Kombination aus Identität und Intimität erschafft in einer sozial höchst heterogenen Umwelt ein sicheres Netzwerk von sozialen Verbindungen, auf das sich der Einzelne auch außerhalb seiner eigenen Dorfgemeinschaft verlassen und auf das er bauen kann.

Gestaltungsmöglichkeiten von Nähe und Distanz
Während soziale Distanzierung von nur einem der Partner ausgehen kann, muss soziale Nähe stets von beiden Parteien dialogisch realisiert werden, gehört also nicht zum souveränen Handlungsspielraum des Einzelindividuums.[61] Ich kann daher mit einer intimen Person in einen geschäftlichen Modus wechseln, aber ich kann nicht mit einem bloßen Geschäftspartner „intim"[62] werden, ohne gleichzeitig

---
60 ebd., 58.
61 Die einseitig gefühlte soziale Nähe zu einem Idol ist dagegen nicht konkret, sondern im Grunde nur eine Illusion oder Vision von sozialer Nähe, die sich im konkreten Falle, z. B. einer Notlage, erst noch beweisen müsste.
62 Damit ist nicht die „technische" Intimität eines One-Night-Stands gemeint, sondern eine echte, emotional gefüllte Intimität.

auch die Beziehungsqualität zu verändern. In einer Interaktionsgruppe, die ihren Interaktions-Status behalten soll, können daher weder die Regeln von Intimität noch die Regeln von Identität Gültigkeit besitzen und in einer intimen Beziehung, die diese Qualität behalten soll, darf ich den andern nicht durch Rechte oder Pflichten zu binden versuchen.

10.2 Die Metakategorie »Universalität« – Ein evolutionäres Nebenprodukt

10.2.1 Die verantwortlichen Anpassungen

Menschen besitzen drei Anpassungen, die unter geeigneten Umständen zu einem weiteren ethisch relevanten und psychologisch wirksamen Beziehungskonzept führen können: Zu der Beziehungs-Metakategorie **»Universalität«.** Die dafür verantwortlichen, natürlichen Anpassungen sind (1) unsere *Empathie-Fähigkeit*, (2) unsere *Tendenz, Kategorien zu bilden* und (3) unser *Wunsch konsistent zu denken und zu handeln*, solange keine hohen Kosten damit verbunden sind.[63]

1. Positive **Empathie** verspüren wir dann, wenn wir ein anderes Wesen in Not beobachten, das wir als Mitglied einer in irgendeiner Weise gemeinsamen Gruppe ansehen. Im Experiment lassen sich derartige Gruppenzugehörigkeiten und damit eine positiv-empathische Reaktion sehr leicht und selbst aufgrund von völlig unwichtigen Gemeinsamkeiten hervorrufen. Erlebte Abhängigkeit, Einfühl-Übungen oder entsprechende soziale Ziele verstärken zusätzlich die positiven empathischen Reaktionen.[64] Wo Gemeinsamkeit anerkannt wird, entsteht emotionale Verbindung und Verbindlichkeit.
2. Die **Bildung von Kategorien** verbessert unsere Kommunikationsfähigkeit, organisiert eigene Erfahrungen und Wissen und hilft dadurch, auch neuen Objekten einen Funktionszusammenhang zuzuweisen. Es handelt sich um eine zwar fehleranfällige aber häufig nützliche, evolutiv stabilisierte Fähigkeit. Wir denken üblicherweise und bevorzugt in Kategorien, von denen manche homogen sind, andere nicht.
3. Der **Hang zu Konsistenz**, also im Einklang von Werten, Selbstbild und Emotionen zu denken und zu handeln, ist ebenfalls ein evolutiv wichtiges Merkmal. Zusätzlich zu unserem Urteilsvermögen braucht es ein solches System, das sicherstellt, dass im Moment der Handlungsentscheidung – die ja

---

63 siehe Kapitel 7.1.2 und 7.1.3.
64 siehe Kapitel 6.3. und 8.6.6.

10.2 Die Metakategorie »Universalität« – Ein evolutionäres Nebenprodukt

unbewusst stattfindet –, tatsächlich eine als authentisch beurteilte Handlung initiiert wird und nicht eine zufällige andere. In diesem Sinne konsistent zu handeln ist psychologisch selbstbelohnend. Inkonsistenz führt dagegen zu psychosozialem Stress, und zwar auch dann, wenn sie nicht bewusst wahrgenommen wird. Dabei scheint Konsistenz allerdings ein luxuriöses Ziel zu sein: In einer bedrohlichen Situation, bei einer sich bietenden Gelegenheit oder bei widerstrebenden persönlichen Zielen verzichten Menschen offenbar sehr bereitwillig auf Konsistenz, und bemerken diesen Mangel üblicherweise nicht einmal.

Eine ethisch interessierte Person, die Kategorien bilden und mitfühlen kann und die – wenn die Bedingungen günstig sind – versucht konsistente Begründungen für ihre Handlungen und Urteile zu geben, mag sich nun fragen, auf welche Kategorien von Lebewesen sich bestimmte Normen überhaupt beziehen können bzw. auf welche sie sich gerechterweise beziehen müssen (vgl. Abb. 10.3). Dies läuft auf die Frage hinaus, welches die homogenen Kategorien von Lebewesen sind, deren Mitglieder Beziehungen des jeweiligen Typs untereinander pflegen können.

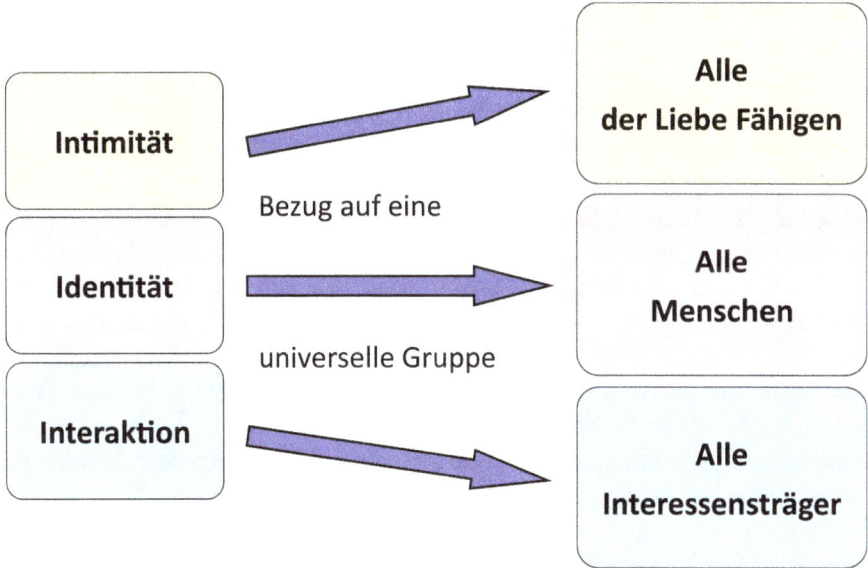

Abb. 10.3: Drei universale Gruppen. Die Suche nach Gemeinschaften, die alle Mitglieder beinhalten, die in der Lage sind, Beziehungen des betreffenden Typus zu pflegen, ergibt spezifische, universelle Kategorien.

Im Beziehungskonzept der **Interaktion** besitzen die verschiedenen *Einzelinteressen* ethische Qualität. Wenn einem bestimmten Interesse das Recht zugestanden wird berücksichtigt zu werden, kann es einem qualitativ und quantitativ ähnlichem Interesse unter ähnlichen Bedingungen auf rationalem Weg aber ebenfalls nicht abgesprochen werden, ohne dabei auf Begründungskriterien zurückzugreifen, die nicht der Logik des Interaktionsbereichs entstammen. Man kann sagen: „Aber es handelt sich doch nur um ein Tier", aber das wäre ein Argument aus dem Identitäts-Bereich. Oder man könnte sagen: „Aber ich kenne den Interessensträger ja nicht einmal persönlich", aber das wäre ein Argument aus dem Intimitäts-Bereich. Eine logische Begründung, die dem Interaktions-Bereich verpflichtet bleibt, muss anerkennen, dass zum Beispiel auch Tiere Interessen besitzen, etwa von unnötigen und vermeidbaren Schmerzen verschont zu werden. Die universelle Gruppe, auf die sich eine Interaktions-Ethik beziehen muss, besteht daher aus allen Individuen, die mit anderen interagieren können und eigene Interessen besitzen, also alle sogenannten „Interessensträger". Und wenn sie wahrhaft universal sein soll, müssen dabei auch die Interessen zukünftiger Interessensträger mitberücksichtigt werden.

Eine homogene Kategorie, die sich im Bereich der **Identität** nahelegt, ist wohl die „Menschheit". Dies ist zweifellos diskussionswürdig, doch jede andere Einteilung scheint noch deutlich weniger Konsensfähigkeit bieten zu können. Um eine konsensfähige, universelle Identitätsgruppe zu konstituieren, braucht es den Verweis auf eine wesentliche Gemeinsamkeit, die weder einfach abgelehnt werden kann noch nach außen hin offen ist. Für eine echte Identitäts-Gruppe gilt außerdem der Anspruch der Solidarität und Loyalität, so dass ein Mitglied seinen Mitgliedsstatus – außer durch eigene Schuld – im Grunde nicht verlieren können darf. Ein Verweis auf bestimmte Eigenschaften und Fähigkeiten würde also gerade keine universale *Identitäts*-Gruppe begründen, sondern allenfalls eine nutzen- oder interessenorientierte *Interaktions*-Gruppe mit ihren deutlich anderen Normen und moralischen Intuitionen. Die auf logischem und pragmatischem Grund wohl am leichtesten zu verteidigende homogene Kategorie,[65] die bekanntermaßen unsere moralischen Vorstellungen auch faktisch beeinflusst und prägt, ist die Kategorie „aller menschlichen Lebewesen", die daher im Folgenden als die universale Identitätsgruppe angenommen wird. Pflichtenethiken argumentieren, wenn auch nicht ausschließlich so doch typischerweise, gemäß dieser Logik. In Immanuel Kant's zweiter Formulierung des Kategorischen Imperativs kommt dies besonders deutlich zum Ausdruck: *„Handle so, dass du die Menschheit sowohl in*

---

65 ...wenn man sich nicht gleich kontraintuitiv auf die Gruppe aller Lebewesen überhaupt einigen möchte.

deiner Person, als in der Person eines jeden anderen jederzeit zugleich als Zweck, niemals bloß als Mittel brauchst." (AA IV, 429)

Auf der Ebene der **Intimität** müsste man in eine universelle Gruppe wohl alle Wesen miteinbeziehen, die einen echten Anhaltspunkt dafür bieten, um ihrer selbst willen geliebt zu werden, und die ihrerseits fähig sind, andere um ihrer selbst willen zu lieben. Dann stellt sich aber sofort die Frage, ob man hier überhaupt sinnvollerweise von einer universalen Gruppe sprechen kann. Es sind schließlich nur ganz wenige Personen, zu denen man eine intime und persönliche Beziehung pflegen kann und nie diese ganze Gruppe. Ein universaler Anspruch wird sich daher theoretisch zwar auf alle Liebesfähigen beziehen, praktisch aber nur auf jene, die einem ganz konkret begegnen. Auch wenn es hier keine Rechte, sondern nur Hoffnungen gibt und keine einforderbaren Pflichten, sondern nur Selbstverpflichtung und freiwillige Gabe, so wird auch dieser Bereich von unserem evolvierten moralischen Sinn als ethisch relevant wahrgenommen, mit eigenen charakteristischen Eigenschaften und Regeln. Die Moralphilosophien, denen es wohl am ehesten gelingt diesen Bereich zu berücksichtigen, sind die Tugendethiken.

Die Anerkennung dieser universellen, homogenen und konsistenten Kategorien, auf deren Mitglieder dann die jeweils unterschiedlichen Beziehungs-Logiken angewendet werden müssen, scheint für sich keine evolutive Anpassung zu sein, sondern vermutlich ein Nebenprodukt unserer Empathiefähigkeit, unserer Tendenz Kategorien zu bilden und unserem Wunsch nach Konsistenz. Doch sobald solche universalen Kategorien formuliert sind, können sie auch zu einer Überzeugung werden, die dann weitergegeben und verbreitet und so zu einem kulturell stabilisierten Merkmal werden kann. Wenn die psychologisch wirksamen Vorstellungen von universellen Moralischen Gemeinschaften erst einmal bestimmt sind, kann von dort aus gefragt werden, welche ethischen Forderungen und Gebote unser moralischer Sinn vorgibt, wenn man zum einen die Ethik der Sicherheit und zum anderen die Ethik des Engagements auf sie anwendet.

10.2.2 Eine universale Ethik der SICHERHEIT

Eine universale *Sicherheitsethik* kann prinzipiell keine partikularen Normen, sondern eben nur universell gültige erbringen. Die entsprechenden Rechte und Verpflichtungen sichern jene Minima, die für diesen Beziehungstyp gewährleistet sein müssen.[66] Die Frage, die beantwortet wird, lautet: **„Was dürfen wir auf**

---

[66] Ausnahmen kann es geben, die dann aber die Qualität eines Tragischen Trade-Off besitzen,

keinen Fall tun?" bzw. **„Was muss auf jeden Fall ermöglicht werden?"** Da das Szenario, in dem eine Sicherheitsethik angemessen angewendet wird, dasjenige einer Bedrohung ist, findet man hier „Letzte Sicherheiten", also jene absoluten Verbote und Rechte, die wenn nötig von Dritten durch eine Intervention durchgesetzt werden „sollen".[67]

10.2.2.1 Ausgangspunkt Interaktion

Die universale Moralische Gemeinschaft besteht im Bereich der Interaktion aus der Gesamtheit von Einzelindividuen mit gewichteten Eigeninteressen. Zum Gegenüber wird dabei nicht die Gesamtheit – denn diese hat ja kein eigenes Interesse –, sondern jeweils nur das konkrete Interesse all jener, die (gegenwärtig und zukünftig) von einer Entscheidung betroffen sind. Die „Moralische Gemeinschaft" zeigt hier also nur an, welche Interessen berücksichtigt werden müssen, hat aber als Gemeinschaft selbst keine ethische Relevanz. Es sind die schwer messbaren, subjektiven Individualinteressen, die hier zählen.

Das Ziel von Handlungen in diesem Bereich ist die Erfüllung des eigenen Interesses, wobei jeder für die Vertretung seines Interesses selbst verantwortlich ist. Diese Selbstzentriertheit ist nur deshalb nicht unethisch, weil durch die ungehinderte Auseinandersetzung der Eigeninteressen der gerechtere Zustand überhaupt erst erkennbar und erreichbar werden soll.[68] Die Ausdehnung dieses Prinzips auf die gesamte Moralische Gemeinschaft bedeutet nun nicht einfach nur eine Vergrößerung der Menge der zu berücksichtigenden Interessen, sondern vielmehr eine Qualifizierung dieser Interessen: Es können nicht alle Interessen ohne Unterscheidung gleich gewichtet werden. Außerdem muss dort, wo der Anspruch einer Gruppe gegen das Interesse eines Einzelnen steht, dieser Anspruch, in die verschiedenen Einzelinteressen der Gruppenmitglieder aufgesplittet werden.

Dabei werden manche Interessen offenbar als besonders fundamental wahrgenommen. Sie beinhalten jene Rechte, auf die der Einzelne zwar freiwillig verzichten kann, die ihm aber nicht von anderen genommen oder vorenthalten werden dürfen, ohne dass dies als moralisch verwerflich empfunden wird. Es sind

---

wie etwa bei jenem Arzt, der nur eines von zwei Leben retten kann oder bei der Inuitfamilie, die sich genötigt sieht das eigene Kind zu töten; siehe Kap. 8.4.1 und Kap. 9.4.1.
67 Die aber ihrerseits wieder missbraucht werden können. Über die internationale Durchsetzung von Menschenrechten sagt daher Ignatieff (2001, 95): „*We need to stop thinking of human rights as trumps and begin thinking of them as a language that creates the basis for deliberation.*"
68 vgl. die Theorie der „Unsichtbaren Hand"; Adam Smith, *The Wealth of Nations* (Forgotten Books, 2008/1776), 339, www.forgottenbooks.org.

jene Interessen, die als besonders vital oder als notwendig für eine Interessensvertretung wahrgenommen werden. Vor allem die Allgemeinen Menschenrechte scheinen diesen Bereich zu schützen. Während man zum Beispiel bei einem Soldaten im Kriegsfall von einem quasi freiwilligen Verzicht auf das Recht der Unversehrtheit seines Leibes ausgehen darf, ist dies bei unbewaffneten Zivilisten nicht der Fall. Werden hier bewusst Opfer in Kauf genommen, gilt dies üblicherweise als ethisch verwerflich.

Die klare Grenze, die die Allgemeinen Menschenrechte suggerieren, ist dabei der Interaktions-Logik fremd. Hier dürfte es im Grunde keine völlig unverhandelbaren Interessen geben. Es gibt jedoch eine Unermesslichkeit des individuellen Interesses: Von außen lässt sich das Maß eines Interesses prinzipiell nicht ermitteln. Für eine Ethik, die auf Sicherheit bedacht ist, wird es daher eine Frage der Vorsicht und Klugheit sein, bestimmte Interessen als unverbrüchliche, „unantastbare" Rechte des Individuums zu qualifizieren. Deshalb handelt es sich bei der Festlegung einer solchen Grenze nicht um ein Aussteigen aus der Logik der Interaktion, sondern um einen pragmatischen Umgang mit der Unmöglichkeit, die fraglichen individuellen Interessen zu quantifizieren.

Wenn in dem Bereich einer auf *Sicherheit* bedachten Interaktions-Ethik nun eine Universalisierung versucht wird, läuft dies einerseits darauf hinaus, jene konsensfähigen, fundamentalen Interessen zu identifizieren und sie als prinzipiell gleichwertig und damit unverhandelbar anzuerkennen und andererseits darauf, das Ergebnis der Verhandlung partikularer Interessen unter den Anspruch dieser Fundamentalinteressen zu stellen: Die ethischen Minimalforderungen, die sich daraus ergeben sind zwiegestalt: Einerseits die Garantie der Fundamentalinteressen und andererseits die Ermöglichung, die partikularen Interessen in einer Auseinandersetzung so ungehindert zu vertreten, dass der gerechte Ausgleich gefunden werden kann. Beide Aspekte werden de facto durch die erwähnten Allgemeinen Menschenrechte angezielt (Abb. 10.4). Deren Berücksichtigung sichert sowohl die fundamentalen Bedürfnisse als auch die Möglichkeit einer angemessenen Interessensvertretung. Ihre Begründung vom Interaktionsmodell her hat den Vorteil, dass es außer dem Individuum keine zusätzlichen wertgeladenen Voraussetzungen (wie zum Beispiel „Menschheit") braucht und dass sie deshalb zu überkulturell konsensfähigen und politisch stabilen Aussagen kommt.[69]

Allerdings muss der Blick offensichtlich über die Allgemeinen Menschenrechte hinausgehen: Da die Moralische Interaktions-Gemeinschaft aus allen Interessensträgern besteht, müssten gerechterweise auch die nicht-menschlichen unter ihnen im Maß ihres Interesses Berücksichtigung finden. Prinzipiell wäre es

---

[69] vgl. Rhonheimer, *Christentum und Säkularer Staat*, 429.

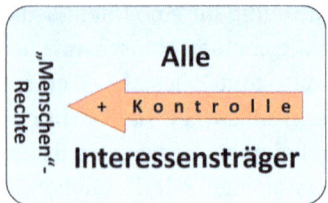

Abb. 10.4: Die moralische Minimalforderung im universellen Interaktions-Typ.

auch hier möglich, im Zuge der oben dargelegten Vorsicht und Klugheit, bestimmten tierischen Interessen den Status der Unantastbarkeit zu geben. Doch auch hier stünde als Begründung nur der Konsens der Klugheit und nicht ein echter Nachweis zur Verfügung. Dass schließlich auch die partikularen Interessen von Tieren in einer Auseinandersetzung so ungehindert vertreten werden sollen, dass eine *gerechte* Berücksichtigung möglich wird, stellt die Tierethik vor eine große Herausforderung. Aber auch wenn Interessen prinzipiell schwer messbar sind[70] – und umso schwerer, je mehr Individualität und Persönlichkeit im Spiel sind –, so kommt man um den eigentlichen Anspruch doch nicht herum, sobald man sich auf die Universalisierung eingelassen hat.

10.2.2.2 Ausgangspunkt Identität

Die Moralische Gemeinschaft kann auch als eine Identitäts-Gruppe mit bestimmten gemeinsamen Merkmalen verstanden werden. Das „Universale", dem sich der Einzelne gegebenenfalls unterzuordnen hätte und sein Gegenüber, wäre dann die »Menschheit«, die ihm nicht nur im Anderen, sondern auch in sich selbst begegnet. Ob es sich dabei um eine Idee handelt oder um etwas anderes, sei dahingestellt, zumindest handelt es sich aber um etwas faktisch sehr Wirksames und damit um einen Teil der menschlichen Wirklichkeit. So wie es gegen ein Gruppenethos verstößt, mit der Nationalflagge die Toilette zu putzen, selbst wenn es niemand bemerkt,[71] so verstieße es gegen ein universales menschliches Ethos, wenn man die Würde seines eigenen Mensch-Seins in irgendeiner Form missachtet. Der moralische Themenbereich von Reinheit und Heiligkeit, des Umgangs mit sich selbst, fände hier seinen natürlichen Platz (siehe Kap. 8.4.2).

Der konkrete Andere wäre dann primär als „Repräsentant der Moralischen Gemeinschaft" in seinen Rechten zu achten. Missachtung wäre daher ein Verrat an

---

70 Schmidt-Salomon (Manifest, 122 ff) zeigt, wie dies geschehen könnte. Er kommt zu der Maxime: „*Füge nichtmenschlichen Lebewesen nur so viel Leid zu, wie es für den Erhalt deiner Existenz unbedingt erforderlich ist.*" (124).
71 Haidt, Koller und Dias, "Affect, Culture, and Morality, or is it wrong to eat your Dog?"

10.2 Die Metakategorie »Universalität« – Ein evolutionäres Nebenprodukt

dieser »Menschheit« – des anderen und der eigenen –, weshalb der Rest der Menschheit gegebenenfalls intervenierend tätig werden darf und „soll". Was im partikularen Raum von Identität die Konventionen sind, sind im universalen die unhintergehbaren Erfordernisse des Mensch-Seins,[72] die nicht der Souveränität der Individuen unterliegen, sondern ihnen vorgegeben sind. Zur Sicherung eines Minimalstandards würde die Realisierung solcher menschlicher Merkmale für den Einzelnen schließlich zu einer Pflicht (Abb. 10.5).

Wenn im nicht-universalen Fall die Identität der Gruppe zum Ziel der Sicherheitsethik wird und Nutzen, Funktionalität, Effizienz und Autonomie in den Hintergrund treten, dann wäre hier – aufs Universale projiziert – zu erwarten, dass die Sicherheitsethik darauf abzielt, die Identität der Moralischen Gemeinschaft als »Menschheit« zu sichern. Vermutlich wird daher die *Erfüllung der Pflichten des Mensch-Seins* zum Ziel der Minimalforderungen werden, und ebenfalls nicht Nutzen, Funktionalität oder Effizienz. Ohne dies hier systematisch zeigen zu können, scheint mir eine Nähe zur Idee des „Kategorischen Imperativs" in der bereits erwähnten Selbstzweckform gegeben zu sein. Immanuel Kant verwendet in dieser Formulierung Termini, die aus dem Identitätsmodell stammen: *„Handle so, dass du die Menschheit sowohl in deiner Person, als in der Person eines jeden anderen jederzeit zugleich als Zweck, niemals bloß als Mittel brauchst."* (AA IV, 429) Auch Autonomie bezieht sich bei Kant nicht auf das eigene Interesse, sondern auf die Pflichterfüllung: *„Gerade da hebt der Wert des Charakters an, der moralisch und ohne alle Vergleichung der höchste ist, nämlich daß er wohltue, nicht aus Neigung, sondern aus Pflicht."* (AA IV, 398) Es wäre sicherlich interessant eingehender zu untersuchen, inwiefern und in welchem Ausmaß das Beziehungskonzept der Identität den deontologischen Pflichtenethiken implizit zugrunde liegt, doch hier ist nicht der Ort, wo dies geschehen kann.

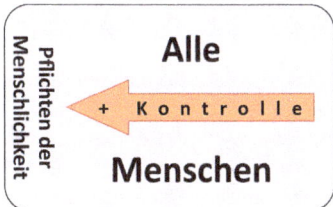

Abb. 10.5: Die moralischen Minimalforderungen im universellen Identitäts-Typ.

---

[72] Diese müssten die Identitätsmerkmale der »Menschheit« schützen. Von hier aus könnte man in Form einer Letztbegründung normative Aussagen treffen, sobald man sich darauf geeinigt hat, welches die Identitätsmerkmale sind.

Normative Aussagen auf der Grundlage dieses Ansatzes – Minimalforderungen aus einer Identitätsethik – würden voraussetzen, dass die Moralische Gemeinschaft als »Menschheit« nicht nur als Ausdruck für eine Menge von Individualrechten angesehen wird, sondern dass ihr unabhängig davon eigene moralisch relevante Eigenschaften zukommen, von denen her dem Einzelnen Verpflichtungen der Menschheit gegenüber zuwachsen. Wegen dieses quasi-metaphysischen Charakters von »Menschheit« ist für die Identitäts-Form der Minimalforderungen vermutlich kein allgemeiner Konsens erreichbar.[73]

10.2.2.3 Ausgangspunkt Intimität

Der Versuch, Minimalrechte vom Modell der Intimität abzuleiten, muss sich mit zwei dort vorhandenen Eigenheiten auseinandersetzen. *Erstens* kann sich die Suche nach Minimalrechten offensichtlich nicht an den positiven Regeln des Intimitätsmodells orientieren, da diese wegen ihres Geschenkcharakters überhaupt kein *Recht* begründen können.[74] *Zweitens* bedeutet Universalisierung hier nicht, dass jeder zu jedem auch tatsächlich eine emotionale Verbindung aufbaut, weil dies schlicht unmöglich ist. Der universale Anspruch, der zu sichern wäre, kann sich in diesem Fall nur darauf beziehen, dass überall wo Begegnung stattfindet, diese unter der Annahme der Liebes-Würdigkeit des Anderen und unter der Perspektive dialogischer Entwicklung stattfinden kann. Jeder muss zumindest die Möglichkeit haben, dem anderen als ein „Du" zu begegnen und diese Möglichkeit darf ihm nicht durch Dritte genommen werden. Die daraus resultierende Minimalforderung könnte man in etwa so formulieren: Jede intime (im universalen Fall also potentiell jede menschliche) Beziehung hat das Recht zu bestehen und sich zu gestalten, ohne nach der Logik von Rechten und Pflichten gegenüber Dritten beurteilt oder von diesen bestimmt zu werden (Abb. 10.6). Und mit anderen

---

[73] Der Rückbezug auf Menschenpflichten findet sich aber nicht nur in der Ethik Immanuel Kants, sondern auch in modernen Begründungen. Etwa in der *Afrikanischen Charta der Menschenrechte und Rechte der Völker*, Artikel 27–29 von 1986 (http://www.achpr.org/files/instruments/achpr/banjul_charter.pdf; Zugriff am 23. Februar 2015) oder in der *Allgemeinen Erklärung der Menschenpflichten*, die 1997 von einer interkulturellen Gruppe renommierter Wissenschaftler und Politiker erarbeitet und der UN und der Weltöffentlichkeit zur Diskussion vorgelegt wurde (http://www.interactioncouncil.org/universal-declaration-human-responsibilities; Zugriff am 23. Februar 2015) – um nur einige wenige zu nennen.

[74] Vermutlich geraten die Versuche, eine zerbrechende intime Beziehung durch die Formulierung von Rechten und Pflichten auf vermeintlich sichereren Boden zu führen, gerade dadurch in eine kontraproduktive und zunehmend verzweifelte Abwärtsspirale. Die einzige in diesem Bereich hilfreiche Geste wäre wohl die des hoffenden Freigebens des Anderen als Anderer und damit die Annahme der bleibenden Riskiertheit intimer Beziehungen.

Worten: Es muss eine Freiheit gewährt sein, Beziehungen nach Kriterien der Liebe zu gestalten.⁷⁵ Die gegenseitig zu achtenden universalen Rechte und Pflichten der Sich-Begegnenden bleiben davon unbeschadet wirksam. Ja, sie (Menschenrechte, Selbstzweck) sind sogar ihrerseits Voraussetzungen dafür, dass eine Begegnung als „Du" überhaupt gelingen kann.⁷⁶

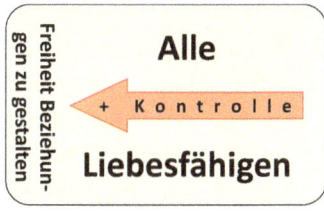

Abb. 10.6: Die moralische Minimalforderung im universellen Intimitäts-Typ.

Gleichzeitig muss aber auch das richtige Maß eingehalten werden. Eine maßlose, sich nach außen abschließende Zweiheit verliert den Charakter des Überflusses, von dem her sie sich zuerst legitimiert hat. Das Überfließen in der Intimität darf und muss sich zwar ins konkrete Miteinander gestalten, aber gerade unter einer universellen Perspektive kann es sich nicht in sich einschließen ohne in einen Selbstwiderspruch zu geraten.

Dieser Balanceakt der angemessenen Zuwendung zu einer konkreten Person, der ja keine eindeutige und objektive Regelung zulässt, war schon immer in der Moralphilosophie ein Problem. So leidet seit jeher die Praktikabilität von konsequentialistischen und Interessensethiken darunter, dass sie die gleiche moralische Verpflichtung anerkennen müssen, ob man ein in der Nähe ertrinkendes Mädchen rettet oder eines, das weit entfernt in Afrika an Hunger stirbt. Damit wird die moralische Forderung aber unweigerlich zu einer *Über*forderung.⁷⁷ An anderer Stelle (siehe Kapitel 4.2.2) wurde bereits gezeigt, dass es sich um eine entwick-

---

75 Aus Sicht einer Beziehungstyp-Ethik wäre es daher begrüßenswert, wenn sich homosexuelle Partnerschaften auch eine rechtliche Form geben können, die ihrer Liebe und deren Möglichkeiten entspricht.
76 Dieser Minimalforderung aus dem Bereich der Intimität entspricht der „*ordo amoris*", die Annahme einer „Rangordnung der Liebe"; vgl. z.B. Thomas von Aquin, STh II-II.26. // Eine moderne Abhandlung findet man in Pope, *The Evolution of Altruism and the Ordering of Love*.
77 z.B. „*Given the present conditions in many parts of the world, however, it does follow from my argument that we ought, morally, to be working full time to relieve great suffering …* "; Peter Singer, "Famine, Affluence, and Morality," *Philosophy and Public Affairs* 1 (1972): 238. // Peter Singer (1994/1979) gesteht jedoch später gegenüber Verwandten und Freunden einen „kleinen Präferenzgrad" zu (296–298) und relativiert den ethisch geforderten Spendenbeitrag „willkürlich" auf den klassischen „Zehnten" (313f).

lungsbiologische Notwendigkeit handelt, die eigene soziale Umwelt in angemessener und gestufter Weise – im Sinne eines „*ordo amoris*" – zu gestalten, wozu es konstitutiv gehört, dass Familie und Freunde bevorzugt werden dürfen.[78] Es muss möglich sein der Partnerin einen Blumenstrauß zu schenken, auch wenn andere gerade hungern. Es erscheint zwar irrational, dass dies nur geht, wenn der Hungernde weit genug entfernt ist, doch wo so etwas nicht mehr möglich ist, kann auch kein soziales Leben mehr stattfinden.

Auch in ihrer *universellen Form* ist dialogische Entwicklung nur dann möglich, wenn man in eine konkrete Begegnung investieren darf, ohne diese Investition gegen die Interessen Dritter abwägen zu müssen. Demjenigen, der mir als „Du" mit einem Anspruch begegnet, darf ich mich deshalb bevorzugt – oder in einem gegebenen Moment sogar ausschließlich – zuwenden, weil nur dadurch das Wechselspiel von „Differenzierung und Integration von Selbst und Anderem"[79] so in Gang kommt, dass sich beide darin zunehmend als Selbst realisieren. Begegnung als Selbstvollzug setzt voraus, dass ich mich auf ein „Du" fokussiert einbringen und von dort her wieder empfangen darf. Dies als reale Möglichkeit zu schützen, ergibt sich als die Minimalforderung einer universalisierten Ethik, die vom Beziehungskonzept der Intimität ausgeht.

Aus dieser Minimalforderung, die eigenen Beziehungen bedeutungsvoll und entwicklungsorientiert gestalten zu dürfen, folgt allerdings wiederum nur das Recht aber nicht die Verpflichtung einem Näheren bevorzugt zu helfen.[80] Bei solchen Fragen der Präferenz ist schließlich das richtige Maß ein ausschlaggebendes Kriterium für sittlich akzeptables Verhalten.[81] So wie es möglich sein muss, sich gegenseitig zu beschenken, muss es auch möglich sein, nach Afrika zu spenden, obwohl es im eigenen Land noch Arme gibt. Hier, wo im Ausgang von der Intimität das Geschenk und die Liebe die maßgeblichen Motive sind, wird die Gestaltung auch in besonderer Weise zu einer Selbstaussage und zu einer Frage der persönlichen Entscheidung. Das Recht wird daher von einem „Sollen" flankiert: Der menschliche moralische Sinn, der für die Beziehungsebene Intimität sensibilisiert ist, empfindet es als ein Gebot – also *ceteris paribus* besser –, die Beziehungen nach den Kriterien der eigenen, authentischen Liebe zu gestalten.

---

78 vgl. Pope, *The Evolution of Altruism and the Ordering of Love*, 156 f. // Eine philosophische Diskussion um die moralische Relevanz von Nähe findet man bei F M Kamm, "Does Distance Matter Morally to the Duty to Rescue," *Law and Philosophy* 19, no. 6 (2000): 655 – 81; und Francesco Orsi, "Obligations of Nearness," *The Journal of Value Inquiry* 42 (2008): 1 – 21.
79 Kegan, *Entwicklungsstufen des Selbst*, 112.
80 vgl. Kamm, "Does Distance Matter Morally to the Duty to Rescue."
81 Und hier ist sicherlich Peter Singer (1994/1979, 309 – 314) Recht zu geben, der von den überdurchschnittlich Reichen auch einen substanziellen Beitrag erwartet.

10.2.2.4 Die moralischen Minima

Die Ausweitung der drei natürlichen Beziehungs-Logiken auf die jeweiligen universellen Moralischen Gemeinschaften erbringt klar formulierbare Minimalforderungen für jeden Bereich. Sie sind jeweils Recht, das einem zugestanden werden muss, und Pflicht, sie dem anderen einzuräumen. Ausgehend von der *Interaktion* erhält man fundamentale Individualrechte. Da die Moralische Gemeinschaft hier alle *Interessensträger* umfasst, müssten diese dann proportional auch für Tiere gelten. Im Ausgang von der *Identität,* wo die Moralische Gemeinschaft als »Menschheit« identifizierbar ist, erhält man die Forderung, dass jedem Menschen gewährt werden muss, gemäß seinem Mensch-Sein zu leben und zu handeln und nicht fremd-verzweckt zu werden. Ebenso ergibt sich dann aber auch die Pflicht, das eigene Mensch-Sein zu respektieren und im Rahmen der eigenen Möglichkeiten zu realisieren. Das Problem liegt darin, zu bestimmen, was zum Mensch-Sein wesentlich gehört. Als ein erster, grober Anhaltspunkt könnte die menschliche Natur dienen, die biologisch als hochsozial, kulturell und autonom bestimmt werden kann. Ausgehend vom Konzept der Intimität, wo die universelle Moralische Gemeinschaft aus den *um ihrer selbst liebes-würdigen und liebes-fähigen Wesen* besteht, erhält man als Minimalforderung die zu gewährende Freiheit, die eigenen Beziehungen nach den Kriterien einer authentischen Liebe zu gestalten, die auf das Wohl des Anderen ausgerichtet ist. Es geht bei den moralischen Minima also insgesamt um den Schutz des Einzelnen und seiner frei gewählten und authentisch gestalteten Lebensbezüge (vgl. Abb. 10.10, S. 488).

Wegen der asymmetrischen Anwendbarkeit der Beziehungskonzepte kann man im Falle widerstreitender Interessen einen Primat der emotional weniger anspruchsvollen *Minimal*forderungen postulieren. Das bedeutet, dass die Gestaltung einer liebevollen Beziehung den Pflichten gegenüber dem Mensch-Sein – dem eigenen und dem des anderen – und den Menschenrechten nicht widersprechen darf. Ebenso dürfte das, was ich als meine menschliche Pflicht ansehe, nicht den Allgemeinen Menschenrechten widersprechen. Im Falle der Tierethik wäre außerdem die Proportionalität ihrer Rechte als Interessensträger zu berücksichtigen.

Die hier skizzierte Gestalt eines evolutiv begründbaren, moralischen Sinns findet deutliche Parallelen in den Moralischen Codes der Welt. Es kann daher als eine durchaus plausible Hypothese gelten, dass es sich dabei tatsächlich um Produkte evolutionärer Prozesse handelt. Abweichungen von den Forderungen der moralischen Minima lassen sich ohne weiteres verstehen. Zum einen ist die Idee von universalen Gemeinschaften historisch noch jung, nicht intuitiv und muss (derzeit noch) bewusst ergriffen werden.[82] Zum anderen stehen deren Durchsetzung häufig die persönlichen Ziele und Interessen der Mächtigen und Einflussreichen entgegen. Dies widerspricht aber nicht der skizzierten Gestalt des menschlichen moralischen Sinns, sondern zeigt nur, dass es ganz bestimmte Bedingungen benötigt, damit dieser seine Vollgestalt ausprägen kann. Am Beispiel der Allgemeinen Menschenrechte kann dies deutlich werden.

10.2.3 Die Evolution des Menschenrechtsethos

Die Perspektive universaler Moralischer Gemeinschaften ist jung, so dass die Allgemeinen Menschenrechte erst im Anschluss an den Zweiten Weltkrieg formuliert und noch deutlich später ratifiziert wurden. Aus einer evolutionsbiologischen Sicht stellt sich die Frage, was zur Entwicklung dieses Mems geführt hat, und warum es heute so stabil ist. Es wurde bereits argumentiert, dass sich „Universalität" nicht als Anpassung, sondern als Nebenprodukt anderer Anpassungen herausbildet. Am Beispiel des Menschenrechtsethos kann diese Hypothese detailliert nachvollzogen werden.

10.2.3.1 Erlebte Ähnlichkeit und Vertrauen

Wie Brian Zamulinski dargestellt hat, ist es wahrscheinlich, dass sich bereits aufgrund der Individualselektion eine Überzeugung ausbildet, sich selbst, die Verwandten und andere Nahestehende als *unbedingt wertvoll* zu betrachten.[83] Durch Empathie erhält man Einsicht in den Gefühlszustand eines anderen,[84] und mit Theory of Mind (ToM) gelingt schließlich eine zusätzliche Integration von Informationen, indem eine Hypothese über die handlungs-und bewusstseinsleitenden Überzeugungen anderer gebildet wird, die neben deren Emotionen auch ihren spezifischen Blickwinkel und ihre Intentionen und Leitideen in ein eigenes, inneres Modell integriert. Es handelt sich um unwillkürliche *Simulations*prozesse: Die eigenen, in die Fremdsituation imaginierten Emotionen und Intentionen

---

[82] Cuddy, Fiske, und Glick, "The BIAS Map: Behaviors From Intergroup Affect and Stereotypes."
[83] zur Begründung siehe Kapitel 9.6.2.1.
[84] vgl. R Nathan Spreng, Raymond A Mar, und Alice S N Kim, "The Common Neural Basis of Autobiographical Memory, Prospection, Navigation, Theory of Mind, and the Default Mode: A Quantitative Meta-Analysis," *Journal of Cognitive Neuroscience* 21 (2009): 489–510.

werden bei allen vermutet, die eine hinreichende Ähnlichkeit (*similitudo*) in ihrem Verhalten oder ihrem Aussehen zeigen.[85]

Empathie und ToM sorgen also dafür, dass das Subjekt emotional und kognitiv eine Verbindung mit anderen eingeht. Obwohl es sich (nur) um eine Simulation handelt, führt sie doch häufig zu einer zutreffenden Hypothesenbildung. Wäre es eine reine Phantasie mit zufälliger Trefferquote, hätte sie keinen adaptiven Wert. In der Realität ermöglicht sie stattdessen signifikant häufig korrekte Vorhersagen des Verhaltens anderer. Die Ähnlichkeit mit einem anderen Subjekt ist daher keine nur eingebildete, sondern eine real wirksame und konkret erlebte. Wenn wir uns bei Menschen gelegentlich irren, dann meist nicht weil wir völlig unähnlich wären, sondern weil wir falsche Vorstellungen von den Voraussetzungen der Anderen haben.

Das Gehirn lernt vor allem mithilfe des Glückshormons Dopamin und seines Gegenspielers Serotonin.[86] Die korrekte Vorhersage des Verhaltens anderer wird mit Dopamin belohnt und auf diese Weise zu einer Quelle von potentiell sehr befriedigenden Erfolgserlebnissen. Bei Fehlern wird dagegen Serotonin ausgeschüttet. Durch diesen Lernmechanismus werden die Vorhersagen mit der Zeit zutreffender und damit gleichzeitig die *erlebte Ähnlichkeit*. Erlebte Ähnlichkeit und Unähnlichkeit führen schließlich zur Bildung von Kategorien.

10.2.3.2 Überwindung von Widerständen durch neue Kommunikationsformen

Dieses Denken in Kategorien wird nun als eine der wichtigsten Unterscheidungen jene zwischen »Menschen« und »Tieren« kennen und wird versuchen, hier eine scharfe Trennlinie zu ziehen. Es war (und ist) dabei nicht immer offensichtlich, wo genau diese Trennlinie zu ziehen ist. Die Menschheitsgeschichte ist voll von Beispielen, wo weitere Unterteilungen innerhalb der Kategorie „Mensch" vorgenommen wurden und sich ein Volk einem anderen an Wert überlegen gefühlt, es unterdrückt, die Mitglieder versklavt oder abgeschlachtet und sich ihren Besitz ohne schlechtes Gewissen angeeignet hat. Die offensichtliche Ähnlichkeit wird in Fällen, wo ein starkes Eigeninteresse vorhanden ist, mühelos und bereitwillig übersehen. Unsere Natur hat uns mit emotionalen Biases und mit einer Fähigkeit zur Selbstrechtfertigung ausgestattet, die derart „lukrative" Unterscheidungen leicht gelingen lassen. Derselbe Bias kann dabei einerseits als Mittel zur Macht wirksam werden, um die eigenen Interessen gegen diejenigen Anderer skrupellos

---

[85] vgl. A M Kovács, E Téglás, und A D Endress, "The Social Sense: Susceptibility to Others' Beliefs in Human Infants and Adults," *Science* 330 (2010): 1830–34.
[86] Mathias Pessiglione et al., "Dopamine-Dependent Prediction Errors Underpin Reward-Seeking Behaviour in Humans," *Nature* 442 (2006): 1042–45.

durchzusetzen. Andererseits funktioniert er auch als Schutzmechanismus, der, gepaart mit der Emotion Furcht, selbst noch in der post-modernen Gesellschaft dazu führt, dass fremdartig anmutenden Personen wenig Vertrauen entgegen gebracht wird.[87] In einer kompetitiven Situation erscheint dieser Bias nahezu zwangsläufig. Hier besteht jedoch die Möglichkeit, die *Wahrnehmung der Situation* zu verändern und damit dem Bias zu entgehen. So zeigt sich im Experiment, dass der Bias und die innere Distanzierung verschwinden, wenn sich die sozialen Ziele verändern.[88] Es ist also zu erwarten, dass es abhängig vom sozialen Ziel entweder zu einer Fokussierung auf die Ähnlichkeit oder auf die Unähnlichkeit des Anderen kommen wird.[89]

Dass einem unbekannten Fremden zuerst einmal misstrauisch begegnet wird, kann innerhalb kleiner, verletzlicher Gruppen als evolutiv sinnvoll gelten. Das primäre soziale Ziel ist hier die Sicherheit der eigenen Gruppe. Wenn die Gruppen aber groß und unübersichtlich werden, wird es in einem ersten Schritt entscheidende Vorteile bringen, Identitätsmerkmale zu besitzen, die den sozialen Status und die Gruppenzugehörigkeit signalisieren, ohne dass der Andere persönlich bekannt sein muss. Das soziale Ziel Sicherheit wird durch das Identitätsmerkmal erfüllt und daher können untergeordnete soziale Ziele angestrebt werden. Spätestens mit dem Aufkommen von Handel wird das prinzipielle Misstrauen gegenüber Fremden aber zu einer Fehlanpassung. Das eigene Sicherheitsbedürfnis muss daher relativiert und mit der Aussicht auf erfolgreiche und gewinnbringende Kooperation in eine vernünftige Balance gebracht werden. Zusätzlich zur Binnenmoral wird sich so in einem zweiten Schritt auch eine Außenmoral und eine Offenheit für Kooperation mit Fremden entwickeln. Dabei sind jene Geschäftsbeziehungen, in denen das größere Maß an Vertrauen aufgebracht wird und in denen sich die Mitglieder gegenseitig wertschätzen und wohlwollend respektieren, vermutlich auch die evolutiv fitteren und robusteren. Die Ausdehnung des Vertrauens einerseits und der Wertschätzung andererseits auf Nicht-Gruppenmitglieder wird in einer außenhandeltreibenden Gesellschaft nicht nur evolutionär sinnvoll sein, sondern ermöglicht sie erst.

Die mit der Kommunikationsgesellschaft zunehmende Kenntnis fremder Völker musste nun über kurz oder lang zu der Erkenntnis führen, dass die Unterschiede nicht auf wesentlichen, sondern auf ökologisch oder sozial bedingten Eigenschaften beruhen. Unterteilungen innerhalb der Kategorie „Mensch" konn-

---

87 vgl. Matthew D Lieberman et al., "An fMRI Investigation of Race-Related Amygdala Activity."
88 Wheeler und Fiske, "Controlling Racial Prejudice."
89 Wobei man zwischen negativer und positiver Unähnlichkeit jeweils unterscheiden müsste, da nur das eine zu Abwehr, das andere aber mitunter zu Bewunderung, Hörigkeit und Hyperkrise führt.

ten so immer weniger aufrechterhalten werden. Aus Gründen der Konsistenz musste dann aber auch die Überzeugung »*Ich besitze unbedingten Wert und darf diesen gegenüber anderen in Anspruch nehmen*« auf alle Mitglieder der Kategorie „Mensch" ausgedehnt werden. Diese zunehmende Erkenntnis äußert sich in dem langen historischen Prozess bis zur Formulierung der allgemeinen Menschenrechte.

Doch allein durch Erkenntnis lässt sich ein tiefsitzender Bias noch nicht überwinden. Vermutlich brauchte es, bevor sich die Menschenrechte als allgemeine Überzeugung verbreiten konnten, auch eine neue Form dessen, wie wir mit anderen in Beziehung treten: Wir haben Methoden und Technologien entwickelt, die es uns in der postmodernen Welt ermöglichen, uns emotional mit anderen zu verbinden, denen wir gar nicht wirklich begegnen.[90] Es scheint mir sehr plausibel, dass die heute so einfach zu realisierende *risikofreie Betrachtung aus der Distanz* dazu geführt hat, dass erstmals der gleiche Wert aller Menschen erwogen werden konnte, ohne dabei die Biases zu aktivieren.[91] Die Menschen in Afrika oder Afghanistan als gleichwertig zu sehen kostet so lange nichts, wie man in Europa vor dem Fernseher sitzt und nicht im „Ernstfall" auf einer reichen Farm in Südafrika oder in einem Feuergefecht in Kundus.

Vor der Entwicklung der Fernkommunikation war dagegen stets der Ernstfall die Normalität: Der, zu dem man sich verhalten musste, stand direkt vor einem und konnte agieren und reagieren, er konnte einem nützen oder schaden. Unter solchen Umständen war es aber unmöglich, dass die Vorstellung von allgemeinen Menschenrechten zu einem verbreiteten Handlungsmaßstab werden konnte; die persönlichen Risiken waren viel zu gravierend.[92] Vermutlich hat erst die Möglichkeit, sich *aus sicherer Distanz* emotional mit fremden Menschen identifizieren zu können und die Möglichkeit, deswegen trotzdem nichts an seinem eigenen Leben ändern zu müssen – die *Kontrolle über die Kosten* also –, die emotionalen Blockaden gelöst, die dem Erkennen des Menschenrechtsgedankens lange Zeit im Weg standen. Erst wenn man sich in Sicherheit weiß, kann Empathie uneingeschränkt zu Pro-Empathie umschlagen und man kann unvoreingenommen auf andere zugehen, und zwar gerade deswegen, *weil* es zunächst nur mental und affektiv und nicht mit echten Konsequenzen geschieht.

---

[90] Das Geschichtenerzählen ist zwar eine uralte Tradition und hätte dies prinzipiell schon seit langem ermöglicht, doch diese tradierten Geschichten dienen üblicherweise zur Identitätsbildung und Abgrenzung. Sie sind häufig von einem Dualismus geprägt, wo die Bösewichte gerade mit fremdartigen Zügen und Klischees ausgerüstet und Biases offenbar bewusst verstärkt werden.
[91] „*Es ist leicht für Menschen in der Ferne zu beten. Es ist nicht immer leicht, die Menschen in unserer Nähe zu lieben.*" Mutter Teresa, *Die Kraft der Liebe* (Gütersloh: Kiefel, 1997).
[92] Die leichte Ausnutzbarkeit hätte ihn kaum zu einer evolutionär stabilen Strategie gemacht.

Vielleicht mag es paradox oder gar pervers erscheinen, dass sich der Menschenrechtsgedanke erst in dem Moment etablieren konnte, als er folgenlos blieb, doch evolutionär betrachtet macht dies Sinn: In der direkten Begegnung muss sich der Gedanke auch heute noch gegen ungemein starke, physiologisch fest etablierte Intuitionen des Eigen- und Gruppeninteresses durchsetzen.[93] Wenn die Überzeugung aber in der Distanz und Sicherheit des eigenen Kulturraums wachsen kann und gesellschaftliche Akzeptanz findet, kann sie schließlich zum sozialen Standard und zu einem Wert werden, der auch außerhalb und in der Unsicherheit einer direkten Begegnung wirksam bleibt.[94]

Die Überzeugung eines „unbedingten Wertes aller Menschen" wäre – wenn diese Entwicklungsgeschichte zutrifft – damit, obgleich sie als die Minimalforderung einer evolutionär begründbaren Moral erscheint, nicht der historische Ausgangspunkt der Moral, sondern eher ihr (vorläufiger?) Zielpunkt. Sie ist uns zwar nicht angeboren, doch wenn sich die Fähigkeiten der Empathie und der Kategorienbildung mit dem Wunsch nach Selbsterhaltung und Kongruenz verbinden, und wenn die ökologischen Rahmenbedingungen „stimmen", dann ist sie offenbar jener Inhalt mit der *größtmöglichen Konsistenz*. Das bedeutet einerseits, dass sich die faktische Überzeugung wieder ändern kann, sobald sich einer der Faktoren verändert.[95] Es bedeutet andererseits, dass diese Überzeugung im Lauf der Menschheitsgeschichte und mit der Entwicklung von kooperativen und fernkommunizierenden Gesellschaften irgendwann *unweigerlich* „gefunden" wird.

10.2.4 Extremformen menschlichen Lebens

Unsere Empathiefähigkeit macht keinen Unterschied zwischen äußeren Merkmalen, die echt sind und jenen, die zwar vorhanden sind, aber hinter denen gar keine aktuellen sozialen Fähigkeiten stehen. Deshalb wird einerseits die Motivation zu helfen und zu schützen durch „echte" wie durch „fälschliche" Merkmale gleichermaßen innerhalb der Ingroup ausgelöst. Andererseits wird keine intuitive

---

[93] Es ist bezeichnend, dass tendenziell egalitaristische Bewegungen – vom Christentum (z. B. Mt 23,8) über die Französische Revolution bis zur „Erklärung der Menschenrechte" der Vereinten Nationen – auf Bilder der Familie (vor allem „Brüderlichkeit") zurückgreifen und so die starken damit assoziierten Emotionen abrufen.
[94] vgl. Joseph Henrich et al., ""Economic Man" in Cross-Cultural Perspective," 813.
[95] Etwas, das zu Zeiten menschlicher Katastrophen immer wieder geschieht, wenn jahrelang friedliche und wohlwollende Nachbarn plötzlich die Waffen gegeneinander erheben, wie etwa 1994 beim Völkermord in Ruanda.

Motivation auftreten, wenn keine Merkmale sichtbar sind. Und zwar auch dann nicht, wenn in Zukunft diese Fähigkeiten realisiert werden und der Schutz schon jetzt sinnvoll wäre, wie etwa beim menschlichen Ungeborenen. Das moderne Menschenrechtsethos, das allen Menschen prinzipiell gleichen Wert und gleiche Rechte zuspricht, ist somit eine Überzeugung, die weder von unserer empathischen Natur vollständig gedeckt ist noch in allen Fällen adaptiv zu sein scheint. Wie lässt sich das auch in diesen Fällen *faktische Vorhandensein* des Menschenrechtsethos dann aber evolutiv erklären? Oder ist es eine evolutive Fehlentwicklung? Zwei Faktoren bieten meines Erachtens einen Ansatzpunkt: Die Erfordernisse der Gruppenselektion und die Grenzen unseres Empathievermögens.

10.2.4.1 Gruppenselektion baut auf Zusammenhalt

Die Kriterien, anhand derer Ingroups gebildet werden, sind – solange kein spezifisches Problem gelöst werden muss – nicht dafür optimiert, dass eine maximale Performance der Gruppe erreicht wird. Statt sich mit anderen zusammenzuschließen, die komplementäre Fähigkeiten besitzen oder die besonders kooperativ sind, werden als Gruppenmitglieder bevorzugt solche gewählt, die in bestimmten Bereichen Ähnlichkeiten aufweisen.[96] Dies macht dann evolutiv Sinn, wenn die Fitness einer Gruppe aufs Ganze gesehen mehr von ihrer Stabilität und ihrem Zusammenhalt abhängt als von ihrer konkreten Fähigkeit, spezifische Probleme zu lösen. Es liegt auf der Hand, dass eine Gruppe, die aus den jeweils „Besten" besteht, eine hohe Fluktuation aufweisen wird, weil hier Zielvorstellungen auseinanderklaffen und die Konkurrenz innerhalb groß ist.[97] Die evolutive Durchsetzungskraft der „Gruppe" beruht offenbar erst in zweiter Linie auf der Akkumulation und Kombination von Einzelfähigkeiten, zuvor aber noch auf dem Zusammenhalt und in der Fähigkeit, gemeinsame Ziele zu entwickeln, sich gegebenenfalls hierarchisch einzuordnen und „höhere" Werte zu teilen.[98] Die fundamentalere evolutionäre Herausforderung für eine „Gruppe" liegt daher offenbar nicht darin, einzelne äußere Probleme zu lösen, sondern den inneren Zusammenhalt zu garantieren.

Damit Gruppenselektion wirksam sein kann, müssen Mechanismen dafür sorgen, dass die Fitness der Gruppe unabhängig bleibt von der Fitness-Summe der

---

[96] siehe Kap. 5.2.4.2. // vgl. Apicella et al., "Social Networks and Cooperation in Hunter-Gatherers." // Joseph Henrich, "Social Science: Hunter-Gatherer Cooperation."
[97] vgl. die Instabilität einheitlicher Eliten in einem anderen Kontext (Hühner); Wilson, *Evolution for everyone*, 33 ff.
[98] Die Systemwissenschaft weiß, dass Wegkonflikte (Fähigkeiten) lösbar sind, aber nicht Zielkonflikte (Werte).

einzelnen Mitglieder.[99] Das gelingt bei *autonomen Mitgliedern* am sichersten durch einen inneren Hang zur »Loyalität«. Dies ist der moralische Wert, der der Gruppe Stabilität verleiht, ihre Konkurrenzfähigkeit erhält und Selektion auf Ebene der Gruppe ermöglicht. Die entsprechende internalisierte Haltung ist eine Haltung des „Commitment".[100] Beide – Loyalität und Commitment – zeichnen sich aber durch *Unbedingtheit* aus und beziehen sich gerade nicht auf Fähigkeiten und kurzfristige Kosten-Nutzen-Rechnungen, sondern bedeuten Verpflichtung bereits aufgrund einer nominellen Gruppenzugehörigkeit. Sie gelten dann aber auch gegenüber jenen Mitgliedern, die derzeit keine produktiven Vorteile bringen. Warum kann so etwas evolutionär stabil sein? Dieses Verhalten kann zu einem kostspieligen Signal und das Daseinsrecht solcher Mitglieder zu einem Beispiel des Zusammenhalts, der Stärke und der Attraktivität einer Gruppe werden und damit einen konstruktiven Beitrag zur Identifikation *aller* Mitglieder leisten. Es dürfte somit kaum einen evolutiven Anreiz geben, die Empathiefähigkeit funktional so zu „optimieren", dass Loyalität nur noch gegenüber „nützlichen" Mitgliedern gilt. Im Gegenteil: Dies würde die Gruppe auf Dauer vermutlich eher destabilisieren.[101]

Das unbedingte Ethos der Ingroup wäre in diesem Fall eine evolutionäre Anpassung im Zusammenhang von Gruppenselektion. Es wird eine innere Verbindlichkeit generiert, durch die die Fitness von der Individual- zur Gruppenebene transportiert wird und die dafür sorgt, dass die Gruppe von der Selektion und von konkurrierenden Gruppen als Einheit „wahrgenommen" wird.[102] Das unbedingte Ingroup-Ethos kann sich dann zum unbedingten *Menschenrechtsethos* ausweiten, wenn die Ingroup aus Vernunftgründen im zweiten Schritt auf die gesamte Menschheitsfamilie ausgedehnt wird.

---

99 siehe Kapitel 2.2.
100 vgl. Peter Richerson und Robert Boyd, "The Biology of Commitment to Groups: A Tribal Instincts Hypothesis," in *Evolution and the Capacity for Commitment*, ed. R M Nesse (NY: Russell Sage Press, 2001), 186–220. // Boehm, *Moral Origins*, 225.
101 Wenn unter schwierigen Umweltbedingungen Ausnahmen gemacht werden, spricht dies nicht gegen die prinzipielle Gültigkeit. Auch der verbreitete Mythos, dass bei den Inuit die Alten getötet würden, entpuppt sich bei genauerer Untersuchung nicht als Gegenbeispiel. Die Alten werden nämlich – entgegen dem Mythos – nicht ermordet, sondern die Initiative geht von der Person selbst aus und erfordert meist das Einverständnis der Angehörigen. Es ist also kein Fall mangelnder Solidarität gegenüber den Alten; vgl. Alexander H Leighton und Charles C Hughes, "Notes on Eskimo Patterns of Suicide," *Southwestern Journal of Anthropology* 11 (1955): 327–38.
102 siehe Kapitel 2.2.

10.2.4.2 Äußere Armut und Intrinsischer Reichtum

Die Kombination aus Kategorisierung und dem Wunsch nach Konsistenz lässt uns Überzeugungen nicht nur ausbilden, sondern motiviert uns auch danach zu handeln. Wie dargelegt, wird sich die natürliche Überzeugung vom eigenen unbedingten Wert früher oder später kulturell auch auf andere ausdehnen. Ein Schritt, der in größerem Umfang wohl erst mit der Entwicklung der globalen Fernkommunikation und der dadurch ermöglichten angstfreien, inneren Verbindung mit Fremden erreichbar wurde. Das Menschenrechtsethos wäre also ein Nebenprodukt unserer Vernunftbegabung und kulturellen Entwicklung. Die Merkmale, auf die die Physiologie dabei anspricht, dienen aber nur als Annäherungswerte, die eben *üblicherweise* zutreffen. Ein Roboter, der emotionale Reaktionen überzeugend imitiert[103] und somit „Empathie-Anker" aufweist, wird auch empathische Reaktionen auslösen. Wenn dagegen das echte Leben eines Menschen nur in Form eines Embryos aus wenigen Zellen präsent ist, hilft uns unsere Physiologie nur wenig dabei, eine empathische Einstellung dazu zu entwickeln.

Solange wir die Zugehörigkeit eines Anderen zur moralischen Gemeinschaft auf die bloße *Sichtbarkeit* von Merkmalen gründen, wird es stets Fälle geben, wo wir uns täuschen. In den Grenzbereichen ist es unvermeidlich, dass unsere Intuitionen versagen. Dieser „Annäherungscharakter" unserer Empathie könnte nun dazu verleiten, der Ratio einen unbedingten Vorrang einzuräumen. Doch so einfach ist es nicht, denn dafür lässt sich diese viel zu leicht instrumentalisieren. Wer Unterschiede machen möchte, wird stets auch rationale Argumente dafür finden können. Zur Verteidigung der Sklavenhaltung wurden *rationale* Argumente vorgebracht, denn emotionale wären kontraproduktiv gewesen.[104] Die Ratio wird unbewusst von unseren Zielen gelenkt und ist deshalb innerhalb des „menschlichen Systems" nie unabhängig. Beide, Intuition und Ratio, haben ihre Stärken und ihre Grenzen, daher braucht es den klugen Einsatz beider und eine schonungslose Redlichkeit in Bezug auf die eigenen Ziele, um auch in Grenzfällen zu tragfähigen Urteilen zu gelangen.

Genau an diesem Punkt drängt sich nun unvermittelt die *normative* Dimension in den Vordergrund: Wo Biases identifizierbar sind, taucht ja unweigerlich die Frage auf, wie man mit diesen „Entlarvten" umzugehen hat. Die „deskriptive" Evolutionäre Ethik sieht dies als einen ihrer großen Beiträge an: Biases offenzulegen. Doch das ist natürlich nur dann ein fruchtbarer Beitrag, wenn man auch

---

[103] z. B. einem Schlag ausweicht und wenn er getroffen wird schmerzvoll winselt und vielleicht sogar eine rote Flüssigkeit verliert; Miedaner, "Die Seele des Tiers vom Typ III".
[104] Dasselbe gilt heute in vielen Bereichen des Tierschutzes.

Konsequenzen daraus ziehen darf. Hinter jeder Korrektur steckt aber auch ein Urteil darüber, wie etwas sein „soll". In einem streng reduktionistisch-teleonomischen Weltbild in Abwesenheit jeglichen objektiven Sollens haben daher weder Biases noch abgeschaffte Biases normative Relevanz. Kann trotzdem begründet werden, wieso es objektiv besser ist, Biases zu korrigieren? Wohl nur in Form einer Letztbegründung: Vernunft ist auf *wahre* Prämissen angewiesen, um die richtigen Schlussfolgerungen zu ziehen. Philosophie und Ethik – auch die Evolutionäre Ethik – und alle, die Vernunft als gültiges Argumentationsmittel ansehen, müssen daher ein genuines Interesse daran haben, etwaige Biases zu identifizieren und gegebenenfalls zu korrigieren.

Jene Ethiken, die den Schutzstatus eines Wesens von seinen aktuellen Eigenschaften abhängig machen und sich so in die prekäre Lage bringen, den Wert von Individuen abwägen zu müssen, werden einem menschlichen Embryo oder einer Person mit Locked-In-Syndrom *intuitiv* wohl zu wenig Schutzwürdigkeit einräumen, da hier einem zukünftigen bzw. einem inneren Reichtum eine Armut äußerer Merkmale gegenübersteht, die unweigerlich zu einem Bias führt. In diesen Fällen müsste man darauf achten, dass ausschließlich rationale Argumente den Ausschlag geben.[105] Radikale Ergebnisoffenheit wäre dann aber eine zusätzlich notwendige Haltung, da jedes konkrete Ziel die Unvoreingenommenheit unserer Ratio beeinflussen würde.

Natürlich darf deswegen nicht auf den Diskurs verzichtet werden. Er ist sogar mit umso größerer Ernsthaftigkeit zu führen. Doch wer in Anbetracht dieser Probleme und des weiterhin wirksamen Bias den Schutzstatus auf alle menschlichen Lebensformen bezieht – zum Beispiel weil jedes einen Moment einer menschlichen Entwicklungsgeschichte mit einer Vergangenheit, Gegenwart und Zukunft darstellt – entscheidet sich für den sicheren Weg. Hier besteht die Gefahr, im ein oder anderen Fall mehr Schutz zu gewähren als nötig, doch ein solcher Fehler ist im Vergleich zu mangelhaftem Schutz die sittlich akzeptablere Variante.

10.2.5 Eine universale Ethik des ENGAGEMENTS

Während die universale Sicherheitsethik zu jenen Verpflichtungen führt, die unbedingt gewährleistet werden müssen, weil sie dem Schutz des Einzelnen und seiner frei gewählten Lebensbezüge dienen, zeigt eine universale Ethik des Engagements jene Aspekte auf, die dazu führen, dass das „Potential zum Besseren"

---

[105] Für eine kompetente, interdisziplinäre Darstellung der rationalen Argumente aus verschiedenen Blickwinkeln, vergleiche Günter Rager, ed., *Beginn, Personalität und Würde des Menschen*.

zunehmend ausgereizt werden kann. Diese Handlungen müssen daher aus autonomer, innerer Verbindlichkeit heraus geschehen. Die Frage, die beantwortet wird, ist: „Was „sollen" wir – in der Logik des jeweils gültigen Beziehungskonzepts – möglichst tun?" Was man dabei findet sind also »Ideale«, die aber unter dem Anspruch stehen menschenmöglich zu sein.

10.2.5.1 Ausgangspunkt Interaktion

Die Moral Community besteht hier aus der Gesamtheit von Einzelindividuen mit jeweils gleichberechtigten Eigeninteressen und es kann keine emotionale Nähe vorausgesetzt werden. Die praktische Folge aus einer Universalisierung ist nur auf den ersten Blick trivial. So könnte man meinen, der einzige Anspruch, der sich daraus herauslesen lässt, sei, dass bei einer Entscheidung, die Interessen aller Betroffenen berücksichtigt werden sollen. Damit wäre die Universalisierung aber nur eine gewöhnliche Interaktionsethik, unter der besonderen Annahme, dass alle (auch zukünftige) Personen davon betroffen sind und berücksichtigt werden müssen.

Die Universalisierung unter dem Anspruch des Engagements zeigt aber, dass es dabei um mehr gehen muss: Da zum Beispiel die zukünftigen Interessensträger (aber auch einige der gegenwärtigen) ihre Interessen gar nicht selbst vertreten können, folgt für das gesuchte Maximum, dass sich der Einzelne zum Anwalt der ansonsten nicht gehörten Interessen machen „soll". Die Universalisierung des Engagements fordert also bereits auf der Interaktionsebene, dass die Fokussierung auf den Eigennutz durchbrochen und Verantwortung für die Interessen des anderen immer dann mitübernommen wird, wenn diese nicht genügend gehört werden. Das Maximum des „Sollens" ist im Bereich der Interaktion also der aktiv betriebene Ausgleich der Interessen aller, wobei die Aktivität sich sowohl auf den gerechten Ausgleich bezieht als auch auf die vollständige Erfassung aller (Abb. 10.7).

Abb. 10.7: Die ethische Maximalforderung im universellen Interaktions-Typ.

Dies ist jedoch praktisch undurchführbar. Das Maximum kann im Interaktionsbereich wegen des bekannten Quantifizierungs-Problems der utilitaristischen

Interessens-Ethiken mit „Bordmitteln" gerade nicht erreicht werden: Es ist *(a)* prinzipiell unmöglich alle Interessen gerecht abzuwägen,[106] *(b)* führt dies dazu, dass man sich selbst und anderen über das Notwendige hinaus nichts mehr gönnen sollte, weil jemand anderer die Ressourcen vielleicht dringender braucht und *(c)* wäre bei rein quantitativer Berücksichtigung von Interessen der Minderheitenschutz stets eine offene Frage.

Der Versuch, Interaktionsbeziehungen auf eine universale Moral Community zu beziehen führt durchaus zu sinnvollen Aussagen und Forderungen der Gerechtigkeit, wie man sie auch in den Interessensethiken findet. Unter bestimmten, eingrenzbaren Bedingungen scheint diese Logik zu richtigen Schlussfolgerungen führen zu können. Als alleiniges und universales Modell scheitert es jedoch an der praktischen Unmöglichkeit und offenbart sich damit als ergänzungsbedürftig.

10.2.5.2 Ausgangspunkt Identität

Die universelle Identitäts-Gruppe lässt sich annäherungsweise als »Menschheit« identifizieren. Im nicht-universalen Bereich haben wir gesehen, dass Engagement für eine Gemeinschaft aber selbst *ceteris paribus* nur dann besser ist, wenn es sich auch um eine „gute Gruppe" handelt. Diese Eigenschaft ist bei der »Menschheit« allerdings nicht ohne weiteres dingfest zu machen, schon weil nicht klar ist, relativ zu was sie als *gut* erkannt werden soll. Anders als partikulare Gruppen besitzt die »Menschheit« als Moralische Gemeinschaft keine erkennbare politische Struktur. Welche Identität ist es aber dann, die hier auf dem Spiel steht, mit der man sich identifizieren und für die man Einsatz bringen kann?

Offensichtlich kann hier »Menschheit« nicht als materielle Entität aufgefasst werden, sondern eher als Beschreibung einer Funktion. Sich mit der universalen »Menschheit« zu identifizieren bedeutet dann nicht, sich von Nicht-Menschen abzugrenzen, sondern es bedeutet Gemeinschaftsformen anzustreben, die es den Mitgliedern erlauben, ihr Mensch-Sein zur Entfaltung zu bringen (was auch immer damit konkret gemeint ist). Dadurch wird es unnötig, eine Outgroup als Kontrast zu konstruieren. Den Identifikation spendenden Kontrast liefern dann jene Elemente der Gemeinschaft, die dieser Entfaltung hinderlich sind. Die zwei Aufgaben, die sich hier ergeben, sind zum einen Loyalität und Einsatz für Gemeinschaftsformen, die das Mensch-Sein ihrer Mitglieder je besser fördern, und zum anderen das Bestreben, dass möglichst viele Menschen in den Genuss solcher

---

106 Dies liegt einerseits an ihrer Zahl, andererseits am Fehlen eines Maßsystems und drittens daran, dass es verschiedene Auffassungen von Gerechtigkeit gibt.

Bedingungen kommen, was letztlich auf die *Bereitschaft zu einer globalen, aktiven Solidarität* hinausläuft (Abb. 10.8).

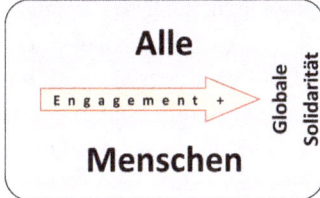

Abb. 10.8: Die ethische Maximalforderung im universellen Interaktions-Typ.

Das Problem einer Universalisierung lag im Ausgang von Interaktion in der Unmöglichkeit, alle Interessen zu erfassen, im Ausgang von der Identität liegt es darin, dass wir unseren konkreten Einsatz notwendigerweise im Kontext einer Teilgruppe leisten. Der Einsatz und die Loyalität müssen daher bereits einer – im Vergleich zu anderen weniger gelungenen Beispielen – *relativ* guten Gemeinschaftsform gelten. Dieser Einsatz für die Teilgruppe erhält dann *universale Qualität*, wenn er darauf abzielt, dass sie sich zu einer noch besseren Gruppe entwickelt. Auch Revolution kann hier gegebenenfalls eine Option sein. Das Maß für das relativ „Bessere" findet man in der Achtung der *universellen Minimalforderungen aller Beziehungstypen:* die Menschenrechte und die Möglichkeit als Mensch im Vollsinn zu leben und die Beziehungen nach dem Maß der Liebe zu gestalten. Es geht also unter anderem darum, dass Mitglieder ihre Interessen angemessen vertreten können und Gerechtigkeit möglich wird, dass körperliche und psychische Sicherheit gewährleistet sind, dass intersubjektives Vertrauen und Kultur, Autonomie, bedeutungsvolle Verbindungen, bereichernde Sozialformen, Bildung und Selbstverwirklichung ermöglicht und gefördert werden usw. Andererseits gilt die *universale Maximalmöglichkeit des* – emotional weniger anspruchsvollen – *Interaktions-Typus* (= aktiver Ausgleich) als weiteres, objektives Maß: Daraus folgt, dass die „bessere" Gruppe auch daran erkannt wird, dass sie inklusiv ist und sich nicht nach außen abgrenzt. Die Interessen aller, nicht nur der eigenen Mitglieder sind relevant. Das bedeutet, dass auch der Einsatz für diese Interessen prinzipiell expansiv ist und aus dem Nahbereich hin zu einer globalen Solidarität und aktivem Ausgleich tendiert.

Das Maximum im Ausgang von der Identität als »Mensch« zeigt sich also als Loyalität und Einsatz für eine Gruppe, die ihren Mitgliedern das Mensch-Sein im Vollsinn ermöglicht, sich nicht nach außen abgrenzt und zu globaler Solidarität tendiert, außerdem als aktiver Einsatz dafür, dass alle Menschen in solchen Gruppen leben können.

10.2.5.3 Ausgangspunkt Intimität

Bei der Suche nach Minimalrechten wurde bereits darauf hingewiesen, dass es eine unsinnige Forderung wäre, dass zu allen eine intime Beziehung aufgebaut werden solle. Im gefundenen Minimum, dass jeder die Möglichkeit haben muss, dem anderen als ein „Du" zu begegnen und dass ihm diese Möglichkeit nicht durch Dritte genommen werden darf, wird deutlich, dass man sich hier auf den konkreten Einzelfall beziehen muss und sich Universalität dadurch ergibt, dass das begegnende *„Du" jeder* sein könnte. Um hier die Maximalmöglichkeiten zu entdecken, muss zunächst gezeigt werden, dass dieses Projekt nicht an einer anderen Unmöglichkeit scheitert: Ist es überhaupt menschenmöglich und psychologisch leistbar, durchaus nicht alle, aber doch zumindest einige spezifische Elemente einer Beziehung der Intimität, auf *beliebige* Mitglieder der „Moral Community" auszudehnen? Die gesuchten Elemente müssten aus dem Bereich der „Liebe" stammen – und mit „Liebe" sind hier und im Folgenden all jene positiven, emotionalen Beziehungen gemeint, die für den Familien- und Freundeskreis typisch sind – und zwar so, dass darin der Andere als anderer gemeint ist.

Um hier weiterzukommen, müssen zunächst die menschlichen Möglichkeiten und die natürlichen Begrenzungen in einer Begegnung unter Fremden analysiert werden. Das Postulat, das geprüft werden muss, lautet: Es sei eine faktische Menschenmöglichkeit jedem beliebigen Mitglied der Moral Community, auch einem Feind, Formen von Liebe so zu erweisen, dass dieser darin tatsächlich selbst gemeint ist (Abb. 10.9).

Abb. 10.9: Die ethische Maximalforderung im universellen Intimitäts-Typ.

Was im Duktus dieser Arbeit gezeigt werden muss, ist also (a) die Plausibilität der EvoDevo-Entstehung einer Überzeugung, dass *jeder* der Liebe würdig ist *(die Idee)* und (b) die Existenzwahrscheinlichkeit eines psychologisch durchsetzungsfähigen Wunsches, dieser Überzeugung gemäß zu handeln *(die Motivation)*.[107]

---

[107] Auch wer den Ursprung der Nächstenliebe in Gott sieht, muss schließlich deutlich machen, wie diese als menschliche Natur realisiert werden kann; siehe Prämisse 1, S. 10.

Die Idee der Liebes-Würdigkeit als evolutionäres Nebenprodukt
Der ontogenetische Ausgangspunkt kann die fundamentale Erfahrung sein, selbst unbedingt geliebt und angenommen zu sein, unabhängig von den eigenen Leistungen und Eigenschaften. „Auch wenn ich gerade die Vase zerdeppert habe, werde ich trotzdem nicht prinzipiell aus dem Wohlwollen meiner Eltern ausgestoßen. Sie lieben mich trotzdem!" Es ist eine ebenso fundamentale Erfahrung, wenn man selbst einen anderen um seiner selbst willen liebt. Damit ist bereits ein ontologischer Grundstein gelegt: Unter nicht außergewöhnlichen Entwicklungsbedingungen machen viele Menschen die Erfahrung, dass man unbedingt geliebt werden kann und dass es Personen gibt, die dessen würdig zu sein scheinen. Ja, letztlich werden die meisten, die eine liebevolle Kindheit erlebt haben, wohl davon ausgehen, dass unter anderem sie selbst würdig sind, um ihrer selbst willen geliebt zu werden. Innerhalb eines wohlwollenden Familien- und Freundeskreises ist dies vermutlich eine natürliche und wie selbstverständlich zukommende Überzeugung.

Diese Überzeugung nun auf die gesamte „Moral Community" auszudehnen, ist allerdings weder unter dem Aspekt der individuellen Fitness noch unter dem der Gruppenfitness als Anpassung erkennbar, weder unter Natürlicher noch unter Sozialer Selektion. Die evolutive Stabilität lässt sich also nicht im Sinne einer Anpassung vom Nutzen her konstruieren, sondern es müsste sich dabei wohl entweder um ein Nebenprodukt oder um eine evolutive Fehlentwicklung bzw. Selbsttäuschung handeln.

Für die Nebenprodukt-These lässt sich tatsächlich ohne weiteres ein plausibles Szenario denken: Wenn im Nahbereich Liebe vorkommt, die nicht wegen des Nutzens, sondern um des andern willen geschieht, dann wird man nicht um die Erkenntnis herumkommen, dass dieselbe Person, wenn sie mir fern wäre und unbekannt, auch wenn ich ihr nie begegnen würde, trotzdem prinzipiell meiner Liebe würdig sein müsste. Soziale Nähe kann offensichtlich nicht ausschlaggebend sein für Liebes-Würdigkeit um seiner selbst willen. Nähe mag durchaus für den *emotionalen* Aspekt der konkreten Liebe verantwortlich sein, doch der Wille zur Konsistenz muss anerkennen, dass unter einem universellen Gesichtspunkt derjenige, der in der Nähe meiner Liebe würdig ist, dies auch in der Ferne sein müsste, auch wenn es keine Gelegenheit dazu gibt dies konkret werden zu lassen. Diese Erkenntnis ist eine Forderung der logischen Konsistenz, die gilt, es sei denn ich täusche mich bereits im Nahbereich.

Weiter lässt sich vermuten, dass die konkreten Objekte der eigenen Liebe austauschbar sind, so dass zum Beispiel die Liebe eines Kindes, das adoptiert wird, sich auf jedwede Eltern ausrichten kann, die ihm zugewiesen werden. Die menschliche Liebesfähigkeit kann sich offenbar auf alle möglichen Personen beziehen und ist – zwar nicht mehr im Nachhinein wenn sie schon konkret geworden ist, aber durchaus im Vorhinein – von ihrer Zielbestimmung her flexibel. Die konkreten Empfänger meiner Liebe sind, solange diese noch nicht konkret geworden ist, prinzipiell austauschbar. Es wird vermutlich Einzelne geben, die diesen Platz nicht einnehmen können, weil sich meine Liebe auf sie nicht ausrichten kann – und dies mögen sogar nicht wenige sein. Die Frage ist jedoch, ob dies einen Zweifel an ihrer grundsätzlichen Liebes-Würdigkeit um ihrer selbst willen begründet. Unsere Fähigkeit zu kategorisieren lässt vermutlich eher erkennen, dass Menschen sich zwar darin unterscheiden, von wem sie geliebt werden, aber offenbar nicht darin, *dass* sie von anderen um ihrer selbst willen geliebt werden. Die Annahme, dass sich Menschen in ihrer grundsätzlichen Liebes-Würdigkeit unterscheiden, ist daher weniger plausibel als die Annahme, dass meine Liebesunfähigkeit im konkreten Fall auf kontingente, nicht-wesentliche Bedingungen zurückzuführen ist.

Ideen sind dann attraktiv, wenn sie nützlich erscheinen oder wenn sie bei geringen Kosten eine hohe Konsistenz besitzen. Wenn sich der eben nachgezeichnete Gedankengang ausbildet, dann wird er in entspannten Lebenssituationen auch eine hohe Glaubwürdigkeit besitzen, weil er sowohl zu den eigenen Erfahrungen anschlussfähig, als auch rational zu verteidigen ist. Weil wir unsere Liebe so erleben, dass sie um des andern willen geschieht und weil wir Kategorien bilden und versuchen konsistent zu sein, erscheint es daher wahrscheinlich oder sogar unvermeidlich, dass sich im Lauf der Menschheitsgeschichte die Überzeugung, „dass *jeder* Mensch der Liebe würdig ist", unter günstigen Bedingungen irgendwann ausbildet und dann persistiert. Sie kann schließlich zu einem Kulturgut werden, das nun auch von jenen übernommen werden kann, die die fundamentalen Liebeserfahrungen in ihrer eigenen Lebensgeschichte nicht gemacht haben.

Die psychologische Motivation zur Nächstenliebe

Die nötige Überzeugung scheint also auf rationalem Grund erreichbar und nicht unwahrscheinlich zu sein. Doch wie kann sie sich psychologisch so manifestieren, dass schließlich daraus ein „Gebot der Nächstenliebe" wird? Erstens ist offensichtlich, dass Liebe nicht jedem, der ihrer würdig wäre, auch faktisch erwiesen werden kann. Diese Begrenzung ist unserer sozialen Realität geschuldet, wo „Nähe", „Ferne" und „Unsichtbarkeit" des Anderen tatsächlich vorkommen. Dieser Tatsache wurde bereits Rechnung getragen, indem die *Über*forderung „alle faktisch um ihrer selbst willen zu lieben" von Anfang an als unrealistisch aufgegeben wurde, und es bei der Maximalforderung „nur noch" darum geht: „jeden *Begegnenden* um seiner selbst willen zu lieben".

10.2 Die Metakategorie »Universalität« – Ein evolutionäres Nebenprodukt — 479

Alle Begegnenden haben gemeinsam, dass eine relative soziale Nähe oder in einem anderen Bild eine „Sichtbarkeit" als Person gegeben ist. Sie unterscheiden sich aber gleichzeitig vehement in ihrer emotionalen Nähe: Es tummeln sich hier die liebsten Freunde, aber auch die ausgemachten Erzfeinde. Somit ist schon klar, dass es sich bei der maximal erwartbaren universalen Liebe nicht um eine emotionale Form der Liebe handeln kann, denn dadurch wäre unsere Physiologie eindeutig überfordert: Wenn jemand als Erzfeind und als bedrohlich wahrgenommen wird, dann reagieren unsere Emotionen einfach nicht durch ein Gefühl überwältigender Liebe. Aus dieser „Haut" können wir nicht heraus und da helfen uns auch die konsistentesten Überzeugungen nicht immer: Geschieht Begegnung frei von Angst ohne das Gefühl der Bedrohtheit, dann kommt uns die Liebe quasi entgegen. Sind wir dagegen von Angst *beherrscht,* dann wird sich auch keine Liebe zum anderen einstellen.[108]

Es gibt aber auch die Möglichkeit, uns von einer tatsächlich vorhandenen Angst *nicht beherrschen* zu lassen. Ein solches »Re-Framing« erfordert allerdings eine hohe Selbstkompetenz, einiges an Übung und meist die Unterstützung einer Gemeinschaft.[109] Die eigentliche Veränderung des Frames geschieht mithilfe assoziativer Gegenbilder: Seit jeher werden in Ideologien jeglicher Provenienz psychologische Bilder aus dem Kreis der Familie entliehen. Die Mitglieder der Gemeinschaft werden so zu „Schwestern", „Brüdern" oder gar zu „Blutsbrüdern". „Brüderlichkeit" wird zu einem gesellschaftlichen Grundwert und schließlich gehören alle zu einer einzigen »Menschheits*familie*«. Bilder aus dem Bereich der Intimitäts- und der Identitätsbeziehung werden hier verallgemeinert und deren motivierende und bindende Kraft für den größeren Kreis nutzbar gemacht.

Sich nicht von Angst und Konkurrenzdenken bestimmen zu lassen, ist beim Menschen aber kein Ausnahmezustand, sondern wie wir gesehen haben etwas typisch Menschliches, das uns gerade von den (wilden) Tieren unterscheidet: Unser Hormonhaushalt prädestiniert uns dafür, einander mit Vertrauen zu begegnen, so dass wir bereit sind, eine neue Situation primär als Chance zur Kooperation zu verstehen – eine Eigenschaft, die wir auf unsere domestizierten Haustiere übertragen haben.[110] Wir sind im sozialen Leben darauf fokussiert, die

---

108 Scherer und Brosch, "Culture-Specific Appraisal Biases Contribute to Emotion Dispositions." // Olsson et al., "The Role of Social Groups in the Persistence of Learned Fear." // vgl. auch Santos, Meyer-Lindenberg, und Deruelle, "Absence of Racial, but Not Gender, Stereotyping in Williams Syndrome Children."
109 vgl. Olsson et. al. "The Role of Social Groups in the Persistence of Learned Fear." // Darcia Narvaez spricht von „Expertentum"; Narvaez, "Moral Complexity," 169–173.
110 siehe Kap. 3.5.

inneren Zustände anderer zu erkennen und unsere eigenen inneren Zustände mit anderen zu teilen[111] und wir tun dies alles gegenüber *Fremden!*

Unser duales Glückserleben zeigt in dieselbe Richtung (siehe Kap. 7.2.1): Während eine Sicherheitsethik nur das Potential zu jenem selbstzentrierten Glück hat, das ständig fluktuiert und immer wieder neu erkämpft werden muss, führt eine Ethik des Engagements zu »Authentischem Glück«, das dauerhaft und widerstandsfähig ist und auch zu einer langfristigen Verbesserung der Lebensqualität beim Menschen führt.[112] Sicherheitsethik entpuppt sich so eher als kurzfristige Notstrategie, während Engagement auf langfristigen Erfolg ausgerichtet zu sein scheint. Unsere Glücks-Physiologie kennt jedenfalls beide Lebensrealitäten, die Selbsterhaltung unter Bedrohung und die synergistische Kooperationsfähigkeit bei – äußerlich oder innerlich – gesicherten Verhältnissen und belegt beide mit starken Glücksgefühlen. Der Primat liegt beim Menschen aber auf dem selbstlosen, gemeinsam zu erlangenden Glück als dem eindeutig erstrebenswerteren. Dieses zeigt sich somit als ein weiterer integraler Bestandteil der »menschlichen Entwicklungslinie«.[113] In dieser versammeln sich verschiedenste evolvierte Merkmale, die uns von Natur aus gut vorbereitet sein lassen, unsere Haltung im intimen Kreis zumindest probeweise auf andere auszudehnen. Der Mensch setzt dort, wo er entsprechend der »menschlichen Entwicklungslinie« handelt, auch im Umgang mit Fremden nicht auf Sicherheit, sondern auf Engagement.[114]

Als feststehende Eigenschaft wäre dies evolutionär instabil, weil es radikal ausgenutzt werden könnte. In einer Welt, die sich auch entwickelt und in der die Regeln der EcoEvoDevo (siehe Kap. 2.4) gelten, lässt sich der ungeheure Erfolg der menschlichen Entwicklungslinie dagegen verstehen: Die Persönlichkeit eines Menschen entsteht plastisch im Dialog mit seiner Umwelt und unsere natürliche »Neigung zu vertrauen« wird so eingeregelt, dass die Chancen dieser spezifischen Umwelt genutzt werden können, ohne dabei alle Risiken einzugehen. Die Maxime der »menschlichen Entwicklungslinie« ist, das Maximum an synergistischen Möglichkeiten aus einer Situation herauszuholen, aber umzuschalten, wenn das Gegenüber nicht kooperativ ist. Umschalten bedeutet dann aber die Handlungen zu verändern – weg vom Engagement, hin zur Sicherheit – und den Fokus um-

---

[111] siehe Kap. 6.5.2.
[112] Michaël Dambrun und Matthieu Ricard, "Self-Centeredness and Selflessness." // Michaël Dambrun et al., "Measuring Happiness: From Fluctuating Happiness to Authentic-Durable Happiness." // Headey, Muffels, und Wagner, "Long-Running German Panel Survey." // Fredrickson (1998), S. 300–319.
[113] siehe Kap. 6.5.2. // Tomasello und Carpenter, "Shared Intentionality," 124.
[114] vgl. J Ensminger, "Experimental Economics in the Bush."

zulenken – weg vom Maximum des miteinander Möglichen, hin zum Minimum des für mich selbst Erforderlichen. Ein optimales System setzt auf eine Ethik des Engagements und beherrscht die Ethik der Sicherheit.

Der Mensch ist allerdings *kein optimales* System: Gene, epigenetische Merkmale und Somatische Marker geben die persönlichen Handlungsspielräume vor, während Umwelten sich rasch verändern. Die Angst zu kurz zu kommen, schlechte Erfahrungen und unsere nicht überwundene Vorsicht gegenüber Fremdartigem tun ein Übriges.[115] Dagegen kann durch die »Idee« einer „verbindlichen Moral" oder das psychologische Bild von einer *universalen Moral Community* sich das »Vertrauen« als Basis einer Begegnung (re)etablieren. Wenn schließlich noch die Überzeugung dazu kommt, dass jeder Andere einer „Liebe um seiner selbst willen" würdig ist, kann sich dies – je nachdem wie stark diese Überzeugung ist und wie kompetent man mit der eigenen Angst umzugehen gelernt hat – nicht nur probeweise sondern als (relativ) konstante Haltung einer Person einstellen. Die psychologischen Fähigkeiten dazu sind zumindest prinzipiell vorhanden und eine Universalisierung der Maximal-Logik der Intimität erscheint jedenfalls nicht unmöglich.

10.2.5.4 Die ethischen Maxima

So wie die Universalisierung der drei natürlichen Beziehungs-Logiken moralische Minimalforderungen der Sicherheit erbracht hat, so lassen sich nun auch klar formulierbare Maximalmöglichkeiten des Engagements und daher der Ethik erkennen (vgl. Abb. 10.10, S. 488). Sie beschreiben, was wir in der Logik des jeweiligen Beziehungskonzepts als Gebote wahrnehmen und haben jeweils den Charakter über das Notwendige und Einforderbare hinaus zu gehen. Ausgehend von der *Interaktion* erhält man die Aufforderung, sich aktiv für die Interessen all jener gegenwärtigen und zukünftigen Interessensträger einzusetzen, die nicht in der Lage sind, diese selbst zu vertreten. Im Ausgang von der Identität, wo die Moralische Gemeinschaft als »Menschheit« bestimmt wurde, erhält man die Aufforderung zur Loyalität und zum Einsatz für eine Gruppe, die ihren Mitgliedern das Mensch-Sein im Vollsinn ermöglicht, sich nicht nach außen abgrenzt, zu globaler Solidarität tendiert und weiterhin zum aktiven Einsatz dafür, dass alle Menschen in solchen Gruppen leben können. Die universelle Moralische Gemeinschaft, für die die Logik der Intimität anwendbar ist, sind die um ihrer selbst liebes-würdigen und liebes-fähigen Wesen. Hier wird als Maximalmöglichkeit das Handeln aus einer Liebe sichtbar, die sich als Einsatz wagt und den jeweils Be-

---

[115] siehe Kap. 8.6.

gegnenden selbst meint – ein »Gebot der Nächstenliebe«. Während die Berücksichtigung und Vertretung aller Interessen eine Unmöglichkeit ist und Loyalität und Einsatz für menschenfreundliche, solidarische und inklusive Gruppen sich jeweils in Bezug auf eine Teil-Gruppe realisiert, gilt die Nächstenliebe jeweils dem gerade Begegnenden und behält darin im gegenwärtigen Moment ihren universalen Charakter.

Bei der Nächstenliebe kann es sich dabei nicht nur um eine allgemeine Fernliebe, die sich global auf alle bezieht, handeln, sondern sie muss sich konkret auf einen jeweils Begegnenden richten. Durch die Notwendigkeit der Ausrichtung wird deutlich, dass die Begegnung mit dem Anderen einerseits gesucht werden kann und muss, andererseits auch ungesucht und unvermittelt in die eigene Existenz einbrechen kann, indem eine Gegenwart zu einer Antwort auffordert.[116] Wo ein **AnSpruch** ergeht, entsteht auch **VerAntwortung** und diese erstreckt sich dann auch darauf, den Anspruch nicht zu überhören.

Ausgehend von der Logik der Intimität besitzt die Antwort der Nächstenliebe zwei Eigenschaften: Sie hat zum einen die **Idee** der Liebes-Würdigkeit des gerade Begegnenden als Fundament, so dass die eigene Investition auf das Wohl des Anderen ausgerichtet ist, als Liebe um seiner selbst willen. Sie besitzt zum anderen die **Motivation** des gemeinsamen, synergistischen Wachstums, das dadurch in Gang kommt, dass man nicht nur etwas, sondern sich selbst investiert und so eine Spirale der dialogischen Entwicklung[117] initiiert. Erst im **Zusammenspiel von Idee und Motivation** ergibt sich das beidseitige Wohl, das zwar von Anfang an erhofft, aber nicht eingefordert werden kann und das das »Gebot der Nächstenliebe« gleichzeitig zu einer Einladung zur »Selbst-Realisierung« macht.

---

116 „Die Infragestellung des Selbst ist nichts anderes als das Empfangen des absolut Anderen. Die Epiphanie des absolut Anderen ist Antlitz, in dem der Andere mich anruft und mir durch seine Nacktheit, durch seine Not, eine Anordnung zu verstehen gibt. Seine Gegenwart ist eine Aufforderung zu Antwort. Das Ich wird sich nicht nur der Notwendigkeit zu antworten bewußt, so als handele es sich um eine Schuldigkeit oder eine Verpflichtung, über die es zu entscheiden hätte. In seiner Stellung selbst ist es durch und durch Verantwortlichkeit oder Diakonie, [...] Von daher bedeutet Ichsein, sich der Verantwortung nicht entziehen können." (S. 224) Emmanuel Levinas meint hierin die Ethik als Erste Philosophie begründen zu können. Emmanuel Lévinas, *Die Spur des Anderen* (Freiburg: Alber, 1992), bes. 209–260.
117 siehe Kap. 7.2.2.

10.3 Die Möglichkeit normativer Aussagen

10.3.1 Einwände

Begeht die Festlegung einer Moral Community den Naturalistischen Fehlschluss?
Wer die Würde – oder profaner den „Wert" – mit bestimmten Eigenschaften oder Fähigkeiten begründet wie der Leidensfähigkeit, dem Besitz von Interessen oder der Zugehörigkeit zur Spezies »Mensch« begeht den Naturalistischen Fehlschluss (NF) im Sinne Moores: Das „Gute", das dem Subjekt „Würde" verleihen soll, wird definiert. Ein „Gutes", das dingfest gemacht werden kann, ist aber immer nur gut aus Teilhabe an einem »Gut-an-sich«.[118]

Es gibt allerdings ein Indiz, woran man erkennen kann, dass man keinen NF im Sinne Moore's begeht: Dann nämlich, wenn das identifizierte „Gute" ins Negative umschlagen kann – was dem „Guten-an-sich" ja nicht möglich wäre. Der Umschlag zeigt, dass dieses Gut nur im Hinblick auf etwas anderes und nur unter Bedingungen gut ist. Während also jene Utilitarismen, die Ethik von der Quantität des „Glücks" oder der „Interessen" abhängig machen, diesen NF begehen,[119] ist dies nicht der Fall, wo die Güte des Interesses noch einmal an anderen Kriterien gemessen wird[120] und ein Interesse daher auch sittlich falsch sein kann.

Unsere Suche nach ethischen Maximalmöglichkeiten hat die Notwendigkeit einer Idee und einer Motivation gezeigt, die nur *gemeinsam* ein „Sollen" ergeben: Die *Idee der Liebes-Würdigkeit des Anderen* und die *Motivation zum synergistischen Wachstum*. Beide können für sich genommen in negative Extreme abgleiten: Die Idee der Liebes-Würdigkeit aller Begegnenden kann zum Beispiel dazu führen, dass man sich aus übertriebener Rücksicht selbst als Person mit eigenen Interessen nicht mehr konfrontierend einbringt. Die Motivation zum synergistischen Wachstum kann schließlich zur exklusiven Angelegenheit zwischen wenigen werden, die auf Kosten ihrer Umwelt wachsen. Erst in der Kombination sichern sich *Idee* und *Motivation* gegenseitig ihre gute Ausrichtung. Das Ziel des Prozesses – das »Gute-an-sich« – bleibt dabei unbestimmt und solange begeht man auch keinen NF im Sinne Moore's, obgleich man auch hier wieder dem Hume'schen NF nicht entgeht. Die Moralische Gemeinschaft, die keinen Moore'schen NF darstellt, bestünde jedenfalls aus jenen Wesen, die in ihrer Offenheit für Liebe ergänzungsbedürftig und in ihrer Entwicklung auf ein zwar unbestimmtes, aber mit dem

---
118 vgl. Moore, *Principia Ethica*, Kapitel 1, §13, 46 f.
119 z. B. Singer, *Praktische Ethik*, 82–90.
120 Im Evolutionären Humanismus z. B. am humanistischen Ideal; Schmidt-Salomon, *Jenseits*, 232–234.

eigenen Wohl und dem der anderen verträgliches Ziel ausgerichtet sind. Es sind gleichzeitig jene, die, wenn die kognitiven Fähigkeiten vorhanden sind, „Sinn" und „Suche nach Sinn" erleben.

Eine naturalistische Erklärung ist möglich
Es ist ungeheuer befriedigend etwas miteinander zu erreichen und dabei die eigenen Grenzen zu übertreffen. Es ist uns wichtig, dass wir in unserer Innenwelt nicht allein bleiben, sondern sie mit anderen teilen. Wir erleben Opferbereitschaft zugunsten einer Gruppe aber auch zugunsten eines Anderen *gegen* die Gruppe als moralisch höchst lobenswert und emotional berührend. Wir empfinden „Glück", wenn wir für andere von entscheidender Bedeutung sind und ihnen helfen Gutes hervorzubringen.[121] Und wir sind psychologisch darauf ausgerichtet, uns im Dialog mit anderen selbst zu realisieren. Lässt sich dies alles auch rein naturalistisch erklären?

Um es vorwegzunehmen: Ja, es lässt sich eine »Just-So-Story«, eine plausible, naturalistische Erklärung, finden, die evolutionsbiologisch Sinn macht! Es gelingt aber vermutlich nicht allein durch teleonomische Evolution und auch nicht mithilfe von Gruppenselektion, sondern es wird erst dann überzeugend, wenn man zusätzlich die „quasi-teleologischen" Wirkungsmechanismen der *Entwicklung* berücksichtigt, also unter einer *EcoEvoDevo-Perspektive*.

Eine minimalistische Erklärung könnte folgendermaßen aussehen: Wir entwickeln uns ontogenetisch nach dem Prinzip der „Explorativen Prozesse" , (Kap. 2.3.1.1): Diese führen zu Plastizität des Verhaltens und zu einem seiner Umwelt angepassten Individuum. In Situationen der Gefährdung wird dabei die eigene Sicherheit in den Vordergrund treten und sich auf Persönlichkeit und Charakter auswirken. In Situationen relativer Sicherheit wird sich die gesamte Physiologie an diese Situation anpassen und diesmal die entsprechenden prosoziale Reaktionsnormen ausbilden.[122] Die Evolution hat uns außerdem dafür ausgerüstet, auch mit Fremden zu kooperieren, uns für sie einzusetzen und dafür Kosten in Kauf zu nehmen. Im Lauf der Ontogenese wird nun ein zur spezifischen Umwelt passender Pegel an Kooperationsbereitschaft eingeregelt. Weil dieser Prozess vermutlich nicht-linear verläuft (vgl. Tab 7.1, S. 245) und weil es unterschiedliche genetische Voraussetzungen gibt, werden sich auch unter konstanten Bedingungen eine große Bandbreite verschiedener Persönlichkeiten realisieren.

---

121 vgl. Adam M Grant, "Relational Job Design and the Motivation to make a prosocial Difference," *Academy of Management Review* 32 (2007): 394.
122 vgl. Wilson, *Evolution for everyone*, 229 f.

Dies ist für eine Gemeinschaft vor allem dann von Vorteil, wenn sie übergeordnete Mechanismen besitzt, um aus den vielen Charakteren eine gemeinsame Strategie zu entwickeln. Die unterschiedlichen Persönlichkeiten der Mitglieder sind hier eine Quelle verschiedener Verhaltensmöglichkeiten und Ideen, und die Handlungsfreiheit und Flexibilität einer Gemeinschaft wird durch diese Vermehrung der Möglichkeiten verbessert. Die beschriebene menschliche Natur lässt sich also bereits rein naturalistisch erklären.

Naturalistische Erklärbarkeit fordert nun stets zu dem Einwand heraus, dass man aus Gründen der Sparsamkeit auf metaphysische Annahmen verzichten müsse. Diese Sparsamkeit ist aber logisch nicht zwingend. Es wäre auch möglich, dass die menschlichen Fähigkeiten, die für Ethik notwendig sind, zwar auf natürliche Weise entstehen, dann aber dazu befähigen über *echte* moralische Probleme nachzudenken und zu urteilen, und dass die Neigung zur Selbst-Realisierung zwar natürlich entsteht, aber dann *tatsächlich* den Weg zu einer Selbst-*Vollendung* darstellt. Wie im Abschnitt 9.4.2 dargestellt wurde, unterstützt eine naturalistische Erklärung den moralischen Skeptizismus deshalb nur dann, wenn man sich bereits zuvor gegen die Idee von objektiver moralischer Wahrheit entschieden hat.

Die philosophisch konsistenten Möglichkeiten sind also: (1) Wir können keinen Wert und damit auch kein Sollen begründen (nihilistisch). (2) Wir möchten, dass ethisch gelebt wird, weil wir uns dann alle besser fühlen; also tun wir einfach so, als ob es echte Werte gäbe (pragmatisch-subjektiv). (3) Wir begründen die Werthaftigkeit durch Verweis auf ein metaphysisches »Gut-an sich«, das mit den Werten nicht identisch ist, ihnen aber ihre „Würde" verleiht (metaphysisch-objektiv). Letztlich ist es eine Frage der Weltanschauung und des persönlichen Selbstverständnisses, für welche dieser drei Möglichkeiten ich mich entscheide.

Der zweifelhafte Wert von Konsistenz und psychologischer Unentrinnbarkeit
Der unbedingte Eigenwert jedes Menschen und seine unbedingte Liebes-Würdigkeit können nicht hergeleitet oder bewiesen werden, sondern beruhen auf einer Vermutung und den darauf aufbauenden logischen Ableitungen der Konsistenz (siehe Kap. 9.6.2.4). Konsistenz hat aber von sich aus keine ethische Relevanz, denn wenn eine logische Konsistenz festgestellt wird, bedeutet das nicht, dass die Aussagen deswegen auch gleich wahr sind. Dies sind sie nämlich dann nicht, wenn eine der Prämissen nicht stimmt. Damit die vorangegangenen Aussagen präskriptiv nutzbar werden, müssten die beiden Vermutungen – der unbedingte Wert des Subjekts und seine Liebes-Würdigkeit – daher als wahr angenommen werden. Erst so kommt den dazu konsistenten universalen Überzeugungen und dem entsprechenden Verhalten ebenfalls ein wahrer *Wert* zu.

Dieser Einwand betrifft aber auch das Modell der »Beziehungstyp-Ethik« als ganzer. Der deskriptive Ausgangspunkt des Modells waren die psychologischen Bilder, nach denen wir unsere Beziehungen kategorisieren. Nun weiß man von manchen psychologischen Bildern, dass sie alles andere als angemessen sind und nicht unbedingt die Realität reflektieren. Spiegelt sich in den drei natürlichen Beziehungstypen also eine wesentliche Wahrheit des Menschen oder sind diese Kategorien nur wirksame und nützliche Merkmale? Aber selbst wenn diese Beziehungstypen einen *unentrinnbaren* Kontext für den Menschen abgeben, müsste noch zusätzlich gezeigt werden, dass sie auch notwendige Bedingungen für Mensch-Sein im Vollsinn sind, bevor man Normen davon ableiten kann. Und nur wenn dies angenommen werden kann, wird auch die davon logisch abgeleitete vierte Kategorie der Universalität zu einem wahren und etwas Wesentliches des Menschen beschreibenden Beziehungskonzept. Solange dies nicht gezeigt oder axiomatisch angenommen wird, bleibt das Modell einer » BEZIEHUNGSTYP-ETHIK« ein deskriptives Modell und es können keine präskriptiven Aussagen davon abgleitet werden.

Tatsächlich gibt es ja Versuche, das Menschenbild anders zu beschreiben: Interessensethiken und Kontraktualismus reduzieren alle menschlichen Beziehungen auf die Ebene der Interaktion. Dadurch reduziert sich dann auch die Ethik auf Forderungen der Gerechtigkeit und des aktiven Ausgleichs. Dies widerspricht zwar unseren Alltagsintuitionen und führt, wie wir gesehen haben zu unerfüllbaren Forderungen, aber von vornherein abzulehnen ist dieser aktuell von vielen favorisierte Entwurf nicht. Der Buddhismus betrachtet schließlich das gesamte menschliche Beziehungssystem als eine Illusion, die gerade nicht der Wahrheit des Menschen entspricht. Dessen Wahrheit sei vielmehr die eines Nicht-Selbst und sein Verhältnis zeichne sich durch Nicht-Differenz aus. Dies macht zwar einerseits das Engagement zur selbstverständlichen Haltung, aber gleichzeitig bricht damit auch die Notwendigkeit weg, sich für die eigene Sicherheit oder die von jemand anderem einzusetzen.[123] Es ist jedenfalls noch nicht bereits ausgemacht, dass das natürliche Selbsterleben des Menschen in den drei Beziehungstypen auch gleichzeitig seine unentrinnbare Wahrheit und damit wesentlich für das Mensch-Sein ist.

---

[123] Tatsächlich scheint die Idee von Menschenrechten dem Buddhismus einigermaßen fremd zu sein; Damian Keown, "Are there "Human Rights" in Buddhism?," *Journal of Buddhist Ethics* 2 (1995): 3–27.

10.3.2 Vom deskriptiven Modell zu präskriptiven Aussagen

Um mithilfe des vorgestellten Modells zu präskriptiven Aussagen zu kommen, müssten zunächst die Prämissen des **Eigenwerts interessegeleiteten Lebens** und der **Liebes-Würdigkeit personaler Lebewesen** als Axiome akzeptiert werden und zusätzlich müsste vorausgesetzt werden, dass sich in den drei Bildern von Beziehung etwas so Wesentliches des Menschen zeigt, dass es ein Teil seiner Wahrheit darstellt. Erst dann erhalten die Minimalforderungen normativen Charakter und die Maximalmöglichkeiten erscheinen als das ceteris paribus für jeden „Bessere". Außerdem müssten sie sich jeweils als nicht unmöglich erweisen, indem die Möglichkeit einer entsprechenden Motivation gezeigt werden kann.

Dass die Natur des Menschen zur Quelle ethischer Erkenntnisse wird, unterliegt dem Vorwurf des Hume'schen NF nur durch die axiomatischen Annahmen der Liebeswürdigkeit und des Eigenwerts. Wenn diese zutreffen, wird es zu einer logischen Konsequenz, dass sich Ethik an der Anthropologie ausrichten darf und muss. Auf den ersten Blick drängt sich dann vielleicht der Verdacht eines Zirkelschlusses auf: Zunächst wird der moralische Sinn des Menschen ermittelt. Dessen Gestalt gibt Aufschluss über das wahre Mensch-Sein. Dieses wahre Mensch-Sein wird als Ziel der Ethik festgelegt, was zu präskriptiven Aussagen führt, die dann natürlich dem moralischen Sinn des Menschen entsprechen, von dem man am Anfang ausgegangen war. Es handelt sich aber deswegen nicht um einen Zirkelschluss, weil es nicht der moralische Sinn ist, der die Natur des Menschen prägt, sondern es ist die Natur des Menschen, die die Gestalt des moralischen Sinns bedingt. Die Untersuchung müsste also unter Abzug des moralischen Sinns dieselbe Anthropologie ergeben. Gelänge dies nicht, läge der Verdacht eines Zirkelschluss auf der Hand. Doch die Natur des Menschen lässt sich auch ohne Untersuchung des moralischen Sinns bereits hinreichend erkennen, als hochsoziales, autonomes und kooperatives Wesen, das sich emotional mit anderen verbindet, daran interessiert ist, seine inneren Zustände mit anderen zu teilen, das sich dialogisch entwickelt, dessen beste Glücksmöglichkeiten im Miteinander-wachsen liegen, dessen Gesellschaften mit zunehmender Größe umso kooperativer werden und das Anpassungen zeigt, die den drei unterschiedlichen Weisen in Beziehung zu treten entsprechen. Dies sind nur einige der in diesem Buch aufgeführten Indizien zur menschlichen Natur. Man darf vermutlich davon ausgehen, dass es nicht der moralische Sinn ist, der die Gestalt der menschlichen Natur bestimmt, sondern dass es die menschliche Natur ist, die dem moralischen Sinn seine funktionale Gestalt zuweist. Wenn dem so ist, handelt es sich bei präskriptiven Aussagen auf Grundlage der Beziehungstypen auch nicht notwendigerweise um einen Zirkelschluss.

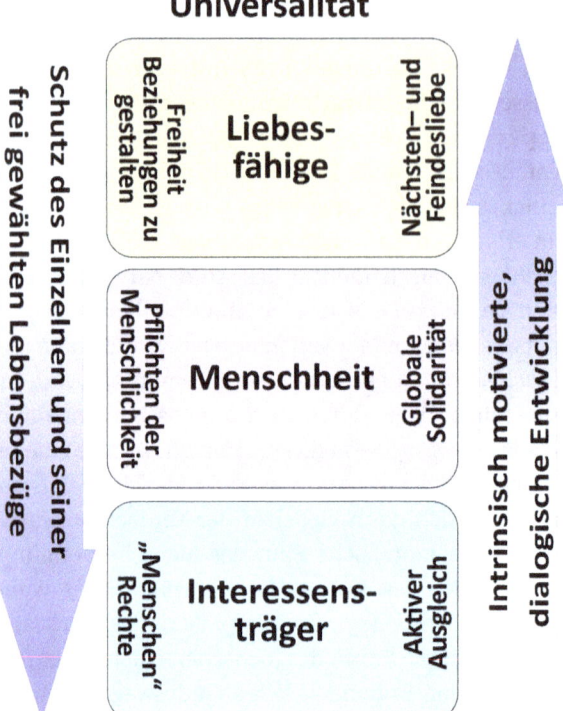

Abb. 10.10: Das Modell Universalität. Die spezifische Logik der einzelnen Beziehungskonzepte lässt sich auf die entsprechenden universalen Gemeinschaften übertragen. In den universalen Gruppen der Interessensträger (Interaktion), der Menschheit (Identität) und der Liebesfähigen (Intimität) dienen jeweils die Mechanismen der Kontrolle dem *Schutz des Einzelnen und seiner frei gewählten Lebensbezüge*. Die Mechanismen des Engagements dienen der *intrinsisch motivierten Gestaltung einer gemeinschaftlichen, dialogischen Entwicklung als Selbst-Realisierung*. Auch im universalen Bereich gilt, dass jeweils nur die Instrumente der Kontrolle aus den sozial weniger anspruchsvollen Typen und die Motive des Engagements aus den sozial anspruchsvolleren verwendet werden können. So ergibt sich im Bereich der Absicherung ein *Primat der Rechte von Interessensträgern* und im Bereich des Engagements ein *Primat der Nächstenliebe*.

Unter den genannten Voraussetzungen würden sich die ermittelten Minimalforderungen als **Moralische Verpflichtungen** zeigen (Abb. 10.10). Sie dienen dem Schutz des autonomen Einzelnen und seiner frei gewählten, sozialen Lebensumwelt (Gruppe und Beziehungen). Die fundamentalste Minimalforderung der Sicherheit wurde dabei im Ausgang vom Interaktionsmodell erhalten. Es handelt sich dabei nicht nur um die Allgemeinen *Menschenrechte*, sondern auch um die Rechte anderer nicht-menschlicher Interessensträger, jeweils im Maß ihres

Interesses. Die anderen universalen Minimal-Regeln gelten dagegen mit Einschränkungen: Die Pflicht, sich selbst und andere als Mitglieder der „Menschheit" zu respektieren, gilt offensichtlich nur für »Menschen« – müsste dann aber wohl unbedingt sein. Die Freiheit zur Gestaltung von Beziehungen nach Kriterien der Liebe ist schließlich dort – und nur dort – unbedingt gefordert, wo liebevolle Beziehungen gelebt werden. Es handelt sich jeweils um die Rechte des Einzelnen, die gegenseitig geachtet werden müssen. Dem entspricht die Goldene Regel in ihrer passivischen Form: „Was du nicht willst, dass man dir tu', das füg auch keinem andern zu."

Die **Ethischen Aufforderungen** dienen dagegen der Selbst-Realisierung in einer gemeinschaftlichen, dialogischen Entwicklung. Als Maximalmöglichkeit des Engagements erwies sich dabei die *Nächstenliebe*. Ihr entspricht die Goldene Regel in ihrer aktiven, engagierten Form: „Was ihr von anderen erhofft, das tut ihnen."[124] Sie ist jenes Maximum, das, wenn es zu einem der anderen beiden Maxima (»Solidarität« und »Ausgleich«) hinzutritt, in diesen das Engagement noch einmal erhöht und sich damit als das ceteris paribus „Noch-Bessere" und auf jeder Beziehungsebene Sinnvolle erweist.[125] Wo dagegen ein Beziehungselement bereits von Nächstenliebe geprägt ist, wäre eine zusätzliche Forderung nach Ausgleich oder Solidarität ein Rückschritt oder mindestens sinnlos.

Um sein eigenes „Bestes" gemeinschaftlich zu erreichen, ist der Einzelne aufgefordert Selbstkompetenz und Liebesfähigkeit einzuüben, entsprechende Tugenden aktiv auszubilden und daran zu arbeiten, seine Biases zu verringern. Dies mündet schließlich auf der gesellschaftlich strukturellen Ebene in eine allgemeine doppelte Ver-Antwortung: Eine ethische Gesellschaft soll (Identitätsengagiert) bemüht sein, dass ihre Mitglieder hierzu befähigt werden und dass die gesellschaftlichen Bedingungen dabei der menschlichen Natur zu Hilfe kommen, und sie hat (Identitäts-sichernd) die moralische Verpflichtung, diesen Prozess nicht unnötig zu behindern. Dazu gehören die Garantie von Sicherheit, Frieden und Freiheit, Ausbildungs- und gute Begegnungsmöglichkeiten, die Förderung von Autonomie und manches mehr.[126]

---

124 vgl. Mt 7,12.
125 Ricoeur, *The Golden Rule*, 392–397.
126 vgl. z. B. Anne Pedersen et al., "How to Cook Rice: A Review of Ingredients for Teaching Anti-Prejudice," *Australian Psychologist* 46 (2011): 55–63. // Bemerkenswert ist das Projekt von David Sloan Wilson durch Veränderung der Rahmenbedingungen gemäß evolutionstheoretischer Prinzipien die Menschen in seiner Heimatstadt Binghamton, NY zu aktiveren, prosozialeren Bürgern und die Stadt selbst dadurch lebenswerter zu machen. Wilson, *The Neighborhood Project*.

Im Modell der »BEZIEHUNGSTYP-ETHIK« wird vermutlich nicht das Gesamt der Ethik erfasst, sondern nur jene Bereiche, die anhand der drei Beziehungskonzepte verstanden werden können.[127] Dies ist aber offensichtlich ein großer Teil der menschlichen Lebensrealität.

Nach diesem Ausgriff in die normative Ethik behandelt das folgende Kapitel die Nächstenliebe wieder auf der deskriptiven Ebene. In dem Gesagten wird also keine moralische Wertung abgegeben, wohl aber eine Beurteilung über die jeweilige Anschlussfähigkeit zu den Erkenntnissen der Modernen Naturwissenschaften.

---

[127] Andere Begründungsmodelle gelten vermutlich im Bereich der Umweltethik und in manchen Fragen der medizinischen Ethik oder der technischen Verbesserung des Menschen (»Human Enhancement«) oder ähnlichem.

11 Nächstenliebe

Nach diesem langen Weg, der beschritten wurde um ausgehend von der Biologie und der Psychologie die Struktur einer natürlichen, menschlichen Ethik zu bestimmen, soll nun noch betrachtet werden, wie Nächstenliebe verstanden werden muss, wenn sie die anthropologisch begründete Maximalmöglichkeit einer Ethik des Engagements darstellen soll. Eine systematische Analyse des Phänomens Nächstenliebe kann an dieser Stelle nicht geleistet werden: Weder wird es umfassend in den Blick genommen, noch wird die relevante philosophische, theologische und psychologische Literatur auch nur annähernd ausschöpfend berücksichtigt. Dagegen wird aufgezeigt, dass der naturwissenschaftlich-anthropologische Zugang zu dieser Frage ganz konkrete praktische, philosophische und weltanschauliche Impulse liefern kann.

11.1 Nächstenliebe als eine Tugend

11.1.1 Die Entwicklungspsychologie der Nächstenliebe

Die Entwicklung des Selbstbildes geschieht in der Bewegung zwischen den zwei Polen eines »Integrierten Selbst« und einer »Begegnenden Andersheit« (siehe Kap. 7.2.2). Konflikte entstehen dabei dort, wo keine Vermittlung zwischen den Polen mehr stattfindet. Doch dort, wo sie gelingt und die Pole in eine offene Kommunikation gebracht werden, mündet dies in die „spiralförmige Aufwärtsbewegung"[1] einer zunehmenden Selbst-Realisierung. Der entscheidende Faktor für diesen Prozess ist das Vertrauen bzw. die Freiheit von der Logik der Angst. Die Schwierigkeit des Dialogs liegt ja darin, dass die Öffnung für den Anderen bedeutet, dass man auf eigene Absicherungsmechanismen verzichten muss. Im Maß der Öffnung verlagert sich damit auch die Verantwortung für das eigene Wohl zum Anderen. So wie sich der eigene Blick auf das Wohl des Anderen richtet, so wird erhofft, dass sich dessen Blick auf mein Wohl richtet. In dieser Wechselseitigkeit besteht die „Garantie" – die immer eine gewagte ist – und die Möglichkeit, dass beide profitieren und sich jeweils sowohl individuell als auch als System weiterentwickeln. Praktisch kann die dialektische Bewegung zwischen den Polen so zu einer einzigen, gemeinsamen Aufwärtsbewegung verschmelzen. Beziehungen, die zu einer solchen Entwicklung fähig sind, sind geprägt von Vertrauen, Hoffnung und Überraschung einerseits und von Enttäuschung und der notwendig

---

[1] vgl. Kegan, *Entwicklungsstufen des Selbst*, 150 f.

werdenden Vergebung andererseits. Sie besitzen gleichzeitig und gerade dadurch das Potenzial persönlichen Glücks, wenn im Überfließen nicht nur die eigene Liebe den anderen verändert sondern auch dessen Liebe bei mir ankommt.

Die innere Haltung
Die Abhängigkeit von diesem Dialog ist ambivalent. Einerseits besteht die Chance, dass sich Vertrauen und positive Erfahrungen gegenseitig aufschaukeln, andererseits die Gefahr in eine Abwärtsspirale zu geraten, denn auch Misstrauen und Enttäuschung haben die Tendenz sich gegenseitig zu verstärken. Dabei lässt sich Angst zwar nicht ganz vermeiden, aber es lässt sich wohl vermeiden, dass sie zum bestimmenden Faktor wird. Wie dargestellt wurde (siehe Kap. 7.3), ist es allerdings im Moment der Entscheidung dafür zu spät. Die Weichen, wie jemand in einer gegebenen Situation handelt – aufgrund von Angst oder von Vertrauen –, werden früher, nämlich in der Zeit zwischen den Entscheidungen, gestellt. Das Ideal liegt daher in einer zuverlässigen inneren Haltung, durch die die entsprechenden Intuitionen schnell und unbewusst abgerufen und wirksam werden können – also in einer Tugendhaftigkeit.

Wie alle intuitiv oder reflexartig arbeitenden Prozesse, kann auch die Reaktionsnorm für Nächstenliebe nicht einfach willentlich installiert werden, sondern muss wachsen. Doch genau hierfür spielt der Wille wieder eine herausragende Rolle, weil durch ihn die Aufmerksamkeit so gelenkt wird, dass die unbewussten Entscheidungen in die richtige Richtung gehen (siehe Kap. 7.1.1.2). Die resultierenden Erfahrungen und deren Verarbeitung führen dann zu einem kumulativen Aufbau einer inneren Haltung und zur Reifung der Persönlichkeit.[2] Wichtige Wachstumsschritte können dabei nicht einfach übersprungen werden.

Ausschlaggebende Faktoren sind – neben der jeweiligen Persönlichkeit – die Einübung in entsprechende Verhaltensweisen, das spielerische Imaginieren ähnlicher Situationen, das probeweise Einfühlen in Andere, Orientierung an Vorbildern, die bewusste Reflexion der eigenen Überzeugungen und manches mehr.[3] Die feste Überzeugung, dass in einer Notsituation altruistisches Handeln richtig ist, und eine Einübung in die Nächstenliebe, die sie mehr und mehr zum Reflex macht, machen es möglich, dass Menschen dann auch in wirklich bedrohlichen Situationen – auch unter Lebensgefahr – nicht nach der Logik der

---

[2] Fredrickson, "What good are positive Emotions?"
[3] vgl. Franco, Blau und Zimbardo, "Heroism." // Philip G Zimbardo, "Why the World Needs Heroes," *Europe's Journal of Psychology* 7 (2011): 402–7.

Angst handeln, sondern der Logik der Nächstenliebe folgen und so die Offenheit für eine dialogische Entwicklung bewahren.

Nächstenliebe – altruistisch oder egoistisch?
Was befähigt und motiviert Menschen, in bedrohlichen Situationen das eigene Leben aufs Spiel zu setzen, um andere zu retten? Wodurch werden die unvermeidlichen Gefühle der Angst überwunden? Was hat einen Maximilian Kolbe motiviert, an Stelle eines Fremden in den Hungerbunker in Auschwitz zu gehen und was hat die Feuerwehrleute am 11. September 2001 dazu gebracht, das kurz vor dem Kollaps stehende World Trade Center zu betreten, um Menschen zu retten? Zwar haben wir keinen Einblick, was tatsächlich in ihren Köpfen vor sich ging, aber strukturell ähnliche Situationen können experimentell untersucht werden. Zum Beispiel ist die noch heute verbreitete Hypothese, dass alle intentionalen Handlungen egoistisch motiviert seien, im Grunde schon vor Jahrzehnten experimentell widerlegt worden.[4] In einem Experiment[5] sollten Studentinnen die emotionale Reaktion einer Kommilitonin „Elaine" beobachten, die während des Lösens von 10 Aufgaben zu zufälligen Zeitpunkten Elektroschocks erhielt. Die Probandinnen mussten, bevor sie den Raum wieder verließen, entweder alle 10 Aufgaben beurteilen (Bedingung 1), oder mindestens die ersten zwei (Bedingung 2). Das Maß der empathischen Verbindung wurde über die Ähnlichkeit von Elaine mit der jeweiligen Probandin manipuliert. Falls die Probandin Elaine helfen wollte, gab es während des Versuchs die Möglichkeit, ihr die restlichen Elektroschocks zu ersparen, indem man sie selbst empfing. Die Idee des Experiments war: Wenn empathische Verbindung darauf abzielt, altruistisch einem anderen zu helfen, sollte die Entscheidung der Probanden unabhängig von den Ausweichmöglichkeiten sein. Wenn sie jedoch darauf abzielt, egoistisch den eigenen Stress zu reduzieren, sollte es dazu führen, dass unter Bedingung 2 häufiger die Ausweichmöglichkeit in Anspruch genommen wird als unter Bedingung 1. Tatsächlich wurde im Experiment beides festgestellt: Die Studentinnen reagierten sowohl mit persönlichem Stress, was vermehrt zu egoistischen Entscheidungen führte, als auch mit Empathie, was altruistische Entscheidungen förderte. Das Ergebnis

---
4 C. Daniel Batson und Laura L. Shaw, "Evidence for Altruism: Toward a Pluralism of Prosocial Motives," *Psychological Inquiry* 2 (1991): 107–22. // C Daniel Batson et al., "Five Studies Testing Two New Egoistic Alternatives to the Empathy-Altruism Hypothesis," *J Pers Soc Psychol* 55 (1988): 52–77.
5 C Daniel Batson et al., "Is Empathic Emotion a Source of Altruistic Motivation?," *J Pers Soc Psychol* 40 (1981): 290–302.

dieser Studie war aber, dass es auch Studentinnen gab, die aus echter altruistischer Motivation handelten.[6]

Natürlich wirken Sozialer Druck und die Angst vor Vorwürfen oder vor Verlust der Reputation in einer Situation, wo geholfen werden müsste, zusätzlich heteronom motivierend. Doch es existiert offensichtlich auch eine *autonome* Motivation zu helfen, die auf Empathie gründet und auf dem Wunsch, gemäß der eigenen Überzeugungen zu handeln.[7] Manche argumentieren zwar, dass dies wieder auf einen Egoismus hinauslaufe. Die empathische Reaktion entspreche kognitiv einer Ausdehnung des Selbst über den Anderen hinweg – also einer Art kognitiver Einverleibung des Anderen[8] – und das Befolgen der eigenen Überzeugungen müsse man ohnehin als Egoismus verstehen. Dies ist aber letztlich eine Frage der Definition von „Altruismus". Was im Kapitel 7.3 über die Willensfreiheit gesagt wurde, zeigt, dass man um das Subjekt des Handelns und dessen Gründe nie ganz herum kommt. Gerade eine authentische und freie Antwort muss im Einklang mit den eigenen Überzeugungen sein und könnte daher selbst dann noch als „egoistisch" definiert werden, wenn die Handlung ganz auf das Wohl eines Anderen zielt. Autonomie sollte aber nicht prinzipiell mit Egoismus gleichgesetzt werden. Eine sinnvolle Definition von „Altruismus" muss berücksichtigen, dass Mischungen aus egoistischen und altruistischen Motiven die Regel sind.[9] Dann wären altruistische Motive aber bereits überall dort wirksam, wo das Subjekt seine Möglichkeiten kennt und *von sich aus* nicht die egoistischste aller Varianten wählt.

Selbst-Realisierung statt Empathie
Typisch für die empathische Motivation ist, dass sie vor allem dann auftritt, wenn es ein konkretes Gegenüber gibt, und dass sie Zeit benötigt, um sich gegenüber Ängsten durchzusetzen. Wenn ein Kind in einem Fluss am Ertrinken ist, kann man aber nicht darauf warten, dass sich erst einmal motivierende Affekte der Nächstenliebe einstellen, die so groß wären, dass die eigenen Ängste dadurch emotional

---

6 C. Dani Batson and Et Al, "Influence of Self-Reported Distress and Empathy on Egoistic versus Altruistic Motivation to Help," *Journal of Personality and Social Psychology* 45 (1983): 706–18. // vgl. auch C Daniel Batson et al., "Empathic Joy and the Empathy-Altruism Hypothesis," *J Pers Soc Psychol* 61 (1991): 413–26.
7 Peter Fischer et al., "The Unresponsive Bystander: Are Bystanders More Responsive in Dangerous Emergencies?," *European Journal of Social Psychology* 36 (2006): 267–78.
8 Cialdini et al., "Reinterpreting the Empathy-Altruism Relationship: When One into One Equals Oneness."
9 Batson und Shaw, "Evidence for Altruism: Toward a Pluralism of Prosocial Motives." // Lora E Park, Jordan D Troisi, und Jon K Maner, "Egoistic versus Altruistic Concerns in Communal Relationships," *Journal of Social and Personal Relationships* 28 (2011).

übertroffen würden. In solchen Momenten wird gerade *nicht* überlegt und *nicht* auf Affekte gewartet, und zwar *weil man schon weiß, was zu tun ist*. Bei sicheren Intuitionen sind Überlegungen und Affekte kontraproduktiv, verunsichern und verzögern die Handlung. Das Motiv, das dort, wo im Bruchteil einer Sekunde reagiert wird, die allein treibende Kraft zu sein scheint, ist das Erfüllen dessen, was man als seine Pflicht und Verantwortung ansieht, die Erfüllung „unverletzlicher, internalisierter Standards".[10] „Es ist mein Job als Feuerwehrmann, mein Leben für andere zu riskieren." Kommentare von Alltagshelden sind häufig von der Art: „Ich habe nur getan, was getan werden *musste*"[11] oder „In dieser Situation hätte jeder so gehandelt."

Was in solchen Situationen offenbar mit auf dem Spiel steht, ist die Stimmigkeit des eigenen Lebensentwurfs: Wo eine sichere Intuition existiert, was in einer bestimmten Situation zu tun das „Richtige" und „Gute" ist, ist die Entscheidung dafür oder dagegen nicht nur eine Entscheidung für oder gegen das Wohl des Anderen, sondern gleichzeitig ein Urteil über die Bedeutung der eigenen Lebensgeschichte. Ist das, was war und ist und was sich im eigenen Selbstbild ausdrückt, auch so bedeutungsvoll, dass ich meine eigenen Handlungen davon bestimmen lasse? Sich bewusst gegen eine feste Überzeugung zu wenden, hieße deshalb auch vor sich selbst zu versagen und damit das eigene Leben ein Stück weit „in die Mülltonne zu treten" – weil es sich in dieser Situation als *bedeutungslos* gezeigt hat. Dieser Weg ist jedoch selten eine wirkliche Option. Statt gegen sichere Überzeugungen zu handeln, werden diese in Konfliktsituationen eher verändert. Dass dies mitunter sehr bereitwillig und leicht durch Streuen oder Ablehnen der Verantwortung oder durch Uminterpretieren der Situation gelingt, wurde im Kap. 8.6.1 dargestellt. Zweifel an der eigenen Intuition lassen sich so leicht kultivieren und unbestechliche Sicherheit und völlig feste Überzeugungen sind eher selten. Tugendhaftigkeit wird sich hier insbesondere als »Mut hinzusehen« und als Wahrhaftigkeit und Widerstandsfähigkeit gegenüber Ausflüchten und reflexiven Rationalisierungen zeigen.

Handelt es sich also doch um einen Egoismus, wenn es gerade im Ernstfall darum geht, „das Eigene" zu tun und der konkrete Andere erst sekundär in den Blick kommt? Oder handelt es sich um einen „Rückfall" auf das Niveau einer Pflichtenethik? Beide Befürchtungen sind nicht zutreffend. Es handelt sich häufig zwar nicht um reine, aber doch um *echte* Nächstenliebe und um *echten* Altruismus, und zwar deswegen, weil die Reaktionsnormen, die im Moment der Ent-

---

10 Franco, Blau, und Zimbardo, "Heroism," 103.
11 z. B. der Abu Ghraib Informant Sergeant Joseph Darby; zit. in Jason Marsh, "The Prison Guard's Dilemma," *Greater Good* Herbst/Winter Ausgabe (2006): 35.

scheidung wirksam werden, zuvor durch Einübung, durch Imagination, durch simulierende Einfühlung in die Situation anderer, durch Vorbilder in Realität, Geschichte oder Film und durch willentliche Ausrichtung entsprechend geprägt wurden. Die Entscheidung trägt eine Vorgeschichte und wenn dies eine Geschichte von Nächstenliebe, von Autonomie, von Anteilnahme und von der Bewunderung für Heroismus und Opferbereitschaft ist,[12] dann ist auch der daraus resultierende Akt eine Folge der Nächstenliebe.

Nächstenliebe entsteht nicht spontan im „luftleeren" Raum.[13] Die Formung des Pflichtgefühls durch Aspekte der Nächstenliebe geschieht vielmehr im „Dazwischen",[14] so dass die Reaktionsnormen einer Person davon geprägt werden. Eine liebevolle, opferbereite und dem anderen angemessene Einzelhandlung ist damit zwar die Realisierung des „Eigenen", sie ist aber gleichzeitig Ausdruck für die dahinterstehende und bestimmende Lebenshaltung, für die man sich zuvor immer wieder entscheiden musste und die eingeübt, erworben, erlitten und erkämpft werden musste. Jede *Praktische Ethik*, die einen pädagogischen Anspruch hat und am Menschen Maß nimmt, muss dies berücksichtigen und hat deswegen (auch) eine *Tugendethik* zu sein.

11.1.2 Selbstliebe und Nächstenliebe

Die Einheit von Nächstenliebe und selbstloser Selbstliebe
Dambrun und Ricard (2012) machen auf den Unterschied aufmerksam zwischen einer *selbstzentrierten* und einer *selbstlosen* Suche nach Glück, die miteinander in Konkurrenz stehen (siehe Kap. 7.2.1). Selbstzentriertheit ist dabei mit einem sich abschottenden Selbstbild verbunden und sucht extrinsische Bestätigung durch

---

[12] Zum Gefühl der Erhebung und Bewunderung vgl. Keltner und Haidt, "Approaching Awe, a Moral, Spiritual, and Aesthetic Emotion."
[13] Dies zeigt z. B. der Fall des japanischen Botschafters Sugihara in Litauen während des Zweiten Weltkriegs, der trotz anderslautender Anweisungen seiner Regierung über 2000 Juden die Ausreise ermöglichte. Diese Tat wurde durch seinen Lebenslauf vorbereitet: Er hatte sich schon zuvor bei der Berufswahl dem Willen seines Vaters widersetzt, heiratete eine nicht-japanische Frau und gab schon einmal aus Protest eine hochdotierte Stellung auf. In Litauen geriet er in den Konflikt zwischen zwei Moralischen Codizes, dem als Vertreter der japanischen Regierung und dem seiner ländlichen Samurai-Herkunft, in dem der Schutz von Hilfesuchenden hohe Priorität genießt. In seinem Fall war die Entscheidung zu helfen nicht spontan, sondern wohlüberlegt. „....*the problem may create a ›moral tickle‹ that the person cannot ignore – a sort of positive rumination, where we can't stop thinking about something because it does not sit right with us.*" Zeno Franco und Philip Zimbardo, "The Banality of Heroism," *Greater Good* Herbst/Winter (2006): 33 f.
[14] siehe Kap. 7.3.5.

äußerliche Attribute. Selbstlosigkeit ist mit einem auf den anderen hin geöffneten Selbstbild verbunden und sucht intrinsische Bestätigung durch autonome Selbst-Realisierung. Bei Autonomer Selbstrealisierung befindet man sich in der scheinbar paradoxen Situation, dass durch Selbstlosigkeit das eigene Selbst gerade gefördert wird. Es handelt sich also um eine Art *selbstloser* Selbstliebe. Ebenso muss die spontane liebevolle Zuwendung zu einem emotional entfernten „Nächsten" – also der Ernstfall der Nächstenliebe, der nicht auf die Unterstützung empathischer Affekte rechnen kann – notwendigerweise als eine solche Form von selbstloser Selbstliebe verstanden werden. Die Motivation dazu muss sich ja gegen selbsterhaltende Ängste und hedonistische Glückssuche durchsetzen. Da selbstlose Handlungen aus Überzeugung physiologisch mit starken Glücksgefühlen verknüpft sind, scheint dies allerdings möglich. Die Suche nach eigenem Glück und die Suche nach dem Glück des Anderen haben die Möglichkeit hier in eins zu fallen und können miteinander zu »Authentischem Glück« führen. Wo ich mich mit einem anderen verbunden fühle, kann dessen Glück auch das eigene Glück und parallel dazu Nächstenliebe Selbstliebe bedeuten.

Die empirisch psychologische Forschung legt also nahe, dass das Verhältnis von Selbstliebe und Nächstenliebe[15] – analog zu unserem Glücksempfinden – in zwei ineinander übergehende, aber doch getrennt zu bewertende Verhältnisse untergliedert werden muss. Die selbstzentrierte Selbstliebe steht zur Nächstenliebe in einem Verhältnis der Konkurrenz, während die selbstlose mit ihr so sehr in eins fällt, dass die eine nicht ohne die andere realisierbar ist.[16]

Die evolutionäre Funktion ist jeweils unterschiedlich: Selbstzentriertheit ist im Rahmen der Individualselektion im Dienst des Selbsterhalts und der Ausbeutung von Ressourcen entstanden und ist ein zentraler Bestandteil der Dynamik des Lebendigen. Selbstlosigkeit ist wohl im Rahmen der Verwandten- und Gruppenselektion entstanden, zunächst als Bereitschaft zum Engagement im Dienst der kooperativen Jungenaufzucht[17] und schließlich im Einsatz für die Mitglieder aus Gruppen zunehmender Größe. Die beiden Selbstlieben sind also nicht zwei Aspekte desselben Phänomens, sondern biologisch voneinander klar getrennte Funktionskreise, die nur deshalb phänomenologisch kaum zu unterscheiden sind, weil beide zu ihrer Sicherung Glücksgefühle kooptiert haben. Wenn

---

[15] Das Verhältnis der beiden zueinander ist ein zentrales ethisches Problem; vgl. Schockenhoff, *Grundlegung der Ethik*, 284.
[16] Die traditionellen Schwierigkeiten das Verhältnis von Selbstliebe und Nächstenliebe zu bestimmen, sind unvermeidlich, wenn weder die zweifache Natur der Selbstliebe noch die paradoxe Natur der Nächstenliebe erkannt wird. Eine Darstellung dieser Diskussion bietet ebd., 289ff und 299.
[17] vgl Burkart, Hrdy, und Schaik, "Cooperative breeding and human cognitive evolution."

sich daher ein Kontinuum beobachten lässt zwischen selbstzentrierter und selbstloser Selbstliebe, dann nicht weil die eine in die andere überginge, sondern weil durch den Übergang zu einem je inklusiveren Selbstbild die selbstzentrierte Selbstliebe immer mehr von der selbstlosen abgelöst wird.[18]

Man hat es also mit drei Weisen der Liebe zu tun:
1. **eine »extrinsische Selbstliebe«** als selbstzentrierte, hedonistische Selbstliebe.
2. **eine »intrinsische Selbstliebe«** als Selbst-Realisierung durch selbstlose Selbstliebe.
3. **eine »empathische Liebe«** als emotional realisierte Liebe zu Anderen.

Während sich (2) und (3) zur **»Nächstenliebe«** ergänzen, steht (1) zu diesen beiden in einem Konkurrenzverhältnis. In jeder konkreten Begegnung werden sich nun eine oder mehrere Kombinationen aus diesen drei Liebesformen etablieren. Welche davon sich als Handlungsmotivation durchsetzt, wird von verschiedenen Faktoren beeinflusst, wie der Bedrohlichkeit der Situation, der Inklusivität des Selbstbilds, den eigenen Intentionen und der persönlichen Tugendhaftigkeit.

Ausbildung der Tugend
Ähnlich wie sich positive emotionale Erfahrungen nach und nach zu einer inneren Haltung aufbauen,[19] so werden einzelne Taten der »Nächstenliebe«, wenn sie sich bewähren, mit der Zeit zu einer festen »Tugend der Nächstenliebe«, die dann auch dort noch durchgehalten werden kann, wo sie als reines Opfer des Liebenden erscheint. Im authentischen Handeln der intrinsischen Selbstliebe – ein Handeln gemäß der eigenen Überzeugungen – erweist sich das eigene Geworden-Sein schließlich als etwas Bedeutungsvolles und Wirksames und das eigene Leben erscheint dem Subjekt insgesamt als sinnvoll.[20] Damit ist keinesfalls gesagt, dass jeder authentische Ausdruck auch zu Nächstenliebe führt, doch wo emotional distanzierte Nächstenliebe – also gegenüber einem Fremden oder gar Feind – echt

---
18 Ähnliche Prozesse sind neurologisch beschrieben worden; vgl. Zoran Josipovic et al., "Influence of Meditation on Anti-Correlated Networks in the Brain," *Front Hum Neurosci* 5 (2011): 183.
19 Fredrickson, "What good are positive Emotions?"
20 z. B. werden in der Psychotherapie solche Zusammenhänge rekonstruiert, um Sinnhaftigkeit wieder zu erlangen; vgl. Rebecca L Caldwell, "At the Confluence of Memory and Meaning," *The Family Journal* 13 (2005): 172–75. //Im Rahmen der AI-Forschung (artificial intelligence) wurden Mindestanforderungen für das Erleben von Sinn beschrieben: Autopoiesis (Autonome Entwicklung und Selbsterhalt), eine bestätigende Verbindung zur Welt und ein intrinsisches Wertesystem; Jordan Zlatev, "Meaning = Life (+ Culture): An Outline of a Unified Biocultural Theory of Meaning," *Evolution of Communication* 4 (2002): 253–96.

ist, kann sie nicht anders vorhanden sein als in Form einer Selbstliebe, und Selbsthingabe und Selbstgewinn bedingen einander dann in jener paradoxen Weise, die der nicht-linearen, dialogischen Entwicklung der Person entspricht.[21]

Wachstum gelingt im Dialog aber nicht, indem ich jeweils nur dem schon Vorhandenen entspreche, sondern es setzt voraus, dass ich mich auf einen neuen Attraktor ausrichte, das Eigene in einem „gewagten Wurf" – in der Auslieferung des Eigenen an die Freiheit eines Andern – einbringe und mich dabei über die eigenen Grenzen hinwegtragen lasse. Der dialogische Akt der Selbst-Realisierung ist daher nicht nur eine In-Kraft-Setzung dessen was ist, sondern darüber hinaus ein Selbstüberstieg im Sich-an-den-andern-Ausliefern. Im Bild des Ballspiels (siehe S. 441) ist es die Tatsache, dass ein Ball erst im verlierenden Weggeben geworfen und wieder zurückerhalten werden kann. In diesem nicht-linearen Entwicklungssystem bedeutet Handeln aus echter Nächstenliebe, dass sich das Subjekt rückhaltlos und unabgesichert und im Hinblick auf das Wohl des Anderen selbst einbringt und mit diesem Anderen – der als ein anderer begegnen darf – ein gemeinsames konflikthaftes System bildet, das selbstorganisierend und dynamisch interagierend einem neuen Attraktor zustrebt, an dem die Beteiligten sich dann als Veränderte wiederfinden. Dies ist keinesfalls immer ein harmonischer Prozess, denn in der Realität kann der andere „den Ball" zwar zurückspielen, er kann ihn aber auch nur teilweise zurückwerfen, ihn ganz behalten oder sogar zurückweisen. Eines kann er jedoch nicht: Er kann ihn nicht an sich reißen, da Liebe immer Gabe ist. Die extremen Möglichkeiten reichen von der gemeinsamen Entwicklung in einer reifen Partnerschaft bis hin zur realen Selbstaufopferung wie der eines Maximilian Kolbe, oder zu Akten der Vergebung gegenüber Peinigern und Mördern. Die Nächstenliebe hält so in den Höhepunkten der Menschlichkeit gemeinschaftlich und in den Tiefpunkten der Menschlichkeit einseitig die Entwicklungsmöglichkeiten offen.

11.2 Nächstenliebe und Weltanschauung

Die folgende Betrachtung geht davon aus, dass in den drei natürlichen Beziehungskonzepten und in der Metakategorie der „Universalität" nicht nur ein psychologisches Epiphänomen begegnet, sondern dass darin ein für viele Menschen

---

21 siehe Kap. 7.2.2. Bei der Dialogischen Entwicklung bedeutet ihre Nicht-Linearität, dass *Stabilität* durch dynamische Bewegung um einen Attraktor zustande kommt. *Entwicklungsmöglichkeit* ist dagegen eine durch einen minimalen Impuls hervorrufbare Neuausrichtung auf einen anderen Attraktor, auf den sich dann das System als Ganzes – selbstorganisierend und dynamisch interagierend – zubewegen kann.

heute wesentlich zu ihrem Mensch-Sein im Vollsinn gehörendes Selbstverständnis erfasst ist. Möglicherweise drückt sich sogar ein gesamtmenschliches Existenzial darin aus. Für die drei natürlichen Beziehungskonzepte erscheint dies sogar wahrscheinlich. Wenn aber auch das Konzept der Universalität ein menschliches Existenzial darstellen soll, dann nicht in dem Sinn, dass es jedem Menschen bereits aneignet, sondern dass es sich evolutiv irgendwann in der Menschheitsgeschichte unweigerlich einstellt und damit ein wesentliches menschliches Potential darstellt. Der aktuelle Besitz wäre dagegen abhängig von geeigneten Umwelt- und Kulturfaktoren. Offensichtlich gilt das Selbstverständnis, Teil einer universalen Moralischen Gemeinschaft zu sein, aber nicht für alle Menschen. Dennoch soll im Folgenden von Menschen ausgegangen werden, für die die Psychologie der drei Beziehungstypen und die universale Perspektive wesentlich zu ihrem Selbstverständnis gehören (im Folgenden „Person$_{3U}$" genannt).

Die Fragestellung im folgenden Abschnitt ist: Welche ethische Leistungsfähigkeit bieten unterschiedliche Weltbilder einem Menschen, der sich – für ihn psychologisch unentrinnbar – im Modell von INTERAKTION – IDENTITÄT – INTIMITÄT und unter der zusätzlichen Perspektive der UNIVERSALITÄT versteht. Ein solcher Mensch – eine **Person**$_{3U}$ – würde von seinen psychologischen Bildern her als ethische Maximalmöglichkeit die Idee der Nächstenliebe kennen.[22]

Das Projekt der Evolutionären Ethik ist es, das Menschenmögliche zu bestimmen und Unmögliches als ethisch nicht Einforderbares zu benennen. Wenn die Idee der unbedingten Nächstenliebe existiert, dann bleibt immer noch die Frage zu klären, wie eine Motivation aussehen muss, die die Realisierung dieser

---

[22] Dass dieses Maximum tatsächlich bei vielen psychologisch wirksam ist, zeigen die erfolgreichen Hollywood-Blockbuster. Hinter ihrem Erfolg stehen psychologische Muster, die uns ganz bestimmte Themen und Geschichten als attraktiv erscheinen lassen: In ihnen geht es um Entwicklung der eigenen Möglichkeiten durch Auseinandersetzung mit einer mangelhaften Realität, um Überwindung von Hindernissen, die Bereitschaft, etwas dafür zu opfern und um Selbst-Hingabe als Gabe für andere; vgl. Christopher Vogler, *Die Odyssee des Drehbuchschreibers* (Frankfurt am Main: Zweitausendeins, 1998), 87–104. // Wenn ein Held zum Beispiel versucht eine Million $ zu gewinnen, so bleibt die Geschichte unbefriedigend, wenn dies am Ende die einzige Errungenschaft ist. Emotional befriedigend ist es, wenn der Held im Lauf der Geschichte erkennt, dass andere Dinge wichtiger sind als Geld. In einer wirklich berührenden Geschichte würde er zum Beispiel die schon sicher geglaubte Million verloren gehen lassen, um stattdessen seine große Liebe zu erobern. Solche Strukturen sind das Kochrezept erfolgreicher Storys (ebd., S. 54–77 und 385–462) und ein Hinweis auf jene Werte, die im Lauf der kulturellen Evolution so bedeutungsvoll waren, dass die Beschäftigung mit ihnen und die Identifikation mit Personen, die diese Werte repräsentieren, durch starke Emotionen als „interessant, sehenswert und unterhaltsam" markiert werden.

Idee zu etwas Menschenmöglichem macht. Nach einer allgemeinen Betrachtung wird daher im Folgenden anhand von drei Weltanschauungen untersucht, in welcher Weise diese eine *Person$_{3U}$* motivational bei der Realisierung dieser Idee – der unbedingten Nächstenliebe als ethischer Maximalmöglichkeit – unterstützen.

11.2.1 Idee und Motivation

Praktische Nächstenliebe hat zwei Voraussetzungen: Zum einen benötigt es die **Idee**, dass ein anderer wertvoll und meiner Liebe würdig ist, zum anderen eine **Motivation**, dieser Idee entsprechend zu handeln. Die verschiedenen Weltanschauungen bieten hier unterschiedliche Denkstrukturen und Bilder, durch die sie unterstützend oder hindernd wirksam werden können: Wer zum Beispiel gerade deterministische Texte gelesen hat, agiert in einem darauffolgenden Spiel selbstzentrierter und aggressiver.[23] Dagegen fördert unterschwellige Beeinflussung mit bestimmten religiösen Begriffen zwar einerseits altruistisches Verhalten, andererseits – im Experiment waren es christliche Begriffe – aber auch einen stärkeren rassistischen Bias.[24] Ein Weltbild, das die Liebe zum höchsten Wert erklärt, wird andere Wirkungen erzielen als eines, das die Wahrheit oder den Erfolg priorisiert. Ein Weltbild, das das Leiden als größtes Übel ansieht, wird andere Effekte haben als eines, das die Bereitschaft zum Leiden für und am andern als Entwicklungsmöglichkeit wertschätzt.

In einer Situation wie Maximilian Kolbe oder wie die Feuerwehrleute des WTC sind die meisten Menschen vermutlich emotional zerrissen zwischen dem „Wissen, was zu tun ist" und der Angst vor den Konsequenzen. Dies ist das unvermeidliche Setting, in dem die Tugend der Nächstenliebe sich in Extremfällen zu bewähren hat, oder eben versagt (ohne dass ihr dann von außen Vorwürfe gemacht würden – wohl aber von innen). Eine drängende Frage, die von den Weltanschauungen beantwortet werden muss, ist, ob solche maximalen Handlungen der Nächstenliebe nur als selbst-zerreißende Kapitulationen vor der Realität verstanden werden können oder ob sie nicht gerade nur dann realisierbar sind, wenn sie als die höchste Integration des Ganzen der Person – Vergangenheit, Gegenwart und Zukunft – erscheinen.

---

[23] Vohs und Schooler, "The Value of Believing in Free Will." // Rigoni et al., "Reducing Self-Control by Weakening Belief in Free Will."
[24] Isabelle Pichon, Giulio Boccato, und Vassilis Saroglou, "Nonconscious Influences of Religion on Prosociality: A Priming Study," *European Journal of Social Psychology* 37 (2007): 1032–45. // Johnson, Rowatt und LaBouff, "Religiosity and Prejudice Revisited."

Welche Antworten die Weltanschauungen auf solche Fragen geben können und wie es ihnen gelingt die äußeren und inneren Bedingungen für Selbstlosigkeit und Angstfreiheit zu schaffen, entscheidet darüber, ob die Idee der Nächstenliebe in der oben beschriebenen Form durch sie unterstützt wird oder nicht und damit ob sie der postulierten natürlich-moralischen Ausrichtung des Menschen – als Person$_{3U}$ – entsprechen oder dieser Natur entgegen stehen.

Ethisches „Sollen" setzt spezifische Garanten voraus

Ganz allgemein gilt: Eine belastbare Motivation erhält man nur dann, wenn der „Garant des Sollens" *auf derselben Beziehungsebene* liegt wie die ethische Forderung. So ist es vielleicht noch denkbar, dass die Quelle der Motivation liebevoll gedacht wird, dann aber ausschließlich zu Gerechtigkeit auffordert, doch es ist schlichtweg widersinnig, wenn das garantierende Element nur für Gerechtigkeit steht, dann aber vom Einzelnen Liebe und Selbstlosigkeit erwartet wird. Das wiederum bedeutet für jene Weltanschauungen, die die Wahrheit des Menschen auf der Interaktionsebene ansiedeln, dass sie konsistent nie mehr als die Einhaltung der „Menschenrechte", Gerechtigkeit und aktiven Ausgleich fordern können. Alles, was darüber hinausgeht, ist ethisch mindestens irrelevant und aus der Sicht Dritter eher sogar anrüchig.[25] Wenn der Garant dagegen als Stifter von Identität auftritt, werden wohl Solidarität gegenüber anderen Mitgliedern, Einhaltung der Pflichten und das Opfer für die Gemeinschaft als zentrale ethische Forderungen gelten.[26] Und wer Nächstenliebe – nicht als Interessensausgleich und nicht als kompromisslose Solidarität, sondern wirklich als nichts-erwartendes aber alles-erhoffendes Sich-Schenken – als ethisches Gebot behaupten möchte, benötigt dann auch ein personales, garantierendes Element, das ebenfalls fähig ist, sich in dieser Weise zu schenken, also entweder den Menschen selbst oder einen personalen Gott.

Religiöse Ethiken zeichnen sich durch metaphysische Garanten aus. Säkulare Ethiken müssen dagegen auf innerweltliche, natürliche Garanten verweisen. Eine dritte Alternative findet sich aber im nondualistisch-buddhistischen Zugang, bei dem alles als nicht-different gesehen und so der Adressat der Liebe fundamental egalisiert wird. Wessen Leid gelindert wird, ist dann letztlich gleichgültig. Als Garant für Ethik tritt hier die Nicht-Differenz auf.

---

[25] vgl. Singer, "Famine, Affluence and Morality," 240 ff.
[26] Die Rolle eines Garanten kann auf der Ebene der Identität zum Beispiel auch ein totalitaristischer Staat einnehmen.

Jeweils ein Vertreter dieser drei Alternativen – der materialistische Atheismus, der non-dualistische Buddhismus und die römisch-katholische Theologie als Beispiel einer religiösen Weltanschauung mit einem personalen Gottesbild – werden im Folgenden einer zugegeben äußerst skizzenhaften Analyse unterzogen. Dabei besitzt jede einzelne allein schon eine enorme Bandbreite an Lehrmeinungen. Manche davon unterstützen die Idee und Motivation mehr, andere weniger. Die folgende Betrachtung berücksichtigt nur jene „Anschauungs"-Inhalte, die entweder für Nächstenliebe besonders geeignet erscheinen, oder die eine grundsätzliche Schwierigkeit darstellen, weil sie für die jeweilige Weltanschauung typisch sind. Dabei soll aber kein Eklektizismus betrieben werden, sondern ein weiteres Kriterium bei der Auswahl war, dass keine „exotischen", sondern nur weithin akzeptierte Inhalte Berücksichtigung finden.

Die **Leitfrage der Analyse** ist: Inwiefern finden *Personen*$_{3U}$ in diesen verschiedenen Weltbildern einerseits die Idee einer unbedingten Nächstenliebe und andererseits eine Motivation, die es ihnen ermöglicht gemäß dieser Idee zu handeln? Der Gedankengang wird dabei an vielen Stellen hypothetisch bleiben.

11.2.2 Atheistisch-materialistische Möglichkeiten einer Person$_{3U}$

Die Prämisse des atheistisch-materialistischen Weltbildes ist, dass es keine über das Materielle hinausgehende Realität gibt und dass daher alle Sinnhaftigkeit innerweltlich erlangt werden muss. Hier gibt es theoretisch viele mögliche Haltungen bis hin zum Nihilismus. Unsere Frage zielt aber auf die ethischen Maximalmöglichkeiten, die ohne metaphysische Wertsetzung erreichbar sind. Ethiken, die mit hoher Wahrscheinlichkeit dem Menschen unmöglich sind, fallen dabei von vornherein aus: Diskursethiken, die einerseits rein rationale Teilnehmer voraussetzen und andererseits die Leistungsfähigkeit von Rationalität im ethischen Bereich überbewerten, Vertragsethiken, die absolut selbstkompetente Vertragspartner erfordern oder der Utilitarismus mit seiner Unfähigkeit, die größte Summe des Glücks mit den Anforderungen einer gerechten Verteilung desselben in Einklang zu bringen.[27]

Es geht hier nicht um die philosophischen, sondern um die heutig-lebenspraktischen Möglichkeiten, ein ethisches Gebot der Nächstenliebe nicht-metaphysisch zu begründen. Hier empfehlen sich derzeit wohl vor allem einige moderne, interessensethische Ansätze. Die dazugehörigen philosophischen

---

[27] Damit ist zwar noch nichts über deren Normativität ausgesagt, wohl aber über ihre Praktikabilität.

Entwürfe weisen als *Garanten* für ihre ethischen Forderungen die Mitglieder der Moralischen Gemeinschaft selbst aus. Übergeordnete gemeinschaftliche Strukturen werden typischerweise als nicht ethik-relevant angesehen, da es nur die Einzelindividuen sind, die leiden können und Interessen haben.[28] Zum moralischen Maßstab wird in der Interessensethik daher die proportionale Berücksichtigung und prinzipielle Gleichwertigkeit aller Interessen. Das zugehörige, ethisch-relevante Prinzip ist die Logik der Interaktionsebene und die Maximalmöglichkeit bestimmt sich für eine *Person$_{3U}$* zunächst als aktiver proportionaler Ausgleich der Interessen aller Betroffenen, der schließlich aber immer übergeht in die ethische Forderung eines wachsenden und zu fördernden Wohlbefindens.[29] Während der Beziehungstyp der Identität als ethisch irrelevant abgetan wird, kann der Typus Intimität mit dem Ideal der Nächstenliebe also durchaus ethische Qualität behalten.

Eine Ethik, die primär auf Gerechtigkeit und Ausgleich zwischen Individuen abzielt und sekundär auf wachsende Wohlfahrt, kann auch problemlos die Kategorien Geschenk und Hingabe rational rechtfertigen, wenn die Entwicklungsmöglichkeiten in den Blick genommen werden. Ein einseitiger Vorschuss ist sinnvoll, weil wir uns dadurch gegenseitig anstecken und zu gemeinsamem Wachstum herausfordern können. Unter einem relativ abgeschlossenen Selbstbild müssten das gerechte Maß übersteigende Investitionen zwar verdächtig und unethisch erscheinen,[30] doch durch ein offeneres Selbstbild, wo sich das Subjekt als Teil eines dynamischen Netzwerks versteht – eine Vorstellung, die eine *Person$_{3U}$* haben müsste –, lassen sich solche „Geschenke" als Bedingung für Synergieeffekte und als der Weg zu persönlichem »authentischem Glück« erkennen. Es liegt also durchaus im ureigensten Interesse eines Subjekts, das sich als Teil einer Gemeinschaft versteht, sich zu investieren, was deswegen aber noch lang keinen Egoismus darstellt. Hier wird schließlich sogar die Feindesliebe zu einer ethischen Möglichkeit, wobei der Feind dann aber nicht in seiner Eigenschaft „als Feind", sondern als gleich zu berücksichtigender Mitmensch und im Blick auf die gemeinsamen Entwicklungsmöglichkeiten geliebt wird. Die Opferbereitschaft für einen anderen bis hin zum Lebensopfer kann daher auch in einem atheistisch-materialistischen Weltbild als natürliche und konsistente Handlung vorkommen. Allerdings müsste aus Sicht eines Dritten zum Beispiel das *freiwillige Lebensopfer eines Guten zugunsten eines Verbrechers* wohl bedauert werden.

---

28 vgl. Schmidt-Salomon, *Jenseits*, 192.
29 Harris, *The Moral Landscape*, z. B. 15 – 22.
30 vgl. Singer, "Famine, Affluence and Morality," 240 ff. // Angesichts der immer wieder vorkommenden Extremformen von Nepotismus erscheint ein solches Misstrauen nicht prinzipiell unangemessen.

Die entscheidende Frage ist jene nach der Motivation: Zum Leben als Teil eines Netzwerks gehören die Erfahrungen des Beschenkt-Werdens und die Bereitschaft zu vertrauen. Auch ein materialistischer Atheist wird daher aus einer tiefen Haltung der Dankbarkeit und des Vertrauensvorschusses leben können, ohne dies als dissoziierend, sondern vielmehr als authentischen Ausdruck seiner selbst zu erleben. Es braucht keinen metaphysischen Garanten, um sich beschenkt zu wissen und diese Fülle des Beschenkt-Seins weitergeben zu wollen.

Das ethische Maximum steht hier vermutlich aber stets unter dem Vorbehalt der Entwicklungsmöglichkeit.[31] In Situationen der Bedrohung oder dort, wo nicht erwartet werden kann, dass der eigene Einsatz zurückgeleistet wird, wo also statt der Entwicklungsmöglichkeiten ein Selbstverlust droht, müsste wohl eine hedonistische Selbstliebe auch als die ethisch bessere Möglichkeit erscheinen. Diese dient dann ebenfalls dem Ausgleich, weil das Subjekt sich jetzt selbst in der Rolle des Benachteiligten oder Bedrohten findet. Dagegen wird es in einer angstfreien, entspannten Situation angemessen sein, die dialogischen Entwicklungsmöglichkeiten auszuschöpfen und gemeinsam von den zu erwartenden Synergieeffekten zu profitieren. Die Bevorzugung einer selbst*losen* gegenüber einer selbst*zentrierten* Selbstliebe wird hier zu einer Frage der Klugheit, und der moralische Anspruch bestünde darin, das rechte Maß beider zu finden. Es muss aber auch hier davon ausgegangen werden, dass eine Ethik des Engagements *ceteris paribus* als die moralisch bessere Strategie erkennbar ist. Doch eine gänzlich unbedingte Nächstenliebe dürfte unter dieser Weltanschauung eher als übermotiviert und irrational angesehen werden.

Praktische atheistische Ethik
Auffällig ist, dass diese Form der atheistisch-materialistischen Ethik vor allem in Wohlstandsgesellschaften und hier in der Bildungsschicht Verbreitung findet. Dies ist aber nicht erstaunlich, da diese Ethik ja, wie dargelegt, in einer Situation der Gefährdung zur hedonistischen Selbstliebe umschlagen und dann von einer Person$_{3U}$ als unethisch empfunden werden müsste. Damit die ethische Maximalmöglichkeit der unbedingten Nächstenliebe hier zu einer widerspruchsfreien Handlungsmaxime wird, braucht es vermutlich günstige, entspannte Umweltbedingungen. Kann die Nächstenliebe innerhalb einer atheistisch-materialistischen Ethik aber tatsächlich nur ein Wohlstandsphänomen und Luxusgut sein? Offenbar

---

31 Diesen Vorbehalt findet man genauso im Christentum bei Thomas von Aquin, der argumentiert, dass ein anderer nur geliebt werden kann, solange er „gottfähig" ist. Diese Eigenschaft besitzen aber notwendigerweise alle lebenden Menschen.

nicht, denn die Geschichte zeigt, dass es atheistisch-materialistische Motivationen geben kann, die auch unter Bedrohung nicht in eine hedonistische Selbstliebe umschlagen.

Wenn die atheistisch-materialistische Nächstenliebe *nicht im Wohlstand, sondern im Angesicht einer Bedrohung* weder ein kaschierter Egoismus noch heteronom, sondern echt ist, stellt sie eine so extreme Verneinung des hedonistischen Selbstinteresses dar, dass sie im wahrsten Sinne des Wortes „bodenlos" wird: Die Entscheidung zur Feindesliebe kann nichts dafür erwarten außer der Gewissheit, der eigenen Überzeugung gerecht geworden zu sein und das subjektiv Richtige und Authentische getan zu haben. Die *Treue zu sich selbst* scheint in den Situationen, in denen keine positiven Emotionen vorhanden sind, die einzige autonome Motivation zu sein und der einzig verfügbare Garant der ethischen Antwort, um in diesem Weltbild Opferbereitschaft zu begründen. Das ist die Tragik und der Heroismus eines atheistisch-materialistischen Lebensentwurfs, der den Ernstfall der Feindesliebe wagt.

Zeugnis von einem solchen atheistischen Humanismus *im Angesicht von Absurdität, Zufälligkeit und Leid* gibt der Philosoph und Träger des Nobelpreises für Literatur Albert Camus.[32] Die Philosophie Camus' ist eine Auseinandersetzung mit dem Leid, das in einer atheistischen Welt prinzipiell ohne Erklärung bleiben muss. Camus verzichtet dezidiert auf alle metaphysischen oder anderen Ausflüchte und hält die Absurdität des Lebens aus, die darin besteht, dass der Mensch Sehnsucht nach Sinn trägt, die Welt aber tatsächlich sinnwidrig ist.[33] Der wahrhaftige, nicht kampfesscheue Umgang mit dieser Absurdität besteht nach Camus in ihrer Erkenntnis, ihrer Annahme und schließlich dem Widerstand, in der der Mensch Selbstverwirklichung und seine Freiheit findet.[34] Das Maximum der Nächstenliebe ist bei Camus die aktive, konkrete Hilfe für die Menschen und die Solidarität, die sich an der Seite der Leidenden gegen ein Schicksal oder gegen Mächte auflehnt, die diese wahl- und skrupellos um ihr Leben und Glück bringen.

---

32 In seinem Roman „*Die Pest*" (1947/2011) verarbeitet er unter anderem die Erlebnisse aus dem 2. Weltkrieg, indem er beschreibt, wie die Pest über die Stadt Oran hereinbricht und dabei Leben und Lebensentwürfe zerstört und durcheinanderbringt. Der „Held" des Romans ist der atheistische Arzt Dr. Rieux. Dessen ebenfalls atheistischer Freund Tarrou, der schließlich an der Pest stirbt, fragt diesen einmal, ob man „*ein Heiliger ohne Gott*" sein kann (S. 369). Dessen Antwort einige Zeit später ist „*... wissen Sie, ich empfinde mehr Solidarität mit den Besiegten als mit den Heiligen. [...] Was mich interessiert, ist, ein Mensch zu sein*" (S. 370).
33 Albert Camus, *Der Mythos des Sisyphos* (Reinbek: Rowohlt, 2012/1942), bes. 64–79.
34 „*Darin besteht die Freude des Sisyphos. Sein Schicksal gehört ihm. Sein Fels ist seine Sache. Ebenso lässt der absurde Mensch, wenn er seine Qual bedenkt, alle Götzenbilder schweigen. (...) Der Kampf gegen Gipfel vermag ein Menschenherz auszufüllen. Wir müssen uns Sisyphos als einen glücklichen Menschen vorstellen.*" Ebd., 144 f.

Der Mensch in seinem Mensch-Sein ist für ihn das Maß der Dinge. Im vierten Brief an einen deutschen Freund schreibt Camus:

> Ich glaube weiterhin, daß unserer Welt kein tieferer Sinn innewohnt. Aber ich weiß, daß etwas in ihr Sinn hat, und das ist der Mensch, denn er ist das einzige Wesen, das Sinn fordert. Diese Welt besitzt zumindest die Wahrheit des Menschen, und unsere Aufgabe besteht darin, ihm seine Gründe gegen das Schicksal in die Hand zu geben. Und die Welt hat keine anderen Seinsgründe als den Menschen, und ihn muß man retten, wenn man die Vorstellung retten will, die man sich vom Leben macht.[35]

Der primäre ethisch motivierende Garant im materialistischen Atheismus ist das *„kostbarste Gut des Humanismus"*: das einzigartige und unwiederholbare, individuelle Leben des Einzelnen.[36] Nächstenliebe kann hier als natürliche Haltung existieren. Der zweite motivierende Garant ist das Eingebunden-Sein in ein Netzwerk, in das sich jeder zum Wohl oder zum Wehe einbringen kann und in dem erhebliche Synergieeffekte auftreten können. Unter dieser Wachstumsperspektive kann schließlich auch eine Motivation für Feindesliebe gefunden werden. Hier gibt es die Möglichkeit zu dialogischer Entwicklung, zum gegenseitigen Anstecken und Aufschaukeln von Vertrauen, Hingabe, Dankbarkeit und in Folge dessen von »authentischem Glück«, das nicht bei sich bleiben möchte, sondern danach drängt, ausgeteilt zu werden. Die Solidargemeinschaften selbst haben aber gegenüber den Einzelinteressen ihrer Mitglieder nur dann einen ethischen Anspruch, wenn sie solche Möglichkeiten der Entwicklung und der Selbstverwirklichung bieten und gleichzeitig der Förderung und dem Ausgleich der Interessen aller dienen. Als dritter motivierender Garant findet sich schließlich die Treue zu sich selbst.

Eine *Person$_{3U}$*, die sich für ein materialistisch-atheistisches Weltbild entscheidet, wird darin motivierende Bilder und Konzepte für sich finden können, die sie befähigen, ein Ideal der Nächstenliebe und sogar ihre Extremform, die Feindesliebe, anzustreben und zu leben. Aufgrund der reduktionistischen Tendenzen des Materialismus wird es philosophisch allerdings kaum möglich sein, objektive ethische Richtlinien oder Werte so zu begründen, dass man innerhalb des Weltbilds nicht auch anderer Meinung sein kann: Es wird einer *Person$_{3U}$* unter dieser Weltanschauung daher wohl zunächst darum gehen, selbst authentisch und in Treue zu sich und ihrer eigenen Lebensgeschichte zu handeln, die Gestaltung des Lebens nicht anderen zu überlassen, sondern sie selbst in die Hand zu nehmen,

---
[35] Albert Camus, *Fragen der Zeit. Essays* (Hamburg: Rowohlt, 1970), 27 f.
[36] Schmidt-Salomon, *Jenseits*, 249.

das Absurde auszuhalten und sich gegen Ungerechtigkeiten solidarisch aufzulehnen.

11.2.3 Nondualistisch-buddhistische Möglichkeiten einer Person$_{3U}$

Der Buddhismus ist bewegt von der Frage nach dem Leiden in der Welt. Dieses stamme letztlich aus der Idee einer diskreten, stabilen Identität des Subjekts. Identität führt zu Leiden, weil *erstens* die Begegnung mit einem ebenso diskreten Anderen konflikthaft ist und weil man sich *zweitens* gegen Veränderungen der Identität, die in einer dynamischen Welt unvermeidlich sind, zu wehren versucht. Die Lösung, die der Buddhismus präsentiert ist die Prämisse, dass die Wahrnehmung von Differenz eine Illusion ist: *Eins ist alles und alles ist eins*. Als Metapher dient zum Beispiel die Welle, die zwar eine phänomenale Gestalt hat, aber doch einfach nur Wasser ist.[37] Dieser Nondualismus ist fundamental und führt zu einem nicht-begrifflichen Denken, das sich gegenüber jeder Bestimmung von Sachverhalten wehrt.[38] Damit verbunden ist das zweite Prinzip: *Alles ist leer*. Es geht darum, dass kein dauerhaftes Wesentliches und keine ewigen Entitäten existieren.[39] Die Erkenntnis der „Leere" – des Fehlens qualifizierender Eigenschaften – enttarnt die interindividuellen Unterschiede, durch die wir uns zu identifizieren und zu definieren versuchen, als Epiphänomene. *Selbstzentriertheit* – die in Angst, Sorge oder auch Leid zum Ausdruck kommt – ist ein Irrtum, und Selbst*losigkeit* wird zur natürlichen Haltung.[40] Die Fähigkeit, diese „Leere" zu erleben[41] und daraus zu handeln, benötigt ein ständiges Einüben und besitzt den Charakter einer »Erleuchtung«.[42] Das allgegenwärtige Leiden der lebendigen Wesen fordert den Buddhisten schon wegen der fehlenden Differenz zu »Mitgefühl« – dem zentralen ethischen Prinzip – heraus. Dessen charakteristische Form

---

37 Tsai Chih Chung, *The Book of Zen. Freedom of the Mind* (Singapur: Asiapac, 1990), 14. // Die non-dualistische Realität ist nicht-intuitiv, aber doch einfach. Im Zen dienen daher nahezu alle Lehrtexte der Ausräumung von Missverständnissen; ebd., 5 f.
38 Mircea Eliade und Ioan P Couliano, *Handbuch der Religionen* (Düsseldorf: Artemis & Winkler, 1997), 267. // Alfred Binder, *Mythos Zen* (Aschaffenburg: Alibri, 2009), 36.
39 »Leere« ist also ein Gegenbegriff zur aristotelisch-abendländischen »Substanz«; ebd., 28 f.
40 Chung, *The Book of Zen*, 29.
41 Dies zeigt sich neurologisch unter anderem durch reduzierte selbst-referentielle Aktivität während der Meditation; Judson A Brewer et al., "Meditation Experience is Associated with Differences in Default Mode Network Activity and Connectivity," *PNAS* 108 (2011): 20254–59.
42 Sameet M Kumar, "An Introduction to Buddhism for the Cognitive Behavioral Therapist," *Cognitive and Behavioral Practice* 9 (2002): 40–43. // Binder, *Mythos Zen*, 29–46.

ist ein leidenschaftsloses, gelassenes Handeln aus einem Bewusstsein der fundamentalen Nicht-Differenz zum andern.

Wo es in der Beziehungstyp-Ethik um Selbsterhalt und um Schutz geht und wo Kontrolle und Sicherheit die dominanten Themen sind, wird daher vom Buddhismus als Illusion gekennzeichnet und würde dadurch obsolet.

Das Gesetz des »Karma«[43] besagt schließlich, dass jede Tat Konsequenzen hat und unser Glück oder Unglück daher Folge unserer eigenen Taten ist. Taten, die das Karma verbessern, führen zur Vermehrung von Glück, zur Ausbildung von Tugenden und zu einer vorteilhaften Wiedergeburt.[44] Das wirkliche Ziel ist jedoch nicht das karmische Voranschreiten, sondern der Ausstieg aus dem Kreislauf der Wiedergeburten und aus dem karmischen Kausalzusammenhang (*samsara*) – der einen nur immer weiter in die Welt verstrickt[45] – und die Erlangung des »Nirwana«.[46] Handlungen, die den Zustand des Nirwanas fördern (*kusala*), sind moralisch richtig und geboten, wobei sich die ethische Bewertung stets nur auf die Intention und nicht auf das Ergebnis bezieht. Dagegen sind Handlungen, die das Karma verbessern (*puñña*), moralisch neutral und nur insofern geboten, weil sie sekundär auch dem Weg zum Nirwana dienen können.[47]

Gemäß des dritten buddhistischen Prinzips: „Alles ist Geist" ist die wirkungsvollste Ebene die geistige Ebene. Diese ist die eigentlich relevante Ebene, wogegen die materielle die symptomatische und „nur" phänomenologische Ebene darstellt. Der vorzügliche Weg ist daher das eigene geistige Streben nach Erleuchtung. Ausnahme sind die Lehrer, deren Weg darin besteht, anderen zu helfen, ihren eigenen Weg der Erleuchtung zu finden. Der Weg, ganz praktisch Leiden in der Welt zu lindern, scheint dagegen ein sekundärer zu sein, da er ja nur indirekt dem »Nirwana« näher bringt.

Im *Mahajana*-Buddhismus fallen die beiden Wege für Bodhisattvas allerdings in eins: Da Bodhisattvas Lehrer sind, geht ihr Weg zur Realisierung der Buddhanatur[48] über die Belehrung anderer, aber nicht nur durch Lehre (*dharma*), sondern auch durch Vorbild und aktives Mitgefühl. Idealerweise leben sie daher

---

43 wörtlich „Aktion"; Kumar, "An Introduction to Buddhism," 42.
44 Deswegen wurde vermutet, dass etwa das Almosengeben in der buddhistischen Tradition „nur" egoistische Motive habe. Diese Hypothese erweist sich aber als nicht haltbar. Für die Erlangung des Nirwana ist es schließlich nur dann wertvoll, wenn es nicht aus egoistischen Motiven geschieht; Stephen A Evans, "Ethical Confusion: Possible Misunderstandings in Buddhist Ethics," *Journal of Buddhist Ethics* 19 (2012): 517 f.
45 vgl. Eliade und Couliano, *Handbuch der Religionen*, 274.
46 wörtlich „Erlöschen".
47 Evans, "Ethical Confusion: Possible Misunderstandings in Buddhist Ethics," 514–544.
48 „Realisierung", da alles in Wirklichkeit schon immer Buddha-Natur ist; Chung, *The Book of Zen*, 77.

ausschließlich in einer Haltung der Hingabe und des Dienstes.[49] Im Mahajana sind Boddhisattvas nicht selten, denn man wird es hier aufgrund von Fähigkeiten und aus eigener Wahl. Es gibt im Buddhismus also eine klare Motivation *aktiv* anderen zu helfen und sie dehnt sich sogar kompromisslos auf *alle* Lebewesen aus. Sie existiert allerdings nicht als objektive Aufforderung im Sinne eines *cp* prinzipiell Besseren.

Praktische buddhistische Ethik
Nach der vorangegangenen minimalistischen Skizze bleibt die Frage, welche maximalen ethischen Möglichkeiten sich im buddhistischen Non-Dualismus für eine *Person*$_{3U}$ ergeben. Der Aufruf zum Mitgefühl ergeht hier, indem mir der andere als *Leidender* begegnet. Das Ideal der »Gelassenheit« führt dabei dazu, dass das buddhistische »Mitgefühl« idealerweise ohne Leidenschaft und ohne emotionale Unterstützung auskommt.[50] So muss man die Betonung zweifellos eher auf dem „*Mit-*" der Einheit als auf dem „*-Gefühl*" sehen. Die physiologische Motivation zum ethischen *Maximum* wird daher weniger von der empathischen Liebe, als vielmehr von der »selbstlosen Selbstliebe« her kommen müssen. Diese ist im Buddhismus aufgrund der Nicht-Differenz allerdings eine Selbstverständlichkeit.

Die Zuwendung zum Anderen fällt also mit der Selbst-Realisierung ganz in eins und Aufmerksamkeit für mich selbst und Mitgefühl werden identisch.[51] Wie sollte dies auch anders sein, wenn in Wirklichkeit gar keine Differenz besteht. Damit gibt es aber streng genommen keine wirkliche Opferbereitschaft und auch der Geschenkcharakter verschwindet. Ein Sich-Selbst-Schenken, wie wir es vom Beziehungskonzept der Intimität her kennen, ist im buddhistischen Weltbild redundant, denn die Einheit besteht ja bereits.

In welcher Weise Mitgefühl gelebt wird, ist so zwar zweitrangig, doch aus Gründen der Klugheit wird sich gerade ein *gelassenes Mitgefühl* genau dort in-

---

49 „...the Tibetan bodhisattva seeks enlightenment by behaving with compassion and altruism at all times." Jane Ardley, *Violent Compassion: Buddhism and Resistance in Tibet* (2000), 23.// Wie ansteckend die Ausstrahlung eines Bodhisattvas, in diesem Fall des Dalai Lamas, sein kann, beschreibt der Psychologieprofessor Dacher Keltner (*Born to be good*, Kapitel 9).
50 Leidenschaft und Emotionalität werden abgelehnt, weil sie aus einer Differenzierung stammen und zu Aggressivität oder Leid führen. Daher münden die buddhistisch-*philosophischen* Abhandlungen über das »Mitgefühl« gelegentlich im Ideal der „Equanimity" (Gelassenheit); z. B. Chris Frakes, "Do the Compassionate Flourish?: Overcoming Anguish and the Impulse towards Violence," *Journal of Buddhist Ethics* 14 (2007): 99–128.
51 Kumar, "An Introduction to Buddhism," 42. // Kenneth Kraft, "Practicing Peace: Social Engagement in Western Buddhism," *Journal of Buddhist Ethics* 2 (1995): 154.

vestieren, wo der Einsatz am wirkungsvollsten ist.⁵² Ein absolut selbstloser Einsatz für Andere, bis hin zum Opfer des Guten für den Verbrecher, ist vom buddhistischen Weltbild somit zweifellos gedeckt.⁵³ Die vielfältigen und großartigen Formen der Nächstenliebe im Buddhismus, die in einem anderen Deutungszusammenhang eine große Opferbereitschaft bezeugen würden, werden von den Beteiligten selbst allerdings wohl nicht unter dem Aspekt eines Opfers oder eines Geschenks verstanden werden: Es gibt ohne Differenz keinen Geber und keinen Empfänger, sondern nur das Geben und das Empfangen. Der reine Akt ist das, was wirklich ist.

Die Kombination aus Karma-Lehre, dem Primat des Geistes und der grundsätzlichen Gelassenheit macht es vermutlich nicht leicht, eine Motivation zu finden, gegen lebensfeindliche oder menschenverachtende Kräfte und gesellschaftliche Strukturen direkt anzugehen. Gewalt entspräche einem „Aufstand gegen das Schicksal" und ergibt in einem karmischen, kausalen Weltbild keinen Sinn, da dadurch ja nur die Symptome bekämpft würden. Der richtige Weg zur Veränderung, der an den Ursachen ansetzt, ist die Vermehrung der guten Taten und des Mitgefühls und die Veränderung von innen durch den Ausstieg aus dem Kreislauf des Karmas. Dies bezeugt zum Beispiel der konsequent gewaltlose Weg des Dalai Lama.⁵⁴ Die Nächstenliebe erscheint im Buddhismus stets eingebettet in

---

52 Chung, *The Book of Zen*, 112.
53 Es gibt eine Lehrgeschichte, in der sich Buddha in einer seiner früheren Inkarnationen einer Tigerfamilie, die am Verhungern ist, selbst zur Nahrung darbietet: „*[...] fulfil my dream of some day being of help to others even if it meant sacrificing my life, and so come closer to perfect enlightenment.*" (S. 8) Khoroche, Peter (Übers.) (1989) Once the Buddha was a monkey: Ārya Śūra's Jātakamālā (4. Jh.). Chicago: Univ. Press, S. 5–9.
54 Der Buddhismus bietet aber auch Möglichkeiten, Gewalt zu rationalisieren. Jede normale Moral ist so zum Beispiel sekundär zum wahren Mitgefühl und der Weisheit eines Bodhisattvas. So wird von Buddha selbst berichtet, dass er einen Mann tötete, um ihn am Töten anderer zu hindern; Ardley, "Violent Compassion", 25f. Grundsätzlich gilt, dass die Intention über die moralische Qualität einer Handlung entscheidet und nicht das Ergebnis. Damien Keown, *The Nature of Buddhist Ethics* (NY: Palgrave, 2001), 178. // Die gewalttätige Guerilla zur Befreiung Tibets berief sich auf ihre Absicht dadurch das Dharma – die Lehre und damit die Religion selbst – zu retten. Das einflussreiche *Mahaparinirvana Sutra* erlaubt zu diesem Zweck den normalen moralischen Code zu ignorieren; Kenneth Kraft (1993, 44), zit. in Ardley, "Violent Compassion," 2. Im Jahr 1974 wurde die tibetische Guerilla aber durch die Intervention des Dalai Lama aufgelöst. // Selbstverbrennungen – die im Buddhismus auf eine jahrhundertealte durchaus positive Rezeption zurückblicken können, vom Dalai Lama aber als Form der Gewalt kategorisch abgelehnt werden – werden von den Opfern als ultimate Hingabe für die Befreiung anderer, als größte Ernsthaftigkeit, mit der man seine Stimme erheben kann und als Versuch, die Herzen der Unterdrücker zu bewegen, verstanden; Ardley, "Violent Compassion." // Im II. Weltkrieg unterstützten die japanischen Zen-Meister nahezu einhellig den Krieg und den „Kampf gegen die Juden", weil sie sich

die umfassende Liebe zu allen Lebewesen. In der einzelnen Begegnung findet jeweils das Ganze statt. Sie kann daher zugleich ganz ent-individualisiert wie absolut für diese eine Begegnung entschieden sein. Die buddhistische kompromisslose Selbstlosigkeit und Aufmerksamkeit, die sich idealerweise nach außen in Zuwendung und Mitgefühl äußern, fordern zur Bewunderung heraus und erweisen sich als ansteckend. Im buddhistischen Weltbild ist die Nächstenliebe im wörtlichen, proportionalen Sinn des „Liebe deinen Nächsten wie dich selbst" (Lk 10,27 par) eine selbstverständliche und konsequente Haltung.

Für eine $Person_{3U}$ die den Buddhismus leben will, ergeben sich jedoch vermutlich Unsicherheiten. Während die natürliche Natur des Menschen – unser Grundpostulat war, dass hierzu eine $Person_{3U}$ gehört – in Beziehungen und damit in Differenzierungen denkt, ist die Buddha-Natur dieses Kategorien-Denken ja gerade losgeworden. Der Buddhismus ist ja nicht der Versuch einer natürlichen – aus seiner Sicht epiphänomenalen – Natur des Menschen gerecht zu werden, sondern gerade ihr zu entkommen, da dies als der Weg aus dem Leid angesehen wird. Um das Leiden loszuwerden, muss daher die Persönlichkeitsstuktur$_{3U}$ mit ihrem differenzierten Beziehungsgefüge als illusorisch abgeschafft und die Wirklichkeit auf das Geistige und die Nicht-Differenz konzentriert werden. Solange die psychologischen Muster der $Person_{3U}$ aktiv sind, wird dies jedoch nur unvollständig gelingen.

Wahrscheinlich ergibt sich hier ein motivationaler Unterschied zwischen einer $Person_{3U}$, die Buddhanatur anstrebt, und einem Erleuchteten, der sie erreicht hat. Die ethische Motivation durch das »Nirwana« führt auf direktem Weg (*kusala*) nur zu geistigen Haltungen. Konkrete Handlungen (*puñña*) als Teil des karmischen Prinzips sind dagegen nicht direkt ethisch motivierbar. Während für einen Erleuchteten mit Buddha-Natur gelten mag, dass er alles geben kann, weil alles eins ist und er selbst Nicht-Selbst, führt dies in der Realität möglicherweise dazu, dass viele anfällig sein werden für einen innerlichen Konflikt zwischen den beiden Naturen, der natürlichen – die unter anderem eine $Person_{3U}$ beherbergt – und der angestrebten Buddha-Natur.

Die andersartige Buddhanatur führt offenbar auch zu eigenen, konkreten ethischen Konsequenzen:

---

offenbar von der totalitaristischen Ideologie des Faschismus angezogen fühlten. Binder, *Mythos Zen*, 127–142.

Verzicht auf Verbindlichkeit. Es gibt im Buddhismus die Tendenz, nicht zwischen ethisch und unethisch zu unterscheiden.[55] Es gibt zwar allgemeine Verhaltenskodizes, die als eindeutige Leitfäden dafür angesehen werden, auf welchem Weg positive karmische Impulse gesetzt werden.[56] Obwohl es also faktisch so etwas wie strikte Verhaltensanweisungen gibt, beziehen sie sich auf innere Haltungen,[57] und es besteht grundsätzlich eine große Zurückhaltung, die Taten anderer zu beurteilen. Eine philosophische Ethik, wie sie in anderen Weltanschauungen üblich ist, wurde im traditionellen Buddhismus zum Beispiel nie entwickelt.[58] Der Dalai Lama betont im Tibetkonflikt mit China ebenfalls, dass er sich der völligen Gewaltlosigkeit verpflichtet sieht. Dabei unterscheidet er aber deutlich zwischen politischem und religiösem Kontext. Er sieht sich selbst außerstande, nicht-religiös zu handeln und Gewalt anzuwenden, geht aber gleichzeitig davon aus, dass für andere Gewalt und Krieg der richtige politische Weg sein kann.[59]

Beliebigkeit der Investition. Trotz des Potentials zur umfassenden Solidarität findet man im Buddhismus traditionell ein eher geringes Interesse an sozialen Fragen, Fragen der Gerechtigkeit oder der Menschenrechte im Allgemeinen. Indem der Buddhismus die Differenz in der Welt als Illusion bezeichnet und so das Ego mitsamt seinen Interessen verschwinden lässt, ist das Ideal des Mitgefühls nichtemotional. Diese systematische Ablehnung von Interesse und *Leidenschaft* schaltet aber den natürlichen „Motor" aus, der zu Handlungen antreibt. Meditative Einübungen des Mitgefühls werden dies nicht vollständig kompensieren. Nächstenliebe hat hier deshalb die Tendenz unkonkret zu bleiben und die Gleichwertigkeit der eigenen Entwicklung sowie der Primat des Geistigen können dazu führen, dass materielle Nöte Anderer als nicht vordringlich angesehen werden. Das „Problem" des Buddhismus (von außen gesehen) scheint seit jeher zu sein, dass das Mitgefühl recht wenig in Handlungen oder Veränderungsprozesse umgesetzt wird.

---

55 ebd., 140.
56 Es wird davon ausgegangen, dass es nur für einen spirituell Erleuchteten angemessen ist, sie in Ausnahmefällen nicht zu beachten, weil er das größere Gut in davon abweichenden Handlungen zu erkennen vermag. Vgl. David B Gray, "Compassionate Violence?: On the Ethical Implications of Tantric Buddhist Ritual," *Journal of Buddhist Ethics* 14 (2007): 241 f.
57 Keown, *The Nature of Buddhist Ethics*, 178.
58 Keown, "Are there Human Rights in Buddhism?," 4.
59 Ardley, "Violent Compassion," 32. // Barry Sautman, "'Vegetarian between Meals': The Dalai Lama, War, and Violence," *Positions* 18 (2010): 89–143. //Nicht zuletzt war dies wohl ein Grund, warum er sich so dringend aus der Politik zurückziehen wollte.

Während der Buddhismus durch die Nicht-Differenz allen Seins also optimale Voraussetzungen für die Entwicklung von Selbstlosigkeit und Angstfreiheit und damit für unterschiedslose Nächstenliebe bietet, scheint es nicht leicht mit diesem Weltbild eine Motivation für den aktiven Einsatz zugunsten anderer aufzubauen, so dass dadurch kurzfristig gesellschaftliche Verhältnisse verändert würden. Das innerhalb des Buddhismus erwachende Interesse hierfür ist offenbar eine neue Erscheinung, vermutlich durch den Kontakt mit der westlichen Welt, durch die sicher auch ein etwas anderes Selbstverständnis – womöglich mit den Charakterzügen einer *Person$_{3U}$?* – Einzug hält. Die westlichen Formen des Buddhismus versuchen neue Impulse aufzunehmen und sie ins buddhistische Weltbild zu integrieren. Bedeutungen verschieben sich so, dass das Ideal buddhistischer Weisheit den aktiven Aspekt im »Aktiven Mitgefühl« mehr betont. Hier wird es offensichtlich als notwendig empfunden in der modernen Umwelt neue Möglichkeiten für ein gewaltfreies aber intensives soziales, ökologisches und politisches Engagement zu begründen.[60] Ob dies eine konsistente, genuin buddhistische Dynamik sein kann, wird sich in Zukunft erweisen müssen.

11.2.4 Christlich-personale Möglichkeiten einer Person$_{3U}$

Bei einem personalen Gottesbild müssen für unsere Untersuchung zwei Fragen beantwortet werden: *Erstens* ob man eine kohärente, theologische Anthropologie findet, die die Beziehungen Gott-Mensch und Mensch-Mensch so verstehen lässt, dass dies sowohl bedeutungsvolle Anknüpfungspunkte zu den vorgestellten empirischen Erkenntnissen bietet, als auch eine Idee und die Motivation für Nächsten- und Feindesliebe liefert; *zweitens* ob eine solche Anthropologie auch die natürlichen Möglichkeiten des Menschen berücksichtigt oder ob sie zu einer Überforderung wird.[61]

Da die christliche Glaubenswelt sehr bunt ist, konzentriert sich die folgende Betrachtung beispielhaft auf bestimmte theologische Aussagen und auf die Glaubenspraxis innerhalb der zahlenmäßig größten christlichen Denomination, der römisch-katholischen Theologie. Doch auch hier gibt es noch eine so große Bandbreite, dass wiederum ausgewählt werden muss: Eine große Nähe zu den empirisch-wissenschaftlichen Erkenntnissen scheint jenes theologische Menschenbild zu besitzen, das auf Thomas von Aquin und dessen moderne Rezeption zurückgeht. Die genannten Inhalte werden in ihrer Aussageintention dabei von

---
60 Kraft, "Practicing Peace: Social Engagement in Western Buddhism," 152–172.
61 vgl. Wuketits, *Gene, Kultur und Moral*, 101.

den anderen großen christlichen Kirchen zweifellos geteilt – wenngleich manchmal mit einer geringfügig anderen Betonung. Zusätzlich muss bei dem praktischen Thema Nächstenliebe aber auch die Spiritualität verschiedener „Kirchenlehrer" und „caritativer Helden und Heldinnen" eine besondere Rolle spielen.

Theologische Grundvoraussetzungen

Die entscheidenden, das christliche Bewusstsein prägenden, theologischen Annahmen sind: (1) Gott ist rein transzendent und damit Existenz- und Erhaltungsgrund in allem was ist. (2) Gott ist ein Gott in drei Personen. Die menschliche Beziehung zu ihm hat daher personalen Charakter. (3) Die Schöpfung und damit der Mensch sind in Freiheit aus dem Überfluss der göttlichen personalen Liebe hervorgegangen und von dieser Freigabe ist die Welt geprägt. (4) Der Mensch ist Abbild Gottes, und in der menschlichen Natur gibt Gott sich zu erkennen. In der Selbst-Realisierung des Menschen ereignet sich daher Selbstmitteilung Gottes. (5) In Jesus Christus, dem menschgewordenen Sohn Gottes, ist die endgültige Zusage Gottes zum Menschen sichtbar geworden: sein göttliches Wesen, als sich selbst mitteilende Liebe, und das letzte Wesen des Menschen als radikale Offenheit für Gott.[62]

Anthropologische Grundvoraussetzungen

Daraus resultierende anthropologische Prämissen sind: (a) Der Mensch ist ein soziales Wesen, weder abgeschottet noch ungetrennt. (b) Jeder Mensch ist von Gott persönlich und unbedingt geliebt. (c) Je mehr sich der Mensch von Gott ergreifen lässt, desto freier wird er.[63]

---

[62] Zu (1) siehe Kap. 9.3.1.2. Zu (2) Der Glaube an die Personalität Gottes ist „erfahrungsdurchtränkt"; vgl. Gisbert Greshake, *Der Dreieine Gott* (Freiburg: Herder, 2007), 172–216. Zu (3) vgl. Splett, *Leben als Mit-Sein*, 113–117. // Rahner, "Über das Verhältnis von Natur und Gnade," 337 ff. Zu (4) z. B. Karl Rahner, *Herausforderung des Christen. Meditationen – Reflexionen* (Freiburg: Herder, 1975), 134. Zu (5) Benedikt XVI. (Joseph Ratzinger), *Deus Caritas Est*, Enzyklika (Libreria Editrice Vaticana, 2005), 12–15. // Karl Rahner, "Art. Inkarnation," in *Sacramentum Mundi*, vol. 2 (Freiburg i. Br.: Herder, 1968), Spalte 824.
[63] Zu (a) Greshake, *Der Dreieine Gott*, 293–300. Zu (b) Der „Eros Gottes": z. B. Benedikt XVI. (Joseph Ratzinger), *Deus Caritas Est*, 10–11. Zu (c) Greshake, *Der Dreieine Gott*, 282.

Drei christliche Grundthesen zum Menschen als Beziehungswesen
Dies lässt sich schließlich in drei Thesen für das Selbstverständnis und den Umgang der Menschen miteinander zusammenfassen, die damit das Fundament für eine christlich verstandene Nächstenliebe geben: (1) Jeder Mensch ist unbedingt wertvoll und der Liebe würdig (vgl. Röm 5,8), (2) menschliche Liebe hat ihren Ursprung in der göttlichen Liebe (vgl. 1 Joh 4,7–12) und (3) in jeder zwischenmenschlichen Begegnung findet Gottesbegegnung statt (vgl. Mt 25,40).

11.2.4.1 Freundschaft: Das Ziel christlicher Moral

Thomas von Aquin hat dargelegt, warum das „intim-vertraute" Verhältnis der Freundschaft auch über die Beziehung zwischen Mensch und Gott ausgesagt werden kann.[64] Freundschaft bedeutet ja, dass sich die Partner prinzipiell gleichrangig auf Augenhöhe begegnen. Die existentielle Distanz von Gott und Mensch, die eine Freundschaft verunmöglichen müsste, kann dabei nicht vom Menschen aus, sondern nur von Gott her durch dessen Selbstmitteilung überwunden werden. Dies führt zu einer „radikal unterschiedenen Eigenart der Freundschaft mit Gott" (S. 234): Sie sei nicht vom Geschöpf ableitbar, sondern wird diesem von Gott her erschlossen. Letztlich und unüberbietbar geschehe dies in Gottes Menschwerdung, wo er sich *„im Abstieg der Liebe dem Menschen gleich macht. Indem aber Gott dem Menschen gleich wird, ist der Mensch zur Gleichheit mit Gott erhoben. [...] Gottes schöpferische Liebe zieht den Menschen zu sich empor in die Gemeinschaft seines unzerstörbaren Lebens und verleiht ihm jene Auszeichnung und Würde, die eine Freundschaft mit ihm überhaupt erst ermöglicht"* (S. 239). Aus christlicher Sicht bestimmt sich das Ziel des Menschen als die *Berufung zur Gemeinschaft mit Gott*. Dies ist eine Überzeugung, die fest in der christlichen Tradition verankert ist.[65] Gott beruft dabei von Anfang an nicht einzelne Menschen zur

---

[64] Sein Gedankengang in S Th II-II, q.23 a.1 wird dargelegt in Eberhard Schockenhoff, "Die Liebe als Freundschaft des Menschen mit Gott," *Communio* 36 (2007): 232–46.

[65] vgl. das Gebet Jesu um Eins-Sein in seiner Abschiedsrede (Joh 17,21–24), dann im ersten Johannesbrief, noch moderat: „dass wir ihm ähnlich sein werden" (1 Joh 3,1–3). Nachfolgende Theologen sind hier recht explizit: *Kirchenväter* – z. B. „... dass er uns vollkommen zu dem mache, was er ist." Irenäus von Lyon [135–202], *Gegen die Häresien* (Bibliothek der Kirchenväter, 1. Reihe, Bd. 3, 1912), 5. Buch, Vorrede –; *Mystiker* – z. B. „O Nacht, die den Geliebten mit der Geliebten vereinte, die Geliebte in den Geliebten wandelte." Johannes vom Kreuz [1542–1591], *Die Dunkle Nacht* (Freiburg: Herder, 1995), Gesang der Seele, 5. Strophe –; *protestantische Theologie* – „Deshalb wird Gott Mensch, damit der Mensch Gott werde." Martin Luther, Weihnachtspredigt (1514), WA 1, 28 –; *orthodoxe Theologie* – z. B. „Alle Askese in der Kirche zielt hin auf die theosis (Vergöttlichung) des Menschen und seine Gemeinschaft mit Gott der Dreiheit." Metropolit Hierotheos, "Orthodoxe Spiritualität," *Der Schmale Pfad* 7 (2004). –; *katholische Theologie* – z. B. „...als

Gemeinschaft mit sich, „sondern ›die vielen‹ die sich zur Einheit zusammenfügen sollen."⁶⁶ Das ultimative Ziel christlicher Moral und Ethik müsste demgemäß die Herbeiführung der *gemeinsamen* Vollendung in Gott sein.

Die Christliche Ethik, die im Doppelgebot der Liebe zusammengefasst ist,⁶⁷ müsste dadurch wohl ihren „moralischen" Charakter verlieren: Sie würde zu einem Ruf zur Freundschaft und damit gleichzeitig zur eigenen wesensgemäßen Vollendung, die in nichts anderem besteht, *„als in diesem endgültigen Ins-Ziel-Gelangen der Liebe."*⁶⁸ Eine so verstandene christliche Ethik wäre daher in einem radikalen Sinn *autonome* Moral.⁶⁹

11.2.4.2 Das Prinzip Vertrauen

Die für »Nächstenliebe« notwendige selbstlose Selbstliebe kann mithilfe eines freundschaftlich-personalen Gottes auch erlangt werden, indem nun dieser für die berechtigten Interessen des Glaubenden eintritt. Die Aufmerksamkeit eines so Vertrauenden kann sich dann vom eigenen Interesse ab- und den Interessen anderer zuwenden und sich so ohne Absicherung in eine Begegnung investieren.⁷⁰ Die Bibel fordert Christen dazu auf, sich nicht um sich selbst zu sorgen, sondern sich darauf zu konzentrieren, dem Anruf Gottes zu antworten, der ihnen im Andern begegnet.⁷¹ Das entspricht für eine $Person_{3U}$ dem ethischen Weg des Engagements. Die damit verbundene Dynamik der dialogischen Entwicklung wird in den Evangelien in Form von Wachstumsgleichnissen ausgedrückt: Das Reich Gottes ist wie ein Senfkorn, das zu einem großen Baum heranwächst und wie Sauerteig, der den ganzen Teig durchsäuert (Mt 13,31–33 par).

---

von Gott bereitetes Geschenk die volle Teilnahme am Leben des dreifaltigen Gottes zu empfangen." Greshake, *Der Dreieine Gott*, 431.
66 ebd., 293.
67 Mt 22,39 par; Röm 13,8–10.
68 Schockenhoff, "Die Liebe als Freundschaft des Menschen mit Gott," 242.
69 …, die sich gleichwohl von der entgegeneilenden Liebe des ganz Anderen binden lässt; vgl. Hohelied, bes. 2,8 ff. // *„Die Liebesgeschichte zwischen Gott und Mensch besteht eben darin, dass diese Willensgemeinschaft in der Gemeinschaft des Denkens und Fühlens wächst und so unser Wollen und Gottes Wille immer mehr ineinanderfallen: der Wille Gottes nicht mehr ein Fremdwille ist für mich, den mir Gebote von außen auferlegen, sondern mein eigener Wille aus der Erfahrung heraus, dass in der Tat Gott mir innerlicher ist als ich mir selbst (vgl. Augustinus, Bekenntnisse III, 6, 11) Dann wächst Hingabe an Gott. Dann wird Gott unser Glück."* Benedikt XVI., *Deus Caritas Est*, 17.
70 vgl. etwa Paulus' Narrenpredigt in 2 Kor 11,16–12,11ab // *„[Der Glaube, Anm. d. Verf.] ist wesentlich das Sichanvertrauen an das Nicht-Selbstgemachte und niemals Machbare, das gerade so all unser Machen trägt und ermöglicht."* Joseph Ratzinger, *Einführung in das Christentum* (München: Kösel, 1969), 44.
71 Mt 25,31–46 // 1 Joh 4,20.

Das Vertrauen des Christen bezieht sich nicht darauf, dass Gott für alles sorgt, was ihm am Herzen liegt, sondern darauf, dass Gott weiß, was er wirklich nötig hat, um auf seine Vollendung zuzuwachsen.[72] Vertrauen führt so zu einer Transformation des Selbstbilds und diese Transformation führt ihrerseits zu wachsendem Vertrauen: Der existentiell-vertrauend Glaubende befindet sich so mitten in einem „spiralförmigen"[73] Entwicklungsprozess eines Dialogs mit seinem Gott.

11.2.4.3 Das Prinzip der Dankbarkeit

emotional positiv: empathische Liebe

Es gibt viele Weisen des Sich-Beschenkt-Erlebens, bei denen A-Theisten (materialistische wie non-dualistische) nicht ohne weiteres einen Adressaten für ihre Dankbarkeit finden: Ein Sonnenaufgang, der Geschmack einer Erdbeere, das entfernte Lachen von Kindern auf einem Spielplatz, eine gute Nachtruhe, die Stille auf einem Berggipfel im Winter... Einem »Geschenk« ist aber eigen, dass es nicht einfach da ist, sondern dass in ihm vor allem das Geben eines Gebers geschenkt wird – und gibt es einen wahren Geber, so gibt er im Geschenk *sich*.[74] Der A-Theist kann nun annehmen, dass das Gefühl des Beschenkt-Seins in diesen Momenten, wo ihm der Geber fehlt, nur eine schöne Illusion darstellt – die er hoffentlich trotzdem zu genießen weiß. Ein Glaubender wird sein Beschenkt-Sein dagegen *wahr*-nehmen und darin erfahren, dass ein Geber *sich* schenkt.[75] Doch wenn dieser sich schon in einer Erdbeere schenkt, wie viel mehr dann in der Begegnung mit einem anderen Menschen:

---

72 Dies scheint die Sinnspitze von Mk 11,24 zu sein: „*Bei jedem Gebet geht es um eine solche Wahl, die wir in unserem ganzen Leben zu treffen haben: ob wir Gott nur dazu brauchen, uns die Dinge der Welt zu Füßen zu legen, oder ob wir im Vertrauen auf Gott die Dinge der Welt soweit zu relativieren vermögen, daß wir aus der Einheit mit Gott nie mehr herausfallen.*" Eugen Drewermann, *Das Markus Evangelium. Bilder von Erlösung*, vol. 2 (Olten: Walter, 1991), 212f.
73 siehe Kap. 7.2.2.
74 Jörg Splett, "'Du bist schön, meine Freundin...' Liebe als Geschenk Gottes und Zeichen des Bundes," *Geist und Leben* 54 (1981): 427.
75 Nikolaus von Kues (1401–1464) hat in seiner Meditation „De dato patris luminum" über die Weise reflektiert, wie Gott als Geber und Gabe erscheint: Da „*jedes Geschöpf auf irgendeine Weise Gott ist*", ist es in der Begegnung für den anderen ein „*geschenkter Gott*" („deus datus") – „*der Weise des Gebers entsprechend Gott, der Weise der Gabe entsprechend Geschöpf.*" Nikolaus von Kues [1401–1464], *Die Gabe vom Vater der Lichter (De Dato Patris Luminum)* (Trier: Paulinus, 2003).

> Gott gibt dem Menschen sich im Menschen so, daß er sich selbst vom Menschen geben läßt und derart wörtlich selber ›Deus datus‹ wird.[76]

Echte Begegnung und damit auch Liebe geschieht im christlichen Verständnis daher nie nur in der bloßen Zweiheit eines Ich-Du, sondern stets als trialogischer Wir-Du-Bezug.[77]

> Wenn zwei sich gegenseitig gern haben, [...] dann ist zwar auf beiden Seiten Liebe da, aber die Mitliebe fehlt. Von Mitliebe kann erst dann gesprochen werden, wo von zweien ein dritter einträchtig geliebt, in Gemeinsamkeit liebend umfangen wird und die Neigung der beiden in der Flamme der Liebe zum Dritten *ununterschieden* zusammenschlägt.[78]

Der Philosoph Jörg Splett sieht genau hierin den „Glanz der Liebe":

> Der Mensch hat, wo es Ernst wird, stets zu geben, was er nicht besitzt – und selig gedemütigt erfährt er, daß er es vermag. Sorge und Sorge bergen einander, Frage gibt Frage Antwort, Armut und Armut schenken sich die Welt, schließlich zutiefst Mensch und Mensch sich gegenseitig ihren Gott.[79]

Das beschriebene Beschenkt-Werden wird dabei als ein alltägliches Ereignis verstanden. Es geschieht potentiell in jeder Begegnung. Dabei entsteht kein Konkurrenzverhältnis. Vielmehr geht christliche Theologie davon aus, dass Intensität und Authentizität von Gottesbegegnung und menschlicher Begegnung sich gegenseitig verstärken und intensivieren. Eine solche Wahrnehmung von Wirklichkeit benötigt allerdings Einübung und Aufmerksamkeit, damit irgendwann eine innere Haltung – eine Tugend – daraus entsteht.[80] In der spirituellen Literatur ist das von Bernhard von Clairvaux (1090–1153) geprägte Bild der gefüllten Schale verbreitet, die aus ihrer Fülle überfließen kann, im Gegensatz zum Rohr, das nur hindurchfließen lässt, ohne je selbst gefüllt zu werden.

---

76 ›Geschenkter Gott‹ ; Splett "'Du bist schön, meine Freundin...'," 428.
77 Jörg Splett, *Freiheits-Erfahrung. Vergegenwärtigungen Christlicher Anthropo-Theologie* (Knecht, 1986), 314–324.
78 [Hervorh. d. Verf.] Richard von Sankt-Victor [1110–1173], *Die Dreieinigkeit (De Trinitate)* (Einsiedeln: Johannes-Verlag, 1980), 104. // Von daher wird verständlich, warum ein Gott, der die Liebe ist (1 Joh 4,8) notwendig dreieinig sein muss; vgl. Splett, *Leben als Mit-Sein*, 67–72.
79 Splett "'Du bist schön, meine Freundin...'," 428.
80 Fredrickson, "What Good Are Positive Emotions?."

emotional negativ: Feindesliebe

Seine „gefüllte Schale" soll die Motivation sein, die den Christen dazu befähigt, selbst dann eine liebende Antwort zu geben, wenn vom anderen nichts oder sogar nur Böses erwartet werden kann. Es wird dabei nicht auf emotionale Zuneigung als Motivation gebaut, sondern die gegenüber Gott verspürte Dankbarkeit soll dazu genügen. Dem Anderen wird an der eigenen Vorgeschichte empfangener Liebe Anteil gegeben. Im Bild des Ballspiels (siehe S. 441) wäre der ausreichende Grund dafür, dass jemand den Ball wirft, nicht die Aussicht darauf, dass dieser wieder zurückgeworfen wird, sondern die bloße Tatsache, dass er sich in seinen Händen befindet und von sich aus dazu drängt, „ins Spiel gebracht zu werden". Jede menschliche Begegnung ist aus christlicher Sicht ein „Liebes-Spiel",[81] bei dem jeder der beiden Begegnenden in dem Maß Verantwortung besitzt, wie seine Hände gefüllt sind und er damit einen eigenen Teil beizutragen hat um das Spiel im Fluss zu halten.

Zuwendung zu einem *ungeliebten* Menschen soll möglich werden, weil dieser aus der Fülle *eigenen Geliebt-Seins von einem andern her* geliebt werden kann. Dabei wird es freilich nur dann eine Liebe sein, die den ungeliebten Menschen selbst meint und nicht nur die andere auf ihn projiziert, wenn der „Feind" in dieser ersten Liebe schon mitgemeint war. Diese Form einseitig gewährter Nächstenliebe – obwohl im Bild eines Spiels ausgedrückt – ist nicht „romantisch". Es ist die Zumutung der Feindesliebe,[82] bei der aber das Ganze auf dem Spiel steht.[83] Die vordergründige Begegnung mit dem „Feind", der ebenfalls ein von Gott Geliebter ist, wird für einen Christen hintergründig zum unbestechlichen Urteil über die Bedeutsamkeit seiner eigenen Geschichte mit diesem Gott und damit nicht nur zu einer Frage der Treue zu ihm oder zur Menschheit, sondern auch zu sich selbst. Natürlich wird ein Feind dabei nicht „als Feind" liebbar – was pervers wäre und seinerseits einer Selbst-Verneinung gleichkäme –, sondern als Träger desselben Ursprungs und derselben Verheißung.[84]

Offenbar muss hier die fehlende emotionale Motivation durch eine intuitive Verbindlichkeit und Verpflichtung aus dem Bereich der Logik der Identität kompensiert werden: Derselbe Ursprung und dieselbe Verheißung schaffen ja eine Gruppenidentität, die Solidarität nun nicht mehr nur als freies Geschenk, sondern auch als Pflicht erscheinen lassen. Nicht zufällig werden in der Bibel die Beziehungen nicht nur der Christen untereinander, sondern auch zwischen den Menschen generell, mit Begriffen aus dem Raum der Familie charakterisiert. Es

---

81 vgl. Splett, *Der Mensch ist Person*, 20.
82 vgl. Mt 5,38–48.
83 vgl. Splett, *Der Mensch ist Person*, 20.
84 vgl. Schockenhoff, *Grundlegung der Ethik*, 278 f.

handelt sich also auch hier üblicherweise um eine ähnliche Mischform von Identitäts- und Intimitätslogik wie in der echten Familie. Dass die freundschaftliche Freiheit selten genügt, sondern oft eine zusätzliche Identifikation nötig scheint, ist möglicherweise der Grund für die christliche – und wahrscheinlich allgemein religiöse – Anfälligkeit dafür, ihre Verpflichtung zur Nächstenliebe auf eine zu kleine Gemeinschaft anzuwenden.[85]

11.2.4.4 Das Prinzip Gegenwart

Man könnte darüber sinnieren, ob Maximilian Kolbe, wenn er sich nicht freiwillig für den Hungerbunker gemeldet hätte, im Verlauf seines restlichen Lebens – möglicherweise sogar gerade durch die Reue, dass er nicht zum Opfer bereit gewesen war – es zu noch größerer Reinheit und Vollkommenheit in der Liebe hätte bringen können, und ob er sich nicht deswegen „falsch" entschieden habe. Die christliche Theologie geht jedoch davon aus, dass die Liebe Gottes unbedingt ist, also weder vergrößert noch verringert werden kann, solange der Adressat überhaupt „gottfähig" *(capax dei)* ist.[86] Diese unbedingte Liebe Gottes macht es nun für den Gläubigen nicht nur unnötig nutzenmaximierend zu denken, sondern durch die Ausrichtung auf die persönliche Vollendung würde die Unbedingtheit der Liebe Gottes und damit ihre authentische Nachahmung gerade verfehlt. Selbst wenn Kolbes Wachstumsmöglichkeiten größer gewesen wären: Die persönliche Vervollkommnung muss – wenn die unbedingte Liebe ernst genommen wird – hinter den Anruf der Liebe im gegenwärtigen Augenblick zurücktreten. Es ist eine christliche Grundüberzeugung, dass am Ende Gott ohnehin ersetzen muss, was noch fehlt. Wie weit der Einzelne in seinem Leben gekommen ist, wird so letztlich zu etwas Sekundärem.

> Denn es ist eines, in der selbstlosen Hingabe des eigenen Lebens die Vollendung zu finden und ein anderes, nur um dieses bewusst intendierten Zweckes willen tätig zu werden. Der erste Weg führt in die Freiheit, der zweite ist die beste Garantie, das eigene Glück zu verfehlen![87]

Das Nichtberücksichtigen von Bedingungen und das Nichtberechnende sind wesentlich für eine christliche Nächstenliebe, weil sie erst darin zum authenti-

---

[85] Ap Dijksterhuis et al., "Effects of Subliminal Priming of Self and God on Self-Attribution of Authorship for Events," *Journal of Experimental Social Psychology* 44 (2008): 2–9.
[86] vgl. Katechismus der katholischen Kirche 1.1.1 „Der Mensch ist ›gottfähig‹".
[87] Schockenhoff, *Grundlegung der Ethik*, 288.

schen Ausdruck der göttlichen, unbedingten Zuwendung wird.[88] Das Lebensopfer eines Guten für einen Verbrecher wäre aus dieser Sicht gerechtfertigt und moralisch gut – auch wenn es aus praktischen Gesichtspunkten unklug erscheinen wird –, es ist Nachahmung des christlichen Gottes:

> Christus ist schon zu der Zeit, da wir noch schwach und gottlos waren, für uns gestorben. Dabei wird nur schwerlich jemand für einen Gerechten sterben; vielleicht wird er jedoch für einen guten Menschen sein Leben wagen. Gott aber hat seine Liebe zu uns darin erwiesen, dass Christus für uns gestorben ist, als wir noch Sünder waren. (Röm 5,6–8)

Christliche Liebe sucht – gerade weil sie dialogisch ist – nicht Vollkommenheit im andern, sondern Treue.[89] Diese zeigt sich in der Bereitschaft den in der Gegenwart ergehenden Anruf zu beantworten.[90]

Der Glaubende christlicher Prägung ist in seiner Lebenshingabe nicht heroisch wie der A-Religiöse, sondern er ist bloß konsequent. Er weiß, dass er – selbst im Opfer – immer noch der zuvor Beschenkte ist, und dass »Nächstenliebe« in diesem Sinn nur die Weitergabe etwas selbst Empfangenen darstellt. Im Lukasevangelium sagt Jesus – im Bild des vorangegangenen Gleichnisses: *„So soll es auch bei euch sein: Wenn ihr alles getan habt, was euch befohlen wurde, sollt ihr sagen: Wir sind unnütze Sklaven; wir haben nur unsere Schuldigkeit getan."* (Lk 17,7-10) Direkt im Anschluss (Lk 17,11-19) berichtet der Evangelist von der Heilung zehn Aussätziger. Nur bei einem von ihnen – einem Samariter – führt die Erfahrung des großen Geschenks der Heilung auch zu authentischen Konsequenzen: Zum Ausdruck seiner Dankbarkeit und in die Verehrung Gottes.

Wird Ethik so verstanden, müsste schließlich das Konzept einer supererogatorischen Handlung ihre Bedeutung verlieren. Nächstenliebe wäre wesentlich nicht Ethos oder Gebot, sondern Antwort, interpersonale Kommunikation und Teil

---

88 „*Die Erkenntnis des lebendigen Gottes ist Weg zur Liebe, und das Ja unseres Willens zu seinem Willen einigt Verstand, Wille und Gefühl zum ganzheitlichen Akt der Liebe"* Benedikt XVI., *Deus Caritas Est*, 17. // Und nochmal: „*Von Mitliebe kann erst dann gesprochen werden, wo von zweien ein dritter einträchtig geliebt, in Gemeinsamkeit liebend umfangen wird und die Neigung der beiden in der Flamme der Liebe zum Dritten ununterschieden zusammenschlägt.*" [Hervorh. d. Verf.], Richard von Sankt-Victor, *Die Dreieinigkeit*, 104.
89 Parallel dazu wurde das größte Vergehen im Bereich der Intimität ja auch nicht als „Fehlerhaftigkeit", sondern als „Gleichgültigkeit" bestimmt. // „*Liebe ist niemals ›fertig‹ und vollendet; sie wandelt sich im Lauf des Lebens, reift und bleibt sich gerade dadurch treu."* Benedikt XVI., *Deus Caritas Est*, 17.
90 „*Je mehr wir aber der Stimme unseres Gewissens folgen, je ernster, entschiedener und ausdauernder wir das tun, was wir in jedem Augenblick als unsere Pflicht erkennen, desto näher kommen wir Gott.*" Karl Rahner, "Vom Geheimnis der Heiligkeit, der Heiligen und ihrer Verehrung," in *Die Heiligen in ihrer Zeit*, ed. Peter Manns (Mainz: Grünewald, 1966), 17.

des Dialogs zwischen dem Geschöpf und seinem Schöpfer: im besten Sinn eine theo-*logale* Tugend.

11.2.4.5 Christliche Nächstenliebe als dialogische Entwicklung

Das zentrale Paradigma eines christlichen Lebens begegnet biblisch sowohl im Vorbild des Lebens Jesu Christi, als auch im Bild des Weizenkorns – das sterben muss um neues Leben hervorzubringen (Joh 12,24) – und in der Aussage Jesu: *„Denn wer sein Leben retten will, wird es verlieren; wer aber sein Leben um meinetwillen verliert, wird es gewinnen."* (Mt 16,25 par)

Hierin spiegeln sich sehr exakt die psychologischen Voraussetzungen für dialogische Entwicklung, bei der es darum geht, sich selbst zu investieren mit dem Wohl des Anderen im Blick und sich durch die begegnende andere Wirklichkeit verändern zu lassen (Kap. 7.2.2).

Die christliche Theologie ist zwar längst nicht so weit, ein einheitliches, allgemein zustimmungsfähiges Konzept der Nächstenliebe vorstellen zu können, doch die Entwicklung konvergiert zu einer christlichen Anthropologie, deren Grundlinien innerhalb der römisch-katholischen Theologie zum Beispiel von Karl Rahner, Eberhard Schockenhoff aber auch der Enzyklika von Benedikt XVI. „Deus Caritas est" (2005) vertreten wird:

> Wahre Liebe geht von sich weg, um nicht mehr zu sich zurückzukehren. An dieser Unumkehrbarkeit der Bewegung der Liebe wird dadurch nichts geändert, daß der Mensch das Wesen solcher Liebe sein kann und sein muß und so sein eigenes wahres Wesen nur findet, indem er liebt, nur dann in seiner Wahrheit bei sich selber ist, wenn er sich liebend vergißt, nur in sein wirkliches Wesen einkehrt, indem ihm das Wunder seiner Auskehr gelingt, die keine Rückkehr mehr kennt. Diese Paradoxie ist das wahre Wesen des Menschen. Er nimmt ein, indem er losläßt, er gewinnt Stand, indem er den Fall nicht scheut; seine Beglücktheit wird nur erreicht, indem er etwas anderes als sie sucht und findet; die Selbstlosigkeit ist der einzige Weg zur Selbstwerdung.[91]

> Der neue Mensch, der zur Freundschaft mit Gott berufen ist, transzendiert sich selbst [...] indem er das ewige Kreisen um die eigenen Wünsche durchbricht und sich Gott für sein Handeln in der Welt zur Verfügung stellt. Es gehört zu dem paradoxen Ineinander von Lebensverlust und Lebensgewinn, das nach der Logik des Evangeliums den Weg der Liebe bestimmt, dass der Mensch eine letzte Erfüllung nur im spontanen, selbstvergessenen Einsatz für die Sache Gottes findet.[92]

---

[91] Karl Rahner, "Die Unverbrauchbare Transzendenz Gottes und unsere Sorge um die Zukunft," in *Schriften zur Theologie XIV* (Zürich: Benziger, 1980), 408 f.
[92] Schockenhoff, "Die Liebe als Freundschaft des Menschen mit Gott," 240.

> Gottes- und Nächstenliebe sind untrennbar: Es ist nur ein Gebot. Beides aber lebt von der uns zuvorkommenden Liebe Gottes, der uns zuerst geliebt hat. So ist es nicht mehr „Gebot" von außen her, das uns Unmögliches vorschreibt, sondern geschenkte Erfahrung der Liebe von innen her, die ihrem Wesen nach sich weiter mitteilen muss. Liebe wächst durch Liebe. Sie ist ›göttlich‹ weil sie von Gott kommt und uns mit Gott eint, uns in diesem Einigungsprozess zu einem Wir macht, das unsere Trennungen überwindet und uns eins werden lässt, so dass am Ende ›Gott alles in allem‹ ist (vgl. 1 Kor 15,28).[93]

Die Bestimmung der Christlichen Nächstenliebe durch die genannten Theologen steht in weitgehendem Einklang mit dem Menschenbild der Modernen Biologie und Psychologie, so dass vom Christlichen Ethos zwar Herausforderung und Zumutung aber zumindest keine prinzipielle Überforderung erwartet werden kann.[94] Damit kann ein christlich Glaubender in seiner Weltanschauung sowohl die Idee als auch eine Motivation für unbedingte Nächsten- und Feindesliebe finden. Diese steht sogar im Zentrum einer biblisch-jesuanischen Ethik. Der weltanschauliche Rahmen, den das Christentum bietet, sollte daher besonders geeignet sein, Nächstenliebe auch in der Praxis zu fördern. Genau dies lässt sich aber – mit Ausnahme einiger „Heiliger der Nächstenliebe" – nicht unbedingt beobachten.

11.2.4.6 Absicherung statt Engagement im Christentum

Es gibt die unterschiedlichsten Ursachen dafür, dass die ethische Sinnspitze des Christentums von seinen Mitgliedern häufig verfehlt wird. Doch es sollen hier nur jene zwei Faktorenkomplexe, die nachhaltig Einfluss auf die Gottesbeziehung nehmen, bedacht werden, da sie eine besondere Nähe zu den Themen dieser Arbeit haben: Fehlendes Vertrauen und Verwechslung des Beziehungstyps.

Fehlendes Vertrauen

Obwohl das Vertrauen eine natürliche Grundeinstellung des Menschen ist (siehe Kap. 5.2.2), kann es in Momenten der Bedrohung oder des Unbehagens leicht abhandenkommen. Ein Christ mit einer lebendigen Gottesbeziehung wird sein Vertrauen und die daraus resultierende Nächstenliebe auf dem „Überfließen seiner gefüllten Schale" gründen, das eine autonome Antwort der Dankbarkeit darstellt. In bedrohlichen Situationen wird ein Überfließen-Wollen aber nicht mehr gefühlt. Hier wird er darauf angewiesen sein, die Überzeugung des zuvor-

---

[93] Benedikt XVI., *Deus Caritas Est*, 18.
[94] vgl. Wuketits, "Die Evolutionäre Ethik und ihre Kritiker. Versuch einer Metakritik," 213.

kommenden Mitliebens des göttlichen Anderen so verinnerlicht zu haben, dass das unvollkommene Eigene dennoch ins Spiel gebracht wird. Damit eine solche Tugendhaftigkeit entstehen kann, müssen die jeweiligen Ereignisse der Vergangenheit auch als »persönliche Zuwendung« gedeutet werden. Hier könnte schließlich auch eine Gemeinschaft unterstützend wirken, indem sie einerseits hilft, das Geschenkhafte der Lebensereignisse zu deuten und andererseits durch ihr Zeugnis und ihren konkreten Beistand – in dem Gottes Liebe mit-vermittelt gedacht wird – es dem christlichen Mitgeschwister zu ermöglichen, Erlebnisse der Enttäuschung und der Verletzung zu durchleben, ohne sich danach durch Misstrauen abschotten zu müssen. In beiden gemeinschaftlichen Aufgaben versagen vor allem die großen Volkskirchen deshalb nicht selten, weil hier aufgrund ihrer Größe und Unübersichtlichkeit Menschen leicht durch dieses Netz der Solidarität fallen können.

Fehler im Beziehungskonzept
Gottes- und Nächstenliebe funktionieren am ehesten nach der Logik der Intimität. Hier ist Vertrauen die angemessene Haltung, denn der Möglichkeit, durch das Übertreffen der Erwartungen überrascht und überwältigt zu werden, steht die Gefahr der Enttäuschung gegenüber. Wer sich den Mühen dieser echten Freundschaft nicht unterziehen möchte – und damit auch deren Chancen verpasst – hat aber auch innerhalb der christlichen Gemeinschaft bereits allerlei Möglichkeiten sich diesen zu entziehen. Häufig gelingt dies durch eine Uminterpretation der Beziehungsqualität. Wie wir gesehen haben (siehe Abb. 10.2, S. 448) können dazu die Instrumente aus den jeweils emotional weniger anspruchsvollen Beziehungstypen angewendet werden: In der „Freundschaft mit Gott" also zusätzlich die Sicherheitsinstrumente von Interaktion und Identität.

Interaktion: Die Beziehung zu Gott als Vertrag
Ein typisches Beispiel in der Bibel ist die „pharisäische" Haltung, die Jesus so vehement und mit deutlichen Worten verurteilt.[95] Man meint durch die Erfüllung des eigenen Teils des Vertrages schon alles Notwendige erreicht zu haben und gewinnt dadurch Sicherheit: Gebetsnovenen, die „mit Sicherheit" eine Erhörung versprechen, extrinsisch motivierte Gottesdienstbesuche, wohltätige Handlungen aus Angst vor Gott, Beichte ohne Reue und Änderungswillen, Kommunionemp-

---

[95] *„Weh euch, Schriftgelehrte und Pharisäer, ihr Heuchler, die ihr seid wie die übertünchten Gräber, die von außen hübsch aussehen, aber innen sind sie voller Totengebeine und lauter Unrat!"* Mt 23,13 – 29. // *„Ihr Narren, hat nicht der, der das Äußere geschaffen hat, auch das Innere geschaffen? Gebt doch, was drinnen ist, als Almosen, siehe, dann ist euch alles rein";* Lk 11,37 – 44.

fang ohne Willen zur Begegnung usw. Eine kirchlich oft geförderte Form ist die kontrollorientierte, einseitige Fokussierung auf Moral und Kirchendisziplin, statt den Sinn für autonome und überschwängliche Selbstverbindlichkeit zu wecken. Das Interaktionsmodell kann innerhalb einer christlichen Überzeugung aber prinzipiell nicht fruchtbar auf die Gottesbeziehung angewandt werden, da Gott hier immer ein absolut Unverfügbarer bleibt.

Identität: Die Beziehung zu Gott als Erwählung
Typische Beispiele in der Bibel sind die elitäre Haltung der Pharisäer und Schriftgelehrten[96] und die *exklusive* Erwählung in manchen alttestamentlichen Schriften – eine Haltung, von der sich Jesus offenbar auch erst befreien musste (Mt 15,21–28 par). Die Logik der Identität führt zu ambivalenten Ergebnissen. Erwählung kann *inklusiv* sein und als Dienst angesehen werden (Psalm 47; Jes 49,6; Ambivalenz bes. in Dtn 10,12–21). Doch wo sie als *exklusive* Erwählung missbraucht wird, werden Outgroups gebildet, von denen man sich dann absetzen „darf": Die Abgrenzungen zwischen traditionalistisch und liberal, oder zwischen den Konfessionen und Religionen machen das Leben gleichzeitig sicherer und ärmer. Wo Gott auch noch als Rechtfertigung für Unterdrückung und Gewalt gegenüber anderen herhalten muss, geschieht dies stets in der Logik einer *exklusiven* Identität. Identitätsbewusstsein ist dagegen dann authentisch christlich, wenn es universalisiert wird – *alle* sind Kinder Gottes –, und wenn Erwählung als Dienst verstanden wird. Wo sich in der Bibel Israel – das Volk Gottes – so versteht, wird es in seiner Erwählung zum Segen.[97]

Intimität: Die Beziehung zu Gott als Manipulationsversuch
Die Bibel ermutigt zu Unmäßigkeit im Vertrauen und zu Leidenschaft und Eros in der Gottesbeziehung. Dieselben Qualitätskriterien der Unmäßigkeit – von außen oft als Ver-rücktheit wahrgenommen – lassen sich z.B. auch im Leben vieler kanonisierter Heiliger der orthodoxen und römisch-katholischen Kirche und anderer Vorbilder des christlichen Glaubens wiedererkennen.[98] Zum Manipulati-

---

96 vgl. das Gleichnis vom Pharisäer und dem Zöllner Lk 18,10–14 oder Mt 3,1–12 par oder Mk 12,37–44.
97 vgl. bes. Psalm 72 und die Verheißung an Abraham, den »Vater der Glaubenden«: *„Segnen sollen sich mit deinen Nachkommen alle Völker der Erde"*; Gen 22,18; Gen 12,2f.
98 z.B. Jakobs leidenschaftliches Verlangen nach Gottes Segen (Gen 25,27–33,20; vgl. Röm 9,13); Davids Kampf gegen Goliath genauso wie sein Tanz vor der Lade (1 Sam 17,32–51; 2 Sam 6,14); Franz von Assisi, der „Spielmann Gottes"; Johannes vom Kreuz in der „Nacht des Glaubens"; Therese von Lisieux mit ihrem „Kleinen Weg"; die Märtyrer vom Hl. Stefanus bis zu Maximilian Kolbe oder Dietrich Bonhoeffer; die „Jurodiwy" der russisch orthodoxen Kirche, wie Basilius der

onsversuch wird Unmäßigkeit erst dann, wenn sie nicht mehr auf die Person des Geliebten zielt, oder wenn andere, wichtigere Ausdrucksformen derselben Liebe vernachlässigt werden.

Von außen lässt sich positiver *Überfluss* vom negativen *Übermaß* allerdings kaum unterscheiden: So kann das Geben des *„Zehnten von Minze, Dill und Kümmel"* ein authentischer Ausdruck der Liebe sein, aber es „riecht" doch sehr nach einer Sicherheitsethik. Erkennbar wird die Schieflage in der Vernachlässigung des Wichtigeren: *„Weh euch, ihr Schriftgelehrten und Pharisäer, ihr Heuchler! Ihr gebt den Zehnten von Minze, Dill und Kümmel und lasst das Wichtigste im Gesetz außer Acht: Gerechtigkeit, Barmherzigkeit und Treue. Man muss das eine tun, ohne das andere zu lassen."* (Mt 23,23)

Die typische Manipulation ist also der Versuch, sich den Unverfügbaren in irgendeiner Weise verfügbar zu machen und sich nicht dessen Freiheit auszusetzen. Dies kann ganz unterschiedliche Formen annehmen: Überbordende spirituelle Übungen, oft mit dem Fokus auf Quantität statt Qualität – Übertreibung der eigenen Schuld und Selbstherabsetzung, was häufig eine Immunisierung gegen befürchtete Angriffe oder eine subtile Form der Selbstbeweihräucherung ist und stets Mangel an Vertrauen anzeigt – die Weigerung, sich von der Realität verändern zu lassen, aus „Treue zur Wahrheit" – die Pflege und vehemente Verteidigung von Gottesbildern, die für die eigenen Anliegen verzweckt werden können – Liebesentzug, wenn Gott sich nicht so verhält, wie ich es erwarte – usw.

In guten Formen der Beziehung geht es der Liebe immer um Gott selbst, ob es sich um „Gott in mir" oder um meinen Nächsten – *„deus datus"* – oder um „Gott den ganz Anderen" handelt. Seine freie Antwort besteht in Seiner Selbstmitteilung:[99] Ein Spiel der Liebe, bei dem der Ball nicht „Etwas" ist, sondern die Person

---

Selige, Prokop von Ustjug usw.; Den evangelischen Heiligen beschreibt Hans-Martin Barth (1992) als *„tapferer Sünder" (130), „der sich in Gottes Arme zu werfen getraut."(153) „Der Heilige betritt die politische Szene vor allem als der Freie. [...] Er nimmt es in Kauf, mißverstanden zu werden oder sich mißbrauchen zu lassen, sich die Hände schmutzig zu machen und als Verräter oder Ketzer zu erscheinen." (156). Der Heilige im Sinn der Reformation ist in erster Linie Zeuge für Gottes gnädige, freimachende Gegenwart."* (130). // siehe die Minimalforderung der Intimität: Die Freiheit, die Beziehungen nach Kriterien der Liebe zu gestalten, S. 461.

99 Selbstmitteilung ist der „›Inbegriff‹ der Theologie Karl Rahners"; Herbert Vorgrimler, *Karl Rahner. Gotteserfahrung in Leben und Denken* (Darmstadt: Wiss. Buchges., 2004), 167. // *„Es gibt keinen menschlichen Selbstvollzug, in dem nicht reflex oder unreflex Selbstmitteilung Gottes, also Gnade, schon mit am Werke ist, also auch Momente der Offenbarung schon mit im Spiel sind. Es ist für den Menschen, der Gnade als ein gar nicht vermeidbares Existential seiner Existenz ›hat‹ gar nicht möglich, innerhalb dessen, was er reflex von sich und seiner Welt verbalisiert vor sich bringt, säuberlich zu unterscheiden, was darin der Offenbarung und was der bloß natürlichen Erkenntnis Gottes*

selbst, wo jeder Wurf „Sich-Schenken" ist, und wo schließlich das jesuanische Paradox der »Selbstfindung in Selbstenteignung« (Mt 10,39 par) zur herausfordernden und im selben Maße selbstverständlichen Geste der Liebenden wird.

11.2.5 Der praktische Einfluss von Weltanschauungen

Der Vergleich der weltanschaulichen Entwürfe, Theorie gegen Theorie, ergibt Postulate über die auf logisch-konsistentem Weg erreichbaren Möglichkeiten ihrer Anhänger. Ob dies auch praktische Konsequenzen hat, ist eine ganz andere Frage. Wichtige Kriterien für die Durchschlagskraft einer Lehre sind z. B. die Attraktivität der damit verbundenen Ideen, die Lebensumstände mit den sich daraus ergebenden eventuell konkurrierenden, sozialen Zielen, die Exklusivität des Selbstbilds und andere – auch individuelle – Faktoren. Diese Vielschichtigkeit macht die Untersuchung des Phänomens schwierig: Um das ethische Potential einer Weltanschauung zu ermitteln, müsste man in den Untersuchungen berücksichtigen können, wie sehr jemand in seinem Verhalten von dieser Weltanschauung geprägt ist und ob ein Mangel an Prägung dann an den Eigenschaften der Lehre selbst liegt oder an anderen Faktoren, von denen sich die Person bestimmen lässt. Derartige quantitative Differenzierungen sind in der Realität aber nur sehr begrenzt möglich.

Im Experiment können die Auswirkungen von Weltanschauungen zum Beispiel durch unterschwelliges Priming untersucht werden. Dazu werden die entscheidenden Impulse jeweils nur so kurz zwischen andere eingestreut, dass sie zwar unterbewusst aber nicht bewusst wahrgenommen und daher auch nicht artikuliert werden können. Werden bei diesem Priming weltanschauliche Inhalte vermittelt – „heilig", „Gott", „Religion", aber auch „Polizei", „Verantwortung" usw. –, kommt es zu signifikanten Verhaltensänderungen, die darüber Aufschluss geben, wie diese Bilder die Handlung der Probanden auch sonst beeinflussen würden. Anders als durch Studien, die nach Korrelationen suchen, können hierbei kausale Zusammenhänge zwischen den Konzepten und dem Verhalten erkannt werden.

Welche Faktoren im Einzelnen eine Rolle spielen, ist in diesem jungen Forschungsgebiet noch nicht umfassend zu überblicken. Erschwerend kommt hinzu, dass die verschiedenen untersuchten Gruppen in Hinsicht auf ihre Gläubigkeit oft inhomogen sind und hier in den Experimenten nicht immer differenziert wird. Dennoch zeichnet sich deutlich ab, dass das Verhalten der Probanden sensibel ist

---

zu verdanken ist, was daran natürliche und was gnadenhaft befreiende Freiheit ist." Rahner, *Herausforderung des Christen*, 134.

für das Welt- und Menschenbild, das sie in diesem Moment präsent haben. Für die Praxis der Nächstenliebe ist es also keineswegs gleichgültig, was geglaubt wird und wie reif und wie internalisiert dieser Glaube ist.

Religiöse Primer führen in den Experimenten einerseits dazu, dass die Probanden großzügiger sind[100] und weniger betrügen,[101] sie führen andererseits aber auch zu einer Zunahme von rassistischen und anderen Outgroup-Vorurteilen,[102] von Versagensangst[103] und zur Bevorzugung von Gruppenmitgliedern.[104] Dabei handelt es sich allerdings um sehr differenzierte Effekte: So ist ein strenges, strafendes Gottesbild z. B. wirksamer gegen Betrug.[105] Moralische Heuchelei und Selbstüberschätzung sind dagegen nur bei intrinsisch-motiviert Religiösen reduziert.[106] Und während Religiöse allgemein bei Schicksalsschlägen zu der Ansicht tendieren, dass Gott die Situation unter Kontrolle hat, gelingt es vor allem jenen mit einem positiven Gottesbild, die Schicksalsschläge auch als Herausforderung zu sehen.[107] Prinzipiell haben die Primer „Gott" oder „Religion" offenbar unterschiedliche Auswirkungen: „Gott" scheint in christlichen Kulturen eher die Logik der Intimität zu aktivieren und führt daher zu Prosozialität. „Religion" bedient dort dagegen wohl stärker die Logik der Identität und führt so zu verstärkter Abgrenzung von Outgroups.[108]

Interessanterweise funktionieren die religiösen Primer in dieser Weise aber nicht nur bei Gläubigen. Auch bei Nicht-Gläubigen ist die Prosozialität gegenüber Fremden nach religiösem Priming üblicherweise erhöht.[109] Doch die Ergebnisse

---

[100] In einem Diktator-Spiel: Shariff und Norenzayan, "God Is Watching You: Priming God Concepts increases Prosocial Behavior in an Anonymous Economic Game."
[101] Randolph-Seng und Nielsen, "Honesty: One Effect of Primed Religious Representations."
[102] Johnson, Rowatt, und LaBouff, "Priming Christian Religious Concepts increases Racial Prejudice."
[103] Tina Toburen und Brian P Meier, "Priming God-Related Concepts increases Anxiety and Task Persistence," *Journal of Social and Clinical Psychology* 29 (2010): 127–43.
[104] Megan K Johnson, Wade C Rowatt, und Jordan P LaBouff, "Religiosity and Prejudice Revisited: In-Group Favoritism, Out-Group Derogation, or Both?," *Psychology of Religion and Spirituality* 4 (2012): 154–68.
[105] Shariff und Norenzayan, "Mean Gods Make Good People: Different Views of God Predict Cheating Behavior."
[106] Thomas P Carpenter und Margaret A Marshall, "An Examination of Religious Priming and Intrinsic Religious Motivation in the Moral Hypocrisy Paradigm," *Journal for the Scientific Study of Religion* 48 (2009): 386–93.
[107] A Taylor Newton und Daniel N McIntosh, "Specific Religious Beliefs in a Cognitive Appraisal Model of Stress and Coping," *International Journal for the Psychology of Religion* 20 (2010): 39–58.
[108] Dijksterhuis et al., "Effects of Subliminal Priming of Self and God on Self-Attribution of Authorship for Events."
[109] Ara Norenzayan, "Does Religion Make People Moral?," *Behaviour* 151 (2014): 371.

differieren hier: Während bei Religiösen das Priming zuverlässig und stark wirkt, findet sich bei den Nicht-Religiösen mitunter eine hohe Variabilität, die auf eine unterschiedliche Empfänglichkeit für religiöse Primer hinweist.[110] Ganz ohne Priming werden in den meisten Experimenten schließlich kaum quantitative Unterschiede zwischen dem Verhalten Religiöser und Nicht-Religiöser gefunden. Offenbar ist es für einen positiven Effekt also nötig, in den entsprechenden Situationen auch die religiöse Dimension präsent zu haben. Der Anspruch muss irgendwie vergegenwärtigt werden um wirksam zu sein. In den Experimenten gilt:

> [...] religious prosociality is context-specific; in other words, the ‚religious situation' is stronger than the ‚religious disposition'.[111]

Es scheint jedoch wahrscheinlich, dass sich auch hier mit der Zeit somatische Marker und dann eine Tugend ausbilden wird, die altruistisches Verhalten unabhängiger vom Kontext machen. Die größte Wahrscheinlichkeit, internalisierten altruistischen Verhaltens würde man dann bei Menschen erwarten, die sich mit dem Anspruch der Nächstenliebe lang, emotional und intensiv auseinander gesetzt haben. Genau dies lässt sich im Experiment beobachten. Eine entsprechende Studie zeigt, dass intensiv praktizierende Religiöse in ihrem altruistischen Verhalten von empathischen Gefühlen unabhängiger sind als andere.[112] Vermutlich drückt sich hierin die zunehmende Internalisierung der Idee und Automatisierung prosozialer Verhaltensmuster aus – „Expertentum", in den Worten Darcia Narvaez'.

Im Gegensatz zum Primer „Gott" – bei dem die Beziehungsebene mitschwingt – führt der Primer „Religion" – der eher an äußerliche Riten und Praktiken denken lässt – zu verstärkter Out-Group-Bildung und fördert die Logik der Identität. Wenn man nun nach jenen religiösen Einstellungen sucht, die die Nächstenliebe auch in der Praxis zuverlässig unterstützen, muss man daher wohl einen Vorrang der persönlichen Spiritualität und Mystik vor der äußerlich praktizierten Religiosität postulieren. Tatsächlich führen meditativ-spirituelle Übungen ja zu einer Entgrenzung der Wahrnehmung, zum Erlebnis einer umfassenden Einheit und Verbindung und damit zu einem für Empathie offenen Selbstbild.[113] Diese Möglichkeit ist dabei keineswegs den metaphysischen Weltanschauungen vorbehalten. So

---

110 ebd., 372.
111 ebd., 373.
112 L. R. Saslow et al., "My Brother's Keeper? Compassion predicts Generosity more among less religious Individuals," *Social Psychological and Personality Science*, 2012, published online.
113 Farb et al., "Attending to the Present: Mindfulness Meditation Reveals Distinct Neural Modes of Self-Reference." // Fredrickson et al., "Open Hearts Build Lives."

propagiert Schmidt-Salomon eine atheistische Spiritualität in Form einer Verbindung von östlicher und westlicher Spiritualität.[114] Sie sei charakterisiert durch „brennende Geduld". *„Gemeint ist damit ein ebenso gelassenes wie leidenschaftliches Verhältnis zur Welt, das empfindliche Rückschläge verkraften kann, ohne dabei so duldsam zu sein, dass jegliches Engagement erlischt."* Sie verbinde *„Abgeklärtheit mit Aufgeklärtheit, Gelassenheit mit Engagement, Selbsttranszendenz mit Selbstbestimmung."*[115] Mit diesen Worten beschreibt er allerdings sehr genau die Erfahrungen und das Selbstverständnis der westlichen Formen buddhistischer Spiritualität[116] aber vor allem auch der seit Jahrhunderten – spätestens seit Meister Eckhart [ca. 1260–1328] – in dieser Weise praktizierten christlichen Mystik.[117]

In allen hier behandelten Weltanschauungen lässt sich offensichtlich eine Motivation zur Nächstenliebe gegenüber Fremden oder gar Feinden finden, wenn man will. Doch je weniger dabei eine Idee in Form einer attraktiven und überzeugenden Lehre von der Nächstenliebe zu Hilfe kommt, umso wichtiger wird dann eine starke Motivation werden, in Form eines offenen Selbstbildes, einer individuellen Überzeugung oder in Form von Empathie, damit die Idee sich auch in der Praxis auswirken kann.[118] Manche Weltanschauungen bieten die Idee dabei expliziter an als andere und machen dadurch die Praxis zuverlässiger und unabhängiger vom Kontext. Außerdem würden Mitglieder dort dann auch häufiger mit der Idee konfrontiert, so dass zumindest kumulativ ein prosozialer Effekt erkennbar werden müsste. Tatsächlich lässt sich dieser nachweisen.[119] Insbesondere die christliche Lehre kennt ja den Anspruch der Nächsten- und Feindesliebe als explizites, zentrales Gebot. In einer Studie wurde hier ein „Sonntags-Effekt" gefunden: Religiöse in den USA – man darf annehmen, dass ein großer Teil davon christlich Religiöse waren, aber die Studie differenzierte hier nicht –

---

114 Ebenso Dacher Keltner in *Born to be Good. The Science of a meaningful Life.*
115 Schmidt-Salomon, *Jenseits*, 250 f.
116 Kraft, "Practicing Peace: Social Engagement in Western Buddhism."
117 Über die Einheit von Aktion und Kontemplation sagt Meister Eckhart: „dâ enist niht dan einez." (Da ist nichts als eines.) Meister Eckhart, *Die Deutschen Werke Bd. IV – Predigten*, ed. Georg Steer (Stuttgart: Kohlhammer, 2003): Predigt 104. // *„Je mystischer wir Christen sind, desto politischer werden wir sein. Durch die Menschwerdung Gottes in Jesus Christus führt jede Zuwendung zu Gott unweigerlich auch zu den Menschen."* Beschlüsse der Diözesansynode Rottenburg/Stuttgart 1985/86. Weitergabe des Glaubens an die kommende Generation (Ostfildern: 1986), 94.
118 Saslow et al., "My Brother's Keeper? Compassion predicts Generosity more among less Religious Individuals."
119 Richard Sosis und Bradley J Ruffle, "Religious Ritual and Cooperation: Testing for a Relationship on Israeli Religious and Secular Kibbutzim," *Current Anthropology* 44 (2003): 713–22. // Henrich et al., "Markets, Religion, Community Size, and the Evolution of Fairness and Punishment." // vgl. Norenzayan, "Does Religion Make People Moral?"

spendeten an eine nicht-religiöse, wohltätige Organisation werktags gleich viel wie andere, aber an Sonntagen war es dreimal so viel.[120] In anderen Weltanschauungen, die die Idee der Nächstenliebe nicht so präsent halten, müssen die Mitglieder sie vermutlich häufiger gegen alternative Handlungsmöglichkeiten verteidigen, wodurch die Zuverlässigkeit in der Ausübung mehr zu einer Frage der persönlichen Lebensgestaltung wird.

Die Beiträge, die eine Weltanschauung zugunsten einer Praxis der Nächstenliebe leisten kann, sind:
- Eine Idee der Nächsten- und Feindesliebe, entweder explizit als ethische Forderung oder implizit als konsistente Verhaltensmöglichkeit.
- Die Bewertung dieser Idee, als wichtig oder weniger wichtig, und die Ernsthaftigkeit und Häufigkeit mit der die Mitglieder damit in Berührung kommen (= ihre Salienz).
- Eine Motivation.
   a) *autonom* durch aktive Förderung empathischer Gefühle gegenüber Fremden, durch soziale Bestätigung und Erwerb eines hohen Ansehens und schließlich durch öffentliches Lob;
   b) *heteronom* durch soziale Kontrolle oder übernatürliches Policing.
- Werbung durch die positive Darstellung von Vorbildern.
- Ein Angebot attraktiver, sozialer Ziele, die mit altruistischem Verhalten verbunden sind und die Förderung einer aktiven, kritischen Auseinandersetzung bei gegenteiligem Verhalten.

Wie wir gesehen haben, finden sich hier Unterschiede in der Performance der unterschiedlichen Weltanschauungen. Um empirisch erkennen zu können, wie groß deren Auswirkung auf die Praxis tatsächlich ist, wäre es notwendig, viel mehr Faktoren zu berücksichtigen, als es die meisten Studien bisher getan haben. Es müsste evaluiert werden, welche Glaubensinhalte die Probanden tatsächlich tragen und wie sehr diese von ihnen internalisiert wurden. Dies lässt sich quantitativ zunächst nur durch Selbsteinschätzungen erfassen, aber zusätzlich könnte man sich durch eine sorgfältige Auswahl der Probanden und durch die Berücksichtigung wenigstens der nominellen Religionszugehörigkeit[121] einer Lösung dieses Problems statistisch nähern.

---

120 Deepak Malhotra, "(When) Are Religious People Nicer? Religious Salience and the 'Sunday Effect' on pro-social Behavior," *Judgment and Decision Making* 5 (2010): 138–43.
121 So ist in den meisten Studien einfach von „Religiösen" die Rede. Nicht selten werden auch Probanden der verschiedensten Religionen zusammengefasst. Wenn man von unterschiedlichen Effekten der Weltanschauungen ausgehen darf, kann eine solche Ungenauigkeit aber die Ergebnisse verfälschen und tatsächlich vorhandene Effekte überdecken. Ebenso lassen sich Er-

Letztlich kann sich wohl überall dort, wo es gelingt auf Grenzziehungen und die Bildung von Outgroups zu verzichten, eine altruistische Einstellung gegenüber Fremden ausbilden, sich die Perspektive der Universalität etablieren, und hier erscheint dann die Nächstenliebe zumindest als eine ethische Forderung der Konsistenz und der Treue zu sich selbst. Dies geschieht offenbar sowohl im atheistischen, wie auch im nondualistisch-buddhistischen und im christlichen Kontext mit je unterschiedlicher Unterstützung der jeweiligen Weltanschauung.

---

gebnisse einer Gruppe bestimmter Religiöser nicht einfach auf „Religiöse" im Allgemeinen übertragen.

12 Rückblick und Ausblick eines Biologen und Theologen

12.1 Eine neue Biologie

In den letzten zwei Jahrzehnten gab es eine rasante Entwicklung in den biologischen Wissenschaften. Die bedeutsamsten Erweiterungen sind die Wiederentdeckung der Multi-Level-Selektion, die Zusammenführung von Evolutionstheorie und Entwicklungsbiologie in der (Eco)EvoDevo und die daraus folgende Abkehr vom Gen-Zentrismus, die erfolgreiche Charakterisierung der Eigenschaften Kultureller Evolution und die zunehmende Berücksichtigung nicht-linearer, dynamischer Prozesse, die quasi-teleologische Charakterzüge einführen. Das Paradigma des Eigennutzes als einzige treibende Kraft der Evolution muss ergänzt werden durch Prinzipien des Engagements: »Commitment« und »Kooperation«.[1] Diese stellen sich sogar als die entscheidenden Kräfte für die großen evolutiven Schritte heraus, bei denen neue Ebenen der Integration erreicht werden. Die Soziobiologie, die im Ausgang des 20. Jahrhunderts noch das beherrschende, evolutionstheoretische Paradigma war, verschwindet als Terminus nach und nach aus den Lehrbüchern.[2] Das ganze Feld ist offensichtlich im Fluss und die Evolutionsbiologie zeigt sich als noch junge Wissenschaft mit erheblichem Entwicklungspotential.

Insgesamt könnte sich der Diskurs zwischen Naturwissenschaften und Theologie heute viel weniger kontrovers präsentieren als noch vor wenigen Jahren. Stattdessen findet in der Öffentlichkeit eine Radikalisierung statt. Deren zunehmende Aggressivität scheint sich aber auch aus sachfremden Ängsten zu speisen. Auf der Seite der Kreationisten gibt es die Angst, dass Werte verloren gehen. Der Konflikt mit den Naturwissenschaften wird hier nicht selten zu einem Kampf gegen Abtreibung, Homosexualität und zu einer Verteidigung des Glaubens und der biblischen Wahrheit stilisiert.[3] Der „Neue Atheismus" ist dagegen vor allem von der Verärgerung über den politischen und gesellschaftlichen Einfluss religiöser Gruppen motiviert, die irrationale Ansichten vertreten. Zur Strategie des

---
1 siehe Kap. 2.2.1, Kap. 5.1.4.3 und Kap. 6.5.1.
2 vgl. Schifellite, *Biology after the Sociobiology Debate*, bes. 184–214.
3 Dies wird z. B. in der Agenda des „Discovery Institute" – *die* Vertretung für Intelligent Design in den USA –, dem sogenannten „Wedge-Document", deutlich (http://ncse.com/creationism/general/wedge-document). // In der Öffentlichkeit wird dies als Teil eines größeren Kulturkampfes wahrgenommen; vgl. Frederick Clarkson, "The Culture Wars are still not over. The Religious Right in the States and beyond," *The Public Eye* 23(4) (2008).

„Neuen Atheismus" scheint es dabei zu gehören, dass man die *rationalen* theologischen Ansätze ignoriert.[4] Der Dialog muss hier oft aus einer Sackgasse geholt werden, die von (absichtlich?) hartnäckig aufrechterhaltenen Missverständnissen und der Fokussierung auf die Schwachstellen des jeweils anderen und dessen Demontage geprägt ist.

Viele Naturwissenschaftler sind bereit anzuerkennen, dass Interpretationen stets Weltanschaulichkeit beinhalten. Wenn man z.B. nicht auf einem strikten Reduktionismus besteht, wird es möglich zu erklären, ohne dabei alles Bedeutungsvolle gleich wegerklären zu müssen.[5] Die Theologie ist aber ihrerseits herausgefordert, die eigenen Positionen noch einmal mehr mit jenen der Naturwissenschaft zu verbinden und sich in deren Licht kritisch selbst zu überprüfen. Die Schnittmenge an Fragen ist erheblich: Richard Dawkins begründet seine Ablehnung eines liebevollen Schöpfergottes z.B. mit der Struktur der Welt, die in ihren Prinzipien gerade nicht liebevoll, sondern gewalttätig, rücksichtslos und unbarmherzig ist.

> The universe we observe has precisely the properties we should expect if there is, at bottom, no design, no purpose, no evil and no good, nothing but blind, pitiless indifference.[6]

Die Theologie ist mit der gleichen Frage konfrontiert: Wie kann ein liebevoller Gott gedacht werden, wenn die Welt doch so ist, wie sie ist? Dawkins' Lösung ist Atheismus: Es gibt keinen Gott und alle Werte und alles, was Bedeutung hat, muss vom Menschen selbst konstruiert werden. Die Theologen können dagegen darauf verweisen, dass sie seit Jahrtausenden darüber nachdenken, wie ein liebevoller Gott mit der beobachtbaren Welt vereinbar ist. Im Dialog gäbe es nun die Möglichkeit, die verschiedenen theologischen Lösungsansätze auf ihre empirische Kompatibilität hin zu untersuchen. Die Naturwissenschaften könnten dadurch für eigene Engführungen sensibilisiert werden oder auch neue Forschungsideen erhalten, die Theologie könnte ihrerseits die kompatibleren Lösungsvorschläge als die aussichtsreicheren Kandidaten unter den eigenen identifizieren.

---

4 vgl. Dawkins, *The God Delusion*. // Sam Harris, *Letter to a Christian Nation* (NY: Vintage Books, 2008), bes. 62–91.
5 Ein gutes Beispiel bietet etwa David Sloan Wilson, *Darwin's Cathedral*.
6 Richard Dawkins, *River out of Eden. A Darwinian View of Life* (NY: Basic Books, 1995), 133.

12.2 Die interdisziplinäre Arbeit als Zusammenschau

Wenn Persönlichkeitsentwicklung vor allem dialogisch stattfindet, trifft dies vielleicht auch für die Erkenntnisentwicklung in den Wissenschaften zu? Vermutlich ja! Dabei kommt selbstverständlich der intradisziplinäre Dialog zuerst, denn nur dadurch kann die Position bestimmt werden, mit der man dann in einen interdisziplinären Dialog eintritt. Die Grundvoraussetzungen sind aber dieselben: Es benötigt den Mut, das Eigene einzubringen und sich von der Begegnung mit dem anderen verändern zu lassen. Jede Seite muss dabei die andere als bedeutsam anerkennen.[7] Nur so wird sich ein „spiralförmiges" Fortschreiten ergeben.

Dialog scheint gleichzeitig die einzige Möglichkeit zu sein, unbewusste Biases zu entdecken und zu korrigieren. Jeder möchte unbewusst die eigenen Überzeugungen bestätigen. Auch in dieser Arbeit ist dies sicherlich der Fall. Eine interdisziplinäre Zusammenschau hat aber, wenn sie sich nicht nur auf die Gemeinsamkeiten beschränkt, den Vorteil, dass sie sich von ihrer gesamten Konzeption schon mit dem Anderen des anderen auseinanderzusetzen hat. Im Erstellen dieser Arbeit war dies für mich immer wieder eine wichtige Erfahrung: Das Hin- und Herdenken zwischen Theologie, Philosophie und empirischen Wissenschaften geschieht wie ein wechselseitiges Eintauchen in die jeweilige Gedankenwelt, ein Sich-Einlassen und Aushalten der Widersprüche und eine Suche nach den Entsprechungen, die sich als konsistent erweisen. Dabei verändert sich das Eigene unweigerlich und muss dann in der Gegenbewegung als nun Verändertes wieder mit der anderen Seite in Einklang gebracht werden. Obwohl die Chance Biases zu entdecken hier größer ist als in einer fachspezifischen Arbeit, benötigt eine interdisziplinäre Zusammenschau mit ihrer harmonisierenden Grundeinstellung dennoch stets einer Phase der Differenzierung und der detaillierten Kritik aus anderen fachspezifischen Blickwinkeln, um die dialogische Entwicklung durch Konfrontation weiterzuführen, Biases zu erkennen und neue Ideen einzubringen.

Gerade in der Moraltheologie wird man wegen ihrer Verbindlichkeit gegenüber Traditionen einerseits ein äußerst hohes Integrationsniveau der verfügbaren Informationen und Aussagen finden und andererseits eine hohe Anfälligkeit für Biases und reflexive Rationalisierungen erwarten müssen. Wenn sie Gesprächspartner für die Naturwissenschaften sein will, benötigt sie daher eine große intellektuelle Sorgfalt, einen wertschätzend-kritischen Umgang mit Traditionen und eine wissenschaftliche Freiheit, die größer ist als bloße Kirchendisziplin. Nur in dieser Balance wird es der Moraltheologie gelingen können, ihre kritische, phi-

---

7 Auf die Asymmetrie, dass die Naturwissenschaft für die Theologie selbstverständlich relevant ist, aber nicht umgekehrt, wurde bereits hingewiesen; siehe S. 12.

losophische und theologische Kompetenz im Diskurs zur Geltung zu bringen, indem sie – als prophetischer Dienst – von ihrem eigenen, dialogisch entwickelten und hochintegrierten Menschenbild her Anregungen gibt und Grenzen aufzeigt.

12.3 Moral und Ethik

Die Charakteristika menschlicher Gemeinschaften – Autonomie, Sozialität und Kultur – entwickeln sich ko-evolutiv mit der menschlichen Vernunft und den Moralischen Codes. Deren Inhalte sind dabei keinesfalls beliebig, da es sich entweder um funktionale oder um konsistente oder anderweitig attraktive Überzeugungen handelt. Manche Aspekte ihrer Existenz und ihrer Gestalt erscheinen daher angesichts der menschlichen Gegebenheiten evolutiv unvermeidlich.

Die Moralischen Codes können als Attraktoren angesehen werden. Theologisch ließe sich von einer „ewigen Wahrheit" sprechen, allerdings nicht in einem chronologisch proexistenten Sinn, sondern im teleologischen, konvergenten Sinn, so dass der Mensch und seine Gemeinschaften sich in eine bestimmte Gestalt hineinentwickeln und dabei die eigene Wahrheit entdecken. Selbst wenn aus christlicher Sicht die Selbstmitteilung Gottes bereits ihren Höhepunkt in Jesus Christus erreicht hat, so wird sie sich doch auch weiterhin in der konkreten Geschichte ereignen. Die zunehmende Akzeptanz *universaler* moralischer Gemeinschaften erschiene dann als Ausdruck dieser teleologischen Entwicklung und als Entdeckung einer solchen „ewigen Wahrheit".

Wenn solche Wahrheiten aber konvergent und weltanschauungs-übergreifend gefunden werden, stellt sich die Frage, wie man diese Ergebnisse menschlicher Fortentwicklung kulturell und politisch sichern kann. Offensichtlich könnte es hier eine breite Basis der Zusammenarbeit geben, wenn man wollte. Zur Diskussion stehen stets besonders die ethischen Minimalforderungen mit ihren Prämissen, die in den Allgemeinen Menschenrechten ausgedrückt sind. Martin Rhonheimer (2012) macht darauf aufmerksam, dass eine politische Durchsetzung der Allgemeinen Menschenrechte aber nicht von metaphysischen Voraussetzungen abhängen darf, denn diese führen in einer weltanschaulich multiplen Gesellschaft unweigerlich zu Uneinigkeit und Streit. „*Die säkulare Moderne, die wesentlich pluralistisch ist, bedarf minimalistischer, das heißt metaphysisch »schwacher« Begründungen, um zu einem Maximum an Konsens zu gelangen.*"[8] Da logisch-empirische Versuche, auf die man sich einigen können müsste, bislang stets zu einer Relativierung der Allgemeinen Menschenrechte geführt haben aber

---

8 Rhonheimer, *Christentum und Säkularer Staat*, 429.

nicht zu ihrer Begründung, und weil metaphysische und anderweitig wertgeladene Rechtfertigungsgründe politisch nicht stabil sind, scheint die moderne Idee der Menschenrechte im politischen Bereich darauf angewiesen zu sein, sich auf Klugheitsgründe zu beziehen: „*People may not agree why we have rights, but they can agree that we need them.*"[9] Ob pragmatische Klugheitsgründe aber eine „*dauerhafte Grundlage einer wahrhaften und nachhaltigen Kultur der Menschenrechte bilden*" (S. 431) können, wird von Martin Rhonheimer bezweifelt. Er meint, dass eine rein politische Konzeption von „*Gerechtigkeit im Kontext eines overlapping consensus von Bürgern verschiedener philosophischer und religiöser Ausrichtung*" keinen Bestand haben kann, wenn sie nicht aus der moralischen Substanz der weltanschaulichen Überzeugungen und religiösen Glaubensbekenntnisse jener Menschen gespeist werden, die diesen Konsens formieren.[10]

Es wäre sicherlich wünschenswert, wenn sowohl die säkular weltanschaulichen Ansätze wie auch die religiösen Traditionen, die die Allgemeinen Menschenrechte suchen und anerkennen, neben ihren berechtigten kontroversen Debatten sich nicht nur als Konkurrenten, sondern auch als Partner verstehen könnten, die mit verschiedenen Mitteln deshalb an *einem* Strang ziehen, weil vom Erfolg ihrer Bemühungen der politische Rückhalt für die Idee der Menschenrechte und für andere konkrete ethische Aussagen abhängt. Das vorgestellte Modell der Beziehungstyp-Ethik bietet für solch ein Unterfangen meines Erachtens einen günstigen Ausgangspunkt. Auch dann, wenn es normative Geltung haben soll, benötigt es weltanschaulich wenige, metaphysisch schwache und deshalb vergleichsweise unstrittige Voraussetzungen (siehe die Minimal-Arbeitsprämissen, S. 423). Es führt dabei nicht zu einer verarmten Ethik oder einer Relativierung der Allgemeinen Menschenrechte, sondern bietet ganz im Gegenteil einen Reichtum, der die kulturellen und philosophischen Varianten sowohl zu integrieren wie auch zu kritisieren weiß. Gleichzeitig ist es umfassend und einigermaßen intuitiv.

12.4 »BEZIEHUNGSTYP-ETHIK«

Interaktion, Identität, Intimität und die Metakategorie *Universalität* – die Beziehungskonzepte einer *Person*$_{3U}$ – sind für autonome, soziale und kulturelle Wesen naheliegende und langfristig womöglich sogar unvermeidliche psychologische Bilder. Sie führen zu Minimalforderungen und zu Maximalmöglichkeiten:

---

[9] Michael Ignatieff, *Human Rights as Politics and Idolatry* (Princeton, NJ: University Press, 2001), 55.
[10] [Hervorh. i. Orig.] Rhonheimer, *Christentum und Säkularer Staat*, 430 f.

- Die moralischen Verpflichtungen einer *Person$_{3U}$* dienen dem **Schutz des Einzelnen und seiner frei gewählten Lebensbezüge**.
- Die ethischen Aufforderungen, die einer *Person$_{3U}$* entsprechen, dienen ihrer **Selbst-Realisierung in einer gemeinschaftlichen, dialogischen Entwicklung**.

Die Existenz von je eigenen Sicherheitsregeln und Chancen des Engagements in den unterschiedlichen Beziehungstypen, die ja einen uneinheitlichen ultimaten Ursprung besitzen, hat zur Folge, dass es *prinzipiell unlösbare*, ethische Konflikte geben kann, die Kompromisse in Form von tragischen Trade-Offs erforderlich machen. Dies ist dann nicht immer ein Ergebnis mangelhafter Informationen oder zu wenig sorgfältigen Abwägens, sondern ein der praktischen Ethik inhärentes Problem. Viele moralphilosophische Entwürfe und Paradoxien lassen sich daher mithilfe des Modells der »Beziehungstyp-Ethik« als Konsequenzen einer selektiven Berücksichtigung bestimmter Beziehungskonzepte deskriptiv verstehen.

So wird verständlich, warum es gleichzeitig im Beziehungskonzept der Identität eine scharfe Grenze zwischen Mensch und Tier geben kann, so dass jeder Mensch als Träger unbedingter Rechte angesehen wird, Tiere aber nicht, und im Beziehungskonzept der Interaktion ein Kontinuum der Interessensträger, so dass Tiere hier einen Schutz im Maß ihrer Interessen genießen. Der unterschiedlichen evolutiven Funktion der Beziehungstypen entsprechen jeweils unterschiedliche Moralische Gemeinschaften und unterschiedliche Regeln. Eine deskriptive Evolutionäre Ethik lässt sich daher nicht als ein einheitliches Konzept modellieren. Alle Versuche dieser Art müssen zwangsläufig einen erheblichen Teil der moralisch-ethischen Realität übersehen.

Das vorgestellte Modell einer »Beziehungstyp-Ethik« ist ein psychologisches Modell und führt für sich genommen nicht zu normativen Aussagen. Dazu müsste gezeigt werden, dass die vier Beziehungskonzepte ein wesentliches und unentrinnbares menschliches Existential darstellen. Aber im Buddhismus versucht man zum Beispiel die *Person$_{3U}$*-Psychologie loszuwerden und verspricht sich gerade davon ein besseres und bestimmungsgemäßes Leben. Die Interessensethiken sehen schließlich durchaus, dass es Regeln auf der Ebene der Identität gibt, sie versuchen aber zu begründen, dass diese ethisch nicht relevant sind. Es erscheint somit unwahrscheinlich, dass hier ein normativer Konsens ohne weiteres gefunden werden kann. Doch eine Feststellung kann getroffen werden: Wo wir uns als *Personen$_{3U}$* – und die Hypothese dieser Arbeit ist, dass dies zu den natürlichen Veranlagungen des Menschen gehört – verstehen, werden unsere Intuitionen uns unvermeidlich signalisieren, dass diese Beziehungstypen auch ethisch relevant sind. In Einheit mit ihren Intuitionen und damit im besten Sinne kongruent wird eine *Person$_{3U}$* nur dann agieren, wenn sie dies berücksichtigt. Wie gut die Möglichkeiten stehen, die *Person*$_{3U}$ tatsächlich los zu werden, kann ich nicht beurteilen. Schritte in diese Richtung können getan werden, doch vermutlich werden mit einer derartigen De-Naturierung auch die zugehörigen motivationalen Kräfte verringert werden.

12.5 Die Struktur der Wirklichkeit

Die erstaunliche Anschlussfähigkeit von christlicher Theologie zur modernen Biologie ist auf den ersten Blick vielleicht überraschend. Aufgrund der theologischen Prämissen, dass sich die „profanen Dinge und die Dinge des Glaubens von demselben Gott herleiten"[11] müsste man aber genau dies erwarten. Auch hier lässt sich eine Ko-Entwicklung erkennen: Das naturwissenschaftliche Weltbild fordert die Theologie immer wieder dazu heraus, sich selbst zu verändern, andererseits hat sie in ihrem Widerstand gegen reduktionistische Einsprüche aus der Soziobiologie auch deutlich ihr prophetisches Potenzial gezeigt, indem sie von Grundüberzeugungen nicht abgewichen ist, die nun mehr und mehr von den Naturwissenschaften wieder validiert oder zumindest als kompatibel angesehen werden.

Richard Dawkins behauptet, dass das Universum genau so konstruiert sei, wie man es erwarten würde, wenn es *keinen* Schöpfer gibt. Unser Durchgang durch die Anthropologie hat ergeben, dass er durchaus Recht hat: Die Gestalt der Welt und die Natur des Menschen lassen sich durch bloße, nicht-intentionale, unbarmherzige Selektion erklären. Es braucht dazu nicht die Annahme eines Schöpfers.

Unser Durchgang durch die Anthropologie hat aber außerdem gezeigt: Wenn man einen göttlichen Schöpfer annimmt und dabei das kommunikationstheoretische Offenbarungsverständnis zu Grunde legt (vgl. Kap. 1.2, Kap. 9.3, Kap. 11.2.4 und Anhang 4), müsste die resultierende Schöpfung recht genau so aussehen, wie wir sie beobachten: Es gäbe evolutive Entwicklung und es gäbe geschöpfliche Freiheit, Liebe und Leid. Es gäbe aber auch eine teleologische Dynamik, die zu echtem ethischem Fortschritt – wie der Entdeckung der Allgemeinen Menschenrechte – führt. Die Geschichte der Menschheit wäre eine Selbstmitteilung Gottes und in der Evolution der Ethik könnte tatsächlich eine „ewige Wahrheit" aufscheinen.

Diese Übereinstimmung von christlicher Theologie und moderner Biologie kann aber nur als Korrelation festgestellt werden. Es können also keine Aussagen

---

11 II. Vatikanisches Konzil, Pastoralkonstitution, GS 36.

über die kausalen Zusammenhänge getroffen werden und zwei Interpretationen sind möglich.
- Es könnte *erstens* bedeuten, dass ein Gott – mit Eigenschaften wie der christliche – der Schöpfer der Welt ist und seine Eigenschaften im Menschen und in der Welt als Selbstmitteilung erkennbar sind.
- Es könnte *zweitens* aber auch sein, dass die christliche Theologie ihr Gottesbild aufgrund von Naturbeobachtungen und Introspektion so entwickelt hat, dass es sehr exakt zu der Welt und zum Menschen passt. In diesem Fall hätte die christliche Theologie ein Gottesbild erfunden, das zwar höchst genau die Strukturen der menschlichen Natur abbildet, aber keinerlei Aussagen über eine transzendente Wirklichkeit zulässt.

Die deskriptiven Ergebnisse führen nur bis zur Schwelle aber nicht darüber hinaus. Ob man in der Beobachtung und Wahrnehmung dieser Wirklichkeit zu einem Hörer wird – horchend auf die Selbstmitteilung einer anderen, transzendenten Wirklichkeit[12] –, oder ob nicht, darf und muss jeder selbst entscheiden.

---

12 vgl. Rahner, *Hörer des Wortes.*

Anhang

A.1 Nicht-lineare Dynamik komplexer Systeme

Das weite Feld der Komplexen Systeme kann an dieser Stelle nicht ausführlich behandelt werden.[1] Stattdessen soll das Bewusstsein dafür geschärft werden, dass unsere Alltagsintuitionen in komplexen Systemen nicht zutreffen, und es sollen die für die Probleme dieser Arbeit wichtigen Eigenschaften und spezifischen Verhaltensweisen komplexer Systeme vorgestellt werden.

Kriterien
1. Komplexe Systeme bestehen aus diskreten Untereinheiten, die miteinander in Verbindung treten und sich wechselseitig beeinflussen. Die Beziehungen zwischen den einzelnen Elementen sind nicht fix, sondern plastisch (nicht „hard-wired", sondern „soft-assembled").
2. Komplexe Systeme sind nicht isoliert, sondern in Beziehung mit ihrer Umwelt. Es gibt Informations- und Energiezufluss von außen und die Elemente geben diese wechselseitig untereinander weiter (dissipative Dynamik). Sie streben nicht einem Gleichgewichtszustand (Äquilibrium) zu, sondern bewegen sich dynamisch um spezifische Konvergenzpunkte, die »Attraktoren« genannt werden.

Selbstorganisation
Durch das Eingebunden-Sein in die Energieflüsse der Umwelt ergeben sich mehrere Möglichkeiten, wie sich das Maß der Komplexität in biologischen Systemen entwickelt. *Überkritisch:* Zufließende Energie bleibt im System und lädt dieses auf (Wachstums- oder Eroberungssituationen). *Unterkritisch:* Das System verliert Energie und Komplexität (Spezialisierungs- oder Verdrängungssituationen). *Kritisch:* Zufluss und Abfluss halten sich in etwa die Waage (dynamische Stabilität). Evolutive Systeme können sich *auf Dauer* aber weder überkritisches, »chaotisches« noch unterkritisches, nicht konkurrenzfähiges Verhalten leisten. Biologische Systeme befinden sich langfristig daher selbstorganisiert *kurz vor dem*

---

[1] Umfassende Darstellung z.B. in Stuart Kauffman, *The Origins of Order: Self-Organization and Selection in Evolution* (NY: Oxford Univ. Press, 1993). // Eine kurze, unterhaltsame deutschsprachige Einführung – allerdings mit technischem Schwerpunkt: Frank-Michael Dittes, *Komplexität. Warum die Bahn nie pünktlich ist* (Berlin: Springer, 2012).

kritischen Punkt („at the edge of chaos").[2] Sie sind hier gleichzeitig robust und flexibel.

Attraktoren

Durch Selbstorganisation streben Systeme jeweils einem oder wenigen relativ stabilen Zuständen – »Attraktoren« – zu.[3] Diese werden graphisch üblicherweise im Bild einer Landschaft dargestellt (Abb. A.1). Wenn sich das System (Kugel) auf einem Berg befindet, genügt ein minimaler Impuls, um eine große Bewegung auszulösen. Befindet sich das System in einem Tal (Attraktor), dann führen leichte Impulse dazu, dass es sich im Tal dynamisch um den Attraktor bewegt. Um aus einem Tal in ein anderes (zu einem anderen Attraktor) zu wechseln, benötigt es entweder einen starken Impuls oder viele kleine, die das Tal langsam erhöhen und schließlich nach einem weiteren ebenfalls kleinen Impuls zu einem plötzlichen (lawinenartigen) Wechsel zum anderen Attraktor führen.

Abb. A1: Die Landschaft der Attraktoren. Es gibt Zustände höherer und geringerer Stabilität. Impulse führen zu großen Veränderungen, wenn sich das System auf einer „Kuppe" befindet. In der Nähe des Attraktors („Tal") ist das System jedoch relativ robust und kann viele Impulse abpuffern.

Nicht-Linearität

In der Nähe eines Attraktors ist ein komplexes System robust und Impulse von außen können ohne merkliche Veränderungen abgepuffert werden. Wenn dagegen ein kritischer Punkt überschritten wird, verändert sich das System in mittelgroßen und manchmal in einem großen, unvermittelten Schritt. In anderen Worten, Impulse gleich welcher Intensität haben entweder keine oder sofort beträchtliche Auswirkungen.

Beispiel Sandhaufen: Wenn Sand auf einen Teller aufgeschüttet wird, entstehen kurzfristig recht stabile Zustände, die dann aber bei Überschreiten eines

---

[2] Kauffman, *The Origins of Order*, 261–281.
[3] Esther Thelen und Linda B Smith, *A Dynamic Systems Approach to the Development of Cognition and Action* (MIT Press, 1996), 55 f.

bestimmten Neigungswinkels lawinenartig in einen neuen Zustand des Systems wechseln. Der kritische Neigungswinkel wird bestimmt von den Eigenschaften der Körner und der Gravitation.[4]

Es gibt auch andere Formen nicht-linearer Dynamik. Typisch für die Veränderungen in komplexen Systemen sind allerdings die doppelt-exponentiellen, lawinenartigen Dynamiken, die gleichzeitig zu lokaler Unvorhersagbarkeit und globaler Stabilität führen.

Irreduzible Komplexität

Obwohl durch die Kombinationsmöglichkeiten der Elemente die Freiheitsgrade in komplexen Systemen sehr, sehr groß sind, ist es dennoch typisch, dass sie eine übergeordnete Organisation produzieren.[5] Aus einer hohen Komplexität entstehen einfache, regelmäßige, ohne weiteres erkennbare und doch auch wieder aufwändige und einzigartige Strukturen. Sie zeigen eine Tendenz zu Unvorhersehbarkeit, Veränderlichkeit, Diskontinuität, Robustheit und die Möglichkeit, gelegentliche, regionalisierte überkritische „Ausflüge" ins »deterministische Chaos«[6] zu unternehmen. Aus Komplexität entsteht Einfachheit mit ihrerseits komplexen Eigenschaften.[7] Komplexes Verhalten führt so zu emergenten Strukturen und Mustern, deren Organisation völlig verschieden ist von den Elementen aus denen sie sich konstituiert. Sie kann daher auch nicht aus deren Eigenschaften abgeleitet werden.[8] Das Neue, das emergent entsteht, zeigt in seinen Eigenschaften eine irreduzible Komplexität.

Beispiel Bergbach: An verschiedenen Stellen seines Laufs ist ein Bach mal schnell, mal langsam, mal bildet er einen Pool und dann wieder einen Wasserfall. Nach einem schweren Regen oder einer Trockenperiode verändert sich der Wasserlauf, allerdings in einigermaßen vorhersehbarer Weise. Um die momentane Gestalt des Baches zu verstehen, müssen verschiedene Zeitrahmen berücksichtigt werden, der geologische Zeitrahmen genauso wie das Gewitter vor 10 Minuten. Ebenso spielen das Gelände, die Oberfläche und die Eigenschaften der Wassermoleküle eine Rolle. Die Form des Baches und seiner Wellen ist aber aus den Eigenschaften der Wassermoleküle, aus denen er besteht, keineswegs ableitbar.[9]

---

4 Dittes, *Komplexität*, 45–51.
5 Thelen und Smith, *A Dynamic Systems Approach to the Development of Cognition and Action*, 51.
6 vgl. W Ebenhöh, C Kohlmeier, und P J Radford, "The Benthic Biological Submodel in the European Regional Seas Ecosystem Model," *Netherlands Journal of Sea Research* 33 (1995): 444 f.
7 Thelen und Smith, *A Dynamic Systems Approach to the Development of Cognition and Action*, 271–272.
8 ebd., 54.
9 Thelen und Smith, "Dynamic Systems Theories," 263.

Beispiele für komplexe Systeme

Komplex bedeutet nicht kompliziert. Zwar braucht es eine gewisse Zahl von Elementen im System, doch komplexe Dynamik findet man in relativ einfachen wie in komplizierten Systemen solange sie die genannten Kriterien erfüllen: Bestimmte chemische Reaktionen, Laser, Lawinen, Erdbeben, (epi-)genetische Netzwerke, ontogenetische Entwicklung, neuronale Verarbeitung, psychologische Entwicklung, Persönlichkeitsbildung, soziale Gemeinschaften, Wirtschaftsabläufe, technische Netzwerke, Ökosysteme usw. Außerdem erfüllen alle größeren biologischen Systeme diese zwei Kriterien.

Heuristische Konsequenzen

Nicht-lineare Modelle erfordern ein radikales Umdenken und eine Verabschiedung von unseren physikalischen Intuitionen. Die wichtigsten Unterschiede sind:

Einfache lineare Systeme	Komplexe, nicht-lineare Systeme
Determinismus bedeutet Vorhersagbarkeit.	Determinismus kann mit Unvorhersagbarkeit einhergehen. Das Systemverhalten ist robust oder extrem sensibel.
Die Stabilität von Systemen beruht auf einem Gleichgewicht (Äquilibrium).	Die Stabilität von Systemen beruht auf ihrer Nähe zu einem Konvergenzpunkt (Attraktor).
Ähnlichkeiten der Systeme sind Hinweise auf ähnliche Ausgangsbedingungen.	Ähnlichkeiten der Systeme deuten auf denselben Attraktor hin.
Unterschiede der Systeme sind Hinweise auf Unterschiede in den Anfangsbedingungen.	Unterschiede der Systeme deuten darauf hin, dass es mehrere stabile Attraktoren gibt (Multistabilität).

A.2 Mechanismen generationenübergreifender epigenetischer Vererbung

Grundsätzlich lässt sich feststellen, dass es epigenetische Vererbung über Generationen hinweg gibt. Bei Pflanzen und niederen Tieren wie dem Modellorganismus *Caenorhabditis elegans* scheint sie sogar häufig vorzukommen.[1] Bei Säugetieren findet dagegen ein epigenetischer „Reset" bei der Gametenbildung statt. Es gibt zwar auch hier entsprechende Mechanismen, und generationenübergreifende, epigenetische Vererbung ist experimentell erwiesen, aber es ist bis heute ausgesprochen unklar, wie häufig sie hier stattfindet und welche evolutive Signifikanz ihr zukommt.[2]

Metabolische Rückkoppelungen
Wenn ein Gen durch einen Umweltimpuls aktiviert wird, kommt es vor, dass das Genprodukt die Aktivierung des Gens stabilisiert. Solange das Produkt vorhanden ist, wird es auch weiter produziert. Sollte es aus irgendeinem Grund einmal fehlen, wird das Gen inaktiv und bleibt dies bis auf weiteres auch. Für Einzeller ist es gut belegt, dass derartige positive Rückkoppelungen an die kommenden Generationen weitergegeben werden können.[3] Bei Mehrzellern ist diese Möglichkeit nicht offensichtlich, da die regulatorischen Netzwerke ihre Eigenschaften durch den Flaschenhals eines einzelligen Gameten weitergeben müssen. Mathematische Modelle zeigen jedoch, dass es nicht unwahrscheinlich ist, dass ein multizelluläres Netzwerk mit interagierenden Genen und deren Produkten, das bei genügender Komplexität verschiedene, diskrete und recht stabile Zustände einnimmt, diese auch in nachfolgenden Generationen re-etablieren wird.[4]

---

[1] Edith Heard und Robert A Martienssen, "Transgenerational Epigenetic Inheritance: Myths and Mechanisms," *Cell* 157 (2014): 105.
[2] ebd., 103–106. // Jana P Lim und Anne Brunet, "Bridging the Transgenerational Gap with Epigenetic Memory," *Trends in Genetics* 29 (2013): 184f.
[3] Rebecca E Zordan, David J Galgoczy, und Alexander D Johnson, "Epigenetic Properties of White–Opaque Switching in *Candida albicans* are based on a Self-Sustaining Transcriptional Feedback Loop," *PNAS* 103 (2006): 12807–12.
[4] Stuart Kauffman, zit. in Jablonka und Lamb, *Evolution in Four Dimensions*, 327.

Strukturelle Veränderungen
In Zellen gibt es viele dreidimensionale Strukturen, die sich mithilfe von Vorlagen aufbauen: Zellmembranen und bestimmte Proteine. Gut untersucht ist etwa das Membran-Vererbungssystem von Ciliaten.[5] Die mögliche Template-Funktion von Proteinen hat sich beim Menschen auf dramatische Weise in der Kuru-Krankheit der endokannibalischen Fore, eines Volksstamms auf Papua-Neuguinea, ausgewirkt. Ähnliche Prozesse waren die Ursache für die BSE-Krise in den 90er Jahren. Menschen, die sich mit dem Prion infiziert hatten, erkrankten dabei teilweise an einer Variante der Creutzfeld-Jakob-Krankheit. Diese sehr spezielle, quasi-kulturelle Form der Übertragung – durch eigenen Verzehr einer „Vorgängergeneration" oder durch die entsprechende kannibalische Fütterung von Nutzvieh – ist bemerkenswert.

Chromatinveränderungen
Chromatin ist die Bezeichnung für den Komplex aus Histonen und vielen anderen Proteinen, die die DNA zu einer definierten räumlichen Form zusammenpacken. Diese bestimmt die Zugänglichkeit für die DNA-Polymerase und beeinflusst damit die Aktivität der betroffenen Gene.[6] Der bestuntersuchte Mechanismus ist die Methylierung der DNA. Wenn sich Methylgruppen an bestimmte Bindungsstellen der DNA anbinden, wird die Aktivität des entsprechenden Gens reduziert oder ganz zum Erliegen gebracht. Die Methylierung ist dabei zwar ein prinzipiell reversibler und flexibler Vorgang, führt aber häufig auch zu dauerhaften Veränderungen im Expressionsmuster. Sie bilden dadurch ein zelluläres Gedächtnis:[7] In der Methylierung der DNA spiegelt sich die Entwicklungshistorie der individuellen Zelle wieder.

Für Methylierungen ist auch eine Vererbung über viele Generationen selbst bei Säugern zweifelsfrei nachgewiesen.[8] Offenbar kann auch die DNA in den Keimzellen so modifiziert werden, dass sie eine reelle Chance haben, die Prozesse von Meiose und Gametenbildung unverändert zu überstehen. So können erworbene Eigenschaften und Inhalte des zellulären Gedächtnisses des Elternorganismus –

---

[5] Thomas Cavalier-Smith, "Membrane Heredity and early Chloroplast Evolution," *Trends in Plant Science* 5 (2000): 174–82.
[6] Jablonka und Lamb, *Evolution in Four Dimensions*, 126 ff und 329 ff.
[7] Agustina D'Urso und Jason H Brickner, "Mechanisms of Epigenetic Memory," *Trends in Genetics* 30 (2014): 230–36.
[8] D'Urso und Brickner, "Mechanisms of Epigenetic Memory." // Anway et al., "Epigenetic Transgenerational Actions of Endocrine Disruptors and Male Fertility." // Rakyan et al., "Transgenerational Inheritance of Epigenetic States."

sowohl maternal als auch paternal[9] – an die nachfolgende und weitere Generationen übermittelt werden.[10] Selbst wenn diese Veränderungen nicht mehr umweltlich stabilisiert werden, bleiben sie gelegentlich noch über mehrere Generationen hinweg wirksam.[11]

Andere Formen der Chromatinveränderung – z. B. Histon- oder Heterochromatin-Veränderungen[12] – existieren zwar, sind aber längst nicht so gut experimentell untersucht und scheinen insgesamt auch seltener zu sein.

RNA-Interferenz

Für RNA-Interferenz sind kleine RNA-Moleküle verantwortlich, die in der Lage sind, Histone oder komplementäre DNA-Abschnitte zu modifizieren oder die Transkription (siRNA, piRNA) oder Translation (miRNA) zu stören.[13] Die zuerst entdeckte Gruppe sind die „small interfering RNA" oder kurz *siRNA*. Die ursprüngliche Funktion der siRNA wird von vielen Forschern in der zellulären Immunabwehr vermutet: Virale DNA und deren mRNAs werden durch siRNAs erkannt und anschließend unschädlich gemacht. Wird die mRNA durch sie zerstört, so entstehen trotz exprimierten Gens keine Genprodukte.[14] Ob dies tatsächlich die ursprüngliche Funktion darstellt oder eine abgeleitete, ist allerdings spekulativ.

---

9 z. B. Benjamin R Carone et al., "Paternally Induced Transgenerational Environmental Reprogramming of Metabolic Gene Expression in Mammals," *Cell* 143 (2010): 1084–96.
10 z. B. Cubas, Vincent, und Coen, "An Epigenetic Mutation Responsible for Natural Variation in Floral Symmetry." // Die genauen Mechanismen generationsübergreifender epigenetischer Vererbung sind allerdings kaum bekannt, insbesondere im Fall paternaler Vererbung; vgl. D'Urso und Brickner, "Mechanisms of Epigenetic Memory," 234 f.
11 vgl. Matthew D Anway und Michael K Skinner, "Epigenetic Transgenerational Actions of Endocrine Disruptors," *Endocrinology* 147 (2006): 43–49. // Einen generationsübergreifenden Einfluss auf die Partnerwahl berichten David Crews et al., "Transgenerational Epigenetic Imprints on Mate Preference," *PNAS* 104 (2007): 5942–46. // Dies bedeutet aber auch, dass durch Umweltgifte induzierte Schäden über Generationen weitergegeben werden; vgl. Anway et al., "Epigenetic Transgenerational Actions of Endocrine Disruptors and Male Fertility."
12 Vincent Sollars et al., "Evidence for an Epigenetic Mechanism by which Hsp90 acts as a Capacitor for Morphological Evolution," *Nat Genet* 33 (2003): 70–74. // Heterochromatin: Ki-Hyeon Seong et al., "Inheritance of Stress-Induced, ATF-2-Dependent Epigenetic Change," *Cell* 145 (2011): 1049–61.
13 Catharine H Rankin, "A Review of Transgenerational Epigenetics for RNAi, Longevity, Germline Maintenance and Olfactory Imprinting in *Caenorhabditis elegans*," *The Journal of Experimental Biology* 218 (2015): 41–49. // Heard und Martienssen, "Transgenerational Epigenetic Inheritance: Myths and Mechanisms," 99.
14 Rankin, "A Review of Transgenerational Epigenetics for RNAi," 45 f.

Die siRNAs können jedenfalls auch eigene DNA modifizieren. Entweder indem sie die Methylierung des jeweiligen DNA-Abschnitts auslösen oder indem sie bewirken, dass die entsprechende Sequenz aus der DNA ausgeschnitten wird.[15]

Durch RNA-Interferenz kann epigenetische Vererbung auf mehreren Wegen stattfinden. Erstens können die kleinen RNA-Abschnitte in der Keimbahn weitergegeben werden,[16] zweitens kann der Interferenzeffekt in Form methylierter DNA oder anderer Chromatin-Modifikationen weitergegeben werden, und drittens kann das Ausschneiden eines Genabschnitts, wenn es in den generativen Zellen geschieht, zu einer veränderten genetischen Erbinformation führen.

---

15 vgl. Jablonka und Lamb, *Evolution in Four Dimensions*, 151.
16 z. B. R Keith Slotkin et al., "Epigenetic Reprogramming and Small RNA Silencing of Transposable Elements in Pollen," *Cell* 136 (2009): 461–72.

A.3 Evolution eusozialer Superorganismen

Die Grundprinzipien nach denen evolutiv die Zusammenfassung zu größeren, funktionalen Einheiten gelingt, sind Integration und Differenzierung: Differenzierung führt zu spezialisierten Untergruppen, die wegen ihrer Spezialisierung von den Diensten anderer abhängig werden und nun „gezwungen" sind sich ins System zu integrieren. Während so innerhalb des Systems die gegenseitige Abhängigkeit zunimmt, wird das System als Ganzes von der Umwelt immer unabhängiger.

Von einfacher Arbeitsteilung zum reproduktiven Monopol
Die Monopolisierung der Reproduktion durch wenige Individuen ist typisch für Eusozialität und für den Übergang vom Einzeller zum Vielzeller.[1] Lange dachte man, der Weg dorthin ginge nur über eine hohe Verwandtschaft innerhalb der Gruppe. Aufgrund von Haplodiploidie (die Männchen besitzen nur einen einfachen Chromosomensatz), die dazu führt, dass Arbeiterinnen der Bienen und Ameisen mit ihren Schwestern näher verwandt sind, als sie es mit ihren eigenen Nachkommen wären, lohne es sich für sie auch genetisch, auf eigene Fortpflanzung zu verzichten und stattdessen für ihre Schwestern zu sorgen.[2] Diese Erklärung vernachlässigt jedoch, dass *erstens* andere eusoziale Tiere – bestimmte Garnelen, Spinnen, Käfer, Thrips, Blattläuse, Termiten und unter den Säugetieren die Nacktmulle – eine normale Genetik (Diplodiploidie) haben, *zweitens* dass der scheinbare genetische Vorteil durch die geringere Verwandtschaft mit den Männchen exakt egalisiert wird[3] und *drittens* dass der Fall selbst bei Bienen und Ameisen gar nicht erst auftritt, da die Königin sich stets von mehreren Männchen begatten lässt. Die Mehrfachverpaarung ist allerdings wohl nur eine abgeleitete Strategie, die entstand, nachdem sich die Eusozialität bereits *monogam* etabliert hatte.[4] Zumindest in den Fällen, wo Eusozialität bei Hymenopteren (Bienen, Ameisen, Wespen) entstand, kann man davon ausgehen, dass zwar tatsächlich ein hoher anfänglicher Verwandtschaftsgrad gegeben war,[5] dass dieser aber nicht

---

[1] Maynard Smith und Szathmary, *The Major Transitions in Evolution*. // Michod et al., "Life-History Evolution and the Origin of Multicellularity."
[2] vgl. Dawkins, *The Selfish Gene*, Kapitel 10.
[3] vgl. West und Gardner, "Altruism, Spite, and Greenbeards."
[4] vgl. William O H Hughes et al., "Ancestral Monogamy Shows Kin Selection is Key to the Evolution of Eusociality," *Science* 320 (2008): 1213–16.
[5] etwa $r = 0,5$ durch Monogamie der Königin. Für $r = 0,5$ ist es theoretisch gleich, ob man für die Geschwister oder für eigene Nachkommen sorgt.

ausreichte um einen genetischen Vorteil zu generieren.[6] Es müssen zusätzlich noch geeignete ökologische Faktoren hinzukommen, die die Aussicht auf eine erfolgreiche eigene Fortpflanzung verringern.

Ungeachtet solcher Widersprüche wurde Verwandtenselektion über Jahrzehnte hinweg fälschlich als generelle Erklärung nicht nur für Eusozialität und Kastensterilität, sondern dann auch für aufopferungsvolles Verhalten im allgemeinen gehandelt.[7]

Die Entstehung von Eusozialität
Ein derzeit sehr plausibles Szenario für die Evolution von Eusozialität sieht folgendermaßen aus:
1. *Individuen schließen sich unabhängig von ihrer Verwandtschaft zu Gruppen zusammen, weil dies für alle Beteiligten vorteilhaft ist.* Bei hohem Feinddruck können sie sich dadurch selbst besser verteidigen, wenn Nahrung oder Nistmöglichkeiten an wenigen Stellen konzentriert sind, können diese Vorkommen von einer Gruppe besser verteidigt und genutzt werden oder es kann von der Erfahrung anderer Mitglieder profitiert werden, usw. Die dabei entstehenden Gruppen können sehr stabil sein oder auch nur temporär existieren, wie etwa herumziehende Vogelschwärme im Winter.
2. *Der Verwandtschaftsgrad r steigt.* Bleibt eine Gruppe dauerhaft zusammen, kommt es unter den Mitgliedern zu Verpaarungen. Nach diesem Modell ist ein hohes *r* also eine Konsequenz aus der Gruppenbildung, nicht ihre Voraussetzung. In der Realität wird ein hoher Verwandtschaftsgrad aber meist von Anfang an existieren, da es – schon wegen der räumlichen Nähe – vielfach Familienmitglieder sind, die sich zu solchen Gruppen zusammenfinden.
3. *Manche Mitglieder verzichten (temporär) auf eigene Reproduktion und helfen anderen bei ihrer.* Dies kommt bei Tieren faktisch vor allem unter Verwandten vor, z. B. wenn Kinder den Eltern dabei helfen weitere Nachkommen aufzuziehen, obwohl sie physiologisch bereits selbst reproduktiv sein könnten. Entscheidend sind hier offenbar ökologische Faktoren, z. B. Mangel an freien Revieren, aber auch Ereignisse, wie ein fehlgeschlagener eigener Brutversuch. Eine hohe Lebenserwartung der Spezies und eine geringe Abwanderungs-

---

[6] Dazu müsste *r* größer als 0,5 sein. Dass Haplodiploidie hierfür *keine* Lösung ist, sondern selbst erst ein abgeleitetes Merkmal, zeigen West und Gardner, "Altruism, Spite, and Greenbeards."
[7] vgl. hierzu Nowak, Tarnita, und Wilson, "The Evolution of Eusociality."

tendenz begünstigen zusätzlich die Entstehung von kooperativer Brutpflege[8] und offensichtlich wählen die Helfer bevorzugt nahverwandte Paare.[9] Dies leuchtet unmittelbar ein, denn je höher die Verwandtschaft, desto geringere ökologische Verschiebungen sind nötig, um das Kosten-Nutzen-Verhältnis zugunsten der Bruthilfe kippen zu lassen.[10]

4. *Prädispositionen begünstigen Eusozialität.* Manche Arten bringen bereits Verhaltensmuster mit, die Kooperation erleichtern. So lassen sich manche solitären Bienen experimentell überraschend leicht dazu bringen, miteinander zu kooperieren, die Arbeiten untereinander aufzuteilen und sich weitgehend wie eusoziale Bienen zu verhalten.[11] Sie zeigen genügend Plastizität in ihrem Verhalten, um gegebenenfalls relativ spontan auf Kooperation umzuschalten. An der phänotypischen Plastizität kann nun die Selektion ansetzen und auf Dauer eine obligatorische Kooperation entstehen lassen. Der Übergang zu Eusozialität könnte bei Bienen zum Beispiel dadurch geschehen, dass ein Gen, das sonst dafür sorgt, dass die Nachkommen die Mutter verlassen, einfach stillgelegt wird.[12]

5. *Durch Gruppenselektion etablieren sich neue Anpassungen zur Stabilisierung der Gruppe.* Die für die Kolonie schädlichen Wirkungen der Individualselektion können durch eine spezielle Anpassung besonders gut verhindert werden: Die Tiere verlieren die Fähigkeit, den genetischen Verwandtschaftsgrad abzuschätzen. Dadurch wird den einzelnen sehr effektiv die Möglichkeit genommen, die eigene Inklusive Fitness gegen die Gruppeninteressen zu erhöhen. Stattdessen erkennen sich die Koloniemitglieder nun am gemeinsamen Nestgeruch, dessen Signatur nicht genetisch bestimmt ist, sondern erlernt wird.[13] Als neue Kategorie der „Verwandtschaft" gilt hier – gegen die „Egoistischen Gene" – die Zugehörigkeit zur selben Kolonie. Derartige Anpassungen lassen sich wohl nur durch Gruppenselektion plausibel erklären.

---

8 vgl. B J Hatchwell und J Komdeur, "Ecological Constraints, Life History Traits and the Evolution of Cooperative Breeding," *Anim Behav* 59 (2000): 1079–86. Dies entscheidet offenbar darüber, ob man bei phylogenetisch nahe stehenden Arten kooperative Brutpflege findet, oder nicht.
9 z. B. Andrew F Russell und Ben J Hatchwell, "Experimental Evidence for Kin-Biased Helping in a Cooperatively Breeding Vertebrate," *Proc Biol Sci* 268 (2001): 2169–74.
10 Einige Wissenschaftler sind daher der Meinung, dass für den Schritt zur obligatorischen Eusozialität Monogamie der Eltern erforderlich sei; vgl. West und Gardner (2010), S. 1341–1344. // Es ist aber nicht einzusehen, warum dies für kleinere *r* nicht auch funktionieren sollte, wenn die Rahmenbedingungen entsprechend schwerwiegend sind. Vgl. Nowak, Tarnita und E O Wilson (2010), S. 1057–1062.
11 vgl. ebd., 1060.
12 ebd.
13 Edward Osborne Wilson und Bert Hölldobler, "Eusociality: Origin and Consequences."

6. *Es bildet sich ein Kastensystem aus anatomisch differenzierten (polyphänen) Individuen.* Die morphologischen Anpassungen sind in diesem Fall aber nicht genetisch, denn es ist derselbe Genotyp, der die unterschiedlichen Phänotypen hervorbringt. Von der Gruppe kontrollierte Faktoren bestimmen, in welcher Kaste welches Individuum landet. Dies scheint der entscheidende Schritt zu obligatorischer Eusozialität zu sein, ein **„Point of No Return".**[14] Während einige Fälle bekannt sind, wo aus eusozialen, aber noch nicht anatomisch polyphänen Bienen wieder solitäre Arten entstanden sind, gibt es keinerlei Hinweise darauf, dass sich aus einmal polyphän ausdifferenzierten eusozialen Insekten wieder eine solitäre Lebensform zurückentwickelt hätte.[15]
7. *Die genetische Natürliche Selektion kann sich nur auf die Gene auswirken, die von den reproduzierenden Individuen vererbt werden.* Die sterilen Arbeiter können evolutiv als erweiterter Phänotyp des Genoms der fertilen Individuen angesehen werden.[16] In diesem Fall ist die Bezeichnung **»Superorganismus«** ausgesprochen zutreffend, da mit der Kolonie ein neues evolutionäres Individuum aus dem Zusammenschluss vieler Einzelorganismen entstanden ist.
8. *Die Natürliche Selektion kann sich zusätzlich auf nicht-genetischem Weg auf die sterilen Mitglieder und die Kolonie als Ganze auswirken.* Dies wird – da es sich um die sterilen Mitglieder handelt – zu Merkmalen führen, die nicht für die eigene, sondern für die Performance der Kolonie optimiert sind. Merkmale mit einer Tradierungschance sind jene, die durch einen plastischen Phänotyp realisierbar sind, wie der Lebenszyklus der Kolonie, das Kastensystem, die Kommunikationsstrukturen oder die Koordinierung der Aufgaben. Es könnte daher zumindest anfänglich einen erheblichen Selektionsdruck für eine hohe Plastizität des Phänotyps und einer damit einhergehenden hohen Evolvierbarkeit der Koloniestrukturen geben. Die resultierenden Sozialsysteme sind oft sehr komplex und spezialisiert.[17]

Der Superorganismus Bienenstaat
In den eusozialen Bienenstaaten bilden zigtausende von sterilen Arbeiterinnen die Gefolgschaft einer einzigen reproduzierenden Königin. Da sich die Königin mit mehreren Männchen paart, haben die Arbeiterinnen verschiedene Väter und es gibt innerhalb eines Stocks unterschiedliche Verwandtschaftsverhältnisse. Da die Theorie vorhersagt, dass mit abnehmender Verwandtschaft die Tendenz zu

---

14 ebd., 13368.
15 ebd.
16 Nowak, Tarnita, und E O Wilson, "The Evolution of Eusociality."
17 ebd.

egoistischem Verhalten zunehmen sollte, sind Konflikte zu erwarten zwischen der Königin und den Arbeiterinnen und zwischen den Arbeiterinnen mit verschiedenen Vätern. Tatsächlich zeigen sich die eusozialen Kolonien aber recht unempfindlich gegenüber Verschiebungen der Verwandtschaftsverhältnisse.[18]

Seine Robustheit erlangt der Bienenstaat durch eine Reihe von Mechanismen, die interne Konflikte gering halten.

Zwang: Bei der Honigbiene (*Apis mellifera*) sorgen chemische Signale der Königin für Ordnung. Sie bringen die Arbeiterinnen dazu, für die Brut zu sorgen, Nahrung zu suchen und Waben zu bauen. Außerdem wird durch königliche Botenstoffe die reproduktive Konkurrenz im Stock niedergehalten. Dazu manipuliert die Bienenkönigin ihre Arbeiterinnen durch ein Pheromon, das die Entwicklung der Geschlechtsorgane hemmt und Aggression vermindert.[19]

Begrenzungen: Die spezifischen Rahmenbedingungen schränken die Möglichkeiten für Egoismen ein. Larven können sich nicht einfach zu Königinnen entwickeln, da sie dazu eine bestimmte Diät benötigen und in speziellen Waben heranwachsen müssen. Erwachsene Arbeiterinnen können nicht einfach die näher verwandten Larven bevorzugen, da sie nicht in der Lage sind, diese zu erkennen. Die Fähigkeit dazu haben sie sekundär verloren.[20] Es ist ihnen auch nicht möglich, das Geschlechterverhältnis der Nachkommen zu ihren Gunsten zu verändern, da die haploiden ($\male$) von den diploiden ($\female$) Eiern offenbar ebenfalls nicht zu unterscheiden sind.[21] Es gibt also Einschränkungen sowohl bezüglich der Möglichkeiten als auch der verfügbaren Informationen.

Policing: Ein hohes Konfliktpotential zwischen den Arbeiterinnen kann für die Kolonie vorteilhaft sein, da sie sich dann gegenseitig daran hindern, einen genetischen Vorteil für sich zu gewinnen: Arbeiterbienen können unbefruchtete Eier legen, die sich zu Drohnen entwickeln würden. Andere Arbeiterinnen fressen diese aber, wenn sie den Betrug entdecken.[22] Diese Kontrollfunktion nennt sich

---

18 Korb und Heinze, "Multilevel Selection and Social Evolution of Insect Societies."
19 G A Wright, "Bee Pheromones: Signal or Agent of Manipulation?," *Current Biology* 19 (2009): R547–48. // Sarah Kocher und Christina Grozinger, "Cooperation, Conflict, and the Evolution of Queen Pheromones," *Journal of Chemical Ecology* 37 (2011): 1263–75.
20 Korb und Heinze, "Multilevel Selection and Social Evolution of Insect Societies," 297.
21 ebd., 295 und 300. // Francis L W Ratnieks, Kevin R Foster, und Tom Wenseleers, "Conflict Resolution in Insect Societies," *Annu Rev Entomol* 51 (2006): 581–608.
22 P Kirk Visscher, "Reproductive Conflict in Honey Bees: A Stalemate of Worker Egg-Laying and Policing," *Behavioral Ecology and Sociobiology* 39 (1996): 237–44.

„Policing".²³ In kleinen Kolonien wird diese Aufgabe von der Königin selbst wahrgenommen. In einer großen Kolonie wäre sie dazu aber nicht mehr in der Lage. Möglicherweise ist das einer der Gründe, warum die Königin sich mehrfach paart: Sie erhöht dadurch die Konkurrenz unter den Arbeiterinnen²⁴ und damit auch ihre Motivation, einander zu kontrollieren und die Eier von anderen Arbeiterinnen zu vernichten.²⁵ Möglicherweise wurde die Evolution von sehr großen eusozialen Insektenstaaten ja erst durch den Wegfall der Monogamie ermöglicht.

Diese Anpassungen zur Konfliktmediation ließen sich zwar auch mithilfe der »Inklusiven Fitness«-Theorie erklären, doch dass durch den Multi-Level-Ansatz die faktisch wirksamen Selektions-kräfte tatsächlich besser erfasst werden, zeigt sich daran, dass sich mit zunehmender Gruppengröße und Sozialität eine Unempfindlichkeit gegenüber Veränderungen in den Verwandtschaftsverhältnissen einstellt. Zur Entstehung von Eusozialität mag ein hoher Verwandtschaftsgrad zu irgendeinem Zeitpunkt notwendig sein. Wenn das System aber einmal etabliert ist, verliert der Grad der Verwandtschaft offenbar immer mehr an Bedeutung. Wie bei anderen »Major Transitions« liefert auch in den Insektenstaaten die Stabilität der Gruppe den ultimaten Grund dafür, dass reproduktive Harmonie eingehalten wird, und zwar trotz einer Konfliktsituation aufgrund von Verwandtschaftsverhältnissen.²⁶

---

23 siehe Kapitel 5.3.3.
24 Bei Monogamie sind die Arbeiterinnen alle mit $r = 0{,}75$ verwandt, bei mehrfacher Paarung aber entweder $r = 0{,}25$ oder $r = 0{,}75$. Je mehr Männchen an der Paarung beteiligt sind, desto häufiger trifft $r = 0{,}25$ zu.
25 Kevin R Foster und Francis L W Ratnieks, "Social Insects: Facultative Worker Policing in a Wasp," *Nature* 407 (2000): 692–93. // Tatsächlich lässt sich feststellen, dass nur bei Bienenarten mit überschaubarer Koloniegröße (z. B. Hummeln) Monogamie vorkommt und dass hier das Policing von der Königin durchgeführt wird. Bei sehr großen Staaten paart sich die Königin dagegen stets mit mehreren Männchen und Policing wird von den Arbeiterinnen ausgeführt. Da Policing durch Arbeiterinnen wesentlich effektiver ist, verringert sich gleichzeitig der Anreiz, überhaupt Eier zu legen, denn die Chance auf Erfolg ist gering (etwa 0,1 % der Männchen stammen bei der Honigbiene von Arbeiterinnen); Ratnieks, Foster und Wenseleers, "Conflict Resolution in Insect Societies," 593.
26 Korb und Heinze, "Multilevel Selection and Social Evolution of Insect Societies," 298 und 300 f. // Hohe Konkurrenz zwischen Gruppen scheint hier eine treibende Kraft zu sein; vgl. H Kern Reeve und Bert Hölldobler, "The Emergence of a Superorganism through Intergroup Competition," *PNAS* 104 (2007): 9736–40.

Vorteile der eusozialen Gruppe

Errungenschaften, die diese »Major Transition« für die Honigbiene mit sich bringt, sind...

- ... die Aufteilung der Arbeit auf spezialisierte Kasten. Viele verschiedene Aufgaben können dadurch parallel erledigt werden. Besonders deutlich ist die Aufteilung in reproduktiv aktive und inaktive Mitglieder, ähnlich wie bei der Entstehung von vielzelligen Organismen.
- ... die erhöhte Unabhängigkeit von externen Einflüssen und Ereignissen. Die Arbeiterinnen sind redundant und viele können ausfallen, ohne dass die Kolonie Schaden nimmt. Außerdem sind viele eusoziale Insekten in der Lage, die klimatischen Bedingungen in ihren Kolonien zu steuern.[27]
- ... eine stark verbesserte Verteidigungsfähigkeit, die nur noch von spezialisierten Angreifern überwunden oder umgangen werden kann.
- ... die Möglichkeit, durch die enormen explorativen Fähigkeiten, seltene Ressourcen mit großer Sicherheit zu finden.[28]
- ... selbstorganisierende Prozesse, die Informationen dezentral und quasi-intelligent verarbeiten. Die Qualität einer Futterquelle wird zum Beispiel durch die Dauer des Tanzes ausgedrückt. Die Arbeiterinnen versuchen jedoch nicht herauszufinden, welche der zurückkommenden Bienen am längsten tanzt, sondern sie fliegen, nachdem sie der ersten begegnet sind, einfach los. Der längere Tanz wird aber rein statistisch mehr Arbeiterinnen zu der hochwertigen Futterquelle führen. Ein anderes Beispiel ist, wie eine schwärmende Kolonie unter mehreren alternativen Niststellen die beste herausfindet. Dazu werden etwa einhundert Kundschafter ausgesandt. Diese ermitteln die Qualität einer Niststelle und – zurück beim Schwarm – tanzen für die anderen einen entsprechend langen Tanz. Dadurch werden neue Kundschafter rekrutiert. Wenn sie zur bezeichneten Niststelle kommt, bleibt jede Biene dort für etwa eine Stunde bevor sie zum Schwarm zurückfliegt. Dadurch versammeln sich an den hochwertigen Niststellen nach und nach immer mehr Bienen. Wenn eine bestimmte Anzahl überschritten wird, fliegen alle miteinander zurück und führen den ganzen Schwarm dorthin.[29]

---

27 „*The temperature of the hive is regulated with precision: a bee colony is a warm-blooded animal!*" David Sloan Wilson, *Evolution for everyone*, 149.
28 vgl. Ashleigh S Griffin, "Naked Mole-Rat," *Curr Biol* 18 (2008): R844–45.
29 „*It is the pattern of social interactions that creates the wisdom of the hive, just as it is the pattern of neuronal and hormonal interactions that creates the wisdom of a single individual organism.*" Wilson, *Evolution for everyone*, 147 ff. // Ganz ähnlich arbeiten Neuronen: Auch hier konkurrieren Signale so lange miteinander, bis eines davon eine bestimmte Reizschwelle überschreitet und so die Entscheidung herbeiführt; ebd., 150.

Ein Bienenstaat muss sich schnell verändernde Ressourcen durch explorative, Prozesse erschließen. Dabei ist die erfolgreichere Strategie nicht das sklavische Befolgen einer Routine, sondern die gelegentliche Abweichung davon. Verhaltensflexibilität ist daher auch bei Arbeiterbienen eine erwünschte Eigenschaft.[30] Um dies für die Gruppe fruchtbar zu machen, benötigen sie jedoch zusätzlich die Fähigkeit, die Qualität eines eingeschlagenen Weges zu beurteilen und an weitere Mitglieder zu kommunizieren.

Wir kennen dieses Ausbreitungsprinzip aus der ontogenetischen Entwicklung: Explorative, überschießende, Prozesse, die erst im Nachhinein auf die qualitativ hochwertigen Wege zurückgestutzt werden.[31] Hier wie dort führt dies zu Robustheit und Flexibilität. Während Robustheit in der Ontogenese die Fähigkeit meint, auch unter veränderten Bedingungen einen funktionierenden Organismus entstehen zu lassen, bedeutet es im Kontext des Bienenstaates die Fähigkeit, zerstreute und sich schnell verändernde Ressourcen zuverlässig zu erschließen. Dies gelingt im Superorganismus besser als bei den solitären Verwandten. Solitäre Insekten sind wohl nur dort im Vorteil, wo insgesamt zu wenige Ressourcen vorhanden sind, um eine große Kolonie zu versorgen.[32]

Beispiel Nacktmull (*Heterocephalus glaber*)

Nacktmulle, maus- bis rattengroße Nagetiere, leben in trockenen Regionen des südlichen und östlichen Afrika in unterirdischen Kolonien mit bis zu 300 Mitgliedern. Wie bei anderen eusozialen Arten, gibt es eine einzelne, reproduktiv aktive Königin. Sie wird von ein bis drei Männchen begattet. Die übrigen Mitglieder übernehmen abhängig von Alter und Größe verschiedene Funktionen in der Kolonie: Jüngere füttern den Nachwuchs, die mittelgroßen graben die Tunnel und die größten Individuen verteidigen den Bau gegen Konkurrenten oder Feinde.[33]

Die hohe Verwandtschaft innerhalb einer Kolonie erleichtert sicherlich die Eusozialität, aber wirklich ausschlaggebend scheint die Ökologie zu sein:

---

30 Flexibles Verhalten ist in einer Hinsicht unerwünscht und wird unterdrückt: im Blick auf das reproduktive Monopol der Königin.
31 siehe Kapitel 2.3.1.1.
32 Wilson und Hölldobler, "Eusociality: Origin and Consequences," 13370.
33 J Jarvis und P Sherman, "Heterocephalus glaber," *Mammalian Species* 706 (2002): 1–9. // In den letzten Jahren haben die Nacktmulle eine gewisse Berühmtheit erlangt, da sie 10-mal so alt werden wie vergleichbare Nagetiere, Krebszellen sich in ihrem Körper nicht vermehren können und weil sie für bestimmte Schmerzen völlig unempfindlich sind. Damit sind nur einige der Eigenschaften genannt, die das Interesse der Wissenschaftler für diese kleinen Säugetiere geweckt haben; vgl. K Weir, "Naked and Ugly: The new Face of Lab Rats," *New Scientist* 2783 (2010): 44–47.

Nacktmulle ernähren sich von Pflanzenknollen, die bis zu 50 kg schwer sein können. Da sie nur das nährstoff- und wasserreiche Innere der Knolle fressen und die entstandenen Löcher wieder mit Erde auffüllen, kann die Knolle weiterwachsen und genügt einer Kolonie bis zu einem Jahr lang als Nahrungsquelle. Es handelt sich dabei um eine wertvolle Ressource: Die Knollen werden nämlich nicht etwa durch Geruch, sondern nur zufällig gefunden. Ein einzelnes Nacktmull-Paar hätte hier offensichtlich nur eine geringe Chance. Durch die gemeinschaftliche Grabtätigkeit können diese seltenen, unvorhersehbaren Nahrungsquellen aber verlässlich erschlossen werden.[34]

Einige Anpassungen zugunsten der Gruppe lassen sich erkennen.

- Die Unterdrückung der Fertilität: Der genaue Mechanismus, wie es der Königin gelingt, dass andere die physiologischen und anatomischen Veränderungen zur Königin nicht durchlaufen, ist noch nicht im Detail geklärt. Eine wichtige Rolle spielt aber die Erzeugung von sozialem Stress durch Schubsen und Anrempeln und die damit verbundenen Hormonlevel.[35]
- Die Bestimmung der Königin aufgrund von Dominanz: Der Vorteil gegenüber einer epigenetischen Regulation (wie bei Bienen) ist, dass so nicht plötzlich zwei Königinnen vorhanden sein können. Wenn die Königin aus der Kolonie entfernt wird, kommt es unter den hierarchisch Nächststehenden zu Kämpfen, bei denen Unterlegene nicht selten getötet werden.[36]
- Die Verminderung der Aggressivität: Als Anpassung an den eusozialen Lebensstil findet man bei Nacktmullen eine starke Vermehrung der Oxytocin-Rezeptoren in entsprechenden Regionen des Großhirns.[37]

---

[34] Griffin, "Naked Mole-Rat."Griffin, "Naked Mole-Rat," R844.
[35] F M Clarke und C G Faulkes, "Dominance and Queen Succession in captive Colonies of the eusocial Naked Mole-Rat, *Heterocephalus glaber*," Proc Biol Sci 264 (1997): 993–1000.
[36] ebd., 999.
[37] Theodosis Kalamatianos et al., "Telencephalic Binding Sites for Oxytocin and Social Organization: A Comparative Study of eusocial Naked Mole-Rats and solitary Cape Mole-Rats," *The Journal of Comparative Neurology* 518 (2010): 1792–1813.

A.4 Ein Wettstreit der Memplexe: Evolutionärer Humanismus (EH) und Christliches Ethos (CE)

Der EH zeichnet sich durch eine dezidierte Ablehnung von Religion aus. Religionen seien dem Wohl des Einzelnen schädliche Memplexe. Schmidt-Salomon verwendet sie in seinen Begründungen daher häufig als Kontrastfolie für die eigenen Konzepte. Die dabei verwendeten Beispiele der christlichen Religion sind – typisch für den Neuen Atheismus – vor allem Fakten und Hintergründe der Religions- und Theologiegeschichte, die im Christentum selbst als Fehlentwicklungen angesehen werden, oder biblische Zitate, die wörtlich genommen werden statt nach ihrer Interpretation in der theologischen Tradition zu fragen. Da der Evolutionäre Humanismus als „Leitbild" der Giordano-Bruno-Stiftung gilt,[1] zu der viele namhafte Wissenschaftler gehören, besitzt er in Deutschland erheblichen öffentlichen Einfluss und Medienpräsenz. Es scheint mir daher hilfreich, neben der Darstellung des EH (siehe Kapitel 9.6.3) zusätzlich zu zeigen, dass das CE, obwohl es keine Evolutionäre Ethik ist und diesen Anspruch auch nicht erhebt, dennoch eine erheblich größere Konsistenz und Nähe zur modernen Biologie aufweist als der EH. Ich möchte in der folgenden Darstellung dazu die zentralen Aussagen des EH mit den entsprechenden Positionen eines mit dem römisch-katholischen Lehramt konformen Christlichen Ethos – also „Theorie gegen Theorie" und nicht Theorie gegen Praxis der Mitglieder[2] – vergleichend auf ihre Kompatibilität mit der modernen Biologie hin untersuchen.

Das Maß für diesen „Wettstreit der Memplexe" ist dabei aber nicht der Erweis ihrer Wahrheit, sondern *erstens* die potentielle Auswirkung auf jene Menschen, die die fragliche Theorie verinnerlicht haben, und *zweitens* die Schwierigkeit (psychologisch und faktisch), diese Theorie im Leben umzusetzen. Bei der Darstellung des Christlichen Ethos geht es deshalb auch nicht darum, was Jesus tatsächlich gemeint hat, sondern darum, was Christen meinen, heute davon verstanden zu haben. Selbst bei den biblischen Passagen ist daher nicht in erster Linie die theologische Exegese gefragt, sondern eher die Auswirkung dieser Schriftstellen in der Tradition, also eher die Dogmatik und die Spiritualität. Es geht hier nicht darum, zu zeigen dass EH oder CE wahr sind, sondern darum, inwiefern sie psychologisch wirksam werden können, welches diese Wirkungen sind und ob sie mit der menschlichen Natur kompatibel sind.

---

[1] vgl. http://www.giordano-bruno-stiftung.de/leitbild; Zugriff am 10.11.2012.
[2] vgl. Karl Rahner, "Christlicher Humanismus," in *Schriften zur Theologie VIII* (Einsiedeln: Benziger, 1967), 243.

Es empfiehlt sich, die folgenden Beschreibungen des CE im direkten Vergleich mit den entsprechenden Abhandlungen zum EH im Kapitel 9.6.3 zu lesen.

Die Beurteilung von Personen und Handlungen

EH: »Moral« und (siehe Kap 9.6.3.1)

Ethik und Moral haben im EH eine sehr spezifische, eigene Bedeutung: »Ethik« sei die Betrachtung unter dem objektiven Gesichtspunkt, ob sich jemand an ausgehandelte Regeln gehalten hat (Jenseits, S. 197). »Moral« sei dagegen ein Produkt schädlicher Memplexe, die den Einzelnen anhand metaphysischer Kriterien beurteilen und gegebenenfalls als Person abwerten. Wie dargelegt, birgt die dem EH eigene Definition von »Moral« und »Ethik« die Gefahr von Engführungen.

CE: »Sittlich gut/schlecht« und »Sittlich richtig/falsch«

Um die Intentionen von Menschen von der Wirkung ihrer Handlungen unterscheiden und trotzdem beide beurteilen zu können, unterscheidet die christliche Moraltheologie zwischen sittlich *Gutem* ⇔ *Schlechtem* einerseits und sittlich *Richtigem* ⇔ *Falschem* andererseits.[3]

»*Sittlich gut*« handelt jemand, der seinen eigenen sittlichen Überzeugungen folgt, gleichgültig wie diese aussehen. Dabei darf man jedoch annehmen, dass einige grundlegende Überzeugungen auch bei jedem verantwortungsbewussten Menschen vorhanden sind: z. B. *„Es gibt Wesen, deren Selbstwert ein hinreichender Grund ist, dass sie geliebt werden sollen."*[4] oder *„Es gibt Situationen, in denen jemand einen Anspruch auf Wahrheit hat."*

»*Sittlich schlecht*« handelt jemand, der sittliche Überzeugungen teilt, aber in seiner Handlung nicht berücksichtigt.

Sittliche Überzeugungen signalisieren demjenigen, der sie besitzt, dass es ein „Sollen" gibt, aber sie machen keine explizite Aussage über den Anwendungsbereich. So kann die sittliche Überzeugung, *dass es Wesen gibt, die aufgrund ihres Selbstwerts geliebt werden sollen*, z. B. nur auf die eigene Familie oder eine bestimmte Klasse von Menschen eingegrenzt werden.[5] Eine solche Unterteilung wäre

---

[3] Andreas M Weiß, *Sittlicher Wert und nichtsittliche Werte: Zur Relevanz der Unterscheidung in der moraltheologischen Diskussion um deontologische Normen* (Freiburg: Herder, 1996), bes. Kapitel 6. // Bruno Schüller, *Die Begründung Sittlicher Urteile: Typen ethischer Argumentation in der katholischen Moraltheologie* (Düsseldorf: Patmos, 1973), 102–111.
[4] ebd., 106.
[5] vgl. Aristoteles, Politik I, 5.

selbst kein sittliches Urteil, sie ist aber offensichtlich für sittliches Handeln bedeutsam.[6] Die Antwort auf die Frage „*Was sollen wir (in diesem Fall) tun?*" setzt sich daher stets zusammen aus einer nicht-sittlichen Situationsanalyse – einer Einsicht in die Gegebenheiten – und der Anwendung des in dieser Situation geforderten sittlichen Anspruchs. Nur wenn beides gelingt, ist die Handlung »*sittlich richtig*«, also in Übereinstimmung mit dem sittlich Geforderten und korrekt auf die Situation angewandt. Wenn eines von beidem fehlgeleitet ist, resultiert eine »*sittlich falsche*« Handlung.[7]

Damit erhält man eine spezifische Phänomenologie sittlicher Handlungen: Personen handeln immer dann sittlich gut, wenn sie aufgrund ihrer Überzeugung handeln, auch wenn sie dadurch das sittlich Falsche tun. Als Beispiel für eine derartige Fehleinschätzung kann die nicht-sittliche Annahme gelten, dass Neugeborene keine Schmerzen empfänden, weshalb man lange Zeit auf anästhetische Maßnahmen bei ihnen verzichtet hat, die bei Schmerzempfindlichkeit jedoch sittlich gefordert sind.[8] Ärzte, die mit dieser Überzeugung operierten, handelten, indem sie keine Anästhesie vorsahen, sittlich gut, aber sittlich falsch. Weil die Moralität einer Person aber nicht davon abhängen kann, ob sie die richtigen nicht-sittlichen Einsichten hat, ist eine Person, die zuverlässig gemäß ihrer sittlichen Überzeugungen handelt, selbst als sittlich „gut" zu bezeichnen. Dagegen handelt jemand sittlich „schlecht", wenn er gegen seine eigene sittliche Überzeugung handelt, und zwar auch dann, wenn er dabei etwas sittlich Richtiges tut. Ein Arzt, der seine Patienten ausschließlich zur eigenen finanziellen Bereicherung operiert, tut möglicherweise das sittlich Richtige und etwas sehr Gutes, aber aus einem sittlich schlechten Beweggrund. Solche Personen würde man dann, wenn dies zu einer Haltung wird, ungeachtet der Resultate als „sittlich schlechte" oder bei entsprechenden Resultaten als „böse" Personen bezeichnen.

Direkter Vergleich der Memplexe
Jene Unterteilung in „Gut" und „Böse", die der Evolutionäre Humanismus so vehement ablehnt, wird vom Christlichen Ethos also aufrechterhalten. Der Vorwurf des EH besteht darin, dass durch eine solche Bewertung eine Outgroup produziert wird, die dann dazu herhalten müsse, eine Doppelmoral zu rechtfer-

---

6 Schüller, *Die Begründung Sittlicher Urteile*, 103.
7 ebd., 107.
8 vgl. Hans Haltmeier, "Streit um Babys Schmerz," *DIE ZEIT* Nr. 45 (30. Oktober 1988). // R F Howard, "Current Status of Pain Management in Children," *Journal of the American Medical Association* 290 (2003): 2464–69.

tigen. Während dies in der Praxis leider häufig der Fall ist,[9] trifft es für das Christliche Ethos selbst jedoch nicht zu. Auch eine „böse" Person besitzt nach der christlichen Lehre eine unverbrüchliche Menschenwürde und wird in ihrem Selbstwert und in ihrer „Liebes-Würdigkeit" durch ihre „bösen" Handlungen nicht kompromittiert. Das Spezifische am christlichen Ethos ist nicht die Bewertung von Menschen als „böse" oder „gut", sondern die Feststellung, dass auch eine böse Person nicht nur in ihren Menschenrechten anerkannt werden muss, sondern dass sie darüber hinaus geliebt werden soll. Ihr darf also – auch dann wenn gewisse Disziplinierungsmaßnahmen stattgegeben werden, wie sie der EH ja ebenfalls vorsieht –, als Person nicht weniger Wert zugeschrieben werden.

Schmidt-Salomon verweist hier auf zahlreiche Gegenbelege aus der Bibel, wo ein anderer Umgang mit dem Sünder empfohlen wird. Doch ist sein Umgang mit den Bibeltexten eklektizistisch, ohne exegetisches Verständnis und ohne Sinn für den Gesamtduktus der Bibel. Er interpretiert sie vielmehr naiv nach dem Wortsinn und aus ihrem Zusammenhang herausgelöst (zum Beispiel Jenseits, S. 69–73). Dass eine redliche, theologische Interpretation seit jeher zu differenzierteren Ergebnissen kam, zeigt beispielhaft bereits der Kommentar von Augustinus (354– 430), der die Forderung nach einem „vollkommenen Hass" (Psalm 139,22) folgendermaßen deutet:

> Da niemand seiner Natur nach böse ist, sondern jeder Böse nur durch die Sünde böse ist, so darf der, welcher nach Gott lebt, weder den Menschen hassen wegen der Sünde noch die Sünde lieben wegen des Menschen, sondern muss die Sünde hassen und den Menschen lieben. Denn wenn die Sünde beseitigt ist, so bleibt nur solches zurück, was er zu lieben hat, und nichts, was er zu hassen hätte.[10]

Der Umgang Jesu mit Sündern, der von der damaligen Praxis erheblich abweicht und daher nicht als dem Zeitgeist geschuldet, sondern als authentisch angesehen werden muss,[11] zeigt, welch zentrale Stellung der Liebe zu Sündern und

---

9 z.B. Megan K Johnson, Wade C Rowatt, und Jordan LaBouff, "Priming Christian Religious Concepts Increases Racial Prejudice," *Social Psychological and Personality Science* 1 (2010): 119– 26.
10 Gottesstaat, Buch 14, 6. // Vgl. 2. Vatikanisches Konzil, „Gaudium et Spes", GS 28: „*Man muß jedoch unterscheiden zwischen dem Irrtum, der immer zu verwerfen ist, und dem Irrenden, der seine Würde als Person stets behält...*"
11 „Freund der Zöllner und Sünder" (Mt 11,19) // vgl. auch die Parabeln um die Verlorenen: Schaf, Drachme und Sohn (Lk 15). // „*the promise of salvation to sinners is the undeniably distinctive characteristic of Jesus' preaching.*" E P Sanders, "Jesus and the Sinners," *Journal for the Study of the New Testament* 6 (1983): 5. Sanders betont, dass nicht die Vergebung an sich das anstößig Neue daran war, sondern die Art und Weise: als *zuvorkommende* Zuwendung zu den Sündern ohne deren vorhergehende Umkehr (ebd., 27). // vgl. Martin Völkel, "Freund der Zöllner und Sünder,"

schließlich der Feindesliebe (Mt 5,44; Lk 6,27–38; Röm 12,9–21; 1 Thess 5,15; 1 Kor 4,12f; aber auch schon Lev 19,33 und Spr 25,21f) in einer christlichen Ethik zukommen muss.[12] Das Anliegen Schmidt-Salomons, auf die Abwertung von Menschen zu verzichten, deckt sich mit der christlichen Forderung, die Sünde zu verabscheuen, aber den Sünder zu lieben. Diese Übereinstimmung im Anliegen wird auch nicht dadurch zunichte gemacht, dass es der Kirche und ihren Mitgliedern – wie Schmidt-Salomon verzerrend einseitig in der Darstellung aber zu Recht bemerkt – oft nicht gelungen ist, diese Forderung zu verwirklichen.

Die Geschichte zeigt, dass selbst eine menschenfreundliche Lehre zu politischen Zwecken missbraucht und für die eigenen Ziele zurecht-rationalisiert werden kann. So wurde zur Rechtfertigung der Folter von „Hexen" nicht die Lehre von der Liebe zu den Sündern aufgegeben, sondern die Folter wurde auf infame Weise zur Möglichkeit deklariert, die Besitzergreifung durch den Teufel zu brechen und so die Seele noch zu retten.[13] Dies führte in der Praxis dazu, dass Menschen solchermaßen gerechtfertigt ihren Hass und Sadismus ungezügelt ausleben konnten. Derartige den Sinn pervertierende Lehr-Verdrehungen sind zwar nur aufgrund des Konzeptes einer unsterblichen Seele und eines Lebens nach dem Tod möglich, doch bieten diese nur die Rahmenbedingungen. Die eigentlichen Ursachen sind in den abgründigen menschlichen und politischen Zielen der jeweiligen Zeit zu finden und in der leichten Bereitschaft der Menschen ihren eigenen dunklen Trieben zu folgen, sobald ein Alibi oder eine Rechtfertigung dafür zur Verfügung steht. In solchen Fällen ist es eher der christliche Memplex, der von den Menschen für ihre niederträchtigen Ziele „in Gefangenschaft gesetzt" und missbraucht wurde als andersherum.

Wenn eine unbedingte Nächsten-, ja Feindesliebe unter Beibehaltung der Kategorie „Gut/Böse" verantwortbar sein soll, dann genügt dafür allerdings keine

---

Zeitschr. f. d. Neutest. Wiss. 69 (1978): 1–10. // Gerhard Lohfink, *Wem gilt die Bergpredigt?* (Freiburg: Herder, 1988), 29–31.

12 vgl. z. B. Lk 6,37: „*Richtet nicht, dann werdet auch ihr nicht gerichtet werden. Verurteilt nicht, dann werdet auch ihr nicht verurteilt werden.*" Es wird zwar von manchen Exegeten vermutet, dass sich diese Anweisung nur auf den Binnenbereich der Gemeinde bezieht, die vorherrschende Meinung ist jedoch eine andere (z. B. Urs von Arx, "Die Logik Der Feindesliebe,"104), und worauf es hier wirklich ankommt: Die größere christliche Tugend wird dort gesehen, wo jemand bestehende Abgrenzungen durchbricht und Nächstenliebe auch *außerhalb* seiner Gemeinschaft anwendet (vgl. Mt 25,31–46. Zur Frage der Reichweite des Begriffs „Nächster", vgl. Joachim Jeremias, *Die Gleichnisse Jesu, 203–7*) Das *Ideal* der Feindesliebe bedeutet die Ausdehnung der Barmherzigkeit und Liebe auch auf eine Outgroup und zwar als „*imitatio Christi*" (vgl. Arx, "Die Logik Der Feindesliebe," 103) bzw. *Nachahmung Gottes* (Lk 6,27–36).

13 vgl. Hans Sebald, *Hexen: Damals – und Heute?* (Frankfurt am Main: Umschau, 1987), 227. // vgl. auch 1 Kor 3,15.

Berufung auf irgendwelche innerweltlichen Bedingtheiten und kognitiven Vermögen. Es genügt auch nicht die Berufung auf ein eigenes Interesse dieses endlichen, unvollkommenen und launischen „Ichs".

> ... wenn ich zu einem Menschen nicht nach seinem Maß, sondern unbedingt soll verantwortbar Ja sagen können, dann muß mein Maß das unbedingte Ja Gottes zu ihm sein, aus dem er ist und sein soll, der er ist. Das Ja zu einem Menschen ist als unbedingtes ein Mitsprechen von Gottes Ja zu ihm.[14]

Die Beurteilung einer Person als „gut" oder „böse" ist also dann nicht mit jener psychologisch (selbst)zerstörerischen Ab-Wertung verbunden, wenn ein Unbedingtes den unbedingten Eigenwert zu garantieren vermag und – entscheidend – dies auch geglaubt und begriffen wird.[15]

Während das Christliche Ethos versucht, die Kategorien „Gut" und „Böse" aufrecht zu erhalten, ohne dabei die Würde des Menschen abzuwerten, versucht der evolutionäre Humanismus die Würde des Menschen dadurch zu erhalten, dass er die Kategorisierung von Personen als „Gut" oder „Böse" abschafft. Schmidt-Salomon bemerkt zu Recht, dass ein großer Teil der psychologischen Schäden und Traumata mit falschen Schuldzuweisungen und Selbstentwertungen verbunden ist. Zweifellos hatten und haben die Religionen hier nicht selten einen erheblichen negativen Einfluss. Es muss gerade den christlichen Kirchen daher ein zentrales Anliegen sein, dass dieser Spagat zwischen Unvollkommenheit und unbedingter Würde nicht zur Selbstentwertung führt. Dies ist eine Gratwanderung, die oft nicht gut gelingt. Doch zumindest prinzipiell scheint dieser Weg möglich zu sein.

Der auf den ersten Blick attraktive Komplettverzicht auf die Kategorisierung von Personen verspricht zwar einerseits eine psychologische Leichtigkeit, geht aber andererseits konträr gegen die biologische Ausrichtung unseres moralischen Sinnes. Dieser legt den Fokus nämlich nicht auf die Beurteilung von Einzelhandlungen, sondern sucht zu ergründen, was „im Herzen des Handelnden" ist, um so zuverlässigere Vorhersagen zukünftiger Handlungen zu ermöglichen.[16] Die Frage ist tatsächlich, wie es im EH gelingen soll, das biologisch relevante Faktum darzustellen, dass ein Subjekt, das sich daran gewöhnt hat, gegen die eigenen Überzeugungen zu handeln, auch in Zukunft eher gegen die eigene Überzeugung

---

14 Jörg Splett, *Der Mensch ist Person – Zur christlichen Rechtfertigung des Menschseins* (Frankfurt a. Main: Knecht, 1986), 30.
15 Der Philosoph Jörg Splett macht darauf aufmerksam, dass der Begriff „Wert" stets „im Horizont von Qualität und Vorzugswahl" steht; „die Einzigkeit und Unvergleichlichkeit einer jeden Person, unabhängig von ihrem menschlichen (Un-)Wert, spricht kein Wort so kompromisslos an wie die ›idealistische‹ Rede von der Würde des Menschen." ebd., 31.
16 siehe Kap. 5.2.3.2. // Sumser, "Die Schuldfrage als Beziehungsmanagement," 78–81.

handeln wird, als ein Subjekt, das bemüht ist, sittlich gut zu handeln, selbst wenn es dabei einem irrenden Gewissen folgt. Für einen zukünftigen Interaktionspartner ist ja tatsächlich wichtiger, was „im Herzen" des Subjekts ist.

Mit den Kategorien „Gut" und „Böse" kann dieses Faktum dargestellt werden. Die Information, eine Person sei „böse", muss – anders als Schmidt Salomon annimmt – nicht eine selbstzerfleischende, rückwärtsgerichtete Information sein, sondern dort, wo sie begründet ist und verantwortlich verwendet wird – also mit dem Wohl beider Parteien im Blick –, ist sie eine Information, die für zukünftige Aktionen wichtig ist und Handlungsbedarf für beide Seiten signalisiert.[17] Eine solche wohlwollende Praxis setzt allerdings eine erhebliche menschliche Reife und soziale Kompetenz der Beteiligten voraus, die häufig nicht gegeben sein wird. Wo schließlich das Label „Böse" sogar politisch missbraucht und nur im Interesse einer der Parteien der anderen angeheftet wird, dort trifft die Kritik Schmidt-Salomons mit voller Wucht.

Wer sich zur Vermeidung von Abwertungen nun aber darauf beschränkt, nur die Einzelhandlungen zu beurteilen und nicht auch Personen, wird jener Tendenz nicht gerecht, dass sich häufende Handlungen zu einer Gewohnheit und irgendwann zu einer Charaktereigenschaft der Person werden. Damit verliert man dann ein Instrument, für die Gefahr der schleichenden Degeneration des Charakters und zukünftiger Risiken zu sensibilisieren.[18]

Im Christlichen Ethos dürfte eine „böse" Person nicht abgeschrieben werden. Die Abkehr vom „bösen Willen" wird ihr zugetraut und erhofft um ihrer selbst willen.[19] Es entspricht der Nächstenliebe, dem anderen dabei zu helfen kongruenter zu leben, d.h. das sittlich Richtige auch als sittlich Gutes zu tun.

Das Christliche Ethos scheint im Vergleich zum EH in der *Frage der Kategorisierung von Personen* näher an der evolvierten Biologie zu sein, sie weniger „gegen den Strich zu bürsten", und dabei eine ähnliche psychologische Leichtigkeit zu versprechen. Es setzt jedoch einen reifen Glauben voraus und ist in der Praxis einerseits schwer umzusetzen und andererseits leicht zu missbrauchen. Dass die menschliche Biologie diese Gestalt hat, könnte aber auch kulturell bedingt sein und im Sinne des EH könnte man darin auch schon die Wirkung entsprechender das Individuum unterwerfender Memplexe vermuten (Jenseits, S. 202). Die Nähe zur Biologie ist somit zunächst nur ein pragmatischer Vorteil.

---

17 „*Guilt motivates and directs people to act in ways that are beneficial to their social groups and relationships.*" Roy F Baumeister und Julie Juola Exline, "Virtue, Personality, and Social Relations: Self-Control as the Moral Muscle," *Journal of Personality* 67 (1999): 1183.
18 vgl. Sumser, "Die Schuldfrage als Beziehungsmanagement," 78 ff.
19 Splett, *Der Mensch ist Person*, 34.

Freiheit und Schuld

EH: Das Paradigma der Unschuld (siehe Kap. 9.6.3.2)

Der EH verspricht eine neue Leichtigkeit des Seins. Diese wird dadurch gewonnen, dass man sich seiner tatsächlichen Schuldlosigkeit bewusst wird, denn ohne Willensfreiheit könne es auch keine Schuld geben. Der Einzelne ist dadurch gegen (Selbst)Abwertungen seiner Person gefeit.

CE: Geliebt trotz Schuld

Dieselbe Leichtigkeit des Seins scheint das Christliche Ethos mit anderen Mitteln anzuzielen. Die vermeintliche Paradoxie der Schuldhaftigkeit des Menschen und seines gleichzeitig unbedingten Wertes wird hier durch die Betonung der von unseren Werken und unseren Eigenschaften unabhängigen Liebe Gottes auszuhalten und psychologisch zu versöhnen versucht. Die eigentliche Transformation geschieht dabei durch eine *Änderung der Reihenfolge:* Die Gabe kommt vor dem Gebot.[20] Zuerst ist der Mensch ein Geliebter und erst von dort her wird er selbst zu einem Liebenden.[21] Schließlich wird auch der Liebes- und Freundschaftsdienst (vgl. Joh 15,13) des gesamten Inkarnationsgeschehens in Jesus Christus als ein Zuvorkommen der (Hin-)Gabe verstanden;[22] *„Gott aber hat seine Liebe zu uns darin erwiesen, dass Christus für uns gestorben ist, als wir noch Sünder waren"* (Röm 5,8). Dieses unbedingte Zuvorkommen der Liebe Gottes führt, wenn es begriffen wurde, zu einem „Neuen Leben".[23]

Schuld wird hier nicht ausgeblendet, aber indem sie immer schon unter dem Blickwinkel der unverbrüchlichen Liebe Gottes gesehen wird, die Vergebung und „Neuschöpfung"[24] anbietet, kann sie subjektiv ihre negative Wirksamkeit verlieren und objektiv wird ihr sogar jeder Einfluss auf die Liebes-Würdigkeit eines Menschen abgesprochen: *„Jetzt gibt es keine Verurteilung mehr für die, welche in Christus Jesus sind. Denn das Gesetz des Geistes und des Lebens in Christus Jesus hat*

---

[20] vgl. Raniero Cantalamessa, *Als Neuer Mensch Leben. Die Geistliche Botschaft des Römerbriefes* (Herder, 2003), 18.
[21] Bereits im AT, z. B. Jer 31,20 oder Hos 11,1–9, dann aber vor allem im NT, am deutlichsten in 1 Joh 4,10.19. // Im christlichen Weltbild ist bereits die Schöpfung selbst als überfließende Liebe Gottes zu verstehen, als „reine Bejahung" und aus „freier Freigebigkeit"; Jörg Splett, *Leben als Mit-Sein. Vom Trinitarisch Menschlichen* (Frankfurt am Main: Knecht, 1990), 112f.
[22] Hans Urs von Balthasar, *Verbum Caro* (Einsiedeln: Johannes Verlag, 1960), 172f.
[23] vgl. Cantalamessa, *Als Neuer Mensch Leben*. // II. Vatikan. Konzil GS 22.
[24] Splett, *Der Mensch ist Person*, 34.

dich frei gemacht vom Gesetz der Sünde und des Todes" (Röm 8,1–2).[25] Diese christliche Form einer „neuen Leichtigkeit des Seins" setzt aber voraus, dass diese Aussagen in einer Weise ergriffen werden, dass sie das Selbstverständnis und das Leben prägen.[26]

Dass der christliche Memplex in dieser Weise tatsächlich Einfluss nehmen kann, wird am besten – da es um ein Ergriffen-Sein „von ganzem Herzen" geht – von der christlich-spirituellen Literatur bezeugt, wie etwa bei der Karmelitin und Kirchenlehrerin Therese von Lisieux:

> …auch wenn ich alle nur erdenklichen Verbrechen begangen hätte, ich verharrte doch immer im selben Vertrauen, ich bliebe mir bewusst, dass diese Unmenge von Beleidigungen einem Wassertropfen gleich wären, der in einen Glutofen fällt.[27]

Die vorgängige Liebe Gottes zu *allen* Menschen ist schließlich die Grundlage dafür, dass Schuldhaftigkeit nicht zum Problem werden und ein Vergleich untereinander nicht zu einer Abwertung des Anderen führen muss. Der CE versteht alle als Teil einer (familienartigen) solidarischen Gemeinschaft, in der die Güte des Einzelnen nicht menschlich aufrechenbar, sondern im Gegenteil von Gott (dem Vater) garantiert ist: *„Denn es gibt keinen Unterschied: Alle haben gesündigt und die Herrlichkeit Gottes verloren. Ohne es verdient zu haben, werden sie gerecht, dank seiner Gnade, durch die Erlösung in Christus Jesus"* (Röm 3,22–24). Eine gegenseitige Aufrechnung unter Menschen würde die zuvorkommende Liebe Gottes als Vorbild missachten.[28]

Während im EH die Leichtigkeit des Seins durch die Leugnung subjektiver Schuld und die Teil-Abschaffung der menschlichen Freiheit gewährleistet werden soll, gelingt dies im christlichen Ethos durch die Begründung einer *bleibenden Güte* des schuldhaften Menschen in der Liebe Gottes. Dass es auch innerhalb der Kirche stets als eine Besonderheit und Heiligkeit angesehen werden muss, wenn es

---

25 Paulus verwendet auch das Bild einer Adoption (Röm 8,15.23; Röm 9,4; Gal 4,5; Eph 1,5); vgl. Gregory Vall, "*Ad Bona Gratiae et Gloriae:* Filial Adoption in Romans 8," *The Thomist* 74 (2010): 593–626.
26 Leider sind in der Kirchengeschichte hier häufig andere – nicht selten auf Machterhalt und Manipulation zielende – Memplexe im Weg, die den Blick von der befreienden Kraft der Erlösung weglenken und stattdessen dazu führen, dass man wie das Kaninchen vor der Schlange den Fokus nur noch auf die Sünde und dann auch auf den Sünder richtet. Dies kommt einer geradezu „diabolischen" (die Wahrheit durcheinander werfenden) Verdrehung ins Gegenteil dessen gleich, was Paulus als das „Neue Leben in Christus" beschreibt (Röm 5–8).
27 Therese von Lisieux [1873–1897], *Selbstbiographie* (Einsiedeln: Johannes Verlag, 1988), 275.
28 vgl. die Gleichnisse des unbarmherzigen Gläubigers (Mt 18,23–34) und der Arbeiter im Weinberg (Mt 20,1–16).

jemand gelingt, ganz aus der Liebe Gottes zu leben und diese Leichtigkeit des Seins wahrhaft zu ergreifen, ist zwar bedauerlich, ändert aber nichts daran, dass der christliche Ethos auf genau diese Lebensveränderung abzielt.

Der eigene Anspruch und der Anspruch anderer

EH: »Prinzip Eigennutz« (siehe Kap. 9.6.3.3)

Gemäß seiner soziobiologischen Grundlagen geht der EH davon aus, dass die einzige natürliche, also nicht von Memplexen gekaperte, Motivation der Eigennutz sei. Es komme nun darauf an, die eigennützige Tendenz auf die richtigen, rationalen und ethischen Memplexe zu richten. Der EH sieht einen solchen in seinem humanistischen Ideal. Hier geht es darum, die Interessen bei prinzipieller Gleichheit der Interessensträger abzuwägen und in Einklang zu bringen. Aufgabe der Gesellschaft sei es, die Rahmenbedingungen so zu gestalten, dass man auf eigennützige Weise eine entsprechende Humanisierung der Lebensverhältnisse anstreben kann.

CE: Selbst- und Nächstenliebe

Die gleichwertige Forderung von Nächsten- und Selbstliebe *„Liebe deinen Nächsten wie dich selbst"* (Lev 19,18; Mt 19,19 par; Mt 22,39 par; Röm 13,9; Gal 5,14) scheint zunächst wie eine andere Formulierung des Gleichheitsprinzips.[29] Der Unterschied wird aber offensichtlich, wenn man sich die „Transfiguration"[30] des Gleichheitsprinzips in den Evangelien betrachtet. Hier wird die Goldene Regel von ihrer traditionell passivischen in eine aktive Form umgewandelt: Nicht mehr „was du nicht willst, dass man dir tu', das füg auch keinem andern zu." (vgl. Tobit 4,15), sondern *„Alles, was ihr also von anderen erwartet, das tut auch ihnen! Darin besteht das Gesetz und die Propheten."* (Mt 7, 12).[31] Anders als im »Prinzip Eigennutz« des EH wird der Fokus von Jesus Christus und schließlich auch im christlichen Ethos explizit von den eigenen Bedürfnissen zu den eigenen Möglichkeiten gelenkt. Paul Ricoeur fasst seine Analyse der Goldenen Regel am Ende zusammen, indem er auf die spezifische, neutestamentliche Form von Maß und Gerechtigkeit hinweist:

---

29 So etwa Franz M Wuketits, *Was Ist Soziobiologie?* (München: Beck, 2002), 54.
30 Paul Ricoeur, "The Golden Rule: Exegetical and Theological Perplexities," *New Testament Studies* 36 (1990): 397.
31 vgl. Schockenhoff, *Grundlegung der Ethik*, 295–300.

> Let me close by quoting a wonderful verse from the Sermon on the Plain which conflates, so to say, the lack of measure proper to love and the sense of measure characteristic of justice: ›give, and it will be given to you; good measure, pressed down, shaken together, running over, will be put into your lap. For the measure you give will be the measure you get back.‹ (Lk 6,38) The lack of measure is the good measure. Such is the poetic transposition of the rhetoric of paradox: superabundance becomes the hidden truth of equivalence. The Golden Rule is repeated. But repetition means transfiguration.[32]

Vermutlich würde Schmidt-Salomon diesen Memplex sogar ebenfalls als rational und ethisch „durchgehen" lassen (vgl. Jenseits, S. 192). Doch wir können im Rahmen dieser Arbeit erkennen, dass der entscheidende Schritt, die primäre Hinwendung zu den Bedürfnissen Anderer, kein künstlicher Trick eines religiösen Memplex ist, sondern dem entspricht, was die moderne Biologie mit der Multi-Level-Selektion als *natürlich* erkannt hat.

Dies führt schließlich auch aus der Aporie des EH heraus. Dort führt das Prinzip Eigennutz unter schwierigen Verhältnissen wohl unweigerlich zu einer Ethik der Sicherheit. Dabei wird eine von der modernen Biologie informierte Ethik das »Prinzip Eigennutz« sehr wohl als wirksame Kraft berücksichtigen und wird gut daran tun, die Rahmenbedingungen so zu gestalten, dass der Eigennutz gelenkt und in Dienst genommen werden kann. Doch ebenso wird sie das »Prinzip Commitment« kennen, das die Entwicklung und Förderung von echten altruistischen Merkmalen und Verhaltensweisen umfasst, die unabhängig von den Umständen auf eine Ethik des Engagements zielen können. Dass sich das Interesse eines Individuums einmal nicht nur auf den eigenen Nutzen ausrichten kann, sondern darauf, eine solidarische Gemeinschaftsform zu entwickeln, die von Uneigennützigkeit und Opferbereitschaft geprägt ist, und dass dies unter hohem persönlichem Einsatz geschehen kann, ist dann nicht mehr *„Ausdruck einer verfehlten Weltbildkonstruktion"* und einer *„Freiheit zur Unterwerfung"* (Jenseits, S. 192), sondern Ausübung höchst natürlicher und psychologisch robuster menschlicher Veranlagungen.

Die Person – Menschenrechte, Menschenwürde

EH: Personen als Interessensträger (siehe Kap. 9.6.3.4)
Institutionen und Gruppen besitzen kein eigenes Interesse, sondern nur Personen. Im EH werden daher auch nur diese als ethik-relevant angesehen. Da der EH aber keine reine Interessensethik darstellt, sondern zusätzlich die Werte des Huma-

---

32 Ricoeur, "The Golden Rule: Exegetical and Theological Perplexities," 392–397.

nismus und die Allgemeinen Menschenrechte propagiert, gerät er in Situationen, wo er diese klassischen Werte nicht durch seine interessensethischen Grundannahmen einholen kann. Schmidt-Salomons Versuch, die Menschenrechte von den Eigenschaften einer Person her zu begründen, unterhöhlt gerade die Intention der Allgemeinen Menschenrechte, die ja einen unbedingten Schutz menschlichen Lebens anzielen. Einen solchen unbedingten Schutz möchte Schmidt-Salomon dann ebenfalls ab der Geburt sehen, kann ihn aber nur noch pragmatisch begründen.

CE: Person als „Abbild Gottes"
Die Anerkennung der Menschenrechte besitzt zwar eine lange Geschichte, die auch auf die biblische Tradition zurückgreift, doch die gültige Verabschiedung der Allgemeinen Erklärung der Menschenrechte durch die UN-Generalversammlung geschah erst am 10. Dezember 1948 unter dem Eindruck der Gräueltaten des Naziregimes. Geschichtlich wirkte die christliche Kirche zuvor eher bremsend, da sie das Ideal noch allzu lange in einem Staat sah, der die Religion gegen andere, irrtümliche Lehren zu verteidigen hätte und weil sie lange Zeit das „Recht der Wahrheit" über jenes der „Religionsfreiheit" stellte.[33] Erst nachdem die Kirche diese innere Abhängigkeit vom Staat überwunden hatte, konnte sie die Menschenrechte, die zutiefst dem christlichen Ethos entsprechen, endlich von ganzem Herzen ergreifen.[34]

In den lehramtlichen Texten der Katholischen Kirche wird die Menschenwürde, dass jeder einen unbedingten Wert besitzt, der durch keine Handlung kompromittiert werden kann, durchgängig damit begründet, dass der Mensch als „Abbild Gottes" (Gen 1,27) geschaffen sei.[35] Auf den ersten Blick mag es so aussehen, als ob damit die gleiche Würde aller Menschen ebenfalls auf bestimmte Eigenschaften gegründet werde. Eine genauere Betrachtung der biblischen Texte zeigt jedoch, dass „Abbild Gottes" nicht als eine *wesentliche* Ähnlichkeit ver-

---

[33] vgl. Martin Rhonheimer, *Christentum und Säkularer Staat. Geschichte – Gegenwart – Zukunft* (Freiburg: Herder, 2012), 142–163.
[34] Dies geschah dann offiziell durch Johannes XXIII. (1963) in der Enzyklika „Pacem in terris". // Die Religionsfreiheit wurde dann im Konzilstext „Dignitatis humanae" (1965) festgeschrieben. // Eine grundlegende Bestimmung des Verhältnisses von Religion und säkularem Staat leistet schließlich die Enzyklika von Johannes Paul II. (1991) „Centesimus annus". // Vgl. auch die umfassende Darstellung in Rhonheimer, *Christentum und Säkularer Staat*.
[35] z. B. im II. Vatikan. Konzil „Gaudium et spes" 12, 24 und 29 oder „Nostra aetate" 5. // *„Das Hauptgebot der Liebe führt zur vollen Anerkennung der Würde eines jeden nach dem Bilde Gottes geschaffenen Menschen."* Johannes Paul II. (1986), Instr. d. Glaubenskongr. „Freiheit und Befreiung", 73.

standen wird. Mit diesem Ehrentitel wird der Mensch in der Bibel vielmehr dann bezeichnet, wenn er *erstens* in seiner Funktion als Hüter der Schöpfung und als Mitschöpfer (Gen 1,28 ff), *zweitens* als bündnisfähiger Partner Gottes (Gen 9,6) – wobei der Bund schließlich alle „Lebewesen aus Fleisch" miteinbezieht (Gen 9,17) – und *drittens* in der gleichwertigen Polarität, gegenseitigen Verwiesenheit und der aktiv-passiven Fruchtbarkeit von Mann und Frau (Gen 1,27) erscheint.[36]

> Die Aussage, der Mensch sei Bild Gottes, ist eine Funktionsaussage. Sie bezeichnet seine Funktion in Bezug auf die übrigen Lebewesen und in Bezug auf die ganze übrige Schöpfung. Er ist das Wesen, das Verantwortung in dieser Schöpfung übernehmen kann und soll.[37]

Die Würde des Menschen als „Abbild Gottes" ist also genauso wenig an Eigenschaften gebunden, wie sie mit individuellen Einzelinteressen abzuhandeln wäre. Die Sozialität des Menschen, seine Einbindung in ein größeres Gefüge und seine Verwiesenheit auf andere sind nicht von ihm subtrahierbar.[38] Das christliche Verständnis sieht »Personen« einerseits als Teil eines Beziehungsnetzes, als die „Orte" der Begegnung, wo die soziale Realität greifbar wird. Andererseits ist das körperliche Individuum aber auch der Ort des absoluten Getrennt-Seins und des Selbst-Stands, in dem nur das „Ich" eine Innenperspektive einnimmt[39] und sich doch gleichzeitig so mitteilen möchte, dass es sich im Andern erkannt weiß.[40] Die menschliche Person ist also gekennzeichnet von seiner sozialen Natur, einer davon unabhängigen aber doch in Verbindung stehenden Selbständigkeit und der Sehnsucht die eigenen Grenzen zu übersteigen.

Direkter Vergleich der Memplexe

Der EH kultiviert eine *Minimaldefinition* »Person$_{min}$« und das CE eine *Maximalbeschreibung* »Person$_{max}$«. Beide versuchen damit die unbedingten Menschenrechte und die Gleichheit aller zu begründen. Die Unbedingtheit im EH bezieht sich daher auf den Besitz von Rechten, sobald ein Interessensträger die Definition

---

36 vgl. Ulrich Lüke, *Das Säugetier von Gottes Gnaden. Evolution, Bewusstsein, Freiheit* (Freiburg im Breisgau: Herder, 2006), 81 ff. // vgl. Katechismus der Katholischen Kirche, 356–371. // Kompendium der Soziallehre der Kirche (2006), 108–114.
37 Lüke, *Das Säugetier von Gottes Gnaden*, 84.
38 Ekklesiologisch findet man z. B. Anklänge in der Rede vom „Leib Christi" (1 Kor 12; Röm 12,5; Pius XII. (1943) Enzyklika „Mystici Corporis", 221–229; uvm.) // *„Der Mensch ist nämlich aus seiner innersten Natur ein gesellschaftliches Wesen; ohne Beziehung zu den anderen kann er weder leben noch seine Anlagen zur Entfaltung bringen."* Gaudium et spes 12.
39 vgl. Elger et al., "Das Manifest – Gegenwart und Zukunft der Hirnforschung," 84.
40 siehe Kap. 7.2.2.

»Person$_{min}$« aktuell erfüllt. Die Unbedingtheit im christlichen Ethos bezieht sich dagegen auf das Subjekt dieser Rechte, das unabhängig von seinen aktuellen Eigenschaften, Rechtsträger ist. Dabei zählen alle als Rechtssubjekte, die sich als Mensch – (*biologisch*) also als Teil eines evolutiv-vertikalen Entwicklungsprozesses, in dem sich *(theologisch)* Gott abbildet – entwickeln, also mit Personen$_{max}$ als Ursprung und möglicherweise einer Person$_{max}$ als Entwicklungs-Ziel. Dies ist nicht der Ort, wo auf diese Problematik näher eingegangen werden kann,[41] stattdessen soll darauf hingewiesen werden, dass die unterschiedlichen Person-Konzepte jeweils eigene Engführungen mit sich bringen.

Das Konzept einer Person$_{min}$ führt, wie wir gesehen haben, dazu, dass keine Grenze mehr bestimmt werden kann. Schmidt-Salomon zieht diese schließlich – nicht aus empirisch-logischen sondern aus pragmatischen Gründen – ab der Geburt eines Menschen und meint damit bereits einen Sicherheitsabstand eingebaut zu haben (Manifest, S. 126). Ein solches Konzept lässt sich zwar rational verteidigen, führt aber in Grenzfällen (z. B. Frühgeburt, bestimmte Behinderungen, Tierethik) unvermeidlich zu Unsicherheit und zur Anfechtbarkeit des Rechtsstatus. Wegen der nur pragmatisch begründeten Grenze könnte sich Zweifel schließlich nach „oben" und „unten" ausbreiten. *Allgemeine* Menschenrechte lassen sich so jedenfalls nicht begründen.

Das Konzept einer Person$_{max}$ führt dagegen zu einer klar bestimmbaren Grenze, diesmal nicht innerhalb der Lebensgeschichte eines Lebewesens, sondern zwischen den Lebewesen. Die Zugehörigkeit zur Gruppe der Rechtsträger lässt sich biologisch – zum Beispiel über die DNA – eindeutig ermitteln. Während es sich hierbei also um ein biologisch eindeutiges Konzept handelt, das in allen Fällen Sicherheit über den Rechtsstatus verspricht, so wird andererseits eine Outgroup von „Nicht-Menschen" produziert, die dann im rechtlichen Niemandsland vegetieren. Die Engführung, die diesem Konzept droht, ist daher die nicht genügende Berücksichtigung der Rechte von Tieren. Diese werden dadurch den interessengeleiteten Rationalisierungen verschiedener Lobbygruppen ausgeliefert. Dies widerspricht offensichtlich dem funktionalen „Abbild Gottes"-Sein im Sinne eines Hüters der Schöpfung (Gen 1,28 ff).

---

[41] vgl. dazu Günter Rager, ed., *Beginn, Personalität und Würde des Menschen* (Freiburg: Alber, 2009).

Selbst-Realisierung in den Memplexen (siehe Kap. 9.6.3.5)

EH: Einheit von Eigennutz und Gemeinwohl

Schmidt-Salomon kommt ausgehend von einer nicht ganz aktuellen Glücksforschung zu der Überzeugung, dass es Memplexe gebe, unter deren Einfluss das Gemeinwohl mit einer eigennützigen Motivation angestrebt werden kann, weil sich darin authentische Glücksmöglichkeiten bieten. Als praktisches Problem stellt sich dabei seine Bewertung von hedonistischem Glück heraus. Wenn dieses dem „Glück durch Sinnerfüllung" ethisch gleichgestellt bleibt, wird es immer wieder Lebensbedingungen geben, unter denen die Ausrichtung auf das gemeinsame Wohl umschlägt zur Ausrichtung auf das eigene Wohl. Der Memplex des EH scheint eine solche Einheit daher wohl nur unter den Bedingungen des Wohlstands zuverlässig hervorbringen zu können.

CE: Gemeinwohl, Verzicht und Opferbereitschaft

Die Person$_{max}$-Beschreibung des christlichen Ethos berücksichtigt jenes *polare Verhältnis* von Sozialisierung und Individuation, in dem sich die Selbstwerdung entwicklungspsychologisch vollzieht.[42] Dabei ist einerseits ein Bestreben nach Verschiedenheit (Differenzierung) und andererseits ein Verlangen nach Zugehörigkeit (Integration) wirksam. Beides führt in der lebensgeschichtlichen Bewegung zwischen den Polen zu persönlichem Wachstum in Form einer je größeren Eigenständigkeit und einer je größeren Eingebundenheit. Deshalb ist der Mensch mehr als nur Individuum, denn er steht in gleichem Maß sowohl für den Aspekt des Selbst, der eigenständig ist, als auch für den, der in seine Umwelt eingebunden ist. Entwicklung ist eine *„das ganze Leben über wirksame Aktivität der Differenzierung und Integration von Selbst und anderem."*[43] Der Selbstvollzug einer solchen polar bestimmten Persönlichkeit kann sich offensichtlich nur in einer dialogischen Bewegung vollziehen.

Der Anspruch des Anderen verhält sich zum eigenen Interesse daher prinzipiell polardialogisch und nicht entweder übereinstimmend oder entgegengesetzt wie es vom Modell des EH suggeriert wird. Das CE sieht dagegen wohl einen

---

[42] „*Selbstbezüglichkeit und Bedürftigkeit sind in Wahrheit keine anthropologischen Gegensätze, da das Verlangen des Menschen in der selbstbezüglichen Fixierung auf das eigene Ich gerade nicht zur Ruhe kommen kann. Seiner Existenz ist vielmehr ein Bedürfnis nach Hingabe eingeschrieben, das erst in der Zuwendung zum geliebten Du Erfüllung findet.*" Schockenhoff, *Grundlegung der Ethik*, 298 f. // vgl. Kegan, *Die Entwicklungsstufen des Selbst*, 151 f. // Sodian, "Theorien der Kognitiven Entwicklung," 156. // Jürg Willi, *Wendepunkte im Lebenslauf* (Stuttgart: Klett-Cotta, 2007), 97–109.
[43] Kegan, *Die Entwicklungsstufen des Selbst*, 112.

Unterschied aber keinen Gegensatz zwischen dem Gemeinwohl und dem Eigenwohl (wohlgemerkt nicht „Eigennutz"!), *„in dem Sinn, daß etwa die Verwirklichung des Gemeinwohls in bestimmten Fällen nur auf Kosten des einzelnen Wohls geschehen könnte oder umgekehrt. [...][Es] muß vielmehr gesagt werden, daß Verzicht und Opfer nicht nur äußerliche Mittel zur Erreichung größtmöglichen Nutzens, sondern innere, integrierende Momente personaler Verwirklichung des Wohls des Einzelnen und der Gesellschaft sein können und daß nur dann, wenn sie dies (nämlich innerlich vollziehbar und nicht nur als äußere Zwangsmaßnahmen ausführbar) sein können, sie wirklich ›zumutbar‹ und also in Wahrheit ›Rechtens‹ sind."*[44] Zu diesem dialogischen Prozess gehören Verzicht und Einverleibung, Opferbereitschaft und Sehnsucht nach Mehr konstitutiv dazu. Als Ergebnis einer solchen transzendierend-integrierenden Entwicklung lässt sich je wachsende Autonomie und je wachsende Verbindlichkeit erwarten.[45]

Im christlichen Verständnis von Person wird die Möglichkeit der Übereinstimmung von Gemeinwohl und Eigenwohl anerkannt, aber auch die Möglichkeit, dass Eigenwohl und vor allem das *eigennützige Interesse* vielmals nicht identisch sind mit dem Gemeinwohl und die beiden dann nur durch „Verzicht und Opfer" zu reintegrieren sind. Dass dies kein unethischer Zustand, sondern in begründeten Fällen sogar das ethisch Geforderte sein kann, ist der eigentliche und erhebliche Unterschied zum EH. Während dort bereits die bloße Diskrepanz ethisch abzulehnen wäre,[46] sind es hier nur jene Fälle, in denen ein „Pol" den anderen *erobernd* unterwirft. Wogegen es ethisch sehr lobenswert sein kann, wenn ein „Pol" dem anderen sich frei, hingebend unterwirft.

> Eben das Selbst aber, nicht nur ein Ich auf dem Wege zum Selbst, soll sich selbstlos hingeben; nicht seinetwegen – sei es, um sich zu gewinnen, sei es, um sich loszuwerden, sondern um des Spiels der Liebe willen, im Fest der Gemeinsamkeit vor dem liebenden Herrn dieses Festes. Um derart erfüllte Freiheit geht es in jeder wahrhaften Religion.[47]

Eine zentrale anthropologische Botschaft des Evangeliums und des christlichen Glaubens findet man in der Aussage Jesu: *„Wer sein Leben zu bewahren sucht, wird es verlieren; wer es dagegen verliert, wird es gewinnen."* (Lk 17,33 par) Sie bildet den

---

44 Max Müller und Alois Halder, "Person," in *Sacramentum Mundi*, vol. 3 (Freiburg i. Br.: Herder, 1969), 1125.
45 In diesem Sinne muss wohl auch das theologische Axiom Karl Rahners verstanden werden, dass Gottes Wirkmächtigkeit und die Autonomie des Menschen nicht konkurrieren, sondern miteinander wachsen; Karl Rahner, "Über das Verhältnis von Natur und Gnade," in *Schriften zur Theologie I* (Zürich: Benziger, 1954).
46 Sie deutet auf die Anwesenheit eines unethischen Memplexes hin.
47 Splett, *Der Mensch ist Person*, 20.

Kontext und die Maxime für Jesu Lehre und Leben.[48] In einer solchen Geste kann die dialogische Einheit von Autonomie und Verbindlichkeit *als Selbstvollzug* real werden.

Bemerkungen zum „Wettstreit"

Der Evolutionäre Humanismus beruht auf zwei naturwissenschaftlichen Mythen: auf dem soziobiologischen »Prinzip des Eigennutz«, das zumindest in seiner Ausschließlichkeit in der Zwischenzeit widerlegt ist, und auf dem »Paradigma der Unschuld«, das durch die Form von Freiheit, wie Schmidt-Salomon sie anführt, nicht gedeckt ist. Die entscheidende Intention des EH scheint zu sein, die unheilvolle Verbindung von Vergleich und schwankendem Selbstwert zu unterbrechen: Dies kann natürlich durch die Ablehnung von Freiheit und subjektiver Schuld geschehen, es gelingt aber auch, wenn der Selbstwert als ein absoluter erkannt werden kann. Wer von einem unbedingten Wert des Menschen überzeugt ist, der kann sich und anderen vergeben. Nicht weil es gar nichts zu vergeben gibt – „*Du kannst nichts dafür*" (Jenseits, S. 210 f) –, sondern weil es dessen Würde entspricht: „*Vergebung im Vollsinn bedeutet Neuschöpfung. […] nicht [als] eine andere Person (es geht ja um ihn), aber als er selbst »ein anderer«, anders.*"[49] Es geht in der Vergebung um Neu-Begründung der Möglichkeit menschlichen Miteinanders.[50]

Als besondere Stärke kann für das CE seine Übereinstimmung mit der menschlichen Natur gelten, für den Evolutionären Humanismus seine Widerständigkeit gegen die Errichtung von Outgroups. Das Christliche Ethos aber muss sich im Dialog keinesfalls verstecken, da es ihm überzeugend gelingt, die empirischen Erkenntnisse und seine eigenen Voraussetzungen miteinander zu verbinden.[51]

---

[48] Ulrich Schmidt, "Zum Paradox Vom 'Verlieren' und 'Finden' des Lebens," *Biblica* 89 (2008): 329–51.
[49] Splett, *Der Mensch ist Person*, 34. // vgl. (2 Kor 5, 17–19).
[50] Sumser, Die Schuldfrage als Beziehungsmanagement, 78 f.
[51] Andererseits ist auch Demut angesagt, weil es ihm oft nur wenig gelingt, die Geschichte der Kirche und das Leben der Gläubigen zu prägen.

Literatur

Abbot, Patrick, Jun Abe, John Alcock, Samuel Alizon, Joao A C Alpedrinha, Malte Andersson, Jean-Baptiste Andre, et al. „Inclusive Fitness Theory and Eusociality." *Nature* 471 (2011): E1–4. http://dx.doi.org/10.1038/nature09831.

Ables, Erin M, Leslie M Kay, und Jill M Mateo. „Rats Assess Degree of Relatedness from Human Odors." *Physiol Behav* 90 (2007): 726–32. http://dx.doi.org/10.1016/j.physbeh.2006.12.012.

Abzhanov, Arhat, Meredith Protas, B Rosemary Grant, Peter R Grant, und Clifford J Tabin. „Bmp4 and Morphological Variation of Beaks in Darwin's Finches." *Science* 305 (2004): 1462–65. http://dx.doi.org/10.1126/science.1098095.

Adams, Bert N. „Interaction Theory and the Social Network." *Sociometry* 30 (1967): 64–78.

Adler, Patricia A, und Peter Adler. „Intense Loyalty in Organizations: A Case Study of College Athletics." *Administrative Science Quarterly* 33 (1988): 401–17. http://dx.doi.org/10.2307/2392716.

Adorno, Theodor W. *Negative Dialektik: Jargon der Eigentlichkeit*. Frankfurt am Main: Suhrkamp, 1973.

Ahmed, Ali M, und Osvaldo Salas. „Implicit Influences of Christian Religious Representations on Dictator and Prisoner's Dilemma Game Decisions." *Journal of Socio-Economics* 40 (2011): 242–46. http://dx.doi.org/10.1016/j.socec.2010.12.013.

Ahmed, Eliza, und Valerie Braithwaite. „Forgiveness, Reconciliation, and Shame: Three Key Variables in Reducing School Bullying." *Journal of Social Issues* 62 (2006): 347–70. http://dx.doi.org/10.1111/j.1540-4560.2006.00454.x.

Aisner, R, und J Terkel. „Ontogeny of Pine Cone Opening Behaviour in the Black Rat, *Rattus rattus*." *Animal Behaviour* 44 (1992): 327–36. http://dx.doi.org/10.1016/0003-3472(92)90038-B.

Aknin, Lara B, J Kiley Hamlin, und Elizabeth W Dunn. „Giving Leads to Happiness in Young Children." *PLoS One* 7 (2012): e39211. http://dx.doi.org/10.1371/journal.pone.0039211.

Aknin, Lara B, Michael I Norton, und Elizabeth W Dunn. „From Wealth to Well-Being? Money Matters, but Less than People Think." *The Journal of Positive Psychology* 4 (2009): 523–27. http://dx.doi.org/10.1080/17439760903271421.

Aknin, Lara B, Gillian M Sandstrom, Elizabeth W Dunn, und Michael I Norton. „It's the Recipient That Counts: Spending Money on Strong Social Ties Leads to Greater Happiness than Spending on Weak Social Ties." *PLoS One* 6 (2011): e17018. http://dx.doi.org/10.1371/journal.pone.0017018.

Albert, Frank W, Orjan Carlborg, Irina Plyusnina, Francois Besnier, Daniela Hedwig, Susann Lautenschlager, Doreen Lorenz, et al. „Genetic Architecture of Tameness in a Rat Model of Animal Domestication." *Genetics* 182 (2009): 541–54. http://dx.doi.org/10.1534/genetics.109.102186.

Alcock, John. *The Triumph of Sociobiology*. Oxford: Univ. Press, 2001.

Alcorta, Candace, und Richard Sosis. „Ritual, Emotion, and Sacred Symbols." *Human Nature* 16 (2005): 323–59. http://dx.doi.org/10.1007/s12110-005-1014-3.

Aldhous, Peter. „Cheery Traders May Encourage Risk Taking." *New Scientist* 2702 (2009): 9.

Ames, Kenneth M. „Slaves, Chiefs and Labour on the Northern Northwest Coast." *World Archaeology* 33 (2001): 1–17. http://dx.doi.org/10.1080/00438240120047591.

Anderson, L, J Mellor, und J Miylo. „Did the Devil Make Them Do It? The Effects of Religion in Public Goods and Trust Games." *Kyklos* 63 (2010): 163–75. http://dx.doi.org/10.1111/j.1467-6435.2010.00456.x.

Anway, Matthew D, Matthew D Anway, Andrea S Cupp, Andrea S Cupp, Mehmet Uzumcu, Mehmet Uzumcu, Michael K Skinner, und Michael K Skinner. „Epigenetic Transgenerational Actions of Endocrine Disruptors and Male Fertility." *Science (New York, N.Y.)* 308 (2005): 1466–69. http://dx.doi.org/10.1126/science.1108190.

Anway, Matthew D, und Michael K Skinner. „Epigenetic Transgenerational Actions of Endocrine Disruptors." *Endocrinology* 147 (2006): 43–49. http://dx.doi.org/10.1210/en.2005–1058.

Apicella, Coren L, Frank W Marlowe, James H Fowler, und Nicholas A Christakis. „Social Networks and Cooperation in Hunter-Gatherers." *Nature* 481 (2012): 497–501. http://dx.doi.org/10.1038/nature10736.

Appel, Kurt. „Ursprung und Defizite von Dawkins' Religionsbegriff oder: Warum Dawkins die Religion aus seinen Voraussetzungen nicht verstehen kann." In *Dawkins' Gotteswahn – 15 kritische Antworten auf seine atheistische Mission*, Hrsg. R Langthaler und Appel K, 161–95. Wien: Böhlau Verlag, 2010.

Ardley, Jane. *Violent Compassion: Buddhism and Resistance in Tibet*. Präsentation auf der „Political Studies Association – UK" Konferenz, April 2000. http://www.researchgate.net/publication/228588173_Violent_Compassion_Buddhism_and_Resistance_in_Tibet.

Aristoteles [384–322 v. Chr.] *Politik*. Elektrobuch, K. Fuchs, 2005. http://de.scribd.com/doc/55208144/Aristoteles-Politik.

Arnett, Jeffrey J. „The Neglected 95%: Why American Psychology Needs to Become Less American." *American Psychologist* 63 (2008): 602–14. http://dx.doi.org/10.1037/0003–066X.63.7.602.

Arx, Urs von. „Die Logik der Feindesliebe." In *Gewalt wahrnehmen – von Gewalt heilen. Theologische und religionswissenschaftliche Perspektiven*, Hrsg. W Dietrich und W Lienemann, 93–107. Stuttgart: Kohlhammer, 2004.

Asma, Stephen T. „Darwin's Causal Pluralism." *Biology and Philosophy* 11, no. 1 (1996): 1–20. http://dx.doi.org/10.1007/BF00127469.

Atkinson, Quentin D, und Pierrick Bourrat. „Beliefs about God, the Afterlife and Morality Support the Role of Supernatural Policing in Human Cooperation." *Evolution and Human Behavior* 32 (2011): 41–49. http://dx.doi.org/10.1016/j.evolhumbehav.2010.07.008.

Atran, Scott. „A Cheater-Detection Module? Dubious Interpretations of the Wason Selection Task and Logic." *Evolution and Cognition* 7 (2001): 187–93.

Atran, Scott. *In Gods We Trust: The Evolutionary Landscape of Religion*. Evolution and Cognition. New York: Oxford University Press, 2002.

Atran, Scott. „Unintelligent Design." In *Intelligent Thought – Science versus the Intelligent Design Movement*, Hrsg. J Brockman, 126–41. NY: Vintage Books, 2006.

Atran, Scott, Robert Axelrod, und Richard Davis. „Sacred Barriers to Conflict Resolution." *Science* 317 (August 2007): 1039–40. http://dx.doi.org/10.1126/science.1144241.

Atran, Scott, und Ara Norenzayan. „Religion's Evolutionary Landscape: Counterintuition, Commitment, Compassion, Communion." *Behav Brain Sci* 27 (2004): 713–70. http://dx.doi.org/10.1017/S0140525X04000172.

Aubret, Fabien, und Richard Shine. „Genetic Assimilation and the Postcolonization Erosion of Phenotypic Plasticity in Island Tiger Snakes." *Current Biology* 19 (2009): 1932–36. http://dx.doi.org/10.1016/j.cub.2009.09.061.

Augustinus, Aurelius. *Bekenntnisse*. München: Bibliothek der Kirchenväter 1. Reihe, Band 18, ca. 400/1914. http://www.unifr.ch/bkv/kapitel63.htm.

Augustinus, Aurelius. *Zweiundzwanzig Bücher über den Gottesstaat*. München: Bibliothek der Kirchenväter 1. Reihe, Band 01, 16, 28, ca. 400/1911. http://www.unifr.ch/bkv/buch91.htm.

Ayala, Francisco J. „Colloquium Paper: The Difference of Being Human: Morality." *PNAS* 107 Suppl (2010): 9015–22. http://dx.doi.org/10.1073/pnas.0914616107.

Baars, Bernard. „In The Theatre Of Consciousness. Global Workspace Theory, A Rigorous Scientific Theory of Consciousness." *Journal of Consciousness Studies* 4 (1997): 292–309. http://www.ingentaconnect.com/content/imp/jcs/1997/00000004/00000004/776.

Baier, Tina. „Trauer in der Wildnis." *Süddeutsche Zeitung* Ausgabe vom 17. Mai 2010. http://sz.de/1.833698

Balcombe, Jonathan P, und Wolfgang Hensel. *Tierisch vergnügt: Ein Verhaltensforscher entdeckt den Spaß im Tierreich*. Stuttgart: Kosmos, 2007.

Baldwin, James M. „A New Factor in Evolution." *The American Naturalist* 30 (1896): 536–53.

Balthasar, Hans Urs von. *Verbum Caro*. Einsiedeln: Johannes Verlag, 1960.

Bandura, Albert. „Reflexive Empathy: On Predicting More than Has Ever Been Observed." *Behav Brain Sci* 25 (2002): 24–25. http://dx.doi.org/10.1017/S0140525X0226001X.

Bandura, Albert, C Barbaranelli, G V Caprara, und C Pastorelli. „Mechanisms of Moral Disengagement in the Exercise of Moral Agency." *J Pers Soc Psychol* 71 (1996): 364–74. http://dx.doi.org/10.1037/0022–3514.71.2.364.

Bandura, Albert, Bill Underwood, und Michael E Fromson. „Disinhibition of Aggression through Diffusion of Responsibility and Dehumanization of Victims." *Journal of Research in Personality* 9 (1975): 253–69. http://dx.doi.org/10.1016/0092–6566(75)90001-X.

Barbey, Aron K, und Jordan Grafman. „An Integrative Cognitive Neuroscience Theory of Social Reasoning and Moral Judgment." *Wiley Interdisciplinary Reviews: Cognitive Science* 2 (2011): 55–67. http://dx.doi.org/10.1002/wcs.84.

Barr, A, J Ensminger, und J C Johnson. „Social Networks and Trust in Cross-Cultural Economic Experiments." In *Whom Can We Trust?: How Groups, Networks, and Institutions Make Trust Possible*, Hrsg. K S Cook, M Levi, und Harden R, 65–90. New York: Russell Sage Foundation Press, 2010.

Barras, Colin. „Adapt First, Mutate Later." *New Scientist* 225, no. 3004 (January 17, 2015): 26–30. http://dx.doi.org/10.1016/S0262–4079(15)60121-X.

Barrett, Justin L. „Born Believers." *New Scientist* 2856 (2012): 39–41. http://dx.doi.org/10.1016/S0262–4079(12)60704–0.

Barrett, Louise, Robin Dunbar, und John Lycett. *Human Evolutionary Psychology*. Basingstoke: Palgrave, 2002.

Bartz, Jennifer A, Jamil Zaki, Niall Bolger, und Kevin N Ochsner. „Social Effects of Oxytocin in Humans: Context and Person Matter." *Trends Cogn Sci* 15 (2011): 301–9. http://dx.doi.org/10.1016/j.tics.2011.05.002.

Bartz, Jennifer, Daphne Simeon, Holly Hamilton, Suah Kim, Sarah Crystal, Ashley Braun, Victor Vicens, und Eric Hollander. „Oxytocin Can Hinder Trust and Cooperation in Borderline Personality Disorder." *Soc Cogn Affect Neurosci* 6 (2011): 556–63. http://dx.doi.org/10.1093/scan/nsq085.

Bateson, Melissa, Daniel Nettle, und Gilbert Roberts. „Cues of Being Watched Enhance Cooperation in a Real-World Setting." *Biology Letters* 2 (2006): 412–14. http://dx.doi.org/10.1098/rsbl.2006.0509.

Batson, C Daniel, J G Batson, J K Slingsby, K L Harrell, H M Peekna, und R M Todd. „Empathic Joy and the Empathy-Altruism Hypothesis." *J Pers Soc Psychol* 61 (1991): 413–26. http://dx.doi.org/10.1037/0022-3514.61.3.413.

Batson, C Daniel, und Elizabeth C Collins. „Moral Hypocrisy. A Self-Enhancement/Self-Protection Motive in the Moral Domain." In *Handbook of Self-Enhancement and Self-Protection*, Hrsg. M D Alicke und C Sedikides, 92–111. Guilford Press, NY, 2010.

Batson, C Daniel, B Duncan, P Ackerman, T Buckley, und K Birch. „Is Empathic Emotion a Source of Altruistic Motivation?" *J Pers Soc Psychol* 40 (1981): 290–302.

Batson, C Daniel, J L Dyck, J R Brandt, J G Batson, A L Powell, M R McMaster, und C Griffitt. „Five Studies Testing Two New Egoistic Alternatives to the Empathy-Altruism Hypothesis." *J Pers Soc Psychol* 55 (1988): 52–77. http://dx.doi.org/10.1037/0022-3514.55.1.52.

Batson, C Daniel, Diane Kobrynowicz, Jessica L Dinnerstein, Hannah C Kampf, und Angela D Wilson. „In a Very Different Voice: Unmasking Moral Hypocrisy." *J Pers Soc Psychol* 72 (1997): 1335–48. http://dx.doi.org/10.1037/0022-3514.72.6.1335.

Batson, C Daniel, David A Lishner, Amy Carpenter, Luis Dulin, Sanna Harjusola-Webb, E L Stocks, Shawna Gale, Omar Hassan, und Brenda Sampat. „ '…As You Would Have Them Do Unto You': Does Imagining Yourself in the Other's Place Stimulate Moral Action?." *Personality and Social Psychology Bulletin* 29 (2003): 1190–1201. http://dx.doi.org/10.1177/0146167203254600.

Batson, C Daniel, K O'Quin, J Fultz, M Vanderplas, und A Isen. „Self-Reported Distress and Empathy and Egoistic versus Altruistic Motivation for Helping." *J Pers Soc Psychol* 45 (1983): 706–18. http://dx.doi.org/10.1037/0022-3514.45.3.706.

Batson, C Daniel, und Laura L Shaw. „Evidence for Altruism: Toward a Pluralism of Prosocial Motives." *Psychological Inquiry* 2 (1991): 107–22. http://dx.doi.org/10.1207/s15327965pli0202_1.

Batson, C Daniel, Elizabeth R Thompson, und Hubert Chen. „Moral Hypocrisy: Addressing Some Alternatives." *J Pers Soc Psychol* 83 (2002): 330–39. http://dx.doi.org/10.1037/0022-3514.83.2.330.

Batson, C Daniel, Elizabeth R Thompson, Greg Seuferling, Heather Whitney, und Jon A Strongman. „Moral Hypocrisy: Appearing Moral to Oneself Without Being So." *J Pers Soc Psychol* 77 (1999): 525–37. http://dx.doi.org/10.1037/0022-3514.77.3.525.

Baumeister, Roy F, und Brad J Bushman. *Social Psychology and Human Nature*. Belmont, CA: Wadsworth, 2008.

Baumeister, Roy F, und Julie Juola Exline. „Virtue, Personality, and Social Relations: Self-Control as the Moral Muscle." *Journal of Personality* 67 (1999): 1165–94. http://dx.doi.org/10.1111/1467-6494.00086.

Baumeister, Roy F, E J Masicampo, und C Nathan DeWall. „Prosocial Benefits of Feeling Free: Disbelief in Free Will Increases Aggression and Reduces Helpfulness." *Personality and Social Psychology Bulletin* 35 (2009): 260–68. http://dx.doi.org/10.1177/0146167208327217.

Baumeister, Roy F, E J Masicampo, und Kathleen D Vohs. „Do Conscious Thoughts Cause Behavior?" *Annual Review of Psychology* 62 (2011): 331–61. http://dx.doi.org/10.1146/annurev.psych.093008.131126.

Baumeister, Roy F, L Smart, und J M Boden. „Relation of Threatened Egotism to Violence and Aggression: The Dark Side of High Self-Esteem." *Psychol Rev* 103 (January 1996): 5–33. http://dx.doi.org/10.1037/0033–295X.103.1.5.

Baumeister, Roy F, Kathleen D Vohs, und E J Masicampo. „Maybe It Helps to Be Conscious, after All." *The Behavioral and Brain Sciences* 37 (2014): 20–21. http://dx.doi.org/10.1017/S0140525X13000630.

Bazerman, Max H, Sally Blount White, und George F Loewenstein. „Perceptions of Fairness in Interpersonal and Individual Choice Situations." *Current Directions in Psychological Science* 4 (1995): 39–43. http://dx.doi.org/10.1111/1467–8721.ep10770996.

Bebel, August. *Die Frau und Der Sozialismus*. 11. Auflag. Stuttgart: Verlag Dietz, 1892.

Bechara, Antoine, A R Damasio, H Damasio, und S W Anderson. „Insensitivity to Future Consequences Following Damage to Human Prefrontal Cortex." *Cognition. 1994* 50 (1994): 7–15. http://dx.doi.org/10.1016/0010–0277(94)90018–3.

Bechara, Antoine, und Antonio R Damasio. „The Somatic Marker Hypothesis: A Neural Theory of Economic Decision." *Games and Economic Behavior* 52 (2005): 336–72. http://dx.doi.org/10.1016/j.geb.2004.06.010.

Bechara, Antoine, und Nasir Naqvi. „Listening to Your Heart: Interoceptive Awareness as a Gateway to Feeling." *Nature Neuroscience* 7 (2004): 102–3. http://dx.doi.org/10.1038/nn0204–102.

Bechara, Antoine, Daniel Tranel, und Hanna Damasio. „Characterization of the Decision-Making Deficit of Patients with Ventromedial Prefrontal Cortex Lesions." *Brain* 123 (2000): 2189–2202. http://dx.doi.org/10.1093/brain/123.11.2189.

Beebe, James R, und David Sackris. „Moral Objectivism across the Lifespan." *University of Buffalo*, 2010, unpublished Manuscript.

Behne, Tanya, Malinda Carpenter, Josep Call, und Michael Tomasello. „Unwilling versus Unable: Infants' understanding of Intentional Action." *Dev Psychol* 41 (2005): 328–37. http://dx.doi.org/10.1037/0012–1649.41.2.328.

Bekoff, Marc. „Do Animals Have Emotions?" *New Scientist* 2605 (2007): 42–47.

Bekoff, Marc. *Minding Animals: Awareness, Emotions, and Heart*. Oxford: Univ. Press, 2002.

Bellemare, Charles, S Krüger, und A Van Soest. „Measuring Inequity Aversion in a Heterogeneous Population Using Experimental Decisions and Subjective Probabilities." *Econometrica* 76 (2008): 815–39. http://dx.doi.org/10.1111/j.1468–0262.2008.00860.x.

Benedikt XVI. [Joseph Ratzinger]. *Deus Caritas Est*. Enzyklika. Libreria Editrice Vaticana, 2005.

Bennis, Will M, Douglas L Medin, und Daniel M Bartels. „The Costs and Benefits of Calculation and Moral Rules." *Perspectives on Psychological Science* 5 (2010): 187–202. http://dx.doi.org/10.1177/1745691610362354.

Bergen, Benjamin. *Louder Than Words: The New Science of How the Mind Makes Meaning*. NY: Basic Books, 2012.

Bering, Jesse, und Dominic Johnson. „ 'O Lord You Perceive My Thoughts from Afar': Recursiveness and the Evolution of Supernatural Agency." *Journal of Cognition and Culture* 5 (2005): 118–42. http://dx.doi.org/10.1163/1568537054068679.

Bering, Jesse, Katrina McLeod, und Todd Shackelford. „Reasoning about Dead Agents Reveals Possible Adaptive Trends." *Human Nature* 16, no. 4 (2005): 360–81. http://dx.doi.org/10.1007/s12110-005-1015–2.

Bilkó, Ágnes, Vilmos Altbäcker, und Robyn Hudson. „Transmission of Food Preference in the Rabbit: The Means of Information Transfer." *Physiology & Behavior* 56, no. 5 (1994): 907–12. http://dx.doi.org/10.1016/0031–9384(94)90322–0.

Billig, Michael, und Henri Tajfel. „Social Categorization and Similarity in Intergroup Behaviour." *European Journal of Social Psychology* 3 (1973): 27–52. http://dx.doi.org/10.1002/ejsp.2420030103.

Binder, Alfred. *Mythos Zen*. Aschaffenburg: Alibri, 2009.

Bird, Christopher D, und Nathan J Emery. „Insightful Problem Solving and Creative Tool Modification by Captive Nontool-Using Rooks." *PNAS* 106 (2009): 10370–75. http://dx.doi.org/10.1073/pnas.0901008106.

Bischof-Köhler, Doris. „Über den Zusammenhang von Empathie und der Fähigkeit, sich im Spiegel zu erkennen." *Schweizersche Zeitschrift für Psychologie* 47 (1988): 147–59.

Blackmore, Susan. „Consciousness in Meme Machines." *Journal of Consciousness Studies* 10 (2003): 19–30. http://dx.doi.org/10.1007/s11023–005–9005-z.

Blair, R J. „A Cognitive Developmental Approach to Morality: Investigating the Psychopath." *Cognition* 57 (1995): 1–29. http://dx.doi.org/10.1016/0010–0277(95)00676-P.

Blanke, Olaf, und Thomas Metzinger. „Full-Body Illusions and Minimal Phenomenal Selfhood." *Trends Cogn Sci* 13 (January 2009): 7–13. http://dx.doi.org/10.1016/j.tics.2008.10.003.

Blanke, Olaf, und Christine Mohr. „Out-of-Body Experience, Heautoscopy, and Autoscopic Hallucination of Neurological Origin Implications for Neurocognitive Mechanisms of Corporeal Awareness and Self-Consciousness." *Brain Res Brain Res Rev* 50 (2005): 184–99. http://dx.doi.org/10.1016/j.brainresrev.2005.05.008.

Bluck, Susan, und Nicole Alea. „Remembering Being Me – The Self Continuity Function of Autobiographical Memory in Younger and Older Adults." In *Self Continuity. Individual and Collective Perspectives*, Hrsg. Fabio Sani, 55–70. Psychology Press, New York, 2008.

Boal, Kimberly B, und Patrick L Schultz. „Storytelling, Time, and Evolution: The Role of Strategic Leadership in Complex Adaptive Systems." *The Leadership Quarterly* 18 (2007): 411–28. http://dx.doi.org/10.1016/j.leaqua.2007.04.008.

Body-Gendrot, Sophie. „Urban Violence: A Quest for Meaning." *Journal of Ethnic and Migration Studies* 21 (1995): 525–36. http://dx.doi.org/10.1080/1369183X.1995.9976510.

Boehm, Christopher. *Hierarchy in the Forest: The Evolution of Egalitarian Behavior*. Cambridge: Harvard University Press, 1999.

Boehm, Christopher. *Moral Origins – The Evolution of Virtue, Altruism, and Shame*. NY: Basic Books, 2012.

Boesch, Christophe. „Joint Cooperative Hunting among Wild Chimpanzees: Taking Natural Observations Seriously." *Behav Brain Sci* 28 (2005): 692–93. http://dx.doi.org/10.1017/S0140525X05230121.

Bond, Michael. „They Made Me Do It." *The New Scientist* 194 (2007): 42–45. http://dx.doi.org/10.1016/S0262–4079(07)60935-X.

Borrello, Marc E. „The Rise, Fall and Resurrection of Group Selection." *Endeavour* 29 (2005): 43–47. http://dx.doi.org/10.1016/j.endeavour.2004.11.003.

Bos, Maarten W, Ap Dijksterhuis, und Rick B van Baaren. „On the Goal-Dependency of Unconscious Thought." *Journal of Experimental Social Psychology* 44 (2008): 1114–20. http://dx.doi.org/10.1016/j.jesp.2008.01.001.

Botvinick, M, und J Cohen. „Rubber Hands 'Feel' Touch That Eyes See." *Nature* 391 (February 1998): 756. http://dx.doi.org/10.1038/35784.

Bourdieu, Pierre. „On the Family as a Realized Category." *Theory, Culture & Society* 13 (1996): 19–26. http://dx.doi.org/10.1177/026327696013003002.

Boyd, Robert, Herbert Gintis, Samuel Bowles, und Peter J Richerson. „The Evolution of Altruistic Punishment." *PNAS* 100 (2003): 3531–35. http://dx.doi.org/10.1073/pnas.0630443100.
Boyer, Pascal. *Religion Explained – The Evolutionary Origins of Religious Thought*. New York: Basic Books, 2001.
Brahic, Catherine. „Daydream Believers." *New Scientist*, no. 2987 (2014): 32–37. http://dx.doi.org/10.1097/01.JBI.0000393267.08688.95.
Brakefield, Paul M. „Evo-Devo and Constraints on Selection." *Trends Ecol Evol* 21 (July 2006): 362–68. http://dx.doi.org/10.1016/j.tree.2006.05.001.
Brandt, Richard. „Ethical Relativism." In *Moral Relativism – A Reader*, Hrsg. P K Moser and T L Carson, 25–31. NY: Oxford Press, 2001.
Brembs, Björn. „Mushroom Bodies Regulate Habit Formation in Drosophila." *Curr Biol* 19 (2009): 1351–55. http://dx.doi.org/10.1016/j.cub.2009.06.014.
Brembs, Björn. „Towards a Scientific Concept of Free Will as a Biological Trait: Spontaneous Actions and Decision-Making in Invertebrates." *Proceedings of the Royal Society B: Biological Sciences* 278 (2011): 930–39. http://dx.doi.org/10.1098/rspb.2010.2325.
Brewer, Judson A, P D Worhunsky, J R Gray, Y-Y Tang, J Weber, und H Kober. „Meditation Experience Is Associated with Differences in Default Mode Network Activity and Connectivity." *PNAS* 108 (2011): 20254–59. http://dx.doi.org/10.1073/pnas.1112029108.
Broberg, Tomas, Tore Ellingsen, und Magnus Johannesson. „Is Generosity Involuntary?" *Economics Letters* 94 (2007): 32–37. http://dx.doi.org/10.1016/j.econlet.2006.07.006.
Brockman, John, Hrsg. *Intelligent Thought: Science versus the Intelligent Design Movement*. New York: Vintage Books, 2006.
Brosnan, Sarah F, und Frans B M de Waal. „Monkeys Reject Unequal Pay." *Nature* 425 (2003): 297–99. http://dx.doi.org/10.1038/nature01963.
Bruno, Marie-Aurélie, Jan L Bernheim, Didier Ledoux, Frédéric Pellas, Athena Demertzi, und Steven Laureys. „A Survey on Self-Assessed Well-Being in a Cohort of Chronic Locked-in Syndrome Patients: Happy Majority, Miserable Minority." *BMJ Open* 1 (2011): e000039. http://dx.doi.org/10.1136/bmjopen-2010-000039.
Brüntrup, Godehard. *Das Leib-Seele-Problem: Eine Einführung*. Stuttgart: Kohlhammer, 2008.
Bshary, Redouan, und Alexandra S Grutter. „Image Scoring and Cooperation in a Cleaner Fish Mutualism." *Nature* 441 (June 2006): 975–78. http://dx.doi.org/10.1038/nature04755.
Buller, David, und Valerie Hardcastle. „Evolutionary Psychology, Meet Developmental Neurobiology: Against Promiscuous Modularity." *Brain and Mind* 1, no. 3 (2000): 307–25. http://dx.doi.org/10.1023/A:1011573226794.
Buller, David J. „Evolutionary Psychology: A Critique." In *Conceptual Issues in Evolutionary Biology*, Hrsg. Elliott Sober, 197–214. Cambridge, MA: MIT Press, 2006.
Burger, Jerry M. „Replicating Milgram: Would People Still Obey Today?" *Am Psychol* 64 (2009): 1–11. http://dx.doi.org/10.1037/a0010932.
Burkart, Judith, Sarah Blaffer Hrdy, und Carel van Schaik. „Cooperative Breeding and Human Cognitive Evolution." *Evolutionary Anthropology* 18 (2009): 175–86. http://dx.doi.org/10.1002/evan.20222.
Burkart, Judith, und Carel van Schaik. „Cognitive Consequences of Cooperative Breeding in Primates?" *Animal Cognition* 13, no. 1 (2010): 1–19.
Burt, Martha R. „Cultural Myths and Supports for Rape." *J Pers Soc Psychol* 38 (1980): 217–30. http://dx.doi.org/10.1037/0022-3514.38.2.217.

Buttelmann, David, Malinda Carpenter, Josep Call, und Michael Tomasello. „Enculturated Chimpanzees Imitate Rationally." *Dev Sci* 10 (2007): F31–38. http://dx.doi.org/10.1111/j.1467-7687.2007.00630.x.
Byrne, Richard, und Andrew Whiten. „The Thinking Primate's Guide to Deception." *New Scientist* 1589 (1987): 54–57.
Caldwell, Rebecca L. „At the Confluence of Memory and Meaning." *The Family Journal* 13 (2005): 172–75. http://dx.doi.org/10.1177/1066480704273338.
Call, Josep. „Past and Present Challenges in Theory of Mind Research in Nonhuman Primates." In *From Action to Cognition*, Hrsg. C von Hofsten und K Rosander, 341–53. Amsterdam: Elsevier, 2007. http://dx.doi.org/10.1016/S0079-6123(07)64019-9.
Call, Josep, Bryan Agnetta, und Michael Tomasello. „Cues That Chimpanzees Do and Do Not Use to Find Hidden Objects." *Animal Cognition* 3, no. 1 (2000): 23–34. http://dx.doi.org/10.1007/s100710050047.
Call, Josep, Malinda Carpenter, und Michael Tomasello. „Copying Results and Copying Actions in the Process of Social Learning: Chimpanzees *(Pan troglodytes)* and Human Children *(Homo sapiens)*." *Animal Cognition* 8, no. 3 (2005): 151–63. http://dx.doi.org/10.1007/s10071-004-0237-8.
Call, Josep, Brian Hare, Malinda Carpenter, und Michael Tomasello. „'Unwilling' versus 'unable': Chimpanzees understanding of Human Intentional Action." *Developmental Science* 7 (2004): 488–98. http://dx.doi.org/10.1111/j.1467-7687.2004.00368.x.
Call, Josep, und Michael Tomasello. „Does the Chimpanzee Have a Theory of Mind? 30 Years Later." *Trends Cogn Sci* 12 (2008): 187–92. http://dx.doi.org/10.1016/j.tics.2008.02.010.
Camerer, Colin. „Behavioural Studies of Strategic Thinking in Games." *Trends Cogn Sci* 7 (2003): 225–31. http://dx.doi.org/10.1016/S1364-6613(03)00094-9.
Camerer, Colin F, und Ernst Fehr. „When Does 'Economic Man' Dominate Social Behavior?." *Science (New York, N.Y.)* 311 (2006): 47–52. http://dx.doi.org/10.1126/science.1110600.
Camus, Albert. *Der Mythos des Sisyphos*. Reinbek: Rowohlt, 1942/2012.
Camus, Albert. *Die Pest*. Reinbek: Rowohlt, 1947/2011.
Camus, Albert. *Fragen der Zeit. Essays*. Hamburg: Rowohlt, 1970.
Cannon, Susan F. *Science in Culture: The Early Victorian Period*. NY: Science History Publications, 1978.
Cantalamessa, Raniero. *Als Neuer Mensch Leben. Die Geistliche Botschaft Des Römerbriefes*. Herder, 2003.
Caporael, Linnda. „Why We Are Still Social." *The Inquisitive Mind* 4 (2007).
Carlsmith, Kevin M, und Avani M Sood. „The Fine Line between Interrogation and Retribution." *Journal of Experimental Social Psychology* 45 (2009): 191–96. http://dx.doi.org/10.1016/j.jesp.2008.08.025.
Carlson, E A, T M Yates, und L A Sroufe. „Dissociation and Development of the Self." In *Dissociation and the Dissociative Disorders: DSM-V and beyond*, Hrsg. P F Dell, J O'Neil, und E Somer, 39–52. NY: Routledge, 2009.
Carone, Benjamin R, Lucas Fauquier, Naomi Habib, Jeremy M Shea, Caroline E Hart, Ruowang Li, Christoph Bock, et al. „Paternally Induced Transgenerational Environmental Reprogramming of Metabolic Gene Expression in Mammals." *Cell* 143, no. 7 (2010): 1084–96. http://dx.doi.org/10.1016/j.cell.2010.12.008.
Carpenter, Thomas P, und Margaret A Marshall. „An Examination of Religious Priming and Intrinsic Religious Motivation in the Moral Hypocrisy Paradigm." *Journal for the Scientific*

Study of Religion 48 (2009): 386–93. http://dx.doi.org/10.1111/j.1468-5906.2009.01454.x.
Carter, Rita. Multiplicidad: La Nueva Ciencia de La Personalidad. Editorial Kairó s, 2009.
Carter, Rita. „Perspectives: The Flip Side to Multiple Personalities." New Scientist 2647 (2008): 52–53.
Catania, K C. „Tentacled Snakes Turn C-Starts to Their Advantage and Predict Future Prey Behavior." PNAS 106 (2009): 11183–87. http://dx.doi.org/10.1073/pnas.0905183106.
Cavalier-Smith, Thomas. „Membrane Heredity and Early Chloroplast Evolution." Trends in Plant Science 5 (2000): 174–82. http://dx.doi.org/10.1016/S1360-1385(00)01598-3.
Cebra-Thomas, Judith, Fraser Tan, Seeta Sistla, Eileen Estes, Gunes Bender, Christine Kim, Paul Riccio, und Scott F Gilbert. „How the Turtle Forms Its Shell: A Paracrine Hypothesis of Carapace Formation." Journal of Experimental Zoology Part B: Molecular and Developmental Evolution 304B (2005): 558–69. http://dx.doi.org/10.1002/jez.b.21059.
Chapman, Gary. Die fünf Sprachen der Liebe. Wie Kommunikation gelingt. Marburg: Francke, 2003.
Chen, Y, und S Xin Li. „Group Identity and Social Preferences." American Economic Review 99 (2009): 431–57. http://www.jstor.org/stable/29730190.
Cherry, Todd L, Peter Frykblom, und Jason F Shogren. „Hardnose the Dictator." The American Economic Review 92 (2002): 1218–21.
Chiao, Joan Y. „Neural Basis of Social Status Hierarchy across Species." Current Opinion in Neurobiology 20 (2010): 803–9. http://dx.doi.org/10.1016/j.conb.2010.08.006.
Chiao, Joan Y, und Katherine D Blizinsky. „Culture-Gene Coevolution of Individualism-Collectivism and the Serotonin Transporter Gene." Proc Biol Sci 277 (2010): 529–37. http://dx.doi.org/10.1098/rspb.2009.1650.
Chiao, Joan Y, Vani A Mathur, Tokiko Harada, und Trixie Lipke. „Neural Basis of Preference for Human Social Hierarchy versus Egalitarianism." Ann N Y Acad Sci 1167 (2009): 174–81. http://dx.doi.org/10.1111/j.1749-6632.2009.04508.x.
Choi, Jung-Kyoo, und Samuel Bowles. „The Coevolution of Parochial Altruism and War." Science 318 (2007): 636–40. http://dx.doi.org/10.1126/science.1144237.
Chorost, Michael. „One-Way Evolution: The Ladder of Life Makes a Comeback." New Scientist 2848 (2012): 35–37.
Chung, Tsai Chih. The Book of Zen. Freedom of the Mind. Singapur: Asiapac, 1990.
Cialdini, R B, S L Brown, B P Lewis, C Luce, und S L Neuberg. „Reinterpreting the Empathy-Altruism Relationship: When One into One Equals Oneness." J Pers Soc Psychol 73 (1997): 481–94. http://dx.doi.org/10.1037/0022-3514.73.3.481.
Clark, Margaret S, und Judson Mills. „The Difference between Communal and Exchange Relationships: What It Is and Is Not." Pers Soc Psychol Bull 19 (1993): 684–91. http://dx.doi.org/10.1177/0146167293196003.
Clark, Margaret S, und Barbara Waddell. „Perceptions of Exploitation in Communal and Exchange Relationships." Journal of Social and Personal Relationships 2 (1985): 403–18. http://dx.doi.org/10.1177/0265407585024002.
Clarke, F M, und C G Faulkes. „Dominance and Queen Succession in Captive Colonies of the Eusocial Naked Mole-Rat, Heterocephalus Glaber." Proc Biol Sci 264 (July 1997): 993–1000. http://dx.doi.org/10.1098/rspb.1997.0137.
Clarkson, Frederick. „The Culture Wars Are Still Not Over. The Religious Right in the States and beyond." The Public Eye 23(4) (2008).

Clayton, Nicola S, und Anthony Dickinson. „Scrub Jays (\textit{Aphelocoma Coerulescens}) Remember the Relative Time of Caching as Well as the Location and Content of Their Caches." *J Comp Psychol* 113 (1999): 403–16. http://dx.doi.org/10.1037/0735–7036.113.4.403.

Clayton, Nicola S, und Anthony Dickinson. „What, Where, und When: Episodic-like Memory during Cache Recovery by Scrub Jays." *Nature* 395 (1998): 272–74. http://dx.doi.org/10.1038/26216.

Clayton, Philip, und Jeffrey Schloss [Hrsg.]. *Evolution and Ethics. Human Morality in Biological & Religious Perspective*. Cambridge: William B Eerdmans, 2004.

Clayton, Susan, und Susan Opotow. „Justice and Identity: Changing Perspectives on What Is Fair." *Personality and Social Psychology Review* 7 (2003): 298–310. http://dx.doi.org/10.1207/S15327957PSPR0704_03.

Cohen, Dov, R E Nisbett, B F Bowdle, und N Schwarz. „Insult, Aggression, and the Southern Culture of Honor: An 'Experimental Ethnography.'" *J Pers Soc Psychol* 70 (1996): 945–59. http://dx.doi.org/10.1037/0022–3514.70.5.945.

Cohen, Taya R, Scott T Wolf, A T Panter, und Chester A Insko. „Introducing the GASP Scale: A New Measure of Guilt and Shame Proneness." *J Pers Soc Psychol* 100 (2011): 947–66. http://dx.doi.org/10.1037/a0022641.

Cohn, Michael A, Barbara L Fredrickson, Stephanie L Brown, Joseph A Mikels, und Anne M Conway. „Happiness Unpacked: Positive Emotions Increase Life Satisfaction by Building Resilience." *Emotion* 9 (2009): 361–68. http://dx.doi.org/10.1037/a0015952.

Conway Morris, S. *Jenseits des Zufalls: Wir Menschen im einsamen Universum*. Berlin: Univ. Verlag, 2008.

Cooper, Kimberly L, und Clifford J Tabin. „understanding of Bat Wing Evolution Takes Flight." *Genes & Development* 22 (2008): 121–24. http://dx.doi.org/10.1101/gad.1639108.

Cosmides, Leda, und John Tooby. „Can a General Deontic Logic Capture the Facts of Human Moral Reasoning? How the Mind Interprets Social Exchange Rules and Detects Cheaters." In *The Evolution of Morality: Adaptations and Innateness*, Hrsg. W Sinnott-Armstrong, 53–119. Cambridge, MA: MIT Press, 2008.

Cosmides, Leda, und John Tooby. „Cognitive Adaptations for Social Exchange." In *The Adapted Mind: Evolutionary Psychology and the Generation of Culture*, Hrsg. J H Barkow, L Cosmides, und J Tooby, 163–228. Oxford Univ. Press, 1992.

Crews, David, Andrea C Gore, Timothy S Hsu, Nygerma L Dangleben, Michael Spinetta, Timothy Schallert, Matthew D Anway, und Michael K Skinner. „Transgenerational Epigenetic Imprints on Mate Preference." *PNAS* 104 (2007): 5942–46. http://dx.doi.org/10.1073/pnas.0610410104.

Crick, Nicki R, und Kenneth A Dodge. „A Review and Reformulation of Social Information-Processing Mechanisms in Children's Social Adjustment." *Psychol Bull* 115 (1994): 74–101. http://dx.doi.org/10.1037/0033–2909.115.1.74.

Crick, Nicki R, und Kenneth A Dodge. „Social Information-Processing Mechanisms in Reactive and Proactive Aggression." *Child Dev* 67 (1996): 993–1002. http://dx.doi.org/10.2307/1131875.

Crispo, Erika. „Modifying Effects of Phenotypic Plasticity on Interactions among Natural Selection, Adaptation and Gene Flow." *Journal of Evolutionary Biology* 21 (2008): 1460–69. http://dx.doi.org/10.1111/j.1420–9101.2008.01592.x.

Cronin, Katherine A, und Charles T Snowdon. „The Effects of Unequal Reward Distributions on Cooperative Problem Solving by Cottontop Tamarins (*Saguinus oedipus*)." *Animal Behaviour* 75 (2008): 245–57. http://dx.doi.org/10.1016/j.anbehav.2007.04.032.
Cubas, Pilar, Coral Vincent, und Enrico Coen. „An Epigenetic Mutation Responsible for Natural Variation in Floral Symmetry." *Nature* 401 (1999): 157–61. http://dx.doi.org/10.1038/43657.
Cuddy, A J C, S Fiske, und P Glick. „The BIAS Map: Behaviors From Intergroup Affect and Stereotypes." *J Pers Soc Psychol* 92 (2007): 631–48. http://dx.doi.org/10.1037/0022-3514.92.4.631.
Cushman, Fiery, und Joshua D Greene. „Finding Faults: How Moral Dilemmas Illuminate Cognitive Structure." *Social Neuroscience* 7 (2012): 269–79. http://dx.doi.org/10.1080/17470919.2011.614000.
Cushman, Fiery, Liane Young, und Marc Hauser. „The Role of Conscious Reasoning and Intuition in Moral Judgment: Testing Three Principles of Harm." *Psychol Sci* 17 (2006): 1082–89. http://dx.doi.org/10.1111/j.1467-9280.2006.01834.x.
D'Urso, Agustina, und Jason H Brickner. „Mechanisms of Epigenetic Memory." *Trends in Genetics* 30, no. 6 (June 2014): 230–36. http://dx.doi.org/10.1016/j.tig.2014.04.004.
Dally, J M, N J Emery, und N S Clayton. „Food-Caching Western Scrub-Jays Keep Track of Who Was Watching When." *Science* 312 (2006): 1662–65. http://dx.doi.org/10.1126/science.1126539.
Damasio, Antonio, und Kaspar Meyer. „Consciousness: An Overview of the Phenomenon and of Its Possible Neural Basis." In *The Neurology of Consciousness*, Hrsg. Steven Laureys und Giulio Tononi, 3–14. London: Elsevier, 2009.
Damasio, Antonio R. *Descartes' Irrtum: Fühlen, Denken und das menschliche Gehirn*. Berlin: List, 2007.
Damasio, Antonio, und G W Van Hoesen. „Emotional Disturbances Associated with Focal Lesions of the Limbic Frontal Lobe." In *Neuropsychology of Human Emotion*, Hrsg. Heilman KM und Satz P, 85–110. The Guilford Press, New York, 1983.
Damasio, Hanna, T Grabowski, R Frank, A M Galaburda, und A R Damasio. „The Return of Phineas Gage: Clues about the Brain from the Skull of a Famous Patient." *Science* 264 (1994): 1102–5. http://dx.doi.org/10.1126/science.8178168.
Dambrun, Michaël, M Ricard, G Després, E Drelon, E Gibelin, M Gibelin, M Loubeyre, et al. „Measuring Happiness: From Fluctuating Happiness to Authentic-Durable Happiness." *Frontiers in Personality Science and Individual Differences* 3 (2012): Artikel 16. http://dx.doi.org/10.3389/fpsyg.2012.00016.
Dambrun, Michaël, und Matthieu Ricard. „Self-Centeredness and Selflessness; A Theory of Self-Based Psychological Functioning and Its Consequences for Happiness." *Review of General Psychology* 15 (2011): 138–57. http://dx.doi.org/10.1037/a0023059.
Dana, Jason, Daylian M Cain, und Robin M Dawes. „What You Don't Know Won't Hurt Me: Costly (but Quiet) Exit in Dictator Games." *Organizational Behavior and Human Decision Processes* 100 (2006): 193–201. http://dx.doi.org/10.1016/j.obhdp.2005.10.001.
Dana, Jason, Roberto Weber, und Jason Kuang. „Exploiting Moral Wiggle Room: Experiments Demonstrating an Illusory Preference for Fairness." *Economic Theory* 33 (2007): 67–80. http://dx.doi.org/10.1007/s00199-006-0153-z.
Dancy, Jonathan. „Ethical Particularism and Morally Relevant Properties." *Mind* 92 (1983): 530–47. http://dx.doi.org/10.1093/mind/XCII.368.530.

Danziger, Shai, J Levav, und L Avnaim-Pesso. „Extraneous Factors in Judicial Decisions." *PNAS* 108 (2011): 6889–92. http://dx.doi.org/10.1073/pnas.1018033108.
Darley, J M, und C D Batson. „"From Jerusalem to Jericho": A Study of Situational and Dispositional Variables in Helping Behavior." *J Pers Soc Psychol* 27 (1973): 100–108. http://dx.doi.org/10.1037/h0034449.
Darwin, Charles. *The Origin of Species by Means of Natural Selection.* London: Penguin, n.d.
Darwin, Charles. *The Variation of Animals and Plants under Domestication.* New York: Appleton & Co, 1887.
Darwin, Charles R. *The Expression of the Emotions in Man and Animals.* London: John Murray, 1872.
Darwin, Charles, und Alfred R Wallace. „On the Tendency of Species to Form Varieties; and on the Perpetuation of Varieties and Species by Natural Means of Selection." *Journal of the Proceedings of the Linnean Society, Zoology* 3 (1858): 45–62.
Dawkins, Marian Stamp. „Are You Feeling What I'm Feeling?" *The New Scientist* 2605 (2007): 47. http://dx.doi.org/10.1016/S0262-4079(07)61316-5.
Dawkins, Richard. *River out of Eden. A Darwinian View of Life.* NY: Basic Books, 1995.
Dawkins, Richard. *The Extended Phenotype: The Gene as the Unit of Selection.* Oxford: Freeman, 1982.
Dawkins, Richard. *The God Delusion.* London: Bantam Press, 2006.
Dawkins, Richard. *The Selfish Gene.* New York: Oxford University Press, 1976.
Dawkins, Richard. *The Selfish Gene.* 30th Anniv. New York: Oxford University Press, 2006.
De Dreu, Carsten K W, Lindred L Greer, Gerben A Van Kleef, Shaul Shalvi, und Michel J J Handgraaf. „Oxytocin Promotes Human Ethnocentrism." *PNAS* 108 (2011): 1262–66. http://dx.doi.org/10.1073/pnas.1015316108.
De Vignemont, Frederique, und Tania Singer. „The Empathic Brain: How, When and Why?" *Trends in Cognitive Sciences* 10 (2006): 435–41. http://dx.doi.org/10.1016/j.tics.2006.08.008.
De Vos, Jan. „From Milgram to Zimbardo: The Double Birth of Postwar Psychology/psychologization." *History of the Human Sciences* 23 (2010): 156–75. http://dx.doi.org/10.1177/0952695110384774.
De Waal, Frans. „Moral als Ergebnis der Evolution." In *Primaten und Philosophen – Wie die Evolution die Moral hervorbrachte,* Hrsg. S Macedo und J Ober, 19–98. München: Carl Hanser, 2008.
De Waal, Frans B M. *Primates and Philosophers.* Princeton, NJ: Princeton University Press, 2006.
De Waal, Frans B M. „Putting the Altruism Back into Altruism: The Evolution of Empathy." *Annual Review of Psychology* 59 (2008): 279–300. http://dx.doi.org/10.1146/annurev.psych.59.103006.093625.
De Waal, Frans B M, Kristin Leimgruber, und Amanda R Greenberg. „Giving Is Self-Rewarding for Monkeys." *PNAS* 105 (2008): 13685–89. http://dx.doi.org/10.1073/pnas.0807060105.
Dean, L G, R L Kendal, S J Schapiro, B Thierry, und K N Laland. „Identification of the Social and Cognitive Processes underlying Human Cumulative Culture." *Science* 335 (2012): 1114–18. http://dx.doi.org/10.1126/science.1213969.
Deaux, Kay, und Peter Burke. „Bridging Identities." *Social Psychology Quarterly* 73 (2010): 315–20. http://dx.doi.org/10.1177/0190272510388996.

Deaux, Kay, und Daniela Martin. „Interpersonal Networks and Social Categories: Specifying Levels of Context in Identity Processes." *Social Psychology Quarterly* 66 (2003): 101–17. http://dx.doi.org/10.2307/1519842.
Deci, E L, und R M Ryan. „The Support of Autonomy and the Control of Behavior." *J Pers Soc Psychol* 53 (1987): 1024–37. http://dx.doi.org/10.1037/0022–3514.53.6.1024.
Deci, Edward L, R Koestner, und R M Ryan. „A Meta-Analytic Review of Experiments Examining the Effects of Extrinsic Rewards on Intrinsic Motivation." *Psychol Bull* 125 (1999): 627–68. http://dx.doi.org/10.1037/0033–2909.125.6.627.
Declerck, Carolyn H, Christophe Boone, und Toko Kiyonari. „Oxytocin and Cooperation under Conditions of Uncertainty: The Modulating Role of Incentives and Social Information." *Horm Behav* 57 (2010): 368–74. http://dx.doi.org/10.1016/j.yhbeh.2010.01.006.
Dehaene, S, E Artiges, L Naccache, C Martelli, a Viard, F Schürhoff, C Recasens, M L P Martinot, M Leboyer, und Martinot J -L. „Conscious and Subliminal Effects in Normal Subjects and Patients with Schizophrenia: The Role of the Anterior Cingulate." *PNAS* 100 (2003): 13722–27. http://dx.doi.org/10.1073/pnas.2235214100.
Dehaene, Stanislas, Jean-Pierre Changeux, Lionel Naccache, Jérôme Sackur, und Claire Sergent. „Conscious, Preconscious, and Subliminal Processing: A Testable Taxonomy." *Trends in Cognitive Sciences* 10 (2006): 204–11. http://dx.doi.org/10.1016/j.tics.2006.03.007.
Dehaene, Stanislas, Michel Kerszberg, und Jean-Pierre Changeux. „A Neuronal Model of a Global Workspace in Effortful Cognitive Tasks." *PNAS* 95 (1998): 14529–34. http://dx.doi.org/10.1073/pnas.95.24.14529.
Delgado, M R, R H Frank, und E A Phelps. „Perceptions of Moral Character Modulate the Neural Systems of Reward during the Trust Game." *Nat Neurosci* 8 (November 2005): 1611–18. http://dx.doi.org/10.1038/nn1575.
Dennett, Daniel C. „Beliefs About Beliefs." *Behavioral and Brain Sciences* 1 (1978): 568–70. http://dx.doi.org/10.1017/S0140525X00076664.
Dennett, Daniel C. *Breaking the Spell: Religion as a Natural Phenomenon.* NY: Viking, 2006.
Dennett, Daniel C. *Darwins gefährliches Erbe.* Hamburg: Hoffmann und Campe, 1997.
Dennis, Tracy, P M Cole, C Zahn-Waxler, und I Mizuta. „Self in Context: Autonomy and Relatedness in Japanese and U.S. Mother-Preschooler Dyads." *Child Development* 73 (2002): 1803–17. http://dx.doi.org/10.1111/1467–8624.00507.
Depew, D, und B Weber. „Self-Organizing Systems." In *The MIT Encyclopedia of the Cognitive Sciences*, Hrsg. R A Wilson and F C Keil, 737–39. Cambridge, MA: MIT Press, 2001.
DeVoe, Sanford E, und Sheena S Iyengar. „Medium of Exchange Matters." *Psychological Science* 21 (2010): 159–62. http://dx.doi.org/10.1177/0956797609357749.
Dewey, John. *Art As Experience.* London: Penguin,1934/2005.
Diamond, Jared. *Der dritte Schimpanse – Evolution und Zukunft des Menschen.* Frankfurt am Main: Fischer, 2000.
Diamond, Jared. „Evolution, Consequences and Future of Plant and Animal Domestication." *Nature* 418 (2002): 700–707. http://dx.doi.org/10.1038/nature01019.
Diehl, Michael. „The Minimal Group Paradigm: Theoretical Explanations and Empirical Findings." *European Review of Social Psychology* 1 (1990): 263–92. http://dx.doi.org/10.1080/14792779108401864.
Diener, Edward, und Mark Wallbom. „Effects of Self-Awareness on Antinormative Behavior." *Journal of Research in Personality* 10 (1976): 107–11. http://dx.doi.org/10.1016/0092–6566(76)90088-X.

Dienes, Zoltán, Elizabeth Brown, Sam Hutton, Irving Kirsch, Giuliana Mazzoni, und Daniel B Wright. „Hypnotic Suggestibility, Cognitive Inhibition, and Dissociation." *Consciousness and Cognition* 18 (2009): 837–47. http://dx.doi.org/10.1016/j.concog.2009.07.009.

Dijksterhuis, A, J Preston, D M Wegner, und H Aarts. „Effects of Subliminal Priming of Self and God on Self-Attribution of Authorship for Events." *Journal of Experimental Social Psychology* 44 (2007): 2–9. http://dx.doi.org/10.1016/j.jesp.2007.01.003.

Dijksterhuis, Ap. „Think Different: The Merits of Unconscious Thought in Preference Development and Decision Making." *Journal of Personality and Social Psychology* 87 (2004): 586–98. http://dx.doi.org/10.1037/0022–3514.87.5.586.

Dijksterhuis, Ap, und Henk Aarts. „Goals, Attention, and (un)consciousness." *Annu Rev Psychol* 61 (2010): 467–90. http://dx.doi.org/10.1146/annurev.psych.093008.100445.

Dijksterhuis, Ap, Maarten W Bos, Loran F Nordgren, und Rick B van Baaren. „On Making the Right Choice: The Deliberation-Without-Attention Effect." *Science* 311 (2006): 1005–7. http://dx.doi.org/10.1126/science.1121629.

Dijksterhuis, Ap, und Loran F Nordgren. „A Theory of Unconscious Thought." *Perspectives on Psychological Science* 1 (2006): 95–109. http://dx.doi.org/10.1111/j.1745–6916.2006.00007.x.

Dittes, Frank-Michael. *Komplexität. Warum die Bahn nie pünktlich ist.* Berlin: Springer, 2012.

Dobzhansky, Theodosius. *Die genetischen Grundlagen der Artbildung.* Jena: Gustav Fischer, 1939.

Doherty, Martin J. *Theory of Mind: How Children understand Others' Thoughts and Feelings.* Hove: Psychology Press, 2009.

Domenici, P, D Booth, J M Blagburn, und J P Bacon. „Cockroaches Keep Predators Guessing by Using Preferred Escape Trajectories." *Curr Biol* 18 (2008): 1792–96. http://dx.doi.org/ http://dx.doi.org/10.1016/j.cub.2008.09.062.

Douglas, Kate. „Subconscious: The Other You." *New Scientist* 196, no. 2632 (2007): 42–46. http://dx.doi.org/10.1016/S0262–4079(07)63038–3.

Dreber, Anna, David G Rand, Drew Fudenberg, und Martin A Nowak. „Winners Don't Punish." *Nature* 452 (2008): 348–51. http://dx.doi.org/10.1038/nature06723.

Dreu, Carsten K W De, Lindred L Greer, Michel J J Handgraaf, Shaul Shalvi, Gerben A Van Kleef, Matthijs Baas, Femke S Ten Velden, Eric Van Dijk, und Sander W W Feith. „The Neuropeptide Oxytocin Regulates Parochial Altruism in Intergroup Conflict among Humans." *Science* 328 (2010): 1408–11. http://dx.doi.org/10.1126/science.1189047.

Drewermann, Eugen. *Das Markus Evangelium. Bilder von Erlösung.* Vol. 2. Olten: Walter, 1991.

Dunn, Elizabeth W, Lara B Aknin, und Michael I Norton. „Spending Money on Others Promotes Happiness." *Science* 319 (2008): 1687–88. http://dx.doi.org/10.1126/science.1150952.

Ebenhöh, W, C Kohlmeier, und P J Radford. „The Benthic Biological Submodel in the European Regional Seas Ecosystem Model." *Netherlands Journal of Sea Research* 33 (1995): 423–52. http://dx.doi.org/10.1016/0077–7579(95)90056-X.

Edgell, Penny, Joseph Gerteis, und Douglas Hartmann. „Atheists As "Other": Moral Boundaries and Cultural Membership in American Society." *American Sociological Review* 71 (2006): 211–34. http://dx.doi.org/10.1177/000312240607100203.

Ehrsson, H Henrik. „The Experimental Induction of out-of-Body Experiences." *Science* 317 (2007): 1048. http://dx.doi.org/10.1126/science.1142175.

Eibl-Eibesfeldt, Irenäus. *Grundriss der vergleichenden Verhaltensforschung.* München: Piper, 1980.

Elger, Ch E, A D Friederici, Ch Koch, H Luhmann, Ch von der Malsburg, R Menzel, H Monyer, F Rösler, G Roth, und W Singer. „Das Manifest – Gegenwart und Zukunft der Hirnforschung." In *Wer erklärt den Menschen? Hirnforscher, Psychologen und Philosophen im Dialog*, Hrsg. C Könneker, 77–84. Frankfurt am Main: Fischer, 2006.
Eliade, Mircea, und Ioan P Couliano. *Handbuch der Religionen*. Düsseldorf: Artemis & Winkler, 1997.
Ellingsen, Tore, und Magnus Johannesson. „Anticipated Verbal Feedback Induces Altruistic Behavior." *Evolution and Human Behavior* 29 (2008): 100–105. http://dx.doi.org/10.1016/j.evolhumbehav.2007.11.001.
Else, Liz. „Of Wealth and Health." *New Scientist* 2875 (2012): 42–45.
Engel, Gerhard. „Von Fakten zu Normen: Zur Ableitbarkeit des Sollens aus dem Sein." In *Fakten statt Normen? Zur Rolle einzelwissenschaftlicher Argumente in einer naturalistischen Ethik*, Hrsg. C Lütge und G Vollmer, 43–59. Baden-Baden: Nomos, 2004.
Englis, B G, K B Vaughan, und J T Lanzetta. „Conditioning of Counter-Empathetic Emotional Responses." *Journal of Experimental Social Psychology* 18 (1982): 375–92.
Ensminger, J. „Experimental Economics in the Bush." *Engineering and Science* 65 (2002): 6–16. http://resolver.caltech.edu/CaltechES:65.2.Economics.
Evans, Stephen A. „Ethical Confusion: Possible Misunderstandings in Buddhist Ethics." *Journal of Buddhist Ethics* 19 (2012): 514–44.
Everett, Daniel. *Language: The Cultural Tool*. London: Profile Books, 2012.
Fairhall, Scott L., Angela Albi, und David Melcher. „Temporal Integration Windows for Naturalistic Visual Sequences." *PLoS ONE* 9 (2014): e102248. http://dx.doi.org/10.1371/journal.pone.0102248.
Falcon, Andrea. „Aristotle on Causality." In *The Stanford Encyclopedia of Philosophy (Fall 2011 Edition)*, Hrsg. E N Zalta, 2011. http://plato.stanford.edu/archives/fall2011/entries/aristotle-causality.
Falk, Armin, und Urs Fischbacher. „A Theory of Reciprocity." *Games and Economic Behavior* 54 (2006): 293–315. http://dx.doi.org/10.1016/j.geb.2005.03.001.
Farb, Norman A S, Zindel V Segal, Helen Mayberg, Jim Bean, Deborah McKeon, Zainab Fatima, und Adam K Anderson. „Attending to the Present: Mindfulness Meditation Reveals Distinct Neural Modes of Self-Reference." *Social Cognitive and Affective Neuroscience* 2 (2007): 313–22. http://dx.doi.org/10.1093/scan/nsm030.
Fawcett, Christine A, und Lori Markson. „Similarity Predicts Liking in 3-Year-Old Children." *Journal of Experimental Child Psychology* 105 (2010): 345–58. http://dx.doi.org/10.1016/j.jecp.2009.12.002.
Fehr, Ernst, und Urs Fischbacher. „The Nature of Human Altruism." *Nature* 425 (2003): 785–91. http://dx.doi.org/10.1038/nature02043.
Fehr, Ernst, und Urs Fischbacher. „Third-Party Punishment and Social Norms." *Evolution and Human Behavior* 25 (2004): 63–87. http://dx.doi.org/10.1016/S1090-5138(04)00005-4.
Fehr, Ernst, und Simon Gächter. „Altruistic Punishment in Humans." *Nature* 415 (January 2002): 137–40. http://dx.doi.org/10.1038/415137a.
Fehr, Ernst, und Bettina Rockenbach. „Human Altruism: Economic, Neural, and Evolutionary Perspectives." *Current Opinion in Neurobiology* 14 (2004): 784–90. http://dx.doi.org/10.1016/j.conb.2004.10.007.
Ferguson, Melissa J, und John A Bargh. „How Social Perception Can Automatically Influence Behavior." *Trends in Cognitive Sciences* 8 (2004): 33–39. http://dx.doi.org/10.1016/j.tics.2003.11.004.

Filevich, Elisa, Simone Kühn, und Patrick Haggard. „Intentional Inhibition in Human Action: The Power of 'No.'" *Neuroscience and Biobehavioral Reviews*, 2012. http://dx.doi.org/10.1016/j.neubiorev.2012.01.006.

Filevich, Elisa, Simone Kühn, und Patrick Haggard. „There Is No Free Won't: Antecedent Brain Activity Predicts Decisions to Inhibit." *PLoS ONE* 8 (2013). http://dx.doi.org/10.1371/journal.pone.0053053.

Filiz-Ozbay, Emel, und Erkut Y Ozbay. *Social Image in Public Goods Provision with Real Effort*, 2010. http://hdl.handle.net/10419/45413.

Fischer, Peter, T Greitemeyer, F Pollozek, und D Frey. „The Unresponsive Bystander: Are Bystanders More Responsive in Dangerous Emergencies?" *European Journal of Social Psychology* 36 (2006): 267–78. http://dx.doi.org/10.1002/ejsp.297.

Fischer, Peter, J I Krueger, T Greitemeyer, C Vogrincic, A Kastenmüller, D Frey, M Heene, M Wicher, und M Kainbacher. „The Bystander-Effect: A Meta-Analytic Review on Bystander Intervention in Dangerous and Non-Dangerous Emergencies." *Psychological Bulletin* 137 (2011): 517–37. http://dx.doi.org/10.1037/a0023304.

Fisher, Richard. „Daydream Your Way to Creativity." *New Scientist* 214 (2012): 34–37. http://dx.doi.org/10.1016/S0262-4079(12)61565-6.

Fiske, Alan P. „The Four Elementary Forms of Sociality: Framework for a Unified Theory of Social Relations." *Psychological Review* 99 (1992): 689–723. http://dx.doi.org/10.1037/0033-295X.99.4.689.

Fiske, Susan T, Lasana T Harris, und Amy J C Cuddy. „Why Ordinary People Torture Enemy Prisoners." *Science* 306 (2004): 1482–83. http://dx.doi.org/10.1126/science.1103788.

Fitch, W Tecumseh. „How Pets Got Their Spots (and Floppy Ears)." *New Scientist* 3002 (2015): 24–25. http://dx.doi.org/10.1016/S0262-4079(15)60030-6.

Fitch, W Tecumseh, und Marc D Hauser. „Computational Constraints on Syntactic Processing in a Nonhuman Primate." *Science* 303 (2004): 377–80. http://dx.doi.org/10.1126/science.1089401.

FitzPatrick, William. „Morality and Evolutionary Biology." In *The Stanford Encyclopedia of Philosophy (Winter 2008 Edition)*, Hrsg. E N Zalta, 2008. http://plato.stanford.edu/archives/win2008/entries/morality-biology.

Fivush, R, und C A Haden. *Autobiographical Memory and the Construction of a Narrative Self: Developmental and Cultural Perspectives*. Mahwah: Erlbaum, 2003.

Fleming, Nic. „The Bonus Myth: How Paying for Results Can Backfire." *New Scientist* 2807 (2011): 40–43. http://dx.doi.org/10.1016/S0262-4079(11)60811-7.

Foot, Philippa. „The Problem of Abortion and the Doctrine of Double Effect." *Oxford Review* 5 (1967): 5–15. http://dx.doi.org/10.1093/0199252866.001.0001.

Fordyce, James A. „The Evolutionary Consequences of Ecological Interactions Mediated through Phenotypic Plasticity." *Journal of Experimental Biology* 209 , no. 12 (June 15, 2006): 2377–83. http://dx.doi.org/10.1242/jeb.02271.

Foster, Kevin R, und Francis L W Ratnieks. „Social Insects: Facultative Worker Policing in a Wasp." *Nature* 407 (2000): 692–93. http://dx.doi.org/10.1038/35037665.

Fourneret, Pierre, und Marc Jeannerod. „Limited Conscious Monitoring of Motor Performance in Normal Subjects." *Neuropsychologia* 36 (1998): 1133–40. http://dx.doi.org/10.1016/S0028-3932(98)00006-2.

Fowler, James H, und Nicholas A Christakis. „Dynamic Spread of Happiness in a Large Social Network: Longitudinal Analysis over 20 Years in the Framingham Heart Study." *BMJ* 337 (2008): a2338. http://dx.doi.org/10.1136/bmj.a2338.

Fox, Douglas. „Private Life of the Brain." *The New Scientist* 2681 (2008): 28–31. http://dx.doi.org/10.1016/S0262-4079(08)62830-4.
Fox, Michael D, Abraham Z Snyder, Justin L Vincent, und Marcus E Raichle. „Intrinsic Fluctuations within Cortical Systems Account for Intertrial Variability in Human Behavior." *Neuron*. Cell Press, 2007. http://dx.doi.org/10.1016/j.neuron.2007.08.023.
Frakes, Chris. „Do the Compassionate Flourish?: Overcoming Anguish and the Impulse towards Violence." *Journal of Buddhist Ethics* 14 (2007): 99–128.
Franco, Zeno E, K Blau, und P G Zimbardo. „Heroism: A Conceptual Analysis and Differentiation between Heroic Action and Altruism." *Review of General Psychology* 15 (2011): 99–113. http://dx.doi.org/10.1037/a0022672.
Franco, Zeno, und Philip Zimbardo. „The Banality of Heroism." *Greater Good* Herbst/Win (2006): 30–35. http://dx.doi.org/10.1162/016228800560381.
Frank, R H, T Gilovich, und D T Regan. „Does Studying Economics Inhibit Cooperation?" *Journal of Economic Perspectives* 7 (1993): 159–71. http://dx.doi.org/10.1257/jep.7.2.159.
Fraser, Orlaith N, Daniel Stahl, und Filippo Aureli. „Stress Reduction through Consolation in Chimpanzees." *PNAS* 105 (2008): 8557–62. http://dx.doi.org/10.1073/pnas.0804141105.
Frazier, Robert L. „Moral Relevance and Ceteris Paribus Principles." *Ratio* 8 (1995): 113–25. http://dx.doi.org/10.1111/j.1467-9329.1995.tb00074.x.
Fredrickson, Barbara L. „What Good Are Positive Emotions?" *Rev Gen Psychol* 2 (1998): 300–319. http://dx.doi.org/10.1037/1089-2680.2.3.300.
Fredrickson, Barbara L, Michael A Cohn, Kimberly A Coffey, Jolynn Pek, und Sandra M Finkel. „Open Hearts Build Lives: Positive Emotions, Induced through Loving-Kindness Meditation, Build Consequential Personal Resources." *J Pers Soc Psychol* 95 (2008): 1045–62. http://dx.doi.org/10.1037/a0013262.
Fredrickson, Barbara L, und Marcial F Losada. „Positive Affect and the Complex Dynamics of Human Flourishing." *Am Psychol* 60 (2005): 678–86. http://dx.doi.org/10.1037/0003-066X.60.7.678.
Fredrickson, Barbara L, Michele M Tugade, Christian E Waugh, und Gregory R Larkin. „What Good Are Positive Emotions in Crises? A Prospective Study of Resilience and Emotions Following the Terrorist Attacks on the United States on September 11th, 2001." *J Pers Soc Psychol* 84 (2003): 365–76. http://dx.doi.org/10.1037/1089-2680.2.3.300.
Frey, Bruno S, und Reto Jegen. „Motivation Crowding Theory: A Survey of Empirical Evidence." *Journal of Economic Surveys* 15 (2001): 589–611. http://dx.doi.org/10.1111/j.1467-629X.1980.tb00220.x.
Fries, Heinrich. „Art. Fundamentaltheologie." In *Sacramentum Mundi*. Vol. 2. Freiburg i. Br.: Herder, 1968.
Frith, Chris D, und Tania Singer. „The Role of Social Cognition in Decision Making." *Philos Trans R Soc Lond B Biol Sci* 363 (2008): 3875–86. http://dx.doi.org/10.1098/rstb.2008.0156.
Frith, Chris D. *Making up the Mind: How the Brain Creates Our Mental World*. Malden: Blackwell, 2007.
Fuentes, Agustin, Nicholas Malone, Crickette Sanz, Megan Matheson, und Lorien Vaughan. „Conflict and Post-Conflict Behavior in a Small Group of Chimpanzees." *Primates* 43 (2002): 223–35. http://dx.doi.org/10.1007/BF02629650.
Gächter, Simon, und Christian Thöni. „Social Learning and Voluntary Cooperation Among Like-Minded People." *Journal of the European Economic Association* 3 (2005): 303–14. http://dx.doi.org/10.1162/jeea.2005.3.2-3.303.

Galinsky, Adam D, Joe C Magee, M Ena Inesi, und Deborah H Gruenfeld. „Power and Perspectives Not Taken." *Psychological Science* 17 (2006): 1068–74. http://dx.doi.org/10.1111/j.1467-9280.2006.01824.x.

Gallagher, Shaun. „Philosophical Conceptions of the Self: Implications for Cognitive Science." *Trends Cogn Sci.* Elsevier Science, 2000.

Galton, Francis. *Hereditary Genius – An Inquiry into Its Laws and Consequences.* London: MacMillan and Co, 1869.

Galton, Francis. *Memories of My Life.* London: Methuen, 1908. http://galton.org/books/memories/.

Gazzaniga, Michael S. *The Ethical Brain.* NY: Dana Press, 2005.

Gelman, Susan A, und Gail D Heyman. „Carrot-Eaters and Creature-Believers: The Effects of Lexicalization on Children's Inferences About Social Categories." *Psychological Science* 10 (1999): 489–93. http://dx.doi.org/10.1111/1467-9280.00194.

Gentner, Timothy Q, Kimberly M Fenn, Daniel Margoliash, und Howard C Nusbaum. „Recursive Syntactic Pattern Learning by Songbirds." *Nature* 440 (April 2006): 1204–7. http://dx.doi.org/10.1038/nature04675.

Gergely, György, und Gergely Csibra. „Sylvia's Recipe: The Role of Imitation and Pedagogy in the Transmission of Cultural Knowledge." In *Roots of Human Sociality: Culture, Cognition and Interaction*, Hrsg. N J Enfield und S C; Wenner-Gren Foundation for Anthropological Research Levinson, 229–55. Berg Publishers, 2006.

Gervais, Will M, Azim F Shariff, und Ara Norenzayan. „Do You Believe in Atheists? Distrust Is Central to Anti-Atheist Prejudice." *J Pers Soc Psychol* 101 (2011): 1189–1206. http://dx.doi.org/10.1037/a0025882.

Gibbons, Ann. „How We Tamed Ourselves—and Became Modern." *Science* 346, no. 6208 (2014): 405–6. http://dx.doi.org/10.1126/science.346.6208.405.

Gilbert, P, J Pehl, und S Allan. „The Phenomenology of Shame and Guilt: An Empirical Investigation." *British Journal of Medical Psychology* 67 (1994): 23–36. http://dx.doi.org/10.1111/j.2044-8341.1994.tb01768.x.

Gilbert, Scott. *Developmental Biology.* Sunderland, MA: Sinauer, 2010.

Gilbert, Scott F, und David Epel. *Ecological Developmental Biology. Integrating Epigenesis, Medicine, and Evolution.* Sunderland, Mass.: Sinauer, 2009.

Gilliam, F D, und S Iyengar. „Super-Predators or Victims of Societal Neglect? Framing Effects in Juvenile Crime Coverage." In *Framing of American Politics*, 148–66. Pittsburgh, PA: Univ. Press, 2005.

Ginges, Jeremy, und Scott Atran. „What Motivates Participation in Violent Political Action." In *Values, Empathy, and Fairness across Social Barriers*, Hrsg. S Atran, A Navarro, K Ochsner, A Tobena, und O Vilarroya, 115–23. Boston: Blackwell, 2009.

Gintis, Herbert. „Zoon Politicon: The Evolutionary Roots of Human Sociopolitical Systems." In *Beitrag Auf Der Ernst Strüngmann Forum Konferenz „'Cultural Evolution'" Am 27. März 2012.* Frankfurt, 2012.

Gintis, Herbert, Eric A Smith, und Samuel Bowles. „Costly Signaling and Cooperation." *J Theor Biol* 213 (2001): 103–19. http://dx.doi.org/10.1006/jtbi.2001.2406.

Goeree, J K, M A McConnell, T Mitchell, T Tromp, und L Yariv. „The 1/d Law of Giving." *American Economic Journal: Microeconomics* 2 (2010): 183–203. http://dx.doi.org/10.1257/mic.2.1.183.

Goetz, Jennifer L, Dacher Keltner, und Emiliana Simon-Thomas. „Compassion: An Evolutionary Analysis and Empirical Review." *Psychol Bull* 136 (2010): 351–74. http://dx.doi.org/10.1037/a0018807.
Goldie, Peter. *The Emotions: A Philosophical Exploration*. Oxford: Clarendon Press, 2002.
Gomes, Gilberto. „On Experimental and Philosophical Investigations of Mental Timing: A Response to Commentary." *Consciousness and Cognition* 11 (2002): 304–7. http://dx.doi.org/10.1006/ccog.2002.0571.
Goschke, Thomas. „Der bedingte Wille." In *Das Gehirn und seine Freiheit*, Hrsg. G Roth und K-J Grün, 107–56. Vandenhoeck & Ruprecht, 2009.
Gotthelf, Allan. „Darwin on Aristotle." *Journal of the History of Biology* 32 (1999): 3–30. http://dx.doi.org/10.1093/acprof:oso/9780199287956.003.0015.
Gould, Stephen Jay. *Punctuated Equilbrium*. Cambridge Massachusetts: Belknap Press, 2007.
Gräfrath, Bernd. *Evolutionäre Ethik? Philosophische Programme, Probleme und Perspektiven der Soziobiologie*. Berlin: de Gruyter, 1997.
Graham, Jesse, J Haidt, und B A Nosek. „Liberals and Conservatives Rely on Different Sets of Moral Foundations." *J Pers Soc Psychol* 96 (2009): 1029–46. http://dx.doi.org/10.1037/a0015141.
Grant, Adam M. „Relational Job Design and the Motivation to Make a Prosocial Difference." *Academy of Management Review* 32 (2007): 393–417. http://dx.doi.org/10.5465/AMR.2007.24351328.
Gray, David B. „Compassionate Violence?: On the Ethical Implications of Tantric Buddhist Ritual." *Journal of Buddhist Ethics* 14 (2007): 239–71.
Greene, Joshua. „Emotion and Cognition in Moral Judgment: Evidence from Neuroimaging." In *Neurobiology of Human Values*, Hrsg. J.-P. Changeux, A R Damasio, W Singer, und Y Christen, 57–66. Research and Perspectives in Neurosciences. Berlin: Springer, 2005.
Greene, Joshua. „Reply to Mikhail and Timmons." In *Moral Psychology, Vol 3: The Neuroscience of Morality: Emotion, Brain Disorders, and Development.*, Hrsg. Walter Sinnott-Armstrong, 105–17. Cambridge, MA: MIT Press, 2008.
Greene, Joshua. „The Secret Joke of Kant's Soul." In *Moral Psychology, Vol 3: The Neuroscience of Morality: Emotion, Brain Disorders, and Development.*, Hrsg. Walter Sinnott-Armstrong, 35–80. Cambridge, MA: MIT Press, 2008.
Greene, Joshua, und Jonathan Haidt. „How (and Where) Does Moral Judgment Work?" *Trends Cogn Sci* 6 (2002): 517–23. http://dx.doi.org/10.1016/S1364-6613(02)02011-9.
Greene, Joshua, S A Morelli, K Lowenberg, L E Nystrom, und J D Cohen. „Cognitive Load Selectively Interferes with Utilitarian Moral Judgment." *Cognition* 107 (June 2008): 1144–54. http://dx.doi.org/10.1016/j.cognition.2007.11.004.
Greene, Joshua, L E Nystrom, A D Engell, J M Darley, und J D Cohen. „The Neural Bases of Cognitive Conflict and Control in Moral Judgment." *Neuron* 44 (2004): 389–400.
Greene, Joshua, R Brian Sommerville, Leigh E Nystrom, John M Darley, und Jonathan D Cohen. „An fMRI Investigation of Emotional Engagement in Moral Judgment." *Science* 293 (2001): 2105–8. http://dx.doi.org/10.1126/science.1062872.
Greshake, Gisbert. *Der dreieine Gott*. Freiburg: Herder, 2007.
Greve, Werner, und Dirk Wentura. „Immunizing the Self: Self-Concept Stabilization Through Reality-Adaptive Self-Definitions." *Personality and Social Psychology Bulletin* 29 (2003): 39–50. http://dx.doi.org/10.1177/0146167202238370.
Griffin, Ashleigh S. „Naked Mole-Rat." *Curr Biol* 18 (2008): R844–45. http://dx.doi.org/10.1016/j.cub.2008.07.054.

Griffiths, Paul E. „Evo-Devo Meets the Mind: Toward a Developmental Evolutionary Psychology." In *Integrating Evolution and Development: From Theory to Practice*, Hrsg. R Sansom and Brandon R, 195–225. Cambridge, MA: MIT Press, 2007.
Griggs, Jessica. „The Emotions You Never Knew You Had." *The New Scientist* 2743 (2010): 26–29. http://dx.doi.org/10.1016/S0262-4079(10)60120-0.
Grodzinski, Uri, und Nicola S Clayton. „Problems Faced by Food-Caching Corvids and the Evolution of Cognitive Solutions." *Philosophical Transactions of the Royal Society B: Biological Sciences* 365 (2010): 977–87. http://dx.doi.org/10.1098/rstb.2009.0210.
Grün, Klaus-Jürgen. „Die Sinnlosigkeit eines kompatibilistischen Freiheitsbegriffs – Arthur Schopenhauers Entlarvung der Selbsttäuscher." In *Das Gehirn und seine Freiheit*, Hrsg. G Roth und K-J Grün, 89–105. Göttingen: Vandenhoeck & Ruprecht, 2009.
Gupta, Sujata. „Reverse Evolution: Chicken Revisits Its Dinosaur Past." *New Scientist* 2826 (2011): 6–7. http://dx.doi.org/10.1016/S0262-4079(11)61992-1.
Gürerk, Ozgür, Bernd Irlenbusch, und Bettina Rockenbach. „The Competitive Advantage of Sanctioning Institutions." *Science* 312 (2006): 108–11. http://dx.doi.org/10.1126/science.1123633.
Gurven, Michael, Arianna Zanolini, und Eric Schniter. „Culture Sometimes Matters: Intra-Cultural Variation in pro-Social Behavior among Tsimane Amerindians." *J Econ Behav Organ* 67 (2008): 587–607. http://dx.doi.org/10.1016/j.jebo.2007.09.005.
Haeckel, Ernst. *Die Lebenswunder – Gemeinverständliche Studien über biologische Philosophie*. Stuttgart: Kröner Verlag, 1905.
Haeckel, Ernst. *Über die Entstehung und den Stammbaum des Menschengeschlechts*. Berlin: C. G. Lüderitz, 1873.
Haggard, P, und Martin Eimer. „On the Relation between Brain Potentials and the Awareness of Voluntary Movements." *Experimental Brain Research* 126, no. 1 (1999): 128–33. http://dx.doi.org/http://dx.doi.org/10.1007/s002210050722.
Haidt, Jonathan. „Moral Psychology Must Not Be Based on Faith and Hope: Commentary on Narvaez (2010)." *Perspectives on Psychological Science* 5 (2010): 182–84. http://dx.doi.org/10.1177/1745691610362352.
Haidt, Jonathan. „The Emotional Dog and Its Rational Tail: A Social Intuitionist Approach to Moral Judgment." *Psychol Rev* 108 (2001): 814–34. http://dx.doi.org/10.1037/0033-295X.108.4.814.
Haidt, Jonathan. „The Emotional Dog Does Learn New Tricks: A Reply to Pizarro and Bloom (2003)." *Psychol Rev* 110 (2003): 197–98. http://dx.doi.org/10.1037/0033-295X.110.1.197.
Haidt, Jonathan. „The Moral Emotions." In *Handbook of Affective Sciences*, Hrsg. R J Davidson, K R Scherer, und H H Goldsmith, 852–70. University Press, 2003.
Haidt, Jonathan. „The New Synthesis in Moral Psychology." *Science* 316 (2007): 998–1002. http://dx.doi.org/10.1126/science.1137651.
Haidt, Jonathan, und Jesse Graham. „Planet of the Durkheimians, Where Community, Authority, and Sacredness Are Foundations of Morality." In *Social and Psychological Bases of Ideology and System Justification*, Hrsg. J Jost, A C Kay, und H Thorisdottir, 371–401. NY: Oxford Press, 2009.
Haidt, Jonathan, und Craig Joseph. „Intuitive Ethics: How Innately Prepared Intuitions Generate Culturally Variable Virtues." *Daedalus* 133 (2004): 55–66. http://dx.doi.org/10.1162/0011526042365555.

Haidt, Jonathan, und Craig Joseph. „The Moral Mind: How 5 Sets of Innate Moral Intuitions Guide the Development of Many Culture-Specific Virtues, and Perhaps Even Modules." In *The Innate Mind, Vol. 3 Foundation and the Future*, Hrsg. P Carruthers, S Laurence, und S Stich, 367–91. NY: Oxford Press, 2008.

Haidt, Jonathan, und Selin Kesebir. „Morality." In *Handbook of Social Psychology*, Hrsg. S Fiske and D Gilbert, 797–831. New Jersey: John Wiley & Sons, 2010.

Haidt, Jonathan, S H Koller, und M G Dias. „Affect, Culture, and Morality, or Is It Wrong to Eat Your Dog?" *J Pers Soc Psychol* 65 (1993): 613–28. http://dx.doi.org/10.1037/0022-3514.65.4.613.

Haines, Elizabeth L, und John T Jost. „Placating the Powerless: Effects of Legitimate and Illegitimate Explanation on Affect, Memory, and Stereotyping." *Social Justice Research* 13 (2000): 219–36. http://dx.doi.org/10.1023/A:1026481205719.

Haley, Kevin J, und Daniel M T Fessler. „Nobody's Watching?: Subtle Cues Affect Generosity in an Anonymous Economic Game." *Evolution and Human Behav* 26 (2005): 245–56. http://dx.doi.org/10.1016/j.evolhumbehav.2005.01.002.

Hall, Jeffrey A. „Friendship Standards: The Dimensions of Ideal Expectations." *Journal of Social and Personal Relationships* 29 (2012): 884–907. http://dx.doi.org/10.1177/0265407512448274.

Hall, Lars, Petter Johansson, und Thomas Strandberg. „Lifting the Veil of Morality: Choice Blindness and Attitude Reversals on a Self-Transforming Survey." *PLoS ONE* 7 (2012): e45457. http://dx.doi.org/10.1371/journal.pone.0045457.

Haltmeier, Hans. „Streit um Babys Schmerz." *DIE ZEIT* Nr. 45, 30 (1988).

Hambrecht, Christian. „Schul-Experiment Die "Welle": Nazis für fünf Tage." *Spiegel-Online: Einestages*, 11. März 2008 http://einestages.spiegel.de/static/topicalbumbackground/1577/nazis_fuer_fuenf_tage.html.

Hamilton, William D. „The Genetical Evolution of Social Behaviour I." *J Theor Biol* 7 (July 1964): 1–16. http://dx.doi.org/10.1016/0022-5193(64)90038-4.

Hamzelou, Jessica. „Split Personality Crime: Who Is Guilty?" *New Scientist* 215 (2012): 10–11. http://dx.doi.org/10.1016/S0262-4079(12)61724-2.

Hare, Brian, Michelle Brown, Christina Williamson, und Michael Tomasello. „The Domestication of Social Cognition in Dogs." *Science* 298 (2002): 1634–36. http://dx.doi.org/10.1126/science.1072702.

Hare, Brian, und Michael Tomasello. „Human-like Social Skills in Dogs?" *Trends Cogn Sci* 9 (September 2005): 439–44. http://dx.doi.org/10.1016/j.tics.2005.07.003.

Hare, Brian, Victoria Wobber, und Richard Wrangham. „The Self-Domestication Hypothesis: Evolution of Bonobo Psychology Is due to Selection against Aggression." *Animal Behaviour* 83 (2012): 573–85. http://dx.doi.org/10.1016/j.anbehav.2011.12.007.

Hare, Robert D. *Without Conscience: The Disturbing World of the Psychopaths among Us*. New York: Guilford Press, 1999.

Hareli, Shlomo, und Zvi Eisikovits. „The Role of Communicating Social Emotions Accompanying Apologies in Forgiveness." *Motivation and Emotion* 30, no. 3 (2006): 189–97. http://dx.doi.org/10.1007/s11031-006-9025-x.

Harris, Sam. *Letter to a Christian Nation*. NY: Vintage Books, 2008.

Harris, Sam. *The Moral Landscape – How Science Can Determine Human Values*. New York: Free Press, 2010.

Haslam, N, Y Kashima, S Loughnan, J Shi, und C Suitner. „Subhuman, Inhuman, und Superhuman: Contrasting Humans with Nonhumans in Three Cultures." *Social Cognition* 26 (2008): 248–58. http://dx.doi.org/10.1521/soco.2008.26.2.248.

Haslam, S Alexander, und Stephen Reicher. „Just Obeying Orders?" *New Scientist* 223, no. 2986 (September 13, 2014): 28–31. http://dx.doi.org/10.1016/S0262–4079(14)61766–8.

Haslam, S Alexander, Stephen D Reicher, und Megan E Birney. „Nothing by Mere Authority: Evidence That in an Experimental Analogue of the Milgram Paradigm Participants Are Motivated Not by Orders but by Appeals to Science." *Journal of Social Issues* 70, no. 3 (2014): 473–88. http://dx.doi.org/10.1111/josi.12072.

Haslam, S Alexander, Stephen D Reicher, Kathryn Millard, und Rachel McDonald. „'Happy to Have Been of Service': The Yale Archive as a Window into the Engaged Followership of Participants in Milgram's 'obedience' Experiments." *British Journal of Social Psychology* 54 (2014): 55–83. http://dx.doi.org/10.1111/bjso.12074.

Hatchwell, B J, und J Komdeur. „Ecological Constraints, Life History Traits and the Evolution of Cooperative Breeding." *Anim Behav* 59 (2000): 1079–86. http://dx.doi.org/10.1006/anbe.2000.1394.

Hatchwell, B J, D J Ross, M K Fowlie, und A McGowan. „Kin Discrimination in Cooperatively Breeding Long-Tailed Tits." *Proc Biol Sci* 268 (2001): 885–90. http://dx.doi.org/10.1098/rspb.2001.1598.

Hatfield, Elaine, und Cacioppo Hatfield. *Emotional Contagion*. Cambridge Univ. Pr., 1994.

Hauert, Christoph, Arne Traulsen, Hannelore Brandt, Martin A Nowak, und Karl Sigmund. „Via Freedom to Coercion: The Emergence of Costly Punishment." *Science* 316 (2007): 1905–7. http://dx.doi.org/10.1126/science.1141588.

Hauser, Marc, F Cushman, L Young, Kang-Xing J R, und J Mikhail. „A Dissociation Between Moral Judgments and Justifications." *Mind & Language* 22 (2007): 1–21. http://dx.doi.org/10.1111/j.1468–0017.2006.00297.x.

Hauser, Marc D. *Moral Minds – How Nature Designed Our Universal Sense of Right and Wrong*. London: Abacus, 2006.

Hawks, John, Eric T Wang, Gregory M Cochran, Henry C Harpending, und Robert K Moyzis. „Recent Acceleration of Human Adaptive Evolution." *PNAS* 104 (2007): 20753–58. http://dx.doi.org/10.1073/pnas.0707650104.

Headey, Bruce. „Life Goals Matter to Happiness: A Revision of Set-Point Theory." *Social Indicators Research* 86 (2008): 213–31. http://dx.doi.org/10.1007/s11205–007–9138-y.

Headey, Bruce. „The Set-Point Theory of Well-Being: Negative Results and Consequent Revisions." *Social Indicators Research* 85 (2008): 389–403. http://dx.doi.org/10.1007/s11205-007-9134–2.

Headey, Bruce, Ruud Muffels, und Gert G Wagner. „Long-Running German Panel Survey Shows That Personal and Economic Choices, Not Just Genes, Matter for Happiness." *PNAS* 107 (2010): 17922–26. http://dx.doi.org/10.1073/pnas.1008612107.

Heard, Edith, und Robert A. Martienssen. „Transgenerational Epigenetic Inheritance: Myths and Mechanisms." *Cell* 157, no. 1 (2014): 95–109. http://dx.doi.org/10.1016/j.cell.2014.02.045.

Heaven, Douglas. „Do Maths without Having to Think." *New Scientist*, no. 2891 (2012): 14.

Hedden, Trey. „The Default Network – Your Mind, on Its Own Time." *Cerebrum*, Oktober 2010.

Hein, Grit, und Tania Singer. „I Feel How You Feel but Not Always: The Empathic Brain and Its Modulation." *Current Opinion in Neurobiology* 18 (2008): 153–58. http://dx.doi.org/10.1016/j.conb.2008.07.012.
Helrich, Carl S. „On the Limitations and Promise of Quantum Theory for Comprehension of Human Knowledge and Consciousness." *Zygon* 41 (2006): 543–66. http://dx.doi.org/10.1111/j.1467-9744.2005.00757.x.
Henrich, Joseph. „Social Science: Hunter-Gatherer Cooperation." *Nature* 481 (2012): 449–50. http://dx.doi.org/10.1038/481449a.
Henrich, Joseph. „The Evolution of Costly Displays, Cooperation and Religion: Credibility Enhancing Displays and Their Implications for Cultural Evolution." *Evolution and Human Behavior* 30 (2009): 244–60. http://dx.doi.org/10.1016/j.evolhumbehav.2009.03.005.
Henrich, Joseph, und Robert Boyd. „On Modeling Cognition and Culture: Why Cultural Evolution Does Not Require Replication of Representations." *Journal of Cognition and Culture* 2 (2002): 87–112. http://dx.doi.org/10.1163/156853702320281836.
Henrich, Joseph, Robert Boyd, Samuel Bowles, Colin Camerer, Ernst Fehr, Herbert Gintis, Richard McElreath, et al. „"Economic Man" in Cross-Cultural Perspective: Behavioral Experiments in 15 Small-Scale Societies." *Behav Brain Sci* 28 (2005): 755–95. http://dx.doi.org/10.1017/S0140525X05000142.
Henrich, Joseph, Jean Ensminger, Richard McElreath, Abigail Barr, Clark Barrett, Alexander Bolyanatz, Juan Camilo Cardenas, et al. „Markets, Religion, Community Size, and the Evolution of Fairness and Punishment." *Science* 327 (2010): 1480–84. http://dx.doi.org/10.1126/science.1182238.
Henrich, Joseph, und Francisco Gil-White. „The Evolution of Prestige: Freely Conferred Deference as a Mechanism for Enhancing the Benefits of Cultural Transmission." *Evol Hum Behav* 22 (2001): 165–96. http://dx.doi.org/10.1016/S1090-5138(00)00071-4.
Henrich, Joseph, Steven J Heine, und Ara Norenzayan. „The Weirdest People in the World?" *Behav Brain Sci* 33 (2010): 61–83. http://dx.doi.org/10.1017/S0140525X0999152X.
Herodotus of Halicarnassus. *The Histories*. http://www.paxlibrorum.com.
Herrmann, Benedikt, Christian Thöni, und Simon Gächter. „Antisocial Punishment across Societies." *Science* 319 (2008): 1362–67. http://dx.doi.org/10.1126/science.1153808.
Herrmann, Esther, Josep Call, María Victoria Hernàndez-Lloreda, Brian Hare, und Michael Tomasello. „Humans Have Evolved Specialized Skills of Social Cognition: The Cultural Intelligence Hypothesis." *Science* 317, no. 5843 (2007): 1360–66. http://www.sciencemag.org/content/317/5843/1360.abstract.
Herrmann, Esther, und Michael Tomasello. „Apes' and Children's understanding of Cooperative and Competitive Motives in a Communicative Situation." *Dev Sci* 9 (2006): 518–29. http://dx.doi.org/10.1111/j.1467-7687.2006.00519.x.
Herrmann, Patricia A, Cristine H Legare, Paul L Harris, und Harvey Whitehouse. „Stick to the Script: The Effect of Witnessing Multiple Actors on Children's Imitation." *Cognition* 129, no. 3 (2013): 536–43. http://dx.doi.org/10.1016/j.cognition.2013.08.010.
Heyes, Cecilia. „Four Routes of Cognitive Evolution." *Psychol Rev* 110 (2003): 713–27. http://dx.doi.org/10.1037/0033-295X.110.4.713.
Heylighen, F. „The Global Superorganism: An Evolutionary-Cybernetic Model of the Emerging Network Society." *Social Evolution & History* 6 (2007): 57–117.
Heyman, James, und Dan Ariely. „Effort for Payment." *Psychological Science* 15 (2004): 787–93. http://dx.doi.org/10.1111/j.0956-7976.2004.00757.x.

Hierotheos Vlachos von Nafpaktos, Metropolit. „Orthodoxe Spiritualität." *Der Schmale Pfad – Orthodoxe Quellen und Zeugnisse* 7 (2004).

Hilgard, Ernest R, und Josephine R Hilgard. *Hypnosis in the Relief of Pain*. New York: Brunner/Mazel, 1994.

Hippel, William von, und Robert Trivers. „The Evolution and Psychology of Self-Deception." *Behav Brain Sci* 34 (2011): 1–56. http://dx.doi.org/10.1017/S0140525X10001354.

Hitlin, Steven. „Values as the Core of Personal Identity: Drawing Links between Two Theories of Self." *Social Psychology Quarterly* 66 (2003): 118–37. http://dx.doi.org/10.2307/1519843.

Ho, Man Yee, und Helene H Fung. „A Dynamic Process Model of Forgiveness: A Cross-Cultural Perspective." *Review of General Psychology* 15 (2011): 77–84. http://dx.doi.org/10.1037/a0022605.

Hofmann, Stefan G, Paul Grossman, und Devon E Hinton. „Loving-Kindness and Compassion Meditation: Potential for Psychological Interventions." *Clinical Psychology Review* 31 (2011): 1126–32. http://dx.doi.org/10.1016/j.cpr.2011.07.003.

Holmes, Bob. „The Selfless Gene: Rethinking Dawkins's Doctrine." *New Scientist* 2698 (2009): 36–39. http://dx.doi.org/10.1016/S0262–4079(09)60656–4.

Holmes, Bob. „Life Chances," *New Scientist* 3012 (2015): 32–35. http://dx.doi.org/10.1016/S0262–4079(15)60492–4.

Holst, Dietrich v. „Renal Failure as the Cause of Death in *Tupaia belangeri* exposed to persistent social Stress." *Journal of Comparative Physiology A: Neuroethology, Sensory, Neural, and Behavioral Physiology* 78 (1972): 236–73. http://dx.doi.org/10.1007/BF00697657.

Horberg, Elizabeth J, Christopher Oveis, und Dacher Keltner. „Emotions as Moral Amplifiers: An Appraisal Tendency Approach to the Influences of Distinct Emotions upon Moral Judgment." *Emotion Review* 3 (2011): 237–44. http://dx.doi.org/10.1177/1754073911402384.

Horn, S, und S Wiedenhofer, Hrsg. *Schöpfung und Evolution – Eine Tagung mit Papst Benedikt XVI. in Castel Gandolfo*. Augsburg: St. Ulrich Verlag, 2007.

Horner, Victoria, und Andrew Whiten. „Causal Knowledge and Imitation/emulation Switching in Chimpanzees." *Animal Cognition* 8, no. 3 (2005): 164–81. http://dx.doi.org/10.1007/s10071-004-0239–6.

Howard, R F. „Current Status of Pain Management in Children." *Journal of the American Medical Association* 290 (2003): 2464–69. http://dx.doi.org/10.1001/jama.290.18.2464.

Hrdy, Sarah Blaffer. *Mothers and Others. the Evolutionary Origins of Mutual understanding*. Cambridge, MA: Belknap Press, 2009.

Hughes, David. „Pathways to understanding the Extended Phenotype of Parasites in Their Hosts." *The Journal of Experimental Biology* 216, no. 1 (January 01, 2013): 142–47. http://dx.doi.org/10.1242/jeb.077461.

Hughes, Gethin, Max Velmans, und Jan De Fockert. „Unconscious Priming of a No-Go Response." *Psychophysiology* 46 (2009): 1258–69. http://dx.doi.org/10.1111/j.1469–8986.2009.00873.x.

Hughes, William. „Richards' Defense of Evolutionary Ethics." *Biology and Philosophy* 1 (1986): 306–15.

Hughes, William O H, Benjamin P Oldroyd, Madeleine Beekman, und Francis L W Ratnieks. „Ancestral Monogamy Shows Kin Selection Is Key to the Evolution of Eusociality." *Science* 320 (2008): 1213–16. http://dx.doi.org/10.1126/science.1156108.

Hume, David. *A Treatise of Human Nature*. London: Allmann, 1739/1817.
Hume, David. *Essays – Moral, Political and Literary*. NY: Cosimo, 1742/2007.
Hunt, G. „The Relative Importance of Directional Change, Random Walks, and Stasis in the Evolution of Fossil Lineages." *PNAS* 104 (2007): 18404–8. http://dx.doi.org/10.1073/pnas.0704088104.
Hutcherson, Cendri A, und James J Gross. „The Moral Emotions: A Social-Functionalist Account of Anger, Disgust, and Contempt." *J Pers Soc Psychol* 100 (April 2011): 719–37. http://dx.doi.org/10.1037/a0022408.
Ignatieff, Michael. *Human Rights as Politics and Idolatry*. Princeton, NJ: University Press, 2001.
Immordino-Yang, Mary Helen, und Vanessa Singh. „Hippocampal Contributions to the Processing of Social Emotions." *Human Brain Mapping* 34, no. 4 (2013): 945–55. http://dx.doi.org/10.1002/hbm.21485.
Inbar, Yoel, David A Pizarro, Joshua Knobe, und Paul Bloom. „Disgust Sensitivity Predicts Intuitive Disapproval of Gays." *Emotion* 9 (June 2009): 435–39. http://dx.doi.org/10.1037/a0015960.
Inglehart, Ronald, Roberto Foa, Christopher Peterson, und Christian Welzel. „Development, Freedom, and Rising Happiness: A Global Perspective (1981–2007)." *Perspectives on Psychological Science* 3 (2008): 264–85. http://dx.doi.org/10.1111/j.1745–6924.2008.00078.x.
Irenäus von Lyon [135–202]. *Gegen Die Häresien (Contra Haereses)*. Bibliothek der Kirchenväter, 1. Reihe, Bd. 3, 1912.
Iriki, Atsushi, und Osamu Sakura. „The Neuroscience of Primate Intellectual Evolution: Natural Selection and Passive and Intentional Niche Construction." *Philosophical Transactions of the Royal Society B: Biological Sciences* 363 (2008): 2229–41. http://dx.doi.org/10.1098/rstb.2008.2274.
Itakura, Shoji, und Masayuki Tanaka. „Use of Experimenter-Given Cues During Object-Choice Tasks by Chimpanzees (*Pan troglodytes*), an Orangutan (*Pongo pygmaeus*), and Human Infants (*Homo sapiens*)." *Journal of Comparative Psychology* 112 (1998): 119–26. http://dx.doi.org/10.1037/0735–7036.112.2.119.
Jablonka, Eva, und Marion J Lamb. *Evolution in Four Dimensions: Genetic, Epigenetic, Behavioral, and Symbolic Variation in the History of Life*. Cambridge, MA: MIT Press, 2005.
Jablonka, Eva, und Marion J Lamb. „Précis of Evolution in Four Dimensions." *Behav Brain Sci* 30 (2007): 353–89. http://dx.doi.org/10.1017/S0140525X07002221.
Jablonka, Eva, und Marion J Lamb. „Transgenerational Epigenetic Inheritance." In *Evolution – The Extended Synthesis*, Hrsg. M Pigliucci und G B Müller, 137–74. Cambridge, Mass.: MIT Press, 2010.
Jablonski, D. „Origination Patterns and Multilevel Processes in Makroevolution." In *Evolution – The Extended Synthesis*, Hrsg. M Pigliucci und G B Müller, 335–54. Cambridge, Mass.: MIT Press, 2010.
Jäckle, Sebastian, und Georg Wenzelburger. „Religion und Religiosität Als Ursache von Homonegativität." *Berliner Journal für Soziologie* 21, no. 2 (2011): 231–63. http://dx.doi.org/10.1007/s11609–011–0155-y.
Jacobs, Philip J. „An Argument over 'Methodological Naturalism' at the Vatican Observatory." *The Heythrop Journal* 49 (2008): 542–81. http://dx.doi.org/10.1111/j.1468–2265.2008.00384.x.

Jarvis, J, und P Sherman. „Heterocephalus Glaber." *Mammalian Species* 706 (2002): 1–9. http://dx.doi.org\10.1644/1545–1410(2002)706<0001:HG>2.0.CO;2.
Jaud, Christiane. *Corporate Social Responsibility als Erfolgsfaktor für das Marketing von Unternehmen*. München: GRIN, 2009.
Jensen, Keith, Josep Call, und Michael Tomasello. „Chimpanzees Are Vengeful but Not Spiteful." *PNAS* 104 (August 2007): 13046–50. http://dx.doi.org/10.1073/pnas.0705555104.
Jensen, Per. „Adding 'Epi-' to Behaviour Genetics: Implications for Animal Domestication." *The Journal of Experimental Biology* 218, no. 1 (2015): 32–40. http://jeb.biologists.org/content/218/1/32.abstract.
Jeremias, Joachim. *Die Gleichnisse Jesu*. Göttingen: Vandenhoeck & Ruprecht, 1977.
Jetten, Jolanda, Tom Postmes, und Brendan J McAuliffe. „"We're All Individuals": Group Norms of Individualism and Collectivism, Levels of Identification and Identity Threat." *European Journal of Social Psychology* 32 (2002): 189–207.––http://dx.doi.org/10.1002/ejsp.65.
Johannes vom Kreuz [1542–1591]. *Die Dunkle Nacht*. Freiburg: Herder, 1995.
Johnson, Dominic. „God's Punishment and Public Goods." *Human Nature* 16, no. 4 (2005): 410–46. http://dx.doi.org/10.1007/s12110-005-1017–0.
Johnson, Dominic, und Jesse Bering. „Hand of God, Mind of Man: Punishment and Cognition in the Evolution of Cooperation." *Evol Psych* 4 (2006): 219–33. http://dx.doi.org/10.1556/JEP.2007.1013.
Johnson, Mark. *The Meaning of the Body: Aesthetics of Human understanding*. Chicago: University of Chicago Press, 2007.
Johnson, Megan K, Wade C Rowatt, und Jordan LaBouff. „Priming Christian Religious Concepts Increases Racial Prejudice." *Social Psychological and Personality Science* 1 (2010): 119–26. http://dx.doi.org/10.1177/1948550609357246.
Johnson, Megan K, Wade C Rowatt, und Jordan P LaBouff. „Religiosity and Prejudice Revisited: In-Group Favoritism, Out-Group Derogation, or Both?" *Psychology of Religion and Spirituality* 4 (2012): 154–68. http://dx.doi.org/10.1037/a0025107.
Jones, Dan. „Dark Rites." *New Scientist* 225, no. 3004 (2015): 36–39.
Jones, Dan. „How to Be Happy (but Not Too Much)." *New Scientist* 2779 (2010): 44–47.
Jones, Dan. „The Free Will Delusion." *New Scientist* 2808 (2011): 32–35.
Jones, Dan. „Winning Combinations." *New Scientist* 2766 (2010): 46–49.
Josipovic, Zoran, Ilan Dinstein, Jochen Weber, und David J Heeger. „Influence of Meditation on Anti-Correlated Networks in the Brain." *Front Hum Neurosci* 5 (2011): 183. http://dx.doi.org/10.3389/fnhum.2011.00183.
Jost, John T. „Outgroup Favoritism and the Theory of System Justification: A Paradigm for Investigating the Effects of Socioeconomic Success on Stereotype Content." In *Cognitive Social Psychology: The Princeton Symposium on the Legacy and Future of Social Cognition*, Hrsg. Gordon B Moskowitz, 89–102. Lawrence Erlbaum, Mahwah, NJ, 2001.
Joyce, Richard. „Darwinian Ethics and Error." *Biology and Philosophy* 15, no. 5 (2000): 713–32.
Joyce, Richard. *The Evolution of Morality*. Cambridge, Mass.: MIT Press, 2006.
Junker, Reinhard, und Siegfried Scherer. *Evolution – Ein kritisches Lehrbuch*. Gießen: Weyel, 2006.
Kahneman, Daniel, Alan B Krueger, David Schkade, Norbert Schwarz, und Arthur A Stone. „Would You Be Happier If You Were Richer? A Focusing Illusion." *Science* 312 (2006): 1908–10. http://dx.doi.org/10.1126/science.1129688.

Kahneman, Daniel, und Amos Tversky. „Choices, Values, and Frames." *American Psychologist* 39 (1984): 341–50.
Kalamatianos, Theodosis, Christopher G Faulkes, Maria K Oosthuizen, Ravi Poorun, Nigel C Bennett, und Clive W Coen. „Telencephalic Binding Sites for Oxytocin and Social Organization: A Comparative Study of Eusocial Naked Mole-Rats and Solitary Cape Mole-Rats." *The Journal of Comparative Neurology* 518 (2010): 1792–1813. http://dx.doi.org/10.1002/cne.22302.
Kaminski, Juliane, Julia Riedel, Josep Call, und Michael Tomasello. „Domestic Goats, *Capra hircus*, Follow Gaze Direction and Use Social Cues in an Object Choice Task." *Animal Behaviour* 69 (2005): 11–18. http://dx.doi.org/10.1016/j.anbehav.2004.05.008.
Kamm, F M. „Does Distance Matter Morally to the Duty to Rescue." *Law and Philosophy* 19, no. 6 (2000): 655–81. http://dx.doi.org/10.2307/3505070.
Kandel, Eugene, und Edward P Lazear. „Peer Pressure and Partnerships." *Journal of Political Economy* 100 (1992): 801. http://dx.doi.org/10.1086/261840.
Kant, Immanuel. *Grundlegung zur Metaphysik der Sitten [AA IV]*. Werke (Akademieausgabe). Königl. Preußische Akademie der Wissenschaften, 1786/1911.
Kauffman, Stuart. *Der Öltropfen im Wasser*. München: Piper, 1995.
Kauffman, Stuart. *The Origins of Order: Self-Organization and Selection in Evolution*. NY: Oxford Univ. Press, 1993.
Käuflein, Albert. „Hirnforschung, Freiheit und Ethik." In *Determiniert oder frei? – Auseinandersetzung mit der Hirnforschung*, Hrsg. A Käuflein und T Macherauch, 11–27. Karlsruhe: Braun, 2006.
Kegan, Robert. *Die Entwicklungsstufen des Selbst. Fortschritte und Krisen im menschlichen Leben*. München: Kindt, 1986.
Keller, Monika. „Moralentwicklung und Sozialisation." In *Pädagogik und Ethik*, Hrsg. D Horster und J Oelkers, 149–72. Verlag für Sozialwissenschaften, Wiesbaden, 2005.
Keltner, Dacher. *Born to Be Good: The Science of a Meaningful Life*. Vol. Kindle Edi. NY: Norton and Company, 2009.
Keltner, Dacher, und Jonathan Haidt. „Approaching Awe, a Moral, Spiritual, and Aesthetic Emotion." *Cognition and Emotion* 17 (2003): 297–314. http://dx.doi.org/10.1080/02699930302297.
Kendal, Jeremy, Marcus W Feldman, und Kenichi Aoki. „Cultural Coevolution of Norm Adoption and Enforcement when Punishers are Rewarded or Non-Punishers are Punished." *Theor Popul Biol* 70 (2006): 10–25. http://dx.doi.org/10.1016/j.tpb.2006.01.003.
Keown, Damian. „Are There 'Human Rights' in Buddhism?." *Journal of Buddhist Ethics* 2 (1995): 3–27.
Keown, Damien. *The Nature of Buddhist Ethics*. NY: Palgrave, 2001.
Kerr, Benjamin, Claudia Neuhauser, Brendan J M Bohannan, und Antony M Dean. „Local Migration Promotes Competitive Restraint in a Host-Pathogen 'Tragedy of the Commons.'" *Nature* 442 (2006): 75–78. http://dx.doi.org/10.1038/nature04864.
Khoroche, Peter [Übers.]. *Once the Buddha was a Monkey: Ārya Śūra's Jātakamālā [4. Jh.]* Chicago: Univ. Press, 1989.
King-Casas, Brooks, Damon Tomlin, Cedric Anen, Colin F Camerer, Steven R Quartz, und P Read Montague. „Getting to Know You: Reputation and Trust in a Two-Person Economic Exchange." *Science* 308 (April 2005): 78–83. http://dx.doi.org/10.1126/science.1108062.
Kirschner, M W, und J C Gerhart. „Facilitated Variation." In *Evolution – The Extended Synthesis*, Hrsg. M Pigliucci und G B Müller, 253–80. Cambridge, Mass.: MIT Press, 2010.

Kleiman, Tali, und Ran R. Hassin. „Non-Conscious Goal Conflicts." *Journal of Experimental Social Psychology* 47 (2011): 521–32. http://dx.doi.org/10.1016/j.jesp.2011.02.007.

Klink, Andreas, und Ulrich Wagner. „Discrimination Against Ethnic Minorities in Germany: Going Back to the Field (1)." *Journal of Applied Social Psychology* 29 (1999): 402–23. http://dx.doi.org/10.1111/j.1559-1816.1999.tb01394.x.

Knapp, Andreas. *Soziobiologie und Moraltheologie – Kritik der ethischen Folgerungen moderner Biologie*. Weinheim: VCH, Acta Humaniora, 1989.

Knobe, Joshua, und Shaun Nichols. *Experimental Philosophy*. Experimental Philosophy. Oxford University Press, 2008.

Kobayashi, Hiromi, und Shiro Kohshima. „Unique Morphology of the Human Eye and Its Adaptive Meaning: Comparative Studies on External Morphology of the Primate Eye." *Journal of Human Evolution* 40 (2001): 419–35. http://dx.doi.org/10.1006/jhev.2001.0468.

Koch, Alexander, und Hans T Normann. „Giving in Dictator Games: Regard for Others or Regard by Others?" *Southern Economic Journal* 75 (2008): 223–31.

Koch, Christof. „Free Will, Physics, Biology and the Brain." In *Downward Causation and the Neurobiology of Free Will*, Hrsg. N Murphy, George F R Ellis, und T oConnor, 31–52. understanding Complex Systems. Berlin: Springer, 2009.

Kocher, Sarah, und Christina Grozinger. „Cooperation, Conflict, and the Evolution of Queen Pheromones." *Journal of Chemical Ecology* 37 (2011): 1263–75. http://dx.doi.org/10.1007/s10886-011-0036-z.

Koenigs, Michael, Liane Young, Ralph Adolphs, Daniel Tranel, Fiery Cushman, Marc Hauser, und Antonio Damasio. „Damage to the Prefrontal Cortex Increases Utilitarian Moral Judgements." *Nature* 446 (April 2007): 908–11. http://dx.doi.org/10.1038/nature05631.

Kohlberg, Lawrence, Charles Levine, und Alexandra Hewer. „Moral Stages: A Current Formulation and a Response to Critics." *Contributions to Human Development* 10 (1983): 174.

Kohler, Richard. *Jean Piaget*. Stuttgart: UTB, 2008.

Kohn, Marek. „The Needs of the Many." *Nature* 456 (2008): 296–99.

Komdeur, Jan, David S Richardson, und Terry Burke. „Experimental Evidence That Kin Discrimination in the Seychelles Warbler Is Based on Association and Not on Genetic Relatedness." *Proc Biol Sci* 271 (2004): 963–69. http://dx.doi.org/10.1098/rspb.2003.2665.

Konstam, Varda, Miriam Chernoff, und Sara Deveney. „Toward Forgiveness: The Role of Shame, Guilt Anger, and Empathy." *Counseling and Values* 46 (2001): 26–39. http://dx.doi.org/10.1002/j.2161-007X.2001.tb00204.x.

Koolhaas, J M, A Bartolomucci, B Buwalda, S F de Boer, G Flügge, S M Korte, P Meerlo, et al. „Stress Revisited: A Critical Evaluation of the Stress Concept." *Neurosci Biobehav Rev* 35 (2011): 1291–1301. http://dx.doi.org/10.1016/j.neubiorev.2011.02.003.

Korb, Judith, und Jürgen Heinze. „Multilevel Selection and Social Evolution of Insect Societies." *Naturwissenschaften* 91 (2004): 291–304. http://dx.doi.org/10.1007/s00114-004-0529-5.

Korchmaros, Josephine D, und David A Kenny. „Emotional Closeness as a Mediator of the Effect of Genetic Relatedness on Altruism." *Psychological Science* 12 (2001): 262–65. http://dx.doi.org/10.1111/1467-9280.00348.

Kornell, Nate, Lisa K Son, und Herbert S Terrace. „Transfer of Metacognitive Skills and Hint Seeking in Monkeys." *Psychological Science* 18 (2007): 64–71. http://dx.doi.org/10.1111/j.1467-9280.2007.01850.x.

Kosfeld, Michael, Markus Heinrichs, Paul J Zak, Urs Fischbacher, und Ernst Fehr. „Oxytocin Increases Trust in Humans." *Nature* 435 (2005): 673–76. http://dx.doi.org/10.1038/nature03701.

Kovács, A M, E Téglás, und A D Endress. „The Social Sense: Susceptibility to Others' Beliefs in Human Infants and Adults." *Science* 330 (2010): 1830–34. http://dx.doi.org/10.1126/science.1190792.

Kraft, Kenneth. „Meditation in Action: The Emergence of Engaged Buddhism." *Tricycle: The Buddhist Review* 2 (1993): 42–48.

Kraft, Kenneth. „Practicing Peace: Social Engagement in Western Buddhism." *Journal of Buddhist Ethics* 2 (1995): 152–72.

Kraus, Michael W, und Dacher Keltner. „Signs of Socioeconomic Status." *Psychological Science* 20 (2009): 99–106. http://dx.doi.org/10.1111/j.1467-9280.2008.02251.x.

Kraus, Michael W, Paul K Piff, und Dacher Keltner. „Social Class, Sense of Control, and Social Explanation." *J Pers Soc Psychol* 97 (2009): 992–1004. http://dx.doi.org/10.1037/a0016357.

Kraus, Michael W, Paul K Piff, Rodolfo Mendoza-Denton, Michelle L Rheinschmidt, und Dacher Keltner. „Social Class, Solipsism, and Contextualism: How the Rich Are Different from the Poor." *Psychol Rev* 119 (July 2012): 546–72. http://dx.doi.org/10.1037/a0028756.

Krebs, John R, und Nicholas B Davies. *Einführung in die Verhaltensökologie*. Berlin: Blackwell-Wiss.-Verl., 1996.

Kumar, Sameet M. „An Introduction to Buddhism for the Cognitive-Behavioral Therapist." *Cognitive and Behavioral Practice* 9 (2002): 40–43.

Kumashiro, Mari, Hidetoshi Ishibashi, Yukari Uchiyama, Shoji Itakura, Akira Murata, und Atsushi Iriki. „Natural Imitation Induced by Joint Attention in Japanese Monkeys." *Int. Journal of Psychophysiology* 50 (2003): 81–99. http://dx.doi.org/10.1016/S0167-8760(03)00126-0.

Kummer, Christian. „Ein neuer Kulturkampf? Evolutionsbiologen in der Auseinandersetzung mit dem 'christlichen Schöpfungsmythos'." *Stimmen der Zeit* Heft 2 (2008): 87–100.

Kunda, Ziva. „The Case for Motivated Reasoning." *Psychol Bull* 108 (1990): 480–98. http://dx.doi.org/10.1037/0033-2909.108.3.480.

Kutschera, Ulrich. *Evolutionsbiologie*. Stuttgart: Ulmer, 2006.

La Porta, Rafael, Florencio Lopez-de-Silanes, Andrei Shleifer, und Robert W Vishny. „Trust in Large Organizations." *American Economic Review* 87 (1997): 333–38. http://dx.doi.org/10.1126/science.151.3712.867-a.

Lahti, D C. „'You Have Heard ...but I Tell You ...': A Test of the Adaptive Significance of Moral Evolution." In *Evolution and Ethics. Human Morality in Biological & Religious Perspective*, Hrsg. P Clayton und J Schloss, 132–50. Eerdmans, 2004.

Laland, Kevin, Tobias Uller, Marc Feldman, Kim Sterelny, und und Andere. „Does Evolutionary Theory Need a Rethink?" *Nature* 514 (2014): 161–64.

Lambie, John A. „Emotion Experience, Rational Action, and Self-Knowledge." *Emotion Review* 1 (2009): 272–80. http://dx.doi.org/10.1177/1754073909103596.

Lammers, Joris, Diederik A Stapel, und Adam D Galinsky. „Power Increases Hypocrisy." *Psychological Science* 25 (2010): 737–44. http://dx.doi.org/10.1177/0956797610368810.

Lang, Frieder R, M Martin, und Pinquart M. *Entwicklungspsychologie – Erwachsenenalter*. Göttingen: Hogrefe, 2012.

Latané, Bibb, und Steve Nida. „Ten Years of Research on Group Size and Helping." *Psychol Bull* 89 (1981): 308–24.

Lawton, Graham. „The Grand Delusion: Blind to Bias." *New Scientist* 2812 (2011): 37–41.

Lefebvre, Louis. „The Opening of Milk Bottles by Birds: Evidence for Accelerating Learning Rates, but against the Wave-of-Advance Model of Cultural Transmission." *Behavioural Processes* 34 (1995): 43–53. http://dx.doi.org/10.1016/0376-6357(94)00051-H.

Legare, Cristine H, und André L Souza. „Evaluating Ritual Efficacy: Evidence from the Supernatural." *Cognition* 124, no. 1 (2012): 1–15. http://dx.doi.org/10.1016/j.cognition.2012.03.004.

Lehrer, Jonah. *The Decisive Moment. How the Brain Makes up Its Mind*. Edinburgh: Canongate, 2009.

Leighton, Alexander H, und Charles C Hughes. „Notes on Eskimo Patterns of Suicide." *Southwestern Journal of Anthropology* 11 (1955): 327–38.

Lennox, James G. „Darwin Was a Teleologist." *Biology and Philosophy* 8, no. 4 (1993): 409–21. http://dx.doi.org/10.1007/BF00857687.

Lévinas, Emmanuel. *Die Spur des Anderen*. Freiburg: Alber, 1992.

Lévinas, Emmanuel. *Ethik und Unendliches – Gespräche mit Philippe Nemo*. Hrsg. Peter Engelmann. Wien: Edition Passagen, 1986.

Levine, Charles, Lawrence Kohlberg, und Alexandra Hewer. „The Current Formulation of Kohlberg's Theory and a Response to Critics." *Human Development* 28 (1985): 94–100. http://dx.doi.org/10.1159/000272945.

Levine, Mark, Clare Cassidy, und Ines Jentzsch. „The Implicit Identity Effect: Identity Primes, Group Size, and Helping." *British Journal of Social Psychology* 49 (2010): 785–802. http://dx.doi.org/10.1348/014466609X480426.

Lewens, Tim. „Cultural Evolution." In *The Stanford Encyclopedia of Philosophy (Fall 2008 Edition)*, Hrsg. E N Zalta, 2008. http://plato.stanford.edu/entries/evolution-cultural/.

Lewis, Michael. „Empathy Requires the Development of the Self." *Behav Brain Sci* 25 (2002): 42. http://dx.doi.org/10.1017/S0140525X02450017.

Lewontin, Richard. „The Units of Selection." *Annual Review of Ecology and Systematics* 1 (1970): 1–18. http://dx.doi.org/10.1146/annurev.es.01.110170.000245.

Lewontin, Richard, und Richard Levins. *Biology under the Influence – Dialectical Essays on Ecology, Agriculture, and Health*. New York: Monthly Review Press, 2007.

Libet, Benjamin. „Do We Have Free Will?" *Journal of Consciousness Studies* 6 (1999): 47–57.

Libet, Benjamin. „Unconscious Cerebral Initiative and the Role of Conscious Will in Voluntary Action." *Behav Brain Sci* 8 (1985): 529–66. http://dx.doi.org/10.1017/S0140525X00044903.

Libet, Benjamin, C A Gleason, E W Wright, und D K Pearl. „Time of Conscious Intention to Act in Relation to Onset of Cerebral Activity (readiness Potential): The Unconscious Initiation of a Freely Voluntary Act." *Brain* 106 (1983): 623–42. http://dx.doi.org/10.1093/brain/106.3.623.

Libet, Benjamin, Elwood W Wright, and Curtis A Gleason. „Preparation- or Intention-to-Act, in Relation to Pre-Event Potentials Recorded at the Vertex." *Electroenceph. Clin. Neurophysiology* 56 (1983): 367–72. http://dx.doi.org/10.1016/0013-4694(83)90262-6.

Lieberman, Matthew D, A Hariri, J M Jarcho, N I Eisenberger, und S Y Bookheimer. „An fMRI Investigation of Race-Related Amygdala Activity in African-American and

Caucasian-American Individuals." *Nat Neurosci* 8 (2005): 720–22. http://dx.doi.org/10.1038/nn1465.
Lim, Jana P, und Anne Brunet. „Bridging the Transgenerational Gap with Epigenetic Memory." *Trends in Genetics* 29, no. 3 (March 2013): 176–86. http://dx.doi.org/10.1016/j.tig.2012.12.008.
Linke, Sebastian. *Darwins Erben in den Medien – Eine Wissenschafts- und Mediensoziologische Fallstudie zur Renaissance der Soziobiologie.* Bielefeld: transcript Verlag, 2007.
Livingston, Robert W, und Brian B Drwecki. „Why Are Some Individuals Not Racially Biased?" *Psychological Science* 18 (2007): 816–23. http://dx.doi.org/10.1111/j.1467-9280.2007.01985.x.
Locke, John. *Versuch über den menschlichen Verstand.* Hamburg: Felix Meiner, 1689/1981.
Lohfink, Gerhard. *Wem gilt die Bergpredigt?.* Freiburg: Herder, 1988.
Lorenz, Konrad. „Moral-analoges Verhalten geselliger Tiere: Vortrag anlässlich der Jahresversammlung 1954 des Stifterverbandes für die deutsche Wissenschaft." Essen-Bredeney: Stifterverband für die Deutsche Wissenschaft, 1954.
Lüke, Ulrich. *„'Als Anfang schuf Gott...' – Bio-Theologie. Zeit – Evolution – Hominisation.* Paderborn: Schöningh, 2001.
Lüke, Ulrich. *Das Säugetier von Gottes Gnaden. Evolution, Bewusstsein, Freiheit.* Freiburg im Breisgau: Herder, 2006.
Lüke, Ulrich. *Der Mensch – Nichts als Natur? Interdisziplinäre Annäherungen.* Darmstadt: Wissenschaftliche Buchgesellschaft, 2007.
Luo, M. „,'Excuse Me. May I Have Your Seat?'; Revisiting a Social Experiment, And the Fear That Goes With It." *NY Times*, 14. September 2004.
Luther, Martin. „Schriften 1512/18." In *Weimarer Ausgabe WA 1*, Hrsg. R Hermann, G Ebeling, und andere. Weimar: Böhlaus Nachfolger, 1514/2000.
Lykken, David, und Auke Tellegen. „Happiness Is a Stochastic Phenomenon." *Psychological Science* 7 (1996): 186–89. http://dx.doi.org/10.1111/j.1467-9280.1996.tb00355.x.
Lyons, Derek E, Webb Phillips, und Laurie R Santos. „Motivation Is Not Enough." *Behav Brain Sci* 28 (2005): 708. http://dx.doi.org/10.1073/pnas.0704452104.
M'Rabet, Laura, Arjen Paul Vos, Günther Boehm, und Johan Garssen. „Breast-Feeding and Its Role in Early Development of the Immune System in Infants: Consequences for Health Later in Life." *The Journal of Nutrition* 138 (2008): 1782S–1790S.
MacDonald, Cynthia. „Introspection." In *The Oxford Handbook of Philosophy of Mind*, Hrsg. B P McLaughlin, A Beckermann, und S Walter, 741–66. Oxford: Clarendon Press, 2009.
Mackie, John L. *Ethik – Auf der Suche nach dem Richtigen und Falschen (orig. 1977: „Ethics – Inventing Right and Wrong").* Stuttgart: Reclam, 1981.
MacLean, Paul D. *A Triune Concept of the Brain and Behavior.* Toronto: Univ. Press, 1973.
MacLeod, Colin M, und Peter W Sheehan. „Hypnotic Control of Attention in the Stroop Task: A Historical Footnote." *Consciousness and Cognition* 12 (2003): 347–53. http://dx.doi.org/10.1016/S1053-8100(03)00025-4.
Magen, Zipora. „Commitment beyond Self and Adolescence: The Issue of Happiness." *Social Indicators Research* 37 (1996): 235–67. http://dx.doi.org/10.1007/BF00286233.
Maia, Tiago V, und James L McClelland. „A Reexamination of the Evidence for the Somatic Marker Hypothesis: What Participants Really Know in the Iowa Gambling Task." *PNAS* 101 (2004): 16075–80. http://dx.doi.org/10.1073/pnas.0406666101.

Maldamé, Jean-Michel. „L'émergence de L'homme Comme Avènement de L'âme." *Revue Thomist* 102 (2002): 73–105.

Malhotra, Deepak. „(When) Are Religious People Nicer ? Religious Salience and the 'Sunday Effect' on pro-Social Behavior." *Judgment and Decision Making* 5 (2010): 138–43.

Manucia, G K, D J Baumann, und R B Cialdini. „Mood Influences on Helping: Direct Effects or Side Effects?" *Journal of Personality and Social Psychology* 46 (1984): 357–64. http://dx.doi.org/10.1037/0022–3514.46.2.357.

Markus, Hazel Rose, und Shinobu Kitayama. „Culture and the Self: Implications for Cognition, Emotion, and Motivation." *Psychological Review* 98 (1991): 224–53.

Maros, K, M Gácsi, und A Miklósi. „Comprehension of Human Pointing Gestures in Horses (Equus caballus)." *Animal Cognition* 11, no. 3 (2008): 457–66. http://dx.doi.org/10.1007/s10071-008-0136–5.

Marsh, Jason. „The Prison Guard's Dilemma." *Greater Good* Herbst/Winter (2006): 35.

Marshall, Jessica. „Mind Reading: The Science of Storytelling." *New Scientist* 2799 (2011): 45–47.

Marshall, Michael. „The Makings of Supersmart Animals." *The New Scientist* 213 (2012): 6–7. http://dx.doi.org/10.1016/S0262–4079(12)60729–5.

Marshall-Pescini, Sarah, und Andrew Whiten. „Chimpanzees (Pan Troglodytes) and the Question of Cumulative Culture: An Experimental Approach." *Animal Cognition* 11, no. 3 (2008): 449–56. http://dx.doi.org/10.1007/s10071–007–0135-y.

Martin-Ordas, Gema, Daniel Haun, Fernando Colmenares, und Josep Call. „Keeping Track of Time: Evidence for Episodic-like Memory in Great Apes." *Anim Cogn* 13 (2010): 331–40. http://dx.doi.org/10.1007/s10071-009-0282–4.

Masserman, Jules H, Stanley Wechkin, und William Terris. „Altruistic Behavior in Rhesus Monkeys." *The American Journal of Psychiatry* 121 (1964): 584–85.

Mathew, Sarah, und Robert Boyd. „Punishment Sustains Large-Scale Cooperation in Prestate Warfare." *PNAS* 108 (2011): 11375–80. http://dx.doi.org/10.1073/pnas.1105604108.

Maye, Alexander, Chih-hao Hsieh, George Sugihara, und Björn Brembs. „Order in Spontaneous Behavior." *PLoS ONE* 2 (2007): e443. http://dx.doi.org/10.1371/journal.pone.0000443.

Maynard Smith, J, und E Szathmary. *The Major Transitions in Evolution*. New York: Oxford Univ. Press, 2004.

Maynard Smith, John, und G R Price. „The Logic of Animal Conflict." *Nature* 246 (1973): 15–18.

Mayr, Ernst. *What Evolution Is*. NY: Basic Books, 2001.

McCaffery, A, und S Simpson. „A Gregarizing Factor Present in the Egg Pod Foam of the Desert Locust Schistocerca Gregaria." *The Journal of Experimental Biology* 201 (1998): 347–63.

McCullough, M E, S D Kilpatrick, R A Emmons, und D B Larson. „Is Gratitude a Moral Affect?" *Psychol Bull* 127 (2001): 249–66. http://dx.doi.org/10.1037/0033–2909.127.2.249.

McDowell, Thomas. „Inequality: Of Wealth and Health," *New Scientist* 2875 (2015): 42–45.

McDowell, John. *Wert und Wirklichkeit*. Frankfurt a. Main: Suhrkamp, 2009.

McElreath, Richard, und Joseph Henrich. „Modelling Cultural Evolution." In *Oxford Handbook of Evolutionary Psychology*, Hrsg. R Dunbar und L Barrett, 571–85. New York: Oxford Univ. Press, 2007.

McGrath, Alister E. „The Ideological Uses of Evolutionary Biology in Recent Atheist Apologetics." In *Biology and Ideology from Descartes to Dawkins*, Hrsg. Denis. R Alexander und Ronald L Numbers, 329–51. Univ. of Chicago Press, 2010.

McKinley, J, und T D Sambrook. „Use of Human-given Cues by Domestic Dogs (Canis familiaris) and Horses (Equus caballus)." *Animal Cognition* 3, no. 1 (2000): 13–22.

Mead, George Herbert. *Mind, Self and Society*. University of Chicago Press, 1934.
Meister Eckhart. *Die deutschen Werke Bd. IV – Predigten*. Hrsg. Georg Steer. Stuttgart: Kohlhammer, 2003.
Melis, Alicia P, Brian Hare, und Michael Tomasello. „Chimpanzees Recruit the Best Collaborators." *Science* 311 (2006): 1297–1300. http://dx.doi.org/10.1126/science.1123007.
Mercier, Hugo, und Dan Sperber. „Why Do Humans Reason? Arguments for an Argumentative Theory." *Behav Brain Sci* 34 (2011): 57–111. http://dx.doi.org/10.1017/S0140525X10000968.
Merikle, Philip M, und Steve Joordens. „Parallels between Perception without Attention and Perception without Awareness." *Conscious Cogn* 6 (1997): 219–36. http://dx.doi.org/10.1006/ccog.1997.0310.
Merolla, David M, Richard T Serpe, Sheldon Stryker, und P Wesley Schultz. „Structural Precursors to Identity Processes: The Role of Proximate Social Structures." *Social Psychology Quarterly* 75 (2012): 149–72. http://dx.doi.org/10.1177/0190272511436352.
Mesoudi, Alex, und Peter Danielson. „Ethics, Evolution and Culture." *Theory Biosci*, 2008, 229–40. http://dx.doi.org/10.1007/s12064-008-0027-y.
Mesoudi, Alex, Andrew Whiten, und Kevin N Laland. „Perspective: Is Human Cultural Evolution Darwinian? Evidence Reviewed from the Perspective of the Origin of Species." *Evolution Int J Org Evolution* 58 (2004): 1–11. http://dx.doi.org/10.1111/j.0014-3820.2004.tb01568.x.
Metzinger, Thomas. *Being No One – The Self-Model Theory of Subjectivity*. Cambridge, MA: MIT Press, 2004.
Metzinger, Thomas. „Self Models." *Scholarpedia* 2(10) (2007): 4174. http://dx.doi.org/10.4249/scholarpedia.4174.
Michod, Richard E. „Evolution of Individuality during the Transition from Unicellular to Multicellular Life." *PNAS* 104 Suppl (2007): 8613–18. http://dx.doi.org/10.1073/pnas.0701489104.
Michod, Richard E, Yannick Viossat, Cristian A Solari, Mathilde Hurand, und Aurora M Nedelcu. „Life-History Evolution and the Origin of Multicellularity." *J Theor Biol* 239 (2006): 257–72. http://dx.doi.org/10.1016/j.jtbi.2005.08.043.
Miedaner, Terrel. „Die Seele des Tiers vom Typ III." In *Einsicht ins Ich – Fantasien und Reflexionen über Selbst und Seele*, Hrsg. D R Hofstadter und D C Dennet, 110–14. Stuttgart: Klett-Cotta, 1986.
Mikhail, John. „Moral Cognition and Computational Theory." In *Moral Psychology, Vol 3: The Neuroscience of Morality: Emotion, Brain Disorders, and Development.*, Hrsg. Walter Sinnott-Armstrong, 81–91. Cambridge, MA: MIT Press, 2008.
Milgram, Stanley. *Obedience to Authority. An Experimental View*. NY: Harper & Row, 1974.
Milinski, Manfred, und Bettina Rockenbach. „Human Behaviour: Punisher Pays." *Nature*, 2008. http://dx.doi.org/10.1038/452297a.
Mill, John Stuart. *Utilitarismus*. Hamburg: Meiner Verlag, n.d.
Miller, Patricia H. *Theories of Developmental Psychology*. NY: Worth, 2011.
Miller, Peggy J, Randolph Potts, Heidi Fung, Lisa Hoogstra, und Judy Mintz. „Narrative Practices and the Social Construction of Self in Childhood." *American Ethnologist* 17 (1990): 292–311. http://idv.sinica.edu.tw/hfung/narratives practices & social construction of self.pdf.

Miller, Steven Mark, Trung Thanh Ngo, und Bruno van Swinderen. „Attentional Switching in Humans and Flies: Rivalry in Large and Miniature Brains." *Frontiers in Human Neuroscience*, 2012. http://dx.doi.org/10.3389/fnhum.2011.00188.

Mines, Mattison. „Conceptualizing the Person: Hierarchical Society and Individual Autonomy in India." *American Anthropologist* 90 (1988): 568–79. http://dx.doi.org/10.1525/aa.1988.90.3.02a00030.

Mishra, Sandeep, und Martin L Lalumière. „Risk-Taking, Antisocial Behavior, and Life Histories." In *Evolutionary Forensic Psychology*, Hrsg. J Duntley und T K Shackelford, 139–59. NY: Oxford Univ. Press, 2008.

Misirlisoy, Erman, und Patrick Haggard. „Veto and Vacillation: A Neural Precursor of the Decision to Withhold Action." *Journal of Cognitive Neuroscience* 26 (2013): 296–304. http://dx.doi.org/10.1162/jocn.

Müller, Gerd B. „Epigenetic Innovation." In *Evolution – The Extended Synthesis*, Hrsg. M Pigliucci und G B Müller, 307–32. Cambridge, Mass.: MIT Press, 2010.

Müller, Gerd B, und Stuart A Newman. „The Innovation Triad: An EvoDevo Agenda." *J Exp Zool B Mol Dev Evol* 304 (2005): 487–503. http://dx.doi.org/10.1002/jez.b.21081.

Mohr, Hans. „Evolutionäre Ethik als biologische Theorie." In *Evolutionäre Ethik zwischen Naturalismus und Idealismus*, Hrsg. W Lütterfelds und T Mohrs, 19–31. Darmstadt: Wissenschaftliche Buchgesellschaft, 1993.

Molenberghs, Pascal, Veronika Halász, Jason B Mattingley, Eric J Vanman, und Ross Cunnington. „Seeing Is Believing: Neural Mechanisms of Action-Perception Are Biased by Team Membership." *Human Brain Mapping* 34 (2013): 2055–68. http://dx.doi.org/10.1002/hbm.22044.

Moll, Henrike, Cornelia Koring, Malinda Carpenter, und Michael Tomasello. „Infants Determine Others' Focus of Attention by Pragmatics and Exclusion." *Journal of Cognition and Development* 7 (2006): 411–30. http://dx.doi.org/10.1207/s15327647jcd0703_9.

Moll, Jorge, Ricardo de Oliveira-Souza, Paul J Eslinger, Ivanei E Bramati, Janaína Mourão-Miranda, Pedro Angelo Andreiuolo, und Luiz Pessoa. „The Neural Correlates of Moral Sensitivity: A Functional Magnetic Resonance Imaging Investigation of Basic and Moral Emotions." *The Journal of Neuroscience* 22 (2002): 2730–36. http://dx.doi.org/http://www.jneurosci.org/content/22/7/2730.abstract.

Moll, Jorge, Ricardo de Oliveira-Souza, Fernanda Tovar Moll, Fátima Azevedo Ignácio, Ivanei E Bramati, Egas M Caparelli-Dáquer, und Paul J Eslinger. „The Moral Affiliations of Disgust: A Functional MRI Study." *Cogn Behav Neurol* 18 (2005): 68–78. http://dx.doi.org/10.1097/01.wnn.0000152236.46475.a7.

Monsma, Stephen V. „Religion and Philanthropic Giving and Volunteering: Building Blocks for Civic Responsibility." *Interdisciplinary Journal of Research on Religion* 3 (2007): Artikel 1.

Montague, Michael J, Gang Li, Barbara Gandolfi, Razib Khan, Bronwen L Aken, Steven M J Searle, Patrick Minx, et al. „Comparative Analysis of the Domestic Cat Genome Reveals Genetic Signatures underlying Feline Biology and Domestication." *PNAS* 111, no. 48 (2014): 17230–35. http://www.pnas.org/content/111/48/17230.abstract.

Moore, George Edward. *Principia Ethica*. Stuttgart: Reclam Verlag, 1903/1970.

Morell, Virginia. „Inside Animal Minds." *National Geographic Magazine* März-Ausgabe (2008).

Müller, Max, und Alois Halder. „Art. Person." In *Sacramentum Mundi*. Vol. 3. Freiburg i. Br.: Herder, 1969.

Mutter Teresa. *Die Kraft der Liebe*. Gütersloh: Kiefel, 1997.

Naccache, Lionel, Elise Blandin, und Stanislas Dehaene. „Unconscious Masked Priming Depends on Temporal Attention." *Psychol Sci* 13 (2002): 416–24. http://dx.doi.org/10.1111/1467-9280.00474.
Nagel, Thomas. *Der Blick von Nirgendwo*. Frankfurt am Main: Suhrkamp, 1992.
Nagel, Thomas. „What Is It Like to Be a Bat?" *The Philosophical Review* 83 (1974): 435–50.
Naish, Peter L N. „Hypnosis and Hemispheric Asymmetry." *Consciousness and Cognition* 19 (2010): 230–34. http://dx.doi.org/10.1016/j.concog.2009.10.003.
Naqshbandi, Mariam, und William A Roberts. „Anticipation of Future Events in Squirrel Monkeys (*Saimiri sciureus*) and Rats (*Rattus norvegicus*): Tests of the Bischof-Köhler Hypothesis." *J Comp Psychol* 120 (2006): 345–57. http://dx.doi.org/10.1037/0735-7036.120.4.34.
Narvaez, Darcia. „Moral Complexity." *Perspectives on Psychological Science* 5 (2010): 163–81. http://dx.doi.org/10.1177/1745691610362351.
Narvaez, Darcia. „Triune Ethics Theory and Moral Personality." In *Moral Personality, Identity and Character: An Interdisciplinary Future*, Hrsg. D Narvaez und D K Lapsley, 136–58. NY: Cambridge Univ. Pr., 2009.
Narvaez, Darcia. „Triune Ethics: The Neurobiological Roots of Our Multiple Moralities." *New Ideas in Psychology* 26 (2008): 95–119. http://dx.doi.org/10.1016/j.newideapsych.2007.07.008.
Nauck, August, Hrsg. *Tragicorum Graecorum Fragmenta*. Leipzig: Teubner, 1889. https://ia802604.us.archive.org/5/items/tragicorumgraeco00naucuoft.
Navarrete, Carlos David, Andreas Olsson, Arnold K Ho, Wendy Berry Mendes, Lotte Thomsen, und James Sidanius. „Fear Extinction to an out-Group Face: The Role of Target Gender." *Psychol Sci* 20 (2009): 155–58. http://dx.doi.org/10.1111/j.1467-9280.2009.02273.x.
Nelkin, Dana K. „Moral Luck." In *The Stanford Encyclopedia of Philosophy (Fall 2008 Edition)*, Hrsg. E N Zalta, 2008. http://plato.stanford.edu/archives/fall2008/entries/moral-luck.
Nelson, Katherine. „Self in Time – Emergence within a Community of Minds." In *Self Continuity. Individual and Collective Perspectives*, Hrsg. Fabio Sani, 13–26. Psychology Press, New York, 2008.
Newman, Stuart A. „Dynamical Patterning Modules." In *Evolution – The Extended Synthesis*, Hrsg. M Pigliucci und G B Müller, 281–306. Cambridge, Mass.: MIT Press, 2010.
Newton, A Taylor, und Daniel N McIntosh. „Specific Religious Beliefs in a Cognitive Appraisal Model of Stress and Coping." *International Journal for the Psychology of Religion* 20 (2010): 39–58. http://dx.doi.org/10.1080/10508610903418129.
Newton, Michael. *Savage Girls and Wild Boys*. London: Faber & Faber, 2002.
Nicholls, Henry. „My Little Zebra: The Secrets of Domestication." *New Scientist* 2728 (2009): 40–43.
Nichols, Shaun. „Folk Concepts and Intuitions: From Philosophy to Cognitive Science." *Trends Cogn Sci* 8 (2004): 514–18. http://dx.doi.org/10.1016/j.tics.2004.09.001.
Nichols, Shaun. „Norms with Feeling: Towards a Psychological Account of Moral Judgment." *Cognition* 84 (2002): 221–36. http://dx.doi.org/10.1016/S0010-0277(02)00048-3.
Nichols, Shaun. „On the Genealogy of Norms: A Case for the Role of Emotion in Cultural Evolution." *Philosophy of Science* 69 (2002): 234–55. http://dx.doi.org/10.1086/341051.
Nick, Christophe, und Michel Eltchianinoff. *L'Expérience Extrême*. Paris: Don Quichotte, 2010.
Nicoglou, Antonine. „Phenotypic Plasticity: From Microevolution to Macroevolution." In *Handbook of Evolutionary Thinking in the Sciences SE – 14*, Hrsg. Thomas Heams,

Philippe Huneman, Guillaume Lecointre, und Marc Silberstein, 285–318. Springer Netherlands, 2015. http://dx.doi.org/10.1007/978–94–017–9014–7_14.
Niesta Kayser, Daniela, T Greitemeyer, P Fischer, und D Frey. „Why Mood Affects Help Giving, but Not Moral Courage: Comparing Two Types of Prosocial Behaviour." *European Journal of Social Psychology* 40 (2010): 1136–57. http://dx.doi.org/10.1002/ejsp.717.
Nikolaus von Kues [1401–1464]. *Die Gabe vom Vater der Lichter (De Dato Patris Luminum)*. Trier: Paulinus, 2003. http://www.cusanus-portal.de/content/fw.php?werk=12&fw=97.
Noé, Ronald, und Peter Hammerstein. „Biological Markets: Supply and Demand Determine the Effect of Partner Choice in Cooperation, Mutualism and Mating." *Behavioral Ecology and Sociobiology* 35 (1994): 1–11.
Noble, Denis. „Evolution beyond Neo-Darwinism: A New Conceptual Framework." *J Exp Biol* 218, no. 1 (2015): 7–13. http://dx.doi.org/10.1242/jeb.106310.
Norell, Mark A, und Xing Xu. „Feathered Dinosaurs." *Annual Review of Earth and Planetary Sciences* 33 (2005): 277–99. http://dx.doi.org/10.1146/annurev.earth.33.092203.122511.
Norenzayan, Ara. *Big Gods: How Religion Transformed Cooperation and Conflict*. Princeton: Princeton University Press, 2013.
Norenzayan, Ara. „Does Religion Make People Moral?" *Behaviour* 151 (2014): 365–84. http://dx.doi.org/10.1163/1568539X-00003139.
Norenzayan, Ara. „In Atheists We Distrust." *New Scientist* 2856 (2012): 43.
Norenzayan, Ara. „The God Issue: Religion Is the Key to Civilisation." *New Scientist* 2856 (2012): 42–44. http://dx.doi.org/10.1016/S0262–4079(12)60705–2.
Norenzayan, Ara, Scott Atran, Jason Faulkner, und Mark Schaller. „Memory and Mystery: The Cultural Selection of Minimally Counterintuitive Narratives." *Cognitive Science* 30 (2006): 531–53. http://dx.doi.org/10.1207/s15516709cog0000_68.
Norenzayan, Ara, und Azim F Shariff. „The Origin and Evolution of Religious Prosociality." *Science* 322 (2008): 58–62. http://dx.doi.org/10.1126/science.1158757.
Nowak, Martin A, Corina E Tarnita, und Edward O Wilson. „The Evolution of Eusociality." *Nature* 466 (2010): 1057–62. http://dx.doi.org/10.1146/annurev.es.15.110184.001121.
Nucci, Larry P, und Elliot Turiel. „Social Interactions and the Development of Social Concepts in Preschool Children." *Child Development* 49 (1978): 400–407. http://dx.doi.org/10.2307/1128704.
O'Donovan, Leo J. „Der Dialog mit dem Darwinismus. Über Karl Rahners Einschätzung der evolutiven Weltsicht." In *Wagnis Theologie – Erfahrungen mit der Theologie Karl Rahners*, 215–29. Freiburg im Breisgau: Herder, 1979.
O'Mara, Erin M, Lydia E Jackson, C Daniel Batson, und Lowell Gaertner. „Will Moral Outrage Stand up?: Distinguishing among Emotional Reactions to a Moral Violation." *European Journal of Social Psychology* 41 (2011): 173–79. http://dx.doi.org/10.1002/ejsp.754.
O'Neill, Patricia, und Lewis Petrinovich. „A Preliminary Cross-Cultural Study of Moral Intuitions" *Evolution and Human Behavior* 19 (1998): 349–67. http://dx.doi.org/10.1016/S1090–5138(98)00030–0.
Oates, Kerris, und Margo Wilson. „Nominal Kinship Cues Facilitate Altruism." *Proceedings of the Royal Society of London. Series B: Biological Sciences* 269 (2002): 105–9. http://dx.doi.org/10.1098/rspb.2001.1875.
Odling-Smee, John. „Niche Inheritance." In *Evolution – The Extended Synthesis*, Hrsg. M Pigliucci und G B Müller, 175–207. Cambridge, Mass.: MIT Press, 2010.
Oerter, Rolf, und Leo Montada, Hrsg. *Entwicklungspsychologie*. Weinheim: Beltz, 2008.

Ohtsuki, Hisashi, Christoph Hauert, Erez Lieberman, und Martin A Nowak. „A Simple Rule for the Evolution of Cooperation on Graphs and Social Networks." *Nature* 441 (2006): 502–5. http://dx.doi.org/10.1038/nature04605.
Okasha, Samir. *Evolution and the Levels of Selection*. Oxford: Clarendon, 2006.
Oliveira, Rui F, Peter K McGregor, und Claire Latruffe. „Know Thine Enemy: Fighting Fish Gather Information from Observing Conspecific Interactions." *Proceedings of the Royal Society B* 265 (1998): 1045–49. http://dx.doi.org/10.1098/rspb.1998.0397.
Olsson, A, J P Ebert, M R Banaji, und E A Phelps. „The Role of Social Groups in the Persistence of Learned Fear." *Science* 309 (2005): 785–87. http://dx.doi.org/10.1126/science.1113551.
Oosterhof, Nikolaas N, und Alexander Todorov. „The Functional Basis of Face Evaluation." *PNAS* 105 (2008): 11087–92. http://dx.doi.org/10.1073/pnas.0805664105.
Orsi, Francesco. „Obligations of Nearness." *The Journal of Value Inquiry* 42, no. 1 (2008): 1–21. http://dx.doi.org/10.1007/s10790-008-9103-2.
Osvath, Mathias. „Spontaneous Planning for Future Stone Throwing by a Male Chimpanzee." *Curr Biol* 19 (2009): R190–91. http://dx.doi.org/10.1016/j.cub.2009.01.010.
Osvath, Mathias, und Elin Karvonen. „Spontaneous Innovation for Future Deception in a Male Chimpanzee." *PLoS One* 7 (2012): e36782. http://dx.doi.org/10.1371/journal.pone.0036782.
Otsuka, Michael. „Double Effect, Triple Effect and the Trolley Problem: Squaring the Circle in Looping Cases." *Utilitas* 20 (2008): 92–110. http://dx.doi.org/10.1017/S0953820807002932.
Paaby, Annalise B, und Matthew V Rockman. „Cryptic Genetic Variation: Evolution's Hidden Substrate." *Nat Rev Genet* 15, no. 4 (2014): 247–58. http://dx.doi.org/10.1038/nrg3688.
Pagel, Mark. „Adapted to Culture." *Nature* 482 (2012): 297–99. http://dx.doi.org/10.1038/482297a.
Pahl, Ray, und David J Pevalin. „Between Family and Friends: A Longitudinal Study of Friendship Choice." *The British Journal of Sociology* 56 (2005): 433–50. http://dx.doi.org/10.1111/j.1468-4446.2005.00076.x.
Panchanathan, Karthik, und Robert Boyd. „A Tale of Two Defectors: The Importance of Standing for Evolution of Indirect Reciprocity." *J Theor Biol* 224 (September 2003): 115–26. http://dx.doi.org/10.1016/S0022-5193(03)00154-1.
Panksepp, Jaak. *Affective Neuroscience: The Foundations of Human and Animal Emotions*. NY: Oxford Univ. Press, 1998.
Park, Lora E, Jordan D Troisi, und Jon K Maner. „Egoistic versus Altruistic Concerns in Communal Relationships." *Journal of Social and Personal Relationships* 28 (2011): 315–35. http://dx.doi.org/10.1177/0265407510382178.
Pauen, Michael, und Gerhard Roth. *Freiheit, Schuld und Verantwortung. Grundzüge einer naturalistischen Theorie der Willensfreiheit*. Frankfurt a. Main: Suhrkamp, 2008.
Paxton, Joseph M, Leo Ungar, und Joshua D Greene. „Reflection and Reasoning in Moral Judgment." *Cogn Sci* 36 (2012): 163–77. http://dx.doi.org/10.1111/j.1551-6709.2011.01210.x.
Paz-Y-Mino, Guillermo C, Alan B Bond, Alan C Kamil, und Russell P Balda. „Pinyon Jays Use Transitive Inference to Predict Social Dominance." *Nature* 430 (August 2004): 778–81. http://dx.doi.org/10.1038/nature02723.
Peake, T M, A M R Terry, P K McGregor, und T Dabelsteen. „Do Great Tits Assess Rivals by Combining Direct Experience with Information Gathered by Eavesdropping?" *Proc Biol Sci* 269 (2002): 1925–29. http://dx.doi.org/10.1098/rspb.2002.2112.

Pedersen, Anne, Iain Walker, Yin Paradies, und Bernard Guerin. „How to Cook Rice: A Review of Ingredients for Teaching Anti-Prejudice." *Australian Psychologist* 46 (2011): 55–63. http://dx.doi.org/10.1111/j.1742-9544.2010.00015.x.

Pellegrino, G, L Fadiga, L Fogassi, V Gallese, und G Rizzolatti. „Understanding Motor Events: A Neurophysiological Study." *Experimental Brain Research* 91 (1992): 176–80. http://dx.doi.org/10.1007/BF00230027.

Pennell, Matthew W, Luke J Harmon, und Josef C Uyeda. „Is There Room for Punctuated Equilibrium in Macroevolution?" *Trends in Ecology & Evolution* 29, no. 1 (2014): 23–32. http://dx.doi.org/http://dx.doi.org/10.1016/j.tree.2013.07.004.

Pepperberg, Irene M. „Alex: A Study in Avian Cognition." In *Encyclopedia of Animal Behavior*, Hrsg. M D Breed und J Moore, 44–49. Oxford: Academic Press, 2010. http://dx.doi.org/10.1016/B978-0-08-045337-8.00028-0.

Pessiglione, Mathias, Liane Schmidt, Bogdan Draganski, Raffael Kalisch, Hakwan Lau, Ray J Dolan, und Chris D Frith. „How the Brain Translates Money into Force: A Neuroimaging Study of Subliminal Motivation." *Science* 316 (2007): 904–6. http://dx.doi.org/10.1126/science.1140459.

Pessiglione, Mathias, Ben Seymour, Guillaume Flandin, Raymond J Dolan, und Chris D Frith. „Dopamine-Dependent Prediction Errors underpin Reward-Seeking Behaviour in Humans." *Nature* 442 (2006): 1042–45. http://dx.doi.org/10.1038/nature05051.

Petrinovich, Lewis, und Patricia O'Neill. „Influence of Wording and Framing Effects on Moral Intuitions." *Ethology and Sociobiology* 17 (1996): 145–71. http://dx.doi.org/10.1016/0162-3095(96)00041-6.

Phelps, Elizabeth A, Kevin J O'Connor, William A Cunningham, E Sumie Funayama, J Christopher Gatenby, John C Gore, und Mahzarin R Banaji. „Performance on Indirect Measures of Race Evaluation Predicts Amygdala Activation." *Journal of Cognitive Neuroscience* 12 (September 2000): 729–38. http://dx.doi.org/10.1162/089892900562552.

Piazza, Jared, und Jesse M Bering. „Concerns about Reputation via Gossip Promote Generous Allocations in an Economic Game." *Evolution and Human Behavior* 29 (2008): 172–78. http://dx.doi.org/10.1016/j.evolhumbehav.2007.12.002.

Pichon, Isabelle, Giulio Boccato, und Vassilis Saroglou. „Nonconscious Influences of Religion on Prosociality: A Priming Study." *European Journal of Social Psychology* 37 (2007): 1032–45. http://dx.doi.org/10.1002/ejsp.416.

Piersma, Theunis, und Jan A van Gils. *The Flexible Phenotype. a Body-Centred Integration of Ecology, Physiology, and Behaviour.* Oxford: Univ. Press, 2011.

Pietroski, Paul M. „Prima Facie Obligations, Ceteris Paribus Laws in Moral Theory." *Ethics* 103 (1993): 489–515. http://dx.doi.org/10.1086/293523.

Piff, Paul K, Michael W Kraus, Stéphane Côté, Bonnie Hayden Cheng, und Dacher Keltner. „Having Less, Giving More: The Influence of Social Class on Prosocial Behavior." *J Pers Soc Psychol* 99 (2010): 771–84. http://dx.doi.org/10.1037/a0020092.

Piff, Paul K, Daniel M Stancato, Stéphane Côté, Rodolfo Mendoza-Denton, und Dacher Keltner. „Higher Social Class Predicts Increased Unethical Behavior." *PNAS* (2012): 4086–91. http://dx.doi.org/10.1073/pnas.1118373109.

Pigliucci, Massimo. „Phenotypic Plasticity." In *Evolution – The Extended Synthesis*, Hrsg. M Pigliucci und G B Müller, 355–78. Cambridge, Mass.: MIT Press, 2010.

Pigliucci, Massimo, und Gerd B Müller [Hrsg.]. *Evolution – The Extended Synthesis.* Cambridge, Mass.: MIT Press, 2010.

Pika, Simone, Katja Liebal, Josep Call, und Michael Tomasello. „Gestural Communication of Apes." *Gesture* 5 (2005): 41–56. http://dx.doi.org/http://dx.doi.org/10.1075/gest.5.1.05pik.

Pilley, John W, und Alliston K Reid. „Border Collie Comprehends Object Names as Verbal Referents." *Behavioural Processes* 86 (2011): 184–95. http://dx.doi.org/10.1016/j.beproc.2010.11.007.

Pinhasi, Ron, Joaquim Fort, und Albert J Ammerman. „Tracing the Origin and Spread of Agriculture in Europe." *PLoS Biol* 3 (2005): e410. http://dx.doi.org/10.1371/journal.pbio.0030410.

Pinhasi, Ron, und Noreen von Cramon-Taubadel. „Craniometric Data Supports Demic Diffusion Model for the Spread of Agriculture into Europe." *PLoS ONE* 4 (2009): e6747. http://dx.doi.org/10.1371/journal.pone.0006747.

Pinker, Steven. *How the Mind Works*. NY: Norton, 1997.

Pinker, Steven. *The Blank Slate: The Modern Denial of Human Nature*. London: Allen Lane, 2002.

Pinker, Steven. „Why Nature & Nurture Won't Go Away." *Daedalus* 4 (n.d.): 5–17. http://dx.doi.org/10.1162/0011526042365591.

Pinter, Brad, und Anthony G Greenwald. „A Comparison of Minimal Group Induction Procedures." *Group Processes & Intergroup Relations* 14 (2011): 81–98. http://dx.doi.org/10.1177/1368430210375251.

Pizarro, David A, und Paul Bloom. „The Intelligence of the Moral Intuitions: Comment on Haidt (2001)." *Psychol Rev* 110 (2003): 193–96. http://dx.doi.org/10.1037/0033–295X.110.1.193.

Platt, M, S Dehaene, K McCabe, Menzel. R., E Phelps, H Plassmann, R Ratcliff, M Shadlen, und W Singer. „Levels of Processing during Non-Conscious Perception: A Critical Review of Visual Masking." In *The Strüngmann Forum Report. Better than Conscious? Decision Making, the Human Mind, and Implications for Institutions*, Hrsg. Christoph Engel und Wolf Singer, 125–54. MIT Press, 2008.

Poncela, Julia, Jesús Gómez-Gardeñes, Luis M Floría, Angel Sánchez, und Yamir Moreno. „Complex Cooperative Networks from Evolutionary Preferential Attachment." *PLoS ONE* 3 (2008): e2449. http://dx.doi.org/10.1371/journal.pone.0002449.

Pope, Stephen J. *The Evolution of Altruism and the Ordering of Love*. Washington, DC: Georgetown Univ Press, 1994.

Premack, David, und Guy Woodruff. „Does the Chimpanzee Have a Theory of Mind?" *Behavioral and Brain Sciences* 1 (1978): 515–26. http://dx.doi.org/10.1017/S0140525X00076512.

Price, Trevor D. „Phenotypic Plasticity, Sexual Selection and the Evolution of Colour Patterns." *Journal of Experimental Biology* 209, no. 12 (2006): 2368–76. http://dx.doi.org/10.1242/jeb.02183.

Prinz, Jesse. „Is the Mind Really Modular." In *Contemporary Debates in Cognitive Science*, Hrsg. Robert Stainton, 22–36. Contemporary Debates in Philosophy. Hoboken, NJ: Blackwell, 2006.

Prinz, Jesse J. *The Emotional Construction of Morals*. Oxford: Univ. Press, 2007.

Pritzel, M, M Brand, und H J Markowitsch. *Gehirn und Verhalten: Ein Grundkurs Der Physiologischen Psychologie*. Heidelberg: Spektrum Akad. Verl., 2003.

Provine, Robert R. „Illusions of Intentionality, Shared and Unshared." *Behav Brain Sci* 28 (2005): 713–14. http://dx.doi.org/10.1017/S0140525X05460124.

Prum, R O, und A H Brush. „The Evolutionary Origin and Diversification of Feathers." *Q Rev Biol* 77 (September 2002): 261–95. http://dx.doi.org/10.1086/341993.
Pyysiäinen, Ilkka, und Marc Hauser. „The Origins of Religion: Evolved Adaptation or by-Product?" *Trends in Cognitive Sciences* 14 (2010): 104–9. http://dx.doi.org/10.1016/j.tics.2009.12.007.
Quintelier, Katinka, und Daniel Fessler. „Varying Versions of Moral Relativism: The Philosophy and Psychology of Normative Relativism." *Biology and Philosophy* 27, no. 1 (2012): 95–113. http://dx.doi.org/10.1007/s10539-011-9270-6.
Quitterer, Josef. „Die Freiheit, die wir meinen. Neurowissenschaft und Philosophie im Streit um die Willensfreiheit." *Herder Korrespondenz* 58 (2004): 364–68.
Quoidbach, Jordi, Elizabeth W Dunn, K V Petrides, und Moïra Mikolajczak. „Money Giveth, Money Taketh Away." *Psychological Science* 21 (2010): 759–63. http://dx.doi.org/10.1177/0956797610371963.
Rachels, James. „The Challenge of Cultural Relativism." In *Moral Relativism – A Reader*, 53–65. NY: Oxford Univ. Press, 2001.
Rachlin, Howard, und Bryan A Jones. „Altruism among Relatives and Non-Relatives." *Behav Processes* 79 (2008): 120–23. http://dx.doi.org/10.1016/j.beproc.2008.06.002.
Rager, Günter [Hrsg]. *Beginn, Personalität und Würde des Menschen*. Freiburg: Alber, 2009.
Rahner, Karl. „Art. Evolution, Evolutionismus." In *Sacramentum Mundi*. Vol. 1. Freiburg i. Br.: Herder, 1967.
Rahner, Karl. „Art. Inkarnation." In *Sacramentum Mundi*. Vol. 2. Freiburg i. Br.: Herder, 1968.
Rahner, Karl. „Christlicher Humanismus." In *Schriften zur Theologie VIII*, 239–59. Einsiedeln: Benziger, 1967.
Rahner, Karl. „Christologie innerhalb einer evolutiven Weltanschauung." In *Schriften zur Theologie V*, 183–221. Einsiedeln: Benziger, 1962.
Rahner, Karl. „Die unverbrauchbare Transzendenz Gottes und unsere Sorge um die Zukunft." In *Schriften zur Theologie XIV*, 405–21. Zürich: Benziger, 1980.
Rahner, Karl. *Geist in Welt*. München: Kösel, 1957.
Rahner, Karl. *Herausforderung des Christen. Meditationen – Reflexionen*. Freiburg: Herder, 1975.
Rahner, Karl. *Hörer des Wortes*. München: Kösel, 1969.
Rahner, Karl. „Über das Verhältnis von Natur und Gnade." In *Schriften zur Theologie I*, 323–45. Zürich: Benziger, 1954.
Rahner, Karl. „Vom Geheimnis der Heiligkeit, der Heiligen und ihrer Verehrung." In *Die Heiligen in ihrer Zeit*, Hrsg. Peter Manns, 9–26. Mainz: Grünewald, 1966.
Rahner, Karl. „Vom Geheimnis menschlicher Schuld und göttlicher Vergebung." *Geist und Leben* 55 (1982): 39–54.
Rahner, Karl. „Zum Verhältnis von Naturwissenschaft und Theologie." In *Schriften zur Theologie XIV*, 63–72. Einsiedeln: Benziger, 1980.
Rai, Tage S, und Alan P Fiske. „Moral Psychology Is Relationship Regulation: Moral Motives for Unity, Hierarchy, Equality, and Proportionality." *Psychol Rev* 118 (2011): 57–75. http://dx.doi.org/10.1037/a0021867.
Rakoczy, Hannes, Felix Warneken, und Michael Tomasello. „The Sources of Normativity: Young Children's Awareness of the Normative Structure of Games." *Dev Psych* 44 (2008): 875–81. http://dx.doi.org/10.1037/0012-1649.44.3.875.
Rakyan, Vardhman K, Suyinn Chong, Marnie E Champ, Peter C Cuthbert, Hugh D Morgan, Keith V K Luu, und Emma Whitelaw. „Transgenerational Inheritance of Epigenetic States at the

Murine AxinFu Allele Occurs after Maternal and Paternal Transmission." *PNAS* 100 (2003): 2538–43. http://dx.doi.org/10.1073/pnas.0436776100.
Randolph-Seng, B, und M E Nielsen. „Honesty: One Effect of Primed Religious Representations." *The International Journal for the Psychology of Religion* 17 (2007): 303–15. http://dx.doi.org/10.1080/10508610701572812.
Range, F, L Horn, Z Viranyi, und L Huber. „The Absence of Reward Induces Inequity Aversion in Dogs." *PNAS* 106 (2009): 340–45. http://dx.doi.org/10.1073/pnas.0810957105.
Rankin, Catharine H. „A Review of Transgenerational Epigenetics for RNAi, Longevity, Germline Maintenance and Olfactory Imprinting in Caenorhabditis Elegans." *The Journal of Experimental Biology* 218, no. 1 (2015): 41–49. http://jeb.biologists.org/content/218/1/41.abstract.
Ratnieks, Francis L W, Kevin R Foster, und Tom Wenseleers. „Conflict Resolution in Insect Societies." *Annu Rev Entomol* 51 (2006): 581–608. http://dx.doi.org/10.1146/annurev.ento.51.110104.151003.
Ratzinger, Joseph. *Einführung in das Christentum.* München: Kösel, 1969.
Rauscher, Gerald. „Niemand ist bei sich zu Hause – Bruchstücke der Identität des Anderen bei Emmanuel Lévinas." In *Ethik und Identität,* Hrsg. T Laubach, 147–55. Marburg: Francke Verlag, 1998.
Rawls, John. *A Theory of Justice.* Harvard University Press, 1971.
Reeve, H Kern, und Bert Hölldobler. „The Emergence of a Superorganism through Intergroup Competition." *PNAS* 104 (2007): 9736–40. http://dx.doi.org/10.1073/pnas.0703466104.
Regnerus, M D. „Moral Communities and Adolescent Delinquency: Religious Contexts and Community Social Control." *The Sociological Quarterly* 44 (2003): 523–54.
Reicher, Stephen, und S Alexander Haslam. „After Shock? Towards a Social Identity Explanation of the Milgram 'obedience' Studies." *British Journal of Social Psychology* 50 (2011): 163–69. http://dx.doi.org/10.1111/j.2044-8309.2010.02015.x.
Renzulli, Linda A, Howard Aldrich, und James Moody. „Family Matters: Gender, Networks, and Entrepreneurial Outcomes." *Social Forces* 79 (2000): 523–46. http://dx.doi.org/10.1093/sf/79.2.523.
Rhodes, Marjorie, Sarah-Jane Leslie, und Christina M Tworek. „Cultural Transmission of Social Essentialism." *PNAS* 109 (2012): 13526–31. http://dx.doi.org/10.1073/pnas.1208951109.
Rhonheimer, Martin. *Christentum und Säkularer Staat. Geschichte – Gegenwart – Zukunft.* Freiburg: Herder, 2012.
Rhonheimer, Martin."Neodarwinistische Evolutionslehre, Intelligent Design und die Frage nach dem Schöpfer." *Imago Hominis* 14 (2007): 47–81.
Richard von Sankt-Victor [1110–1173]. *Die Dreieinigkeit (De Trinitate).* Einsiedeln: Johannes-Verlag, 1980.
Richards, Robert J. „A Defense of Evolutionary Ethics." *Biology and Philosophy* 1 (1986): 265–93.
Richards, Robert J. *Darwin and the Emergence of Evolutionary Theories of Mind and Behavior.* Chicago: Univ. Press, 1987.
Richards, Robert J. „Dutch Objections to Evolutionary Ethics." *Biology and Philosophy* 4 (1989): 331–43. http://dx.doi.org/10.1007/BF02426631.
Richards, Robert J. „Evolutionary Ethics: Contra Nietzsche and Contemporaries." Vortrag am Center for Law, Philosophy & Human Values at the University of Chicago Law School, 2009. http://www.law.uchicago.edu/genealogyofmorals.

Richerson, Peter, und Robert Boyd. „The Biology of Commitment to Groups: A Tribal Instincts Hypothesis." In *Evolution and the Capacity for Commitment*, Hrsg. R M Nesse, 186–220. NY: Russell Sage Press, 2001.

Richerson, Peter J, und Robert Boyd. *Not by Genes Alone: How Culture Transformed Human Evolution*. Chicago: Univ. of Chicago Press, 2005.

Richerson, Peter J, Robert Boyd, und Joseph Henrich. „Gene-Culture Coevolution in the Age of Genomics." *PNAS* 107 (2010): 8985–92. http://dx.doi.org/10.1073/pnas.0914631107.

Ricoeur, Paul. „The Golden Rule: Exegetical and Theological Perplexities." *New Testament Studies* 36 (1990): 392–97.

Rigoni, Davide, Simone Kühn, Gennaro Gaudino, Giuseppe Sartori, und Marcel Brass. „Reducing Self-Control by Weakening Belief in Free Will." *Consciousness and Cognition* 21 (2012): 1482–90. http://dx.doi.org/10.1016/j.concog.2012.04.004.

Ritter, Simone M, und Ap Dijksterhuis. „Creativity-the Unconscious Foundations of the Incubation Period." *Frontiers in Human Neuroscience* 8 (April 11, 2014): 215. http://dx.doi.org/10.3389/fnhum.2014.00215.

Rizzolatti, Giacomo, Luciano Fadiga, Vittorio Gallese, und Leonardo Fogassi. „Premotor Cortex and the Recognition of Motor Actions." *Cognitive Brain Research* 3 (1996): 131–41. http://dx.doi.org/10.1016/0926–6410(95)00038–0.

Roberts, Gilbert. „Evolution of Direct and Indirect Reciprocity." *Proc Biol Sci* 275 (2008): 173–79. http://dx.doi.org/10.1098/rspb.2007.1134.

Roberts, Robert C. „Emotional Consciousness and Personal Relationships." *Emotion Review* 1 (2009): 281–88. http://dx.doi.org/10.1177/1754073909103597.

Roberts, William A. „Are Animals Stuck in Time?" *Psychol Bull* 128 (2002): 473–89. http://dx.doi.org/10.1037/0033–2909.128.3.473.

Roberts, William A, und Miranda C Feeney. „The Comparative Study of Mental Time Travel." *Trends Cogn Sci* 13 (June 2009): 271–77. http://dx.doi.org/10.1016/j.tics.2009.03.003.

Robertson, Ian. „The Ultimate High." *New Scientist* 2872 (2012): 28–29. http://dx.doi.org/10.1016/S0262–4079(12)61745-X.

Rochat, Philippe. „'Know Thyself!' ... But What, How, and Why?." In *Self Continuity. Individual and Collective Perspectives*, Hrsg. Fabio Sani, 243–51. Psychology Press, New York, 2008.

Roepstorff, A, C Frith, und U Frith. „How Our Brains Build Social Worlds." *New Scientist*, 2009, 32–33.

Roes, Frans L, und Michel Raymond. „Belief in Moralizing Gods." *Evolution and Human Behavior* 24 (2003): 126–35. http://dx.doi.org/10.1016/S1090–5138(02)00134–4.

Rogers, Deborah. „The Evolution of Inequality." *New Scientist* 215 (2012): 38–39. http://dx.doi.org/10.1016/S0262–4079(12)61958–7.

Rogers, Deborah S, Omkar Deshpande, und Marcus W Feldman. „The Spread of Inequality." *PLoS ONE* 6 (2011): e24683. http://dx.doi.org/10.1371/journal.pone.0024683.

Rolian, Campbell, Daniel E Lieberman, und Benedikt Hallgrimsson. „The Coevolution of Human Hands and Feet." *Evolution* 64 (2010): 1558–68. http://dx.doi.org/10.1111/j.1558–5646.2009.00944.x.

Ronay, Richard, Katharine Greenaway, Eric M Anicich, und Adam D Galinsky. „The Path to Glory Is Paved With Hierarchy." *Psychological Science* 23 (2012): 669–77. http://dx.doi.org/10.1177/0956797611433876.

Rosado, Johannes. „Die Menschenwürde in der Anthropologie JOHANNES PAUL II. Eine Analyse im Ausgang von KANTs Begründung der Menschenrechte." *Imago Hominis* 13 (2006): 13–26.

Rosaldo, Michelle Z. „The Shame of Headhunters and the Autonomy of Self." *Ethos* 11 (1983): 135–51. http://dx.doi.org/10.1525/eth.1983.11.3.02a00030.
Roth, Gerhard. *Das Gehirn und seine Wirklichkeit.* Frankfurt am Main: Suhrkamp, 1994.
Roth, Gerhard. „Die Ratio allein bewegt überhaupt nichts." *SPIEGEL-Interview*, 21. April 2009. http://www.spiegel.de/spiegel/spiegelwissen/d-65115053.html.
Roth, Gerhard. *Fühlen, Denken, Handeln.* Frankfurt am Main: Suhrkamp, 2001.
Roth, Gerhard. „Willensfreiheit und Schuldfähigkeit aus Sicht der Hirnforschung." In *Das Gehirn und seine Freiheit*, Hrsg. G Roth und K-J Grün, 9–27. Göttingen: Vandenhoeck & Ruprecht, 2009.
Rozin, Paul, Jonathan Haidt, und Katrina Fincher. „Psychology. From Oral to Moral." *Science* 323 (2009): 1179–80. http://dx.doi.org/10.1126/science.1170492.
Rozin, Paul, L Lowery, S Imada, und J Haidt. „The CAD Triad Hypothesis: A Mapping between Three Moral Emotions (contempt, Anger, Disgust) and Three Moral Codes (community, Autonomy, Divinity)." *J Pers Soc Psychol* 76 (1999): 574–86. http://dx.doi.org/10.1037/0022–3514.76.4.574.
Ruffle, Bradley J, und Richard Sosis. *Do Religious Contexts Elicit More Trust and Altruism? An Experiment on Facebook.* Ben Gurion University, Beerscheba, Israel, 2010. http://dx.doi.org/10.2139/ssrn.1566123.
Ruffle, Bradley J, und Richard Sosis. „Does It Pay To Pray? Costly Ritual and Cooperation." *The Berkeley Electronic Journal of Economic Analysis & Policy* 7 (2007): Artikel 18. http://dx.doi.org/10.2202/1935–1682.1629.
Ruse, Michael. „Evolutionary Ethics: A Phoenix Arisen." *Zygon* 21 (1986): 95–112. http://dx.doi.org/10.1111/j.1467–9744.1986.tb00736.x.
Ruse, Michael. *Taking Darwin Seriously.* NY: Basil Blackwell, 1986.
Ruse, Michael. „The Darwinian Revolution: Rethinking Its Meaning and Significance." *PNAS* 106 Suppl (2009): 10040–47. http://dx.doi.org/10.1073/pnas.0901011106.
Russell, Andrew F, und Ben J Hatchwell. „Experimental Evidence for Kin-Biased Helping in a Cooperatively Breeding Vertebrate." *Proc Biol Sci* 268 (2001): 2169–74. http://dx.doi.org/10.1098/rspb.2001.1790.
Ruyle, Eugene E. „Slavery, Surplus, and Stratification on the Northwest Coast: The Ethnoenergetics of an Incipient Stratification System." *Current Anthropology* 14 (1973): 603–31. http://dx.doi.org/10.1086/201394.
Ryan, Frank. „I, Virus: Why You're Only Half Human." *New Scientist* 2745 (2010): 32–35.
Ryan, James A. „Taking the "Error" Out of Ruse's Error Theory." *Biology and Philosophy* 12, no. 3 (1997): 385–97.
Sachser, Norbert, Matthias Dürschlag, und Daniela Hirzel. „Social Relationships and the Management of Stress." *Psychoneuroendocrinology* 23 (1998): 891–904. http://dx.doi.org/10.1016/S0306–4530(98)00059–6.
Sanders, E P. „Jesus and the Sinners." *Journal for the Study of the New Testament* 6 (1983): 5–36. http://dx.doi.org/10.1177/0142064X8300601902.
Sanfey, Alan G, und Jonathan D Cohen. „Is Knowing Always Feeling?" *PNAS* 101 (2004): 16709–10. http://dx.doi.org/10.1073/pnas.0407200101.
Sanfey, Alan G, Reid Hastie, Mary K Colvin, und Jordan Grafman. „Phineas Gauged: Decision-Making and the Human Prefrontal Cortex." *Neuropsychologia* 41 (2003): 1218–29. http://dx.doi.org/10.1016/S0028–3932(03)00039–3.

Sangmoon, Kim, R Thibodeau, und R S Jorgensen. „Shame, Guilt, and Depressive Symptoms: A Meta-Analytic Review." *Psychol Bull* 137 (2011): 68–96. http://dx.doi.org/10.1037/a0021466.

Santos, Andreia, Andreas Meyer-Lindenberg, und Christine Deruelle. „Absence of Racial, but Not Gender, Stereotyping in Williams Syndrome Children." *Current Biology* 20 (2010): R307–8. http://dx.doi.org/10.1016/j.cub.2010.02.009.

Sarkissian, Hagop, J Park, D Tien, J C Wright, und J Knobe. „Folk Moral Relativism." *Mind & Language* 26 (2011): 482–505. http://dx.doi.org/10.1111/j.1468-0017.2011.01428.x.

Saslow, L. R., R. Willer, M. Feinberg, P. K. Piff, K. Clark, D. Keltner, und S. R. Saturn. „My Brother's Keeper? Compassion Predicts Generosity More Among Less Religious Individuals." *Social Psychological and Personality Science*, 2012. http://dx.doi.org/10.1177/1948550612444137.

Sato, Wataru, Takashi Okada, und Motomi Toichi. „Attentional Shift by Gaze Is Triggered without Awareness." *Experimental Brain Research* 183, no. 1 (2007): 87–94. http://dx.doi.org/10.1007/s00221-007-1025-x.

Sautman, Barry. „"Vegetarian between Meals": The Dalai Lama, War, and Violence." *Positions* 18 (2010): 89–143. http://dx.doi.org/10.1215/10679847-2009-025.

Savage-Rumbaugh, Sue, und Roger Lewin. *Kanzi, der sprechende Schimpanse: Was den tierischen vom menschlichen Verstand unterscheidet*. München: Knaur, 1998.

Savage-Rumbaugh, Sue, und Kelly McDonald. „Deception and Social Manipulation in Symbol-Using Apes." In *Machiavellian Intelligence: Social Expertise and the Evolution of Intellect in Monkeys, Apes, and Humans*, Hrsg. R W Byrne and A Whiten, 224–37. Oxford University Press, 1988.

Scherer, Klaus R, und Tobias Brosch. „Culture-Specific Appraisal Biases Contribute to Emotion Dispositions." *European Journal of Personality* 23 (2009): 265–88. http://dx.doi.org/10.1002/per.714.

Schifellite, Carmen J. *Biology after the Sociobiology Debate: What Introductory Textbooks Say about the Nature of Science and Organisms*. NY: Peter Lang, 2011.

Schlichting, Carl D, und Matthew A Wund. „Phenotypic Plasticity and Epigenetic Marking: An Assessment of Evidence for Genetic Accomodation." *Evolution* 68 (2014): 656–72. http://dx.doi.org/10.1111/evo.12348.

Schloss, Jeffrey P. „Introduction: Evolutionary Ethics and Christian Morality: Surveying the Issues." In *Evolution and Ethics. Human Morality in Biological & Religious Perspective*, Hrsg. P Clayton and J P Schloss, 1–24. Cambridge: William B Eerdmans, 2004.

Schmidt, Ulrich. „Zum Paradox vom ‚Verlieren' und ‚Finden' des Lebens." *Biblica* 89 (2008): 329–51.

Schmidt-Salomon, Michael. *Jenseits von Gut und Böse. Warum wir ohne Moral die besseren Menschen sind*. München: Piper, 2010.

Schmidt-Salomon, Michael. *Manifest des Evolutionären Humanismus. Plädoyer für eine zeitgemäße Leitkultur*. Aschaffenburg: Alibri, 2006.

Schnall, Simone, Jonathan Haidt, Gerald L Clore, und Alexander H Jordan. „Disgust as Embodied Moral Judgment." *Pers Soc Psychol Bull* 34 (August 2008): 1096–1109. http://dx.doi.org/10.1177/0146167208317771.

Schockenhoff, Eberhard. „Die Liebe als Freundschaft des Menschen mit Gott." *Communio* 36 (2007): 232–46.

Schockenhoff, Eberhard. *Grundlegung der Ethik: Ein theologischer Entwurf*. Freiburg im Breisgau: Herder, 2007.

Schockenhoff, Eberhard. *Naturrecht und Menschenwürde*. Mainz: Matthias-Grünewald, 1996.
Schockenhoff, Eberhard. „Wir Phantomwesen. Die Grenzen der Hirnforschung." *Frankfurter Allgemeine Zeitung* Ausgabe vom 17. November 2003.
Schockenhoff, Eberhard. *Zur Lüge Verdammt? Politik, Medien, Medizin, Justiz, Wissenschaft und die Ethik der Wahrheit*. Freiburg im Breisgau: Herder, 2000.
Schönborn, Christoph. „Fides, Ratio, Scientia. Zur Evolutionismusdebatte." In *Schöpfung und Evolution – Eine Tagung mit Papst Benedikt XVI. in Castel Gandolfo*, Hrsg. S O Horn und S Wiedenhofer, 79–98. Augsburg: St. Ulrich Verlag, 2007.
Schooler, J W, S Ohlsson, und K Brools. „Thoughts Beyond Words: When Language Overshadows Insight." *Journal of Experimental Psychology* 122 (1993): 166–83. http://dx.doi.org/10.1037/0096-3445.122.2.166.
Schüller, Bruno. *Die Begründung sittlicher Urteile: Typen ethischer Argumentation in der katholischen Moraltheologie*. Düsseldorf: Patmos, 1973.
Schultheiss, Oliver C. „A Biobehavioral Model of Implicit Power Motivation Arousal, Reward, and Frustration." In *Social Neuroscience: Integrating Biological and Psychological Explanations*, Hrsg. E Harmon-Jones und P Winkielman, 176–96. NY: Guilford Press, 2007.
Schurger, Aaron, Jacobo D Sitt, und Stanislas Dehaene. „An Accumulator Model for Spontaneous Neural Activity prior to Self-Initiated Movement." *PNAS*, 2012. http://dx.doi.org/10.1073/pnas.1210467109.
Schwitzgebel, Eric, und Fiery Cushman. „Expertise in Moral Reasoning? Order Effects on Moral Judgment in Professional Philosophers and Non-Philosophers." *Mind & Language* 27 (2012): 135–53. http://dx.doi.org/10.1111/j.1468-0017.2012.01438.x.
Sebald, Hans. *Hexen: Damals – und Heute?*. Frankfurt am Main: Umschau, 1987.
Seong, Ki-Hyeon, Dong Li, Hideyuki Shimizu, Ryoichi Nakamura, und Shunsuke Ishii. „Inheritance of Stress-Induced, ATF-2-Dependent Epigenetic Change." *Cell* 145, no. 7 (2011): 1049–61. http://dx.doi.org/http://dx.doi.org/10.1016/j.cell.2011.05.029.
Shariff, Azim F, und Ara Norenzayan. „God Is Watching You: Priming God Concepts Increases Prosocial Behavior in an Anonymous Economic Game." *Psychol Sci* 18 (September 2007): 803–9.
Shariff, Azim F, und Ara Norenzayan. „Mean Gods Make Good People: Different Views of God Predict Cheating Behavior." *International Journal for the Psychology of Religion* 21 (2011): 85–96. http://dx.doi.org/10.1080/10508619.2011.556990.
Shepher, Joseph. „Mate Selection among Second Generation Kibbutz Adolescents and Adults: Incest Avoidance and Negative Imprinting." *Archives of Sexual Behavior* 1 (1971): 293–307.
Shultz, Susanne, Christopher Opie, und Quentin D Atkinson. „Stepwise Evolution of Stable Sociality in Primates." *Nature* 479 (2011): 219–22. http://dx.doi.org/10.1038/nature10601.
Shweder, Richard A, Nancy C Much, Manamohan Mahapatra, und Lawrence Park. „The 'big Three' of Morality (Autonomy, Community, and Divinity), and the 'big Three' Explanations of Suffering." In *Morality and Health*, Hrsg. A Brandt und P Rozin, 119–69. NY: Routledge, 1997.
Sidanius, Jim, und Felicia Pratto. *Social Dominance. An Intergroup Theory of Social Hierarchy and Oppression*. Cambridge: Univ. Pr., 2001.
Sigmund, K, C Hauert, und M A Nowak. „Reward and Punishment." *PNAS* 98 (September 2001): 10757–62. http://dx.doi.org/10.1073/pnas.161155698.

Simons, Daniel, und Daniel Levin. „Failure to Detect Changes to People during a Real-World Interaction." *Psychonomic Bulletin & Review* 5 (1998): 644–49. http://dx.doi.org/10.3758/BF03208840.

Simpson, Carl. „How Many Levels Are There?" In *The Major Transitions in Evolution Revisited*, Hrsg. B Calcott and K Sterelny, 199–225. MIT Press, 2011.

Singer, Peter. „Famine, Affluence, and Morality." *Philosophy and Public Affairs* 1 (1972): 229–43.

Singer, Peter. *Praktische Ethik*. Ditzingen: Reclam Verlag, 1979/1994.

Singer, Tania, Ben Seymour, John P O'Doherty, Klaas E Stephan, Raymond J Dolan, und Chris D Frith. „Empathic Neural Responses Are Modulated by the Perceived Fairness of Others." *Nature* 439 (2006): 466–69. http://dx.doi.org/10.1038/nature04271.

Singer, Wolf. „Gekränkte Freiheit. Interview." In *Das Gehirn und Seine Freiheit*, Hrsg. G Roth and K-J Grün, 83–87. Göttingen: Vandenhoeck & Ruprecht, 2009.

Sinnott-Armstrong, W. *Morality Without God?*. Oxford Press, NY, 2009.

Slotkin, R Keith, Matthew Vaughn, Filipe Borges, Miloš Tanurdžić, Jörg D Becker, José A Feijó, und Robert A Martienssen. „Epigenetic Reprogramming and Small RNA Silencing of Transposable Elements in Pollen." *Cell* 136, no. 3 (2009): 461–72. http://dx.doi.org/ http://dx.doi.org/10.1016/j.cell.2008.12.038.

Smith, Adam. *The Wealth of Nations*. Forgotten Books, 1776/2008. http://www.forgottenbooks.org.

Smith, R E, G Wheeler, und E Diener. „Faith Without Works: Jesus People, Resistance to Temptation, and Altruism." *Journal of Applied Social Psychology* 5 (1975): 320–30. http://dx.doi.org/10.1111/j.1559-1816.1975.tb00684.x.

Snyder, Jeffrey K, Daniel M T Fessler, Leonid Tiokhin, David A Frederick, Sok Woo Lee, und Carlos David Navarrete. „Trade-Offs in a Dangerous World: Women's Fear of Crime Predicts Preferences for Aggressive and Formidable Mates." *Evolution and Human Behavior* 32 (2011): 127–37. http://dx.doi.org/10.1016/j.evolhumbehav.2010.08.007.

Sober, Elliott. *The Nature of Selection. Evolutionary Theory in Philosophical Focus*. Cambridge, MA: MIT Press, 1984.

Sodian, B. „Theorien Der Kognitiven Entwicklung." In *Lehrbuch Entwicklungspsychologie*, Hrsg. H Keller, 147–70. Bern: Hans Huber, 1998.

Söling, Caspar. *Das Gehirn-Seele-Problem Neurobiologie und Theologische Anthropologie*. Paderborn: Schöningh, 1995.

Sollars, Vincent, Xiangyi Lu, Li Xiao, Xiaoyan Wang, Mark D Garfinkel, und Douglas M Ruden. „Evidence for an Epigenetic Mechanism by Which Hsp90 Acts as a Capacitor for Morphological Evolution." *Nat Genet* 33 (2003): 70–74. http://dx.doi.org/10.1038/ng1067.

Solschenizyn, Alexander I. *Der Archipel Gulag*. Bern: Scherz, 1974.

Sommer, Volker. *Darwinisch Denken – Horizonte der Evolutionsbiologie*. Stuttgart: S. Hirzel, 2008.

Soon, Chun Siong, Marcel Brass, Hans-Jochen Heinze, und John-Dylan Haynes. „Unconscious Determinants of Free Decisions in the Human Brain." *Nat Neurosci* 11 (2008): 543–45. http://dx.doi.org/10.1038/nn.2112.

Sosis, Richard. „Does Religion Promote Trust? The Role of Signaling, Reputation, and Punishment." *Interdisciplinary Journal of Research on Religion* 1 (2005): Artikel 7.

Sosis, Richard. „Religion and Intragroup Cooperation: Preliminary Results of a Comparative Analysis of Utopian Communities." *Cross-Cultural Research* 34 (2000): 70–87. http://dx.doi.org/10.1177/106939710003400105.
Sosis, Richard, und Candace Alcorta. „Signaling, Solidarity, and the Sacred: The Evolution of Religious Behavior." *Evolutionary Anthropology: Issues, News, and Reviews* 12 (2003): 264–74. http://dx.doi.org/10.1002/evan.10120.
Sosis, Richard, und Eric R Bressler. „Cooperation and Commune Longevity: A Test of the Costly Signaling Theory of Religion." *Cross-Cultural Research* 37 (2003): 211–39. http://dx.doi.org/10.1177/1069397103037002003.
Sosis, Richard, und Bradley J Ruffle. „Religious Ritual and Cooperation: Testing for a Relationship on Israeli Religious and Secular Kibbutzim." *Current Anthropology* 44 (2003): 713–22. http://dx.doi.org/10.1086/379260.
Spaemann, Robert. „Deszendenz und Intelligent Design." In *Schöpfung und Evolution – Eine Tagung Mit Papst Benedikt XVI. in Castel Gandolfo*, Hrsg. S O Horn und S Wiedenhofer, 57–64. Augsburg: St. Ulrich Verlag, 2007.
Speer, N K, J R Reynolds, K M Swallow, und J M Zacks. „Reading Stories Activates Neural Representations of Visual and Motor Experiences." *Psychological Science* 20 (2009): 989–99. http://dx.doi.org/10.1111/j.1467-9280.2009.02397.x.
Spencer, Herbert. *The Principles of Sociology*. Vol. ii. New York: Appleton & Co, 1890.
Spencer, Liz, und Ray Pahl. *Rethinking Friendship*. Princeton: Univ. Press, 2006.
Spencer, Sharmin, und Deborah E Rupp. „Angry, Guilty, and Conflicted: Injustice toward Coworkers Heightens Emotional Labor through Cognitive and Emotional Mechanisms." *J Appl Psychol* 94 (2009): 429–44. http://dx.doi.org/10.1037/a0013804.
Sperber, Dan. „An Epidemiology of Representations – A Talk with Dan Sperber." *Edge – The Third Culture* 164 (2005). http://www.edge.org/documents/archive/edge164.html.
Sperber, Dan. „Massive Modularity and the First Principle of Relevance." In *The Innate Mind, Vol. 1 Structure and Content*, Hrsg. P Carruthers, S Laurence, und S Stich, 53–68. Oxford: Univ. Press, 2005.
Spinney, Laura. „Force for Change." *New Scientist* 2886 (2012): 46–49.
Spinney, Laura. „Tools Maketh the Monkey." *New Scientist* 2677 (2008): 42–45. http://dx.doi.org/10.1016/S0262-4079(08)62572-5.
Splett, Jörg. *Der Mensch ist Person – Zur christlichen Rechtfertigung des Menschseins*. Frankfurt a. Main: Knecht, 1986.
Splett, Jörg. „'Du bist schön, meine Freundin...' Liebe als Geschenk Gottes und Zeichen des Bundes." *Geist und Leben* 54 (1981): 422–31.
Splett, Jörg. *Freiheits-Erfahrung. Vergegenwärtigungen christlicher Anthropo-Theologie*. Knecht, 1986.
Splett, Jörg. *Leben als Mit-Sein. Vom Trinitarisch Menschlichen*. Frankfurt am Main: Knecht, 1990.
Spreng, R Nathan, Raymond A Mar, und Alice S N Kim. „The Common Neural Basis of Autobiographical Memory, Prospection, Navigation, Theory of Mind, and the Default Mode: A Quantitative Meta-Analysis." *Journal of Cognitive Neuroscience* 21 (2009): 489–510. http://dx.doi.org/10.1162/jocn.2008.21029.
Lewis G Spurgin et al., „Genetic and Phenotypic Divergence in an Island Bird: Isolation by Distance, by Colonization or by Adaptation?," *Molecular Ecology* 23 (2014): 1028–39, http://dx.doi.org/10.1111/mec.12672.

Standen, Emily M, Trina Y Du, und Hans C E Larsson. „Developmental Plasticity and the Origin of Tetrapods." *Nature* 513, no. 7516 (2014): 54–58. http://dx.doi.org/10.1038/nature13708.

Stedman, H H, B W Kozyak, A Nelson, D M Thesier, L T Su, D W Low, Ch R Bridges, J B Shrager, N Minugh-Purvis, und M A Mitchell. „Myosin Gene Mutation Correlates with Anatomical Changes in the Human Lineage." *Nature* 428 (2004): 415–18. http://dx.doi.org/10.1038/nature02358.

Stephens, G J, L J Silbert, und U Hasson. „Speaker-Listener Neural Coupling underlies Successful Communication." *PNAS* 107 (2010): 14425–30. http://dx.doi.org/10.1073/pnas.1008662107.

Sterck, Elisabeth H M, und Sander Begeer. „Theory of Mind: Specialized Capacity or Emergent Property?" *European Journal of Developmental Psychology* 7 (2010): 1–16. http://dx.doi.org/10.1080/17405620903526242.

Sterelny, Kim. „Memes Revisited." *The British Journal for the Philosophy of Science* 57 (2006): 145–65. http://dx.doi.org/10.1093/bjps/axi157.

Sternberg, Eliezer J. *My Brain Made Me Do It*. Amherst, NY: Prometheus Books, 2010.

Stiner, Mary C, Ran Barkai, und Avi Gopher. „Cooperative Hunting and Meat Sharing 400–200 Kya at Qesem Cave, Israel." *PNAS* 106 (August 2009): 13207–12. http://dx.doi.org/10.1073/pnas.0900564106.

Stone, Valerie E, Leda Cosmides, John Tooby, Neal Kroll, und Robert T Knight. „Selective Impairment of Reasoning about Social Exchange in a Patient with Bilateral Limbic System Damage." *PNAS* 99 (2002): 11531–36. http://dx.doi.org/10.1073/pnas.122352699.

Stotland, E. „Exploratory Studies in Empathy." In *Advances in Experimental Social Psychology*, Hrsg. L Berkowitz, 4: 271–314. Academic Press, NY, 1969.

Stryker, Sheldon. „Identity Theory and Personality Theory: Mutual Relevance." *Journal of Personality* 75 (2007): 1083–1102. http://dx.doi.org/10.1111/j.1467-6494.2007.00468.x.

Stryker, Sheldon, und Peter J Burke. „The Past, Present, and Future of an Identity Theory." *Social Psychology Quarterly* 63 (2000): 284–97. http://dx.doi.org/http://www.jstor.org/stable/2695840.

Stryker, Sheldon, Richard T Serpe, und Matthew O Hunt. „Making Good on a Promise: The Impact of Larger Social Structures on Commitments." *Advances in Group Processes* 22 (2005): 93–123. http://dx.doi.org/10.1016/S0882-6145(05)22004-0.

Subiaul, Francys, Jennifer Vonk, Sanae Okamoto-Barth, und Jochen Barth. „Do Chimpanzees Learn Reputation by Observation? Evidence from Direct and Indirect Experience with Generous and Selfish Strangers." *Anim Cogn* 11 (2008): 611–23. http://dx.doi.org/10.1007/s10071-008-0151-6.

Sumser, Emerich. „Die Schuldfrage als Beziehungsmanagement – Die Perspektive der Evolutionbiologie." In *Schuld – Überholte Kategorie oder menschliches Existential?*, Hrsg. Ulrich Lüke und Georg Souvignier, 63–87. Freiburg i. Br.: Herder, Reihe Quaestiones Disputatae, 2015.

Sutin, Angelina R, und Richard W Robins. „When the "I" Looks at the "Me": Autobiographical Memory, Visual Perspective, and the Self." *Consciousness and Cognition* 17 (2008): 1386–97. http://dx.doi.org/10.1016/j.concog.2008.09.001.

Tajfel, H, M Billig, R Bundy, und C Flament. „Social Categorization and Intergroup Behavior." *European Journal of Social Psychology* 1 (1971): 149–78. http://dx.doi.org/10.1002/ejsp.2420010202.

Takacs, Peter, und Michael Ruse. „The Current Status of the Philosophy of Biology." *Science & Education* Online Fir (2011): 1–44. http://dx.doi.org/10.1007/s11191-011-9356–1.
Takahashi, Hidehiko, Noriaki Yahata, Michihiko Koeda, Tetsuya Matsuda, Kunihiko Asai, und Yoshiro Okubo. „Brain Activation Associated with Evaluative Processes of Guilt and Embarrassment: An fMRI Study." *NeuroImage* 23 (2004): 967–74. http://dx.doi.org/10.1016/j.neuroimage.2004.07.054.
Tallis, Ray. „Consciousness, Not yet Explained." *The New Scientist* 205 (2010): 28–29. http://dx.doi.org/10.1016/S0262-4079(10)60050–4.
Tan, Jonathan H W, und Claudia Vogel. „Religion and Trust: An Experimental Study." *Journal of Economic Psychology* 29 (2008): 832–48. http://dx.doi.org/10.1016/j.joep.2008.03.002.
Tangney, J P, J Stuewig, und D J Mashek. „Moral Emotions and Moral Behavior." *Annu Rev Psychol* 58 (2007): 345–72. http://dx.doi.org/10.1146/annurev.psych.56.091103.070145.
Taylor, A H, G R Hunt, F S Medina, und R D Gray. „Do New Caledonian Crows Solve Physical Problems through Causal Reasoning?" *Proceedings of the Royal Society B: Biological Sciences* 276 (2009): 247–54. http://dx.doi.org/10.1098/rspb.2008.1107.
Terrell, John Edward. *A Talent for Friendship*. New York: Oxford Univ. Press, 2015.
Tetlock, Philip E. „Social Functionalist Frameworks for Judgment and Choice: Intuitive Politicians, Theologians, and Prosecutors." *Psychological Review* 109 (2002): 451–71. http://dx.doi.org/10.1037/0033-295X.109.3.451.
Tetlock, Philip E. „Thinking the Unthinkable: Sacred Values and Taboo Cognitions." *Trends in Cognitive Sciences* 7 (2003): 320–24. http://dx.doi.org/10.1016/S1364-6613(03)00135–9.
Tetlock, Philip E, Orie V Kristel, S Beth Elson, Melanie C Green, und Jennifer S Lerner. „The Psychology of the Unthinkable: Taboo Trade-Offs, Forbidden Base Rates, and Heretical Counterfactuals." *Journal of Personality and Social Psychology* 78 (2000): 853–70. http://dx.doi.org/10.1037/0022-3514.78.5.853.
Thelen, Esther, und Linda B Smith. *A Dynamic Systems Approach to the Development of Cognition and Action*. MIT Press, 1996.
Thelen, Esther, und Linda B Smith. „Dynamic Systems Theories." In *Handbook of Child Psychology, Vol. 1: Theoretical Models of Human Development*, Hrsg. W Damon und R M Lerner, 258–312. Hoboken, NJ: Wiley, 2006.
Therese von Lisieux [1873–1897]. *Selbstbiographie*. Einsiedeln: Johannes Verlag, 1988.
Thomas von Aquin [1225–1274]. *Summa Theologica (STh)*, Hrsg. K Knight, http://www.newadvent.org/summa/index.html.
Thomas von Aquin [1225–1274]. *Commentaria in Octo Libros Physicorum*, http://www.corpusthomisticum.org/cpy012.html.
Thomson, Judith Jarvis. „Killing, Letting Die, and the Trolley Problem." *The Monist* 59 (1976): 204–17.
Toburen, Tina, und Brian P Meier. „Priming God-Related Concepts Increases Anxiety and Task Persistence." *Journal of Social and Clinical Psychology* 29 (2010): 127–43. http://dx.doi.org/10.1521/jscp.2010.29.2.127.
Todrank, Josephine, Nicolas Busquet, Claude Baudoin, und Giora Heth. „Preferences of Newborn Mice for Odours Indicating Closer Genetic Relatedness: Is Experience Necessary?" *Proc Biol Sci* 272 (2005): 2083–88. http://dx.doi.org/10.1098/rspb.2005.3187.

Tomasello, Michael, und Josep Call. „The Role of Humans in the Cognitive Development of Apes Revisited." *Anim Cogn* 7 (2004): 213–15. http://dx.doi.org/10.1007/s10071-004-0227-x.

Tomasello, Michael, und Malinda Carpenter. „Shared Intentionality." *Dev Sci* 10 (2007): 121–25. http://dx.doi.org/10.1111/j.1467-7687.2007.00573.x.

Tomasello, Michael, Malinda Carpenter, Josep Call, Tanya Behne, und Henrike Moll. „Understanding and Sharing Intentions: The Origins of Cultural Cognition." *Behav Brain Sci* 28 (2005): 675–735. http://dx.doi.org/10.1017/S0140525X05000129.

Tomasello, Michael, Brian Hare, Hagen Lehmann, und Josep Call. „Reliance on Head versus Eyes in the Gaze Following of Great Apes and Human Infants: The Cooperative Eye Hypothesis." *Journal of Human Evolution* 52 (2007): 314–20. http://dx.doi.org/10.1016/j.jhevol.2006.10.001.

Tooby, John, und Leda Cosmides. „Toward Mapping the Evolved Functional Organization of Mind and Brain." In *Conceptual Issues in Evolutionary Biology*, Hrsg. Elliott Sober, 176–95. Cambridge, MA: MIT Press, 2006.

Trivers, Robert. *Social Evolution*. Menlo Park, CA: Benjamin/Cummings Pub. Co., 1985.

Trivers, Robert. „The Evolution of Reciprocal Altruism." *Quarterly Review of Biology* 46 (1971): 35–57. http://dx.doi.org/10.1086/406755.

Tugendhat, Ernst. *Anthropologie statt Metaphysik*. München: Beck, 2010.

Turchik, Jessica A, und Katie M Edwards. „Myths about Male Rape: A Literature Review." *Psychology of Men & Masculinity* 13 (2012): 211–26. http://dx.doi.org/10.1037/a0023207.

Turiel, Elliot. *The Development of Social Knowledge: Morality and Convention*. Cambridge University Press, 1983.

Tversky, A, und D Kahneman. „The Framing of Decisions and the Psychology of Choice." *Science* 211 (1981): 453–58. http://dx.doi.org/10.1126/science.7455683.

Udell, Monique A R, Nicole R Dorey, und Clive D L Wynne. „Wolves Outperform Dogs in Following Human Social Cues." *Animal Behaviour* 76 (2008): 1767–73. http://dx.doi.org/10.1016/j.anbehav.2008.07.028.

Ung, Loung. *Der weite Weg der Hoffnung*. Frankfurt: Fischer, 2002.

Vaas, Rüdiger, und Michael Blume. *Gott, Gene und Gehirn: Warum Glaube nützt – Die Evolution der Religiosität*. Stuttgart: Hirzel, 2008.

Valdesolo, Piercarlo, und David DeSteno. „Moral Hypocrisy." *Psychological Science* 18 (2007): 689–90. http://dx.doi.org/10.1111/j.1467-9280.2007.01961.x.

Valdesolo, Piercarlo, und David DeSteno. „The Duality of Virtue: Deconstructing the Moral Hypocrite." *Journal of Experimental Social Psychology* 44 (2008): 1334–38. http://dx.doi.org/10.1016/j.jesp.2008.03.010.

Vall, Gregory. „*Ad Bona Gratiae et Gloriae:* Filial Adoption in Romans 8." *The Thomist* 74 (2010): 593–626.

Van Baalen, M, und V A A Jansen. „Kinds of Kindness: Classifying the Causes of Altruism and Cooperation." *J Evol Biol* 19 (2006): 1377–79. http://dx.doi.org/10.1111/j.1420-9101.2006.01176.x.

Van Schaik, Carel P, und Judith M Burkart. „Social Learning and Evolution: The Cultural Intelligence Hypothesis." *Philosophical Transactions of the Royal Society B: Biological Sciences* 366 (2011): 1008–16. http://dx.doi.org/10.1098/rstb.2010.0304.

Van Vugt, Mark. „Sex Differences in Intergroup Competition, Aggression, and Warfare." *Annals of the New York Academy of Sciences* 1167 (2009): 124–34. http://dx.doi.org/10.1111/j.1749-6632.2009.04539.x.

Velmans, Max. „How Could Conscious Experiences Affect Brains?" *Journal of Consciousness Studies* 9 (2002): 3–29. http://cogprints.org/2750/

Verbeke, Gerard. „Teleology and Logic in Stoicism and Aquinas." In *Finalité et Intentionnalité – Doctrine Thomiste et Perspectives Modernes*, Hrsg. J Follon und J J McEvoy, 41–61. Leeuven: Peeters, 1992.

Visscher, P Kirk. „Reproductive Conflict in Honey Bees: A Stalemate of Worker Egg-Laying and Policing." *Behavioral Ecology and Sociobiology* 39, no. 4 (1996): 237–44. http://dx.doi.org/10.1007/s002650050286.

Vogler, Christopher. *Die Odyssee des Drehbuchschreibers.* Frankfurt am Main: Zweitausendeins, 1998.

Vogt, Günter, Martin Huber, Markus Thiemann, Gerald van den Boogaart, Oliver J Schmitz, und Christoph D Schubart. „Production of Different Phenotypes from the Same Genotype in the Same Environment by Developmental Variation." *Journal of Experimental Biology* 211 (2008): 510–23. http://dx.doi.org/10.1242/jeb.008755.

Vohs, Kathleen D, und Jonathan W Schooler. „The Value of Believing in Free Will: Encouraging a Belief in Determinism Increases Cheating." *Psychological Science* 19 (2008): 49–54. http://dx.doi.org/10.1111/j.1467-9280.2008.02045.x.

Voland, Eckart. *Die Natur des Menschen: Grundkurs Soziobiologie.* München: Beck, 2007.

Völkel, Martin. „Freund der Zöllner und Sünder." *Zeitschr. f. d. Neutest. Wiss.* 69 (1978): 1–10.

Von Thun, Friedemann. *Miteinander Reden: Das „Innere Team" und situationsgerechte Kommunikation.* Reinbek: Rowohlt, 1998.

Vorgrimler, Herbert. „Der Begriff der Selbsttranszendenz in der Theologie Karl Rahners." In *Wagnis Theologie – Erfahrungen mit der Theologie Karl Rahners*, 242–58. Freiburg im Breisgau: Herder, 1979.

Vorgrimler, Herbert. *Karl Rahner. Gotteserfahrung in Leben und Denken.* Darmstadt: Wiss. Buchges., 2004.

Waddington, Conrad Hal. „Canalization of Development and the Inheritance of Acquired Characters." *Nature* 150 (1942): 563–65. http://dx.doi.org/10.1038/1831654a0.

Waddington, Conrad Hal. „Genetic Assimilation of an Acquired Character." *Evolution* 7 (1953): 118–26. http://dx.doi.org/10.2307/2405747.

Wade, Nicholas. „Nice Rats, Nasty Rats: Maybe It's All in the Genes." *New York Times*, 25. Juli 2006.

Wainryb, Cecilia, Leigh A Shaw, Marcie Langley, Kim Cottam, und Renee Lewis. „Children's Thinking about Diversity of Belief in the Early School Years: Judgments of Relativism, Tolerance, and Disagreeing Persons." *Child Dev* 75 (2004): 687–703. http://dx.doi.org/10.1111/j.1467-8624.2004.00701.x.

Wallace, Alfred R. *Darwinism: An Exposition of the Theory of Natural Selection, with Some of Its Applications.* Cambridge, MA: Univ. Press, 1889/2009.

Waller, Bruce N. „Moral Commitment without Objectivity or Illusion: Comments on Ruse and Woolcock." *Biology and Philosophy* 11, no. 2 (1996): 245–54. http://dx.doi.org/10.1007/BF00128921.

Warneken, F, F Chen, und M Tomasello. „Cooperative Activities in Young Children and Chimpanzees." *Child Development* 77 (2006): 640–63. http://dx.doi.org/10.1111/j.1467-8624.2006.00895.x.

Watson-Jones, Rachel E, Cristine H Legare, Harvey Whitehouse, und Jennifer M Clegg. „Task-Specific Effects of Ostracism on Imitative Fidelity in Early Childhood." *Evolution and*

Human Behavior 35, no. 3 (2014): 204 – 10. http://dx.doi.org/http://dx.doi.org/10.1016/j.evolhumbehav.2014.01.004.

Watts, David. „Conflict Resolution in Chimpanzees and the Valuable-Relationships Hypothesis." *International Journal of Primatology* 27 (2006): 1337 – 64. http://dx.doi.org/10.1007/s10764-006-9081 – 9.

Weaver, Ian C G, Michael J Meaney, und Moshe Szyf. „Maternal Care Effects on the Hippocampal Transcriptome and Anxiety-Mediated Behaviors in the Offspring That Are Reversible in Adulthood." *PNAS* 103 (2006): 3480 – 85. http://dx.doi.org/10.1073/pnas.0507526103.

Weir, Alex A S, Jackie Chappell, und Alex Kacelnik. „Shaping of Hooks in New Caledonian Crows." *Science* 297 (2002): 981. http://dx.doi.org/10.1126/science.1073433.

Weir, K. „Naked and Ugly: The New Face of Lab Rats." *New Scientist* 2783 (2010): 44 – 47.

Weisfeld, Glenn E, Tiffany Czilli, Krista A Phillips, James A Gall, und Cary M Lichtman. „Possible Olfaction-Based Mechanisms in Human Kin Recognition and Inbreeding Avoidance." *J Exp Child Psychol* 85 (July 2003): 279 – 95. http://dx.doi.org/10.1016/S0022 – 0965(03)00061 – 4.

Weiß, Andreas M. *Sittlicher Wert und nichtsittliche Werte: Zur Relevanz der Unterscheidung in der moraltheologischen Diskussion um deontologische Normen*. Freiburg: Herder, 1996.

Welch, Michael R, David Sikkink, Eric Sartain, und Carolyn Bond. „Trust in God and Trust in Man: The Ambivalent Role of Religion in Shaping Dimensions of Social Trust." *Journal for the Scientific Study of Religion* 43 (2004): 317 – 43. http://dx.doi.org/10.1111/j.1468 – 5906.2004.00238.x.

West, Stuart A, und Andy Gardner. „Altruism, Spite, and Greenbeards." *Science* 327 (2010): 1341 – 44. http://dx.doi.org/10.1126/science.1178332.

West, Stuart A, Ashleigh S Griffin, und Andy Gardner. „Social Semantics: Altruism, Cooperation, Mutualism, Strong Reciprocity and Group Selection." *J Evol Biol* 20 (2007): 415 – 32. http://dx.doi.org/10.1111/j.1420 – 9101.2006.01258.x.

West-Eberhard, Mary J. *Developmental Plasticity and Evolution*. New York: Oxford Univ. Press, 2003.

Wheatley, Thalia, und Jonathan Haidt. „Hypnotic Disgust Makes Moral Judgments More Severe." *Psychol Sci* 16 (2005): 780 – 84. http://dx.doi.org/10.1111/j.1467 – 9280.2005.01614.x.

Wheeler, Mary E, und Susan T Fiske. „Controlling Racial Prejudice." *Psychological Science* 16 (2005): 56 – 63. http://dx.doi.org/10.1111/j.0956 – 7976.2005.00780.x.

Wheeler, Mary E, und Susan T Fiske. „Controlling Racial Prejudice: Social-Cognitive Goals Affect Amygdala and Stereotype Activation." *Psychol Sci* 16 (2005): 56 – 63. http://dx.doi.org/10.1111/j.0956 – 7976.2005.00780.x.

White, Holly A, und Priti Shah. „Uninhibited Imaginations: Creativity in Adults with Attention-Deficit/Hyperactivity Disorder." *Personality and Individual Differences* 40 (2006): 1121 – 31. http://dx.doi.org/10.1016/j.paid.2005.11.007.

White, Katherine, R MacDonnell, und D W Dahl. „It's the Mind-Set That Matters: The Role of Construal Level and Message Framing in Influencing Consumer Efficacy and Conservation Behaviors." *Journal of Marketing Research* 48 (2011): 472 – 85. http://dx.doi.org/10.1509/jmkr.48.3.472.

White, Stephen L. „Self." In *The MIT Encyclopedia of the Cognitive Sciences*, Hrsg. R A Wilson and F C Keil, 733 – 34. Cambridge, MA: MIT Press, 2001.

Whiten, Andrew. „The Scope of Culture in Chimpanzees, Humans and Ancestral Apes." *Philosophical Transactions of the Royal Society B: Biological Sciences* 366 , no. 1567 (2011): 997–1007. http://dx.doi.org/10.1098/rstb.2010.0334.
Whiten, Andrew, Robert A Hinde, Kevin N Laland, und Christopher B Stringer. „Culture Evolves." *Philosophical Transactions of the Royal Society B: Biological Sciences* 366 , no. 1567 (2011): 938–48. http://dx.doi.org/10.1098/rstb.2010.0372.
Whiten, Andrew, Nicola McGuigan, Sarah Marshall-Pescini, und Lydia M Hopper. „Emulation, Imitation, over-Imitation and the Scope of Culture for Child and Chimpanzee." *Philosophical Transactions of the Royal Society B: Biological Sciences* 364 (2009): 2417–28. http://dx.doi.org/10.1098/rstb.2009.0069.
Willi, Jürg. *Wendepunkte im Lebenslauf.* Stuttgart: Klett-Cotta, 2007.
Wilkins, Adam S., Richard W. Wrangham, und W. Tecumseh Fitch. „The 'Domestication Syndrome' in Mammals: A Unified Explanation Based on Neural Crest Cell Behavior and Genetics." *Genetics* 197, no. 3 (2014): 795–808. http://dx.doi.org/10.1534/genetics.114.165423.
Williams, Caroline. „10 Mysteries of You: Blushing." *New Scientist* 2720 (2009): 28. http://dx.doi.org/10.1016/S0262-4079(09)62091-1.
Wilson, David Sloan. *Darwin's Cathedral: Evolution, Religion, and the Nature of Society.* Chicago: Univ. of Chicago Press, 2002.
Wilson, David Sloan. *Evolution for Everyone: How Darwin's Theory Can Change the Way We Think about Our Lives.* New York, NY: Delacorte Press, 2007.
Wilson, David Sloan. „Instant Expert – Evolution of Selfless Behaviour." *New Scientist* 2824 (2011): i–viii.
Wilson, David Sloan. „Levels of Selection: An Alternative to Individualism in Biology and the Human Sciences." In *Conceptual Issues in Evolutionary Biology*, Hrsg. Elliott Sober, 63–75. MIT Press, 2006.
Wilson, David Sloan. *The Neighborhood Project.* NY: Little, Brown and Company, 2011.
Wilson, David Sloan, und John M Gowdy. „Human Ultrasociality and the Invisible Hand: Foundational Developments in Evolutionary Science Alter a Foundational Concept in Economics." *Journal of Bioeconomics*, 2014, 1–16. http://dx.doi.org/10.1007/s10818-014-9192-x.
Wilson, David Sloan, und Elliott Sober. „Reintroducing Group Selection to the Human Behavioral Sciences." *Behav Brain Sci* 17 (1994): 585–608. http://dx.doi.org/10.1017/S0140525X00036104.
Wilson, David Sloan, und Edward O Wilson. „Rethinking the Theoretical Foundation of Sociobiology." *The Quarterly Review of Biology* 82 (2007): 327–48. http://dx.doi.org/10.1086/522809.
Wilson, David Sloan, und Edward O Wilson. „Evolution: Survival of the Selfless." *New Scientist* 2628 (2007): 42–46.
Wilson, Edward Osborne. *On Human Nature.* Cambridge: Harvard University Press, 1978/2004.
Wilson, Edward Osborne. *Sociobiology: The New Synthesis.* Cambridge: Belknap Press, 1975.
Wilson, Edward Osborne, und Bert Hölldobler. „Eusociality: Origin and Consequences." *PNAS* 102 (2005): 13367–71. http://dx.doi.org/10.1073/pnas.0505858102.
Wilson, T D, J L Douglas, J W Schooler, S D Hodges, K J Klaaren, und S J LaFleur. „Introspecting About Reasons Can Reduce Post-Choice Satisfaction." *Personality and Social Psychology Bulletin* 19 (1993): 331–39. http://dx.doi.org/10.1177/0146167293193010.

Wilson, T D, und J W Schooler. „Thinking Too Much: Introspection Can Reduce the Quality of Preferences and Decisions." *Jorurnal of Personality and Social Psychology* 60 (1991): 181–92. http://dx.doi.org/10.1037/0022-3514.60.2.181.

Wimmer, Heinz, und Josef Perner. „Beliefs about Beliefs: Representation and Constraining Function of Wrong Beliefs in Young Children's understanding of Deception." *Cognition* 13 (1983): 103–28. http://dx.doi.org/10.1016/0010-0277(83)90004-5.

Wimsatt, William C, und James R Griesemer. „Reproducing Entrenchments to Scaffold Culture: The Central Role of Development in Cultural Evolution." In *Integrating Evolution and Development: From Theory to Practice*, Hrsg. R Sansom and Brandon R, 227–323. Cambridge, MA: MIT Press, 2007.

Woodburn, James. „Egalitarian Societies." *Man, New Series* 17 (1982): 431–51. http://dx.doi.org/10.2307/2801707.

Woolfolk, Robert L, John M Doris, und John M Darley. „Identification, Situational Constraint, and Social Cognition – Studies in the Attribution of Moral Responsibility." In *Experimental Philosophy*, Hrsg. Joshua Knobe und Shaun Nichols. Oxford: Oxford University Press, 2008.

Wrangham, Richard. *Catching Fire – How Cooking Made Us Human*. London: Profile Books, 2010.

Wright, G A. „Bee Pheromones: Signal or Agent of Manipulation?" *Current Biology* 19 (2009): R547–48. http://dx.doi.org/10.1016/j.cub.2009.05.032.

Wuketits, Franz M. „Die Evolutionäre Ethik und ihre Kritiker. Versuch einer Metakritik." In *Evolutionäre Ethik zwischen Naturalismus und Idealismus*, Hrsg. W Lütterfelds und T Mohrs, 208–34. Darmstadt: Wiss. Buchges., 1993.

Wuketits, Franz M. *Gene, Kultur und Moral. Soziobiologie – Pro und Contra*. Darmstadt: Wiss. Buchges., 1990.

Wuketits, Franz M. *Was Ist Soziobiologie?*. München: Beck, 2002.

Wund, Matthew A, John A Baker, Brendan Clancy, Justin L Golub, und Susan A Foster. „A Test of the 'Flexible Stem' Model of Evolution: Ancestral Plasticity, Genetic Accommodation, and Morphological Divergence in the Threespine Stickleback Radiation." *The American Naturalist* 172 (2008): 449–62. http://dx.doi.org/10.1086/590966.

Wund, Matthew A, Sophie Valena, Susan Wood, und John A Baker. „Ancestral Plasticity and Allometry in Threespine Stickleback Reveal Phenotypes Associated with Derived, Freshwater Ecotypes." *Biological Journal of the Linnean Society* 105, no. 3 (2012): 573–83. http://dx.doi.org/10.1111/j.1095-8312.2011.01815.x.

Xu, Xing, Xiaoting Zheng, und Hailu You. „A New Feather Type in a Nonavian Theropod and the Early Evolution of Feathers." *PNAS* 106 (2009): 832–34. http://dx.doi.org/10.1073/pnas.0810055106.

Yamamoto, Kazuhiko. „The Ethical Structure of Homeric Society." *Collegium Anthropologicum* 26 (2002): 695–709.

Yamamoto, Kazuhiko. „The Origin of Ethics and Social Order in a Society without State Power." *Collegium Anthropologicum* 23 (1999): 221–29.

Yinon, Yoel, und Meir O Landau. „On the Reinforcing Value of Helping Behavior in a Positive Mood." *Motivation and Emotion* 11 (1987): 83–93. http://dx.doi.org/10.1007/BF00992215.

Young, Nathan M, und Benedikt Hallgrimsson. „Serial Homology and the Evolution of Mammalian Limb Covariation Structure." *Evolution* 59 (2005): 2691–2704. http://dx.doi.org/10.1111/j.0014-3820.2005.tb00980.x.

Zahn-Waxler, C, S L Friedman, und E M Cummings. „Children's Emotions and Behaviors in Response to Infant's Cries." *Child Dev* 54 (1983): 1522–28. http://dx.doi.org/10.2307/1129815.

Zahn-Waxler, C, M Radke-Yarrow, und J Brady-Smith. „Perspective-Taking and Prosocial Behavior." *Dev Psych* 13 (1977): 87–88.

Zak, Paul J, Robert Kurzban, und William T Matzner. „Oxytocin Is Associated with Human Trustworthiness." *Horm Behav* 48 (2005): 522–27. http://dx.doi.org/10.1016/j.yhbeh.2005.07.009.

Zamulinski, Brian. *Evolutionary Intuitionism: A Theory of the Origin And Nature of Moral Facts*. Montreal: McGill Queens Univ Press, 2007.

Zelizer, Viviana A. „Payments and Social Ties." *Sociological Forum* 11, no. 3 (1996): 481–95. http://dx.doi.org/10.1007/BF02408389.

Zhong, Chen-Bo, Vanessa K Bohns, und Francesca Gino. „Good Lamps Are the Best Police: Darkness Increases Dishonesty and Self-Interested Behavior." *Psychological Science* 21 (2010): 311–14. http://dx.doi.org/10.1177/0956797609360754.

Zimbardo, Philip G. *Der Luzifer-Effekt: Die Macht der Umstände und die Psychologie des Bösen*. Heidelberg: Spektrum, 2008.

Zimbardo, Philip G. „The Psychology of Evil." *Eye on Psi Chi* 5 (2000): 16–19.

Zimbardo, Philip G. „Why the World Needs Heroes." *Europe's Journal of Psychology* 7 (2011): 402–7.

Zimmer, Carl. „Children Learn by Monkey See, Monkey Do. Chimps Don't." *The New York Times – Essay*, 13. Dezember 2005. http://www.nytimes.com/2005/12/13/science/13essa.html?_r=0.

Zlatev, Jordan. „Meaning = Life (+ Culture): An Outline of a Unified Biocultural Theory of Meaning." *Evolution of Communication* 4 (2002): 253–96. http://dx.doi.org/10.1075/eoc.4.2.07zla.

Zordan, Rebecca E, David J Galgoczy, und Alexander D Johnson. „Epigenetic Properties of White-Opaque Switching in \textit{Candida Albicans} are Based on a Self-Sustaining Transcriptional Feedback Loop." *PNAS* 103 (2006): 12807–12. http://dx.doi.org/10.1073/pnas.0605138103.

Zuberbühler, Klaus. „Language Evolution: The Origin of Meaning in Primates." *Curr Biol* 16 (2006): R123–25. http://dx.doi.org/10.1016/j.cub.2006.02.003.

Index

Abbild Gottes, Mensch als   515, 573–575
Absicherung von Investitionen   103, 440, 447–450, 491, 524
Absonderlichkeit (phil.)   383–389
Abstammung   22 (evol.), 370 (theol.)
Absurdität der Welt   506–508
Abu Ghraib   348, 495
Abwägung
– Güter-   398
– Kosten-Nutzen-   294
– Moralische   291–293
– Rationale   276–278, 286f, 290f
Abweichung von Erwartungen   226
Aché   133, 148
Ackerbau   95–97
Adaptationismus   28f., 397, 405
Affektive Empathie   185
Aggression   33, 88f., 270, 343, 348, 436, 557
Ähnlichkeit   59f., 92, 145, 371, 464f., 493, 573
Akinetischer Mutismus   177
Akkomodation
– Genetische   44–47, 67, 295f.
– Phänotypische   38f., 67
Aktiver Ausgleich   457, 473–475, 486, 502–504
Alibi   270, 322f., 410, 566
Allgemeine Menschenrechte   406, 444, 467
Altruismus   99, 120, 127f., 136, 148, **168**, 203, 407, 494f., 532
– Authentischer   394
– Genetischer   74
– Memetischer   74
– -problem   14, 24
– Psychologischer   26, 74
– Reziproker   112, 354, 396
Analogie   59f., 66
Anekdotische Evidenz   194–196, 202, 204
Angeboren, Definition   84
Angepasstheit   27f., 60, 66, 71, 397
Anonymität   98, 127, 133, 137, 141f., 162, 167, 321, 345
Anosognosia   224

Anpassung
– Evolutionär   **28f.**, 35, 54, 59, 63–68, 73f., 180f., 397, 401–403, 452, 555–558
– Psychologisch   243, 256, 276
– Reaktionsnormen   279, 297
– Verhalten   51, 260f.
Anthropologische Wende   4
Anthropomorphismus   196
Antipathie   188
Antisocial Punishment   153f.
Äquilibrationsprozess (Piaget)   243–245
Äquilibrium   545–548
Archaeopteryx   109
Aristoteles   103, 130, 247, 366, 368f., 563
Artselektion   63, 120, 122
Asymmetrie der sozialen Instrumente   447–450
Atheismus   158, 160f., 503, 531, 535
– Neuer   2, 117, 534, 562
Attraktor   77–79, 245f., 262–268, 499, 537, **545–548**
Au   147
Aufmerksamkeit   216, 223, 226, 262, 266–272, 314, 492
– als Haltung   512, 517
– Geteilte   205, 208
Augustinus   372, 517, 565
Äußere Armut   471
Ausführungswächter   252
Ausgleich   311
Auswirkungswächter   252
Authentischer Altruismus   394
automatisch   192
Autonome Selbstverpflichtung   442
Autonomie   105, **132–135**, 169, 213, 236f., 277, 315, 388, 423–425, **438f.**, 459–463, **470**, 488f., 494–497, 577f.
Autorität   157, 311–315, 340f., 347, 438
Moralische   359, 379f., 385f
Aversion   102, 287f., 307

Background Feelings   177
Ballspiel   441, 499, 520

Bedrohung 305, 314–316, 347f., 438, 465–468, 479f., 505f
Begründung mit Fakten 395
Beispiele
- Anästhesie bei Neugeborenen 564
- Antizipation von Schuld 176
- Autismusforschung zu ToM 192
- Bergbach, komplexe Dynamik 547
- Blütenbildung, proximat – ultimat 27
- Delphine, tierische Kreativität 200
- E. coli und Phage T4, Gruppenselektion 33
- Emotionale Hilfsbereitschaft 176
- Federevolution 109
- Fingerzeig, Shared Intentionality 206
- Flugzeugunglück, rationale Entscheidung 217
- Gorilladame Binti Jua, Empathie 184
- Grunzen im Wald, Wahrnehmung 174, 178
- Hexenverfolgung 566
- Homologe Module 66
- Jerusalemer Ratten 53
- Kindstötung 377
- Knoten im Faden, Willensfreiheit (Tugendhat) 263
- Konvention in der Schule 294
- Kooperatives Auge 180
- Meisen und Milchflaschen 52
- Mutter im Pflegeheim, Schulderleben 335
- Nacktmull 560
- Neonazis, Identität 437
- Paddelboot, Reziprozität 125
- Pfeil und Bogen, Alternativhypothesen 110
- Pfeil und Bogen, Design und Funktion 108
- Pfeil und Bogen Technik 70
- Polyphänismus Tabak- und Tomatenschwärmer 46
- Raketen im Radar, intuitive Entscheidung 216
- Ring des Gyges, Anonymität 321
- Schildkrötenpanzer 42
- Schimpansen Austin, Sherman, Panbanisha 193
- Schmerz des anderen mitfühlen 187
- Schnäbel der Darwin-Finken 42
- Selbstloses Verhalten, ultimat 112
- Selbstverwirklichung arabisch und westlich 306
- Sozialdarwinismus 355
- Tomatenschneider, evolutive Dynamik 72
- Vererbung durch Fellpflege 50
- Weinglas, Störungen führen zur Bewusstmachung 226
- Wirbeltierextremität, emergente Selbstorganisation 61
- Wölfe und Haushunde 85
- Zweibeinige Ziege, Phänotypische Plastizität 39
Beliebigkeit der Investition, buddh. 513
Beljajew, Dimitri 87
Belohnung 153, 196, 201, 276
Bereichsspezifität 64
Bereitschaftspotenzial 249f.
Beschwichtigungssignal 335
Besitz 96, 240, 465
Besitztum, Konzept 96
Bestrafung 149–164, 238, 276, 305, 437, 442–444, 448f.
- Altruistische 152, 155
- Antisoziale 154, 443
- Dritt-Parteien- 155
- Soziales Instrument 132
Betrug 64, 91, 93, 99, 129, 131f., 158, 185, 311, 325–327, 403, 406, 432, 446, 529, 557
Bewusstsein, Das 219, 222, 267, 270, 275
Bewusste Verarbeitung, Stärken 221
Beziehungen
- Erb-Freundschaft 450
- Familie 91, 107, 428, 443
- Freundschaft 107, 309, 428, 516
- Mutter-Kind 239
Beziehungskonzept, Begriff 426
Beziehungstyp, Begriff 426
BEZIEHUNGSTYP-ETHIK 424–490, 538
Bias 11, 132, 189f., 239, 293f., 300, 331, 360, 362, 365, 382, 465, 467, 471f., 489, 501, 536
- Confirmation 283
- Conformist 77
- Prestige 78
Williams-Syndrom 346
Biene 129–134, 376, 556–560

Bioliberalisierung 115–117
Blauhäher 198 f.
Blickverfolgung 207
Blut, Genugtuung 96 f., 444
Blutrache 97, 333, 378
Bodhisattva 509–511
Bonobo 84, 186, 200
„böse", als Bezeichnung 407, 564–568
Böse, Das 346, 348
Buddhanatur 509, 512
Buddhismus 508
– Alles ist Geist 509
– Ethische Gebote 509, 513
– Gelassenheit 510
– Leere 508
– Mitgefühl 510
– Nicht-Differenz 486, 502, 508–514
– Nicht-Selbst 486, 512
Büschelaffen 203
Buschleute 108, 110
Bußfertigkeit 304

Camus, Albert 506 f.
Ceteris Paribus Aussagen 418–421, 510
Chamäleoneffekt 179
Chancengleichheit 101
Change Blindness 283
Charakter, Degeneration 568
Cheater-Detection-Modul 64, 325
Christentum
– Anruf der Liebe 521
– Anthropologie 515
– Autonomie 517
– Beschenkt-Sein 519, 522, 525, 569
– Beziehungsfehler 524
– Dialogische Entwicklung 518, 523
– Doppelgebot der Liebe 517
– Freundschaft mit Gott 516
– Gemeinsame Vollendung 517
– Identitätsbeziehung 526
– Interaktionsbeziehung 525
– Intimitätsbeziehung 526
– Kirchendisziplin 536
– Mangel an Vertrauen 524
– Manipulation 527
– Mensch als Beziehungswesen 516
– Pflicht 520

– Überfluss 527
– Vertrauen 518, 524 f.
Christliche Grundthesen 516
Christliche Theologie
– Abbild Gottes 573
– Geliebt trotz Schuld 569
– Nächstenliebe 571
– Opferbereitschaft 576
– Sittlichkeit 563 f.
Christliches Ethos 562–578
Clique 436
Commitment 132–135, **204**, **213**, 236, 412, 428, 436, 470, 534, 572
Common Sense 396
Contra-Empathie 188, 190, 336
Costly punishment 149
Costly Signaling 125, 139, 159, 162
Crick, Francis 23

Dalai Lama 511, 513
Dankbarkeit 196, 288, 505, 507, 518, 520, 522, 524
Darwinismus 21 f., 36, 355 f.
– Neo- 22, 68, 365
– Sozial- 355
Darwin'sches Individuum 24, 31, 34, 81, 121, 129, 380
Dauerhaftigkeit der Identifikation als moralisches Kriterium 302
Dawkins, Richard 2, 10, 25, 71, 73 f., 84, 120 f., 196, 380, 394, 400, 535, 540, 553
Dazwischen, Das 272, 291, 409, 496
De-Absolutierung 419 f.
De-Anonymisierung 162
Default Network 222
Dehumanisierung 344 f., 347, 349, 436
Delphine 200, 202
Demokratie 100 f., 104
Demut 288
Dennett, Daniel C 191
Deontologie 286, 292 f., 308, 459
Design 5, 71, 73, 75, 164, 365–368, 373
Desire-Dependence 403
Determinismus 116, 169, 248, 257–259, 261–265, 269 f., 275, 400, 548
Deus datus 518 f., 527
Dialektik 103, 107, 370

Diebstahl 96
Diktator Game 140, 142
Diktatur 105, 305
Dilemma 135, 144, 277, 297, 332, 340, 384 f.
– Footbridge 298
– Heinz 277
– Trolley 298
Discounting Principle 302
Diskontinuität 246, 265, 547
Dissoziation, mentale 228–230, 421
Distanzierung 280, 345, 451, 466
Dobzhansky, Theodosius 23
Domestikation 85, 87, 95, 479
– Selbst- 88
– -Syndrom 88
Dominanz 64, 91–93, 154, 312 f., 561
Dopamin 329, 465
Doppelgebot 517
Doppelmoral 564
Doppelwirkung, Prinzip der 298 f.
Drift 80, 83
Drittperson-Perspektive 258
Du, Das 460–462, 476
Dual-Process-Model 292, 300
Dynamik
– Evolutive 120
– Innerliche 368, 371
– Komplex, nicht-linear 36, 62, 259, 262 f., 266, 269, 545–548.
– Menschliche Entwicklung 205
– Populations- 44
– Teleologische 540

EcoEvoDevo 56
Effekte
– Baldwin- 45
– Drift 80, 83
– Epigenetische 48
– Framing 291
Egalitarismus 92, 102, 104, 135
Egoismus 394, 495
– Genetisch 25 f., 73 f., 114, 120
– Psychologisch 26
– der Gruppe 168
Egoistisches Gen 25 f., 73 f., 120, 394
Ehre 96 f., 154, 432, 437, 440, 444

Ehrenamt 444
Ehrlichkeit 159
Eid 96
Eidbruch 97
Eigennutz 121–123, 167, 407 f., 411–416, 432, 473, 571 f., 576–578
Eigennützige Selbststeuerung 410
Einseitigkeit, interdisziplinärer Dialog 12
Einzelinteressen 96, 434, 454–456, 507, 574
Ekel 111, 287 f., 312 f., 378
Eltern 24, 54, 81, 311, 477, 555
Eltern-Kind-Beziehung 426, 441
Embryo, ethischer Status 471 f.
Emergenz 371, 547
Emotionen 111, 164, 174–193, 276–310, 412, 465–472, 493–498
– Moralische 287, 289, 301, 379
Tierische 194
Emotion, Definition 173
Emotionale Ansteckung 186
Emotionaler Mangel 285
Empathie 132, 184–193, 331–333, 383, 406, 414, 452, 465–471, 493 f., 530 f.
Empathie-Anker 106, 187 f., 469, 471
Empathische Liebe 498
Empfindung 173 f., 177 f., 227, 287
Empirie 8, 357, 359, 388, 395, 399, 411, 414
Emulation 52, 80, 211 f.
ENGAGEMENT, Ethik des 314 f., 447–450, 472–482, 489, 491, 505, 517, 524, 534, 539, 572
Enlightenment 117
Ent-Mystifizierung 355
Entlarvung von Projektionen 107, 109, 327 f., 360
Entscheidungsprozess, hypothetisches Modell 265–274
Entschuldigung 343
Enttäuschung 167, 359, 445, 491 f., 525
Entwicklung
– Dialogische 243–246, 274, 421 f., 441, 451, 460 f., 487 f., 522–524, 536–540.
– Ontogenetische 15, 36, 61, 84, 480, 484, 548, 560
– Persönlichkeit 242–246

– Wissenschaftliche Erkenntnis 536
Entwicklungspsychologie 234–246, 276–278
Epigenetik 44–49, 549–552
Epigenetische Stabilisierung 47
Epiphänomen 221, 273, 499, 512
Ergriffenheit 288
Erhebung 258
Erikson, Erik 243
Erkenntnisfähigkeit 360
Erleuchteter, buddh. 512
Erleuchtung, buddh. 508
Erröten 178, 213, 305
Erscheinung von Objekten 253
Erwählung, relig. 526
Erweiterte Synthese 30, 36, 71, 111, 119
Eskimos 377, 470
Essensregeln 162
Ethik
– Diskurs- 393, 395, 503
– Evolutionäre 106, 391f., 399, 471f., 539, 562
– Interessens- 407, 413–415, 504, 572
– Nihilismus 361f., 364, 385, 503
– Pflichten- 16, 293, 454, 459, 495
– Tugend- 455, 491–499
Ethik, Begriff 13
Ethik, Begriff im Evol. Humanismus 407
Eugenik 356
Eusozialität 129, 131, 553–560
Evo-Devo 36, 46, 54–56, 66
Evolution, Universalität 71
Evolution, Grundbedingungen 22, 71–73
Evolution, Veränderungen in der Theorie 29–69
Evolutionäre Ethik
– als Eigennutz 411–413
– als Gemeinnutz 392–400
– als kausale Notwendigkeit 393
– aufgrund von Fakten 395
– mit Individualselektion 406–416
– Moral als Nebenprodukt 401–406
– Evolutionäres Individuum 24, 31, 34, 81, 121, 129, 380
– Evolutionäre Psychologie 63–65, 127
Evolutionäre Stabilität 104, 168

Evolutionärer Humanismus 406–416, 505–508, 562–578
Evolutionary Intuitionism 401–406
Evolutive Landschaft 78
Evolutive Prozesse 71
Evolvierbarkeit 37f., 40, 62, 556
Existenzial 4, 500
Exit Threat 149
Expansion 95–98, 100–102
Experimente
– Akribische Nachahmung 209
– Barmherziger Samariter 160
– Bills Eifersucht 302
– Change Blindness 284
– Daxen, Konventionen 210
– False-Belief; Theory of Mind 191
– Verständnis kooperativer Gesten 207
– Geheimer Münzwurf 323
– Geheimer Münzwurf mit Spiegel 324
– Gummiarm 224
– Libet 249
– Metakognition 196
– Milgram Elektroschock 340
– Milgram U-Bahn 289
– Moralische Change Blindness 283
– Perspektivwechsel 331
– Sonntagseffekt, Großzügigkeit 531
– Stanford-Prison 342
– Unbewusste Zielverfolgung 215
– Unbewusstes Urteilen 214
– Wirkung von Augen 322
– Zusammenarbeit 209
Experimentelle Philosophie 297
Expertentum 272, 281f., 479, 492, 525, 530
Explorative Prozesse 38f., 43, 65, 130f., 484, 559f.
Extended Phenotype 57
Extrinsische Selbstliebe 498
Exzellenz 78

Facts of intuitive clarity 395
False-Belief-Aufgabe 191, 198
Familie 51, 81, 91–94, 107, 123, 428f., 439–444, 468, 479
Federevolution 109
Fehlanpassung 128, 466
Fehlertheorie, Ruse 380, 385

Fehlschluss, naturalistischer 357, 389–392, 400, 483f.
Feind 348, 476, 479, 498, 504, 520, 531, 560
Feinddruck 129, 131, 260, 554
Feindesliebe 504–507, 520f., 524, 531f., 566
Fernkommunikation 466–471
Fernziel 252
Feuerwehr, Einsatz für andere 347, 493, 495, 501
Fiktion 232– 234, 385, 403–405, 417
Fiktionalismus 385
Fische 39, 142, 259
Fitness 24f., 31–35, 73, 120–129, 356, 469f., 477
– Definition 31
– Direkte 24
– Gruppen- 31–36, 89, 128f., 469f.
– Indirekte 24
– Inklusive 24, 120, 123, 127, 555
– Moral und ihre Wirkung 90–102, 103–107, 159–164
Fixation 48, 296
Flaschenhals, evolutionärer 94
Fledermaus 42, 59
Flexibilität 134, 226, 485, 560
Folter 334, 385, 566
Fortpflanzungsfähigkeit (fecundity) 32, 128
Fortpflanzungsgemeinschaft 23
Fortschritt 101, 108, 355, 365–375, 396, 398, 540
Fossilbericht 37, 43, 367
Foundational Attitude 401
– Extended 402f.
– Ur- 403
Framing 291f., 299, 308f., 479
Freerider 151f.
Fremde 74, 99, 113, 127f., 132, 148, 163, 190, 210, 213, 270, 346, 377, 402f., 435, 466, 471, 480, 484, 491–499, 529, 531
Freunde 428–431, 460–462, 476
– Erb-Freundschaften 450
Freundschaft mit Gott 516
Frith, Chris 226
Fürsorge 52, 196, 296, 311, 314f., 406, 428

Gabe, zuvorkommende 440f., 569
Gandhi 307
Garant des Sollens 502, 505, 507
Gastfreundschaft 96f.
Gebote 90, 293, 418, 425, 442, 455, 462, 478, 481f., 502f, 509, 522, 531, 569
Gefäßsystem 38
Gefühlsansteckung 185
Gegenwart, Strenge 372
Gehorsam 340f., 346, 423, 438
Geld 99, 125, 240, 387, 430, 444
Geltung, normative 395, 422f.
Geltung, faktische 295, 297
Gemeinschaften
– Egalitäre 91f., 96
– Hierarchische 95f., 98, 100–102, 105, 329–331, 469
Gemeinschaftliche Erinnerungen 235
Gemeinwohl 353, 387, 393–400, 411, 415
Gen-Zentrismus 26, 119, 534
Genese 295–297., 421f.
Genetische Assimilation 44–47
Genetische Determiniertheit 65
Genotyp 23, 25f., 29, 37, 43f., 58, 68, 556
Genozid 313
Genselektion 69, 74, 113, 123
Gerechtigkeit 97, 101f., 201, 311, 315f., 331–333, 434f., 474f., 502, 504f., 538, 571
Gerechtigkeit, tierische 201
Geschäftspartner 98, 427, 435, 450f.
Geschenk 147, 425, 430, 439–441., 448, 460–462, 504, 518, 520
Gesellschaftliche Penetranz 71
Gesprächsbremse 385
Geteilte Aufmerksamkeit 205f.
Gewalt 100, 189, 298, 312, 344, 347–349, 511, 513, 526
Gewissen 92f., 157, 304, 353, 411
– Irrendes 423, 568
Gleichgültigkeit 440, 446–448
Globale Solidarität 413, 475, 481, 547
Glück 176, 238–241, 303, 387, 401, 415, 483f., 496, 504, 506, 509, 521, 576
– Alternative Glücksmöglichkeiten 480
– Authentisches 240, 242, 415, 507, 576
– Broaden-Build-Buffer-Theorie 241

- Doppelter evolutiver Ursprung 242
- Duales Erleben 242
- Hedonistisches 238 f., 416, 480, 496, 576
- Selbstloses 239 f., 416, 496
- Glücksgefühl 238, 242, 480, 497

Gnau 147
Goldene Regel 489, 571
Gott
- Große Götter 162–164
- Offenbarung 4–8
- Personale Liebe 515
- Gottes Handeln 366–371
- Selbstmitteilung 4 f., 8, 11, 369–371, 389, 515 f., 527, 537, 540 f.
- Strafender 529
- Übernatürliches Policing 157, 163, 363, 438, 532
- Transzendente Kausalität 368–373

Gottesbild 158, 366–373, 503, 515–524, 529, 541
Gradualismus 22, 37
Grausamkeit 190, 312
Great Narrowing, The 320
Gretchenfrage 159
Großwildjagd 91 f.
Großzügigkeit 127 f., 140–142, 158, 449
Gründe, neuronal 253 f.
Gründereffekt 83
Gruppe 436–439, 446
Gruppenaktivität 208
Gruppenfitness 32, 129, 477
- Gruppenmoral 407
Gruppenzugehörigkeit 90, 127, 210, 311 f., 315, 327, 338, 427, 438, 452, 466, 470
- Identität 210, 237, 315, 436–439, 442, 520
- Interesse der 334, 468, 555
- Minimalgruppe 326, 336, 442
- Wohl der Gruppe 353, 387, 393–400, 411, 415
- Zusammenhalt 131, 337, 348

Gruppenselektion **33–36**, 69, 88 f., 103, 128–135, 150, 168 f., 179, 334, 337 f., 348, 354, 392, 396, 399, 405, 411 f., 426, 469 f., 484, 497, 555

Hadza 127, 133, 145, 148, 163, 318
Hamilton, William 24
Hamiltons Gleichung 24, 123
Handel 98 f, 128, 318, 466
Handlungsanweisungen, Emotionen als 175
Handlungsfreiheit 247, 257 f., 268, 302, 406, 409, 485
Hedonistisches Glück 238 f., 416, 480, 496, 576
Hedonistische Selbstliebe 498, 505 f.
Heilige Gastfreundschaft 96
Heiliger Boden 310
Heiligkeit 311–313, 315, 458, 522, 570 f.
Helden 235, 346, 349, 405, 515
- Reise des Helden 500
Heroismus 496, 506
Heteronomie 106, 277, 315, 388, 407, 411, 415, 434, 442, 447, 494
Heuchelei, moralische 322–325, 329, 340, 529
Hexenverfolgung 566
Hierarchie 95 f., 98, 100–102, 105, 239, 312, 318, 329–332, 334, 469
Hingabe 439
Holzschiff, Bild vom 368
Homologie 59 f., 66 f.
Homosexualität 161, 378, 461, 534
Honest Signaling 125
Hopeful Monster 44
Hörer der Selbstmitteilung Gottes 5, 8, 541
Human Genome Project 68
Humanisierung der Lebensverhältnisse 413, 571
Humanismus 406–416, 505–508, 562–578
Hume'sche Gesetz 390, 417, 483, 487
Huxley, Julian 23
Hyperkritik 329–331
Hypertrophierung der Gruppe 296
Hypnose 229, 287 f.
Hypokritik 329–331, 413

Ich, Das 222 f., 232, 237, 263, 271–274, 421, 574
Ich-Perspektive 223, 259
Ideale Gruppe 475
Idee der Liebeswürdigkeit 476
Idee der Nächstenliebe 501, 532

Ideen 70, 83, 217, 220, 237, 244, 268, 347, 355f., 366, 407, 421, 478, 485, 528, 536
Identifikation 91, 94, 134, 154, 186, 213, 273, 304, 341, 347, 439, 447, 470, 474, 521
Identität, Gruppe 210, 237, 315, 436–439, 442, 520
Identität, Selbst 222–237, 282, 421–423
Ideologie 347, 356
Illoyalität 349
Illusion einer freien Entscheidung 265
Imagination 131, 220–222, 266, 268, 332, 492, 496
Moralische 169f., 282, 313–315
Ethik der 314
Imitation 52f., 80, 202, 209–211
Immanenz 10, 368, 370, 374, 389
Immunisierung gegen Argumente 2, 72, 362, 364, 527
In-Group 132, 189, 210, 336, 347, 427, 436
Indeterminismus 257
Indianer 108
Individualselektion 33, 103, 128, 153, 179, 334, 348, 399, 401, 403, 464, 497, 555
Individualwerte 296, 316, 397, 405
In-dividuum, Individuum, Darwin'sches = Evolutionäres 24, 31, 34, 81, 121, 129, 380
Inequity-Aversion 102
Informationsweitergabe 75
Informatorische Isolation 64
Ingroup-Ethos 470
Inhibition 251–253, 266
Inkompatibilismus 257
Inkonsistenz 386, 403–405, 416, 453
Innenperspektive 17, 115, 253, 258, 268, 574
Innere Ressourcen 240
Innere Zustimmung 131, 133
Innovation 40, 43, 52, 58, 60f., 81, 134, 199, 213, 221, 262f., 268, 371
Input-Output-Regel 40
Institutionen 35, 81, 96, 130, 138, 155–157, 165f., 296, 407, 412, 431, 439, 572
Instruktion 210f.
Intelligent Design 359, 366f., 375
Intentionalität 11, 113, 254, 273, 302, 375, 409

Interdisziplinärer Dialog 7, 10, 114, 118f., 357, 362, 364, 381, 384, 536
Interessensträger 406, 413, 454, 457, 463, 473, 481, 487f., 539, 571f., 574
Interpretation von Daten 357f.
Intimität 426–430, 439–443, 447–449, 450–452, 455, 460–463, 476, 481f., 500, 504, 510, 525, 529, 538
Intrinsische Motivation 89, 131, 134, 234, 239, 425, 428, 444, 496–499, 529
Intrinsische Selbstliebe 497f.
Intrinsischer Reichtum 471
Intuitionen 105–107, 272, 278–285, 286–290, 336, 357, 377f., 405, 420, 471f., 492, 495, 539
Intuitive Primacy 279
Intuitiver Politiker 321f., 327f.
Intuitiver Staatsanwalt 325, 327f.
Intuitiver Theologe 328f.
Intuitives Urteil, moralisch 278–285, 289, 291f.
Investment Game 188
Inzest 90, 124
Iowa-Gambling-Task 182
Irreduzibel komplexe Merkmale 367
Irreduzible Komplexität 547

Jäger-Sammler 63, 91–95, 98, 127, 145, 148, 163
Jesus 515, 522, 525f., 537, 562, 569–571
Joint Attention 86
Just-So-Story 29, 115, 424, 484
Justiz 99, 431f.

Kanalisation, genetische 45f.
Kanon, theologisch 6–8
Kant, Immanuel 276, 299, 367, 393, 395, 454, 459
Kapuzineraffen 201
Karma 509, 511–513
Karmischer Kausalzusammenhang 509, 511
Kastensystem
– Insekten 129, 554, 556, 559
– Mensch 443
Katastrophen 348
Kategorienbildung 452f., 478
Kategorienfehler 114

Kategorischer Imperativ 454, 459
Kausalität, ultimat/proximat 27
Kausalität, transzendent 370, 372
Kavaliersdelikt 100, 287
Kegan, Robert 243
Keimzellen 23, 49, 550
Kernprozesse, biol. 40f.
Keuschheit 313, 354
Kibbuzim 124, 161
Kindstötung 377
Klatsch 142
Ko-Entwicklung 84
Koevolution 79, 213, 328
Kognitive Ablenkung 190
Kognitive Empathie 185, 188
Kognitive Module 63
Kognitiver Virus 75
Kohärenz 214, 223–225, 232, 264, 266–268, 359, 386
Kohlberg, Lawrence 276f., 333
Kolonialismus 98
Kompartimentierung 38, 41, 43, 62, 68
Kompatibilismus 258
Komplexität 40, 245f., 545–548
Konfabulation 224, 234, 265
Konflikt 233
Konflikt, neuronal 266f.
Konformismus 152, 237, 398
Konformität 77, 206, 313, 346
Konkurrenz 32, 34f., 207, 411, 558
– Innerhalb der Gruppe 32f., 35, 354, 469
– Reproduktive 557
– Zwischen Gruppen 32f., 101, 105, 163, 348
Konsequentialismus 292f., 391, 461
Konservativ 316
Konsistenz 16, 402–405, 452–455, 467f., 471, 477f., 485f.
Konsistenz, evolvierter Hang zu 452–455, 471, 477
Konstruktionsprozesse, kulturell 56, 65, 70, 75–77
Konstruktionsprozesse, psychologisch 223, 232, 243, 426

Kontinuität, formelle 231f., 246, 263f., 359, 373
– Kontrolle im Beziehungstyp 432, 438, 440f., 447, 450
– Kontrolle durch Rahmenbedingungen 557
– Kontrolle, soziale 92f., 130, 157, 322, 432, 532, 557
Kontrollierte Variabilität des Verhaltens 261f., 266f.
Kontrollschleifen, neuronal 252
Konventionen 35, 104, 209–211, 244, 295, 320, 327, 378, 408, 414, 430, 437, 442, 459
Konvergenzen 374
Konzept der Identität 436–439
Konzept der Interaktion 431–436
Konzept der Intimität 439–442
Kooperation 32–34, 85, 94, 99, 125–135, 137f., 149–164, 166–168, 180f., 192, 203–213, 314, 402, 446, 534, 555
Kooperative Augen 180f., 213
Kooperative Jungenaufzucht 203, 426
Kooperative Kommunikation 206
Korruption 138, 165, 348
Kosten-Nutzen-Analyse 183, 294, 298, 308, 431, 470, 555
Kränkungen, wissenschaftliche 358
Kreationismus 2, 367
Kreativität 105, 134, 213, **217f.**, 262, 409
Kreislauf der Wiedergeburten 509
Kriminalität 100, 306
Kritikalität, selbstorganisierte 259, 263, 269, 275
Kultur
– Attraktoren 76, 111
– Evolution 70f., 73, 75, 80, 83
– Kumulative 53, 211, 213
– Populationsdynamik 77
– Selbstkonzepte, kulturelle 236, 306
– Unterschiede, kulturelle 311, 318, 376, 445
– Vererbung, kulturelle 80–82
Kulturgut 478
Kulturspezifische Module 66
Kuschelhormon 137

Lamarck, Jean-Baptiste de   21
Lamarckismus   21–23, 48, 262
Lebenskraft (biol.) 31f., 128
Lebensqualität   242, 318, 412, 436, 480
Legitimität   96, 100, 104, 329–331
Leichtigkeit des Seins   408, 410, 569f.
Leid   189, 311, 335, 384, 407, 501– 512, 540
Lernen
– Instruiertes   211, 213
– Soziales   51, 53f., 203
Lernmodule   66
Lernprozesse   256, 267
Letztbegründung   387, 395, 423, 472
Lévinas, Emmanuel   193
Liebe, Drei Formen der   498
Liebes-Würdigkeit   460, 477f., 482, 485, 487, 565, 569
Liebesfähigkeit   477f.
Locke, John   158, 247, 269
Locked-In-Syndrom   238, 472
Loyalität   206, 237, 311f., 315, 337, 405, 438, 442, 454, 470, 474f., 481
Lügen   144, 419

Macho-Kultur   378
Macht   95, 98, 100f., 130, 238, 329f., 432, 437f., 441
– Auswirkung von   305, 329–331
Mahajana Buddhismus   509f.
Mahlgemeinschaft   96
Major Transitions   31, 79, 135, 338, 553, 558f.
Makroevolution   62f.
Manipulation   192, 206, 347, 448, 526
Markt
– Integration im Markt   128, 148
– Regeln des Marktes   334, 425f., 431
Märtyter   71
Massive Modularität   66
Maximalmöglichkeit, ethisch   475f., 481, 483, 487–490, 500–504, 538f.
Mayr, Ernst   23
Medienrezeption   116, 275
Meinungsfreiheit   443
Mem, egoistisches   73, 394
Mem, privates   233
Mem-artige Transmission   82

Memplexe   407, 411f., 415f., 434, 562–578
Menge der Entscheidungsmöglichkeiten   261, 266–268, 485
Mensch-Sein   9, 16, 107, 219, 387, 422–424, 458f., 463, 474f., 481, 486f., 500, 507, 515
Menschenrechte   16, 457, 464, 468, 488, 537f., 540, 573, 575
– Begründung   573–575
Menschenwürde   121, 357, 362, 565, 572f.
Menschheit   299, 454, 457–460, 463, 474, 481, 489, 520, 540
Menschheitsfamilie   479
Menschliche Entwicklung, psychol. Merkmale   235
Menschliche Entwicklungslinie   203f., 480
Menschliche Gemeinschaften, Merkmale   213
Mentale Konzepte   427, 429
Mentale Module   64, 66f.
Messbarkeit   9, 263
Metaethik   375
Metakognition   196, 272
Metaphysik   361f., 364, 366, 388
Methylierung   48, 50, 550, 552
Militär   342, 348f., 457
Minderheitenschutz   474
Minimal Groups   336
Minimalforderungen, moralische   455–464, 468, 475, 481, 487–490, 537f.
Mischpult, Entwicklung   295–297
Missing Link   43
Misstrauen   87, 99, 161, 304, 345, 360, 466, 492, 504, 525
Missverständnisse, interdisziplinärer Dialog   12
Mitgefühl   196, 253, 508–514
Mitleid   188, 288
Moderne Synthese   23, 29, 58
Modularisierung   41, 62, 68
Module   43, 63, 66, 393
Mohammed-Karikaturen   443
Moment der Entscheidung   159, 255, 271, 280, 382, 409, 452, 492, 495f.
Monophänismus   46
Monopolisierung   92

Monster 346
– Hopeful 44
Moral
– als konsistentes Handeln 402
– als Patchwork 103, 108
Moral-analoges Verhalten 60
Moral, Begriff 13
Moral, Begriff im Evol. Humanismus 407
Moral Community 473 f., 476 f., 481–483
Moral Grammar 300 f.
Moral-homologes Verhalten 60, 200
Moral-relevanter Zufall 299
Moralähnliches Verhalten, tierisches 200
Moralfähigkeit 300 f.
Moralinstanz 165
Moralische Relevanz 111, 286 f., 299, 334, 380 f., 386, 394, 460
Moralische Emotionen 336
Moralische Heuchelei 323, 326
Moralische Normen, Merkmale für Konvention 90
Moralische Normen, Merkmale für Evolution 90
Moralische Urteile 276, 281, 284 f., 287, 333, 376, 383, 400
Moralischer Ekel 313
Moralischer Sinn 15, 107 f., 115, 283, 333, 379–381, 393, 398, 425, 455, 462–464, 487
Moralphilosophie 115, 293, 395, 461
Moraltheologie 381, 536, 563
Motivation 469, 476, 487
Motivation zur Nächstenliebe 501, 531 f.
Motorneurone 38
Multi-Level-Selektion **30–36**, 62 f., 69, 103, 120, 128, 572
Multiple Persönlichkeit 228 f.
Mutation 23, 29, 44, 46 f., 52, 56, 58, 67 f., 83, 296, 373
Muttermilch 50
Mutualismus 125
Mystik 530
Mythen 120, 235, 344, 375, 416, 578

Nächstenliebe 16 f., 162, 235, 476, 478, 482, 489, 491–499, 499–533, 568
Nagel, Thomas 197, 253, 259

Nähe, soziale 106, 162, 341, 428, 436, 441, 448, 451, 461 f., 477–479
Nahziel 252
Narrativ 232–236, 314, 327, 416, 436
Narratives Selbst 232, 234 f., 274
Nationalflagge 286, 307, 458
Nationalsozialismus 347, 355 f., 573
Naturalistische Erklärung 484 f., 540
Naturalistischer Fehlschluss 389–391, 392, 400, 417 f., 422, 483, 487
Natürliche Selektion 26, 36, 47, 90, 103, 122, 354–356, 374, 380, 556
Natürliche Theologie 367, 373
Nebenprodukt, evolutionäres 74, 164 f., 401–406, 417, 452–455, 464–472, 477 f.
Neid 132
Neodarwinistisches Dogma 44
Nepotismus 348, 504
Netzwerke 549
– Genetische 47, 68, 88, 548
– Neuronale 222, 254, 263, 272
– Soziale 144–146, 240, 450 f.
Neuheit 39, 43, 58–62, 369
Neurotizität 241
Neuschöpfung 569, 578
Neutrale Evolution 83
Nicht-Linearität 546
Nichtlinearität 36, 61 f., 69, 77, 245, 260 f., 263, 484, 545–548
Nihilismus 417
Nirwana 509, 512
Nische 57 f., 81, 305, 374
Nischenkonstruktion 57 f., 78, 80–82
Nivellierung, Glückserleben 239
Normativität 363, 391, 399, 417, 423 f., 435, 483, 487, 539
Normen 35, 70, 78, 90, 94, 111, 115, 133–135, 155 f., 270, 276, 285, 294–296, 327 f., 333 f., 353 f., 363, 375–389, 398 f., 414, 417, 438, 442 f., 453–455, 486
– Externe 133
– Interne 133
Normverletzung 94, 156, 167

Objektivismus 376 f.
Obligatorische Kooperation 555

Ockhams Messer (= Prinzip der Sparsamkeit) 30, 116, 485
Offenbarung
– Instruktionstheoretische 4
– Kommunikationstheoretische 4f., 540
Offene Frage (Moore) 390, 417
Öffentlichkeit 157, 287, 322
Ökonomische Spiele 135, 147
– Diktator Game 140, 142
– Investment Game 188
– One-Shot- 136f., 141f., 149f.
– Public-Goods-Game 144
– Third-Party-Punishment-Game 155
– Trust Game 136
– Ultimatum Game 149
One-Shot-Regime 136f., 141f., 149f.
Ontogenese 38, 40, 43f., 48, 295f., 484, 560
Opfer
Beiläufiges 457
– Freiwilliges 26, 120, 159, 193, 312, 314, 346, 403f., 415, 434, 439, 441, 484, 496, 498f., 504, 511, 522, 572, 576
– Kompromiss 310
– Unfreiwilliges 127, 315, 344–346, 378, 398, 502
– Zwanghaftes 415, 554
Ordo Amoris 106, 462
Orma 147
Out-Group 132, 189, 206, 336, 345–347, 349, 436, 530
Out-of-Body-Erfahrungen 225
Oxytocin 137, 561

Pääbo, Svante 88
Paradigma der Unschuld 408, 416, 569, 578
Parsimonie (= Prinzip der Sparsamkeit) 30, 116, 485
Partikulare Interessen 457
Partikularnormen 436f.
Passives Wissen (tacit knowledge) 281
Person$_{3U}$, Definition 500
Persönlichkeit 166, 228, 230, 232f., 242–246, 268, 315, 458, 480, 484, 492
Persönlichkeitsentwicklung 242–246, 484, 536

Persönlichkeitsstruktur 104, 236, 330
Persönlichkeitsveränderung 231
Perspektivwechsel 185, 277, 282, 290, 331f.
– Imagine-other 331f.
– Imagine-self 331–333
Pflegeheim 335
Phänomenologisches Selbst 223
Phänotyp 23, 25–27, 29, 33, 37, 44–47, 49, 51, 56, 58, 67f., 83, 556
Phänotypische Kovariation 41
Phänotypische Plastizität 46
Phänotypische Variation 37
Phenotypes first 55, 85, 296
Pheromone 49, 132–134, 557
Phineas Gage 231
Phylogenese 14, 29, 35, 43, 63, 86, 91, 164, 239, 295
Phylogenese von Moral 91–102
Phylogenetische Stabilisierbarkeit 44
Physiognomie 126
Piaget, Jean 234, 243, 276f.
Plastizität, phänotypische 37, 45, 484, 555f.
Plato 253, 321, 366
Platoon 337
Pleistozän 63, 65, 91f., 94, 127
Policing 155, 557
Politiker, intuitiver 460
Polyphänismus 46
Post-Hoc-Rationalisierung 257, 272, 293, 326f.
Post-Moderne 99
Potential zum Besseren 472f.
Potentialität, individuelle 389, 421f.
Potenz, des Subjekts 421
Präadaptation 91
Prädisposition 78, 555
Präferenzutilitarismus 401
Praktikabilität 435, 461
Pressesprecher, rationalisierender 279, 325, 327f.
Primat der Intuition 278
Primat des authentischen Glücks 240
Priming 157, 251, 501, 528f.
Prinzip Commitment 132, 135, 213, 436, 572
Prinzip der Sparsamkeit 30, 116, 485
Prinzip Eigennutz 572

Prinzip Kooperation 203f.
Prinzip von Handlung und Unterlassung 299
Prinzipien des Marktes 334
Pro-Empathie 188–190, 336, 467
Problemfelder 10
Projektionen 383
Projektivismus 375, 381
Proportionalität 99, 334, 431, 463
Prosozialität 9, 94, 99, 159, 167, 203, 239f., 322, 348, 363, 484
– Proaktive 203
– Tierische 201
Psychologische Attraktivität 71
Psychologischer Altruismus 74
Psychopathen 285, 295, 399
– Public-Goods-Game 144

Quantenmechanik 114
Quiet Exit 141

Radikalisierung 2, 534
Ramachandran, Vilayanur S 224
Random Noise 260
Rangordnung der Liebe 106f.
Rassismus 346, 355f., 404, 501, 529
Rationale Analyse 215
Rationale Argumente 278f., 281f., 301, 326, 335, 471f.
Rationale Entscheidung, Theorie 137, 140, 155, 166
Rationale Überlegungen **219–222**, 256, **269–271**, 278, 280–287, 290f., **292–294**
Rationalisierungen, interessengeleitete 279, 325, 327f., 575
Rationalität 301, 385, 387, 398f., 417, 503
Ratten 50f., 53, 56, 59, 87, 197, 199
Raub 96
Re-Mystifizierung 355
Reaktionsnormen 35, 45, 47, 89, 256, 270, 407, 484, 495f.
Realismus, moralischer 375, 384–386
Rechtfertigung 190, 272, 277, 279f., 293, 300, 326, 355, 386, 442, 526, 566
– der Ethik 395
Rechtsstatus 355, 575

Reduktionismus 26f., 196, 358, 361f., 381, 535, 540
Reflexionstiefe 269
Reflexive Rationalisierungen 404f., 495
Regeln 40, 91, 93f., 104, 111, 135f., 140, 178, 201, 245, 270, 276, 285, 295, 320, 327, 332, 337, 347, 376, 380, 397, 408, 419f., 430f., 436f., 442f., 452, 455, 460, 480, 489, 563
Reinheit 311–315, 458, 521
Reizschwellen 61, 297
Relationship Regulation 333f.
Relativismus, moralischer 108, 353, 376f., 379, 385, 396, 398, 414, 438
Religion 84, 157–166, 318, 354, 416, 526, 577
– Funktion 157–164
– Kritik 116, 119, 164, 562, 567
– Primer 528, 530
– Säkularisierung 165
Religionsfreiheit 573
Religiöse Primer 529
Religiosität 83, 157–166, 241, 530
Rensch, Bernhard 23
Replikation 27, 73, 76
Replikator 26f., 74f., 82, 121
Reproduktive Monopolisierung 553f.
Reproduzierer 75
Reputation 93, 100, 113, **139f.**, 142, 150, 156, 159, 161f., 166f., 304, 328, 354, 450, 494
Resilienz 245
Respekt 295, 311f., 315, 438, 443
Ressourcenknappheit 94
Reue 179, 408–410, 521, 525
Reziprozität 106, 112, **125–127**, 129, 136, 162, 168, 203, 334, 401, 431, 451
– Direkte 125
– Indirekte 94, 125
Richards, Robert 15, 355–357, 387, 391–401, 417
Ricoeur, Paul 489, 571
Ritual 70, 161f., 209f., 449, 513
RNA-Interferenz 551
Robustheit, evolutionäre 37, 40, 62, 102, 134, 440, 547, 557, 560

Sakrileg 97
Sanktionen 78, 89, 93, 133, 149, 166f., 334, 354, 437
Scham 93f., 156, 167, 174, 178, 208, 276, 288, 304f., 354, 410f.
Schildkrötenpanzer 42, 60
Schimpanse 180, 195
Schizophrenie 227
Schmerz 176, 187, 189, 200, 229f., 285, 305, 335, 418
Schmidt-Salomon, Michael 2, 15, 254, 262, 358, 391, 406-417, 531, 562, 576, 578
Schöpfer 361, 371, 389, 540
Schöpfung 118, 361, 368, 370-373, 515f., 540, 569, 574
Schuld 176, 259, 302, 405, 445f.
Schuld als Vertrauensmissbrauch 445f.
Schuldgefühl 93, 141, 156, 167, 176, 335, 409
Schuldzuweisung 344, 408, 445f., 567
Schutzstatus 472
Schwache Verknüpfung 38, 40, 43
Schweinehund, Innerer 265
Second-Order-Freeriding 166
Seele 2, 72, 118, 471, 566
Segen 312, 526
Sehnsucht 421, 506, 574, 577
Selbst-Domestizierung des Menschen 88
Selbst-Investition 422, 426, 439
Selbstaussage 462
Selbstbeobachtung 191
Selbstbestimmung 134, 262, 531
Selbstbewusstsein 14, 173, 185f., 193, 228
Selbstbild 113, 159, 167, 193, **222-237**, 238-242, 248, 264f., 268, 274, 289, 305, 325, 327, 360, 425, 452, 491, 494-499, 504, 530f.
Selbstentwertung 409f., 567
Selbsterhaltung 242, 313, 394, 401, 417, 468, 480
Selbsterkenntnis 234
Selbsterleben 359
Selbstkompetenz 435, 479, 489, 503
Selbstkonzept 228, 230, 233, 236, 427
Selbstlose Selbstliebe 510
Selbstlosigkeit 16, 33f., 112-114, 120-123, 134, 167, 190, 239, 380, 411, 416, 434, 480, 497f., 502, 505, 508, 510, 512, 514, 521, 523, 577
Selbstmitteilung, Gottes 4f., 8, 11, 370, 389, 515f., 527, 537, 540f.
Selbstorganisation 61, 130, 245f., 259f., 263, 269, 275, 545f.
Selbstrealisierung 16, 415, **421-423**, 442, 482, 485, 489, 491, 494, 497-499, 510, 515, 539, 576
Selbsttäuschung 74, 114, 258, 264, 325f., 404, 477
Selbsttranszendenz 368-373, 388, 531
Selbstüberschätzung 529
Selbstübersteigung 369
Selbstverbrennung 511
Selbstverlust 505
Selbstverpflichtung 213, 438, 442, 455
Selbstverwirklichung 243, 306, 318, 475, 506f.
Selbstvollzug 369-371, 462, 576, 578
Selbstwahrnehmung 91, 100, 225f., 228, 264, 324f.
Selbstwert 417, 422, 563, 565, 578
Selektion 22, 70
– Art- 63, 120
– Genetische 69, 74, 113, 123
– Gezielte 131
– Gruppen- **33-36**, 69, 88f., 103, 128-135, 150, 168f., 179, 334, 337f., 348, 354, 392, 396, 399, 405, 411f., 426, 469f., 484, 497, 555
– Individual- 15, 30, 33, 81, 103, 128, 153, 179, 334, 348, 399, 401, 403, 464, 497, 555
– Memetische 74
– Multi-Level- **30-36**, 62f., 69, 103, 120, 128, 572
– Natürliche 26, 36, 47, 90, 103, 122, 354-356, 374, 380, 556
– Soziale 93, 103, 149
Selektionsdruck 43, 56-58, 62, 401, 424, 556
Selektionsebene 35, 82, 94, 110, 121f.
Selektionsexperiment 46
Selektionskräfte 80f.
Serotonin 87, 104, 465
Sexualpartner 112f., 125
Sexualverbrecher 161

Shared Intentionality 204, 205–213, 244, 314, 439, 480
SICHERHEIT, Ethik der 103, **313f.**, 413, 440f., **447–450, 455–464**, 480f., 488, 491, 509, 524f., 527, 539
Signale, kommunikative 206
Signale, zuverlässige 125, 178, 187, 304
Signaturen 41, 112, 256, 260, 555
Silberfüchse 87
Simulation 187, 191f., 225, 287, 464f.
Sinosauropteryx 109
Sittlichkeit 432, 462, 472, 483, 563f., 568
Situationsgedächtnis 183
Skeptizismus 381, 485
Sklaverei 378, 471
Slums 148, 306
Social Intuitionist Model 278–281, 284, 292, 300
Solidarität 16, 89, 98, 436, 449f., 454, 475, 481, 489, 502, 506, 513, 520, 525
Sollen, Das 361, 363, 365f., 375, 390, 392f., 396–398, 400, 417f., **421–423**, 442, 462, 473, 483, 485, 502, 563
Somatische Marker **182–184**, 231, 271, 289f., 297, 421, 481
Somatisierung 213
Sozialdarwinismus 356, 396
Sozialdruck 100, 340, 349, 438, 443, 494
Soziale Frage 436, 439
Soziale Selektion 93, 103, 149
Soziale Toleranz 203
Sozialer Erfolg 78, 100, 133, 167, 296, 328, 347, 360, 393
Sozialliberal-progressiv 316f.
Sozialpsychologie 10, 112, 278, 320
Soziobiologie 21, **26–29**, 60, 67, 70, 74, 107, 111, 115–117, 120, 122f., 127, 149, 164, 168, 357, 360, 396, 406, 408, 411f., 534, 571, 578
Sparsamkeit, Prinzip der 30, 116, 485
Spende 139, 159, 309, 333, 461f., 532
Spiegelneurone 185
Spielraum bei Entscheidungen 248, 263
Spontanes Verhalten (systemtheor.) 260
Sprache, tierische 84, 200
Sprachfähigkeit 208, 232, 300f.

Staat 347, 431, 437
– Honigbiene 556f.
Stabilität, Glückserleben 240
Stadtleben 98, 127, 318
Standing 103f.
Status, sozialer 95f., 103, 145, 147, 311, 329, 404, 434, 466
Statussymbol 95, 132
Steinwerkzeug 92
Steinzeit 63, 65
Steinzeitliche Optimierung 64f.
Stereotyp 161, 344–346, 349
Stichprobenfehler 83
Strafe siehe Bestrafung
Stratifizierung 95–98, 100–102, 238, 439
Strenge Gegenwart 372f.
Strong Reciprocators 152f., 158, 166
Struggle for existence 22
Strukturen, soziale 424f., 427, 430
Subsistenzfarmer 128
Suizid 376
Superorganismus 89, 129–131, 135, 553–561
Suspension von Impulsen 248, 255, 263, 266, 269
Symbiose 79, 125
Symbole 55, 70, 83, 119, 200, 244, 412
Symbolische Vererbung 55
Sympathie 179, 188, 353, 356, 428, 450
Symptomträger 402, 405
Synergieeffekte 102, 104f., 504f., 507
Synergistisches Wachstum 482f.
Synthetische Theorie 22

Tabakschwärmer 46
Tabu-Trade-Off 307–310
Tabu-Werte 309f.
Tabus 162, 307–310, 328
Tadel 143, 354
Tapferkeit 322
Tarbutniks 51
Tasmanien 211
Teams 337
Teleologie 261, 363, **365–375**, 389, 422, 484, 534, 537, 540
Teleonomie 112f., 365, 422, 472, 484
Tentakelschlange 259

Territorialität 313
Theorienbildung 191f.
Theory of Mind siehe ToM
Theory-of-Mind-Modul 64
Third-Party-Punishment-Game 155
Tibetkonflikt 513
Tierbewusstsein 201f.
Toilette 267, 286, 289, 307, 458
ToM 191–193, 198, 222, 464f.
Trade-Off 46, 103, 261, 287, 307, 309
Tradition 80, 147, 213, 221, 283, 297, 378, 536
Tragischer Trade-Off 307, 455, 539
Training 85, 200, 261
Tränen 304f.
Transparenz, weltanschauliche 10
Transzendenz 8, 162, 315, 361, 363, 366–373, 375, 388f.
– Selbst- 368–373, 388f.
– durch Intervention 366–368, 388
Tratsch 142
Trauer 176, 195
Trauma 228, 567
Trennlinie 465
Treuhänder, ökonom. Spiele 136f., 140, 161
Trialog 519
Trittbrettfahrer 129, 145, 165
Triune-Ethics-Theory 313–316
Trolley-Dilemma 297–301
Trust Game 136
Tsimane 140, 318
Tugend 272, 313, 354, 489, 491, **494–496**, 498, 519, 525, 530
Tugendethik 496

Überfließen 461
Übermäßige, Das 440
Übernatürliches Existenzial 4
Übernatürliches Policing 157–159, 432
Überraschung 154, 247, 249, 304, 491
Übertretung 93, 97, 287, 295, 301, 326f., 329, 437, 440, 442, 444
Ultimatum Game 149
Ultrasozialität 135, 213
Umwelteinfluss 30, 44, 56, 306, 308, 376, 378, 451
Unbedingter Zusammenhalt 469

Unbewusste, Das 214–219, 249–257, 266f., 275
Unbewusste Informationsverarbeitung 214–219
Unbezahlbarkeit 445
Undurchführbarkeit 473
Unfreie Entscheidung 265
Uniformisierung 345
Universale Moralische Gemeinschaften 453–455
Universalisierung 452–482
Universalität 16, 43, 383, 385, 393, 398, 452–482, 486, 499, 500, 533, 538
Unreinheit 313
Unterdrückung 35, 252, 312, 526, 561
Unterschicht 99f.
Unterschwelligkeit 179, 187, 213, 501, 528
Unterwerfung 312, 568, 572
Unverhandelbarkeit 307–310
Unversehrtheit 90, 311, 315f., 320, 397, 457
Unvoreingenommenheit 132, 283
Unvorhersehbarkeit 260, 420, 547
Unwillkürlichkeit 179f., 192
Urheberschaft 258f., 262, 270, 410
Ursachen
– Finale 366
– Neuronale 253, 255
– Proximate 27f., 36, 109, 111–114, 188, 383
– Ultimate 27, 36, 109, 111–114, 383
Urteilsbildung
– Bewusste 290f.
– Common Sense 395f.
– Freie 246–248
– Hyperkritische 329–331
– Hypokritische 329–331
– Intuitive 278–280, 286–290
– Moralische 278f., 282–284, 286, 299, 301, 315, 382, 472
– Soziale 143, 304, 495, 520
– Unbewusste 214–217
– Urteilskompetenz, ethische 299f.
Utilitarismus 286, 292, 298, 308, 387, 391, 401, 473, 503

Variabilität des Verhaltens 51, 259–262
Variabilität

Phänotypische 37–43, 51, 60, 68, 70
Genetische 47, 60, 68
Kulturelle 140, 148, 376–379
Individuelle 78, 140, 530
Variation (evol.) 22, 70
Vehikel 27, 121
Veneer-Theorie 326
Verachtung 288, 308, 310
Verantwortung 271–274, 338–346, 482
Verbindlichkeit 132, 134 f., 160, 162, **173**, **187 f.**, 193, 208, 276, 295, 314, 328, 337, 348, 357, 419, 425, 428, 431, 436, 438, 447, 449, 452, 470, 473, 513, 520, 536, 577 f.
Verborgener Beobachter 229
Verbot 13, 124, 162, 276, 293, 307, 402, 424 f., 444, 456
Vererbbare Variation 37
Vererbbarkeit 48
Vererbung 22, 70
– durch Verhalten 51–55
– Entwicklungsbiologische 49–51
– Epigenetische 48–50, 549–552
– Genetische 23, 48
– Kulturelle 51–56, 70–89
– Lamarckistische 22, 71, 262
– Ökologische 58
– Quasi-kulturelle 550
– Symbolische 55 f.
Vergebung 305, 492, 499, 569, 578
Vergeltung 93, 96, 334, 349, 450
Verhalten
– Antisoziales 188
– Exploratives 43
– Normgerechtes 93, 156 f., 161
– Post-Konflikt- 335
Verhaltensänderung 56, 233, 274, 528
Verhaltensflexibilität 51, 84, 259–262, 560
Verhaltensmuster 94, 99, 260, 440, 530, 555
Verpflichtung 97, 147, 162, 193, 209, 232, 276, 319, 328, 339, 342, 363, 380, 384–386, 393 f., 402 f., 405, 420, 425, 428, 431, 436 f., 440, 442–444, 451, 455, 460–462, 470, 472, 488 f., 520, 539
Verpflichtung, fehlende 440
Verpflichtungsgrade 338

Verrat 437, 442, 446, 458
Verrechenbarkeit 293
Versöhnung 335 f.
Verstärkung, soziale 133
Versteckter Egoismus 120
Versuchung 29, 115 f., 139
Verteidigung 130, 284, 314, 327, 343, 347, 559
Vertrag 99, 163, 165, 431 f., 435, 438, 450, 503, 525
Vertragsethik 434
Vertrauen 34, **86–89**, 126, 128, **136–138**, 163, 179, 213, 239, 314, **334–336**, 341, 445 f., 464, 466, 475, **478–481**, 491 f., 505, 507, 517, 524–528, 570
Vertrauenswürdigkeit 145, 156–161
Verwandtenselektion 122–124, 129, 148, 168, 401, 554
Verwandtschaft, theologisch 389
Verwandtschaftsgrad 24, 124, 129, 131, 553–555, 558
Veto, neuronal 220, 250–253, 266 f.
Viability 31
Viehzucht 95–97
Vielzeller 31, 553
VMPFC (ventromedialer-präfrontaler-Cortex) 177, 182 f., 285
Volvocine Algen 32
Vorbilder 52, 55, 157, 210, 492, 496, 509, 526, 532
Voreingenommenheit 11, 161, 190, 361
Vorurteil 329, 345–347, 529
Vygotsky, Lew 244

Waffen 92 f., 101
Wallace, Alfred Russel 22 f., 255
Warnruf 55
Watson, James D 23
Wechsel der Selektionsebene 32, 89, 129
WEIRDos 146 f., 149, 319, 405, 444
Welle, Die 337
Weltanschauung 7, 16 f., 358, 371, 485, 499, 501–503
– Atheistisch 503–508
– Buddhistisch 508–514
– Christlich 514–528
– Praktischer Einfluss 528–533

Unvermeidliche 10
Werbung 139, 292, 532
Werkzeug 63, 86, 92, 110
Werkzeuggebrauch 85f., 185, 198, 219
Werte 306–320
– Sakrale 307f.
Wertsetzungen 316f.
Widerstand, gebotener 7, 296, 506, 540
Widerstandsfähigkeit 245, 495
Wiedergutmachung 304, 309, 437
Willensfreiheit 246–275, 358, 406, 408, 494, 569
Williams-Syndrom 346
Wilson, David Sloan 2, 35, 109, 115, 118, 165, 489
Wilson, Edward O 28, 396
Wir, Das 337–339
Wirklichkeit 4f., 360, 512, 540f.
– Subjektive 114, 192
– Transzendente 10f., 362, 388, 541
Wohlstandsethik 413, 505
Wohlwollen 403, 449, 466, 477, 568
Wolfskinder 58
World Values Survey 318
Würde 406, 412, 414, 423, 458, 483, 485, 516, 567, 573f., 578
Wut 92, 126, 133, 201

Zahmheit 87f.
Zamulinski, Brian 391, 401–406, 417, 464
Zeigegesten 207
Zeitbezug, tierischer 199
Zeugnis 165, 506, 525
Ziege, zweibeinige 39
Ziel, transzendentes 389
Ziele, soziale 321–337, 345–347., 452, 466, 528, 532
Zielsetzung 215f., 241
Zirkelschluss 373, 395, 420, 487
Zivilisation 157, 162, 164
Zombiesysteme 219
Zucht 46, 87, 356
Zufall 39, 56, 58, 126, 257, 259, 299f., 371
Zukunft 199, 248, 304, 372, 410, 423, 446, 567
Zusammenarbeit 2, 208f., 212, 432, 537
Zusammengehörigkeit *(Unity)* 334
Zusammenhalt, unbedingter 469f.
Zuschauereffekt 342
Zwang 131–133, 169, 213, 247, 269, 304, 321, 400, 415, 434, 557
Zweckhaftigkeit (evol.-theor.) 112f.
Zweckursachen 366
Zwillinge 24, 188, 224
Zwischenformen, fossile 43, 109f., 367

www.ingramcontent.com/pod-product-compliance
Lightning Source LLC
Chambersburg PA
CBHW070253240426
43661CB00057B/2547